PROJEKT MANAGEMENT

Dr. Kerzners 16 Schritte zum ausgereiften Projektmanagement

1. Wählen Sie eine Projektmanagementmethodik aus und wenden Sie sie durchgängig an.
2. Wenden Sie eine Philosophie an, die das Unternehmen zu einem ausgereiften Projektmanagement führt, und teilen Sie sie allen mit.
3. Gewöhnen Sie sich an, zu Beginn jedes Projekts effektive Pläne zu entwickeln.
4. Halten Sie Umfangsänderungen so gering wie möglich, indem Sie realistische Ziele setzen.
5. Denken Sie daran, dass Kosten- und Zeitplanmanagement untrennbar miteinander verbunden sind.
6. Wählen Sie die richtige Person als Projektmanager aus.
7. Stellen Sie Führungskräften Projektsponsorinformationen bereit, keine Projektmanagementinformationen.
8. Stärken Sie die Beteiligung und Unterstützung des Linienmanagements.
9. Konzentrieren Sie sich auf auslieferbare Teilziele statt auf Ressourcen.
10. Pflegen Sie effektive Kommunikation, Zusammenarbeit und Vertrauen, um schnell zu einem ausgereiften Projektmanagement zu gelangen.
11. Teilen Sie Ihre Erkenntnisse zum Projekterfolg dem gesamten Projektteam und dem Linienmanagement mit.
12. Schaffen Sie unproduktive Meetings ab.
13. Konzentrieren Sie sich darauf, Probleme früh, schnell und wirtschaftlich zu erkennen und zu lösen.
14. Messen Sie regelmäßig den Fortschritt.
15. Verwenden Sie Projektmanagement-Software als Werkzeug – und nicht als Ersatz für effektive Planung oder zwischenmenschliche Fähigkeiten.
16. Richten Sie ein Schulungsprogramm für alle Angestellten ein mit regelmäßigen Aktualisierungen basierend auf dokumentierten Erfahrungswerten.

HAROLD KERZNER

PROJEKT MANAGEMENT

Ein systemorientierter Ansatz zur Planung und Steuerung

2. deutsche Auflage
Übersetzung der 9. englischsprachigen Auflage
von Beate Majetschak und Judith Muhr

Fachkorrektur durch
Prof. Dr. Nino Grau, Vorstandsmitglied der GPM,
Deutsche Gesellschaft für Projektmanagement e.V.

mitp

Bibliografische Information Der Deutschen Bibliothek
Die Deutsche Bibliothek verzeichnet diese Publikation
in der Deutschen Nationalbibliografie;
detaillierte bibliografische Daten sind im
Internet über *http://dnb.ddb.de* abrufbar.

ISBN 978-3-8266-1666-2
2. deutsche Auflage 2008

Übersetzung der amerikanischen Originalausgabe
Harold Kerzner: Project Management: A Systems Approach to planning,
scheduling and controlling; 9th edition

Printed in Austria

Lektorat: Sabine Schulz
Fachkorrektorat: Prof. Dr. Nino Grau
Sprachkorrektorat: Petra Heubach-Erdmann
Satz: III-satz, Husby, www.drei-satz.de

Für
Dr. Herman Krier
meinem Freund und Vorbild,
der mich die Bedeutung des Wortes
»Beharrlichkeit« lehrte.

Inhaltsverzeichnis

Vorwort

Das Projektmanagement hat sich aus einer Managementphilosophie entwickelt, die auf einige wenige funktionale Bereiche beschränkt war. Es wurde als nette Ergänzung zum Enterprise-Projektmanagementsystem betrachtet, das alle funktionalen Einheiten des Unternehmens abdeckte. Heute erachten immer mehr Unternehmen das Projektmanagement als unerlässlich für ihr Überleben. Unternehmen, die früher Gegner des Projektmanagements waren, sind heute seine Fürsprecher. Die Management-Schulungsleiter der Vergangenheit, die predigten, dass Projektmanagement überhaupt nicht funktionieren könne und nur eine Modeerscheinung sei, sind heute überzeugte Befürworter. Das Projektmanagement wird uns erhalten bleiben.

Dieses Buch beschreibt die Grundlagen des Projektmanagements. Studenten, die an fortgeschrittenen Themen des Projektmanagements und an Techniken zur Implementierung interessiert sind, wird die Lektüre meines Titels »Applied Project Management« (Wiley & Sons, New York) empfohlen.

Dieses Buch wendet sich nicht nur an Studenten, die sich mit dem Thema Projektmanagement befassen und ihre Kenntnisse verbessern wollen, sondern auch an Manager und Führungskräfte, die eine kontinuierliche Unterstützung für alle Projekte bieten müssen. In den letzten Jahren haben sich im Management die Kenntnisse über das Projektmanagement stark verbessert und weiterentwickelt. Inzwischen nutzen die meisten Unternehmen und Industrien Projektmanagement in irgendeiner Form. Den Unternehmen ist klar geworden, dass Projektmanagement und Produktivität zusammenhängen. Der Schulungsetat, der von Unternehmen für Schulungen und Unterlagen zum Thema Projektmanagement bereitgestellt wird, wächst beständig.

Der Text bezieht sich in erster Linie auf das Projektmanagement für Ingenieure. Es sollte jedoch nicht der Eindruck entstehen, dass Projektmanagement auf diesen Bereich beschränkt wäre. Die Tatsache, dass die meisten Beispiele aus dem technischen Bereich stammen, hängt damit zusammen, dass es sich hierbei um den ersten Anwendungsbereich handelt und es sinnvoll ist, aus den Fehlern der Vergangenheit zu lernen.

Dieses Buch eignet sich für Leser technischer und wirtschaftlicher Fachrichtungen. Der Aufbau des Buches basiert auf meiner Auffassung, dass Projektmanagement eher eine Verhaltensweise als eine quantitativ messbare Größe ist. Die ersten fünf Kapitel beschreiben die Grundlagen des Projektmanagements. Die Kapitel 6 bis 8 behandeln unterstützende Funktionen wie das Zeitmanagement und das Konfliktmanagement. Die Kapitel 9 und 10 beschreiben die Rolle der Unternehmensleitung und die kritischen Erfolgsfaktoren für die Vorhersage des Projekterfolgs. Es mag vielleicht seltsam wirken, dass zehn Kapitel zur Organisation des Verhaltens und zur Strukturierung erforderlich sind, bevor die eigentlichen »Kernthemen«, allgemeine Planung, Zeitplanung und Kontrolle, behandelt werden. Die ersten zehn Kapitel führen in die Grundlagen ein, die Sie benötigen, um Projekte und Systeme entwickeln zu können. Die Kapitel dienen dazu, dem Leser ein Verständnis für die Schwierigkeiten zu vermitteln, die bei der funktionsübergreifenden Kooperation im Rahmen von Projekten auftreten können, und warum die Mitarbeiter eines Projekts, die alle einen unterschiedlichen Hintergrund haben, nicht einfach gezwungen werden können, reibungslos zusammenzuarbeiten. Die Kapitel 11 bis 20 sind eher die quantitativen Kapitel zu

Planung, Zeitplanung, Kostenkontrolle, Schätzung, Beschaffung und Qualität. In den drei restlichen Kapiteln geht es um fortgeschrittene Themen und zukünftige Trends.

Der Text enthält mehr als 25 Fallstudien, über 125 Multiple-Choice-Fragen und fast 400 Diskussionsfragen. Darüber hinaus gibt es ein ergänzendes Arbeitsbuch (Project Management Workbook to Accompany Project Management, neunte Ausgabe), das mehr als 600 Multiple-Choice-Fragen, zusätzliche Fallstudien, anspruchsvolle Problemstellungen sowie Kreuzworträtsel enthält. Außerdem gibt es ein separates Buch mit Fallstudien (Project Management Case Studies, zweite Ausgabe), das zusätzliche Beispiele aus der Praxis bereitstellt. Beide Bücher sind englischsprachig.

Das vorliegende Buch, das Arbeitsbuch sowie das Fallstudienbuch sind ideale Werkzeuge für das Eigenstudium für die PMP®-Zertifizierungsprüfung des Project Management Institutes. Aus diesem Grund gibt es an jedem Kapitelanfang im Buch Querverweise zu den Abschnitten im Fallstudienbuch, im Arbeitsbuch und im PMBOK®-Guide (Guide to the Project Management Body of Knowledge), die sich auf den Inhalt des jeweiligen Kapitels beziehen. In der linken Spalte jeder Seite sind Querverweise für den Stoff auf dieser Seite zu den jeweiligen Abschnitten des PMBOK® Guide angegeben. Am Ende der meisten Kapitel finden Sie einen Abschnitt mit Studientipps zur PMP®-Prüfung mit mehr als 125 Multiple-Choice-Fragen.

Dieses Buch wird momentan an den Hochschulen, als Nachschlagewerk sowie für die Vorbereitung auf die PMP®-Zertifizierungsprüfung verwendet. Um die Bedürfnisse aller dieser Zielgruppen zu befriedigen, musste deshalb ein Kompromiss geschlossen werden, inwieweit der Text nach dem PMBOK® Guide ausgerichtet werden konnte, und wie viel neuer Stoff aufgenommen werden konnte, ohne den Umfang des Buches zu verdoppeln. Einige Kollegen und Universitäten setzen das Buch für die Grundlagenlehre im Bereich Projektmanagement ein, ohne auf den PMBOK® Guide zu verweisen. Das Buch enthält nicht den gesamten Stoff, der notwendig wäre, um auf wirklich jeden Abschnitt des PMBOK® Guide einzugehen. Aus diesem Grund muss für die Vorbereitung auf die PMP®-Zertifizierungsprüfung der PMBOK® Guide kombiniert mit diesem Buch eingesetzt werden. Das Buch deckt den Stoff fast aller Wissensgebiete des PMBOK® Guide ab, aber nicht unbedingt in der Tiefe, wie er im PMBOK® Guide behandelt wird.

Für die Mitarbeiter von Hochschulen und Universitäten gibt es außerdem ein englischsprachiges Handbuch für Dozenten. Besuchen Sie dazu die englischsprachige Website von Wiley unter `www.wiley.com/kerzner`. Diese Website beinhaltet nicht nur das Handbuch für Dozenten, sondern auch 500 englischsprachige Powerpoint-Folien, die dem Inhalt des Buches angeglichen sind, und die dabei helfen, Vorlesungen und das Lernen in Gruppen zu organisieren und durchzuführen.

Die Probleme und Fallstudien jeweils am Ende der Kapitel decken die unterschiedlichsten Branchen ab. Fast alle Fallstudien entsprechen Situationen aus der Praxis, die ich aus meiner Erfahrung als Berater kenne. Feedback von meinen Kollegen, die das Buch benutzen, hat fruchtbare Kritik ergeben, die größtenteils in diese Ausgabe aufgenommen werden konnte.

In den ersten elf Kapiteln wurden die meisten klassischen Inhalte zum Projektmanagement vorgestellt. Diese Inhalte bilden die Grundlage für einen Großteil der modernen Entwicklungen im Projektmanagement und werden deshalb im gesamten Buch angesprochen.

Viele Kollegen haben mir wertvolle Anregungen gegeben. Insbesondere stehe ich in der Schuld der Schulungsleiter aus der Industrie bzw. aus staatlichen Organisationen, deren Engagement und Einsatz für qualitative Lehre und Schulung im Bereich des Projektmanagements zu wertvollen Änderungen in dieser und in früheren Ausgaben geführt haben. Insbesondere danke ich Frank Saladis, PMP, Senior Consultant und Schulungsleiter beim International Institute for Learning für seine konstruktiven Kommentare, Empfehlungen und Hilfe bei der Zuordnung der Buchinhalte zum PMBOK® Guide.

Auch Herrn Dr. Mark Collier, Präsident des Baldwin-Wallace Colleges, drücke ich erneut meine tiefste Dankbarkeit sowie Respekt für seine nicht enden wollende Unterstützung und Ermutigung zur sinnvollen Forschung zu diesem Buch aus.

Harold Kerzner

Baldwin-Wallace College

1 Überblick

Verwandte Fallstudien (aus Kerzner/*Project Management Case Studies*, 2. Auflage)	Verwandte Workbook-Übungen (aus Kerzner/*Project Management Workbook and PMP®/CAPM® Exam Study Guide*, 9. Auflage)	PMBOK® Guide, 3. Auflage, Referenzabschnitt für das PMP®-Zertifizierungsexamen
• Kombs Engineering • Williams Machine Tool Company* • Hyten Corporation • Continental Computer Corporation • Jackson Industries	• Multiple-Choice-Examen	• Integrationsmanagement • Umfangsmanagement (Scope Management) • Personalmanagement

* Diese Fallstudie ist am Ende des Kapitels beschrieben.

1.0 Einführung

Führungskräfte werden in den kommenden Jahren mit komplexen Herausforderungen konfrontiert. Diese resultieren aus der Eskalation der Personal- und Materialkosten, den zunehmenden Forderungen von Gewerkschaften, dem Druck der Aktionäre und der möglicherweise länger anhaltenden hohen Inflation, die mit einer leichten Rezession und dem mangelnden Kreditvermögen der Finanzinstitute gekoppelt ist. Diese Bedingungen existieren zwar schon seit längerem, jedoch nicht in dem Maß wie heute.

Bisher versuchten Unternehmen, derartige Einflüsse durch massive Kostenreduktionsprogramme zu entschärfen. Üblicherweise resultierten diese Programme in Frühberentungen, Entlassungen und im Wegfall von Stellen, die bei natürlicher Fluktuation nicht neu besetzt werden. Werden Stellen frei, zwingt die Unternehmensführung die Linienvorgesetzten, das Arbeitspensum mit weniger Personal zu bewältigen, indem diese ihre Effizienz steigern oder Lernkurveneffekte nutzen. Weil die Personalkosten inflationärer sind als die Kosten für Apparate oder Anlagen, finanzieren Unternehmensführungen in zunehmendem Maße Investitionsgüterprojekte, um damit die Produktivität zu erhöhen, ohne gleichzeitig die Anzahl der Arbeitskräfte aufstocken zu müssen.

Leider stehen der modernen Unternehmensführung nur begrenzte Möglichkeiten zur Verfügung, um die Anzahl der Arbeitskräfte zu reduzieren, ohne dabei den Unternehmensgewinn aufs Spiel zu setzen. Investitionsgüterprojekte sind nicht immer die richtige Lösung. Somit müssen Führungskräfte an einer anderen Stelle nach Lösungen für ihre Probleme suchen.

Es besteht Einigkeit darüber, dass die meisten Probleme eines Unternehmens dadurch gelöst werden können, dass die vorhandenen Ressourcen besser gesteuert und sinnvoller eingesetzt werden und dass unternehmensintern statt extern nach Lösungen gesucht wird. Im Rahmen der Suche nach einer internen Lösung nehmen Führungskräfte die Art und Weise unter die Lupe, wie Unternehmensaktivitäten behandelt werden. Und hier kommt Projektmanagement als eine der möglichen Techniken in Betracht.

Der Projektmanagement-Ansatz ist relativ neu. Kennzeichnend für ihn sind Methoden zur Umstrukturierung des Managements und spezielle Management-Techniken, mit denen vorhandene Ressourcen besser gesteuert und genutzt werden können. Vor vierzig Jahren war Projektmanagement noch Unternehmen vorbehalten, die für das US-amerikanische Verteidigungsministerium arbeiteten oder die in der Baubranche tätig waren. Heute wird der Projektmanagement-Ansatz auf so verschiedene Branchen und Organisationen wie die Rüstungsindustrie, das Baugewerbe, die Pharmaindustrie, die Chemiebranche, das Bankgewerbe, das Gesundheitswesen, die Wirtschaftsprüfung, das Rechtswesen, die öffentliche Verwaltung und sogar die Vereinten Nationen (UN) angewendet.

Die rapide fortschreitenden technologischen Veränderungen und die Änderungen des Marktes üben einen enormen Druck auf bestehende Organisationsformen aus. Die traditionelle Unternehmensstruktur ist äußerst bürokratisch und die Erfahrung zeigt, dass sich Unternehmen mit einer solchen Struktur nicht schnell genug an ein sich veränderndes Umfeld anpassen können. Deshalb muss die traditionelle Unternehmensstruktur durch Projektmanagement oder eine andere Form von Management auf Zeit ersetzt werden, die es dem Unternehmen ermöglicht, sich schnell anzupassen, wenn sich die Situation im Unternehmen selbst und in der Außenwelt verändert.

Projektmanagement wird von Führungskräften und Wissenschaftlern schon lange als eine von mehreren möglichen zukünftigen Organisationsformen diskutiert, mit denen sich ein komplexer Arbeitsaufwand bewältigen lässt und gleichzeitig die Bürokratie reduziert werden kann. Der Projektmanagement-Ansatz fand jedoch nur schwer Akzeptanz. Viele Führungskräfte verschließen sich Änderungen und sind ziemlich unflexibel, wenn es darum geht, sich an ein neues Umfeld anzupassen. Der Projektmanagement-Ansatz ist mit den traditionellen Unternehmensstrukturen unvereinbar, die im Wesentlichen vertikal ausgerichtet sind und in denen hierarchische Beziehungen eine besondere Rolle spielen.

1.1 Der Projektmanagement-Ansatz

PMBOK® Guide 2004
1.2 Was ist ein Projekt?
1.2.1 Projekteigenschaften

Um den Projektmanagement-Ansatz verstehen zu können, müssen Sie sich mit dem Projektbegriff vertraut machen. Dieser soll nun genauer definiert werden. Ein Projekt ist ein Vorhaben oder eine Aufgabe mit folgenden Merkmalen:

- Zielvorgabe, die unbedingt erfüllt werden muss
- Klar definierter Anfangs- und Endtermin
- Begrenzte Finanzausstattung
- Beanspruchung von Personalressourcen und von Sachmitteln wie Geld, Maschinen etc.
- Multifunktionale Ausrichtung (z.B. das Projekt erstreckt sich über mehrere Funktionslinien)

Projektmanagement beinhaltet aber auch die Projektplanung und -steuerung und umfasst insofern die folgenden Aufgabenbereiche:

- Projektplanung
  - Definition der Arbeitsanforderungen
  - Definition der Arbeitsmenge und -qualität
  - Definition der benötigten Ressourcen
- Projektreview oder Monitoring
  - Aufzeichnung des Projektfortschritts
  - Vergleich des aktuellen Ergebnisses mit dem vorhergesagten Ergebnis (Soll/Ist-Vergleich)
  - Analyse der beeinträchtigenden Faktoren
  - Durchführung der entsprechenden Anpassungen

Als erfolgreich wird Projektmanagement dann bezeichnet, wenn die Projektziele wie folgt erreicht wurden:

- Innerhalb des festgelegten Projektzeitraums
- Im Rahmen des Budgets

- Mit der gewünschten Qualität
- Unter effektiver und effizienter Ausnutzung der zugeordneten Ressourcen
- Zur Zufriedenheit des Kunden

Aus dem Projektmanagement-Ansatz können sich für ein Unternehmen folgende Vorteile ergeben:

- Identifikation funktionsbezogener Zuständigkeiten, mit denen sichergestellt wird, dass unabhängig von möglichem Personalwechsel über alle Aktivitäten Rechenschaft abgelegt wird
- Minimierung des Bedarfs an kontinuierlicher Berichterstattung
- Identifikation von zeitlichen Beschränkungen für die Ablauf- und Terminplanung
- Identifikation einer Methodologie für die Analyse von Austauschbeziehungen
- Bemessung der Abweichung von Planvorgaben
- Identifikation von Problemen in einer frühen Projektphase, in der noch korrigierend eingegriffen werden kann
- Bessere Einschätzung der Fähigkeiten bei der zukünftigen Planung
- Frühzeitige Kenntnis darüber, dass Ziele nicht erreicht werden können oder übererfüllt werden

Leider müssen einige Hindernisse überwunden werden, bevor die Vorteile realisiert werden können:

- Die Komplexität der Projekte
- Die speziellen Kundenanforderungen und die Veränderung der Rahmenbedingungen seitens der Kunden
- Die Umstrukturierung der Organisation
- Projektrisiken
- Technologische Veränderungen
- Die zukünftige Planung und Preisgestaltung

Letztendlich kann Projektmanagement für jeden etwas anderes bedeuten. Das Konzept wird häufig missverstanden, weil es im Unternehmen bereits laufende Projekte gibt und die Mitarbeiter das Gefühl haben, sie würden diese Aktivitäten mittels Projektmanagement steuern. In einer solchen Situation passt die folgende Definition:

> Projektmanagement ist die Kunst, den Eindruck zu erwecken, dass jedes Ergebnis die Folge von vorherbestimmten, vorsätzlichen Handlungen ist, während es tatsächlich reine Glückssache war.

Es mag zwar sein, dass einige Unternehmen ihre Projekte auf diese Weise verwalten. Mit Projektmanagement hat das allerdings nichts zu tun. Denn Projektmanagement soll dazu dienen, die vorhandenen Ressourcen besser zu nutzen, indem gleichzeitig vertikale und horizontale Arbeitsabläufe möglich gemacht werden. Der Projektmanagement-Ansatz hebt den vertikalen, bürokratischen Arbeitsablauf zwar nicht vollständig auf, er setzt jedoch voraus, dass die verschiedenen Linienorganisationen auf horizontaler Ebene miteinander kommunizieren, um die Arbeit insgesamt leichter bewältigen zu können. Für den vertikalen Arbeitsablauf sind noch immer die Linienmanager zuständig, für die horizontalen Arbeitsabläufe jedoch die Projektmanager. Sie bemühen sich, die Aktivitäten auf horizontaler Ebene zwischen den Linienorganisationen zu kommunizieren und zu koordinieren.

PMBOK® Guide 2004

1.5.4 Wissen und Fertigkeiten bezüglich allgemeinen Managements

Abbildung 1.1 veranschaulicht eine Struktur, die in vielen Unternehmen vorzufinden ist. Es gibt immer »Klassen- oder Prestige«-Lücken zwischen den verschiedenen Managementebenen. Es gibt außerdem fachliche Lücken zwischen den einzelnen Geschäftseinheiten einer Organisation. Werden die Lücken im Management über die fachlichen Lücken gelegt, stellt sich heraus, dass das Unternehmen aus kleinen operativen Inseln besteht, die sich weigern, miteinander zu kommunizieren, weil sie Angst davor haben, dabei Informationen weiterzugeben, die die Position ihrer Gegner stärken könnten. Ein Projektmanager muss dafür sorgen, dass die einzelnen innerbetrieblichen Inseln miteinander kommunizieren, um gemeinsame Ziele erreichen zu können.

PMBOK® Guide 2004
2.3.3 Organisationsstruktur

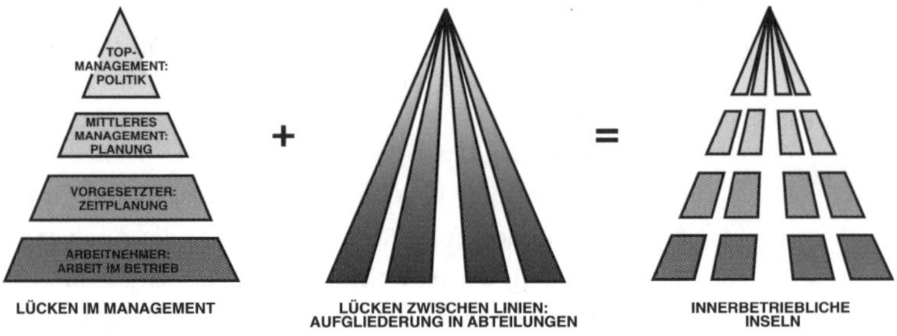

Abbildung 1.1: Wozu werden Systeme benötigt?

Projektmanagement lässt sich ganz allgemein wie folgt definieren:

> Projektmanagement umfasst die Planung, Organisation und Steuerung der Unternehmensressourcen in Hinblick auf ein relativ kurzfristiges Ziel, das aufgestellt wurde, um bestimmte Endziele zu erreichen. Außerdem nutzt Projektmanagement den systemischen Management-Ansatz, bei dem Fachpersonal (vertikale Hierarchie) einem bestimmten Projekt (horizontale Hierarchie) zugeordnet wird.

Diese Definition bedarf der Kommentierung. Das klassische Management basiert auf den folgenden fünf Funktionen oder Prinzipien:

- Planung
- Organisation
- Personalausstattung
- Unternehmenssteuerung
- Unternehmensführung

Sie werden noch feststellen, dass in der obigen Definition von Projektmanagement die Funktion der Personalausstattung fehlt. Das ist beabsichtigt, weil der Projektmanager nicht über die Personalausstattung von Projekten entscheidet. Der Projektmanager ist zwar dazu berechtigt, bestimmte Personalressourcen anzufordern; die endgültige Entscheidung darüber, welche Personalressourcen eingesetzt werden, liegt jedoch im Verantwortungsbereich der Linienmanager.

Es muss außerdem noch geklärt werden, was unter einem »relativ« kurzfristigen Ziel zu verstehen ist. Ein kurzfristiges Projekt kann je nach Branche ganz unterschiedliche Zeiträume umfassen. Im Maschinenbau kann ein kurzfristiges Projekt zwischen sechs Monaten und zwei Jahren dauern, im Baugewerbe zwischen drei und fünf Jahren, beim Bau von Nuklearkomponenten zehn Jahre und im Versicherungswesen zwei Wochen.

Langfristige Projekte, die Personalressourcen ausschließlich beanspruchen, werden in der Regel als eigene Sparten (falls sie groß genug sind) oder als Linienorganisation geführt.

Abbildung 1.2 veranschaulicht den Projektmanagement-Ansatz. Mit der Abbildung soll gezeigt werden, dass Projektmanagement dazu dient, die Unternehmensressourcen so zu verwalten oder zu steuern, dass eine bestimmte Tätigkeit im geplanten Projektzeitraum, mit dem geplanten Aufwand und mit dem gewünschten Ergebnis durchgeführt werden kann. Zeit, Aufwand und Leistung sind die Vorgaben des Projekts. Muss das Projekt für einen externen Kunden ausgeführt werden, gibt es eine vierte Vorgabe: die guten Kundenbeziehungen. Bedenken Sie, dass es möglich ist, ein Projekt intern innerhalb der geplanten Zeit und Kosten und mit der gewünschten Leistung abzuwickeln und den Kunden anschließend so abzuschrecken, dass dieser keine weiteren Aufträge mehr erteilt. Die Projektmanager werden häufig in Hinblick darauf ausgewählt, wer der Kunde ist und welche Art von Kundenbeziehung erforderlich ist.

Projekte werden eingerichtet, um Lieferobjekte zu erstellen. Welche Person letztlich als Projektmanager ausgewählt wird, kann durchaus von Größe, Art und Umfang der Lieferobjekte abhängig sein. Lieferobjekte sind (Teil-)Leistungen oder das Endergebnis entweder bei der Fertigstellung des Projekts oder am Ende einer Lebenszyklusphase des Projekts. Lieferobjekte sind messbare, fassbare (Teil-)Leistungen und können unterschiedliche Formen annehmen:

- **Hardware-Lieferobjekte:** Hierbei handelt es sich um Hardware-Komponenten, wie etwa einen Tisch, einen Prototyp oder ein Stück Ausrüstung.
- **Software-Lieferobjekte:** Diese Dinge sind vergleichbar mit Hardware-Lieferobjekten, stellen im Allgemeinen jedoch Produkte auf Papier dar, wie etwa Berichte, Studien, Informationsmaterial oder Dokumentation. Einige Unternehmen unterscheiden nicht zwischen Hardware- und Software-Lieferobjekten.
- **Zwischen-Lieferobjekte:** Bei diesen Dingen kann es sich um Hardware- oder Software-Lieferobjekte handeln, und sie entwickeln sich während des Projektfortschritts progressiv. Ein Beispiel dafür könnte etwa eine Reihe von Zwischenberichten sein, die schließlich zum endgültigen Bericht führen.

Ein weiterer Faktor, der die Auswahl des Projektmanagers beeinflusst, sind die Stakeholder. Stakeholder sind Einzelpersonen oder Organisationen, die von dem Projekt positiv oder negativ beeinflusst werden können. Die Projektmanager wiederum müssen mit diesen Stakeholdern zusammenarbeiten, und viele der Stakeholder können Einfluss oder Druck auf die Richtung des Projekts ausüben.

Einige Stakeholder werden als »aktive« oder »Schlüssel«-Stakeholder bezeichnet, die während der Ausführung des Projekts eine Autorität besitzen, die die Entscheidungen beeinflussen kann. Jeder Stakeholder kann eigene Zielsetzungen haben, wodurch der Projektmanager in eine Position geraten kann, die unterschiedlichsten Anliegen der Stakeholder ausgleichen zu müssen, ohne einen Interessenkonflikt für sich selbst zu verursachen.

Jedes Unternehmen hat ein eigenes Kategorisierungssystem für die Identifizierung von Stakeholdern. Ein typisches System könnte wie folgt aussehen:

- Stakeholder innerhalb des Unternehmens
  - Führungskräfte
  - Linienmanager
  - Angestellte
  - Vereinigungen
- Stakeholder für das Produkt/den Markt
  - Kunden
  - Lieferanten
  - Lokale Komitees
  - Behörden (lokal, staatlich oder national)
  - Allgemeine Öffentlichkeit
- Stakeholder vom Kapitalmarkt
  - Aktieninhaber
  - Kreditoren
  - Banken

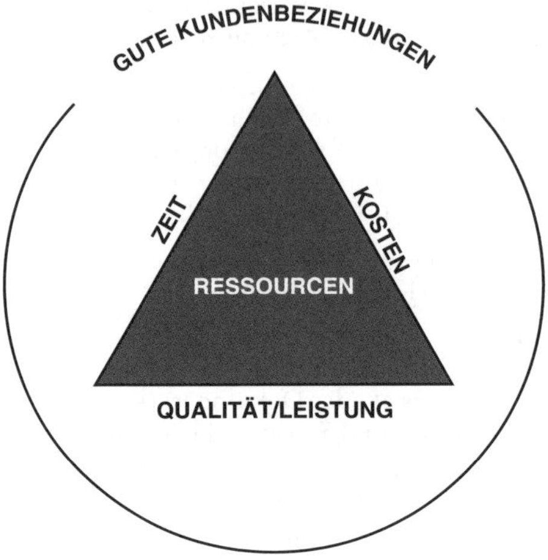

Abbildung 1.2: Das Projektmanagement-Dreieck

1.2 Projekterfolg: Eine Definition

Im letzten Abschnitt wurde Projekterfolg definiert als Durchführung des Projekts innerhalb des geplanten Projektzeitraums und des geplanten Aufwands und mit dem gewünschten Ergebnis. Diese Definition galt die letzten zwanzig Jahre. Sie wurde inzwischen um einige Punkte erweitert. Demnach muss ein Projekt wie folgt durchgeführt werden, um als erfolgreich zu gelten:

- Innerhalb des vorgesehenen Zeitrahmens
- Im Rahmen der geplanten Kosten
- Mit der gewünschten Leistung oder dem beabsichtigten Spezifikationsgrad
- Zur Zufriedenheit des Kundens bzw. Benutzers
- Mit minimaler oder mit dem Auftraggeber abgestimmter Veränderung des Projektziels
- Ohne den Hauptarbeitsablauf des Unternehmens zu beeinträchtigen
- Ohne die Unternehmenskultur zu verändern

Die letzten drei Punkte sind erklärungsbedürftig. Nur sehr wenige Projekte werden innerhalb des ursprünglichen Projektrahmens abgewickelt. Veränderungen der Rahmenbedingungen sind unvermeidlich und können sich nicht nur negativ auf die Moral der Mitarbeiter auswirken, sondern sie können sogar das gesamte Projekt gefährden. Veränderungen der Rahmenbedingungen müssen deshalb minimal gehalten werden und *unbedingt* zwischen dem Projektmanager und dem Kunden oder Benutzer abgesprochen werden.

Projektmanager müssen ihre Projekte so abwickeln (und bei Bedarf die erforderlichen Zugeständnisse machen), dass der Hauptarbeitsablauf des Unternehmens nicht beeinträchtigt wird. Die meisten Projektmanager betrachten sich nach Projektbeginn als selbstständige Unternehmer und würden ihr Projekt gerne von den Aktivitäten der Mutterorganisation abkoppeln. Dies ist nicht immer möglich. Projektmanager müssen deshalb dazu bereit sein, ihr Projekt innerhalb der Richtlinien, Abläufe, Regeln und Vorgaben der Mutterorganisation durchzuführen.

Alle Unternehmen besitzen eine Unternehmenskultur und auch wenn jedes Projekt etwas anders ist, sollte ein Projektmanager nicht von seinen Mitarbeitern erwarten, dass sie von den Unternehmensnormen abweichen. Wenn ein Unternehmen mit seinen Kunden offen und ehrlich umzugehen pflegt, sollte dies für alle Projekte gelten, und zwar unabhängig davon, wer der Kunde oder Benutzer ist und wie stark der Projektmanager nach Erfolg strebt.

Ein kleiner Hinweis am Rande: Die Tatsache, dass ein Projekt erfolgreich verläuft, sagt nichts darüber aus, ob ein Unternehmen als Ganzes erfolgreiches Projektmanagement betreibt. Von hervorragendem Projektmanagement kann erst dann gesprochen werden, wenn das Unternehmen Projekte kontinuierlich erfolgreich durchführt. Jedes Projekt kann zum Erfolg geführt werden, wenn sich die Unternehmensführung entsprechend einmischt. Um Projekte jedoch kontinuierlich erfolgreich abwickeln zu können, muss sich ein Unternehmen dem Projektmanagement-Ansatz verpflichten und dies muss auch deutlich zu sehen sein.

1.3 Die Schnittstelle zwischen Projekt- und Linienmanager

PMBOK® Guide 2004
1.5.5 Zwischenmenschliche Fertigkeiten

Wie bereits erwähnt, muss der Projektmanager die Unternehmensressourcen so steuern, dass das Projektziel im vorgegebenen Zeitraum erreicht wird und dass der vorgegebene Aufwand nicht überschritten wird. Die meisten Unternehmen verfügen über folgende Ressourcen:

- Finanzmittel
- Personal
- Sachmittel
- Produktionsanlagen
- Material
- Information/Technologie

Bis auf die Ressource Finanzmittel (z.B. in Form des Projektbudgets) kontrolliert der Projektmanager *keine* dieser Ressourcen direkt.[1] Ressourcen werden von den Linienmanagern, den operativen Managern oder den so genannten Ressourcenmanagern verwaltet. Projektmanager müssen deshalb über alle Projektressourcen mit den Linienmanagern verhandeln. Wenn es heißt, dass Projektmanager die Projektressourcen verwalten, ist damit gemeint, dass sie die Ressourcen, die sie eigentlich nur für eine bestimmte Zeit entliehen haben, über Linienmanager verwalten.

Es sollte nun deutlich geworden sein, dass erfolgreiches Projektmanagement von den folgenden zwei Faktoren abhängt:

- Einer guten Beziehung zwischen dem Projektmanager und den Linienmanagern, die den Projekten die Ressourcen zuordnen
- Der Fähigkeit der Projektmitarbeiter, vertikal an Linienmanager und gleichzeitig horizontal an einen oder mehrere Projektmanager zu berichten

Diese beiden Faktoren sind von entscheidender Bedeutung. Der erste Faktor besagt, dass die Mitarbeiter, die einem Projektmanager zugeordnet wurden, technische Anweisungen weiterhin von ihren Linienmanagern entgegennehmen. Der zweite Faktor beinhaltet, dass Mitarbeiter, die an mehrere Manager berichten müssen, immer denjenigen bevorzugen werden, der für ihr Gehalt verantwortlich ist. Somit scheinen also die meisten Projektmanager vom Wohlwollen der Linienmanager abhängig zu sein.

Klassisches Management wurde häufig als Prozess definiert, bei dem der Manager Dinge nicht unbedingt für sich selbst tut, sondern Ziele durch andere in einer Gruppensituation erreicht. Diese Grunddefinition passt auch für den Projektmanager. Zusätzlich gilt jedoch, dass der Projektmanager allein zurechtkommen muss, da keiner da ist, der ihm hilft.

Bei genauerer Betrachtung zeigt sich, dass der Projektmanager eigentlich für den Linienmanager arbeitet, und nicht umgekehrt. Vielen Führungskräften ist dies nicht klar. Sie haben die Tendenz, dem Projektmanager einen Heiligenschein aufzusetzen und ihm bei Projektabschluss einen Bonus anzurechnen, obwohl eigentlich die Linienmanager die Belohnung verdient hätten,

1. Es wird davon ausgegangen, dass Linien- und Projektmanager nicht ein und dieselbe Person sind. Die Begriffe Linienmanager (bzw. Linienvorgesetzter) und Fachvorgesetzter werden jedoch im gesamten Text synonym verwendet.

die beständig dem Druck ausgesetzt sind, ihre Ressourcen besser zu nutzen. Der Projektmanager ist nichts weiter als der Agent, über den das Ziel erreicht wird. Warum also verherrlichen einige Unternehmen die Stellung des Projektmanagers?

Um die Rolle des Projektmanagers zu veranschaulichen, betrachten Sie die Zeit-, Kosten- und Leistungsvorgaben in Abbildung 1.2. Viele Linienmanager würden von sich aus nur die Vorgabe der Leistung erkennen. Aussprüche wie der folgende sind keine Seltenheit: »Geben Sie mir weitere 50.000 € und zwei weitere Monate Zeit, dann können wir die ideale Technologie bereitstellen.«

Der Projektmanager ist zuständig für die Kommunikation, die Koordination und die Integration der Verantwortlichkeiten und erinnert die Linienmanager in diesem Rahmen daran, dass für das Projekt auch Kosten- und Zeitvorgaben gelten. Dies ist der Ausgangspunkt für eine bessere Ressourcensteuerung.

Projektmanager sind von den Linienmanagern abhängig. Wenn der Projektmanager in Schwierigkeiten gerät, kann er eigentlich nur zum Linienmanager gehen, weil er fast immer zusätzliche Ressourcen benötigt, um die Probleme in den Griff zu bekommen. Wenn ein Linienmanager in Not gerät, geht er in der Regel als Erstes zum Projektmanager und fordert entweder zusätzliche Mittel oder eine Autorisierung dafür, den Projektumfang anderweitig zu verändern.

Um die Arbeitsbeziehung zwischen Projekt- und Linienmanager zu verdeutlichen, betrachten Sie die folgende Situation:

Projektmanager: (spricht den Linienmanager an): »Ich habe ein ernsthaftes Problem. Mein Projekt wird die geplanten Kosten voraussichtlich um 150.000 € überschreiten. Ich benötigte Ihre Hilfe. Ich möchte Sie bitten, die Arbeit, für die Sie eingeplant sind, wie geplant auszuführen, jedoch mit 3.000 Personenstunden weniger. Da Ihre Leistung mit 60 € pro Stunde berechnet wird, wären die Mehrkosten dadurch wieder ausgeglichen.«

Linienmanager: »Selbst wenn ich könnte, warum sollte ich? Sie wissen, dass gute Linienmanager immer dafür sorgen können, dass Budgets erfüllt werden können. Ich schaue mir meine Personalkurven an und sage Ihnen dann morgen Bescheid.«

Am nächsten Tag ...

Linienmanager: »Ich habe mir die Personalkurven angesehen und dabei festgestellt, dass meine Leute auch ohne Ihre 3.000 Personenstunden ausgelastet sind. Ich gebe Ihnen die 3.000 Stunden zurück. Aber denken Sie daran, dass Sie mir etwas schulden!«

Einige Monate später ...

Linienmanager: »Ich habe mir die Planung für Ihr neues Projekt angesehen, das in zwei Monaten beginnen soll. Dafür benötigen Sie zwei Mitarbeiter aus meiner Abteilung. Ich habe zwei Mitarbeiter, die ich dafür gerne einsetzen würde. Leider sind sie gerade im Moment verfügbar. Wenn Sie sie nicht auf Ihre Kostenstelle nehmen, werden sie möglicherweise in der Zwischenzeit von einem anderen Projektmanager eingeplant und stehen Ihnen nicht mehr zur Verfügung, wenn Ihr Projekt startet.«

Projektmanager: »Wollen Sie damit sagen, dass Sie zwei Mitarbeiter auf meine Kostenstelle laufen lassen wollen, obwohl Sie wissen, dass ich die Mitarbeiter momentan gar nicht benötige?«

Linienmanager: »Genau. Ich werde zwar versuchen, eine andere Tätigkeit (und Kostenstelle) für sie zu finden, damit Ihr Projekt nicht komplett damit belastet wird. Vergessen Sie jedoch nicht, dass Sie mir einen Gefallen schulden.«

Projektmanager: »OK. Ich schulde Ihnen einen Gefallen, also bleibt mir keine Wahl. Sind wir dann quitt?«

Linienmanager: »Nein, aber Sie bewegen sich in die richtige Richtung.«

Wenn sich die Beziehung zwischen dem Projektmanager und den Linienmanagern verschlechtert, leidet fast immer das Projekt. Die Unternehmensführung muss sich für ein gutes Arbeitsklima zwischen Projekt- und Linienmanagement einsetzen. Das einvernehmliche Verhältnis zwischen Projekt- und Linienmanager trübt sich meistens, wenn es um die Frage geht, wer für den Gewinn verantwortlich ist. Projektmanager sind der Meinung, Gewinne seien ihr Verdienst, weil sie das Budget überwachen. Linienmanager hingegen argumentieren damit, dass sie es schaffen müssen, die Projekte mit dem budgetierten Personal auszustatten, die Ressourcen zum gewünschten Zeitpunkt bereitzustellen und die Leistung zu überwachen. Ein solcher Konflikt kann das gesamte Projektmanagement-System zunichte machen.

Die Beispiele sollten verdeutlichen, dass es beim Projektmanagement eher um die richtigen Verhaltensweisen als um quantitative Aspekte geht. Effektives Projektmanagement setzt Kenntnisse über folgende Dinge voraus:

- Quantitative Werkzeuge und Techniken für die Planung und Steuerung
- Organisationsstrukturen
- Organisation

Die meisten Projektmanager kennen sich mit quantitativen Werkzeugen für die Ablauf- und Terminplanung sowie die Steuerung von Arbeitsabläufen aus. Es ist jedoch zwingend notwendig, dass Projektmanager auch über den Arbeitsablauf in jeder Linienorganisation Bescheid wissen. Außerdem sollten Projektmanager ihre Stellenbeschreibung kennen und wissen, wo die Grenzen ihrer Befugnisse liegen. Im Rahmen eines hausinternen Seminars zum Projektmanagement in der Konstruktion bat der Autor einen der Ingenieure, seine Tätigkeit als Projektingenieur zu beschreiben. In der anschließenden Diskussion sagten einige Linienmanager und Projektmanager, dass sich ihre Stellenbeschreibungen stark mit denen des Projektingenieurs überschneiden würden.

Organisationstalent ist wichtig, weil die Fachkräfte in den Schnittstellenpositionen mehreren Vorgesetzten unterstellt sind: einem Linienmanager und einem Projektmanager pro Projekt, an dem sie mitarbeiten. Die Unternehmensführung muss dafür sorgen, dass die Projektmitarbeiter ausreichend in der Berichterstattung an mehrere Vorgesetzte geschult werden.

1.4 Die Rolle des Projektmanagers

PMBOK® Guide 2004

2.2 Projektstakeholder

Kapitel 4 Integrationsmanagement in Projekten

Der Projektmanager ist verantwortlich für die Koordination und die Integration der Aktivitäten über mehrere Funktionsbereiche hinweg. Die Integration beinhaltet folgende Leistungen:

- Integration der Aktivitäten, die zur Entwicklung eines Projektplans erforderlich sind
- Integration der Aktivitäten, die zur Ausführung des Plans erforderlich sind
- Integration der Aktivitäten, die bei Planänderungen anfallen

Abbildung 1.3 veranschaulicht die Verantwortlichkeiten des Projektmanagers, der mittels eines vorgegebenen Inputs wie z.B. den Ressourcen ein bestimmtes Ergebnis in Form von Produkten, Dienstleistungen und Gewinnen erzielen muss.

PMBOK® Guide 2004
Kapitel 4
Integrationsmanagement

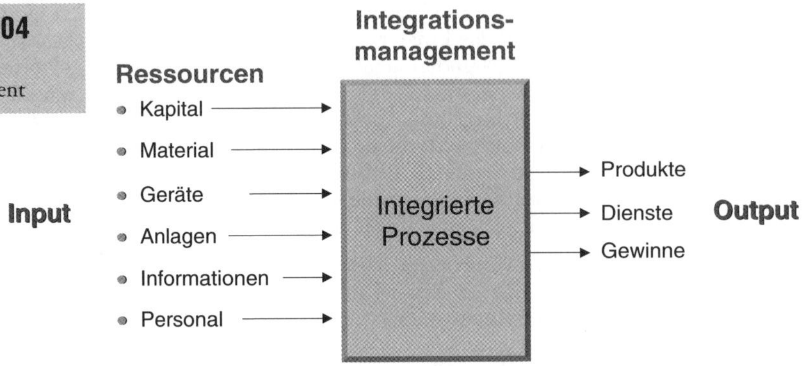

Abbildung 1.3: Integrationsmanagement

Dazu benötigt ein Projektmanager sehr gute kommunikative und zwischenmenschliche Fähigkeiten, er muss sich jedoch auch mit den innerbetrieblichen Prozessen jeder Linienorganisation vertraut machen und er sollte sich mit der eingesetzten Technologie auskennen.

Ein leitender Angestellter eines Computerherstellers sagte einmal, dass sein Unternehmen auf der Suche nach externen Projektmanagern sei. Auf die Frage, ob die Bewerber sehr gute Computerkenntnisse aufweisen müssen, antwortete er: »Wenn Sie mir eine kontaktfreudige Person mit guten kommunikativen Fähigkeiten nennen können, erhält sie den Job. Das technologische Wissen kann ich ihr beibringen. Außerdem kann ich dieser Person für bestimmte Entscheidungen die Experten zur Seite stellen. Ich kann jedoch niemandem beibringen, wie man erfolgreich mit anderen zusammenarbeitet.«

Der Projektmanager hat es nicht leicht. Er trägt eine hohe Verantwortung, besitzt jedoch nur wenig Weisungsbefugnisse. Dieser Mangel an Autorität kann Projektmanager dazu zwingen, mit dem ihm vorgesetzten Manager und mit den Linienmanagern über die Steuerung von Unternehmensressourcen verhandeln zu müssen. Häufig werden Projektmanager sogar als Außenseiter behandelt.

Im Projektumfeld scheint sich alles um den Projektmanager zu drehen. Obwohl die Projektorganisation eine spezialisierte, aufgabenorientierte Einheit ist, kann sie nicht unabhängig von der traditionellen Struktur des Unternehmens existieren. Der Projektmanager muss deshalb zwischen Projekt- und Linienorganisation vermitteln. Seine Tätigkeit wird häufig als *Schnittstellenmanagement* bezeichnet, da er sich um die folgenden Beziehungen kümmern muss:

- Innerhalb des Projektteams
- Zwischen dem Projektteam und den Linienorganisationen
- Zwischen dem Projektteam und der Unternehmensführung
- Zwischen dem Projektteam und der Organisation des Kunden (interne oder externe Organisation)

Um effektiv wirken zu können, muss der Projektmanager Führungsqualitäten und Fachwissen besitzen. Ingenieure betrachten ihre Karrieremöglichkeiten innerhalb der Funktionsbereiche häufig als begrenzt und sehen in der Tätigkeit als Projektmanager oder Projektingenieur eine Aufstiegsmöglichkeit. Um Manager zu werden, müssen sie jedoch etwas über Psychologie, menschliche Verhaltensweisen, organisatorisches Verhalten, zwischenmenschliche Beziehungen und Kommunikation lernen. Glücklicherweise gibt es MBA-Programme, in denen Ingenieure sich den nötigen Hintergrund für eine Tätigkeit als Projektmanager aneignen können.

In der Vergangenheit motivierten Führungskräfte qualifiziertes Personal in erster Linie mit finanziellen Anreizen. Heutzutage kommen andere Methoden zum Einsatz, wie z.B. die Änderung der Stellenbezeichnung oder die Zusicherung einer herausfordernden Aufgabe. Bei Projektmanagern und Projektingenieuren gibt es wahrscheinlich die geringste Fluktuationsrate aller

Berufe. In einer Projektumgebung verfolgen Projektmanager und Projektingenieure ihre Projekte von der Entstehung bis zum Abschluss. Die Früchte des eigenen Schaffens sehen zu können übt eine motivierende Wirkung aus. Ein Senior-Projektmanager eines Bauunternehmens, der das Angebot, Vize-Präsident des Unternehmens zu werden, mehrfach ablehnte, lieferte dafür folgende Begründung: »Ich kann meinen Kindern und Enkelkindern in zehn Länder dieser Erde Gebäude zeigen, deren Bau ich als Projektmanager betreut habe. Was sollte ich meinen Kindern und Enkelkindern als Mitglied der Unternehmensführung zeigen? Die Größe meines Büros? Mein Bankkonto? Oder etwa den Aktionärsbericht?«

Der Projektmanager lernt ähnlich wie ein Geschäftsführer den Arbeitsablauf im gesamten Unternehmen kennen. Tatsächlich erfährt er sogar mehr darüber als die meisten Führungskräfte. Aus diesem Grund werden Führungskräfte, die für Positionen im Top-Management vorgesehen sind, häufig zunächst im Projektmanagement eingesetzt.

1.5 Die Rolle des Linienmanagers

> **PMBOK® Guide 2004**
>
> Kapitel 9 Personalmanagement in Projekten
>
> 9.1.2 Personalbedarfsplanung: Werkzeuge und Methoden

Sind Projekt- und Linienmanager nicht ein und dieselbe Person, kommt dem Linienmanager eine spezielle Rolle zu, die wie folgt definiert werden kann:

- Der Linienmanager muss festlegen, *wie* die Aufgabe erledigt werden soll und *wo* sie ausgeführt werden soll (z.B. die technischen Kriterien).
- Der Linienmanager ist verantwortlich dafür, dass genügend Ressourcen zur Verfügung stehen, damit das Ziel im Rahmen der Projektvorgaben erreicht werden kann (z.B. legt er fest, *wer* den Job erledigen kann).
- Der Linienmanager ist für die durchzuführenden Arbeiten verantwortlich.

Nachdem also der Projektmanager die Anforderungen für das Projekt festgelegt hat (z.B. die Art der Arbeit, die durchgeführt werden muss und die Projektvorgaben), muss der Linienmanager die technischen Kriterien festlegen. Außer vielleicht im Bereich der Forschung und Entwicklung sollte der Linienmanager der Experte sein. Hat der Linienmanager das Gefühl, dass bestimmte technische Anforderungen, die der Projektmanager aufgestellt hat, nicht erfüllt werden können, hat er auf Grund seiner Erfahrung das Recht, dies zu beanstanden und seinen Fall einer übergeordneten Stelle darzulegen.

In Abschnitt 1.1 wurde ausgesagt, dass alle Ressourcen inklusive der Ressource Personal vom Linienmanager kontrolliert werden. Der Projektmanager hat zwar das Recht, bestimmte Mitarbeiter anzufordern, letztendlich entscheidet jedoch der Linienmanager über die Personalausstattung. Verständnis für die Probleme des Linienmanagers kann für Projektmanager sehr hilfreich sein:

- Unbegrenzte Nachfrage nach Arbeitskräften (insbesondere bei konkurrierenden Geboten)
- Fest vorgegebene Stichtage
- Alle Anliegen haben eine hohe Priorität
- Begrenzte Anzahl der Ressourcen
- Begrenzte Verfügbarkeit der Ressourcen
- Nicht eingeplante Änderungen des Projektplans
- Unvorhergesehener mangelnder Projektfortschritt
- Nicht eingeplante Abwesenheit von Ressourcen
- Nicht eingeplanter Ausfall von Ressourcen
- Nicht eingeplanter Verlust von Ressourcen
- Nicht eingeplante Fluktuation

Die Linienmanager sind nur in wenigen Branchen in der Lage, dem Projektmanager im Voraus genau mitzuteilen, welche Ressourcen beim geplanten Projektstart verfügbar sein werden. Für den Projektmanager ist es nicht wichtig, die besten verfügbaren Ressourcen zu erhalten. Linienmanager sollten sich nicht auf bestimmte Personen festlegen, sondern darauf achten, ihren Teil des Projektziels innerhalb der geplanten Zeit, Kosten und Leistung zu erreichen, auch wenn dazu durchschnittliches oder unterdurchschnittliches Personal eingesetzt werden muss. Ist der Projektmanager mit den zugewiesenen Ressourcen unzufrieden, sollte er den Projektabschnitt genau überwachen, an dem diese Ressourcen beteiligt sind. Nur, wenn der Projektmanager sich selbst davon überzeugt hat, dass die zugewiesenen Ressourcen inakzeptabel sind, sollte er den Linienmanager damit konfrontieren und bessere Ressourcen anfordern.

Die Tatsache, dass ein Projektmanager mit der Projektleitung betraut wurde, enthebt den Linienmanager nicht von seiner fachlichen Verantwortung für die Ausführung der Arbeiten. Weist ein Linienmanager Ressourcen so zu, dass die Projektvorgaben nicht erfüllt werden können, werden er und der Projektmanager für das Versagen verantwortlich gemacht. Es gibt sogar Unternehmen, die in Betracht ziehen, die Leistungsbeurteilung von Linienmanagern davon abhängig zu machen, wie häufig sie ihre Zusagen an Projektmanager erfüllt haben. Deshalb ist es für alle Beteiligten sehr wichtig, dass die Projektverpflichtungen *deutlich für alle sind.*

Einige Unternehmen führen das Konzept der Zusagen jedoch ad absurdum. Bei einem Flugzeugzulieferer gibt es eine gesonderte Abteilung, die ausschließlich überprüft, in welchem Ausmaß die Linienmanager ihre Zusagen gegenüber Projektmanagern erfüllen. Der Abteilungsleiter dieser Abteilung berichtete direkt an den Vorstand der Sparte. In diesem Unternehmen gehen die Linienmanager mit Zusagen sehr vorsichtig um, sie setzen jedoch alles ein, um die Lieferobjekte zu erreichen. Der genannte Flugzeugzulieferer ging sogar so weit, den Projekt- und den Linienmanagern die fristlose Kündigung dafür anzudrohen, dass sie Probleme verschweigen, anstatt sie sofort ans Licht zu bringen.

Bei einem Automobilhersteller brachte die Spannung zwischen Projekt- und Linienmanagern so viel Streit mit sich, dass Leistung und Randbedingungen des Projekts ernsthaft beeinträchtigt wurden. Die Projektmanager argumentierten, dass die Linienmanager ihre Versprechen nicht einhielten, während die Linienmanager dagegenhielten, dass die Anforderungen der Projektmanager schlecht definiert seien. Um das Problem abzumildern, wurde ein neues Formular erstellt, das als Vertragsvereinbarung zwischen den Projekt- und den Linienmanagern diente, die den Lieferobjekten verpflichtet waren. Das führte zu einer »gemeinsamen Verantwortung« für die Lieferobjekte des Projekts.

PMBOK® Guide 2004
2.3.3 Organisationsstruktur
Abbildung 2.6

Projektmanagement soll dazu dienen, die Befugnisse und Zuständigkeiten zwischen Projekt- und Linienmanagern aufzuteilen. Projektmanager planen, überwachen und steuern das Projekt, wohingegen die Linienmanager die eigentliche Arbeit verrichten. Tabelle 1.1 veranschaulicht, wie die Zuständigkeit aufgeteilt wird. Sie gilt jedoch nicht, wenn Projekt- und Linienmanager ein und dieselbe Person sind. Diese Situation, die leider allzu häufig vorkommt, erzeugt einen Interessenskonflikt. Muss der Linienmanager sechs Projekten Ressourcen zuteilen, wobei er selbst eines der Projekte als Projektmanager betreut, plant er möglicherweise die besten Ressourcen für sein eigenes Projekt ein. Sein Projekterfolg ist dann zwar gesichert, er geht jedoch zu Lasten aller anderen Projekte.

	Zuständigkeiten	
Thema	**Projektmanager**	**Linienmanager**
Bonus	Vergabe von Empfehlungen: informell	Bereitstellung des Bonus: formell
Richtung	Meilenstein (Übersicht)	Detailliert
Bewertung	Übersicht	Detailliert

Tabelle 1.1: Zuständigkeiten von Projekt- und Linienmanager

Thema	Zuständigkeiten Projektmanager	Linienmanager
Messung	Übersicht	Detailliert
Steuerung	Übersicht	Detailliert

Tabelle 1.1: Zuständigkeiten von Projekt- und Linienmanager

Die Klärung der genauen Beziehung zwischen Projekt- und Linienmanagern ist bei Projekten sehr wichtig, bei denen an mehrere Vorgesetzte berichtet werden muss. Tabelle 1.2 zeigt, dass die Beziehung zwischen Projekt- und Linienmanagern nicht immer ausgeglichen ist, was sich darauf auswirkt, wer mehr Einfluss auf die zugeteilten Projektmitarbeiter ausübt.

PMBOK® Guide 2004
2.3.3 Organisationsstruktur
Abbildung 2.6

		Beziehung zwischen Projektmanager (PM), Linienmanager (LM) und Mitarbeiter			
Rolle des Projekt-managers	**Art der Matrix-Struktur***	**PM verhandelt über**	**Mitarbeiter nehmen technische Anweisung entgegen von**	**PM erhält Fortschrittsbericht von**	**Bewertung der Leistung durch**
Wenig einflussreich	schwach	Lieferobjekte	LMs	Vorwiegend LMs	LMs ohne Berücksichtigung des PM
Einflussreich	stark	Personen, die informell an den PM, formell jedoch an LMs berichten	PM und LMs	Zugeteilte Mitarbeiter, die an LMs berichten	LMs mit Eingabe von PM
Leiter eines Organisationsbereichs	sehr stark	Personen, die für die gesamte Projektdauer ausschließlich an PM berichten	nur PM	Zugeteilte Mitarbeiter, die nun direkt an PM berichten	Nur PM

* Organisationsstrukturen werden in Kapitel 3 vorgestellt.

Tabelle 1.2: Beziehungen, die bei der Berichterstattung gelten

1.6 Die Rolle der Projektmitarbeiter

Nachdem die Linienmanager die Verantwortung für die Erfüllung der Lieferobjekte übernommen haben, liegt es an den zugeteilten Projektmitarbeitern, diese Lieferobjekte zu erreichen. Über Jahre hinweg wurden die Projektmitarbeiter als unterstellte Mitarbeiter bezeichnet. Dieser Begriff taucht in Lehrbüchern zwar noch auf, in der Praxis werden die Projektmitarbeiter inzwischen jedoch bevorzugt als »Partner« bezeichnet. Das liegt daran, dass beim Projektmanagement »Partner« in einer höheren Gehaltsstufe liegen können als der Projektmanager. Die »Partner« werden möglicherweise sogar besser bezahlt als ihr Linienmanager.

In den meisten Organisationen berichten Projektmitarbeiter direkt an ihren Linienmanager, selbst wenn sie an mehreren Projekten gleichzeitig arbeiten. Die Projektmitarbeiter sind in der Regel locker mit dem Projekt, aber fest mit ihrer Funktion verbunden. Dadurch befinden sich die Projektmitarbeiter häufig in der unangenehmen Lage, an mehrere Personen gleichzeitig berichten zu müssen. Die Situation verkompliziert sich zusätzlich, wenn der Projektmanager fachlich kompetenter ist als der Linienmanager, was bei Projekten im Bereich Forschung und Entwicklung vorkommen kann.

Von den Projektmitarbeitern wird im Rahmen eines Projekts Folgendes erwartet:

- Verantwortung dafür zu übernehmen, dass die aufgestellten Lieferobjekte innerhalb der Projektvorgaben erreicht werden
- Die Arbeit zum frühestmöglichen Zeitpunkt fertig zu stellen
- Den Projekt- und den Linienmanager in regelmäßigen Abständen über den Projektverlauf zu informieren
- Probleme so schnell wie möglich ans Licht zu bringen
- Informationen an das Projektteam weiterzugeben

1.7 Die Rolle der Unternehmensführung

In einer Projektumgebung wird von der Unternehmensführung Unterstützung in folgenden Situationen erwartet:

- Bei der Projektplanung und Zielsetzung
- Bei der Lösung von Konflikten
- Bei der Festlegung von Prioritäten
- Als Projektsponsor[2]

Von der Unternehmensführung wird erwartet, dass sie bei der Anbahnung von Projekten und bei der Projektplanung sehr eng mit dem Projekt verbunden ist, jedoch während der Ausführung auf Distanz geht, falls nicht unbedingt Prioritäten gesetzt oder Konflikte gelöst werden müssen. Ein Grund dafür, warum die Unternehmensführung sich in die Projektausführung einmischen könnte, wäre, dass sie vom Projektmanager keine genauen Informationen über den Projektstatus erhält. Beliefern die Projektmanager die Unternehmensführung jedoch mit aussagekräftigen Statusberichten, reduziert sich die so genannte Einmischung oder entfällt sogar ganz.

PMBOK® Guide 2004
Projektstakeholder - Sponsor (2.2)

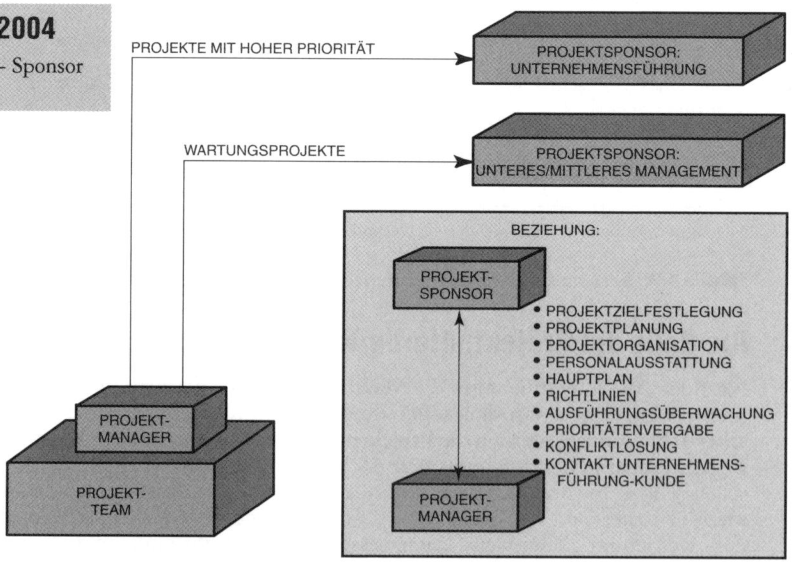

Abbildung 1.4: Der Projektsponsor als Vermittler

2. Die Rolle des Projektsponsors wird in Abschnitt 10.1 beschrieben.

1.8 Zusammenarbeit mit der Unternehmensführung

Erfolg beim Projektmanagement verhält sich wie ein Stuhl mit drei Beinen. Das erste Bein ist der Projektmanager, das zweite der Linienmanager und das dritte die Unternehmensführung. Versagt eines dieser Beine, kann selbst die ausgefeilteste Balance nicht verhindern, dass der Stuhl umfällt.

Der kritische Punkt beim Projektmanagement ist die Schnittstelle zwischen Projekt- und Linienmanager. Projekt- und Linienmanager müssen sich als gleichberechtigte Partner betrachten und sie müssen gewillt sein, die Autorität, die Verantwortung und die Haftung gemeinsam zu tragen. In gut geführten Unternehmen müssen Projektmanager nicht um Ressourcen verhandeln, sondern können einfach die Zusage der Linienmanager erbitten, ihren Teil der Arbeit im vorgegebenen Zeit-, Kosten- und Leistungsrahmen zu erfüllen. In solchen Unternehmen sollte es auch keine Rolle spielen, welche Mitarbeiter der Linienmanager einem Projekt zuteilt, so lange er seine Zusagen einhält.

Da Projekt- und Linienmanager auf der gleichen Stufe stehen, muss die Unternehmensführung eingreifen, um den Projektmanager zu beraten oder die Linienmanager dabei zu unterstützen, ihre Zusagen einzuhalten. Handeln Führungskräfte auf diese Weise, übernehmen sie die Rolle von Projektsponsoren (siehe Abbildung 1.4)[3]. Die Abbildung veranschaulicht jedoch auch, dass der Sponsor nicht immer Mitglied der Unternehmensführung sein muss. Welche Person die Rolle des Projektsponsors übernimmt, hängt vom Projektvolumen, der Priorität des Projekts und vom Kunden ab.

Das Ziel des Projektsponsors besteht darin, die Projektmitarbeiter hinter den Kulissen sowohl unternehmensintern, als auch nach außen zu unterstützen (siehe Abbildung 1.4). Projekte können auch ohne diese Unterstützung erfolgreich abgeschlossen werden, so lange alles problemlos verläuft. In Krisensituationen ist es jedoch sicher sehr hilfreich, einen »Großen Bruder« zur Unterstützung greifbar zu haben.

Wenn eine Führungskraft als Projektsponsor agieren muss, muss sie Projektentscheidungen effektiv und rechtzeitig treffen. Dazu benötigt die Führungskraft rechtzeitig genaue und vollständige Daten. Zweckdienlich ist, die Unternehmensführung auf dem Laufenden zu halten, wohingegen die leider allzu häufige Praxis des »Mauerns« verhindert, dass Führungskräfte effektive Projektentscheidungen treffen können.

Es ist nicht notwendig, das Projektsponsoring ausschließlich auf Ebene der Führungskräfte anzusiedeln. Nachdem die Unternehmen mehr Reife in Hinblick auf Verständnis und Implementierung des Projektmanagements erworben haben, kann es auch auf die Ebene des mittleren Managements verschoben werden. Auch ein Komitee-Sponsoring ist denkbar.

1.9 Der Projektmanager als Planer

PMBOK® Guide 2004

Kapitel 9 Personalmanagement in Projekten

Der Projektmanager ist im Wesentlichen für die Planung verantwortlich. Mit einer guten Projektplanung macht der Projektmanager sich selbst überflüssig, weil das Projekt dann von selbst läuft. Das passiert allerdings ziemlich selten. Nur wenige Projekte werden abgeschlossen, ohne dass der Projektmanager Komplikationen lösen oder Kompromisse eingehen muss.

In den meisten Fällen bietet der Projektmanager einen Überblick über die durchzuführenden Arbeiten, die detaillierte Planung stammt jedoch von den Linienmanagern (den eigentlichen Experten). Projektmanager können zwar die Ressourcen nicht steuern oder zuteilen, sie müssen jedoch sicherstellen, dass die Ressourcen geeignet sind und zeitlich so eingeplant sind, dass das Projektziel erreicht werden kann. Als Projektplaner muss der Projektmanager Folgendes bereitstellen:

---

3. Abschnitt 10.1 beschreibt die Rolle des Projektsponsors ausführlicher.

- Umfassende und vollständige Aufgabenbeschreibungen
- Definitionen der Ressourcenanforderungen (möglichst mit Angabe des Erfahrungsgrads)
- Wichtige Meilensteine des Terminplans
- Definition der Qualität und der Zuverlässigkeit des Endprodukts
- Eine Grundlage für die Leistungsbemessung

Diese Faktoren resultieren, falls sie korrekt angewendet werden, in folgenden Punkten:

- Sicherheit, dass die Linieneinheiten ihre Verantwortlichkeiten beim Erreichen des Projektziels kennen.
- Sicherheit, dass Probleme, die aus der Terminplanung und der Zuteilung kritischer Ressourcen resultieren, schon im Voraus bekannt sind.
- Der frühzeitigen Identifikation von Problemen, die den erfolgreichen Projektverlauf aufs Spiel setzen könnten. Dadurch kann frühzeitig korrigierend eingegriffen werden und die Planung kann überarbeitet werden, um die Probleme zu verhindern oder zu lösen.

Projektmanager sind für die Projektverwaltung zuständig und müssen deshalb auch das Recht haben, ihre eigenen Richtlinien, Prozeduren, Regeln und Direktiven zu entwickeln – vorausgesetzt, diese stehen im Einklang mit der Firmenpolitik. In Unternehmen mit ausgereiften Projektmanagementstrukturen gibt es in der Regel nur lockere Unternehmensrichtlinien, was Projektmanagern einen gewissen Grad an Flexibilität bei der Steuerung ihrer Projekte bietet. Projektmanager können Projektmitarbeitern jedoch zu folgenden Punkten keine Zusagen machen:

- Beförderung
- Rang
- Gehalt
- Bonus
- Überstunden
- Verantwortungsbereiche
- Zukünftige Zuteilung zu Projekten

Diese sieben Punkte können nur von Linienmanagern entschieden werden. Der Projektmanager kann jedoch indirekt Einfluss ausüben, indem er dem Linienmanager mündlich oder besser noch schriftlich mitteilt, wie zufrieden er mit einem Mitarbeiter ist, indem er Überstunden für den Mitarbeiter anfordert, weil es das Projektbudget zulässt, und indem er Mitarbeitern die Möglichkeit bietet, Arbeiten zu erledigen, die eigentlich mit einer höheren Gehaltsstufe vergütet werden. Letzteres kann jedoch erhebliche Probleme verursachen, wenn keine Abstimmung mit dem Linienmanager erfolgt, weil Mitarbeiter in der Regel eine sofortige Belohnung erwarten, wenn sie ihre Sache gut machen.

Die Aufstellung der administrativen Anforderungen ist Bestandteil der Projektplanung. Die Unternehmensführung muss entweder in der Anfangsphase mit den Projektmanagern zusammenarbeiten oder aber später als Ressource verfügbar sein. Eine falsche administrative Projektplanung kann dazu führen, dass

- die Unternehmens- oder Projektrichtlinien, Prozeduren und Direktiven ständig überarbeitet oder neu aufgestellt werden müssen
- ein beständiger Wechsel der Zuständigkeiten erforderlich ist und eine möglicherweise unnötige Neustrukturierung durchgeführt werden muss
- die Projektmitarbeiter sich neues Wissen oder neue Fertigkeiten aneignen müssen

Tritt eine solche Situation in mehreren Projekten gleichzeitig auf, entsteht möglicherweise im gesamten Unternehmen Chaos.

1.10 Projekt-Champions

Unternehmen ermutigen ihre Mitarbeiter, neue Ideen zu entwickeln. Werden diese vom Unternehmen übernommen, erhalten die Mitarbeiter dafür eine finanzielle Belohnung oder eine Belohnung anderer Art. Eine anderweitige Belohnung kann beispielsweise die Verleihung des Titels »Projekt-Champion« sein. Leider wird der Projekt-Champion häufig zum Projektmanager und das Projekt scheitert, obwohl die Idee technisch korrekt zu sein schien.

Tabelle 1.3 vergleicht den Projektmanager mit dem Projekt-Champion. Die Gegenüberstellung zeigt, dass ein Projekt-Champion sich häufig so stark auf die technische Seite des Projekts konzentriert, dass er dabei seine administrativen Pflichten völlig vernachlässigt. Deshalb eignen sich Projekt-Champions in der Regel besser als Projektingenieure anstatt als Projektmanager.

Projektmanager	Projekt-Champions
• Arbeiten bevorzugt in Gruppen	• Arbeiten bevorzugt allein
• Dem Management und technischen Gesichtspunkten verpflichtet	• Verpflichtung gegenüber Technologie
• Verpflichtung gegenüber dem Unternehmen	• Verpflichtung gegenüber Beruf
• Versuchen, das Ziel zu erreichen	• Versuchen, das Ziel zu übertreffen
• Sind bereit, Risiken einzugehen	• Sind nicht bereit, Risiken einzugehen. Versuchen, alles vorher zu überprüfen.
• Streben nach dem Machbaren	• Streben nach Perfektion
• Denken in kurzen Zeitspannen	• Denken in langen Zeitspannen
• Führen Menschen	• Verwalten Dinge
• Legen Wert auf materielle Werte	• Haben sich intellektuellen Werten verschrieben und verfolgen diese

Tabelle 1.3: Projektmanager und Projekt-Champions im Vergleich

Dieser Vergleich besagt nicht, dass technisch orientierte Projekt-Champions, die zum Projektmanager aufgestiegen sind, zum Scheitern verurteilt wären, sondern dass bei der Wahl des geeigneten Projektmanagers *alle* Facetten des Projekts berücksichtigt werden sollten.

1.11 Die Nachteile des Projektmanagements

Das Projektmanagement wird häufig nur als hoch bezahlter Posten betrachtet, bei dem der Projektmanager hervorragend in Unternehmensführung geschult wird.

Bei Projekten, die für externe Auftraggeber ausgeführt werden, herrscht allgemein die Sichtweise vor, dass der Projektmanager mit einem Topf Gold beginnt und das Projekt dann so verwalten muss, dass es genügend Gewinn für die Aktionäre abwirft. Macht der Projektmanager seine Arbeit gut, verläuft das Projekt erfolgreich. Möglicherweise sind die Personalkosten für den Projektmanager jedoch sehr hoch.

Es gibt einige große Risiken, die nicht immer direkt sichtbar sind. Manche Positionen im Projektmanagement sind mit einer 60-Stunden-Woche und einer hohen Reisetätigkeit verbunden. Wenn ein Projektmanager anfängt, mehr für seinen Job zu empfinden als für seine Familie, wird er vermutlich bald keine Freunde und kein zufrieden stellendes Familienleben mehr haben, was möglicherweise sogar zur Scheidung führt. Während der ersten Raketen- und Weltraumprojekte in den USA war die Scheidungsrate bei Projektmanagern und Projektingenieuren doppelt so hoch wie der nationale Durchschnitt. Die Arbeit als Projektmanager lässt sich nicht immer mit den Bedürfnissen einer jungen Familie vereinbaren. Folgende Eigenschaften sind charakteristisch für den Workaholic-Projektmanager:

- Freitags glaubt er, dass ihm noch zwei Arbeitstage bis Montag bleiben.
- Um 17.00 Uhr ist für ihn erst der halbe Arbeitstag vorbei.
- Er hat keine Zeit, sich auszuruhen oder sich zu entspannen.
- Er nimmt immer Arbeit mit nach Hause.
- Er nimmt immer Arbeit mit in den Urlaub.

1.12 Projektorientierte und nicht projektorientierte Organisationen

PMBOK® Guide 2004
2.3.1 Organisationsformen
Projektbasiert und nicht projektbasiert

Auf Mikroebene sind alle Organisationen entweder marketing-, konstruktions- oder fertigungsorientiert. Auf Makroebene sind Organisationen hingegen projekt- oder nicht projektorientiert. Der PMBOK®Guide verwendet die Begriffe *projektbasiert* und *nicht projektbasiert*, während in diesem Text die Begriffe *projektorientiert* und *nicht projektorientiert* benutzt werden. Bei projektorientierten Unternehmen wie Bau- oder Luft- und Raumfahrtunternehmen verlaufen alle Tätigkeiten im Rahmen von Projekten, wobei jedes Projekt als separate Kostenstelle sein eigenes Gewinn- und Verlustkonto hat. Der Unternehmensgewinn ergibt sich aus der Summe der Projektgewinne. In einer projektorientierten Organisation dreht sich alles um Projekte.

Bei Organisationen ohne Projektorientierung wie z.B. bei Fertigungsunternehmen werden Gewinn und Verlust in vertikalen oder funktionsbezogenen Kategorien bemessen. Bei dieser Art von Unternehmen existieren Projekte nur zur Unterstützung von Produktlinien oder von Fertigungsprogrammen. Ressourcen mit hoher Priorität werden den Fertigungsprogrammen zugeteilt, die hohe Gewinne erzielen, und nicht den Projekten.

Projektmanagement lässt sich in Unternehmen ohne Projektorientierung aus den folgenden Gründen erheblich schwieriger realisieren:

- Es gibt nur wenig Projekte und die Zeitabstände zwischen den einzelnen Projekten können groß sein.
- Es bestehen nicht bei allen Projekten dieselben Anforderungen an das Projektmanagement und die Projekte können deshalb nicht auf dieselbe Weise betreut werden. Diese Schwierigkeit tritt auf, weil die Unternehmen nicht viel von Projektmanagement verstehen und ungern Geld in die passenden Schulungsmaßnahmen investieren.
- Die Unternehmensführung hat nicht genügend Zeit, die Projekte selbst zu leiten, weigert sich jedoch, das Projektmanagement zu delegieren.
- Projekte verzögern sich in der Regel, weil ihre Bewilligung in einem vertikalen Dienstweg erfolgt. Entsprechend bleibt die Projektarbeit zu lange in den Fachressorts stecken.
- Weil die Personalbesetzung bei Projekten »lokal« erfolgt, weiß nur ein bestimmter Teil der Organisation über Projektmanagement Bescheid und sieht das System in Aktion.
- Es besteht im Bereich des Projektmanagements eine hohe Abhängigkeit von Subunternehmern und externen Agenturen.

Es kann auch sein, dass in einem Unternehmen ohne Projektorientierung sehr viele Projekte durchgeführt werden, mit denen in der Regel die Fertigung unterstützt wird. Einige Projekte basieren jedoch möglicherweise auf Anfragen von Kunden, wie z.B. die folgenden:

- Die Einführung einer statistischen Bemessungsgrundlage zur Verbesserung der Fertigungssteuerung
- Die Einführung von Verfahrensänderungen zur Verbesserung des Endprodukts
- Die Einführung von Verfahrensänderungen, mit denen die Produktzuverlässigkeit verbessert werden kann.

Werden diese Änderungen nicht als spezielle Projekte identifiziert, kann Folgendes resultieren:

- Schlecht definierte Zuständigkeitsbereiche im Unternehmen
- Eine mangelhafte unternehmensinterne und externe Kommunikation
- Eine langsame Implementierung
- Fehlende Kostenkontrollsysteme bei der Implementierung
- Unzureichend definierte Leistungskriterien

Abbildung 1.5 zeigt das Spitze-des-Eisbergs-Syndrom, das zwar in allen Arten von Organisationen auftreten kann, jedoch in nicht projektorientierten Organisationen wesentlich häufiger ist.

An der Oberfläche werden nur die mangelnden Befugnisse des Projektmanagers sichtbar. Unter der Oberfläche finden sich jedoch die Ursachen dafür. Da die Unternehmensführung das Konzept des Projektmanagements nicht verstanden hat, erfolgt eine starke Einmischung, weshalb wiederum der Schulungsbedarf nicht erkannt wird.

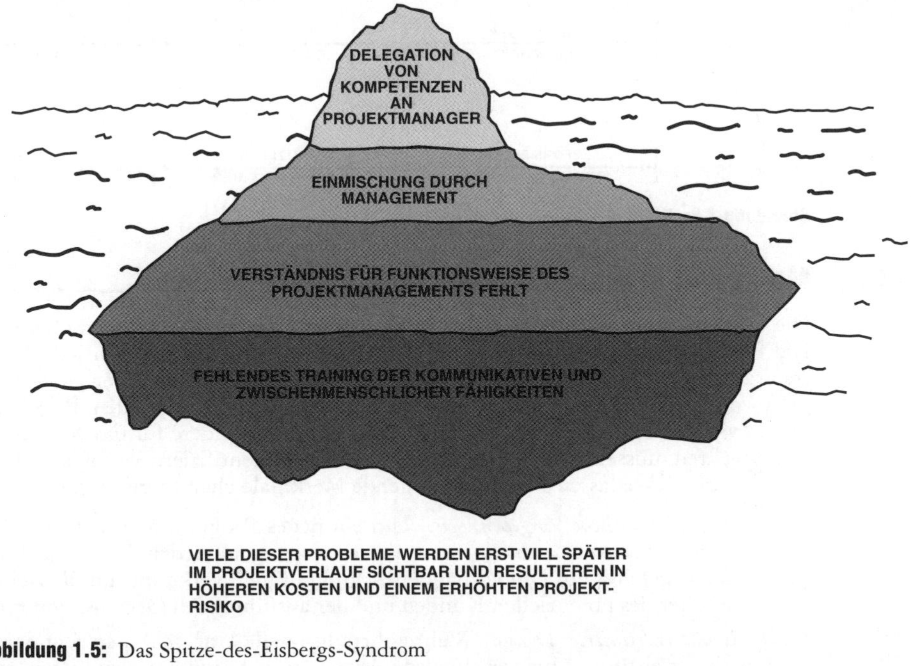

Abbildung 1.5: Das Spitze-des-Eisbergs-Syndrom

In den letzten Abschnitten wurde erwähnt, dass Projektmanagement auf formeller oder informeller Ebene behandelt werden kann. Wie Abbildung 1.6 zeigt, tritt informelles Projektmanagement meistens in Organisationen auf, die nicht projektorientiert sind. Es ist fraglich, ob informelles Projektmanagement in einer projektorientierten Organisation möglich wäre, in der der Projektmanager für Gewinne und Verluste verantwortlich ist.

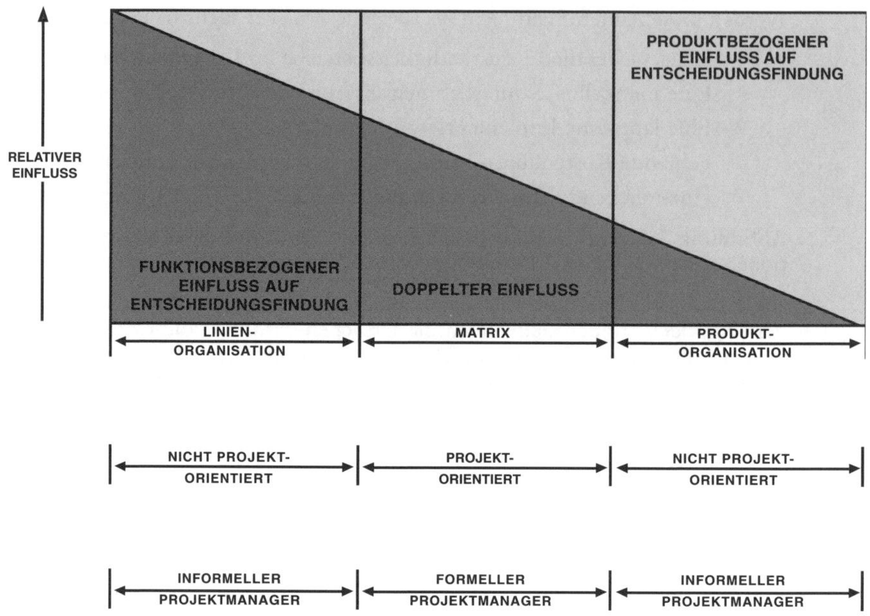

Abbildung 1.6: Einflüsse auf die Entscheidungsfindung

1.13 Marketing in projektorientierten Organisationen

Die Gewinnung neuer Konzepte ist für projektorientierte Unternehmen überlebensnotwendig. Die Praxis eines projektorientierten Unternehmens unterscheidet sich jedoch wesentlich vom traditionellen produktbezogenen Geschäft und kann nur mittels einer gemeinsamen Anstrengung von Marketing, Entwicklung und dem Kunden bewältigt werden. Projekte unterscheiden sich in vielerlei Hinsicht von Produkten. Das gilt insbesondere für das Marketing. Bei Marketingprojekten müssen einzigartige Geschäftschancen identifiziert, verfolgt und erobert werden. Marketingprojekte lassen sich durch folgende Merkmale charakterisieren:

- *Eine systematische Vorgehensweise.* Um ein neues Programm zu entwickeln, das in einem Vertrag resultiert, muss systematisch vorgegangen werden. Die Projektakquisition ist in der Regel eng mit den vorhandenen Programmen verknüpft und bezieht wichtige Mitarbeiter des potenziellen Kunden und der ausführenden Organisation mit ein.
- *Benutzerdefiniertes Design.* Während traditionelle Unternehmen Standardprodukte und -dienstleistungen für verschiedene Anwendungen und Kunden bieten, sind Projekte an bestimmte Anforderungen eines Kunden angepasst.
- *Projektlebenszyklus.* Projektorientierte Aktivitäten zeichnen sich durch einen klar definierten Beginn und ein klar definiertes Ende aus und setzen sich nicht immerwährend fort. Der Umsatz muss auf der Basis der einzelnen Projekte erzeugt werden und nicht dadurch, dass eine Nachfrage für ein Standardprodukt oder eine Standarddienstleistung hervorgerufen wird.
- *Marketingphase.* Zwischen der Produktdefinition, der Start- und der Endphase des Projekts liegen häufig lange Vorlaufzeiten.
- *Risiken.* Risiken treten insbesondere bei der Entwicklung, dem Entwurf und der Umsetzung von Programmen auf. Der Programm-Manager muss nicht nur die multidisziplinären Aufgaben und Projektelemente innerhalb der Kosten- und Zeitvorgaben integrieren, sondern auch Erfindungen und die Technologie managen, während er mit technisch orientierten Primadonnen zusammenarbeitet.

- *Die technische Möglichkeit, ein Projekt durchzuführen.* Die technischen Möglichkeiten, ein Projekt überhaupt durchführen zu können, sind bei der Projektakquise entscheidend.

Trotz der Risiken und Probleme sind die Gewinne bei Projekten im Vergleich zur herkömmlichen Geschäftspraxis in der Regel gering. Es stellt sich die Frage, warum Unternehmen sich überhaupt bei Projekten engagieren. Dafür gibt es viele Gründe:

- Die direkten Gewinne (als Prozentsatz des Absatzes) sind zwar in der Regel gering, die Kapitalerträge sind jedoch häufig sehr attraktiv. Durch die erfolgsorientierte Bezahlung werden Bestand und Außenstände auf ein Minimum reduziert und Unternehmen können Projekte übernehmen, die die Aktiva des Unternehmens um ein Vielfaches übersteigen.
- Nachdem der Vertrag unter Dach und Fach ist, ist das Projekt für das Unternehmen möglicherweise mit einem geringen finanziellen Risiko verbunden. Das Unternehmen muss nur wenig zusätzlichen Vertriebsaufwand betreiben und hat es während des gesamten Projektlebenszyklus mit einem vorhersagbaren Markt zu tun.
- Das Projektgeschäft darf nicht nur unter dem Gesichtspunkt der direkten Gewinnerzielung betrachtet werden. Projekte bieten einem Unternehmen die Möglichkeit, die fachliche Kompetenz weiterzuentwickeln und Erfahrungen zu sammeln, die die Basis für ein zukünftiges Firmenwachstum bilden können.
- Kann ein umfangreiches Projekt gewonnen werden, entsteht häufig ein attraktives Wachstumspotenzial, wie z.B. durch (1) Wachstum mit dem Projekt durch Zusätze und Änderungen, (2) Folgeaufträge, (3) Ersatzteile, Wartung und Schulung und (4) die Möglichkeit, in der nächsten Projektphase konkurrenzfähig zu sein, indem beispielsweise eine Studie in einen Vertrag zur Produktentwicklung und schließlich zur Produktfertigung umgewandelt wird.

Kunden unterscheiden sich in ihrer Form und Größe. Für kleinere und mittelgroße Unternehmen ist es eine echte Herausforderung, um Aufträge von großen Industrieunternehmen oder Regierungsorganisationen zu kämpfen. Obwohl der Auftrag für ein Unternehmen relativ klein sein kann, wird er häufig über ein großes Unternehmen an Subunternehmer vergeben. Der Vertrieb an einen solchen diversifizierten, heterogenen Kunden ist eine echte Herausforderung an das Marketing und erfordert einen ausgereiften Ansatz.

Der erste Schritt bei der Entwicklung eines neuen Geschäftsfelds besteht in der Definition des geplanten Zielmarkts. Das Marktsegment für eine neue Geschäftsmöglichkeit befindet sich normalerweise in einem Bereich, in dem das Unternehmen bereits Erfahrung, die technischen Möglichkeiten und Kundenkontakte besitzt. Gute Marketingstrategen müssen wie Produktlinien-Manager denken. Sie müssen alle Dimensionen des Geschäftsfelds kennen und in der Lage sein, Marktziele zu definieren und zu verfolgen, die das Unternehmen erreichen kann.

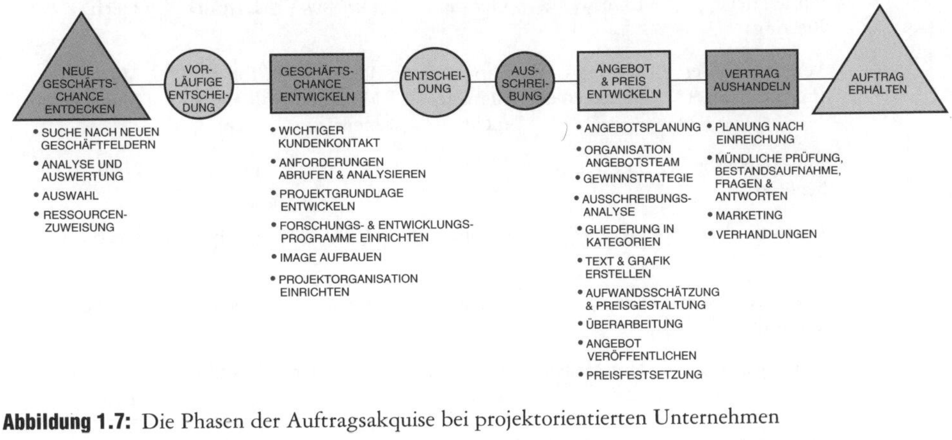

Abbildung 1.7: Die Phasen der Auftragsakquise bei projektorientierten Unternehmen

Bei Programmen spielen Gelegenheiten eine große Rolle, die sich in den Märkten bieten. Das heißt jedoch nicht, dass die Märkte unvorhersehbar und nicht handhabbar wären. Die Entwicklung einer Marktstrategie ist sehr wichtig. Neue Projektmöglichkeiten entwickeln sich häufig über einen längeren Zeitraum, bei größeren Projekten manchmal sogar über mehrere Jahre hinweg. Diese Entwicklungen müssen aufgezeichnet und kultiviert werden, da sie die Grundlage für Managemententscheidungen dienen, wie (1) Entscheidungen über Angebote, (2) die Verpflichtung von Ressourcen, (3) technische Reife und (4) effektive Kundenbeziehungen. Die Strategie, neue Geschäftsfelder hinzuzugewinnen, wird von systematischen Ansätzen wie in Abbildung 1.7 gezeigt unterstützt.

1.14 Klassifikation der Projekte

Die Prinzipien des Projektmanagements können auf alle Arten von Projekten und auf alle Branchen angewendet werden. Der Stellenwert, den die Prinzipien einnehmen, kann sich jedoch zwischen den einzelnen Projekten und Branchen unterscheiden. Tabelle 1.4 zeigt einen kurzen Vergleich zwischen verschiedenen Branchen und Projekten.

Für projektorientierte Branchen wie etwa Luftfahrt oder Hochbau macht der hohe Geldwert der Projekte einen strengeren Projektmanagementansatz zwingend erforderlich. Für nicht projektorientierte Branchen können Projekte eher informell als formell verwaltet werden, insbesondere, wenn kein unmittelbarer Gewinn zu erwarten ist. Informelles Projektmanagement ist vergleichbar mit dem formellen Projektmanagement, aber die Anforderungen in Hinblick auf die Dokumentation werden auf einem Minimum gehalten.

	Interne Forschung und Entwicklung (FuE)	Kleine Bauunternehmen	Große Bauunternehmen	Luftfahrt/ Rüstungsindustrie	Managementinformationssysteme	Ingenieurwesen
Bedarf für zwischenmenschliche Fähigkeiten	Gering	Gering	Hoch	Hoch	Hoch	Gering
Bedeutung der Organisationsstruktur	Gering	Gering	Gering	Gering	Hoch	Gering
Schwierigkeiten bei der Terminplanung	Gering	Gering	Hoch	Hoch	Hoch	Gering
Anzahl der Meetings	Exzessiv	Gering	Exzessiv	Exzessiv	Hoch	Mittel
Vorgesetzter der Projektmanager	Mittleres Management	Top-Management	Top-Management	Top-Management	Mittleres Management	Mittleres Management
Projektsponsor benötigt	Ja	Nein	Ja	Ja	Nein	Nein
Intensität der Konflikte	Gering	Gering	Hoch	Hoch	Hoch	Gering
Grad der Kostenkontrolle	Gering	Gering	Hoch	Hoch	Gering	Gering
Planungsebene	Nur Meilensteine	Nur Meilensteine	Detailplan	Detailplan	Nur Meilensteine	Nur Meilensteine

Tabelle 1.4: Klassifikation von Projekten

1.15 Die Stellung des Projektmanagers

Der Erfolg von Projektmanagement hängt häufig von der Stellung des Projektmanagers im Unternehmen ab. Zwei Fragen müssen beantwortet werden:

- Wie viel sollte der Projektmanager verdienen?
- Wem sollte der Projektmanager unterstellt sein?

Abbildung 1.8 zeigt eine typische Organisationsstruktur (die Zahlen repräsentieren die Gehaltsstufen). Im Idealfall sollte sich der Projektmanager auf derselben Gehaltsstufe befinden wie die Personen, mit denen er täglich verhandeln muss. Nach diesem Kriterium und ausgehend von der Annahme, dass der Projektmanager auf der Ebene des Abteilungsleiters agiert, sollte sein Gehalt zwischen den Gehaltsstufen 20 und 25 angesiedelt sein. Ist das Gehalt des Projektmanagers bedeutend höher oder geringer als das des Linienmanagers, entsteht ein Konflikt. Die Stellung des Projektmanagers innerhalb der Organisationsstruktur des Unternehmens und möglicherweise auch sein Gehalt hängen sehr stark davon ab, ob das Unternehmen projektorientiert ist oder nicht und ob der Projektmanager für die Bilanz verantwortlich ist.

PMBOK® Guide 2004

2.3.1 Organisationsformen

Projektbasiert und nicht projektbasiert

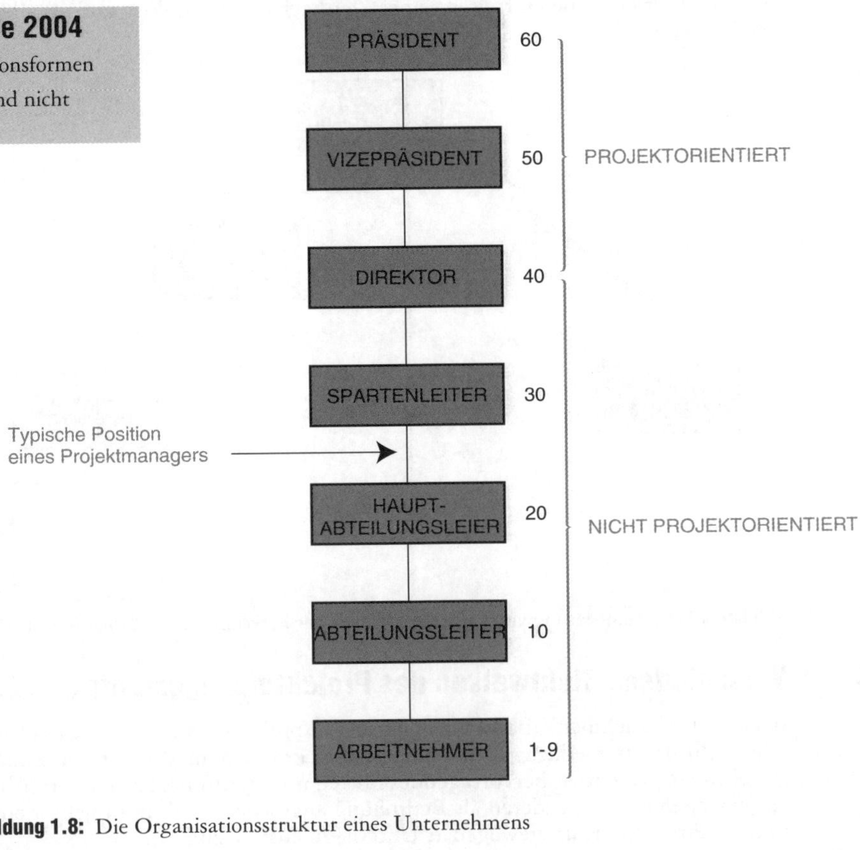

Abbildung 1.8: Die Organisationsstruktur eines Unternehmens

Im Laufe eines Projekts berichten Projektmanager möglicherweise an eine höhere und eine tiefere Managementebene. Während der Planungsphase berichtet der Projektmanager möglicherweise an eine übergeordnete Managementebene und während der Implementierung an eine untergeordnete Managementebene. In ähnlicher Weise ist die Stellung des Projektmanagers möglicherweise abhängig vom Projektrisiko, von der Projektgröße oder vom Kunden.

Zum Schluss sollte darauf hingewiesen werden, dass der Projektmanager, selbst wenn er an eine untergeordnete Managementebene berichtet, das Recht haben sollte, sich in der Projektplanungsphase direkt an die Unternehmensführung zu wenden, obwohl möglicherweise zwei oder drei Hierarchieebenen zwischen dem Projektmanager und der Unternehmensführung liegen. Umgekehrt sollte der Projektmanager dazu berechtigt sein, sich direkt an eine weiter unten liegende Hierarchieebene zu wenden, anstatt sich an die Befehlskette halten zu müssen. Dies gilt insbesondere während der Planungsphase. Betrachten Sie als Beispiel Abbildung 1.9. Der Projektmanager hatte zwei Wochen Zeit für die Planung und Preisgestaltung für ein kleines Projekt. Der größte Teil der Arbeit musste in einem Bereich durchgeführt werden. Der Projektmanager hatte die Anweisung, für die Anforderung von Arbeitskräften die Befehlskette über die Unternehmensführung bis zum Spartenleiter einzuhalten. Als die Anforderung beim Spartenleiter eintraf, waren zwischen zwölf und vierzehn Tagen vergangen und es konnte nur eine ungefähre Abschätzung der Größenordnung vorgenommen werden. Daraus resultiert die folgende Lehre:

Der Dienstweg sollte nur für die Genehmigung und nicht für die Projektplanung gelten.

Ist der Projektmanager gezwungen, bei der Projektplanung den Dienstweg einzuhalten, nutzt er möglicherweise einen Großteil seiner Zeit höchst unproduktiv und es fallen hohe Kosten für Leerlaufzeiten an.

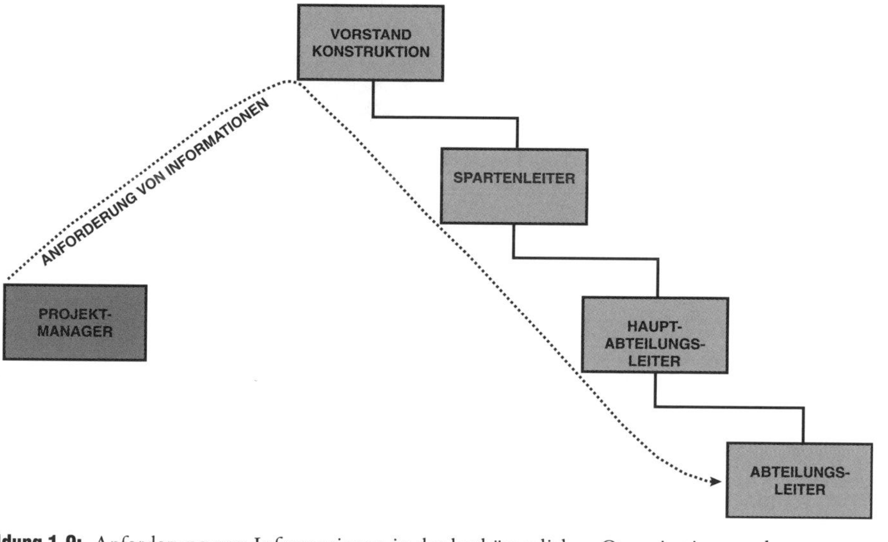

Abbildung 1.9: Anforderung von Informationen in der herkömmlichen Organisationsstruktur

1.16 Verschiedene Sichtweisen des Projektmanagements

In vielen Unternehmen, insbesondere denen mit projektorientierter Organisationsstruktur, herrschen sehr unterschiedliche Auffassungen über Projektmanagement vor. Einige betrachten das Projektmanagement als hervorragendes Mittel, um bestimmte Ziele zu erreichen, während Projektmanagement von anderen als Bedrohung angesehen wird. In projektorientierten Organisationen führen drei Karrierewege zur Unternehmensführung:

- Über das Projektmanagement
- Über das Projektingenieurwesen
- Über das Linienmanagement

In projektorientierten Organisationen verläuft der schnellste Weg über das Projektmanagement, in nicht projektorientierten Organisationen hingegen über das Linienmanagement. Obwohl Linienmanager den Projektmanagement-Ansatz unterstützen, nehmen sie es dem Projektmanager übel, dass er bessere Karrieremöglichkeiten hat und vom Top-Management eher wahrgenommen wird. In einem Bauunternehmen wurde einem Abteilungsleiter gesagt, dass er keine weiteren Aufstiegschancen habe, wenn er sich nicht entschließen würde, ins Projektmanagement zu wechseln oder als Projektingenieur zu arbeiten, da er nur so die Arbeitsvorgänge des gesamten Unternehmens kennen lernen könne. Bei einem anderen Bauunternehmen müssen Mitarbeiter, die Abteilungsleiter werden wollen, zunächst als Assistenten eines Projektmanagers oder Projektingenieurs einsteigen.

Führungskräfte mögen Projektmanager möglicherweise deshalb nicht, weil sie mehr Befugnisse delegieren müssen. Erkennt eine Führungskraft jedoch einmal, dass es sich um eine sinnvolle Geschäftspraxis handelt, wird die Rolle des Projektmanagers wichtig, wie der folgende Brief zeigt:[4]

Um schnell reagieren und Entscheidungen schnell treffen zu können, sollten die Kommunikationswege zwischen allen Ebenen der Organisation so kurz wie möglich sein. Die Mitarbeiter mit dem größten Fachwissen sollten an der Stelle verfügbar sein, an der ein Problem auftritt, und sie sollten die benötigten Entscheidungsbefugnisse besitzen. Aussagekräftige Daten müssen zeitgerecht bereitgestellt werden und die Organisation muss so strukturiert werden, dass eine entsprechende Umgebung erzeugt wird.

In der Luft- und Raumfahrtindustrie stellt es eine echte Schwäche dar, an feste Organigramme, Pläne und Prozeduren gebunden zu sein. Im Hinblick auf die Organisation haben wir das Projektkonzept erfolgreich mit einem Konzept der zentralen Steuerung vereinigt. Das Ergebnis war eine Organisation innerhalb der Organisation – die eine Organisation diente dazu, die alltäglichen Probleme zu bewältigen, und die andere, um die bestehenden Projekte zu unterstützen und um die Anforderungen für zukünftige Projekte vorherzusehen.

Mit dem Projektsystem lassen sich komplizierte Aufträge problemlos und fristgerecht erledigen, es lässt sich damit jedoch nur ein Teil der Managementprobleme lösen. Wenn Sie zu tief in einem Projekt stecken, fehlt Ihnen der Überblick über das Projekt. Und hier kommt die zentrale Organisation ins Spiel. Meiner Erfahrung nach ist die zentrale Organisation erforderlich, um die benötigte Tiefe, Flexibilität und Perspektive zu erhalten. Werden diese beiden Ansätze kombiniert, sind Wald und Bäume sichtbar.

Initiative ist auf allen Unternehmensebenen wichtig. Wir versuchen, die Entscheidungsebenen möglichst weit nach unten zu verlagern. Diese Art der Entscheidungsfindung motiviert die einzelnen Mitarbeiter und die Gruppe auf allen Ebenen. Sie wirkt handlungsanregend und fördert das Zugehörigkeitsgefühl zum Unternehmen.

Mit dieser Art von Ermutigung kann die Organisation zu etwas Lebendigem werden – sensibel für Probleme und in der Lage, mit Problemen wesentlich schneller umzugehen, als dies normalerweise in einer großen Organisation der Fall ist. Auf diese Weise können wir das Unternehmen sehr schnell umstrukturieren oder neu gruppieren, wenn die Situation dies erfordert, und wir können »Krisen« schnell in Angriff nehmen. In dieser Branche muss ein Unternehmen immer in der Lage sein, sich schnell umzuorientieren und neue Ziele anzugehen. In einer herkömmlichen Organisationsstruktur führt die häufige Umorientierung, die in der Regel mit einem Wechsel der Aktivitäten der einzelnen Mitarbeiter einhergeht, zu Verärgerung. In der Luft- und Raumfahrtindustrie hingegen müssen wir auf Änderungen vorbereitet sein. Der Wandel gehört hier zum Alltag.

1.17 Concurrent Engineering als Projektmanagement-Ansatz

In den USA sind sich in den letzten zehn Jahren viele Unternehmen der Tatsache bewusst geworden, dass Amerikas stärkste Waffe die Leistungsfähigkeit in der Fertigung ist und dass trotzdem immer mehr Produkte in Südostasien und Fernost hergestellt werden. Wenn Amerika und andere westliche Länder wettbewerbsfähig bleiben wollen, hängt das Überleben im 21. Jahrhundert vollständig davon ab, dass Qualitätsprodukte hergestellt und schnell in den Markt einge-

4. Brief von J. Donald Rath, Vize-Präsident der Matrin-Marietta Corporation, Division Denver, an J. E. Webb, NASA, vom 18. Oktober 1963

führt werden. Heutzutage stehen Unternehmen unter einem enormen Druck, schnell neue Produkte am Markt einzuführen, weil die Produktlebenszyklen immer kürzer werden. Entsprechend leisten sich Organisationen nicht mehr den Luxus, Arbeit in Folge zu erledigen.

Concurrent Engineering ist der Versuch, Arbeit parallel statt in Folge zu verrichten. Dazu müssen Marketing, Forschung & Entwicklung und Fertigung bereits in die frühen Projektphasen eingebunden werden und Handlungsschritte planen, bevor das Produktdesign fertig gestellt wurde. Dieses Konzept beschleunigt die Produktentwicklung. Es beinhaltet jedoch auch ernsthafte und möglicherweise auch kostspielige Risiken. Das größte Risiko besteht darin, dass die ganze Arbeit noch einmal gemacht werden muss.

Es herrscht Einigkeit darüber, dass sich Risiken am besten durch eine bessere Planung reduzieren lassen. Da Projektmanagement zu den besten verfügbaren Methoden zur Verbesserung der Planung gehört, ist es kein Wunder, dass immer mehr Unternehmen dazu übergehen.

1.18 Studientipps für das PMI®-Projektmanagement-Zertifizierungsexamen

Dieser Abschnitt kann als Wiederholung der Grundlagen genutzt werden, oder um ein Verständnis für die Wissensbereiche und Domänengruppen im PMBOK® Guide zu entwickeln. Dieses Kapitel beschäftigt sich mit verschiedenen Dingen aus den Wissensbereichen des PMBOK® Guide:

- Integrationsmanagement
- Management des Leistungsumfangs
- Personalmanagement

Die Kenntnis der folgenden Grundlagen ist vorteilhaft, wenn der Leser dieses Lehrbuch zusammen mit dem PMBOK® Guide einsetzt, um sich auf das PMP®-Zertifizierungsexamen vorzubereiten:

- Definition eines Projekts
- Definition des magischen Dreiecks
- Definition der erfolgreichen Durchführung eines Projekts
- Vorteile durch den Einsatz des Projektmanagements
- Verantwortung des Projektmanagers beim Umgang mit Stakeholdern, und wie Stakeholder das Ergebnis des Projekts beeinflussen können
- Verantwortung des Projektmanagers, Lieferobjekte zu erreichen
- Die Tatsache, dass letztlich der Projektmanager für den Erfolg des Projekts verantwortlich ist
- Verantwortung des Linienmanagers während der Zuteilung des Personals für das Projekt sowie während der Projektausführung
- Rolle des führenden Sponsors und Champions
- Unterschied zwischen einem projektorientierten und einem nicht projektorientierten Unternehmen

Lesen Sie dazu die entsprechenden Abschnitte des PMBOK® Guide sowie das Begriffsglossar am Ende des PMBOK® Guide.

In diesem Abschnitt finden Sie einige Multiple-Choice-Fragen als Stoffwiederholung. Es gibt noch andere Quellen für das Einüben von Prüfungsfragen, die typisch für das PMP®-Examen sind, insbesondere:

- *Das PMP-Examen*, Thomas Wuttke, Peggy Gartner, Steffi Triest, mitp-Verlag 2007
- *Project Management IQ®* International Institute for Learning (iil.com)
- *PMP® Exam Practice Test and Study Guide*, fünfte Auflage, J. LeRoy Ward, PMP, Herausgeber
- *PMP(R) Exam Prep*, vierte Auflage, Rita Mulcahy
- *Q & As for the PMBOKAE Guide 2004 Edition*, Project Management Institute, 2004

Je mehr Übungsfragen der Leser bearbeitet, desto besser ist er auf das PMP®-Zertifizierungsexamen vorbereitet.

In Anhang C gibt es mehrere Mini-Fallstudien, hier unter dem Namen Dorale Products, die einige der Konzepte wiederholen. Die Mini-Fallstudien können entweder als Einführung zu dem Kapitel oder als Wiederholung des Kapitelstoffs genutzt werden. Diese Mini-Fallstudien wurden in Anhang C untergebracht, weil sie für mehrere Kapitel im Buch verwendet werden können. Für dieses Kapitel sind die folgenden Fallstudien relevant:

- Dorale Products (A) [Integrations- und Management des Leistungsumfangs]
- Dorale Products (B) [Integrations- und Umfangsmanagement]

Die Antworten zu den Mini-Fallstudien zu Dorale Products finden Sie in Anhang D.

Die folgenden Multiple-Choice-Fragen sind hilfreich bei der Wiederholung der oben beschriebenen Konzepte:

1. Was gehört zum Projektmanagement-Dreieck eines Projekts:
   A. Zeit, Kosten und Rentabilität
   B. Benötigte Ressourcen, Beteiligung von Sponsoren und Finanzierung
   C. Zeit, Kosten und Qualität und/oder Leistung
   D. Kalenderdaten, verfügbare Einrichtungen und Finanzierung
2. Welches der folgenden Dinge gehört nicht zur Definition eines Projekts?
   A. Wiederholende Aktivitäten
   B. Beschränkungen
   C. Ressourcenverbrauch
   D. Ein wohldefiniertes Ziel
3. Was gehört normalerweise nicht zu den Kriterien für den Projekterfolg?
   A. Kundenzufriedenheit
   B. Kundenakzeptanz
   C. Erfüllen von mindestens 75 Prozent der Spezifikationsanforderungen
   D. Erfüllen der Anforderungen des Projektmanagement-Dreiecks
4. Wobei handelt es sich im Allgemeinen nicht um einen Vorteil, der durch den Einsatz des Projektmanagements entsteht?
   A. Flexibilität in Hinblick auf das Fertigstellungsdatum eines Projekts
   B. Verbessertes Risikomanagement
   C. Verbesserte Schätzungen
   D. Verfolgbarkeit von Projekten
5. Die Person, die für die Zuteilung der Ressourcen für ein Projekt verantwortlich ist, ist häufig:
   A. Das Projektmanagement
   B. Die Personalabteilung
   C. Der Linienmanager
   D. Der leitende Sponsor
6. Konflikte zwischen Projekt- und Linienmanagern werden häufig aufgelöst durch:
   A. Den Konfliktassistenten des Projektmanagers
   B. Den Projekt-Sponsor
   C. Das leitende Steuerungskomitee
   D. Die Personalabteilung
7. Ihr Unternehmen erledigt seine Arbeit nur in Form von Projekten. Wenn die von Ihrem Unternehmen durchgeführten Projekte für externe Kunden vorgesehen sind und es für das Projekt ein Gewinnkriterium gibt, dann ist Ihr Unternehmen sehr wahrscheinlich:

A. Projektorientiert
B. Nicht projektorientiert
C. Eine Mischform
D. Abhängig von der Größe der Gewinnspanne sind alle der obigen Antworten möglich.

ANTWORTEN

1. C
2. A
3. C
4. A
5. C
6. C
7. A

PROBLEME

1.1 In der Projektumgebung sind die Ursache-Wirkungs-Beziehungen fast immer offensichtlich. Gutes Projektmanagement prüft die Wirkungen, um die Ursache besser zu verstehen und ihr Auftreten möglicherweise zu verhindern. Nachfolgend sind einige Ursachen und Wirkungen aufgelistet. Wählen Sie für jede Wirkung die Ursache oder die Ursachen, die zu der Situation geführt haben könnten:

Wirkungen

1. Später Abschluss der Aktivitäten
2. Überschreitung der geplanten Kosten
3. Unterdurchschnittliche Leistung
4. Hohe Fluktuation im Projektteam
5. Hohe Fluktuation im operativen Team
6. Zwei Fachabteilungen führen die gleichen Arbeiten für ein Projekt durch

Ursachen

A. Aktivität wurde vom Top-Management nicht als Projekt betrachtet
B. Es wurden zu viele Projekte gleichzeitig bearbeitet
C. Der Terminplan konnte unmöglich erfüllt werden
D. In der Planungsphase gab es keinen fachlichen Input
E. Es gab keinen Verantwortlichen für das Gesamtprojekt
F. Designänderungen wurden zu wenig kontrolliert
G. Kundenwechsel wurden zu wenig kontrolliert
H. Die Aufgabe des Projektmanagers wurde nicht richtig verstanden
I. Es wurde die falsche Person als Projektmanager ausgewählt
J. Die Unternehmensressourcen sind überlastet
K. Unrealistische Planung und Steuerung
L. Die Ressourcen des Unternehmens sind über die normale Kapazität hinaus in Projekte involviert
M. Unrealistische allgemeine Planung und Terminplanung
N. Keine Möglichkeit, die Projektkosten abzurechnen

O. Miteinander in Konflikt stehende Projektprioritäten

P. Schlecht organisierte Projektleitung

(Dieses Problem wurde übernommen aus *Managing High-Technology Programs and Projects,* Russel D. Archibald, Wiley, New York, 1976, S. 10)

1.2 Da jeder Mitarbeiter ein Individuum mit eigener Sichtweise ist, gibt es die unterschiedlichsten Auffassungen darüber, wie Management funktioniert. Die nachfolgende Liste führt verschiedene Personengruppen und Sichtweisen auf. Ordnen Sie jeder Personengruppe die Sichtweise zu, die von ihr sehr wahrscheinlich vertreten wird:

Personengruppe

1. Oberes Management
2. Projektmanager
3. Linienmanager
4. Mitglied eines Projektteams
5. Wissenschaftler oder Berater

Perspektiven

A. Eine Bedrohung für die bestehenden Autoritätsstrukturen

B. Eine Bezugsquelle für zukünftige Geschäftsführer

C. Eine Ursache für ungewollte Änderungen bei laufenden Prozeduren

D. Ein Mittel zum Zweck

E. Ein wichtiger Markt für die eigenen Dienstleistungen

F. Ein Ort, um ein Königreich aufzubauen

G. Eine notwenige Bedrohung für das traditionelle Management

H. Eine Gelegenheit für Wachstum und Fortschritt

I. Die gute Möglichkeit, Mitarbeiter dazu zu motivieren, ein bestimmtes Ziel zu erreichen

J. Eine Quelle für Frustration

K. Eine Vorgehensweise, um Änderungen kontrolliert einzuführen

L. Ein Forschungsfeld

M. Ein Vehikel für die Einführung von Kreativität

N. Ein Mittel zur Koordination der Linieneinheiten

O. Ein Mittel, um tiefe Zufriedenheit zu erzeugen

P. Eine Lebensart

1.3 Betrachten Sie eine Organisation, in der es drei Hierarchieebenen und die Ebene der Arbeitnehmer gibt. Welche Gruppe sollte als Erstes die Einsicht haben, dass sehr wahrscheinlich eine Umstrukturierung des Unternehmens in Richtung Projektmanagement vorgenommen werden muss?

1.4 Wie würden Sie die Behauptung untermauern, dass sich der Projektmanager selbst helfen muss?

1.5 Funktioniert Projektmanagement in allen Unternehmen? Falls nicht, nennen Sie die Unternehmen, in denen Projektmanagement möglicherweise nicht eingesetzt werden kann, und belegen Sie Ihren Standpunkt.

1.6 Glauben Sie, dass in einem projektorientierten Unternehmen Konflikte darüber bestehen könnten, ob die Projektmanager oder die Linienmanager für die Gewinne verantwortlich sind?

1.7 Welche Eigenschaften sollte ein Projektmanager haben? Können Mitarbeiter zu Projektmanagern ausgebildet werden? Wenn ein Unternehmen Projektmanagement einführt, ist es dann sinnvoller, die vorhandenen Mitarbeiter zu schulen und zu befördern oder aber diese zu entlassen und neue Mitarbeiter einzustellen?

1.8 Glauben Sie, dass Linienmanager gute Projektmanager abgeben?

1.9 Welche Art von Projekten eignet sich besser für das Linienmanagement und welche für Projektmanagement?

1.10 Glauben Sie, dass sich der Grad der Bedeutung der folgenden Begriffe in einer Projektmanagementumgebung gegenüber dem traditionellen Management verschoben hat?

A. Zeitmanagement

B. Kommunikation

C. Motivation

1.11 Das klassische Management wurde häufig als Prozess definiert, bei dem der Manager Dinge nicht unbedingt selbst erledigen muss, sondern Ziele durch andere Mitglieder einer Gruppe erreicht. Gilt diese Definition auch für Projektmanagement?

1.12 Welche der folgenden Merkmale sind charakteristisch für Projektmanagement?

A. Kundenproblem

B. Identifikation der Verantwortlichkeiten

C. Systemischer Ansatz für die Entscheidungsfindung

D. Anpassung an ein sich veränderndes Umfeld

E. Multidisziplinäre Aktivität für eine begrenzte Zeit

F. Horizontale und vertikale Beziehungen innerhalb der Organisation

1.13 Projektmanager fühlen sich in der Regel für ihr Projekt verantwortlich. Wer sollte ihnen »über die Schulter blicken«, um sicherzustellen, dass sie ihre Arbeit auch im Sinne des Unternehmens ausführen? Hängt die Antwort von der Priorität des Projekts ab?

1.14 Dient Projektmanagement dazu, Macht von den Linienmanagern auf den Projektmanager zu übertragen?

1.15 Erklären Sie, in welcher Weise sich die Karrierewege in projektorientierten und in nicht projektorientierten Organisationen unterscheiden. Ist der Karriereweg über das Projektmanagement, über das Projektingenieurwesen oder über das Linienmanagement der schnellste?

1.16 Erklären Sie, inwiefern die folgende Aussage sich auf die Zusammenstellung des Projektteams auswirken kann:

»Im Produktlebenszyklus aller Produkte kommt ein Zeitpunkt, an dem die Entwickler abgeschossen werden müssen und die Produktion gestartet werden muss.«

1.17 Wie behandeln Sie eine Situation, in der der Projektmanager inzwischen zum Generalisten geworden ist, sich jedoch noch immer für einen Fachspezialisten hält?

FALLSTUDIE

Williams Werkzeugmaschinen

Der Werkzeugmaschinenhersteller Williams bot seinen Kunden seit 75 Jahren Qualitätsprodukte und war 1980 der drittgrößte Werkzeugmaschinenhersteller in den USA. Das Unternehmen war höchst profitabel und hatte eine sehr geringe Fluktuationsrate. Die Bezahlung und die Zusatzleistungen waren hervorragend.

Zwischen 1970 und 1980 waren die Unternehmensgewinne auf Rekordhöhe gestiegen. Für den Unternehmenserfolg war eine bestimmte Produktlinie verantwortlich. Williams investierte die meiste Zeit und Mühe dafür, diese erfolgreiche Produktlinie zu verbessern, anstatt neue Produkte zu entwickeln. Die Produktlinie war so erfolgreich, dass andere Unternehmen bereit waren, ihre Fertigungsstraßen an die Werkzeugmaschinen anzupassen, anstatt die Anpassung von Williams zu fordern.

1980 war Williams ziemlich selbstgefällig und glaubte, dass sich der Erfolg mit der einen Produktlinie die nächsten 20, 25 oder mehr Jahre fortsetzen würde. Die Rezession in den Jahren 1979 bis 1983 zwang das Management jedoch dazu, umzudenken. Einschnitte in der Produktion hatten sich negativ auf die Nachfrage nach Standardwerkzeugmaschinen ausgewirkt und immer mehr Kunden forderten Änderungen am Standarddesign oder ein vollständig neues Produktdesign.

Der Markt änderte sich, und die Unternehmensführung erkannte, dass eine neue Strategie erforderlich war. Das untere Management und die Belegschaft, insbesondere die Ingenieure, wehrten sich jedoch gegen eine Veränderung. Die Mitarbeiter, von denen viele seit mehr als zwanzig Jahren für Williams arbeiteten, wollten nicht einsehen, dass der Strategiewechsel nötig war, und glaubten, dass die ruhmreichen Tage nach der Rezession wieder aufleben würden.

1985 war die Rezession bereits zwei Jahre vorbei, aber Williams besaß noch keine neue Produktlinie. Die Gewinne waren zurückgegangen, die Absatzzahlen für das Standardprodukt (mit und ohne Änderungen) sanken und die Mitarbeiter wehrten sich noch immer gegen Änderungen. Entlassungen drohten.

1986 wurde das Unternehmen an die Firma Crock Engineering verkauft. Dieses Unternehmen besaß selbst eine erfahrene Sparte für Werkzeugmaschinen und verstand etwas von diesem Geschäft. Williams durfte von 1985 bis 1986 als eigenständige Einheit operieren. 1986 war Williams jedoch in die roten Zahlen geraten. Crock Engineering tauschte alle Führungskräfte von Williams durch eigenes Personal aus. Anschließend wurde allen Mitarbeitern mitgeteilt, dass Williams nun ein Hersteller für Spezialanfertigungen von Werkzeugmaschinen sei und dass die gute alte Zeit vorbei sei. Die Nachfrage nach Spezialanfertigungen von Werkzeugmaschinen hatte sich allein in den letzten Monaten verdreifacht. Crock Engineering machte den Mitarbeitern klar, dass alle, die den neuen Kurs nicht unterstützten, entlassen würden.

Der neue Geschäftsführer von Williams erkannte, dass das Unternehmen mit 85 Jahren traditionellem Management am Ende war und dass Änderungen wie Projektmanagement, Concurrent Engineering und Umfassendes Qualitätsmanagement (Total Quality Management, TQM), eingeführt werden mussten.

Es war klar, dass die Unternehmensführung Projektmanagement einführen wollte, und es wurde entsprechend Geld in Mitarbeiterschulungen investiert. Leider unterstützten die betagten, altgedienten Mitarbeiter die neue Unternehmenskultur nicht. In Anbetracht dieser Probleme bot das Management eine beständige und sichtbare Unterstützung für das Projektmanagement und stellte außerdem einen Projektmanagement-Consultant ein, der mit den Mitarbeitern zusammenarbeiten sollte. Dieser arbeitet von 1986 bis 1991 für Williams.

In den Jahren 1986 bis 1991 verzeichnete Williams in 24 aufeinander folgenden Quartalen Verluste. Das Quartal, das am 31. März 1992 endete, war das erste profitable Quartal seit mehr als sechs Jahren. Dieser Erfolg wurde der Leistung des Projektmanagement-Systems zugeschrieben. Im Mai 1992 verkaufte Crock Engineering die Sparte Williams. Mehr als 80 Prozent der Mitarbeiter verloren ihre Arbeit, als das Unternehmen an einen 3.000 km entfernten Ort verlegt wurde.

2 Die Entwicklung des Projektmanagements

Verwandte Fallstudien (aus Kerzner/*Project* Management *Case Studies*, 2. Auflage)	Verwandte Workbook-Übungen (aus Kerzner/*Project Management Workbook and PMP®/CAPM® Exam Study Guide*, 9. Auflage)	PMBOK® Guide, 3. Auflage, Referenzabschnitt für das PMP®-Zertifizierungsexamen
• Goshe Corporation • MIS Project Management bei der First National Bank • Cordova Research Group • Cortez Plastics • L. P. Manning Corporation • Project Firecracker • Apache Metals, Inc. • Haller Specialty Manufacturing	• Multiple-Choice-Examen	• Integrationsmanagement • Umfangsmanagement (Scope Management)

2.0 Einführung

PMBOK® Guide 2004

Kapitel 4
Integrationsmanagement

Die Bedeutung und Akzeptanz von Projektmanagement hat sich in den letzten vierzig Jahren stark verändert und es ist zu erwarten, dass sich diese Entwicklung insbesondere im Bereich multinationaler Projekte auch im einundzwanzigsten Jahrhundert fortsetzen wird. Es ist sehr interessant, die Entstehung und Entwicklung des Projektmanagements von den Anfängen als Systemmanagement bis hin zum so genannten »modernen Projektmanagement« zu verfolgen.

Die Entwicklung des Projektmanagements lässt sich anhand von Themen wie Rollen und Verantwortlichkeiten, Organisationsstrukturen, Delegation von Kompetenzen und von Entscheidungen und insbesondere den Unternehmensgewinnen verfolgen. Vor zwanzig Jahren hatten Unternehmen die Wahl, sich für oder gegen den Projektmanagement-Ansatz zu entscheiden. Auch heute noch gibt es Unternehmen, die irrtümlicherweise glauben, dass sie diese Wahl noch immer hätten. Nichts könnte der Wahrheit jedoch ferner liegen. Das Überleben eines Unternehmens kann davon abhängen, wie gut und schnell Projektmanagement eingerichtet wird.

2.1 Allgemeines Systemmanagement

Organisationstheorie und Management-Philosophien haben sich in den letzten Jahren mit dem Aufkommen des Projektmanagement-Ansatzes dramatisch verändert. Da sich Projektmanagement aus dem Systemmanagement entwickelt hat, ist es nicht weiter erstaunlich, dass nun die Prinzipien der allgemeinen Systemtheorie beschrieben werden. Einfach gesagt, kann die allgemeine Systemtheorie als Management-Ansatz beschrieben werden, der versucht, wissenschaftliche Erkenntnisse aus mehreren Wissensfeldern zu integrieren und zu vereinheitlichen. Die Systemtheorie versucht, Probleme durch Betrachtung des Gesamtbilds statt durch die Analyse einzelner Komponenten zu lösen. Die allgemeine Systemtheorie existiert bereits seit mehr als vierzig Jahren. Wie jedoch bei der Entwicklung neuer Theorien üblich, haben die Praktiker über

Jahre Studien und Analysen betrieben, bevor die Einführung machbar schien und schließlich als Lebensform akzeptiert wurde. Die allgemeine Systemtheorie wird noch immer an Universitäten gelehrt. Heute wird jedoch Projektmanagement als angewandte Systemtheorie betrachtet.

1951 beschrieb der Biologe Ludwig von Bertalanffy so genannte Offene Systeme mit der Nomenklatur der Anatomie. Die Muskeln, das Skelett, das Kreislaufsystem etc. wurden als Teilsysteme des Gesamtsystems Mensch betrachtet. Dr. von Bertalanffys Beitrag war wichtig, weil er deutlich machte, wie Spezialisten in jedes Teilsystem integriert werden können, um die Beziehungen zwischen den Teilsystemen und damit die Funktionsweise des Gesamtsystems besser zu verstehen. Damit wurde der Grundstein für den Projektmanagement-Ansatz gelegt.

1956 zeigte Kenneth Boulding Kommunikationsprobleme auf, die bei der Systemintegration auftreten können. Professor Boulding befasste sich mit der Tatsache, dass die Spezialisten der einzelnen Teilsysteme (z.B. Physiker, Ökonomen, Chemiker, Soziologen etc.) eine eigene Sprache sprechen. Er trat dafür ein, dass eine erfolgreiche Integration nur dann stattfinden kann, wenn die Spezialisten aller Teilsysteme eine gemeinsame Sprache sprechen, wie z.B. die Sprache der Mathematik. Im Bereich des Projektmanagements wird zu diesem Zweck der PMBOK™ Guide (Project Management Body of Knowledge) eingesetzt.

Die allgemeine Systemtheorie beinhaltet die Entwicklung einer Managementtechnik, die Disziplinen wie die Konstruktion, die Fertigung, das Marketing und das Finanzwesen übergreift, um ein System zu planen, zu entwerfen, zu entwickeln und zu testen. Diese Managementtechnik wird nachfolgend auch als Systemmanagement, Projektmanagement oder Matrix-Management bezeichnet.

2.2 Projektmanagement zwischen 1945 und 1960

In den 1940er-Jahren wurde Projektmanagement in den USA eher wie Football betrieben. Jeder Linienmanager führte die Arbeit aus, die von seiner Fachabteilung benötigt wurde, und warf dann den »Ball« in der Hoffnung, dass ihn jemand fangen würde, in die andere Spielhälfte. Nachdem der Ball weg war, wuschen sich die Linienmanager frei von jeder Projektverantwortung, da sich der Ball ja nicht mehr in ihrer Spielhälfte befand. Schlug das Projekt fehl, wurde der Linienmanager verantwortlich gemacht, bei dem sich der Ball gerade befand.

Das Problem bei einer solchen Taktik bestand darin, dass die Kunden keinen festen Ansprechpartner hatten, an den sie sich wenden konnten. Das Filtern von Informationen verschwendete kostbare Zeit der Vertragspartner. Die Kunden, die Informationen aus erster Hand haben wollten, mussten nach dem Manager suchen, der gerade im Ballbesitz war. Bei kleineren Projekten war das einfach. Mit zunehmender Komplexität und Größe der Projekte wurde es jedoch immer schwieriger.

Nach dem Zweiten Weltkrieg begann für die USA der Kalte Krieg. Um diesen Krieg zu gewinnen, mussten die USA im Rüstungswettlauf konkurrieren können und in der Lage sein, Massenvernichtungswaffen schnell zu entwickeln. Der Gewinner eines Kalten Kriegs ist derjenige, der den Feind mit einem Vergeltungsschlag vernichten kann.

Es wurde schnell deutlich, dass das Verteidigungsministerium der USA die herkömmliche Form des Projektmanagements bei Projekten wie dem B52-Bomber, Interkontinentalraketen und dem Polaris-U-Boot nicht akzeptieren konnte. Die Regierung wünschte sich eine Kontaktperson, den Projektmanager, die in allen Projektphasen für das Projekt verantwortlich war. Der Einsatz von Projektmanagement wurde für einige der kleineren Waffensysteme wie die Jet-Kampfflugzeuge und Panzer vorgeschrieben. Die NASA machte den Einsatz von Projektmanagement außerdem für alle Aktivitäten im Rahmen des Raumfahrtprogramms zur Voraussetzung.

Projekte in der Luftfahrt- und Rüstungsindustrie überschritten die geplanten Projektkosten mit 200 bis 300 %. Dies wurde der fehlerhaften Realisierung von Projektmanagement angelastet. Das eigentliche Problem wurde jedoch dadurch verursacht, dass die Technologie nicht vorhersagbar war, wobei die Vorausplanung der Technologie bei Projekten mit einer Laufzeit von bis zu 20 Jahren äußerst schwierig ist.

Ende der 1950er- und Anfang der 1960er-Jahre setzte die Luftfahrt- und Rüstungsindustrie Projektmanagement bei so gut wie allen Projekten ein und übte Druck auf die Zulieferer aus, dasselbe zu tun. Projektmanagement entwickelte sich, allerdings außer im Bereich der Luftfahrt- und Rüstungsindustrie ziemlich langsam.

Wegen der großen Anzahl an Vertragspartnern und Unterauftragnehmern benötigte die US-amerikanische Regierung eine Standardisierung. Dies betraf insbesondere die Planung und die Berichterstellung. Die US-amerikanische Regierung entwickelte eine in Lebenszyklen aufgeteilte Planung und Steuerung und ein Überwachungssystem und richtete eine Gruppe von Projektmanagement-Prüfern ein, die sicherstellen sollten, dass die Regierungsgelder wie geplant ausgegeben wurden. Diese Praxis kam bei allen Projekten ab einem bestimmten Budget zum Einsatz. Die private Wirtschaft betrachtete die Vorgehensweise als Geldverschwendung und konnte dem Projektmanagement keinen praktischen Wert abgewinnen.

2.3 Projektmanagement zwischen 1960 und 1985

Projektmanagement wurde eher aus der Notwendigkeit heraus geboren als aus dem Wunsch nach diesem Management-Ansatz. Die langsame Entwicklung kann hauptsächlich der mangelnden Akzeptanz für die neuen Managementtechniken zugeschrieben werden, die für ihre erfolgreiche Einführung erforderlich waren. Eine angeborene Angst vor dem Unbekannten hielt die Manager ab, die den neuen Ansatz übernehmen wollten.

Mitte bis Ende der 1960er-Jahre suchten immer mehr Führungskräfte nach neuen Managementtechniken und Organisationsstrukturen, die schnell an ein sich veränderndes Umfeld angepasst werden konnten. Die nachfolgende Tabelle und Abbildung 2.1 kennzeichnen die zwei wichtigsten Variablen, die Führungskräfte in Hinblick auf die Neustrukturierung des Unternehmens betrachten.

Branchentyp	Aufgaben	Umfeld
A	Einfach	Dynamisch
B	Einfach	Statisch
C	Komplex	Dynamisch
D	Komplex	Statisch

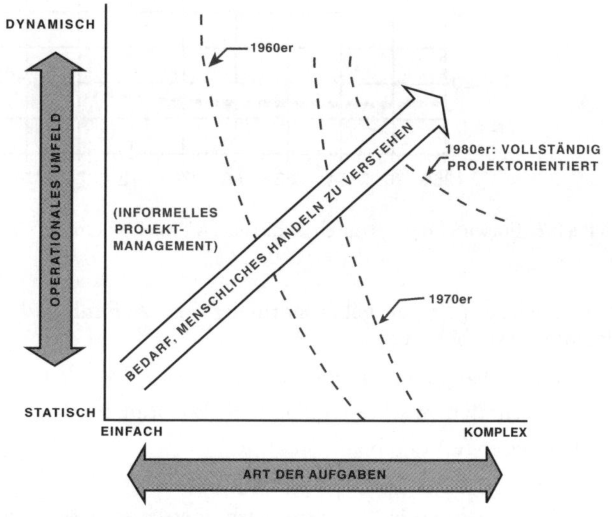

Abbildung 2.1: Matrix-Einführungsschema

Fast alle Typ-C- und Typ-D-Branchen weisen Strukturen mit Projektmanagementbezug auf. Die Schlüsselvariable scheint die Komplexität der Aufgabenstellung zu sein. Für Unternehmen, die mit komplexen Aufgabenstellungen konfrontiert sind und die zudem in einem dynamischen Umfeld agieren, ist der Projektmanagement-Ansatz zwingend. Zu diesen Branchen gehören die Luft- und Raumfahrtindustrie, die Rüstungsindustrie, das Baugewerbe, der hoch technisierte Maschinenbau, die Computerbranche und die Elektroindustrie.

Bis auf die Luft- und Raumfahrtindustrie, die Rüstungsindustrie und das Baugewerbe nutzten die meisten Unternehmen in den 1960ern eine informelle Methode zur Durchführung ihrer Projekte. Beim informellen Projektmanagement wurden Projekte, wie der Name schon sagt, auf informeller Basis bearbeitet, wobei die Kompetenzen des Projektmanagers minimal waren. Die meisten Projekte wurden von Linienmanagern betreut und verblieben in einer oder zwei Linien. Eine formelle Kommunikation war entweder nicht erforderlich oder sie wurde dank der guten Beziehungen zwischen den Linienmanagern informell behandelt. Heute arbeiten in vielen Organisationen Linienmanager, die bereits seit mehr als zehn Jahren Seite an Seite arbeiten. In solchen Fällen kann das informelle Projektmanagement im Bereich von Anlagebauprojekten nützlich sein.

In den 1970er- und während der frühen 1980er-Jahre wandten sich immer mehr Firmen vom informellen Projektmanagement ab und führten eine Umstrukturierung durch, um den Projektmanagementprozess zu formalisieren. Dies war hauptsächlich deshalb nötig, weil die Größe und Komplexität der Projekte einen Grad erreicht hatte, der eine Durchführung innerhalb der aktuellen Struktur nicht mehr zuließ. Abbildung 2.2 veranschaulicht diese Entwicklung am Beispiel eines Bauunternehmens.

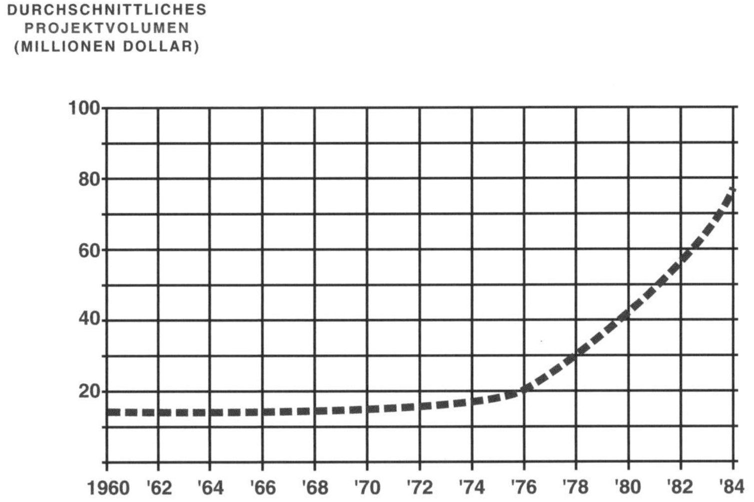

Abbildung 2.2: Entwicklung des durchschnittlichen Projektvolumens eines Bauunternehmens von 1960 bis 1984

Die folgenden fünf Fragen geben normalerweise Aufschluss darüber, ob formelles Projektmanagement erforderlich ist:

- Sind die Tätigkeiten komplex?
- Muss ein dynamisches Umfeld berücksichtigt werden?
- Gibt es enge Vorgaben?
- Müssen mehrere Tätigkeiten integriert werden?
- Müssen mehrere Funktionsgrenzen überschritten werden?

Müssen all diese Fragen mit »Ja« beantwortet werden, wird sehr wahrscheinlich eine Form von formalisiertem Projektmanagement benötigt. Formalisiertes Projektmanagement kann sogar nur auf eine Fachabteilung oder einen Geschäftsbereich beschränkt werden, wie z.B. die Forschung und Entwicklung, oder sogar nur auf bestimmte Arten von Projekten. Einige Unternehmen haben sogar formelles und informelles Projektmanagement erfolgreich parallel eingeführt. Beispiele hierfür sind jedoch selten. Heute stellen wir fest, dass die letzten beiden Fragen sehr wahrscheinlich die wichtigsten sind.

Was hier gezeigt werden soll, ist, dass nicht alle Branchen Projektmanagement benötigen und dass die Unternehmensführung entscheiden muss, ob tatsächlich Bedarf für ein Engagement in diesem Bereich besteht. Einige Branchen mit einfachen Aufgabenstellungen benötigen weder in einem statischen noch in einem dynamischen Umfeld Projektmanagement. Fertigungsindustrien, bei denen sich die Technologie nur langsam ändert, benötigen in der Regel kein Projektmanagement. Eine Ausnahme bilden Spezialprojekte, wie z.B. Investitionsgüterprojekte, die den normalen Arbeitsablauf der Routinearbeiten unterbrechen könnten. Das langsame Wachstum und die nur schleichende Akzeptanz von Projektmanagement hingen mit der Tatsache zusammen, dass die Beschränktheit des Ansatzes bereits offensichtlich, die Vorteile jedoch nicht zu erkennen waren. Um Projektmanagement nutzen zu können, muss ein Unternehmen umstrukturiert werden. Es stellt sich natürlich die Frage, wie stark die Umstrukturierung ausfallen sollte. Viele Führungskräfte haben das Thema Projektmanagement umgangen, weil sie Angst davor hatten, dass »revolutionäre« Änderungen an der Organisationsstruktur vorgenommen werden müssten. Wie in Kapitel 3 gezeigt wird, kann Projektmanagement bereits mit geringen Abweichungen von der vorhandenen traditionellen Organisationsstruktur eingerichtet werden.

Die durch das Projektmanagement bedingte Umstrukturierung erlaubt es Unternehmen,

- Aufgaben zu bewältigen, die mit der traditionellen Struktur nicht effektiv ausgeführt werden konnten.
- einmalige Tätigkeiten mit einer minimalen Unterbrechung des Routinegeschäfts durchzuführen.

Der zweite Punkt impliziert, dass es sich beim Projektmanagement um eine »temporäre« Managementstruktur handelt und dass deshalb nur eine minimale Umstellung erforderlich ist. Die Hauptprobleme, die von Managern identifiziert wurden, die das neue System übernehmen wollten, waren durch Autoritäts- und Ressourcenkonflikte bedingt.

Killian[1] identifizierte die folgenden drei Probleme:

- Projektprioritäten und der Kampf um qualifizierte Mitarbeiter können die Stabilität der Organisation gefährden und sich störend auf die langfristigen Interessen auswirken, weil sie das normale Geschäft der funktionalen Organisation durcheinander bringen.
- Die langfristige Planung kann leiden, weil die Unternehmen sich mehr und mehr darum kümmern, die Terminpläne und Anforderungen von befristeten Projekten zu erfüllen.
- Die Versetzung von Mitarbeitern von Projekt zu Projekt kann sich störend auf die Schulung neuer Mitarbeiter und Spezialisten auswirken. Sie werden dadurch daran gehindert, sich in ihrem Spezialgebiet weiterzuentwickeln.

Einen weiteren Grund für Bedenken lieferte die Tatsache, dass das obere Management beim Projektmanagement-Ansatz Kompetenzen an das mittlere Management abgeben muss. In einigen Fällen besetzte das mittlere Management dadurch schnell wichtige Machtpositionen, sogar noch eher als das obere Management.

Trotz der Beschränktheit des Ansatzes gab es einige treibende Kräfte. Nach John Kenneth Galbraith ergeben sich diese Kräfte aus den sechs »Zwängen der Konstruktion«[2]:

1. Killian, W.P., *Project Management – Future Organizational Concepts,* Marquette Business Review, Vol. 2, 1971, S. 90–107
2. Exzerpt aus Galbraith, J. K., *The New Industrial State*, 3. Auflage. Copyright © 1967, 1971, 1978, John Kenneth Galbraith. Nachdruck mit Genehmigung durch die Houghton Mifflin Company. Alle Rechte vorbehalten.

- Die Zeitspanne zwischen dem Projektstart und dem Projektabschluss scheint zuzunehmen.
- Das Kapital, das durch das Projekt vor Einsatz des Fertigprodukts gebunden wird, scheint zuzunehmen.
- Mit zunehmender Technologie scheint der Einsatz von Zeit und von Geld unflexibler zu werden.
- Technologie erfordert immer stärker spezialisiertes Personal.
- Die obigen fünf Vorgaben machen den Bedarf für eine effektivere Planung (inklusive Ablauf-, Termin-, Kosten- und Personalplanung) und Steuerung deutlich.

Als die treibenden Kräfte die Überhand gewannen, begann sich der Projektmanagement-Ansatz weiterzuentwickeln. Wird Projektmanagement korrekt eingeführt, lassen sich damit die folgenden unternehmensinternen und externen Hindernisse leicht überwinden:

- Instabile Wirtschaft
- Kürzungen
- In die Höhe schießende Kosten
- Verstärkter Wettbewerb
- Technologische Änderungen
- Soziale Bedenken
- Verbraucherschutz
- Mangelnde Qualität der Arbeit

Projektmanagement kann diese Probleme zwar nicht eliminieren, es dem Unternehmen jedoch erleichtern, sich an ein sich veränderndes Umfeld anzupassen.

Schafft es ein Unternehmen nicht, diese Hürden in den Griff zu bekommen, kann Folgendes resultieren:

- Die Gewinne gehen zurück.
- Der Personalbedarf erhöht sich.
- Das Unternehmen ist immer früher mit Kostenüberschreitungen, Verzögerungen des Terminplans und daraus resultierende Konventionalstrafen konfrontiert.
- Neue Technologien können nicht genutzt werden.
- Die Ergebnisse der Forschung und Entwicklung liegen zu spät vor, als dass vorhandene Produktlinien davon profitieren könnten.
- Neue Produkte werden zu spät in den Markt eingeführt.
- Es besteht die Versuchung, überhastete Entscheidungen zu treffen, die sich hinterher als kostspielig herausstellen.
- Es wird immer schwieriger, Ziele rechtzeitig zu erfüllen.
- Es entstehen Probleme dabei, die Kosten für die technische Leistung und die Ablauf- und Terminplanung während des Projektverlaufs in Einklang zu bringen.

Projektmanagement wurde für viele Unternehmen erforderlich, als sie in verschiedene Produktlinien expandierten, die häufig nichts miteinander zu tun hatten und die organisatorische Komplexität wuchs. Dies kann folgenden Punkten zugeschrieben werden:

- Der technologische Fortschritt wächst mit einer erstaunlichen Geschwindigkeit.
- Es wird mehr Geld in Forschung und Entwicklung investiert.
- Es sind mehr Informationen verfügbar.
- Die Projektlebenszyklen verkürzen sich.

Um die Anforderungen zu erfüllen, die sich durch die obigen vier Faktoren stellen, war das Management gezwungen, eine organisatorische Umstrukturierung vorzunehmen. Die traditionelle Organisationsform, die über Jahrzehnte überlebt hatte, stellte sich nun für die Integration von Tätigkeiten über die »Reiche« der Linienmanager hinweg als inadäquat heraus.

1970 begann sich die Welt rapide zu ändern. Luft- und Raumfahrt-, Rüstungs- und Bauunternehmen bahnten den Weg, indem sie Projektmanagement einführten. Andere Branchen folgten diesem Beispiel, wenngleich auch nur widerwillig. Die NASA und das US-amerikanische Verteidigungsministerium zwangen ihre Vertragspartner dazu, den Projektmanagement-Ansatz zu übernehmen. In den 1970ern wurde auch mehr über Projektmanagement publiziert. Hier ein Beispiel:[3]

> Projektteams und Arbeitsgruppen machen sich zunehmend damit vertraut, komplexe Probleme zu lösen. Es wird immer mehr so genannte temporäre Management-Systeme oder Projektmanagement-Systeme geben, bei denen die Mitarbeiter, die für die Entwicklung der Lösung benötigt werden, zusammenkommen, ihren Beitrag leisten und möglicherweise niemals ein festes Mitglied einer festen oder dauerhaften Management-Gruppe sein werden.

Die Definition besagt, dass der Zweck von Projektmanagement darin besteht, das optimale Team zusammenzustellen, um ein bestimmtes Ziel zu erreichen. Nach Abschluss eines Projekts wird das Team aufgelöst. In der Definition ist nichts über die Kompetenzen, den Dienstgrad, den Titel oder das Gehalt des Projektmanagers zu finden.

Der Bedarf für Projektmanagement wurde offensichtlich, weil die aktuellen Organisationsstrukturen nicht in der Lage sind, die große Vielzahl an miteinander verbundenen Aufgaben unterzubringen, die im Rahmen eines Projekts anfallen. In der Regel wird dieser Bedarf zuerst von Managern des unteren und mittleren Managements identifiziert, die feststellen, dass es unmöglich ist, die Ressourcen für die verschiedenen Tätigkeiten in ihrer Linienorganisation effektiv zu steuern.

Nachdem der Änderungsbedarf einmal ermittelt wurde, musste das mittlere Management die höheren Managementebenen davon überzeugen, dass eine Veränderung tatsächlich erforderlich war. Wenn die oberste Unternehmensführung die Probleme nicht erkennen kann, die sich bei der Ressourcensteuerung stellen, wird der Projektmanagement-Ansatz zumindest formell kaum akzeptiert werden. Die informelle Akzeptanz ist natürlich eine andere Sache.

Als sich das Projektmanagement weiterentwickelte, zeigten sich einige wesentliche Faktoren für die erfolgreiche Einführung. Der Hauptfaktor war die Rolle des Projektmanagers, der eine umfassende Verantwortung tragen sollte. Der Bedarf hierfür zeigte sich als Erstes im Bereich der Forschungs- und Entwicklungsaktivitäten:[4]

> Vor kurzem hat die FuE-Technologie die Grenzen aufgehoben, die zwischen den verschiedenen Branchen existieren. Einst stabile Märkte und Distributionskanäle sind nun im Wandel begriffen. Das industrielle Umfeld ist turbulent und zunehmend schwierig abzuschätzen. Investitionsentscheidungen sind mit einer Vielzahl komplexer Faktoren wie Märkten, Herstellungsmethoden, Kosten und wissenschaftlichen Potenzialen verbunden.
>
> Diese Faktoren verursachen Managern enorme Kopfschmerzen. Es gibt zu viele wichtige Entscheidungen. Sie können nicht alle über die reguläre Linienhierarchie laufen und an der Unternehmensspitze getroffen, sondern auf eine andere Art und Weise integriert werden.

Erhielt der Projektmanager umfassende Verantwortung, ergab sich Folgendes:

- Von einer Person wird absolute Verantwortlichkeit vorausgesetzt
- Einsatz für das gesamte Projekt statt für einzelne Funktionsbereiche

3. Genehmigter Abdruck aus der Oktober-Ausgabe der Zeitschrift *BusinessWeek,* New York, 1970.
4. Abdruck mit Genehmigung der *Harvard Business Review*. Lawrence, P. R. und Lorsch, J. W., *The New Management Job:* The Integrator, Harvard Business Review, November-Dezember 1967, S. 142. Copyright © 1967 Präsident und Mitglieder des Harvard College. Alle Rechte vorbehalten.

- Koordinationsbedarf über mehrere funktionale Schnittstellen hinweg
- Angemessener Einsatz an integrierter Planung und Steuerung

Ohne Projektmanagement sind die Führungskräfte selbst für diese vier Bereiche verantwortlich und es ist ziemlich fraglich, ob diese Aktivitäten Bestandteil der Aufgabenbeschreibung von Managern der obersten Führungsebene sein sollten. Ein Geschäftsführer eines Fortune-500-Unternehmens sagte einmal, dass er siebzig Stunden pro Woche als Führungskraft und Projektmanager agieren würde und das Gefühl habe, keine der beiden Aufgaben seinen Fähigkeiten entsprechend zu erledigen. Im Rahmen einer Präsentation teilte der Geschäftsführer seinen Mitarbeitern mit, was er sich von der Einführung von Projektmanagement versprach:

- Verlagerung der Entscheidungsfindung innerhalb der Hierarchie nach unten
- Aufhebung des Bedarfs an Lösungen, die eine Komiteebildung erforderlich machen
- Vertrauen in die Entscheidungen von Kollegen

Die Führungskräfte, die sich entschlossen, Projektmanagement zu akzeptieren, stellten die Vorteile der neuen Technik schnell fest:

- Leichte Anpassungsmöglichkeiten an ein sich veränderndes Umfeld
- Die Möglichkeit, eine multidisziplinäre Aktivität in einem vorgegebenen Zeitraum zu erledigen
- Horizontaler und vertikaler Arbeitsablauf
- Bessere Ausrichtung auf Kundenprobleme
- Einfachere Identifikation der Verantwortlichkeit für Tätigkeiten
- Multidisziplinärer Entscheidungsfindungsprozess
- Innovative Organisationsstruktur

2.4 Projektmanagement seit 1985

In den 1990ern begannen Unternehmen zu erkennen, dass sie zur Einführung von Projektmanagement keine Wahl hatten. Die Frage war nicht, wie Projektmanagement eingeführt werden sollte, sondern wie schnell dies möglich wäre.

Tabelle 2.1 zeigt die typischen Phasen, die ein Unternehmen bei der Einführung von Projektmanagement durchläuft. In der ersten Phase, der embryonalen Phase, erkennt die Organisation den dringenden Bedarf für Projektmanagement. Diese Erkenntnis erfolgt normalerweise auf der Ebene des mittleren oder unteren Managements, auf der die eigentlichen Projektaktivitäten stattfinden. Die oberste Führungsebene wird dann über den Bedarf informiert und sie bewertet die Situation. Es ist eher die Ausnahme als die Regel, dass der Bedarf für Projektmanagement von der obersten Führungsebene festgestellt wird.

Embryonale Phase	Phase der Akzeptanz durch oberste Führungsebene	Phase der Akzeptanz durch das Linienmanagement	Wachstumsphase	Reifephase
Bedarf erkennen	Sichtbare Unterstützung durch Unternehmensführung	Unterstützung durch Linienmanagement	Ausnutzung der Phasen des Lebenszyklus	Entwicklung eines Management-Kontrollsystems
Vorteile erkennen	Einarbeitung in Projektmanagement	Bekenntnis des Linienmanagements zum Projektmanagement	Entwicklung einer Projektmanagement-Methodik	Integration der Kostenkontrolle und der Ablauf- und Terminplanungskontrolle

Tabelle 2.1: Lebenszyklus für die Einführung von Projektmanagement

Embryonale Phase	Phase der Akzeptanz durch oberste Führungsebene	Phase der Akzeptanz durch das Linienmanagement	Wachstumsphase	Reifephase
Anwendungen erkennen	Projektsponsorschaft	Schulung des Linienmanagements	Verpflichtung zur Planung	Entwicklung eines Schulungsprogramms zur Verbesserung der Projektmanagement-Fertigkeiten
Handlungsbedarf erkennen	Wille, die Art und Weise zu verändern, in der Geschäfte gemacht werden	Wille, Personal für Projektmanagement-Schulungen freizustellen	Auswahl eines Projektverfolgungssystems	

Tabelle 2.1: Lebenszyklus für die Einführung von Projektmanagement

Es gibt sechs treibende Kräfte, die Führungskräfte vom Bedarf für Projektmanagement überzeugen:

- Wichtige Projekte
- Kundenerwartungen
- Konkurrenzfähigkeit
- Einsicht der Unternehmensführung
- Neue Projektentwicklung
- Effizienz und Effektivität

Produzierende Unternehmen werden durch Großprojekte oder wegen zahlreicher gleichzeitig ablaufender Projekte zum Projektmanagement getrieben. Die Unternehmensführung stellt die Auswirkungen auf den Cashflow schnell fest und bemerkt, dass Verschiebungen im Terminplan zu Leerlaufzeiten bei Mitarbeitern führen können.

Unternehmen, die Produkte oder Dienstleistungen inklusive Installation verkaufen, haben in der Regel Erfahrung im Projektmanagement. Diese Unternehmen sind zwar eigentlich nicht projektorientiert, funktionieren jedoch so, als wären sie es. Die Unternehmen verkaufen nun Lösungen statt Produkte an ihre Kunden. Es ist fast unmöglich, Komplettlösungen ohne ausgereifte Projektmanagement-Praktiken an Kunden zu verkaufen, da eigentlich die Erfahrung im Bereich Projektmanagement verkauft wird.

Es gibt zwei Situationen, in denen die Konkurrenzfähigkeit zur treibenden Kraft wird: bei unternehmensinternen Projekten und bei externen Projekten. Bei unternehmensinternen Projekten kommen Unternehmen in Schwierigkeiten, wenn sie feststellen, dass Arbeit, die nach außen verlagert wird, weniger kostet als bei der Ausführung im Haus. Bei externen Projekten geraten Firmen in Schwierigkeiten, wenn ihre Preise oder ihre Qualität nicht mehr wettbewerbsfähig sind oder sie ihre Marktanteile nicht erhöhen können.

Die Einsicht der Unternehmensführung ist die treibende Kraft bei Unternehmen mit einer streng traditionellen Unternehmensstruktur, die sich wiederholende Routineaufgaben ausführen. Diese Organisationen sind Änderungen gegenüber ziemlich resistent, falls diese nicht durch die Unternehmensführung eingeführt werden. Diese treibende Kraft kann zusammen mit den anderen treibenden Kräften vorherrschen.

Eine Produktneuentwicklung ist die treibende Kraft für Organisationen, die sehr stark im Bereich Forschung und Entwicklung engagiert sind. In Anbetracht der Tatsache, dass nur ein kleiner Prozentsatz der FuE-Projekte jemals Marktreife erlangt, was die Kosten wieder einspielen kann, ist Projektmanagement ein Muss. Projektmanagement kann auch eingesetzt werden, um frühzeitig festzustellen, dass ein Projekt besser abgebrochen werden sollte.

Die Effizienz und Effektivität können zusammen mit anderen treibenden Kräften vorherrschen. Effizienz und Effektivität können für kleine Unternehmen, die im Wachstum begriffen sind, von höchster Bedeutung sein. Mit Projektmanagement können es Firmen schaffen, während Wachstumsphasen wettbewerbsfähig zu bleiben, und mit Projektmanagement lassen sich Kapazitätsbeschränkungen leichter feststellen.

Da die treibenden Kräfte miteinander verbunden sind, wird häufig behauptet, dass die einzige treibende Kraft der Überlebenswille sei. Dies wird in Abbildung 2.3 veranschaulicht. Wenn Unternehmen erkennen, dass ihr Überleben bedroht ist, sind sie eher zur Einführung von Projektmanagement bereit.

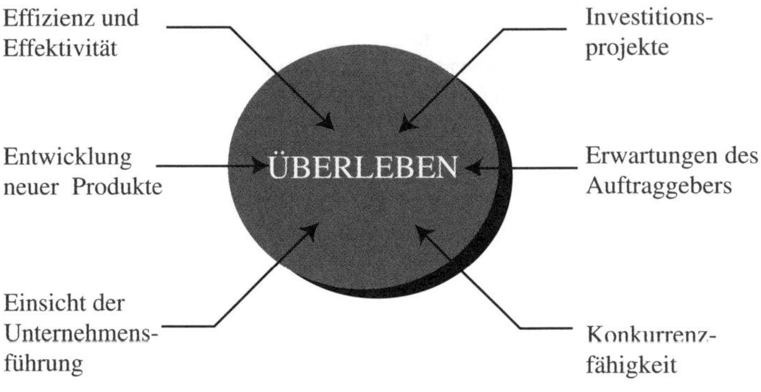

Abbildung 2.3: Überlebensnotwendige Komponenten[5]

Die Geschwindigkeit, mit der Unternehmen einen gewissen Reifegrad beim Projektmanagement erreichen, basiert meistens darauf, wie wichtig die treibenden Kräfte für sie sind. Dies wird in Abbildung 2.4 veranschaulicht.

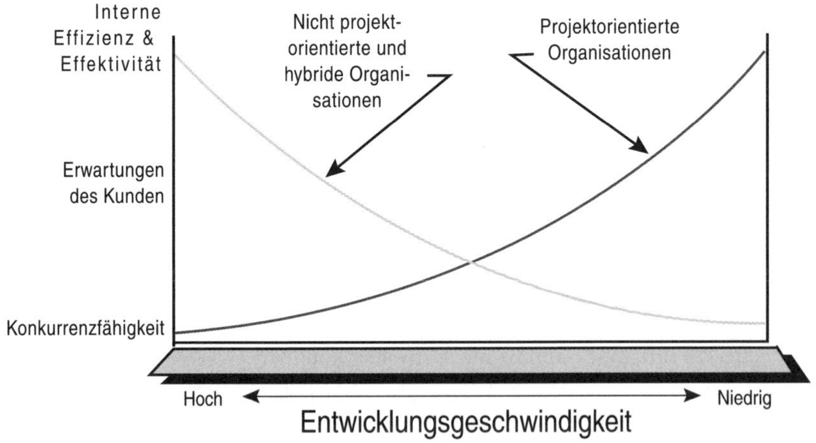

Abbildung 2.4: Geschwindigkeit, mit der Unternehmen Kompetenz im Bereich Projektmanagement erreichen

Nicht projektorientierte und hybride Organisationen gelangen schnell zur Reife, wenn die interne Effizienz und Effektivität erhöht werden müssen. Konkurrenzfähigkeit spielt nur eine begrenzte Rolle, weil nicht projektorientierte und hybride Unternehmen nicht erkennen, dass

5. Abdruck aus Kerzner, H., *In Search of Excellence in Project Management*, New York, 1998, S. 51

Projektmanagement ihre Position im Markt direkt beeinflusst. Bei projektorientierten Organisationen verläuft die Linie umgekehrt. Konkurrenzfähigkeit ist hier die stärkste treibende Kraft für die Erlangung von Reife in Projektmanagement.

Hat die Organisation die Notwendigkeit von Projektmanagement erst einmal erkannt, betritt es die zweite Phase des Lebenszyklus, die Phase der Akzeptanz durch die Unternehmensführung (siehe Tabelle 2.1). Projektmanagement kann ohne die Unterstützung der Unternehmensführung nicht eingeführt werden. Die Unterstützung muss außerdem für alle sichtbar sein.

Die dritte Phase ist die Akzeptanz durch das Linienmanagement. Es ist sehr unwahrscheinlich, dass ein Linienmanager die Einführung von Projektmanagement unterstützt, ohne dass die Unternehmensführung dahinter steht. Selbst für eine geringe Unterstützung muss das Projektmanagement kämpfen.

Die vierte Phase des Lebenszyklus ist die Wachstumsphase, in der das Unternehmen Werkzeuge für das Projektmanagement entwickelt. Dazu gehören die Projektmanagement-Methodik für die Planung und Steuerung sowie die Auswahl der passenden Projektmanagement-Software. Teile dieser Phase können bereits in einer früheren Phase beginnen.

Die fünfte Phase des Lebenszyklus ist die Reifephase. In dieser Phase beginnt die Organisation, die Werkzeuge zu nutzen, die sie in der vorhergehenden Phase entwickelt hat. Hier muss die Organisation sich dem Projektmanagement vollständig verpflichtet haben. Die Organisation muss einen vernünftigen Terminplan für die erforderlichen Schulungsmaßnahmen für die Projektmanagement-Werkzeuge und die neue Organisationsstruktur entwickeln.

In den 1990ern begannen Unternehmen schließlich zu erkennen, welche Vorteile Projektmanagement bietet. In Tabelle 2.2 wird die Sichtweise des Projektmanagements früher und heute gegenübergestellt und es wird gezeigt, welche Vorteile Projektmanagement aus heutiger Sicht bietet.

PMBOK® Guide 2004

1.5.3 Kenntnis der Projektumgebung

Sichtweise früher	Sichtweise heute
• Projektmanagement beansprucht mehr Personal und erhöht die Gemeinkosten.	• Projektmanagement ermöglicht uns, mehr in kürzerer Zeit und mit weniger Personal zu erreichen.
• Die Rentabilität verringert sich.	• Die Rentabilität erhöht sich.
• Projektmanagement steigert die Anzahl der Anpassungen des Projektumfangs.	• Mit Projektmanagement lassen sich Änderungen des Projektumfangs besser kontrollieren.
• Projektmanagement erhöht die Instabilität der Organisation und steigert die Anzahl der Konflikte.	• Projektmanagement erhöht die Effizienz und Effektivität durch bessere Prinzipien für organisatorisches Verhalten.
• Projektmanagement ist »Augenwischerei« zu Gunsten des Kunden.	• Projektmanagement erlaubt eine engere Zusammenarbeit mit den Kunden.
• Projektmanagement erzeugt nur Probleme.	• Projektmanagement stellt ein Mittel zur Problemlösung bereit.
• Projektmanagement ist nur bei umfangreichen Projekten erforderlich.	• Alle Projekte profitieren von Projektmanagement.
• Projektmanagement erhöht die Qualitätsprobleme.	• Projektmanagement erhöht die Qualität.

Tabelle 2.2: Vorteile von Projektmanagement aus heutiger Sicht im Vergleich zu früher

Sichtweise früher	Sichtweise heute
• Projektmanagement fördert Machtkämpfe im Unternehmen.	• Projektmanagement reduziert Machtkämpfe.
• Projektmanagement fördert die Suboptimierung, indem das Projekt in den Vordergrund gestellt wird.	• Projektmanagement ermöglicht es Mitarbeitern, Entscheidungen zugunsten des Unternehmens zu treffen.
• Projektmanagement stellt einem Kunden Produkte bereit.	• Projektmanagement bietet Lösungen.
• Die Kosten für Projektmanagement verringern die Konkurrenzfähigkeit des Unternehmens.	• Projektmanagement fördert die Konkurrenzfähigkeit des Unternehmens.

Tabelle 2.2: Vorteile von Projektmanagement aus heutiger Sicht im Vergleich zu früher

Die Erkenntnis, dass die Organisation von der Einführung von Projektmanagement profitieren kann, ist erst der Anfang. Es stellt sich nun die Frage, wie lange es dauert, bis die Vorteile greifen. Diese Frage lässt sich teilweise durch Abbildung 2.5 beantworten. Bei der Einführung fallen zusätzliche Kosten für die Entwicklung einer Projektmanagement-Methodik und für die Entwicklung von Systemen zur Unterstützung der Planung inklusive Ablauf-, Kosten-, Termin- und Personalplanung und der Steuerung an. Möglicherweise pendeln sich die Kosten ein und bleiben auf einem bestimmten Niveau. Das Fragezeichen in Abbildung 2.5 kennzeichnet den Punkt, an dem die Kosten für die Einführung von Projektmanagement mit dem Zusatznutzen durch besseres Projektmanagement identisch sind. Dieser Punkt lässt sich durch Schulungsmaßnahmen nach links verschieben.

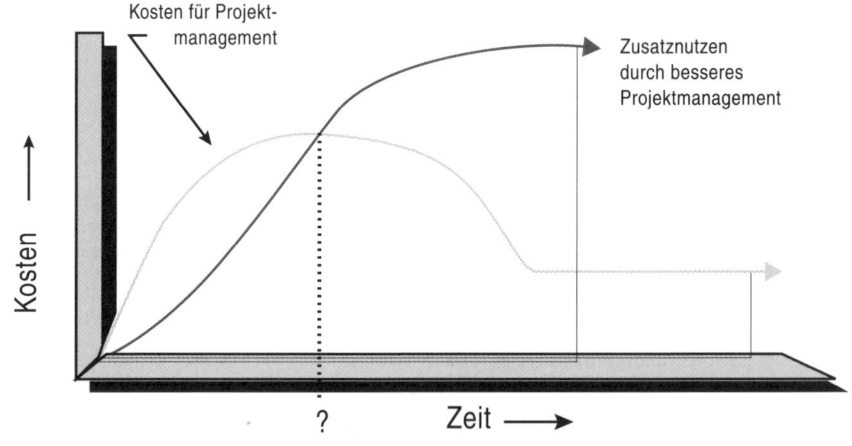

Abbildung 2.5: Kosten und Vorteile beim Projektmanagement

2.5 Widerstand gegen Änderungen

Warum hatten Unternehmen so große Probleme damit, Projektmanagement zu akzeptieren und zu implementieren? Die Antwort sehen Sie in Abbildung 2.6 In der Vergangenheit gab es Projektmanagement nur in projektorientierten Marktsektoren. In diesen Sektoren waren Projektmanager verantwortlich für Gewinn und Verlust, weshalb Projektmanagement als Beruf behandelt werden musste.

In nicht projektorientierten Marktsektoren basierte das Überleben des Unternehmens auf Produkten und Dienstleistungen statt auf einem kontinuierlichen Strom von Projekten. Die Rentabilität wurde über Marketing und Vertrieb identifiziert und es gab nur für wenige Projekte einen erkennbaren Gewinn und Verlust. Entsprechend wurde das Projektmanagement in diesen Unternehmen nie als Beruf betrachtet.

PMBOK® Guide 2004

2.3.1 Organisationsformen

Projektbasierte und nicht projektbasierte Organisationen

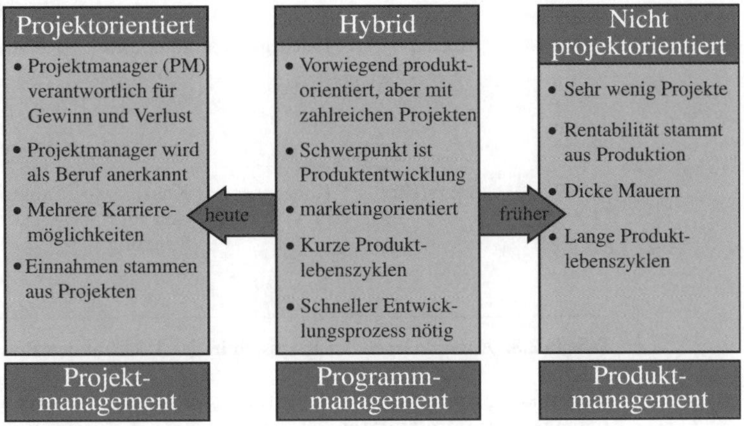

Abbildung 2.6: Klassifikation der Branchen nach dem Nutzungsgrad des Projektmanagements

Viele Firmen, die sich nicht für projektorientiert hielten, waren eigentlich hybrid. Hybride Organisationen sind in der Regel nicht projektorientiert, es gibt jedoch ein bis zwei Unternehmensbereiche, in denen sie projektorientiert sind. Hybride Unternehmen arbeiteten bisher wie nicht projektorientierte Unternehmen (siehe Abbildung 2.6), inzwischen hat sich das jedoch verändert. Warum? Manager haben festgestellt, dass sie ihre Unternehmen am effektivsten über »Management by Projects« führen können. Denn damit kommen sie in den Genuss der Vorteile von Projektmanagement und der traditionellen Organisationsstruktur. In den letzten zehn Jahren hat die Akzeptanz von Projektmanagement in den nicht projektorientierten oder hybriden Sektoren sehr stark zugenommen. Inzwischen wird Projektmanagement von Marketing, Konstruktion und Fertigung und nicht mehr nur von den projektorientierten Abteilungen unterstützt (siehe Abbildung 2.7).

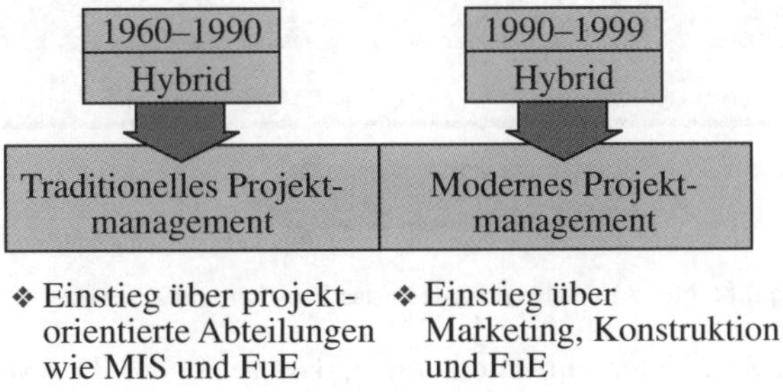

Abbildung 2.7: Von der hybriden zur projektorientierten Organisation

Der zweite Faktor, der in den USA zur Akzeptanz von Projektmanagement beitrug, war die Wirtschaft selbst, wobei insbesondere die Rezensionen in den Jahren 1979 bis 1983 und 1989 bis 1993 eine Rolle spielten. Dies geht aus Tabelle 2.3 hervor. Am Ende der Rezession, die von 1979 bis 1983 andauerte, erkannten Unternehmen die Vorteile von Projektmanagement, zögerten jedoch mit der Einführung. Die Unternehmen kehrten zum Status quo des traditionellen Managements zurück.

	Merkmale				
Rezession	**Entlassungen**	**FuE**	**Schulung**	**Suche nach Lösungen**	**Ergebnis der Rezession**
1979–1983	Arbeiter	Beseitigt	Eliminiert	Kurzfristig	• Rückkehr zum Status quo • Keine Unterstützung für Projektmanagement • Keine Verbündeten für Projektmanagement
1989–1993	Angestellte	Konzentration auf FuE	Konzentration auf Schulung	Langfristig	• Stil der Unternehmensführung verändert sich • Risikomanagement • Aus »Lessons Learned« wird Lehre gezogen

Tabelle 2.3: Auswirkungen der Rezession in den USA auf den Einsatz von Projektmanagement

Es gab keine Verbündeten oder alternative Managementtechniken, die den Einsatz von Projektmanagement unterstützten.

Die Rezession in den Jahren 1989–1993 war letztendlich für den Anstieg von Projektmanagement im nicht projektorientierten Sektor verantwortlich. Diese Rezession war gekennzeichnet durch die Entlassung von Angestellten und Managern. Projektmanagement fand Verbündete und es wurde plötzlich Wert auf langfristige Problemlösungen gelegt. Es war klar, dass Projektmanagement nicht mehr von der Bildfläche verschwinden würde.

Die Verbündeten des Projektmanagements tauchten 1985 auf und vermehrten sich während der Rezession in den Jahren 1989–1993. Diese Entwicklung wird in Abbildung 2.8 veranschaulicht.

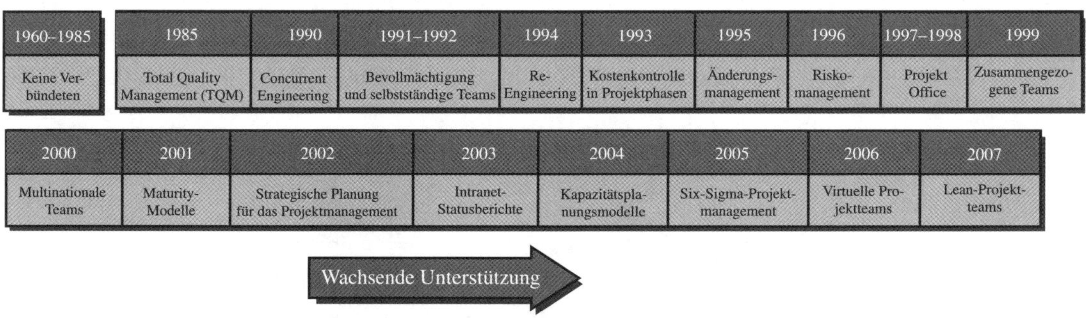

Abbildung 2.8: Neue Verfahren fördern das Projektmanagement.

- *1985*: Unternehmen erkennen, dass sie auf der Basis von Kosten und von Qualität konkurrieren müssen. TQM erfährt eine neue Wertschätzung. Unternehmen beginnen, die Prinzipien des Projektmanagements für die Einführung von TQM zu nutzen. Der erste Verbündete für das Projektmanagement taucht mit der »Hochzeit« von Projektmanagement und TQM auf.
- *1990*: Während der Rezession in den Jahren 1989–1993 erkennen Unternehmen, wie wichtig es ist, Terminpläne zu komprimieren und als Erstes am Markt zu sein. Befürworter des Concurrent Engineering beginnen, den Einsatz von Projektmanagement zu unterstützen, um bessere Ablauf- und Terminplanungstechniken zur Verfügung zu haben. Ein weiterer Verbündeter des Projektmanagements existiert.
- *1991–1992*: Mit dem Ende der Rezession von 1989–1993 beginnen Unternehmen, die innerbetriebliche Struktur umzuwandeln. Die Unternehmen werden abgespeckt und

Lean-Management wird eingeführt. Die Mitarbeiter müssen nun mehr Arbeit in weniger Zeit und mit weniger Personal verrichten. Führungskräfte erkennen, dass Projektmanagement hierfür große Vorteile bieten kann.

- *1994*: Unternehmen erkennen, dass ein gutes Projektkosten-Kontrollsystem eine bessere Kosteneinschätzung ermöglicht und die tatsächlich anfallenden Kosten für Arbeit und die Entwicklung von Produkten auf einen Blick sichtbar werden.
- *1995*: Unternehmen erkennen, dass nur wenige Projekte im Rahmen der ursprünglichen Ziele und ohne Anpassung des Projektumfangs abgeschlossen werden. Es werden Methoden für effektives Änderungsmanagement (Change Management) entwickelt.
- *1996:* Unternehmen erkennen, dass das Risikomanagement zu mehr nütze ist als zur Pufferung eines Terminplans. Nun werden Pläne zum Risikomanagement in die Projektplanung aufgenommen.
- *1997–1998:* Die Anerkennung von Projektmanagement als Karriereweg sorgt für die Konsolidierung des Wissens über Projektmanagement und einer zentral angesiedelten Projektmanagement-Gruppe. Die Einrichtung von Bezugsnormen für die besten Praktiken erzwingt die Errichtung von Kompetenzzentren für Projektmanagement.
- *1999:* Unternehmen, die die Bedeutung von Concurrent Engineering und schneller Produktentwicklung erkennen, stellen fest, dass Ressourcen einem Projekt für die gesamte Dauer zugeordnet werden sollten. Immer mehr Unternehmen arbeiten mit Teams, die an einem Standort aufgestellt werden.
- *2000:* Durch Fusionen und Firmenzukäufe entstehen immer mehr multinationale Unternehmen. Multinationales Projektmanagement wird zu einer wichtigen Herausforderung.
- *2001:* Unternehmen stehen unter dem Druck, die Reife im Bereich Projektmanagement so schnell wie möglich zu erreichen. So genannte Project Management Maturity-Modelle helfen Unternehmen, dieses Ziel zu erreichen.
- *2002:* Project Management Maturity-Modelle bieten Unternehmen eine Basis für die strategische Planung im Bereich Projektmanagement. Projektmanagement wird nun als strategische Kompetenz eines Unternehmens betrachtet.
- *2003:* Die Berichterstattung via Intranet wird erwachsen. Dies ist insbesondere für multinationale Unternehmen wichtig, die Informationen schnell austauschen müssen.
- *2004:* Die Berichterstattung via Intranet stellt Unternehmen Informationen darüber bereit, wie Ressourcen zugeteilt und genutzt werden. Unternehmen entwickeln Kapazitätsplanungsmodelle, um festzustellen, wie viel an zusätzlicher Arbeit das Unternehmen übernehmen kann.
- 2005: Die in Six Sigma eingesetzten Techniken werden auf das Projektmanagement angewendet, insbesondere um eine stetige Verbesserung der Methodik des Projektmanagements zu realisieren. Dies führt zur Einrichtung von Six-Sigma-Anwendungskategorien, die zum Teil nicht der Tradition entsprechen.
- 2006: Virtuelle Projektteams und Projektmanagementbüros werden immer gebräuchlicher. Das Wachstum virtueller Teams basiert wesentlich auf Vertrauen, Teamwork, Zusammenarbeit und effektiver Kommunikation.
- 2007: Die Konzepte des Lean-Manufacturings werden auf das Projektmanagement angewendet.

Mit zunehmender Entwicklung findet der Projektmanagement-Ansatz immer mehr Verbündete. Im einundzwanzigsten Jahrhundert werden auch Zweite- und Dritte-Welt-Nationen die Vorteile und die Bedeutung von Projektmanagement erkennen und nutzen. Es werden Standards mit weltweiter Geltung für das Projektmanagement entstehen.

Um erfolgreiches Projektmanagement zu betreiben, muss das Unternehmen Projektmanagement erfolgreich einführen. Dies wird in Situation 2.1 veranschaulicht.

Situation 2.1: Die Luftfahrtsparte eines Fortune-500-Unternehmens setzte bereits seit mehr als dreißig Jahren Projektmanagement ein. Jeder Mitarbeiter war in den Prinzipien des Projektmanagements geschult worden. In den Jahren 1985 bis 1994 führte das Unternehmen einmal jährlich Benchmarkings durch, um sich mit anderen Unternehmen der Luftfahrt- und Rüstungsindustrie zu vergleichen. Nach Abschluss der Benchmarking-Periode klopften sich die Mitarbeiter auf die Schultern, weil sie glaubten, Projektmanagement könne nicht besser betrieben werden.

1995 ändert sich dies. Das Unternehmen beschloss, sich mit Unternehmen aus anderen Branchen zu vergleichen. Es stellte sich heraus, dass es Unternehmen gab, die Projektmanagement erst seit fünf oder sechs Jahren einsetzten, jedoch mit erheblich mehr Erfolg als die Unternehmen der Luft- und Raumfahrtindustrie. Dies war ein ziemlich böses Erwachen.

Ein weiterer Faktor, der zum Widerstand gegen Änderungen führte, bestand im Wunsch des oberen Managements, den Status quo beizubehalten. Meistens lag dies eher im Interesse der Führungskräfte als in dem der Organisation als Ganzes. Dies führte bei Managern des mittleren und unteren Managements zu Frustration, die die Einführung von Projektmanagement zu Gunsten der Firma unterstützten. Um dieses Problem besser zu verstehen, betrachten Sie Situation 2.2:

Situation 2.2: Die größte Abteilung eines Fortune-500-Unternehmens erkannte den Bedarf für Projektmanagement. Über drei Jahre hinweg wurden 200 Mitarbeiter in Projektmanagement geschult und 18 Mitarbeiter bestanden schließlich das Examen als Projektmanagement-Fachmann/Fachfrau. Das Unternehmen richtete eine Projektmanagement-Abteilung ein und entwickelte eine eigene Projektmanagement-Methode. Die Projektmanager aus dieser Abteilung erkannten jedoch sehr schnell, dass sich ihre Vorstellungen in der Organisation nicht umsetzen lassen würden. Der Generaldirektor machte deutlich, dass die einzelnen Funktionsbereiche Budgetverantwortung haben würden. Die Projektmanager würden also keinerlei Weisungsbefugnisse und keine Kompetenzen erhalten, um wichtige Entscheidungen selbst treffen zu können. Die Projektmanager wurden also eigentlich wie Koordinatoren und nicht wie echte Projektmanager behandelt.

Obwohl Projektmanagement nun seit mehr als vierzig Jahren existiert, herrschen immer noch unterschiedliche Sichtweisen und Missverständnisse darüber vor, was Projektmanagement ist. Lehrbücher zu Operations Research und zu Managementtechniken enthalten noch immer Kapitel mit der Überschrift *Projektmanagement*, die lediglich die Ablauf- und Terminplanung mit PERT (Program Evaluation and Review Technique) beschreiben.

Alle Unternehmen werden jedoch früher oder später die Grundlagen des Projektmanagements beherrschen. Herausragende projektorientierte Unternehmen zeichnen sich dadurch aus, dass sie die Verfahren und Methoden erfolgreich eingeführt haben und nutzen.

2.6 Systeme, Programme und Projekte

In den vorangegangenen Abschnitten wurde der Begriff »System« ziemlich locker gebraucht. Die exakte Definition eines Systems hängt von den Benutzern, der Umgebung und dem letztendlichen Ziel ab. Praktiker definieren ein System wie folgt:

> Eine Gruppe von Elementen (Menschen oder Sachmittel), die so organisiert sind, dass die Elemente als Ganzes agieren können, um ein gemeinsames Ziel zu erreichen.

Systeme sind Sammlungen von miteinander agierenden Teilsystemen, die einen synergetischen Output erzeugen können. Systeme sind durch ihre Grenzen und Schnittstellenbedingungen definiert. Wäre ein Unternehmen beispielsweise vollständig von seinem Umfeld isoliert, gäbe es ein *geschlossenes System*, in dem das Management alle Faktoren steuern könnte. Reagiert ein System hingegen auf sein Umfeld, handelt es sich um ein *offenes* System. Alle Sozialsysteme sind beispielsweise offene Systeme. Offene Systeme müssen durchlässige Grenzen besitzen.

Hängt das Überleben eines Systems entscheidend von anderen Systemen ab, kann das System als *erweitertes System* definiert werden. Nicht alle offenen Systeme sind auch gleichzeitig erweiterte Systeme. Erweiterte Systeme verändern sich ständig und können Personen, die gerne in einer reglementierten Umgebung arbeiten, in Schwierigkeiten bringen.

Militärische und staatliche Organisationen versuchten als Erste, die Begriffe System, Programm und Projekt klar voneinander abzugrenzen. Nachfolgend finden Sie zwei Definitionen für Systeme:

- *Definition der Air Force:* Eine Mischung aus Einsatzmitteln, Fähigkeiten und Techniken, die eine operationale Rolle übernehmen oder unterstützen können. Ein vollständiges System beinhaltet Anlagen, Betriebsmittel, Dienstleistungen und Personal, die erforderlich sind, um als eigenständige Einheit im beabsichtigen Einsatzumfeld betrachtet werden zu können.
- *Definition der NASA:* Eine der wichtigsten Einheiten, die die Projekthardware in einem Projekt oder einem Programmbereich beinhaltet. Normalerweise ist ein »System« der erste wichtige Teilbereich eines Projekts (Raumschiffsysteme, Startsysteme).

Programme können als erforderliche Elemente der ersten Ebene eines Systems konstruiert werden.

Nachfolgend finden Sie zwei repräsentative Definitionen für Programme:

- *Definition der Air Force:* Die integrierten, zeitlich beschränkten Aufgaben, die erforderlich sind, um einen bestimmten Zweck zu erfüllen.
- *Definition der NASA:* Eine Folge von Unternehmungen, die einen bestimmten Zeitraum umfassen (in der Regel mehrere Jahre) und mit denen ein breit ausgelegtes wissenschaftliches oder technisches Ziel innerhalb der langfristigen Planung der NASA erreicht werden soll (z.B. die Erkundung des Monds und der Planeten oder bemannte Raumschiffe).

Programme können als Teilsysteme betrachtet werden. In der Regel werden Programme jedoch als zeitlich begrenzte Bemühungen definiert, wohingegen Systeme dauerhaft existieren.

Projekte sind ebenfalls zeitlich begrenzte Bemühungen, sie dauern jedoch nicht so lange wie Programme und bilden die erste Gliederungsebene von Programmen. Eine typische Definition wäre die folgende:

- *NASA/Air Force:* Ein Projekt ist eine Unternehmung im Rahmen eines Programms, deren Start und Abschluss in einem Ablauf- und Terminplan festgelegt ist. In der Regel dient die Unternehmung einem bestimmten Hauptzweck.

Wie Tabelle 2.4 zeigt, neigen Regierungsorganisationen der USA dazu, Bemühungen als Programme zu betreiben, die von einem Programm-Manager geleitet werden. Die meisten Branchen hingegen betrachten Bemühungen lieber als Projekte, die von einem Projektmanager geleitet werden. Ob die Unternehmung nun als Programm-Management oder als Projektmanagement bezeichnet wird, ist unerheblich, weil die gleichen Richtlinien und Prozeduren, die für Programme gelten, auch auf Projekte angewendet werden können. Im restlichen Verlauf des Buches werden die Begriffe Programm und Projekt austauschbar genutzt. Der Leser sollte sich jedoch darüber im Klaren sein, dass Projekte normalerweise die erste Gliederungsebene eines Programms bilden und dass Programme dauerhafter sind als Projekte. Diese Unterteilung wird in Kapitel 11 ausführlicher erläutert.

Ebene	Sparte	Bezeichnung
System	–	–
Programm	Staatliche Organisationen (USA)	Programm-Manager
Projekt	Branche	Projekt-Manager

Tabelle 2.4: Zusammenfassung der Definitionen

Nachdem eine Gruppe von Aufgaben ausgewählt und als Projekt deklariert wurde, besteht der nächste Schritt darin, die Art der Projekteinheiten zu definieren. Es gibt vier Kategorien von Projekten:

- *Einzelprojekte:* Dabei handelt es sich um kurzfristige Projekte, die normalerweise Einzelpersonen zugewiesen werden, die die Funktion des Projekt- und die des Linienmanagers übernehmen.
- *Stabsprojekte:* Diese Projekte können von einer Organisationseinheit wie z.B. einer Abteilung ausgeführt werden. Aus jedem betroffenen Unternehmensbereich wird ein Mitarbeiterstab oder eine Arbeitsgruppe (Task Force) gebildet. Diese Methode funktioniert am besten, wenn nur eine Linieneinheit einbezogen wird.
- *Spezialprojekte:* Es kommen sehr häufig Spezialprojekte vor, bei denen Personen oder Einheiten bestimmte Primärfunktionen und/oder Kompetenzen zeitlich befristet zugewiesen werden müssen.
- *Matrix- oder Aggregatprojekte:* Diese Art von Projekten erfordert den Input von zahlreichen Funktionseinheiten und steuert in der Regel eine große Zahl von Ressourcen.

Projektmanagement kann nun als Verfahren definiert werden, bei dem die Projektziele über die traditionelle Organisationsstruktur und über Spezialkenntnisse der einbezogenen Personen erreicht werden. Projektmanagement kann auf alle Ad-hoc-Unternehmungen (eindeutig, einmalig, von einer bestimmten Art) angewendet werden, die ein bestimmtes Endziel betreffen. Um eine Aufgabe zu bewältigen, muss ein Projektmanager Folgendes tun:

PMBOK® Guide 2004

1.3 Was ist Projektmanagement?

- Ziele setzen
- Pläne aufstellen
- Ressourcen organisieren
- Personal bereitstellen
- Kontrollen einrichten
- Direktiven aufstellen
- Das Personal motivieren
- Innovative Ideen haben
- Flexibel bleiben

Die Art des Projekts gibt häufig an, welche dieser Funktionen zum Einsatz kommen.

2.7 Der Unterschied zwischen Produkt- und Projektmanagement

PMBOK® Guide 2004

4.1.1 Entwickeln des Projektauftrags: Eingangswerte

Produktumfang und Projektumfang

Aufgrund praktischer Erwägungen gibt es neben der Zeitdauer keinen größeren Unterschied zwischen einem Projekt und einem Programm. Projektmanager konzentrieren sich von dem Tag an, an dem sie zum Projektmanager ernannt werden, auf das Fertigstellungsdatum ihres Projekts. Programmmanager haben normalerweise einen sehr viel größeren Zeitrahmen als Projektmanager und wollen überhaupt nicht, dass ihr Programm je endet. In den frühen Jahren des Projektmanagements, als das Verteidigungsministerium der wichtigste Kunde war, wurden die Projektmanager für Luftfahrt und Verteidigung als Programmmanager bezeichnet, weil man beabsichtigte, jedes Jahr einen Folgeauftrag von der Regierung zu erhalten.

Aber wie steht es mit der Definition von Produktmanagement oder Produktlinienmanagement? Produktmanager haben in etwa dieselben Aufgaben wie Programmmanager. Der Produktmanager möchte, dass sein Produkt so langlebig und rentabel wie möglich ist. Selbst wenn die Nachfrage nach dem Produkt zurückgeht, sucht der Produktmanager immer nach Nebenprodukten, um ein Produkt am Leben zu erhalten.

Obwohl der PMBOK® Guide nicht zwischen Projekt- und Programmumfang unterscheidet, unterscheidet er sehr wohl zwischen Projekt- und Produktumfang:

- *Projektumfang* definiert die Arbeit, die geleistet werden muss, um ein Lieferobjekt mit bestimmten Merkmalen oder Funktionen zu erzeugen. Das Lieferobjekt kann ein Produkt, eine Dienstleistung oder ein Ergebnis sein.
- *Produktumfang* definiert die Merkmale oder Funktionen, die das Lieferobjekt charakterisieren.

Abbildung 2.9 veranschaulicht die Beziehung zwischen Projekt- und Produktmanagement. Wenn sich das Projekt in der FuE-Phase befindet, ist ein Projektmanager involviert. Nachdem das Produkt entwickelt und am Markt eingeführt wurde, wird es vom Produktmanager übernommen. In einigen Fällen kann der Projekt- zum Produktmanager werden. Projekt- und Produktmanagement können in Firmen nebeneinander existieren und es gibt Firmen, in denen dies so gehandhabt wird.

Abbildung 2.9 zeigt, dass das Produktmanagement horizontal und vertikal operieren kann. Wenn ein Produkt im Organigramm horizontal angezeigt wird, macht dies deutlich, dass die Produktlinie nicht umfangreich genug ist, um ausschließlich dafür Ressourcen einzusetzen. Es nutzt deshalb funktionale Ressourcen ähnlich wie das Projektmanagement. Wäre die Produktlinie umfangreich genug, um eigene Ressourcen ausschließlich zu beschäftigen, würde sie als separate Sparte oder als vertikale Linie im Organigramm angezeigt werden.

In Abbildung 2.9 wird außerdem die bemerkenswerte Tatsache deutlich, dass der Projektmanager (oder Projektingenieur) an einen Mitarbeiter aus dem Marketing berichtet. Sollte die Unternehmensführung Projektmanagern und Projektingenieuren gestatten, an Mitarbeiter des Marketings zu berichten, auch wenn das Projekt sehr technisch orientiert ist? Viele Führungskräfte würden diese Frage heute mit einem kräftigen »Ja« beantworten. Das liegt daran, dass technisch orientierte Projektleiter sich zu sehr mit den technischen Details des Projekts befassen und den Blick dafür verlieren, wann und wie ein Projekt beendet werden muss. Denken Sie daran, dass die meisten technischen Führungskräfte in einem akademischen und nicht einem betrieblichen Umfeld ausgebildet wurden. Ihre Verpflichtung zum Erfolg vernachlässigt häufig wichtige Faktoren wie ROI (Return on Investment oder Kapitalrendite), die Rentabilität, die Konkurrenzfähigkeit und die Vermarktungschancen.

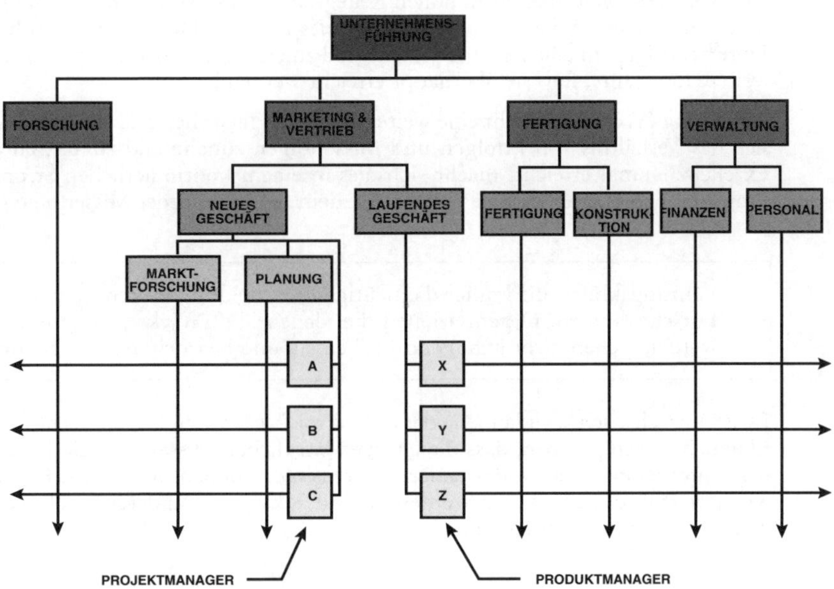

Abbildung 2.9: Ein Organigramm

Um diese Probleme zu umgehen, berichten Projektmanager und Projektingenieure nun insbesondere bei FuE-Projekten an das Marketing. Dadurch wird sichergestellt, dass ein Input aus dieser Abteilung in alle FuE-Entscheidungen einfließt. Viele Führungskräfte wurden wegen der hohen Kosten, die bei der Forschung und Entwicklung anfielen, zu dieser Haltung gezwungen. Insbesondere dann, wenn die Kosten reduziert werden müssen, ist die FuE-Organisation in der Regel die erste, die dies zu spüren bekommt. Die Unternehmensführung muss jedoch sehr vorsichtig bei einer solchen Struktur sein, bei der das Projekt- und das Produktmanagement an das Marketing berichten. Der Marketing-Manager könnte zum wichtigsten Menschen des Unternehmens werden mit der Möglichkeit, sich ein sehr großes Imperium aufzubauen.

2.8 Reifegrad und Exzellenz

Einige Personen behaupten, dass ein hoher Reifegrad und Exzellenz beim Projektmanagement identisch seien. Leider trifft dies nicht zu. Betrachten Sie die folgende Definition:

> Ein Unternehmen hat dann einen hohen Reifegrad im Projektmanagement erreicht, wenn es eine Standardmethode und Begleitprozesse eingeführt hat, die eine hohe Wahrscheinlichkeit für wiederholten Erfolg bietet.

Diese Definition wird von den Phasen des Lebenszyklus unterstützt, die in Tabelle 2.1 gezeigt werden. Ein hoher Reifegrad beinhaltet, dass das passende Fundament an Werkzeugen, Techniken, Verfahren vorhanden ist und die benötigte Unternehmenskultur existiert. Wenn Projekte vor dem Abschluss stehen, findet in der Regel eine Abschlussbesprechung mit dem oberen Management statt, in der der Einsatz der Methode besprochen wird und Änderungen empfohlen werden. Bei dieser Abschlussbesprechung werden die wichtigsten Leistungsindikatoren betrachtet und es bietet sich die Möglichkeit, die positiven Faktoren zu maximieren und das zu korrigieren, was falsch gelaufen ist.

Exzellenz wird hingegen wie folgt definiert:

> Organisationen, die Exzellenz im Projektmanagement erreicht haben, haben ein Umfeld geschaffen, in dem ein kontinuierlicher Strom an erfolgreich durchgeführten Projekten zu verzeichnen ist. Erfolg wird außerdem daran gemessen, was das Beste für das Unternehmen und für das Projekt ist (z.B. den Kunden).

Exzellenz geht weit über einen hohen Reifegrad hinaus. Abbildung 2.10 zeigt, dass die Organisation, nachdem sie die ersten vier Phasen des Lebenszyklus durchlaufen hat, mindestens zwei Jahre benötigt, um einen gewissen Reifegrad zu erlangen. Bis zur Exzellenz dauert es dann noch weitere fünf Jahre, falls sie überhaupt erreicht werden kann.

Abbildung 2.10 verdeutlicht eine weitere wichtige Tatsache. Während der Reifephase verschiebt sich das Verhältnis von Erfolgen und Misserfolgen zunehmend zugunsten der Erfolge. Ist die Exzellenz einmal erreicht, macht sich dies in einem kontinuierlichen Strom von erfolgreichen Projekten bemerkbar. Es wird jedoch trotzdem hin und wieder Misserfolge geben.

> Führungskräfte, die immer die richtige Entscheidung treffen, treffen nicht genügend Entscheidungen. Organisationen, bei denen alle Projekte erfolgreich abgeschlossen werden, gehen nicht genügend Risiken ein und bearbeiten nicht genügend Projekte.

Es ist unrealistisch zu glauben, dass alle Projekte erfolgreich abgeschlossen werden können. Einige Personen glauben, dass die einzigen wirklichen Misserfolge die Projekte sind, bei denen das Unternehmen nichts dazugelernt hat. Fehler können auch als Erfolg betrachtet werden, wenn sie früh genug erkannt werden und die Ressourcen anderen Erfolg versprechenden Aktivitäten zugeordnet werden können.

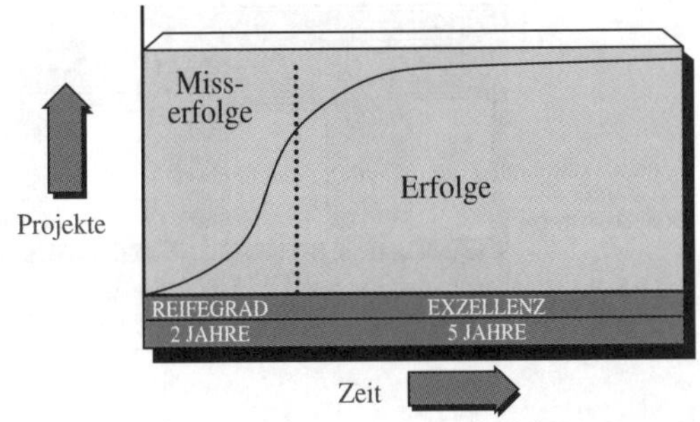

Abbildung 2.10: Der Weg zur Exzellenz

2.9 Informelles Projektmanagement

Unternehmen verwalten Projekte heutzutage eher informeller als früher. Das informelle Projektmanagement besitzt zwar einen gewissen Grad an Formalität, das Projekt soll jedoch mit einem Minimum an Papierkram bewältigt werden. Es herrscht ein vernünftiges Maß an Formalität. Außerdem basiert das informelle Projektmanagement eher auf Leitsätzen als auf Richtlinien und Prozeduren, die die Basis des formellen Projektmanagements bilden. Das informelle Projektmanagement ermöglicht Folgendes:

- Effektive Kommunikation
- Effektive Kooperation
- Effektive Teamarbeit
- Vertrauen

Diese vier Elemente sind hauptsächlich für effektives informelles Projektmanagement verantwortlich.

Abbildung 2.11 zeigt die Entwicklung der Projektdokumentation. Wenn Unternehmen einen gewissen Reifegrad im Projektmanagement erlangen, liegt die Betonung auf den Richtlinien und Checklisten. Abbildung 2.12 zeigt kritische Punkte, die zu berücksichtigen sind, wenn das Projektmanagement sich in Richtung Informalität weiterentwickelt.

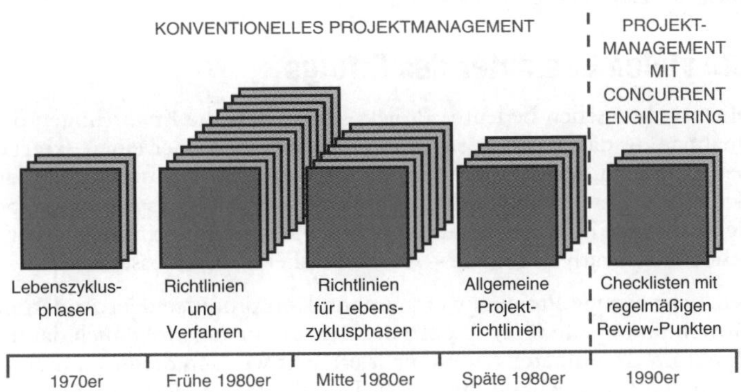

Abbildung 2.11: Entwicklung von Richtlinien, Prozeduren und Leitsätzen

Schließlich sei noch erwähnt, dass Firmen sich nicht immer den Luxus leisten können, informelles Projektmanagement einzusetzen. Die Kunden dürfen oft mitreden, wenn es darum geht, ob formelles oder informelles Projektmanagement eingesetzt wird.

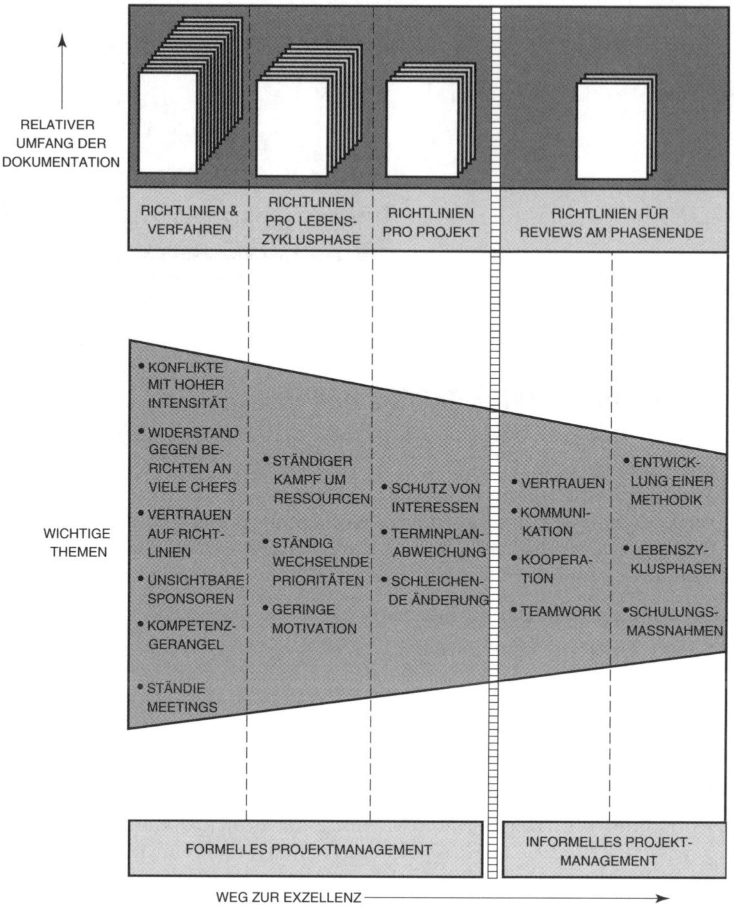

Abbildung 2.12: Der Weg zur Kompetenz

2.10 Die vielen Gesichter des Erfolgs

Historisch gesehen bedeutet Projekterfolg, dass die Erwartungen des Kunden erfüllt werden – unabhängig davon, ob es sich um einen internen oder einen externen Kunden handelt. Erfolg bedeutet auch, eine Tätigkeit im Rahmen der Zeit-, Kosten- und Qualitätsvorgaben abzuschließen. Nach dieser Standarddefinition lässt sich Erfolg als Punkt in einem Koordinatensystem aus den Faktoren Zeit, Kosten und Qualität/Leistung bestimmen. Aber wie viele Projekte – insbesondere innovative Projekte – wurden bisher abgeschlossen?

Nur sehr wenige Projekte werden ohne Kompromisse oder Änderungen bei den Faktoren Zeit, Kosten und Qualität fertig gestellt. Deshalb kann Erfolg auch dann auftreten, wenn der exakte Punkt im Koordinatensystem nicht erreicht wird. In dieser Hinsicht ließe sich Erfolg als Würfel definieren (siehe Abbildung 2.13). Der Punkt, an dem die Zeit, die Kosten und die Qualität zusammentreffen, wäre dann ein Punkt in einem Würfel, der das Zusammentreffen der entscheidenden Erfolgsfaktoren (CSFs – Critical Success Factors) für das Projekt ausmacht.

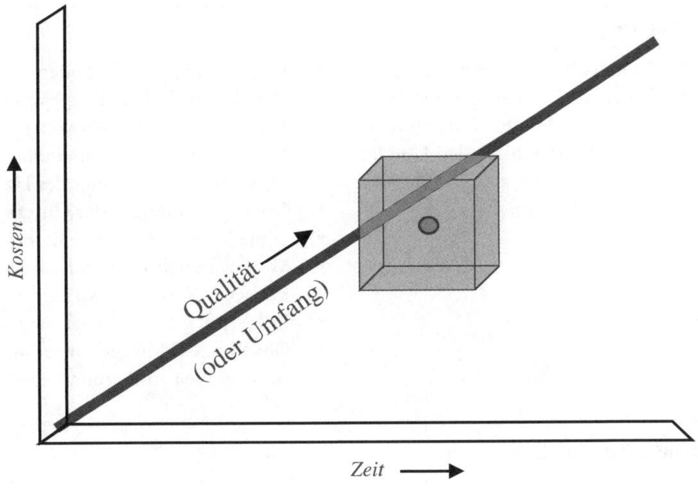

Abbildung 2.13: Erfolg als Punkt oder Würfel?

Wie in Tabelle 2.5 gezeigt, muss außerdem berücksichtigt werden, dass möglicherweise primäre und sekundäre Definitionen von Erfolg existieren. Die primären Definitionen von Erfolg sind die, die der Kunde sieht. Die sekundären Definitionen sind in der Regel interne Vorteile. Falls es für den Kunden akzeptabel ist, wenn 86 Prozent der Spezifikation erreicht werden, und Folgeaufträge erteilt werden, kann das Projekt sehr wohl als Erfolg betrachtet werden.

Eine Projektmanagement-Methodik kann primäre und sekundäre Erfolgsfaktoren identifizieren. Dies bietet dem Projektmanager bei der Erstellung eines Risikomanagementplans und bei der Entscheidung darüber, welche Risiken in Kauf genommen werden sollten und welche nicht, eine gute Richtlinie.

Die entscheidenden Erfolgsfaktoren legen fest, was erforderlich ist, um die Kundenwünsche zu erfüllen. Es können auch die Leistungsindikatoren (KPIs oder Key Performance Indicators) betrachtet werden, die angeben, ob die geforderte Lieferung oder Leistung vertragsgerecht erbracht wird. Die Leistungsindikatoren sind interne Maßeinheiten, die während des gesamten Projektlebenszyklus in regelmäßigen Abständen betrachtet werden können.

Typische Leistungsindikatoren sind:

- Einsatz der Projektmanagement-Methodik
- Errichtung des Kontrollvorgangs
- Einsatz einer Übergangsmessgröße
- Qualität der zugewiesenen im Vergleich zu den geplanten Ressourcen
- Einbeziehung des Kunden

Die Leistungsindikatoren beantworten Fragen wie: Wurde die Methodik korrekt eingesetzt? Wurde das Management ausreichend informiert? Wurden die korrekten Ressourcen zugewiesen und wurden sie effektiv eingesetzt? Gab es Dinge, die eine Aktualisierung der Methodik oder ihres Einsatzes erforderlich machten? Unternehmen, die herausragendes Projektmanagement betreiben, bemessen ihren Erfolg sowohl intern als auch extern mit Leistungsindikatoren (KPIs) und Erfolgsfaktoren (CFSs).

Primäre	Sekundäre
• Innerhalb des Zeitrahmens • Innerhalb des Kostenrahmens • Innerhalb des Qualitätsrahmens • Zustimmung durch den Kunden	• Folgeaufträge vom Kunden • Der Kunde darf als Referenz zitiert werden • Vermarktung eines Produkts • Mit minimalen oder vereinbarten Änderungen • Ohne Beeinträchtigung des Hauptarbeitsablaufs • Ohne Veränderung der Unternehmenskultur • Ohne Verletzung der Sicherheitsbestimmungen • Mit einer effektiven und effizienten Leistungserstellung • Ethisches Verhalten wird gewährleistet • Eine strategische Ausrichtung wird bereitgestellt • Der Ruf des Unternehmens wird gestärkt • Beziehungen zu Regulierungsbehörden werden aufrechterhalten

Tabelle 2.5: Erfolgsfaktoren

2.11 Die vielen Gesichter des Misserfolgs[6]

Es wurde bereits erwähnt, dass Erfolg auch als Würfel anstatt als Punkt beschrieben werden kann. Handelt es sich um einen Misserfolg oder einen Fehler, wenn der Punkt verfehlt wird, nicht jedoch der Würfel? Wohl kaum! Von Misserfolg kann erst dann gesprochen werden, wenn die Endergebnisse nicht den Erwartungen entsprechen, obwohl die ursprünglichen Erwartungen sinnvoll waren. Manchmal stellen Kunden und sogar interne Führungskräfte Leistungsziele auf, die vollkommen unrealistisch sind, weil sie hoffen, dass 80 bis 90 Prozent davon erreicht werden können. Der Einfachheit halber definieren wir Misserfolg als »Nichtkonformität« mit den Erwartungen.

Mit nicht erfüllbaren Erwartungen ist der Misserfolg praktisch vorprogrammiert, weil er als nicht erfüllte Erwartungen definiert wurde. Ein solcher Misserfolg kann auch als *Planungsfehler* bezeichnet werden. Ein Planungsfehler ergibt sich als Unterschied zwischen dem Geplanten und dem Erreichten. Die zweite Art von Fehler ist die mangelhafte Leistung, also ein *tatsächlicher Fehler*. Diese Art von Fehler ergibt sich als Unterschied zwischen dem, was erreichbar gewesen wäre, und dem, was tatsächlich erreicht wurde.

Der *wahrgenommene Fehler* setzt sich aus dem *tatsächlichen Fehler* und dem *Planungsfehler* zusammen. Abbildung 2.14 und Abbildung 2.15 veranschaulichen die Komponenten des wahrgenommenen Misserfolgs. In Abbildung 2.14 zeichnet sich das Projektmanagement dadurch aus, dass die geplante Ebene der Durchführung (C) unter dem liegt, was unter den vorgegebenen Projektumständen und Ressourcen (D) erreicht werden kann. Es handelt sich um eine klassische Situation für mangelhafte Planung. Das, was tatsächlich erreicht wurde (B), fällt geringer aus als geplant.

Ein etwas anderer Fall wird in Abbildung 2.15 gezeigt. Hier sollte mehr realisiert werden, als tatsächlich erreichbar ist. Der Planungsfehler bestätigt sich, auch wenn eigentlich kein Fehler aufgetreten ist. In beiden Situationen ist der tatsächliche Fehler identisch. Der wahrgenommene Misserfolg kann sich jedoch erheblich unterscheiden.

6. Übernommen aus Gilbreath, R.D., *Winning at Project Management,* New York, 1986, S. 2–6

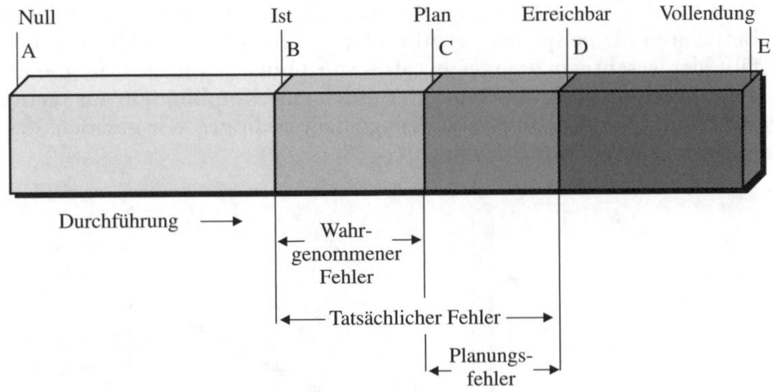

Abbildung 2.14: Komponenten des Misserfolgs (pessimistische Planung)

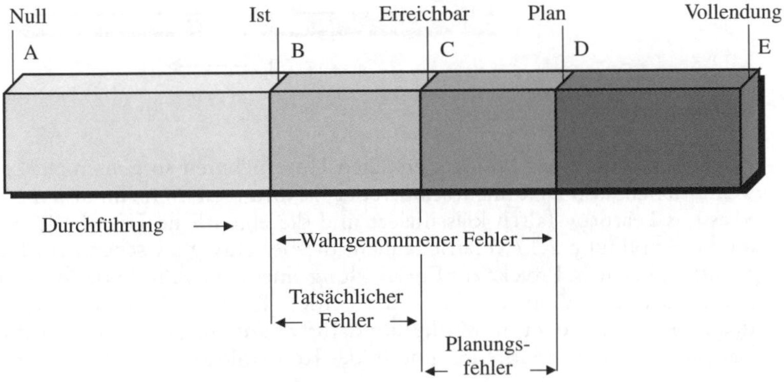

Abbildung 2.15: Komponenten des Misserfolgs (optimistische Planung)

Die meisten Praktiker konzentrieren sich auf den Begriff des *Planungsfehlers.* Können sie verringert oder sogar ganz verhindert werden, fällt der tatsächliche Misserfolg erheblich geringer aus. Eine gute Projektmanagement-Methodik sorgt dafür, dass Planungsfehler minimal sind. Wir glauben inzwischen, dass Planungsfehler hauptsächlich auf mangelndes Risikomanagement seitens der Projektmanager zurückzuführen sind. In den 1980er-Jahren wurde Misserfolg hauptsächlich quantitativ definiert und auf folgende Faktoren zurückgeführt:

- Ineffiziente Planung (inklusive Ablauf-, Kosten-, Termin- und Personalplanung)
- Ineffiziente Kostenkontrolle
- Behandlung der Projektziele als verschiebbare Ziele
- Keine funktionale Bindung
- Verzögerungen bei der Lösung von Problemen
- Zu viele nicht gelöste Grundsatzprobleme
- Prioritätenkonflikte zwischen der Unternehmensführung, den Linienmanagern und den Projektmanagern

Zwar sind diese quantitativen und qualitativen Gesichtspunkte zu einem gewissen Grad für Projektfehler verantwortlich, wir glauben jedoch, dass Planungsfehler hauptsächlich durch mangelndes oder inadäquates Risikomanagement bedingt sind oder dadurch, dass die Projektmanagement-Methodik keine Richtlinien für das Risikomanagement beinhaltet.

Manchmal wird der Anteil des Risikomanagements am Projektfehler nicht korrekt identifiziert. Betrachten Sie beispielsweise Abbildung 2.16. Die tatsächliche Leistung des Vertragspartners fällt hier wesentlich geringer aus als vom Kunden erwartet. Wird dieser Unterschied durch mangelnde technische Kompetenz oder durch eine Kombination aus mangelnder technischer Kompetenz und schlechtem Risikomanagement bedingt? Wir glauben, dass beide Faktoren für den Misserfolg verantwortlich sind.

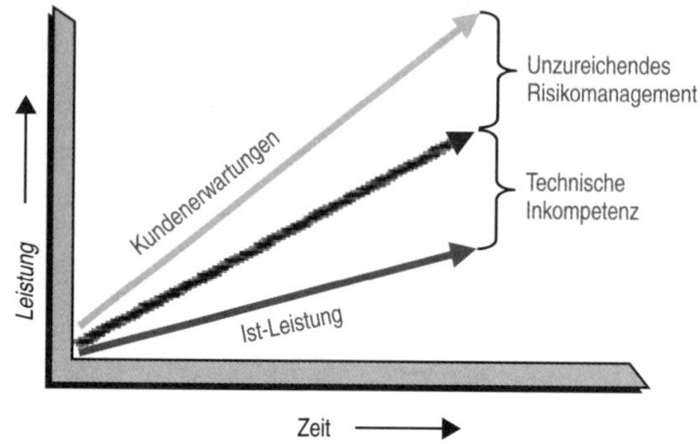

Abbildung 2.16: Risikoplanung

Nach Abschluss eines Projekts erstellen Unternehmen so genannte »Lessons Learned«-Dokumentationen, also Dokumentationen der Erfahrungen. Manchmal werden die Erfahrungen oder »Lessons Learned« falsch klassifiziert und die eigentliche Ursache für das Risiko bleibt unbekannt. Abbildung 2.17 veranschaulicht die Beziehung zwischen dem Marketing und der Konstruktion in einem Projekt zur Entwicklung eines neuen Produkts. Angenommen, die Erwartungen des Kunden können nicht erfüllt werden. Ist dann das mangelhafte Risikomanagement in der Konstruktion oder im Marketing dafür verantwortlich? Die Beziehung zwischen dem Risikomanagement im Marketing und in der Konstruktion ist nicht immer klar.

Abbildung 2.17 zeigt auch, dass die Kompromissmöglichkeiten immer geringer werden, je weiter das Projekt fortschreitet. Bevor die Projektziele aufgestellt werden, gibt es jedoch zahlreiche Kompromissmöglichkeiten. Wenn das Projekt also fehlschlägt, kann dies auch am Zeitpunkt liegen, zu dem die Risiken analysiert wurden. Deshalb sollte frühzeitig eine Fehlermöglichkeits- und Einflussanalyse (FMEA) durchgeführt werden, mit der mögliche Fehler bei Produkten und Prozessen frühzeitig erkannt und verhindert werden können.

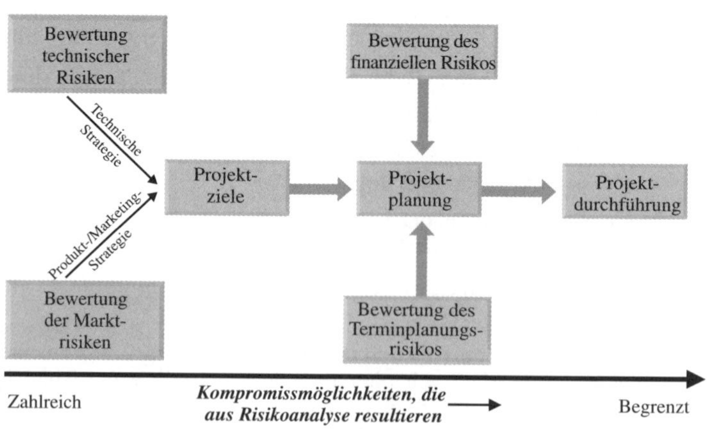

Abbildung 2.17: Strategien zur Abschwächung von Planungsfehlern

2.12 Der Stage-Gate-Prozess

PMBOK® Guide 2004

Kapitel 2 Projektlebenszyklus und Organisation

2.1.2 Eigenschaften von Projektphasen

Wenn Unternehmen erkennen, dass sie Prozesse für das Projektmanagement entwickeln müssen, befinden sie sich am Ausgangspunkt des Stage-Gate-Prozesses. Dieses Verfahren wurde entwickelt, weil die traditionelle Unternehmensstruktur hauptsächlich auf ein zentralisiertes Management, eine zentralisierte Steuerung und eine zentralisierte Kommunikation und einen Top-down-Verlauf von oben nach unten ausgerichtet war, der für Organisationen, die Projektmanagement und horizontale Arbeitsabläufe nutzen, nicht mehr praktikabel ist. Der Stage-Gate-Prozess entwickelte sich möglicherweise zu den Lebenszyklusphasen.

Wie der Begriff besagt, besteht das Verfahren aus Phasen (Stages) und Entscheidungspunkten oder Meilensteinen (Gates). Die Phasen bestehen aus Gruppen von Aktivitäten, die entweder in Folge oder parallel ausgeführt werden können. Sie werden von funktionsübergreifenden Teams verwaltet. Die Gates sind strukturierte Entscheidungspunkte am Ende jeder Phase. Gutes Projektmanagement beinhaltet in der Regel nicht mehr als sechs solcher Gates. Ist die Anzahl der Gates höher, verwendet das Projektteam zu viel Aufmerksamkeit auf die Bewertung der Entscheidungspunkte (Gates) und vernachlässigt dabei das eigentliche Projektmanagement.

Projektmanagement dient dazu, die Phasen (Stages) zwischen den Entscheidungspunkten (Gates) zu verwalten, und es kann die Phasen auch verkürzen. Wird der Stage-Gate-Prozess zur Entwicklung und Einführung eines neuen Produkts eingesetzt, kann dies ein entscheidender Erfolgsfaktor sein. Eine gute Projektmanagement-Methodik stellt Checklisten, Formulare und Richtlinien bereit, um sicherzustellen, dass keine wichtigen Schritte übergangen werden.

Checklisten sind für die Bewertung der Entscheidungspunkte sehr wichtig, denn ohne diese verschwenden Projektmanager wichtige Zeit bei der Berichterstellung. Gute Checklisten sind auf die Beantwortung der folgenden Fragen ausgerichtet:

- Wie sieht der aktuelle Stand aus (z.B. im Hinblick auf Termine und Kosten)?
- Worauf läuft das Projekt hinaus (z.B. Termine und Kosten)?
- Welche Risiken bestehen aktuell und zukünftig?
- Welche Unterstützung wird seitens des Managements benötigt?

Die Entscheidungen werden nicht durch die Projektmanager getroffen, sondern durch so genannte Gatekeeper. Dies sind Personen, wie z.B. Sponsoren, oder aber Personengruppen, die von der Unternehmensführung bestimmt werden. Sie bewerten die Leistung im Hinblick auf vordefinierte Kriterien und können dem Projektteam zusätzliche wirtschaftliche und technische Informationen zur Verfügung stellen.

Gatekeeper müssen in der Lage sein, Entscheidungen wie die folgenden zu treffen:

- Vorrücken zum nächsten Gate basierend auf den ursprünglichen Zielen
- Vorrücken zum nächsten Gate basierend auf überarbeiteten Zielen
- Verzögerung einer Gate-Entscheidung, bis weitere Informationen vorliegen
- Abbruch des Projekts

Sponsoren müssen auch den Mut haben, ein Projekt abzubrechen. Der Zweck des Gates besteht nicht nur darin, die Genehmigung zu erhalten, fortzufahren, sondern auch darin, Fehler früh genug zu erkennen und durch einen Abbruch das Risiko für eine unnötige Ressourcenverschwendung zu minimieren.

Der Stage-Gate-Prozess zeichnet sich also durch die folgenden Vorteile aus:

- Bereitstellung einer Struktur für das Projektmanagement
- Bereitstellung von Hilfsmitteln für die standardisierte Planung (inklusive Ablauf-, Kosten-, Termin- und Personalplanung) und Steuerung (z.B. in Form von Formularen, Checklisten und Richtlinien)
- Bereitstellung eines strukturierten Entscheidungsfindungsprozesses

Unternehmen übernehmen den Stage-Gate-Prozess in der Regel mit guten Absichten. Es gibt jedoch einige Fallen, die den Prozess stören können:

- Benennung von Gatekeepern, die keine Entscheidungskompetenz haben
- Benennung von Gatekeepern, die Angst davor haben, ein Projekt abzubrechen
- Dem Projektteam wird der Zugriff auf wichtige Informationen verweigert
- Dem Projektteam wird gestattet, sich mehr auf die Gates als auf die Stages zu konzentrieren

Der Stage-Gate-Prozess ist weder ein Endergebnis noch eine eigenständige Methodik. Es handelt sich lediglich um eines von mehreren Verfahren, die die Projektmanagement-Methodik strukturieren.

Der Stage-Gate-Prozess scheint inzwischen durch die Lebenszyklusphasen ersetzt worden zu sein. Es gibt jedoch auch Anzeichen für ein Comeback. Da der Stage-Gate-Prozess eher auf die Entscheidungsfindung als auf die Lebenszyklusphasen ausgerichtet ist, wird er innerhalb jeder Lebenszyklusphase als Werkzeug für die interne Entscheidungsfindung eingesetzt. Dies hat den Vorteil, dass die Lebenszyklusphasen für jedes Projekt gleich sind, der Stage-Gate-Prozess jedoch bei jedem Projekt an die Bedürfnisse des Kunden angepasst werden kann. Der Stage-Gate-Prozess ist deshalb inzwischen ein integraler Bestandteil des Projektmanagements, obwohl er früher hauptsächlich für die Produktentwicklung eingesetzt wurde.

2.13 Projektlebenszyklen

PMBOK® Guide 2004
Kapitel 2
2.1.2 und 2.1.3

Jedes Programm, Projekt oder Produkt besitzt bestimmte Entwicklungsphasen, die als Lebenszyklusphasen bezeichnet werden. Ein klares Verständnis dafür erlaubt es Managern und der Unternehmensführung, die Ressourcen besser steuern zu können, um die gewünschten Ziele zu erreichen.

In den letzten Jahren gab es zumindest teilweise eine Übereinstimmung über die Lebenszyklusphasen eines Produkts:

- Forschung und Entwicklung
- Markteinführung
- Wachstum
- Reife
- Rückgang
- Absterben

Heutzutage gibt es jedoch zwischen den einzelnen Branchen und sogar zwischen Unternehmen in einer Branche keinen Konsens mehr über die Lebenszyklusphasen eines Projekts. Dies erklärt sich durch die komplexe Natur und die Verschiedenheit der Projekte.

Die theoretischen Definitionen der Phasen des Produktlebenszyklus eines Systems können auf das Projekt angewendet werden. Diese Phasen beinhalten Folgendes:

- Konzipierung
- Planung
- Test
- Einführung
- Abschluss

Die erste Phase, die Konzipierungsphase, beinhaltet die Auswertung einer Idee. In dieser Phase sind die vorläufige Analyse der Risiken und ihre Auswirkung auf die Zeit, die Kosten und die Leistung zusammen mit dem potenziellen Einfluss auf die Ressourcen des Unternehmens wichtig.

Die zweite Phase ist die Planungsphase. Es handelt sich dabei in erster Linie um eine Verfeinerung der Elemente, die in der Konzipierungsphase beschrieben wurden. In der Planungsphase müssen die erforderlichen Ressourcen identifiziert werden und es müssen realistische Zeit-, Kosten- und Leistungsparameter aufgestellt werden. Diese Phase beinhaltet auch die Vorbereitung aller Dokumentationen, die zur Unterstützung des Systems benötigt werden. Bei einem Projekt, das die Abgabe von Geboten beinhaltet, würde die Konzipierungsphase die Entscheidung darüber beinhalten, ob geboten werden soll oder nicht, und die Planungsphase würde die Entwicklung eines Gebots (z.B. Terminplan, Kosten und Leistung) beinhalten.

Da es sich um Schätzwerte handelt, ist es nicht ganz einfach, die Systemkosten während der Konzipierungs- und der Planungsphase zu ermitteln. Wie in Abbildung 2.18 gezeigt, lassen sich die meisten Projekt- oder Systemkosten den Kategorien Betriebskosten (wiederkehrend) und Einführungskosten (einmalig) zuordnen. Die Einführungskosten beinhalten einmalige Ausgaben wie den Bau einer neuen Anlage, den Erwerb von Computer-Hardware oder die detaillierte Planung. Die Betriebskosten enthalten hingegen Ausgaben wie Personalkosten. Die Betriebskosten lassen sich, wie in Abbildung 2.18 gezeigt, reduzieren, wenn das Personal eine höhere Stufe der Lernkurve erreicht. Die Identifikation der Position auf der Lernkurve ist während der Planungsphase von enormer Bedeutung, da hier die Gemeinkosten ermittelt werden müssen. Selbstverständlich ist nicht immer bekannt, welches Personal verfügbar ist oder wie schnell Mitarbeiter einen höheren Punkt auf der Lernkurve erreichen können.

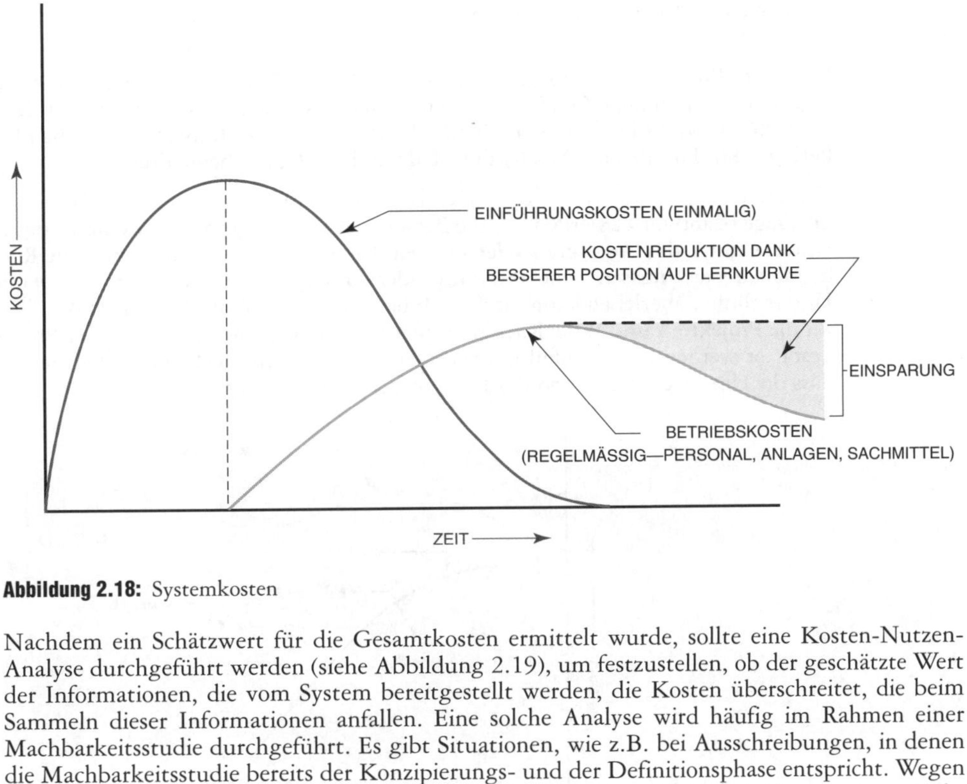

Abbildung 2.18: Systemkosten

Nachdem ein Schätzwert für die Gesamtkosten ermittelt wurde, sollte eine Kosten-Nutzen-Analyse durchgeführt werden (siehe Abbildung 2.19), um festzustellen, ob der geschätzte Wert der Informationen, die vom System bereitgestellt werden, die Kosten überschreitet, die beim Sammeln dieser Informationen anfallen. Eine solche Analyse wird häufig im Rahmen einer Machbarkeitsstudie durchgeführt. Es gibt Situationen, wie z.B. bei Ausschreibungen, in denen die Machbarkeitsstudie bereits der Konzipierungs- und der Definitionsphase entspricht. Wegen der Kosten, die in diesen beiden Phasen anfallen können, muss die Durchführung einer Machbarkeitsstudie fast immer vom Top-Management genehmigt werden.

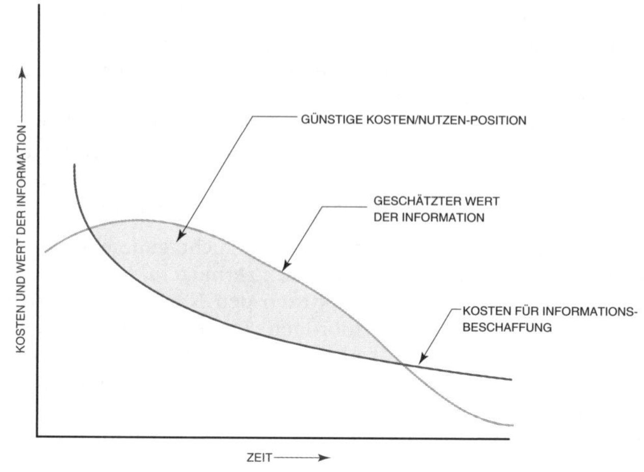

Abbildung 2.19: Kosten-Nutzen-Analyse

In der dritten Phase, der Testphase, werden Tests durchgeführt und Standardisierungen vorgenommen, damit der Betrieb beginnen kann. In dieser Phase sollten die Dokumentationen fertig gestellt werden.

Die vierte Phase ist die Einführungsphase, in der die Produkte oder Dienstleistungen des Projekts in die vorhandene Organisation eingebunden werden. Hatte das Projekt das Ziel, ein verkäufliches Produkt herzustellen, könnte der Projektlebenszyklus zusätzlich die Phasen des Marketings, d.h. Einführung, Wachstum, Reife und Rückgang beinhalten.

Die letzte Phase ist die Abschlussphase, die die Zuweisung der Ressourcen beinhaltet. Hier muss die Frage beantwortet werden, wo die Ressourcen zugeordnet werden sollten. Betrachten Sie ein Unternehmen, das Produkte an den offenen Käufermarkt verkauft. Sobald die Rückgangsphase begonnen hat, müssen neue Produkte oder Projekte entwickelt werden. Damit ein solches Unternehmen überleben kann, darf der Projektstrom nie abbrechen (siehe Abbildung 2.20). Da für die Projekte A und B die Rückgangsphase begonnen hat, muss ein neues Projekt, Projekt C, gestartet werden. Im Idealfall können neue Projekte mit einer Häufigkeit gewonnen werden, dass die Umsätze steigen und das Firmenwachstum sichtbar wird.

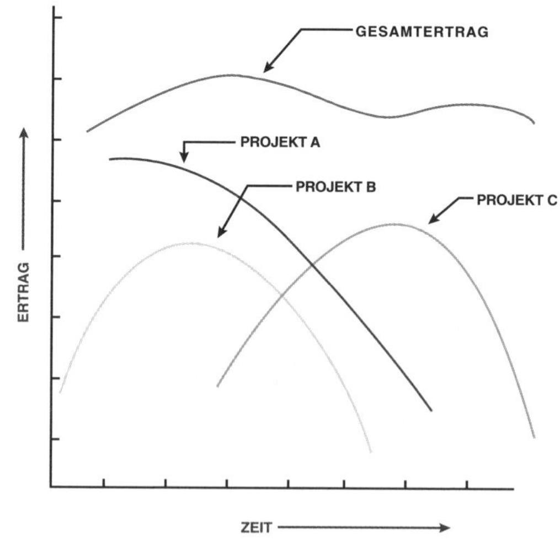

Abbildung 2.20: Ein Strom von Projekten

In der Abschlussphase werden die Auswirkungen auf das Gesamtsystem beurteilt und die Ergebnisse werden in der Konzipierungsphase für neue Projekte und Systeme berücksichtigt. Die Endphase wirkt sich hinsichtlich der Identifikation von Prioritäten auch auf laufende Projekte aus.

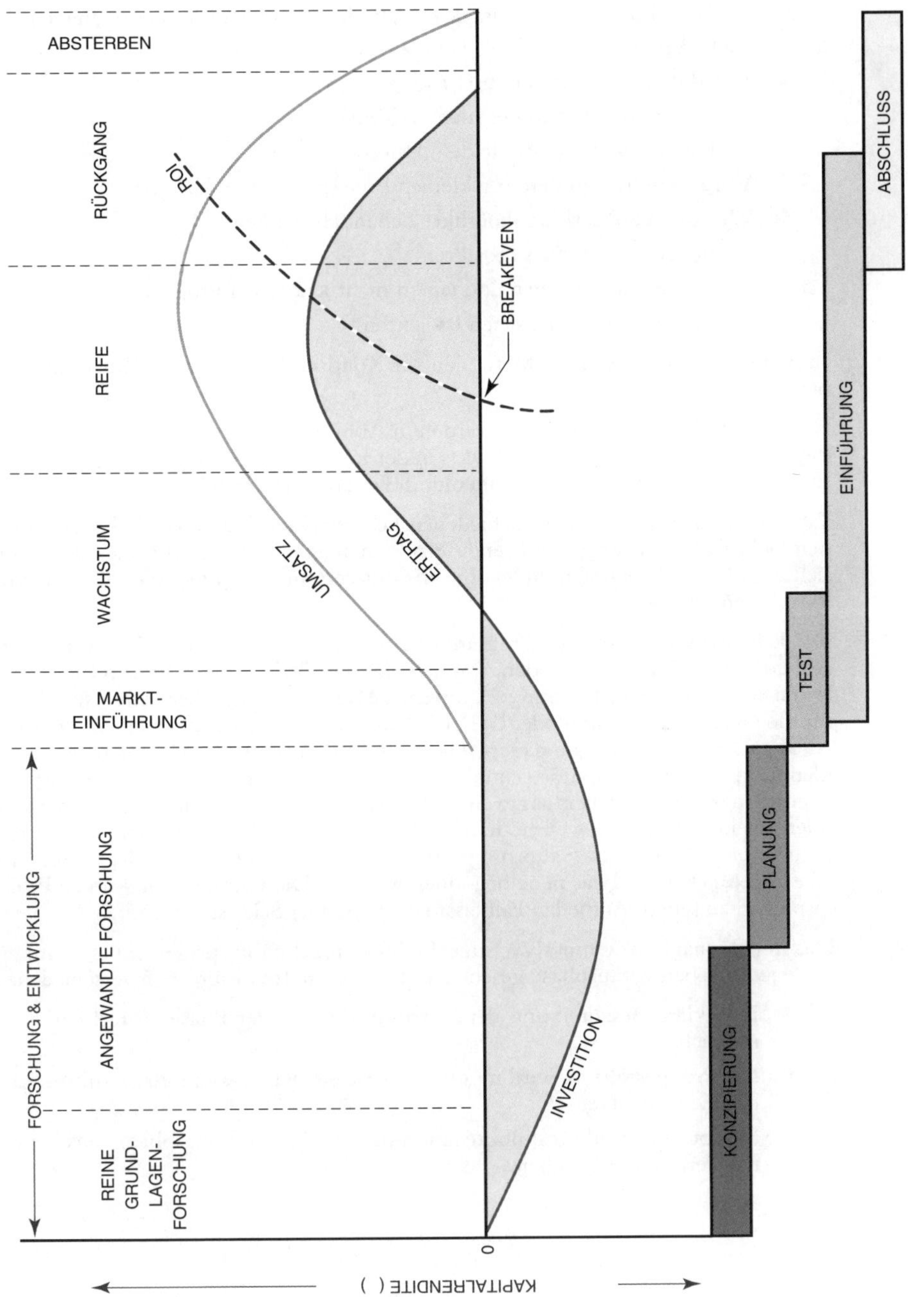

Abbildung 2.21: System-/Produktlebenszyklen

Bisher wurde noch kein Versuch unternommen, um die Größe eines Projekts oder Systems zu identifizieren. Umfangreiche Projekte beanspruchen die Mitarbeiter in der Regel voll. Kleinere Projekte durchlaufen zwar ebenfalls die Lebenszyklusphasen, sie können jedoch auch mit Mitarbeitern fertig gestellt werden, die daran nur unter anderem arbeiten. Dies impliziert, dass ein Mitarbeiter für mehrere Projekte verantwortlich sein kann, von denen sich jedes möglicherweise in einer anderen Phase des Lebenszyklus befindet. Beim Multiprojektmanagement müssen folgende Fragen berücksichtigt werden:

- Sind die Projektziele identisch?
  - Dienen die Projektziele dem Projekt?
  - Dienen die Projektziele dem Unternehmen?
- Wird zwischen großen und kleinen Projekten unterschieden?
- Wie können Prioritätenkonflikte behandelt werden?
  - Bei zwei kritischen Projekten
  - Bei einem kritischen und einem nicht kritischen Projekt
  - Bei zwei nicht kritischen Projekten

In späteren Kapiteln werden Methoden zur Konfliktlösung und zur Zuweisung von Prioritäten behandelt.

Die Produkt- und Projektphasen werden in Abbildung 2.21 verglichen. Beachten Sie, dass sich die Lebenszyklusphasen eines Produkts in der Regel nicht überlappen, wohingegen sich die Phasen eines Projekts überlappen können und dies auch häufig tun.

Tabelle 2.6 identifiziert die verschiedenen Lebenszyklusphasen, die üblicherweise benutzt werden. Selbst in einer fortgeschrittenen Projektmanagement-Branche wie der Baubranche ließen sich zehn Bauunternehmen finden, die alle mit verschiedenen Definitionen der Projektlebenszyklusphasen arbeiten.

Die Lebenszyklusphasen für Programmierprojekte, die in Tabelle 2.6 aufgelistet sind und in Abbildung 2.22 gezeigt werden, können sich im Verlauf eines Projekts nach oben und nach unten entwickeln. In Abbildung 2.22 steht PMO für die aktuellen Arbeitsmethoden und PMO' für die »neue« Arbeitsmethode. Dieser Lebenszyklus wäre wahrscheinlich repräsentativ für eine Aktivität, die zwölf Monate dauert. Die meisten Führungskräfte bevorzugen kürzere Lebenszyklen, weil sich die Computertechnologie so schnell ändert. Eine Führungskraft eines wichtigen Dienstprogrammherstellers sagte einmal, dass seine Firma Probleme damit hatte, ein Programmierprojekt zu beenden, weil zu dem Zeitpunkt, an dem das Paket fertig sein würde, bereits eine aktualisierte Version des Hauptprogramms herausgebracht wird. Sollte das ursprüngliche Projekt abgebrochen und das neue begonnen werden? Die Lösung ist in kurzen Projektlebenszyklusphasen zu sehen. Auf jeden Fall lässt sich folgender Schluss ziehen:

Das Top-Management muss wichtige Projekte regelmäßig prüfen. Dies sollte zumindest am Ende jeder Lebenszyklusphase geschehen. Für diesen Trend sprechen verschiedene Gründe:

- Eine klare Beschreibung der Leistung, die in jeder Phase erbracht werden muss, wird möglich.
- Die Preisgestaltung wird möglicherweise einfacher, wenn klar strukturierte Arbeitsdefinitionen existieren.
- Es gibt Entscheidungspunkte am Ende jeder Lebenszyklusphase, die eine schrittweise Finanzierung ermöglichen.

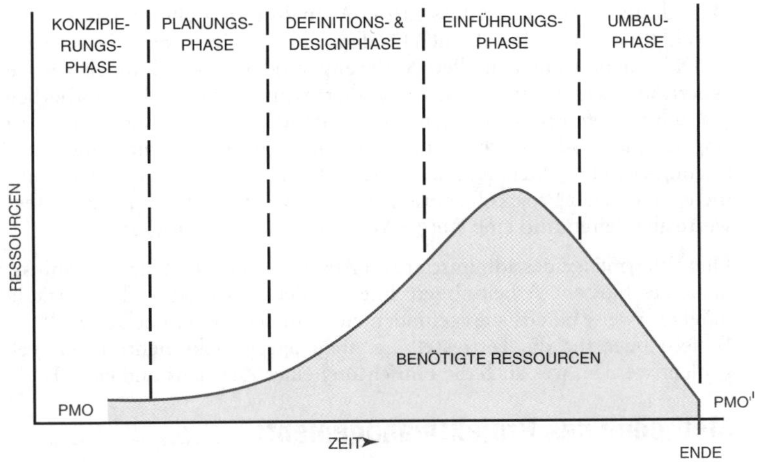

Abbildung 2.22: Definition eines Projektlebenszyklus

Zum Abschluss sollte sich der Leser klar machen, dass nicht alle Projekte in Lebenszyklusphasen aufgeteilt werden können (z.B. FuE-Projekte). In einem solchen Fall könnten beispielsweise verschiedene Definitionen der Lebenszyklusphasen entwickelt werden, die den verschiedenen Dauern, Komplexitäten oder einfach der Schwierigkeit, die Phasen zu verwalten, besser gerecht werden.

Entwicklung	Fertigung	Programmierung	Konstruktion
• Startphase • Definitionsphase • Hauptphase • Abschlussphase	• Formation • Aufbau • Produktion • Auslauf • Abschlussprüfung	• Konzeptbildung • Planung • Definition und Design • Einführung • Konvertierung	• Planung, Sammeln der Daten • Studien und grundlegende Entwicklung • Überarbeitung • Detaillierte Entwicklung • Detaillierte Konstruktion • Konstruktion • Test und Inbetriebnahme

Tabelle 2.6: Unterschiedliche Definitionen der Phasen des Lebenszyklus

2.14 Gate-Review-Meetings (Projektabschluss)

Gate-Review-Meetings bilden eine Art Projektabschluss. Gate-Rewiew-Meetings könnten zum Abschluss einer Lebenszyklusphase oder zum Abschluss des gesamten Projekts führen. Gate-Review-Meetings müssen geplant werden, wozu das Sammeln, Analysieren und Weitergeben entsprechender Informationen gehört. Dies kann effektiv mit Hilfe von Formularen, Vorlagen und Checklisten erfolgen.

Es gibt zwei Formen von Abschlüssen, die für Gate-Review-Meetings angemessen sind: vertraglich festgelegte Abschlüsse und administrative Abschlüsse. Die vertraglich festgelegten Abschlüsse gehen den administrativen Abschlüssen voraus. Der vertraglich festgelegte Abschluss ist die Überprüfung und die Bestätigung, dass alle für diese Phase angeforderten Lieferobjekte erreicht wurden und dass alle Aktivitäten abgeschlossen wurden. Der vertraglich festgelegte Abschluss liegt in der Verantwortlichkeit von Projektmanager und Vertragsadministrator.

Der administrative Abschluss ist die Aktualisierung aller entsprechenden Aufzeichnungen, die sowohl für den Kunden als auch für den Auftragnehmer erforderlich sind. Kunden sind vor allem an Dokumentationen zu allen Änderungen oder Abweichungen von den Spezifikationen interessiert, und wie sie erstellt oder installiert wurden. Ebenfalls erforderlich ist ein archivierter Verlauf aller Umfangsänderungen, die während der Projektdauer abgestimmt wurden. Die Auftragsnehmer sind an archivierten Daten interessiert, die unter anderem Projektaufzeichnungen, Sitzungsberichte, Memos, Newsletter, Dokumentationen des Änderungsmanagements, Dokumentationen der Projektakzeptanz und den Verlauf der Audits umfassen, um daraus Erfahrungswerte abzuleiten und eine stetige Verbesserung zu realisieren.

Eine Untermenge des administrativen Abschlusses ist der Finanzabschluss, wobei alle Ausgaben für die abgeschlossene Arbeit abgerechnet werden. Auch wenn der vertraglich festgelegte Abschluss möglicherweise bereits stattgefunden hat, kann es immer noch offene Posten für die Reparatur von Fehlern oder für die Fertigstellung archivierter Dokumentationen geben. Abschlüsse müssen geplant werden, was auch die Einrichtung eines Zeitplans und eines Budgets umfasst.

2.15 Methoden des Projektmanagements

PMBOK® Guide 2004

Kapitel 4 Integrationsmanagement

4.1.2.2 Projektmanagementmethodologie

Herausragendes Projektmanagement ist bei einem sich wiederholenden Verfahren eher wahrscheinlich, das auf jedes Projekt angewendet werden kann. Ein solches Verfahren wird als Projektmanagement-Methodik bezeichnet.

Unternehmen sollten möglichst eine Methodik für das Projektmanagement entwickeln und unterstützen. Wie Abbildung 2.23 zeigt, bezieht eine gute Projektmanagement-Methodik die verschiedenen Verfahren in das Projektmanagement mit ein. Unternehmen wie Nortel, Ericsson und Johnson Controls Automotive haben alle in Abbildung 2.23 gezeigten Verfahren in ihre Projektmanagement-Methodik aufgenommen.

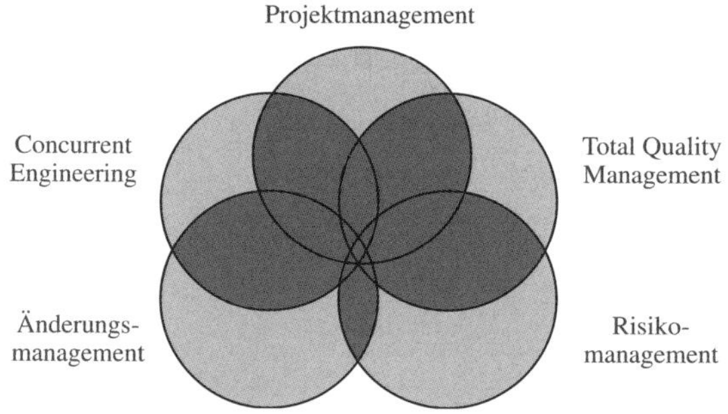

Abbildung 2.23: Integrierte Verfahren (Vergangenheit, Gegenwart & Zukunft)

In den 1990ern wurden die folgenden Verfahren in eine Methodik integriert:

- *Projektmanagement:* Die Grundprinzipien der Planung und Steuerung
- *TQM (Total Quality Management):* Das Verfahren, mit dem sichergestellt wird, dass das Endergebnis die Erwartungen der Kunden erfüllt
- *Concurrent Engineering:* Das Verfahren, bei dem parallel statt seriell gearbeitet wird, um den Terminplan ohne große Risiken zu verkürzen
- *Änderungsmanagement (Change Management):* Das Verfahren, mit dem die Änderungsanforderungen während des Projektablaufs überprüft und verwaltet werden
- *Risikomanagement:* Das Verfahren, mit dem die Risiken des Projekts identifiziert und quantifiziert werden und mit dem darauf Maßnahmen ergriffen werden, ohne dass dadurch die Projektziele beeinträchtigt werden

Unternehmen werden in den nächsten Jahren weitere Verfahren in ihre Projektmanagement-Methodik integrieren (siehe Abbildung 2.24). Wird nur eine Methodik zum Projektmanagement verwendet, verringert sich der Verwaltungsaufwand und unnötige Doppelarbeiten werden verhindert.

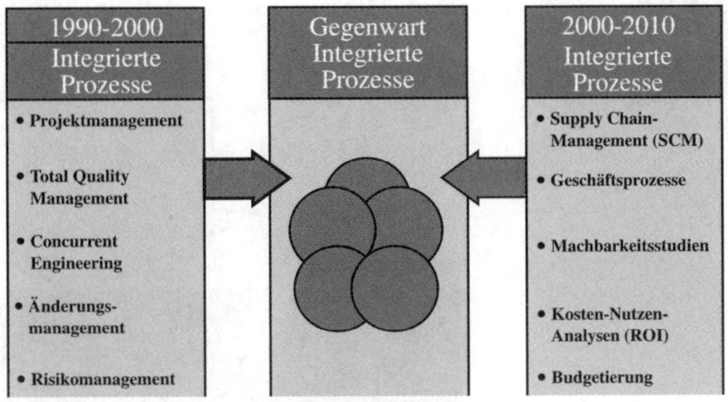

Abbildung 2.24: Integrierte Verfahren (Gestern, Heute, Morgen)

Eine gute Methodik, die auf integrierten Verfahren basiert, zeichnet sich durch folgende Merkmale aus:

- Ein empfohlener Grad an Detailliertheit
- Der Einsatz von Vorlagen
- Standardisierte Techniken zur Planung (inklusive Ablauf-, Termin-, Kosten- und Personalplanung) und zur Kostenkontrolle
- Standardisiertes Format zur Berichterstellung für den hausinternen Einsatz und für Kunden
- Flexibilität bei der Anwendung auf alle Projekte
- Flexibilität, wenn schnell Verbesserungen vorgenommen werden müssen
- Für Kunden leicht verständlich und nachvollziehbar
- Im Unternehmen bereits akzeptiert und im Einsatz
- Einsatz von standardisierten Lebenszyklusphasen (die sich überlappen können) und Durchführung einer Beurteilung am Ende jeder Phase
- Basierend auf Leitsätzen statt auf Richtlinien und Prozeduren
- Basierend auf einer guten Arbeitsethik

Mit einer Methodik lässt sich kein Projekt verwalten. Das können nur Menschen. Die Unternehmenskultur führt die Methodik aus. Das obere Management muss eine Unternehmenskultur einrichten, die Projektmanagement unterstützt und Vertrauen in die Methodik demonstriert. Bei Erfolg kann mit folgenden Vorteilen gerechnet werden:

- Schnellere Bereitstellung am Markt durch eine bessere Kontrolle des Projektumfangs
- Geringeres Projektrisiko
- Besserer Entscheidungsfindungsprozess
- Höhere Kundenzufriedenheit, die zu einem wachsenden Geschäftserfolg führt
- Mehr Zeit für Wertschöpfungsbemühungen statt für interne Politik und internen Wettbewerb

Ein Unternehmen stellte beispielsweise fest, dass seinen Kunden die Methodik so sehr zusagte und dass die Projekte so erfolgreich verliefen, dass sich die Kundenbeziehung schließlich zu einem partnerschaftlichen Verhältnis entwickelte.

2.16 Änderungsmanagement (Change Management) und Unternehmenskulturen

PMBOK® Guide 2004

Kapitel 4 Integrationsmanagement

4.6 Integrierte Änderungssteuerung

Es wird häufig behauptet, dass die schwierigsten Projekte diejenigen sind, die Änderungsmanagement (Change Management) beinhalten. Abbildung 2.25 zeigt die vier Inputs, die benötigt werden, um eine Projektmanagement-Methodik zu entwickeln. Jeder Input hat auch eine »menschliche« Seite, die möglicherweise erfordert, dass sich die Mitarbeiter ändern.

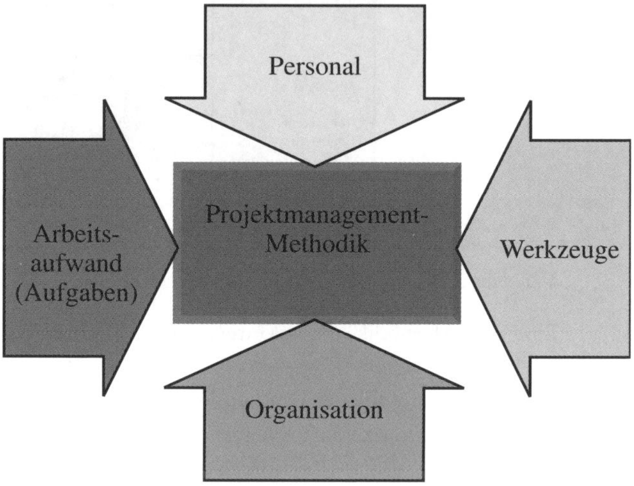

Abbildung 2.25: Inputs für eine Projektmanagement-Methodik

Die erfolgreiche Entwicklung und Einführung einer Projektmanagement-Methodik setzt Folgendes voraus:

- Identifikation der häufigsten Ursachen für Änderungen im Projektmanagement
- Identifikation von Vorgehensweisen zur Überwindung von Widerständen gegen Änderungen
- Anwendung der Prinzipien des Managements der Organisationsentwicklung, um sicherzustellen, dass das gewünschte Projektmanagement-Umfeld eingerichtet und aufrechterhalten wird.

Der Einfachheit halber kann der Widerstand als professioneller und persönlicher Widerstand gegen Änderungen definiert werden. Professioneller Widerstand tritt auf, wenn sich eine Funktionseinheit als Ganzes durch das Projektmanagement bedroht führt. Diese Situation wird in Abbildung 2.26 veranschaulicht. Nachfolgend sind einige Beispiele für Widerstand gegen Änderungen aufgeführt:

- *Vertrieb*: Der Widerstand des Vertriebsteams gegen Änderungen entsteht durch die Furcht, dass Unternehmensgewinne dem Projektmanagement zugeschrieben werden und sich somit der Jahresendbonus für das Vertriebsteam verringert. Vertriebsmitarbeiter befürchten, dass Projektmanager in die Vertriebsbemühungen einbezogen werden und dadurch die Macht des Vertriebs verringern.
- *Marketing*: Die Mitarbeiter des Marketings befürchten, dass die Projektmanager am Ende so eng mit den Kunden zusammenarbeiten, dass ihnen Aufgaben des Marketings und Vertriebs anvertraut werden. Diese Befürchtung ist nicht unbegründet, weil die Kunden häufig mit den Mitarbeitern kommunizieren wollen, die das Projekt leiten, und nicht mit denen, die verschwinden, nachdem der Abschluss getätigt wurde.

- *Finanzen (Rechnungswesen)*: Diese Abteilungen befürchten, dass für das Projektmanagement ein Projektabrechnungssystem eingerichtet werden muss, das die Abteilung zusätzlich belastet, und dass die Abteilung zukünftig eine horizontale Buchhaltung für Projekte und eine vertikale Buchhaltung für die Liniengruppen durchführen muss.
- *Beschaffung*: In dieser Gruppe besteht die Sorge, dass neben dem Beschaffungssystem des Unternehmens ein zusätzliches Beschaffungssystem für das Projekt eingerichtet wird und dass die Projektmanager ihre eigene Beschaffung durchführen und die Beschaffungsabteilung umgehen.
- *Personalverwaltung*: Die Personalabteilung befürchtet möglicherweise, dass eine zusätzliche Karriereleiter über das Projektmanagement eingerichtet wird, die neue Schulungsprogramme erforderlich macht und dadurch die Arbeitsbelastung der Abteilung erhöht.

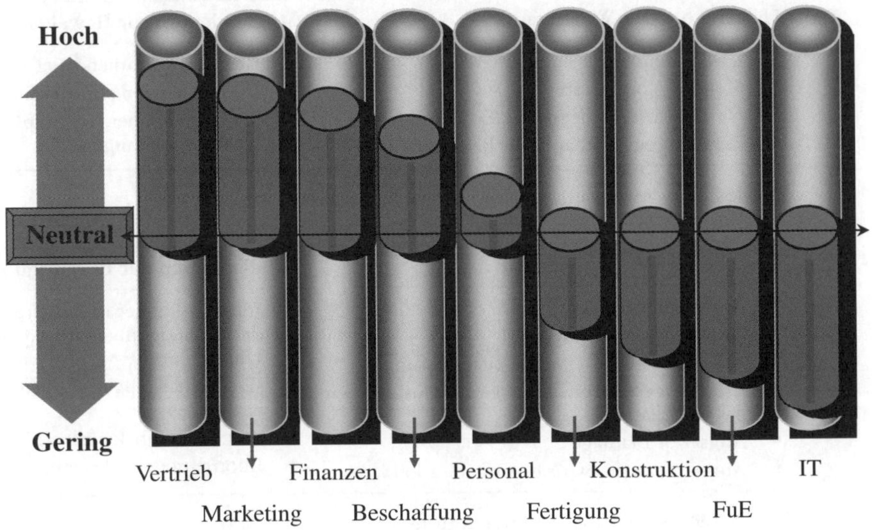

Abbildung 2.26: Widerstand gegen Änderungen

- *Produktion*: Hier ist wenig Widerstand zu finden, weil die Produktion zwar nicht projektorientiert ist, es jedoch zahlreiche Installations- und Wartungsprojekte gibt, die den Einsatz von Projektmanagement erfordern.
- *Konstruktion, Forschung & Entwicklung, Informationstechnologie:* Diese Abteilungen sind fast vollständig projektorientiert und es ist wenig Widerstand gegen Projektmanagement zu erwarten.

Kann eine Partnerschaft mit dem Linienmanagement erreicht werden, lassen sich die Widerstände in der Regel bewältigen. Der Widerstand von Einzelpersonen ist in der Regel jedoch komplexer und lässt sich schwieriger beseitigen. Er kann folgende Ursachen haben:

- Angst vor Veränderungen der Arbeitsgewohnheiten
- Angst vor Änderungen in der sozialen Gruppe
- Sonstige Ängste
- Angst vor Änderungen in der Entlohnung

Die Tabellen 2.7 bis 2.10 zeigen mögliche Ursachen und Lösungen für Widerstände. Arbeiter scheinen nach Konstanz zu suchen und befürchten häufig, dass neue Initiativen sie aus ihrer komfortablen Umgebung wegbefördern. Die meisten Arbeiter stehen bereits unter Zeitdruck und befürchten, dass neue Programme noch mehr Zeit und Energie erfordern werden.

Ursache für den Widerstand	Möglichkeiten zur Bewältigung
• Neue Richtlinien oder Verfahren • Notwendigkeit, Informationen zu teilen • Erstellung einer zersplitterten Arbeitsumgebung • Notwendigkeit, neue Arbeitsmuster zu entwickeln (neue Fertigkeiten zu erlernen) • Veränderung der Komfortzonen	• Konformität von oben vorgeben • Neue Komfortzonen mit einer akzeptablen Geschwindigkeit einrichten • Greifbare und nicht greifbare persönliche Vorteile identifizieren

Tabelle 2.7: Widerstand: Arbeitsgewohnheiten

Ursache für den Widerstand	Möglichkeiten zur Bewältigung
• Unbekannte neue Beziehungen • Mehrere Vorgesetzte • Mehrere zeitlich begrenzte Zuordnungen • Zerschlagung vorhandener Beziehungen	• Bewahrung vorhandener Beziehungen • Vermeiden von Kulturschocks • Suche nach einer akzeptablen Geschwindigkeit für die Änderungen

Tabelle 2.8: Widerstand: Soziale Gruppen

Ursache für den Widerstand	Möglichkeiten zur Bewältigung
• Angst vor Versagen • Angst vor Entlassung • Angst vor zusätzlicher Arbeitsbelastung • Angst vor oder Abneigung gegen Unsicherheit/das Unbekannte • Angst vor Blamage • Angst vor einer »wir/sie«-Organisation	• Information der Mitarbeiter über die Vorteile der Veränderungen für den Einzelnen und das Unternehmen • Bereitschaft zeigen, Fehler zu akzeptieren oder zuzugeben • Aus dem Unbekannten Möglichkeiten machen • Informationen allen zugänglich machen

Tabelle 2.9: Widerstand: Sonstige Ängste

Ursache für den Widerstand	Möglichkeiten zur Bewältigung
• Angst vor Macht- und Autoritätswechsel • Angst vor mangelnder Anerkennung nach der Änderung • Unkenntnis über Belohnung und Bestrafung • Angst vor unangebrachter Bewertung der persönlichen Leistung • Angst vor mehreren Chefs	• Anreize für Änderungen schaffen • Karrieremöglichkeiten aufdecken

Tabelle 2.10: Widerstand: Verwaltung der Löhne und Gehälter

Einige Unternehmen glauben, immer neue Initiativen unternehmen zu müssen. Die Mitarbeiter werden gegenüber den Programmen skeptisch. Dies gilt insbesondere dann, wenn frühere Initiativen nicht zum Erfolg geführt haben. Der schlimmste Fall tritt dann auf, wenn Mitarbeiter aufgefordert werden, sich für neue Initiativen, Prozeduren und Verfahren einzusetzen, die sie nicht verstehen.

Es ist sehr wichtig, die Ursachen für Widerstände gegen Veränderungen zu untersuchen. Sind Mitarbeiter mit ihrem aktuellen Umfeld unzufrieden, werden sie sich gegen Änderungen wehren, es sei denn, sie glauben, (1) dass die Änderung möglich ist und (2) dass sie von der Änderung profitieren werden.

Das Management ist für den Änderungsprozess verantwortlich und muss die passenden Strategien dafür entwickeln. Dazu sollten folgende Dinge unternommen werden:

- Den Mitarbeitern die Gründe für die Änderungen erklären und Rückmeldung erbitten
- Die gewünschten Ergebnisse erklären
- Den Änderungsprozess belohnen
- Entsprechenden Mitarbeitern die Befugnis erteilen, die Änderungen zu institutionalisieren
- In die benötigten Schulungsmaßnahmen investieren, um die Änderungen zu unterstützen

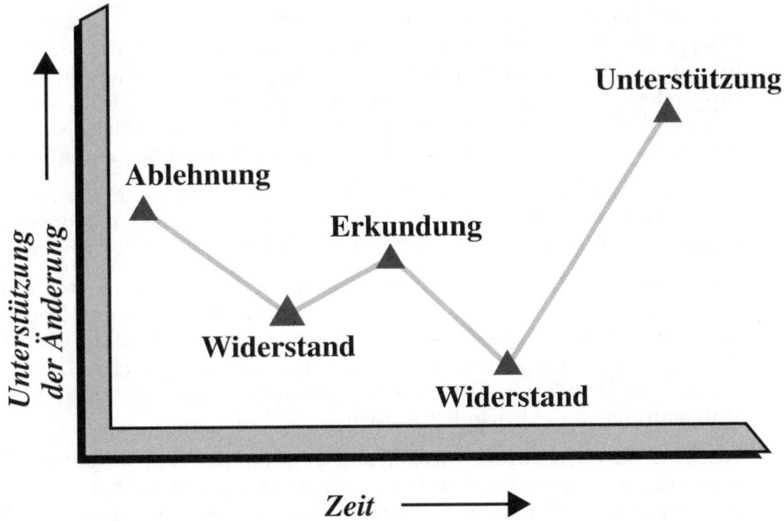

Abbildung 2.27: Der Änderungsvorgang

Bei den meisten Unternehmen verläuft der Änderungsmanagement-Prozess wie in Abbildung 2.27 gezeigt. Die Mitarbeiter wehren sich anfänglich dagegen, den Änderungsbedarf zuzugeben. Wenn das Management mit der Einführung der Änderungen beginnt, verringert sich die Unterstützung und Widerstand kommt auf. Unterstützt das Management die Änderungen weiterhin, werden die Mitarbeiter ermutigt, die Möglichkeiten zu erkunden, die die Änderungen für sie bieten. Leider gelangen hierbei häufig weitere negative Informationen an die Oberfläche, was den Widerstand gegen Änderungen verstärkt. Mit zunehmendem Druck durch das Management beginnen die Mitarbeiter, die Vorteile der gewünschten Änderungen zu erkennen, und die Unterstützung wächst.

Im Idealfall wird mit dem Änderungsmanagement eine überlegene Unternehmenskultur eingerichtet. Die Projektmanagementkulturen unterscheiden sich nach Geschäftszweig, Vertrauen und Kooperation und Wettbewerbsumfeld. Typisch sind beispielsweise die folgenden Kulturen:

- *Kooperative Kulturen:* Diese Projektmanagementkulturen basieren auf Vertrauen und effektiver interner und externer Kommunikation.
- *Unkooperative Kulturen:* In diesen Kulturen herrscht Misstrauen vor. Die Mitarbeiter sorgen sich mehr um sich und ihre persönlichen Interessen als um das Wohl des Teams, des Unternehmens oder des Kunden.
- *Wettbewerbskulturen:* In diesen Kulturen müssen die einzelnen Projektteams miteinander um wertvolle Unternehmensressourcen konkurrieren. In solchen Kulturen fordern Projektmanager häufig, dass die Mitarbeiter mehr Loyalität gegenüber dem Projekt als gegenüber dem Linienmanager zeigen. Wenn die Mitarbeiter an vielen Projekten gleich-

zeitig arbeiten, kann sich eine solche Unternehmenskultur katastrophal auf die einzelnen Projekte auswirken.

- *Isolierte Kulturen:* Derartige Kulturen treten auf, wenn ein Großunternehmen Funktionseinheiten gestattet, eigene Projektmanagementkulturen zu entwickeln. Es entstehen Kulturen innerhalb der Unternehmenskultur.
- *Fragmentierte Kulturen:* Solche Kulturen entstehen, wenn ein Teil des Projektteams räumlich vom Rest des Teams getrennt ist. Fragmentierte Kulturen können auch in multinationalen Projekten auftreten, in denen das Unternehmen selbst eine starke Projektmanagementkultur besitzt, die Teams im Ausland jedoch nicht.

Unternehmenskulturen gedeihen mit einer effektiven Kommunikation, mit Vertrauen und mit Kooperation. Entscheidungen basieren auf den Interessen aller Stakeholder. Die Unternehmensführung verhält sich passiv und nur sehr wenige Probleme müssen von der Unternehmensführung gelöst werden. Projekte werden informell und mit möglichst wenig Dokumentationsaufwand und Meetings durchgeführt. Es dauert Jahre, bis eine solche Kultur etabliert ist und unter günstigen und auch ungünstigen ökonomischen Bedingungen funktioniert.

Unkooperative Unternehmenskulturen entstehen, wenn die Mitglieder der Unternehmensführung nicht miteinander und mit den Arbeitskräften kooperieren können. Es ist kein Respekt vorhanden. Derartige Unternehmenskulturen sind nicht so erfolgreich wie kooperative Kulturen.

Wettbewerbskulturen bewähren sich kurzfristig, insbesondere, wenn es Arbeit im Überfluss gibt. Langfristig sind solche Kulturen jedoch nicht wünschenswert. Dies belegt das folgende Beispiel: Ein Elektronikkonzern bewarb sich regelmäßig für Projekte, die die Zusammenarbeit von drei Abteilungen erforderten. Die Unternehmensführung entschied, jeder Abteilung zu gestatten, sich für jede der drei Tätigkeiten zu bewerben. Die verlierende Abteilung würde dann als Unterauftragnehmer behandelt werden.

Die Unternehmensführung hielt diesen Wettbewerbsdruck für gesund. Leider wirkte sich dies langfristig verheerend aus. Die drei Abteilungen weigerten sich, miteinander zu kommunizieren und den anderen Abteilungen Informationen zur Verfügung zu stellen. Um die Arbeit zu dem geforderten Preis erledigen zu können, begann das Unternehmen, Arbeit auszulagern, anstatt sie an teurere Abteilungen zu vergeben. Da immer mehr Arbeit ausgelagert wurde, mussten Mitarbeiter entlassen werden. Erst dann erkannte das Management die Nachteile des bevorzugten Wettbewerbssystems.

2.17 Systemdenken

Letztendlich werden alle Entscheidungen auf der Basis von Beurteilungen getroffen. Die Analyse ist nur ein Hilfsmittel für die Beurteilung und die Intuition des Entscheidungsträgers. Diese Prinzipien gelten für Projekt- und für Systemmanagement.

Der systembezogene Ansatz kann als logisches und kontrolliertes Problemlöseverfahren definiert werden. Das Wort *Verfahren* bezeichnet ein aktives System, das mit Input aus seinen Bestandteilen genährt wird.

Der systembezogene Ansatz weist folgende Merkmale auf:

- Er erzwingt die Überprüfung der Beziehungen zwischen den verschiedenen Teilsystemen.
- Es handelt sich um einen dynamischen Prozess, der alle Aktivitäten in ein aussagekräftiges Gesamtsystem integriert.
- Er fügt die Teile des Systems systematisch zu einem Ganzen zusammen.

- Er sucht bei der Problemlösung nach einer optimalen Lösung oder einer Problemlösungsstrategie.

Der systembezogene Ansatz besteht ähnlich wie der Lebenszyklus (Abbildung 2.21) aus einzelnen Phasen, die wie folgt definiert sind:

- *Übersetzung:* Die Terminologie, die Ziele, die Kriterien und die Vorgaben werden von allen Teilnehmern definiert und akzeptiert.
- *Analyse:* Alle möglichen Ansätze oder Alternativen für die Problemlösung werden aufgeführt.
- *Kompromiss:* Auswahlkriterien und Vorgaben werden auf die Alternativen angewendet, um zu überprüfen, ob das Ziel erreicht werden kann.
- *Synthese:* Die beste Lösung, um das Ziel des Systems zu erreichen, ergibt sich als Kombination aus der Analyse- und der Kompromissphase.

Weitere wichtige Begriffe des systembezogenen Ansatzes sind die folgenden:

- *Ziel:* Die Funktion des Systems oder der Strategie, die erreicht werden muss
- *Anforderung:* Der Bedarf, das Ziel zu erreichen
- *Alternative:* Eine der ausgewählten Vorgehensweisen, um eine Anforderung zu erfüllen
- *Auswahlkriterien:* Leistungsfaktoren, die bei der Auswertung der Alternativen herangezogen werden
- *Vorgabe:* Ein absoluter Faktor, der die Bedingungen beschreibt, die die Alternativen erfüllen müssen

Ein üblicher Fehler, den potenzielle Entscheidungsträger machen, die für ihre Entscheidungen nur ihre persönlichen Erfahrungen, Beurteilungen und Intuition heranziehen, ist der, dass sie die Existenz von Handlungsoptionen übersehen. Subjektives Denken wird durch persönliche Neigungen blockiert oder beeinflusst.

Objektives Denken hingegen ist ein wesentliches Merkmal des systembezogenen Ansatzes, und es ist gekennzeichnet durch die Tendenz, Ereignisse, Phänomene und Ideen vorurteilsfrei und unabhängig von der eigenen Person zu betrachten.

Die Systemanalyse, die in Abbildung 2.28 gezeigt wird, beginnt mit einer systematischen Prüfung und mit einem Vergleich von möglichen Aktivitäten, mit denen ein gewünschtes Ziel erreicht werden kann. Diese Lösungsmöglichkeiten werden anschließend auf der Basis von Ressourcenkosten und von sonstigen Vorteilen bewertet, die sie bieten könnten. Anhand der Rückmeldung auf die verschiedenen Lösungsansätze wird schließlich geprüft, inwiefern die einzelnen Ansätze mit den Unternehmenszielen vereinbar sind.

Die obige Analyse kann wie folgt umgesetzt werden:

- Daten für mentalen Prozess sammeln
- Daten analysieren
- Ergebnisse vorhersagen
- Ergebnisse auswerten und Lösungsansätze vergleichen
- Den besten Lösungsansatz wählen
- Handlungsschritte durchführen
- Ergebnisse messen und mit Vorhersagen vergleichen

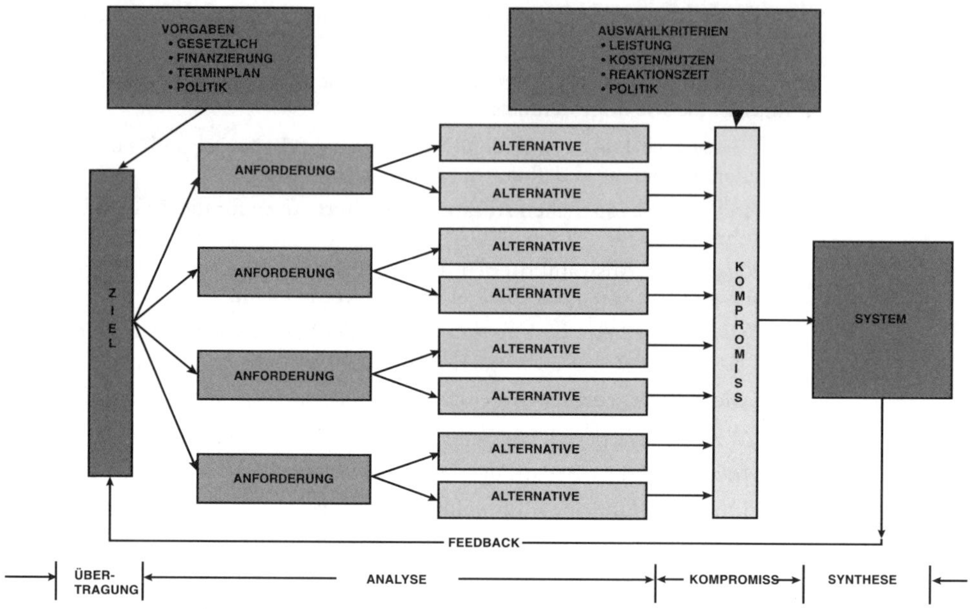

Abbildung 2.28: Der systembezogene Ansatz

Der systembezogene Ansatz ist am effektivsten, wenn die Mitarbeiter so geschult werden können, dass sie Handlungsoptionen parat haben, die direkt an die vorhergesagten Ergebnisse anknüpfen. Wichtig ist die Menge möglicher Ergebnisse, die die Matrix möglicher Umstände repräsentiert. Diese Ergebnismenge kann nur entwickelt werden, wenn der Entscheidungsträger einen großen Bereich möglicher Ergebnisse heranzieht. Die Beschreibung der Ergebnisse zwingt den Entscheidungsträger dazu, die Ziele klar auszudrücken, die er erreichen möchte.

Systembezogenes Denken ist für den Erfolg eines Projekts entscheidend. Projektmanagement-Systeme benötigen dringend neue Wege der strategischen Betrachtungsweise und Befragung sowie der Analyse des Bedarfs an nichttechnischen und technischen Lösungen. Die Fähigkeit, das Gesamtprojekt statt einzelner Teile analysieren zu können, ist die erste Voraussetzung für erfolgreiches Projektmanagement.

2.18 Studientipps für das PMI®-Projektmanagement-Zertifizierungsexamen

Dieser Abschnitt kann als Wiederholung der Grundlagen dienen, um die Wissensbereiche und Domänengruppen im PMBOK® Guide zu ergänzen. In diesem Kapitel geht es um Folgendes:

- Integrationsmanagement
- Management des Leistungsumfangs
- Abschluss

Das Verständnis der folgenden Grundlagen ist vorteilhaft, wenn der Leser diesen Text für die Vorbereitung auf das PMP®-Zertifizierungsexamen verwendet:

- Kurzer geschichtlicher Hintergrund des Projektmanagements
- In den frühen Anfängen des PM wurden die Projektmanager oft aus dem Kreis der Ingenieure gewählt.
- Vorteile des Projektmanagements
- Grenzen für die Implementierung des Projektmanagements und wie sie zu überwinden sind

- Unterschiede zwischen einem Programm und einem Projekt
- Die Bedeutung des informellen Projektmanagements
- Das Erkennen von Erfolg und Misserfolg im Projektmanagement
- Projektlebenszyklusphasen
- Die Bedeutung des Abschlusses für eine Lebenszyklusphase oder ein gesamtes Projekt
- Die Bedeutung einer Projektmanagementmethodik
- Kritische Erfolgsfaktoren (CSFs, Critical Success Factors) und Schlüsselleistungsindikatoren (KPIs, Key Performance Indicators)

In Anhang C finden Sie unter dem Namen Dorale Products die folgenden Mini-Fallstudien:

- Dorale Products (A) [Integrationsmanagement und Management des Leistungsumfangs]
- Dorale Products (B) [Integrationsmanagement und Management des Leistungsumfangs]
- Dorale Products (C) [Integrationsmanagement und Management des Leistungsumfangs]
- Dorale Products (D) [Integrationsmanagement und Management des Leistungsumfangs]
- Dorale Products (E) [Integrationsmanagement und Management des Leistungsumfangs]
- Dorale Products (F) [Integrationsmanagement und Management des Leistungsumfangs]

Die folgenden Multiple-Choice-Fragen sind hilfreich bei der Wiederholung der Grundlagen dieses Kapitels:

1. Ein strukturierter Prozess für die Verwaltung einer Vielzahl von Projekten wird häufig bezeichnet als:
   A. Projektmanagementstrategien
   B. Projektmanagementrichtlinien
   C. Branchenübergreifende Vorlagen
   D. Eine Projektmanagementmethodik
2. Die gebräuchlichste Bezeichnung für eine wiederverwendbare Projektmanagementmethodik ist:
   A. Vorlage
   B. Techniken der überlappenden Ablaufplanung
   C. Techniken der mitlaufenden Planung
   D. Skeleton-Rahmendokument
3. Das wichtigste Problem in Hinblick auf das Verhalten, wenn ein Unternehmen eine Projektmanagementmethodik übernehmen und effektiv nutzen soll, ist:
   A. Fehlendes Sponsoring durch Führungskräfte
   B. Berichte an mehrere Chefs
   C. Ungeeignete Strategien und Verfahrensweisen
   D. Begrenzte Projektmanagementanwendungen
4. Der wichtigste Unterschied zwischen einem Projekt und einem Programm ist normalerweise:
   A. Die Rolle des Sponsors
   B. Die Rolle des Linienmanagers
   C. Der Zeitrahmen
   D. Die Spezifikationen
5. Projekte, die sich fast immer innerhalb eines funktionalen Bereichs bewegen, werden am besten verwaltet von:
   A. Projektmanager

B. Projektsponsor

C. Fachvorgesetzter

D. Zugeordneten funktionalen Angestellten

6. Das Management großer Projekte wird übernommen durch:

A. Den Sponsor aus dem Kreis der Führungskräfte

B. Das Projekt- oder Programmbüro für dieses Projekt

C. Den Manager der Projektmanager

D. Den Marketingdirektor

7. Die Schwellenwerte, ab wann die Projektmanagementmethodik verwendet werden soll, sind:

A. Die Bedeutung des Kunden und potenzielle Rentabilität

B. Die Größe des Projekts (d.h. in €) und seine Dauer

C. Die Berichtsanforderungen und die Position des Sponsors

D. Die Wünsche des Managements und die überschrittenen funktionalen Grenzen

8. Eine Gruppierung von Projekten wird bezeichnet als:

A. Programm

B. Projektvorlage

C. Geschäftsvorlage

D. Geschäftsplan

9. Projektmanagementmethodiken funktionieren häufig am besten, wenn sie mit Hilfe des Folgenden eingesetzt werden:

A. Strenge Strategien

B. Strenge Verfahrensweisen

C. Minimalen Formularen und Checklisten

D. Lebenszyklusphasen

10. Eine Möglichkeit, die erfolgreiche Implementierung des Projektmanagements zu überprüfen, ist die Betrachtung der Anzahl und der Größe der Konflikte, für die Folgendes nötig ist:

A. Eingreifen durch die Geschäftsleitung

B. Beteiligung des Kunden

C. Beteiligung des Linienmanagements

D. Beteiligung des Projektmanagers

11. Standardisierung und Kontrolle sind Vorteile, die normalerweise Folgendem zuzuordnen sind:

A. Laissez-faire-Management

B. Projektmanagement für F&E-Vorhaben

C. Verwendung von Projektphasen

D. Ein Unternehmen mit wenig Sponsoring durch Führungskräfte

12. Die schwierigste Entscheidung für einen Sponsor aus dem oberen Management beim Review-Meeting zum Ende einer Phase ist:

A. Dem Projekt zu gestatten, basierend auf dem ursprünglichen Ziel in die nächste Phase weiterzugehen

B. Dem Projekt zu gestatten, abhängig von einem überarbeiteten Ziel in die nächste Phase weiterzugehen

C. Eine Entscheidung zu verschieben, bis mehr Informationen vorliegen

D. Das Projekt abzubrechen

13. Die Verwendung von zu vielen Phasen kann sich nachteilig auswirken, weil:
    A. Die leitenden Sponsoren verfallen in ein Mikromanagement.
    B. Die leitenden Sponsoren werden »unsichtbar«.
    C. Der Projektmanager wendet zu viel Zeit dafür auf, Gate-Review-Meetings zu planen, statt sich um die Phasen zu kümmern.
    D. Der Projektmanager muss viele verschiedene Pläne für jede Phase entwickeln.
14. Ein Projekt wird frühzeitig beendet, weil die Technologie nicht entwickelt werden kann, und weil die Ressourcen für ein anderes Projekt eingesetzt werden, das einen erfolgreichen Abschluss verspricht. Welche der folgenden Aussagen trifft für das erste Projekt zu?
    A. Das erste Projekt wird als Misserfolg betrachtet.
    B. Das erste Projekt wird als Erfolg betrachtet, wenn die Beendigung früh genug erfolgt, bevor zusätzliche Ressourcen verschwendet werden.
    C. Das erste Projekt ist ein Erfolg, wenn der Projektmanager befördert wird.
    D. Das erste Projekt ist ein Misserfolg, wenn der Projektmanager einem weniger wichtigen Projekt zugeteilt wird.
15. Welche der folgenden Aussagen wird nicht als sekundäre Definition des Projekterfolgs betrachtet?
    A. Der Kunde ist unzufrieden mit dem Lieferobjekt, aber aufgrund guter Kundenbeziehungen wird ein Folgeauftrag erteilt.
    B. Die Lieferobjekte sind erstellt, aber die Arbeitsschutz- und Wirtschaftspartnerabkommen wurden verletzt.
    C. Dem Kunden gefällt die Leistung nicht, aber Sie haben eine neue Technologie entwickelt, die viele neue Produkte mit sich bringen könnte.
    D. Die Projektkosten wurden um 40 Prozent überschritten, aber der Kunde hat ein Erweiterungsprojekt finanziert.

ANTWORTEN

1. D
2. A
3. B
4. C
5. C
6. B
7. B
8. A
9. D
10. A
11. C
12. D
13. C
14. B
15. B

PROBLEME

2.1 Kann das Organigramm eines Unternehmens als Systemmodell betrachtet werden? Falls ja, um welche Art von Systemmodell handelt es sich?

2.2 Glauben Sie, dass ein Mitarbeiter ein guter Systemmanager und gleichzeitig ein schlechter Projektmanager sein kann? Wie verhält es sich mit dem umgekehrten Fall? Geben Sie alles an, was Ihnen zu diesem Thema einfällt.

2.3 Kann die Forschung und Entwicklung als System betrachtet werden? Falls ja, unter welchen Umständen?

2.4 Geben Sie für jedes der folgenden Projekte an, ob es sich um ein offenes, ein geschlossenes oder ein erweitertes System handelt:

A. Ein High-Tech-Projekt

B. Neue Produktforschung und -entwicklung

C. Ein Online-Computersystem für eine Bank

D. Bau einer chemischen Anlage

E. Entwicklung eines internen Berichterstellungssystems für das Rechnungswesen

2.5 Kann die gesamte Organisation als Modell betrachtet werden? Falls ja, um welche Art von Modell handelt es sich?

2.6 Systeme können als Kombination der Beziehungen zwischen den Teilsystemen betrachtet werden. Besitzt ein Projekt Teilsysteme?

2.7 Falls sich ein System in Teilsysteme unterteilen lässt, welche Probleme können dann bei der Integration auftreten?

2.8 Wie könnte eine mangelnde Optimierung während der Systemanalyse auftreten?

2.9 Kann eine Kosten-Nutzen-Analyse leichter in einer traditionellen oder in einer Projektmanagement-Unternehmensstruktur durchgeführt werden?

2.10 Welche Auswirkungen könnte der Produktlebenszyklus auf der Wahl der Organisationsstruktur von Projekten haben?

2.11 Welche Kriterien sollten bei der Entwicklung eines Systems eingesetzt werden, um festzustellen, wo eine Phase beginnt und eine andere endet und wo sich die beiden überlappen?

2.12 Betrachten Sie den folgenden Ausdruck: »Zum Teufel mit den Torpedos: Volle Kraft voraus.« Lässt sich diese Militärphilosophie erfolgreich auf das Projektmanagement anwenden?

3 Organisationsstrukturen

Verwandte Fallstudien (aus Kerzner/*Project* Management *Case Studies*, 2. Auflage)	Verwandte Workbook-Übungen (aus Kerzner/*Project Management Workbook and PMP®/CAPM® Exam Study Guide*, 9. Auflage)	PMBOK® Guide, 3. Auflage, Referenzabschnitt für das PMP®-Zertifizierungsexamen
• Quasar Communications, Inc. • Jones and Shephard Accountants, Inc*. • Fargo Foods • Mohawk National Bank	• The Struggle with Implementation • Multiple-Choice-Examen	• Personalmanagement

* Diese Fallstudie wird auch am Ende des Kapitels beschrieben.

3.0 Einleitung

PMBOK® Guide 2004

2.3.3 Organisationsstruktur

Kapitel 9 Personalmanagement in Projekten

In den vergangenen drei Jahren fand mit der Einführung und Entwicklung neuer Organisationsstrukturen eine so genannte verdeckte Revolution statt. Das Management hat begriffen, dass Organisationen dynamisch sein müssen. Das heißt, dass sie in der Lage sein müssen, sich schnell umzustrukturieren, wenn die äußeren Umstände dies erfordern. Die Umfeldfaktoren werden bedingt durch den größeren Wettbewerbsdruck des Markts, die technologischen Änderungen und die Anforderung einer besseren Ressourcensteuerung an Mehrprodukt-Unternehmen. Vor mehr als dreißig Jahren identifizierte Wallace vier Faktoren als Ursache für die Revolution der Organisationen:[1]

- Die technologische Revolution (Komplexität und Vielfalt der Produkte, neue Materialien und Prozesse und Auswirkungen der massiven Forschungsbemühungen)
- Wettbewerb und Gewinndruck (gesättigte Märkte, Inflation bei Lohn- und Materialkosten und Effizienz der Produktion)
- Hohe Marketingkosten
- Nicht vorhersehbare Kundenwünsche (bedingt durch hohes Einkommen, die breite Produktauswahl und den sich ändernden Geschmack)

Es wurde viel dazu geschrieben, wie die Zeichen identifiziert und interpretiert werden können, die den Bedarf für eine neue Organisationsform deutlich machen. Nach Grinnell und Apple gibt es fünf Anzeichen dafür, dass die traditionelle Struktur für die Durchführung von Projekten nicht mehr angemessen ist:[2]

---

1. Wallace, W.L. *The Winchester-Western Division Concept of Product Planning*, New Haven, Januar 1963, S. 2–3.
2. Grinnell, S.K. und Apple, H.P., *When Two Bosses Are Better Than One*, Machine Design, Januar 1975, S. 84–87.

Das Management ist mit dem technischen Können zufrieden, die Projekte werden jedoch nicht im vorgegebenen Zeit- und Kostenrahmen sowie im Rahmen der übrigen Projektanforderungen abgewickelt.

Das Projekt wird mit großem Engagement durchgeführt, es gibt jedoch große Schwankungen in Bezug auf die Erfüllung der Leistungsspezifikationen.

Hoch begabte Fachkräfte, die am Projekt mitarbeiten, fühlen sich ausgenutzt und missbraucht.

Bestimmte Gruppen oder Personen werfen sich gegenseitig vor, dass sie die Spezifikationen oder das Lieferdatum nicht erfüllt haben.

Die Projekte werden gemäß der zeitlichen Vorgaben und der Spezifikation erledigt, die einzelnen Gruppen sind jedoch mit dem Ergebnis nicht zufrieden.

Leider erkennen viele Firmen den Änderungsbedarf bei der Organisationsstruktur zu spät. Das Management sucht immer erst extern (z.B. im Umfeld) statt unternehmensintern nach Problemlösungen. Ein typisches Beispiel für einen solchen Konflikt wäre ein ständiger Anstieg der Produktionskosten, während der Produktionslebenszyklus bereits die Phase des Rückgangs erreicht hat. Sollten nun eher die Produktionskosten verringert oder besser neue Produkte entwickelt werden?

Angenommen, ein Organisationssystem besteht aus den Ressourcen Personal und Sachmittel. Dann müssen wir die soziotechnischen Teilsysteme analysieren, falls organisatorische Änderungen vorgenommen werden sollen. Das soziale System setzt sich aus den Mitarbeitern des Unternehmens und ihrem Gruppenverhalten zusammen. Das technische System beinhaltet die Technologie, die Materialien und die Maschinen, die benötigt werden, um die erforderlichen Aufgaben zu erledigen.

Verhaltensforscher behaupten, dass es keine optimale Struktur gibt, mit der die Organisationen die Herausforderungen der Zukunft bewältigen können. Die verwendete Struktur muss jedoch so geartet sein, dass eine Balance zwischen technischen und sozialen Bedürfnissen erreicht werden kann. Sadler[3] beschreibt dies wie folgt:

Da sich der relative Einfluss der (soziotechnischen) Faktoren je nach Situation verändert, gibt es keine ideale Struktur, die Organisationen aller Arten Effektivität garantiert oder die sogar für Organisationen aller Entwicklungsstufen von Unternehmen eines bestimmten Typs geeignet wäre.

Es gibt häufig wichtige Konflikte zwischen der Art von Organisationsstruktur, die erforderlich wäre, um die Aufgaben mit minimalen Kosten zu erledigen, und der Struktur, die benötigt wird, um menschliche Bedürfnisse zu befriedigen. Es erfordert sehr viel Management-Erfahrung, wenn es darum geht, Tätigkeiten Personengruppen oder Einzelpersonen zuzuweisen. Eine hohe Standardisierung der Leistung, eine hervorragende Ausnutzung der Arbeitskraft und andere ökonomische Vorteile, die mit einem hohen Grad an Spezialisierung und Formalisierung der Arbeit zusammenhängen, müssen gegen die möglichen Auswirkungen der Spezialisierung auf die Motivation der Mitarbeiter abgewogen werden.

Organisationen lassen sich als Gruppen von Personen definieren, die ihre Aktivitäten koordinieren müssen, um die Unternehmensziele zu erreichen. Die Koordination erfordert eine starke Kommunikation und ein klares Verständnis für die Beziehungen und Abhängigkeiten zwischen den einzelnen Personen. Organisationsstrukturen werden bedingt durch Faktoren wie Technologie und ihre Änderungsrate, die Komplexität, die Verfügbarkeit von Ressourcen, Produkten und Dienstleistungen, den Wettbewerb und die Anforderungen für die Entscheidungsfindung. Der Leser sollte daran denken, dass es keine guten oder schlechten Organisationsstrukturen gibt, sondern nur passende und unpassende.

Selbst die einfachste organisatorische Änderung kann starke Konflikte hervorrufen. Die Einführung einer neuen Position, der Bedarf für eine bessere Planung, die Ausweitung oder Kürzung der Leitungsspanne, der Bedarf an zusätzlicher Technologie (Wissen) und die Zentralisierung oder Dezentralisierung können in den soziotechnischen Teilsystemen wesentliche Änderungen hervorrufen. Argyris hat fünf Bedingungen definiert, die die Grundlage für die Notwendigkeit organisatorischer Änderungen bilden:[4]

Diese Anforderungen ... hängen von (1) dem kontinuierlichen und offenen Zugriff auf Einzelpersonen und Gruppen und (2) der freien und zuverlässigen Kommunikation ab, wobei (3) Unabhängigkeit die Grundlage für

3. Sadler, P., *Designing an Organizational Structure*, Management International Review, Vol. 11, No. 6, 1971, S. 19–33
4. Argyris, Chris, *Today's Problems with Tomorrow's Organizations*, The Journal of Management Studies, Februar 1967, S. 33–55.

Geschlossenheit von Abteilungen ist und (4) Vertrauen, Risikobereitschaft und Hilfsbereitschaft vorherrschen, so dass (5) Konflikte in einer Art und Weise erkannt und behandelt werden können, dass die destruktive Gewinn/Verlust-Haltung und die damit zusammenhängende Polarisierung der Sichtweise minimiert werden können. ... Leider lassen sich diese Bedingungen nur sehr schwer erfüllen ... Es besteht die Tendenz zur Konformität und zu Misstrauen. Es besteht keine Risikobereitschaft, was in der Konzentration auf das persönliche Überleben und in der Suche nach besonderen Anreizen resultiert, wobei sich die einzelnen Mitarbeiter mit erfolgreichen Unternehmungen (einem Helden) identifizieren und verhindern müssen, mit Fehlern identifiziert zu werden oder dafür verantwortlich gemacht zu werden. Dieses adaptive Verhalten führt zu einer geringen sozialen Kompetenz und dazu, dass das Unternehmen langfristig starrer und weniger innovativ wird. Daraus resultieren wiederum ineffektivere Entscheidungen, die bei den involvierten Personen wenig Zustimmung finden.

Heute besteht die Umstrukturierung einer Organisation aus einem Kompromiss zwischen der traditionellen und der verhaltensorientierten Schule, das heißt, das Management muss die Bedürfnisse der Mitarbeiter und auch die des Unternehmens berücksichtigen. Schließlich geht es um die Frage, ob das Unternehmen auf die Verwaltung von Menschen oder auf die Verwaltung von Arbeit ausgelegt ist.

Es gibt eine Vielzahl an Organisationsformen, mit denen das Management umstrukturiert werden kann. Die geeignete Methode hängt jeweils von den Mitarbeitern, den Produktlinien und der Management-Philosophie eines Unternehmens ab. Wird die Umstrukturierung einer Organisation mangelhaft durchgeführt, können die Kommunikationswege unterbrochen werden, die über Monate oder Jahre hinweg kultiviert wurden. Dies führt zu einer Veränderung in der informellen Organisation und es entstehen neue Macht-, Status- und politische Positionen. Die Arbeitszufriedenheit und die Motivation gehen verloren und es resultiert vollständige Unzufriedenheit.

Sadler definiert drei Faktoren, die wegen der Verschiedenartigkeiten von Organisationen berücksichtigt werden müssen: Steuerung, Integration und Beziehungen zur Außenwelt.[5] Ist die Position eines Unternehmens stark von seinem Umfeld abhängig, muss das Management sich in erster Linie auf die Steuerung konzentrieren. Für eine Organisation mit mehreren hoch technisierten Produkten ist die Integration das Hauptziel. In Unternehmen mit starker Beteiligung der Gewerkschaft und sich wiederholenden Tätigkeiten können externe Beziehungen dominieren. Dies gilt insbesondere in technologisch oder wissenschaftlich geprägten Umgebungen, in denen strenge staatliche Verordnungen befolgt werden müssen.

In den folgenden Abschnitten werden verschiedene Organisationsformen vorgestellt. Es ist jedoch unmöglich, alle existierenden Organisationsformen zu berücksichtigen. Zu jeder Organisationsform wird angegeben, wie Projektmanagement realisiert wird. Es werden außerdem für jede Organisationsform die Vor- und Nachteile im Hinblick auf das technologische und das soziale System genannt. Sadler hat eine Checkliste mit sechs Fragen entwickelt, anhand derer die Aufgaben, das soziale Klima und die Beziehungen zum Umfeld einer Organisation ermittelt werden können.[6]

Welches Maß an Steuerung ist erforderlich, um die Aufgaben der Organisation effizient durchzuführen?

Welche Bedürfnisse und Einstellungen haben die Mitarbeiter, die die Aufgaben ausführen? Wie wirken sich Kontrollmechanismen auf die Motivation und die Leistung der Mitarbeiter aus?

Mit welcher Art von sozialen Gruppierungen identifizieren sich die Mitarbeiter? In welchem Maß sind zufrieden stellende soziale Beziehungen wichtig für die Motivation und die Leistung?

Welcher Aspekt der Unternehmensaktivitäten muss enger integriert werden, damit das Gesamtziel erreicht werden kann?

Welche Maßstäbe sollen für die Steuerung und die Integration der Arbeitsaktivitäten entwickelt werden, die gleichzeitig die Bedürfnisse der Mitarbeiter erfüllen und eine adäquate Motivation bieten?

Welche Umfeldfaktoren werden sehr wahrscheinlich den zukünftigen Trend der Unternehmenstätigkeit beeinflussen? Welche organisatorischen Maßnahmen können ergriffen werden, um sicherzustellen, dass das Unternehmen auf die Umfeldfaktoren effizient reagiert?

Es ist nicht leicht, diese Fragen zu beantworten. In erster Linie geht es um das Urteil von erfahrenen Managern.

---

5. Sadler, Ph., *Designing an Organizational Structure*, Management International Review, Vol. 11, No. 6, 1971, S. 19–33
6. Siehe Fußnote 5.

3.1 Der Arbeitsablauf im Unternehmen

Organisationen werden ständig umstrukturiert, um die Anforderungen erfüllen zu können, die sich durch Vorgaben von außen stellen. Die Umstrukturierung kann erhebliche Änderungen für die Rolle einzelner Mitarbeiter in der formellen und der informellen Organisation mit sich bringen. Viele Wissenschaftler glauben, dass der größte Nutzen von Verhaltensforschern darin liegt, dass sie der informellen Organisation helfen, sich an Änderungen anzupassen und die resultierenden Konflikte zu lösen. Leider sind Verhaltensforscher nur dann effektiv, wenn sich ihre Tätigkeit auch auf die formelle Organisation auswirkt. Aus Änderungen der formellen Struktur erwachsen Konflikte. Unabhängig davon, welche Organisationsform schließlich gewählt wird, müssen formelle Kanäle entwickelt werden, damit jeder Mitarbeiter eine klare Beschreibung seiner Befugnisse und seines Verantwortungsbereichs hat und der Arbeitsablauf nicht unterbrochen wird.

Im Zusammenhang mit der Analyse der Organisationsstrukturen werden die folgenden Definitionen benutzt:

- *Kompetenz* beinhaltet die Macht, die Mitarbeitern (möglicherweise durch ihre Position) zugesprochen wird und die es ihnen ermöglicht, letzte Entscheidungen zu treffen.
- *Zuständigkeit* ist die Verpflichtung, die Mitarbeitern durch ihre Rollen in der formellen Organisation auferlegt wird, Anweisungen effektiv zu erfüllen.
- *Verantwortung* bedeutet, für die zufrieden stellende Fertigstellung einer bestimmten Verpflichtung zuständig zu sein (Verantwortung = Kompetenz + Zuständigkeit).

Kompetenzen und Zuständigkeiten können an eine tiefer liegende Ebene in der Organisation delegiert werden, wobei die Verantwortung in der Regel bei einem bestimmten Mitarbeiter bleibt. Trotzdem weigern sich viele Führungskräfte, zu delegieren, und bestreiten, dass eine Person allein durch ihre Zuständigkeit volle Verantwortung tragen kann.

Selbst mit dieser klaren Unterteilung von Kompetenz, Zuständigkeit und Verantwortung kann es eine Zeit dauern, bis sich gute Beziehungen zwischen den Projekt- und Linienmanagern entwickeln. Dies gilt insbesondere während des Übergangs von einer traditionellen zu einer Projektorganisationsform. Vertrauen ist hier der Schlüssel zum Erfolg. Die Entwicklung von Vertrauen sieht in der Regel wie folgt aus:

- Selbst wenn ein Problem existiert, leugnen der Projekt- und die Linienmanager, dass dies der Fall ist.
- Tritt das Problem schließlich an die Oberfläche, versucht jeder Manager, die Schuld auf die anderen zu schieben.
- Sobald sich Vertrauen entwickelt, geben Projekt- und Linienmanager die Verantwortung für verschiedene Probleme zu.
- Der Projekt- und die Linienmanager treffen sich, um das Problem gemeinsam zu lösen.
- Der Projekt- und die Linienmanager beginnen formell und informell, die Probleme, die auftreten können, vorherzusehen.

Für jede Organisationsstruktur, die in den folgenden Abschnitten beschrieben wird, werden die Vor- und die Nachteile aufgelistet. Viele Nachteile ergeben sich aus den Konflikten, die durch Probleme mit den Kompetenzen, Zuständigkeiten und Verantwortungen entstehen können.

3.2 Die traditionelle (klassische) Organisation

Die traditionelle Managementstruktur gibt es seit mehr als zwei Jahrhunderten. Neuere Entwicklungen wie z.B. die rasche Veränderung von Technologien und die steigenden Forderungen der Aktionäre üben Druck auf die vorhandenen Organisationsformen aus. Vor fünfzig Jahren konnten Unternehmen noch mit einer oder mit zwei Produktlinien überleben. Die klassische Management-Organisation, die in Abbildung 3.1 gezeigt wird, wurde als zufrieden stellend betrachtet und die Konflikte waren minimal.[7]

---

7. Viele Autoren bezeichnen die klassische Organisation als rein funktionelle Organisation. Dies wird in Abbildung 3.1 deutlich. Beachten Sie außerdem, dass die Abteilungsebene unterhalb der Unternehmensbereichsebene angesiedelt ist. In einigen Organisationen verhält es sich umgekehrt.

Im Laufe der Zeit stellten Unternehmen jedoch fest, dass ihr Überleben von mehreren Produktlinien (z.B. Diversifikation) und der Integration von Technologie in die bestehende Organisation abhängig ist. Die Organisationen wurden immer größer. Dabei stellten Manager fest, dass die Unternehmensaktivitäten nicht effektiv integriert worden waren und dass sich neue Konflikte in den gut etablierten formellen und informellen Kanälen entwickelten. Die Manager begannen daraufhin, nach innovativeren Organisationsformen zu suchen, mit denen sich die Probleme bekämpfen lassen würden.

Bevor ein Vergleich mit neueren Organisationsformen durchgeführt werden kann, müssen die Vor- und die Nachteile der traditionellen Struktur aufgezeigt werden. Tabelle 3.1 listet die Vorteile der traditionellen Organisation auf. Wie in Abbildung 3.1 gezeigt, unterstehen der Unternehmensführung alle Funktionseinheiten, die für die Forschung und Entwicklung sowie für die Fertigung eines Produkts benötigt werden. Alle Tätigkeiten werden innerhalb der Funktionsbereiche ausgeführt und von einem Abteilungsleiter (in einigen Fällen einem Bereichsleiter) überwacht. Jede Abteilung zeichnet sich durch eine starke Konzentration an Fachwissen aus. Da alle Projekte durch die einzelnen Linienabteilungen laufen müssen, kann jedes Projekt von den neuesten Technologien profitieren. Entsprechend eignet sich diese Organisationsform für die Massenfertigung. Linienmanager können Spezialisten einstellen und ihnen leicht definierbare Karrieremöglichkeiten anbieten.

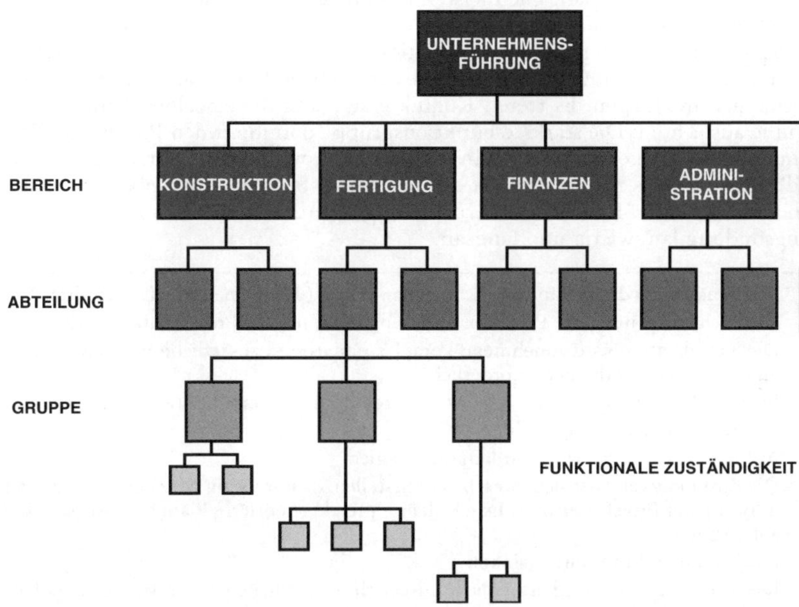

Abbildung 3.1: Die traditionelle Managementstruktur

Die Linienmanager behalten die Kontrolle über das Budget. Sie erstellen ihre eigenen Budgets mit Zustimmung der übergeordneten Management-Ebene und spezifizieren die Anforderungen für zusätzliches Personal. Weil die Linienmanager Personal flexibel planen können, werden die meisten Projekte innerhalb des Kostenrahmens abgeschlossen.

Die formelle und die informelle Organisation sind gut etabliert und die Ebenen der Kompetenz und Zuständigkeit sind klar definiert. Weil jede Person nur an einen Vorgesetzten berichtet, sind die Kommunikationskanäle gut strukturiert. Wenn eine Struktur so viele Vorteile bietet, warum wird dann nach neuen Strukturen gesucht?

- Budgetierung und Kostensteuerung ist leicht
- Bessere technische Steuerung möglich
- Spezialisten können gruppiert werden, um Wissen und Verantwortung zu teilen
- Personal kann für viele verschiedene Projekte genutzt werden
- Alle Projekte profitieren von fortgeschrittener Technologie (bessere Ausnutzung von rarem Personal)
- Flexibilität beim Einsatz von Personal
- Breite Personalbasis für Projekte
- Kontinuität in Fachgebieten; Richtlinien, Prozeduren und Verantwortung lassen sich einfach und verständlich definieren
- Massenproduktion innerhalb bewährter Spezifikation möglich
- Personalsteuerung ist einfach, weil jeder Mitarbeiter nur an eine Person berichtet
- Kommunikationskanäle verlaufen vertikal und sind gut etabliert
- Schnelles Reaktionsvermögen vorhanden, es besteht jedoch eine Abhängigkeit von den Prioritäten des Linienmanagers

Tabelle 3.1: Vorteile der klassischen/traditionellen Organisation

Jedem Vorteil steht mindestens ein Nachteil gegenüber. Tabelle 3.2 listet die Nachteile der traditionellen Struktur auf. Die meisten Nachteile beziehen sich auf die Tatsache, dass es keine starke zentrale Verantwortung oder einen Mitarbeiter gibt, der für das Gesamtprojekt verantwortlich ist. Entsprechend ist die Integration von Projektaktivitäten sehr schwierig, die mehrere Linien überschreiten, und Führungskräfte der obersten Führungsebene müssen sich mit Alltagsroutine herumschlagen. Es treten Konflikte auf, weil die einzelnen Funktionsgruppen Machtkämpfe ausfechten. Die stärkste Funktionsgruppe dominiert den Prozess der Entscheidungsfindung. Linienmanager bevorzugen in der Regel das, was für ihre Funktionsgruppe am besten ist, und nicht das, was für das Projekt am besten ist. Sehr häufig bleiben Konzepte fachbezogen, ohne die laufenden Projekte zu berücksichtigen. Außerdem verläuft der Prozess der Entscheidungsfindung langwierig und langsam.

- Niemand ist für das Gesamtprojekt verantwortlich (d.h. keine formale Autorität, Komiteelösungen)
- Die nötige Betonung der Projektorientierung fehlt, um die Projektaufgaben durchführen zu können
- Die Koordination wird zunehmend komplex und es sind zusätzliche Vorlaufzeiten für die Genehmigung von Entscheidungen erforderlich
- Entscheidungen fallen in der Regel zugunsten der stärksten Funktionsgruppen aus
- Die Kundenorientierung fehlt
- Auf Kundenwünsche wird nur langsam reagiert
- Die Zuständigkeit lässt sich nur schwer feststellen, da nur wenig oder keine direkte Berichterstattung in Bezug auf Projekte erfolgt. Es gibt kaum projektorientierte Planung und es fehlt die Projektverantwortung.
- Motivation und Innovation sinken
- Ideen sind auf die Funktionsbereiche ausgerichtet und haben wenig Bezug zu laufenden Projekten

Tabelle 3.2: Nachteile der traditionellen/klassischen Organisation

Weil für Kunden ein klarer Bezugspunkt fehlt, muss die gesamte Kommunikation über das obere Management verlaufen. Manager des oberen Managements sind für die Kundenbeziehungen verantwortlich und geben alle komplexen Probleme über die vertikale Hierarchie an die Linienmanager weiter. Die Reaktion auf Kundenwünsche wird dadurch zu einem schwierigen und langsamen Prozess.

Projekte haben in der klassischen Organisationsstruktur die Tendenz, den Zeitrahmen zu überschreiten. Es sind unglaublich lange Vorlaufzeiten erforderlich. Linienmanager kümmern sich als Erstes um die Aufgaben, die für sie die meisten Vorteile bieten.

Mit der Einführung des Projektmanagements Ende der 1960er-Jahre erkannten Führungskräfte langsam, dass viele Probleme durch die Schwächen der traditionellen Unternehmensstruktur bedingt waren. William Goggin bezeichnete beispielsweise die Probleme von Dow Corning[8], einem amerikanischen Elektronikkonzern, wie folgt:

> Dow Corning war 1967 zwar ein gesundes Unternehmen, es zeigten sich jedoch Schwierigkeiten, die dem Top-Management Sorge bereiteten. Diese Symptome traten bei US-Firmen häufig auf und wurden in unzähligen Berichten, Artikeln und Vorträgen beschrieben. Unsere Symptome sahen wie folgt aus:
>
> - Die Führungskräfte besaßen keine angemessenen Finanzinformationen und konnten das operative Geschäft nicht angemessen steuern. Marketing-Manager wussten beispielsweise nicht über die Herstellungskosten eines Produkts Bescheid, weil die Abteilungsleiter die Preise und Margen bestimmten.
> - Insbesondere zwischen Produktion und Marketing verlief die Kommunikation nur schwerfällig.
> - In Anbetracht des zunehmenden Wettbewerbs blieben das Denken und die Organisationsstruktur zu stark auf das Unternehmen selbst bezogen. Die Ausrichtung auf die Außenwelt war unzureichend.
> - Die mangelnde Kommunikation zwischen den Abteilungen wirkte sich nicht nur negativ auf die Teamarbeit aus, sondern stellte auch eine Verschwendung einer kostbaren Ressource dar – der Ressource Personal.
> - Eine langfristige Planung wurde nur sporadisch und oberflächlich vorgenommen. Dies führte zu Doppelarbeiten und zu Ineffizienz.

3.3 Integration von Projektstrukturen in klassische Unternehmen

Mit zunehmender Unternehmensgröße wurden Programme mit hohen technischen Anforderungen zum Schwerpunkt. Die Hindernisse in der Organisationsstruktur kamen schnell zum Vorschein. Dies galt insbesondere für die Integration von Arbeitsabläufen. Als das Management entdeckte, dass der kritische Punkt bei allen Programmen die Schnittstelle zwischen den einzelnen Funktionsbereichen ist, entwickelte sich die Theorie des »Schnittstellenmanagements«.

Wegen der Probleme, die sich an den Schnittstellen zeigten, begann das Management, nach innovativen Methoden zu suchen, mit denen sich der Arbeitsablauf zwischen den einzelnen Funktionsbereichen besser koordinieren ließ, ohne die bestehende Organisationsstruktur zu verändern. Diese Koordination wurde durch verschiedene Integrationsmechanismen erreicht:[9]

- Regeln und Verfahrensweisen
- Planungsprozesse
- Hierarchische Eingriffe
- Direkter Kontakt

Das Management versuchte, Konflikte zwischen den einzelnen Abteilungen durch die Spezifikation und Dokumentation von Management-Richtlinien und -Verfahrensweisen zu vermeiden. Das Management hatte das Gefühl, dass sich die Handlungen der Mitarbeiter einzelner Funktionsgruppen wiederholten und vorhersagbar waren, auch wenn sich viele Projekte voneinander unterschieden. Das Verhalten der einzelnen Mitarbeiter sollte dank der Spezifikation leichter und mit einem Minimum an Kommunikation zwischen den einzelnen Mitarbeitern oder den Funktionsgruppen in den Arbeitsablauf integriert werden können.

---

8. Goggin, W.C., *How the Multidimensional Structure Works at Dow Corning*, Harvard Business Review, January–February 1974, S. 54. Copyright © 1973 by the President and Fellows of Harvard College. All rights reserved.
9. Galbraith, J.R., *Matrix Organization Designs*, Abdruck mit freundlicher Genehmigung von *Business Horizons*, Februar 1971, S. 29–40. Copyright © 1971 by the Board of Trustees at Indiana University. Used with permission.

Ein weiteres Mittel, um Konflikte zu vermeiden und den Kommunikationsbedarf zu reduzieren, bot die detaillierte Planung. Die einzelnen Funktionsbereiche sollten bei allen Planungs- und Budgetmeetings repräsentiert sein. Diese Methode eignete sich am besten für einmalige Aufgaben und Projekte.

In der traditionellen Organisation gehörte es zu den wichtigsten Aufgaben des oberen Managements, die Konflikte durch »hierarchisches Eingreifen« zu lösen. Die beständigen Konflikte und Machtkämpfe zwischen den Funktionsbereichen sorgten dafür, dass das obere Management in allen Situationen einspringen musste, die von der Routine abwichen oder die nicht vorhersagbar waren und für die keine Richtlinien oder Verfahrensweisen existierten.

Die vierte Methode zur Koordination des Arbeitsablaufes besteht im direkten Kontakt und der Interaktion zwischen den Linienmanagern. Die Regeln und Verfahrenweisen und die Methode der Planungsprozesse wurden entwickelt, um den Kommunikationsbedarf zwischen den einzelnen Funktionsbereichen zu minimieren. Durch die Menge an Konflikten, die Führungskräfte lösen mussten, waren sie gezwungen, einen Großteil ihrer Arbeitszeit als Streitschlichter statt als Manager tätig zu sein. Um die Probleme abzuschwächen, die mit dem hierarchischen Eingreifen verbunden waren, forderte das obere Management, dass alle Konflikte auf einer möglichst niedrigen Ebene gelöst werden sollten. Dazu mussten sich die Linienmanager gegenübertreten.

In vielen Organisationen stellte sich diese Methode als ineffektiv heraus, weil noch immer der Bedarf für eine zentrale Stelle bestand, von der aus sichergestellt werden konnte, dass alle Tätigkeiten korrekt integriert würden.

Nachdem der Bedarf für Projektmanager anerkannt war, bestand die nächste logische Frage darin, an welcher Stelle in der Organisation Projektmanager angesiedelt werden sollten. Die Unternehmensführung wollte Projektmanager in der Organisationsstruktur möglichst weit unten halten. Schließlich hätten sie, wenn sie der Unternehmensführung unterstellt worden wären, höher bezahlt werden müssen und hätten eine beständige Bedrohung für das Management dargestellt.

In einem ersten Lösungsversuch wurden in allen Funktionsbereichen Projektleiter- oder Koordinatorenstellen eingerichtet (siehe Abbildung 3.2). Die Gruppenleiter wurden zeitlich begrenzt zu Projektleitern gemacht und sollten nach Abschluss des Projekts in ihre ursprünglichen Positionen zurückkehren. Deshalb wird der Begriff »Projektleiter« und nicht der Begriff »Projektmanager« verwendet, da die Bezeichnung »Manager« eine permanente Beziehung impliziert. Diese Vorgehensweise stellte sich für die Koordination und Integration von Arbeit innerhalb einer Abteilung als effektiv heraus, vorausgesetzt, es wurde der passende Projektleiter ausgewählt. Einige Mitarbeiter betrachteten die neue Position als Zuwachs an Macht und Status und es entstanden Konflikte darüber, ob die Zuordnung auf der Basis von Erfahrung, Alter oder Fähigkeiten erfolgen sollte. Außerdem besaßen Projektleiter fast keine Weisungsbefugnis und die Manager der zweiten Ebene weigerten sich, von ihnen Anweisungen entgegenzunehmen. Viele Bereichsleiter hatten Angst davor, dass sie andernfalls Projektleitern die Möglichkeit boten, ihre eigene Position zu übernehmen.

Wenn bestimmte Tätigkeiten Anstrengungen über mehrere Linien hinweg erforderten, wie z.B. über zwei oder mehr Gruppen oder Abteilungen hinweg, entstanden Konflikte. Der Projektleiter aus einer Abteilung besaß nicht die Kompetenz, Tätigkeiten in einer anderen Abteilung zu koordinieren. Außerdem sorgte die Einrichtung dieser neuen Position für Konflikte in den Abteilungen. Entsprechend wehrten sich viele Mitarbeiter gegen den Projektmanagement-Ansatz und waren darauf bedacht, zu ihren »sicheren« Jobs zurückzukehren. Die Bereichsleiter waren häufig gezwungen, als Projektmanager zu agieren – insbesondere dann, wenn Integration der einzelnen Funktionsbereiche nötig war. Sagte einem Mitarbeiter die Position als Projektleiter zu, versuchte er, den Projektabschluss so lange wie möglich hinauszuzögern.

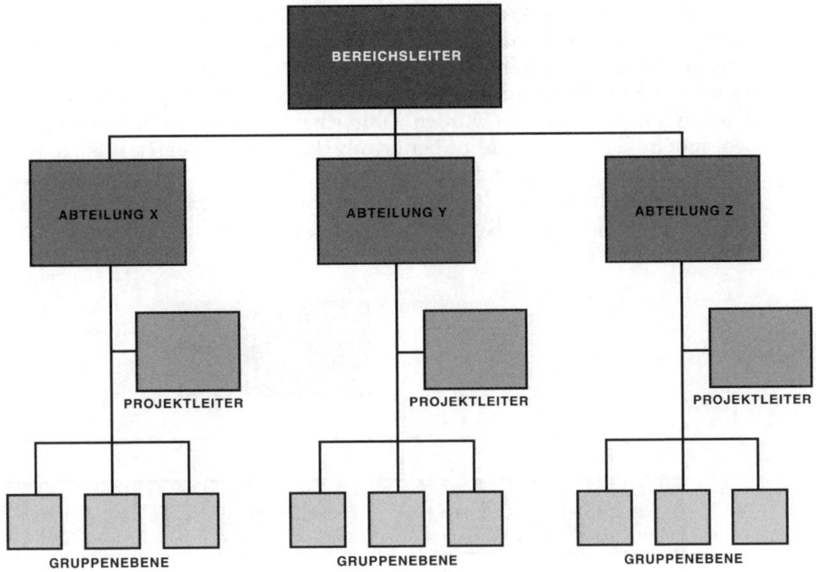

Abbildung 3.2: Projektmanagement auf Abteilungsebene

Dass diese Organisationsform hier kritisiert wird, heißt nicht, dass sie nicht funktionieren kann. Jede Organisationsform kann funktionieren, wenn die Mitarbeiter dies wollen. Betrachten Sie als Beispiel einen Computerhersteller, bei dem einem Unternehmensbereich drei Abteilungen untergeordnet sind. In jeder Abteilung arbeiten ungefähr 14 Mitarbeiter. Wenn ein Projekt bearbeitet werden muss, legt der Bereichsleiter fest, welche Abteilung den Großteil der Arbeit erledigt. Angenommen, Abteilung X übernimmt 60 Prozent, Abteilung Y 30 Prozent und Abteilung Z 10 Prozent der Arbeit. Da die Arbeitsbelastung in Abteilung X am größten ist, wird ein Mitarbeiter dieser Abteilung Projektleiter. Wenn der Projektleiter Ressourcen aus den beiden anderen Abteilungen anfordert, erhält er sie fast immer. Es gibt zwei Gründe dafür, warum die Organisationsform hier funktioniert:

- Die anderen Abteilungsleiter wissen, dass sie möglicherweise den Projektleiter für das nächste Projekt bereitstellen müssen.
- Es sind nur drei Funktionsbereiche oder Abteilungen involviert (d.h., es handelt sich um ein kleines Unternehmen).

Der nächste Schritt in der Entwicklung des Projektmanagements war das Task-Force-Konzept. Dahinter verbarg sich die Idee, dass Integration dadurch erreicht werden kann, dass jeder Funktionsbereich einen Vertreter in der Task Force stellen darf. Die Task Force konnte dann Probleme lösen, sobald sie auftraten, vorausgesetzt, die Budgetvorgaben wurden berücksichtigt. Rein theoretisch konnten nun Entscheidungen auf unterster Ebene getroffen werden, was den Informationsfluss beschleunigte und Verzögerungen reduzierte oder sogar eliminierte.

Die Task Force bestand aus Mitarbeiter aller betroffenen Abteilungen, die ausschließlich oder unter anderem an diesem Projekt mitarbeiteten. Es wurden täglich Meetings abgehalten, um die Tätigkeiten zu überwachen und mögliche Probleme zu besprechen. Doch die Linienmanager stellten schnell fest, dass ihre Mitarbeiter mehr Zeit in unproduktiven Meetings verbrachten als bei ihrer produktiven Arbeit. Außerdem wechselten Mitarbeiter durch ihre Position in der Task Force in die informelle Organisation. Viele Linienmanager stellten deshalb unqualifizierte und unerfahrene Mitarbeiter in die Task Force ab. Die Task Force wurde ziemlich schnell ineffizient, weil sie entweder nicht über die benötigten Informationen verfügte, um Entscheidungen treffen zu können, oder ihr die benötigten Weisungsbefugnisse fehlten, um Ressourcen zuzuweisen und Arbeit zuzuteilen.

Die Entwicklung des Task-Force-Konzepts war ein gigantischer Schritt in Richtung Konfliktlösung: Die Arbeit wurde rechtzeitig erledigt, die Zeitpläne wurden eingehalten, die Kosten lagen in der Regel im Rahmen des Budgets. Aber die Integration und die Koordination stellten noch immer ein Problem dar, weil es keinen Mitarbeiter gab, der das gesamte Projekt bis zu Abschluss überwachte. Es wurden zahlreiche Versuche unternommen, diesen Mangel zu beheben, indem verschiedene Mitarbeiter mit der Leitung der Task Force betraut wurden. Linienmanager, Bereichsleiter und sogar Manager des oberen Managements hatten die Möglichkeit, Task Forces zu leiten. Die Mitglieder der Task Force blieben jedoch weiterhin ihren Funktionsbereichen treu und wenn Konflikte zwischen dem Projekt und dem Funktionsbereich auftraten, litt immer das Projekt.

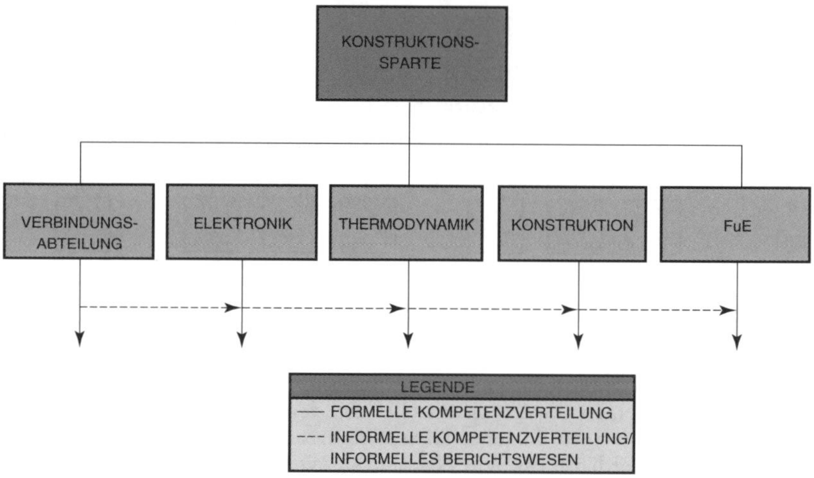

Abbildung 3.3: Die Konstruktion mit Verbindungsabteilung

Das Task-Force-Konzept war zwar ein Schritt in die richtige Richtung, die Nachteile überwogen jedoch die Vorteile. Eine Stärke des Task-Force-Ansatzes bestand darin, dass er sehr schnell und ohne viel bürokratischen Aufwand umgesetzt werden konnte. Die Integration gestaltete sich allerdings ziemlich kompliziert, der Arbeitsablauf konnte nur schwer gesteuert werden und es war schwierig, eine fachliche Unterstützung zu erhalten, weil die Steuerung fast immer durch die Linienmanager erfolgte. Außerdem stellten sich Task Forces bei langfristigen Projekten als ziemlich ineffizient heraus.

In einem nächsten Schritt bei der Entwicklung der Arbeitsintegration wurden Verbindungsabteilungen eingerichtet. Dies betraf insbesondere Konstruktionsabteilungen, in denen zahlreiche Projekte durchgeführt wurden, die ein hohes Maß an Technologie erforderten (siehe Abbildung 3.3). Die Verbindungsabteilungen hatten den Zweck, die Transaktionen zwischen den Linieneinheiten der Konstruktion durchzuführen. Die Mitarbeiter der Verbindungsabteilung erhielten ihre Anweisungen vom Bereichsleiter. Die Verbindungsabteilung löste keine Konflikte. Ihre Hauptfunktion bestand darin, dafür zu sorgen, dass alle Abteilungen für dieselben Ziele arbeiteten. Verbindungsabteilungen gibt es noch immer und sie werden in der Regel zur Bewältigung von Designproblemen und technischen Änderungen eingesetzt.

Leider setzt die Verbindungsabteilung die Projektkoordination lediglich auf einer höheren Ebene innerhalb der Abteilung fort. Die Befugnisse, die der Verbindungsabteilung zugestanden werden, beziehen sich nur auf den eigenen Unternehmensbereich. Bei einem Konflikt zwischen der Fertigung und der Entwicklung könnte die Konfliktlösung beispielsweise nicht durch die Verbindungsabteilung, sondern nur durch das Management der übergeordneten Ebene herbeigeführt werden. Verbindungsabteilungen wurden inzwischen durch die Abteilungen Projektentwicklung und Systemtechnik ersetzt und die Kompetenzen der Mitarbeiter dieser Abteilungen erstrecken sich über das gesamte Unternehmen.

3.4 Die Stablinienorganisation (Projektkoordinator)

Es wurde schnell deutlich, dass die Projektsteuerung an eine Person übergeben werden muss, die sich in erster Linie dem Abschluss des Projekts verpflichtet fühlt. Somit dürfen Projektmanager nicht von Linienmanagern gesteuert werden. Abbildung 3.4 zeigt eine typische Stablinienorganisation.

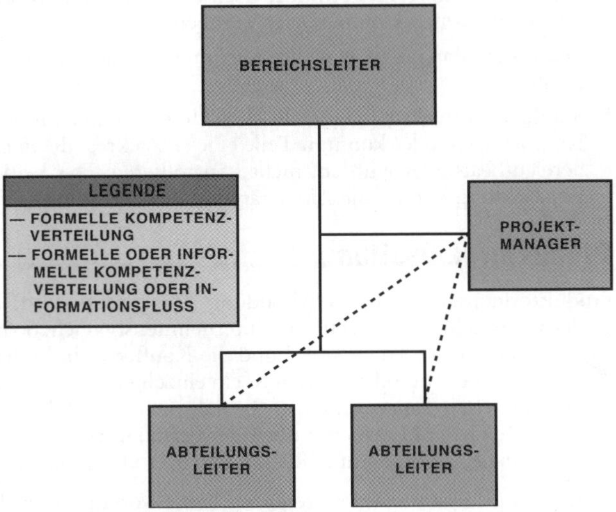

Abbildung 3.4: Die Stablinienorganisation (Projektkoordinator)

Bei dieser Art von Stablinienorganisation gibt es zwei denkbare Situationen. In der ersten ist der Projektmanager nur Koordinator für die Tätigkeiten, das heißt, er hat die Funktion eines Informationszentrums. Seine Hauptaufgabe besteht darin, den Bereichsleiter über den Projektstatus auf dem Laufenden zu halten und die Abteilungsleiter dazu zu bringen, ihre Tätigkeiten im vorgegebenen Zeitrahmen zu erledigen. Zu dieser frühen Form des Projektmanagers eine Anmerkung von Galbraith: »Da die Projektmanager keine formelle Kompetenz hatten, mussten sie sich auf ihre technische Kompetenz und ihre zwischenmenschlichen Fähigkeiten verlassen, um effektiv arbeiten zu können.«[10]

Der Projektmanager hatte in einer solchen Situation nur eine Überwachungsfunktion, obwohl er und der Linienmanager derselben Person unterstellt waren. Die Zuteilung von Arbeit und die Erstellung von Berichten über die Projektleistung wurden vom Linienmanager vorgenommen. Abteilungsleiter weigerten sich, Anweisungen von Projektmanagern entgegenzunehmen, weil sie befürchteten, dass Projektmanager dadurch bessere Chancen hätten, die nächsten Bereichsleiter zu werden.

Die Kompetenzen, die Projektmanager erhielten, warfen große Probleme auf. Fast alle Abteilungsleiter und Manager des oberen Managements stammten aus klassischen Management-Schulen und waren deshalb in Bezug auf die Frage, wie viel Kompetenz das Projektmanagement erhalten sollte, sehr reserviert. Viele dieser Manager betrachteten es als Degradierung, dass sie nun etwas von ihrer lange erkämpften Macht abgeben sollten.

In der zweiten Situation besitzt der Projektmanager mehr Kompetenzen, mit denen er Mitarbeitern der einzelnen Funktionsbereichen Arbeit zuweisen kann. Der Linienmanager behält zwar die Befugnis, die Leistung zu überwachen. Er kann jedoch nicht gleichzeitig die Einhaltung professioneller und organisatorischer Standards bei der Fertigstellung einer Tätigkeit erzwingen.

10. Galbraith, J.R., *Matrix Organization Designs*, Abdruck mit Genehmigung von *Business Horizons,* Februar 1971, S. 29–40. Copyright © 1971 by the Board of Trustees at Indiana University. Used with permission.

Der Mitarbeiter, der die Arbeit verrichtet, ist nun in einem Netz der Autoritätsbeziehungen gefangen und es entstehen zusätzliche Konflikte, weil die Linienmanager gezwungen sind, ihre Befugnisse mit dem Projektmanager zu teilen.

Obwohl die zweite Situation in einem frühen Stadium des Linienmanagements auftrat, konnte sie sich aus den folgenden Gründen nicht lange halten:

- Das obere Management konnte noch nicht mit den Problemen umgehen, die sich durch die gemeinsamen Kompetenzen ergaben.
- Das obere Management wollte nur ungern Macht und Einfluss an Projektmanager abgeben.
- Stablinien-Projektmanager, die dem Bereichsleiter unterstellt waren, besaßen keinerlei Kompetenzen oder konnten Teile eines Projektes, die in einem anderen Unternehmensbereich bearbeitet wurden, nicht kontrollieren. Das heißt, ein Projektmanager aus der Entwicklung konnte die Aktivitäten in der Fertigung nicht steuern.

3.5 Die Produktorganisation

Die Produktorganisation, die in Abbildung 3.5 gezeigt wird, ist gekennzeichnet durch das Modell des Unternehmensbereichs im Unternehmensbereich. So lange es einen kontinuierlichen Projektfluss gibt, ist die Arbeit stabil und die Konflikte sind minimal. Der Hauptvorteil dieser Organisationsstruktur besteht darin, dass ein einzelner Mitarbeiter, der Programm-Manager, für das gesamte Projekt verantwortlich ist. Er teilt nicht nur Arbeit zu, sondern er überwacht auch die Leistung. Weil jeder Mitarbeiter nur einer Person unterstellt ist, entwickeln sich starke Kommunikationskanäle, die eine kurze Reaktionszeit ermöglichen.

In reinen Produktorganisationen gehörten lange Vorlaufzeiten der Vergangenheit an. Studien der Austauschbeziehungen konnten sehr schnell durchgeführt werden, ohne dass dabei die Auswirkungen auf andere Projekte berücksichtigt werden mussten (es sei denn, es wurden identische Anlagen oder Ausrüstungsgegenstände benötigt). Und Linienmanager konnten einen Stab mit qualifizierten Mitarbeitern für die Entwicklung neuer Produkte zusammenstellen, ohne ihr Personal mit anderen Programmen und Projekten teilen zu müssen.

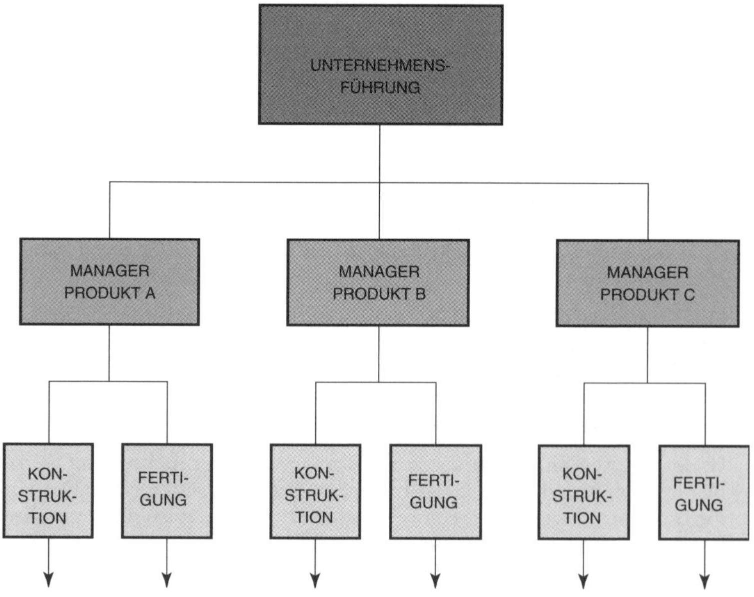

Abbildung 3.5: Die Produktorganisation

Die Verantwortung, die dem Projektmanager übertragen wurde, war vollkommen neu. Seine Befugnisse wurden nun von der Unternehmensführung festgelegt. Der Programm-Manager kümmerte sich um alle Konflikte, die innerhalb der Organisation und im Zusammenhang mit anderen Projekten auftraten. Das obere Management war dadurch in der Lage, mehr Zeit für die eigentlichen Management-Aufgaben zu verwenden als für die Lösung von Konflikten.

Der wichtigste Nachteil der Produktorganisation besteht in den Kosten für die Aufrechterhaltung der Organisation. Es gibt keine Möglichkeit, die Mitarbeiter an mehreren Projekten zu beteiligen, um die Kosten zu reduzieren. Die Mitarbeiter bleiben einem Projekt zugeordnet, obwohl sie gar nicht mehr benötigt werden, weil Projektmanager Mitarbeiter, die sie aufgeben, möglicherweise nie mehr zurückbekommen. Für motivierte Mitarbeiter ist problematisch, dass es für sie nach Abschluss eines Projekts kein »Heim« gibt, in das sie zurückkehren könnten. Viele Organisationen ordnen die Projektmitarbeiter einem übergeordneten Arbeitspool zu, aus dem sie dann ausgewählt werden können, wenn neue Projekte anstehen. Da jedes Projekt irgendwann einmal abgeschlossen wird, werden die Mitarbeiter unruhig und bemühen sich häufig, ihren Wert für das Unternehmen durch extreme Leistung deutlich zu machen, was sie jedoch nicht über einen längeren Zeitraum durchhalten können. Es ist für das Management sehr schwierig, die Mitarbeiter eines Funktionsbereichs davon zu überzeugen, dass es für sie in einer solchen Art von Organisation Karrieremöglichkeiten gibt.

In der traditionellen Organisationsstruktur sind die Technologien gut entwickelt, die Zeitpläne werden jedoch häufig nicht eingehalten. In einer reinen Projektorganisation sorgen die kurzen Reaktionszeiten dafür, dass Zeitpläne eingehalten werden können. Die Technologie leidet jedoch, weil die Aussicht von Unternehmen, ohne starke Funktionsgruppen konkurrenzfähig zu bleiben, stark erschwert wird. Die Entwicklungsabteilung für ein Produkt kommuniziert möglicherweise nicht mit der Entwicklungsabteilung für ein anderes Produkt und so kann es leicht passieren, dass beide an der gleichen Problematik arbeiten.

Der letzte wichtige Nachteil der Produktorganisation besteht darin, dass Konflikte beim Zugriff auf Anlagen und Apparate entstehen, wenn diese von zwei Projekten gleichzeitig benötigt werden. Das Problem kann nur durch das Eingreifen der Unternehmensführung gelöst werden, die den Projekten unterschiedliche Prioritäten zuweist. Zu diesem Zweck werden Projekte als strategisch, taktisch oder operational eingestuft – Definitionen, die normalerweise für Pläne verwendet werden.

Tabelle 3.3 fasst die Vorteile der Produktorganisation zusammen und Tabelle 3.4 listet die Nachteile auf.

- Das Projekt wird von nur einem Projektmanager geleitet.
- Die Mitarbeiter des Projekts arbeiten direkt für den Projektmanager. Unrentable Produktlinien werden leicht entdeckt und können eliminiert werden.
- Es sind starke Kommunikationskanäle vorhanden.
- Das Fachwissen eines Teams bleibt für ein Projekt erhalten und es müssen nicht wichtige Mitarbeiter für andere Projekte freigestellt werden.
- Die Reaktionszeiten sind sehr kurz.
- Die Mitarbeiter zeigen dem Projekt gegenüber eine große Loyalität. Die Identifikation mit dem Produkt steigert die Moral.
- Externe Kunden haben einen Ansprechpartner.
- Es besteht Flexibilität bei Kompromissen in Bezug auf den Ablauf- und Terminplan, die Kosten und die Leistung.
- Das Schnittstellenmanagement wird mit sinkender Teamgröße einfacher.
- Dem oberen Management bleibt mehr Zeit für die eigentliche Arbeit.

Tabelle 3.3: Vorteile der reinen Produktorganisation

- Die Kosten für die Aufrechterhaltung dieser Organisationsform in einem Mehrprodukt-Unternehmen wären wegen Doppelarbeiten, mehrfach vorhandener Anlagen und ineffizienter Nutzung unerschwinglich.
- Es besteht die Tendenz, Personal länger in einem Projekt zu behalten als nötig. Das obere Management muss die Arbeitsauslastung beim Projektstart und nach Ablauf des Projekts ausgleichen.
- Die Technologie leidet, weil es keine starken Funktionsbereiche gibt.
- Die Steuerung von Fachleuten muss auf oberster Ebene erfolgen.
- Es gibt zu wenige Möglichkeiten für den technologischen Austausch zwischen Projekten.
- Für die Mitarbeiter der einzelnen Projekte bieten sich kaum Karrieremöglichkeiten.

Tabelle 3.4: Nachteile der Produktorganisation

3.6 Die Matrixorganisation

PMBOK® Guide 2004
Matrixorganisationsstrukturen
Abbildungen 2.9, 2.10, 2.11

Die Matrixorganisation ist ein Versuch, die Vorteile der reinen Linienorganisation und die der Produktorganisation zu verbinden. Die Matrixorganisation ist die ideale Organisationsform für projektorientierte Unternehmen, wie z.B. Bauunternehmen. Abbildung 3.6 zeigt eine typische Matrixstruktur. Die Projektmanager sind direkt der Unternehmensführung unterstellt. Da jedes Projekt ein potenzielles Profit-Center repräsentiert, stammen die Weisungsbefugnisse direkt von der Unternehmensführung. Der Projektmanager ist allein für den Projekterfolg verantwortlich. Die einzelnen Fachabteilungen tragen hingegen die fachliche Verantwortung, eine herausragende technische Leistung für das Projekt bereitzustellen. Jede Linieneinheit wird von einem Abteilungsleiter geführt, der gewährleisten muss, dass eine einheitliche technische Basis bereitgestellt wird und dass alle vorhandenen Informationen allen Projekten zur Verfügung stehen. Die Abteilungsleiter müssen außerdem dafür sorgen, dass die Mitarbeiter im Hinblick auf die technischen Entwicklungen in der Branche auf dem Laufenden bleiben.

Das Projektmanagement hat eine »koordinierende« Funktion, wohingegen das Matrixmanagement für eine gute Zusammenarbeit der funktional Verantwortlichen innerhalb des Projektes sorgt. Bei der Koordination oder Projektorganisation wird die Arbeit in der Regel bestimmten Personen oder Linieneinheiten zugeordnet, die eigenständig arbeiten. Bei der Matrixorganisation ist die Bereitstellung von Informationen obligatorisch, und es werden möglicherweise mehrere Personen für dieselbe Arbeit benötigt. Bei der Projektorganisation sind die Projektleiter für die Entscheidungsfindung und die Leitung verantwortlich, bei der Matrixorganisation hingegen das gesamte Team.

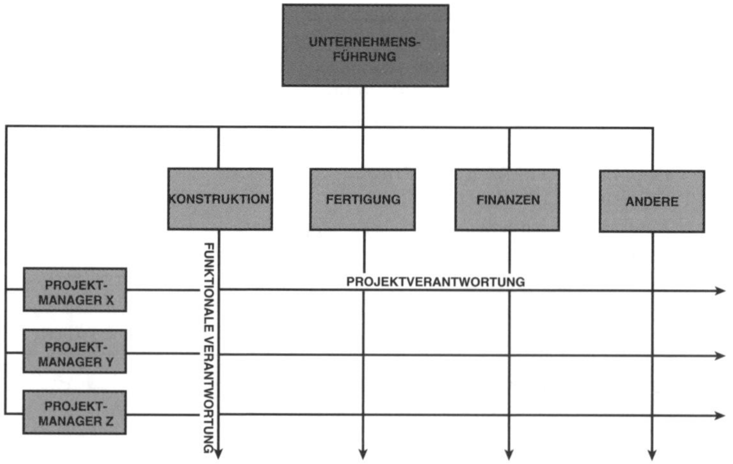

Abbildung 3.6: Eine typische Matrixorganisation

Für die Matrixorganisation gelten folgende Grundregeln:

- Die Teilnehmer arbeiten voll am Projekt mit; damit wird ein gewisser Grad an Loyalität gewährleistet.
- Es müssen horizontale und vertikale Kommunikationskanäle existieren.
- Es werden effektive Methoden für die Konfliktlösung benötigt.
- Es müssen gute Kommunikationskanäle zwischen den einzelnen Managern existieren.
- Alle Manager müssen zum Planungsprozess beitragen.
- Horizontal und vertikal orientierte Manager müssen bereit sein, über Ressourcen zu verhandeln.
- Die horizontale Linie muss die Berechtigung haben, außer zu administrativen Zwecken als separate Linieneinheit zu operieren.

Bevor nun die Vor- und Nachteile dieser Organisationsstruktur beschrieben werden, muss das Organisationskonzept vorgestellt werden. Die Basis für den Matrixansatz bildet der Versuch, Synergien durch die gemeinsame Verantwortung durch Projekt- und Linienmanagement zu erzeugen. Dies ist jedoch einfacher gesagt als getan. *Alle Arbeitsumgebungen unterscheiden sich voneinander. Deshalb gibt es keine Unternehmen mit identischem Matrixdesign.* Damit die Matrixorganisation Erfolg haben kann, müssen folgende Fragen beantwortet werden:

- Wie lässt sich ein synergetisches Umfeld einrichten, wenn jede Linieneinheit für einen Aspekt des Projekts verantwortlich ist und die restlichen Teile an einer anderen Stelle behandelt (z.B. an externe Firmen ausgelagert) werden?
- Wer entscheidet, welches Element eines Projekts am wichtigsten ist?
- Wie kann eine Linieneinheit (in einer vertikalen Organisationsstruktur) Fragen beantworten und Projektziele erreichen, die mit anderen Projekten kompatibel sind?

Die Antworten auf diese Fragen hängen vom Einvernehmen zwischen Projekt- und Linienmanager ab. Da beide einen gewissen Grad an Kompetenzen und Verantwortung für jedes Projekt behalten, müssen sie ständig verhandeln. Leider denkt der Programm-Manager sehr wahrscheinlich nur daran, was am besten für sein Projekt ist (und vernachlässigt dabei alle anderen Punkte), wohingegen der Linienmanager seine Organisation für wichtiger hält als die einzelnen Projekte.

Um eine Aufgabe erledigen zu können, benötigt der Projektmanager einen entsprechenden Status in der Organisation und entsprechende Kompetenzen. Einige Führungskräfte behaupten, dass die Projektmanager die benötigten Kompetenzen dadurch erhalten, dass die Abteilungsleiter im Organigramm an die Pfeilenden für die funktionale Verantwortung gesetzt werden. Bei diesem Ansatz scheinen die Projektmanager in der Organisation über den Abteilungsleitern zu stehen, obwohl sie eigentlich den gleichen Status haben. Führungskräfte, die diese Methode bevorzugen, müssen sehr vorsichtig sein, weil die Linien- und Projektmanager nicht das Gefühl haben, dass die Macht gleichmäßig verteilt ist.

Der Problemlöseprozess ist in einem solchen Umfeld stark aufgesplittert. Der Projektmanager agiert als Vermittler für die Steuerung der Ressourcen und Technologien. Er muss die Kommunikationskanäle zu den einzelnen Linieneinheiten und zwischen den Linieneinheiten offen halten, um zu verhindern, dass einzelne Projekte suboptimal ausgeführt werden.

Linienmanager besitzen in vielen Situationen die Macht und die Mittel, um einen Projektmanager gut dastehen zu lassen, vorausgesetzt, dass sie dazu motiviert werden können, an das Wohl des Projekts zu denken. Leider kann dies nicht immer erreicht werden. Mantell drückt die Situation wie folgt aus:[11]

---

11. Mantell, L.H., *The Systems Approach and Good Management*. Abgedruckt mit freundlicher Genehmigung von Business Horizons, October 1972 (S. 50). Copyright © 1972 by the Board of Trustees at Indiana University. Used with permission.

> Bei hierarchisch angeordneten Linieneinheiten besteht zwangsläufig die Tendenz, Probleme und Lösungen im Rahmen der Zuständigkeit einzelner Einheiten zu identifizieren, anstatt darüber hinauszublicken. Dieses Phänomen ist unabhängig von der Kompetenz der betroffenen Führungskraft. Es entsteht durch die Delegation von Weisungsbefugnissen und durch Funktionalismus.

Die Projektumgebung und die Umgebung der Fachabteilungen lassen sich nicht trennen. Sie müssen interagieren. Die Ansiedlung eines Mittlers zwischen Projekt- und Linienfunktionen ist für alle Aktivitäten entscheidend.

Der Linienmanager steuert die Ressourcen einer Abteilung (z.B. die Mitarbeiter). Dies wirft ein Problem auf, da der Projektmanager (durch die Linienmanager) zwar die maximale Steuerung über alle Ressourcen inklusive Kosten und Personal behält, der Linienmanager jedoch die Mitarbeiter für das Projekt bereitstellen muss. Konflikte zwischen Linien- und Projektmanager sind deshalb unvermeidlich:[12]

> Die Konflikte drehen sich um Themen wie Projektprioritäten, Personalkosten und die Zuteilung von Mitarbeitern zu Projekten. Jeder Projektmanager wird selbstverständlich die besten Fachkräfte für sich beanspruchen wollen. Neben diesen Problemen besteht die Schwierigkeit, dass die Verantwortung für Gewinn und Verlust in einer Matrixorganisation viel schwerer umgesetzt werden kann als in einer Projektorganisation.
>
> Projektmanager neigen dazu, Linienmanager für Überschreitungen verantwortlich zu machen, indem sie beispielsweise behaupten, dass die Kosten für die Funktion überhöht waren. Die Linienmanager beschuldigen ihrerseits die Projektmanager für Mehrkosten. In der Regel argumentieren sie damit, dass zu viele Änderungen vorgenommen wurden, dass mehr Arbeit anfiel, als ursprünglich angegeben, und Ähnliches.

Ein Mitarbeiter mit Mittlerfunktion an der Schnittstelle hat zwei Chefs: Er muss Anweisungen vom Projekt- und vom Linienmanager entgegennehmen. Die Verantwortung für die Berichterstellung und für die Einstellung von Personal verbleibt weiterhin beim Abteilungsleiter. Leistungsübersichten werden in der Regel vom Linienmanager in Absprache mit dem Programm-Manager angefertigt. Der Linienmanager hat möglicherweise nicht die Zeit, die Leistung jedes einzelnen Mitarbeiters zu ermitteln. Er muss sich bei der Leistungsbeurteilung und bei der Beförderung auf die Aussagen des Programm-Managers verlassen. Mitarbeiter im Schnittstellenbereich sind in der Regel der Person gegenüber loyal, die ihre Leistungsbeurteilung unterschreibt. Das wirft ein Problem auf, wenn der Linien- und der Projektmanager jeweils Befehle erteilen, die miteinander in Konflikt stehen. Die einfachste Lösung besteht für den Mitarbeiter im Schnittstellenbereich darin, den Linien- und den Projektmanager zu bitten, die Situation zu klären. Daraus ergeben sich für den Projektmanager folgende Probleme:

- Wie kann der Projektmanager die Mitarbeiter eines Projekts so motivieren, dass sie sich dem Projekt verpflichtet fühlen? Es werden dabei Mitarbeiter berücksichtigt, die voll an dem Projekt arbeiten, und Mitarbeiter, die auch an anderen Projekten beteiligt sind.
- Wie überzeugt ein Projektmanager Mitarbeiter, ihre Arbeit entsprechend der Projektspezifikationen zu verrichten, wenn diese Anforderung mit den Abteilungsrichtlinien im Konflikt steht – insbesondere dann, wenn der Mitarbeiter das Gefühl hat, dass sein Linienmanager sein Engagement nicht besonders gerne sieht?

Matrixstrukturen bieten viele Vorteile, die alle in Tabelle 3.5 aufgelistet sind. Linieneinheiten haben in erster Linie den Zweck, die Projekte zu unterstützen. Deshalb können wichtige Mitarbeiter in mehreren Projekten gleichzeitig eingesetzt werden. Auf diese Weise lassen sich die Kosten minimieren. Mitarbeiter können zahlreichen Aufgaben zugeordnet werden und trotzdem hat jeder Mitarbeiter nach Abschluss des Projekts ein »Heim«, in das er zurückkehren kann.

12. Killian, W.P., *Project Management – Future Organizational Concepts*, Marquette Business Review, Vol. 2, 1971, S. 90–107.

Außerdem gibt es für jeden Mitarbeiter Karrieremöglichkeiten im Unternehmen. In einem solchen Umfeld reagieren Mitarbeiter besonders stark auf Motivation und auf die Identifikation mit dem Endergebnis. Linienmanager haben keine Schwierigkeiten, eine starke technische Basis aufzubauen, und haben deshalb mehr Zeit, um komplexe Probleme zu lösen. Wissen kann in allen Projekten gemeinsam genutzt werden.

In der Matrixstruktur kann rasch auf Änderungen, Konflikte und andere Anforderungen reagiert werden, die im Rahmen eines Projekts anfallen. Die Konflikte sind normalerweise minimal, fallen jedoch trotzdem welche an, lassen sie sich über den Rückgriff auf die Hierarchie leicht lösen.

Die schnellen Reaktionszeiten ergeben sich dadurch, dass der Projektmanager die Kompetenz hat, Unternehmensressourcen zu verpflichten, vorausgesetzt dass Terminkonflikte mit anderen Projekten ausgeräumt werden können. Der Projektmanager darf außerdem eigene Projektrichtlinien und -prozeduren entwickeln – vorausgesetzt, sie stehen nicht im Zielkonflikt mit den Unternehmensrichtlinien.

- Der Projektmanager kann das Projekt steuern (durch die Linienmanager) und er behält die Kontrolle über alle Ressourcen inklusive der Kosten und der Mitarbeiter.
- Richtlinien und Verfahren können für jedes Projekt unabhängig eingerichtet werden, vorausgesetzt, sie stehen nicht im Widerspruch zu Unternehmensrichtlinien und -verfahrensweisen.
- Der Projektmanager besitzt die Befugnis, Unternehmensressourcen an sich zu binden, vorausgesetzt, es entstehen dadurch keine Terminkonflikte mit anderen Projekten.
- Auf Änderungen, Konflikte und Projektanforderungen (wie Technologie oder Zeit) kann schnell reagiert werden.
- Eine Linienorganisation existiert hauptsächlich zur Unterstützung von Projekten.
- Jeder Mitarbeiter besitzt ein »Heim«, zu dem er nach Projektabschluss zurückkehren kann. Die Mitarbeiter sind hoch motiviert und arbeiten zielorientiert. Jedem Mitarbeiter kann ein Karriereweg aufgezeigt werden.
- Weil wichtige Mitarbeiter an mehreren Projekten mitarbeiten können, minimieren sich die Programmkosten.
- Eine starke technische Basis kann aufgebaut werden und der Lösung komplexer Probleme kann wesentlich mehr Zeit gewidmet werden. Wissen steht für alle Projekte gleichermaßen zur Verfügung.
- Konflikte sind minimal und diejenigen, die von einer höheren Managementebene gelöst werden müssen, lassen sich leichter lösen.
- Zeit, Kosten und Leistung sind ausgewogener verteilt.
- Eine Unterteilung in Spezialisten und Generalisten kann schneller erfolgen.
- Die Befugnisse und die Verantwortung werden geteilt.
- Stress wird auf das gesamte Team (und die Linienmanager) verteilt.

Tabelle 3.5: Vorteile einer reinen Matrixorganisationsstruktur

Die Matrixstruktur bietet die Vorteile von zwei Welten: die Vorteile der traditionellen und die der Matrixstruktur. Die Vorteile der Matrixstruktur heben fast alle Nachteile der traditionellen Struktur auf. Der Begriff »Matrix« löst bei vielen Führungskräften Angst aus, weil er radikale Änderungen impliziert oder sie zumindest denken, dass er dies tun würde. Wenn wir jedoch Abbildung 3.6 genauer betrachten, können wir sehen, dass die traditionelle Struktur noch immer vorhanden ist. Die Matrix besteht einfach aus horizontalen Linien, die über die traditionelle Struktur gelegt werden. Die horizontalen Linien kommen und gehen mit dem Projektstart und dem Projektabschluss. Die traditionelle Struktur bleibt jedoch erhalten.

Matrixstrukturen besitzen auch Nachteile, die in Tabelle 3.6 vorgestellt werden. Die ersten drei Elemente in Tabelle 3.6 hängen mit dem horizontalen und dem vertikalen Arbeitsablauf einer Matrix zusammen. Muss der Projektmanager neben seinem Vorgesetzten und den Linienmanagern auch an Kunden berichten, kann der Arbeitsablauf sogar multidimensional sein.

- Multidimensionaler Informationsfluss
- Multidimensionaler Arbeitsablauf
- Berichterstattung nach zwei Seiten
- Sich ständig verändernde Prioritäten
- Ziele des Linienmanagements unterscheiden sich von den Projektzielen.
- Potenzial für beständige Konflikte und Konfliktlösungen
- Überwachung und Steuerung nur schwer möglich
- Die Organisationsstruktur ist unternehmensweit nicht kosteneffizient, weil vorwiegend mehr Verwaltungsmitarbeiter als nötig erforderlich sind.
- Jedes Projekt operiert unabhängig. Deshalb muss darauf geachtet werden, dass keine Doppelarbeiten vorkommen.
- Um die Richtlinien und Prozeduren zu definieren, wird am Anfang mehr Zeit benötigt als bei der traditionellen Organisationsform.
- Linienmanager sind möglicherweise durch ihre eigenen Prioritäten voreingenommen.
- Es muss darauf geachtet werden, dass Linien- und Projektorganisation ausgeglichen sind.
- Das Gleichgewicht von Zeit, Kosten und Leistung muss überwacht werden.
- Obwohl auf einzelne Probleme sehr schnell reagiert werden kann, können sich die Reaktionszeiten sehr stark verlangsamen.
- Es besteht eine größere Gefahr, dass die Rollen von Mitarbeitern und Managern unklar definiert sind.
- Konflikte und ihre Lösung können einen kontinuierlichen Prozess bilden (der möglicherweise Unterstützung durch einen Spezialisten für Organisationsentwicklung erfordert).
- Die Mitarbeiter haben nicht das Gefühl, dass sie ihr eigenes Schicksal steuern können, wenn sie beständig an mehrere Manager berichten müssen.

Tabelle 3.6: Nachteile der reinen Matrixorganisationsstruktur

Die meisten Unternehmen glauben, dass das Unternehmen mit Personal überbesetzt ist, wenn es genügend Ressourcen gibt, um alle Projekte auszustatten, die bearbeitet werden müssen. Gemäß dieser Philosophie verändern sich die Prioritäten möglicherweise ständig, unter Umständen sogar täglich. Die Ziele des Managements für ein Projekt unterscheiden sich möglicherweise drastisch von den Projektzielen. Dies gilt insbesondere, wenn die Unternehmensführung nicht an der Definition der Projektanforderungen in der Planungsphase mitgearbeitet hat. In einer Matrix handelt es sich bei Konflikten und ihrer Auflösung möglicherweise um einen kontinuierlichen Prozess. Dies gilt insbesondere, wenn sich die Prioritäten beständig verändern. Unabhängig davon, wie ausgereift ein Unternehmen ist, existieren noch immer Schwierigkeiten bei der Überwachung und der Steuerung des komplexen, multidirektionalen Arbeitsablaufes. Ein weiterer Nachteil der Matrixorganisation besteht darin, dass zusätzliches Verwaltungspersonal benötigt wird, um die Richtlinien und Prozeduren zu entwickeln, und dass sich dadurch die direkten und indirekten Verwaltungskosten erhöhen. Außerdem ist es unmöglich, Projekte mit einer Matrix zu verwalten, wenn es steile horizontale oder vertikale Pyramiden für die Überwachung und Berichterstellung gibt, weil jeder Manager in der Pyramide das Bedürfnis hat, die Befugnisse des Managers zu reduzieren, der innerhalb der Matrix operiert. Jede Projektorganisation operiert unabhängig. Damit stellt sich das Problem, dass Doppelarbeiten erledigt werden. So entwickeln möglicherweise zwei Projekte dieselbe Kostenrechnungsprozedur oder die Mitarbeiter der Fachabteilungen forschen in unterschiedlichen Projekten an denselben Inhalten. In einer Projekt-Matrix-Organisation sind die vertikale und die horizontale Kommunikation ein Muss.

Zu den Vorteilen der Matrixstruktur gehört die schnelle Reaktionszeit bei der Problemlösung. Diese bezieht sich jedoch auf Projekte, die nur sehr langsam voranschreiten und bei denen in jeder Facheinheit Probleme auftreten. Bei schnell voranschreitenden Projekten hingegen kann die Reaktionszeit ziemlich niedrig sein. Dies gilt insbesondere dann, wenn sich das Problem über mehrere Linieneinheiten erstreckt. Die niedrige Reaktionszeit kommt dadurch zustande, dass die Mitarbeiter, die dem Projekt zugewiesen werden, keine Entscheidungen treffen, Fachressourcen zuordnen oder Zeitpläne anpassen dürfen. Nur die Linienmanager besitzen diese Befugnisse. Deshalb müssen die Linienmanager in Krisenzeiten aktiv in das Projekt einbezogen und zu Meetings eingeladen werden.

Middleton nennt vier zusätzliche unerwünschte Ergebnisse der Matrixorganisation, die ein Unternehmen beeinflussen können:[13]

- Projektprioritäten und der Wettbewerb um qualifizierte Mitarbeiter können die Stabilität des Unternehmens beeinträchtigen und Konflikte mit langfristigen Interessen verursachen, indem sie das traditionelle Geschäft der Linienorganisationen stören.
- Langfristige Pläne leiden eventuell, da mehr Meetings im Ablauf- und Terminplan berücksichtigt werden und die Anforderungen von zeitlich befristeten Projekten erfüllt werden müssen.
- Dadurch, dass die Mitarbeiter von einem Projekt zum nächsten wechseln, leidet möglicherweise die Schulung von Mitarbeitern und Spezialisten, wodurch das Wachstum und die Weiterentwicklung im entsprechenden Spezialgebiet verhindert werden.
- Die Lektionen, die an einem Projekt gelernt wurden, werden möglicherweise nicht auf andere Projekte übertragen.

Neben den genannten Nachteilen haben Davis und Lawrence neun weitere Schwächen der Matrixorganisation identifiziert:[14]

- Machtkämpfe: die horizontale gegen die vertikale Hierarchie
- Anarchie: Inselbildung innerhalb der Organisation während Stressperioden
- Gruppitis: die Verwechslung der Matrix mit der Entscheidungsfindung als Gruppe
- Zusammenbruch bei ökonomischen Krisen: Florierend in Wachstumsphasen und Zusammenbruch in mageren Zeiten
- Exzessive Gemeinkosten: Wie viel Überwachung ist wirklich nötig?
- Abwürgen von Entscheidungen: Zu viele Personen sind an der Entscheidungsfindung beteiligt
- Absinken: Die Matrix versinkt in den Tiefen der Organisation
- Schichtenbildung: eine Matrix in der Matrix
- Nabelschau: übermäßige Verwicklung in das interne Beziehungsgeflecht der Organisation

Die Matrixstruktur stellt daher beim Versuch, das Beste aus zwei Welten zu erhalten, nur einen Kompromiss dar. Bei der reinen Produktorientierung litt die Technologie, weil es keine Gruppe gab, die für die Planung und Integration zuständig war. In der Linienorganisation wurden Zeit und Zeitpläne geopfert. Das Matrix-Projektmanagement ist ein Versuch, ein Maximum an Technologie und Leistung kostengünstig und innerhalb der zeitlichen Vorgaben zu erreichen.

Beachten Sie, dass sich alle genannten Nachteile mit einer entsprechenden Planung und Steuerung auf der Ebene der Unternehmensführung eliminieren lassen. Die Matrixorganisation ist die einzige Organisationsform, bei der eine solche Steuerung möglich ist. Aber Unternehmen müssen der Tendenz widerstehen, mehr Positionen in der Unternehmensführung einzurichten, als tatsächlich erforderlich sind. Dadurch erhöhen sich die Gemeinkosten. Wenn das Unternehmen sich stabilisiert, werden auf oberster Managementebene weniger Mitarbeiter benötigt.

Es wurde bereits erwähnt, dass der Projektmanager in der Lage sein muss, eigene Richtlinien, Verfahrensweisen, Regeln und Leitsätze aufzustellen. Wenn Mitarbeiter jedoch nach zwei Seiten und an mehrere Manager berichten müssen, bleibt es nicht aus, dass Konflikte in Bezug auf die Verwaltung entstehen.

Die meisten Praktiker betrachten die Matrix als zweidimensionales System, bei dem jedes Projekt ein potenzielles Profit-Center und jede Fachabteilung eine Kostenstelle repräsentiert. (Diese Interpretation kann ebenfalls Konflikte hervorrufen, weil die einzelnen Fachabteilungen möglicherweise den Eindruck gewinnen, dass sie nicht mehr zum Unternehmenserfolg beitragen kön-

13. Middleton, C. J., *How to Set Up a Project Organization*, Harvard Business Review, March–April 1967. Copyright © 1967 by the President and Fellows of Harvard College. All rights reserved.
14. Davis, S.M. & Lawrence, P.R., *Matrix* (übernommen von den Seiten 129–144).

nen.) Bei großen Unternehmen mit mehreren Geschäftsbereichen ist die Matrix nicht mehr nur zweidimensional, sondern mehrdimensional.

William C. Goggin beschrieb geografische Regionen sowie Raum und Zeit als dritte und vierte Dimensionen der Dow-Corning-Matrix:[15]

> Geografische Bereiche... die Geschäftsentwicklung unterschied sich zwischen den einzelnen Gebieten sehr stark und die Dimensionen Profit-Center und Kostenstelle konnten nicht überall in gleicher Weise umgesetzt werden. ... Die Gebietsaufteilung von Dow Corning orientiert sich an der von anderen US-amerikanischen Unternehmen. Die Gebiete von Dow Corning sind zwar in gewisser Weise autonom, es gelten jedoch die übergeordneten Ziele, Richtlinien und Planungskriterien des Unternehmens. Während der alljährlichen Planungsphase tauschen die Linienmanager und Mitglieder der Unternehmensführung in der Zentrale beispielsweise Umsatz-, Ausgaben- und Gewinnprojektionen mit den Gebietsleitern des Unternehmens auf der ganzen Welt aus. Raum und Zeit ... eine vierte Dimension der Organisation steht für Fluss und Bewegung. Die multidimensionale Organisation ist nicht starr und unbeweglich, sondern sie verändert sich ständig. Anders als zentralisierte und dezentralisierte Systeme, die ihre Wurzeln sehr häufig in der tiefsten Vergangenheit haben, ist die multidimensionale Organisation auf die Zukunft ausgerichtet und die langfristige Planung ist ein wichtiger Bestandteil.

Goggin beschrieb die Vorteile, die Dow Corning von der multidimensionalen Organisation erwartete, wie folgt:

- Höhere Gewinne selbst in einer Branche (Silikone), in der ein hoher Preisdruck durch den starken Konkurrenzkampf vorherrscht (Die Gewinne scheinen zu einem Großteil auf die hervorragende Ausgabensteuerung zurückzuführen zu sein.)
- Erhöhte Wettbewerbsfähigkeit auf der Basis von technologischer Innovation und Produktqualität, ohne die Rentabilität zu opfern
- Solide, schnelle Entscheidungsfindungsprozesse auf allen Ebenen der Organisation, die durch geschichtete, aber offene Kommunikationskanäle und eine teilnehmende Arbeitsumgebung bedingt werden
- Eine gesunde und effektive Balance der Kompetenzen zwischen den einzelnen Geschäftsbereichen, Funktionen und Gebieten
- Fortschritte bei der Entwicklung einer kurz- und langfristigen Planung, die von allen Mitarbeitern unterstützt wird
- Ressourcenzuweisung im Verhältnis zum erwarteten Ergebnis
- Mehr Anreize und effektivere betriebliche Weiterbildung
- Verantwortlichkeit, die enger mit Zuständigkeiten und Kompetenzen verknüpft ist
- Ergebnisse, die sicht- und messbar sind
- Der Unternehmensführung bleibt mehr Zeit für die langfristige Planung, da sie sich seltener um das Alltagsgeschäft kümmern muss

Die Matrixstruktur ist ganz offensichtlich die komplexeste Organisationsform. Grinnell und Apple definieren vier Situationen, in denen eine Matrixorganisation in Betracht kommen sollte:[16]

- Wenn das Unternehmen hauptsächlich komplexe, kurzfristige Projekte bearbeitet
- Wenn ein kompliziertes Design Innovation und die Fertigstellung im Rahmen des Ablauf- und Terminplans erfordert

15. Goggin, W.C., *How the Multidimensional Structure Works at Dow Corning*, Harvard Business Review, January–February 1974, S. 56–57. Copyright © 1973 by the President and Fellows of Harvard College. All rights reserved.
16. Grinnell, S.K. & Apple, H.P., *When Two Bosses Are Better Than One*, Machine Design, Januar 1975, S. 84–87.

- Wenn verschiedene Arten von Fachkenntnissen erforderlich sind, um die Produkte zu entwerfen, zu entwickeln und zu testen, wobei die Fachkenntnisse ständig weiterentwickelt werden müssen
- Wenn bedingt durch die starken Änderungen am Markt Produktveränderungen vorgenommen werden müssen

Folgende Anforderungen gelten für die Einführung der Matrixorganisation:

- Schulung im Umgang mit der Matrixorganisation
- Schulung in der offenen Kommunikation
- Schulung im Bereich Problemlösung
- Kompatible Anreizsysteme
- Rollendefinitionen

3.7 Abwandlung der Matrixstruktur

Die Matrix kann viele Formen annehmen, es gibt jedoch im Wesentlichen drei Varianten. Jeder Typ repräsentiert einen anderen Grad an Kompetenzen für den Programm-Manager und identifiziert indirekt die relative Größe des Unternehmens. In der Matrix in Abbildung 3.7 berichten beispielsweise alle Programm-Manager direkt an die Unternehmensführung. Dies funktioniert am besten in Kleinunternehmen mit einer geringen Anzahl an Projekten, vorausgesetzt, die Unternehmensführung hat genug Zeit, um die Aktivitäten zwischen den Projektmanagern zu koordinieren. In einer solchen Struktur werden Konflikte zwischen Produkten von der Unternehmensführung gelöst.

Mit zunehmender Unternehmensgröße und Anzahl der Projekte wird es für die Unternehmensführung immer schwieriger, alle Projekte zu überwachen. Deshalb muss die neue Position des Programmdirektors oder Programm-Managers eingeführt werden (siehe Abbildung 3.7).

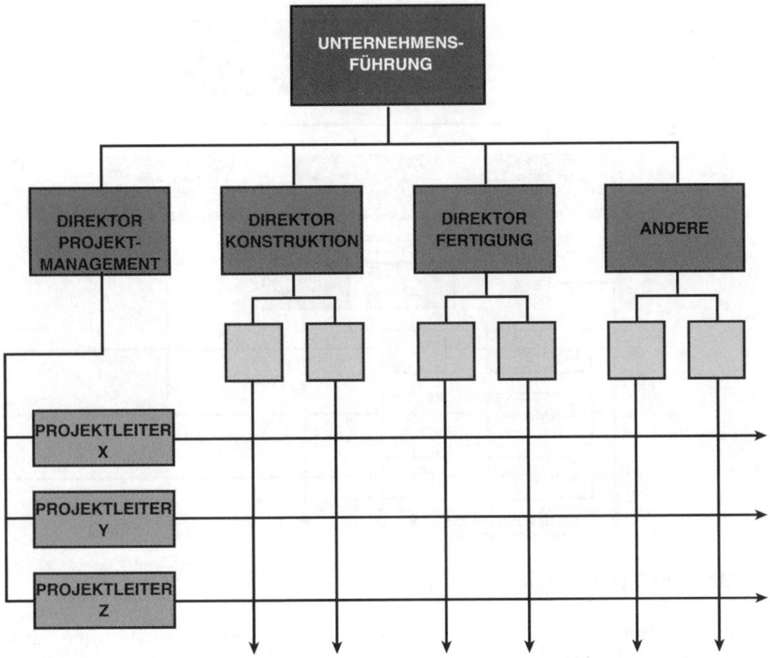

Abbildung 3.7: Entwicklung eines Direktors des Projektmanagements

Führungskräfte behaupten, dass eine effektive Steuerung mit fünf bis sieben Mitarbeitern realisiert werden kann. Gilt dies auch für den Direktor des Projektmanagements? Betrachten Sie ein Unternehmen, bei dem gleichzeitig fünfzehn Projekte bearbeitet werden. Drei Projekte haben ein Volumen von $ 5 Millionen, sieben haben ein Volumen zwischen $ 1 Million und $ 3 Millionen und fünf Projekte haben ein Volumen unter $ 700.000. Jedes Projekt wird von einem Projektmanager geleitet, der dem Projekt voll zugeordnet ist. Können alle fünfzehn Projektmanager an die gleiche Person berichten? Das Unternehmen löste dieses Problem, indem es den Posten eines stellvertretenden Direktors des Projektmanagements einführte. Alle Projekte mit einem Volumen von mehr als $ 1 Million waren dem Direktor unterstellt und alle Projekte mit einem Volumen unter $ 1 Million dem stellvertretenden Direktor. Der Direktor fiel aus allen Wolken, als er feststellte, dass die größeren Probleme bei Projekten mit einem geringeren Volumen auftraten, die in Hinblick auf die Zeit-, die Kosten- und die Leistungsvorgaben wenig Flexibilität boten und bei denen unmöglich Kompromisse gefunden werden konnten. Wenn der Projektmanager wie ein Geschäftsführer agiert, sollte der Direktor des Projektmanagements in der Lage sein, mehr als sieben Projektmanager zu überwachen. Die Spanne variiert jedoch zwischen den einzelnen Unternehmen und es müssen folgende Punkte berücksichtigt werden:

- Die Anforderungen, die durch die Komplexität der Aufgaben an das Unternehmen gestellt werden
- Die verfügbare Technologie
- Das externe Umfeld
- Die Art der Kunden und/oder Produkte

Wenn Unternehmen expandieren, entstehen unvermeidlich neue und komplexere Konflikte. Die Steuerung der Entwicklungsfunktionen wirft ein solches Problem auf:

Sollte der Projektmanager für die technischen Funktionen eines Projekts zuständig sein oder sollte es einen stellvertretenden Projektmanager geben, der an den technischen Direktor berichtet und alle technischen Aktivitäten überwacht?

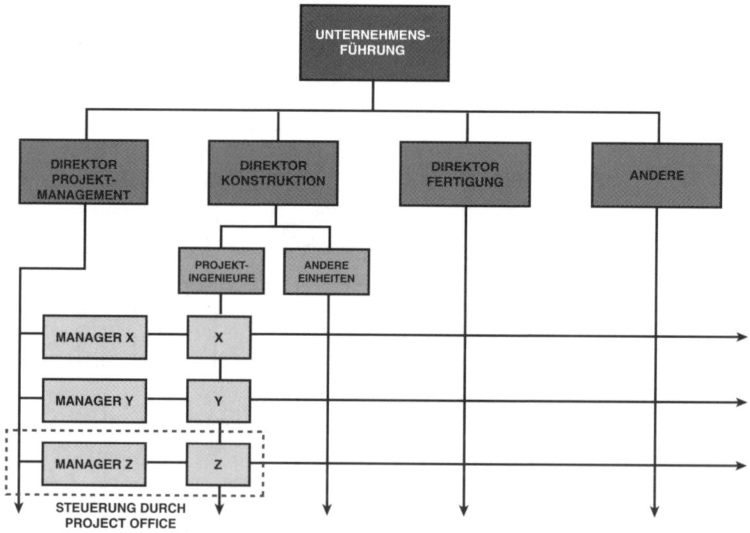

Abbildung 3.8: Projektingenieure im Project Office (PO)

Es sprechen zwar Argumente für und gegen beide Anordnungen, das Problem löste sich im erwähnten Unternehmen jedoch von selbst, da die Projekte so umfangreich wurden, dass der Projektmanager nicht mehr in der Lage war, das Projektmanagement und die Projektentwicklung zu überwachen. Wie in Abbildung 3.8 gezeigt, wurde dann jedem Projekt ein Chefprojektingenieur zugeteilt, der jedoch weiterhin dem Leiter der Entwicklung unterstand. Der Projektmanager war nun verantwortlich für Termin- und Kostengesichtspunkte, wohingegen der Projektingenieur sich um die technische Leistung kümmern musste. Der Projektingenieur kann entweder vertikal durch eine gepunktete und horizontal durch eine durchgezogene Linie zugeordnet werden oder umgekehrt. Es gibt auch Situationen, in denen der Projektingenieur in beide Richtungen über eine durchgezogene Linie zugeordnet ist. Die Entscheidung bleibt dann beim technischen Direktor. Bei einem Projekt, in dem der Projektingenieur nur als Teilzeitkraft benötigt wird, wäre die vertikale Linie natürlich durchgezogen und die horizontale gepunktet.

Technische Direktoren wünschen in der Regel, dass die Projektingenieure vertikal fest zugeordnet sind, um technische Anweisungen geben zu können. Ein technischer Direktor drückte es einmal wie folgt aus: »Nur Ingenieure, die direkt an mich berichten, haben die Kompetenz, anderen Ingenieuren technische Anweisungen zu geben. Denn wie kann ich für die technische Integrität meines Produkts verantwortlich sein, wenn die Anweisungen nicht aus meiner Organisation stammen?«

Diese Unterteilung der Funktionen ist notwendig, um umfangreiche Projekte adäquat steuern zu können. Bei kleineren Projekten im Bereich der Forschung und Entwicklung mit einem Umfang von $ 100.000 oder weniger ist es üblich, dass Projektingenieure auch die Funktion des Projektmanagers übernehmen. Hier benötigt der Projektmanager technische Fachkenntnis und darf die Vorgänge nicht nur oberflächlich verstehen. Außerdem kann ein solcher Mitarbeiter einem anderen Funktionsbereich zugeordnet sein. Betrachten Sie als Beispiel die Sparte Maschinenbau eines Unternehmens, die einen staatlichen Auftrag mit einem Volumen von $ 75.000 erhält, um ein neues Material zu testen. Das Angebot wird von einem Ingenieur aus der Abteilung erstellt. Nach Vertragsabschluss kann der Ingenieur die Rolle des Projektmanagers und Projektingenieurs übernehmen, obwohl er nicht der Abteilung Projektmanagement zugeordnet ist. Er berichtet weiterhin an den Manager der Abteilung Maschinenbau. Dies funktioniert am besten (und am kosteneffektivsten) bei kurzfristigen Projekten, die sich über wenige Linieneinheiten erstrecken.

Zum Abschluss sollten noch die Merkmale des Projektingenieurs vorgestellt werden. In Abbildung 3.9 würde der Projektmanager meistens eher rechts angeordnet werden, das heißt mit stärkeren zwischenmenschlichen und geringeren technischen Fähigkeiten, und der Projektingenieur eher links mit stärkeren technischen und schwächeren zwischenmenschlichen Fähigkeiten. Es stellt sich selbstverständlich die Frage, wie weit der Projektmanager und der Projektingenieur vom Mittelpunkt entfernt sind. Heutzutage fassen viele Unternehmen Projektmanagement und Projektingenieurwesen zu einer Position zusammen. Dies geht auch aus Tabelle 3.8 hervor. Der Projektmanager und der Projektingenieur haben über dem Strich ähnliche und unter dem Strich unterschiedliche Funktionen.[17] Der Hauptgrund für die Trennung zwischen Projektmanagement und Projektingenieurwesen besteht darin, eine feste Zuordnung des Projektingenieurs zum Leiter der Entwicklung zu erzeugen, damit er der Konstruktion technische Anweisungen erteilen darf.

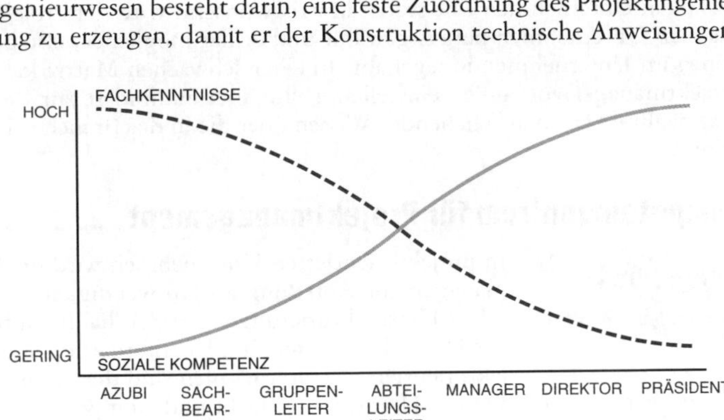

Abbildung 3.9: Managementphilosophie

17. Beschaffung, Qualitätssicherung und Wartung fallen in einigen Unternehmen alle in den Verantwortungsbereich des Projektingenieurs.

Projektmanagement	Projektingenieurwesen
• Projektgesamtplanung • Kostensteuerung • Steuerung des Ablauf- und Terminplans • Systemspezifikationen • Logistische Unterstützung • Vertragssteuerung • Vorbereitung und Verteilung von Berichten • Beschaffung • Identifikation der Qualitäts- und Wartungsanforderungen • Personalausstattung • Prioritätenplanung • Management-Informationssysteme	• Projektgesamtplanung • Kostensteuerung • Steuerung des Ablauf- und Terminplans • Systemspezifikationen • Logistische Unterstützung • Steuerung der Konfiguration • Entwicklung, Test und Einführung einer Unterstützung für die technische Führung

Tabelle 3.7: Der Projektmanager im Vergleich zum Projektingenieur

3.8 Die starke, die schwache und die ausgeglichene Matrix

Matrixorganisationen können stark, schwach oder ausgewogen sein. Die Stärke der Matrix basiert darauf, wer mehr Einfluss auf die tägliche Leistung der Arbeit hat: Projektmanager oder Linienmanager. Hat der Projektmanager mehr Einfluss über die Mitarbeiter, verhält sich die Matrixorganisation in den Augen des Projektmanagers wie eine starke Matrix. Hat der Linienmanager mehr Einfluss als der Projektmanager, verhält sich die Organisation in den Augen des Projektmanagers als schwache Matrix.

Am häufigsten findet man die Trennlinie zwischen einer starken und einer schwachen Matrix dort, wo die Technologieleitung sitzt: Projektmanager oder Linienmanager. Besitzt der Projektmanager die Technologieleitung und wird er von den Linienmanagern und Mitarbeitern als Technikexperte anerkannt, erlauben die Linienmanager den Mitarbeitern, technische Weisung vom Projektmanager entgegenzunehmen. Das führt zu einer starken Matrixorganisation. Mitarbeiter versuchen zuerst, vom Projektmanager Lösungen für ihre Probleme zu erhalten, und wenden sich dann erst an die Linienmanager. Für eine schwache Matrix gilt das Umgekehrte. Projektmanager in einer starken Matrix besitzen im Allgemeinen mehr Autorität als in einer schwachen Matrix.

Wenn ein Unternehmen eine starke Matrix wünscht, wird der Projektmanager im Allgemeinen aus dem Unternehmen heraus gewählt und er hat möglicherweise bereits mehrere Linienfunktionen im Unternehmen innegehabt. In einer schwachen Matrix kann das Unternehmen einen Projektmanager von außen einstellen, sollte aber zumindest zur Bedingung machen, dass die ausgewählte Person ausreichendes Wissen über die in der Branche eingesetzte Technologie mitbringt.

3.9 Kompetenzzentrum für Projektmanagement

PMBOK® Guide 2004
1.6.4 Projektmanagementbüro

In projektorientierten Unternehmen wird die Einrichtung einer Projektmanagement-Abteilung als Notwendigkeit betrachtet. Die organisatorischen Umstrukturierungen werden häufig aufgrund von Veränderungen des Umfelds und von Kundenanforderungen durchgeführt. In nicht projektorientierten Unternehmen sind die Mitarbeiter gegenüber Umstrukturierungen weniger tolerant. Hier spielen Macht und Kompetenzen eine große Rolle. Die Einführung einer separaten Projektmanagement-Abteilung ist extrem schwierig. Der Widerstand kann so stark werden, dass der gesamte Projektmanagement-Prozess darunter leidet.

In letzter Zeit haben nicht projektorientierte Unternehmen damit begonnen, Kompetenzzentren für Projektmanagement einzurichten. Diese Zentren müssen nicht unbedingt formelle Linienorganisationen sein, sondern informelle Komitees, deren Mitglieder aus den einzelnen Linienorganisationen des Unternehmens stammen. Die Mitglieder können entweder ausschließlich im Kompetenzzentrum arbeiten oder zusätzlich andere Tätigkeiten haben. Die Mitarbeit kann auf ein halbes Jahr beschränkt sein und nicht jeder Mitarbeiter muss notwendigerweise Projekte leiten. Normalerweise gelten für Kompetenzzentren folgende Satzungen:

- Entwicklung und Aktualisierung einer Projektmanagement-Methodik. Die Methodik unterstützt in der Regel informelles Projektmanagement.
- Agieren als Trainer in Schulungsprogrammen zu Projektmanagement
- Unterstützung aller Mitarbeiter, die momentan Projekte leiten und Beistand bei der Planung (inklusive Zeit-, Kosten-, Ablauf- und Personalplanung) und Steuerung benötigen
- Entwicklung oder Wartung einer Dokumentation über Erfahrungen (»Lessons Learned«) mit Projektmanagement, die allen Projektmanagern zur Verfügung gestellt wird

Da solche Kompetenzzentren keine Bedrohung für die Macht und Autorität von Linienmanagern darstellen, kann ihre Unterstützung in der Regel ganz einfach gewonnen werden.

3.10 Mehrschichtige Matrixorganisation

Bei der mehrschichtigen Matrixorganisation wird eine Matrix in eine zweite eingebettet. So kann ein Unternehmen beispielsweise eine Matrixorganisation für das gesamte Unternehmen besitzen, wobei die einzelnen Geschäftsbereiche oder Abteilungen jeweils eine eigene interne Matrixorganisation aufweisen. In einer solchen Situation sind alle Matrizen formale Arbeiten.

Eine mehrschichtige Matrix kann aus formellen und informellen Organisationen bestehen. Die formelle Matrix existiert für den Arbeitsablauf, es kann jedoch auch eine informelle Matrix für den Informationsfluss vorhanden sein. Zusätzlich gibt es Macht-, Führungs- und Berichterstattungsmatrizen sowie Matrizen für die technische Ausrichtung.

Ein Beispiel für eine mehrschichtige Matrix sehen Sie in Abbildung 3.10, wobei die einzelnen Scheiben für Zeit, Entfernung oder den geografischen Bereich stehen. Wenn beispielsweise eine Frankfurter Bank eine multinationale Matrix nutzen würde, um ihre Geschäftstätigkeit im Ausland zu steuern, würde jede Scheibe der Gesamtmatrix ein anderes Land repräsentieren.

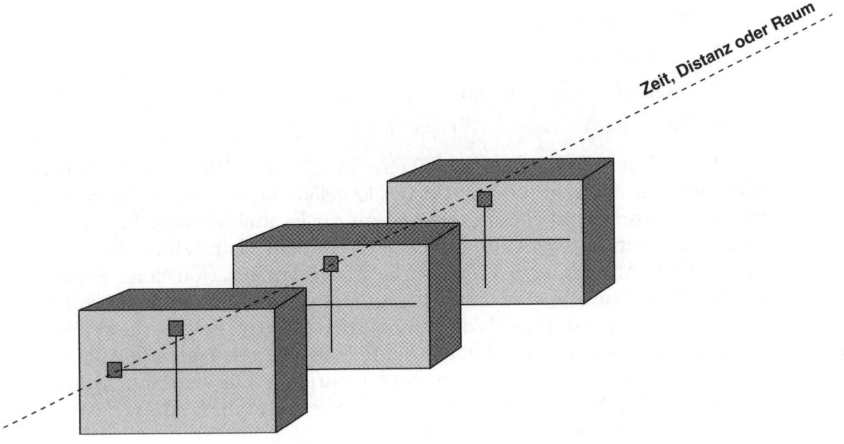

Abbildung 3.10: Die multidimensionale Matrix

3.11 Wahl der Organisationsform

PMBOK® Guide 2004
2.3.3 Organisationsstruktur

Projektmanagement hat sich aus dem Bedarf heraus entwickelt, komplexe und/oder umfangreiche Projekte innerhalb der kürzestmöglichen Zeit, innerhalb der veranschlagten Kosten und mit der erforderlichen Zuverlässigkeit und Leistung zu entwickeln und durchzuführen, wobei der gewünschte Gewinn realisiert werden sollte. Angenommen, moderne Organisationen seien so komplex geworden, dass traditionelle Organisationsstrukturen und Beziehungen kein effektives Management mehr zulassen, wie können Unternehmensführungen dann feststellen, welche Organisationsform die beste ist – insbesondere, da einige Projekte nur wenige Wochen oder Monate dauern und andere hingegen Jahre?

Um eine solche Frage beantworten zu können, muss zunächst festgestellt werden, ob ein Unternehmen die Merkmale aufweist, die für den Einsatz des Projektmanagement-Ansatzes sprechen. Der Projektmanagement-Ansatz kann effektiv auf einmalige Unterfangen angewendet werden, die folgende Merkmale aufweisen:[18]

- Definierbar im Sinne eines bestimmten Ziels
- Für die aktuelle Organisationsform ungewöhnlich, einmalig und nicht vertraut
- Komplex im Hinblick auf Abhängigkeit von Detailaufgaben
- Wichtig für das Unternehmen

Nachdem eine Gruppe von Aufgaben ausgewählt wurde und nun als Projekt betrachtet wird, besteht der nächste Schritt darin, die Art des Projekts zu definieren (siehe Abschnitt 2.5).

Leider besitzen viele Unternehmen keine klare Vorstellung davon, was ein Projekt ist. Entsprechend werden häufig große Projektteams für kleine Projekte zusammengestellt, die eigentlich mit einer anderen Organisationsform schneller und effektiver hätten bearbeitet werden können. Alle Organisationsformen haben ihre Vor- und Nachteile, der Projektmanagement-Ansatz scheint jedoch die beste Alternative zu sein.

Nachfolgend werden die grundlegenden Faktoren für die Wahl einer Projektorganisationsform aufgeführt:

- Projektgröße
- Projektdauer
- Erfahrung mit Projektmanagement
- Philosophie des oberen Managements
- Projektstandort
- Verfügbare Ressourcen
- Spezielle Aspekte des Projekts

Der letzte Punkt bedarf einer näheren Ausführung. Projektmanagement (insbesondere in der Matrixorganisation) funktioniert in der Regel am besten bei der Steuerung von Personal und eignet sich entsprechend eher für arbeits- als für kapitalintensive Projekte. Arbeitsintensive Organisationen nutzen formelles Projektmanagement, kapitalintensive Organisationen hingegen informelles. Abbildung 3.11 zeigt die Matrixorganisation eines Elektrogeräteherstellers. Das Unternehmen entschied sich dafür, fragmentiertes Matrixmanagement für die Entwicklung von Geräten einzusetzen. Da sich die fragmentierte Matrix bewährte, weitete die Unternehmensführung die Matrixorganisation auf vorläufige und bereits laufende Anlageprojekte aus. Die ersten drei Ebenen ließen sich ganz leicht implementieren. Die vierte Ebene, das laufende Geschäft, ließ sich wegen des Widerstands der Linienmanager und ihrer Angst davor, Macht zu verlieren, nur mit Mühe in eine Matrix umwandeln.

---

18. Stewart, J.M., *Making Project Management* Work. Reprinted with permission from Business Horizons, Fall 1965 (p. 54). Copyright © 1964 by the Board of Trustees at Indiana University. Used with permission.

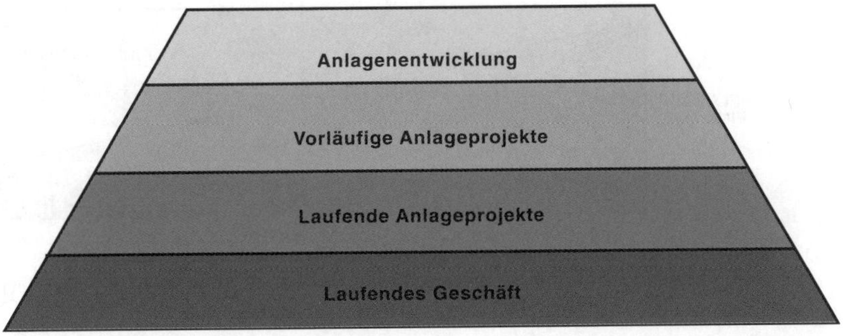

Abbildung 3.11: Entwicklung einer Matrixorganisation im Bereich Fertigung

Bei der Frage, ob eine Projektorganisation im Unternehmen realisiert werden soll, müssen folgende Parameter berücksichtigt werden:

- Integrierende Vorrichtungen
- Machtstrukturen
- Verteilung des Einflusses
- Informationssystem

Projektmanagement dient zur Integration aller Bemühungen eines Unternehmens. Dies gilt insbesondere für die Forschung und Entwicklung. Dazu muss jedoch die passende Organisationsform gewählt werden. Zwei Fragen müssen berücksichtigt werden, wenn das Unternehmen so umstrukturiert werden soll, dass die Arbeit der Integratoren erleichtert wird:[19]

- Ist es sinnvoller, eine formelle Integrationsabteilung einzurichten, oder reichen voneinander unabhängige Integrationsstellen aus?
- Falls einzelne Integrationsstellen eingerichtet werden, wie sollten diese dann mit der Gesamtstruktur verknüpft werden?

Die informelle Integration funktioniert am besten, wenn die Linieneinheiten, zwischen denen Konflikte vorherrschen, zu einer effektiven Zusammenarbeit bewegt werden können. Ohne klar definierte Kompetenzen hat der Integrator die Rolle eines Mittlers zwischen zwei Linieneinheiten. Mit zunehmender Größe des Unternehmens sind formelle Integrationsstellen unbedingt erforderlich – insbesondere in Situationen, in denen starke Konflikte auftreten können (z.B. in der Forschung und Entwicklung).

Nicht alle Organisationen benötigen eine reine Matrixstruktur, um diese Integration erreichen zu können. Viele Probleme lassen sich durch eine skalare Hierarchie auflösen, die von der Größe der Organisation und der Art des Projekts abhängt. Die Größe kann zwischen einer Person und mehreren Tausend Personen variieren. Die Organisationsstruktur, die benötigt wird, um effektives Projektmanagement umzusetzen, hängt von den Wünschen der Unternehmensführung und von den Projektumständen ab.

Das Top-Management muss die Kompetenzstruktur wählen, mit der der Integrationsmechanismus gesteuert werden soll. Diese Struktur kann von einer rein funktionsbezogenen Kompetenz (klassisches Management) über eine produktbezogene Kompetenz (Produktmanagement) bis hin zur zweifachen Kompetenz (Matrixmanagement) reichen (siehe Abbildung 3.12). Aus der Sicht des Managements werden Organisationsformen häufig daraufhin ausgewählt, welche Kompetenzen das Top-Management delegieren oder aufgeben möchte.

---

19. Killian, W.P., *Projektmanagement – Zukünftige Organisationskonzepte*, Marquette Business Review, Vol. 2, 1971, S. 90–107.

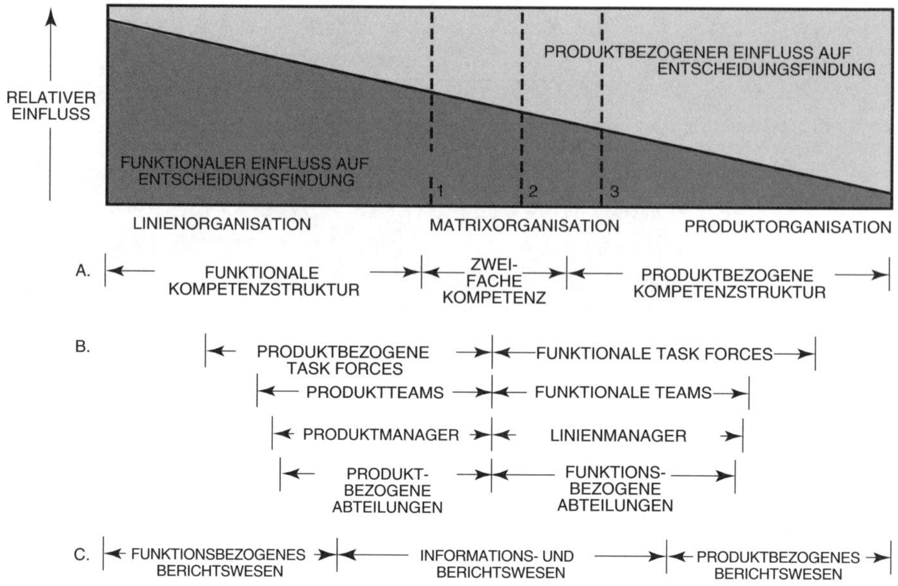

Abbildung 3.12: Mögliche Alternativen beim Projektmanagement

Die Integration von Aktivitäten über funktionale Grenzen hinweg kann auch über die Möglichkeit der Einflussnahme geboten werden. Die Einflussnahme beinhaltet Faktoren wie die Einbeziehung bei der Budgetplanung und -genehmigung, bei Designänderungen, bei der Lage und Größe von Büros, bei der Gehaltsplanung etc. Die Einflussnahme kann auch zu einer Entbürokratisierung und zur Entwicklung einer wesentlich einheitlicheren informellen Organisation beitragen.

Matrixstrukturen werden auf der Basis des Einflusses, den der Projektmanager über die ihm zugeordneten Ressourcen ausübt, als stark oder schwach charakterisiert. Wenn der Projektmanager einen größeren »relativen Einfluss« auf die Leistung der ihm zugewiesenen Ressourcen besitzt als der Linienmanager, handelt es sich um eine starke Matrix. In diesem Fall verfügt der Projektmanager in der Regel über genügend Fachwissen, um die technische Richtung vorzugeben und Verantwortung zuzuweisen, und er hat möglicherweise einen starken Einfluss auf die Leistungsbeurteilung der ihm zugewiesenen Mitarbeiter. Wenn sich der Einfluss zugunsten des Linienmanagers verändert, wird die Matrix als schwache Matrix betrachtet.

Informationssysteme spielen ebenfalls eine große Rolle. Es wurde bereits erwähnt, dass einer der Vorteile einiger Projektmanagementstrukturen darin liegt, dass fast unmittelbar auf äußere Veränderungen Entscheidungen getroffen werden können. Informationssysteme dienen dazu, den richtigen Personen die benötigten Informationen kostengünstig zukommen zu lassen. Es müssen Funktionen in der Organisation vorhanden sein, die den Informationsfluss durch das Management-Netzwerk erleichtern.

Galbraight beschreibt zusätzliche Faktoren, die die Wahl der Organisationsform beeinflussen können: [20]

- Vielfalt der Produktlinien
- Änderungshäufigkeit bei den Produktlinien
- Unabhängigkeit zwischen Untereinheiten

20. Galbraith, J.R., *Matrix Organization Designs*. Reprinted with permission from Business Horizons, February 1971, pp. 29–40. Copyright © 1971 by the Board of Trustees at Indiana University. Used with permission.

- Technologielevel
- Vorhandensein von Skalenerträgen
- Größe der Organisation

Die Vielfalt der Produktlinien setzt voraus, dass sich Top- und Linienmanager in allen Bereichen auskennen. Die Vielfalt erschwert Managern die realistische Einschätzung bei Ressourcenzuordnung und der Zeit-, Kosten- und Technologieplanung. Der systemorientierte Managementansatz setzt voraus, dass genügend Informationen und Alternativen verfügbar sind, um effektive Lösungen entwickeln zu können. Um Vielfalt in einem hoch technisierten Bereich erzielen zu können, muss ein Kompromiss zwischen dem Arbeits- und dem Informationsfluss gefunden werden. Vielfalt führt zu einer starken produktbezogenen Kompetenz und Steuerung.

Viele funktionale Organisationen betrachten sich als Unternehmen im Unternehmen und sind stolz auf ihre Unabhängigkeit. Diese Haltung stellt ein ernsthaftes Problem dar, wenn versucht wird, synergetische Effekte zu nutzen. Erfolgreiches Projektmanagement setzt voraus, dass die einzelnen Linieneinheiten die Abhängigkeiten erkennen, die existieren müssen, damit Technologien gemeinsam genutzt und Zeitpläne erfüllt werden können. Diese Abhängigkeiten sind auch erforderlich, um starke Kommunikationskanäle und eine gute Koordination entwickeln zu können.

Der Einsatz neuer Technologien stellt insofern ein ernsthaftes Problem dar, als technisches Fachwissen in allen Spezialbereichen inklusive der Entwicklung, der Fertigung und der Sicherheit aufgebaut werden muss. Die Aufrechterhaltung von technischer Fachkompetenz funktioniert in rein funktionalen Disziplinen am besten, vorausgesetzt, die Informationen wurden nicht von außen zugekauft. Das Hauptproblem besteht jedoch in der Frage, wie diese Fachkompetenz in die verschiedenen Funktionsbereiche transportiert werden kann. Eine Möglichkeit besteht zum Beispiel darin, unabhängige Forschungs- und Entwicklungseinheiten einzurichten, anstatt die Forschung und Entwicklung in die jeweiligen Funktionsbereiche zu integrieren. Die Anforderungen an die Organisationsform sind in hoch technisierten Branchen mit einem beständigen Forschungs- und Entwicklungsbedarf erheblich höher als in rein produktionsorientierten Gruppen.

Die Wahl der Organisationsform kann auch durch die Skalenerträge und die Unternehmensgröße beeinflusst werden. Die Skalenerträge werden in der Regel durch die physischen Ressourcen gesteuert, die einem Unternehmen zur Verfügung stehen. Ein Unternehmen mit beschränkten Anlagen und Ressourcen kann sich im Kampf um den Zuschlag für ein millionenschweres Projekt möglicherweise nur schwer gegen andere Unternehmen durchsetzen. Ein solches Unternehmen muss sich mit vielen kleinen Projekten oder preisgünstigen Produkten durchschlagen, wohingegen größere Unternehmen nur drei oder vier Großprojekte benötigen, um die Organisation aufrechterhalten zu können. Je höher die Skalenerträge, desto mehr neigt die Organisation zum Linienmanagement.

Die Größe des Unternehmens ist insofern wichtig, als sie die Fachkompetenz in den Skalenerträgen einschränken kann. Die Größe wirkt sich möglicherweise kaum auf die Organisationsstruktur aus, hat jedoch einen großen Einfluss auf die Skalenerträge. Kleine Unternehmen können sich beispielsweise kein großes Team an Fachleuten leisten und laden sich deshalb höhere Kosten für die entgangene Spezialisierung und die entgangenen Skalenerträge auf.

Der vier genannten Faktoren können zusammen mit den sechs von Galbraith beschriebenen Faktoren als allgemeingültig für die Wahl der Organisationsform betrachtet werden. Neben diesen allgemeinen Faktoren muss das Unternehmen jedoch auch in Hinblick auf die Produkte, die Geschäftsbasis und das Personal betrachtet werden. Goodman hat einige untergeordnete Faktoren in Hinblick auf die Forschung und Entwicklung definiert:[21]

- Klare Zuordnung der Zuständigkeiten
- Einfachheit und Genauigkeit der Kommunikation
- Effektive Kostenkontrolle

21. Goodman, R.A., *Organizational Preference in Resarch and Development*, Human Relations, Vo. 3, No. 4, 1970, S. 279–298

- Die Fähigkeit, eine gute technische Überwachung bereitzustellen
- Flexibilität bei der Personalausstattung
- Wichtigkeit für das Unternehmen
- Die Möglichkeit, schnell auf plötzliche Projektänderungen zu reagieren
- Komplexität des Projekts
- Größe des Projekts im Hinblick auf andere Arbeiten im Unternehmen
- Form, die vom Kunden gewünscht wird
- Das Vermögen, jedem Mitarbeiter Karrieremöglichkeiten zu bieten

Goodman bat vier Manager, diese Faktoren nach ihrer Wichtigkeit für die Wahl der Organisationsform eines Unternehmens zu ordnen. Es wurden sowohl Mitglieder der Unternehmensführung als auch Projektmanager befragt. Mit einer Ausnahme stimmten die Antworten beider Gruppen mit einem Korrelationskoeffizienten von 0,811 überein. Die klare Zuordnung der Zuständigkeiten wurde als wichtigster Faktor betrachtet und die Karrieremöglichkeiten für die Mitarbeiter als unwichtigster Faktor.

Middleton führte eine Umfrage bei Luftfahrtunternehmen durch, in der er versuchte, festzustellen, wie gut Unternehmen durch den Einsatz von Projektmanagement ihre Ziele erreichten. Tabelle 3.8 und Tabelle 3.9 zeigen die Ergebnisse. Middleton zog daraus den folgenden Schluss: »Bei der Auswertung der Umfrageergebnisse stellte sich heraus, dass ein Unternehmen, das sich für eine projektbezogene Organisationsform entscheidet, ziemlich sicher sein kann, dass sich die Steuerung und die Kundenbeziehungen verbessern, dass jedoch die Komplexität der internen Abläufe zunimmt.«[22]

Vorteile	Antworten in Prozent
• Bessere Steuerung der Projekte	• 92 %
• Bessere Kundenbeziehungen	• 80 %
• Kürzere Produktentwicklungszeiten	• 40 %
• Geringere Programmkosten	• 30 %
• Höhere Qualität und Zuverlässigkeit	• 26 %
• Höhere Gewinnmargen	• 24 %
• Bessere Kontrolle über Programmsicherheit	• 13 %
Weitere Vorteile	
• Höhere Konzentration auf Ergebnisse	
• Bessere Koordination zwischen den Abteilungen, die im Unternehmen für das Projekt arbeiten	
• Höhere Moral und Zielorientiertheit der Mitarbeiter, die am Projekt mitarbeiten	
• Schnelleres Vorwärtskommen für Manager wegen der Breite der Projektverantwortlichkeiten	

Tabelle 3.8: Hauptvorteile des Projektmanagements*

* Abdruck mit freundlicher Genehmigung von Harvard Business Review. Entnommen aus dem Artikel »How to Set Up a Project Organization« von C. J. Middleton, March–April, 1967 (S. 73–82). Copyright © 1967 by the President and Fellows of Harvard College, all rights reserved.

22. Middleton, C.J., *How to Set Up a Project Organization*, Harvard Business Review, March–April 1967, S. 73–82. Copyright © 1967 by the President and Fellows of Harvard College, all rights reserved.

Nachteile	Antworten in Prozent
• Komplexere interne Abläufe	• 51 %
• Inkonsistente Anwendung der Unternehmensrichtlinien	• 32 %
• Geringere Personalauslastung	• 13 %
• Höhere Programmkosten	• 13 %
• Schwieriger zu verwalten	• 13 %
• Geringere Gewinnmargen	• 2 %
Weitere Nachteile	
• Tendenz der einzelnen Fachgruppen, ihre Arbeit zu vernachlässigen und der Projektorganisation die gesamte Arbeit zu überlassen	
• Zu viele Personalwechsel zwischen den einzelnen Projekten	
• Vervielfältigung der Fachkenntnisse in der Projektorganisation	

Tabelle 3.9: Hauptnachteile des Projektmanagements*

* Abdruck mit freundlicher Genehmigung von Harvard Business Review. Entnommen aus dem Artikel »How to Set Up a Project Organization« von C. J. Middleton, March–April, 1967 (S. 73–82). Copyright © 1967 by the President and Fellows of Harvard College, all rights reserved.

Die Art und Weise, in der Unternehmen operieren, beeinflusst das Unternehmen, während das Projekt läuft und nach Abschluss des Projekts, wenn das Personal wieder frei ist. Die Auswirkungen auf das Gesamtunternehmen müssen unter Kostenkontroll- und Personalgesichtspunkten betrachtet werden. Dies wird in späteren Kapiteln ausführlich getan. Projektmanagement gewinnt zwar an Bedeutung, die Einführung einer Projektorganisation stellt jedoch nicht notwendigerweise sicher, dass das vorgegebene Ziel erfolgreich erreicht werden kann.

Es ist bekannt, dass Projektmanagementstrukturen außer Kontrolle geraten können:[23]

> Wenn eine Matrix außer Kontrolle zu geraten scheint, kehrt die Unternehmensführung zum klassischen Management zurück. Dies hat folgende Ergebnisse zur Folge:
>
> - Weniger Kompetenzen für den Projektmanager
> - Alle Projektentscheidungen werden von der Unternehmensführung getroffen
> - Verstärkte Einmischung der Unternehmensführung in Projekte
> - Erstellung endloser Handbücher für Stellenbeschreibungen
>
> Dies kann manchmal dadurch verhindert werden, dass die Befugnisse und die Verantwortung geklärt werden und dass lineare Diagramme für die Verantwortungsbereiche eingesetzt werden.

Ein schon fast vorhersagbares Ergebnis beim Einsatz von Projektmanagement ist die Zunahme der Anzahl an Management-Posten. Killian beschreibt die Ergebnisse zweier Umfragen wie folgt:[24]

> Ein Unternehmen verglich seine Organisationsform und die Managementstruktur vor der Einführung von Projektmanagement mit der Struktur, die hinterher existierte. Die Anzahl der Abteilungen war von 65 auf 106 angestiegen, wobei die Anzahl der Mitarbeiter jedoch praktisch gleich geblieben war. Die Anzahl der Mitarbeiter pro Vorgesetztem war von 13,4 auf 12,8 gefallen. Das Unternehmen schloss daraus, dass die Projektgruppen wesentlich für diese Änderung verantwortlich waren.
>
> Ein weiteres Unternehmen fand diese Schlussfolgerung bestätigt, als sie die Anzahl der Positionen im oberen Management zählte. Es stellte sich heraus, dass es elf zusätzliche

23. Übernommen aus Greiner, L.E. & Schein, V.E., *The Paradox of Managing a Project-Oriented Matrix: Establishing Coherence within Chaos*, Sloan Management Review, Winter 1981, S. 17.
24. Killian, William P., *Project Management – Future Organizational Concepts*, Marquette Business Review, Vol. 2, 1971, S. 90–107.

Direktoren, 35 zusätzliche Manager und 56 weitere Vorgesetzte auf der zweiten Hierarchieebene gab. Obwohl das Unternehmen einen Teil dieses Zuwachses auf die Höherstufung von Titeln zurückführte, wurden im Rahmen der Einführung einer Projektorganisation 60 zusätzliche Management-Positionen eingerichtet.

Die Projektorganisation ist zwar eine spezialisierte, aufgabenorientierte Einheit, sie existiert jedoch selten oder nie unabhängig von der traditionellen Organisationsstruktur.[25] Alle Projektmanagementstrukturen überlappen die traditionelle Struktur. Außerdem können in einem Unternehmen mehrere Projektorganisationsformen im Einsatz sein. Ein wichtiger amerikanischer Stahlproduzent nutzt beispielsweise in der Forschung und Entwicklung eine Matrixstruktur und in allen anderen Bereichen eine Produktorganisation.

Die Akzeptanz einer Projektmanagementstruktur stellt einen gigantischen Schritt dar, von dem aus es kein Zurück gibt. Das Unternehmen muss möglicherweise weitere Management-Positionen einrichten, ohne die Gesamtanzahl der Mitarbeiter zu erhöhen. Außerdem geht der Wechsel hin zu einer Projektorganisation fast immer mit der Aufwertung von Tätigkeiten einher. Auf jeden Fall muss sich die Unternehmensführung klar machen, dass unabhängig von der gewählten Projektmanagementstruktur ein dynamisches Gleichgewicht gehalten werden muss.

3.12 Strukturierung von kleinen und mittleren Unternehmen

Kleine und mittlere Unternehmen bevorzugen in der Regel eine Struktur, bei der der Projektmanager weit oben in der Hierarchie angesiedelt ist, obwohl er möglicherweise ein Projekt mit relativ geringer Priorität leitet. Projektmanager werden in Kleinunternehmen in der Regel seltener als Bedrohung betrachtet als in größeren Unternehmen und es ist weniger problematisch, wenn sie einer höheren Stelle im Unternehmen unterstellt sind.

Soll in einem kleinen Unternehmen eine Projektorganisation eingerichtet werden, müssen zunächst die folgenden beiden Fragen beantwortet werden:

- Wo sollte der Projektmanager im Unternehmen angesiedelt sein?
- Wird die Mehrzahl der Projekte im Unternehmen intern oder extern durchgeführt?

Diese zwei Fragen hängen zusammen. Bei umfangreichen, komplexen Projekten oder bei Projekten, die externe Kunden mit einbeziehen, berichten Projektmanager in der Regel an eine hohe Ebene in der Organisation. Bei kleineren oder internen Projekten berichtet der Projektmanager an das mittlere oder untere Management.

Kleine und mittlere Unternehmen konnten große Erfolge damit verbuchen, dass sie interne Projekte mit abteilungsbezogenem Projektmanagement durchführten (siehe Abbildung 3.13). Dies gilt insbesondere, wenn nur wenige Fachabteilungen einbezogen sind. Es kommt ziemlich häufig vor, dass Linienmanager gleichzeitig als Projektmanager agieren dürfen. Dadurch müssen keine zusätzlichen Projektmanager eingestellt werden.

Externe Kunden sind in der Regel sehr beeindruckt, wenn ein kleines Unternehmen ihnen einen zuständigen Projektmanager als Zuständigen für ihr Projekt nennt. Dies gilt selbst dann, wenn der Projektmanager das Projekt nur in Teilzeitarbeit betreut. Externe Kunden reagieren auf die Matrixstruktur sehr positiv – insbesondere in einem durch Konkurrenzkampf geprägten Umfeld –, selbst wenn es sich bei der Matrixstruktur nur um eine Augenwischerei für den Kunden handelt. Betrachten Sie beispielsweise die in Abbildung 3.13 gezeigte Matrixstruktur. Kleine und große Unternehmen mit Matrixorganisation entwickeln in der Regel für jeden Kunden ein separates Organigramm. Abbildung 3.13 wäre beispielsweise das Organigramm, das dem Unternehmen Alpha präsentiert wird. Das Projekt der Firma Alpha würde mit fett gedruckten Linien identifiziert und unabhängig von der Projektpriorität direkt unterhalb der Unternehmensführung angesiedelt. Denn wären Sie der Kunde Alpha, wollten Sie Ihr Projekt sicher auch nicht am Ende der Liste vorfinden.

25. Janger, Allen R., *Anatomy of the Project Organization*, Business Management Record, November 1963, S. 12–18.

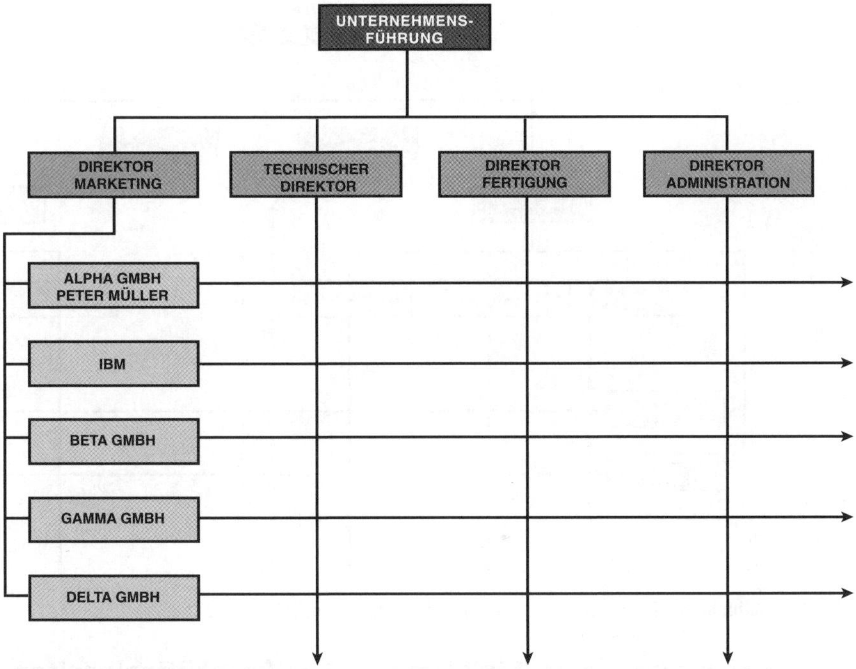

Abbildung 3.13: Matrix für ein kleines Unternehmen (Version 1)

Abbildung 3.15 identifiziert zwei weitere Punkte, die für kleine Unternehmen wichtig sind. Erstens wird nur der Name des Projektmanagers für das Projekt der Firma Alpha angegeben (Peter Müller). Das liegt daran, dass Peter Müller gleichzeitig auch der Projektmanager für eines oder mehrere andere Projekte sein kann und es sich in der Regel nicht sehr vorteilhaft auswirkt, wenn der Kunde weiß, dass der Projektmanager im Loyalitätskonflikt ist. Das in Abbildung 3.13 gezeigte Organigramm stammt von einer Maschinenbaufirma mit 280 Mitarbeitern, die fünf umfangreiche und dreißig kleinere Projekte bearbeitet. Das Unternehmen beschäftigt nur zwei Projektmanager, die ausschließlich an einem Projekt arbeiten. Peter Müller leitet die Projekte der Firmen Alpha, Gamma und Delta. Für das zweite Projekt der Firma Beta ist der zweite Projektmanager verantwortlich, der ausschließlich an einem Projekt arbeitet, und das IBM-Projekt wird von der Unternehmensführung persönlich betreut.

Kleine Unternehmen sollten die Namen ihrer Mitarbeiter auch aus den folgenden Gründen nicht nennen:

- Die Mitarbeiter arbeiten möglicherweise nicht voll am Projekt mit.
- In kleinen Unternehmen ist es in der Regel am besten, wenn die gesamte Kommunikation über den Projektmanager erfolgt.

Ein weiteres Beispiel dafür, wie eine einfache Matrix eingesetzt werden kann, um Kunden zu beeindrucken, sehen Sie in Abbildung 3.14 Das Unternehmen beschäftigt tatsächlich nur achtzig Mitarbeiter. Bei sehr kleinen Unternehmen ist die Kostenvorkalkulation in der Regel der Unternehmensführung unterstellt (siehe Abbildung 3.14). Außerdem sind die Chefingenieure, die die Rolle von Projektmanagern haben, möglicherweise einfach nur die Abteilungsleiter der Abteilungen Technisches Zeichnen oder Design. Aus der Sicht des Kunden stellt das Unternehmen jedoch einen Projektmanager bereit, der sich nur den Aufgaben des Projekts widmet.

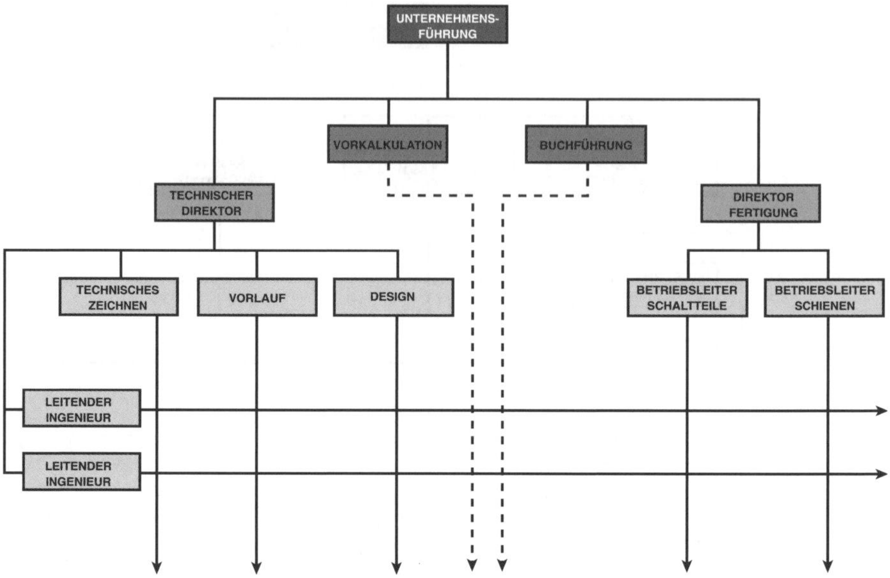

Abbildung 3.14: Matrix für ein kleines Unternehmen (Version 2)

3.13 Projektmanagement in strategischen Geschäftseinheiten

In den vergangenen zehn Jahren wurden Unternehmen in strategische Geschäftseinheiten (SGE, englisch Strategic Business Unit oder SBU) umstrukturiert. Eine strategische Geschäftseinheit besteht aus einzelnen Linieneinheiten, die für den Gewinn oder Verlust von einem Teil des Kerngeschäfts eines Unternehmens verantwortlich sind. Abbildung 3.15 zeigt einen Automobilzulieferer mit drei strategischen Geschäftseinheiten – eine für BMW, eine für Opel und eine für Ford. Die strategischen Geschäftseinheiten sind so groß, dass sie eigene Projekt- und Programm-Manager besitzen. Die Führungskraft, die für eine strategische Geschäftseinheit verantwortlich ist, kann als Sponsor aller Programm- und Projekt-Manager auftreten, die in der strategischen Geschäftseinheit tätig sind. Der Hauptvorteil dieser Organisationsstruktur besteht darin, dass eine engere Zusammenarbeit mit dem Kunden möglich ist. Es handelt sich also um eine kundenbezogene Organisationsstruktur.

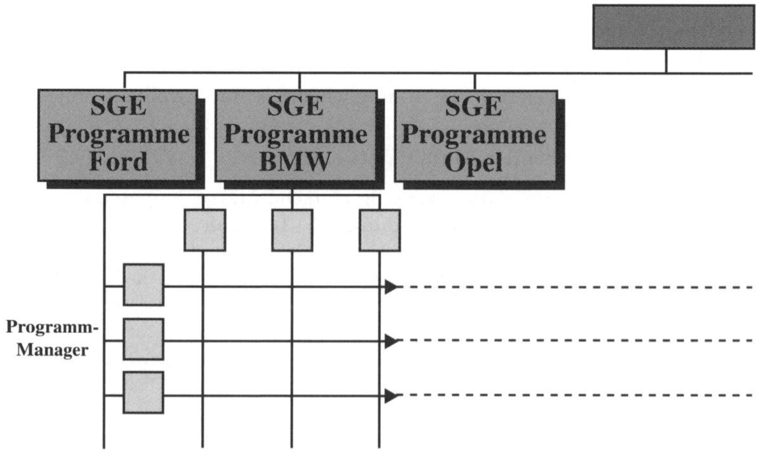

Abbildung 3.15: Projektmanagement in einer strategischen Geschäftseinheit

Einige Ressourcen können möglicherweise von mehreren strategischen Geschäftseinheiten gemeinsam genutzt werden. Auch Fertigungsanlagen werden möglicherweise von mehreren strategischen Geschäftseinheiten eingesetzt. Außerdem stellt das Unternehmen eventuell die Ressourcen für das Rechnungswesen, für die Personalverwaltung und für Schulung bereit.

Eine aktuellere und komplexere Organisationsstruktur als die soeben vorgestellte sehen Sie in Abbildung 3.16 In dieser Struktur nutzt jede strategische Geschäftseinheit möglicherweise dieselbe Plattform (z.B. Fahrgestell und andere Zubehörteile). Die Plattform-Manager sind jeweils für das Design und für die Verbesserungen einer Plattform verantwortlich, wohingegen die Programm-Manager der strategischen Geschäftseinheiten die Plattform an ein neues Automodell anpassen müssen. Diese Art von Matrix ist insofern multidimensional, als jede strategische Geschäftseinheit eine interne Matrix beinhalten sollte. Außerdem könnten die Fertigungsanlagen in verschiedenen Ländern angesiedelt sein, wodurch die Struktur zu einer multinationalen, multidimensionalen Matrix wird.

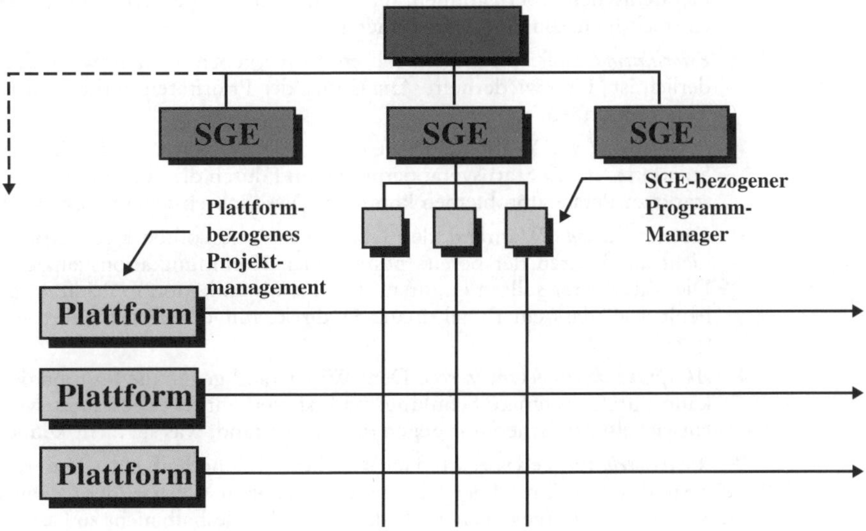

Abbildung 3.16: Projektmanagement mit Plattform-Management

3.14 Übergangsmanagement

Die Umstrukturierung von Organisationen erfolgt nun wegen der kürzeren Produktlebenszyklen, des sich rasch verändernden Umfelds, der schnelleren Entwicklung von ausgereiften Informationssystemen und dem verstärkten Wettbewerb erheblich schneller. Und immer mehr Unternehmen betrachten Projektmanagement als Lösung.[26]

Es stellt sich dabei jedoch die Frage, warum einige Unternehmen in der Lage waren, die Umstrukturierung innerhalb kürzester Zeit durchzuführen, wohingegen andere dafür Jahre benötigen. Die Antwort lautete, dass eine Projektmanagementstruktur nur mit einem guten Übergangsmanagement erfolgreich implementiert werden kann.

Eine Umfrage bei Führungskräften und Mitarbeitern von 38 amerikanischen Unternehmen, die Matrixmanagement implementiert hatten, ergab, dass fast alle Führungskräfte den Erfolg auf Schulung und Weiterbildung während und direkt nach der Übergangsphase als Hauptfaktoren des Erfolgs betrachteten. Außerdem kristallisierten sich die folgenden fünfzehn Herausforderungen heraus, die Unternehmen während der Übergangsphase bewältigen müssen:

26. Übernommen aus Kerzner, Harold und Cleland, David I., *Transitional Management: The Key to Successful Implementation of Project Management*, Proceedings of the 1984 Project Management Institute Seminar/ Symposium on Project Management, 8.–10. Oktober 1984, S. 181–194.

- *Übertragung von Macht.* Es gibt Linienmanager, die große Schwierigkeiten damit haben, zu akzeptieren, dass andere Personen ihre Projekte verwalten, wohingegen einige Projektmanager große Probleme damit haben, Mitarbeitern Anweisungen zu erteilen, die eigentlich einer anderen Person unterstellt sind.
- *Vertrauen.* Das Geheimnis eines erfolgreichen Wechsels basiert auf dem Vertrauen, das Linienmanager und Projektmanager untereinander aufbauen können. Vertrauen entwickelt sich jedoch nur langsam. Die Unternehmensführung sollte den Aufbau von Vertrauen deshalb während der gesamten Übergangsphase unterstützen.
- *Richtlinien und Verfahrensweisen.* Die Entwicklung von Richtlinien und Verfahrensweisen, die von allen akzeptiert werden, ist ein langwieriger und frustrierender Prozess. Sind die Richtlinien und Verfahrensweisen bei Projektbeginn zu starr, führt dies unweigerlich zu Schwierigkeiten.
- *Hierarchische Überlegungen.* Während der Übergangsphase sollte versucht werden, alle hierarchischen Überlegungen, die die Einführung der neuen Organisationsstruktur beeinträchtigen können, zu minimieren.
- *Prioritätenplanung.* Prioritäten sollten nur vergeben werden, wenn dies unbedingt erforderlich ist. Eine wiederholte Anpassung der Prioritäten wirkt verwirrend und führt zu Verstimmungen.
- *Personalprobleme.* Während der Übergangsphase kann es durch den Umzug an neue Standorte, durch Statusveränderungen und durch die neue informelle Organisation verstärkt zu Personalproblemen kommen. Diese sollten regelmäßig angesprochen werden.
- *Kommunikation.* Während der Übergangsphase sollten neue Kommunikationskanäle nicht auf Kosten der bereits bestehenden Kommunikationskanäle aufgebaut werden. Die Mitarbeiter sollten erfahren, dass Kommunikation multidirektional sein kann, das heißt also, dass ein Projektmanager direkt mit den Mitarbeitern einer Fachabteilung sprechen kann.
- *Akzeptanz des Projektmanagers.* Dem Widerstand gegen die Position des Projektmanagers kann durch geeignete Schulungsmaßnahmen entgegengesteuert werden. In der Regel entwickeln Menschen nur gegen das Widerstand, was sie nicht kennen.
- *Wettbewerb.* Ein gewisses Maß an Wettbewerb innerhalb eines Unternehmens kann zwar gesund sein, während der Übergangsphase beim Wechsel der Organisationsstruktur ist Wettbewerb hingegen eher schädlich. Er sollte deshalb nicht zu Lasten der gesamten Organisation gefördert werden.
- *Werkzeuge.* Üblicherweise entwickelt jede Linienorganisation ihre eigenen Werkzeuge und Techniken. Während der Übergangsphase sollte nicht versucht werden, Linienorganisationen dazu zu zwingen, von ihrer gängigen Praxis abzuweichen. Es ist sogar besser für die Projektmanager, wenn sie Werkzeuge und Techniken entwickeln, die sich in die einzelnen Linieneinheiten integrieren lassen.
- *Widersprüchliche Bedürfnisse.* Während der Übergangsphase und auch nach dem Übergang herrschen widersprüchliche Bedürfnisse vor. Wenn sie erstmals während der Übergansphase auftreten, sollten sie eher als »Arbeitsatmosphäre« statt als Krise behandelt werden.
- *Berichterstattung.* Falls überhaupt eine Form der Standardisierung entwickelt werden muss, gilt dies für die Projektberichterstattung, unabhängig von der Projektgröße.
- *Teamarbeit.* Die systematische Planung mit einer starken Einbeziehung der Linieneinheiten fördert die Teamarbeit. Werden hingegen während der Übergangsphase Planungsgruppen eingesetzt, kann die erforderliche Zustimmung der Linieneinheiten nicht erzielt werden.
- *Gemeinkosten.* Eine Fehleinschätzung, die bei Führungskräften häufig vorherrscht, ist die, dass Projekte mit weniger Ressourcen als in der herkömmlichen Organisationsstruktur verwaltet werden können. Diese Einschätzung hat in der Regel katastrophale Folgen, weil die Gesamtkosten möglicherweise erheblich höher sind als geplant.

Der Übergang zu einer Projekt-Matrixorganisation ist nicht einfach. Manager und anderen Profis, die einen solchen Wechsel ins Auge fassen, sollten folgende Punkte berücksichtigen:

- Eine entsprechende Planung und Organisation des Wechsels in Form eines Lebenszyklus erleichtert den Übergang.
- Die Schulung der Unternehmensführung, der Linienmanager und der einzelnen Mitarbeiter in Projektmanagement ist maßgeblich für den erfolgreichen Wechsel verantwortlich und verkürzt möglicherweise die Zeit, die für den Übergang erforderlich ist.
- Die Einbeziehung und Akzeptanz der Mitarbeiter sind möglicherweise während des Wechsels die wichtigste Funktion.
- Die stärkste treibende Kraft, die während der Übergangsphase zum Erfolg führt, ist das Engagement der Unternehmensführung für das Projektmanagement.
- Organisatorisches Verhalten ist während der Übergangsphase sehr wichtig.
- Die Verpflichtung gegenüber dem Projektmanagement-Ansatz muss von der Unternehmensführung vor, während und nach dem Übergang demonstriert werden.
- Wichtige Zugeständnisse durch die Unternehmensführung lassen sich nur langsam bewirken.
- Während der Übergangsphase sind Kompromisse bezüglich des Ablauf- und Terminplans und der Leistung nicht akzeptabel, Kostenüberschreitungen hingegen eventuell schon.
- Die Konflikte zwischen den einzelnen Parteien nehmen während des Übergangs zu.
- Wenn Projektmanager bereit sind, ihre Pflichten während des Wechsels nur mit indirekter Autorität wahrzunehmen, lässt sich die Übergangsphase drastisch reduzieren.
- Es ist nicht klar, wie lange der Wechsel dauern wird.

Der Übergang von einer klassischen oder einer Produkt- zu einer Projektorganisation ist nicht einfach. Mit entsprechender Schulung, einer demonstrativen Verpflichtung für den Wechsel und Geduld bestehen jedoch gute Aussichten auf Erfolg.

3.15 Studientipps für das PMI®-Projektmanagement-Zertifizierungsexamen

Dieser Abschnitt kann als Wiederholung der Grundlagen dienen, um die Wissensbereiche und Domänengruppen im PMBOK® Guide zu ergänzen. In diesem Kapitel geht es um Folgendes:

- Personalmanagement
- Planung

Das Verständnis der folgenden Grundlagen ist vorteilhaft, wenn der Leser diesen Text für die Vorbereitung auf das PMP®-Zertifizierungsexamen verwendet:

- Unterschiedliche Arten von Organisationsstrukturen
- Vorteile und Nachteile jeder Struktur
- In welcher Struktur der Projektmanager die größte Autorität besitzt
- In welcher Struktur der Projektmanager die geringste Autorität besitzt
- Drei Arten von Matrixorganisationen

In Anhang C finden Sie unter dem Namen Dorale Products die folgenden Mini-Fallstudien:

- Dorale Products (G) [Personalmanagement]
- Dorale Products (H) [Personalmanagement]
- Dorale Products (J) [Personalmanagement]
- Dorale Products (K) [Personalmanagement]

Die folgenden Multiple-Choice-Fragen sind hilfreich bei der Wiederholung der Grundlagen dieses Kapitels:

1. In welcher Organisationsform ist es am schwierigsten, Projektaktivitäten zu integrieren?
   A. Klassisch/traditionell
   B. Projektorientiert
   C. Starke Matrix
   D. Schwache Matrix
2. In welcher Organisationsform besitzt der Projektmanager die größte Autorität?
   A. A.Klassisch/traditionell
   B. Projektorientiert
   C. Starke Matrix
   D. Schwache Matrix
3. In welcher Organisationsform besitzt der Projektmanager häufig die geringste Autorität?
   A. Klassisch/traditionell
   B. Projektorientiert
   C. Starke Matrix
   D. Schwache Matrix
4. In welcher Organisationsform ist es am unwahrscheinlichsten, dass der Projektmanager Ressourcen mit anderen Projekten gemeinsam nutzt?
   A. Klassisch/traditionell
   B. Projektorientiert
   C. Starke Matrix
   D. Schwache Matrix
5. In welcher Organisationsform ist es am wahrscheinlichsten, dass die Projektmanager Einfluss auf die Vergütung nehmen können und eine Gehaltsadministrationsfunktion einnehmen? (Projekt- und Linienmanager sind dieselbe Person.)
   A. Klassisch/traditionell
   B. Projektorientiert
   C. Starke Matrix
   D. Schwache Matrix
6. In welcher Organisationsform unterliegt der Mitarbeiter dem höchsten Risiko, seinen Arbeitsplatz zu verlieren, wenn das Projekt abgebrochen wird?
   A. Klassisch/traditionell
   B. Projektorientiert
   C. Starke Matrix
   D. Schwache Matrix
7. In welchem Matrixstrukturtyp hat ein Projektmanager am wahrscheinlichsten Technologieleitung?
   A. Starke Matrix
   B. Ausgewogene Matrix
   C. Schwache Matrix
   D. Kulturübergreifende Matrix

ANTWORTEN

1. A
2. B
3. D
4. B
5. A
6. B
7. A

PROBLEME

3.1 Es wurde viel darüber geschrieben, woran zu erkennen ist, dass ein Unternehmen eine neue Organisationsform benötigt. Grinnell und Apple haben neben den Merkmalen, die bereits in Abschnitt 3.6 beschrieben wurden, fünf weitere Merkmale identifiziert:[27]

- Das Management ist mit den technischen Fähigkeiten zufrieden, die Projekte erfüllen jedoch die Zeit-, Kosten- und die anderen Projektanforderungen nicht.
- Es besteht zwar eine hohe Verpflichtung dafür, die Projektarbeit zu erledigen, die Leistungsschwankungen sind jedoch hoch.
- Hoch qualifizierte Projektmitarbeiter fühlen sich ausgebeutet und missbraucht.
- Insbesondere Mitarbeiter und Gruppen aus der Konstruktion geben sich gegenseitig die Schuld dafür, die Anforderungen oder das Lieferdatum nicht erfüllt zu haben.
- Projekte werden innerhalb des geplanten Zeitrahmens und gemäß der Spezifikation ausgeführt, die Mitarbeiter sind jedoch mit dem Ergebnis nicht zufrieden.

Grinnell und Apple gehen davon aus, dass unter diesen Umständen eine Matrixstruktur sehr wahrscheinlich die Probleme eliminieren oder zumindest lindern kann. Stimmen Sie dem zu? Hängt Ihre Antwort von der Art des Projekts ab? Nennen Sie Beispiele oder Gegenbeispiele, um Ihre Antwort zu belegen.

3.2 Zu den schwierigsten Problemen, mit denen das Management konfrontiert ist, gehört die Frage, wie die Übergangsphase von einer rein traditionellen Organisationsform zu einer Projektorganisation verringert werden kann. Das Management muss beständig Schulungen im Bereich Teamwork und Gruppenarbeit bereitstellen und die Projekt- und die Fachgruppen so zuordnen, dass die Teambildung unterstützt wird.[28]

Die TRW Systems Group versuchte beispielsweise, direkt von einer traditionellen auf eine Matrixorganisationsform umzusteigen. Der Wechsel sollte mittels T-Gruppen und spezielle Sitzungen bewältigt werden. Beschreiben Sie die Probleme, die mit dem Wechsel zu einer neuen Organisationsform verbunden sind. Welche Projektform kann am leichtesten übernommen werden? Geben Sie an, wie lange der Wechsel von einer traditionellen zu einer Produktorganisation, einer Matrix- und einer Task-Force-Organisation dauern kann.

3.3 Glauben Sie, dass die Mitarbeiter einer Projektorganisation regelmäßig an »Therapiesitzungen« oder Schulungen teilnehmen sollten, um ihre Arbeitsumgebung besser zu verstehen? Falls ja, wie häufig? Hängt die Häufigkeit von der gewählten Projektorganisationsform ab oder sollten alle Organisationsformen gleich behandelt werden?

27. Siehe Fußnote 17.
28. Siehe Fußnote 17.

3.4 Welche Organisationsform eignet sich am besten für folgende Unternehmensstrategien?[29]

A. Entwicklung, Fertigung und Marketing für viele verschiedene, jedoch miteinander in Beziehung stehender technologischer Produkte und Materialien.

B. Vorhandensein von Marktinteressen, die sich über fast alle wichtigen Branchen erstrecken.

C. Der Wunsch, multinational zu werden und einen globalen Handel rasch zu expandieren.

D. Die Arbeit in einem Geschäftsumfeld, das durch rasche und drastische Änderungen und einen starken Wettbewerb gekennzeichnet ist.

3.5 Sind Sie der Meinung, dass Beziehungen dokumentiert werden müssen, um in einer Organisationsstruktur eines Projekts effektiv arbeiten zu können? Wie würden Sie Ihre Antwort zu einer Aussage aus dem vorigen Kapitel einordnen, dass für jedes Projekt seine eigenen Strategien, Verfahrensweisen, Regeln und Vorschriften eingerichtet werden können, solange diese konform zu den Richtlinien des Unternehmens sind?

3.6 In welcher Weise würden die folgenden Parameter Ihre Wahl einer Organisationsstruktur beeinflussen? Erklären Sie Ihre Antworten so ausführlich wie möglich.

A. Die Projektkosten

B. Der Ablauf- und Terminplan des Projekts

C. Die Projektdauer

D. Die technologischen Anforderungen

E. Die geografischen Standorte

F. Das erforderliche Verhältnis zum Kunden

3.7 Welche Vor- und Nachteile hat es, wenn man einer Organisationsform gegenüber einer anderen den Vorrang gibt?

3.8 Inwiefern sollten sich die Fähigkeiten der folgenden Gruppen auf Ihre Wahl einer neuen Organisationsform auswirken?

A. Top-Management

B. Mittleres Management

C. Unteres Management

3.9 Sollte ein Unternehmen ein Projekt annehmen, das eine sofortige Umstrukturierung des Unternehmens erforderlich macht? Falls ja, welche Faktoren sollten berücksichtigt werden?

3.10 Abbildung 2.7 identifiziert die verschiedenen Lebenszyklen von Programmen, Projekten, Systemen und Produkten. Wählen Sie für jede Phase der Lebenszyklen eine Projektorganisation, die sich Ihrer Meinung nach am besten eignet. Belegen Sie Ihre Antwort mit Beispielen und nennen Sie Vor- und Nachteile.

3.11 Ein wichtiger Stahlproduzent in den USA nutzt eine Matrixstruktur für die Forschung und Entwicklung. Im Anschluss an die Entwicklung kommt eine Produktorganisation zum Einsatz. Nennen Sie die Vorteile, die diese Organisationsform bieten könnte.

3.12 Ein führender amerikanischer Autozulieferer besitzt eine Sparte, die in den vergangenen zehn Jahren mit mehreren Produkten und einer ausgezeichneten FuE-Abteilung sowie einer traditionellen Organisationsstruktur gearbeitet hat. Die Wachstumsrate betrug in den vergangenen fünf Jahren zwölf Prozent. Fast das gesamte mittlere und obere Management dieser Sparte wurde befördert und entweder in andere Unternehmensbereiche oder in die Firmenzentrale versetzt. Eigentlich spricht in dieser Abteilung alles für eine Projektorganisation. Trotzdem arbeitet sie sehr erfolgreich ohne Projektmanagement. Wie erklären Sie sich das? Warum werden sich die Mitarbeiter dieser Sparte nur schwer davon überzeugen lassen, dass eine neue Organisationsform besser geeignet wäre? Glauben Sie, dass sich der Erfolg mit der aktuellen Struktur fortsetzen lässt?

29. Siehe Fußnote 16.

3.13 Einige Autoren behaupten, dass die Technologie in einer reinen Produktorganisation leidet, weil keine Gruppe für die langfristige Planung zuständig ist, wohingegen in einer reinen Linienorganisation Zeit dafür geopfert wird. Stimmen Sie dieser Auffassung zu? Belegen Sie Ihre Antwort mit Beispielen.

3.14 Nachfolgend finden Sie drei Aussagen, die häufig zur Beschreibung einer Matrixumgebung dienen. Stimmen Sie den Aussagen zu? Belegen Sie Ihre Antwort.

A. Projektmanagement in einer Matrixorganisation ermöglicht einen effektiveren Einsatz des Personals.

B. Der Projektmanager und der Linienmanager müssen die Prioritäten miteinander abstimmen.

C. Die Entscheidungsfindung in einer Matrixstruktur setzt Kompromisse in Hinblick auf Zeit, Kosten, technische Risiken und Unsicherheit voraus.

3.15 Angenommen, Sie haben für ein kleines Unternehmen eine Projektorganisation gewählt. Geben Sie für jede Organisationsform, die in diesem Kapitel beschrieben wurde, an, ob sie sich auf ein Kleinunternehmen anwenden lässt und welche Vor- und Nachteile sie bietet. (Möglicherweise müssen Sie zuerst die Geschäftsbasis des Kleinunternehmens festlegen.)

3.16 Wie würde die Antwort der folgenden Personen auf die Frage »Wie viele Chefs haben Sie?« ausfallen:

A. Projektmanager

B. Mitglied eines Projektteams

C. Linienmanager

(Gehen Sie alle Organisationsformen durch, die in diesem Kapitel vorgestellt wurden.)

3.17 Wenn ein Projekt groß genug wäre, um eigene Ressourcen zu besitzen, wäre dann eine Matrixorganisation als Organisationsstruktur akzeptabel?

3.18 Gegen die Übernahme einer Matrixstruktur sprechen häufig die hohen Verwaltungs- und Gemeinkosten. Erwarten Sie, dass sich die Gemeinkosten mit zunehmender Reife der Matrix verringern? (Ignorieren Sie bei Ihrer Antwort andere Faktoren, die die Gemeinkosten beeinflussen könnten, wie die Geschäftsbasis, die Wachstumsrate etc.)

3.19 Welche Art von Organisationsstruktur eignet sich am besten, wenn die Mitarbeiter der FuE-Abteilung in Kontakt mit anderen Forschern bleiben sollen?

3.20 Welche Art von Organisationsform fördert Teamarbeit am besten?

3.21 Kanadische Banken nutzen die Matrixorganisation, um »Bankdirektoren« für alle Ebenen einer Bank zu entwickeln. Gestattet die Matrixorganisation in einer Bankumgebung die Entwicklung zukünftiger Manager? Entspricht der Zweigstellenleiter dem Projektmanager einer Matrixstruktur?

3.22 In einem Unternehmen wird das so genannte »fragmentierte« Projektmanagement praktiziert, bei dem jede Abteilung Projektmanager als Stabsstellen eingerichtet hat. Die Projektmanager müssen gelegentlich Tätigkeiten integrieren, die andere Abteilungen betreffen. Jedes Projekt beinhaltet in der Regel mehrere Personen. Das Unternehmen beschäftigt auch Projektmanager, die in einer ziemlich unfertigen Projektorganisation arbeiten. Vor kurzem entstand zwischen Produkt- und Projektmanagern ein Kampf um Ressourcen aus einer bestimmten Abteilung. Der Konflikt wurde zusätzlich dadurch verschärft, dass die Unternehmensführung einen Einstellungsstopp erließ. In der vergangenen Woche identifizierte die Unternehmensführung 120 verschiedene Projekte, die durchgeführt werden könnten. Leider stehen für die Durchführung in der aktuellen Struktur nicht genügend Projektmanager aus Stabsstellen zur Verfügung. Außerdem wünscht das Management, dass die raren Ressourcen aus den Fachabteilungen besser genutzt werden. Die Mitarbeiter der Stabsabteilung diskutieren darüber, dass die genannten Probleme mit der Einrichtung einer Projektmanagement-Sparte gelöst werden könnten, die eine

Projektmanagement- und eine Produktmanagement-Abteilung beinhaltet. Die Mitarbeiter der Stabsabteilung haben den Eindruck, dass das Linienpersonal auf diese Weise besser ausgenutzt werden könnte, dass die einzelnen Projekte dadurch mit weniger Mitarbeitern durchgeführt werden könnten und dass damit mehr Projekte insgesamt bearbeitet werden könnten. Stimmen Sie dieser Auffassung zu? Welche Probleme werden Ihrer Meinung nach auftreten?

3.23 Einige Organisationsstrukturen werden als Projektorganisationen bezeichnet. Erklären Sie, was mit »Projektorganisation« gemeint ist. Welche Organisationsformen, die in diesem Kapitel beschrieben wurden, fallen unter diese Definition?

3.24 Hat es Vorteile, nur mit einem Projektingenieur statt mit einem Komitee von Fachkräften zu arbeiten, die direkt dem Direktor der Entwicklung unterstellt sind?

3.25 Bei der Wahl einer Projektorganisation besteht die Hauptschwierigkeit darin, die Stellung des Projektmanagers zu bestimmen. Am Anfang war der Projektmanager dem Abteilungsleiter und am Ende einem Mitglied der Unternehmensführung unterstellt. Welche Gründe gibt es dafür, dass der Projektmanager in der Unternehmensstruktur immer höher angesiedelt wurde?

3.26 Ein Abteilungsleiter ist sehr besorgt über die Leistung der ihm unterstellten Mitarbeiter. Nach einer mehrmonatigen Analyse konnte der Abteilungsleiter die Unternehmensführung dafür gewinnen, in seiner Abteilung eine Projektmanagementstruktur einzurichten. Von den 23 Abteilungen des Unternehmens ist seine Abteilung die einzige mit formellem Projektmanagement. Kann diese Situation Erfolg haben, wenn einige Projekte die Zusammenarbeit mit anderen Abteilungen erfordern?

3.27 Ein großer Elektronikkonzern führt ein mehrere Millionen Dollar teures Projekt durch, bei dem 90 Prozent der Arbeit in einem Unternehmensbereich abgewickelt werden. Der Spartenmanager möchte auch Projektmanager sein. Sollte dies gestattet werden, auch wenn es im Unternehmen eine Projektmanagement-Sparte gibt?

3.28 Damit eine Organisation intern funktioniert, müssen folgende Punkte berücksichtigt werden.

- Die Anforderungen, die sich aufgrund der Komplexität der Aufgaben an das Unternehmen stellen
- Die verfügbare Technologie
- Die externe Umgebung
- Der Bedarf an Zugehörigkeit zu einer Organisationsform

Sollte ein Unternehmen unter Berücksichtigung dieser Faktoren nach der besten Organisationsform überhaupt oder nach einer Organisationsform suchen, die sich für die Bedürfnisse des Unternehmens am besten eignet?

3.29 Um ihre Projekte erfolgreich durchführen zu können, benötigen Projektmanager den entsprechenden Status und die erforderlichen Weisungsbefugnisse im Unternehmen. Ein Mitglied der Unternehmensführung behauptet, dass dazu nur das in Abbildung 3.6 gezeigte Organigramm so angepasst werden muss, dass die Kästchen für die Abteilungsleiter an den Spitzen der Pfeile für die fachbezogene Verantwortung stehen. Damit scheinen die Projektmanager in der Organisation höher angesiedelt zu sein als die Abteilungsleiter, während sie tatsächlich gleichgestellt sind. Stimmen Sie diesem Vorschlag zu? Wäre in einer solchen Organisationsstruktur die Machtverteilung zwischen Projekt- und Abteilungsleitern ausgeglichen?

3.30 Treffen die folgenden zwei Aussagen zur Funktionsweise einer Matrix Ihrer Meinung nach zu oder nicht?

- Wegen der zweiseitigen Verantwortlichkeit sollten sich keine Probleme ergeben.
- Eine unterschiedliche Beurteilung sollte den Arbeitsfortschritt nicht behindern.

3.31 In einem Unternehmen werden fünfzehn Projekte gleichzeitig bearbeitet. Davon haben drei Projekte ein Budget von mehr als $ 5 Millionen, sieben Projekte ein Budget zwischen $ 1 Million und $ 3 Millionen und fünf Projekte ein Budget zwischen $ 500.000 und $ 700.000. Jedes Projekt wird von einem Projektmanager geleitet, der ausschließlich an diesem Projekt arbeitet. Welche Organisationsform würde sich auf der Basis dieser Informationen am besten eignen? Können alle Projektmanager an eine Person berichten?

3.32 Ein großes Versicherungsunternehmen erwägt die Einführung von Projektmanagement. Die meisten Projekte haben eine Laufzeit von zwei Wochen und nur sehr wenige Projekte erstrecken sich über mehr als einen Monat. Ist Projektmanagement in einer solchen Umgebung die passende Organisationsform?

3.33 Die Definition von Projektmanagement, die Sie in Abschnitt 1.9 finden, identifiziert Projektteams und Task Forces. Wodurch unterscheiden sich Projektteams von Task Forces und für welche Branchen und/oder Projekte eignen sie sich jeweils?

3.34 Ist es möglich, informelles Projektmanagement in einer strukturierten Umgebung zusammen mit formalem Projektmanagement zu nutzen, wobei die Personalressourcen in mehreren Projekten eingesetzt werden?

3.35 Einige Leute glauben, dass die Matrixstruktur multidimensional sein kann (wie in Abbildung 3.12 gezeigt). Erklären Sie den Nutzen einer solchen Struktur.

3.36 Viele Unternehmen nutzen informelles Projektmanagement, bei dem es einen horizontalen Arbeitsablauf gibt, der jedoch informell verläuft. Welche Merkmale kennzeichnen das informelle Projektmanagement? Welche Arten von Unternehmen können informelles Projektmanagement effektiv anwenden?

3.37 Einige Unternehmen haben versucht, eine geschachtelte Matrix (Matrix in der Matrix) zu entwickeln. Ist es möglich, eine Matrix für die formale Projektsteuerung, eine Matrix für die internen Weisungsbefugnisse, eine Kommunikationsmatrix, eine Matrix der Verantwortungsbereiche oder eine Matrix zu nutzen, die sich aus den genannten Punkten zusammensetzt?

3.38 Kann eine Matrixstruktur außer Kontrolle geraten, wenn zu viele kleine Projekte um die gleichen Ressourcen kämpfen? Ab welcher Anzahl von Projekten würde man von zu vielen Projekten sprechen? Wie kann die Unternehmensführung die Anzahl der Projekte steuern? Hängt die Antwort davon ab, ob das Unternehmen projektorientiert ist oder nicht?

3.39 Ein Unternehmen, das für die Regierung arbeitet, nutzt die Organisationsform eines spezialisierten Produktmanagements und besitzt vier Produktlinien. Alle Mitarbeiter müssen eine Erklärung zur höchsten Geheimhaltung unterzeichnen. Die Firmengebäude sind so gestaltet, dass jede der vier Produktlinien in einem separaten Gebäudetrakt untergebracht ist. Die Mitarbeiter tragen Sicherheitsabzeichen, die ihnen Zutritt zu den verschiedenen Bereichen gewähren. Die meisten Mitarbeiter haben nur Zutritt zu ihrem eigenen Bereich und nur die Unternehmensführung hat Zutritt zu allen Bereichen. Aus Sicherheitsgründen dürfen die Mitarbeiter nicht miteinander über die verschiedenen Produktlinien sprechen. Viele Projekte, die in den einzelnen Produktlinien durchgeführt werden, sind identisch und zahlreiche Anstrengungen werden mehrfach unternommen. Welche Probleme müssen gelöst werden, bevor und während eine Matrixorganisation implementiert wird?

3.40 Ein Unternehmen beschließt, Projektmanagement in Form einer Matrixstruktur zu implementieren. Kann die Einführung in mehreren Etappen durchgeführt werden? Kann die Matrix zunächst in einem Teil der Organisation implementiert und später auf das gesamte Unternehmen ausgeweitet werden?

3.41 Ein Unternehmen besitzt zwei Hauptabteilungen, die beide im selben Gebäude angesiedelt sind. Die eine ist die Raumfahrtsparte, in der alle Aktivitäten mit einer formalen Matrix abgewickelt werden. Die zweite Sparte ist die, die mit reinem Produktmanagement arbeitet. Nur in der MIS-Abteilung kommt eine informelle Matrix zum Einsatz. Welche Probleme können auftreten, wenn beide Sparten auf die gleichen Personalressourcen zugreifen?

3.42 Einige Fortune-100-Unternehmen haben eine technische Abteilung, die Entwicklungsabteilungen besitzt, die für das Projektmanagement aller wichtigen Projekte weltweit verantwortlich sind. Erklären Sie, wie eine solche Abteilung funktionieren sollte und welche Vor- und Nachteile sie bietet.

FALLSTUDIE

Die Wirtschaftsprüfungsgesellschaft Jones & Shephard

1970 stand die Wirtschaftsprüfungsgesellschaft Jones & Shephard (J&S) auf Platz 18 der amerikanischen Wirtschaftsprüfungsgesellschaften. Um mit größeren Firmen konkurrieren zu können, richtete J&S den Unternehmensbereich Informationsdienste ein, in dem hauptsächlich Studien und Analysen durchgeführt werden sollten. 1975 arbeiteten in diesem Unternehmensbereich 15 Mitarbeiter. 1977 wurden in dem Unternehmensbereich drei Minicomputer angeschafft. Dank dieser Kapazitätserweiterung konnte J&S seine Dienste ausweiten und die Kundenbedürfnisse besser befriedigen. Im September 1978 hatte sich die interne und externe Auslastung so erhöht, dass im Unternehmensbereich Informationsdienste mehr als fünfzig Mitarbeiter beschäftigt waren. Der Bereichsleiter war mit der Arbeitsweise im Unternehmensbereich sehr unzufrieden. Es gab keine Projektverantwortlichen, die Projekte hätten vorantreiben können, und die Kunden hatten keine Ansprechpartner, über die sie den Projektstatus erfragen konnten. Der Bereichsleiter stellte fest, dass er einen Großteil seiner Arbeitszeit mit Routinetätigkeiten wie der Konfliktlösung verbrachte, dass ihm jedoch wenig Zeit für strategische Planung und die Formulierung von Richtlinien blieb.

Das Hauptproblem, mit dem der Bereichsleiter konfrontiert war, bestand aus zwei fortlaufenden internen Projekten, die hier einfach Projekt X und Projekt Y genannt werden und bei denen zum Monatsende Daten gesammelt und Berichte erstellt werden mussten. Der Bereichsleiter fand, dass diese beiden Projekte wichtig genug waren, um einen Projektmanager ausschließlich mit der Leitung dieser Projekte zu betrauen.

Im Oktober 1978 kündigte die Unternehmensführung an, dass der Bereichsleiter des Unternehmensbereichs Informationsdienste zum 1. Februar 1979 zurücktreten sollte und dass seine Nachfolger Mitte Januar bekannt gegeben würden. Mitte Januar wurden zwei Mitarbeiter neu eingestellt, die für Projekt X und Projekt Y verantwortlich sein sollten. Abbildung 3.17 zeigt die Organisationsstruktur des Unternehmensbereichs Informationsdienste. Innerhalb der nächsten dreißig Tage wurde im Unternehmen darüber gerätselt, wer wohl der neue Bereichsleiter werden würde. Die meisten Mitarbeiter dachten, dass die Position mit einem Mitarbeiter aus ihrem Unternehmensbereich besetzt werden solle und dass die beiden neuen Projektmanager sehr wahrscheinlich für die Position in Frage kämen. Zusätzlich würde der stellvertretende Bereichsleiter im Dezember in Ruhestand gehen, wodurch gleich zwei Stellen vakant wären.

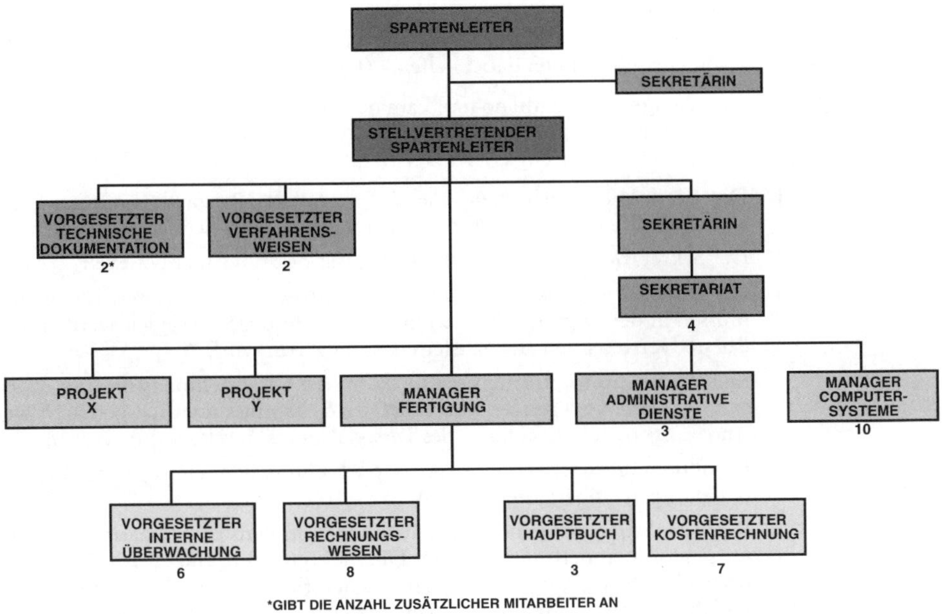

Abbildung 3.17: Organigramm des Unternehmensbereichs Informationsdienste

Am 3. Januar 1979 fand ein vertrauliches Gespräch zwischen dem Bereichsleiter Informationsdienste und dem Systemmanager statt.

Bereichsleiter: »Die Unternehmensführung hat meiner Anfrage zugestimmt, Sie zum Bereichsleiter zu befördern. Leider ist Ihre Aufgabe nicht einfach. Sie müssen die Organisation so umstrukturieren, dass zwischen den Mitarbeitern nicht mehr so viele Konflikte auftreten. Meine Sekretärin setzt eine vertrauliche Nachricht für Sie auf, in der ich Ihnen eine Erklärung für die Probleme in unserem Unternehmensbereich nenne.

Von: ISD-Bereichsleiter
An: Systemmanager
Datum: 3. Januar 1979

Herzlichen Glückwunsch zu Ihrer Beförderung zum Bereichsleiter. Ich hoffe sehr, dass Ihr neues Amt für Sie persönlich und für unser Unternehmen eine Bereicherung darstellt. Ich habe eine kurze Liste mit möglichen Problemen vorbereitet, an die Sie denken sollten, wenn Sie das Amt übernehmen.

1. Die Projektmanager der Projekte X und Y sind beide sehr kompetent. In den letzten vier oder fünf Tagen schienen sie jedoch mehr Konflikte zu erzeugen als bisher. Dies könnte mein Fehler sein, da ich ihnen nicht genügend Kompetenzen zugewiesen habe. Es könnte aber auch daraus resultieren, dass einige Mitarbeiter die Projektmanager als Kandidaten für meine Stelle betrachten. Weiterhin schätzt es der Fertigungsleiter nicht besonders, wenn andere Manager in sein Gehege einbrechen und ihm Anweisungen erteilen.

2. Ich bin nicht sicher, dass wir einen stellvertretenden Bereichsleiter benötigen. Die Entscheidung liegt hier bei Ihnen.

3. Die Unternehmensführung ist ziemlich unzufrieden über die Unfähigkeit im Umgang mit externen Kunden. Dieses Problem müssen Sie bei jeder Organisationsform berücksichtigen, für die Sie sich entscheiden.

4. Der strategische Plan des Unternehmens sieht für Ihren Bereich eine erhöhte Spezialisierung auf interne MIS-Projekte vor. Die Unternehmensführung möchte unsere externen Aktivitäten so lange beschränken, bis die internen Angelegenheiten geregelt sind.

5. Ich habe den Fehler gemacht, die Organisationsstruktur täglich zu verändern. Es wäre wahrscheinlich besser gewesen, eine Struktur zu entwickeln, die zukünftige Bedürfnisse erfüllt und in die unser Bereich hineinwachsen kann.

Abbildung 3.18: Vertrauliches Memo

Denken Sie daran, Ihre Beförderung bis Ende des Monats streng geheim zu halten. Ich sage Ihnen schon jetzt Bescheid, damit Sie mit der Planung der Umstrukturierung beginnen können. Meine Nachricht sollte Ihnen dabei helfen.« (Die Nachricht finden Sie in Abbildung 3.18.)

Der Systemmanager las das Memo und kam nach reiflicher Überlegung zu dem Schluss, dass sich eine Matrixorganisation am besten eignen würde. Zur Unterstützung der Umstrukturierung wurde ein externer Berater engagiert. Der Berater identifizierte die folgenden Problembereiche:

1. Der Betriebsleiter hat mehr als 50 Prozent der Personalressourcen unter sich. Dieses »Reich« sollte möglicherweise aufgebrochen werden, jedoch mit äußerster Sorgfalt.
2. Der Sekretärinnenpool ist in der Organisation zu hoch angesiedelt.
3. Die Inspektoren, die momentan dem stellvertretenden Bereichsleiter unterstellt sind, müssen in der Organisationsstruktur weiter unten angesiedelt werden, falls die Position des stellvertretenden Bereichsleiters aufgegeben wird.
4. Eines der Hauptprobleme besteht darin, die Unternehmensführung davon zu überzeugen, dass die Änderungen vorteilhaft sind. Es muss deutlich gemacht werden, dass die Änderungen ohne Erhöhung des Personalstands durchgeführt werden können.
5. Es sollte möglicherweise eine separate Abteilung oder ein separates Projekt für Kundenbeziehungen eingerichtet werden.
6. Die Einführung der neuen Matrixorganisation wird problematisch sein. Jeder Mitarbeiter sieht die Änderungen anders. Die meisten Leute fragen bei Änderungen zuerst danach, ob sich eine Veränderung der Machtverhältnisse ergibt, das heißt, ob sich ihr Status und ihre Macht erhöht oder verringert hat.

Der Systemmanager wertete die Kommentare des Beraters aus und stellte sich dann eine Liste mit Fragen zusammen, die er dem Berater bei ihrem nächsten Treffen stellen wollte:

1. Wie sollte die neue Organisationsstruktur aussehen? Wo sollten die einzelnen Mitarbeiter und insbesondere die Manager angesiedelt sein?
2. Wann sollten die organisatorischen Änderungen angekündigt werden?
3. Sollten Mitarbeiter aufgefordert werden, sich an der Umstrukturierung zu beteiligen? Lassen sich dadurch Machtspiele vermeiden?
4. Sollten interne oder externe Schulungen durchgeführt werden, um die Mitarbeiter an die neue Organisationsstruktur heranzuführen? Wie bald sollten die Schulungen durchgeführt werden?

4 Organisation und Ausstattung des Projektteams

Verwandte Fallstudien (aus Kerzner/*Project* Management *Case Studies*, 2. Auflage)	Verwandte Workbook-Übungen (aus Kerzner/*Project Management Workbook and PMP®/CAPM® Exam Study Guide*, 9. Auflage)	PMBOK® Guide, 3. Auflage, Referenzabschnitt für das PMP®-Zertifizierungsexamen
• Government Project Management • Falls Engineering • White Manufacturing • Martig Construction Company • Ducor Chemical • The Carlson Project	• The Bad Apple • Multiple-Choice-Examen	• Personalmanagement

4.0 Einführung

PMBOK® Guide 2004
Kapitel 9 Personalmanagement

Erfolgreiches Projektmanagement kann unabhängig von der Organisationsstruktur nur so gut sein wie die Mitarbeiter und Führungskräfte, die die Schlüsselfunktionen innehaben. Projektmanagement ist keine Ein-Mann-Show, sondern erfordert eine Gruppe von Einzelpersonen, die ein bestimmtes Ziel erreichen wollen. Projektmanagement beinhaltet Folgendes:

- Projektmanager
- Projektassistenz
- Projekt Office (PO)
- Personalauswahl

In der Regel arbeiten die Mitarbeiter des Project Office (PO, Projektbüro genannt) ausschließlich am Projekt mit, wohingegen die Mitglieder des Projektteams in ihren Funktionsbereichen arbeiten und möglicherweise nur einen kleinen Prozentsatz ihrer Arbeitszeit für das Projekt aufwenden. Normalerweise sind die Mitarbeiter des Project Office direkt dem Projektmanager unterstellt, sie können jedoch administrativ fest mit ihrer Linienfunktion verbunden sein. Für kleinere Projekte muss in der Regel kein Project Office eingerichtet werden und manchmal kann ein Projekt sogar von einer Person durchgeführt werden, die alle Positionen des Project Office selbst übernimmt.

Bevor ein Projekt mit Personal ausgestattet wird, müssen fünf grundlegende Fragen geklärt werden:

- Wann gilt ein Projektmanager als erfolgreich?
- Wer sollte Mitglied des Projektkernteams sein?
- Wer sollte Mitarbeiter des Project Office sein?
- Welche Probleme können bei der Rekrutierung von Personal auftreten?
- Wodurch kann es zu einem Verlust wichtiger Teammitglieder kommen?

Oberflächlich gesehen wirken diese Fragen nicht sehr komplex. Aber wenn sie auf eine Projektumgebung angewendet werden (die durch eine »temporäre« Situation gekennzeichnet ist), in der ein konstanter Projektfluss erforderlich ist, um dem Unternehmen Wachstum zu garantieren, wird das Problem der Personalausstattung ziemlich komplex. Dies gilt insbesondere dann, wenn das Unternehmen sowieso schon unterbesetzt ist. Konflikte und die Festlegung von Prioritäten gehören bei der Personalausstattung zum Alltag.

4.1 Die Personalauswahl und ihr Umfeld

PMBOK® Guide 2004
9.1 Personalbedarfsplanung

Um das Problem besser verstehen zu können, das im Rahmen der Stellenbesetzung auftritt, müssen zunächst die Merkmale von Projektmanagement, der Projektumgebung, des Projektmanagement-Prozesses und des Projektmanagers genauer betrachtet werden.

Die zwei wichtigsten Probleme im Zusammenhang mit dem Projektumfeld sind Probleme mit der Leistung der Mitarbeiter und Probleme mit der Personalpolitik. Mit der Leistung haben in einer Projektumgebung viele Mitarbeiter Probleme, weil es sich hierbei um eine völlig neue Situation handelt. Die Mitarbeiter finden es unabhängig von ihrer Kompetenz schwierig, sich beständig an eine sich verändernde Situation anzupassen, in der sie gleichzeitig an mehrere Manager berichten sollen.

Leider schätzen Linienmitarbeiter die Möglichkeit, sich beweisen zu können, manchmal möglicherweise wichtiger ein als das Projekt selbst. Ein Beispiel hierfür wäre ein Mitarbeiter, der nicht auf die Anweisungen des Projektmanagers hört und die Aufgaben auf seine eigene Weise erledigt. Wird er vom Projektmanager darauf angesprochen, antwortet er, dass seine Vorgehensweise die bessere sei. In einer solchen Situation geht es dem Mitarbeiter nur darum, dass seine Leistung anerkannt wird, und er kümmert sich nicht darum, ob das Projekt selbst erfolgreich verläuft.

Das zweite große Problem hängt mit der Mittlerfunktion zwischen Linien- und Projektmanagement zusammen, bei der ein Mitarbeiter in der Regel an zwei Chefs berichten muss – den Linien- und den Projektmanager. Stimmen der Linien- und der Projektmanager in Bezug auf die Arbeit überein, die erledigt werden muss, wird die Leistung des Mittlers möglicherweise nicht beeinträchtigt. Werden jedoch einander widersprechende Anweisungen gegeben, leidet die Leistung des Mitarbeiters mit Mittlerfunktion unabhängig von seiner Kompetenz und Erfahrung, weil er sich in einer Konfliktsituation befindet. In jedem Fall wendet sich der Mitarbeiter der Richtung zu, die der Manager vorgibt, der sein Gehalt festlegt.

Probleme bei den Personalrichtlinien können in einem Unternehmen ein großes Durcheinander anrichten. Dies gilt insbesondere dann, wenn »das Gras in der Projektumgebung grüner ist« als in der Linienfunktion. In Linienorganisationen existieren in der Regel Richtlinien zur Stellenbesetzung, die den Dienstgrad und das Gehalt jedes einzelnen Mitarbeiters festlegen. In einem Project Office gibt es solche Vorschriften kaum, weil sich die Projekte sehr stark voneinander unterscheiden und somit andere Strukturen erfordern. In der Linie kann nach Dienstgrad der Mitarbeiter unterschieden werden, wohingegen für einen Projektmanager nur die Größe des Projekts und das Maß an Verantwortung eine Rolle spielen. In einer Projektumgebung ist es einfacher, einen Bonus zu erhalten als in der Linie, was zu Konflikten und Eifersüchteleien zwischen den horizontalen und den vertikalen Elementen führen kann.

Weil jedes Projekt anders ist, gelten jeweils eigene Richtlinien, Verfahrensweisen, Regeln und Standards, vorausgesetzt, sie verletzen nicht die Unternehmensrichtlinien. Jedes Projekt muss von der Unternehmensleitung als solches anerkannt werden, damit der Projektmanager die benötigten Kompetenzen erhält, um die Richtlinien, Verfahrensweisen, Regeln und Standards durchsetzen zu können.

Projektmanagement ist nur dann erfolgreich, wenn sich der Projektmanager und sein Team vollständig dem Ziel widmen, das Projekt erfolgreich abzuschließen. Dazu müssen alle Mitglieder des Projektteams die folgenden grundlegenden Projektanforderungen kennen:

- Kundenbindung
- Projektausrichtung
- Projektplanung
- Projektsteuerung
- Projektbewertung
- Projektberichterstattung

Im Grunde ist der Projektmanager während der Phase der Stellenbesetzung die Person mit dem größten Einfluss. Die persönlichen Attribute und Fähigkeiten des Projektmanagers ziehen wünschenswerte Mitarbeiter entweder an oder stoßen sie ab. Projektmanager müssen Schwierigkeiten lieben. Sie müssen in der Lage sein, Risiko und Unsicherheit zu bewerten. Außerdem müssen sie folgende Merkmale aufweisen:

- Ehrlichkeit und Integrität
- Verständnis für persönliche Probleme
- Kenntnisse über Projekttechnologie
- Führungsqualitäten
- Kenntnisse von Managementprinzipien
- Kommunikative Fähigkeiten
- Wachsamkeit und Schnelligkeit
- Vielseitigkeit
- Energie und Zähigkeit
- Entscheidungsfreudigkeit

Projektmanager müssen ihren Project-Office- und den Linienmitarbeitern gegenüber ehrlich und integer sein und eine Atmosphäre des Vertrauens fördern. Sie sollten keine falschen Versprechungen machen, wie z.B. die Beförderung aller Mitarbeiter, falls ein Folgevertrag abgeschlossen werden kann.

Projektmanager sollten Erfahrung im Bereich Management und technisches Fachwissen besitzen. Sie müssen die Grundprinzipien des Managements kennen und insbesondere wissen, wie sich zeitlich befristete Kommunikationswege rasch einrichten lassen. Projektmanager müssen die technischen Implikationen eines Problems kennen, da sie letztendlich für alle Entscheidungen verantwortlich sind. Es haben schon viele gute, technisch orientierte Manager versagt, weil sie sich zu sehr um die technische Seite des Projekts statt um das Management gekümmert haben. Es sprechen einige starke Argumente für einen Projektmanager, der mehr als nur Grundkenntnisse in der erforderlichen Technologie besitzt.

Da ein Projekt eine relativ kurze Lebensdauer hat, müssen Entscheidungen schnell und effektiv getroffen werden. Manager müssen wachsam und schnell sein, wenn es darum geht, Faktoren zu erkennen, die möglicherweise zu ernsthaften Problemen führen können. Sie müssen Vielseitigkeit und Zähigkeit beweisen, um ihre Mitarbeiter dazu zu bringen, das Ziel zu erreichen. Der Unternehmensleitung muss klar sein, dass Projektmanager bei der Personalausstattung folgende Ziele verfolgen:

- Die besten verfügbaren Ressourcen zu erhalten und zu versuchen, ihre Leistung zu verbessern
- Den Mitarbeitern eine gute Arbeitsumgebung bieten
- Sicherstellen, dass alle Ressourcen effektiv und effizient eingesetzt werden, um möglichst alle Vorgaben erfüllen zu können

4.2 Die Wahl des Projektmanagers: Eine Entscheidung der Unternehmensführung

PMBOK® Guide 2004

9.2.1 Zusammenstellung des Projektteams: Eingangswerte

9.3.2 Entwickeln des Projektteams: Werkzeuge und Methoden

Die wahrscheinlich schwierigste Entscheidung für das obere Management ist die Wahl der Projektmanager. Manche Manager arbeiten am besten in langfristigen Projekten, bei denen die Entscheidungsfindung Zeit hat, andere hingegen sind erfolgreich bei Projekten mit kurzer Dauer, bei denen sie beständig unter Druck stehen. Das obere Management muss die Stärken und Schwächen seiner Projektmanager kennen. Ein Direktor wurde einmal gefragt, wen er für eine wichtige Projektmanagementposition auswählen würde – einen Projektmanager, der sich bereits in vorherigen Programmen bewährt hat, bei denen ernsthafte Probleme und Kostenüberschreitungen aufgetreten waren, oder einen neuen, aggressiven Mitarbeiter, der möglicherweise das Potenzial zu einem guten Projektmanager hätte, dies jedoch noch nie unter Beweis stellen konnte. Der Direktor antwortete, dass er sich eher für den altgedienten Mitarbeiter entscheiden würde, da er davon ausginge, dass die Fehler der Vergangenheit nicht noch einmal gemacht würden. Er argumentierte also damit, dass der Projektmanager aus seinen Fehlern lernen muss, um sie nicht noch einmal zu machen. Der neue Mitarbeiter macht möglicherweise die gleichen Fehler wie der altgediente. Die Unternehmensleitung kann sich jedoch nicht immer für die erfahrenen Mitarbeiter entscheiden, ohne jüngere Mitarbeiter zu frustrieren. Stewart beschreibt derartige Situationen wie folgt:[1]

> Die Vorerfahrung eines Projektmanagers beschränkt sich zwar in der Regel auf einen Funktionsbereich, er muss jedoch in der Lage sein, das Projekt als »Mini«-Geschäftsführer zu verwalten. Er darf nicht nur verfolgen, was passiert, sondern er muss als Verfechter des Projekts auftreten. Selbst für erfahrene Manager ist diese Aufgabe nicht einfach. Es ist deshalb wichtig, Mitarbeiter als Projektmanager zu wählen, die ihre administrativen und kommunikativen Fähigkeiten bereits überzeugend demonstriert haben.

Die Wahl des Projektmanagers ist nicht einfach. Dabei müssen fünf Grundfragen bedacht werden:

- Welche internen und externen Quellen gibt es?
- Wie soll die Auswahl erfolgen?
- Wie können im Projektmanagement Karrieremöglichkeiten eröffnet werden?
- Wie können Fertigkeiten im Bereich Projektmanagement entwickelt werden?
- Wie soll die Leistung des Projektmanagements beurteilt werden?

Projektmanagement hat nur mit einem guten Projektmanager Erfolg. Es ist wesentlich wahrscheinlicher, dass Projektmanager Erfolg haben, wenn es für die Mitarbeiter deutlich ist, dass der Projektmanager von der Unternehmensführung unterstützt wird. In der Regel reicht ein kurzer Hinweis an den Linienmanager aus. Zu den Verantwortlichkeiten des Projektmanagers gehören:

- Die Fertigstellung des Endprodukts mit den verfügbaren Ressourcen und innerhalb der vorgegebenen Zeit, der vorgegebenen Kosten und mit der vorgegebenen Leistung/Technologie
- Die Erfüllung der vertraglich vereinbarten Gewinnziele
- Fällen aller erforderlichen Entscheidungen, um Alternativen zu finden oder das Projekt abzubrechen
- Ansprechpartner sein für den Kunden (extern) sowie das obere Management und die Linienmanager (intern)
- »Verhandlung« mit allen Linieneinheiten führen, um die erforderlichen Arbeiten innerhalb der Zeit-, Kosten- und Leistungs- bzw. Technologievorgaben durchzuführen
- Lösung von Konflikten (falls möglich)

1. Stewart, John M., *Making Project Management Work*. Abgedruckt mit freundlicher Genehmigung von *Business Horizons,* Fall 1965, S. 63. Copyright © by the Board of Trustees at Indiana University.

Würden diese Verantwortlichkeiten auf das gesamte Unternehmen angewendet werden, entsprächen sie denen eines Geschäftsführers. Diese Analogie zwischen Projektmanager und Geschäftsführer ist einer der Gründe, warum zukünftige Geschäftsführer aufgefordert werden, Funktionen zu erfüllen, die in ihrer Stellenbeschreibung eher angedeutet sind. Als Beispiel sei einmal angenommen, Sie seien Projektmanager eines High-Tech-Projekts. Als das Projekt sich dem Ende zuneigt, bittet Sie eine Führungskraft, einen Vortrag zu schreiben, den Sie bei einem Treffen in Tokio halten sollen. Der Name der Führungskraft steht dabei an erster Stelle. Ist diese Aufgabe Bestandteil Ihres Jobs? In der Regel werden Sie wohl kaum eine Wahl haben.

Damit Projektmanager ihrer Verantwortung gerecht werden können, müssen sie permanent ihre Fähigkeiten in Bezug auf das Schnittstellen- und Ressourcenmanagement und auf Planung und Steuerung unter Beweis stellen. Zu den unausgesprochenen Verantwortlichkeiten des Projektmanagers gehören:

- Schnittstellenmanagement
  - Produktschnittstellen
    - Leistung von Baugruppen oder Teilen
    - Physische Verbindung zwischen Teilen oder Baugruppen
  - Projektschnittstellen
    - Kunden
    - Management (Linien- und oberes Management)
    - Veränderung der Verantwortungsbereiche
    - Informationsfluss
    - Materialschnittstellen (Kontrolle des Materialbestands)
- Ressourcenmanagement
  - Zeit (Terminplan)
  - Personal
  - Finanzen
  - Anlagen
  - Ausrüstung
  - Material
  - Information/Technologie
- Planungs- und Steuerungsmanagement
  - Verstärkte Nutzung der Einsatzmittel
  - Erhöhte Leistungseffizienz
  - Reduzierte Risiken
  - Identifikation von Alternativen für Probleme
  - Identifikation von alternativen Konfliktlösungen

Betrachten Sie die folgende Stellenausschreibung für einen Projektmanager im Bereich Planung und Entwicklung (aus The New York Times, 2. Januar, 1972):

> Sympathische, gebildete, belesene Persönlichkeit mit Hochschulabschluss als Ingenieur für kleines Unternehmen gesucht. Lange Arbeitszeiten, kein Bonus, keine Sicherheit, wenig Chancen auf Beförderung gehören zu den Anreizen, die wir bieten können. Die Tätigkeit erfordert umfangreiche Kenntnisse und Erfahrung in den Bereichen Fertigung, Material, Konstruktionstechniken, Wirtschaft, Management und Mathematik. Kenntnisse der gesprochenen und geschriebenen englischen Sprache sind erforderlich. Der Bewerber muss bereit sein, Demütigungen von Kunden, Hohn von Personen, die konventionellere Stellen innehaben, und skandalöse Beleidigungen von Kollegen zu ertragen.

> Die Tätigkeit umfasst ausgedehnte Reisen zu unzugänglichen Orten auf der ganzen Welt, manuelle Arbeit und extreme Frustration wegen fehlender Daten als Grundlage für Entscheidungen.
>
> Der Bewerber muss gewillt sein, seine persönliche und berufliche Zukunft aufgrund von Entscheidungen zu riskieren, die auf inadäquaten Informationen und der mangelnden Kontrolle über die Akzeptanz von Empfehlungen bei Kunden basieren. Die Verantwortungsbereiche sind unklar und es wird wenig oder keine Hilfe angeboten. Angemessene Befugnisse werden weder vom Unternehmen selbst noch von seinen Kunden gewährt. Bitte senden Sie Ihren Lebenslauf, eine Liste Ihrer Veröffentlichungen, Referenzen und andere Dokumentationen Ihres Könnens ...

Glücklicherweise gibt es solche Stellenbeschreibungen heute kaum noch.

Es ist nicht leicht, Bewerber mit den passenden Qualifikationen zu finden, weil die Auswahl von Projektmanagern eher auf Persönlichkeitsmerkmalen als auf der Stellenbeschreibung basiert. Russell Archibald definiert größere Bandbreite wünschenswerter Persönlichkeitsmerkmale wie folgt:[2]

PMBOK® Guide 2004
9.3 Entwickeln des Projektteams

- Flexibilität und Anpassungsfähigkeit
- Vorliebe für Initiative und Führungsstärke
- Aggressivität, Selbstsicherheit, Überzeugungskraft und Redegewandtheit
- Ehrgeiz, Aktivität und energisches Auftreten
- Hohe Kommunikationsfähigkeit und integrative Fähigkeiten
- Große Bandbreite persönlicher Interessen
- Sicheres Auftreten, Enthusiasmus, Vorstellungskraft, Spontaneität
- Vermögen, Gleichgewicht zwischen Zeit, Kosten und Personal zu finden
- Gut organisiert und diszipliniert
- Generalist statt Spezialist
- Fähigkeit und Wille, den Großteil der Arbeitszeit mit Planung und Kontrolle zuzubringen
- Fähigkeit, Probleme zu identifizieren
- Entscheidungsfreudigkeit
- Fähigkeit, Zeit sinnvoll einzusetzen

Der ideale Projektmanager müsste sehr wahrscheinlich einen Doktor im Ingenieurwesen, in Wirtschaft und in Psychologie haben und auf Erfahrung in zehn verschiedenen Unternehmen in zahlreichen Projektleiterpositionen zurückblicken können und dazu noch ungefähr fünfundzwanzig Jahre alt sein. Gute Projektmanager sind wahrscheinlich froh, wenn sie mit 70 bis 80 Prozent der genannten Merkmale aufwarten können. Die besten Projektmanager sind die, die ihre eigenen Schwächen erkennen und wissen, wann sie Hilfe anfordern müssen.

Die Schwierigkeit bei der Besetzung der Stelle eines Projektmanagers oder eines Projektassistenten besteht darin, die Fragen festzulegen, mit denen im Bewerbungsgespräch festgestellt werden soll, ob der Bewerber die benötigten oder gewünschten Persönlichkeitsmerkmale besitzt. Es gibt zahlreiche Situationen, in denen Bewerber zwar in vertikaler, nicht jedoch in horizontaler Richtung befördert werden können. Ein Mensch mit einem geringen Kommunikationsvermögen kann wegen seiner Fachkenntnisse zum Linienmanager befördert werden, er eignet sich jedoch nicht für eine Beförderung zum Projektmanager. Bei den meisten Führungskräften hat sich die Methode bewährt, dem potenziellen Kandidaten im Bewerbungsgespräch jedes einzelne Element der Stellenbeschreibung vorzulesen. Viele Bewerber streben nach einer Karriere im Projektmanagement, machen sich jedoch nicht klar, welche Pflichten ein Projektmanager hat.

2. Archibald, R. D., *Managing High-Technology Programs and Projects*, New York, 1976, S. 55.

Bisher haben wir die Fragen nach den Persönlichkeitsmerkmalen des Projektmanagers behandelt. Es müssen aber auch Fragen berücksichtigt werden, die die Stelle als solche betreffen, wie z.B. die folgenden:

- Müssen Machbarkeitsanalysen durchgeführt werden?
- Ist komplexes Fachwissen erforderlich? Falls ja, besitzt der Projektmanager dieses?
- Falls der Projektmanager nicht genügend Fachwissen besitzt, kann dieses dann von den Linien bereitgestellt werden?
- Handelt es sich für das Unternehmen oder den Projektmanager um das erste Projekt oder den ersten Kunden dieser Art? Falls ja, welche Risiken müssen berücksichtigt werden?
- Welche Priorität hat das Projekt und welche Risiken gibt es?
- Mit wem muss der Projektmanager unternehmensintern und extern zusammenarbeiten?

Die meisten guten Projektmanager wissen, wie Machbarkeitsstudien und Kosten-Nutzen-Analysen durchgeführt werden. Manchmal können diese Kenntnisse auch organisatorische Konflikte hervorrufen. Ein wichtiger Hersteller für Computerzubehör beginnt jedes Projekt mit einer Machbarkeitsstudie, in der eine Kosten-Nutzen-Analyse durchgeführt wird. Die Projektmanager, die alle an eine Projektmanagementabteilung berichten, führen die Studie ohne direkte Unterstützung aus den Linien selbst durch. Die Linienmanager behaupten, dass die Ergebnisse sehr ungenau sind, weil sie nicht miteinbezogen wurden. Die Projektmanager sagen andererseits, dass sie niemals über genügend Zeit und Geld verfügen, um eine vollständige Analyse durchführen zu können. Diese Art von Konflikt muss von der Unternehmensleitung gelöst werden. Einige Unternehmen lösen Konflikte dieser Art, indem sie die Analysen von speziell dafür eingerichteten Gruppen durchführen lassen.

Die meisten Unternehmen würden ihre Projektmanager lieber im eigenen Haus finden. Leider ist dies einfacher gesagt als getan.

Es gibt auch gute Gründe dafür, Projektmanager von außerhalb anzuwerben. Ein Projektmanager, der von außen kommt, ist weniger stark an eine bestimmte Linie gebunden und kann das Projekt unvoreingenommener betreuen. Einige Unternehmen fordern, dass der Bewerber eine Ausbildungszeit von zwölf bis sechzehn Monaten in einer Linie verbringt, um die Funktionsweise des Unternehmens kennen zu lernen, sich mit den Mitarbeitern vertraut zu machen und die Unternehmensrichtlinien und -prozeduren besser zu verstehen.

Für den Projektmanager ist es sehr wichtig, dass er seine Stärken und Schwächen kennt. Leider wird dies häufig nur wenig beachtet. Um erfolgreich arbeiten zu können, muss ein Manager außerdem in der Lage sein, menschliche Verhaltensweisen richtig einschätzen zu können:

- Manager müssen sich bewusst sein, was ihre Aufgabe ist, vorzugsweise in Bezug auf ein Endprodukt.
- Sie müssen ihre Kompetenzen und ihre Grenzen kennen.
- Sie müssen ihre Beziehung zu anderen Mitarbeitern einschätzen können.
- Sie sollten wissen, wann eine Aufgabe in Bezug auf bestimmte Ergebnisse als erfolgreich ausgeführt gilt.
- Sie sollten wissen, wo ihre Schwächen liegen und wann sie zutage treten.
- Sie müssen sich dessen bewusst sein, was gegen nicht zufrieden stellende Ergebnisse unternommen werden kann.
- Sie müssen das Gefühl haben, dass ihr Vorgesetzter an ihnen als Person Interesse hat.
- Sie müssen das Gefühl haben, dass ihr Vorgesetzter an sie glaubt und um ihren Erfolg und ihr Fortkommen bestrebt ist.

4.3 Anforderungen, die Projekt- und Programm-Manager erfüllen sollten

PMBOK® Guide 2004

Personalmanagement

9.3.2 Entwickeln des Projektteams: Werkzeuge und Methoden

Programme sind häufig komplex und vielfältig. Das Management von Programmen stellt eine Herausforderung dar und gefragt sind Fähigkeiten wie Teambildung, Führungsqualitäten, Konfliktlösekompetenz, Fachwissen, Planung- und Organisationstalent, unternehmerisches Denken, Verwaltung, Betriebsführung und Zuordnung von Ressourcen. Dieser Abschnitt untersucht diese Fähigkeiten in Bezug auf effektives Programm-Management. Ein Schlüsselfaktor für gutes Programm-Management ist die Fähigkeit, Personal aus unterschiedlichen Disziplinen in ein effektives Arbeitsteam zu integrieren.

Um Ergebnisse zu erzielen, muss der Programm-Manager folgende Faktoren in Einklang bringen: (1) die Personen, die im Team mitarbeiten sollen, (2) die zu erledigenden Aufgaben, (3) die verfügbaren Werkzeuge, (4) die Organisationsstruktur und (5) das Unternehmensumfeld inklusive seiner Kunden.

Wenn der Projektmanager etwas von der Interaktion eines Unternehmens und von einzelnen Verhaltensweisen versteht, kann er ein Umfeld schaffen, das den Bedürfnissen des Arbeitsteams zuträglich ist. Die internen und externen Kräfte, die sich auf die Planung des Projekts auswirken, müssen mit den gemeinsamen Zielen in Einklang gebracht werden. Somit muss der Programm-Manager sowohl soziale als auch Fachkompetenz besitzen, um zu verstehen, wie das Unternehmen funktioniert und wie die Funktionsweise die Programmplanung für die aktuelle Aufgabe beeinflusst. Außerdem muss der Programm-Manager die Unternehmenskultur und das Wertesystem des Unternehmens kennen, mit dem er zusammenarbeitet. Forschung und Erfahrung zeigen, dass die Effizienz des Programm-Managements damit zusammenhängt, mit welchem Grad diese Fähigkeiten gemeistert werden.

In diesem Abschnitt werden die folgenden zehn Fähigkeiten beschrieben (die Reihenfolge ist unerheblich):

- Teambildung
- Teamführung
- Konfliktmanagement
- Fachkompetenz
- Planerisches Denken
- Organisationstalent
- Unternehmerisches Denken
- Administrative Fähigkeiten
- Unterstützung durch Unternehmensführung erhalten
- Ressourcenzuordnung

Es ist sehr wichtig, dass die Persönlichkeitseigenschaften, die diesen Fähigkeiten zugrunde liegen, einen homogenen Managementstil ergeben. Die Zeiten, in denen Manager allein mit Fachkenntnissen oder mit administrativen Fähigkeiten durchkamen, sind vorbei.

4.3.1 Teambildung

Der Aufbau eines Programmteams gehört zu den wichtigsten Verantwortungsbereichen des Programm-Managers. Die Teambildung beinhaltet das gesamte Spektrum an Management-Fähigkeiten, um die verschiedenen Aufgabengruppen aus der traditionellen Linienorganisation in ein Programm-Management-System zu verpflichten, zu integrieren und mit ihm zu identifizieren.

Um effektiv arbeiten zu können, muss der Programm-Manager eine Atmosphäre schaffen, die der Teamarbeit zuträglich ist. Er muss ein Klima nähren, das die folgenden Merkmale aufweist:

- Die Team-Mitglieder müssen sich dem Programm verpflichtet fühlen
- Gute zwischenmenschliche Beziehungen und Teamgeist
- Das benötigte Fachwissen und die erforderlichen Ressourcen
- Klar definierte allgemeine Ziele und Programmziele
- Engagiertes Top-Management, das die Aktivitäten unterstützt
- Gute Programmführung
- Offene Kommunikation zwischen den Team-Mitgliedern und den Service-Abteilungen
- Ein geringes Maß an schädlichen Konflikten zwischen Mitarbeitern und Gruppen

Hinter den oben genannten Faktoren zur Integration von Personen aus verschiedenen Disziplinen in ein effektives Team verbergen sich drei Hauptgesichtspunkte: (1) effektive Kommunikation, (2) ernsthaftes Interesse an der Weiterentwicklung der Team-Mitglieder und (3) Bindung an das Projekt.

4.3.2 Teamführung

Eine absolut unerlässliche Voraussetzung für Programmerfolg ist die Fähigkeit des Programm-Managers, ein Team in einer relativ unstrukturierten Umgebung zu führen. Dies beinhaltet die Fähigkeit, effektiv mit Managern umzugehen, Personal über mehrere Linien zu unterstützen und die relevanten Daten in einem dynamischen Umfeld zu sammeln und zu filtern, die für die Entscheidungsfindung benötigt werden. Zusätzlich ist die Fähigkeit gefragt, individuelle Bedürfnisse, Anforderungen und Vorgaben zu integrieren und Konflikte zwischen den verschiedenen Gruppen lösen zu können.

Wie bei einem Geschäftsführer hängen Führungsqualitäten auch beim Programm-Manager sehr stark von seiner Erfahrung und von seiner Glaubwürdigkeit im Unternehmen ab. Effektives Management lässt sich wie folgt umschreiben:

- Klare Projektführung und klare Zielvorstellungen
- Unterstützung bei der Lösung von Problemen
- Neuen Team-Mitgliedern die Integration in die Gruppe erleichtern
- Die Fähigkeit, zwischenmenschliche Konflikte zu lösen
- Gruppenentscheidungen erleichtern
- Die Fähigkeit, klar zu kommunizieren
- Präsentation des Teams gegenüber einer höheren Hierarchieebene
- Die Fähigkeit, technische Lösungen gegen ökonomische und menschliche Faktoren abzuwägen

Folgende Persönlichkeitseigenschaften sind hierfür förderlich:

- Erfahrung im Projektmanagement
- Flexibilität und Offenheit gegenüber Änderungen
- Innovatives Denken
- Initiative und Enthusiasmus
- Selbstorganisation und Disziplin

4.3.3 Konfliktmanagement

Konflikte treten beim Management komplexer Aufgaben immer auf. Um effektiv mit diesen Konflikten umgehen zu können, muss der Programm-Manager in der Lage sein, die Ursachen der Konflikte zu erkennen. Wenn Konflikte zu einem Störfaktor werden, werden häufig unzureichende Programmentscheidungen getroffen, es kommt zu Verzögerungen und das Team wird in seiner Arbeit behindert. Konflikte wirken sich also negativ auf die Leistung aus. Konflikte können jedoch auch von Vorteil sein, wenn sie Engagement und neue Informationen hervorbringen und den Kampfgeist steigern. Um Konflikte effektiv zu lösen und die Leistung zu steigern, müssen Programm-Manager Folgendes leisten:

- Die Interaktion von organisatorischen Elementen und Verhaltensweisen erkunden, um ein Umfeld schaffen zu können, das für die Motivation des Teams förderlich ist. Dadurch erhöht sich die aktive Beteiligung und unproduktive Konflikte werden zurückgedrängt.
- Mit allen Ebenen der Organisation im Hinblick auf Projektziele und Entscheidungen effektiv kommunizieren. Sehr förderlich für diese Kommunikation sind regelmäßig durchgeführte Meetings, die einen Überblick über den aktuellen Status bieten.
- Die Ursachen für Konflikte und ihr Auftreten im Projektlebenszyklus erkennen. Eine effektive Projektplanung, Notfallpläne, die Absicherung von Entscheidungen und die Einbeziehung des Top-Managements können hilfreich sein, um Konflikte zu minimieren oder zu vermeiden, bevor sie die Projektleistung negativ beeinflussen.

Der vollendete Manager benötigt einen »sechsten Sinn« dafür, wann ein Konflikt wünschenswert ist, welche Art von Konflikt nützlich ist und wie viel Konfliktpotenzial in einer bestimmten Situation optimal ist. Letztendlich trägt er die Verantwortung für sein Programm und entscheidet, wie Konflikte zum Erfolg oder Misserfolg beitragen können.

4.3.4 Fachkompetenz

Der Programm-Manager besitzt nur selten alle technischen, administrativen und Marketing-Kenntnisse, die erforderlich sind, um das Projekt eigenhändig steuern zu können. Er muss jedoch unbedingt die Technologie, die Märkte und das Geschäftsumfeld kennen. Ohne diese Kenntnisse kann er die Auswirkungen lokaler Entscheidungen auf das Gesamtprogramm, die möglichen Verzweigungen des Wachstums und die Beziehungen zu anderen Geschäftsmöglichkeiten kaum vorhersehen. Um technische Konzepte und Lösungen beurteilen zu können, um mit dem Projektteam effektiv in der Fachsprache kommunizieren zu können, um Risiken einschätzen und um Kompromisse zwischen Kosten, dem Ablauf- und Terminplan und technischen Gesichtspunkten eingehen zu können, benötigt der Programm-Manager entsprechende Fachkenntnisse. Aus diesem Grund benötigen Projektmanager in komplexen Problemlösesituationen einen entsprechenden technischen Hintergrund.

Fachkompetenz setzt sich zusammen aus Kenntnissen über:

- Die involvierte Technologie
- Die verwendeten Werkzeuge und Techniken
- Spezifische Märkte, ihre Kunden und die Marktanforderungen
- Produktanwendungen
- Technologische Trends und Entwicklungen
- Die Beziehung zwischen den Technologien
- Die Menschen, die in diesem Bereich tätig sind

Die Fachkompetenz, die benötigt wird, um technische Programme effektiv zu managen, entwickelt sich in der Regel im Rahmen der Tätigkeit als Ingenieur oder der Mitarbeit an Projekten in einem bestimmten Technologiesektor. Häufig beginnt das Projekt mit einer Erkundungsphase, die zu einem Antrag führt. Dies ist ein ideales Testgelände für den zukünftigen Programm-Manager. Zusätzlich bietet sich dem Top-Management die Möglichkeit, die Eignung des neuen Kandidaten für das Management technologischer Neuerungen und die Integration von Lösungen einzuschätzen.

4.3.5 Planerisches Denken

Planerisches Denken ist hilfreich bei allen Unternehmungen, für ein erfolgreiches Management umfangreicher, komplexer Programme jedoch eine Grundvoraussetzung. Der Projektplan gibt den Projektverlauf vor.

Die Programmplanung muss beständig und auf allen Hierarchieebenen erfolgen. Für die Erstellung eines Projektplans vor dem Projektstart ist jedoch der Programm-Manager zuständig. Effektive Projektplanung erfordert Fähigkeiten, die weit über die Zusammenstellung eines Dokuments aus Terminplänen und Budgets hinausgeht. Sie erfordert kommunikative Fähigkeiten und die Möglichkeit, Informationen so zu verarbeiten, dass der eigentliche Bedarf an Ressourcen und die notwendige administrative Unterstützung definiert werden können. Der Programm-Manager muss außerdem in der Lage sein, die benötigten Ressourcen und Verpflichtungen mit den verschiedenen Linien ohne formelle Kompetenzen auszuhandeln.

Effektive Planung erfordert Geschicklichkeit in den folgenden Bereichen:

- Informationsverarbeitung
- Kommunikation
- Verhandlung über Ressourcen
- Einholen von Zusicherungen
- Schrittweise und modulare Planung
- Gewährleistung von messbaren Meilensteinen
- Moderiertes Einbeziehen des Top-Managements

Zusätzlich muss der Programm-Manager sicherstellen, dass der Plan machbar bleibt. Veränderungen des Projektumfangs und der Projekttiefe sind unvermeidlich. Der Plan sollte erforderliche Änderungen in Form von formalen Überarbeitungen widerspiegeln und sollte während des gesamten Programmverlaufs das Dokument sein, das die Richtlinien vorgibt. Ein veralteter oder irrelevanter Plan ist nutzlos.

Schließlich müssen sich Programm-Manager auch noch im Klaren darüber sein, dass Planung auch übertrieben werden kann. Wird der Plan nicht kontrolliert, kann er zum Selbstzweck und zu einem armseligen Ersatz für Innovation werden. Der Programm-Manager ist dafür verantwortlich, den Plan flexibel zu machen und ihn gegen Missbrauch abzusichern.

4.3.6 Organisationstalent

Der Programm-Manager muss wissen, wie die Organisation funktioniert und wie die Zusammenarbeit mit der Organisation am besten funktioniert. Organisationstalent ist insbesondere bei der Projektbildung und dem Projektstart wichtig, wenn der Programm-Manager aus den Mitarbeitern der unterschiedlichsten Bereiche ein effektives Projektteam machen muss. Er muss die Linien festlegen, entlang derer die Berichterstattung erfolgt, er muss die Verantwortlichkeiten sowie den Steuerungs- und Informationsbedarf festlegen. Zu diesem Zweck sind ein guter Programmplan und eine Aufgabenmatrix sehr nützlich. Die Organisation ist leichter, wenn klar definierte Programmziele, offene Kommunikationswege, eine gute Programmführung und Unterstützung durch die Unternehmensführung vorhanden sind.

4.3.7 Unternehmerisches Denken

Der Programm-Manager benötigt auch unternehmerisches Denken. Ökonomische Überlegungen beeinflussen beispielsweise die finanzielle Leistung des Unternehmens, die Ziele sind jedoch häufig nicht nur auf Gewinn ausgerichtet. Kundenzufriedenheit, zukünftiges Wachstum, die Kultivierung von verwandten Marktaktivitäten und eine minimale Störung anderer Programme können ebenfalls wichtige Ziele sein. Ein effektiver Programm-Manager kümmert sich um all diese Themen.

Unternehmerisches Denken entwickelt sich durch Erfahrung. MBA-Programme, spezielle Seminare und funktionsübergreifende Schulungsprogramme können in diesem Zusammenhang jedoch sehr hilfreich sein.

4.3.8 Administrative Fähigkeiten

Administrative Fähigkeiten sind eine Grundvoraussetzung. Der Programm-Manager muss Erfahrungen in den Bereichen Planung, Personalausstattung, Budgetierung, Ablauf- und Terminplanung und mit anderen Steuerungsmechanismen haben. In der Zusammenarbeit mit Ingenieuren geht es in der Regel selten darum, Mitarbeitern administrative Techniken wie die Budgetierung und die Ablauf- und Terminplanung näher zu bringen, sondern sie davon zu überzeugen, dass Kosten und Terminpläne ebenso wichtig sind wie eine elegante technische Lösung.

Insbesondere bei umfangreichen Programmen besitzen Manager selten alle erforderlichen administrativen Fähigkeiten. Es ist zwar wichtig, dass Programm-Manager die Vorgehensweisen und die verfügbaren Werkzeuge eines Unternehmens kennen. Häufig müssen sich Programm-Manager jedoch von administrativen Details unabhängig davon befreien, ob sie damit umgehen können oder nicht. Programm-Manager müssen zahlreiche administrative Aufgaben delegieren, um bestimmte Gruppen zu unterstützen, oder aber einen Projekt-Administrator einstellen.

Für die Verwaltung eines Programms können folgende Werkzeuge hilfreich sein: (1) das Meeting, (2) der Bericht, (3) das Review und (4) die Regulierung des Budgets und des Ablauf- und Terminplans. Programm-Manager müssen mit diesen Werkzeugen vertraut sein und wissen, wie sie sie effektiv einsetzen können.

4.3.9 Unterstützung durch Unternehmensführung erhalten

Der Programm-Manager ist von unzähligen Organisationen umgeben, die ihn entweder unterstützen oder seine Aktivitäten steuern. Um nützliche Beziehungen zur Unternehmensführung aufbauen zu können, muss der Programm-Manager über die Schnittstellen Bescheid wissen. Projektorientierte Organisationen sind Systeme, bei denen Mitarbeiter mit den unterschiedlichsten Interessen und Arbeitsweisen die Macht teilen. Nur eine starke Führungspersönlichkeit, die durch die Unternehmensführung unterstützt wird, kann die Entwicklung unvorteilhafter Ausrichtungen verhindern.

Vier Schlüsselvariablen beeinflussen die Fähigkeit des Projektmanagers, eine gute Beziehung zur Unternehmensführung herzustellen: (1) Glaubwürdigkeit, (2) die Erkennbarkeit seines Programms, (3) die Priorität des Programms im Vergleich zu anderen Vorhaben des Unternehmens und (4) die eigene Erreichbarkeit.

4.3.10 Die Fähigkeit, Ressourcen zuzuordnen

In einer programmorientierten Organisation gibt es möglicherweise viele Chefs. Die einzelnen Linien schirmen häufig am Projekt beteiligte Abteilungen vor der direkten finanziellen Kontrolle durch das Project Office ab. Nachdem eine Aufgabe einmal genehmigt wurde, ist es oft unmöglich, die Personalzuordnungen, die Prioritäten und die indirekten Personalkosten zu steuern. Außerdem lässt sich der Beitrag zum Ertrag wegen der Abhängigkeiten zwischen den verschiedenen Abteilungen und den sich ändernden Arbeitsinhalten nur schwer bemessen.

Eine effektive und ausführliche Programmplanung erleichtert nicht nur diese Arbeit, sondern verstärkt auch die Kontrolle. Teil des Plans ist der Arbeitsauftrag, der die Basis für die Ressourcenzuordnung bildet. Es ist auch wichtig, mit allen Teammitgliedern und ihren Vorgesetzten Vereinbarungen über die Aufgaben auszuhandeln, die erledigt werden müssen, und die dafür benötigten Budgets und die Zeitpläne auszuhandeln. Messbare Meilensteine sind nicht nur wichtig für Hardware-Komponenten, sondern auch für »unsichtbare« Programmkomponenten wie Systeme und Software-Aufgaben. Im Idealfall sollte diese Festlegung auf Spezifikationen, Terminpläne und Budgets bereits in einer frühen Phase der Projektbildung wie z.B. in der Antragsphase erfolgen. Zu diesem Zeitpunkt sind die Anforderungen noch flexibel und Kompromisse zwischen den Parametern der Leistung, des Ablauf- und Terminplans und des Budgets sind möglich. Außerdem ist zu diesem Zeitpunkt der Kampfgeist unter den möglichen Teilnehmern in der Regel am größten, was dazu führt, dass der Arbeitsplan kompakter ist und mehr Herausforderungen enthält.

4.4 Spezialfälle bei der Wahl des Projektmanagers

Bisher wurde davon ausgegangen, dass das Projekt groß genug ist, um einen Projektmanager voll auszulasten. Dies ist jedoch nicht immer der Fall. Bei der Personalausstattung müssen vier wichtige Problembereiche berücksichtigt werden:

- Ausschließliche oder teilweise Mitarbeit am Projekt
- Zuordnung von mehreren Projekten zu einem Projektmanager
- Zuordnung von Projekten zu Linienmanagern
- Der Geschäftsführer behält die Rolle des Projektmanagers

Das erste Problem hat in der Regel mit der Größe des Projekts zu tun. Bei einem kleinen Projekt (in Bezug auf die Dauer oder die Kosten) reicht ein Projektmanager aus, der gleichzeitig mehrere Projekte betreut. Viele Führungskräfte haben jedoch den Fehler gemacht, Linienmanager, die ihre Linienfunktionen noch immer erfüllen, zu Teilzeit-Projektmanagern zu machen. Treten Konflikte zwischen den Interessen des Projekts und denen der Linie auf, leidet immer das Projekt. Es ist ganz natürlich, dass Mitarbeiter den Platz bevorzugen, von dem ihre Gehaltserhöhung stammt.

Projektmanager sind häufig für mehrere Projekte zuständig, insbesondere dann, wenn die Projekte miteinander verbunden oder ähnlich geartet sind. Probleme entstehen nur dann, wenn sich die Prioritäten der einzelnen Projekte sehr stark unterscheiden. Projekte mit geringer Priorität werden dann vernachlässigt.

High-Tech-Projekte, die ein hohes Maß an Spezialisierung erfordern und von einer Abteilung durchgeführt werden können, werden häufig von einem Linienmanager betreut, der die Funktion des Projektmanagers übernimmt. Dies kann jedoch auch Schwierigkeiten mit sich bringen, insbesondere dann, wenn der Projektmanager Prioritäten für die Arbeiten vergeben muss, die er selbst überwacht. Der Linienmanager reserviert möglicherweise die besten Ressourcen für das Projekt, ohne dabei die Prioritäten zu beachten. Das Projekt verläuft dann zwar erfolgreich, jedoch zu Lasten aller anderen Projekte, für die der Linienmanager ebenfalls Personal bereitstellen muss.

Die schwierigste Situation tritt sehr wahrscheinlich dann ein, wenn ein Mitglied der Unternehmensführung die Rolle des Projektmanagers übernimmt. Die Führungskraft hat möglicherweise nicht genügend Zeit, um sich dem Projekt zu widmen. Sie kann keine effektiven Entscheidungen als Projektmanager treffen und gleichzeitig ihren regulären Pflichten nachkommen. Außerdem behält die Führungskraft eventuell die besten Ressourcen für dieses Projekt vor.

4.5 Die Wahl eines ungeeigneten Projektmanagers

Auch wenn Führungskräfte die Persönlichkeitsmerkmale und Eigenschaften kennen, die Projektmanager aufweisen sollten, und auch wenn die Stellenbeschreibungen häufig klar definiert sind, kann es vorkommen, dass das Management die falsche Person auswählt, weil seine Entscheidung auf den folgenden Kriterien basiert.

4.5.1 Erfahrung

Einige Führungskräfte betrachten graues Haar als Zeichen für Erfahrung. Diese Art von Erfahrung wird jedoch für Projektmanagement nicht benötigt. Viel wichtiger ist hingegen die Mitarbeit an verschiedenen Arten von Projekten und die Tätigkeit in den unterschiedlichsten Positionen im Project Office. In der Luftfahrt- und der Rüstungsindustrie kann es vorkommen, dass ein Projektmanager über zehn Jahre und mehr dieselbe Art von Projekten durchführt. Wird ein solcher Projektmanager mit einem neuen Projekt konfrontiert, versucht er möglicherweise, die Mitarbeiter und die Projektanforderungen in ein Schema zu pressen, das er aus seinen bisherigen Projekten kennt. Der Projektmanager kennt möglicherweise nur eine Art der Durchführung von Projekten.

4.5.2 Überwachungstaktik

Die Anwendung von Überwachungstaktiken kann sich auf die Mitarbeiter des Projektteams sehr demotivierend auswirken. Projektmanager müssen den Projektmitarbeitern bei ihrer Arbeit genügend Freiheiten einräumen, ohne sie ständig zu überwachen und ihnen eine Richtung vorzugeben. Ein Mitarbeiter einer Linienabteilung, dem von seinem Linienmanager viel »Freiheit« gewährt wird, der vom Projektmanager jedoch plötzlich streng überwacht wird, wird sich kaum wohl fühlen.

Da Linienmanager das Gehalt ihrer Mitarbeiter steuern, benötigen sie nur einen Führungsstil, um die Mitarbeiter zur Anpassung zu zwingen. Projektmanager hingegen können das Gehalt der Projektmitarbeiter nicht steuern und müssen deshalb mehrere Führungsstile beherrschen. Der Projektmanager muss seinen Führungsstil dem Projektmitarbeiter anpassen. In der Linie verhält sich dies umgekehrt.

4.5.3 Verfügbarkeit

Führungskräfte sollten Mitarbeiter nicht nur deshalb zu Projektmanagern machen, weil sie verfügbar sind. Mitarbeiter schrecken häufig zurück, wenn ihnen in Aussicht gestellt wird, dass die Projektmanager mitten im Projekt ausgetauscht werden. Angenommen, Manager X hat ein Projekt zur Hälfte durchgezogen und Manager Y wartet auf seine Zuteilung zu einem neuen Projekt. Nun zeichnet sich ein neues Projekt ab und die Unternehmensführung ersetzt Manager X durch Manager Y. Dafür gibt es mehrere Gründe. Die wichtigste Projektphase ist die Planungsphase. Wenn diese korrekt durchgeführt wird, läuft das Projekt im Prinzip von selbst. Deshalb sollte Manager Y in der Lage sein, das Projekt von Manager X zu übernehmen.

Es gibt sicher auch noch viele andere Gründe, weshalb der Wechsel notwendig sein könnte. Das neue Projekt hat möglicherweise eine höhere Priorität und es wird ein Projektmanager mit mehr Erfahrung benötigt. Außerdem sind nicht alle Projektmanager gleich. Dies gilt insbesondere, wenn es um die Planung geht. Wenn ein Projektmanager mit einem außerordentlichen Talent für die Planung gefunden werden kann, besteht die natürliche Tendenz, ihn für die Planung aller Projekte einzusetzen.

4.5.4 Fachkompetenz

Führungskräfte fördern häufig Linienmanager, ohne dabei die Konsequenzen zu berücksichtigen. Techniker sind häufig nicht in der Lage, sich von der technischen Seite eines Projekts zu lösen. Es sprechen jedoch auch gute Gründe dafür, technische Spezialisten zu Projektmanagern zu befördern, da sie sich häufig durch folgende Merkmale auszeichnen:

- Sie haben gute Beziehungen zu anderen Spezialisten
- Sie können verhindern, dass Doppelarbeit verrichtet wird
- Sie können Teamwork fördern
- Sie haben selbst alle technischen Ränge durchlaufen
- Sie kennen sich in vielen technischen Gebieten aus
- Sie kennen sich mit Rentabilität und Unternehmensführung aus
- Sie sind interessiert daran, anderen etwas beizubringen
- Sie können mit Perfektionisten zusammenarbeiten

Die Ernennung eines Mitarbeiters zum Projektmanager wegen seiner Fachkompetenz ist nur dann vertretbar, wenn im Projekt derartige Kenntnisse und eine technische Führung erforderlich sind, wie z.B. bei FuE-Projekten. Bei Projekten, bei denen auch ein »Generalist« als Projektmanager akzeptabel ist, steigt das Risiko, wenn ein Mitarbeiter wegen seiner Fachkompetenz zum Projektmanager gemacht wird. Laut Wilemon und Cicero[3] gilt Folgendes:

3. Wilemon, D. L. und Cicero, J. P., *The Project Manager – Anolmalies and Abiguities,* Academy of Management Journal, Vl. 13, 1970, S. 269–282.

- Je größer die Fachkompetenz des Projektmanagers ist, desto stärker neigt er dazu, sich in die technischen Details des Projekts hineinzusteigern.
- Je mehr Schwierigkeiten der Projektmanager damit hat, die Verantwortung für Projektaufgaben zu delegieren, desto stärker wird er sich in die technischen Details des Projekts hineinsteigern.
- Je größer das Interesse des Projektmanagers an den technischen Details des Projekts ist, desto höher ist die Wahrscheinlichkeit, dass er die Rolle des Projektmanagers als technischer Spezialist verteidigen will.
- Je geringer die Fachkompetenz des Projektmanagers ist, desto wahrscheinlicher ist es, dass er die nicht technischen Projektfunktionen (administrative Funktionen) betonen wird.

4.5.5 Kundenorientierung

Führungskräfte bestimmen Mitarbeiter häufig auf Kundenwunsch zu Projektmanagern. Eine gute Beziehung zum Kunden garantiert jedoch noch keinen Erfolg. Ist die Wahl des Projektmanagers einfach nur ein Zugeständnis an den Kunden, muss die Führungskraft darauf bestehen, ein starkes Projektteam zur Unterstützung des Projektmanagers auswählen zu dürfen.

4.5.6 Projektmanagement kennen lernen

Es gibt Führungskräfte, die das Risiko eingehen, dass das Projekt fehlschlägt, weil sie einen Mitarbeiter als Projektmanager einsetzen, der Erfahrung im Projektmanagement sammeln soll. So beschloss der Geschäftsführer eines Versorgungsunternehmens, die Linienmanager zwölf bis achtzehn Monate lang im Projektmanagement arbeiten zu lassen, um ihnen ein besseres Verständnis für die Beziehungen zwischen Linien- und Projektmanagement zu vermitteln. Dieser Ansatz birgt zwei Probleme in sich. Erstens verliert der Mitarbeiter durch seine Tätigkeit im Projektmanagement möglicherweise den Anschluss an den neuesten Stand der Technik. Zweitens wollen Mitarbeiter in der Regel nicht mehr in das Linienmanagement zurückkehren, nachdem sie positive Erfahrungen im Projektmanagement gesammelt haben.

4.5.7 Genaue Kenntnis des Unternehmens

Die Tatsache, dass ein Mitarbeiter bereits in den unterschiedlichsten Abteilungen des Unternehmens gearbeitet hat, macht ihn noch nicht zu einem guten Projektmanager. Möglicherweise hängt der häufige Abteilungswechsel damit zusammen, dass der Mitarbeiter sich bei keinem Job länger halten konnte. Wird ein solcher Mitarbeiter in das Projektmanagement versetzt, wirkt sich dies schädigend auf das Unternehmen aus. Manche Führungskräfte glauben, dass das beste Training für einen Projektmanager darin besteht, ihn die verschiedenen Abteilungen des Unternehmens durchlaufen zu lassen. Der Mitarbeiter bleibt dann zwei bis vier Wochen in einer Abteilung. Andere Führungskräfte hingegen halten diese Vorgehensweise für sinnlos, weil sie glauben, dass ein Mitarbeiter in einer solch kurzen Zeit nichts lernen kann.

In den Tabellen 4.1 und 4.2 sind die aktuellen Trainingsmethoden für Projektmanager aufgelistet.

Letztendlich gibt es drei entscheidende Punkte, die bei der Wahl des Projektmanagers berücksichtigt werden müssen:

- Mitarbeiter sollten nicht nur deshalb in das Projektmanagement befördert werden, weil sie die maximale Gehaltsstufe erreicht haben.
- Projektmanager sollten auf der Basis ihrer Leistung bezahlt und befördert werden und nicht nach der Anzahl der Mitarbeiter, die ihnen unterstellt sind.
- Der Projektmanager muss nicht notwendigerweise der höchstbezahlte Mitarbeiter des Projektteams sein.

I. Training on the Job
Zusammenarbeit mit einem erfahrenen Projektleiter
Mitarbeit in einem Projektteam
Schrittweise Einführung in die Verantwortlichkeiten des Projektmanagements
Jobrotation
Formelles On-the-Job-Training
Unterstützung multifunktionaler Aktivitäten
Aktivitäten zur Förderung der Kundenbindung

II. Konzeptuelles Training/Schulung
Kurse, Seminare, Workshops
Simulationen, Spiele, Fallstudien
Gruppenübungen

Praxisorientierte Übungen für den Einsatz von Projektmanagement-Techniken
Meetings mit Profis
Kongresse, Symposien
Lesen von Büchern, Zeitschriften, Wirtschaftszeitungen

III. Organisationsentwicklung
Formal eingeführtes Projektmanagement
Ordnungsgemäße Projektorganisation
System zur Unterstützung von Projekten
Projektvertrag
Direktiven, Richtlinien und Verfahrensweisen für das Projektmanagement

Tabelle 4.1: Methoden und Techniken für die Ausbildung von Projektmanagern

Projektmanager können auch in Kombination der folgenden Maßnahmen ausgebildet werden:	
Training on the job	60 %
Formale Ausbildung, Kurse	20 %
Seminare	10 %
Lesen	10 %

Tabelle 4.2: Schulung von Projektmanagern

4.6 Projektmanager der nächsten Generation

Die Fähigkeiten, die einen guten Projektmanager auszeichnen, haben sich im Laufe der 1980er-Jahre verändert. Früher konnten nur Ingenieure Projektmanager werden. Es herrschte die Vorstellung vor, dass Projektmanager die Technologie beherrschen müssten, um technische Entscheidungen treffen zu können. Mit zunehmender Größe und Komplexität der Projekte wurde deutlich, dass technologische Grundkenntnisse ausreichten. Die wahren technischen Fachleute sollten abgesehen von Sondersituationen wie dem Projektmanagement in der Forschung und Entwicklung bei den Linienmanagern bleiben.

Als das Projektmanagement eine immer stärkere Position einnahm, wurden technische Leiter zu Managern gemacht. Die wichtigsten Merkmale eines erfolgreichen Projektmanagers sind nun die folgenden:

- Branchenkenntnisse
- Risikomanagement
- Integrative Fähigkeiten

Die wichtigste Qualifikation ist das Risikomanagement. Um Risikomanagement erfolgreich betreiben zu können, sind jedoch gute Branchenkenntnisse erforderlich. Abbildung 4.1 zeigt, wie sich die Projektmanagement-Kenntnisse zwischen 1985 und heute verändert haben.

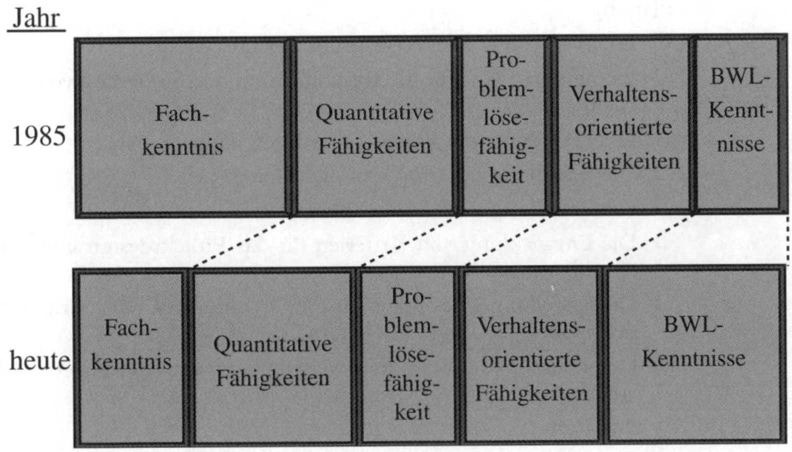

Abbildung 4.1: Qualifikationen für das Projektmanagement

Mit zunehmender Projektgröße erfuhr das Integrationsmanagement eine immer größere Bedeutung (siehe Abbildung 4.2). 1985 beschäftigten sich Projektmanager hauptsächlich mit der Planung, weil sie damals noch die Spezialisten in Fachfragen waren. Heute sind die Linienmanager die Experten und führen den Großteil der Neu- und Umplanung innerhalb ihrer Linie durch. Projektmanager kümmern sich hauptsächlich um die Integration dieser Pläne in den Gesamtplan. Wegen der zunehmenden Risiken und der Komplexität des Integrationsmanagements wird der Projektmanager der Zukunft Experte in der Schadensbegrenzung sein müssen.

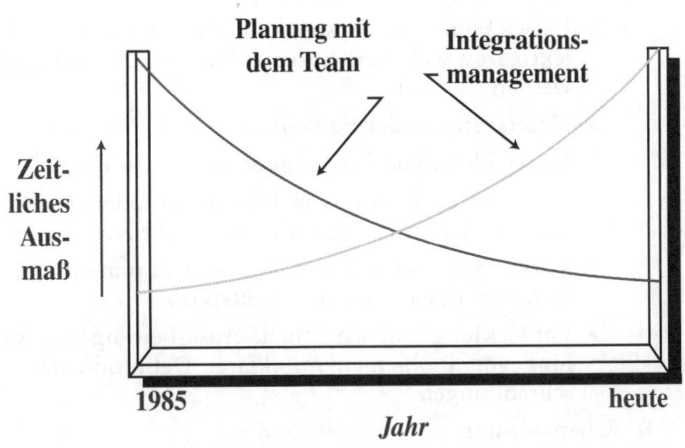

Abbildung 4.2: Wie verbringen Projektmanager ihre Zeit?

4.7 Pflichten und Stellenbeschreibungen

Da sich die Projekte, das Umfeld und die Organisationsstruktur zwischen den einzelnen Unternehmen und auch zwischen den Projekten unterscheiden, haben Unternehmen häufig große Schwierigkeiten, Stellenbeschreibungen für Projektmanager und Projektmitarbeiter zu entwickeln. Nachfolgend sind die Pflichten eines Projektmanagers in der Baubranche aufgeführt:[4]

4. Quelle unbekannt

- Planung
  - Einarbeitung in alle Vertragsdokumente
  - Elementare Pläne für die Durchführung und Steuerung von Projekten entwickeln
  - Die Erstellung von Projektprozeduren leiten
  - Die Erstellung des Projektbudgets leiten
  - Die Erstellung eines Projektplans leiten
  - Die Entwicklung von Kriterien für das Projektdesign und von allgemeinen Spezifikationen lenken
  - Die Erstellung eines Plans für die Organisation, Ausführung und Steuerung der baulichen Aktivitäten leiten
  - Den Plan und die Verfahrensweisen überwachen und bei Bedarf Änderungen anordnen
- Organisation
  - Organigramm für Projekte entwickeln
  - Stellenbeschreibungen für die Projektpositionen und die Zuständigkeiten und Vorgaben für die Bauleiter prüfen
  - Personalbedarfspläne für Projekte entwickeln
  - Die Projektorganisation überwachen und bei Bedarf Änderungen in der Organisationsstruktur und der Stellenbesetzung empfehlen
- Steuerung
  - Steuerung aller Arbeiten, die durchgeführt werden müssen, um die vertraglichen Pflichten zu erfüllen
  - Entwicklung eines Systems für die Entscheidungsfindung innerhalb des Projektteams, wobei die Entscheidungen auf der angemessenen Ebene getroffen werden
  - Unterstützung der Bauleiter
  - Entwicklung von Leistungszielen für den Projektmanager und die Bauleiter
  - Hilfe bei der Lösung von Differenzen oder Problemen zwischen den Abteilungen oder Gruppen, die dem Projekt zugeordnet wurden
  - Vorhersage und Vermeidung oder Minimierung von Problemen durch die Kenntnis des aktuellen Projektstatus
  - Entwicklung und schriftliche Ausarbeitung von Richtlinien für die Behandlung von Problemen mit klarer Definition der Zuständigkeiten und Beschränkungen
- Überwachung
  - Überprüfen, ob die Projektaktivitäten mit der Unternehmensphilosophie und den allgemeinen Unternehmensrichtlinien konform sind
  - Die Einhaltung des Vertrags, des genehmigten Plans, der Projektverfahrensweisen und der Richtlinien des Auftraggebers einfordern
  - Die Einhaltung von vertraglich vereinbarten Garantien und Gewährleistungen überprüfen
  - Überprüfen, ob die Projektaktivitäten die vertraglichen Vereinbarungen erfüllen

- Überprüfen, ob die Pläne für die Steuerung der und die Berichterstellung über die Kosten, die Ablauf- und Terminplanung und die Qualität effektiv genutzt werden
- Effektiv mit dem Auftraggeber und mit allen Gruppen kommunizieren, die am Projekt mitarbeiten

Eine ausführlichere Stellenbeschreibung eines Projektmanagers bei einem Versorgungsunternehmen finden Sie im Anschluss:

PFLICHTEN

Mit minimaler Anleitung entwickelt der Projektmanager Prioritäten für die Projektmitarbeiter (inklusive der Consultants und Unterauftragnehmern) und lenkt deren Tätigkeiten, um die technischen, die Personal- und die Kostenvorgaben sowie den Ablauf- und Terminplan zu erfüllen.

1. Der Projektmanager kümmert sich um die Entwicklung der vorläufigen und der endgültigen Aufgabenbeschreibungen und einer Abschätzung der technischen Anforderungen und des Personal-, Kosten- und Zeitbedarfs für die Aufgaben, die im Rahmen des Projekts anfallen.
2. Der Projektmanager sorgt dafür, dass die vorläufigen und endgültigen Abschätzungen des Personal-, Kosten- und Zeitbedarfs in entsprechende Berichte integriert werden, und er stößt das Genehmigungsverfahren für die Berichte an.
3. Der Projektmanager überprüft widersprüchliche Aufgabenempfehlungen und sorgt dafür, dass Konflikte einheitlich gelöst werden.
4. Der Projektmanager bewertet die verfügbaren Personalressourcen und die geplanten Personalerweiterungen sowie deren geplanten Einsatz in Hinblick auf Berichte zur technischen und zur Arbeitsleistung und initiiert die notwendigen Maßnahmen, um sicherzustellen, dass der Personalbedarf mit einer möglichst ökonomischen Mischung an verfügbaren qualifizierten Beratern und Unterauftragnehmern gedeckt wird.
5. Der Projektmanager bewertet die Kosten-, Ablauf- und Terminplanungsberichte angesichts neuer Aufgaben und Veränderungen bei vorhandenen Aufgaben und initiiert Maßnahmen, um sicherzustellen, dass Veränderungen im Zeit- und Kostenplan akzeptabel sind und entsprechend genehmigt wurden.
6. Der Projektmanager bewertet und lenkt die Tätigkeiten einzelner Mitarbeiter (inklusive der Consultants und der Unterauftragnehmer), um sicherzustellen, dass die vertraglichen Vereinbarungen erfüllt werden und dass die integrierten Personal-, Kosten- und Terminplanberichte erstellt werden.
7. Der Projektmanager berichtet die Ergebnisse der Personalbewertung sowie der Bewertung des Kosten- und des Ablauf- und Terminplans regelmäßig an eine höhere Hierarchieebene.
8. Der Projektmanager sorgt dafür, dass regelmäßig Berichte über die einzelnen Aufgaben und die integrierten Projektprogramme angefertigt werden.
9. Der Projektmanager empfiehlt neue oder überarbeitete Strategien, Richtlinien und Ziele in Hinblick auf den langfristigen Personal- und Budgetbedarf.
10. Der Projektmanager überwacht die Erstellung von Aufgabenbeschreibungen und die damit verknüpften Prognosen sowie das Verfassen von integrierten Berichten zum Arbeitspotenzial, den Kosten und dem Ablauf- und Terminplan sowie den Aufgaben- und den Projektfortschrittsberichten.
11. Der Projektmanager entwickelt ein Anforderungsprofil für die Projektmitarbeiter und die Organisationsstruktur.

12. Der Projektmanager entwickelt die Anforderungen für, er lenkt die Entwicklung von und er überprüft Methoden zur Überwachung ähnlich gearteter Aktivitäten im Projekt und in anderen Abteilungen.
13. Der Projektmanager entwickelt Personalanforderungen und er leitet und überprüft Schulungsprogramme.
14. Der Projektmanager prüft Empfehlungen für den Zukauf von Dienstleistungen oder für Materialbestellungen und stellt sicher, dass dadurch die geplanten Kosten und der geplante Zeitbedarf nicht überschritten werden.
15. Der Projektmanager fördert harmonische Beziehungen zwischen den Abteilungen, die an dem Projekt beteiligt sind.
16. Der Projektmanager erfüllt weitere Pflichten, die mit der Projektsteuerung zusammenhängen.

QUALIFIKATIONEN

1. Diplom-Ingenieur/Diplom-Betriebswirt einer anerkannten Universität oder Fachhochschule
2. a. (für Ingenieure) Zehn oder mehr Jahre Berufserfahrung als Ingenieur, davon mindestens fünf Jahre Erfahrung in leitender Funktion und zwei Jahre Erfahrung im Management und bei einem Elektrizitätsversorgungsunternehmen

   b. (für Betriebswirte) Zehn oder mehr Jahre Berufserfahrung, davon mindestens fünf Jahre in leitender Position in einem technischen Umfeld oder in der Baubranche und zwei Jahre Erfahrung bei einem Elektrizitätsversorgungsunternehmen
3. Kenntnisse über Regulierungsvereinbarungen und Änderungen für Bauprojekte im Bereich von Kernkraftwerken und von Kraftwerken für fossile Brennstoffe
4. Nachweis in der Entwicklung von Managementsteuerungsprogrammen
5. Erfahrung im Umgang mit Computerprogrammen zur Kostensteuerung und zur Ablauf- und Terminplanung
6. Mitgliedschaft in entsprechenden Management- und Ingenieursvereinigungen ist wünschenswert, aber nicht absolut erforderlich
7. Mindestens vier Jahre Erfahrung im Management eines Kernkraftwerks (gilt nur für Direktoren von Kernkraftwerken)
8. Ausführliche Kenntnisse über die Betriebsbedingungen eines Kernkraftwerks (gilt nur für Direktoren von Kernkraftwerken)
9. Die Fähigkeit, wirksam öffentlich aufzutreten (gilt nur für Direktoren von Kernkraftwerken)

Weil sich die Stellenbeschreibungen im Projektmanagement-Umfeld überschneiden, versuchen einige Unternehmen, die Verantwortlichkeiten für jede einzelne Position genau zu definieren (siehe Tabelle 4.3).

PMBOK® Guide 2004
Kapitel 9 Personalmanagement

Position im Projektmanagement	Typische Verantwortlichkeiten	Benötigte Fähigkeiten
• Projektadministrator • Projektkoordinator • Technischer Assistent	Koordination und Integration der Teilsysteme. Unterstützung der Festlegung der technischen Anforderungen, des Personalbedarfs, des Budgets und des Ablauf- und Terminplans. Bemessung und Analyse der Projektleistung in Hinblick auf den technischen Fortschritt, auf den Ablauf- und Terminplan und auf das Budget.	• Planung • Koordination • Analyse • Kenntnisse der Organisation
• Task Manager • Projektingenieur • Projektassistent	Wie oben, jedoch stärker involviert in die Entwicklung der Projektanforderungen. Einleitung von Kompromissen. Leitung der technischen Implementierung gemäß Ablauf- und Terminplan und Budgets.	• Technische Fachkenntnisse • Aushandlung von Kompromissen • Durchführung der Aufgaben • Führung von Spezialisten für bestimmte Aufgaben
• Projektmanager • Programm-Manager	Wie oben, jedoch stärker in die Projektplanung und -steuerung involviert. Koordination und Aushandlung von Anforderungen zwischen dem Sponsor und den ausführenden Organisationen. Entwicklung von Angeboten und der Preisgestaltung. Entwicklung der Projektorganisation und der Personalausstattung. Leitung in Hinblick auf die Implementierung des Projektplans. Projektrendite. Entwicklung neuer Geschäftsfelder.	• Programmleitung • Teambildung • Konfliktlösung • Durchführung von multidisziplinären Aufgaben • Planung und Zuordnung von Ressourcen • Schnittstelle zu Kunden/Sponsoren
• Leitender Programm-Manager	Diese Stellenbezeichnung ist für sehr umfangreiche Programme reserviert. Die Verantwortlichkeiten sind identisch mit den obigen. Die Betonung liegt jedoch darauf, das Gesamtprogramm zum gewünschten Ergebnis zu führen. Entwicklung neuer Geschäftsfelder. Entwicklung der Organisationsstruktur.	• Geschäftsleitung • Management aller Programme • Aufbau einer programmorientierten Organisation • Personalentwicklung • Entwicklung neuer Geschäftsbereiche
• Programmdirektor • Bereichsleiter Programmentwicklung	Verantwortlich für mehrere Programme, die in unterschiedlichen Projektorganisationen ausgeführt werden und jeweils von Projektmanagern geleitet werden. Die Betonung liegt auf der Planung und Entwicklung des Unternehmens, der technologischen Entwicklung, der Leistung in Hinblick auf den Gewinn, der Entwicklung von Richtlinien und Verfahrensweisen, der Entwicklung von Programm-Management-Richtlinien, der Personalentwicklung und der Entwicklung der Organisationsstruktur.	• Führungsstärke • Strategische Planung • Leitung und Verwaltung von Programmen • Aufbau von Organisationen • Auswahl und Entwicklung von Personal • Identifikation und Entwicklung neuer Geschäftsbereiche

Tabelle 4.3: Positionen und Verantwortlichkeiten im Projektmanagement

4.8 Die Personalauswahl für das Projektteam

PMBOK® Guide 2004
Kapitel 9 Personalmanagement
9.2 Zusammenstellen des Projektteams

Die Personalauswahl kann insbesondere bei umfangreichen, komplexen technischen Projekten sehr aufwändig und langwierig sein. Die wichtigsten Fragen, die dabei beantwortet werden müssen, sind die folgenden:

- Welche Personalressourcen werden benötigt?
- Woher stammen die Mitarbeiter?
- Welche Organisationsform eignet sich für das Projekt am besten?

Zunächst muss die Art der benötigten Mitarbeiter festgelegt werden (z.B. über die Stellenbeschreibung) und es muss angegeben werden, wie viele Mitarbeiter aus jeder Jobkategorie erforderlich sind und wann die Mitarbeiter benötigt werden.

Betrachten Sie die folgende Situation: Als Projektmanager betreuen Sie eine Aktivität, die in drei separate Aufgaben unterteilt ist. Alle Aufgaben werden innerhalb einer Linie erledigt. Der Linienmanager verspricht Ihnen die besten verfügbaren Ressourcen für die erste Aufgabe, kann jedoch darüber hinaus keine Zusagen machen. Der Linienmanager erklärt sich dazu bereit, eine Absprache mit Ihnen zu treffen. Er kann Ihnen einen Mitarbeiter zusagen, der die Arbeit erledigen kann, jedoch nur eine mittelmäßige Leistung erbringt. Wenn Sie diesen Mitarbeiter akzeptieren, garantiert der Linienmanager Ihnen, dass der Mitarbeiter Ihnen für alle drei Aufgaben zur Verfügung steht. Wie wichtig ist Ihnen diese Kontinuität? Die Frage lässt sich nicht klar beantworten. Es gibt Projektmanager, die nur mit den besten Ressourcen arbeiten wollen und bereit sind, dafür zu kämpfen. Andere hingegen bevorzugen die Kontinuität und mögen es nicht, wenn Mitarbeiter ständig kommen und gehen. Bei einer Ausrichtung auf die Wahl des besten Mitarbeiters besteht die Gefahr, dass in der Zwischenzeit ein Projekt mit einer höheren Priorität gestartet wird und der Mitarbeiter dann abgezogen oder, wenn er wirklich außergewöhnlich ist, in der Zwischenzeit befördert wird.

Manchmal müssen Projektmanager Zugeständnisse an die Projektmitarbeiter machen. Angenommen, Sie benötigen im sechsten, achten und neunten Monat Ihres Projekts zwei Mitarbeiter mit Spezialkenntnissen. Der Linienmanager sagt Ihnen, dass sie zwei Monate vorher zur Verfügung stehen und dass er Ihnen nicht garantieren kann, dass sie zum gewünschten Zeitpunkt noch verfügbar sind, wenn Sie sie nicht gleich für Ihr Projekt verpflichten. Der Linienmanager setzt Sie ganz offensichtlich unter Druck und Sie müssen sich dem sehr wahrscheinlich beugen. Es gibt aber auch die Situation, in der der Linienmanager sagt, dass er sich Mitarbeiter aus einer anderen Abteilung leihen muss, um seine Zusagen an Ihr Projekt zu erfüllen. Möglicherweise müssen Sie mit dieser Situation leben. Sie sollten jedoch vorsichtig sein. Diese Mitarbeiter werden auf einer sehr niedrigen Stufe der Lernkurve arbeiten und es werden Überstunden nötig sein, um das Problem zu lösen. Sie müssen hier mit Fehlern rechnen.

Linienmanager weisen Projekten häufig neue Mitarbeiter zu, um diesen die Möglichkeit zu bieten, höher gestuft zu werden. Projektmanager nehmen dies in der Regel übel und wenden sich sofort an das Top-Management. Prinzipiell gilt jedoch: Wenn der Linienmanager sagt, dass diese Mitarbeiter die ausstehenden Arbeiten bewältigen können, muss der Projektmanager das glauben. Denn schließlich wird der Linienmanager und nicht der Projektmitarbeiter an der Einhaltung seiner Verpflichtungen gemessen und es geht um den Kopf des Linienmanagers.

Projekt- und Linienmanager müssen sich unbedingt vertrauen. Dies gilt insbesondere bei der Personalausstattung. Hat ein Projektmanager einmal eine gute Arbeitsbeziehung zu den Mitarbeitern aufgebaut, möchte er sie halten. Es ist nichts daran auszusetzen, wenn Projektmanager beim nächsten Projekt dieselben Mitarbeiter anfordern. Linienmanager nehmen es zur Kenntnis und stimmen dem in der Regel zu.

Es muss auch Vertrauen zwischen den einzelnen Projektmanagern vorherrschen. Projektmanager müssen als Team arbeiten, die Bedürfnisse der anderen anerkennen und bereit sein, Entscheidungen im Interesse des Unternehmens zu treffen.

Nachdem der Personalbedarf festgelegt wurde, stellt sich als Nächstes die Frage, ob interne oder externe Mitarbeiter eingesetzt werden sollten, das heißt, ob beispielsweise externe Berater engagiert werden sollten. Externe Mitarbeiter sind dann zu empfehlen, wenn nicht genügend interne Mitarbeiter zur Verfügung stehen oder wenn das Unternehmen nicht die benötigten Projektkenntnisse besitzt. Die Beantwortung dieser Frage gibt auch Aufschluss darüber, welche Organisationsform sich am besten eignet, um das Projektziel zu erreichen.

Nicht alle Unternehmen lassen die Existenz mehrerer Organisationsformen zu. Diejenigen, die dies gestatten, berücksichtigen Grundfragen des klassischen Managements wie die folgenden, bevor sie eine Entscheidung treffen:

- Wie spezialisiert ist die Arbeit?
- Was sollte das Management umfassen?
  - Wie viel Planung ist erforderlich?
  - Wurden Kompetenzen delegiert und werden die hierarchischen Beziehungen verstanden?
  - Haben sich Leistungsstandards etabliert?
  - Welche Änderungsrate besteht für die Jobanforderungen?
- Eignet sich eine horizontale oder eine vertikale Organisationsform?
  - Welche Kostenvorteile bestehen?
  - Wie wirkt sich dies auf die Moral der Mitarbeiter aus?
- Wird ein Einliniensystem benötigt?

Wie bei jeder anderen Organisationsform auch können die Mitarbeiter dafür sorgen, dass ihr Vorgesetzter eine gute Figur abgibt. Leider ist das Projektumfeld durch eine zeitlich begrenzte Mitarbeit gekennzeichnet und der Projektmanager muss sich sehr darum bemühen, seine Mitarbeiter dazu zu motivieren, sich für das Projekt einzusetzen. Dabei muss er besonders die folgenden Punkte vermitteln:

- Teamwork ist für den Projekterfolg unerlässlich.
- Gemeinschaftsgeist trägt zum Erfolg bei.
- Es können Konflikte zwischen dem Projekt und den Linien auftreten.
- Kommunikation gehört zu den Grundvoraussetzungen für Erfolg.
- Von den folgenden Personen werden möglicherweise widersprüchliche Anweisungen erteilt:
  - Projektmanager
  - Linienmanager
  - Oberes Management
- Eine mangelhafte Leistung kann dazu führen, dass der Mitarbeiter vom Projekt abgezogen wird, und kann sogar disziplinarische Konsequenzen für den Mitarbeiter haben.

Es wurde bereits erwähnt, dass ein Projekt als separate Einheit operiert, jedoch über die Unternehmensrichtlinien und -verfahrensweisen mit dem Unternehmen verbunden bleibt. Projektmanager können zwar ihre eigenen Richtlinien, Verfahrensweisen und Kriterien entwickeln, die Kriterien für die Beförderung müssen jedoch auf den Unternehmensstandards basieren. Projektmanager sollten möglichst keine unhaltbaren Zusagen machen. Denn andernfalls werden sie große Schwierigkeiten haben, qualifizierte Mitarbeiter für ihr nächstes Projekt gewinnen zu können. Selbst wenn das Top-Management die Mitarbeiter dem nächsten Projekt zuweist, werden sie den Zusagen des Projektmanagers gegenüber sehr misstrauisch sein.

Mit der Wahl des Projektmanagers ist das Problem der Personalausstattung noch nicht gelöst. Die Zusammenstellung des Projektteams und die Wahl der Mitarbeiter des Project Office können sehr zeitaufwändig sein. Die Mitarbeiter des Project Office arbeiten in der Regel ausschließlich an diesem Projekt. Bei der Auswahl sollten aktive Mitglieder des Projektteams, Linienmitarbeiter, die eine Beförderung verdient haben und Bewerber von außerhalb berücksichtigt werden.

Nach der Personalauswahl trifft sich der Projektmanager mit einem Mitglied des oberen Managements, um folgende Faktoren sicherzustellen:

- Die Personalauswahl unterliegt den aktuellen Gehalts- und Beförderungsrichtlinien.
- Die gewählten Mitarbeiter arbeiten gut mit dem Projektmanager (formelle Berichterstattung) und dem oberen Management (informelle Berichterstattung) zusammen.
- Die gewählten Mitarbeiter unterhalten gute Arbeitsbeziehungen zu den Mitarbeitern der Linien.

Gute Projektmitarbeiter haben in der Regel bereits Erfahrung mit verschiedenen Arten von Projekten und weisen eine hohe Selbstdisziplin auf.

In einem dritten und letzten Schritt bei der Zusammenstellung des Personals für das Project Office wird eine Sitzung einberufen, an der der Projektmanager, eine Führungskraft des oberen Managements und der Projektmanager teilnehmen, an dessen Projekt die benötigten Projektmitarbeiter momentan arbeiten. Projektmanager geben gute Mitarbeiter nur ungern an andere Projekte ab, aber leider ist dies Bestandteil der Projektumgebung. Das obere Management leitet die Sitzungen, um allen Parteien zu zeigen, dass kein Projekt durch die Auswahl der Mitarbeiter bevorzugt oder benachteiligt werden soll und dass PersonalProbleme gelöst werden können. Die Auswahl der internen Mitarbeiter ist Verhandlungssache, wobei das obere Management die Grundregeln und Prioritäten für die Zuweisung festlegt.

Die für ein Projekt ausgewählten Mitarbeiter werden über die neue Aufgabe anschließend in Kenntnis gesetzt und nach ihrer Meinung befragt. Fühlen Mitarbeiter eine große Abneigung gegen ein bestimmtes Projekt, kann eventuell eine Umbesetzung erfolgen, um potenzielle Probleme zu vermeiden.

Abbildung 4.3 zeigt ein typisches Muster für die Personalauswahl. In den frühen Projektphasen wird Personal aufgestockt und in den späteren Phasen geht die Anzahl der Mitarbeiter zurück. Dies bedeutet, dass die Projektmanager die benötigten Projektmitarbeiter so schnell wie möglich erhalten und so früh wie möglich wieder freigeben sollten.

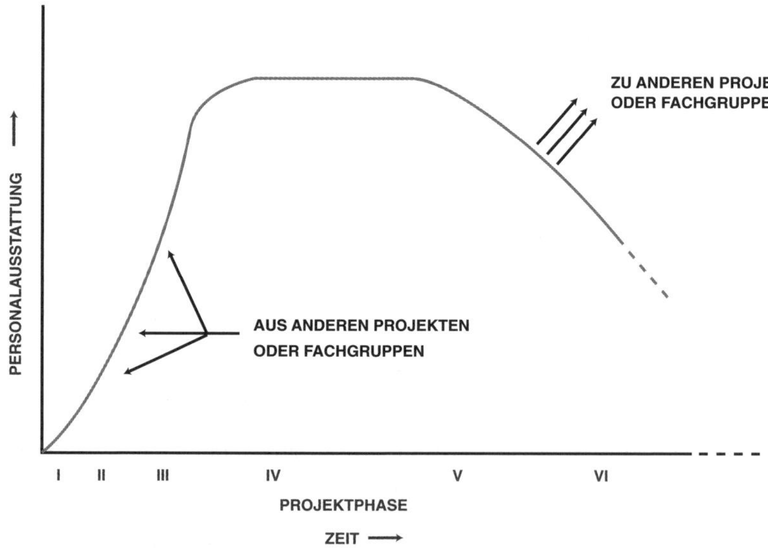

Abbildung 4.3: Die Personalausstattung im Zeitverlauf

Es gibt verschiedene psychologische Ansätze, die Projektmanager bei der Personalauswahl verfolgen können. Sie sollten jedoch immer Folgendes berücksichtigen:

- Linienmanager erhalten häufig keine Anerkennung für ihre Tätigkeit. Seien Sie dazu bereit, die Kunden mit den Linienmanagern bekannt zu machen und die Leistung der Linienmanager hervorzuheben.
- Machen Sie den Mitarbeitern deutlich, in welcher Weise sie von einer erfolgreichen Projektmitarbeit profitieren.
- Alle Zusagen, die während der Personalbeschaffung gemacht wurden, sollten schriftlich dokumentiert werden. Die Linienmanager können sich auch noch lange Zeit nach Projektabschluss daran erinnern.
- So seltsam es auch klingen mag, sollte der Projektmanager Konflikte fördern, die während der Personalbeschaffungsphase auftreten. Es ist einfacher, Konflikte während der Planungsphase zu erkennen und zu lösen, als hinterher mit starken Konfrontationen leben zu müssen.

Leider ist es in einer projektorientierten Organisationen erheblich schwerer, gutes Personal zu erhalten und zu halten, als in einer traditionellen Struktur. Clayton Resser identifiziert neun potenzielle Probleme, die in projektorientierten Organisationen auftreten können:[5]

- Mitarbeiter projektorientierter Organisationen haben mehr Angst davor, ihren Arbeitsplatz zu verlieren, als die Linienmitarbeiter.
- Mitarbeiter, die Matrixorganisationen temporär zugeordnet sind, sind frustrierter über die Kompetenzstruktur als die Linienmitarbeiter.
- Mitarbeiter projektorientierter Organisationsformen, bei denen der Projektabschluss bevorsteht, sind frustrierter über ihre Lage als die Linienmitarbeiter.
- Weil formale Verfahrensweisen und Rollendefinitionen fehlen, ist das Frustrationsniveau von Mitarbeitern projektorientierter Organisationsformen höher als das der Linienmitarbeiter.
- Mitarbeiter projektorientierter Organisationsformen machen sich mehr Sorgen über einen Rückschlag in ihrer Karriere als Linienmitarbeiter.
- Bei Mitarbeitern projektorientierter Organisationsformen entsteht eher der Eindruck, dass sich niemand um ihr persönliches Fortkommen kümmert, als bei den Linienmitarbeitern.
- Mitarbeiter, die immer in Projekten arbeiten, sind stärker wegen der multiplen Managementebenen frustriert als die Linienmitarbeiter.
- Frustrationen, die durch Konflikte verursacht werden, werden von Mitarbeitern projektorientierter Organisationsformen stärker wahrgenommen als von Linienmitarbeitern.

Angestellte sind wahrscheinlich eher für die Arbeit an einem Projekt motiviert, wenn sie das Recht erhalten, ihre Zuordnung zu akzeptieren oder abzulehnen. Obwohl Angestellte ihre Zuordnungen normalerweise nicht ablehnen, besteht immer noch die Frage, wie viel Freiraum der Mitarbeiter erhalten soll. Nachfolgend finden Sie eine Liste der möglichen Toleranzgrade:

- Der Linienmanager (oder Projektmanager) erklärt dem Mitarbeiter das Projekt, und der Mitarbeiter hat das Recht, die Zuordnung abzulehnen. Der Mitarbeiter braucht keine Gründe für die Ablehnung der Zuordnung anzugeben, und die Ablehnung wirkt sich nicht auf die Möglichkeiten des Mitarbeiters aus, befördert zu werden oder anderen Projektteams zugeordnet zu werden.
- Mit diesem Toleranzgrad erhält der Mitarbeiter das Recht, die Zuordnung abzulehnen, muss aber einen Grund für die Ablehnung angeben. Die Begründung könnte mit persönlichen Gründen oder Betrachtungen zur angestrebten Karriere zu tun haben, wie etwa, dass es notwendig werden könnte, zu reisen oder umzuziehen, mit gesundheitlichen Problemen und möglicherweise zu vielen anfallenden Überstunden. Er könnte auch argumentieren, dass es sich einfach nicht um eine Zuordnung handelt, die für die Karri-

5. Resser, C., *Some Potential Human Problems of the Project Form of Organization*, Academy of Management Journal, Vol. XII, 1969, S. 462–466.

ere der Einzelperson als förderlich betrachtet werden kann, oder dass der Angestellte einem anderen Projekt zugeordnet werden will.

- Bei diesem Toleranzgrad hat der Mitarbeiter keine andere Wahl, als die Zuordnung zu akzeptieren. Nur ein Notfall würde als gültiger Grund anerkannt, die Zuordnung abzulehnen. In diesem Fall könnte die Ablehnung der Zuordnung die Karriere des Angestellten beenden.

Grinnell und Apple haben im Zusammenhang mit der Personalausstattung vier Hauptprobleme identifiziert:[6]

- Mitarbeiter, die einfache Weisungslinien gewohnt sind, haben Probleme damit, mehreren Chefs unterstellt zu sein.
- Es gibt Personen, die Lippenbekenntnisse zur Teamarbeit machen, jedoch nicht wissen, wie ein funktionsfähiges Team aufgebaut wird.
- Projekt- und Linienmanager haben manchmal die Tendenz, gegeneinander zu kämpfen, anstatt zu kooperieren.
- Die Mitarbeiter müssen lernen, sich selbst zu »managen«.

Bisher wurde die Personalausstattung von Projekten beschrieben. Leider gibt es auch Situationen, in denen die Projektmitarbeit abgebrochen werden muss. Dies kann folgende Gründe haben:

- Mangelnde Akzeptanz der Regeln, Richtlinien und Verfahrensweisen
- Mangelnde Akzeptanz der etablierten formalen Kompetenzen
- Die Professionalität ist dem Mitarbeiter wichtiger als die Loyalität gegenüber dem Unternehmen.
- Die technischen Aspekte werden auf Kosten des Budgets und des Ablauf- und Terminplans überbetont.
- Inkompetenz

Es gibt drei Möglichkeiten, mit inkompetenten Mitarbeitern umzugehen. Der Projektmanager kann erstens eine Beurteilung abgeben, die die Schwächen, die vorzunehmenden Korrekturen und die Konsequenzen nennt, die folgen, wenn keine Lösung gefunden wird. Eine zweite Vorgehensweise besteht darin, den Mitarbeiter mit weniger wichtigen Aktivitäten zu betrauen. Diese Lösung wird von Projektmanagern jedoch nur ungern in Betracht gezogen. Die dritte und am häufigsten eingesetzte Lösung besteht darin, den Mitarbeiter von dem Projekt abzuziehen.

Mitarbeiter des Project Office können Projektmanager sofort loswerden, da ihnen diese direkt unterstellt sind. Etwas schwieriger gestaltet es sich hingegen bei Linienmitarbeitern, da hier der Linienmanager einbezogen werden muss. Prinzipiell sollte der »Rausschmiss« eines Projektmitarbeiters eher wie eine Versetzung gestaltet werden, da der Projektmanager sonst Gefahr läuft, als Person zu gelten, die Spaß daran hat, Mitarbeiter zu feuern.

Führungskräfte müssen auf die Probleme vorbereitet sein, die bei der Personalausstattung im Projektumfeld auftreten können. C. Ray Gullett fasst die wichtigsten Probleme wie folgt zusammen:[7]

- Der Personalbestand ist in einem Projektumfeld flexibler.
- In einer Matrixorganisation ist die Leistungsbewertung komplexer und fehleranfälliger als in einer Linie.
- In einer Matrixorganisation lassen sich die Gehaltsstufen nur schwer einhalten. Stellenbeschreibungen sind häufig weniger wert.

---

6. Grinnell, S. K. und Apple, H. P., *When Two Bosses Are Better Than One*, Machine Design, January 1975, S. 84–87.
7. Gullett, C. R., *Personnel Management in the Project Environment,* Personnel Administration/Public Personnel Review, November–December 1972, S. 17–22.

- Die Personalschulung und -entwicklung ist in einer projektorientierten Organisation komplexer und gleichzeitig dringender erforderlich als in einer traditionellen Struktur.
- In einer Matrixorganisation treten möglicherweise mehr Probleme mit der Arbeitsmoral auf als in einer traditionellen Struktur.

4.9 Das Project Office (PO)

PMBOK® Guide 2004
1.6.4 Projektmanagementbüro

Das Projektteam setzt sich aus Mitarbeitern des Project Office und aus Linienmitarbeitern zusammen (siehe Abbildung 4.4). In der Abbildung werden die Mitarbeiter des Project Office zwar als Projektassistenten bezeichnet, diese Stellenbezeichnung ist jedoch nicht obligatorisch. Der Vorteil besteht darin, dass die Mitarbeiter dadurch, dass sie als Projektassistenten das Unternehmen repräsentieren, direkt mit dem Kunden kommunizieren können. Linienmitarbeiter repräsentieren hingegen nur sich selbst.

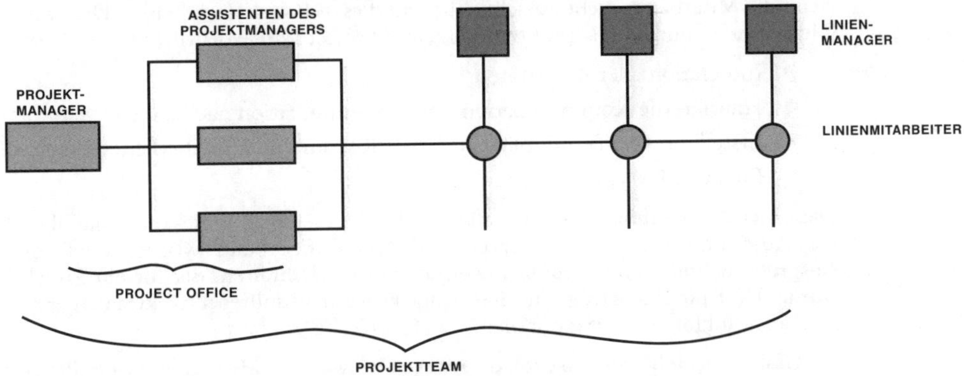

Abbildung 4.4: Eine projektorientierte Organisation

Das Project Office ist eine Organisation, die den Projektmanager bei der Erfüllung seiner Pflichten unterstützen soll. Die Mitarbeiter des Project Office müssen sich dem Projekt in gleicher Weise verpflichtet fühlen wie der Projektmanager und müssen eine gute Arbeitsbeziehung zum Projektmanager und zu den Linienmanagern unterhalten. Das Project Office ist unter anderem für Folgendes zuständig:

- Das Project Office ist die Hauptanlaufstelle für die firmeninterne Steuerung und die Berichterstattung an den Kunden.
- Es steuert die Zeit, die Kosten und die Leistung, um die vertraglichen Verpflichtungen zu erfüllen.
- Es gewährleistet, dass die erforderlichen Arbeiten dokumentiert und an die Kompetenzträger weitergegeben werden.
- Es stellt sicher, dass alle Arbeiten, die durchgeführt werden, genehmigt sind und den vertraglichen Vereinbarungen entsprechen.

Die wichtigste Verantwortung des Projektmanagers und der Mitarbeiter des Project Office besteht jedoch darin, die Arbeiten über die verschiedenen Linienfunktionen des Unternehmens hinweg zu integrieren. Funktionsbereiche wie die Konstruktion, die Forschung & Entwicklung und die Fertigung mit externen Unterauftragnehmern müssen auf dieselben Spezifikationen, Entwürfe und sogar Ziele hinwirken. Die mangelhafte Integration der Linienfunktionen ist die häufigste Ursache für Projektfehler. Die Mitglieder des Projektteams müssen sich bei allen Tätigkeiten engagieren, die für den Projekterfolg erforderlich sind, nicht nur bei denen, für die sie unmittelbar zuständig sind. Probleme, die durch eine mangelnde Integration verursacht werden, lassen sich am besten dadurch lösen, dass die Mitarbeiter ausschließlich einem Projekt zugeordnet werden. Nicht alle Teammitglieder sind gleichzeitig Mitarbeiter des Project Office. Linienmitarbeiter erfüllen beispielsweise die Rolle der Integratoren von Orten, an denen die Arbeit tatsächlich verrichtet wird.

Zu den größten Herausforderungen eines Projektmanagers gehört die Bestimmung der Größe des Project Office. Die optimale Größe ergibt sich als Kompromiss zwischen der maximalen Anzahl an Mitarbeitern, die benötigt werden, um die Anforderungen zu erfüllen, und der maximalen Anzahl an Mitarbeitern, die unter Berücksichtigung der Kostenvorgaben eingesetzt werden können. Die Anzahl der Mitarbeiter wird bedingt durch Faktoren wie die Projektgröße, die benötigte interne Unterstützung, den Projekttyp (z.B. FuE, Qualifikation, Produktion), das erforderliche Maß an technischer Kompetenz und den erforderlichen Kundensupport. Außerdem spielt auch die strategische Bedeutung eines Projekts eine Rolle. Bei strategisch wichtigen Projekten besteht eine Tendenz zum großen Project Office. Dies gilt insbesondere, wenn Folgeaufträge in Aussicht stehen.

Der Erfolg größerer Projekte – und manchmal auch der von kleineren – ist häufig gefährdet, wenn die Mitarbeiter nicht ausschließlich an diesen Projekten arbeiten. Dies wird an den nachfolgend aufgeführten Hauptaktivitäten eines Project Office deutlich:

- Integration aller Aktivitäten
- Hausinterne Kommunikation und Kommunikation nach außen
- Erstellung von Terminplänen, die die Risiken und Unsicherheiten berücksichtigen
- Effektive Projektsteuerung

Diese vier Aktivitäten müssen permanent durch geschultes Projektpersonal überwacht werden. Die Ausbildung der Mitarbeiter eines Project Office kann Wochen oder sogar Monate in Anspruch nehmen und sogar den Zeitrahmen überschreiten, der für ein Projekt veranschlagt wurde. Da Kompetenzträger immer benötigt werden, sollten Projektmanager sich bei der Personalauswahl folgende Frage stellen:

> Gibt es nachfolgende Projekte, deretwegen ich wichtige Mitglieder meines Projektteams verlieren könnte?

Muss diese Frage mit Ja beantwortet werden, wäre es für das Projekt sicherlich besser, wenn Mitarbeiter der zweiten oder dritten Wahl in Betracht gezogen würden oder die Position mit einer Halbtagskraft ausgefüllt würde. Eine weitere Möglichkeit besteht natürlich darin, den Kompetenzträgern Aktivitäten zuzuweisen, die nicht so wichtig sind und die auch durch Ersatzpersonal erledigt werden können. Dies ist jedoch unpraktisch, weil das Personal dann nicht effizient eingesetzt werden kann.

Programm-Manager wünschen sich nichts mehr, als ihre Kompetenzträger während der gesamten Projektdauer voll verfügbar zu haben. Leider ist dies bei vielen Projekten aus den folgenden Gründen unerwünscht oder sogar unmöglich:[8]

- Die Kenntnisse, die in den verschiedenen Projektphasen benötigt werden, unterscheiden sich stark.
- Wird für jedes Projekt ein Project Office eingerichtet, führt dies unvermeidlich dazu, dass Mitarbeiter, die nicht voll oder die nur kurzzeitig benötigt werden, einfach mitgeschleppt werden. Dies führt zu Personalproblemen bei der Neubesetzung.
- Der Projektmanager wird von seiner Hauptaufgabe abgelenkt und erfüllt neben der Supervision, der Administration und der Behandlung von PersonalProblemen auch noch die Aufgaben eines Projektingenieurs.
- Spezialisten bevorzugen häufig die Arbeit in einer Gruppe von Mitarbeitern, die aus demselben Bereich stammen, und schätzen es nicht, von ihren Kollegen dadurch isoliert zu werden, dass sie einem Projektteam zugeordnet werden.

8. Archibald, R. D., *Managing High-Technology Programs and Projects,* New York 1976, S. 82.

- Im Projektumfeld kann es jederzeit passieren, dass Prioritäten verschoben oder Projekte sogar abgebrochen werden. Die Jobsicherheit der Mitarbeiter eines Project Office, die an keinem anderen Projekt beteiligt sind, ist also ernsthaft bedroht. Aus diesem Grund arbeiten manche Mitarbeiter nur ungern an Projekten mit.

Die genannten Gründe sprechen alle dafür, die Anzahl der Mitarbeiter, die ausschließlich an einem bestimmten Projekt mitarbeiten, möglichst gering zu halten. Der Ansatz betont die Planungs- und Steuerungsverfahren, die in einem Projekt eingesetzt werden. Andererseits sprechen auch gute Gründe dafür, Mitarbeiter für spezielle Funktionen wie z.B. die folgenden im Project Office einzusetzen:

- Systemanalyse und -technik (oder eine entsprechende technische Disziplin), Produktqualität und Konfigurationssteuerung, falls das Produkt dies erfordert
- Projektplanung, Ablauf- und Terminplanung, Projektsteuerung und verwaltungsmäßige Unterstützung

Häufig wird das Project Office durch die Beförderung von Spezialisten ausgestattet. Dies gilt insbesondere für Ingenieurbüros mit einem hohen Prozentsatz an technischen Mitarbeitern. Diese Vorgehensweise bringt jedoch auch Probleme mit sich:

> In technisch orientierten Unternehmen werden Mitarbeiter in der Regel auf der Basis ihres technischen Könnens und nicht wegen ihrer Management-Qualitäten ins Management befördert. Dies mag zwar in der Praxis unvermeidlich sein, führt jedoch dazu, dass für Mitarbeiter, die in der Hierarchie weiter unten angesiedelt sind, ein frustrierendes Arbeitsumfeld entsteht.[9]

Leider wird in Unternehmen häufig ein Umfeld geschaffen, in dem bei Linienmanagern der Eindruck entsteht, dass im Projektmanagement »das Gras grüner« sei als in der Linie. Wie sollte eine Führungskraft damit umgehen, dass sich die Spezialisten aus den Linien beständig für Positionen im Projektmanagement bewerben? Eine Lösung besteht darin, ein System mit zwei Karriereleitern einzurichten (siehe Abbildung 4.5). Die Position des Consultants wurde aus folgenden Gründen eingerichtet:

- Es gab Ingenieure, an denen das Unternehmen sehr interessiert war, die sich jedoch weigerten, eine entsprechend bezahlte Position im Management anzunehmen.
- Die Ingenieure konnten nicht höher bezahlt werden als die Linienmanager, denen sie unterstellt waren.

Werden technische Spezialisten in eine Management-Position befördert, um sie höher bezahlen zu können, kann dies unerwünschte Folgen haben:

- Die Linienmanager werden demotiviert
- Spezialisten werden zu Generalisten
- In der Linienorganisation bleibt eine Lücke zurück

Linienmanager behaupten häufig, dass sie nicht gleichzeitig ihren Verpflichtungen als Manager nachkommen und die »Primadonnen« betreuen können, die mehr verdienen als sie selbst und einer höheren Gehaltsstufe angehören als die Linienmanager. Diese Logik ist nicht ganz richtig, denn immer, wenn die Consultants etwas gut machen, wirkt sich dies positiv auf die gesamte Linie und nicht nur auf sie selbst aus.

Das Konzept, bei dem Linienmitarbeiter höher bezahlt werden als die Linienmanager, lässt sich auch auf horizontale Projekte anwenden. Möglicherweise stellt ein Junior-Projektmanager plötzlich fest, dass die Linienmanager höher bezahlt werden als der Projektmanager. Es kann auch sein, dass die Projektassistenten (als Projektingenieure) höher bezahlt werden als der Projektmanager. Projektmanagement dient dazu, die bestmöglichen Mitarbeiter zusammenzubringen, um ein bestimmtes Ziel zu erreichen. Erfordert dies, dass ein Mitarbeiter der Gehaltsstufe 7 an einen

9. Killian, W. P., *Project Management – Future Organizational Concept,* Marquette Business Review, 1971, S. 90–107.

Mitarbeiter der Gehaltsstufe 9 berichtet (bei einem zeitlich befristeten Projekt), dann sollte dies kein Problem sein. Führungskräfte sollten sich nicht durch Löhne und Gehaltsstufen von einer guten Projektorganisation abhalten lassen.

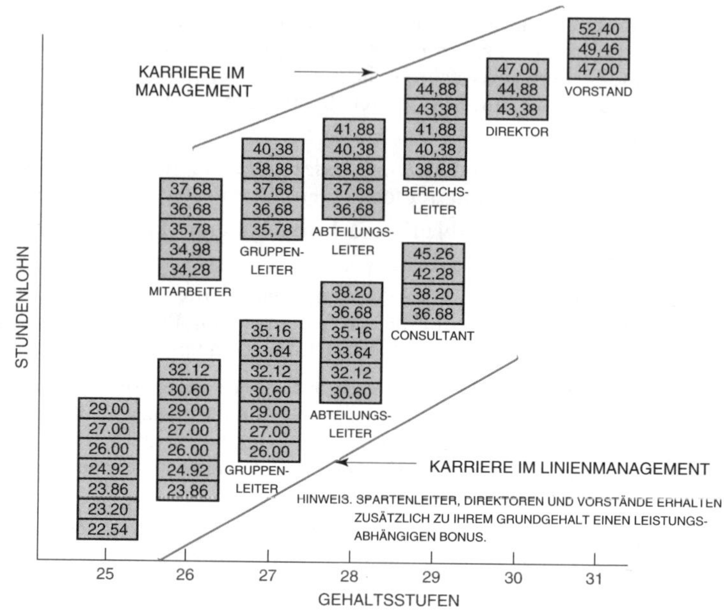

Abbildung 4.5: Beispiel für eine mögliche Gehaltsstruktur

Ein weiterer wichtiger Punkt, der unbedingt berücksichtigt werden muss, ist die Beziehung zwischen den Mitarbeitern des Project Office und den Linienmanagern. In vielen Organisationen wird die Zugehörigkeit zu einem Project Office wichtiger eingeschätzt als die Arbeit als Linienmitarbeiter. Die Linienmitarbeiter verübeln Kollegen den Aufstieg von einer Fachabeilung in das Projektmanagement. Killian nennt folgende Möglichkeiten, um potenzielle Konflikte zu lösen:[10]

> Von altgedienten Linienmanagern kann kaum erwartet werden, dass sie Anweisungen von niedriger gestellten Führungskräften entgegennehmen, die plötzlich als Projektmanager bezeichnet werden. Die Unternehmensführung kann derartige Probleme wie folgt vermeiden:
>
> - Durch die Wahl eines Mitarbeiters als Projektmanager, der bereits eine gehobene Position im Unternehmen hat oder durch die Ansiedlung des Projektmanagers in einer hohen Hierarchiestufe
> - Durch die Zuweisung einer Stellenbezeichnung, die so wichtig klingt wie die der Linienmanager
> - Indem die Unternehmensführung den Projektmanager bei Verhandlungen mit den Linienmanagern unterstützt
>
> Wird vom Projektmanager erwartet, dass er die Projektsteuerung über die Linien übernimmt, muss er der gleichen Ebene unterstellt sein wie diese Abteilungen oder sogar einer höheren Ebene.

10. Killian, W. P., *Projektmanagement – Future Organizational Concept, Marquette Business Review, 1971, S. 90–107.*

Die Unternehmensführung kann Projektmanager stark behindern, indem sie ihre Kompetenz auf die Wahl und Organisation des Projektteams beschränkt. Dies wirkt sich nach Cleland wie folgt aus:[11]

> Das Projektteam sollte in der Lage sein, die Verwaltung zu unterstützen und technischen Support zu leisten. Der Projektmanager sollte genügend Befugnisse besitzen, um sein Projektteam nach Bedarf zu verkleinern oder zu vergrößern. Dazu sollte der Projektmanager auch Mitarbeiter aus den Funktionsbereichen auswählen dürfen.

Viele Führungskräfte haben eine falsche Vorstellung vom Aufbau und dem Nutzen des Project Office. Die Mitarbeiter eines Project Office sollten in erster Linie am Projektmanagement interessiert sein und nicht an der Ausweitung ihrer technischen Erfahrung. Es ist fast unmöglich, längere Zeit in einem Project Office zu arbeiten, ohne auch Erfahrung in einer zweiten oder dritten Funktion des Project Office zu sammeln. Der Projektmanager für Kosten könnte beispielsweise so viel Erfahrung im Bereich Beschaffung sammeln, dass er als Projektassistent für Beschaffung eingesetzt wird. Auf diese Weise lassen sich hervorragend gute Projektmanager heranziehen.

Es wurden bereits zwei wichtige Faktoren in Bezug auf die Personalauswahl beim Projektmanagement erwähnt:

- Die Person, die die Position des Projektmanagers anstrebt, muss gewillt sein, sich vom Spezialisten in einen Generalisten zu verwandeln.
- Mitarbeiter eignen sich möglicherweise zwar für eine vertikale Beförderung, nicht jedoch für eine horizontale.

Nachdem ein Mitarbeiter die erforderlichen Attribute eines guten Projektmanagers gezeigt hat, gibt es drei Möglichkeiten, um ein guter Projektmanager oder ein Mitarbeiter des Project Office zu werden. Die Unternehmensführung kann dazu Folgendes unternehmen:

- Das Gehalt und die Gehaltsstufe des Mitarbeiters anheben und ihn in das Projektmanagement befördern.
- Den Mitarbeiter lateral in das Projektmanagement befördern, ohne dabei sein Gehalt oder die Gehaltsstufe anzuheben. Falls der Mitarbeiter in den folgenden drei oder sechs Monaten zeigt, dass er die geforderte Leistung erbringen kann, werden sein Gehalt und seine Gehaltsstufe entsprechend angehoben.
- Der Mitarbeiter erhält eine kleine Gehaltserhöhung, ohne dass er in eine höhere Gehaltsstufe befördert wird, oder er wird ohne Gehaltserhöhung in eine höhere Gehaltsstufe befördert. Es wird jedoch ein zusätzlicher Bonus für den Fall vereinbart, den der Mitarbeiter nach einer Probezeit erhält, in der er gezeigt hat, dass er sich für die Position eignet.

Viele Führungskräfte glauben, dass es für Mitarbeiter, die einmal das Projektmanagement erreicht haben, nur zwei Möglichkeiten gibt: Sie werden in der Organisation weiter nach oben befördert oder sie verlassen das Unternehmen. Wird ein Mitarbeiter, der befördert wurde und eine Gehaltserhöhung erhielt, in das Projektmanagement versetzt und bewährt sich dort nicht, ist sein Gehalt möglicherweise nicht mehr mit dem Gehalt der Linie kompatibel, aus der er kommt. Da es also für ihn keinen Ort mehr gibt, an den er zurückkehren könnte, muss er gehen. Die meisten Führungskräfte und auch Mitarbeiter bevorzugen die zweite Methode, weil sie einen gewissen Schutz bietet.

Viele Unternehmen merken erst zu spät, dass die Beförderung in das Projektmanagement möglicherweise auf anderen Kriterien basiert als die Beförderung in das Linienmanagement. Beförderungen in der horizontalen Linie basieren stark auf kommunikativen Fähigkeiten, wohingegen diejenigen in das Linienmanagement auf technischer Kompetenz beruhen.

11. Cleland, D. I. *Why Project Management?*. Reprinted with permission from Business Horizons, Winter 1964 (p. 85). Copyright © 1964 by the Board of Trustees at Indiana University.

4.10 Das Linienteam

PMBOK® Guide 2004
Kapitel 9 Personalmanagement

Das Projektteam besteht aus dem Projektmanager, dem Project Office (dessen Mitglieder möglicherweise direkt an den Projektmanager berichten) und den Linienmitarbeiter (die horizontal und vertikal berichten müssen, um den Informationsfluss zu gewährleisten). Die Linienmitarbeiter werden in Organigrammen häufig als Mitglieder des Project Office dargestellt. Dies geschieht in der Regel, um Kunden zufrieden zu stellen.

Das obere Management kann die Auswahl der Linienmitarbeiter zwar beeinflussen, es sollte hier jedoch keine aktive Rolle übernehmen, falls dies nicht ausdrücklich von den Projekt- und Linienmanagern gefordert wird. Das Linienmanagement muss bei allen Besprechungen zur Personalausstattung vertreten sein, weil der Bedarf an Linienmitarbeitern direkt von den Projektanforderungen abhängt und weil:

- die Linienmanager in der Regel mehr Erfahrung haben und Bereiche erkennen können, die ein hohes Risiko bergen.
- die Linienmanager eine positive Einstellung zum Projekterfolg entwickeln müssen. Dies klappt am besten, indem sie dazu eingeladen werden, sich an den frühen Aktivitäten der Planungsphase zu beteiligen.

Die Linienmitarbeiter arbeiten nicht immer ausschließlich an einem Projekt. In der Regel arbeiten sie an mehreren Projekten gleichzeitig oder arbeiten nur in bestimmten Phasen ausschließlich an einem Projekt.

Bei der Personalauswahl müssen alle Spezialanforderungen berücksichtigt werden. Die meisten Spezialanforderungen ergeben sich aus den folgenden Gründen:

- Änderungen in den technischen Spezifikationen
- Spezielle Kundenwünsche
- Umstrukturierung der Organisation wegen einer Abweichung von vorhandenen Richtlinien
- Kompatibilität mit dem Project Office des Kunden

Ein typisches Project Office besteht aus zehn bis dreißig Mitarbeitern, wohingegen das gesamte Projektteam mehr als hundert Mitarbeiter umfassen kann. Dies führt dazu, dass sich Informationen nur langsam verbreiten. Bei umfangreichen Projekten sollte ein Repräsentant aus jedem wichtigen Linienbereich oder jeder Linie des Unternehmens am Projekt mitarbeiten, wie z.B. aus den Bereichen

- Programm-Management
- Konstruktion
- Fertigung
- Beschaffung
- Qualitätskontrolle
- Kostenrechnung
- PR
- Marketing
- Vertrieb

Der Projektmanager und auch alle anderen Teammitglieder müssen die Zuständigkeiten und Funktionen aller Team-Mitglieder kennen, damit eine vollständige Integration schnell und effektiv erzielt werden kann. Bei High-Tech-Programmen übernimmt der Chef-Projektingenieur die Rolle des stellvertretenden Projektmanagers. Projektmanager müssen die Probleme kennen, die Linienmanager bei der Personalauswahl für ein Projekt haben. Sie versuchen, Mitarbeiter auszuwählen, die wissen, wie wichtig Teamwork ist.

Nachdem die Projektmitarbeiter feststehen, muss der Projektmanager die Mitarbeiter ermitteln, die für den Erfolg des Projekts unerlässlich sind und den Projektmanager entsprechend in einem guten Licht dastehen lassen können. In der Regel stammen die Mitarbeiter aus den Linien und nicht aus dem Project Office.

Der Projektmanager hat außerdem im Rahmen des Projekts die Möglichkeit, zusätzliche Verantwortung an Linienmitarbeiter zu übertragen. Ist damit jedoch eine Höherstufung verbunden, sollte der Projektmanager zuerst den Linienmanager konsultieren, bevor er Realitäten schafft. Sehr häufig schicken Linienmanager Testpersonen in die Projekte, um sicherzustellen, dass die Mitarbeiter eine ihrer Gehaltsstufe entsprechende Leistung erbringen. Dies ist insbesondere bei Tarifangestellten sehr wichtig.

Projektmanager müssen bereit sein, Mitarbeiter wieder freizugeben, wenn sie sie nicht mehr benötigen. Wenn ein Projektmanager ständig schreit, obwohl gar kein Problem vorhanden ist, zieht der Linienmanager die Ressourcen vom Projekt ab und die Arbeitsbeziehung verschlechtert sich.

4.11 Das Projekt-Organigramm

Zu den wichtigsten Aufgaben in der Projektstartphase gehört die Entwicklung des Projekt-Organigramms. Abbildung 4.6 zeigt in verkürzter Form die sechs Hauptprogramme der Firma Dalton. Hier interessiert nur das Midas-Programm, das zwar die niedrigste Priorität hat, jedoch an die Spitze gesetzt wurde, um den Eindruck zu vermitteln, dass es höchste Priorität genießt. Diese Art von Darstellung vermittelt dem Kunden das Gefühl, dass sein Programm für den Vertragspartner wichtig sei.

Je nach Projekt können die in Abbildung 4.6 gezeigten Mitarbeiter ausschließlich an einem Projekt oder an mehreren Projekten gleichzeitig beteiligt sein. Störend wirkt, wenn der Name eines Mitarbeiters an zwei oder mehr vertikalen Positionen auftaucht (z.B. als Projektingenieur von zwei Projekten) oder wenn ein Name in zwei horizontalen Feldern enthalten ist (in einem kleinen Projekt könnte der Projektmanager beispielsweise auch gleichzeitig Projektingenieur sein). Denken Sie daran, dass diese Art von Diagramm nur zu Präsentationszwecken dient und aus ihnen nicht unbedingt ersichtlich wird, wer wem unterstellt ist.

Im nächsten Schritt wird die Struktur des Project Office präsentiert (siehe Abbildung 4.7). Beachten Sie, dass Fertigungsleiter und der Chefingenieur an zwei Stellen berichten: Sie berichten direkt an den Programm-Manager und indirekt an den Direktor der Konstruktion bzw. an den Direktor der Fertigung. Auch diese Darstellung dient möglicherweise lediglich Demonstrationszwecken. Die tatsächliche Berichterstattungsstruktur kann ganz anders aussehen. Dem Chefingenieur sind drei Positionen unterstellt. Die Beziehungen werden zwar mit durchgezogenen Linien dargestellt, tatsächlich kann es sich jedoch auch um gepunktete Linien handeln. Ed White arbeitet eventuell nur unter anderem für das Midas-Programm. Die Darstellung im Diagramm suggeriert jedoch, dass Ed White ausschließlich am Midas-Programm beteiligt ist. Jean Flood ist externer Mitarbeiter und arbeitet möglicherweise nur zehn Wochenstunden für das Midas-Programm. Wenn die Tätigkeiten zweier Positionen aus dem Organigramm zu unterschiedlichen Zeiten verrichtet werden, können die beiden Positionen mit derselben Person besetzt werden. Ed White kann beispielsweise als Konstruktionsingenieur und als Testingenieur tätig sein, wenn die beiden Aktivitäten zeitlich so weit auseinander liegen, dass sie unabhängig voneinander ausgeführt werden können.

Die Mitarbeiter, die im Organigramm des Project Office gezeigt werden, müssen nicht unbedingt tatsächlich Mitglieder des Project Office sein. Bei langfristigen Projekten, an denen die Mitarbeiter ausschließlich arbeiten, wie z.B. bei Bauprojekten, sitzen die Mitarbeiter möglicherweise nebeneinander. Sind die Mitarbeiter jedoch an mehreren Projekten beteiligt, müssen sie eventuell in ihrer Linie bleiben. Denken Sie daran, dass die Diagramme lediglich erstellt wurden, um den Kunden zu beeindrucken.

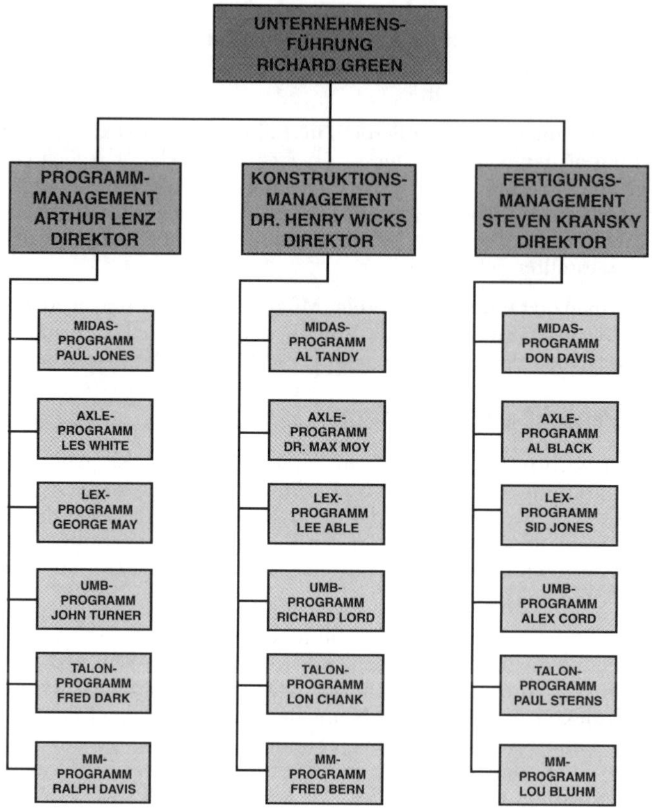

Abbildung 4.6: Die Projekte der Firma Dalton

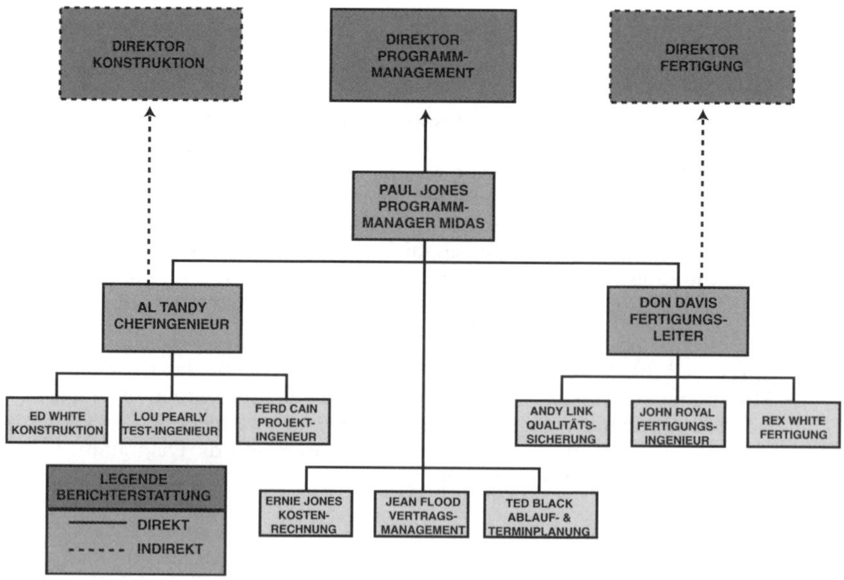

Abbildung 4.7: Das Project Office für das Projekt Midas

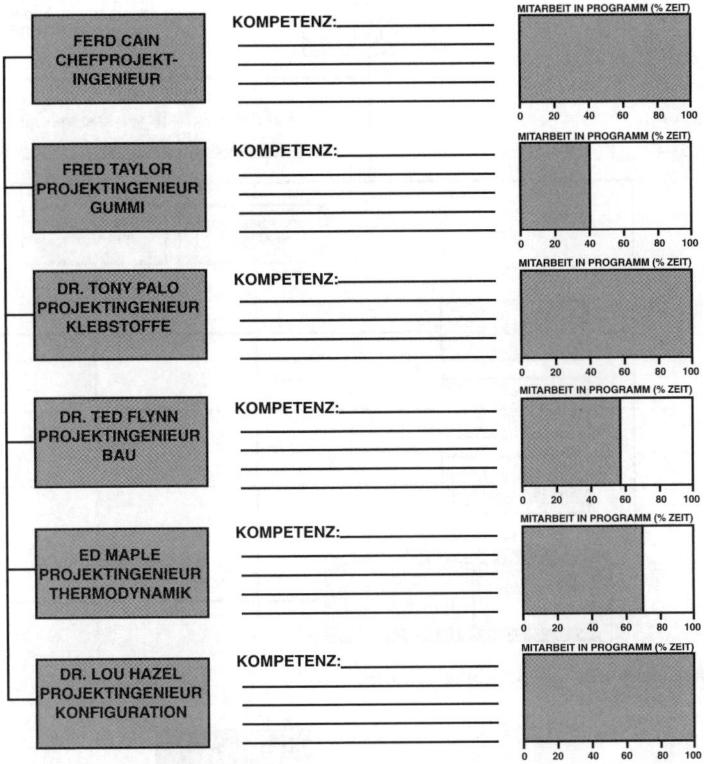

Abbildung 4.8: Besetzung der Konstruktionsabteilung für das Midas-Programm

Viele Kunden wissen, dass herausragende Mitarbeiter in der Regel an mehreren Programmen und Projekten mitarbeiten. Projektbesetzungsdiagramme wie das in Abbildung 4.8 gezeigte können hilfreich sein, um dem Kunden zu demonstrieren, dass die benötigten Mitarbeiter für sein Projekt zur Verfügung stehen.

4.12 Spezielle Probleme

Bei der Personalausstattung eines Projekts gibt es immer spezielle Probleme. Die Abteilung, die in Abbildung 4.9 gezeigt wird, weist beispielsweise eine Abteilungsstruktur auf. Es handelt sich um eine FuE-Abteilung. Alle Aktivitäten bleiben in der Abteilung. Die Projekte X und Y werden von Linienmitarbeitern geleitet, die den Projekten für einen begrenzten Zeitraum zugewiesen wurden. Projekt Z wird hingegen von Projektleiter B geleitet.

Das Hauptproblem besteht darin, die neuen Mitarbeiter zu schulen. Die Schulung dauert neun bis zwölf Monate. Die Mitarbeiter werden mit den Funktionsweisen aller drei Sektionen vertraut gemacht und erst anschließend einer Sektion zugewiesen. Die Linienmanager beschweren sich darüber, dass sie nicht genügend Zeit haben, die Schulung zu überwachen. Mitarbeiter C soll nun diese Funktion erfüllen. Wie in Abbildung 4.9 gezeigt, gibt es eine eigene Schulungsabteilung.

Abbildung 4.10 zeigt ein Versorgungsunternehmen, das drei Projektmanager beschäftigt, die jeweils ausschließlich ein Projekt betreuen. Alle Projekte laufen über eine zentrale Sparte. Leider erhalten die drei Projektmanager nicht genügend Ressourcen von der zentralen Sparte, weil die Linienmanager auch als Projektmanager tätig sind und die besten Ressourcen für ihre eigenen Projekte reservieren.

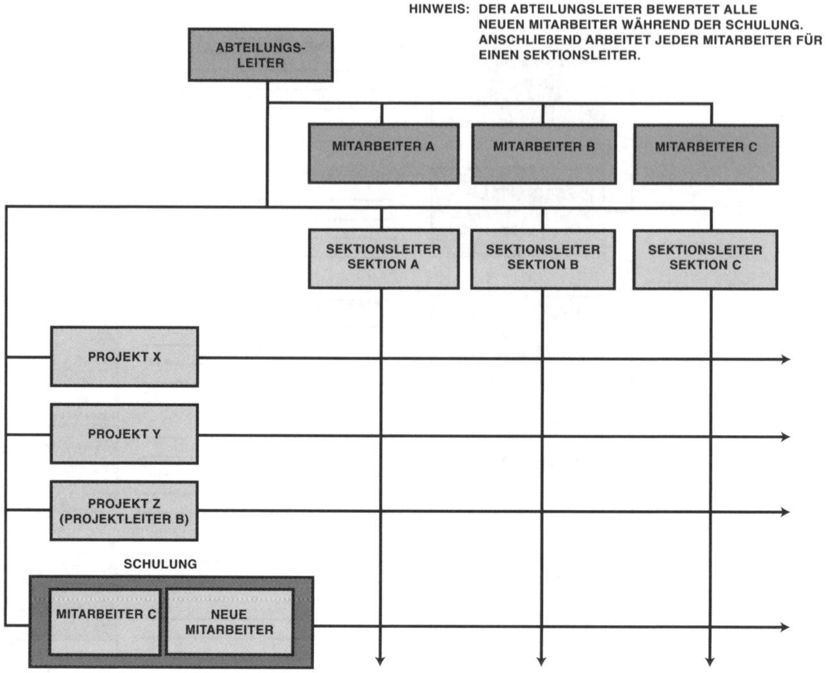

Abbildung 4.9: Das Schulungsproblem

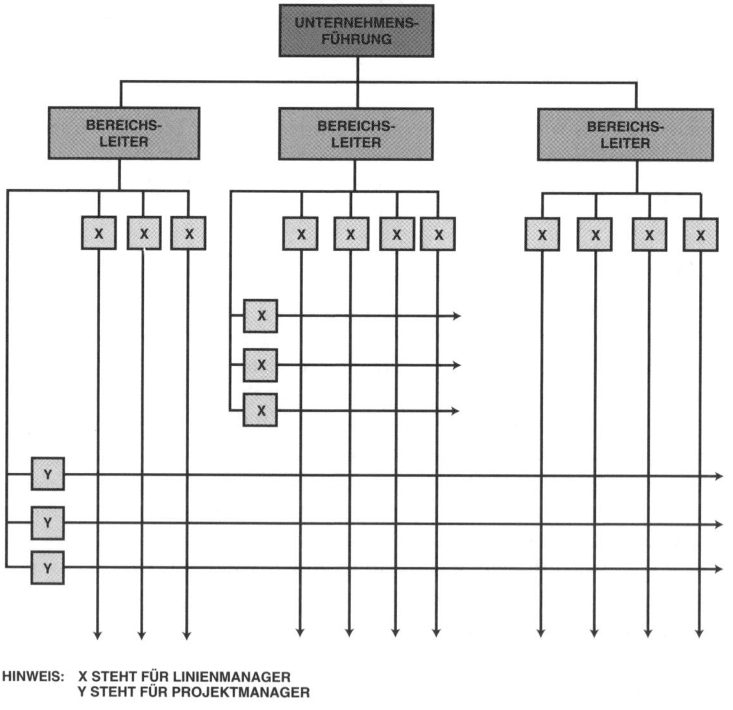

Abbildung 4.10: Organigramm eines Versorgungsunternehmens

Dieses Problem lässt sich dadurch lösen, dass die Linienmanager nicht mehr zwei Funktionen erfüllen dürfen. Stattdessen kann ein Projektmanager, der ausschließlich ein Projekt betreut, zur linken Sparte hinzugefügt werden, die alle drei Projekte der zentralen Sparte verwaltet. Im Hinblick auf die Prioritätenvergabe und die Konfliktlösung ist es in der Regel für alle Projektmanager das Beste, wenn sie an eine Sparte berichten.

Linienmanager fühlen sich in der Regel zurückgestuft, wenn sie erfahren, dass sie zukünftig nicht mehr zwei Funktionen gleichzeitig erfüllen dürfen. Dies verdeutlicht das Beispiel von Herrn Adams. Herr Adams war Linienmanager und konnte auf dreißig Jahre Berufserfahrung zurückblicken. In den letzten Jahren hatte er bei zahlreichen Projekten gleichzeitig die Funktion des Projektmanagers und die des Linienmanagers erfüllt. Er wurde als Spezialist in seinem Gebiet betrachtet. Dann beschloss das Unternehmen, formelles Projektmanagement einzuführen, und richtete in diesem Zusammenhang eine Projektmanagement-Abteilung ein. Herr Benz, ein dreißigjähriger Mitarbeiter mit drei Jahren Berufserfahrung, wurde zum Projektmanager ernannt. Herr Benz musste sein Projekt mit Personal ausstatten und fragte zu diesem Zeck seinen Freund Herrn Schmidt, der Linienmitarbeiter war, ob er nicht die Linie im Projekt vertreten wolle. Herr Schmidt arbeitete erst seit zwei Jahren für das Unternehmen. Herr Adams stimmte dieser Anforderung zu und informierte Herrn Schmidt über seine neue Funktion mit der Bemerkung »Dieses Projekt gehört Ihnen. Ich möchte nichts damit zu tun haben. Ich bin mit den Strukturierungsmaßnahmen im Zusammenhang mit der neuen Organisationsstruktur vollständig ausgelastet. Senden Sie mir einfach hin und wieder eine E-Mail, um mich auf dem Laufenden zu halten.«

Während der Besprechung zu Projektbeginn wurde deutlich, dass lediglich Herr Adams die benötigte Erfahrung besaß. Ohne seine Unterstützung würde das Projekt doppelt so lange dauern.

Das eigentliche Problem bestand darin, dass Herr Adams das Gefühl haben wollte, gebraucht zu werden und wichtig zu sein. Er hoffte, dass der Projektmanager ihn um Hilfe bitten würde. Der Projektmanager analysierte die Situation zwar richtig, weigerte sich jedoch, den Linienmanager um Hilfe zu bitten. Stattdessen bat er ein Mitglied der Unternehmensführung, den Linienmanager zur Unterstützung des Projekts zu zwingen. Der Linienmanager hielt sich zwar an die Anweisung, aber nur widerwillig. Bis heute unterstützt der Linienmanager Projekte kaum, die mit seiner Linie zu tun haben.

4.13 Zusammenstellung des Teams, das Projektmanagement einführt

PMBOK® Guide 2004

Kapitel 9 Personalmanagement

9.2 Zusammenstellen des Projektteams

Um Projektmanagement in einem Unternehmen einzuführen, ist eine starke Unterstützung seitens der Unternehmensführung erforderlich und es wird ein Team benötigt, das sich nur dieser einen Aufgabe widmet. Werden die falschen Personen ausgewählt, verzögert sich der Einführungsprozess oder die Moral der Mitarbeiter verschlechtert sich. Die nachfolgend aufgeführten und in Abbildung 4.11 gezeigten Rollen unterminieren die Einführung von Projektmanagement:

- Der Angreifer
  - Kritisiert jeden und alles im Projektmanagement
  - Würdigt den Status und das Ego anderer Teammitglieder herab
  - Handelt immer aggressiv
- Der Herrscher
  - Versucht immer, alles zu beherrschen
  - Behauptet, alles über Projektmanagement zu wissen
  - Versucht, Menschen zu manipulieren
  - Fordert Personen mit leitender Funktion heraus
- Des Teufels Advokat
  - Findet in allen Bereichen des Projektmanagements Fehler
  - Weigert sich, Projektmanagement zu unterstützen
  - Handelt eher wie ein Teufel als wie ein Anwalt

- Der Themenspringer
  - Muss immer der Erste mit einem neuen Vorschlag/Ansatz für das Projektmanagement sein
  - Wechselt beständig das Thema
  - Kann sich nicht über einen längeren Zeitraum auf ein Thema konzentrieren, wenn es sich nicht um seine eigene Idee handelt
  - Versucht, die Einführung des Projektmanagements endlos fortzusetzen
- Der Aufmerksamkeitssuchende
  - Kämpft immer für seine eigenen Ideen
  - Demonstriert immer Statusbewusstsein
  - Versucht, Projektmanager zu werden, falls der Status anerkannt ist
  - Hört sich gerne selbst reden
  - Prahlt lieber, als nützliche Informationen zu liefern
- Der Zurückhaltende
  - Hat Angst davor, kritisiert zu werden
  - Nimmt nur dann offen teil, wenn ihm gedroht wird
  - Hält möglicherweise Informationen zurück
  - Ist eventuell schüchtern
- Der Blocker
  - Kritisiert gerne andere
  - Weist die Ansichten anderer zurück
  - Zitiert unrelevante Beispiele und persönliche Erfahrungen
  - Hat mehrere Gründe dafür parat, dass Projektmanagement nicht funktionieren kann

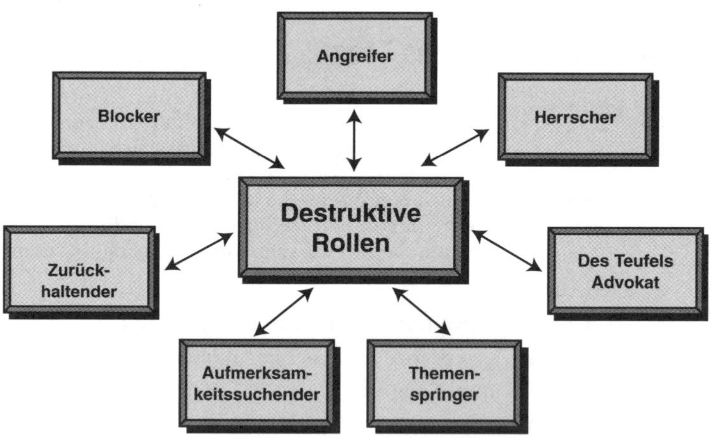

Abbildung 4.11: Rollen, die von Personen eingenommen werden können, die die Einführung von Projektmanagement unterwandern

Diese Art von Personen sollte bei der Einführung von Projektmanagement nicht zum Zug kommen. Besser geeignet sind Mitarbeiter der Art, wie sie in Abbildung 4.12 gezeigt werden. Die Rollen zeichnen sich durch folgende Eigenschaften aus:

- Die Initiatoren
  - »Besteht die Chance, dass das funktioniert?«
  - »Lassen Sie es uns versuchen.«
- Die Informationssucher
  - »Haben wir so etwas schon einmal ausprobiert?«
  - »Kennen wir andere Firmen, bei denen es funktioniert hat?«
  - »Können wir diese Information beschaffen?«
- Die Informationsbeschaffer
  - »Andere Firmen haben festgestellt, dass ...«
  - »Die Literatur sagt, ...«
  - »Teststudien belegen ...«
- Die Ermutiger
  - »Sie haben gute Ideen.«
  - »Die Idee scheint zu funktionieren, wir müssen eventuell nur kleine Änderungen vornehmen.«
  - »Was Sie gesagt haben, ist wirklich hilfreich.«
- Die Aufklärer
  - »Heißt das ...?«
  - »Lassen Sie mich noch einmal wiederholen, was wir gerade im Team festgestellt haben ... «
  - »Lassen Sie mich einmal sehen, ob man das noch unter einem anderen Gesichtspunkt betrachten kann ...«
- Die Harmonisierer
  - »Im Grunde genommen sind wir uns einig, oder?«
  - »Unsere Ideen sind sich ziemlich ähnlich.«
  - »Sagen wir nicht alle das Gleiche?«
- Die Konsensbeschaffer
  - »Lassen Sie uns sehen, ob im Team Übereinstimmung vorherrscht.«
  - »Lassen Sie uns darüber abstimmen.«
  - »Lassen Sie uns sehen, was der Rest des Teams darüber denkt.«
- Die Informationsregulierer
  - »Wer hat sich bisher noch nicht dazu geäußert?«
  - »Sollten wir uns alle Optionen offen halten?«
  - »Können wir nun eine Entscheidung fällen oder gibt es weitere Informationen, die wir noch berücksichtigen sollten?«

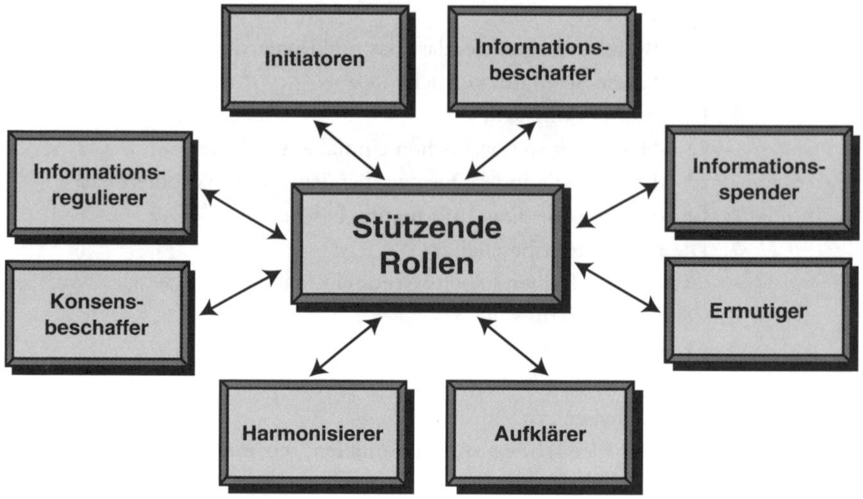

Abbildung 4.12: Rollen von Personen, die die Einführung von Projektmanagement unterstützen

4.14 Studientipps für das PMI®-Projektmanagement-Zertifizierungsexamen

Dieser Abschnitt kann als Wiederholung der Grundlagen dienen, um die Wissensbereiche und Domänengruppen im PMBOK® Guide zu ergänzen. In diesem Kapitel geht es um Folgendes:

- Personalmanagement
- Planung
- Projektteam

Das Verständnis der folgenden Grundlagen ist vorteilhaft, wenn der Leser diesen Text für die Vorbereitung auf das PMP®-Zertifizierungsexamen verwendet:

- Was ist ein Projektteam
- Zusammenstellung des Teams und Einrichtung der Umgebung
- Die Rolle des Linienmanagers bei der Zusammenstellung des Teams
- Die Rolle des Abteilungsleiters bei der Zusammenstellung des Teams
- Fähigkeiten, die ein Projektmanager benötigt
- Die Verantwortung des Projektmanagers, den Teammitgliedern zu helfen, sich während der Arbeit an dem Projekt weiterzuentwickeln und zu lernen

In Anhang C finden Sie unter dem Namen Dorale Products die folgenden Mini-Fallstudien:

- Dorale Products (G) [Personalmanagement]
- Dorale Products (H) [Personalmanagement]
- Dorale Products (I) [Personalmanagement]
- Dorale Products (J) [Personalmanagement]
- Dorale Products (K) [Personalmanagement]

Die folgenden Multiple-Choice-Fragen sind hilfreich bei der Wiederholung der Grundlagen dieses Kapitels:

1. Bei der Zusammenstellung des Teams ist die wichtigste Aufgabe des obersten Managements die Auswahl von:

   A. Projektmanager

B. Assistenten des Projektmanagers

C. Funktionsteam

D. Führungskräfte sind nicht an der Zusammenstellung des Teams beteiligt.

2. Während der Zusammenstellung des Teams ist die wichtigste Aufgabe des Linienmanagements:

A. Bestätigung der durch den Projektmanager getroffenen Auswahl

B. Bestätigung der durch die Assistenten des Projektmanagers getroffenen Auswahl

C. Zuweisung funktionaler Ressourcen abhängig davon, wer zur Verfügung steht

D. Zuweisung funktionaler Ressourcen abhängig von der Verfügbarkeit und den erforderlichen Fähigkeiten

3. Ein Projektmanager ist sehr viel wahrscheinlicher erfolgreich, wenn für jeden offensichtlich ist:

A. Der Projektmanager hat Technologieleitung.

B. Der Projektmanager wird besser bezahlt als alle anderen Teammitglieder.

C. Der Projektmanager ist über 45.

D. Das oberste Management hat den Projektmanager offiziell ernannt.

4. Die meisten Leute glauben, die beste Vorbereitung auf das Projektmanagement erfolgt durch:

A. On-Job-Training

B. Seminare an der Universität

C. Doktortitel in Projektmanagement

D. Professionelle Seminare und Meetings

5. In Verhandlungen zur Zusammenstellung des Teams mit dem Linienmanager erkennen Sie ein Arbeitspaket, für das die Fähigkeiten eines Mitarbeiters der Stufe 7 erforderlich sind. Der Linienmanager teilt Ihnen mit, dass er Ihnen einen Mitarbeiter der Stufe 6 und einen Mitarbeiter der Stufe 8 zuteilt. Sie sollten:

A. Sich weigern, den Mitarbeiter der Stufe 6 zu akzeptieren, weil Sie nicht für die Schulung verantwortlich sind

B. Zwei andere Leute anfordern

C. Den Sponsor bitten, einzugreifen

D. Seien Sie froh! Sie haben zwei Mitarbeiter!

6. Sie haben ein Projekt mit 1000 Stunden festgesetzt, vorausgesetzt, es wird Ihnen ein Mitarbeiter der Stufe 7 zugeteilt. Der Linienmanager weist Ihnen einen Mitarbeiter der Stufe 9 zu. Das führt zu einer wesentlichen Kostenüberschreitung. Der Projektmanager sollte:

A. Das Anfangsdatum des Projekts auf einen Zeitpunkt umplanen, ab dem ein Mitarbeiter der Stufe 7 zur Verfügung steht

B. Den Sponsor bitten, Ihrem Projekt eine höhere Priorität zuzuweisen

C. Den Projektumfang reduzieren

D. Prüfen, ob der Mitarbeiter der Stufe 9 den Job in kürzerer Zeit erledigen kann

7. Wenn ein Projekt beginnt, ruhiger zu werden, sollte der Projektmanager:

A. Alle nicht benötigten Arbeitskräfte freigeben, damit sie anderen Projekten zugeordnet werden können

B. Warten, bis das Projekt offiziell abgeschlossen ist, bevor er Mitarbeiter freigibt

C. Warten, bis der Linienmanager die freizugebenden Mitarbeiter offiziell anfordert

D. Mit anderen Projektmanagern darüber sprechen, wer die Mitarbeiter brauchen kann

ANTWORTEN

1. A
2. D
3. D
4. A
5. D
6. D
7. A

PROBLEME

4.1 Von Grinnell und Apple stammen die folgenden Beschreibungen:[12]

- Personen, die bisher in einer Einlinienorganisation gearbeitet haben, haben Probleme damit, mehreren Vorgesetzten unterstellt zu sein.
- Mitarbeiter bekennen sich möglicherweise zwar zur Teamarbeit, wissen jedoch nicht genau, wie ein funktionsfähiges Team aufgebaut und unterhalten wird.
- Die Projekt- und Linienmanager konkurrieren häufig miteinander, anstatt zusammenzuarbeiten.
- Die Mitarbeiter müssen lernen, selbst mehr »Managementaufgaben« zu übernehmen.

Die Autoren identifizieren die obigen vier Probleme für die Personalauswahl. Überlegen Sie, zu welchem Personentyp die Probleme am ehesten passen (Ingenieure, Buchhalter, Vertragsmanager etc.) und in welcher Organisationsform die Probleme am wahrscheinlichsten sind.

4.2 David Cleland[13] bemerkte Folgendes:

> Das Projektteam sollte in der Lage sein, technischen und administrativen Support zu leisten. Der Projektmanager sollte genügend Befugnisse besitzen, um sein Projektteam nach Bedarf zu verkleinern oder zu vergrößern. Dazu sollte der Projektmanager auch Mitarbeiter aus den Serviceabteilungen auswählen dürfen.

Stimmen Sie dieser Aussage zu? Sollte die Art des Projekts oder die Organisationsform in Ihrer Antwort eine dominierende Rolle spielen?

4.3 Das Project Office des Auftragnehmers ist häufig an die des Auftraggebers angelehnt. Es gibt Auftraggeber, die die Projektorganisation des Auftragnehmers nur als Erweiterung ihrer eigenen Firma betrachten. Nachfolgend finden Sie drei Aussagen zur Beziehung zwischen den beiden Project Offices. Sind diese Aussagen zutreffend? Begründen Sie Ihre Antwort.

- Auftraggeber und Auftragnehmer müssen sich gegenseitig vertrauen.
- Der Projektmanager muss gemeinsam mit dem Auftraggeber eine Hierarchie für die Entscheidungsfindung festlegen. Dabei geht es um die Frage, welche Entscheidungen jede Partei unabhängig treffen kann und welche Entscheidungen gemeinsam getroffen werden müssen.
- Die Projektmitarbeiter des Auftraggebers und des Auftragnehmers müssen beide gewillt sein, Entscheidungen so schnell wie möglich zu treffen.

4.4 C. Ray Gullet identifiziert fünf PersonalProbleme.[14] Wie würden Sie als Projektmanager mit diesen Problemen umgehen:

12. Grinnell, S. K. und Apple, H. P., *When Two Bosses Are Better Than One,* Machine Design, January 1975, S. 84–87.
13. Gullet, C. Ray, *Personnel Management in the Project Organization*, Personnel Administration/Public Personnel Review, November–December 1972, S. 17–22.
14. Cleland, D., *Why Project Management?* Reprinted with permission from Business Horizons, Winter 1964 (p. 85). Copyright © 1964 by the Board of Trustees at Indiana University.

- Die Ebenen der Personalauswahl sind in der Projektumgebung variabler als in der Linienorganisation.
- Die Leistungsbewertung ist in einer Matrixorganisation komplexer und fehleranfälliger als in einer traditionellen Organisationsform.
- Das Gehalt und die Gehaltsstufen lassen sich in einer Matrixorganisation nicht so einfach beibehalten. Die Stellenbeschreibungen sind häufig weniger wert als in einer traditionellen Organisationsform.
- Probleme mit der Arbeitsmoral sind möglicherweise in einer Matrixorganisation größer als in einer traditionellen Organisationsform.

4.5 Viele Menschen glauben, dass ein Projektmanager in gewisser Weise eine ähnliche Funktion hat wie ein Arzt. Was halten Sie von dieser Auffassung?

4.6 Paul ist Projektmanager eines Projekts, das eine Laufzeit von zwölf Monaten hat. Im sechsten, achten und neunten Monat benötigt er Mitarbeiter mit Spezialkenntnissen. Der Linienmanager hat angedeutet, dass diese Mitarbeiter zwei Monate vor dem Zeitpunkt verfügbar sind, zu dem der Projektmanager sie benötigt. Wenn Paul sie zu diesem Zeitpunkt nicht für sein Projekt verpflichtet, werden sie einem anderen Projekt zugeordnet und stehen ihm später nicht mehr zur Verfügung. Was soll Paul tun? Begründen Sie Ihre Antwort.

4.7 Folgende Gründe sprechen dafür, Linienmitarbeiter zu Projektingenieuren zu befördern:

- Sie haben bessere Beziehungen zu anderen Linienmitarbeitern als die Mitarbeiter des Projektteams.
- Doppelarbeiten lassen sich besser verhindern.
- Die Teamarbeit wird gefördert.

Diese Gründe gelten normalerweise für Projekte im Bereich FuE. Lassen sie sich auch auf andere Bereiche anwenden?

4.8 Ein erfolgreicher Projektmanager in der High-Tech-Industrie muss folgende Qualifikationen aufweisen:

- Der Karriereweg muss über mehrere technische Ränge verlaufen sein.
- Er muss Kenntnisse in vielen technischen Bereichen aufweisen.
- Er muss über Grundkenntnisse der Unternehmensführung verfügen und die Bedeutung von Rentabilität verinnerlicht haben.
- Er muss Interesse an der Ausbildung von Mitarbeitern haben.
- Er muss dazu in der Lage sein, mit Perfektionisten zusammenzuarbeiten.

Lassen sich diese Merkmale so abändern, dass sie für Projektmanagement allgemein gelten? Falls ja, wie?

4.9 Taylor und Watling behaupten Folgendes: [15]

> Häufig werden Projektmanager eher wegen ihrer Management-Erfahrung und ihrer Fähigkeit beachtet, mit Mitarbeitern zurechtzukommen als wegen ihrer Fachkenntnisse. Je nach Projekttyp und -größe kann es jedoch gefährlich sein, Letzteres zu vernachlässigen. Der Projektmanager sollte entweder Erfahrung mit den Projektaufgaben oder mit ähnlichen Aufgaben haben.

Welche Gefahr kann bestehen, wenn ein Projektmanager nur minimale Fachkenntnisse besitzt? Stellt dies immer eine Gefahr dar?

4.10 Frank Baum ist der erfahrenste Ingenieur des Unternehmens. Fünf Jahre lang ist sein Antrag um Versetzung in das Projektmanagement mit der Begründung abgelehnt worden, dass er in seiner aktuellen Position für die Firma zu wertvoll sei. Wenn Sie Projektmanager wären, wür-

15. Taylor, W. J. und Watling, T. F., *Successful Project Management*, London, 1972, S. 32.

den Sie den Ingenieur dann gerne in Ihr Projektteam aufnehmen? Wie sollte das Unternehmen mit der Situation umgehen?

4.11 Tom Weeks ist Manager der Gruppe Wärmedämmung. Bei der letzten Gruppenbesprechung sagte Tom: »Das Unternehmen hat Probleme. Wie Sie wissen, haben wir für drei Programme Angebote abgegeben. Wenn wir für ein Programm den Zuschlag erhalten, können wir möglicherweise unser aktuelles Niveau halten. Erhalten wir den Zuschlag für alle drei Programme, sind Sie morgen alle Manager.« Die Gruppe Wärmedämmung erhielt alle drei Programme, aber es wurden weder neue Mitarbeiter eingestellt, noch wurden Mitarbeiter befördert. Wenn Sie Projektmanager von einem der drei Projekte wären, wie würden Sie dann die Arbeitsbeziehungen innerhalb der Gruppe einschätzen?

4.12 Sie sind Projektingenieur eines High-Tech-Programms. Als Sie unter der Last der Projekte schon fast zusammenbrechen, fordert Ihr Chef Sie auf, einen Vortrag zu schreiben, den er bei einer technischen Besprechung halten kann. Gehört das zu Ihrem Job? Was fühlen Sie in dieser Situation?

4.13 Wissenschaftliche Untersuchungen belegen, dass die Matrixstruktur häufig verwirrend wirkt, weil die Mitarbeiter mehrere Rollen annehmen müssen und keine Rollenklarheit mehr herrscht.[16] Leider besitzen nicht alle Projektmanager, Programm-Manager und Projektingenieure die nötigen Kenntnisse, um in einer solchen Umgebung arbeiten zu können. Stuckenbruck drückt dies wie folgt aus:[17] »Der Weg zum Erfolg ist mit den Körpern von Projektmanagern übersät, die zuvor im Linienmanagement gearbeitet haben und dann ins Projektmanagement befördert wurden.« Welche Ursache hat dies Ihrer Meinung nach?

4.14 Geben Sie für jede der nachfolgend aufgeführten Organisationsformen an, wer festlegt, welche Ressourcen benötigt werden, wann sie benötigt werden und wie sie eingesetzt werden. Wer besitzt die Kompetenz und die Verantwortung, diese Ressourcen zu mobilisieren?

A. Traditionelle Organisationsform

B. Matrixorganisation

C. Produktlinienorganisation

D. Projektorientierte Organisationsform

4.15 Stimmen Sie der Behauptung zu, dass projektorientierte Organisationsformen die Kommunikation zwischen Kollegen und dynamische Problemlöseprozesse fördern?

4.16 Die Firma XYZ nutzt eine traditionelle Struktur. Das Unternehmen hat soeben einen Vertrag über die Entwicklung einer neuen Produktlinie für eine spezielle Kundengruppe abgeschlossen. Das Unternehmen hat beschlossen, ausgewählte Personen aus den Linien herauszuholen und mit ihnen eine produktorientierte Struktur aufzubauen, die parallel zu den bisherigen Abteilungen bestehen soll.

A. Erstellen Sie das Organigramm.

B. Glauben Sie, dass eine derartige Struktur funktionieren kann? Hängt Ihre Antwort davon ab, wie lange die Situation bestehen bleiben muss?

4.17 Sie sind Projektingenieur eines Programms, das dem von Ihnen zuletzt geleiteten Programm stark ähnelt. Sollten Sie versuchen, wieder dasselbe Projektteam zusammenzustellen wie beim letzten Mal?

4.18 Die Leistung von einem Ihrer Projektmitarbeiter ist nicht zufrieden stellend. Was sollten Sie tun? Macht es einen Unterschied, ob es sich dabei um einen Mitarbeiter des Project Office oder um einen Linienmitarbeiter handelt?

4.19 Sie sind Projektassistent und sind dem Chefprojektingenieur unterstellt, der formell an den Projektmanager und informell an den Bereichsleiter Konstruktion berichtet. Sie haben noch nie

16. Davis, K., *Human Relations at Work,* New York, 1967, S. 296–297.
17. Stuckenbruck, L, *The Effective Project Manager,* Project Management Quarterly, Vol. VII, No. 1, March 1976, S. 26–27.

zuvor mit diesem Chefingenieur zusammengearbeitet. Im Laufe des Projekts wird Ihnen klar, dass der Chefprojektingenieur Entscheidungen trifft, die nicht im Interesse des Projekts sind. Was sollten Sie dagegen unternehmen?

4.20 Sollten Mitarbeiter in das Projektmanagement befördert werden, weil sie die letzte Gehaltsstufe der Linie erreicht haben?

4.21 Sollte ein Linienmanager die Erlaubnis haben, Mitarbeiter aus einer anderen Linie zu »entleihen«, um seine Verpflichtungen gegenüber einem Projekt zu erfüllen? Sollte dies auch dann zulässig sein, wenn Überstunden gemacht werden müssen?

4.22 Sollte ein Projektmanager nach seiner Leistung oder nach der Anzahl der ihm unterstellten Mitarbeiter bezahlt werden?

4.23 Sollte ein Projektmanager versuchen, sein Personal aufzustocken?

4.24 Warum sollte Ihnen ein Linienmanager seine besten Leute für ein langfristiges Projekt zur Verfügung stellen?

4.25 Ein Bergwerksbesitzer vertritt die Philosophie, dass der Projektmanager für neue Minenprojekte eine Person sein soll, die auch zum nächsten Minenleiter gemacht werden könnte. Der Bergwerksbesitzer hält diese Art von Besitzstandswahrung für günstig. Stimmen Sie dem zu?

4.26 Kann ein Projektmanager als »Leiharbeiter« betrachtet werden?

4.27 Fertigungsbetriebe setzen Projektmanagement ausschließlich ein, um neuen Mitarbeitern die Möglichkeit zu bieten, alle Unternehmensbereiche kennen zu lernen. Nachdem ein Mitarbeiter an einem oder zwei Projekten jeweils ein bis zwei Jahre mitgearbeitet hat, wird er in das Linienmanagement versetzt, um bessere Beförderungsmöglichkeiten zu haben. Kann eine solche Situation Erfolg haben, in der es keine Karrieremöglichkeiten im Projektmanagement gibt? Kann sich die Situation negativ auf die Projekte auswirken?

4.28 Kann ein Projektmanager dafür sorgen, dass die Projektmitarbeiter sich dem Projekt widmen und für den Projekterfolg kämpfen, ihn aber trotzdem alle hassen?

4.29 Kann jeder zu einem Projektmanager ausgebildet werden?

4.30 Ein Stromerzeuger nutzt eine Projektmanagement-Struktur, bei der der Projektmanager gleichzeitig auch Linienmanager ist. Das Unternehmen behauptet, dass dadurch verhindert werden kann, dass die Mitarbeiter ihr technisches Fachwissen verlieren, und dass sie, wenn sie wieder ihre Pflichten im Linienmanagement erfüllen, abgerundetere Persönlichkeiten seien. Stimmen Sie dem zu? Welche Vor- und Nachteile hat diese Struktur?

4.31 Es gibt Branchen, in denen graues Haar als Hauptkriterium für eine Beförderung betrachtet wird. Ist diese Art von Reife vorteilhaft?

4.32 In Abbildung 4.9 sehen Sie, dass Al Tandy und Don Davis (und auch die anderen Mitarbeiter des Project Office) direkt an den Projektmanager und indirekt an das Linienmanagement berichten. Ließe sich diese Situation auch umkehren (das heißt indirekt Berichterstattung an den Projektmanager und direkte Berichterstattung an das Linienmanagement)?

4.33 In den meisten Organisationen gibt es »Stars«, das heißt Mitarbeiter, von denen der Erfolg abhängt. Wie kann ein Projektmanager diese Mitarbeiter identifizieren? Kann es sich dabei um Mitarbeiter des Project Office handeln oder müssen es Linienmitarbeiter oder Manager sein?

4.34 Wenn Sie an Ihre eigene Branche denken, über welche Job-bezogenen oder mitarbeiterbezogenen Faktoren würden Sie gerne Bescheid wissen, bevor Sie jemand als Projektmanager oder Projektingenieur für ein Projekt mit dem folgenden Volumen auswählen:

A. EUR 30.000?

B. EUR 300.000?

C. EUR 3.000.000?

D. EUR 30.000.000?

4.35 Eine der Hauptkontroversen im Projektmanagement ist die, ob der Projektmanager technischen Sachverstand besitzen muss, um effektiv arbeiten zu können. Betrachten Sie folgende Situation:

4.36 Sie sind Projektmanager eines FuE-Projekts. Das Marketing informiert Sie darüber, dass ein Kunde für Ihr Produkt gefunden wurde und dass Sie einige grundlegende Änderungen vornehmen müssen, um den Kunden zufrieden zu stellen. Der Linienmanager der Konstruktion teilt Ihnen mit, dass diese Änderungen unmöglich vorgenommen werden können. Kann ein Projektmanager ohne technischen Sachverstand eine brauchbare Entscheidung fällen, ob zusätzliche Mittel und eine entsprechende Unterstützung durch das Marketing riskiert werden sollten, oder sollte der Projektmanager den Linienmanagern glauben und dem Marketing mitteilen, dass die Änderungen unmöglich durchgeführt werden können? Wie kann ein Projektmanager mit oder ohne technischen Sachverstand feststellen, ob die Einschätzung des Linienmanagements optimistisch oder pessimistisch ist?

4.37 Als Linienmitarbeiter zeigen Sie eine außerordentliche Begabung beim Verfassen von Texten. Sie werden zum Assistenten des Abteilungsleiters befördert. Ihnen wird außerdem mitgeteilt, dass Sie für alle Angebote verantwortlich sind, die die Abteilung durchlaufen. Was halten Sie davon? Handelt es sich um eine Beförderung? Welche Karrieremöglichkeiten bieten sich Ihnen von hier aus?

4.38 Ein Versorgungsunternehmen macht sich Gedanken über die Beförderung von Linienmitarbeitern in das Projektmanagement. Bei einem Projekt mit einer geplanten Dauer von acht Monaten, an dem vierhundert Mitarbeiter voll mitarbeiten, haben die Abteilungsleiter »Prüfer« eingesetzt, die dafür sorgen sollten, dass Linienmitarbeiter keine nicht genehmigten Arbeiten (z.B. nicht vom Linienmanager genehmigt) durchführen, die oberhalb ihrer Gehaltsgruppe angesiedelt sind. Kann ein solches System funktionieren? Was wäre, wenn die Tätigkeit eines Mitarbeiters normalerweise von Mitarbeitern verrichtet wird, die eine Gehaltsgruppe unter der des Mitarbeiters sitzen?

4.39 Ein Versorgungsunternehmen startet jedes EDV-Projekt mit einer Machbarkeitsstudie, im Rahmen derer eine Kosten-Nutzen-Analyse durchgeführt wird. Die Projektmanager, die alle an eine Projektmanagement-Sparte berichten, führen diese Machbarkeitsstudie selbst und ohne Unterstützung der Linienorganisationen durch. Die Linienmitarbeiter behaupten, dass die Machbarkeitsstudien ungenau seien, weil die eigentlichen Experten nicht involviert sind. Die Projektmanager behaupten jedoch, dass sie nie genug Zeit oder Geld übrig haben, um die Linienmitarbeiter mit einzubeziehen. Lässt sich diese Problematische Situation lösen?

4.40 Wie würden Sie vorgehen, um Mitarbeiter aus Ihrem Unternehmen oder Ihrer Branche zu guten Projektmanagern auszubilden? Welche Annahmen treffen Sie dabei?

4.41 Sollten Projektteams die Möglichkeit haben, sich eigenständig zu entwickeln?

4.42 An welcher Stelle im Lebenszyklus eines Projekts sollte ein Projektmanager ernannt werden?

4.43 Im Top-Management gibt es zwei Auffassungen vom Projektmanagement. Nach der einen Auffassung sollten Projektmanager eingesetzt werden, um Aktivitäten zu koordinieren, an denen mehrere Linien beteiligt sind. Nach der zweiten Auffassung sollten die Positionen im Projektmanagement genutzt werden, um zukünftige Geschäftsführer heranzuziehen. Welche Sichtweise ist korrekt?

4.44 Es gibt Führungskräfte, die glauben, dass die Mitarbeiter eines Project Office als Assistenten in verschiedenen Projektmanagementfunktionen geschult werden sollten. Was halten Sie davon?

4.45 Ein Unternehmen hat die Richtlinie aufgestellt, dass Mitarbeiter, die gerne Projektmanager sein würden, ein bis eineinhalb Jahre in einer Linie arbeiten müssen, um so die Mitarbeiter und die Unternehmenspolitik kennen zu lernen. Was halten Sie von dieser Vorgehensweise?

4.46 In Ihrem Projekt sind drei Stellen für Projektassistenten zu besetzen. Leider gibt es im Unternehmen keine erfahrenen Projektassistenten. Sie werden vom oberen Management aufgefordert, die drei Stellen durch hausinterne Beförderungen zu füllen. Wo sollten Sie nach den Mitarbeitern suchen? Was sollten Sie die potenziellen Kandidaten im Rahmen des Bewerbungsgesprächs fragen? Kann es sein, dass Sie Kandidaten finden, die sich für eine vertikale, nicht aber für eine horizontale Beförderung eignen?

4.47 Ein Linienmitarbeiter weist die erforderlichen Eigenschaften für einen erfolgreichen Projektmanager auf. Das Top-Management kann nun:

- das Gehalt und die Gehaltsstufe des Mitarbeiters erhöhen und ihn in das Projektmanagement befördern.
- den Mitarbeiter lateral in das Projektmanagement befördern, ohne dabei sein Gehalt oder seine Gehaltsstufe zu erhöhen. Zeigt der Mitarbeiter in den nächsten drei oder sechs Monaten, dass er der Aufgabe gewachsen ist, erhält er die entsprechende Gehaltserhöhung und seine Gehaltsstufe wird heraufgestuft.
- die Gehaltsstufe des Mitarbeiters erhöhen, ohne dabei gleichzeitig das Gehalt zu erhöhen, oder das Gehalt geringfügig erhöhen, ohne dabei die Gehaltsstufe zu verändern. Der Mitarbeiter erhält jedoch nach Abschluss der Beobachtungsphase einen Bonus, falls er die Position bewältigt.

Wären Sie im Top-Management, welche Methode würden Sie dann bevorzugen? Wenn Sie die obigen drei Wahlmöglichkeiten betrachten, sollten Sie eine eigene Alternative entwickeln. Nennen Sie die Vor- und Nachteile jeder Wahlmöglichkeit. Überlegen Sie sich, welche Auswirkungen es hat, wenn der Mitarbeiter die Position nicht bewältigen kann.

5 Managementfunktionen

Verwandte Fallstudien (aus Kerzner/*Project* Management *Case Studies*, 2. Auflage)	Verwandte Workbook-Übungen (aus Kerzner/*Project Management Workbook and PMP®/CAPM® Exam Study Guide*, 9. Auflage)	PMBOK® Guide, 3. Auflage, Referenzabschnitt für das PMP®-Zertifizierungsexamen
• Wynn Computer Equipment (WCE) • The Trophy Project*	• The Communication Problem • Meetings, Meetings and Meetings • Project Management Psychology • Multiple-Choice-Examen • Crossword Puzzle on Human Resource Management • Crossword Puzzle on Communications Management	• Personalmanagement • Kommunikationsmanagement

* Die Fallstudie wird am Ende des Kapitels beschrieben.

5.0 Einführung

PMBOK® Guide 2004

1.5.4 Wissen und Fertigkeiten bezüglich allgemeinen Managements

1.5.5 Zwischenmenschliche Fertigkeiten

2.3.4 Die Rolle des PMO in der Unternehmensstruktur

Wie bereits erwähnt, bemisst der Projektmanager seinen Erfolg daran, wie gut er mit der Unternehmensführung und dem Linienmanagement über Ressourcen verhandelt, die er benötigt, um das Projektziel erreichen zu können. Darüber hinaus besitzt der Projektmanager zwar sehr viel delegierte Verantwortung, jedoch kaum Kompetenzen. Entsprechend unterscheiden sich die Management-Fähigkeiten, die einen erfolgreichen Projektmanager auszeichnen, eventuell erheblich von denen des Linienmanagers. Der schwierigste Aspekt bei einem Projektmanagement-Umfeld ist der, dass die Mitarbeiter mit Mittlerfunktion zwischen Projektmanagement und Linie an zwei Chefs berichten müssen. Linienmanager und Projektmanager behandeln die Mitarbeiter aufgrund ihrer unterschiedlichen Kompetenzen und Verantwortlichkeiten und abhängig von der favorisierten »Management-Schule« auch verschieden. Insgesamt gibt es fünf Management-Schulen, die nachfolgend beschrieben werden.

- *Die klassische/traditionelle Schule:* Management ist ein Prozess, bei dem Dinge (z.B. Ziele) durch die Zusammenarbeit mit und durch Personen, die in Gruppen organisiert sind, erreicht werden. Die Betonung liegt auf dem Endprodukt oder dem Ziel, die involvierten Personen werden kaum berücksichtigt.
- *Die empirische Schule:* Management-Fertigkeiten werden erworben, indem die Erfahrungen anderer Manager studiert werden, egal ob die Situationen identisch sind oder nicht.
- *Die behavioristische Schule:* In dieser Schule gibt es zwei Orientierungen. Die eine betrachtet die zwischenmenschlichen Beziehungen zwischen den Individuen und ihrer Arbeit und die zweite bezieht das Sozialsystem des Individuums mit ein. Management wird als ein System kultureller Beziehungen betrachtet, das soziale Veränderungen beinhaltet.

- *Die entscheidungstheoretische Schule:* Management ist ein rationaler Ansatz für die Entscheidungsfindung mittels mathematischer Modelle und Prozesse wie Operations Research und der Wissenschaft des Managements.
- *Die Managementsystem-Schule:* Management besteht in der Entwicklung eines Systemmodells, das durch einen Input, eine Verarbeitung und einen Output gekennzeichnet ist und den Ressourcenfluss (Kapital, Sachmittel, Betriebsmittel, Personal, Informationen, Material) direkt identifiziert, der erforderlich ist, um ein Ziel durch Maximierung oder Minimierung der Zielfunktion zu erreichen. Diese Schule beinhaltet auch die Kontingenztheorie, die hervorhebt, dass jede Situation einzigartig ist und separat unter Beachtung der Beschränkungen des Systems optimiert werden muss.

In einem Projektumfeld sind die Linienmanager in der Regel spezialisiert auf die ersten drei Management-Schulen, wohingegen die Projektmanager die letzten beiden Schulen nutzen. Dies bringt die Projektmanager und die Repräsentanten der einzelnen Linien in Bedrängnis. Der Projektmanager muss die Linienmitarbeiter dazu motivieren, sich dem Projekt zu widmen, wobei er die Managementsystem-Theorie und quantitative Werkzeuge einsetzt und dabei häufig wenig Rücksicht auf den Mitarbeiter nimmt. Schließlich arbeitet der Mitarbeiter möglicherweise nur für eine sehr kurze Zeit am Projekt mit, wohingegen das Endprodukt das wichtigste Ziel ist. Der Linienmanager bringt hingegen mit dem traditionellen oder behavioristischen Management-Ansatz mehr Verständnis für die individuellen Bedürfnisse des Mitarbeiters auf.

Auch heute noch neigen Experten dazu, die Verantwortlichkeiten und Fähigkeiten im Bereich Management mit Prinzipien und Funktionen zu beschreiben, die von den frühen Management-Schulen entwickelt wurden. Dies sind:

- Planung
- Organisation
- Personalausstattung
- Steuerung
- Führung

Diese Managementfunktionen wurden zwar auf traditionelle Management-Strukturen angewendet, wurden jedoch erst vor kurzem auch für zeitlich befristete Management-Positionen neu definiert. Die fundamentale Bedeutung bleibt gleich, die Anwendungen unterscheiden sich jedoch.

5.1 Steuerung (Controlling)

Steuerung ist ein dreistufiger Prozess, bei dem der Fortschritt in Bezug auf das Ziel gemessen wird, bewertet wird, was noch erledigt werden muss und bei dem die nötigen korrigierenden Schritte eingeleitet werden, um die Ziele doch noch zu erreichen oder zu übererfüllen. Diese drei Schritte – Messen, Auswertung und Korrektur – sind wie folgt definiert:

- *Messen:* Mittels formellen und informellen Berichten den Grad ermitteln, zu dem die Ziele bisher erreicht wurden.
- *Auswerten:* Ursachen und mögliche Wege identifizieren, um auf signifikante Abweichungen von der geplanten Leistung zu reagieren.
- *Korrigieren:* Aktionen einleiten, um einen unerwünschten Trend zu korrigieren oder um einen ungewöhnlich günstigen Trend auszunutzen.

Der Projektmanager ist dafür verantwortlich, dass die Gruppen- und die Unternehmensziele erreicht werden. Entsprechend muss er Standards und Kostenkontrollrichtlinien und -prozeduren kennen, um operative Ziele und vordefinierte Standards voneinander unterscheiden zu können. Der Projektmanager muss dann die erforderlichen Korrekturen einleiten. In späteren Kapiteln wird die Kontrolle und dabei insbesondere die Kostenkontrollfunktionen näher beleuchtet.

In Kapitel 1 wurde behauptet, dass der Projektmanager das Verhalten des Unternehmens kennen muss, um effektiv arbeiten zu können, und dass er stark ausgeprägte zwischenmenschliche Fähigkeiten besitzen muss.

Linienmanager genießen möglicherweise den Luxus, die Zeit zu haben, Beziehungen zu allen ihren Mitarbeitern aufzubauen. Für einen Projektmanager dagegen stellt die Zeit eine Beschränkung dar, und man kann nicht immer leicht vorhersagen, wie gut oder wie schlecht sich ein Einzelner in eine Gruppe einfügt, insbesondere, wenn der Projektmanager nie zuvor mit diesem Angestellten zusammengearbeitet hat. Ein Verständnis für das physiologische und soziale Verhalten, wie Menschen sich innerhalb einer Gruppe verhalten, kann nicht über Nacht entwickelt werden.

5.2 Führung

Die Führung beinhaltet die Umsetzung und Ausführung (durch andere) der genehmigten Pläne, die erforderlich sind, um Ziele zu erreichen oder um sie überzuerfüllen. Die Führung umfasst folgende Schritte:

- *Personalausstattung:* Dafür sorgen, dass jede Position mit einer qualifizierten Person besetzt wird.
- *Schulung:* Den einzelnen Mitarbeitern und Gruppen wird beigebracht, wie sie ihre Pflichten und Verantwortlichkeiten erfüllen können.
- *Leitung:* Anderen Handlungsanweisungen und Richtlinien bereitstellen, damit sie ihre Pflichten und Verantwortlichkeiten erfüllen können.
- *Delegation:* Zuweisung von Arbeit, Verantwortlichkeiten und Kompetenzen, damit andere ihre Fähigkeiten maximal ausnutzen können.
- *Motivation:* Ermutigung anderer, ihre Leistung entsprechend ihren Fähigkeiten zu erbringen.
- *Beratung:* Abhalten privater Gespräche mit einzelnen Mitarbeitern, um ihnen zu zeigen, wie sie ihre Arbeit besser erledigen, ein persönliches Problem lösen oder ihren Ehrgeiz umsetzen können.
- *Koordination:* Dafür sorgen, dass die Aktivitäten entsprechend ihrer Wichtigkeit und mit einem Minimum an Konflikten ausgeführt werden.

Die Führung von Mitarbeitern ist keine leichte Aufgabe, weil die Projekte zeitlich begrenzt sind und die Mitarbeiter möglicherweise gleichzeitig noch einem Linienmanager zugeordnet sind. Der Luxus, die einzelnen Mitarbeiter kennen zu lernen, ist im Projektumfeld nicht gegeben.

Projektmanager müssen entscheidungsfreudig sein und sich schnell bewegen, wenn Anordnungen gefragt sind. Es ist besser, eine Entscheidung zu treffen und damit zu 10 Prozent daneben zu liegen, als auf die letzten 10 Prozent an Input für ein Problem zu warten und dadurch Verzögerungen des Terminplans und einen ungeeigneten Einsatz der Ressourcen zu verursachen. Anordnungen sind dann am effektivsten, wenn sie einfach gehalten sind, d.h., wenn die KISS-Regel angewendet wird (KISS – Keep it simple, stupid). Anordnungen sollten mit einem einfachen und klaren Ziel ausformuliert werden, damit die Mitarbeiter effektiv arbeiten können und die Dinge gleich beim ersten Mal richtig machen. Bei der Erteilung von Anweisungen muss deutlich hervorgehen, dass ihre sofortige Ausführung erwartet wird. Ob Mitarbeiter einer Anweisung folgen, hängt maßgeblich von dem Respekt ab, den sie vor Ihnen haben. Deshalb sollten Sie nie eine Anweisung erteilen, deren Durchführung Sie nicht erzwingen können. Mündliche Anweisungen und Direktiven sollten als Vorschläge oder Anliegen verkleidet werden. Der Projektmanager sollte den Empfänger bitten, die mündliche Anweisung zu wiederholen, um sicherzustellen, dass es keine Missverständnisse gibt.

PMBOK® Guide 2004

Kapitel 9 Personalmanagement

9.4 Leiten des Projektteams

Projektmanager müssen soziale Kompetenz besitzen, um die Mitarbeiter dazu motivieren zu können, die Projektziele erfolgreich zu erfüllen. Nach Douglas McGregor lassen sich die meisten Mitarbeiter gemäß zweier Theorien einteilen.[1] Die erste Theorie, die häufig auch als Theorie X bezeichnet wird, geht davon aus, dass der durchschnittliche Mitarbeiter faul ist und überwacht werden muss. Theorie X beinhaltet außerdem folgende Annahmen:

1. McGregor, D., *The Human Side of Enterprise,* New York, 1960, S. 33–34.

- Der durchschnittliche Mitarbeiter hasst Arbeit und vermeidet sie, wann immer möglich.
- Um eine wünschenswerte Leistung zu erzielen, muss der Leiter Bestrafungen androhen und die Leistungserbringung sorgfältig überwachen.
- Der durchschnittliche Mitarbeiter geht wachsender Verantwortung aus dem Weg und möchte geführt werden.

Manager, die Theorie X für richtig halten, praktizieren in der Regel einen autoritären Führungsstil und lassen die Mitarbeiter an der Entscheidungsfindung kaum teilhaben. Theorie-X-Mitarbeiter bevorzugen in der Regel Tätigkeiten ohne Verantwortung, insbesondere bei der Entscheidungsfindung.

Gemäß Theorie Y sind die Mitarbeiter bereit, ihre Arbeit ohne permanente Überwachung zu erledigen. Theorie Y geht außerdem von folgenden Annahmen aus:

- Der durchschnittliche Mitarbeiter möchte aktiv sein und empfindet physische und mentale Anstrengung in seinem Job als zufrieden stellend.
- Die besten Ergebnisse werden bei willigen Teilnehmern erzielt, die das Ziel auch ohne Zwang und Kontrolle gerne erreichen wollen.
- Der durchschnittliche Mitarbeiter sucht nach einer Möglichkeit, seine Situation zu verbessern und sein Selbstwertgefühl zu steigern.

Manager, die Theorie Y bevorzugen, treten in der Regel für Partizipation und ein gutes Verhältnis zwischen dem Management und den Mitarbeitern ein. Bei der Arbeit mit Profis wie Ingenieuren muss jedoch besondere Vorsicht gelten, da sie häufig darauf stolz sind, bessere Wege zu finden, das Endergebnis zu erreichen, und dabei die Kosten vernachlässigen. Wenn dies geschieht, muss der Projektmanager zur autoritären Führungskraft werden und Theorie-Y-Mitarbeiter so behandeln, als wären sie Theorie-X-Mitarbeiter.

William Ouchi hat eine Theorie Z formuliert, die sich vor allem auf die kulturellen Werte in Japan sowie das Verhalten der japanischen Arbeiter konzentriert[2]. Laut Theorie Z gibt es wesentliche Unterschiede zwischen der japanischen und der amerikanischen Kultur, und auch dahin gehend, wie die Mitarbeiter behandelt werden. Die Japaner gehen von einer lebenslangen Beschäftigungsdauer aus, während die Amerikaner eher kurzfristige Anstellungen kennen. Die Japaner konzentrieren sich auf eine gemeinsame Entscheidungsfindung, wie beispielsweise in Qualitätsgremien, während die Amerikaner eher zur Entscheidungsfindung durch einen Einzelnen tendieren. Die Japaner legen Wert auf eine informelle administrative Kontrolle, während die Amerikaner eine eher formale Kontrolle wünschen. Japanische Unternehmen führen ihre Mitarbeiter auf nicht spezialisierte Karrierewege mit langsamer Beurteilung und Beförderung, während die Amerikaner Gelegenheiten für spezialisierte Karrierewege mit schneller Beurteilung und Beförderung bevorzugen. Darüber hinaus haben die japanischen Manager mehr Interesse am Privatleben ihrer Mitarbeiter als die amerikanischen Manager.

PMBOK® Guide 2004

Kapitel 9 Personalmanagement

9.3.2 Entwickeln des Projektteams: Werkzeuge und Methoden

Von Psychologen wurde die Existenz einer Bedürfnishierarchie entdeckt, die die Mitarbeiter zu einer zufrieden stellenden Leistung motiviert. Maslow[3] definierte die erste Bedürfnishierarchie, wie in Abbildung 5.1 gezeigt. Die erste Ebene ist die der Grund- oder physiologischen Bedürfnisse wie Essen, Wasser, Bekleidung, Schutz, Schlaf und sexuelle Befriedigung. Einfach gesagt, motiviert der primäre Wunsch, diese Grundbedürfnisse zu erfüllen, Menschen dazu, ihre Arbeit möglichst gut zu verrichten.

2. Ouchi, W. G., und Jaeger, A. M., *Type Z Organization: Stability in the Midst of Mobility*, Academy of Management Review, April 1978, Seite 305-314.
3. Maslow, A., *Motivation and Personality,* New York, 1954.

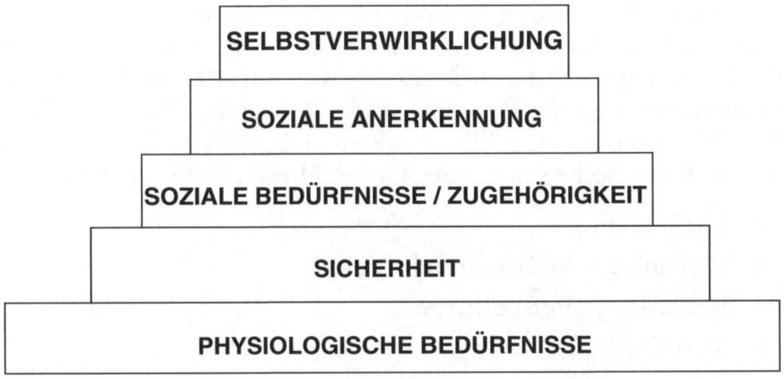

Abbildung 5.1: Die Bedürfnishierarchie von Maslow

Nachdem die physiologischen Bedürfnisse erfüllt sind, wendet sich ein Mitarbeiter dem Bedürfnis Sicherheit auf der nächsten Stufe zu. Sicherheit beinhaltet ökonomische Sicherheit und Schutz vor Unheil, Krankheit und Gewalt. Projektmanager sollten dies unbedingt beachten, weil sie feststellen werden, dass die Linienmitarbeiter mehr daran interessiert sind, eine neue Aufgabe für sich zu finden, als in der aktuellen Situation ihr Bestes zu geben, sobald das Projektende naht.

Die nächste Ebene umfasst soziale Bedürfnisse wie Liebe, Zuneigung, Zusammensein, Bestätigung und Annerkennung in der Gruppe. Auf dieser Ebene spielt die informelle Organisation eine dominante Rolle. Viele Mitarbeiter lehnen eine Beförderung ins Projektmanagement ab, weil sie befürchten, dass sie damit ihre »Mitgliedschaft« in der informellen Organisation verlieren. Dieses Problem kann sogar bei kurzfristigen Projekten auftreten. In einem Projektumfeld gehören die Projektmanager in der Regel zu keiner informellen Organisation und neigen deshalb dazu, außerhalb der Organisation nach der Erfüllung ihrer Bedürfnisse zu suchen. Projektmanager halten Weisungsbefugnisse und die Finanzen für Faktoren, die ihnen soziale Anerkennung verschaffen. Für Linienmitarbeiter besteht soziale Anerkennung hingegen in Freundschaft und in der Art der Arbeitsaufträge. Das heißt also, der Projektmanager kann das Projekt als solches einsetzen, um den Linienmitarbeitern die dritte Bedürfnisebene zu erfüllen (z.B. Teamgeist).

Auf den beiden letzten Bedürfnisebenen stehen soziale Anerkennung und Selbstverwirklichung. Das Bedürfnis nach sozialer Anerkennung beinhaltet Selbstachtung, einen guten Ruf, Wertschätzung anderer, Bestätigung und Selbstvertrauen. Hoch spezialisierte Profis sind häufig unzufrieden, wenn ihr Bedürfnis nach sozialer Anerkennung nicht erfüllt wird. Aus diesem Bedürfnis heraus streben viele Ingenieure danach, ihre Arbeiten zu veröffentlichen. Da sie glauben, ihr Bedürfnis nach sozialer Anerkennung als Projektmanager nicht verwirklichen zu können, lehnen sie eine Beförderung zum Projektmanager häufig ab. Projektmanager zu sein klingt nicht so bedeutsam, wie von den Kollegen als Experte auf einem bestimmten Gebiet betrachtet zu werden. Die letzte Bedürfnisebene ist die Selbstverwirklichung. Sie beinhaltet das Streben nach einer Tätigkeit, die das Individuum am besten kann und entspricht somit dem Wunsch, sein Potenzial zu nutzen, sich ständig weiterzuentwickeln und wirklich kreativ zu sein. Viele gute Projektmanager betrachten diese Ebene als die wichtigste und sehen jedes Projekt als Herausforderung an, das ihnen die Möglichkeit zur Selbstverwirklichung bietet.

Frederick Herzberg und seine Kollegen führten Studien im Bereich der Motivationsforschung durch[4]. Herzberg kam zu dem Schluss, dass die unteren drei Ebenen von Maslow (physiologische, Sicherheits- und soziale Bedürfnisse) Hygienefaktoren seien, die entweder erfüllt oder nicht erfüllt wurden. Die einzigen wirklichen Motivationsfaktoren waren die Bedürfnisse nach Selbstachtung und Selbstverwirklichung. Herzberg glaubte, dass die physiologischen Bedürfnisse Hygienefaktoren und damit extrem kurzfristige Bedürfnisse darstellten. Die Selbstachtung und Selbstverwirklichung seien langfristigere Bedürfnisse und könnten durch Job-Rotation gesteigert werden, wozu auch eine Aufgabenbereicherung gehört.

4. Herberg, F., Mausner, B. und Snyderman, B. B., *The Motivation to Work* (New York: John Wiley & Sons, 1959).

Eine weitere Motivierungstechnik kann mit dem Konzept der Erwartungstheorie verknüpft werden (auch als das *unreife/reife Unternehmen* bezeichnet), die von dem Verhaltenswissenschaftler Chris Argyis entwickelt wurde. Die Erwartungstheorie besagt, dass, wenn die Bedürfnisse des Unternehmens und die Bedürfnisse des Einzelnen übereinstimmen, beide Parteien profitieren und die Motivation steigt. Wenn es keine Übereinstimmung zwischen den Bedürfnissen des Einzelnen und den Bedürfnissen des Unternehmens gibt, erleidet der Einzelne:

- Frustration
- Psychologische Beeinträchtigungen
- Kurzfristige Perspektiven
- Konflikt

Projektmanager müssen Mitarbeiter, die dem Projekt nur zeitlich befristet zugeordnet sind, motivieren, indem sie an das Bedürfnis nach Anerkennung und nach Selbstverwirklichung appellieren. Sie sollten jedoch keine unhaltbaren Versprechungen machen. Um zu motivieren, müssen Projektmanager Folgendes bieten:

- Ein Gefühl von Stolz oder Zufriedenheit für das Ego der Mitarbeiter
- Zusicherung von Möglichkeiten
- Zusicherung von sozialer Anerkennung
- Zusicherung von sozialem Aufstieg (falls möglich)
- Zusicherung von Beförderung (falls möglich)
- Zusicherung von Bestätigung
- Die Möglichkeit, eine anspruchsvollere Tätigkeit zu verrichten und nicht nur, den Arbeitsplatz zu halten

Um Mitarbeitern dabei zu helfen, ihr Potenzial zu verwirklichen, muss der Projektmanager die Bedürfnisse verstehen. Dazu gehören beispielsweise die folgenden Bedürfnisse:

- Nach einer interessanten Arbeit, die Herausforderungen bietet
- Nach einer beruflich stimulierenden Arbeitsumgebung
- Nach beruflicher Weiterentwicklung
- Nach Führungsstärke (die Fähigkeit, zu führen)
- Nach greifbaren Belohnungen
- Nach Fachwissen (innerhalb des Teams)
- Nach Unterstützung beim Problemlösen
- Nach klar definierten Zielen
- Nach angemessener Leitung und Steuerung
- Nach Arbeitsplatzsicherheit
- Nach Unterstützung durch die Unternehmensführung
- Nach guten zwischenmenschlichen Beziehungen
- Nach einer angemessenen Planung
- Nach einer klaren Rollendefinition
- Nach offener Kommunikation
- Nach minimalen Änderungen

Es ist nicht einfach, Mitarbeitern das Gefühl von Arbeitsplatzsicherheit zu vermitteln, insbesondere deshalb, weil ein Projekt nur eine begrenzte Lebensdauer hat. Es gibt jedoch verschiedene Methoden, um Sicherheit in einer Projektumgebung zu erzeugen:

- Mitarbeiter darüber in Kenntnis setzen, warum sie sich an der Stelle befinden, wo sie gerade sind

- Mitarbeitern das Gefühl vermitteln, dass sie an die Stelle gehören, an der sie sich gerade befinden
- Mitarbeiter in Positionen einsetzen, für die sie ausgebildet sind
- Mitarbeiter darüber informieren, wie ihre Bemühungen ins Gesamtbild passen

Da Projektmanager nicht die Möglichkeit haben, über materielle Vorteile zu motivieren, müssen sie an den Stolz der Mitarbeiter appellieren. Dabei gelten folgende Richtlinien:

- Eine positive Grundhaltung annehmen
- Nicht das Management kritisieren
- Keine unhaltbaren Versprechungen machen
- Kundenberichte in Umlauf bringen
- Jedem Mitarbeiter die nötige Aufmerksamkeit zukommen lassen

Es gibt auch einige effektive Methoden, um Projektmitarbeiter zu motivieren:

- Mitarbeitern Aufgaben geben, die eine Herausforderung bieten
- Die Leistungserwartungen klar definieren
- Angemessene Kritik und Lob aussprechen
- Eine ehrliche Beurteilung abgeben
- Für eine gute Arbeitsatmosphäre sorgen
- Teamgeist entwickeln

5.3 Kompetenzen des Projektmanagers

PMBOK® Guide 2004

9.1.3 Entwickeln des Projektteams: Eingangswerte

Projektmanagementstrukturen erzeugen ein Netz von Beziehungen, das bei der Übertragung von Kompetenzen oder Befugnissen und bei der internen Kompetenzstruktur Chaos verursachen kann. In Bezug auf die Projektkompetenzen müssen die folgenden vier Fragen beantwortet werden:

- Was ist Projektkompetenz?
- Was ist Macht und wie kann sie erreicht werden?
- Wie viel Projektkompetenz sollte einem Projektmanager gewährt werden?
- Wer kümmert sich um Probleme im Zusammenhang mit Projektkompetenzen?

Die Kompetenzen des Projektmanagers können als rechtmäßige Befugnisse definiert werden, Befehle zu erteilen, zu handeln und die Aktivitäten anderer zu steuern. Kompetenzen werden von den Vorgesetzten zugewiesen. Macht wird einer Person hingegen von den Personen verliehen, die ihr untergeordnet sind, und ist ein Maß für Respekt. Die Kompetenzen eines Projektmanagers setzen sich zusammen aus seiner Macht und seinem Einfluss dahingehend, dass die ihm unterstellten Mitarbeiter und Kollegen gewillt sind, seine Entscheidungen zu akzeptieren.

Kompetenz ist der Schlüssel zum Projektmanagement. Der Projektmanager muss über mehrere Linien hinweg agieren und die Aktivitäten zusammenzuführen, mit denen die Ziele eines bestimmten Projekts erreicht werden sollen. Projektkompetenzen sorgen für die erforderliche Denkweise. Ein Projektmanager, der es nicht schafft, Allianzen aufzubauen, wird sich sehr schnell mit Widerstand gegen oder Gleichgültigkeit für seine Projektanforderungen konfrontiert sehen.

Die Kompetenz, die einem Projektmanager gewährt wird, hängt von der Projektgröße und der Management-Philosophie ab und auch damit zusammen, wie das Management potenzielle Konflikte mit den Linienmanagern beurteilt. Es gibt jedoch bestimmte Grundelemente, über die der Projektmanager Weisungsbefugnis haben muss, um das Projekt effektiv steuern zu können. Steiner und Ryan drücken dies wie folgt aus:[5]

> Der Projektmanager sollte weitreichende Kompetenzen für alle Elemente des Projekts haben. Seine Kompetenzen sollten ausreichen, um die benötigten Verwaltungsakte und technischen Aktionen durchführen zu können, die zu einem erfolgreichen Projektabschluss führen. Er sollte die Kompetenz haben, Entscheidungen in Hinblick auf das Design und auf die technische Entwicklung zu treffen. Er sollte in der Lage sein, die Finanzmittel, den Ablauf- und Terminplan und die Produktqualität zu steuern. Wenn Unterauftragnehmer eingesetzt werden, sollte er bei deren Auswahl maximale Befugnisse haben.

Insgesamt sollte ein Projektmanager also mehr Kompetenzen haben, als für seinen Verantwortungsbereich eigentlich erforderlich sind, wobei die genauen Kompetenzen vom Risiko abhängen, das der Projektmanager auf sich nehmen muss. Je höher das Risiko, desto mehr Kompetenzen benötigt der Projektmanager. Ein guter Projektmanager weiß, wo seine Kompetenzen enden, und er macht nicht einen Mitarbeiter für Dinge verantwortlich, die er nicht erzwingen kann. Bei einigen Projekten haben Projektmanager lediglich eine Überwachungsfunktion. Die Projektmanager können in einem solchen Fall also nur einen bestimmten Einfluss ausüben.

Wenn der Projektmanager versäumt, eine passende Kompetenzstruktur aufzubauen, kann dies entsprechende Folgen haben:

- Mangelhafte Kommunikationswege
- Irreführende Informationen
- Widerspruch insbesondere seitens der informellen Organisationsstruktur
- Schlechtes Verhältnis zu Vorgesetzen, Mitarbeitern, Kollegen und Partnern
- Überraschungen für den Kunden

Kompetenzprobleme haben in einem Projektumfeld in der Regel die folgenden Ursachen:

- Schlecht dokumentierte oder keine formalen Befugnisse
- Macht und Kompetenzen wurden falsch zugeteilt
- Zuständigkeit für mehrere Bereiche
- Zwei Chefs (die sich häufig uneinig sind)
- Die Projektorganisation fördert Individualismus
- Das Verhältnis zu den Mitarbeitern ist stärker ausgeprägt als zu Kollegen und zu Vorgesetzten
- Eine Umschichtung der Loyalität der Mitarbeiter von den vertikalen zu den horizontalen Linien
- Die Entscheidungsfindung in Gruppen basiert auf der stärksten Gruppe
- Die Fähigkeit, Belohnung und Bestrafung zu beeinflussen oder anzuweisen
- Die gemeinsame Nutzung von Ressourcen in mehreren Projekten

Der Projektmanager besitzt keine einseitige Autorität für das Projekt. Er verhandelt häufig mit den Linienmanagern. Der Projektmanager hat die Kompetenz festzulegen, »wann« und »welche« Projektaktivitäten stattfinden sollen, wohingegen der Linienmanager festlegen darf, »wie die Unterstützung aussehen soll«. Der Projektmanager erreicht seine Ziele durch die Zusammenarbeit mit Mitarbeitern, die in der Regel ein hohes professionelles Niveau haben. Für solche Mitarbeiter beinhaltet Projektführung Planung, Organisation, Steuerung und Kontrolle und auch, dass das Grundprinzip des Projekts erklärt wird.

---

5. Steiner, G.A. und Ryan, W. G., *Industrial Project Management*, New York, 1968. S. 24.

Für die Aushandlung von Kompetenzen gelten bestimmte Grundregeln:

- Verhandlungen sollten auf dem niedrigsten Interaktionsniveau erfolgen
- Die Definition des Problems muss oberste Priorität haben:
  - Das Problem
  - Die Auswirkungen
  - Die Alternative
  - Empfehlungen
- Eine höher angesiedelte Kompetenz sollte nur dann hinzugezogen werden, wenn keine Übereinstimmung erzielt werden kann.

Die kritische Phase ist bei jedem Projekt die Planungsphase. Dazu gehören nicht nur die Planungsaktivitäten, sondern auch die Planung und der Aufbau von Kompetenzbeziehungen, die für die Dauer des Projekts vorhanden sein müssen. Weil das Projektmanagementumfeld von Änderungen gekennzeichnet ist, gelten für jedes Projekt eigene Richtlinien und Verfahrensweisen, woraus sich wiederum eine Vielzahl an Kompetenzbeziehungen ergibt. Aus diesem Grund können Linienmitarbeiter in verschiedenen Projekten unterschiedliche Verantwortlichkeiten haben, auch wenn die Aufgaben selbst identisch sind.

Während der Planungsphase entwickelt das Projektteam eine Kompetenzverteilungsmatrix (RAM – Responsibility Assignment Matrix), die Elemente wie die folgenden beinhaltet:

- Liegt im Zuständigkeitsbereich der Geschäftsführung
- Liegt im Zuständigkeitsbereich der Leitung des operativen Geschäfts
- Spezieller Zuständigkeitsbereich
- Mit wem muss man sich beraten?
- Mit wem sollte man sich beraten?
- Wer muss benachrichtigt werden?
- Wer muss die Genehmigung erteilen?

Die Kompetenzverteilungsmatrix wird häufig auch als LRC (Linear Responsibility Chart) bezeichnet. Ein solches Diagramm identifiziert die Teilnehmer und den Grad, mit dem eine Aktivität durchgeführt oder eine Entscheidung getroffen wird. Das Kompetenzverteilungsdiagramm versucht, die Kompetenzbeziehungen deutlich zu machen, die vorhanden sein können, wenn mehrere Linien Arbeiten gemeinsam verrichten. Cleland und King beschreiben dies wie folgt:[6]

> Der Bedarf, die Kompetenzbeziehungen deutlich zu machen, wird aus der relativen Einheit des traditionellen pyramidenförmigen Diagramms ersichtlich, welches (1) nur ein Abbild der Gesamtfunktion und der Kompetenzmodelle ist und (2) mit ausführlichen Stellenbeschreibungen und Handbüchern kombiniert werden muss, um die Kompetenzbeziehungen und die Pflichten in Hinblick auf die Arbeitsleistung zu beschreiben.

Abbildung 5.2 zeigt ein typisches Kompetenzverteilungsdiagramm. Die Zeilen, in denen die Aktivitäten, die Verantwortlichkeiten oder die benötigten Funktionen angegeben werden, können alle Aufgaben des Arbeitsprozesses beinhalten. In den Spalten werden die Positionen, die Stellenbezeichnungen oder die Mitarbeiter selbst aufgeführt. Wird das Diagramm an externe Kunden weitergegeben, sollten nur die Stellenbezeichnungen vorhanden sein, da die Kunden andernfalls direkt Kontakt zu den Mitarbeitern aufnehmen und die Projektmanager umgehen. Die Symbole geben die Art der Kompetenzbeziehung an, die zwischen den Zeilen und den Spalten vorherrscht.

---

6. Cleland, D.I, und King, W. R., *Systems Analysis and Project Management,* New York, 1968, S. 271.

PMBOK® Guide 2004
9.1.3 Entwickeln des Projektteams: Eingangswerte

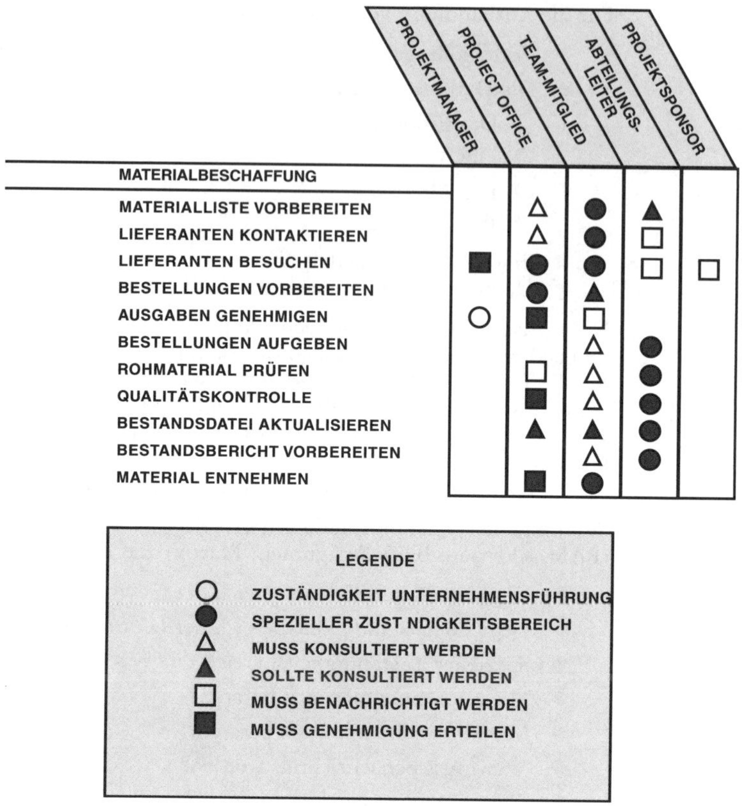

Abbildung 5.2: Kompetenzverteilungsdiagramm (Kompetenzzuordnungsmatrix)

Ein weiteres Beispiel für ein Kompetenzverteilungsdiagramm sehen Sie in Abbildung 5.3. In diesem Fall dient das Diagramm dazu, den Verlauf der internen und externen Kommunikation zu beschreiben. Diese Art von Diagramm wird eingesetzt, um Konflikte in der Kommunikation zu eliminieren. Denken Sie beispielsweise an einen Kunden, der unzufrieden darüber ist, dass seine Informationen vom Projektmanager gefiltert werden. Er fordert, dass die Linienmitarbeiter der beiden Unternehmen direkt miteinander kommunizieren können. Sie haben zwar möglicherweise keine andere Wahl, als dies zu genehmigen. Sie sollten sich jedoch vergewissern, dass dem Kunden Folgendes klar ist:

- Linienmitarbeiter können keine Zusagen in Hinblick auf Zusatzarbeiten oder auf zusätzliche Ressourcen machen.
- Linienmitarbeiter äußern ihre persönliche Meinung, nicht die offizielle Meinung des Unternehmens.
- Die Unternehmensrichtlinie wurde vom Project Office verfasst.

INITIIERT DURCH	BERICHT AN – INTERN: PROJEKT-MANAGER	PROJECT OFFICE (PO)	TEAM-MITGLIED	ABTEILUNGS-MITGLIED	LINIEN-MITARBEITER	BEREICHS-LEITER	UNTERNEHMENS-FÜHRUNG	EXTERN (KUNDE) **: PROJEKT-MANAGER	PROJECT OFFICE (PO)	TEAM-MITGLIED	ABTEILUNGS-MITGLIED	LINIEN-MITARBEITER	BEREICHS-LEITER	UNTERNEHMENS-FÜHRUNG
PROJEKT-MANAGER	▨	○	◆	◺	▲	▲	◆	○	○	■	■	■	■	◺
PROJECT OFFICE	○	▨	○	○	▲	▲	▲	○	○	◺	◺	■	■	◺
TEAM-MITGLIED	◆	○	▨	◆	⬡	■	■	■	■	▲	▲	▲	■	■
ABTEILUNGS-MITGLIED	▲	◺	○	▨	○	◆	■	◺	◺	◺	◺	◺	■	■
LINIEN-MITARBEITER	▲	▲	○	○	▨	■	■	▲	▲	▲	▲	▲	■	■
BEREICHS-LEITER	◺	▲	▲	▲	▲	▨	◺	■	■	■	■	■	◺	◺
UNTERNEHMENS-FÜHRUNG	◺	▲	▲	▲	▲	▲	▨	◺	◺	▲	▲	■	◺	◺

•KANN SICH ZWISCHEN DEN EINZELNEN AUFGABEN UNTERSCHEIDEN UND MÜNDLICH ODER SCHRIFTLICH ERFOLGEN

•• BEINHALTET KEINE REGELMÄSSIGEN BESPRECHUNGEN ZUM INFORMATIONSAUSTAUSCH

LEGEND

- ○ TÄGLICH
- ◆ WÖCHENTLICH
- ⬡ MONATLICH
- ▲ BEI BEDARF
- ◺ INFORMELL
- ■ NIE

Abbildung 5.3: Kompetenzverteilungsmatrix für die Kommunikation

Die Abbildungen 5.4 und 5.5 enthalten abgewandelte Kompetenzverteilungsdiagramme. Abbildung 5.4 zeigt die Verteilung von Datenfeldern und Abbildung 5.5 veranschaulicht die Verteilung von Fachkompetenzen im Project Office.

VERTEILUNGSMATRIX FÜR DATENFELDER

DATENFELD	BERICHTARTEN	PERSONAL VON KUNDE UND AUFTRAGNEHMER: PROJEKTMANAGER	PROJECT OFFICE	TEAMMITGLIED	LINIENMANAGER	UNTERNEHMENSFÜHRUNG
1	MONATLICHE KOSTENÜBERSICHT	X	X			X
2	MEILENSTEIN-BERICHTE	X	X	X	X	X
3	PERSONALKURVEN	X	X		X	
4	BESTANDSNUTZUNG	X	X			
5	BERICHT DRUCKTEST	X	X		X	
6	FEUCHTIGKEITSTESTS	X	X		X	
7	HOTLINE-BERICHTE	X	X	X	X	X
8	TERMINPLANZUSAMMENFASSUNG	X	X	X	X	

Abbildung 5.4: Datenverteilungsmatrix

PROJEKTTEAM / FUNKTIONSBEREICHE	KAUFMÄNNISCHE LEITUNG	KOSTENKONTROLLE	WIRTSCHAFTSANALYSE	ENERGIESYSTEME	EINSCHÄTZUNG DER UMWELTEINFLÜSSE	INDUSTRIETECHNIK	INSTRUMENTATION	INSTALLATION UND LAYOUT	PLANUNG (TERMIN, ABLAUF, KOSTEN, PERSONAL)	PROJEKTMANAGEMENT	BERICHTERSTATTUNG	QUALITÄTSKONTROLLE	STANDORTBEWERTUNG	VORBEREITUNG DER SPEZIFIKATION	SYSTEMDESIGN
ABLE, J.			X		X	X	X	X		X					
BAKER, P.	X	X		X	X				X		X	X	X		X
COOK, D.		X		X	X			X			X	X		X	X
DIRK, L.			X				X		X	X				X	
EASLEY, P.		X		X		X		X	X		X				X
FRANKLIN, W.	X	X					X	X		X		X	X		
GREEN, C.		X		X								X		X	X
HENRY, L.	X		X						X		X	X			X
IMHOFF, R.			X		X						X	X	X		
JULES, C.				X		X		X					X		X
KLEIN, W.	X	X			X		X			X				X	
LEDGER, D.	X	X							X		X				X
MAYER, O.			X	X	X			X						X	
NEWTON, A.		X							X		X		X		
OLIVER, G.	X	X		X			X			X					X
PRATT, L.			X	X					X		X			X	

Abbildung 5.5: Fachkompetenz-Matrix

Die Kompetenzverteilungsmatrix versucht, Fragen wie die folgenden zu beantworten: »Wer hat Zeichnungsrecht?«, »Wer muss informiert werden?«, »Wer darf hierüber entscheiden?« Die Fragen lassen sich nur durch eine klare Definition der Verantwortung, der Zuständigkeiten und der Kompetenzen beantworten:

- *Kompetenz* ist das Recht eines Individuums, die erforderlichen Entscheidungen zu treffen, um bestimmte Ziele zu erreichen oder Verpflichtungen zu erfüllen.
- *Zuständigkeit* ist die Beauftragung mit der Fertigstellung eines bestimmten Ereignisses oder einer Aktivität.
- *Verantwortung* ist die Zuständigkeit für Erfolg oder Misserfolg.

Die Kompetenzverteilungsmatrix ist zwar ein nützliches Hilfsmittel für das Management, sie birgt jedoch auch die Schwäche in sich, dass die Interaktion der Mitarbeiter eines Programms nicht beschrieben wird. Die Kompetenzverteilungsmatrix muss also im Zusammenhang mit der Organisation betrachtet werden, um die Interaktionen zwischen den Mitarbeitern und der Organisation nachvollziehen zu können. Karger und Murdick beschreiben den Nutzen der Kompetenzverteilungsmatrix wie folgt:[7]

> Das Diagramm hat zwar seine Schwächen, von denen die größte darin besteht, dass es sich um ein mechanisches Hilfsmittel handelt. Die Tatsache, dass das Diagramm einen Fakt nahe legt, besagt noch lange nicht, dass dieser auch stimmt. Es ist sehr schwer, festzustellen, was in einem Unternehmen vor sich geht – und mit wem. Das Diagramm versucht, Beziehungen auszudrücken, die nicht immer so klar nachvollzogen werden können. Der Grad, bis zu dem dies möglich ist, hängt außerdem von der speziellen Situation ab. Darin besteht der Unterscheid zwischen formellen und informellen Organisationsformen. Trotzdem gehört die Kompetenzverteilungsmatrix zu den besten Mitteln, um eine Organisation zu analysieren.

Die Kompetenzverteilungsmatrix kann sich aus den Anforderungen von Kunden ergeben, die über die normale Geschäftstätigkeit hinausgehen. Der Kunde kann beispielsweise im Rahmen seiner Qualitätskontrolle fordern, dass ein bestimmter Ingenieur den Test eines bestimmten Produkts überwacht und abzeichnet, oder der Kunde kann fordern, dass ein bestimmter Mitarbeiter alle Daten, die an den Kunden weitergegeben werden, überprüft. Solche Kundenanforderungen machen Kompetenzverteilungsdiagramme erforderlich und können Konflikte innerhalb der Organisation hervorrufen.

Die Delegation von Kompetenzen und Zuständigkeiten wird durch einige wenige Faktoren beeinflusst. Dies gilt sowohl für die Delegation vom oberen Management an das Projektmanagement als auch vom Projektmanagement an das Linienmanagement:

- Reifegrad der Projektmanagementfunktion
- Größe, Art und Geschäftsbasis des Unternehmens
- Größe und Art des Projekts
- Projektlebenszyklus
- Fähigkeiten des Managements auf allen Ebenen

Sobald Übereinstimmung in Hinblick auf die Kompetenzen und Zuständigkeiten des Projektmanagers erzielt werden konnte, müssen die Ergebnisse dokumentiert werden, um seine Rolle klar zu definieren in Hinblick auf:

- Seine Position
- Konflikte zwischen dem Projektmanager und den Linienmanagern
- Einbeziehung in wichtige Management- und technische Entscheidungen
- Mitwirkung bei der Personalauswahl für das Projekt
- Steuerung der Zuordnung und Aufwendung von Finanzmitteln
- Auswahl von Unterauftragnehmern
- Rechte beim Lösen von Konflikten
- Eine Stimme bei der Aufrechterhaltung der Integrität des Projektteams
- Die Erstellung von Projektplänen
- Die Bereitstellung eines kostengünstigen Informationssystems für die Steuerung
- Die Pflege der Kundenbindung und des Kundenkontakts
- Die Unterstützung technologischer und verwaltungstechnischer Verbesserungen

7. Karger, D.W. und Murdick, R. G., *Managing Engineering and Research,* New York, 1963, S. 89.

- Der Aufgabe der Projektorganisation
- Das Durchschneiden roter Bänder

Die vielleicht beste Methode, die Kompetenz des Projektmanagers zu dokumentieren, ist die Satzung des Projekts. Dabei handelt es sich um eine der drei in Abbildung 5.6 gezeigten Methoden, nach denen Projektmanager Autorität erzielen. Die Dokumentation der Kompetenzen des Projektmanagers ist aus folgenden Gründen wichtig:

- Alle Schnittstellen müssen so einfach wie möglich gehalten werden.
- Der Projektmanager muss die Kompetenz haben, Linienmanager dazu zu zwingen, von bestehenden Standards abzuweichen und möglicherweise ein Risiko auf sich zu nehmen.
- Der Projektmanager muss Entscheidungsbefugnis über die Elemente eines Programms haben, die nicht unter seiner Leitung stehen. Dies wird normalerweise dadurch erreicht, dass er sich bei den betroffenen Mitarbeitern Respekt verschafft.
- Der Projektmanager sollte nicht versuchen, die genauen Zuständigkeiten und Kompetenzen seiner Projektmitarbeiter zu beschreiben. Er sollte lieber Problemlöseverhalten als die Rollendefinition unterstützen.

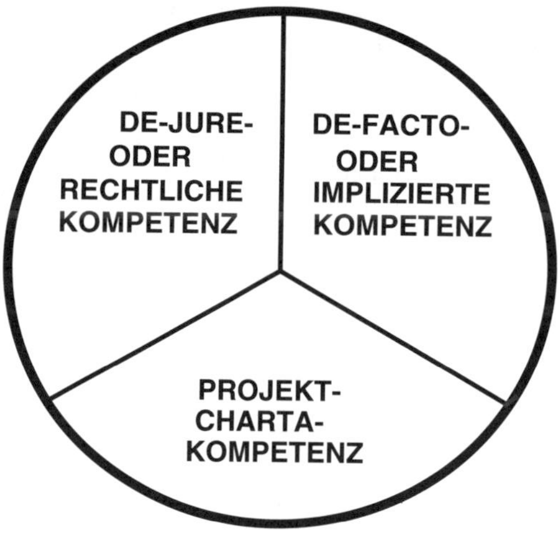

Abbildung 5.6: Verschiedene Arten von Projektkompetenz

5.4 Zwischenmenschliche Einflüsse

PMBOK® Guide 2004
9.1.2 Personalbedarfsplanung: Werkzeuge und Methoden

Es gibt die verschiedensten Beziehungen zwischen Macht und Kompetenz, auch wenn nicht alle klar definiert werden können. Diese Beziehungen werden in der Regel mittels der »relativen« Entscheidungsbefugnis bemessen und sind stark von der Organisationsform abhängig.

Betrachten Sie die folgenden Aussagen von Projektmanagern:

- »Ich habe ein gutes Verhältnis zu Abteilung X. Sie mögen mich und ich mag sie. Ich kann in der Regel alles schneller durchdrücken, als im Terminplan vorgesehen.«
- »Ich weiß zwar, dass dies nicht den Abteilungsrichtlinien entspricht, der Test muss aber nach diesen Kriterien verlaufen, da er sonst bedeutungslos ist« (Bemerkung eines Wissenschaftlers, der für ein bestimmtes Projekt zeitlich befristet ins Projektmanagement befördert wurde, gegenüber einem Teammitglied).

Projektmanager sind in der Regel bekannt dafür, dass sie sehr viel delegierte Verantwortung, aber wenig formale Macht besitzen. Deshalb müssen sie zwischenmenschliche Einflüsse nutzen, um ihre Arbeit zu erledigen. Es gibt fünf Arten von zwischenmenschlichen Einflüssen:

- *Die rechtmäßige Macht:* Die Möglichkeit, Mitarbeit dadurch zu bewirken, dass das Projektteam den Projektmanager als Person betrachtet, die offiziell dazu bevollmächtigt ist, Befehle zu erteilen.
- *Die Macht der Belohnung:* Die Möglichkeit, Mitarbeit dadurch zu bewirken, dass das Projektteam dem Projektmanager die Kompetenz zuschreibt, direkt oder indirekt Belohnungen zu verteilen (z.B. Gehaltserhöhungen, Beförderungen, Zusatzleistungen, zukünftige Arbeitseinsätze).
- *Die Macht der Bestrafung:* Die Möglichkeit, Mitarbeit dadurch zu bewirken, dass das Projektteam dem Projektmanager die Kompetenz zuschreibt, direkt oder indirekt Strafen zu verteilen, die die Mitarbeiter vermeiden wollen. Die Macht, zu bestrafen, geht in der Regel aus derselben Quelle hervor wie die Macht, zu belohnen, wobei das eine die Grundvoraussetzung des anderen ist.
- *Die Macht von Fachwissen:* Die Möglichkeit, Mitarbeit dadurch zu bewirken, dass das Projektteam den Projektmanager als Person betrachtet, der bestimmte Spezialkenntnisse oder ein bestimmtes Fachwissen besitzt (das die Linienmitarbeiter als wichtig erachten).
- *Die Macht des Referenten:* Die Möglichkeit, Mitarbeit dadurch zu bewirken, dass das Projektteam sich vom Projektmanager oder von seinem Projekt angezogen fühlt.

Die folgenden sechs Situationen sind Beispiele für die Macht des Referenten (die ersten beiden sind auch Beispiele für die Macht durch Belohung):

- Der Mitarbeiter kann möglicherweise erreichen, dass der Projektmanager ihm einen Gefallen tut.
- Der Mitarbeiter hat das Gefühl, dass der Projektmanager ein Gewinnertyp ist und sich der Erfolg des Projektmanagers auch positiv auf den Mitarbeiter auswirkt.
- Zwischen dem Mitarbeiter und dem Projektmanager besteht eine enge Beziehung, wie z.B. durch das gemeinsame Golfspiel.
- Der Mitarbeiter mag die Art und Weise, wie der Projektmanager seine Leute behandelt.
- Der Mitarbeiter hat persönliche Probleme und glaubt, dass er beim Projektmanager auf Verständnis trifft.

Abbildung 5.7 zeigt, wie Projektmanager ihre Art der Einflussnahme empfinden.

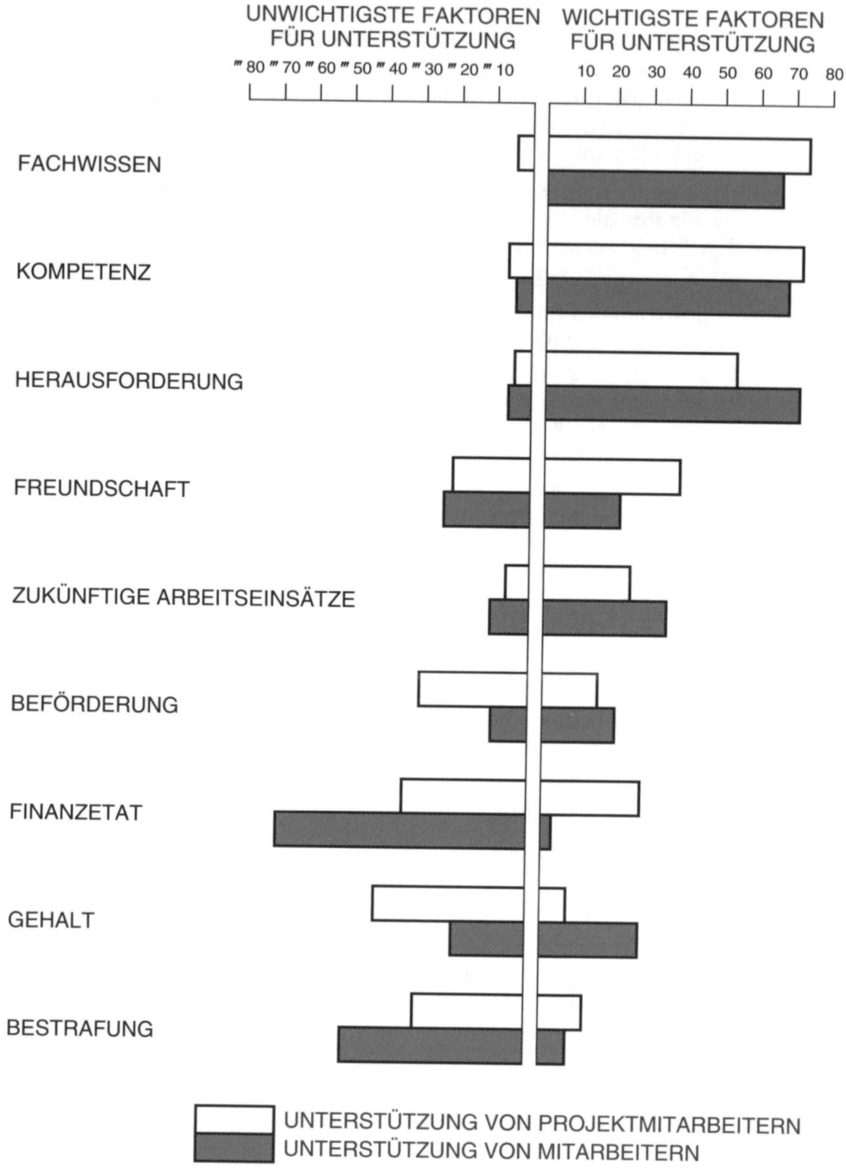

Abbildung 5.7: Faktoren, die die Bereitschaft zur Unterstützung des Projektmanagements beeinflussen[8]

Wie die relative Macht lässt sich auch der relative zwischenmenschliche Einfluss in den verschiedenen Projektorganisationsformen ermitteln (siehe Abbildung 5.8).

8. Thamhain, H.J., *Seminar in Project Management Workbook,* 1979.

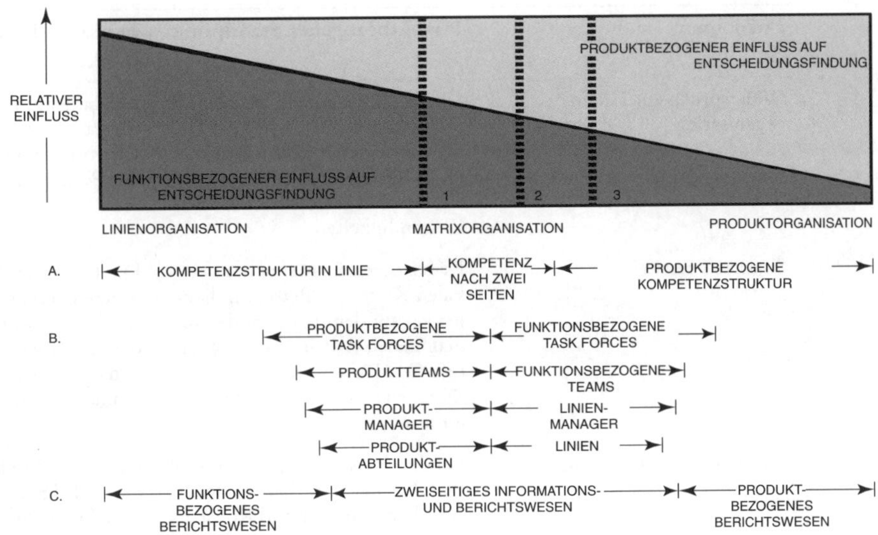

Abbildung 5.8: Bandbreite der Alternativen[9]

Damit eine zeitlich befristete Management-Struktur effektiv sein kann, muss ein Kräftegleichgewicht zwischen dem Projektmanagement und dem Linienmanagement vorherrschen. Leider lässt sich dies häufig nicht einrichten, weil sich alle Projekte voneinander unterscheiden und die einzelnen Projektmanager unterschiedliche Führungsqualitäten besitzen.

Es ist eine immerwährende Herausforderung für das Management, eine Balance herzustellen. Wenn die Zeit- und Kostenvorgaben eines Projekts nicht erreicht werden können, erhöht sich der projektbezogene Einfluss auf die Entscheidungsfindung (siehe Abbildung 5.7). Müssen technologische oder die Qualitätsvorgaben angepasst werden, dominiert der funktionale Einfluss auf die Entscheidungsfindung.

Unabhängig davon, wie viel Macht und Kompetenz ein Projektmanager im Laufe des Projekts entwickelt, besteht sein wichtigstes Kapital in seinen Führungsqualitäten. Der Aufbau von Vertrauen, von Freundschaften und von Respekt kann den Erfolg lediglich fördern.

5.5 Hindernisse bei der Entwicklung des Projektteams

PMBOK® Guide 2004

9.3 Entwickeln des Projektteams

Die meisten Mitarbeiter von projektorientierten und von nicht projektorientierten Organisationen vertreten unterschiedliche Auffassungen über Projektmanagement. Tabelle 5.1 vergleicht projektbezogene und funktionsbezogene Standpunkte miteinander. Diese abweichenden Sichtweisen können auch ein Hindernis für erfolgreiches Projektmanagement darstellen.

9. Galbraith, J.R., *Matrix Organizations Designs*. Reprinted with permission from Business Horizons, February 1971 (p. 37). Copyright © 1971 by the Board of Trustees at Indiana University. Used with permission.

Phänomen	Projektbezogener Standpunkt	Funktionsbezogener Standpunkt
Widerspruch zur Linienorganisation	Überreste des hierarchischen Modells bleiben bestehen: Den Linienfunktionen wird eine Position als Stütze zugeteilt. Es existiert ein Netz an Kompetenzen und Zuständigkeiten.	Die Linienfunktionen sind direkt für das Erreichen von Zielen verantwortlich. Die Linie befiehlt, das Personal berät.
Skalares Prinzip	Es existieren Elemente der vertikalen Kette, die Betonung liegt jedoch auf dem horizontalen und diagonalen Arbeitsablauf. Wichtige Geschäfte werden so ausgeführt, wie die Aufgaben es erfordern.	Die Kette der Autoritätsbeziehungen verläuft von oben nach unten. Wichtige Geschäfte werden in der vertikalen Hierarchie von oben nach unten und von unten nach oben durchgeführt.
Hierarchische Beziehung	Bei den meisten Geschäften sind Beziehungen zwischen Kollegen, zwischen Manager und Konstruktion etc. gefragt.	Die hierarchische Beziehung ist die wichtigste Beziehung im Unternehmen. Sie bringt den gewünschten Erfolg. Alle wichtigen Geschäfte verlaufen über eine hierarchische Pyramidenstruktur.
Ziele der Organisation	Das Projektmanagement wird zu einer Interessensgemeinschaft für viele relativ unabhängige Organisationen. Das Ziel wird dadurch multilateral.	Die Unternehmensziele werden von der Mutterorganisation ausgesucht. Das Ziel ist unilateral.
Einigkeit in der Ausrichtung	Der Projektmanager führt das Projekt über mehrere Linien und Fachabteilungen hinweg, um ein allgemeines Ziel zu erreichen.	Der Geschäftsführer steuert alle Aktivitäten, die denselben Plan haben.
Gleichwertigkeit von Kompetenz und Zuständigkeit	Die Zuständigkeit des Projektmanagers kann seine Kompetenz überschreiten. Die Mitarbeiter sind häufig gegenüber anderen Managern in Hinblick auf die Bezahlung, die Leistungsberichte und die Beförderung verpflichtet.	Übereinstimmung mit Linienmanagement. Die Integrität der hierarchischen Beziehung wird durch die fachliche Kompetenz aufrechterhalten.
Zeitliche Dauer	Das Projekt (und somit auch die Organisation) hat eine begrenzte Dauer.	Tendenz, sich selbst aufrechtzuerhalten, um fortwährend Unterstützung bereitzustellen.

Tabelle 5.1: Vergleich von projekt- und funktionsbezogenen Standpunkten*

* Cleland, D.I, *Project Management,* New York, 1969, S. 281–290.

Kenntnisse über die Hindernisse bei der Zusammenstellung des Projektteams können sich hilfreich auf die Entwicklung eines Umfelds auswirken, das effektive Teamarbeit fördert. Für die Teambildung wurden folgende Hindernisse identifiziert, die typisch für viele Projektumfelder sind.

- *Von Projektziel abweichende Prioritäten und Interessen.* Ein Haupthindernis besteht darin, dass die Teammitglieder Ziele und Interessen haben, die sich von den Projektzielen unterscheiden. Diese Probleme verstärken sich, wenn das Team externe Organisationen zur Unterstützung heranzieht, die unterschiedliche Interessen und Prioritäten haben.

- *Rollenkonflikte.* Rollenkonflikte zwischen Teammitgliedern wirken der Teambildung entgegen. Rollenkonflikte können z.B. dadurch hervorgerufen werden, dass die Zuständigkeiten im Projektteam und in den externen Gruppen nicht klar verteilt sind.
- *Projektziele/Ergebnisse sind nicht klar definiert.* Unklare Projektziele führen häufig zu Konflikten, zu Missverständnissen und zu Machtkämpfen. Es wird schwierig, wenn nicht sogar unmöglich, die Rollen und Verantwortlichkeiten klar zu definieren.
- *Dynamische Projektumfelder.* Viele Projekte befinden sich ständig in Veränderung, weil beispielsweise die Unternehmensführung den Projektrahmen, die Projektziele und die Ressourcenbasis ständig verändert. In bestimmten Situationen können regelmäßige Änderungen oder Kundenanforderungen die Arbeitsweise eines Projektteams drastisch beeinflussen.
- *Kampf um die Führungsrolle.* Projektleiter geben häufig an, dass dieses Hindernis hauptsächlich in den frühen Projektphasen auftritt, oder auch, wenn erhebliche Probleme im Projekt auftreten. Derartige Machtkämpfe wirken sich selbstverständlich auf die Teambildung aus. Häufig handelt es sich um eine verdeckte Herausforderung der Führungsqualitäten des Projektleiters.
- *Mangelnder Teamgeist.* Viele Führungskräfte beschweren sich darüber, dass die Teamarbeit durch die klare Aufgabenverteilung stark behindert wird. Eine solche Situation tritt hauptsächlich in dynamischen, organisatorisch unstrukturierten Arbeitsumfeldern wie in FuE-Projekten auf. Es kommt relativ häufig vor, dass eine Abteilung mit einer Aufgabe betraut wird, dass jedoch die Zuständigkeit für die Leitung keinem Mitarbeiter klar zugewiesen wurde. Entsprechend arbeiten einige Mitarbeiter an dem Projekt, wissen jedoch nicht, bis wohin ihre Verantwortlichkeit reicht. Die Probleme können aber auch dadurch hervorgerufen werden, dass ein Projekt von mehreren Abteilungen bearbeitet wird, ohne dass eine interdisziplinäre Koordination vorhanden ist.

  Der mangelnde Teamgeist kann dadurch bedingt sein, dass sich der Projektleiter und ein Linienmanager oder aber zwei Teammitglieder aus Abteilungen, die sich gegenseitig bekämpfen, misstrauisch gegenüberstehen. Ein geringer Teamgeist ist auch dann wahrscheinlich, wenn ein »Star« im Team zu viel Aufmerksamkeit von seinen Teamkollegen oder vom Projektleiter verlangt. Ein Teamleiter drückte die Situation einmal wie folgt aus: »Viele Teams haben ihre Primadonnen und wir müssen lernen, damit zu leben und klarzukommen. Sie können für den Gesamterfolg sehr wichtig sein. Aber einige Stars fordern so viel, dass sie die Motivation des gesamten Teams vernichten.«
- *Kommunikationsprobleme.* Es ist nicht überraschend, dass sich eine mangelhafte Kommunikation sehr negativ auf die effektive Teambildung auswirkt. Kommunikationsprobleme können sich aber auch negativ auf die Projektsteuerung, die Projektkoordination und auf die Arbeitsabläufe auswirken. Es gibt vier Ebenen von Kommunikationsproblemen: zwischen Teammitgliedern, zwischen dem Projektleiter und den Teammitgliedern, zwischen dem Projektteam und dem Top-Management und zwischen den Projektleitern und dem Kunden. Häufig werden die Probleme auch dadurch hervorgerufen, dass Teammitglieder andere nicht über wichtige Entwicklungen informieren. Die Ursachen mangelhafter Kommunikationsmuster lassen sich nur sehr schwer feststellen. Denkbar sind beispielsweise ein geringes Motivationsniveau oder einfach nur Achtlosigkeit. Es wurde außerdem festgestellt, dass mangelhafte Kommunikationsmuster zwischen dem Team und den das Team unterstützenden Gruppen in erheblichen Problemen bei der Teambildung resultieren. Das Gleiche gilt für die Kommunikation mit dem Kunden. Kommunikationsprobleme führen häufig zu unklaren Zielen und einer mangelhaften Projektsteuerung, Projektkoordination und zu gestörten Arbeitsabläufen.
- *Mangelnde Unterstützung durch die Unternehmensführung.* Projektleiter bringen häufig zum Ausdruck, dass die Unterstützung durch die Unternehmensführung unklar ist und sich im Projektverlauf ständig verändert. Dies kann dazu führen, dass sich die Teammitglieder unbehaglich fühlen und wenig Enthusiasmus und Engagement für das Projekt aufbringen. Zwei weitere Probleme, die häufig auftreten, bestehen darin, dass die Unternehmensführung nicht dabei behilflich ist, von Anfang an das passende Umfeld für das

Projektteam zu schaffen, oder dass im Laufe des Projekts nicht rechtzeitig eine Rückmeldung über die Leistung und die Aktivitäten gegeben wird.

Projektmanager, die ihre Rolle erfolgreich erfüllen, erkennen nicht nur diese Hindernisse, sondern wissen auch, wann sie im Projektlebenszyklus am wahrscheinlichsten auftreten. Die Manager versuchen, die Probleme zu verhindern, und fördern in der Regel ein Arbeitsumfeld, das sich positiv auf eine effektive Teamarbeit auswirkt. Um ein Team erfolgreich bilden zu können, sind Kenntnisse über die Interaktion der verschiedener Unternehmens- und Verhaltensvariablen erforderlich. Außerdem muss ein Klima der aktiven Teilnahme und mit minimalen Konflikten gefördert werden. Dazu muss der Projektmanager Führungsqualitäten, kaufmännisches Wissen, organisatorische Kenntnisse und technisches Fachwissen besitzen. Neben den Management-Kenntnissen kann jedoch auch das Gespür für die Probleme, die den Hindernissen zugrunde liegen, hilfreich sein, um ein effektives Projektteam zu entwickeln.

Eine Auflistung möglicher Hindernisse für die effektive Teambildung und Möglichkeiten, wie sie umgangen werden können, finden Sie in Tabelle 5.2.

Hindernis	Möglichkeit, das Hindernis zu umgehen
Voneinander abweichende Erwartungen, Prioritäten, Interessen und Beurteilungen bei den Teammitgliedern	Versuch, die Unterschiede möglichst früh im Projektlebenszyklus zu entdecken. Den Projektumfang und mögliche Belohungen für einen erfolgreichen Projektabschluss ausführlich erklären. Das Teamkonzept verkaufen und die Verantwortlichkeiten darstellen. Versuchen, die individuellen Interessen mit den Projektzielen zu vermischen.
Rollenkonflikte	Die Teammitglieder so früh wie möglich fragen, an welcher Stelle sie sich im Projekt sehen. Entscheiden, wie sich das Gesamtprojekt am besten in Teilsysteme und Teilaufgaben zerlegen lässt. Rollen zuordnen oder aushandeln. Regelmäßig Projektreviews durchführen, um das Team über den Projektfortschritt auf dem Laufenden zu halten und nicht vorhergesehene Rollenkonflikte, die im Projektverlauf auftreten, im Auge behalten.
Unklare Projektziele/Ergebnisse	Sicherstellen, dass alle Parteien die Projektgesamtziele und die interdisziplinären Projektziele verstehen. Eine klare und häufige Kommunikation mit der Unternehmensführung und dem Kunden ist von entscheidender Bedeutung. Projektreviews können eingesetzt werden, um eine Rückmeldung zu geben. Die Projektziele lassen sich auch durch die Wahl eines passenden Namens für das Projektteam verstärken.
Dynamische Projektumfelder	Die wichtigste Herausforderung besteht darin, externe Einflüsse zu stabilisieren. Als Erstes muss das Projektpersonal ein Abkommen über die prinzipielle Projektrichtung ausarbeiten und diese dem Gesamtteam »verkaufen«. Außerdem müssen die Unternehmensführung und der Kunde über die negativen Konsequenzen unvorhergesehener Änderungen in Kenntnis gesetzt werden. Es ist sehr wichtig, das »Umfeld« vorhersehen zu können, in dem das Projekt durchgeführt wird. Für alle Fälle sollten Ausweichpläne entwickelt werden.

Tabelle 5.2: Hindernisse für die effektive Teambildung und Möglichkeiten, sie zu umgehen

Hindernis	Möglichkeit, das Hindernis zu umgehen
Machtkampf um Teamführung	Die Unternehmensführung muss mithelfen, die Führungsrolle des Projektmanagers aufzubauen. Der Projektmanager muss seinerseits die Erwartungen der Teammitglieder an die Führungsfunktion erfüllen. Mit einer klaren Definition der Rollen und Zuständigkeiten lassen sich Machtkämpfe um die Teamführung in der Regel minimieren.
Mangelnde Teamdefinition und -struktur	Projektleiter müssen das Teamkonzept der Unternehmensführung und den Teammitgliedern verkaufen. Regelmäßige Teambesprechungen verstärken den Teamgedanken ebenso wie klar definierte Aufgaben, Rollen und Zuständigkeiten. Außerdem kann es hilfreich sein, das Team im Schriftverkehr sichtbar zu machen.
Auswahl des Projektpersonals	Versuchen Sie, die Mitarbeit am Projekt mit potenziellen Teammitgliedern auszuhandeln. Besprechen Sie die Wichtigkeit des Projekts, die Rollen der potenziellen Teammitglieder, die zu erwartende Belohnung und die allgemeinen Regeln des Projektmanagements. Falls die Teammitglieder noch immer nicht an dem Projekt interessiert sind, sollten Sie sie eventuell durch andere Personen ersetzen.
Glaubwürdigkeit des Projektleiters	Die Glaubwürdigkeit des Projektleiters ist für die Teammitglieder von entscheidender Bedeutung. Sie wächst mit dem Image, dass vernünftige Entscheidungen bei der Projektführung allgemein und in Bezug auf technische Fragen getroffen werden. Die Glaubwürdigkeit erhöht sich außerdem durch eine gute Beziehung zwischen dem Projektleiter und anderen Managern, die das Team unterstützen.
Mangelnde Projektbindung der Teammitglieder	Versuchen Sie, eine mangelnde Projektbindung seitens der Teammitglieder in einer möglichst frühen Projektphase festzustellen und die negative Einstellung gegenüber dem Projekt zu verändern. Versuchen Sie, festzustellen, woher die Unsicherheit stammt, und die Ängste der Mitarbeiter anschließend zu reduzieren. Konflikte mit anderen Teammitgliedern können ebenfalls zu einer mangelnden Projektbindung führen. Der Projektleiter muss solche Konflikte unbedingt möglichst schnell unterbinden. Eine weitere Ursache mangelnder Projektbindung kann darin bestehen, dass die beruflichen Interessen eines Teammitglieds anders geartet sind. Der Projektleiter sollte versuchen, Möglichkeiten zu finden, um das Teammitglied zufrieden zu stellen, oder aber das Teammitglied austauschen.

Tabelle 5.2: Hindernisse für die effektive Teambildung und Möglichkeiten, sie zu umgehen (Forts.)

Hindernis	Möglichkeit, das Hindernis zu umgehen
Kommunikationsprobleme	Der Projektleiter sollte viel Zeit für die Gespräche mit Teammitgliedern über deren Bedürfnisse und Sorgen aufbringen. Außerdem sollte der Projektleiter ein Forum schaffen, in dem die Kommunikation zwischen den Teammitgliedern gefördert wird. Beispiele hierfür sind Statusbesprechungen, Reviews, Terminpläne und Berichterstattungssysteme. In ähnlicher Weise sollte der Projektleiter auch eine ausführliche Kommunikation mit der Unternehmensführung und mit dem Kunden unterhalten.
Mangelnde Unterstützung durch die Unternehmensführung	Die Unterstützung durch die Unternehmensführung ist eine absolute Voraussetzung für den effektiven Umgang mit Gruppen, die sich an der Schnittstelle zum Projekt befinden, und um Ressourcen an das Projekt zu binden. Deshalb muss ein Ziel des Projektleiters darin bestehen, das Interesse der Unternehmensführung an dem Projekt zu pflegen. Ein Vorschlag wäre, die Unternehmensführung in Projektreviews einzubeziehen. Ebenso wichtig ist jedoch, dass die Unternehmensführung ein angemessenes Projektumfeld bietet. In diesem Zusammenhang muss der Projektleiter dem Management zu Projektbeginn mitteilten, welche Ressourcen benötigt werden. Das Verhältnis zwischen Projektleiter und Unternehmensführung wirkt sich entscheidend auf die Glaubwürdigkeit des Projektleiters und auf die Priorität des Projekts aus.

Tabelle 5.2: Hindernisse für die effektive Teambildung und Möglichkeiten, sie zu umgehen (Forts.)

5.6 Vorschläge für den Umgang mit dem neu gebildeten Projektteam

Ein wichtiges Problem, mit dem viele Projektleiter konfrontiert sind, ist die Bewältigung der Ängste, die sich normalerweise entwickeln, wenn ein neues Team gebildet wird. Diese Ängste sind normal und vorhersehbar. Das Problem besteht jedoch darin, die Aufmerksamkeit des Teams möglichst rasch auf die bevorstehenden Aufgaben zu lenken.

Die Ängste können verschiedene Ursachen haben. So hat ein Teammitglied möglicherweise noch nie zuvor mit dem Projektleiter zusammengearbeitet und hat Bedenken gegenüber seinem Führungsstil. Einige Teammitglieder machen sich unter Umständen Sorgen über das Projekt selbst und darüber, ob es zu ihren beruflichen Interessen und Fähigkeiten passt oder ob es sich auf ihre berufliche Karriere förderlich oder hinderlich auswirkt. Die Teammitglieder können auch Ängste in Bezug auf eine Beeinträchtigung ihres Arbeitsstils haben. Ein Projektmanager drückte dies einmal wie folgt aus: »Manchmal kann es für einen Mitarbeiter ein ähnlich dramatisches Erlebnis sein, wenn sein Schreibtisch von der einen in die andere Zimmerecke verschoben wird, wie wenn er von München nach Manila versetzt wird.«

In neu gebildeten Teams bestehen häufig auch Bedenken darüber, ob die Arbeit gleichmäßig zwischen den Teammitgliedern verteilt ist und ob jedes Teammitglied in der Lage ist, seine Arbeit zu bewältigen. In einigen neu gebildeten Teams müssen die Mitglieder nicht nur ihre Arbeit erledigen, sondern zusätzlich andere Teammitglieder schulen. Dies ist bis zu einem gewissen Grad akzeptabel. Wenn es jedoch exzessive Ausmaße annimmt, nehmen die Ängste zu.

Werden bestimmte Schritte ganz am Anfang der Teambildung unternommen, lassen sich die genannten Probleme minimieren. Als Erstes sollte der Projektleiter mit jedem Teammitglied einzeln über folgende Themen sprechen:

1. Die Projektziele
2. Wer arbeitet an dem Projekt mit und warum
3. Die Bedeutung des Projekts für das Unternehmen oder für die Arbeitseinheit
4. Warum das Teammitglied für das Projekt ausgewählt wurde. Welche Rolle das Mitglied im Projekt haben wird.
5. Welche Belohnung vorgesehen ist, falls das Projekt erfolgreich abgeschlossen wird
6. Mit welchen Problemen und Beschränkungen gerechnet werden muss
7. Die Regeln, die für die Durchführung des Projekts gelten (z.B. regelmäßige Statusbesprechungen)
8. Welche Vorschläge das Teammitglied in Bezug auf eine erfolgreiche Projektdurchführung hat
9. Welche beruflichen Interessen das Teammitglied hat
10. Welche Herausforderungen das Projekt für die einzelnen Teammitglieder und das Team als Ganzes bietet
11. Warum das Teamkonzept so wichtig für den Erfolg von Projektmanagement ist und wie es funktionieren kann

Der Umgang mit Ängsten und die Vermittlung des Gefühls, dass die Teammitglieder Bestandteil des Teams sind, können sich bezahlt machen. Wie in Abbildung 5.9 gezeigt, sind die Teammitglieder so eher bereit, ihre Ideen und Ansätze mitzuteilen. Außerdem ist es wahrscheinlicher, dass das Team effektive Entscheidungsfindungsprozesse entwickelt. Drittens entwickelt das Team vermutlich effektivere Projektsteuerungsmechanismen. Dazu gehören auch diejenigen, die traditionell zur Überwachung der Projektleistung eingesetzt werden (PERT, Netzplantechnik etc.), und Mechanismen, mit denen Projektmitgliedern eine Rückmeldung über ihre Leistung vermittelt wird.

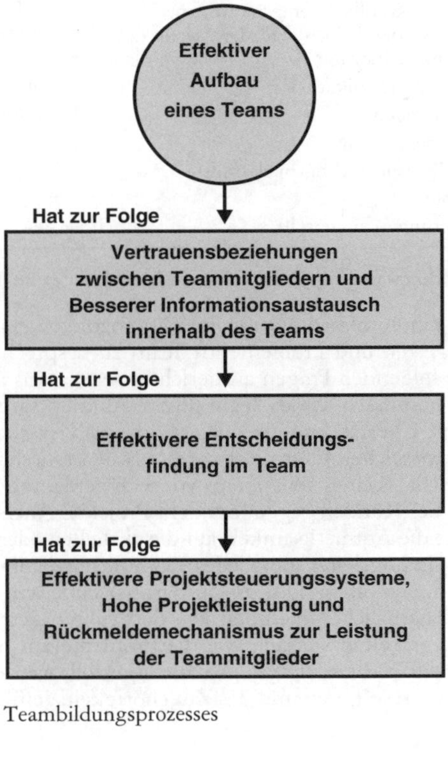

Abbildung 5.9: Ergebnis des Teambildungsprozesses

5.7 Teambildung als fortlaufender Prozess

Die Teambildung ist zwar insbesondere während der frühen Projektphasen wichtig, der Prozess endet jedoch nie. Der Projektmanager muss beständig überwachen, ob das Team noch funktioniert, und überlegen, wie er verschiedene Probleme des Teams lösen oder verhindern kann. Um die Stimmung im Team zu ermitteln, stehen verschiedene Barometer zur Verfügung, die in Tabelle 5.3 zusammengefasst werden. Zunächst einmal sollten alle bemerkenswerten Veränderungen in der Leistung des Teams oder einzelner Teammitglieder hinterfragt werden. Solche Änderungen können symptomatisch für ernsthaftere Probleme sein (z.B. Konflikte, mangelnde Integration, Kommunikationsprobleme oder unklare Ziele). Zweitens müssen der Projektleiter und die Teammitglieder erkennen, wenn sich die Energie der einzelnen Mitarbeiter verändert. Dies kann ebenfalls auf schwerwiegendere Probleme hindeuten oder auch darauf, dass das Team müde und gestresst ist. Manchmal kann es hier hilfreich sein, das Arbeitstempo zu verändern oder den Mitarbeitern ein paar Tage freizugeben. Drittens können verbale und nonverbale Hinweise Informationen darüber bieten, ob das Team funktioniert. Es ist wichtig, die Bedürfnisse und Bedenken der Teammitglieder zu beachten (verbale Hinweise) und zu beobachten, wie die Teammitglieder die Aufgaben in ihrer Zuständigkeit erfüllen (nonverbale Hinweise). Schließlich kann auch der Versuch der Teammitglieder, sich gegenseitig zu schädigen, ein Signal dafür sein, dass es ein Problem in der Gruppe gibt.

Merkmale für ein effektives Team	Merkmale für ein ineffektives Team
• Hohe Leistung und Effizienz • Innovatives/kreatives Verhalten • Projektbindung • Die beruflichen Ziele der Teammitglieder stimmen mit den Projektanforderungen überein • Die Teammitglieder arbeiten effektiv zusammen • Es gibt gute Konfliktlösemechanismen, Konflikte werden jedoch gefördert, wenn dies Vorteile mit sich bringt • Effektive Kommunikation • Hohes Vertrauen • Ergebnisorientierung • Sehr viel Energie und Enthusiasmus • Hohe Moral • Auf Änderungen eingestellt	• Schwache Leistung • Geringe Verpflichtung gegenüber den Projektzielen • Unklare Projektziele und unterschiedliche Projektbindung der verschiedenen Teammitglieder • Unproduktive Spielchen, Manipulation anderer, versteckte Gefühle, Konfliktvermeidung auf Kosten aller • Verwirrung, Konflikte, Ineffizienz • Sabotage, Angst, Desinteresse oder Hinterherhinken • Cliquenbildung, Isolation von Mitgliedern • Lethargie/Desinteresse

Tabelle 5.3: Indikatoren für Effektivität und Ineffektivität im Team

Projektleiter sollten unbedingt regelmäßig Sitzungen einberufen, um die Leistung des Gesamtteams zu bewerten und Probleme im Team zu besprechen. Diese Sitzungen können beispielsweise auf die folgenden Fragen ausgerichtet sein: »Was machen wir als Team gut?« und »Welchen Bereichen müssen wir als Team unsere Aufmerksamkeit zuwenden?« Dieser Ansatz bringt häufig positive Überraschungen mit sich, da das Gesamtteam über den Fortschritt in verschiedenen Projektbereichen informiert wird (z.B. ein Durchbruch in der technologischen Entwicklung, der Abschluss eines Teilsystems vor dem geplanten Termin oder eine positive Veränderung im Verhalten des Kunden gegenüber dem Projekt). Nachdem die positiven Themen besprochen wurden, sollte die Aufmerksamkeit auf die aktuellen oder potenziellen Problembereiche gelenkt werden. Der Sitzungsleiter sollte jedes Teammitglied auffordern, seine Beobachtungen mitzuteilen, und dann eine offene Diskussion darüber einleiten, wie ernst die Probleme wirklich sind. Dabei sollten natürlich Annahmen von den Fakten getrennt werden. Als Nächstes sollte eine Vereinbarung getroffen werden, wie die Probleme am besten behandelt werden sollten. Zum Schluss sollte ein Weiterverfolgungsplan aufgestellt werden. Der Vorgang sollte in einer höheren Gesamtleistung resultieren und das Zugehörigkeitsgefühl der Teammitglieder stärken.

5.8 Führung im Projektumfeld

Führung kann als Verhaltensweise definiert werden, die die Anforderungen des Unternehmens und die persönlichen Interessen vereint, um ein bestimmtes Ziel zu verfolgen. Alle Manager tragen Führungsverantwortung. Falls die Zeit dies zulässt, können erfolgreiche Führungstechniken und -praktiken entwickelt werden.

Führung besteht aus verschiedenen komplexen Elementen. Die drei häufigsten sind nachfolgend aufgelistet:

- Der Person, die führt
- Den Personen, die geführt werden
- Der Situation (z.B. das Projektumfeld)

Projektmanager werden häufig wegen ihres Führungsstils ausgewählt oder auch nicht ausgewählt. Der häufigste Grund dafür, einen Mitarbeiter als Führungskraft abzulehnen, besteht in seiner Unfähigkeit, die technischen und die Management-bezogenen Projektfunktionen auszugleichen. Wilemon und Cicero haben für diese Art von Situation vier Merkmale definiert:[10]

- Je größer die technische Fachkompetenz des Projektmanagers ist, desto stärker neigt er dazu, sich zu stark mit den technischen Details des Projekts zu befassen.
- Je mehr Schwierigkeiten der Projektmanager damit hat, technische Verantwortung zu delegieren, desto wahrscheinlicher wird er sich zu stark mit den technischen Details des Projekts befassen.
- Je größer das Interesse des Projektmanagers an den technischen Details des Projekts ist, desto größer ist die Wahrscheinlichkeit, dass er die Rolle des Projektmanagers als technischer Spezialist verteidigen will.
- Je geringer die technische Fachkompetenz des Projektmanagers ist, desto wahrscheinlicher wird er die nicht technischen Projektfunktionen (Verwaltungsfunktionen) überbetonen.

Es wurden mehrere Umfragen durchgeführt, um festzustellen, welche Führungstechnik sich am besten für das Projektmanagement eignet. Nachfolgend sehen Sie die Ergebnisse einer Umfrage von Richard Hodgetts:[11]

- Führungstechniken, die auf zwischenmenschliche Beziehungen ausgerichtet sind
  - »Der Projektmanager muss den Teammitgliedern das Gefühl vermitteln, dass ihre Bemühungen wichtig sind und sich direkt auf das Ergebnis des Programms auswirken.«
  - »Der Projektmanager muss das Team darüber aufklären, welche Aufgaben erledigt werden müssen und wie wichtig die Rolle des Teams ist.«
  - »Den Projektteilnehmern Vertrauen schenken.«
  - »Die Projektteilnehmer müssen Anerkennung erhalten und das Prestige für ihre Ernennung zum Teammitglied muss deutlich werden.«
  - »Den Projektteilnehmern das Gefühl vermitteln, dass sie eine wichtige Rolle für den Erfolg des Teams spielen.«
  - »Dadurch, dass ich sehr eng mit meinem Team zusammenarbeite, glaube ich, Loyalität gegenüber dem Projekt erzeugen zu können und gleichzeitig die Häufigkeit von Problemen mit Kompetenzlücken minimieren zu können.«
  - »Ich glaube, dass Motivation bereits dadurch entsteht, dass ich die Projektmitglieder persönlich kenne. Ich kenne viele Mitarbeiter aus den Linienfunk-

10. Wilemon, D.L. und Cicero, J.P., *The Project Manager: Anomalies and Ambiguities,* Academy of Management Journal, Vol. 13, S. 269–282, 1970.
11. Hodgetts, R.M., *Leadership Techniques in Project Organizations,* Academy of Management Journal, Vol. 11, S. 211–219, 1968.

tionen besser als ihre eigenen Linienmanager. Ich versuche außerdem, ihnen das Gefühl zu vermitteln, dass sie für das Team unentbehrlich sind.«

- »Als wichtigste Technik zur Minimierung der Kompetenzlücke und dem Umgang mit Personen, über die ich keine direkte Weisungsbefugnis habe, betrachte ich die Fähigkeit, die Bedürfnisse der Mitarbeiter möglichst gut zu verstehen.«

- Führungstechniken, die auf die formale Kompetenz ausgerichtet sind
  - »Darauf hinweisen, wie groß der Verlust ist, wenn die Kooperation nicht zustande kommt.«
  - »Die gesamte Kompetenz in fachbezogene Behauptungen legen.«
  - »Druck ausüben, zunächst nur minimal, dann immer stärker.«
  - »Mit dem Eingreifen der Unternehmensführung drohen und diese Drohung bei Bedarf auch realisieren.«
  - »Die Teammitglieder davon überzeugen, dass das, was für das Unternehmen gut ist, auch für sie gut ist.«
  - »Vollzeitkräften Kompetenzen zuweisen, um die nötigen Arbeiten erledigt zu bekommen.«
  - »Die Ausgaben überwachen.«
  - »Implizit androhen, die Geschäftsführung zu bitten, eine Lösung zu finden.«
  - »Die Teammitglieder müssen unbedingt erkennen, dass dem Projektmanager das Recht verliehen wurde, das Projekt zu leiten.«

5.9 Anpassung der Führungstechnik an den Lebenszyklus

PMBOK® Guide 2004
9.3 Entwickeln des Projektteams

Nach Auffassung des Autors haben Hersey und Blanchard das beste Modell für die Analyse von Führungstechniken im Projektumfeld entwickelt.[12] Das Modell wurde von Hersey erweitert (siehe Abbildung 5.10). Hersey vertritt die Auffassung, dass sich die Führungstechnik an den Projektlebenszyklus anpassen muss. Nach diesem Modell muss sich der Führungsstil mit der Reife der Mitarbeiter verändern, wobei Reife als Job-bezogene Erfahrung und als Wunsch definiert wird, Erfolg zu erzielen. Diese Definition der Reife unterscheidet sich von anderen Definitionen, bei denen Reife Alter oder emotionale Stabilität verkörpert.

Wie in Abbildung 5.10 gezeigt, betreten die Mitarbeiter die Organisation in Quadrant S1, der für hohes aufgaben- und geringes beziehungsbezogenes Verhalten steht. In diesem Quadranten ist der Führungsstil fast vollständig aufgabenbezogen und autokratisch, wobei das Hauptinteresse des Projektmanagers darin besteht, das Ziel zu erreichen. Häufig wird dabei den Mitarbeitern oder ihren Bedürfnissen wenig Beachtung geschenkt. Der Projektmanager tritt energisch auf und vertraut hauptsächlich auf seine eigenen Fähigkeiten und Einschätzungen. Die Meinung anderer spielt für ihn keine große Rolle. In der Anfangsphase herrschen unter den neuen Mitarbeitern Angst, Spannung und Verwirrung vor. Beziehungsbezogenes Verhalten ist hier fehl am Platz.

Im Quadrant S2 beginnen die Mitarbeiter, ihre Aufgaben zu verstehen, und der Projektmanager versucht, starke Beziehungen aufzubauen. Die Entwicklung von Vertrauen und Verständnis wird zu einer treibenden Kraft für ein gutes Verhältnis zwischen dem Projektleiter und den Mitarbeitern. Der Projektleiter beginnt nun zwar, dieses Verhältnis auszunutzen, es besteht jedoch noch immer ein großer Bedarf an aufgabenbezogenem Verhalten, da die Mitarbeiter möglicherweise das erforderliche Kompetenzniveau noch nicht erreicht haben, um sich vollständig verantwortlich zu fühlen.

12. Hersey, P. und Blanchard, K. *Management of Organizational Behavior,* Englewood Cliffs, New Jersey, 1979, S. 165.

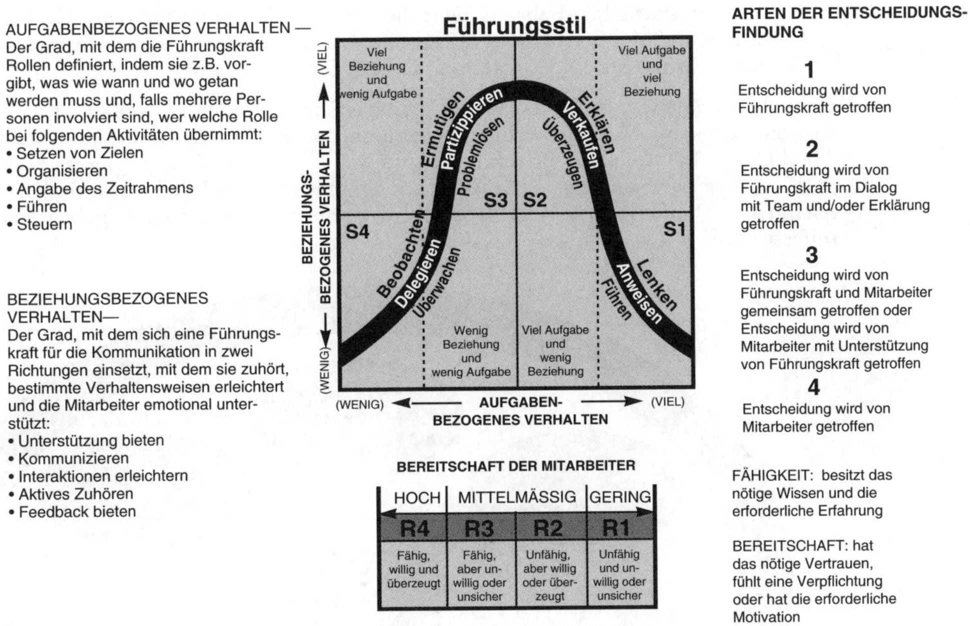

Abbildung 5.10: Erweitertes situationsbezogenes Modell der Führungstechnik[13]

In Quadrant S3 spielt das beziehungsbezogene Verhalten eine große Rolle, wobei der Projektleiter mehr daran interessiert ist, sich bei den Mitarbeitern Respekt zu verschaffen als die Projektziele zu erreichen. Das Verhalten des Projektleiters lässt sich charakterisieren durch die Delegation von Kompetenzen und Zuständigkeiten (häufig exzessiv), durch das teilnehmende Management und durch die Entscheidungsfindung in der Gruppe. In dieser Phase benötigen die Mitarbeiter keine Direktiven mehr und wissen genug über den Job. Sie sind gewillt, die Verantwortung für die Aufgabe zu übernehmen. Deshalb kann der Projektleiter versuchen, sein gutes Verhältnis zu den Mitarbeitern auszuweiten.

In Quadrant S4 sind die Mitarbeiter bereits im Job erfahren, sie sind von ihren Fähigkeiten überzeugt und sie haben das Vertrauen, dass sie die Arbeit selbst erledigen können. Der Projektleiter zeigt nur ein geringfügiges aufgaben- und beziehungsbezogenes Verhalten, da die Mitarbeiter selbst »reif« sind.

Bei dieser Art Führungsmodell sind den verschiedenen Quadranten auch spezielle Namen zugeordnet.

- **Demokratische oder partizipierende Führung:** Dieser Führungsstil ermutigt die Mitarbeiter, miteinander zu kommunizieren und selbst oder mit Hilfe des Projektmanagers an der Entscheidungsfindung teilzunehmen. An die Teammitglieder wird sehr viel Kompetenz delegiert, und sie werden dabei unterstützt, eine aktive Rolle im Projektmanagement zu übernehmen. Diesen Führungsstil findet man häufig in den Quadranten S3 und S4.
- **Laissez-Faire-Führung:** Bei diesem Führungsstil gibt der Projektmanager die Dinge an die Mitarbeiter weiter. Der Projektmanager kann gelegentlich zu den Mitarbeitern kommen, nur um zu sehen, wie alles läuft, aber größtenteils gibt es keine aktive Beteiligung seitens des Projektmanagers. Diesen Führungsstil findet man in Quadrant S3.
- **Autokratische Führung:** Bei diesem Führungsstil konzentriert sich der Projektmanager sehr genau auf die Aufgabe, wobei die Mitarbeiter wenig berücksichtigt werden. Bei

13. Aus Hersey, P., *Situational Selling.* Center für Leadership Studies, Kalifornien, 1985, S. 35.

der autokratischen Führung liegt die gesamte Kompetenz in den Händen des Projektmanagers, und der Projektmanager hat das letzte Wort bei allen Entscheidungen. Diesen Führungsstil findet man in Quadrant S1.

Diese Art von Ansatz ist für das Projektmanagement sehr wichtig, weil dadurch deutlich wird, dass eine effektive Führungstechnik dynamisch und flexibel sein muss und nicht starr (siehe Abbildung 5.11). Effektive Projektleiter sind weder rein aufgaben- noch rein beziehungsorientiert, sondern sie versuchen, einen Ausgleich zwischen beiden Faktoren zu finden. In Krisenzeiten muss ein Projektleiter jedoch eventuell einen rein verhaltens- oder aufgabenorientierten Führungsstil zeigen.

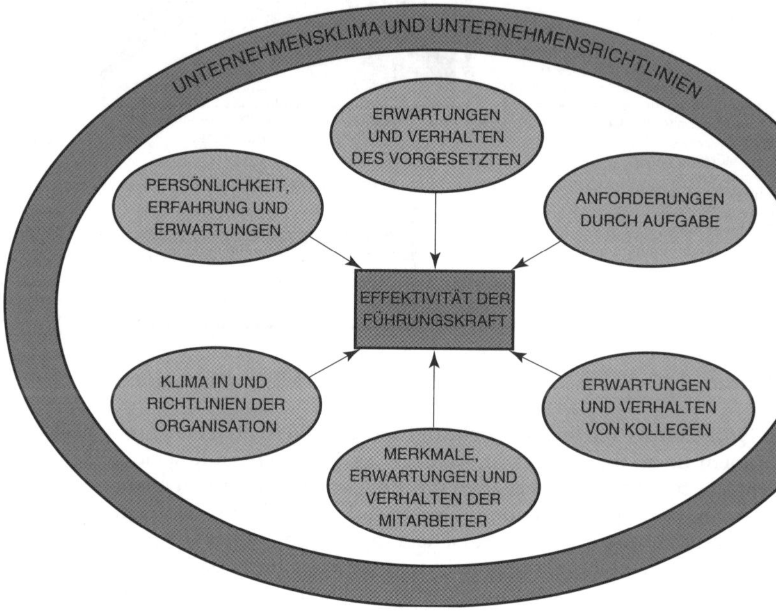

Abbildung 5.11: Persönlichkeits- und situationsbezogene Faktoren, die die Effektivität der Führungstechnik beeinflussen[14]

In einer reinen Projektmanagementumgebung ist die Situation sogar noch komplexer. Die Linienmanager haben *genügend Zeit*, um ein gutes Verhältnis zu ihren Mitarbeitern aufzubauen und sie sehr gut kennen zu lernen. Sie können ihren Mitarbeitern dann ihre Führungstechnik beibringen.

Projektmanager stehen hingegen unter Zeitdruck und müssen eventuell für jedes Teammitglied eine andere Führungstechnik entwickeln. Um dies grafisch zu veranschaulichen, sollten die Quadranten in Abbildung 5.10 dreidimensional dargestellt werden, wobei die dritte Achse die Lebenszyklusphase des Projekts ist. Das heißt, der Führungsstil hängt nicht nur von der Situation, sondern auch von der Lebenszyklusphase des Projekts ab.

5.10 Einfluss des Führungsstils auf die Organisation

In den meisten Firmen ist der Einfluss der Management-Ausrichtung unabhängig davon, ob es sich um ein projektorientiertes oder ein nicht projektorientiertes Unternehmen handelt, wohlbekannt. Der Führungsstil lässt sich am besten an der Mitwirkung der Mitarbeiter, an der Organisationsstruktur, an der Leistung der Mitarbeiter und an der Leistung des Projektmanagers ablesen:

14. Stoner, J.A.F., *Management,* 2nd- ed., Englewood Cliffs, New Jersey, 1982.

- Mitwirkung der Mitarbeiter
  - Ein guter Projektmanager ermutigt die aktive Kooperation und eine verantwortungsvolle Beteiligung. Daraus ergibt sich, dass gute und schlechte Informationen ungehindert mitgeteilt werden.
  - Ein schlechter Projektmanager pflegt eine Atmosphäre des passiven Widerstands, wobei eine Beteiligung nur nach Aufforderung erfolgt. Daraus resultiert, dass Informationen zurückgehalten werden.
- Organisationsform
  - Ein guter Projektmanager entwickelt Richtlinien und fördert die Akzeptanz. Für Beiträge muss nur ein geringer Preis gezahlt werden.
  - Ein schlechter Projektmanager geht über Richtlinien hinaus und versucht, Verfahrensweisen und Maßstäbe zu entwickeln. Normalerweise muss für Beiträge ein hoher Preis gezahlt werden.
- Leistung der Mitarbeiter
  - Ein guter Projektmanager sorgt dafür, dass seine Mitarbeiter gut informiert und zufrieden sind, indem er ihren Antrieb auf die Ziele ausrichtet. Ein guter Projektmanager ist bereit, mehr Verantwortung an Mitarbeiter zu übergeben, die dazu bereit sind.
  - Ein schlechter Projektmanager sorgt dafür, dass seine Mitarbeiter schlecht informiert, frustriert, defensiv und negativ sind. Der Antrieb ist auf Anreize statt auf Ziele ausgerichtet. Ein schlechter Projektmanager baut eine Atmosphäre auf, in der jeder versucht, keinen Ärger zu bekommen.
- Leistung des Projektmanagers
  - Ein guter Projektmanager geht davon aus, dass bei den Mitarbeitern Missverständnisse auftreten können und werden, und macht sich selbst dafür verantwortlich. Ein guter Projektmanager versucht permanent, seine Leistung und seine Kommunikation zu verbessern. Er baut auf moralische Überzeugung.
  - Ein schlechter Projektmanager geht davon aus, dass seine Mitarbeiter nicht kooperieren wollen, und macht seine Mitarbeiter für Fehler verantwortlich. Er fordert mehr über autoritäres Verhalten und setzt sehr stark auf materielle Anreize.

Die Management-Strategie übt ebenfalls einen Einfluss auf die Organisation aus. Nachfolgend sehen Sie, wie sich gutes und schlechtes Projektmanagement auf das Unternehmen auswirkt:

- Problemlösung durch das Management
  - Ein guter Projektmanager löst seine Probleme auf der Ebene, für die er verantwortlich ist, indem er die Zuständigkeit für das Problemlösen delegiert.
  - Ein schlechter Projektmanager kümmert sich nur in den Bereichen um Problemlösungen, in denen er sich auskennt. In Bereichen, die er nicht kennt, fordert er, dass seine Zustimmung erfolgen muss, bevor Ideen realisiert werden.
- Organisationsform
  - Ein guter Projektmanager entwickelt, pflegt und nutzt ein integriertes Management-System, in dem die Kompetenzen und Verantwortlichkeiten an die Mitarbeiter delegiert sind. Außerdem weiß er, dass gelegentliche Ausrutscher und Überschreitungen vorkommen können, und versucht einfach, ihre Auswirkung zu verringern.
  - Ein schlechter Projektmanager delegiert so wenig Kompetenz und Verantwortung wie möglich und geht das Risiko ein, dass permanent Ausrutscher und Überschreitungen vorkommen. Ein schlechter Projektmanager unterhält zwei Managementinformationssysteme: ein informelles für sich selbst und ein formelles (Augenwisch-) System, um seine Vorgesetzten zu beeindrucken.

- Leistung der Mitarbeiter
  - Ein guter Projektmanager wird feststellen, dass seine Mitarbeiter gerne Verantwortung übernehmen, dass sie entschlossen handeln und dass sie zufrieden sind.
  - Ein schlechter Projektmanager wird feststellen, dass seine Mitarbeiter Verantwortung nur widerwillig übernehmen, dass sie unentschlossen handeln und dass sie frustriert zu sein scheinen.
- Leistung des Projektmanagers
  - Ein guter Projektmanager geht davon aus, dass seine wichtigsten Mitarbeiter das Projekt schmeißen können. Er zeigt Vertrauen für die Mitarbeiter, die in Bereichen arbeiten, in denen er sich nicht auskennt, und zeigt Geduld mit Mitarbeitern, die in Bereichen arbeiten, in denen er sich auskennt.
  - Ein schlechter Projektmanager hält sich für unentbehrlich, ist übervorsichtig bei Arbeiten, die in Bereichen ausgeführt werden, in denen er sich nicht auskennt, und er ist übermäßig interessiert an Arbeit, mit der er vertraut ist. Ein schlechter Projektmanager hält sich ständig in Sitzungen auf.

5.11 Probleme zwischen Mitarbeitern und Projektmanagern

Im Projektumfeld werden Probleme hauptsächlich durch die Frage »wer hat welche Kompetenzen und Verantwortung« und die daraus resultierenden Konflikte für Mitarbeiter verursacht, die eine Mittlerfunktion zwischen Projekt- und Linienmanagement haben. Fast alle Probleme eines Projekts haben mit diesen beiden Bereichen zu tun. Weitere Problembereiche im Projektumfeld ergeben sich durch:

- Die Pyramidenstruktur
- Hierarchische Beziehungen
- Abteilungsbildung
- Hierarchie
- Hierarchie innerhalb der Organisation
- Macht und Kompetenzen
- Planungsziele und Projektziele
- Entscheidungsfindung
- Belohnung und Bestrafung
- Reichweite der Kontrolle

Die Mitarbeiter haben in der Regel hauptsächlich Probleme mit der Zuordnung zu einem Projekt und mit den Bewertungsprozessen. Die Personalauswahl wurde in Kapitel 4 ausführlich beschrieben. Hier nur eine kurze Zusammenfassung:

- Mitarbeiter sollten Aufgaben entsprechend ihrer Fähigkeiten zugewiesen werden.
- Falls möglich sollten immer dieselben Personen zusammenhängenden Aufgaben zugeordnet werden.
- Die wichtigsten Aufgaben sollten den Mitarbeitern zugeordnet werden, die das größte Verantwortungsbewusstsein besitzen.

Bei Mitarbeitern, die eine Mittlerfunktion zwischen Projekt- und Linienorganisation haben, sind große Schwierigkeiten mit dem Bewertungsprozess festzustellen. Dies gilt insbesondere dann, wenn sich Feindseligkeiten zwischen Projekt- und Linienmanager entwickeln. In einer solchen Situation leiden meistens die Mitarbeiter, weil sie entweder vom Projektmanager oder von ihrem Vorgesetzten eine schlechte Bewertung erhalten. Falls der Mitarbeiter seinen Vorgesetzten nicht selbst permanent über seine Leistung und seine Errungenschaften auf dem Laufenden hält, muss sich der Vorgesetzte auf das verlassen, was er vom Personal des Project Offices erfährt.

In Hinblick auf die Mitarbeiterbewertung stehen drei weitere Fragen aus:

- Welchen Wert haben Stellenbeschreibungen?
- Wie lassen sich Gehälter und Gehaltsstufen aufrechterhalten?
- Wer ist für die Schulung und Personalentwicklung verantwortlich, insbesondere unter Berücksichtigung der Tatsache, dass die Arbeitsbelastung möglicherweise variabel ist?

Wenn sich alle Projekte voneinander unterscheiden, ist es fast unmöglich, genaue Stellenbeschreibungen zu entwickeln. Häufig werden das Gehalt und die Gehaltsstufen anhand der Dokumente ermittelt, die die Anzahl, die Art und den Rang der Mitarbeiter für ein bestimmtes Projekt beschreiben. Dies mag zwar erforderlich sein, um die Kosten zu kontrollieren, es besteht jedoch das Problem, dass sich durch die variable Personalausstattung die Projektprioritäten verändern. Für Projektmanager erzeugt die variable Personalausstattung verschiedene Probleme, insbesondere, wenn neue Mitarbeiter dabei sind. Projektmanager bevorzugen in der Regel altgediente Veteranen, weil sie normalerweise nicht genügend Zeit haben, um die Ausbildung und Entwicklung der neuen Mitarbeiter zu überwachen. Linienmanager behaupten hingegen, dass die Ausbildung im Rahmen eines Projekts zu erfolgen hat, und früher oder später müssen alle Projektmanager zu dieser Erkenntnis kommen.

Auf Managementebene werden die meisten Probleme durch persönliche Wertvorstellungen und Konflikte verursacht. Neue Manager haben häufig eine andere Auffassung von Werten als ältere Manager mit mehr Erfahrung. Miner beschreibt einige dieser persönlichen Werthaltungen neuer Manager:[15]

- Wenig Vertrauen, insbesondere zu Personen in Machtpositionen
- Das zunehmende Gefühl, von externen Kräften und Ereignissen gesteuert zu werden, woraus die Überzeugung resultiert, dass das eigene Schicksal nicht gesteuert werden kann. Diese Veränderung sorgt dafür, dass wenig Eigeninitiative gezeigt wird und dass eher auf Druck von außen reagiert wird. Es entsteht ein Gefühl der Machtlosigkeit, wodurch das Streben nach Macht jedoch nicht unbedingt abnimmt.
- Eine eher negative Einstellung gegenüber Personen in Machtpositionen
- Mehr Unabhängigkeit, häufig bis zu einem Punkt, der einer Missachtung und Rebellion gleichkommt
- Mehr Freiheiten, eine geringere Kontrolle darüber, Gefühle zu zeigen
- Größere Neigung, in der Gegenwart zu leben und die Zukunft Zukunft sein zu lassen
- Größere Neigung zur Genusssucht
- Moralische Werte, die an die Situation angepasst sind. Weniger absolut und weniger an eine formale Religion gebunden.
- Starke und zunehmende Identifikation mit Kollegen und Personen aus der eigenen Altersgruppe, mit der Jugendkultur
- Größeres Interesse an sozialen Fragen und ein größerer Wunsch, weniger Begünstigten zu helfen
- Negativere Einstellung gegenüber der Geschäftswelt im Allgemeinen und der Rolle des Managers im Besonderen. Eine fachbezogene Position wird dem Management ganz klar vorgezogen.
- Der Wunsch, weniger für den Arbeitgeber zu tun und mehr von der Firma zu erhalten.

Der Projektmanager wurde unter anderem als Person beschrieben, die Risiken liebt. Leider hängt das Risiko, das die heutigen Manager in Kauf zu nehmen bereit sind, nicht nur von den persönlichen Werten ab, sondern auch von dem Einfluss der aktuellen ökonomischen Bedingungen und der Philosophie des Top-Managements. Wenn das Top-Management ein bestimmtes

15. Miner, J.B., *The OD-Management Development Conflict.* Reprinted with permission from Business Horizons, December 1973, p. 32. Copyright © 1973 by the Board of Trustees at Indiana University. Used with permission.

Projekt als unerlässlich für das Wachstum der Firma betrachtet, wird der Projektmanager möglicherweise angewiesen, bei der Projektdurchführung keine Risiken einzugehen. In einem solchen Fall versucht der Projektmanager vielleicht, die gesamte Verantwortung an eine höhere oder tiefere Managementebene zu übergeben, da seine Hände angeblich gebunden sind. Wilemon und Cicero identifizieren Probleme bei der Risikoidentifikation wie folgt:[16]

- Die Sorge des Projektmanagers um das Projektrisiko hängt von seinem Willen ab, die letztendliche Verantwortung für den technischen Erfolg seines Projekts zu übernehmen. Einige Projektmanager sind bereit, das volle Risiko für den Erfolg oder Misserfolg zu tragen. Andere hingegen wollen die Verantwortung lieber mit ihren Vorgesetzten teilen.
- Je länger ein Projektmanager im Projektmanagement bleibt, desto stärker ist die Tendenz, zukünftig in einer administrativen Position in der Organisation zu bleiben.
- Der Grad an Angst vor beruflichem Verschleiß hängt von der Dauer ab, die der Projektmanager in Projektmanagement-Positionen verbringt.

Das Risiko, das ein Manager zu übernehmen bereit ist, hängt vom Alter und von der Erfahrung ab. Je älter der Manager ist und je mehr Erfahrung er hat, desto weniger Risiken geht er ein, wohingegen jüngere, aggressivere Manager eventuell ein höheres Risiko eingehen, um sich einen Namen zu machen.

An der Schnittstelle zwischen dem Projekt und den Linien gibt es immer Konflikte, auch wenn wir noch so sehr versuchen, die Arbeit zu strukturieren. Laut Cleland und King lässt sich diese Schnittstelle mit den folgenden Fragen umschreiben:[17]

- Projektmanager
  - *Was* ist zu tun?
  - *Wann* wird die Aufgabe bearbeitet?
  - *Warum* wird die Aufgabe bearbeitet?
  - *Wie viel* Geld steht für die Bearbeitung der Aufgabe zur Verfügung?
  - *Wie gut* wurde das Projekt abgeschlossen?
- Linienmanager
  - *Wer* wird die Aufgabe bearbeiten?
  - *Wo* wird die Aufgabe bearbeitet?
  - *Wie* wird die Aufgabe bearbeitet?
  - *Wie gut* wurde der fachliche Input in das Projekt integriert?

Das Ergebnis dieser voneinander abweichenden Sichtweisen führt unweigerlich zum Konflikt zwischen dem Linien- und dem Projektmanager, den William Killian wie folgt beschreibt:[18]

> Die Konflikte drehen sich um Themen wie die Projektpriorität, die Arbeitskosten und die Zuteilung von Linienmitarbeitern an den Projektmanager. Jeder Projektmanager möchte natürlich die besten Fachleute in seinem Projekt haben. Zu diesen Problemen kommt noch hinzu, dass es in einer Matrixorganisation erheblich schwieriger ist, für Gewinn und Verlust verantwortlich zu sein als in einer Projektorganisation. Projektmanager haben die Tendenz, die Linienmanager für Kostenüberschreitungen verantwortlich zu machen. Sie behaupten, dass die Kosten für die Funktion übertrieben waren. Die Linienmanager hingegen haben die Tendenz, exzessive Kosten den Projektmanagern anzulasten. Sie behaupten, dass zu viele Änderungen vorgenommen wurden, dass mehr Arbeit erforderlich war als geplant und Ähnliches.

---

16. Wilemon, D.L. und Cicero, J.P., *The Project Manager: Anomalies and Abiguities,* Academy of Management Journal, Vol. 13, 1970, S. 269–282.
17. Cleland, D.I. und King, W.R., *Systems Analysis and Project Management,* New York, 1975, S. 237.
18. Killian, W.P., *Project Management – Future Organizational Concepts,* Marquette Business Review, Vol. 2, 1971, S. 90–107.

Auch während der Problemlösesitzungen können Konflikte auftreten, weil die zeitliche Beschränkung für das Projekt häufig beide Parteien davon abhält, logisch an die Sache heranzugehen. Einer der Hauptgründe dafür, dass sich eine Problemlösung hinauszögert, besteht darin, dass keine passenden Informationen zur Verfügung stehen. Die folgenden Informationen sollten vom Projektmanager angegeben werden:[19]

- Das Problem
- Die Ursache
- Der erwartete Einfluss auf den Ablauf- und Terminplan, das Budget, den Gewinn und andere einschlägige Bereiche
- Die unternommenen oder empfehlenswerten Lösungsversuche und die erwarteten Ergebnisse dieser Aktionen
- Wie das Top-Management helfen kann

5.12 Management-Fallen

Die Projektumgebung bietet Projektmanagern und Teammitgliedern zahlreiche Gelegenheiten, in Schwierigkeiten zu geraten. Allgemeine Management-Fallen sind beispielsweise die folgenden:

- Mangelnde Selbstkontrolle (Selbstkenntnis)
- Aktivitätsfallen
- Managen statt handeln
- Ineffiziente Kommunikation
- Zeitmanagement
- Management-Engpässe

Selbstkenntnis und insbesondere die Kenntnis der eigenen Fähigkeiten, Stärken und Schwächen ist der erste Schritt zum erfolgreichen Projektmanagement. Manager halten sich allzu oft für Alleskönner, nehmen den Mund zu voll und stellen dann fest, dass nicht genügend Zeit zur Verfügung steht, um zusätzliches Personal zu schulen.

Die folgenden Zeilen veranschaulichen, was mit Selbstkonzept gemeint ist:

Vier Männer
Alles änderte sich in einer Winternacht
Sicher vor dem Wetter geschützt.
Der Tisch war nur für einen gedeckt,
trotzdem speisten dort vier Männer.
Da saß der Mann, der ich sein sollte,
Stolz, von Ehrgeiz getrieben und in Stiefeln.
Und dicht neben ihm
Der Mann, dessen Ruf ich habe.
Der Mann, der ich glaube zu sein,
Sein Platz war besetzt
Durch den Mann, der ich wirklich bin.
Wir trafen uns alle unter einem Dach,
jedoch gab es keine Anzeichen
für ein Wiedererkennen.
Keiner kannte den anderen.
Autor unbekannt

19. Archibald, R.D., *Managing High-Technology Programs and Projects,* New York, 1976, S. 230.

Aktivitätsfallen entstehen, wenn das Mittel zum Zweck wird, anstatt Mittel, um den Zweck zu erfüllen. Die üblichsten Aktivitätsfallen sind Team-Besprechungen, Kundenbesprechungen zum Austausch technischer Informationen und die Entwicklung spezieller Ablauf- und Terminpläne und Diagramme, die für einen Kundenbericht zwar nicht eingesetzt werden können, jedoch dafür dienen, das obere Management über den Projektstatus zu informieren. Das Abzeichnen von Dokumenten ist eine weitere Aktivitätsfalle und Manager müssen überprüfen, ob die ganze Schreibarbeit die Mühe wert ist.

Als Kennzeichen eines schlechten Führungsstils wurde bereits die Unfähigkeit definiert, die technischen und die Management-Funktionen auszugleichen. Dies kann sich sehr leicht zu einer Aktivitätsfalle entwickeln, wenn der Projektmanager zum Macher wird. Leider besteht häufig ein feiner Unterschied zwischen machen und managen. Betrachten Sie beispielsweise einen Projektmanager, der von einem seiner Techniker gebeten wurde, einen Anruf zu tätigen, um ihm dabei zu helfen, ein Problem zu lösen. Normalerweise sollte der Projektmanager keine derartigen Anrufe tätigen. Dies ist Aufgabe eines Teammitglieds oder sogar des Linienmanagers. Wenn die Person jedoch fordert, dass der verantwortliche Manager in die Konversation einbezogen wird, kann der Anruf als Management-Funktion betrachtet werden.

Es gibt verschiedene andere Fälle, in denen der Projektmanager zum Macher werden muss, um ein effektiver Manager zu sein und sich die Loyalität und den Respekt seiner Mitarbeiter zu verdienen. Nehmen Sie beispielsweise den Sonderfall, in dem die Mitarbeiter Überstunden an Wochenenden und in Ferienzeiten machen müssen. Wenn der Projektmanager zu diesen Zeiten im Büro auftaucht, erzeugt er eine bessere Arbeitsatmosphäre und seine Mitarbeiter sehen eher ein, warum die Überstunden nötig sind.

Eine weitere Falle ist die Entscheidung zwischen der sozialen Kompetenz und den fachlichen Fähigkeiten von Mitarbeitern. Sollten besser Mitarbeiter eingesetzt werden, mit denen ein gutes Arbeitsklima erzielt werden kann, oder ist es sinnvoller, fachlich versierte Mitarbeiter einzustellen, die einfach ihre Arbeit erledigen? Der Projektmanager möchte natürlich das Optimum aus beiden Welten haben, aber das ist nicht immer möglich. Betrachten Sie die folgenden Situationen:

- Es gibt eine Aufgabe, deren Fertigstellung drei Wochen dauert. John hat bereits für Sie gearbeitet, jedoch an einer anderen Aufgabe. Mit John können Sie jedoch gut zusammenarbeiten. Paul hingegen ist sehr kompetent, arbeitet jedoch lieber allein. Er schafft es, die Aufgabe innerhalb der zeitlichen Vorgaben zu erledigen. Sollten Sie sich lieber für die soziale Kompetenz oder für die Fachkenntnisse entscheiden? (Würde Ihre Antwort anders ausfallen, wenn Sie für die Aufgabe drei Monate statt drei Wochen Zeit hätten?)
- Es stehen drei Aufgaben an, deren Durchführung jeweils zwei Monate dauert. Richard besitzt die benötigte soziale Kompetenz, um alle drei Aufgaben zu erledigen, er ist dabei jedoch nicht so effizient wie ein Techniker. Die Alternative dazu wäre, drei Techniker einzusetzen.

Auf der Basis der verfügbaren Informationen wird der Projektmanager wohl die Fachkompetenz bevorzugen, um die zeitlichen und die Qualitätsvorgaben des Projekts nicht zu verletzen. Bei langfristigen Projekten, bei denen eine konstante Kommunikation mit dem Kunden erforderlich ist, eignen sich hingegen Mitarbeiter, die dem Projekt permanent zugewiesen sind und die mehrere Aufgaben erledigen können. Kunden mögen es in der Regel nicht, wenn ständig die Ansprechpartner wechseln.

Es wird häufig gesagt, dass ein guter Projektmanager bereit sein muss, sechzig bis achtzig Stunden pro Woche zu arbeiten. Das mag zwar richtig sein, wenn er ständig Brände löschen muss oder wenn das Budget so knapp kalkuliert ist, dass er keine zusätzlichen Mitarbeiter einstellen kann. In der Regel ist die lange Arbeitszeit jedoch das Ergebnis von ineffektivem Zeitmanagement. Beispiele hierfür sind die Flut an Büroarbeit, unnötige Besprechungen, unnötige Telefonate und der Einsatz als Führer für Besucher.

- Um effektiv arbeiten zu können, muss der Projektmanager Regeln für das Zeitmanagement aufstellen und sich dann die folgenden vier Fragen stellen:
  - Welche meiner Tätigkeiten können eigentlich ganz wegfallen?
  - Welche meiner Tätigkeiten kann eine andere Person besser erledigen?
  - Welche meiner Tätigkeiten können von einer anderen Person ebenso gut erledigt werden?
  - Habe ich bei meinen Aktivitäten die richtigen Prioritäten gesetzt?
- Regeln für das Zeitmanagement
  - Durchführung einer Zeitanalyse (Zeitprotokoll)
  - Einplanung fester Zeiten für wichtige Dinge
  - Klassifikation der Aktivitäten
  - Prioritäten aufstellen
  - Opportunitätskosten für Aktivitäten aufstellen
  - Das System trainieren (Chef, Mitarbeiter, Kollegen)
  - Delegieren
  - Dinge absichtlich ablehnen
  - Führung nach dem Ausnahmeprinzip praktizieren
  - Ausrichtung auf Möglichkeiten, nicht auf Probleme

5.13 Kommunikation

PMBOK® Guide 2004

Kapitel 10 Kommunikationsmanagement

Durch die effektive Kommunikation lässt sich sicherstellen, dass die passenden Informationen kostengünstig zur rechten Zeit zu den richtigen Personen gelangen. Die richtige Kommunikation ist wesentlich für den Erfolg eines Projekts. Effektive Kommunikation wird beispielsweise wie folgt definiert:

- Austausch von Informationen
- Akt der Informationsübermittlung
- Eine verbale oder geschriebene Nachricht
- Eine Technik, um Ideen effektiv auszudrücken
- Ein Prozess, mit dem Bedeutungen zwischen Personen über ein allgemeines Symbolsystem ausgetauscht werden

Die Kommunikationsumgebung kann als Netzwerk aus Kanälen betrachtet werden. Die meisten Kanäle unterstützen beide Richtungen. Die Anzahl dieser Kanäle, die zwei Richtungen unterstützen, N, kann nach der folgenden Formel berechnet werden:

$$N = \frac{X(X \quad 1)}{2}$$

In dieser Formel stellt X die Anzahl der miteinander kommunizierenden Personen dar. Wenn beispielsweise vier Leute miteinander kommunizieren (d.h. X = 4), gibt es sechs Kanäle, die zwei Richtungen unterstützen.

Bricht die Kommunikation zusammen, hat dies katastrophale Auswirkungen (siehe Abbildung 5.12).

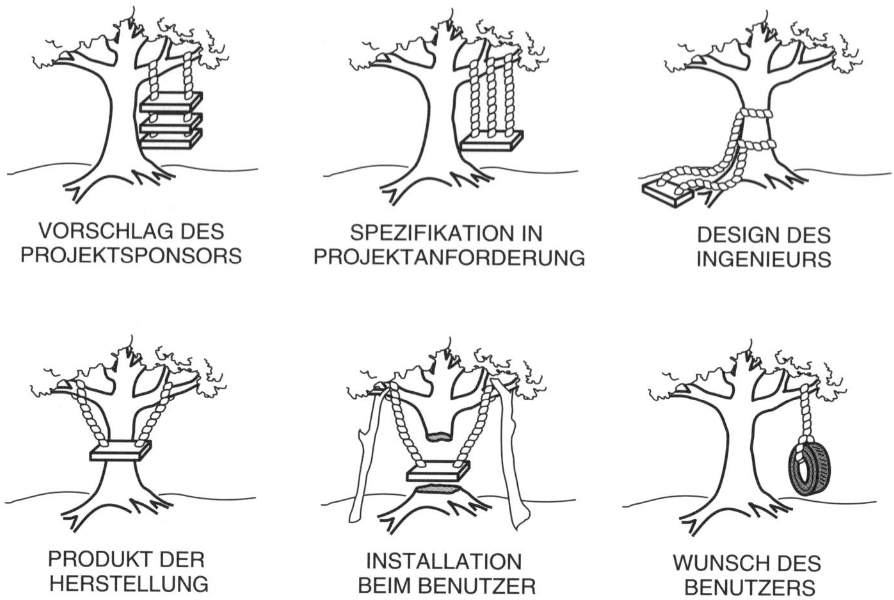

Abbildung 5.12: Zusammenbruch der Kommunikation (Quelle unbekannt)

Die Abbildungen 5.13 und 5.14 zeigen typische Kommunikationsmuster. Die meisten Projektmanager kommunizieren seitwärts, wohingegen die Linienmanager vertikal mit ihren Mitarbeitern kommunizieren. Abbildung 5.15 zeigt das vollständige Kommunikationsmodell. Die Raster oder Hindernisse entstehen durch die Wahrnehmung als solche und durch Einstellungen, Emotionen und Vorurteile.

PMBOK® Guide 2004
Sender/Empfänger-Modelle

- *Wahrnehmungsbarrieren* treten auf, weil Individuen eine Nachricht auf unterschiedliche Weisen sehen können. Die Wahrnehmung wird beispielsweise durch den Bildungsstand und den Erfahrungsschatz einer Person beeinflusst. Wahrnehmungsprobleme lassen sich durch die Wahl von Wörtern vermeiden, die eine präzise Bedeutung haben.
- *Persönliche Faktoren und Interessen* wie Vorlieben und Abneigungen beeinflussen die Kommunikation. Die meisten Menschen hören bei Themen aufmerksam zu, die sie interessieren, sind jedoch bei Themen taub, mit denen sie nicht vertraut sind oder die sie langweilen.
- *Einstellungen, Emotionen und Vorurteile* verzerren unser Wahrnehmungsvermögen. Sehr ängstliche Personen oder Personen, die eine starke Zuneigung oder Abneigung empfinden, versuchen, sich selbst zu schützen, indem sie den Kommunikationsprozess stören. Starke Emotionen rauben Menschen die Fähigkeit, zu verstehen.

PMBOK® Guide 2004
10.1 Kommunikationsplanung

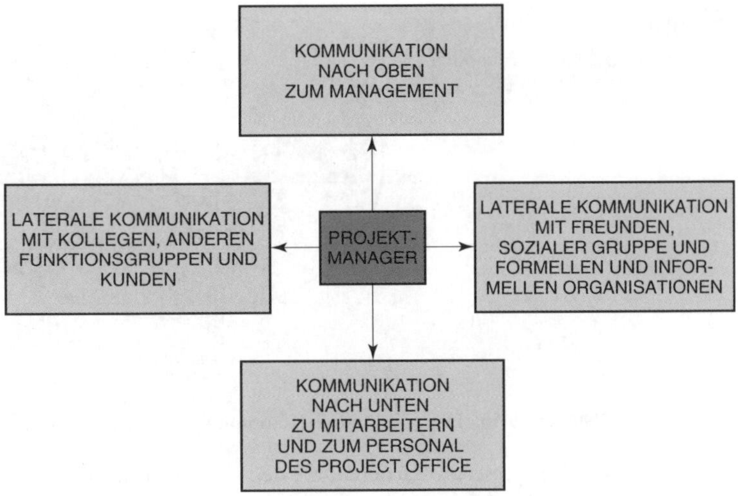

Abbildung 5.13: Kommunikationswege [20]

PMBOK® Guide 2004
10.1 Kommunikationsplanung

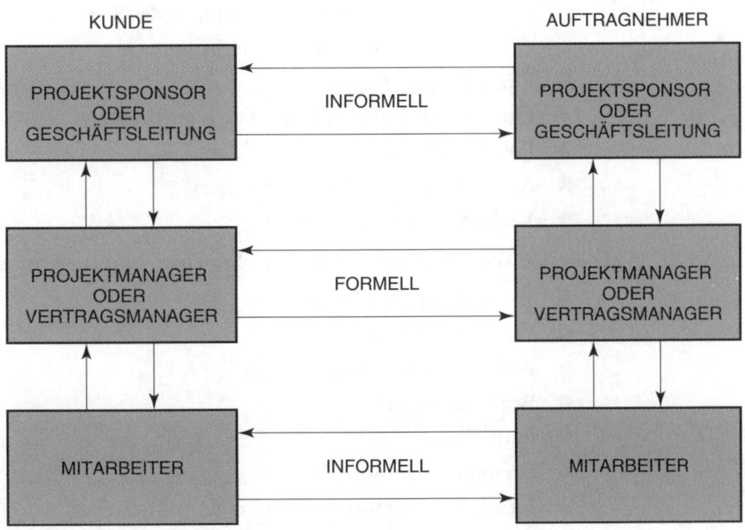

Abbildung 5.14: Kommunikation mit dem Kunden[21]

20. Quelle: Cleland, D.I. und Kerzner, H., *Engineering Team Management,* Melbourne, Florida, 1986, S. 39.
21. Quelle: Cleland, D.I. und Kerzner, H., *Engineering Team Management,* Melbourne, Florida, 1986, S. 64.

PMBOK® Guide 2004
Abbildung 10.3 Grundmodell der Kommunikation

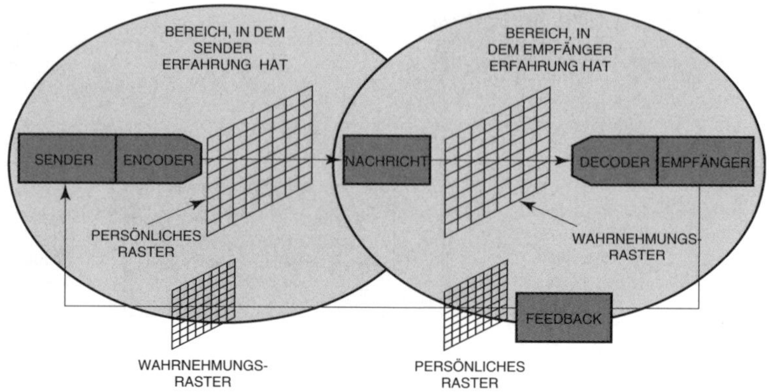

Abbildung 5.15: Der vollständige Kommunikationsprozess als Sender-Empfänger-Modell[22]

Zu den typischen Barrieren, die den Kodierungsprozess beeinflussen, gehören:

PMBOK® Guide 2004
10.2.2 Informationsverteilung
10.2.2.1 Kommunikationsfähigkeiten

- Kommunikationsziele
- Kommunikationsfähigkeit
- Bezugsrahmen
- Glaubwürdigkeit des Senders
- Persönliche Interessen
- Einfühlungsvermögen
- Einstellung, Emotionen und eigenes Interesse
- Position und Status
- Annahmen (über den Empfänger)
- Verhältnis zum Empfänger

Folgende Barrieren sind typisch für den Dekodierungsprozess:

- Tendenz zur Bewertung
- Vorgefasste Meinungen
- Kommunikative Fähigkeiten
- Bezugsrahmen
- Bedürfnisse
- Persönliche Interessen
- Einstellung, Emotionen und eigenes Interesse
- Position und Status
- Annahmen (über den Sender)
- Verhältnis zum Sender
- Mangelndes Feedback
- Selektive Wahrnehmung

Die wahrgenommene Information kann durch die Art der Wahrnehmung beeinflusst werden. Üblich sind die folgenden Arten der Wahrnehmung:

- Hören
- Lesen

22. Quelle: Cleland, D.I. und Kerzner, H., *Engineering Team Management,* Melbourne, Florida, 1986, S. 46.

- Sehen
- Fühlen
- Riechen
- Außersinnliche Wahrnehmung

Das Umfeld der Kommunikation wird durch interne und externe Kräfte gesteuert, die entweder einzeln oder kollektiv wirken können. Diese Kräfte können das Erreichen der Projektziele fördern oder hemmen.

Typische interne Faktoren sind:

- Machtspiele
- Zurückhalten von Informationen
- Management durch Mitteilungen
- Reaktives emotionales Verhalten
- Missverständliche Nachrichten
- Indirekte Kommunikation
- Stereotypisieren
- Informationen nur zum Teil weitergeben
- Selektive Wahrnehmung oder Blockieren der Wahrnehmung

Typische externe Faktoren sind:

- Das Geschäftsumfeld
- Das politische Umfeld
- Die ökonomische Situation
- Regulierungsbehörden
- Der technische Standard

Die Kommunikation wird außerdem beeinflusst durch die folgenden Faktoren:

- Logistische/geografische Trennung
- Bedarf für persönlichen Kontakt
- Gruppenbesprechungen
- Telefon
- Korrespondenz (Häufigkeit und Menge)
- E-Mail

Störfaktoren vernichten in der Regel die Informationen in einer Nachricht. Sie resultieren aus den persönlichen Rastern, die vorgeben, wie die Nachricht präsentiert wird, und Wahrnehmungsrastern, die dafür sorgen können, dass eine Person das wahrnimmt, was sie denkt, und nicht das, was gesagt wurde. Störfaktoren können zu Mehrdeutigkeit führen, was wiederum Folgendes nach sich zieht:

- Mehrdeutigkeit sorgt dafür, dass wir hören, was wir hören wollen.
- Mehrdeutigkeit sorgt dafür, dass wir hören, was die Gruppe hören will.
- Mehrdeutigkeit sorgt dafür, dass wir eine Beziehung zu früheren Erfahrungen herstellen, ohne beides trennen zu können.

Im Projektumfeld verbringt ein Projektmanager eventuell mehr als 90 Prozent seiner Zeit damit, zu kommunizieren. Zu den fachlichen Aufgaben des Projektmanagers gehören:

- Vorgabe der Richtung für das Projekt
  - Entscheidungsfindung
  - Erteilung von Genehmigungen
  - Steuerung von Aktivitäten
  - Verhandlung
  - Berichterstellung (inklusive Einsatzbesprechung)
- Besprechungen beiwohnen
- Allgemeines Projektmanagement
- Marketing und Vertrieb
- PR
- Verwaltung von Unterlagen
  - Protokolle
  - Mitteilungen/Briefe/Rundschreiben
  - Berichte
  - Spezifikationen
  - Vertragsdokumente

PMBOK® Guide 2004
10.2.3 Informationsverteilung: Ausgangswerte

Projektmanager müssen für interne und externe Kunden Einsatzbesprechungen durchführen. Präsentationen lassen sich durch Bilder stark verbessern. Bilder haben folgende Vorteile:

- Sie beleben eine Präsentation, was dabei hilft, das Interesse der Zuhörer zu erwecken und zu halten.
- Durch die visuelle Dimension können die Zuhörer die Botschaft mit zwei getrennten Sinnen wahrnehmen, was den Lernprozess verstärkt.
- Unbekannte Wörter können ausgeschrieben werden, indem sie in Bildern, Diagrammen oder Objekten präsentiert werden und indem ihre Beziehungen grafisch veranschaulicht werden. Dies kann bei der Einführung von neuem oder von schwierigem Material hilfreich sein.
- Die Informationen bleiben länger sichtbar als bei der mündlichen Übermittlung. Dies kann demselben Zweck dienen wie eine Wiederholung, um die Zuhörer mit nicht Vertrautem vertraut zu machen und die Zuhörer zurückzuholen, die von der Präsentation abschweifen.

Protokolle lassen sich anhand ihrer Häufigkeit klassifizieren:

- Die tägliche Besprechung für Mitarbeiter, die zusammen am gleichen Projekt mit einem gemeinsamen Ziel arbeiten und Entscheidungen informell durch allgemeine Übereinstimmung treffen.
- Die wöchentliche oder monatliche Besprechung für Mitarbeiter, die an unterschiedlichen, aber parallelen Projekten arbeiten und bei denen ein gewisser Wettbewerb vorherrscht und die Wahrscheinlichkeit hoch ist, dass der Vorsitzende die letztendliche Entscheidung selbst trifft.
- Unregelmäßige, gelegentliche oder spezielle Projektbesprechungen für Mitarbeiter, deren normale Arbeit sie nicht in Kontakt zueinander bringt und deren Arbeit wenig oder nichts mit der Arbeit der anderen zu tun hat. Die Mitarbeiter arbeiten jedoch am gleichen Projekt und die Besprechung soll die Motivation fördern, das Projekt erfolgreich durchzuführen. Eine aktive Beteiligung ist zwar unüblich, die einzelnen Teilnehmer haben jedoch das Recht, Einspruch zu erheben.

In Organisationen werden drei Arten von Schriftstücken benutzt:

PMBOK® Guide 2004

10.2.2 Informationsverteilung: Werkzeuge und Methoden

- Schriftstücke für den individuellen Gebrauch: Briefe, Mitteilungen und Berichte
- Juristische Schriftstücke: Hierzu gehören Verträge, Vereinbarungen, Anträge, Richtlinien, Direktiven und Verfahrensweisen
- Organisationsbezogene Schriftstücke: Handbücher, Formulare und Broschüren

Da der Projektmanager einen Großteil seiner Zeit mit Kommunikation verbringt, kann es gut möglich sein, dass das *Kommunikationsmanagement* bei ihm angesiedelt wird. Kommunikationsmanagement ist der formelle oder informelle Vorgang der Steuerung oder Überwachung des Informationsaustauschs nach oben, nach unten, in horizontaler oder in diagonaler Richtung.

Der Kommunikationsprozess beinhaltet mehr als die Übermittlung von Nachrichten. Er dient auch als Kontrollorgan. Die Kommunikation muss Informationen und Motivation übermitteln. Das Problem besteht deshalb darin, wie kommuniziert werden soll. Nachfolgend sind sechs einfache Schritte aufgeführt, die für den Kommunikationsprozess hilfreich sein können:

- Überlegen Sie, was Sie erreichen wollen.
- Legen Sie die Art und Weise fest, in der Sie kommunizieren wollen.
- Sprechen Sie die Interessen der betroffenen Personen an.
- Geben Sie anderen eine Rückmeldung für die Art und Weise, in der sie kommunizieren.
- Versuchen Sie, eine Rückmeldung für das zu erhalten, was Sie kommunizieren.
- Überprüfen Sie die Effektivität anhand der Verlässlichkeit, mit der andere Ihre Anweisungen ausführen.

Die Tatsache, dass Sie wissen, wie Sie etwas kommunizieren wollen, heißt noch lange nicht, dass die Botschaft deutlich wird. Die folgenden Techniken helfen Ihnen dabei, Ihre Kommunikation zu verbessern:

- Sich Rückmeldung verschaffen (falls möglich, in unterschiedlicher Form)
- Mehrere Kommunikationswege aufbauen
- Möglichst eine direkte Form der Ansprache wählen
- Feststellen, wie sensibel der Empfänger auf die Kommunikation reagiert
- Anzeichen nonverbaler Kommunikation wahrnehmen
- Einen passenden Zeitpunkt für die Kommunikation wählen
- Aussagen durch Handlungen verstärken
- Eine einfache Sprache verwenden
- Redundanzen so oft wie möglich einsetzen (d.h. Dinge mehrfach, aber auf unterschiedliche Arten erwähnen)

Bei jeder Kommunikation gibt es auch Barrieren, wie z.B. die folgenden:

- Der Zuhörer hört das, was er hören will. Dies kommt insbesondere bei Mitarbeitern vor, die ihren Job schon so lange machen, dass sie nicht mehr zuhören.
- Sender und Empfänger vertreten unterschiedliche Auffassungen. Dies ist insbesondere bei der Interpretation von vertraglichen Pflichten, Aussagen über die Arbeit und Ersuchen um Informationen von Bedeutung.
- Der Empfänger bewertet die Quelle, bevor er die Kommunikation akzeptiert.
- Der Empfänger ignoriert widersprüchliche Informationen und tut, was ihm gefällt.
- Die Begriffe haben für die einzelnen Personen ganz unterschiedliche Bedeutungen.
- Die kommunizierenden Personen ignorieren nonverbale Hinweise.
- Der Empfänger ist verärgert.

Der Dienstweg kann für die hausinterne Kommunikation auch zum Hindernis werden. Der Projektmanager muss die Kompetenz haben, mit der Unternehmensführung oder einer entsprechenden Stelle im Unternehmen direkt und damit effizient zu kommunizieren. Andernfalls können sich Filter entwickeln und die ursprüngliche Botschaft verzerren.

Über Kommunikationstechniken und Barrieren lassen sich drei Grundsätze ableiten:

PMBOK® Guide 2004
Kapitel 10 Kommunikationsmanagement
Fertigkeiten

- Gehen Sie nicht davon aus, dass die Nachricht, die Sie senden, auch genau so ankommt.
- Die schnellste und effektivste Kommunikation erfolgt zwischen Personen, die die gleichen Ansichten haben. Manager, die ein gutes Verhältnis zu ihren Mitarbeitern pflegen, haben wesentlich weniger Schwierigkeiten, mit den Mitarbeitern zu kommunizieren.
- Die Kommunikation muss bereits in einem frühen Projektstadium eingerichtet werden.

In einem Projektumfeld wird die Kommunikation nach oben häufig gefiltert. Dafür gibt es verschiedene Gründe:

- Für den Sender ist die Kommunikation unangenehm
- Der Empfänger kann die Information aus keiner anderen Quelle erhalten
- Mangelnde Mobilität oder mangelnder Status des Senders
- Unsicherheit
- Misstrauen

Kommunizieren heißt auch zuhören. Gute Projektmanager müssen dazu bereit sein, ihren Mitarbeitern bei persönlichen oder fachlichen Problemen zuzuhören. Dies bietet folgende Vorteile:

- Die Mitarbeiter wissen, dass Sie ernsthaft interessiert sind.
- Sie erhalten eine Rückmeldung.
- Die Akzeptanz des Projektleiters durch die Mitarbeiter wird gefördert.

Ein erfolgreicher Manager muss bereit sein, eine Erzählung vom Anfang bis zum Ende anzuhören, nicht zu unterbrechen, und versuchen, das Problem aus der Sicht des Mitarbeiters zu sehen.

Projektmanager sollten sich vier Fragen stellen:

- Mache ich es meinen Mitarbeitern leicht, mit mir zu sprechen?
- Bin ich empfänglich für die Probleme meiner Mitarbeiter?
- Versuche ich, die zwischenmenschlichen Beziehungen zu verbessern?
- Versuche ich, mir die Namen und Gesichter zu merken?

Die Art zu kommunizieren wird in der Regel durch die Kommunikationsfähigkeit und die Persönlichkeitsstruktur des Projektmanagers bedingt. Nachfolgend sind einige typische Kommunikationsstile aufgeführt:

PMBOK® Guide 2004
Kapitel 10 Kommunikationsmanagement
Fertigkeiten

- Autoritär: Erwartungen und Richtlinien werden mitgeteilt
- Fördernd: Teamgeist wird kultiviert
- Unterstützend: Ratschläge werden nur bei Bedarf erteilt. Es erfolgt keine Einmischung.
- Beratend: Freundlich und zustimmend, erzeugt Übereinstimmung im Team
- Unparteiisch: Einsatz einer vernünftigen Beurteilung
- Ethisch: Ehrlich, fair, den Vorschriften gemäß
- Zurückhaltend: Nicht offen oder nach außen gewandt (zum Schaden des Projekts)
- Zerstörend: Die Einheit der Gruppe wird zerstört, Agitator

- Einschüchternd: Ein »Harter Bursche« kann demoralisierend wirken
- Kämpferisch: Kampflustig oder unangenehm

Teambesprechungen dienen häufig dazu, wertvolle und dringend benötigte Informationen auszutauschen. Die folgenden Richtlinien können Besprechungen effektiver gestalten:

PMBOK® Guide 2004
Kapitel 10
10.3 Fortschrittsberichtswesen

- Pünktlich beginnen. Indem Sie auf Teilnehmer warten, belohnen Sie sie dafür, dass sie zu spät kommen.
- Eine Tagesordnung mit »Zielen« entwickeln. Stellen Sie eine Liste der Punkte auf, die Sie durchgehen wollen, und ziehen Sie die Liste durch. Lassen Sie sich nicht unterbrechen und behalten Sie die Reihenfolge der Punkte bei.
- Versuchen Sie nicht, mehrere Punkte auf einmal abzuhaken.
- Gestatten Sie jedem Teammitglied, Informationen auf seine Weise beizutragen. Unterstützen Sie die Teammitglieder, fordern Sie sie heraus und kontern Sie. Betrachten Sie unterschiedliche Ansichten als hilfreich. Suchen Sie nach Ursachen oder Sichtweisen.
- Schweigen bedeutet nicht immer Zustimmung. Versuchen Sie, die wahre Meinung der Sitzungsteilnehmer herauszufinden, indem Sie die Teilnehmer direkt danach fragen.
- Versuchen Sie, alle Teilnehmer mit einzubeziehen. Dazu können Fragen wie die folgende dienen: »O.K. Nun haben wir gehört, was Herr Meier zu diesem Thema zu sagen hat. Gibt es andere Meinungen?«
- Prüfen Sie, ob die Teammitglieder bereit sind, eine bestimmte Entscheidung zu treffen.
- Weisen Sie Rollen und Zuständigkeiten zu (erst nach der Entscheidungsfindung).
- Legen Sie Termine für die Nachverfolgung fest.
- Geben Sie den nächsten Schritt an, den die Gruppe unternehmen muss.
- Legen Sie das Datum und die Uhrzeit der nächsten Sitzung fest.
- Beenden Sie die Sitzung nach der vereinbarten Dauer.
- Fragen Sie sich, ob die Besprechung wirklich nötig war.

Häufig können Unternehmensrichtlinien für die Entwicklung von Kommunikationswegen festgelegt werden (siehe Tabelle 5.4).

Programm-Manager	Linienmanager	Verhältnis
Der Programm-Manager nutzt die vorhandenen Kommunikationsmittel, anstatt neue zu entwickeln		Die Kommunikation nach oben, nach unten und zur Seite ist in einem Mehrprogramm-Unternehmen entscheidend für den Erfolg eines Programms und für die Moral und Motivation der Linienorganisationen. Im Prinzip sollte die Kommunikation vom Programm-Manager über die Teammitglieder zu den Linienmanagern verlaufen.
Genehmigt Programmpläne, Arbeitsbeschreibungen und/oder Zuständigkeit für bestimmte Arbeiten und führt Ablauf- und Terminplanung durch, indem er bestimmte Programmanforderungen definiert.	Sichert das Einverständnis seiner Organisation mit der erhaltenen Programmrichtung zu.	Programmdefinition muss im Rahmen der Vereinbarungen liegen, die in Form des Programmplans festgelegt wurden.

Tabelle 5.4: Kommunikationsrichtlinien

Programm-Manager	Linienmanager	Verhältnis
Unterzeichnet Schriftverkehr, der die Programmanweisungen für die Linienorganisationen enthält. Unterzeichnet den Schriftverkehr an Kunden, der sich auf das Programm bezieht und der gemäß der Unternehmensrichtlinien nicht von der Unternehmensführung, den Linienorganisationen oder dem oberen Management unterzeichnet werden muss.	Sichert das Einverständnis mit den Programmanweisungen zu. Der Linienmanager stellt dem Programm-Manager Kopien des gesamten programmbezogenen Schriftverkehrs zur Verfügung, der für die Leistung relevant ist. Stellt sicher, dass der Programm-Manager von einem Teammitglied oder in schwerwiegenden Fällen direkt über Schriftverkehr mit unüblichem Inhalt informiert wird.	Während der Abwesenheit des Programm-Managers werden die Unterzeichnungsbefugnisse an seinen Vorgesetzten übertragen, falls nicht ein anderer Programm-Manager als Vertreter eingesetzt wird. Die Unterzeichnungsbefugnisse für den Schriftverkehr entsprechen den Abteilungsrichtlinien.
Berichtet die Programmergebnisse an den Kunden und an die Unternehmensführung, um sie über wichtige Probleme und Ereignisse auf dem Laufenden zu halten.	Nimmt an Programm-Reviews teil, da er über Vorgänge aus seinem Fachgebiet Bescheid weiß. Er hält seine Mitarbeiter und die zuständigen Mitglieder des Projektteams über wichtige Probleme und Ereignisse in Bezug auf die Programme auf dem Laufenden, an denen seine Mitarbeiter beteiligt sind.	Die Erstellung von Statusberichten fällt in den Zuständigkeitsbereich der Fachleute. Die Spezialisten erhalten eigene Kommunikationswege zur Unternehmensführung, müssen jedoch den Programm-Manager auf dem Laufenden halten.

Tabelle 5.4: Kommunikationsrichtlinien (Forts.)

5.14 Projektreview-Sitzungen

Projektreview-Sitzungen werden durchgeführt, um zu zeigen, dass das Projekt Fortschritte macht. Es gibt drei Arten von Review-Sitzungen:

- Review-Sitzungen des Projektteams
- Review-Sitzungen der Unternehmensführung
- Review-Sitzungen mit Kunden

Bei den meisten Projekten findet einmal wöchentlich, alle vierzehn Tage oder einmal pro Monat eine Sitzung statt, um den Projektmanager und sein Team über den Projektstatus auf dem Laufenden zu halten. Diese Sitzungen sollten flexibel gehandhabt und nur dann einberufen werden, wenn das Team davon profitiert.

Die Unternehmensführung hat das Recht, einmal pro Monat eine Review-Sitzung anzusetzen. Wenn der Projektmanager jedoch glaubt, dass ein anderer Rhythmus sinnvoller wäre (weil die Sitzungen dann zu einem Zeitpunkt durchgeführt werden, an dem Fortschritt festgestellt werden kann), sollte er versuchen, dies durchzusetzen.

Die Sitzungen mit Kunden sind häufig am wichtigsten und sind in der Planung am unflexibelsten. Projektmanager müssen sich die Zeit nehmen, Handzettel und andere Literatur für die Sitzung vorzubereiten.

5.15 Engpässe im Projektmanagement

Eine unzureichende Kommunikation kann sehr leicht zu einem Kommunikationsengpass führen. In der Regel entsteht ein Engpass dann, wenn die gesamte Kommunikation zwischen dem Kunden und der Organisation über das Project Office laufen muss. Dies mag zwar nötig sein, die Reaktionszeiten verlangsamen sich dadurch jedoch. Der Kunde hat, unabhängig von der

Qualifikation der Mitarbeiter des Project Office, immer das Gefühl, dass die Informationen vor der Freigabe »gefiltert« werden.

Kunden bevorzugen nicht nur Informationen aus erster Hand, sondern sie wünschen auch, dass ihre Fachleute direkt mit den Fachleuten aus der Organisation des Auftragnehmers kommunizieren dürfen. Viele Projektmanager lehnen dies ab, weil sie befürchten, dass die Techniker etwas sagen oder tun, das der Projektstrategie widerspricht. Solche Sorgen lassen sich zerstreuen, wenn dem Kunden mitgeteilt wird, dass die gewünschte Situation nur dann genehmigt wird, wenn dem Kunden bewusst ist, dass die Äußerungen der technischen Spezialisten in keiner Hinsicht die Position des Project Office oder des Unternehmens widerspiegeln.

Bei langfristigen Projekten fordert der Kunde möglicherweise, dass ein Büro für einen Vertreter des Kunden beim Auftragnehmer eingerichtet wird. Die für den Kunden bestimmten Informationen müssen alle das Project Office des Kunden beim Auftragnehmer durchlaufen. Dies erzeugt jedoch das Problem, dass versucht wird, die direkte Kommunikation zwischen dem Projektmanager und dem Kunden zu durchtrennen. Um die vertraglichen Verpflichtungen zu erfüllen, wird zwar ein lokales Project Office eingerichtet, der Kunde kommuniziert jedoch direkt mit dem Auftraggeber, als wäre das Project Office gar nicht vorhanden. Das lokale Project Office reagiert entsprechend feindselig.

Ein weiterer Engpass tritt auf, wenn der Projektmanager des Kunden glaubt, dem Projektmanager des Auftragnehmers überstellt zu sein, und versucht, in der Kommunikation seine Kompetenz darzustellen. Projektmanager, die nur ihren Status verbessern wollen, können den Projekterfolg dadurch gefährden, dass sie starre Kommunikationswege erzeugen.

Abbildung 5.16 zeigt, warum Kommunikationsengpässe auftreten. Es existieren fast immer mindestens zwei Kommunikationswege zwischen dem Kunden und seinem Auftragnehmer, was zu Verwirrung führen kann.

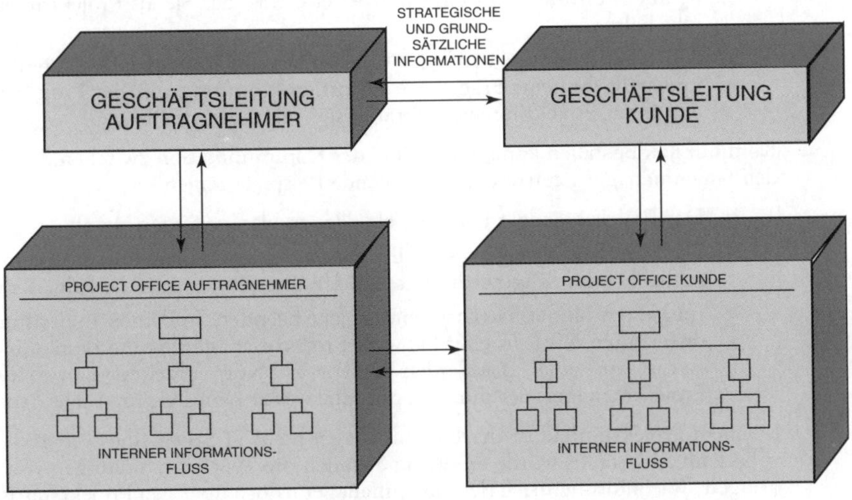

Abbildung 5.16: Informationsfluss zwischen dem Kunden und seinem Auftragnehmer

5.16 Kommunikationsfallen

PMBOK® Guide 2004

Kapitel 10

10.1.2 Kommunikationsplanung

Projekte werden mittels Kommunikation durchgeführt. Die Arbeit wird mittels des Projektstrukturplans definiert. Dies ist jedoch der einfachere Teil der Kommunikation, bei dem alles sauber definiert ist. Leider können Projektmanager nicht alles dokumentieren, was sie mitteilen wollen. Die schlimmste Situation tritt dann ein, wenn ein externer Kunde das Vertrauen in den Auftragnehmer verliert. Herrscht Misstrauen vor, ereignet sich Folgendes:

- Es wird mehr dokumentiert.
- Es finden mehr Sitzungen zwischen dem Kunden und seinem Auftragnehmer statt.
- Der Kunde verstärkt seine Vertretung in Ihrem Unternehmen.

In allen drei Situationen nimmt die Arbeitsbelastung für den Projektmanager zu. Eine solche Situation kann auch hausintern auftreten, wenn ein Linienmanager beginnt, einem Projektmanager zu misstrauen oder umgekehrt. Der Schriftverkehr nimmt exponentiell zu, da jeder versucht, sich auf diese Weise abzusichern, während die Kommunikation zuvor mündlich erfolgte.

Kommunikationsfallen treten in erster Linie bei der Kommunikation zwischen dem Kunden und seinem Auftragnehmer auf, wie die folgenden Beispiele zeigen:

- Phase I des Projekts war soeben erfolgreich abgeschlossen worden. Der Kunde war jedoch verärgert, weil er nach Abschluss aller Qualitätskontrollen drei Wochen auf die Präsentation der Daten warten musste. Bei Phase II besteht der Kunde nun darauf, dass seine Mitarbeiter die Rohdaten zum selben Zeitpunkt erhalten wie Ihre Mitarbeiter.
- Der Kunde ist unzufrieden mit den technischen Informationen, die er vom Projektmanager erhalten hat. Deshalb sollen seine Mitarbeiter nun ohne den Umweg über das Project Office direkt mit Ihren Technikern kommunizieren dürfen.
- Sie sind Unterauftragnehmer eines Generalunternehmers. Dem Generalunternehmer ist etwas bange wegen der Informationen, die Sie während einer Sitzung zum Austausch technischer Informationen präsentieren könnten, und er möchte deshalb Ihr gesamtes Material vor der Sitzung durchsehen.
- Die Linienmitarbeiter sollen Experten sein. Vor dem Kunden (oder sogar vor der Unternehmensführung) sagt ein Mitarbeiter etwas, das Sie als Projektmanager nicht für korrekt halten.
- Am Dienstagmorgen ruft der Projektmanager Ihres Kunden Ihren Projektmanager an und stellt ihm eine Frage. Am Dienstagnachmittag ruft der Projektingenieur des Kunden Ihren Projektingenieur an und stellt ihm dieselbe Frage.

Kommunikationsfallen können auch bei der Kommunikation zwischen dem Project Office und den Linienmanagern auftreten, wie folgende Beispiele zeigen:

- Der Projektmanager hält zu viele oder zu wenige Sitzungen ab.
- Die Mitarbeiter weigern sich, Entscheidungen zu fällen, und die Teammitglieder werden schließlich mit Tagesordnungspunkten überschwemmt, die keine Relevanz haben.
- Im letzten Monat hat Larry ein Projekt beendet, an dem er in der Funktion des Projektassistenten mitgearbeitet hat. Der Projektmanager hat ihn beständig über den Projektstatus auf dem Laufenden gehalten. Nun arbeitet Larry für einen anderen Projektmanager, der ihm nur mitteilt, was er benötigt, um seine Arbeit zu erledigen.

In einem Projektumfeld ist der Linienmanager nicht Mitglied eines Projektteams. Das ist sinnvoll, denn andernfalls würde er vierzig Stunden pro Woche in Sitzungen von Projektteams verbringen. Wie informiert sich der Linienmanager jedoch über den Projektstatus? Schriftliche Mitteilungen reichen dazu nicht aus. Die Informationen müssen aus erster Hand vom Projektmanager oder dem Linienmitarbeiter stammen, der dem Projekt zugeordnet ist. Die Linienmanager bevorzugen es, vom Projektmanager informiert zu werden, weil die Linienmitarbeiter dazu neigen, schlechte Nachrichten zu zensieren. Die Linienmanager müssen sich im Project Office über den tatsächlichen Projektstatus informieren.

Manchmal erwarten Projektmanager während der Problemlöse- und der Brainstorming-Phase zu viel von ihren Mitarbeitern und die Kommunikation wird unterdrückt. Für unproduktive Teambesprechungen gibt es verschiedene Gründe:

- Die hierarchische Beziehung (Hackordnung) zwischen Projektleiter und Mitarbeitern hemmt die Kreativität.
- Alle scheinbar verrückten oder unkonventionellen Ideen werden lächerlich gemacht und eventuell sogar verworfen. Die Projektmitarbeiter, von denen der Beitrag stammte, werden zukünftig beim Brainstorming nicht mehr mitmachen.
- Die Sitzungen werden von Mitarbeitern der Unternehmensführung dominiert.
- Die Mitarbeiter sind nicht korrekt über den Zeitpunkt und den Inhalt der Sitzung informiert worden.

5.17 Sprichwörter und Gesetze

Nachfolgend sind zwanzig Sprichwörter für das Projektmanagement aufgeführt, die zeigen, was alles schief gehen kann.[23]

- Ein Kind lässt sich nicht dadurch innerhalb von einem Monat erzeugen, dass neun Frauen geschwängert werden.
- Wird eine Arbeit von zehn verschiedenen Personen oder von einer Person zu zehn verschiedenen Zeitpunkten beurteilt, fällt die Beurteilung jedes Mal anders aus.
- Die kostbarste und am wenigsten benutzte Vokale eines Projektmanagers ist das »NEIN«.
- Sie können zwar dafür sorgen, dass jemand in einen unrealistischen Stichtag einwilligt, Sie können ihn jedoch nicht dazu zwingen, den Stichtag einzuhalten.
- Je unrealistischer der Stichtag ist, desto höher sind die Kosten, um ihn zu erfüllen.
- Je hoffnungsloser die Situation ist, umso mehr Hoffnung haben die Personen, die sich in der Situation befinden.
- Mit zu wenigen Mitarbeitern lässt sich ein Problem nicht lösen. Zu viele Mitarbeiter erzeugen jedoch mehr Probleme, als sie lösen.
- Die Bedingungen, unter denen ein Versprechen abgegeben wurde, sind längst vergessen, das Versprechen jedoch nicht.
- Was ich nicht weiß, macht mich nicht heiß.
- Ein Benutzer sagt Ihnen alles, wonach Sie fragen – nicht mehr.
- Gibt es mehrere Interpretationsmöglichkeiten für ein Gespräch, ist die unbequemste die einzig korrekte.
- Was nicht auf dem Papier steht, wurde nie gesagt.
- Kein Großprojekt wurde jemals im Rahmen des Terminplans, innerhalb der geplanten Kosten und mit dem Team beendet, mit dem es begonnen wurde.
- Projekte werden ziemlich schnell zu 90 Prozent fertig gestellt. Sie werden jedoch niemals fertig.
- Wenn sich der Inhalt eines Projekts beliebig ändern darf, gibt es mehr Änderungen als Fortschritte.
- Kein Großprojekt wurde jemals fehlerfrei abgeschlossen. Der Versuch, Fehler zu beheben, führt unweigerlich dazu, dass neue Fehler entstehen, die noch schwieriger zu finden sind.
- Projektteams hassen es, Bericht über den Projektfortschritt zu erstatten, weil damit deutlich demonstriert wird, dass das Projekt nicht vorankommt.
- Parkinson und Murphy leben – in Ihren Projekten.

23. Quelle unbekannt

Es gibt Tausende lustige Gesetze zu den verschiedensten Themenbereichen, wie unter anderem Wirtschaft, allgemeine Geschäftswelt, Entwicklung, Management und Politik. Die nachfolgende Liste zeigt einige dieser Gesetze auf, die auf das Projektmanagement angewendet werden können:

- Abbotts Warnungen
  1. Wenn Sie fragen müssen, haben Sie nicht das Recht, die Antwort zu kennen.
  2. Wenn Ihnen die Antwort nicht gefällt, hätten Sie nicht fragen sollen.
- Die Bürokratieregeln von Acheson: Ein Memo wird nicht geschrieben, um den Leser zu informieren, sondern um den Schreiber zu schützen.
- Andersons Gesetz: Es gibt kein Problem, und sei es noch so kompliziert, das nicht noch komplizierter wird, wenn Sie es nur richtig betrachten.
- Benchleys Gesetz: Jeder kann beliebig viel Arbeit erledigen, vorausgesetzt, es handelt sich dabei nicht um die Arbeit, die man gerade von ihm erwartet.
- Boks Gesetz: Wenn Sie glauben, Bildung sei teuer, probieren Sie es mit Ignoranz.
- Bolings Postulat: Wenn es Ihnen gut geht, machen Sie sich keine Sorgen. Es geht vorbei.
- Brooks erstes Gesetz: Wenn Sie einem verzögerten Software-Projekt weitere Leute hinzufügen, wird es noch später fertiggestellt.
- Brooks zweites Gesetz: Wenn ein System irgendwann vollständig definiert ist, kommt irgendein Idiot und entdeckt etwas, wodurch das System entweder entfernt oder so lange erweitert wird, bis man es nicht mehr wiedererkennt.
- Browns Gesetz zum Geschäftserfolg: Die Dokumentation des Kunden bedeutet Gewinn. Unsere eigene Dokumentation bedeutet Verlust.
- Chisholms zweites Gesetz: Wenn die Dinge gut laufen, geht irgendetwas schief.

  Korollare:
  1. Schlimmer geht's immer.
  2. Immer wenn es den Anschein hat, es würde besser, haben Sie etwas übersehen.
- Cohns Gesetz: Je mehr Zeit Sie mit Berichten über Ihre Arbeit verbringen, desto weniger Zeit haben Sie für diese Arbeit. Stabilität entsteht, wenn Sie alle Ihre Zeit damit verbringen, nichts zu tun, aber dieses Nichts genau dokumentieren.
- Connollys Gesetz des Kontrollverlusts: Der Preis jedes für ein Ministerium erstellten Produkts ist nicht weniger als das Quadrat des im Vertrag angegebenen Festpreises.
- Cookes Gesetz: In einer Entscheidungssituation ist die Menge der verfügbaren relevanten Informationen umgekehrt proportional zur Wichtigkeit der Entscheidung.
- Mr. Coopers Gesetz: Wenn Sie ein bestimmtes Wort in einer technischen Dokumentation nicht verstehen, ignorieren Sie es. Es ist in der Dokumentation überflüssig.
- Cornuelles Gesetz: Die Firmenleitung gibt immer demjenigen einen Job, der am wenigsten dafür geeignet ist.
- Courtois' Gesetz: Wenn sich die Leute öfter zuhören würden, würden sie weniger reden.
- Erstes Gesetz von Debate: Streiten Sie nicht mit Verrückten. Die Zuhörer erkennen womöglich den Unterschied nicht.
- Donsens Gesetz: Der Spezialist lernt immer mehr über immer weniger, bis er schließlich alles über nichts weiß, während der Generalist immer weniger über mehr lernt, bis er schließlich nichts über alles weiß.
- Douglas' Gesetz über praktische Luftfahrt: Wenn das Gewicht der Dokumentation gleich dem Gewicht des Flugzeugs ist, fliegt das Flugzeug.
- Dudes Dualitätsgesetz: Von zwei möglichen Ereignissen tritt nur dasjenige auf, das nicht erwünscht war.

- Gesetze des Volkswirtschaftlers:
  1. Die Menschen lernen aus ihrer Geschichte, dass die Menschen nichts aus ihrer Geschichte lernen.
  2. Wenn es rein versicherungstechnisch eine 50:50-Wahrscheinlichkeit gibt, dass etwas schiefgeht, dann geht es in neun von zehn Fällen schief.
- Gesetz eines alten Ingenieurs: Je größer das Projekt oder der Job, desto weniger Zeit gibt es dafür.
- Nichtreziproke Gesetze der Erwartung:
  1. Negative Erwartungen führen zu negativen Ergebnissen.
  2. Positive Erwartungen führen zu negativen Ergebnissen.
- Fyffes Axiom: Der Prozess für die Problemlösung bricht immer ab, bevor es möglich ist, festzustellen, wer das Problem verursacht hat.
- Golubs Gesetze zur Computerarbeit:
  1. Man verwendet ungenaue Projektziele, um zu vermeiden, dass aufgrund der Schätzung der entsprechenden Kosten Verwirrung entsteht.
  2. Ein schlampig geplantes Projekt dauert dreimal länger als erwartet. Ein sorgfältig geplantes Projekt dauert nur zweimal so lang.
  3. Der Aufwand für die Kurskorrektur wächst geometrisch mit der Zeit.
  4. Projektteams hassen wöchentliche Fortschrittsberichte, weil damit genau gezeigt wird, dass es keinen Fortschritt gibt.
- Greshams Gesetz: Triviale Dinge werden sofort erledigt, wichtige Dinge werden nie gelöst.
- Hoares Gesetz für große Programme: In jedem großen Programm gibt es ein kleines Programm, das herauswill.
- Issawis Gesetz zur Zynik: Zyniker haben in neun von zehn Fällen recht. Was sie unglaubwürdig macht, ist, dass sie glauben, in zehn von zehn Fällen recht zu haben.
- Johnsons erstes Gesetz: Wenn irgendeine mechanische Vorrichtung ausfallen kann, dann tut sie dies zur unmöglichsten Zeit.
- Maleks Gesetz: Eine einfache Idee wird auf die komplizierteste Weise beschrieben.
- Pattons Gesetz: Ein guter Plan heute ist besser als ein perfekter Plan morgen.
- Peters Prognose: Verbringen Sie ausreichend viel Zeit damit, einen Bedarf zu bestätigen, dann verschwindet der Bedarf.
- Gesetz der politischen Erosion: Nachdem die Erosion der Macht begonnen hat, wird sie zum Selbstläufer.
- Pudders Gesetz: Alles, was gut anfängt, endet schlecht. Alles, was schlecht anfängt, endet noch schlechter.
- Putts Gesetz: Technologie wird von zwei Arten von Menschen beherrscht - denjenigen, die wissen, was sie nicht tun, und denjenigen, die tun, was sie nicht verstehen.
- Trumans Gesetz: Wenn Sie sie nicht überzeugen können, verwirren Sie sie.
- Von Brauns Gesetz der Schwerkraft: Wir können die Schwerkraft überwinden, aber manchmal ist die Dokumentation einfach wirklich zu schwer.

5.18 Management-Richtlinien und -Verfahrensweisen

Projektmanager sind zwar für die Entwicklung von Richtlinien und Verfahrensweisen zuständig, sie müssen sich dabei jedoch an die Regeln halten, die vom Top-Management aufgestellt wurden. Tabelle 5.5 zeigt solche Projektrichtlinien.

Programm-Manager	Linienmanager	Verhältnis
Der Programm-Manager ist für die Programmsteuerung, -kontrolle und -koordination verantwortlich. Er ist die Kontaktperson zum Programm-Management des Kunden.	Die Linienmanager sind dafür verantwortlich, den Programm-Manager bei der Einhaltung der vertraglich vereinbarten Leistungen zu unterstützen und sie sind für die Leistung der zuständigen Manager verantwortlich.	Der Programm-Manager legt fest, *was* getan werden muss. Er erhält über die ihm zugeordneten Teammitglieder die Unterstützung der Linienorganisationen bei der Ermittlung der definitiven Anforderungen und Ziele des Programms.
Um die Ziele des Programms zu erreichen, nutzt der Programm-Manager die Dienste der Linienorganisationen im Einklang mit den Abteilungsrichtlinien, die die Linienorganisationen betreffen.	Die Fachabteilungen führen die Arbeit innerhalb der vertraglich vereinbarten Kosten, Zeit, Qualität und Spezifikation durch und helfen dadurch dem Programm-Manager, die Programmziele zu erreichen.	Die Linienorganisationen legen fest, *wie* die Arbeit durchgeführt wird.
Der Programm-Manager entwickelt Programm- und technische Richtlinien in Übereinstimmung mit den Management-Richtlinien. Der Programm-Manager ist für den Fortschritt und für die Effektivität des Gesamtprogramms verantwortlich. Er integriert Forschung, Entwicklung, Produktion, Beschaffung, Qualitätssicherung, Produkt-Support, Tests und die Finanz- und Vertragsfragen. Er genehmigt Leistungsspezifikationen, physische Merkmale und funktionale Designkriterien, um die operationalen Anforderungen erfüllen zu können. Er genehmigt den Plan, die Budgets und Stellungnahmen zur Arbeit, die für die Integration von Systemelementen wichtig sind. Er lenkt die Vorbereitung und Pflege eines Zeit-, Kosten- und Leistungsplans, mit dem der Programmfortschritt gewährleistet werden soll. Er koordiniert und genehmigt die Arbeitsanweisungen, Ablauf- und Terminpläne, Vertragsarten und den Preis für Unterauftragnehmer. Er koordiniert und genehmigt die Bewertung von Herstellern und die Auswahl von Lieferanten in Zusammenhang mit der Beschaffung für das Projekt.	Das Linienmanagement sucht nach Innovationen, Methoden, Verbesserungen oder anderen Mitteln, die der Linie dabei helfen, die Verpflichtungen einzuplanen, Kosten zu reduzieren, die Qualität zu verbessern oder anderweitig eine beispielhafte Leistung zu erbringen.	Der Programm-Manager bewegt sich innerhalb der Abteilungsrichtlinien, falls er in einem bestimmten Programm nicht mit Zustimmung der Unternehmensführung rechnen kann. Die Linienorganisationen unterstützen den Programm-Manager sehr stark. Der Programm-Manager verlässt sich bei der Ausführung bestimmter Aufgaben auf die fachliche Unterstützung durch sein Programm-Team. Programm-Manager und die Mitglieder des Programmteams sind gemeinsam dafür verantwortlich, die Unternehmensführung über ungelöste Konflikte in Kenntnis zu setzen, die durch die Anforderungen entstehen, die den Linienorganisationen durch unterschiedliche Programm-Manager auferlegt werden. Die Programm-Manager treffen keine Entscheidungen, die laut der Abteilungsrichtlinien, die von der Unternehmensführung festgelegt wurden, in der Zuständigkeit des Linienmanagements liegen. Die Linienmanager fordern von einem Programm-Manager keine Entscheidungen, die nicht in seiner Kompetenz und Zuständigkeit liegen und die die Anforderungen des Programms auch nicht beeinflussen.

Tabelle 5.5: Projektrichtlinien

Programm-Manager	Linienmanager	Verhältnis
Die Kompetenz über Programmentscheidungen liegt über alle Dinge, die sich auf das Programm beziehen, wobei die Entscheidungen mit den Abteilungsrichtlinien und den Zuständigkeiten konform sein müssen, die von der Unternehmensführung festgelegt wurden.		Die Linienmanager treffen keine Programmentscheidungen, für die eigentlich die Programm-Manager zuständig sind. Um zufrieden stellende Entscheidungen zu treffen, mit denen die Programmziele erreicht werden können, müssen der Programm-Manager und die Teammitglieder gemeinsam an der Lösung arbeiten. Bei Programmentscheidungen wird der Programm-Manager von den zuständigen Linienmanagern und Teammitgliedern unterstützt, weil sie für ihre Mitarbeit an jedem Programm bewertet und für die fachliche Leistung der Abteilung verantwortlich gemacht werden.

Tabelle 5.5: Projektrichtlinien (Forts.)

5.19 Studientipps für das PMI®-Projektmanagement-Zertifizierungsexamen

Dieser Abschnitt kann als Wiederholung der Grundlagen dienen, um die Wissensbereiche und Domänengruppen im PMBOK® Guide zu ergänzen. In diesem Kapitel geht es um Folgendes:

- Personalmanagement
- Kommunikationsmanagement
- Abschluss

Das Verständnis der folgenden Grundlagen ist vorteilhaft, wenn der Leser diesen Text für die Vorbereitung auf das PMP®-Zertifizierungsexamen verwendet:

- In welcher Beziehung die verschiedenen Managementtheorien zum Projektmanagement stehen
- Verschiedene Führungsstile
- Verschiedene Machttypen
- Verschiedene Autoritätstypen
- Das Bedürfnis zur Dokumentierung der Autorität
- Beiträge von Maslow, McGregor, Herzberg und Ouchi
- Die Bedeutung des Personalmanagements im Projektmanagement
- Das Bedürfnis, die Rollen und Verantwortlichkeiten jedes Teammitglieds genau zu identifizieren
- Verschiedene Methoden, Teammitglieder zu motivieren
- Sowohl der Projektmanager als auch das Team sollen ihre eigenen Probleme lösen
- Teamentwicklung ist ein stetiger Prozess innerhalb des gesamten Prozesslebenszyklus
- Grenzen für Codierung und Decodierung
- Bedürfnis an Kommunikationsfeedback
- Verschiedene Kommunikationsstile
- Meeting-Typen

In Anhang C finden Sie unter dem Namen Dorale Products die folgenden Mini-Fallstudien:

- Dorale Products (I) [Personal- und Kommunikationsmanagement]

Die folgenden Multiple-Choice-Fragen sind hilfreich bei der Wiederholung der Grundlagen dieses Kapitels:

1. Was gehört nicht zu den Autoritätsquellen eines Projektmanagers?
   A. Projektsatzung
   B. Arbeitsbeschreibung für einen Projektmanager
   C. Delegation vom oberen Management
   D. Delegation von Mitarbeitern
2. Welche Macht nutzen Projektmanager, die Technologieleitung besitzen und F&E-Projekte führen, am häufigsten?
   A. Macht, zu belohnen
   B. Weisungsbefugnis
   C. Fachkompetenz
   D. Macht als Referent
3. Wenn ein Projektmanager die Macht besitzt, zu bestrafen, dann besitzt er sehr wahrscheinlich auch:
   A. .Macht, zu belohnen
   B. Weisungsbefugnis
   C. Fachkompetenz
   D. Macht als Referent
4. Ein Projektmanager mit langer Erfolgsgeschichte bei der Realisierung von Teilzielen und bei der Arbeit mit Teammitgliedern besitzt sehr wahrscheinlich ein hohes Maß an:
   A. Macht, zu belohnen
   B. Weisungsbefugnis
   C. Fachkompetenz
   D. Macht als Referent
5. Von welcher der von Maslow definierten Hierarchieebenen der menschlichen Bedürfnisse werden die meisten Projektmanager motiviert?
   A. Sicherheit
   B. Soziale Bedürfnisse
   C. Selbstachtung
   D. Selbstverwirklichung
6. Sie wurden als Verantwortlicher für ein Projektteam eingesetzt. Die meisten Teammitglieder verfügen über weniger als zwei Jahre Erfahrung mit der Arbeit in Projektteams, und die meisten Mitarbeiter haben noch nie mit Ihnen zusammengearbeitet. Sie wählen wahrscheinlich den folgenden Führungsstil:
   A. Autokratisch
   B. Laissez-Faire
   C. Partizipierend
   D. Delegierend
7. Sie wurden als Verantwortlicher für ein Projektteam eingesetzt und haben das Glück, dass Ihnen dieselben Mitarbeiter zugeteilt wurden, die auch schon in den beiden letzten Projekten für Sie gearbeitet haben. Die beiden vorhergehenden Projekte waren sehr erfolgreich und das Team zeigte höchste Leistung. Sie wählen wahrscheinlich den folgenden Führungsstil:

A. Autokratisch
B. Laissez-Faire
C. Partizipierend
D. Delegierend

8. Fünf Menschen treffen sich bei einem Meeting und kommunizieren miteinander. Wie viele Zweiwege-Kommunikationskanäle gibt es?
A. 4
B. 5
C. 10
D. 20

9. Ein Projektmanager gibt zwei Teammitgliedern eine mündliche Anweisung, wie ein bestimmter Test vorzunehmen ist. Ohne dem Projektmanager zuzustimmen oder ihm zu widersprechen, verlassen die beiden Angestellten sein Büro. Später stellt der Projektmanager fest, dass die Tests nicht nach seinen Anweisungen durchgeführt wurden. Die wahrscheinlichste Ursache dafür ist:
A. Falsche Codierung
B. Falsche Decodierung
C. Falsches Nachrichtenformat
D. Fehlendes Feedback zu den Anweisungen

10. Ein Projektmanager, der es Mitarbeitern erlaubt, zusammen mit ihm aktiv an Entscheidungen mitzuwirken, verwendet den folgenden Führungsstil:
A. Passiv
B. Partizipierend/demokratisch
C. Autokratisch
D. Laissez-faire

11. Ein Projektmanager, der alle Entscheidungen vorschreibt und keine Teilnahme der Mitarbeiter zulässt, verwendet den folgenden Führungsstil:
A. Passiv
B. Partizipierend/demokratisch
C. Autokratisch
D. Laissez-faire

12. Ein Projektmanager, der dem Team gestattet, fast alle Entscheidungen ohne sein eigenes Mitwirken zu treffen, verwendet den folgenden Führungsstil:
A. Passiv
B. Partizipierend/demokratisch
C. Autokratisch
D. Laissez-faire

ANTWORTEN

1. D
2. C
3. A
4. D
5. D
6. A
7. D

8. C
9. D
10. B
11. C
12. D

PROBLEME

5.1 Ein Projektmanager stellt fest, dass er nicht genügend Kompetenzen hat, um Einfluss auf das Gehalt, den Bonus oder den Einsatz seiner Mitarbeiter und auf die Projektfinanzierung auszuüben. Bedeutet dies nun, dass er Möglichkeit hat, die Mitarbeiter zu belohnen? Begründen Sie Ihre Antwort.

5.2 Geben Sie für jede der folgenden Aussagen an, um welche Art von zwischenmenschlichen Einflüssen es sich handelt.

A. »Ich habe ein gutes Arbeitsverhältnis zu Abteilung X. Sie mögen mich und ich mag sie. Ich kann in der Regel alles vor dem geplanten Termin durchdrücken.«

B. Ein Wissenschaftler, der normalerweise in der Forschung arbeitete, wurde zeitlich befristet zum Projektmanager für ein neues Projekt befördert. Er äußerte sich gegenüber einem Teammitglied wie folgt: »Ich weiß zwar, dass dies den Abteilungsrichtlinien widerspricht, der Test muss aber nach diesen Kriterien verlaufen, da die Ergebnisse sonst nutzlos sind«.

5.3 Stimmen Sie der Behauptung zu, dass Wissenschaftler und Ingenieure kreativer sind, wenn sie das Gefühl haben, genügend Freiheit bei der Arbeit zu besitzen? Kann sich diese Voraussetzung auch negativ auswirken?

5.4 Sollten das Risiko und die Unsicherheit eines Projekts ausschlaggebend dafür sein, wie viel Kompetenz dem Projektmanager gewährt wird?

5.5 Es gibt Projekte, bei denen die Projektmanager nur eine überwachende Funktion haben. Die Projektmanager werden dann als Einfluss-Projektmanager bezeichnet. Um welche Art von Projekten könnte es sich dabei handeln? Welche Organisationsform eignet sich dafür am besten?

5.6 Sobald das Projektende naht, stellt der Projektmanager möglicherweise fest, dass die Linienmitarbeiter mehr daran interessiert sind, eine neue Aufgabe für sich zu finden, als in der aktuellen Situation ihr Bestes zu geben. Welcher Zusammenhang besteht zur Maslowschen Bedürfnishierarchie und was sollte ein Projektmanager tun?

5.7 Richard M. Hodgetts führte eine Umfrage bei den Mitarbeitern von amerikanischen Raumfahrt-, Chemie- und Bauunternehmen sowie von Regierungsbehörden durch, um zu erfahren, welche der folgenden Führungsstile sie als sehr wichtig, wichtig oder nicht so wichtig betrachteten:[24]

- Verhandlung
- Persönlichkeit und die Fähigkeit, zu überzeugen
- Fachkompetenz
- Gegenseitige Gefälligkeiten

Welche Ergebnisse hatte die Umfrage Ihrer Meinung nach in den verschiedenen Branchen?

5.8 In einer Projektumgebung ist Zeit eher eine Beschränkung als ein Luxus, wodurch für denjenigen Projektmanager ein Problem entsteht, der nie zuvor mit bestimmten Teammitgliedern zusammengearbeitet hat. Einige Leute sind der Meinung, dass der Projektmanager eine Art Test

24. Hodgets, R.M., *Leadership Techniques in the Project Organization*, Academy of Management Journal, June 1968, S. 211–219.

erstellen muss, um bereits frühzeitig die Fähigkeit der Beteiligten zu bewerten, wie sie als Team zusammenarbeiten können.

Lässt sich ein solcher Test in einem Projektumfeld durchführen? Gibt es Projektorganisationsformen, die solchen Tests dienlich sind?

5.9 Projektmanager betrachten die Kompetenz und die Finanzausstattung als sehr wichtige Faktoren, um Unterstützung zu erhalten. Für Linienmitarbeiter hingegen sind Freundschaften und die Art der Arbeitsaufträge wichtigere Kriterien. Wie lässt sich dies mit den Theorien von Maslow und McGregor in Einklang bringen?

5.10 Bei großen Projekten sind einige Leute Experten bei der Planung, während andere zu Experten bei der Implementierung werden. Planer scheinen völlig anders zu denken, und sie erkennen die Probleme der Leute bei der Implementierung, während die für die Implementierung Verantwortlichen scheinbar nie die Probleme der Planer verstehen.

Wie lässt sich dieses Problem dauerhaft lösen?

5.11 Welche Art von Arbeitsverhältnis ergibt sich, wenn der Projektmanager Belohnungen ebenso vergeben kann wie die Linienmanager?

5.12 Geben Sie für jede der folgenden Aussagen die mögliche Situation und die Begleitannahmen an, die Sie dazu haben:

A. »Ein guter Projektmanager sollte sich darauf konzentrieren, seine Mitarbeiter glücklich zu machen.«

B. »Ein guter Projektmanager muss in der Lage sein, mit Spannungen umzugehen.«

C. »Die Verantwortung für den Erfolg oder Misserfolg liegt beim oberen Management. Das ist ihre Sache.«

D. Aussagen eines Linienmitarbeiters: »Was passiert, wenn das Projekt fehlschlägt? Was kann er (der Projektmanager) mir schon tun?«

5.13 Kann jede der folgenden Situationen zu Misserfolg führen?

A. Mangelnde Fachkompetenz

B. Mangelnde Macht als Referent

C. Mangelnde Macht, zu belohnen oder zu bestrafen

D. Mangelnde Weisungsbefugnisse

5.14 Einer Ihrer Mitarbeiter kommt in Ihr Büro und sagt, dass er ein technisches Problem hat und Sie um Unterstützung bei dem Telefonanruf bittet, den er machen muss.

A. Handelt es sich hierbei um managen oder um machen?

B. Hängt Ihre Antwort davon ab, wer angerufen werden muss? (Das heißt, müssen möglicherweise Kompetenzbeziehungen in Betracht gezogen werden?)

5.15 Lässt sich die Zuständigkeitsspalte beim Kompetenzverteilungsdiagramm in primäre und sekundäre Zuständigkeiten unterteilen?

5.16 Besprechen Sie die Bedeutung der beiden folgenden Gedichte:

Wir müssen Problemlöser
in Hülle und Fülle entwickeln
da jedes Problem, das sie lösen
zehn weitere Probleme hervorruft.
Autor unbekannt

Jack und Jill stiegen den Hügel hinauf,
um einen Eimer Wasser zu holen
Jack fiel herunter und brach sich den Schädel
und Jill stürzte hinterher.

Jack hätte diesen schlimmen Sturz vermeiden können,
wenn er nach einer Alternative
wie der Installation einer Leitung und einer großen Pumpe gesucht hätte
und Jill die Rechnungen übergeben hätte.[25]

5.17 Nennen Sie die korrekte Vorgehensweise, wenn ein Projektmanager die Linienmanager einladen möchte, an Teambesprechungen teilzunehmen?

5.18 Kann ein Projektmanager sich hinsetzen und darauf warten, was passiert, oder sollte er versuchen, Dinge selber in Gang zu setzen?

5.19 Ein Unternehmen hat gerade einen 54-jährigen Ingenieur eingestellt, der Abschlüsse in zwei Ingenieursdisziplinen hat. Der Ingenieur ist ziemlich kompetent und hat die letzten zwanzig Jahre als Einzelgänger gearbeitet. Dieser Ingenieur wurde nun der Entwicklungsphase Ihres Projekts zugeteilt. Sie als Projektmanager oder Projektingenieur müssen sicherstellen, dass sich dieser Ingenieur in das Projektteam eingliedert und nicht weiter als Einzelgänger arbeitet. Wie können Sie das erreichen? Wenn der Ingenieur darauf besteht, weiterhin als Einzelgänger zu arbeiten, sollten Sie ihn dann rauswerfen?

5.20 Angenommen, das Kompetenzverteilungsdiagramm enthält die echten Namen der Personen, die an dem Projekt mitarbeiten und nicht nur ihre Titel. Sollte dieses Diagramm an einen Kunden weitergegeben werden?

5.21 Wie sollte ein Linienmanager mit einer Situation umgehen, in der

A. der Projektmanager beständig wegen einiger Aspekte des Projekts Alarm schlägt, obwohl das Problem eigentlich gar nicht existiert oder nicht so schlimm ist, wie der Projektmanager behauptet?

B. der Projektmanager sich weigert, bestimmte Ressourcen freizugeben, die er in seinem Projekt gar nicht mehr benötigt?

5.22 Wie behandeln Sie einen Projektmanager oder Projektingenieur, der ständig versucht, »sich mehr auf den Teller zu nehmen, als er essen kann?« Würde sich Ihre Antwort ändern, wenn der Projektmanager zumindest eine Zeit lang erfolgreich wäre?

5.23 Ein Linienmanager sagt, dass er für die nächste Woche fünfzehn Mitarbeiter für Ihr Projekt eingeplant hat (wie im Projektplan und im Ablauf- und Terminplan festgelegt). Leider haben Sie soeben erfahren, dass der Prototyp nicht verfügbar ist und dass es somit für die fünfzehn Mitarbeiter nichts zu tun gibt. Was sollen Sie tun? Wo liegt der Fehler?

5.24 Die Anforderung von Arbeitskräften zeigt, dass sich in den nächsten vierzehn Tagen ein bestimmter Pool von acht auf siebzehn Personen erhöhen wird und dann wieder auf acht Personen zurückgehen wird. Sollten Sie dies hinterfragen?

5.25 Nachfolgend werden verschiedene Quellen genannt, von denen Kompetenz abgeleitet werden kann. Geben Sie für jede Quelle an, ob der Projektmanager von hier genügend Kompetenzen erhält, um das Projekt effektiv durchführen zu können.

A. Der Projektvertrag

B. Die Position des Projektmanagers im Unternehmen

C. Die Stellenbeschreibung für den Projektmanager

D. Die Richtlinien

E. Der Rang als Führungskraft des Projektmanagers

F. Das Projektvolumen

G. Die Kontrolle über Finanzmittel

25. Stacer Holcomb, OSD (SA), zitiert aus *The C/E Newsletter,* publication of the cost effectiveness section of the Operations Research Society of America, Vol. 3, No. 1, January 1967.

5.26 Handelt es sich bei den folgenden Aktivitäten um Managen oder um Machen?

Managen	Machen	
______	______	1. Jemanden anrufen, um ihm bei der Lösung eines technischen Problems zu helfen.
______	______	2. Einen Scheck unterzeichnen, um eine Routineausgabe zu genehmigen.
______	______	3. Das erste Bewerbungsgespräch mit einem Stellenbewerber führen.
______	______	4. Einem erfahrenen Mitarbeiter Ihre Lösung für das Problem mitteilen, ohne ihn vorher nach seiner Meinung zu fragen.
______	______	5. Ihren Lösungsvorschlag zu einem wiederkehrenden Problem nennen, um den Sie ein neuer Mitarbeiter gebeten hat.
______	______	6. Eine Sitzung einberufen, um Ihren Mitarbeitern eine neue Verfahrensweise zu erläutern.
______	______	7. Eine Abteilung anrufen, um sie um Hilfe bei der Lösung eines Problems zu bitten, das einer Ihrer Mitarbeiter gerade zu lösen versucht.
______	______	8. Ein Formular ausfüllen, um für einen Ihrer Mitarbeiter eine Gehaltserhöhung zu bewirken.
______	______	9. Einem Ihrer Mitarbeiter erklären, warum er eine leistungsbezogene Gehaltserhöhung erhält.
______	______	10. Entscheiden, ob eine neue Stelle benötigt wird.
______	______	11. Einen Ihrer Mitarbeiter fragen, was er von einem Vorschlag hält, der sich auf alle Mitarbeiter auswirkt?
______	______	12. Einen begehrten Arbeitsauftrag von Mitarbeiter A an Mitarbeiter B weitergeben, weil Mitarbeiter A sich nicht genügend auf die Sache konzentriert hat.
______	______	13. Regelmäßig schriftliche Berichte lesen, um festzustellen, ob die Mitarbeiter Fortschritte in Richtung auf das Ziel machen.
______	______	14. Ihrem Vorgesetzten regelmäßig telefonisch Bericht erstatten.
______	______	15. Einen wichtigen externen Besucher durch das Unternehmen führen.
______	______	16. Eine bessere Anordnung der Anlagen planen.
______	______	17. Mit den wichtigsten Mitarbeitern besprechen, in welchem Ausmaß sie im nächsten Jahr Personaldienstleistungen in Anspruch nehmen sollten.
______	______	18. Festlegen, welches Ausgaben-Budget Sie für Ihren Verantwortungsbereich anfordern werden.
______	______	19. Eine Sitzung einberufen, um mehr über die technischen Entwicklungen zu erfahren.
______	______	20. Einen Vortrag vor Vertretern der örtlichen Gemeinde halten, in dem Sie Ihre Aktivitäten erläutern.

5.27 Nachfolgend finden Sie drei allgemeine Aussagen, die die Funktion des Managements beschreiben. Geben Sie für jede Aussage an, ob sie sich auf das obere Management, auf das Projektmanagement oder auf das Linienmanagement bezieht.

A. Die bestmöglichen Aktiva erwerben und versuchen, sie zu verbessern.

B. Für alle Mitarbeiter ein gutes Arbeitsumfeld schaffen.

C. Sicherstellen, dass alle Ressourcen effektiv und effizient eingesetzt werden, so dass möglichst alle Vorgaben erfüllt werden können.

5.28 Stimmen Sie zu, dass der Projektmanager bei der Führung von Mitarbeitern

A. Fehler in Lernerfahrungen umwandeln muss.

B. dafür sorgen muss, dass es keine Reibung (z.B. Konflikte) zwischen den Projektparteien gibt.

5.29 Linienmitarbeiter sollten eigentlich Experten sein. Ein Linienmitarbeiter sagt etwas aus, das der Projektmanager nicht für völlig korrekt hält. Sollte der Projektmanager den Mitarbeiter unterstützen? Falls ja, wie lange? Hängt Ihre Antwort davon ab, an wen sich die Aussage richtet, wie z.B. an die Unternehmensführung oder an den Kunden? An welcher Stelle sollte der Projektmanager die Unterstützung seiner Teammitglieder abbrechen?

5.30 Im Anschluss finden Sie vier Aussagen, von denen zwei eine Funktion beschreiben und die anderen beiden einen Zweck. Welche Aussagen beziehen sich auf das Projektmanagement und welche auf das Linienmanagement?

- Funktion
  - Unsicherheit reduzieren oder eliminieren
  - Risiken minimieren und abschätzen
- Zweck
  - Das passende Umfeld schaffen
  - Entscheidungen im veränderten Umfeld treffen.

5.31 Manager A ist ein Abteilungsleiter, der auf eine dreißigjährige Erfahrung im Unternehmen zurückblicken kann. In den letzten Jahren hat er bei zahlreichen Projekten als Projekt- und als Linienmanager agiert. Er ist ein Experte auf seinem Gebiet. Das Unternehmen hat beschlossen, formelles Projektmanagement einzuführen, und hat dafür eine Projektmanagement-Abteilung eingerichtet. Manager B, ein dreißigjähriger Mitarbeiter mit drei Jahren Berufserfahrung im Unternehmen, wurde zum Projektmanager ernannt. Im Rahmen der Personalausstattung seines Projekts hat Manager B von Manager A gefordert, ihm Manager C (ein Freund von Manager B) zuzuordnen. Manager C ist sechsundzwanzig Jahre alt und arbeitet erst seit zwei Jahren für das Unternehmen. Manager A genehmigt dies und informiert Manager C über seinen neuen Arbeitsauftrag mit der Bemerkung »Das ist Ihr Projekt. Ich möchte damit nichts zu tun haben. Ich bin zu beschäftigt mit der Büroarbeit, die im Rahmen der Umstrukturierung angefallen ist. Senden Sie mir hin und wieder eine Mitteilung, um mich auf dem Laufenden zu halten.«

Beim Projektstart wird deutlich, dass lediglich Manager A über das für das im Projekt benötigte Fachwissen verfügt. Ohne seine Unterstützung könnte sich die Zeit, die zum Projektabschluss benötigt wird, verdoppeln.

Diese Situation eignet sich hervorragend für Rollenspiele. Versetzen Sie sich in die Lage der Manager A, B und C und besprechen Sie die Gründe für Ihre Reaktion. Wie lässt sich das Problem lösen? Wie kann Manager A dazu bewegt werden, das Projekt zu unterstützen? Wer sollte die Unternehmensführung über die Situation in Kenntnis setzen? Würden sich Ihre Antworten verändern, wenn Manager B und Manager C nicht eng miteinander befreundet wären?

5.32 Kann ein Produktmanager die gleiche verengte Sicht haben wie ein Projektmanager? Falls ja, unter welchen Umständen?

5.33 In Ihrem Unternehmen gibt es die Richtlinie, dass Mitarbeiter an MBA-Programmen teilnehmen können, vorausgesetzt, die Firma profitiert von dem Abschluss des Mitarbeiters und der direkte Vorgesetzte stimmt dem zu. Als Projektmanager genehmigen Sie Ihrem Projektassistenten die Teilnahme an einem MBA-Programm.

Im Verlauf des Projekts stellen Sie fest, dass Montagabends und Mittwochabends Überstunden gemacht werden müssen. Genau an diesen Abenden besucht Ihr Projektassistent jedoch die Veranstaltungen von seinem MBA-Programm. Sie versuchen erfolglos, die Überstunden anders einzuplanen. Gemäß der Unternehmensrichtlinien muss das Project Office alle Überstunden überwachen.

Da das Project Office jedoch nur aus Ihnen und Ihrem Projektassistenten besteht, müssen Sie die Überstunden selbst übernehmen, falls Ihr Projektassistent ausfällt. Wie sollten Sie mit dieser Situation umgehen? Würde Ihre Antwort anders ausfallen, wenn Sie wüssten, dass Ihr Projektassistent das Unternehmen verlässt, nachdem er das MBA-Programm abgeschlossen hat?

5.34 Es kann sehr lange dauern, bis sich ein gutes Arbeitsverhältnis zwischen dem Projektmanager und dem Linienmanager entwickelt hat. Dies gilt insbesondere während des Übergangs von einer traditionellen zu einer Projektorganisationsform. Die folgenden fünf Aussagen repräsentieren die verschiedenen Stadien des Aufbaus eines guten Arbeitsverhältnisses. Bringen Sie diese Aussagen in die richtige Reihenfolge und überlegen Sie, was die einzelnen Aussagen bedeuten.

A. Der Projektmanager und der Linienmanager treffen sich und versuchen, eine Lösung für das Problem zu finden.
B. Der Projekt- und der Linienmanager leugnen, dass es Probleme zwischen ihnen gibt.
C. Der Projekt- und der Linienmanager beginnen, potenzielle Probleme vorherzusehen.
D. Beide Manager geben zu, für verschiedene Probleme verantwortlich zu sein.
E. Jeder Manager beschuldigt den anderen.

5.35 Hans ist Linienmanager und hat vierzehn äußerst kompetente Mitarbeiter unter sich. Hans ist hauptsächlich an Qualität interessiert. Er hat die Tendenz, Probleme, die die Einhaltung des Zeit- oder des Kostenplans betreffen, dem Projektmanager zu überlassen. Während der letzen zwei Monate hat Hans regelmäßig Anrufe und gelegentlich auch Besuche von Mitgliedern der Unternehmensführung erhalten, die ihn zu Kosten- und Terminplänen seiner Abteilung bei verschiedenen Projekten befragten. Hans kann zwar alle Fragen zur Qualität beantworten, er hat jedoch große Schwierigkeiten, wenn es um Fragen zu Terminen und zu den Kosten geht. Hans befürchtet, dass sich dies in seiner Bewertung und seinem Bonus niederschlagen wird. Was kann Hans tun?

5.36 Projekte bieten vielen Mitarbeitern die Möglichkeit, ihre Fähigkeiten unter Beweis zu stellen. Leider gilt auch das Gegenteil, nämlich dass die Unfähigkeit von Mitarbeitern auffällt. Beispiele hierfür wären ein Designer, der immer glaubt, dass er eine bessere Methode kennt, um Entwürfe anzufertigen, ein Mitarbeiter, der immer dann die Tür schließt, wenn er dazu aufgefordert wird, sie zu öffnen. Wie sollte ein Projektmanager mit einer solchen Situation umgehen? Würde Ihre Antwort anders ausfallen, wenn der Mitarbeiter ziemlich kompetent wäre, jedoch immer deshalb das Gegenteil von dem täte, was von ihm verlangt wird, weil er damit seine Individualität zum Ausdruck bringen will? Sollten diese Mitarbeiter stärker überwacht werden? Falls eine Überwachung notwendig wäre, sollte diese vom Linienmanager, vom Project Office oder von beiden durchgeführt werden?

5.37 Gibt es Situationen, in denen ein Projektmanager nicht auf eine direkte Reaktion auf eine Handlung angewiesen ist, sondern auf langfristige Veränderungen warten kann?

5.38 Kann es möglich sein, dass Linienmitarbeiter einen Job bereits so lange und so häufig machen, dass sie nicht mehr zuhören, wenn Anweisungen vom Projekt- oder vom Linienmanager gegeben werden?

5.39 Am Dienstagmorgen ruft der Projektmanager des Kunden den Projektmanager des Unterauftragnehmers an und stellt ihm eine Frage. Am Dienstagnachmittag ruft der Projektingenieur des Kunden den Projektingenieur des Auftragnehmers an, um ihm dieselbe Frage zu stellen. Was lässt sich daraus schließen? Könnte dies vom Kunden beabsichtigt sein?

5.40 Nachfolgend sind acht allgemeine Methoden aufgeführt, die Projekt- und Linienmitarbeiter nutzen können, um miteinander zu kommunizieren:

A. Beratungssitzung
B. Telefonische Konversation
C. Persönliches Gespräch
D. Formeller Brief
E. Mitteilung des Project Office
F. Direktive des Project Office
G. Sitzung des Projektteams
H. Formeller Bericht

Wählen Sie für jede der folgenden Aktionen eine passende Kommunikationsmethode aus der obigen Liste aus:

1. Die Projektorganisationsstruktur für Linienmanager definieren
2. Die Projektorganisationsstruktur für Teammitglieder definieren
3. Die Projektorganisationsstruktur für die Unternehmensführung definieren
4. Einem Linienmanager den Grund für einen Konflikt zwischen seinem Mitarbeiter und Ihrem Projektassistenten erklären
5. Überstunden anfordern, weil Sie hinter dem Terminplan zurückliegen
6. Bericht erstatten über die Verletzung einer Unternehmensrichtlinie durch einen Mitarbeiter
7. Bericht erstatten über die Verletzung einer Projektrichtlinie durch einen Mitarbeiter
8. Versuchen, der Beschwerde eines Linienmitarbeiters nachzugehen
9. Versuchen, der Beschwerde eines Teammitglieds des Project Office nachzugehen
10. Die Mitarbeiter anweisen, die Produktion zu erhöhen
11. Die Mitarbeiter anweisen, die Arbeit in einer Weise durchzuführen, die gegen die Unternehmensrichtlinien verstößt
12. Den Mitgliedern des Projektteams das neue indirekte Projektbewertungssystem erklären
13. Die Zuteilung von Linienmitarbeitern anfordern
14. Der Unternehmensführung oder dem Kunden täglich den Projektstatus berichten
15. Der Unternehmensführung oder dem Kunden wöchentlich den Projektstatus berichten
16. Der Unternehmensführung oder dem Kunden einmal monatlich oder einmal pro Quartal den Projektstatus berichten
17. Erklären, warum die geplanten Kosten überschritten wurden
18. Projektplanungsrichtlinien erstellen
19. Einen Bereichsleiter bitten, an Ihrer Teambesprechung teilzunehmen
20. Die Linienmanager über den Projektstatus informieren
21. Die Teammitglieder über den Projektstatus informieren
22. Einen Linienmanager bitten, Arbeit zu verrichten, die ursprünglich nicht budgetiert war

23. Ihren Mitarbeitern eine Kundenbeschwerde erläutern
24. Die Mitarbeiter über das Ergebnis einer Besprechung mit dem Kunden informieren
25. Einen Linienmitarbeiter anfordern, der wegen Inkompetenz aus Ihrem Projekt abgezogen wurde

5.41 Im letzten Monat hat Herr Meier einen Arbeitsauftrag als Chefprojektingenieur für Projekt X beendet. Es war ein angenehmer Auftrag. Herr Meier und alle anderen Projektmitarbeiter wurden in Bezug auf die Projektaktivitäten ständig auf dem Laufenden gehalten (vom Projektmanager). Herr Meier arbeitet nun für einen neuen Projektmanager, der seinen Mitarbeitern nur das Nötigste mitteilt, das sie wissen müssen, um ihren Job erledigen zu können. Was kann Herr Meier gegen diese Situation tun? Kann das Verhalten des Projektmanagers gut sein?

5.42 Phase I eines Programms wurde soeben erfolgreich abgeschlossen. Der Kunde war jedoch unzufrieden, weil er immer zwischen drei Wochen und einem Monat warten musste, bis alle Tests durchgeführt waren und die Daten zur Verfügung gestellt wurden.

Für Phase II des Programms fordert der Kunde, dass fortschrittlichere Qualitätskontrolltests durchgeführt werden, die es dem Kunden ermöglichen, alle Tests zu überwachen und die Rohdaten zum selben Zeitpunkt zu erhalten wie der Auftragnehmer selbst. Stellt dies ein Problem für den Auftragnehmer dar?

5.43 Sie sind Unterauftragnehmer von Unternehmen Z, das Hauptauftragnehmer von Unternehmen Q ist. Unternehmen Z fordert, dass Sie das gesamte Material, das Sie Unternehmen Z und Unternehmen Q bei Design-Reviews und Sitzungen zum technischen Austausch präsentieren wollen, zunächst zur Überprüfung einreichen. Was könnte die Ursache für eine solche Situation sein? Ist die Situation vorteilhaft?

5.44 In der in Problem 43 vorgestellten Situation finden gerade Vertragsverhandlungen zwischen Unternehmen Y und Unternehmen Z statt. Sie sind Projektmanager für den Unterauftragnehmer und sitzen gerade in Ihrem Büro, als das Telefon klingelt. Es ist ein Mitarbeiter von Unternehmen Q, der Informationen von Ihnen erhalten möchte, die seine Verhandlungsposition stärken. Sollten Sie ihm die Informationen geben?

5.45 Wie findet ein Projektmanager heraus, welche Entscheidungsbefugnis Linienmitarbeiter im Projektteam haben?

5.46 Einer Ihrer Linienmitarbeiter soll einen Test durchführen und die Ergebnisse dokumentieren. Sie »hetzen« den Mitarbeiter zwei Wochen lang, nur um festzustellen, dass er in einem anderen Programm beständig die Arbeit verzögert. Später erfahren Sie von einem seiner Kollegen, dass er es hasst, zu schreiben. Was sollten Sie tun?

5.47 Während einer Krise stellen Sie fest, dass Ihnen alle Linienmanager und auch die Teammitglieder Briefe und Mitteilungen schicken, während früher alles verbal besprochen wurde. Wie erklären Sie sich das?

5.48 Nachfolgend sind einige Probleme aufgelistet, die in Projektorganisationen häufig auftreten. Nennen Sie, falls möglich, die Auswirkungen, die jedes der Probleme auf die Kommunikation und das Zeitmanagement haben könnte:

A. Menschen wehren sich in der Regel gegen neue Dinge.
B. Menschen neigen dazu, sich in einer Situation des zeitlich begrenzten Managements gegenseitig zu misstrauen.
C. Menschen neigen dazu, sich selbst zu schützen.
D. Linienmitarbeiter konzentrieren sich eher auf die täglichen Aktivitäten als auf die langfristigen Bemühungen.
E. Linien- und Projektmitarbeiter suchen häufig die persönliche Anerkennung statt der Anerkennung als Gruppe.
F. Menschen neigen dazu, Alles-oder-Nichts-Positionen hervorzurufen.

5.49 Wie können Führungskräfte in einer Projektorganisationsstruktur beim horizontalen und beim vertikalen Personal Loyalität und Bindung an das Unternehmen erzeugen?

5.50 Was bedeutet Polarisierung der Kommunikation? Was sind die häufigsten Ursachen hierfür?

5.51 Viele Projektmanager behaupten, dass zu viele Punkte auf der Tagesordnung von Projektteambesprechungen stehen, die nicht relevant sind. Wie erklären Sie sich das?

5.52 Paul O. Gaddis sagte Folgendes:[26]

> Beim Erlernen des Managements einer Gruppe von Profis muss das übliche hierarchische Chef-Mitarbeiter-Verhältnis modifiziert werden. Insbesondere sollte das Wie – die Details oder Methode, mit denen die Arbeit verrichtet wird – vom Mitarbeiter selbst aufgestellt werden. Dem Mitarbeiter müssen Informationen bereitgestellt werden, denen er entnehmen kann, warum er für die Aufgabe ausgewählt wurde.

Wie teilen Sie diese Informationen dem Mitarbeiter mit?

5.53 Der Kunde möchte gerne ein Büro im selben Gebäude einrichten, in dem sich auch das Project Office befindet. Als Projektmanager legen Sie das Büro des Kunden an das dem Project Office entgegengesetzte Ende des Gebäudes und Sie wählen auch ein anderes Stockwerk. Der Kunde sagt, dass er sein Büro direkt neben Ihrem einrichten möchte. Sollten Sie dies zulassen und falls ja, unter welchen Bedingungen?

5.54 Während einer Besprechung mit dem Kunden zeigt einer der Linienmitarbeiter eine Präsentation, die zeigt, dass er dem Lösungsansatz des Unternehmens für das soeben diskutierte Problem nicht zustimmt und dass der Ansatz des Unternehmens nicht wasserfest ist. Wie gehen Sie als Projektmanager mit dieser Situation um?

5.55 Stimmen Sie der Aussage zu, dass die Dokumentation der Ergebnisse Mitarbeiter dazu »zwingt«, zu lernen?

5.56 Sollte es ein Projektmanager unterstützen, dass Probleme an ihn herangetragen werden? Falls ja, sollte er eine Auswahl treffen, welche Probleme er lösen möchten und welche nicht?

5.57 Kann ein Projektmanager zu wenige Projektreview-Sitzungen abhalten?

5.58 Wenn alle Projekte unterschiedlich sind, sollte dann ein Handbuch für Unternehmensrichtlinien und Verfahrensweisen existieren?

5.59 Welche der nachfolgenden zehn Punkte werden als Führung und welche als Kontrolle betrachtet?

a. Überwachung
b. Kommunikation
c. Delegation
d. Bewertung
e. Beurteilung
f. Motivation
g. Koordination
h. Personalausstattung
i. Beratung
j. Korrektur

---

26. Gaddis, P.O., *The Project Manager,* Harvard Business Review, May-June 1959, S. 90, Copyright © 1959 by the President and Fellows of Harvard Vollege. All rights reserved.

5.60 Welche der folgenden Angaben fällt nicht unter Management:

a. Personal
b. Geld
c. Maschinen
d. Methoden
e. Material
f. Minuten
g. Mission

5.61 Ordnen Sie die folgenden Führungsstile zu:

1. Management durch Untätigkeit_______
2. Management im Detail_______
3. Management durch Unsichtbarkeit_______
4. Management durch Konsens_______
5. Management durch Manipulation_______
6. Management durch Zurückweisung_______
7. Management durch Überleben_______
8. Management durch Gewaltherrschaft_______
9. Management durch Kreativität_______
10. Management durch Führungsstil_______

a. Zeichnet sich durch eine Führungskraft aus, die mit Flair, Weisheit und Visionen arbeitet. Der Manager hört seinen Mitarbeitern zu, weist sie auf Sachen hin und führt sie.
b. Ist durch Angst und Furcht gekennzeichnet.
c. Kann fair oder unfair, effektiv oder ineffektiv, zulässig oder nicht zulässig sein. Einige Menschen manipulieren andere, um Macht zu erhalten. Menschen sind jedoch keine Puppen.
d. Ein sehr negativer Stil. Die Führungskraft hat immer neue Ideen. Gut vorbereitete Befürworter können gewinnen – somit kann ein solcher Chef stimulierend sein.
e. Zeichnet sich durch eine Führungskraft aus, die jede nur denkbare Tatsache benötigt, die methodisch und systematisch vorgeht, häufig schüchtern ist und zu spät handelt.
f. Ist gut, solange das Management auf der Realität basiert. Die Führungskraft hat einen gut ausgebildeten Instinkt.
g. Zeichnet sich durch eine Führungskraft aus, die alles tut, um zu überleben – eine Kämpfernatur. Wird diese Form des Managements konstruktiv angewendet, entsteht mehr, als zerstört wird.

h. Ein totalitärer Führungsstil. Es gibt keinen Widerstreit der Ideen. Die Organisation bewegt sich weiter. Kreative Mitarbeiter fliehen. Die Mitarbeiter wissen immer, wer der Boss ist.

i. Zeichnet sich durch eine Führungskraft aus, die nicht zu sehen ist, gute Mitarbeiter hat und im Hintergrund im Büro arbeitet.

j. Kann sehr wichtig bei FuE-Projekten sein. Die Mitarbeiter sind unabhängig und besitzen viele Befugnisse. Der Führungsstil könnte einen Ersatz für die Entscheidungsfindung darstellen. Er ist wichtig, um Richtlinien zu erstellen.

FALLSTUDIEN

Das Trophy-Projekt

Bei dem unglückseligen Trophy-Projekt gab es bereits von Anfang an Probleme. Herr Reichart, der Projektassistent, arbeitete bereits seit der Konzeptionsphase an dem Projekt mit. Als das Projekt vom Unternehmen verabschiedet wurde, wurde Herr Reichart zum Projektmanager ernannt. Die Terminpläne wurden schon vom ersten Tag an nicht eingehalten und der Mehraufwand war immens. Herr Reichart stellte fest, dass die Linienmanager seinem Projekt Laborzeiten in Rechnung stellten, jedoch an ihren eigenen »Lieblings«-Projekten arbeiteten. Als Herr Reichart sich darüber beschwerte, wurde ihm mitgeteilt, dass er sich nicht in die Ressourcenzuteilung und die budgetierten Aufwendungen der Linienmanager einmischen solle. Nach ungefähr sechs Monaten wurde Herr Reichart dazu aufgefordert, einen Fortschrittsbericht zu erstellen.

Herr Reichart nutzte die Gelegenheit, um sein Anliegen vorzutragen. Der Bericht untermauerte, dass das Projekt erst ein Jahr nach Terminplan abgeschlossen werden würde. Das Projektteam, das von den Linienmanagern zusammengestellt worden war, konnte das benötigte Arbeitstempo nicht leisten und schon gar keine verlorene Zeit wieder aufholen. Die Kostenschätzung nach der bereits abgeschlossenen Phase zeigte, dass eine Kostenüberschreitung von mindestens 20 Prozent zu erwarten sei. Das war die erste Gelegenheit für Herrn Reichart, Personen über die Situation zu informieren, die etwas daran ändern könnten. Die aufrichtige Bewertung des Trophy-Projekts war vorhersehbar. Diejenigen, die ihm bisher keinen Glauben geschenkt hatten, und auch die Linienmanager sahen, dass sie sich aktiv an der Fertigstellung des Projekts beteiligen mussten. Die meisten Probleme waren nun offen gelegt und konnten mit dem passenden Personal und den benötigten Ressourcen gelöst werden. Es wurden sofortige Hilfsaktionen eingeleitet, um das Projekt zu retten.

Das Ergebnis entsprach nicht ganz dem, was Herr Reichart erwartet hatte. Er berichtet nun nicht mehr an das Project Office, sondern direkt an den Spartenmanager. Das Interesse an dem Projekt war nun sehr groß und es wurde ab jetzt Montagmorgens um 7.00 Uhr eine Besprechung durchgeführt, in der der Projektstatus überprüft und Pläne zur Rettung des Projekts entwickelt wurden. Herr Reichart verbrachte nun mehr Zeit damit, seine Büroarbeit zu erledigen, Berichte zu schreiben und das Montagsmeeting vorzubereiten, als das Trophy-Projekt zu leiten. Die Unternehmensführung war hauptsächlich daran interessiert, das Projekt wieder auf Plan zu bekommen. Herr Reichart brachte viele Stunden damit zu, den Rettungsplan zu erstellen und den Arbeitskräftebedarf zu planen, der erforderlich war, um das Projekt wieder auf Plan zu bekommen.

Um den Fortschritt des Trophy-Projekts besser überwachen zu können, wurde zusätzlich ein Projektassistent eingestellt. Dieser stellte fest, dass sich das Trophy-Projekt sicher retten ließe, wenn die verschiedenen Probleme per Computer erfasst und der Fortschritt mittels eines sehr komplexen Computerprogramms verfolgt würde. Das Unternehmen stellte Herrn Reichart zwölf weitere Mitarbeiter zur Verfügung, die an dem Computerprogramm arbeiten sollten. In der Zwischenzeit gab es keine Veränderung. Die Linienmanager stellten noch immer keine passenden Mitarbeiter zur Verfügung, weil sie davon ausgingen, dass die zusätzlichen Arbeitskräfte, die Herr Reichard vom Unternehmen erhalten hatte, die Aufgabe bewältigen könnten.

Nachdem ungefähr 50.000 EUR für das Computerprogramm ausgegeben worden waren, stellte sich heraus, dass das Programmziel nicht mit dem Computer erreicht werden konnte. Herr Reichart sprach mit einem Computerhändler über das Problem und stellte fest, dass weitere 15.000 EUR für die zusätzliche Speicherkapazität benötigt wurden. Die Installation der zusätzlichen Speicherkapazität und die zusätzliche Programmierung würden zwei Monate in Anspruch nehmen. Es wurde entschieden, das Computerprogramm aufzugeben.

Herr Reichart arbeitete nun bereits seit eineinhalb Jahren an dem Projekt, ohne dass Prototypen angefertigt worden wären. Das Projekt lag noch immer neun Monate hinter dem Terminplan zurück und die Kostenüberschreitung lag mittlerweile 40 Prozent über dem Budget. Der Kunde hatte seine Berichte rechtzeitig erhalten und wusste, dass das Trophy-Projekt hinter dem Terminplan zurücklag. Herr Reichart verbrachte einen Großteil seiner Arbeitszeit damit, dem Kunden die Probleme und die Rettungspläne zu erläutern. Ein weiteres Problem bestand darin, dass der Projektmanager damit kämpfen musste, dass die Zulieferer von Komponenten für das Projekt ebenfalls hinter Plan lagen.

Eines Sonntagmorgens war Herr Reichart in seinem Büro, um einen Bericht für den Kunden zusammenzustellen. Ein Mitglied der Geschäftsleitung kam in sein Büro, um ihm mitzuteilen, dass sein Job in Gefahr sei, wenn er die Probleme nicht in den Griff bekam. Herr Reichart wusste nicht, was er tun sollte, weil er keine Handhabe gegen die Linienmanager hatte, die die Probleme verursachten, aber für die Probleme verantwortlich gemacht wurde.

Nach weiteren drei Monaten wurde der Kunde ungeduldig, da ihm klar wurde, dass das Trophy-Projekt in ernsthaften Schwierigkeiten steckte. Er forderte den Spartenmanager auf, zusammen mit seinem Team anzureisen und einen Statusbericht abzugeben. Der Spartenmanager rief Herrn Reichart zu sich in sein Büro und sagte zu ihm, er solle den Kunden zusammen mit drei oder vier Linienmitarbeitern besuchen und ihm das Projekt präsentieren. Herr Reichart besuchte den Kunden zusammen mit vier Linienmitarbeitern und hielt eine viereinhalbstündige Präsentation ab, um die Probleme und den Stand des Projekts zu zeigen. Der Kunde war sehr höflich und lobte sogar die Präsentation, war jedoch mit dem Inhalt überhaupt nicht einverstanden. Das Projekt lag noch immer sechs Monate hinter dem Terminplan zurück und der Kunde forderte einen wöchentlichen Fortschrittsbericht. Außerdem traf er Vorkehrungen, um einen Firmenvertreter in die Abteilung von Herrn Reichart einzubinden, der das Projekt überwachen sollte. Nach diesem Ereignis wurde das Projekt ziemlich hektisch.

Der Vertreter des Kunden wollte ständig über die Probleme auf dem Laufenden gehalten werden und versuchte, sich an der Lösung der Probleme zu beteiligen. Dies führte zu zahlreichen Änderungen im Projekt und am Produkt. Herr Reichart hatte Probleme mit dem Kunden und stimmte den Projektänderungen nicht zu. Er äußerte seine Bedenken lautstark, obwohl der Kunde das Gefühl hatte, dass die Änderungen keine Mehrkosten verursachen würden. Dies führte zu einer Verschlechterung des Verhältnisses zwischen dem Kunden und dem Hersteller.

Eines Morgens wurde Herr Reichart in das Büro des Spartenmanagers zitiert und es wurde ihm eröffnet, dass das Projekt von einem anderen Projektleiter übernommen würde. Er selbst solle sich nach einem neuen Job umsehen. Herr Reichart fragte sich, wer ihm das angetan habe.

Der neue Projektmanager wurde nach ungefähr sechs Monaten durch einen dritten ersetzt. Der Kunde versetzte seinen lokalen Projektmanager in ein anderes Projekt. Mit dem neuen Team wurde das Trophy-Projekt schließlich mit einem Jahr Verspätung und mit einer Kostenüberschreitung von 40 Prozent abgeschlossen.

Effektivität des Führungsstils (A)

Anleitung

In nachfolgendem Fragebogen geben Sie bitte pro Frage Ihre präferierte Alternative an. Auch wenn die Alternativen auf Sie gleich attraktiv wirken, sollten Sie sich immer für eine entscheiden. Für jede Frage stehen Ihnen drei Punkte zur Verfügung, die Sie wie folgt verteilen können:

A. Wenn Sie mit Alternative (a) einverstanden sind, nicht jedoch mit Alternative (b), schreiben Sie in die obere Zeile eine 3 und in die untere eine 0.
   a. 3
   b. 0

B. Wenn Sie Antwort (b) zustimmen, nicht jedoch Antwort (a), schreiben Sie:
   a. 0
   b. 3

C. Bevorzugen Sie Antwort (a) gegenüber Antwort (b), schreiben Sie:
   a. 2
   b. 1

D. Bevorzugen Sie Antwort (b) gegenüber Antwort (a), schreiben Sie:
   a. 1
   b. 2

Wichtig: Benutzen Sie nur die obigen Kombinationen. Versuchen Sie, jede Frage vor dem Hintergrund Ihrer persönlichen Erfahrung zu betrachten. Bitte treffen Sie für jede Alternative eine Wahl.

1. Ein Projektmanager sollte eine Entscheidung treffen und ...
   a. ______ sein Team auffordern, sie auszuführen.
   b. ______ sein Team darüber informieren und versuchen, die Entscheidung zu »verkaufen«.
2. Nachdem ein Projektmanager eine Entscheidung getroffen hat, ...
   a. ______ sollte er versuchen, den Widerstand seines Teams gegen seine Entscheidung zu reduzieren, indem er den Mitarbeitern zeigt, was sie zu gewinnen haben.
   b. ______ sollte er seinem Team die Möglichkeit bieten, seine Vorstellungen besser kennen zu lernen.
3. Wenn ein Projektmanager seinen Mitarbeitern ein Problem erläutert, ...
   a. ______ sollte er ihre Lösungsvorschläge sammeln und dann eine Entscheidung treffen.
   b. ______ sollte er das Problem definieren und von der Gruppe eine Entscheidung fordern.

4. Ein Projektmanager …
   a. ______ wird dafür bezahlt, alle Entscheidungen zu treffen, die die Arbeit seines Teams betreffen.
   b. ______ sollte sich dazu verpflichten, jede Entscheidung zu unterstützen, die sein Team trifft, wenn es aufgefordert wird, einen Lösungsvorschlag zu machen.
5. Ein Projektmanager sollte …
   a. ______ seinem Team die Möglichkeit bieten, Einfluss auf die Entscheidungen auszuüben, er sollte die letztendliche Entscheidung jedoch sich selbst vorbehalten.
   b. ______ versuchen, Entscheidungen im Team zu treffen, ohne dass er dabei seine Autorität nutzt.
6. Wenn ein Projektmanager eine Entscheidung fällt, die die Arbeitssituation betrifft, sollte er …
   a. ______ seine Entscheidung und seine Vorstellungen mit seinem Team teilen und dem Team die Möglichkeit bieten, sich mit allen Auswirkungen der Entscheidung vertraut zu machen.
   b. ______ seinem Team das Problem präsentieren, Vorschläge sammeln und dann eine Entscheidung treffen.
7. Eine gute Arbeitssituation ist eine Situation, in der der Projektmanager …
   a. ______ dem Team seine Entscheidung mitteilt und dann versucht, die Entscheidung zu verkaufen.
   b. ______ sein Team einbestellt, das Problem präsentiert und definiert, um Lösungsvorschläge bittet und deutlich macht, dass er die Entscheidung des Teams unterstützen wird.
8. Gute Projektführung beinhaltet …
   a. ______ Bemühungen des Projektmanagers, den Widerstand des Teams gegen bestimmte Entscheidungen zu reduzieren, indem er deutlich macht, was das Team zu gewinnen hat.
   b. ______ Sitzungen, bei denen der Projektmanager und das Team die Auswirkungen von Entscheidungen näher untersuchen.
9. Eine gute Möglichkeit, mit Mitarbeitern zurechtzukommen, besteht darin …
   a. ______ dem Team die Probleme vorzustellen, sobald sie auftreten, Lösungsvorschläge zu sammeln und dann eine Entscheidung zu treffen.
   b. ______ dem Team zu gestatten, Entscheidungen zu treffen, wobei der Projektmanager deutlich macht, dass er bei der Umsetzung helfen wird.
10. Ein guter Projektmanager …
    a. ______ trägt die Verantwortung für die Lokalisierung von Problemen und versucht, Lösungen zu finden und anschließend sein Team davon zu überzeugen.
    b. ______ nutzt die Gelegenheit, Lösungsvorschläge zu Problemen von seinem Team zu erhalten, und trifft anschließend seine Entscheidung.
11. Ein Projektmanager …
    a. ______ sollte die Entscheidungen in seiner Organisation treffen und dann sein Team auffordern, sie auszuführen.
    b. ______ sollte beim Lösen von Problemen eng mit seinem Team zusammenarbeiten und versuchen, dabei möglichst wenig seiner Kompetenzen einzusetzen.

12. Um seine Aufgabe zufrieden stellend zu erfüllen, sollte ein Projektmanager ...
    a. ______ seine Lösungen präsentieren und auf die Reaktion des Teams achten.
    b. ______ das Problem präsentieren und Lösungsvorschläge von den Teammitgliedern erbitten. Anschließend sollte er seine Entscheidung auf der Basis des besten Lösungsvorschlags treffen.
13. Gutes Projektmanagement besteht darin, ...
    a. ______ die Entscheidung erst mitzuteilen und dann zu verkaufen.
    b. ______ das Problem zu definieren und dem Team dann das Recht zu geben, selbst eine Entscheidung zu treffen.
14. Ein Projektmanager ...
    a. ______ muss überlegen, was sein Team über seine Entscheidung denken oder fühlen wird.
    b. ______ sollte seine Entscheidungen präsentieren und dann eine Sitzung abhalten, um jedem Beteiligten die Auswirkungen der Entscheidung zu erläutern.
15. Ein Projektmanager sollte ...
    a. ______ alle Entscheidungen selbst treffen.
    b. ______ das Problem seinem Team vortragen, Lösungsvorschläge sammeln und dann eine Entscheidung treffen.
16. Es ist sinnvoll, ...
    a. ______ dem Team die Möglichkeit zu bieten, Einfluss auf Entscheidungen auszuüben. Der Projektmanager sollte sich jedoch die letztendliche Entscheidungsgewalt vorbehalten.
    b. ______ dass der Projektmanager gemeinsam mit seinem Team eine Entscheidung trifft und dabei so wenig Autorität wie möglich ausübt.
17. Der Projektmanager holt am meisten aus seinem Team heraus, wenn er ...
    a. ______ direkt seine Macht ausübt.
    b. ______ im Team nach möglichen Lösungen sucht und dann eine Entscheidung trifft.
18. Ein effektiver Projektmanager sollte ...
    a. ______ eine Entscheidung zu seinem Projekt treffen und sein Team auffordern, sie auszuführen.
    b. ______ die Entscheidungen treffen und dann versuchen, sein Team davon zu überzeugen.
19. Um arbeitsbezogene Probleme zu lösen, sollte der Projektmanager ...
    a. ______ Entscheidungen durchsetzen, ohne zu überlegen, was das Team denkt oder fühlt.
    b. ______ dem Team die Möglichkeit bieten, Einfluss auf die Entscheidungen auszuüben, die letztendliche Entscheidung jedoch selbst treffen.
20. Projektmanager ...
    a. ______ sollten versuchen, den Widerstand des Teams auf ihre Entscheidungen dadurch zu reduzieren, dass sie zeigen, was das Team zu gewinnen hat.
    b. ______ sollten versuchen, mögliche Lösungen gemeinsam mit dem Team zu suchen, wenn Probleme auftreten, und dann eine Handlungsalternative aus einer Liste mehrerer Möglichkeiten auswählen.

Fragebogen zum Führungsstil (in Tabellenform)

	1	2	3	4	5
1	____ a	____ b			
2		____ a	____ b		
3				____ a	____ b
4	____ a				____ b
5			____ a		____ b
6			____ a	____ b	
7		____ a			____ b
8		____ a	____ b		
9				____ a	____ b
10	____ a		____ b		
11	____ a				____ b
12			____ a	____ b	
13		____ a			____ b
14	____ a		____ b		
15	____ a			____ b	
16			____ a		____ b
17	____ a			____ b	
18	____ a	____ b			
19	____ a		____ b		
20		____ a		____ b	
TOTAL	____	____	____	____	____

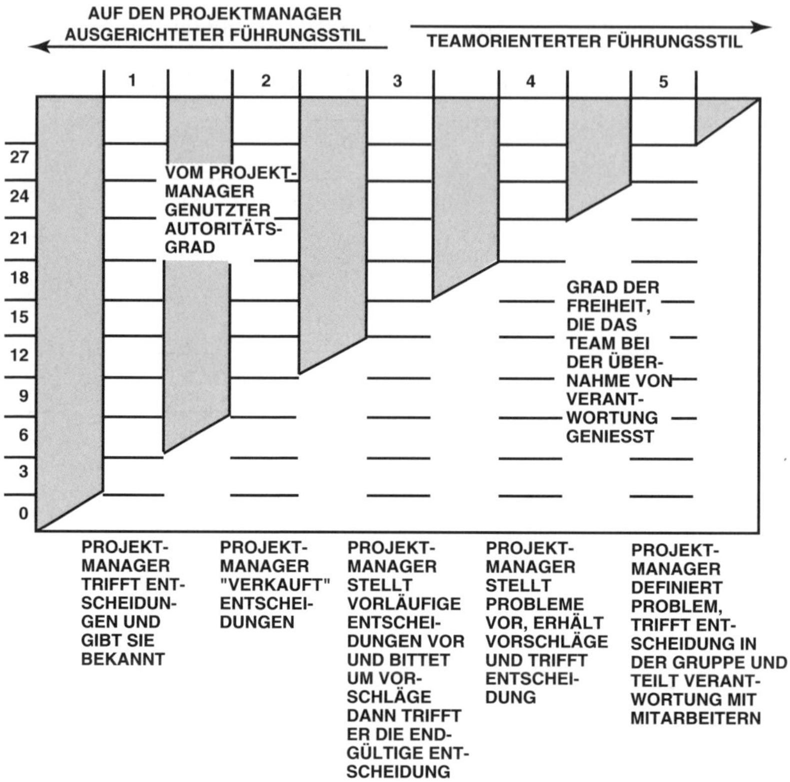

Effektivität des Führungsstils (B)

Das Projekt

PMBOK® Guide 2004

Kapitel 9 Personal-management

Kapitel 10 Kommunikations-management

Bereich der professionellen Verantwortung

Ihr Unternehmen hat soeben einen Vertrag mit einem externen Kunden abgeschlossen, der eine Laufzeit von einem Jahr hat und wie folgt unterteilt ist: Entwicklung: sechs Monate; Test des Prototyps: ein Monat; Fertigung: fünf Monate. Neben den Risiken, die die Entwicklungsphase in sich birgt, haben sowohl die Unternehmensführung als auch der Kunde zu verstehen gegeben, dass die Faktoren Zeit, Kosten und Qualität nicht verhandelbar sind.

Als Sie den Projektantrag vor sechs Monaten vorbereitet haben, haben Sie ein Projektteam eingeplant, das aus fünf Vollzeitkräften und zusätzlichen Linienmitarbeitern besteht. Leider gestaltet sich das Projektteam wegen der beschränkten Ressourcen nun wie folgt:

Tom: Ein hervorragender Ingenieur, der sich zwar etwas wie eine Primadonna gibt, mit dem Sie jedoch bei einem früheren Projekt sehr gut zusammengearbeitet haben. Sie haben Tom selbst angefordert und sind sehr froh darüber, dass er Ihrem Projekt zugeteilt wurde, obwohl es nicht die höchste Priorität hat. Tom ist vermutlich der beste Ingenieur im Unternehmen und arbeitet für die gesamte Dauer Vollzeit an Ihrem Projekt mit.

Robert: Robert hat vor ungefähr einem Jahr bei dem Unternehmen angefangen und ist möglicherweise noch etwas »feucht hinter den Ohren«. Sein Linienmanager hegt große Erwartungen in ihn und möchte ihm On-the-Job-Training als Mitglied des Project Office ermöglichen. Robert arbeitet Vollzeit an Ihrem Projekt mit.

Carola: Sie arbeitet bereits seit zwanzig Jahren für das Unternehmen und ihre Leistung ist akzeptabel. Sie hat noch nie mit Ihnen zusammengearbeitet. Sie arbeitet Vollzeit an Ihrem Projekt mit.

Georg: Er arbeitet seit sechs Jahren für das Unternehmen, hat jedoch nie an einem Ihrer Projekte mitgearbeitet. Sein Vorgesetzter teilt Ihnen mit, dass er nur Teilzeit an Ihrem Projekt mitarbeiten kann, da er momentan noch ein schwieriges Projekt fertig stellen muss. Er wird wahrscheinlich in einem oder zwei Monaten Vollzeit zur Verfügung stehen.

Das Management informiert Sie darüber, dass für die fünfte Position keine weitere Arbeitskraft zur Verfügung steht. Sie müssen die zusätzliche Arbeit unter den vorhandenen Teammitgliedern aufteilen. Der Kunde wird darüber nicht sehr begeistert sein.

Kreuzen Sie für jede der folgenden Situationen die beste Antwort an. Ein Beurteilungssystem wird später bereitgestellt.

Denken Sie daran, dass die Mitarbeiter mit einer gepunkteten Linie mit Ihnen und einer durchgezogenen Linie mit ihrem Linienmanager verbunden sind, obwohl sie in Ihrem Project Office arbeiten.

Situation 1: Sie haben den Mitarbeitern des Project Office mitgeteilt, dass sie Ihnen am heutigen Morgen Bericht erstatten müssen. Sie haben alle Ihre Mitteilung mit der Uhrzeit und dem Ort erhalten, an dem das Kickoff-Meeting stattfinden sollte. Sie wissen bisher jedoch über das Projekt nur, dass es eine Laufzeit von einem Jahr hat. Für Ihr Unternehmen ist dies ein langfristiges Projekt. Was wäre eine gute Strategie für das Meeting?

A. Das Team sollte bereits motiviert sein. Andernfalls wären sie nicht für das Projekt ausgewählt worden. Begrüßen Sie die Mitarbeiter einfach und teilen Sie ihnen ihre Arbeit zu.

B. Motivieren Sie die Mitarbeiter, indem Sie ihnen zeigen, dass Sie von dem Projekt in Bezug auf ihre Selbstachtung, ihren Stolz und ihr technisches Können profitieren werden. Vermeiden Sie Diskussionen über Details.

C. Erklären Sie das Projekt und bitten Sie um Beiträge. Versuchen Sie, Alternativen zu ermitteln und ermutigen Sie die Entscheidungsfindung in der Gruppe.

D. Erläutern Sie technische Details des Projekts wie die Anforderungen, die Qualitätsstandards und die Erwartungen.

Situation 2: Sie händigen den Teammitgliedern eine Kopie Ihrer Projektvorstellung und eine »vertrauliche« Mitteilung aus, die die Annahmen und Beschränkungen beschreibt, von denen Sie bei der Entwicklung der Projektvorstellung ausgegangen sind. Sie bitten Ihre Mitarbeiter, das Material durchzulesen und sich auf die detaillierte Planung vorzubereiten, die bei der Sitzung durchgeführt werden soll, die Sie für den kommenden Montag angesetzt haben. Bei dieser Planungssitzung stellen Sie fest, dass Tom die Rolle des Verantwortlichen übernommen und einen Teil der Planung erledigt hat, für die eigentlich ein anderes Teammitglied zuständig gewesen wäre. Was sollten Sie nun tun?

A. Sie sollten nichts unternehmen. Die Situation könnte von Vorteil sein. Wen Sie wollen, können Sie jedoch die anderen Teammitglieder bitten, sich Toms Planung anzusehen.

B. Sie sollten jedes Teammitglied einzeln fragen, was es von Toms Rolle hält. Wenn Beschwerden auftreten, sollten Sie mit Tom reden.

C. Bitten Sie die anderen Teammitglieder, eigene Pläne zu entwickeln, und vergleichen Sie dann die Ergebnisse.

D. Sprechen Sie mit Tom ganz privat über die langfristigen Auswirkungen seines Verhaltens.

Situation 3: Ihr Team scheint Probleme bei der Entwicklung eines realistischen Terminplans zu haben, der die vom Kunden geforderten Meilensteine enthält. Die Teammitglieder stellen Ihnen ständig Fragen und treffen scheinbar die richtigen Entscheidungen, allerdings mit Schwierigkeit.

A. Unternehmen Sie nichts. Wenn das Team gut ist, wird es seine Probleme schon selbst lösen.

B. Ermutigen Sie das Team, indem Sie Vorschläge zu möglichen Lösungen machen. Lassen Sie das Team jedoch das Problem lösen.

C. Werden Sie aktiv und helfen Sie dem Team, das Problem zu lösen. Überwachen Sie die Planung bis zur Fertigstellung.

D. Denken Sie an sich selbst und lösen Sie das Problem für das Team. Möglicherweise müssen Sie ab jetzt ständig die Richtung vorgeben.

Situation 4: Ihr Team hat einen sehr optimistischen Terminplan aufgestellt. Die Linienmanager haben sich den Terminplan angesehen und Ihnen dann mitgeteilt, dass der Terminplan unter keinen Umständen erfüllt werden kann. Die Moral Ihres Teams scheint am Boden zerstört zu sein. Ihr Team hat zwar damit gerechnet, dass Änderungen am Terminplan vorgenommen werden müssen, es hat jedoch keine so harten Worte von den Linienmanagern erwartet. Was sollten Sie tun?

A. Unternehmen Sie nichts. Das ist üblich für diese Art von Projekten und das Team muss lernen, damit umzugehen.

B. Berufen Sie eine spezielle Sitzung ein, um das Problem zu besprechen, und versuchen Sie, eine Lösung für das Problem zu finden.

C. Treffen Sie sich mit jedem Teammitglied einzeln, um sein Verhalten und seine Leistung zu verstärken. Teilen Sie den Teammitgliedern mit, wie oft ein solcher Fall bereits eingetreten ist und erfolgreich gelöst werden konnte. Legen Sie Ihre Fähigkeit dar, in diesem Fall Unterstützung zu bieten.

D. Übernehmen Sie die Verantwortung und suchen Sie nach Möglichkeiten, die Moral zu verbessern, indem Sie die Terminpläne austauschen.

Situation 5: Die Linien haben mit der Arbeit begonnen, kritisieren jedoch noch immer die Terminpläne. Ihr Team ist mit einigen Linienmitarbeitern, die für das Projekt ausgewählt wurden, sehr unzufrieden. Ihr Team hat das Gefühl, dass diese Mitarbeiter nicht qualifiziert genug sind, um die Arbeit auszuführen. Was sollten Sie tun?

A. Unternehmen Sie nichts, bis Sie absolut sicher sind, also Beweise dafür haben, dass die Linienmitarbeiter die benötigte Leistung nicht erbringen können.

B. Zeigen Sie Verständnis für Ihr Team und ermutigen Sie Ihre Mitarbeiter, mit der Situation zu leben, bis eine andere Lösung gefunden wurde.

C. Sprechen Sie die möglichen Risiken mit dem Team durch und erbitten Sie Lösungsvorschläge. Versuchen Sie, Ausweichpläne aufzustellen, wenn das Problem wirklich so groß ist, wie Ihr Team behauptet.

D. Wenden Sie sich an den Linienmanager und bringen Sie Ihre Bedenken zum Ausdruck. Bitten Sie ihn, Ihnen andere Linienmitarbeiter zuzuweisen.

Situation 6: Roberts Leistung beginnt, sich zu verschlechtern. Sie sind sich nicht sicher, ob er einfach nicht genügend Erfahrung hat, ob er den Druck nicht aushalten kann oder ob er die zusätzliche Arbeit nicht bewältigen kann, die anfällt, weil die fünfte Stelle für das Projekt gestrichen wurde. Was sollten Sie tun?

A. Unternehmen Sie nichts. Das Problem kann temporär sein und Sie wissen nicht, ob es sich merklich auf das Projekt auswirkt.

B. Sprechen Sie persönlich mit Robert und versuchen Sie, die Ursachen herauszufinden und eine Lösung zu entwickeln.

C. Berufen Sie eine Projektsitzung ein und besprechen Sie den Rückgang der Produktivität und der Leistung. Bitten Sie das Team um Lösungsvorschläge und hoffen Sie, dass Robert versteht, worum es geht.

D. Fragen Sie die anderen Teammitglieder, ob sie sich Roberts Verhalten erklären können. Bitten Sie die anderen Teammitglieder darum, Sie bei Ihrem Gespräch mit Robert zu unterstützen.

Situation 7: Georg, der nur Teilzeit an Ihrem Projekt mitarbeitet, hat Sie soeben darum gebeten, seinen Vierteljahresbericht für Ihr Projekt zu unterzeichnen. Wenn Sie Ihre Unterschrift darunter gesetzt haben, wird der Bericht an die Unternehmensführung und an den Kunden gehen. Der Bericht ist nur teilweise akzeptabel und entspricht nicht dem, was Sie eigentlich von Georg erwartet hätten. Georg entschuldigt sich bei Ihnen für den Bericht und schiebt die Schuld auf sein anderes Projekt, an dem er noch zwei Wochen arbeiten muss. Was sollten Sie tun?

A. Zeigen Sie Verständnis für Georg und bitten Sie ihn, den Bericht neu zu schreiben.

B. Teilen Sie Georg mit, dass der Bericht nicht akzeptabel ist und kein gutes Licht auf seine Leistung als Mitglied des Project Office wirft.

C. Bitten Sie das Team, Georg bei der Überarbeitung seines Berichts zu helfen, da sich ein schlechter Bericht negativ auf alle Teammitglieder auswirkt.

D. Bitten Sie ein anderes Teammitglied, den Bericht für Georg neu zu schreiben.

Situation 8: Sie haben die Forschungs- und Entwicklungsphase des Projekts beendet und beginnen nun mit Phase II: dem Test des Prototyps. Der siebte der zwölf Monate hat bereits begonnen. Leider zeigen die Ergebnisse von Phase I, dass Sie bei der Einschätzung von Phase II zu optimistisch waren und dass der Terminplan sehr wahrscheinlich um zwei Wochen überschritten wird. Der Kunde wird darüber nicht sehr erfreut sein. Was sollten Sie tun?

A. Sie sollten nichts tun. Derartige Probleme können vorkommen und es gibt immer eine Lösung. Der Abschlusstermin des Projekts kann trotzdem gehalten werden.

B. Berufen Sie eine Teamsitzung ein, um das Problem der Zeitüberschreitung zu besprechen. Wenn sich die Moral des Teams verbessert, lässt sich die Zeitüberschreitung möglicherweise wettmachen.

C. Berufen Sie eine Teamsitzung ein und suchen Sie nach Möglichkeiten, um die Produktivität von Phase II zu steigern. Hoffentlich gelingt es dem Team, Lösungsmöglichkeiten zu entwickeln.

D. Es handelt sich um eine Krise und Sie müssen Führungsstärke zeigen. Sie sollten die Führung übernehmen und Ihrem Team beim Auffinden von Alternativen helfen.

Situation 9: Die Bemühungen, den Terminplan wieder zu erfüllen, waren erfolgreich. Die Linienmanager haben Sie entsprechend unterstützt und alles läuft nun wieder nach Plan. Was sollten Sie tun?

A. Nichts. Ihr Team hat an Erfahrung gewonnen und macht nun das, wofür es bezahlt wird.

B. Versuchen Sie, Ihr Team in irgendeiner Weise zu belohnen (z.B., indem Sie den Mitarbeitern mit Genehmigung der Unternehmensführung freigeben oder indem Sie die Mitarbeiter zum Essen einladen).

C. Bieten Sie dem Team positive Verstärkung und suchen Sie nach Möglichkeiten, Phase III abzukürzen.

D. Die Führungsstärke hat sich offenbar ausgezahlt. Setzen Sie Ihr Verhalten nun auch bei der Planung von Phase III fort.

Situation 10: Ende des siebten Monats verläuft alles nach Plan. Die Motivation scheint hoch zu sein. Was sollten Sie tun?

A. Alles so lassen, wie es ist.

B. Nach Möglichkeiten suchen, die Teamarbeit zu verbessern, und den Mitarbeitern das Gefühl vermitteln, wichtig zu sein.

C. Eine Teambesprechung einberufen und den Terminplan für den restlichen Verlauf des Projekts durchgehen. Nach Ausweichplänen suchen.

D. Sicherstellen, dass sich das Team noch immer darauf konzentriert, das Projektziel zu erreichen.

Situation 11: Der Kunde informiert Sie inoffiziell darüber, dass sein Unternehmen ein Problem hat und die Designspezifikationen möglicherweise verändern muss, bevor die Produktion beginnt. Das wäre für Ihr Projekt eine Katastrophe. Der Kunde möchte innerhalb der nächsten sechs Tage eine Sitzung in Ihrer Produktionsstätte einberufen. Dies ist der erste Besuch des Kunden. Alle früheren Sitzungen waren informell und fanden beim Kunden statt, wobei lediglich Sie selbst und der Kunde anwesend waren. Diese Sitzung wird nun formell sein. Wie sollten Sie sich darauf vorbereiten?

A. Vergewissern Sie sich, dass die Terminpläne auf dem neuesten Stand sind, und nehmen Sie eine passive Rolle ein, da der Kunde Sie noch nicht offiziell über das Problem informiert hat.

B. Bitten Sie das Team, die Produktivität zu steigern, bevor die Sitzung stattfindet. Dies sollte dem Kunden gefallen.

C. Berufen Sie sofort eine Teambesprechung ein und bitten Sie das Team, eine Tagesordnung zu entwickeln und die Themen festzulegen, über die gesprochen werden sollte.

D. Weisen Sie den einzelnen Teammitgliedern Aktivitäten bei der Vorbereitung des Materials zu, das Sie bei der Sitzung verteilen wollen.

Situation 12: Ihr Team ist offensichtlich unzufrieden mit den Ergebnissen der Sitzung, weil der Kunde um Änderungen der Designspezifikationen gebeten hat. Die Fertigungspläne müssen neu entwickelt werden. Was sollten Sie tun?

A. Nichts. Das Team ist bereits hoch motiviert und nimmt die Herausforderung wie zuvor an.

B. Betonen Sie den Teamgeist und ermutigen Sie die Mitarbeiter, weiterzumachen. Sagen Sie ihnen, dass für ein gutes Team nichts unmöglich ist.

C. Krempeln Sie Ihre Ärmel hoch und helfen Sie dem Team dabei, Alternativen zu finden. Ein gewisser Grad an Führung ist nun erforderlich.

D. Zeigen Sie Führungsstärke und überwachen Sie das Team. Das Team benötigt Ihre Unterstützung.

Situation 13: Das Projekt läuft nun schon seit neun Monaten. Während die Neuplanung, die durch die Designänderungen erforderlich war, gerade auf vollen Touren läuft, ruft der Kunde Sie an und bittet Sie um eine Einschätzung des Risikos, das Projekt jetzt sofort abzubrechen und ein neues Projekt zu starten. Was sollten Sie tun?

A. Auf die formelle Anfrage warten. Vielleicht lässt sich das Ganze lange genug hinauszögern, bis das Projekt beendet ist.

B. Dem Team mitteilen, dass ihre hervorragende Leistung sich nun sehr wahrscheinlich mit einem Folgeauftrag bezahlt macht.

C. Eine Teambesprechung einberufen, um die Risiken einzuschätzen und nach Alternativen zu suchen.

D. Führungsstärke beweisen und das Team so wenig wie möglich involvieren.

Situation 14: Einer der Linienmanager hat Sie um eine Bewertung seiner Linienmitarbeiter gebeten, die gerade an Ihrem Projekt mitarbeiten (ohne die Mitarbeiter des Project Office). Die Mitarbeiter des Project Office arbeiten enger mit den Linienmitarbeitern zusammen als Sie selbst. Deshalb sollten Sie:

A. Die Bitte um Bewertung zurückweisen, da diese Tätigkeit nicht Bestandteil Ihrer Stellenbeschreibung ist.

B. Mit jedem Teammitglied sprechen und um seine Bewertung bitten.

C. Die Linienmitarbeiter im Team bewerten und versuchen, zu einer übereinstimmenden Beurteilung zu kommen.

D. Das Team nicht mit der Anfrage belasten. Das können Sie selbst erledigen.

Situation 15: Das Projekt läuft nun seit zehn Monaten. Carola informiert Sie darüber, dass sie die Möglichkeit hat, Projektleiter eines Projekts zu werden, das in zwei Wochen startet. Sie arbeitet schon seit zwanzig Jahren für das Unternehmen und es ist ihre erste Gelegenheit, als Projektleiter zu arbeiten. Sie möchte wissen, ob Sie sie von Ihrem Projekt freigeben können. Sie sollten:

A. Carola gehen lassen. Sie möchten ihrer Karriere nicht im Weg stehen.

B. Das Team privat treffen und eine Wahl durchführen. Teilen Sie Carola mit, dass Sie sich an die Wahl halten werden.

C. Das Problem mit dem Team besprechen, weil dies möglicherweise Zusatzarbeit für die anderen Teammitglieder darstellt.

D. Ihr erklären, wie wichtig es für das Team ist, dass sie bleibt. Sie haben sowieso schon zu wenig Leute.

Situation 16: Ihr Team informiert Sie darüber, dass einer der Linienmanager um seine Abteilung eine Mauer aufgebaut hat und alle Informationen über ihn laufen müssen. Die Mauer existiert seit zwei Jahren. Die Teammitglieder haben Probleme mit den Statusberichten, weil sie die Informationen immer erst erhalten, nachdem der Linienmanager versorgt wurde. Sie sollten:

A. Nichts tun. Das ist offenbar die Art und Weise, in der der Linienmanager seine Abteilung führen möchte. Ihr Team erhält die benötigten Informationen.

B. Die Teammitglieder auffordern, ihre zwischenmenschlichen Fähigkeiten einzusetzen, um die benötigten Informationen zu erhalten.

C. Eine Teambesprechung einberufen, um nach alternativen Möglichkeiten zu suchen, an die Informationen heranzukommen.

D. Führungsstärke zeigen, indem Sie den Linienmanager anrufen und ihn um die Informationen bitten.

Situation 17: Die Unternehmensführung hat Ihnen für die letzten zwei Monate des Projekts einen Ersatz für Carola bereitgestellt. Weder Sie selbst, noch das Team hat mit diesem Mann zuvor gearbeitet. Sie sollten:

A. Nichts unternehmen. Carola hat ihn offenbar bereits mit seinen Aufgaben vertraut gemacht.

B. Den neuen Mitarbeiter in einem Einzelgespräch in Carolas Arbeit einweisen.

C. Eine Teambesprechung einberufen und die Mitglieder bitten, dem neuen Mitarbeiter ihre jeweilige Rolle im Projekt zu erklären.

D. Die Teammitglieder bitten, so bald wie möglich mit dem neuen Mitarbeiter zu sprechen und ihm bei der Eingliederung behilflich zu sein.

Situation 18: Eines der Teammitglieder möchte nachmittags eine Fortbildungsveranstaltung besuchen. Leider kollidiert diese Veranstaltung möglicherweise mit der aktuellen Arbeitsbelastung. Sie sollten:

A. Ihre Entscheidung zurückstellen. Bitten Sie den Mitarbeiter, mit der Fortbildung zu warten, bis der Kurs das nächste Mal angeboten wird.

B. Das Anliegen mit dem Teammitglied besprechen und über die Auswirkungen auf seine Leistung diskutieren.

C. Das Anliegen mit dem Team besprechen und das Team um Zustimmung bitten. Das Team muss möglicherweise Arbeit des Kollegen übernehmen.

D. Mit jedem Teammitglied einzeln über das Anliegen sprechen, um sicherzustellen, dass das Projektziel auch weiterhin eingehalten wird.

Situation 19: Ihre Linienmitarbeiter haben bei einem Produktionsdurchlauftest das falsche Material verwendet. Die Kosten dafür waren erheblich. Sie konnten sie jedoch durch eine Reserve auffangen, die Sie für Notfälle wie diesen angespart haben. Ihre Teammitglieder teilen Ihnen mit, dass der Test noch einmal durchgeführt wird, ohne dass dabei der Terminplan überschritten wird. Sie sollten:

A. Nichts unternehmen. Ihr Team scheint die Situation unter Kontrolle zu haben.

B. Die Mitarbeiter befragen, die das Problem ausgelöst haben, und die Bedeutung der Produktivität und der Befolgung von Anweisungen hervorheben.

C. Ihre Teammitglieder darum bitten, Ausweichpläne für den Fall zu entwickeln, dass der Fehler noch einmal auftritt.

D. Beim erneuten Testdurchlauf Führungsstärke zeigen, um die Mitarbeiter wissen zu lassen, dass Sie sich um alles kümmern.

Situation 20: Alle guten Projekte müssen einmal zu einem Ende kommen, in der Regel mit einem Abschlussbericht. Bei Ihrem Projekt ist das zumindest so. Dieser Abschlussbericht könnte die Ausgangsbasis für Folgeaufträge werden. Sie sollten:

A. Nichts unternehmen. Ihr Team hat alles unter Kontrolle und weiß, dass ein Abschlussbericht erstellt werden muss.

B. Ihrem Team mitteilen, dass sie alle hervorragende Arbeit geleistet haben und dass nur noch eine Aufgabe aussteht.

C. Ihr Team bitten, sich zu treffen und einen Grundriss für den Abschlussbericht zu entwerfen.

D. Führungsstärke beweisen und zumindest die Struktur bereitstellen. Der Abschlussbericht kann sehr leicht Ihre Fähigkeiten als Manager widerspiegeln.

Füllen Sie die nachfolgende Tabelle aus. Die Antworten finden Sie in Anhang B.

Situation	*Antwort*	*Punkte*	*Situation*	*Antwort*	*Punkte*
1			11		
2			12		
3			13		
4			14		
5			15		
6			16		
7			17		
8			18		
9			19		
10			20		
				Summe	

Fragebogen zur Motivation

Auf den nächsten Seiten finden Sie vierzig Aussagen darüber, was Sie motiviert und wie Sie versuchen, andere zu motivieren. Umkreisen Sie für jede Aussage die Zahl, die Ihrer Meinung entspricht. Im nachfolgenden Beispiel wurde die Antwort »Trifft eher zu« gewählt.

-3	Trifft absolut nicht zu
-2	Trifft nicht zu
-1	Trifft eher nicht zu
0	Keine Meinung
+1	Trifft eher zu
+2	Trifft zu
+3	Trifft absolut zu

Teil 1

Bei den folgenden zwanzig Aussagen geht es darum, herauszufinden, was Sie motiviert. Bitte geben Sie zu jeder Aussage eine ehrliche Antwort. Umkreisen Sie die Antwort, die am ehesten zutrifft.

1.	Meine Firma bezahlt mir für die Arbeit, die ich verrichte, ein vernünftiges Gehalt.	–3	–2	–1	0	+1	+2	+3
2.	Meine Firma glaubt, dass jeder Job als Herausforderung betrachtet werden sollte.	–3	–2	–1	0	+1	+2	+3
3.	Das Unternehmen stellt mir die aktuellste technische Ausstattung zur Verfügung (z.B. Hardware, Software), damit ich meine Arbeit effektiv verrichten kann.	–3	–2	–1	0	+1	+2	+3
4.	Meine Firma schätzt meine Arbeit.	–3	–2	–1	0	+1	+2	+3
5.	Meine Firma belohnt höheres Dienstalter und bietet einen sicheren Arbeitsplatz und garantierte Rechte.	–3	–2	–1	0	+1	+2	+3
6.	Die Unternehmensführung stellt Managern strategische oder langfristige Informationen zur Verfügung, die den Job des Managers beeinflussen könnten.	–3	–2	–1	0	+1	+2	+3
7.	Meine Firma bietet Clubs und Organisationen im Freizeitbereich an, in denen die Mitarbeiter ihre sozialen Beziehungen vertiefen können. Außerdem sponsort die Firma gesellschaftliche Ereignisse.	–3	–2	–1	0	+1	+2	+3
8.	Die Mitarbeiter können entweder selbst Qualitätsstandards für ihre Arbeit entwickeln oder die Standards benutzen, die vom Management für sie entwickelt wurden.	–3	–2	–1	0	+1	+2	+3
9.	Die Mitarbeiter werden ermutigt, an Seminaren und Symposien zu Themen teilzunehmen, die mit ihrer Arbeit zu tun haben, und sich entsprechenden Berufsverbänden anzuschließen.	–3	–2	–1	0	+1	+2	+3
10.	Das Unternehmen erinnert mich häufig daran, dass die einzige Art von Arbeitsplatzsicherheit darin besteht, sich effektiv im Markt zu behaupten.	–3	–2	–1	0	+1	+2	+3
11.	Mitarbeiter, die sich den Ruf der »hervorragenden Leistung« verdienen, dürfen ihren Ruf weiter verbessern, wenn es etwas mit ihrer Arbeit zu tun hat.	–3	–2	–1	0	+1	+2	+3
12.	Die Vorgesetzten schaffen für die Mitarbeiter ein freundliches, kooperatives Arbeitsumfeld.	–3	–2	–1	0	+1	+2	+3
13.	Mein Unternehmen bietet mir eine ausführliche Stellenbeschreibung, die meine Rolle und meine Zuständigkeiten festlegt.	–3	–2	–1	0	+1	+2	+3
14.	Mein Unternehmen erhöht die Gehälter der Mitarbeiter automatisch.	–3	–2	–1	0	+1	+2	+3

15. Mein Unternehmen bietet mir die Möglichkeit, das zu tun, was ich am besten kann.	–3	–2	–1	0	+1	+2	+3
16. Meine Arbeit bietet mir die Möglichkeit, kreativ zu sein und komplexe Probleme zu lösen.	–3	–2	–1	0	+1	+2	+3
17. Meine Effizienz und Effektivität verbessern sich, weil das Unternehmen mir bessere physische Arbeitsbedingungen bietet (z.B. Beleuchtung, geringer Lärmpegel, Temperatur, Räume zum Ausruhen etc.).	–3	–2	–1	0	+1	+2	+3
18. Meine Arbeit bietet mir die Möglichkeit, mich ständig weiterzuentwickeln.	–3	–2	–1	0	+1	+2	+3
19. Unsere Vorgesetzten empfinden etwas für ihre Mitarbeiter und behandeln sie nicht wie »leblose Werkzeuge«.	–3	–2	–1	0	+1	+2	+3
20. Die Mitarbeiter haben die Möglichkeit, sich an dem Unternehmen finanziell zu beteiligen.	–3	–2	–1	0	+1	+2	+3

Teil 2

Die Aussagen 21 bis 40 geben Aufschluss darüber, wie Projektmanager Teammitglieder motivieren. Auch hier ist es wieder wichtig, dass Sie ehrliche Antworten geben, die Ihre Meinung widerspiegeln.

21. Projektmanager sollten ihre Mitarbeiter ermutigen, die Zusatzleistungen auszunutzen, die das Unternehmen bietet, wie z.B. Pläne für Aktienoptionen und Pensionspläne.	–3	–2	–1	0	+1	+2	+3
22. Der Projektmanager sollte sich vergewissern, dass den Teammitgliedern ein günstiges Arbeitsumfeld zur Verfügung steht (z.B. gute Lichtverhältnisse, geringer Lärmpegel, Cafeteria etc.)	–3	–2	–1	0	+1	+2	+3
23. Projektmanager sollten Teammitgliedern Arbeiten zuweisen, die das Ansehen des Teams erhöhen.	–3	–2	–1	0	+1	+2	+3
24. Projektmanager sollten ein entspanntes, kooperatives Arbeitsumfeld für die Teammitglieder schaffen.	–3	–2	–1	0	+1	+2	+3
25. Projektmanager sollten das Team beständig daran erinnern, dass die Sicherheit des Arbeitsplatzes mit der Wettbewerbsfähigkeit, mit der Einhaltung von Vorgaben und mit guten Kundenbeziehungen zusammenhängt.	–3	–2	–1	0	+1	+2	+3
26. Projektmanager sollten versuchen, die Teammitglieder davon zu überzeugen, dass jeder neue Arbeitsauftrag eine Herausforderung ist.	–3	–2	–1	0	+1	+2	+3
27. Projektmanager sollten gewillt sein, die Aktivitäten falls möglich unter Berücksichtigung der firmenbezogenen und freizeitbezogenen gesellschaftlichen Funktionen des Teams zu planen.	–3	–2	–1	0	+1	+2	+3

28. Projektmanager sollten die Mitarbeiter beständig daran erinnern, wie sie finanziell von einem erfolgreichen Projektabschluss profitieren werden.	–3	–2	–1	0	+1	+2	+3
29. Projektmanager sollten in der Lage sein, Mitarbeitern auf den Rücken zu klopfen und ihnen Anerkennung zukommen zu lassen.	–3	–2	–1	0	+1	+2	+3
30. Projektmanager sollten die Teammitglieder dazu ermutigen, sich mit jedem neuen Arbeitsauftrag weiterzuentwickeln.	–3	–2	–1	0	+1	+2	+3
31. Projektmanager sollten den Teammitgliedern die Möglichkeit bieten, eigene Standards zu entwickeln.	–3	–2	–1	0	+1	+2	+3
32. Projektmanager sollten Linienmitarbeitern Arbeiten im Hinblick auf die Dauer ihrer Firmenzugehörigkeit zuweisen.	–3	–2	–1	0	+1	+2	+3
33. Projektmanager sollten Teammitgliedern die Möglichkeit bieten, die informelle und die formelle Organisation zu nutzen, um ihre Arbeit zu erledigen.	–3	–2	–1	0	+1	+2	+3
34. Als Projektmanager würde ich gerne die Gehälter der Vollzeitmitarbeiter meines Projekts festlegen.	–3	–2	–1	0	+1	+2	+3
35. Projektmanager sollten Informationen mit dem Team teilen. Dazu gehören Projektinformationen, die möglicherweise nicht direkt auf die Arbeit der Teammitglieder angewendet werden können.	–3	–2	–1	0	+1	+2	+3
36. Projektmanager sollten die Teammitglieder dazu ermutigen, kreativ zu sein und ihre Probleme selbst zu lösen.	–3	–2	–1	0	+1	+2	+3
37. Projektmanager sollten den Teammitgliedern ausführliche Stellenbeschreibungen bereitstellen, die die Rolle und die Zuständigkeiten der Teammitglieder beschreiben.	–3	–2	–1	0	+1	+2	+3
38. Projektmanager sollten jedem Teammitglied die Möglichkeit bieten, das zu tun, was es am besten kann.	–3	–2	–1	0	+1	+2	+3
39. Projektmanager sollten gewillt sein, informell mit den Teammitgliedern zu interagieren und sie besser kennen zu lernen, sofern genügend Zeit dafür zur Verfügung steht.	–3	–2	–1	0	+1	+2	+3
40. Die meisten Mitarbeiter meines Projekts haben ein angemessenes Gehalt.	–3	–2	–1	0	+1	+2	+3

Auswertung Teil 1 (Was motiviert Sie?)

Setzen Sie Ihre Antworten (die numerischen Werte, die Sie umkreist haben) auf die Fragen 1–20 in die Leerfelder des nachfolgenden Diagramms.

Grundbedürfnisse

Nr. 1 _____

Nr. 3 _____

Nr. 14 _____

Nr. 17 _____

Summe _____

Bedürfnis nach Sicherheit

Nr. 5 _____

Nr. 10 _____

Nr. 13 _____

Nr. 20 _____

Summe _____

Bedürfnis nach Zugehörigkeit

Nr. 7 _____

Nr. 9 _____

Nr. 12 _____

Nr. 19 _____

Summe _____

Bedürfnis nach sozialer Anerkennung

Nr. 4 _____

Nr. 6 _____

Nr. 8 _____

Nr. 11 _____

Summe _____

Bedürfnis nach Selbstverwirklichung

Nr. 2 _____

Nr. 15 _____

Nr. 16 _____

Nr. 18 _____

Summe _____

Übertragen Sie die Summe für jede Kategorie in die Tabelle für die Fragen 1 bis 20, indem Sie in das entsprechende Feld ein »X« eintragen.

Auswertung Teil 2 (Wie motivieren Sie andere?)

Setzen Sie Ihre Antworten (die numerischen Werte, die Sie umkreist haben) auf die Fragen 21–40 in die Leerfelder des nachfolgenden Diagramms.

Grundbedürfnisse

Nr. 22 _____

Nr. 28 _____

Nr. 34 _____

Nr. 40 _____

Summe _____

Bedürfnis nach Sicherheit

Nr. 21 _____

Nr. 25 _____

Nr. 32 _____

Nr. 37 _____

Summe _____

Bedürfnis nach Zugehörigkeit

Nr. 24 _____

Nr. 27 _____

Nr. 33 _____

Nr. 39 _____

Summe _____

Bedürfnis nach sozialer Anerkennung

Nr. 23 _____

Nr. 29 _____

Nr. 31 _____

Nr. 35 _____

Summe _____

Bedürfnis nach Selbstverwirklichung

Nr. 26 _____

Nr. 30 _____

Nr. 36 _____

Nr. 38 _____

Summe _____

Übertragen Sie die Summe für jede Kategorie in die Tabelle für die Fragen 21 bis 40, indem Sie in das entsprechende Feld ein »X« eintragen.

Fragen 1–20

Punkte

Bedürfnisse	–12	–11	–10	–9	–8	–7	–6	–5	–4	–3	–2	–1	0	+1	+2	+3	+4	+5	+6	+7	+8	+9	+10	+11	+12
Selbstverwirklichung																									
Anerkennung																									
Zugehörigkeit																									
Sicherheit																									
Grundbedürfnisse																									

Fragen 21–40

Punkte

Bedürfnisse	–12	–11	–10	–9	–8	–7	–6	–5	–4	–3	–2	–1	0	+1	+2	+3	+4	+5	+6	+7	+8	+9	+10	+11	+12
Selbstverwirklichung																									
Anerkennung																									
Zugehörigkeit																									
Sicherheit																									
Grundbedürfnisse																									

6 Zeit- und Stressmanagement

Verwandte Fallstudien (aus Kerzner/*Project* Management *Case Studies*, 2. Auflage)	Verwandte Workbook-Übungen (aus Kerzner/*Project Management Workbook and PMP®/CAPM® Exam Study Guide*, 9. Auflage)	PMBOK® Guide, 3. Auflage, Referenzabschnitt für das PMP®-Zertifizierungsexamen
• The Reluctant Workers* • Time Management Exercise	• Multiple-Choice-Examen	• Personalmanagement • Risikomanagement

* Die Fallstudie wird am Ende des Kapitels beschrieben.

6.0 Einführung

PMBOK® Guide 2004
Personalmanagement
Terminmanagement

Es ist leichter gesagt, als getan, Projekte im Rahmen der vorgegebenen Zeit, Kosten und Leistung/Qualität durchzuführen. Im Projektmanagement geht es sehr turbulent zu. Der Alltag besteht aus zahlreichen Sitzungen, dem Verfassen von Berichten, der Lösung von Konflikten, der beständigen Planung und Neuplanung, der Kommunikation mit dem Kunden und aus Krisenmanagement. Im Idealfall ist ein effektiver Projektmanager ein Manager und kein Macher. Faktisch müssen Projektmanager jedoch häufig einen Kompromiss zwischen dem Manager und dem Macher eingehen.

Eine disziplinierte Zeit- und Terminplanung ist einer der Schlüssel zum effektiven Projektmanagement. In der Regel besteht die Auffassung, dass ein Projektmanager, der nicht einmal seine Zeit im Griff hat, erst recht kein Projekt steuern kann.

6.1 Grundlagen des Zeitmanagements[1]

Für die meisten Menschen ist Zeit eine Ressource, die, wenn sie verloren geht oder falsch eingesetzt wird, für immer weg ist. Für einen Projektmanager ist Zeit hingegen eher eine Vorgabe und kann erst durch effektives Zeitmanagement zur Ressource gemacht werden.

Die meisten Führungskräfte neigen dazu, Projekte mit zu wenig Personal auszustatten, da sie von der fälschlichen Annahme ausgehen, dass der Projektmanager die zusätzliche Arbeitslast schon irgendwie bewältigen wird. Der Projektmanager ist möglicherweise jedoch mit Sitzungen, der Vorbereitung von Berichten, der internen und externen Kommunikation, dem Lösen von Konflikten und der Erstellung von Notfallplänen ausgelastet. Und trotzdem schaffen es die meisten Projektmanager irgendwie, ihre Arbeit zu erledigen. Mitarbeiter lernen schnell, Aufgaben zu delegieren und Zeitmanagementprinzipien anzuwenden. Die folgenden Fragen sollten Managern dabei helfen, Problembereiche zu erkennen:

- Ist es ein Problem, die Arbeit bis zum geplanten Endtermin fertig zu stellen?
- Mit wie vielen Unterbrechungen pro Tag ist zu rechnen?

1. Die Abschnitte 6.1, 6.2 und 6.3 wurden aus folgendem Buchtitel übernommen: Cleland, D. und Kerzner, H., *Engineering Team Management*, Melbourne, Florida 1986, Chapter 8.

- Haben Sie schon ein Verfahren entwickelt, um mit den Unterbrechungen umzugehen?
- Wenn Sie einen größeren ununterbrochenen Zeitraum benötigen, steht dieser überhaupt zur Verfügung? Mit oder ohne Überstunden?
- Wie gehen Sie mit unangemeldeten Besuchern und Anrufen um?
- Wie behandeln Sie eingehende Post?
- Haben Sie bestimmte Vorgehensweisen zur Abwicklung von Routinetätigkeiten entwickelt?
- Wie schwierig ist es für Sie, nein zu sagen?
- Wie gehen Sie mit Kleinarbeiten um?
- Erledigen Sie Arbeiten selbst, für die eigentlich Ihre Mitarbeiter zuständig sind?
- Haben Sie genügend Zeit zur Wahrnehmung Ihrer persönlichen Interessen?
- Denken Sie noch an Ihre Arbeit, nachdem Sie das Büro bereits verlassen haben?
- Stellen Sie eine Aktivitätenliste auf? Falls ja, weisen Sie den einzelnen Aktivitäten Prioritäten zu?
- Bietet Ihr Zeitplan einen gewissen Grad an Flexibilität?

Ein Projektmanager, der mit diesen Fragen angemessen umgehen kann, hat größere Chancen, Zeit als Ressource statt als Vorgabe zu nutzen.

6.2 Zeitdiebe

PMBOK® Guide 2004

Kapitel 6 Terminmanagement

Kapitel 11 Risikomanagement

1.5.4 Wissen und Fertigkeiten bezüglich allgemeinen Managements

Die größte Herausforderung besteht für den Projektmanager darin, nein zu sagen. Denken Sie an die Situation, in der ein Mitarbeiter mit einem Problem zu Ihnen kommt. Der Mitarbeiter meint es sicher ehrlich, wenn er sagt, dass er nur Ihren Rat benötigt. In der Regel möchte der Mitarbeiter jedoch Ihnen den schwarzen Peter zuschieben. Das Problem des Mitarbeiters wird zu *Ihrem* Problem.

Um mit solchen Situationen umzugehen, müssen Sie zunächst die Probleme heraussieben, bei denen Sie sich nicht engagieren wollen. Wenn die Situation Ihr Eingreifen erfordert, sollten Sie deutlich machen, dass es sich bei dem Problem nach wie vor um das Problem des Mitarbeiters handelt, und nicht um Ihr Problem. Wenn Sie feststellen, dass ein Problem überwacht werden muss, sollten Sie den Mitarbeiter daran erinnern, dass er alle zukünftigen Entscheidungen mit Ihnen gemeinsam treffen muss, dass das Problem als solches jedoch weiterhin auf seinen Schultern lastet. Sobald Mitarbeiter feststellen, dass sie ihre Probleme nicht auf Sie übertragen können, lernen sie, eigene Entscheidungen zu treffen.

Im Projektmanagementumfeld gibt es zahlreiche Zeitdiebe. Hier ein paar Beispiele:

- Unvollständige Arbeiten
- Aufgaben, die nicht zufrieden stellend erledigt wurden und deshalb noch einmal ausgeführt werden müssen
- Eingehende Anrufe, Briefe und E-Mails
- Zuständigkeiten sind unzureichend definiert und es fehlt die angemessene Kompetenz
- Änderungen ohne direkte Benachrichtigung/Erklärung
- Wartezeiten, z.B. durch verspätete Mitarbeiter
- Unfähigkeit, zu delegieren, oder unkluge Delegation
- Mangelhaftes System zur Informationsgewinnung
- Mangel an Informationen, die direkt eingesetzt werden können
- Tägliche Verwaltungsarbeiten
- Beschwerden der Gewerkschaft
- Den Vorgesetzten erklären zu müssen, was unter »Denken« zu verstehen ist

- Zu viele Review-Ebenen
- Der Plausch im Büro
- Fehlplatzierte Informationen
- Prioritätenwechsel
- Unentschlossenheit
- Verzögerungen
- Treffen von Verabredungen
- Zu viele Sitzungen
- Die Überwachung delegierter Tätigkeiten
- Unklare Rollen-/Stellenbeschreibungen
- Einmischung durch die Unternehmensführung
- Die Anforderung, am Budget festzuhalten
- Schlecht ausgebildete Kunden
- Nicht genügend erprobte Manager
- Vage Ziele
- Das Fehlen einer Stellenbeschreibung
- Zu viele Personen sind an unwichtigen Entscheidungen beteiligt
- Mangelndes Fachwissen
- Mangelnde Kompetenz, Entscheidungen zu treffen
- Dürftige Statusberichterstattung aus den Fachabteilungen
- Arbeitsüberlastung
- Unvernünftige Zeitvorgaben
- Zu viel Reisetätigkeit
- Das Fehlen der passenden Projektmanagement-Tools
- Jede Abteilung will den »schwarzen Peter« an andere weitergeben
- Unternehmensrichtlinien
- Von einer Krise in die nächste laufen
- Widersprüchliche Anweisungen
- Bürokratische Hindernisse (»Ego«)
- Linienmanager, die sich ihr eigenes Reich aufbauen
- Mangelnde Kommunikation zwischen Vertrieb und Konstruktion
- Exzessive Bürotätigkeit
- Mangelnde Unterstützung bei Bürotätigkeiten
- Umgang mit unzuverlässigen Unterauftragnehmern
- Personal, das keine Risiken eingehen möchte
- Forderung nach kurzfristigen Ergebnissen
- Einarbeiten in neue Systeme
- Zu geringe Vorlaufzeiten für Projekte
- Dokumentation (Berichte)
- Große Anzahl an Projekten
- Streben nach Perfektion
- Mangelhafte Projektorganisation
- Konstanter Druck
- Permanente Unterbrechungen

- Fluktuation von Linienmitarbeitern
- Mangelnde Disziplin bei den Mitarbeitern
- Mangel an qualifizierten Kräften

6.3 Formulare für das Zeitmanagement

Es gibt zwei Formulare, die Projektmanager und Projektingenieure einsetzen können, um ihre Zeit besser zu verwalten. Das erste ist die Aktivitätenliste (siehe Abbildung 6.1), in die der Projektmanager alle Aktivitäten einträgt, die er erledigen muss. Sie wird häufig auch als »To-Do-Liste« bezeichnet.

Datum ____________

Aktivitäten	Priorität	Begonnen am	Status	Erledigt

Abbildung 6.1: Die Aktivitätenliste

Die Aktivitäten mit den höchsten Prioritäten werden dann in den »persönlichen Tagesplaner« übertragen (siehe Abbildung 6.2). Der Projektmanager teilt den Aktivitäten passende Zeitblöcke zu, wobei er seine persönliche Energiekurve beachtet. Nicht ausgefüllte Zeitblöcke werden genutzt, um unerwartete Krisen zu bewältigen und um Aufgaben mit geringer Priorität zu erledigen.

Datum ____________

Uhrzeit	Aufgabe	Priorität
8:00-9:00		
9:00-10:00		
10:00-11:00		
11:00-12:00		
12:00-13:00		
13:00-14:00		
14:00-15:00		
15:00-16:00		
16:00-17:00		

Abbildung 6.2: Der persönliche Tagesplaner

Gibt es mehr Elemente mit hoher Priorität als freie Zeitblöcke, versucht der Projektmanager eventuell, eine vorläufige Ablauf- und Terminplanung zu erstellen. Das ist in der Regel ungünstig, weil ein Rückstau an Aktivitäten mit hoher Priorität entsteht. Außerdem können Aufgaben, die heute noch eine B-Priorität haben, in ein oder zwei Tagen schon Aufgaben mit A-Priorität sein. Die wichtigste Devise für den Projektmanager ist in einem solchen Fall, nichts auf morgen zu verschieben, was er oder sein Team nicht auch heute erledigen könnte.

6.4 Effektives Zeitmanagement

Dem Projektmanager stehen verschiedene Techniken zur Verfügung, die er einsetzen kann, um seine Zeit besser zu nutzen:[2]

- Delegieren
- Den Ablauf- und Terminplan einhalten
- Schnell entscheiden
- Entscheiden, wer sich darum kümmern soll
- Lernen, nein zu sagen
- Sofort beginnen
- Den schwierigsten Teil zuerst erledigen
- Reiseunterbrechungen zum Arbeiten nutzen
- Nutzlose Mitteilungen vermeiden
- Unwichtige Arbeiten ablehnen
- Vorausschauen
- Fragen: Ist die Reise wirklich nötig?
- Die eigene Energiekurve kennen
- Telefon- und E-Mail-Zeiten steuern
- Eine Tagesordnung für Sitzungen versenden
- Verzögerungen überwinden
- Den Führungsstil »Management by Exception« anwenden

Wie in Kapitel 5 erwähnt, muss der Projektmanager, um effektiv zu sein, Regeln für das Zeitmanagement aufstellen und anschließend vier Fragen beantworten:

- Regeln für das Zeitmanagement
  - Durchführung einer Zeitanalyse (Zeitprotokoll)
  - Einplanung fester Zeiten für wichtige Dinge
  - Klassifikation der Aktivitäten
  - Prioritäten aufstellen
  - Opportunitätskosten für die verschiedenen Aktivitäten aufstellen
  - Das System trainieren (Chef, Mitarbeiter, Kollegen)
  - Delegieren
  - Dinge absichtlich ablehnen
  - Führung nach dem Ausnahmeprinzip praktizieren
  - Ausrichtung auf Möglichkeiten, nicht auf Probleme
- Fragen
  - Welche meiner Tätigkeiten können eigentlich ganz wegfallen?
  - Welche meiner Tätigkeiten kann eine andere Person besser erledigen?

2. Quelle unbekannt

- Welche meiner Tätigkeiten können von einer anderen Person ebenso gut erledigt werden?
- Habe ich bei meinen Aktivitäten die richtigen Prioritäten gesetzt?

6.5 Stress und Burnout

Zu den Faktoren, die bei jeder Tätigkeit Stress verursachen, gehören Verantwortung ohne ausreichende Kompetenzen oder die Möglichkeit, den Ablauf zu steuern, das Streben nach Perfektion, Termindruck, die Mehrdeutigkeit von Rollen, Rollenkonflikte, funktionsübergreifendes Arbeiten, die Verantwortung für die Handlung von Mitarbeitern und der Bedarf, immer auf dem neuesten Stand zu sein und alle technologischen Durchbrüche zu kennen. Projektmanager sind bei ihrer Arbeit mit all diesen Faktoren konfrontiert.

Die Ressourcen des Projektmanagers werden vom Linienmanagement gesteuert. Trotzdem ist der Projektmanager verantwortlich dafür, das Projekt zum Abschluss zu bringen und dabei alle Termine einzuhalten. Ein Projektmanager wird möglicherweise dazu aufgefordert, die Arbeitsleistung zu erhöhen, während sich gleichzeitig die Zahl der Arbeitskräfte verringert. Von Projektmanagern wird erwartet, dass sie ihre Arbeit im geplanten Zeitrahmen erledigen, sie erhalten jedoch häufig nicht die Genehmigung, Überstunden zu bezahlen. Ein Projektmanager beschrieb die Situation einmal wie folgt: »Ich muss Pläne umsetzen, die ich nicht entwickelt habe. Wenn das Projekt jedoch fehlschlägt, bin ich dafür verantwortlich.«

Projektmanager sind Stress aus den verschiedensten Gründen ausgesetzt. Dies kann sich in unterschiedlicher Weise manifestieren:

1. *Müdigkeit.* Müdigkeit ist das Ergebnis des Abzugs von Energie, wie z.B. durch physische Anstrengung, Langeweile oder Ungeduld. Die Definition bezieht sich eher auf kurz- als auf langfristige Effekte. Häufige Ursachen für Müdigkeit sind Sitzungen und das Verfassen von Berichten und ähnlichen Dokumenten.

2. *Ein Gefühl der Niedergeschlagenheit.* Das Gefühl der Niedergeschlagenheit ist ein emotionaler Zustand, der in der Regel durch Mutlosigkeit oder ein Gefühl der Gleichgültigkeit gekennzeichnet ist. Es ergibt sich in der Regel aus einer Situation, die der Projektmanager nicht steuern kann oder die seine Fähigkeiten übersteigt. In einem Projektumfeld gibt es mehrere Ursachen für eine Depression: Das Management oder der Kunde betrachtet Ihren Bericht als unakzeptabel, Sie sind nicht in der Lage, die Ressourcen rechtzeitig einzuplanen, die benötigte Technologie steht nicht zur Verfügung oder die Vorgaben für das Projekt sind unrealistisch und lassen sich nicht erfüllen.

3. *Physische oder emotionale Erschöpfung.* Projektmanager sind Manager und Macher. Es kommt sehr häufig vor, dass Projektmanager einen Großteil der Arbeit selbst erledigen, weil sie ihre Mitarbeiter für nicht qualifiziert genug halten oder weil sie ungeduldig sind und glauben, die Arbeiten schneller selbst erledigen zu können. Außerdem machen Projektmanager häufig Überstunden, obwohl dies gar nicht nötig wäre. Emotionale Erschöpfung wird am häufigsten durch das Verfassen von Berichten und die Vorbereitung von Sitzungsmaterial verursacht.

4. *Das Gefühl, ausgebrannt zu sein.* Das Gefühl, ausgebrannt zu sein, ist eigentlich mehr als nur ein Gefühl. Es ist ein Zustand. Es impliziert, dass der Projektmanager völlig erschöpft ist (physisch und emotional) und dass Ruhe, Erholung oder Urlaub nicht zu einer Verbesserung des Zustands führen. Die häufigsten Ursachen sind verlängerte Überstunden und das Unvermögen, ständig Druck und Stress auszuhalten. Der so genannte »Burnout« kann ohne Vorwarnung mehr oder weniger über Nacht auftreten. Die Lösung besteht immer darin, eine andere Aufgabe zu übernehmen oder die Firma zu wechseln.

5. *Das Gefühl, unglücklich zu sein.* Es gibt verschiedene Faktoren, die das Gefühl fördern, unglücklich zu sein, wie z.B. eine zu optimistische Planung, unrealistische Erwartungen seitens des Managements, das Kürzen von Ressourcen seitens des Managements oder die Bitte des Kunden, zusätzliche Daten zu erhalten. Die Hauptursache für das Gefühl, unglücklich zu sein,

ist jedoch die Frustration darüber, dass die Kompetenzen in Anbetracht der Verantwortung zu gering ausfallen.

6. *Das Gefühl, in der Falle zu sitzen.* Die häufigste Situation, in der Projektmanager das Gefühl haben, in der Falle zu sitzen, tritt auf, wenn sie die dem Projekt zugewiesenen Ressourcen nicht steuern können und somit von der Gnade der Linienmanager abhängig sind. Die Mitarbeiter neigen dazu, den Manager zu bevorzugen, der sie am stärksten belohnen kann, und das ist in der Regel der Linienmanager. Die Situation lässt sich dadurch retten, dass der Projektmanager die Möglichkeit erhält, irgendeine Art von Belohnung zu vergeben.

7. *Das Gefühl, wertlos zu sein.* Eine solche Situation tritt in der Regel auf, wenn Projektmanager das Gefühl haben, Projekte unter ihrer Würde leiten zu müssen. Die meisten Projektmanager freuen sich schon bei Projektbeginn auf das Projektende und erwarten, dass ihr nächstes Projekt noch wichtiger ist, mindestens das doppelte Volumen hat und komplexer ist. Leider gibt es immer Situationen, in denen man einen Schritt zurückgehen muss.

8. *Verärgerung und Desillusioniertsein über Mitmenschen.* Diese Situation tritt am häufigsten auf, wenn der Projektmanager etwas mit den Linienmanagern verhandelt. Während der Planungsphase des Projekts versprechen die Linienmanager häufig, zu einem späteren Zeitpunkt Ressourcen bereitzustellen, halten sich anschließend jedoch nicht daran. Es folgt eine Desillusionierung, die sich leicht zu einem ernsthaften Konflikt entwickeln kann. Eine weitere potenzielle Ursache für derartige Gefühle ist die Tatsache, dass Projektmanager Entscheidungen zu treffen scheinen, die nicht im Interesse des Projekts liegen.

9. *Das Gefühl der Hoffnungslosigkeit.* Die häufigste Ursache für Hoffnungslosigkeit tritt bei FuE-Projekten auf, deren Projektziel für den Mitarbeiter oder für den aktuellen Stand der Technologie unerreichbar ist. Hoffnungslos bedeutet, dass es keine Anzeichen für ein wünschenswertes Ergebnis gibt. Hoffnungslosigkeit ist eher das Ergebnis von Leistungsvorgaben als von Zeit- oder von Kostenvorgaben.

10. *Das Gefühl, zurückgewiesen zu werden.* Dieses Gefühl kann aus einem schlechten Arbeitsverhältnis zwischen dem Projektmanager und der Unternehmensführung, den Linienmanagern oder den Kunden resultieren. Die Zurückweisung tritt häufig dann auf, wenn Menschen mit Entscheidungskompetenz das Gefühl haben, dass ihre Optionen oder Meinungen besser sind als die des Projektmanagers. Die Zurückweisung wirkt demoralisierend auf den Projektmanager, weil er glaubt, der »Präsident« des Projekts und der wahre Held des Unternehmens zu sein.

11. *Das Gefühl von Unruhe.* Fast alle Projektmanager haben eine Art von »Tunnelvision«, bei der sie dem Ende des Projekts entgegensehen, selbst wenn das Projekt gerade erst begonnen hat. Das Gefühl der Unruhe entsteht nicht nur dabei, dem Projektende entgegenzusehen, sondern auch dabei, das Projekt erfolgreich beendet zu sehen.

Stress ist nicht immer negativ. Ohne einen gewissen Stressfaktor würden Berichte nie fertig gestellt oder verteilt werden, Termine würden nicht eingehalten werden und niemand würde rechtzeitig zur Arbeit erscheinen. Aber Stress kann auch zu Krankheit und sogar zum Tod führen und muss richtig verstanden und gehandhabt sein, um für konstruktive Zwecke eingesetzt werden zu können.

Geist, Körper und Gefühle sind keine unabhängigen Einheiten. Sie beeinflussen einander, manchmal positiv und manchmal negativ. Stress wird dann schädlich, wenn er länger andauert, als das Individuum verkraften kann. In einem Projektumfeld mit ständig wechselnden Anforderungen, unmöglichen Endterminen und der Tatsache, dass jedes Projekt als unabhängige Einheit betrachtet wird, müssen wir fragen, wie viel Stress ein Projektmanager bequem aushalten kann.

Der Stress des Projektmanagements scheint im Verhältnis zu dem, was die Position zu bieten hat, in keinem Verhältnis zu stehen. Ein Projektmanager, der sich über den Stress im Klaren ist und Stressbewältigungstechniken beherrscht, kann diese Herausforderung jedoch bewältigen und die Tätigkeit zu einer lohnenswerten Erfahrung machen.

6.6 Studientipps für das PMI®-Projektmanagement-Zertifizierungsexamen

Dieser Abschnitt kann als Wiederholung der Grundlagen dienen, um die Wissensbereiche und Domänengruppen im PMBOK® Guide zu ergänzen. In diesem Kapitel geht es um Folgendes:

- Personalmanagement
- Risikomanagement
- Ausführung

Das Verständnis der folgenden Grundlagen ist vorteilhaft, wenn der Leser diesen Text für die Vorbereitung auf das PMP®-Zertifizierungsexamen verwendet:

- Wie Stress die Zusammenarbeit des Projektmanagers mit dem Team beeinflussen kann
- Wie Stress die Leistung der Teammitglieder beeinflussen kann

Die folgenden Multiple-Choice-Fragen sind hilfreich bei der Wiederholung der Grundlagen dieses Kapitels:

1. Welcher der folgenden Führungsstile erzeugt häufig »zusätzliche« Zeitdiebe für einen Projektmanager?
   A. Autokratisch
   B. Laissez-Faire
   C. Partizipierend
   D. Delegierend
2. Welcher der folgenden Führungsstile erzeugt häufig »zusätzliche« Zeitdiebe für das Projektteam?
   A. Autokratisch
   B. Laissez-Faire
   C. Partizipierend
   D. Delegierend
3. Welchen der folgenden Zeitdiebe will ein Projektmanager sehr wahrscheinlich selbst bearbeiten, statt ihn an qualifizierte Teammitglieder zu delegieren?
   A. Genehmigung des Beschaffungsaufwands
   B. Statusberichte an einen Kunden
   C. Konfliktverursachende Anweisungen vom Sponsor aus dem oberen Management
   D. Statusbericht zum Leistungswert

ANTWORTEN

1. A
2. D
3. C

PROBLEME

6.1 Sollten Zeitdiebe in die Projektkalkulation einbezogen werden?

6.2 Kann ein Projektmanager sein Zeitmanagement verbessern, wenn er den »Energiezyklus« seiner Mitarbeiter kennt? Ist dieser Energiezyklus von der Tageszeit, dem Tag in der Woche oder davon abhängig, ob Überstunden erforderlich sind?

FALLSTUDIE

Die unwilligen Arbeiter

Tim Arnold hatte vor drei Monaten die Firma gewechselt und eine Stelle als Projektmanager angenommen. Zunächst war er von seinem Status als Projektmanager begeistert gewesen und hatte vorgehabt, der beste Projektmanager zu werden, den die Firma je gesehen hat. Nun war er sich nicht mehr sicher, ob eine Tätigkeit im Projektmanagement überhaupt der Mühe wert war. Er bat um einen Termin bei Philipp Dreher, dem Direktor des Projektmanagements.

Tim Arnold: »Ich bin etwas unglücklich darüber, wie die Dinge laufen. Es scheint keine Möglichkeit zu geben, meine Mitarbeiter zu motivieren. Jeden Tag räumen alle meine Mitarbeiter pünktlich um 16.30 Uhr ihren Tisch auf und gehen nach Hause. Es ist schon vorgekommen, dass Mitarbeiter einfach eine Teambesprechung verlassen haben, weil sie Angst hatten, ihre Fahrgemeinschaft zu verpassen. Aus diesem Grund muss ich die Teambesprechungen nun morgens durchführen.«

Philipp Dreher: »Lieber Herr Arnold. Sie sollten sich klar machen, dass die Projektmitarbeiter glauben, dass sie an erster Stelle stehen und an zweiter das Projekt. So läuft das in unserem Unternehmen.«

Tim Arnold: »Ich habe meine Mitarbeiter mehrfach aufgefordert, mit ihren Problemen zu mir zu kommen. Ich glaube, dass die Leute das Gefühl haben, keine Hilfe zu benötigen, und dass sie Hilfe deshalb ablehnen. Ich schaffe es nicht, meine Mitarbeiter dazu zu bewegen, mehr zu kommunizieren.«

Philipp Dreher: »Das Durchschnittsalter unserer Mitarbeiter liegt bei 46 Jahren. Die meisten Leute arbeiten hier schon seit zwanzig Jahren. Sie sind der erste Mitarbeiter, den wir in den letzten drei Jahren eingestellt haben. Einige Mitarbeiter ärgern sich möglicherweise einfach darüber, dass Sie mit 30 Jahren bereits Projektmanager sind.«

Tim Arnold: »Es gibt einen Mitarbeiter im Rechnungswesen, der ziemlich gut ist. Er ist sehr an Projektmanagement interessiert. Ich habe seinen Chef gefragt, ob er ihn für eine Position im Projektmanagement freigeben würde. Sein Chef hat mich aber nur ausgelacht und gesagt, dass der Mitarbeiter, so lange er gute Arbeit leistet, nirgendwo anderes mitarbeiten wird. Sein Chef scheint mehr an seiner Abteilung als an dem Wohl des Unternehmens interessiert zu sein.

Für letzte Woche hatten wir einen Test eingeplant. Das Top-Management unseres Kunden hatte angekündigt, vor Ort zu kommen, um alles aus der Nähe zu betrachten. Zwei meiner Leute sagten, dass sie bereits Urlaub geplant hätten und dass sie diesen unter keinen Umständen verschieben würden. Einer der Mitarbeiter ging angeln und der andere wollte ein paar Tage mit Kindern aus dem örtlichen Kinderheim verbringen. Die beiden hätten ihre Pläne für den Test sicher ändern können.«

Philipp Dreher: »Viele unserer Mitarbeiter haben soziale Verantwortung übernommen und haben Interessen außerhalb ihrer Arbeit. Wir unterstützen das und hoffen, dass die privaten Interessen sich nicht störend auf die Arbeit unserer Mitarbeiter auswirken.

Sie müssen sich klar machen, dass viele Mitarbeiter bereits die für sie höchste Gehaltsstufe erreicht haben und dass es für sie entsprechend keine Weiterentwicklung gibt. Sie müssen ihre Interessen anderswo ausleben. Mit diesen Mitarbeitern müssen Sie jedoch zusammenarbeiten und sie motivieren. Vielleicht sollten Sie ein paar Bücher zu zwischenmenschlichem Verhalten und zu Mitarbeitermotivation lesen.«

7 Konflikte

Verwandte Fallstudien (aus Kerzner/*Project* Management *Case Studies*, 2. Auflage)	Verwandte Workbook-Übungen (aus Kerzner/*Project Management Workbook and PMP®/CAPM® Exam Study Guide*, 9. Auflage)	PMBOK® Guide, 3. Auflage, Referenzabschnitt für das PMP®-Zertifizierungsexamen
• Facilities Scheduling at Mayer Manufacturing* • Scheduling the Safety Lab • Telestar International* • The Problem with Priorities	• Multiple-Choice-Examen	• Personalmanagement

* Die Fallstudie wird am Ende des Kapitels beschrieben.

7.0 Einführung

PMBOK® Guide 2004

9.4 Leiten des Projektteams

9.4.2.3 Konfliktbewältigung

Das möglicherweise wichtigste Merkmal einer Projektumgebung wurde bisher noch nicht thematisiert: Konflikte. Die Gegner von Projektmanagement behaupten, dass viele Unternehmen deshalb nicht zu einer Projektorganisationsform wechseln, weil sie befürchten, dass sie die daraus resultierenden Konflikte nicht lösen können. Konflikte gehören zum Alltag einer Projektorganisation und können auf jeder Ebene der Organisation auftreten. In der Regel handelt es sich dabei um Zielkonflikte.

In der Vergangenheit wurde der Projektmanager häufig als Konfliktmanager bezeichnet. In vielen Organisationen muss der Projektmanager beständig Brände löschen und Krisen bekämpfen, die durch Konflikte entstehen. Er delegiert die Verantwortung für das Alltagsgeschäft an die Mitglieder des Projektteams. Diese Situation ist zwar nicht die beste, lässt sich jedoch nicht immer verhindern, insbesondere nicht nach organisatorischen Umstrukturierungsmaßnahmen oder der Aufnahme von Projekten, für die neue Ressourcen benötigt werden.

Die Fähigkeit, Konflikte zu lösen, setzt Kenntnisse darüber voraus, wann Konflikte auftreten können. In diesem Zusammenhang können die folgenden vier Fragen sehr hilfreich sein:

- Wie lauten die Projektziele und stehen sie im Konflikt mit den Zielen anderer Projekte?
- Warum treten Konflikte auf?
- Wie lassen sich Konflikte lösen?
- Gibt es eine Möglichkeit, potenzielle Konflikte bereits zu erkennen, bevor sie auftreten?

7.1 Projektziele

Jedes Projekt muss mindestens ein Ziel besitzen. Die Projektziele müssen allen Projektmitarbeitern und den Managern der Organisation bekannt sein. Wird das Projektziel nicht klar kommuniziert, haben die Unternehmensführung, die Projektmanager und die Linienmanager möglicherweise völlig unterschiedliche Auffassungen darüber. Dies führt zu Konflikten. Betrachten

Sie ein Beispiel. Unternehmen X hat den Auftrag erhalten, die Ursache für Materialermüdung bei einer Komponente zu finden. Der Auftrag hat ein Volumen von 100.000 €. Nach Auffassung des Topmanagements besteht das Projektziel möglicherweise darin, die Ursache für die Materialermüdung zu finden und die Komponente künftig so zu produzieren, dass die Probleme nicht mehr auftreten. Das Unternehmen X könnte dadurch einen entscheidenden Wettbewerbsvorteil erlangen. Der Bereichsleiter betrachtet das Projekt eventuell einfach als Möglichkeit, um seine Mitarbeiter zu beschäftigen. Für den Abteilungsleiter ist das Projektziel unter Umständen einfach ein weiterer Job, den er zu erfüllen hat, oder aber die Möglichkeit, eine neue Überwachungstechnologie zu etablieren. Der Abteilungsleiter kann das Projekt je nach Wichtigkeit und Definition der Zielvorgaben mit Mitarbeitern jedes Spezialisierungsgrads ausstatten.

Projektziele müssen folgende Kriterien erfüllen:

- Sie müssen spezifisch statt allgemein sein.
- Sie dürfen nicht zu komplex sein.
- Sie müssen messbar und überprüfbar sein.
- Sie müssen eine Herausforderung darstellen.
- Sie müssen realistisch und erreichbar sein.
- Sie müssen im Rahmen der Ressourcengrenzen liegen.
- Sie müssen mit den verfügbaren Ressourcen kompatibel sein.
- Sie müssen mit den Plänen, Richtlinien und Verfahrensweisen des Unternehmens übereinstimmen.

Einige Praktiker verwenden den vereinfachteren Ansatz, ein Ziel zu definieren, indem sie sagen, dass das Projektziel die folgende SMART-Regel erfüllen muss, wobei gilt:

- **S**pecific - Spezifisch
- **M**easurable - Messbar
- **A**ttainable - Erreichbar
- **R**ealistic oder Relevant - Realistisch oder relevant
- **T**angible oder Time Bound - Konkret oder zeitlich begrenzt

Leider sind die genannten Kriterien nicht immer klar. Dies gilt insbesondere dann, wenn ein Projekt für ein Unternehmen einzigartig ist. FuE-Projekte werden manchmal mit einer ganz allgemeinen Zielvorgabe gestartet. Die Projektziele müssen dann im Laufe der Zeit neu formuliert werden, weil das ursprüngliche Ziel nicht erreicht werden kann. So glaubt Unternehmen Y beispielsweise, dass es in der Lage ist, einen Hochleistungspropeller zu entwickeln. Das Angebot wird abgegeben und das Unternehmen erhält den Auftrag. Wie bei allen FuE-Projekten stellt sich die Frage, ob das Ziel im Rahmen der Zeit-, Kosten- und Qualitätsvorgaben erreichbar ist. Möglicherweise lässt sich das Ziel nur mit erheblichen Produktionskosten erreichen. In diesem Fall könnte die Spezifikation des Propellers so geändert werden, dass die Produktionskosten den verfügbaren Rahmen nicht überschreiten.

Bei vielen Projekten kommt der Führungsstil »Führung durch Zielvereinbarung« (Management by Objectives, kurz MBO) zum Einsatz. Die Philosophie, die sich hinter diesem Ansatz verbirgt, lässt sich wie folgt zusammenfassen:

- Das Management ist eher aktiv als reaktiv.
- Das Management ist ergebnisorientiert, wobei das, was erreicht wurde, in den Vordergrund gestellt wird.
- Es ist auf Veränderungen ausgerichtet, um die Effektivität der Mitarbeiter und der Organisation zu erhöhen.

Führung durch Zielvereinbarung ist ein systemorientierter Ansatz, bei dem Projektziele mit den Unternehmenszielen, Projektziele mit den Zielen anderen Untereinheiten der Organisation und

Projektziele mit den persönlichen Zielen in Einklang gebracht werden. Außerdem kann Führung durch Zielvereinbarung betrachtet werden als:

- Systemorientierter Ansatz, um Projektergebnisse für eine Organisation zu planen und zu erreichen
- Strategie, bei der die Bedürfnisse einzelner Mitarbeiter und gleichzeitig auch die des Projekts erfüllt werden
- Methode zur Klärung, wie der Beitrag jedes Einzelnen und der einzelner Organisationseinheiten zu dem Projekt aussehen sollte

Projektziele müssen jedoch unabhängig von diesem Führungsstil entwickelt werden.

7.2 Das Konfliktumfeld

Im Projektumfeld sind Konflikte unvermeidlich. Wie in Kapitel 5 beschrieben, kann für Konflikte und ihre Lösung jedoch Vorsorge getroffen werden. Konflikte können beispielsweise sehr leicht in einer Situation entstehen, in der die einzelnen Mitglieder einer Gruppe eine falsche Auffassung von den Rollen und Zuständigkeiten ihrer Kollegen haben. Werden die Rollen und Zuständigkeiten dokumentiert (z.B. mit Kompetenzverteilungsdiagrammen) lassen sich formale Verfahrensweisen zur Lösung der Konflikte entwickeln (entweder auf Projekt- oder auf Unternehmensebene). Eine Konfliktlösung kann nur durch eine Zusammenarbeit herbeigeführt werden, die durch gegenseitiges Vertrauen geprägt ist.

Zu den typischen Konflikten gehören beispielsweise die folgenden:

- Konflikte um Personalressourcen
- Konflikte um Einsatzmittel und Anlagen
- Konflikte um Kapitalaufwendungen
- Konflikte um Kosten
- Konflikte um fachliche Gesichtspunkte
- Konflikte um Prioritäten
- Konflikte um administrative Verfahrensweisen
- Konflikte um die Ablauf- und Terminplanung
- Konflikte um Zuständigkeiten
- Persönliche Diskrepanzen

Jeder dieser Konflikte kann in den einzelnen Phasen eines Projekts in seiner Intensität variieren. Projektmanager sind jedoch der Meinung, dass die am häufigsten auftretenden Konflikte Zeitplanüberschreitungen sind, während die potenziell schädlichsten Konflikte aber aufgrund persönlicher Diskrepanzen entstehen können. Die relative Intensität kann dabei von folgenden Faktoren abhängen:

- Es besteht die Gefahr, die Projektvorgaben zu verletzen
- Es werden nur zwei statt der drei Vorgaben beachtet (z.B. Zeit und Leistung, nicht jedoch die Kosten)
- Vom Projektlebenszyklus selbst
- Von der Person, mit der der Konflikt besteht

Manchmal ist ein Konflikt auch »sinnvoll« und bringt positive Ergebnisse mit sich. Solche sinnvollen Konflikte sollten zugelassen werden, falls dadurch nicht die Projektvorgaben verletzt werden und insgesamt positive Ergebnisse zu verzeichnen sind. Ein Beispiel hierfür wäre ein Konflikt zwischen zwei technischen Spezialisten über die Frage, welche Problemlösemethode die bessere ist. Nachfolgend werden einige Konfliktsituationen geschildert. Überlegen Sie, was Sie in der jeweiligen Situation tun würden.

- Zwei Ihrer Linienmitarbeiter scheinen persönliche Diskrepanzen zu haben und nehmen fast immer bei der Entscheidungsfindung gegensätzliche Standpunkte ein. Die Mitarbeiter stammen beide aus derselben Linienorganisation.
- Die Fertigung sagt, dass sie das Endprodukt nicht gemäß der Spezifikation herstellen kann.
- Die Qualitätskontrolle von FuE und die Qualitätskontrolle der Fertigung streiten sich darüber, wer einen bestimmten Test in einem FuE-Projekt durchführen sollte. Die FuE-Abteilung argumentiert damit, dass es ihr Projekt sei, und die Fertigung sagt, dass das Produkt sehr wahrscheinlich in Produktion geht und dass sie so früh wie möglich eingebunden werden sollte.
- Herr X ist Projektmanager eines 65-Millionen-€-Projekts, bei dem ein Volumen von 1 Million € an ein Subunternehmen vergeben wird, für das Herr Y als Projektmanager arbeitet. Herr X akzeptiert Herrn Y nicht als adäquates Gegenüber und kommuniziert deshalb beständig mit dem technischen Direktor der Firma von Herrn Y.

Im Idealfall sollte der Projektmanager an eine Stelle in der Hierarchie berichten, die in der Lage ist, ihn beim Lösen von Konflikten rechtzeitig zu unterstützen. Leider ist dies einfacher gesagt als getan. Deshalb müssen sich Projektmanager Pläne dafür zurechtlegen, wie sie Konflikte lösen können. Nachfolgend einige Beispiele:

- Der Projektmanager gibt möglicherweise bei einem geringfügigen Konflikt nach, wenn er weiß, dass zu einem späteren Zeitpunkt im Projektverlauf mit einem heftigeren Konflikt zu rechnen ist.
- Ein Bauunternehmen hat vor kurzem einen Auftrag mit einem Volumen von 120 Millionen € von einem lokalen Unternehmen erhalten. Der Auftrag beinhaltet drei separate Bauprojekte, die alle gleichzeitig beginnen. Zwei der Projekte haben eine Laufzeit von 24 Monaten, das dritte eine Laufzeit von 36 Monaten. Für jedes Projekt ist ein eigener Projektmanager zuständig. Wenn Ressourcenkonflikte zwischen den Projekten auftreten, wird in der Regel der Auftraggeber zu Rate gezogen.
- Richard ist ein Abteilungsleiter, der Ressourcen für vier verschiedene Projekte bereitstellen muss. Die Projekte haben zwar unterschiedliche Prioritäten, die Projektmanager behaupten jedoch ständig, dass die Ressourcen aus Richards Abteilung nicht effektiv eingesetzt werden. Richard beruft nun einmal pro Monat eine Sitzung mit allen vier Projektmanagern ein und lässt sie darüber entscheiden, wie die Ressourcen zugewiesen werden sollen.

Viele Führungskräfte haben das Gefühl, dass sich Konflikte am besten durch die Vergabe von Prioritäten lösen lassen. Das gilt nur, solange sich die Prioritäten nicht ständig verändern. Ein Energieversorger vergibt die Prioritäten beispielsweise wie folgt:

- Priorität 0: Kein Stichtag
- Priorität 1: Muss vor dem Stichtag fertig gestellt werden
- Priorität 2: Muss innerhalb eines oder vor einem bestimmten fiskalischen Quartal fertig gestellt werden
- Priorität 3: Muss innerhalb eines Jahres fertig gestellt werden

Diese Technik funktioniert, solange es nur wenige Projekte mit der gleichen Priorität gibt.

Zu den wichtigsten Faktoren für die Vergabe von Projektprioritäten gehören:

- Die technischen Risiken bei der Entwicklung
- Die Risiken, die das Unternehmen finanziell oder insgesamt auf sich nimmt
- Die zeitliche Nähe des Lieferdatums und die Dringlichkeit
- Die Geldbußen, die bei Überziehung des Lieferdatums fällig werden
- Die erwarteten Einsparungen, Gewinnzuwächse und der Kapitalertrag (ROI)

- Der Einfluss, den der Auftraggeber besitzt, möglicherweise wegen der Projektgröße
- Der Einfluss auf andere Projekte oder Produktlinien
- Der Einfluss auf Schwesterunternehmen

Die letztendliche Verantwortung für die Vergabe von Prioritäten liegt beim Top-Management. Doch auch wenn Prioritäten vergeben werden, können sich Konflikte entwickeln. David Wilemon hat verschiedene Gründe dafür ermittelt:[1]

- Je größer die Vielfalt der Fachrichtungen bei den Mitgliedern des Projektteams ist, desto größer ist die Wahrscheinlichkeit, dass sich Konflikte zwischen den Teammitgliedern entwickeln.
- Je weniger Befugnisse und Möglichkeiten der Projektmanager hat, um die Teammitglieder zu belohnen oder zu bestrafen, desto größer ist die Wahrscheinlichkeit, dass Konflikte entstehen.
- Je weniger die Teammitglieder über die Projektzielvorgaben wissen (Kosten, Ablauf- und Terminplan und technische Leistung), desto größer ist die Wahrscheinlichkeit, dass Konflikte entstehen.
- Je stärker die Mehrdeutigkeit unter den Teilnehmern des Projektteams betont wird, desto größer ist die Wahrscheinlichkeit, dass Konflikte entstehen.
- Je größer die Zustimmung zu übergeordneten Zielen ist, desto geringer ist das Potenzial für schädliche Konflikte.
- Je stärker die Mitarbeiter aus Linienorganisationen den Eindruck haben, dass die Einführung des Projektmanagementsystems sich nachteilig auf ihre traditionellen Rollen auswirkt, desto größer ist das Konfliktpotenzial.
- Je weniger die Organisationseinheiten, die das Projekt unterstützen, voneinander abhängig sind, desto größer ist das Konfliktpotenzial.
- Je höher die Managementebene in einem Projekt oder Funktionsbereich ist, desto wahrscheinlicher ist es, dass Konflikte auf tief sitzenden engstirnigen Ressentiments basieren. Im Gegensatz dazu ist es auf Projekt- oder Aufgabenebene eher wahrscheinlich, dass die Kooperation durch die Ausrichtung auf die Aufgaben und die Professionalität erleichtert wird, dank derer ein Projekt fertig gestellt werden kann.

7.3 Konfliktlösung

PMBOK® Guide 2004
9.4.2.3 Konfliktbewältigung

Obwohl die einzelnen Konflikte sich voneinander unterscheiden, möchte das Unternehmen möglicherweise, dass Konflikte immer auf die gleiche Weise gelöst werden. Die vier am weitesten verbreiteten Methoden der Konfliktlösung sind:

1. Die Entwicklung von Richtlinien und Verfahrensweisen zur Konfliktlösung, die unternehmensweit gelten
2. Die Entwicklung von Konfliktlösungsverfahren in einer frühen Planungsphase
3. Die Delegation an eine höhere Hierarchieebene
4. Die Konfrontation der Konfliktparteien

Viele Unternehmen haben versucht, Richtlinien und Verfahrensweisen mit unternehmensweiter Gültigkeit für die Konfliktlösung zu entwickeln. Dies scheitert jedoch häufig daran, dass sich die einzelnen Projekte und Konflikte stark voneinander unterscheiden. Außerdem lösen Projektmanager Konflikte bedingt durch ihre Individualität und manchmal auch durch die Unterschiede in den Kompetenzen und Zuständigkeiten lieber auf ihre eigene Weise.

---

1. Wilemon, D.L., *Managing Conflict in Temporary Management Situations,* The Journal of Management Studies, 1973, S. 282–296.

Eine zweite Methode der Konfliktlösung, die häufig sehr effektiv ist, besteht darin, Konflikte bereits bei der Planung zu berücksichtigen. Dies kann beispielsweise durch den Einsatz von Kompetenzverteilungsdiagrammen geschehen. Die Planung der Konfliktlösung entspricht der ersten Methode, jeder Projektmanager hat jedoch die Möglichkeit, seine eigenen Richtlinien, Regeln und Verfahrensweisen zu entwickeln.

Die Delegation an eine höhere Hierarchieebene zur Lösung von Konflikten scheint rein theoretisch die beste Methode zu sein, weil weder der Projektmanager noch der Linienmanager dominieren. Der Projekt- und die Linienmanager stimmen darin überein, dass ihr gemeinsamer Vorgesetzter im Interesse des Unternehmens Konflikte lösen muss.

Leider ist dies nicht realistisch, weil nicht erwartet werden kann, dass der Vorgesetzte ständig die Konflikte löst, die in einem Projekt auftreten, und damit den Eindruck erweckt, als könnten die Projekt- und Linienmanager ihre Probleme nicht selbst bewältigen.

Die letzte Methode der Konfrontation der Konfliktparteien besteht darin, die Konfliktparteien in einer Sitzung zusammenkommen zu lassen und sie aufzufordern, ihre Unstimmigkeiten zu lösen. Leider funktioniert diese Methode nicht immer und kann dazu führen, dass Mitarbeiter Probleme gar nicht erwähnen oder sich bei der Gegenüberstellung neue Probleme entwickeln.

Viele Konflikte lassen sich bereits dadurch reduzieren oder verhindern, dass die Projektziele beständig an die Teammitglieder kommuniziert werden. Diese ständige Wiederholung hindert die Mitarbeiter möglicherweise daran, zu weit in die falsche Richtung zu gehen.

7.4 Konflikte mit Vorgesetzten, Mitarbeitern und Fachabteilungen

PMBOK® Guide 2004
9.4.2.3 Konfliktbewältigung

Um effektiv zu sein, muss ein Projektmanager wissen, wie er mit den verschiedenen Mitarbeitern umgehen muss, die eine Mittlerfunktion zum Projekt haben. Zu diesen gehören das obere Management, Mitarbeiter des Projektteams und Linienmitarbeiter. Der Projektmanager muss ziemlich häufig die Anpassungsfähigkeit demonstrieren, indem er für jede Gruppe von Mitarbeitern ein anderes Arbeitsumfeld einrichtet. Der Bedarf hierfür wurde im Abschnitt 7.2 gezeigt, in dem deutlich wurde, dass sich die relative Intensität von Konflikten im Laufe des Projekts verändern kann. [2]

Die Art und Intensität von Konflikten kann auch vom Typ der Mitarbeiter abhängen (siehe Abbildung 7.1). Die Konfliktursachen und -quellen werden in Bezug auf ihre relative Konfliktintensität eingeschätzt.

Im letzten Abschnitt wurden grundlegende Konfliktlösemechanismen vorgestellt. Der Modus, den ein Projektmanager einsetzt, hängt sehr wahrscheinlich davon ab, zwischen welchen Parteien ein Konflikt besteht (siehe Abbildung 7.2). Abbildung 7.2 zeigt nicht unbedingt die Modi, die der Projektmanager bevorzugen würde, sondern die Modi, die die Konfliktintensität erhöhen oder verringern. Auch wenn Projektmanager in der Regel den Rückzug für die schlechteste Methode halten, kann sie bei Linienmanagern sehr effektiv sein. Im Umgang mit Vorgesetzten sollten sich Projektmanager jedoch eher für den sofortigen Kompromiss als für eine Konfrontation entscheiden.

2. Der Großteil dieses Abschnitts wurde inklusive der Abbildungen aus dem Titel *Seminar in Project Management Workbook* von Hans J. Thamhain übernommen. © by Hans J. Thamhain. Reproduced by permission of Dr. Hans J. Thamhain.

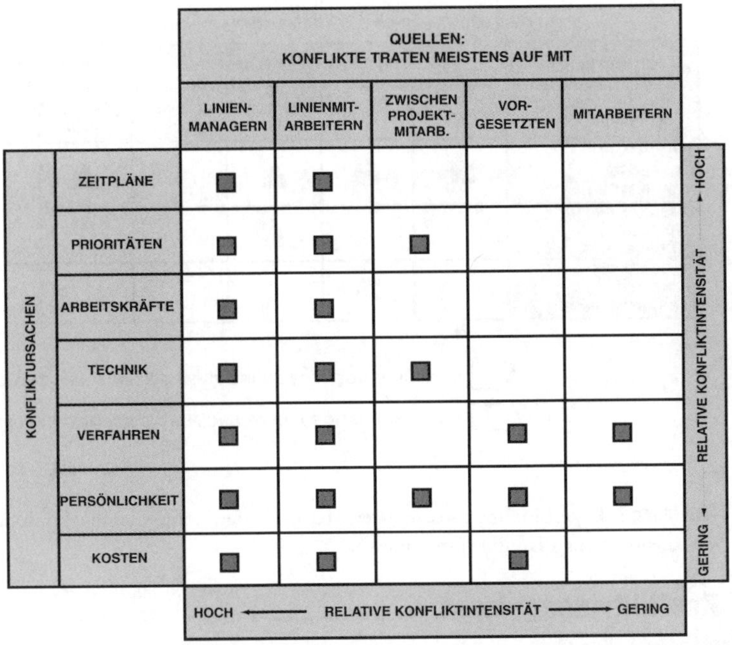

Abbildung 7.1: Die Beziehung zwischen Konfliktursachen und -quellen

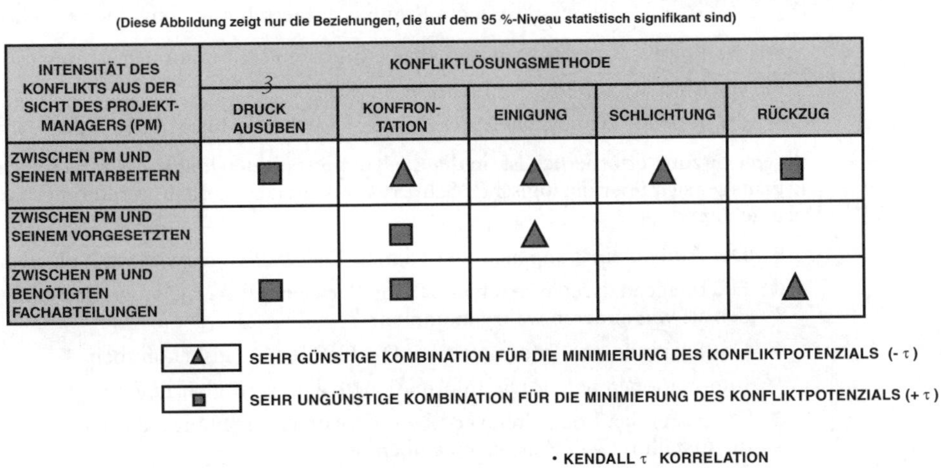

Abbildung 7.2: Verhältnis zwischen der wahrgenommenen Intensität eines Konflikts und dem Modus der Konfliktlösung

Abbildung 7.3 identifiziert die verschiedenen Einflussarten, die Projektmanager als hilfreich empfinden, um potenzielle Konflikte zu reduzieren. Die Macht, Druck auszuüben, die Kompetenz und das Fachwissen werden als ungünstige Verbindungen in Hinblick auf die Minimierung des Konfliktpotenzials betrachtet. Wie zu erwarten, wirken sich die Herausforderung durch die Arbeit und die Beförderung (falls der Projektmanager die Befugnis dazu hat) sehr günstig auf die Minimierung des Konfliktpotenzials aus.

(die Abbildung zeigt nur die auf dem 95%-Niveau signifikanten Verbindungen)

INTENSITÄT DES KONFLIKTS AUS DER SICHT DES PROJEKTMANAGERS (PM)	METHODEN DER EINFLUSSNAHME AUS DER SICHT DES PROJEKTMANAGERS						
	FACHWISSEN	KOMPETENZ	HERAUSFORDERUNG	FREUNDSCHAFT	BEFÖRDERUNG	GEHALT	BESTRAFUNG
ZWISCHEN PM UND SEINEN MITARBEITERN	■	■	▲		▲		■
ZWISCHEN PM UND SEINEM VORGESETZTEN			▲				■
ZWISCHEN PM UND DEN FACHABTEILUNGEN		■					■

▲ SEHR GÜNSTIGE VERBINDUNG FÜR DIE MINIMIERUNG DES KONFLIKTPOTENZIALS (- τ)

■ SEHR UNGÜNSTIGE VERBINDUNG FÜR DIE MINIMIERUNG DES KONFLIKTPOTENZIALS (+ τ)

• KENDALL τ -KORRELATION

Abbildung 7.3: Verbindung zwischen den Methoden der Einflussnahme durch den Projektmanager und der wahrgenommenen Konfliktintensität

7.5 Konfliktmanagement

PMBOK® Guide 2004
9.4.2.3 Konfliktbewältigung

Gute Projektmanager wissen, dass Konflikte zwar unvermeidlich sind, aber dass gute Verfahren oder Techniken hilfreich sein können, sie zu lösen. Wenn ein Konflikt aufgetreten ist, muss der Projektmanager[3]

- das Problem untersuchen und alle verfügbaren Informationen sammeln.
- einen situationsbezogenen Ansatz entwickeln.
- die passende Atmosphäre oder das passende Klima für eine Konfliktlösung herstellen.

Falls eine Sitzung erforderlich ist, in der die Konfliktparteien konfrontiert werden, sollte der Projektmanager sich über die logischen Schritte im Klaren sein, die unternommen werden müssen. Dazu gehören:

- Der Aufbau eines angenehmen Klimas: Den Willen entwickeln, teilzunehmen.
- Die Imageanalyse: Wie sehen sich die Parteien selbst, wie sehen sie andere und wie werden sie von anderen wahrgenommen?
- Das Sammeln von Informationen: Die Gefühle herausbekommen
- Informationen teilen: Die Informationen allen verfügbar machen
- Die passenden Prioritäten vergeben: Arbeitssitzungen für die Prioritätenvergabe und für die Erstellung von Zeitplänen einberufen
- Gruppenbildung: Bildung von funktionsübergreifenden Problemlösegruppen
- Problemlösung: Einbeziehung aller betroffenen Linienorganisationen, Vergabe von Prioritäten und Erstellung von Zeitplänen
- Entwickeln eines Aktionsplans: Bindung erzeugen
- Den Plan umsetzen: Die im Plan festgelegten Aktivitäten durchführen
- Nachverfolgung: Rückmeldung zur Umsetzung des Aktionsplans sammeln

3. Siehe Fußnote 2.

Der Projektmanager oder Teamleiter sollte außerdem Verfahren zur Konfliktminimierung kennen, wie z.B. die folgenden:

- Vor jeder Handlung erst einmal eine Pause machen und nachdenken
- Vertrauen schaffen
- Versuchen, die Motive für den Konflikt zu verstehen
- Versuchen, die Sitzung unter Kontrolle zu halten
- Allen involvierten Parteien zuhören
- Die Einstellung des Gebens und Nehmens pflegen
- Andere taktvoll über die eigene Sichtweise in Kenntnis setzen
- Bereit sein, Fehler zuzugeben
- Nicht als Supermann agieren und die Diskussion nur hin und wieder ausgleichen

In Konfliktlösesituationen zeigt der effektive Manager also, dass er

- die Organisation kennt
- verständnisvoll statt wertend zuhört
- das Wesen des Konflikts aufdeckt
- Methoden vorschlägt, mit denen Differenzen gelöst werden können
- ein gutes Verhältnis zu den Konfliktparteien aufrechterhält
- die Kommunikation erleichtert
- nach Lösungen sucht

7.6 Konfliktlösungsmethoden

PMBOK® Guide 2004
9.4.2.3 Konfliktbewältigung

Das Konfliktmanagement versetzt den Projektmanager in die prekäre Lage, einen Konfliktlösemodus wählen zu müssen (wie in Abschnitt 7.4 definiert). Je nach Situation, der Art des Konflikts und den Konfliktparteien können die folgenden Methoden gerechtfertigt sein.

Konfrontation (oder Zusammenarbeit)

Bei diesem Ansatz treffen sich die Konfliktparteien und versuchen, ihre Meinungsverschiedenheiten durchzusprechen. Der Ansatz sollte eher auf die Lösung des Problems als auf den Kampf zwischen den Parteien ausgerichtet sein. Das Ziel ist die Zusammenarbeit und die Integration, bei der beide Parteien gewinnen können. Diese Methode sollte eingesetzt werden:

- Wenn der Projektmanager und die Konfliktpartei mindestens das erhalten, was Sie wollen, und möglicherweise sogar etwas mehr
- Um Kosten zu reduzieren
- Um eine gemeinsame Machtbasis aufzubauen
- Um einen gemeinsamen Feind anzugreifen
- Wenn die Fähigkeiten sehr verschieden sind
- Wenn genügend Zeit zur Verfügung steht
- Wenn Vertrauen vorhanden ist
- Wenn Vertrauen in die Fähigkeiten der anderen Person besteht
- Wenn das Primärziel darin besteht, zu lernen

Einigung

Bei diesem Ansatz wird eine Lösung ausgehandelt oder es wird eine Lösung gesucht, die für beide Parteien zufrieden stellend ist. Die Einigung ist häufig das Ergebnis einer Konfrontation. Es besteht die Auffassung, dass die Einigung ein »Geben und Nehmen-Ansatz« sei, der zu einer »Win-Win-Position« führt, d.h. einer Position, bei der beide Parteien gewinnen. Eine andere Auffassung besteht darin, dass die Einigung eine »Lose-Lose-Position« erzeuge, bei der keine Partei bekommt, was sie möchte. Die Einigung sollte eingesetzt werden:

- Wenn beide Parteien gewinnen müssen
- Wenn es nichts zu gewinnen gibt
- Wenn beide Parteien gleich stark sind
- Wenn nicht genügend Zeit zur Verfügung steht, um zu gewinnen
- Um ein gutes Verhältnis zur Gegenseite zu wahren
- Wenn der Projektmanager sich nicht sicher ist, ob er Recht hat
- Wenn alle Parteien leer ausgehen, falls sie sich nicht einigen
- Wenn es nicht um viel geht
- Um den Eindruck eines Kampfes zu vermeiden

Schlichtung (oder Entgegenkommen)

Dieser Ansatz beruht auf dem Versuch, die in einem Konflikt vorherrschenden Emotionen zu reduzieren. Dazu werden Bereiche hervorgehoben, in denen Übereinstimmung vorherrscht, und Bereiche in den Hintergrund gestellt, in denen Uneinigkeit herrscht. Ein Beispiel für einen Schlichtungsversuch wäre, wenn Sie jemandem sagen würden: »Wir stimmen in drei der fünf Punkte überein und es gibt keinen Grund, warum wir in den letzten beiden Punkten keine Einigung erzielen sollten.« Ein Schlichtungsversuch löst einen Konflikt nicht unbedingt, er versucht jedoch, beide Parteien davon zu überzeugen, dass Verhandlungen sinnvoll sind, weil eine Lösung gefunden werden kann. Bei der Schlichtung müssen möglicherweise die eigenen Ziele aufgegeben werden, um der Gegenpartei entgegenzukommen. Die Schlichtung sollte in folgenden Fällen eingesetzt werden:

- Um ein übergeordnetes Ziel zu erreichen
- Um die Verpflichtung zu erzeugen, später zu einer Einigung zu kommen
- Wenn es nicht um viel geht
- Um Harmonie zu erzeugen
- Wenn jede Lösung akzeptabel ist
- Um einen guten Willen zu erzeugen (und großzügig zu sein)
- Wenn eine Partei sowieso verlieren würde
- Um Zeit zu gewinnen

Druck ausüben (oder unkooperativ sein)

Dies passiert, wenn eine Partei versucht, der anderen Partei eine Lösung aufzuzwingen. Die Chance auf die Lösung eines Konflikts ist größer, je weiter unten in der Hierarchie danach gestrebt wird. Je höher der Konflikt in der Hierarchie angesiedelt ist, desto größer ist die Tendenz, Druck auszuüben. Dies resultiert in einer »Win-Lose-Situation«, bei der eine Partei zu Lasten einer anderen gewinnt. Die Methode, Druck auszuüben, sollte in folgenden Fällen zum Einsatz kommen:

- Wenn eine Partei im Recht ist
- Wenn es um alles oder nichts geht
- Wenn es viel zu verlieren gibt

- Wenn wichtige Prinzipien auf dem Spiel stehen
- Wenn die eigene Partei stärker ist (beginnen Sie nie einen Kampf, den Sie nicht gewinnen können)
- Um an Status oder Macht zu gewinnen
- Bei kurzfristigen, einmaligen Geschäften
- Wenn deutlich wird, dass ein Spiel gespielt wird
- Wenn schnell eine Entscheidung getroffen werden muss

Rückzug

Der Rückzug wird häufig als temporäre Lösung für ein Problem betrachtet. Das Problem und der resultierende Konflikt können wiederholt auftreten. Der Einsatz dieser Methode wird häufig als Feigheit betrachtet oder als mangelnde Bereitschaft, auf die Situation einzugehen. Der Rückzug sollte eingesetzt werden,

- Wenn die eigene Partei nicht gewinnen kann
- Wenn es nicht viel zu verlieren gibt
- Wenn es viel zu verlieren gibt, Sie jedoch noch nicht richtig vorbereitet sind
- Um Zeit zu gewinnen
- Um den Gegner zu zermürben
- Wenn Sie glauben, das Problem würde sich sowieso lösen
- Wenn Sie durch den Aufschub gewinnen

7.7 Studientipps für das PMI®-Projektmanagement-Zertifizierungsexamen

Dieser Abschnitt kann als Wiederholung der Grundlagen dienen, um die Wissensbereiche und Domänengruppen im PMBOK® Guide zu ergänzen. In diesem Kapitel geht es um Folgendes:

- Personalmanagement
- Ausführung

Das Verständnis der folgenden Grundlagen ist vorteilhaft, wenn der Leser diesen Text für die Vorbereitung auf das PMP®-Zertifizierungsexamen verwendet:

- Komponenten einer Zielsetzung
- Die Bedeutung eines SMART-Kriteriums für eine Zielsetzung
- Unterschiedliche Konflikttypen, die in einer Projektumgebung auftreten können
- Unterschiedliche Konfliktbewältigungsmodi, und wann sie eingesetzt werden sollten

Die folgenden Multiple-Choice-Fragen sind hilfreich bei der Wiederholung der Grundlagen dieses Kapitels:

1. Bei den SMART-Zielsetzungen steht »S« für:
   A. Satisfactory - Zufriedenstellend
   B. Static - Statisch
   C. Specific - Spezifisch
   D. Standard - Standard
2. Bei den SMART-Zielsetzungen steht »A« für:
   A. Accurate - Exakt
   B. Acute - Akut
   C. Attainable - Erreichbar
   D. Able - Fähig

3. Projektmanger glauben, der am häufigsten auftretende Konflikt sei:
   A. Prioritäten
   B. Zeitpläne
   C. Persönliche Konflikte
   D. Ressourcen
4. Der Konflikt, der für ein Projekt bei seinem Auftreten am schädlichsten ist, ist im Allgemeinen:
   A. Prioritäten
   B. Zeitpläne
   C. Persönliche Konflikte
   D. Ressourcen
5. Der von Projektmanagern häufig bevorzugte Ansatz für die Konfliktbewältigung ist:
   A. Kompromiss
   B. Konfrontation
   C. Beruhigung
   D. Rückzug
6. Welcher Konfliktbewältigungsmodus ist äquivalent zur Problemlösung?
   A. Kompromiss
   B. Konfrontation
   C. Beruhigung
   D. Rückzug
7. Welcher Konfliktbewältigungsmodus vermeidet einen Konflikt nur vorübergehend, statt ihn zu lösen?
   A. Kompromiss
   B. Konfrontation
   C. Beruhigung
   D. Rückzug

ANTWORTEN

1. C
2. C
3. B
4. C
5. B
6. B
7. D

PROBLEME

7.1 Lassen sich formelle Verfahrensweisen für die Konfliktlösung entwickeln (auf Projekt- oder Unternehmensebene)? Welche Probleme bestehen bei solch allgemeinen Konfliktlöseverfahren?

7.2 Unter welchen Umständen kann ein Konflikt zwischen den Mitgliedern einer Gruppe dadurch entstehen, dass ein Missverständnis darüber besteht, welche Rolle die einzelnen Mitglieder in der Gruppe haben?

7.3 Wäre eine Situation denkbar, in der die Konflikte nicht effektiv gesteuert werden und die Entscheidungsfindung trotzdem nicht langwierig oder schwerfällig verläuft?

7.4 Wenn Konflikte in einer Situation entstehen, in der Misstrauen vorherrscht, erwarten Sie dann, dass die Dokumentation der Aktivitäten zu- oder abnimmt? Warum?

7.5 Wenn eine Situation entsteht, in der sich ein bedeutsamer Konflikt entwickeln könnte, sollte der Projektmanager den Konflikt dann belassen, so lange er sich vorteilhaft auswirkt, oder sollte er versuchen, den Konflikt so schnell wie möglich zu lösen?

7.6 Betrachten Sie die folgende Aussage von David L. Wilemon:[4]

> Der Wert eines Konflikts hängt davon ab, wie effektiv der Projektmanager vorteilhafte Konflikte erzeugt und gleichzeitig das Potenzial negativer Aspekte minimiert. Ein guter Projektmanager benötigt einen »sechsten Sinn«, um festzustellen, wann ein Konflikt wünschenswert ist, welche Art von Konflikten nützlich ist und welches Konfliktpotenzial in einer bestimmten Situation optimal ist. Letztendlich ist der Projektmanager für sein Projekt und auch dafür verantwortlich, wie sich Konflikte auf den Erfolg oder Misserfolg des Projekts auswirken.

Würde Ihre Antwort auf Problem 7.5 vor dem Hintergrund dieser Aussage anders ausfallen?

7.7 Herr X ist Projektmanager eines 65-Millionen-€-Projekts, bei dem ein Volumen von € 1 Million an ein Subunternehmen vergeben wird, für das Herr Y als Projektmanager arbeitet. Leider betrachtet Herr X Herrn Y nicht als gleichwertigen Gesprächspartner und kommuniziert ständig mit dem technischen Direktor der Firma von Herrn Y. Welche Art von Konflikt kann daraus resultieren?

7.8 Vertragsverhandlungen können leicht zu Konflikten führen. Bei einer Meinungsverschiedenheit wies der Geschäftsführer von Unternehmen A, der die Verhandlungen führte, an, die Vertragsverhandlungen mit Firma B abzubrechen, weil der Unterhändler von Firma B nicht direkt an einen Geschäftsführer berichtet. Wie lässt sich eine solche Situation lösen?

7.9 Die nachfolgenden Aussagen setzen sich jeweils aus einer traditionellen und aus einer projektbezogenen Sichtweise zusammen. Identifizieren Sie die beiden.

a. Konflikte sollten vermieden werden; Konflikte bieten Chancen und sind deshalb unvermeidlich.
b. Konflikte werden durch Störenfriede und Egoisten verursacht; Konflikte werden durch die Struktur des Systems und die Beziehungen zwischen den Komponenten verursacht.
c. Konflikte können auch positiv sein; Konflikte sind schlecht.

7.10 Welche der Konfliktlösungsmethoden aus Abschnitt 7.6 wirken sich günstig oder ungünstig auf das Konfliktpotenzial zwischen den folgenden Parteien aus:

a. Zwischen dem Projektmanager und den Mitarbeitern des Project Office.
b. Zwischen dem Projektmanager und den Linienorganisationen.
c. Zwischen dem Projektmanager und seinen Vorgesetzten.
d. Zwischen dem Projektmanager und anderen Projektmanagern.

7.11 Welche Einflussmöglichkeiten sollten dazu führen, dass sich die Konflikte zwischen den folgenden Parteien verringern?

- Zwischen dem Projektmanager und den Mitarbeitern des Project Office.
- Zwischen dem Projektmanager und den Linienorganisationen.
- Zwischen dem Projektmanager und seinen Vorgesetzten.
- Zwischen dem Projektmanager und anderen Projektmanagern.

4. Wilemon, D.L., *Managing Conflict in Temporary Management Situations,* Journal of Management Studies, October 1973, S. 296.

7.12 Stimmen Sie der Behauptung zu, dass »die Konfliktlösung durch Gegenüberstellung Vertrauen erfordert; die Beteiligten müssen sich aufeinander verlassen«?

7.13 Davis und Lawrence identifizieren verschiedene Situationen in einer Matrix, die sich leicht zu Konflikten entwickeln können.[5] Welche Lösungsmethode würden Sie jeweils vorschlagen?

a. Mitarbeiter, die sich vertragen, und Mitarbeiter, die sich nicht vertragen, müssen zusammenarbeiten.
b. Machtkämpfe zerstören das Kräftegleichgewicht.
c. Anarchie
d. Gruppitis (die Mitarbeiter verwechseln Verhalten in der Matrixorganisation mit der Entscheidungsfindung in der Gruppe)
e. Ein Zusammenbruch in einer ökonomischen Krise
f. Vorgänge, die Entscheidungen abwürgen
g. Die Matrixorganisation wird den unteren Organisationsebenen aufgezwungen.
h. Nabelschau (die Zeit wird damit zugebracht, interne Konflikte auszubügeln, anstatt ein besseres Verhältnis zum Auftraggeber aufzubauen)

7.14 Geben Sie die beste Konfliktlösungsmethode für die folgenden Situationen an:

a. Zwei Ihrer Linienmitarbeiter scheinen persönliche Probleme miteinander zu haben und nehmen bei Fragen der Entscheidungsfindung immer gegensätzliche Standpunkte ein.
b. Die Qualitätskontrolle der FuE-Abteilung und die der Fertigung streiten darüber, wer die Tests für ein FuE-Projekt durchführen sollte. Die FuE-Abteilung argumentiert damit, dass es ihr Projekt sei, und die Fertigung sagt, dass das Produkt sehr wahrscheinlich in Produktion geht und dass sie so früh wie möglich eingebunden werden sollte.
c. Zwei Linienmanager streiten sich beständig darüber, wer einen bestimmten Test durchführen sollte. Sie wissen, dass die Situation existiert, und dass die Abteilungsleiter versuchen, den Konflikt selbst zu lösen. Sie sind jedoch nicht sicher, ob das klappt.

7.15 Wird eine Konfrontation erzwungen, ist sichergestellt, dass etwas geschieht. Kann sich durch Anwendung von Zwang auch Misstrauen zwischen den Teilnehmern entwickeln?

7.16 Sollte es in Bezug auf die Lösung von Konflikten eine Rolle spielen, an wen der Projektmanager berichtet?

7.17 In Unternehmen entstehen häufig Konflikte über die Bewertung von Rohmaterial und von fertigen Gütern. Warum könnte es diesbezüglich Differenzen zwischen Rechnungswesen/Buchhaltung, Marketing/Vertrieb und der Fertigung geben?

7.18 Erklären Sie, wie die relative Intensität eines Konflikts von den folgenden Faktoren abhängt:

a. Es besteht die Gefahr, die Projektvorgaben zu verletzen
b. Es werden nur zwei statt der drei Vorgaben beachtet (z.B. Zeit und Leistung, nicht jedoch die Kosten)
c. Vom Projektlebenszyklus selbst
d. Von der Person, mit der der Konflikt besteht

---

5. Davis und Lawrence, *Matrix*, © 1977. Adapted by permission of Pearson Education Inc., Upper Saddle River, New Jersey

7.19 Den in Abbildung 7.1 gezeigten Konflikten wurden relative Intensitäten aus der Sicht des Projektmanagers zugeordnet. Würde die Liste in einem nicht projektorientierten Unternehmen anders aussehen?

7.20 Betrachten Sie die Reaktionen des Projektmanagers in den Abbildungen 7.1 bis 7.3. Welcher Wahl stimmen Sie zu und welcher nicht? Begründen Sie Ihre Antworten.

7.21 Als guter Projektmanager versuchen Sie, die Vermeidung von Konflikten zu planen. Es liegt nun ein Konflikt mit geringer Intensität mit einem Linienmanager vor, den Sie, wie in der Vergangenheit, durch Konfrontation lösen wollen. Wenn Sie wüssten, dass sich kurz darauf ein Konflikt mit einer hohen Intensität entwickelt, würden Sie sich dann bei dem kleinen Konflikt für die Methode des Rückzugs entscheiden, um später bei dem Konflikt mit hoher Intensität eine bessere Position zu haben?

7.22 Ein Bauunternehmen hat vor kurzem einen Auftrag mit einem Volumen von 120 Millionen € von einem lokalen Unternehmen erhalten. Der Auftrag beinhaltet drei separate Bauprojekte, die alle gleichzeitig beginnen. Zwei der Projekte haben eine Laufzeit von 24 Monaten, das dritte eine Laufzeit von 36 Monaten. Für jedes Projekt ist ein eigener Projektmanager zuständig. Wie sollten Konflikte gelöst werden, wenn die Projekte unterschiedliche Prioritäten haben, aber alle für den gleichen Auftraggeber ausgeführt werden?

7.23 Vor einigen Jahren vergab ein Energieversorger Prioritäten wie folgt:

Priorität 0: Kein Stichtag

Priorität 1: Muss vor dem Stichtag fertig gestellt werden

Priorität 2: Muss innerhalb eines oder vor einem bestimmten fiskalischen Quartal fertig gestellt werden

Priorität 3: Muss innerhalb eines Jahres fertig gestellt werden

Was halten Sie von dieser Form der Prioritätenvergabe?

7.24 Richard ist ein Abteilungsleiter, der Ressourcen für vier verschiedene Projekte bereitstellen muss. Die Projekte haben zwar unterschiedliche Prioritäten, die Projektmanager behaupten jedoch ständig, dass die Ressourcen aus Richards Abteilung nicht effektiv eingesetzt werden. Richard beruft nun einmal pro Monat eine Sitzung mit allen vier Projektmanagern ein und lässt sie bestimmen, wie die Ressourcen zugewiesen werden sollten. Kann diese Technik funktionieren? Falls ja, unter welchen Bedingungen?

FALLSTUDIEN

Die Planung von Testaktivitäten bei der Firma Mayer

Eddie Turner erfuhr, dass er zum Gruppenleiter befördert werde, der für die Planung aller Aktivitäten in dem neuen Forschungslabor verantwortlich ist. Das Labor wurde von der Firma Mayer dringend benötigt, da die Konstruktion, die Fertigung und die Qualitätskontrolle unbedingt neue Testmöglichkeiten benötigten. Die Unternehmensführung glaubte, mit dem neuen Labor viele der Probleme umgehen zu können, die bisher vorhanden waren.

Die neue Organisationsstruktur (siehe Abbildung 7.4) machte eine Veränderung der Nutzungsrichtlinien des Labors erforderlich. Der neue Gruppenleiter war mit Zustimmung seines Abteilungsleiters für die Vergabe der Prioritäten für die Nutzung des Labors zuständig. Die Veränderung der bisherigen Richtlinie wurde als notwendig erachtet, weil die Unternehmensführung Konflikte zwischen der Fertigung, der Konstruktion und der Qualitätskontrolle für unvermeidlich hielt.

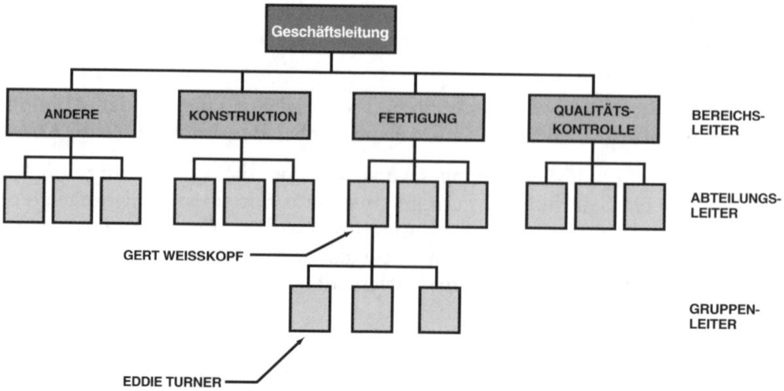

Abbildung 7.4: Organisationsstruktur der Firma Mayer

Nachdem Eddie Turner einen Monat im Amt war, stellte er fest, dass er seine Arbeit unmöglich zur Zufriedenheit aller erledigen konnte. Deshalb traf er sich mit dem Abteilungsleiter Gert Weisskopf.

Eddie: »Ich versuche alles, um die Abteilungsleiter zufrieden zu stellen. Aber wenn ich der Konstruktion eine höhere Priorität einräume, beschwert sich die Qualitätskontrolle. Stellen Sie sich das einmal vor! Selbst meine eigenen Mitarbeiter behaupten, ich würde die Konstruktion bevorzugen. Ich kann aber nicht alle glücklich machen.«

Gert: »Das liegt am Job. Sie werden das schon schaffen.«

Eddie: »Das Problem besteht darin, dass ich als Gruppenleiter mit Abteilungsleitern zusammenarbeiten muss. Die Abteilungsleiter behandeln mich wie ihren Diener. Wenn ich Spartenleiter wäre, würden sie mir etwas mehr Respekt zollen. Mir wäre es am liebsten, wenn Sie zukünftig die wöchentlichen Mitteilungen an die Abteilungsleiter verschicken könnten, in denen die Prioritäten mitgeteilt werden. Mit Ihnen streiten sie sich sicher nicht so sehr wie mit mir. Ich kümmere mich um alle Angaben. Sie brauchen nur noch zu unterzeichnen.«

Gert: »Die Belegungsplanung und die Vergabe der Prioritäten sind Ihre Aufgabe, nicht meine. Es handelt sich um eine neue Stelle und ich wünsche, dass Sie lernen, mit der Situation fertig zu werden. Ich weiß, dass Sie das können. Deshalb habe ich Sie auch ausgewählt. Ich habe nicht die Absicht, mich einzumischen.«

In den nächsten vierzehn Tagen nahmen die Konflikte ständig zu. Eddie hatte das Gefühl, dass er mit der Situation nicht mehr alleine zurecht kommen würde. Die Abteilungsleiter respektierten die Befugnisse nicht, die Eddie von seinem Vorgesetzten erhalten hatte. Eddie schickte Anfang der Woche zwei Mitteilungen an Herrn Weisskopf mit der Bitte, seine Prioritätenliste zu überprüfen. Er erhielt keine Antwort. Dann bat Eddie noch einmal um ein Gespräch über die sich verschlechternde Situation.

Eddie: »Ich habe Ihnen zwei Mitteilungen geschickt, weil ich feststellen wollte, ob ich bei der Vergabe der Prioritäten und bei der Belegungsplanung einen Fehler gemacht habe. Haben Sie die Mitteilungen nicht erhalten?«

Gert: »Doch, die habe ich erhalten. Aber wie ich Ihnen bereits mitgeteilt habe, habe ich bereits genügend Probleme, um die ich mich kümmern muss, auch ohne Ihre Arbeit zu übernehmen. Wenn Sie Ihre Arbeit nicht bewältigen können, lassen Sie es mich wissen. Ich kümmere mich dann um jemanden, der damit fertig wird.«

Eddie kehrte an seinen Arbeitsplatz zurück und überlegte, was er tun solle. Schließlich traf er eine Entscheidung. In der nächsten Woche würde er die Mitteilungen von Gert Weisskopf unterzeichnen lassen und in Kopie an alle Abteilungsleiter schicken. »Mal sehen, was passiert«, dachte Eddie.

Telestar International

Am 15. November 1978 erhielt Telestar einen Auftrag mit einem Volumen von $ 475.000 für die Entwicklung und den Test von zwei Müllbeseitigungsanlagen. Telestar hatte in den letzten Jahren viel in die Entwicklung der Technologie der Müllbeseitigung investiert. Der neue Auftrag würde Telestar die Gelegenheit bieten, ein neues Geschäftsfeld zu eröffnen: das der Müllbeseitigung.

Der Vertrag war mit einem Festpreis abgeschlossen worden. Alle Kostenüberschreitungen mussten von Telestar übernommen werden. Das ursprüngliche Angebot war mit $ 847.000 veranschlagt worden. Das Management von Telestar wollte den Auftrag jedoch unbedingt erhalten. Deshalb wurde beschlossen, sich zum Betrag von $ 475.000 einzukaufen, um in dem Markt zumindest Fuß zu fassen.

Der ursprüngliche Schätzwert von $ 847.000 war nur ganz grob berechnet worden, weil Telestar im Bereich der Müllbeseitigung keine Standards für die Berechnung der Arbeitsstunden besaß, auf deren Basis sie die Personalkosten hätte ermitteln können. Die Unternehmensführung war bereit, bis zu $ 400.000 aus eigenen Mitteln zu bezahlen, um die Differenz zwischen dem Gebot von $ 475.000 und den tatsächlichen Kosten ausgleichen zu können.

Am 15. Februar 1979 waren die Kosten so stark angestiegen, dass die geplanten Kosten bereits viel früher als beabsichtigt überschritten würden. Die geschätzten Gesamtkosten lagen nun bei $ 943.000. Der Projektmanager beschloss, alle Aktivitäten in bestimmten Fachabteilungen einzustellen. Eine dieser Aktivitäten war die Baustatikanalyse. Der Manager der Abteilung Baustatik wehrte sich gegen das Ausbuchen des Auftrags vor dem Test des pneumatischen und elektrischen Hochdruck-Systems der ersten Anlage.

Manager Baustatik: »Sie gehen ein großes Risiko ein, wenn Sie diesen Auftrag ausbuchen. Wie wollen Sie wissen, ob die Anlage dem Druck standhalten kann, der während des Tests vorherrscht? Schließlich ist der Test erst für den kommenden Monat angesetzt und ich kann die Analyse wahrscheinlich bis zu diesem Zeitpunkt abschließen.«

Projektmanager: »Ich verstehe Ihre Bedenken, kann jedoch eine Kostenüberschreitung nicht riskieren. Mein Chef erwartet, dass ich meine Arbeit ohne Zusatzkosten erledige. Das Design der Anlage ist identisch mit dem, das wir bereits getestet haben und bei dem keine Probleme mit der Baustatik festgestellt wurden. Auf dieser Grundlage betrachte ich Ihre Analyse als unnötig.«

Manager Baustatik: »Nur weil zwei Anlagen identisch sind, heißt das noch lange nicht, dass sie auch die gleiche Qualität haben. Es können erhebliche baustatische Mängel vorhanden sein.«

Projektmanager: »Ich denke, das ist mein Risiko.«

Manager Baustatik: »Ja, aber es bereitet mir Sorgen, wenn sich ein Misserfolg auf die Integrität meiner Abteilung auswirken kann. Sie wissen, dass wir im Zeitplan und im Rahmen des Budgets liegen. Sie geben ein schlechtes Beispiel, wenn Sie Ihr Budget kürzen, ohne dass es dafür eine echte Rechtfertigung gäbe.«

Projektmanager: »Ich verstehe Ihre Bedenken, wir müssen jedoch die Bremse ziehen, wenn eine Überschreitung des Kostenrahmens unvermeidlich ist.«

Manager Baustatik: »Die Baustatik-Analyse muss unbedingt beendet werden. Ich werde sie jedoch nicht aus Mitteln meines Überhang-Budgets finanzieren. Ich ziehe meine Leute morgen ab. Sie sollten aber vorsichtig sein. Meine Leute arbeiten nicht gerne für ein Projekt, das von heute auf morgen gestoppt werden kann. Beim nächsten Mal könnte es schwierig werden, Freiwillige zu finden.«

Projektmanager: »Okay. Ich berichte meinem Chef, dass ich den Arbeitsstopp angeordnet habe.«

Während der Testphase explodierte die Anlage. Eine anschließende Analyse zeigte, dass dies auf baustatische Mängel zurückzuführen war.

a. Wer hat einen Fehler gemacht?
b. Hätte der Manager Baustatik die Arbeit auf eigene Kosten beenden sollen?
c. Kann ein Linienmanager, der sich nur in einer unterstützenden Funktion sieht, den Projekterfolg trotzdem zu seiner Sache machen?

Umgang mit Konflikten im Projektmanagement

Auf den nächsten Seiten finden Sie sechs Fallstudien zum Konfliktmanagement. Lesen Sie die Anleitungen aufmerksam durch und benutzen Sie dann das Arbeitsblatt in Tabelle 7.1, um Ihre Wahl aufzuzeichnen. Die Lösung finden Sie in Anhang A.

Teil I: Dem Konflikt entgegentreten

Bei der Wahrnehmung seiner ersten offiziellen Pflichten informiert Sie der neue Abteilungsleiter per Mitteilung, dass er die Input- und die Output-Anforderungen für das MIS-Projekt (bei dem Sie Projektmanager sind) aufgrund Beschwerden der Mitarbeiter verändert habe. Dies widerspricht dem Projektplan, den Sie zusammen mit dem letzten Abteilungsleiter entwickelt haben. Der Abteilungsleiter behauptet, er habe dies bereits mit der Unternehmensführung besprochen, an die Sie ebenfalls berichten. Er sagt, er habe das Gefühl, der frühere Abteilungsleiter habe eine schlechte Entscheidung getroffen und erhielt nicht genügend Informationen von den Mitarbeitern, die das System gemäß der Systemspezifikation nutzen. Sie rufen den Abteilungsleiter an und versuchen, ihn davon zu überzeugen, die Änderung besser erst zu einem späteren Zeitpunkt vorzunehmen. Er lehnt dies jedoch ab.

Eine Veränderung der Input-Output-Anforderungen an dieser Stelle macht eine wesentliche Überarbeitung des Systems erforderlich und verzögert die Systemeinführung um drei Wochen. Dies zieht auch andere Abteilungsleiter in Mitleidenschaft, die damit rechnen, dass das System gemäß der ursprünglichen Planung in Betrieb genommen werden kann. Sie könnten dies zwar Ihren Vorgesetzten erklären, die erhöhten Projektkosten werden jedoch kaum aufgefangen werden können. Die Überschreitung der Kostenvorgabe wird später sehr wahrscheinlich schwer zu rechtfertigen sein.

Sie sind nun etwas unzufrieden mit sich, da Sie den Abteilungsleiter für die Stelle vorgeschlagen haben. Sie wissen, dass etwas geschehen muss. Folgende Möglichkeiten stehen zur Auswahl:

A. Sie können den Abteilungsleiter daran erinnern, dass Sie sich für ihn stark gemacht haben und ihn darum bitten, Ihnen den Gefallen zu erwidern, denn er schuldet Ihnen schließlich noch etwas.

B. Sie können dem Abteilungsleiter mitteilen, dass Sie dafür sorgen werden, dass er ersetzt wird, wenn er sich weigert, eine andere Haltung anzunehmen.

C. Sie können ein Beruhigungsmittel einnehmen und Ihre Mitarbeiter dann bitten, die zusätzliche Arbeit innerhalb des ursprünglichen Zeit- und Kostenplans zu erledigen.

D. Sie können sich an die Unternehmensführung wenden und fordern, dass die ursprünglichen Anforderungen zumindest im Augenblick beibehalten werden.

E. Sie können eine Mitteilung an den Abteilungsleiter schicken, in der Sie Ihr Problem erklären und ihn darum bitten, eine Lösung zu finden.

F. Sie können dem Abteilungsleiter mitteilen, dass Ihre Mitarbeiter die Anforderung nicht erfüllen können und seine Mitarbeiter Alternativen finden müssen, um das Problem zu lösen.

G. Sie können eine Mitteilung an den Abteilungsleiter senden, in der Sie um einen Gesprächstermin bitten, um das Problem auf diese Weise zu lösen.

H. Sie können den Abteilungsleiter am späteren Nachmittag in seinem Büro aufsuchen und versuchen, das Problem zu lösen.

I. Sie können dem Abteilungsleiter eine Mitteilung senden, in der Sie ihn darauf hinweisen, dass Sie die alten Anforderungen weiterhin als gültig betrachten, seine Anfrage jedoch zu einem späteren Zeitpunkt berücksichtigen werden.

Linie	Teil	Persönliche Entscheidung		Gruppe	
		Wahl	Punkte	Wahl	Punkte
1	1. Dem Konflikt entgegentreten				
2	2. Emotionen verstehen				
3	3. Aufbau der Kommunikation				
4	4. Konfliktlösung				
5	5. Die Wahl verstehen				
6	6. Zwischenmenschlicher Einfluss				
	Gesamt				

Tabelle 7.1: Arbeitsblatt zur Konfliktlösung

Es gibt zwar auch noch andere Möglichkeiten, nehmen Sie jedoch an, dass Ihnen nur die genannten zur Auswahl stehen. Tragen Sie den Buchstaben für die gewählte Alternative in die erste Zeile des Arbeitsblattes ein. Nehmen Sie sich für diesen Teil zehn Minuten Zeit. Falls Sie das Problem in der Gruppe diskutieren, tragen Sie die Lösung, für die sich die Gruppe entscheidet, unter *Gruppe* ein.

Teil 2: Gefühle verstehen

Da Sie mit dem Abteilungsleiter noch nie zuvor zusammengearbeitet haben, versuchen Sie, seine Reaktion auf die Konfrontation mit dem Problem vorherzusagen. Sie könnte ganz unterschiedlich ausfallen:

A. Er könnte Ihren Lösungsvorschlag *akzeptieren*, ohne weitere Fragen zu stellen.

B. Er könnte sich rechtfertigen, um seine Position zu *verteidigen*.

C. Er könnte ziemlich ärgerlich darüber werden, dass er noch einmal über das Problem diskutieren muss und sich *feindselig* zeigen.

D. Er könnte die Bereitschaft signalisieren, mit Ihnen zu *kooperieren*, um das Problem zu lösen.

E. Er könnte sich *zurückziehen* und darauf verzichten, momentan eine Entscheidung zu treffen.

	Ihre Entscheidung					Entscheidung der Gruppe				
	Akzeptanz	Verteidigung	Feindseligkeit	Kooperation	Rückzug	Akzeptanz	Verteidigung	Feindseligkeit	Kooperation	Rückzug
A. Ich habe Ihnen bereits geantwortet. Wenden Sie sich an den Geschäftsführer, wenn es Ihnen nicht passt.										

Tabelle 7.2: Aussagen von Abteilungsleitern und Emotionen, durch die sie motiviert sind

	Ihre Entscheidung					Entscheidung der Gruppe				
	Akzeptanz	Verteidigung	Feindseligkeit	Kooperation	Rückzug	Akzeptanz	Verteidigung	Feindseligkeit	Kooperation	Rückzug
B. Ich verstehe Ihr Problem. Lassen Sie es uns auf Ihre Weise versuchen.										
C. Ich verstehe Ihr Problem, versuche jedoch, im Sinne meiner Abteilung zu handeln.										
D. Lassen Sie uns das Problem besprechen. Vielleicht gibt es Alternativen.										
E. Lassen Sie mich erklären, warum wir die neuen Anforderungen benötigen.										
F. Wenden Sie sich an meine Vorgesetzten. Es war ihre Idee.										
G. Von neuen Managern wird erwartet, dass sie neue und bessere Möglichkeiten vorstellen, nicht wahr?										

Tabelle 7.2: Aussagen von Abteilungsleitern und Emotionen, durch die sie motiviert sind (Forts.)

In Tabelle 7.2 sind verschiedene Aussagen enthalten, die der Abteilungsleiter treffen könnte, wenn er mit dem Problem konfrontiert wird. Kreuzen Sie für jede Aussage an, welche Emotion sich dahinter verbirgt. Sollten Sie die Möglichkeit haben, die Aussagen in der Gruppe zu diskutieren, kreuzen Sie an, zu welchem Schluss die Gruppe gekommen ist.

Teil 3: Aufbau der Kommunikation

Da Sie mit der Mitteilung des Abteilungsleiters und seiner Reaktion am Telefon unzufrieden sind, beschließen Sie, den Abteilungsleiter in seinem Büro aufzusuchen. Sie teilen ihm mit, dass Sie ein Problem damit haben, seine Anforderung zu berücksichtigen. Er teilt Ihnen mit, dass er mit der Umstrukturierung seiner Abteilung so stark beschäftigt sei, dass er sich nicht mit Ihren Terminplanungs- und KostenProblemen befassen könne. Sie stürmen aus dem Büro und lassen ihn mit dem Eindruck zurück, dass seine Handlungsweise und seine Bemerkungen nicht im Interesse des Projekts und der Firma sind.

Die Handlungsweise des Abteilungsleiters entspricht nicht der eines Managers, der sich vollständig seinem Beruf widmet. Er sollte viel mehr an das Wohl der Firma denken. Als Sie die Situation überdenken, fragen Sie sich, ob seine Antwort anders ausgefallen wäre, wenn Sie anders mit ihm umgegangen wären. Es stellt sich also die Frage, wie Sie die Kommunikation mit dem Abteilungsleiter am besten eröffnen sollten. Wählen Sie aus der nachfolgenden Liste die Antwort aus, die Ihnen am meisten zusagt. Arbeiten Sie in der Gruppe, zeichnen Sie auch die Antwort der Gruppe auf. Tragen Sie dann die Antwort in Zeile drei von Tabelle 7.1 ein.

A. Willigen Sie in die Anforderung ein und dokumentieren Sie alle Ergebnisse, um später in der Lage zu sein, sich zu verteidigen und deutlich zu machen, dass der Abteilungsleiter für alles verantwortlich ist.

B. Senden Sie dem Abteilungsleiter sofort eine weitere Mitteilung, in der Sie Ihre Position noch einmal darlegen und ihm mitteilen, dass Sie seine neuen Anforderungen zu einem späteren Zeitpunkt noch einmal überdenken werden. Teilen Sie ihm mit, dass die Sache äußerst wichtig ist und Sie sofort eine Antwort benötigen, falls er nicht einverstanden sein sollte.

C. C. Senden Sie dem Abteilungsleiter eine Mitteilung, in der Sie ihm mitteilen, dass Sie ihn für alle zusätzlichen Kosten und Zeitverzögerungen verantwortlich machen werden.

D. Senden Sie dem Abteilungsleiter eine Mitteilung, in der Sie sagen, dass Sie seine Anforderung überdenken werden und vorhaben, sich zu einem späteren Zeitpunkt mit ihm zu treffen, um die neuen Anforderungen noch einmal durchzusprechen.

E. Suchen Sie den Abteilungsleiter so schnell wie möglich auf. Fordern Sie ihn auf, sich für seine Bemerkungen und Handlungsweisen zu entschuldigen, und teilen Sie ihm mit, dass Sie Ihre Position überdacht haben und sie mit ihm besprechen wollen.

F. Warten Sie ein paar Tage in der Hoffnung, dass sich der Abteilungsleiter beruhigt, und versuchen Sie dann noch einmal, das Problem zu diskutieren.

G. Warten Sie ein bis zwei Tage, bis sich alle Seiten beruhigt haben, und versuchen Sie dann, ein Gespräch mit ihm zu vereinbaren. Entschuldigen Sie sich dafür, dass Sie die Fassung verloren haben, und fragen Sie ihn, ob er Ihnen helfen würde, Ihr Problem zu lösen.

Teil 4: Konfliktlösungsmethoden

Da Sie noch nie mit dem Abteilungsleiter zusammengearbeitet haben, sind Sie unsicher, welche Konfliktlösungsmethode Sie am besten einsetzen sollten. Sie beschließen, ein paar Tage zu warten und dann noch einmal einen Gesprächstermin zu vereinbaren, ohne das Thema zu nennen, über das Sie sprechen wollen. Versuchen Sie anschließend, herauszufinden, welche Konfliktlösungsmethode sinnvoll wäre. Abgesehen von der Tatsache, dass Ihr Gespräch mit dem Abteilungsleiter bereits als Gegenüberstellung betrachtet werden könnte, geben Sie nun für jede der Aussagen in Tabelle 7.3 an, welche Konfliktlösungsmethode der Abteilungsleiter zu bevorzugen scheint. In Anhang A finden Sie eine Auflösung.

A. *Rückzug* bedeutet, sich vor einem möglichen Konflikt zurückzuziehen.

B. *Schlichtung* bedeutet, die Bereiche hervorzuheben, in denen es Übereinstimmung gibt, und diejenigen zu vernachlässigen, in denen es Diskrepanzen gibt.

C. *Einigung* entspricht dem Willen, zu geben und zu nehmen.

D. *Druck ausüben* geschieht, wenn die Lösung in einer bestimmte Richtung vorgegeben wird. Es handelt sich um eine Win-Lose-Position.

E. *Konfrontation* bedeutet, sich im Rahmen einer Besprechung zu treffen, um den Konflikt zu lösen.

	Ihre Entscheidung					Entscheidung der Gruppe				
	Rückzug	Schlichtung	Einigung	Druck	Konfrontation	Rückzug	Schlichtung	Einigung	Druck	Konfrontation
A. Die Anforderungen sind mein Problem und wir machen das auf meine Weise.										
B. Ich habe darüber nachgedacht und Sie haben Recht. Wir sollten es auf Ihre Art versuchen.										
C. Lassen Sie uns über das Problem sprechen. Vielleicht gibt es Alternativen.										
D. Lassen Sie mich noch einmal erklären, warum wir die Anforderungen benötigen.										
E. Wenden Sie sich an meinen Vorgesetzten. Er kümmert sich darum.										
F. Ich habe mir das Problem angesehen und es ließe sich wahrscheinlich durch einige Anforderungen erleichtern.										

Tabelle 7.3: Wahl der Konfliktlösemethode

Teil 5: Die Auswahl verstehen

Angenommen, der Abteilungsleiter hat es abgelehnt, Sie noch einmal zu treffen, um die neuen Anforderungen zu besprechen. Die Zeit läuft Ihnen davon und Sie würden gerne eine Entscheidung treffen, bevor Ihnen die Kosten und der Terminplan aus den Händen gleiten. Wählen Sie aus der folgenden Liste Ihre persönliche Entscheidung aus und ermitteln Sie, nachdem alle Gruppenmitglieder eine Entscheidung getroffen haben, die Auswahl der gesamten Gruppe.

A. Sie verwerfen die neuen Anforderungen, weil sie nicht Teil des ursprünglichen Projektplans waren.

B. Sie fügen sich den neuen Anforderungen und nehmen die gesteigerten Kosten und Verzögerungen in Kauf.

C. Sie bitten den Vizepräsidenten und den Hauptgeschäftsführer, einzugreifen und die endgültige Entscheidung zu treffen.

D. Sie bitten die anderen Abteilungsmanager, auf die möglicherweise eine Zeitplanverzögerung zukommt, diesen Abteilungsmanager zu bitten, seine Anforderung abzuschwächen oder sie sogar zurückzustellen.

Tragen Sie Ihre Antwort in Zeile 5 des Arbeitsblatts ein. Gehen Sie von einem Arbeitsaufwand von 5 Minuten aus.

Teil 6: Der Einfluss zwischenmenschlicher Faktoren

Gehen wir davon aus, die Unternehmensleitung hat den Konflikt zu Ihren Gunsten gelöst. Um nun die ursprünglichen Arbeitsanforderungen erfüllen zu können, benötigen Sie die Unterstützung der Mitarbeiter des betreffenden Abteilungsleiters. Leider sind Sie unsicher, welche Art der zwischenmenschlichen Einflussnahme Sie wählen sollen. Sie sind zwar als Fachmann in Ihrem Gebiet anerkannt, aber Sie befürchten, dass die Projektmitarbeiter dieses Abteilungsleiters ihm gegenüber eine starke Loyalität zeigen und Ihren Forderungen möglicherweise nicht nachkommen werden. Welche der folgenden Arten der zwischenmenschlichen Einflussnahme wäre unter den gegebenen Bedingungen die beste?

A. Sie drohen den Mitarbeitern mit der Macht der Bestrafung, indem Sie ihnen sagen, dass Sie ihrem Abteilungsleiter über schlechte Leistungen Bericht erstatten werden.

B. Sie können die Macht der Belohnung einsetzen und den Mitarbeitern eine gute Beurteilung, eine mögliche Beförderung und mehr Verantwortung in einem zukünftigen Projekt versprechen.

C. Sie können weiterhin Ihre Technik der Überzeugung anwenden und versuchen, die Projektmitarbeiter dazu zu bringen, Ihrer Bitte nachzukommen, weil Sie der Fachmann auf Ihrem Gebiet sind.

D. Sie können versuchen, die Mitarbeiter zu motivieren, ihre Aufgabe gut zu erledigen, indem Sie sie davon überzeugen, dass die Aufgabe eine Herausforderung ist.

E. Sie können dafür sorgen, dass sie verstehen, dass Ihnen Ihre Autorität vom obersten Management übertragen wurde und dass sie tun müssen, was Sie sagen.

F. Sie können versuchen, private und freundschaftliche Beziehungen zu diesen Mitarbeitern aufzubauen und sich auf Ihre Macht des Referenten verlassen.

Tragen Sie Ihre Antwort (und die Ihrer Gruppe) in die Zeile 6 im Arbeitsblatt ein. Nehmen Sie sich für die Bearbeitung dieses Teils 10 Minuten Zeit.

Die Lösung für diese Übung finden Sie in Anhang A.

8 Spezialthemen

Verwandte Fallstudien (aus Kerzner/*Project* Management *Case Studies*, 2. Auflage)	Verwandte Workbook-Übungen (aus Kerzner/*Project Management Workbook and PMP®/CAPM® Exam Study Guide*, 9. Auflage)	PMBOK® Guide, 3. Auflage, Referenzabschnitt für das PMP®-Zertifizierungsexamen
• American Electronics International • The Tylenol Tragedies • Photolite Corporation (A) • Photolite Corporation (B) • Photolite Corporation (C) • Photolite Corporation (D) • First Security Bank of Cleveland • Jackson Industries	• The Potential Problem Audit • The Situational Audit • Multiple-Choice-Examen	• Integrationsmanagement • Personalmanagement • Projektmanagementrollen und Verantwortlichkeiten

8.0 Einführung

Es gibt einige Situationen oder Spezialthemen, die gesondert berücksichtigt werden müssen:

- Leistungsbemessung
- Ausgleich und Belohnung
- Durchführung kleiner Projekte
- Durchführung von Großprojekten
- Moral, Ethik und die Unternehmenskultur
- Interne Partnerschaften
- Externe Partnerschaften
- Schulung und Weiterbildung
- Integrierte Projektteams

8.1 Mitarbeiterbewertung

PMBOK® Guide 2004
9.4.2 Leiten des Projektteams: Werkzeuge und Methoden

Ein guter Projektmanager macht allen Linienmitarbeitern sofort klar, dass er ihre Linienmanager über ihre Leistung und ihr Vorankommen in Kenntnis setzen wird, wenn sie im Rahmen des Projekts gute Arbeit leisten. Dies setzt voraus, dass der Linienmanager seine Mitarbeiter nicht überwacht, sondern einen Teil seiner Verantwortung an den Projektmanager übergibt – eine Situation, die in einer Projektorganisation durchaus üblich ist.

Viele gute Projekte sind schief gelaufen und Projektmanagementstrukturen haben versagt, weil die Leistung der Linienmitarbeiter nicht korrekt bewertet werden konnte. In einer Projektmanagementstruktur gibt es im Wesentlichen sechs Vorgehensweisen, um Linienmitarbeiter zu bewerten:

- *Der Projektmanager erstellt eine schriftliche, vertrauliche Bewertung und übergibt sie dem Linienmanager.* Der Linienmanager überprüft die Kommentare des Projektmanagers und erstellt eine eigene Bewertung. Dem Mitarbeiter wird nur die Bewertung des Linienmanagers gezeigt. (Anm. d. Übers.: Diese Vorgehensweise ist in Hinblick auf die deutschen Datenschutzbestimmungen problematisch.) Der Einsatz vertraulicher Formulare ist jedoch nicht wünschenswert, weil der Mitarbeiter nicht die erforderliche Rückmeldung erhält, die er benötigt, um sich zu steigern.
- *Der Projektmanager erstellt eine nicht vertrauliche Beurteilung und übergibt sie dem Linienmanager.* Der Linienmanager erstellt eine eigene Beurteilung und zeigt beide Beurteilungen dem Linienmitarbeiter. Diese Technik birgt jedoch einige Schwierigkeiten in sich. Wenn der Linienmitarbeiter nur eine mittelmäßige oder unterdurchschnittliche Leistung zeigt und er nach der Beurteilung weiterhin am Projekt mitarbeitet, wird der Projektmanager ihn vielleicht als überdurchschnittlich bewerten, um Sabotage zu verhindern. In einer solchen Situation wird der Linienmanager eine vertrauliche Beurteilung bevorzugen, weil er weiß, dass der Linienmitarbeiter beide Beurteilungen einsehen wird. Linienmitarbeiter haben die Neigung, den Projektmanager dafür verantwortlich zu machen, wenn sie nur eine unterdurchschnittliche Gehaltserhöhung erhalten, eine überdurchschnittliche Gehaltserhöhung jedoch dem Linienmanager zuzuschreiben. In einer solchen Situation ist es für den Projektmanager das Beste, den Linienmitarbeitern regelmäßig mitzuteilen, wie gut sie sind, und eine ehrliche Bewertung abzugeben. Einige Unternehmen, die diese Technik einsetzen, gestatten dem Projektmanager, den Bewertungsbogen zuerst dem Linienmanager zu zeigen (um spätere Konflikte zu vermeiden), bevor ihn der Mitarbeiter einsehen darf.
- *Die Projektmanager liefern dem Linienmanager eine mündliche Bewertung der Leistung des Mitarbeiters.* Diese Technik wird zwar häufig eingesetzt, die meisten Linienmanager bevorzugen jedoch eine Dokumentation des Fortschritts des Mitarbeiters. Auch hier könnte eine mangelnde Rückmeldung verhindern, dass der Mitarbeiter seine Leistung steigert.
- *Der Linienmanager nimmt die Beurteilung ohne Informationen vom Projektmanager vor.* Soll diese Technik erfolgreich eingesetzt werden, muss der Linienmanager genügend Zeit haben, um die Leistung seiner Mitarbeiter kontinuierlich zu verfolgen. Leider trifft dies auf die meisten Linienmanager nicht zu. Deshalb müssen sie sich auf die Informationen vom Projektmanager verlassen.
- *Der Projektmanager übernimmt die gesamte Beurteilung für den Linienmanager.* Diese Technik funktioniert nur, wenn der Linienmitarbeiter 100 Prozent seiner Zeit für das Projekt arbeitet oder wenn er sich an einem Ort befindet, an dem er nicht vom Linienmanager beobachtet werden kann.
- *Die Projekt- und Linienmanager bewerten die Linienmitarbeiter gemeinsam.* Diese Technik sollte auf kleine Unternehmen mit weniger als fünfzig Mitarbeiter beschränkt bleiben. Andernfalls könnte der Beurteilungsvorgang zu zeitraubend für die Manager werden. Außerdem wären alle über eine schlechte Beurteilung informiert.

Beurteilungsbögen können entweder ausgefüllt werden, wenn der Mitarbeiter bewertet werden muss oder nachdem das Projekt beendet wurde. Soll der Beurteilungsbogen ausgefüllt werden, weil der Mitarbeiter befördert werden oder einen Bonus erhalten soll, sollte der Projektmanager sich für eine ehrliche Leistungsbeurteilung entscheiden. Selbstverständlich sollte der Projektmanager das Formular nur ausfüllen, wenn er auch genügend Zeit hatte, den Mitarbeiter bei der Arbeit zu beobachten.

Der Beurteilungsbogen kann auch nach Abschluss eines Projekts ausgefüllt werden. Dies könnte jedoch dann zu einem Problem führen, wenn das Projekt einen Monat nach der Beförderung eines Mitarbeiters endet. Der Vorteil dieser Technik besteht darin, dass der Projektmanager sehr wahrscheinlich in der Lage war, den Mitarbeiter in Aktion zu beobachten und das Ergebnis zu sehen.

Abbildung 8.1 zeigt in humorvoller Weise, wie Projektmitarbeiter den Beurteilungsbogen wahrnehmen. Leider ist der Beurteilungsvorgang sehr ernst und kann sich leicht auf die Karrieremöglichkeiten eines Mitarbeiters auswirken, auch wenn die letztendliche Bewertung dem Linienmanager überlassen bleibt.

Abbildung 8.2 zeigt einen einfachen Beurteilungsbogen, bei dem der Projektmanager versucht, die Leistung des Mitarbeiters bestmöglich zu beschreiben.

LEISTUNGS-FAKTOREN	HERAUSRAGEND (1 VON 15)	SEHR GUT (3 VON 15)	GUT (8 VON 15)	BEFRIEDIGEND (2 VON 15)	UNGENÜGEND (1 VON 15)
	ÜBERTRIFFT DIE ANFORDERUNGEN BEI WEITEM	ÜBERTRIFFT DIE ANFORDERUNGEN	ERFÜLLT DIE ANFORDERUNGEN	MUSS BESSER WERDEN	ERFÜLLT NICHT EINMAL MINIMALE STANDARDS
QUALITÄT	ÜBERSPRINGT HOHE GEBÄUDE IN EINEM SATZ	BENÖTIGT ANLAUF, UM HOHE GEBÄUDE ZU ÜBERSPRINGEN	KANN NUR KLEINERE GEBÄUDE ÜBERSPRINGEN	RAST IN DAS GEBÄUDE	KANN GEBÄUDE NICHT EINMAL ERKENNEN
PÜNKTL.	IST SCHNELLER ALS DER BLITZ	IST SO SCHNELL WIE DER BLITZ	IST FAST SO SCHNELL WIE DER BLITZ	GIBT ES EINEN LANGSAMEN BLITZ?	WIRD VOM BLITZ GETROFFEN
INITIATIVE	IST STÄRKER ALS EINE LOKOMOTIVE	IST STÄRKER ALS EIN ELEFANT	IST STÄRKER ALS EIN BULLE	SCHIEßT DEN BULLEN AB	RIECHT WIE EIN BULLE
ANPASSUNGSF.	LÄUFT IMMER AUF DEM WASSER	LÄUFT IM NOTFALL AUF DEM WASSER	WÄSCHT MIT WASSER	TRINKT WASSER	PASSIERT WASSER IM NOTFALL
KOMMUNIKATION	SPRICHT MIT GOTT	SPRICHT MIT DEN ENGELN	SPRICHT MIT SICH SELBST	STREITET MIT SICH SELBST	VERLIERT DEN STREIT MIT SICH SELBST

Abbildung 8.1: Richtlinie zur Leistungsbeurteilung

NAME DES MITARBEITERS	DATUM
PROJEKTBEZEICHNUNG	AUFTRAGSNUMMER
ARBEITSAUFTRAG DES MITARBEITERS	
BISHERIGE DAUER DER PROJEKTMITARBEIT	VERBLEIBENDE DAUER DER MITARBEIT

TECHN. SACHVERSTAND:

☐ Findet schnell gute Lösungen ☐ Macht in der Regel gute Vorschläge ☐ Beschränkte Fähigkeit Entscheidungen zu treffen ☐ Benötigt fachliche Unterstützung ☐ Zieht falsche Schlüsse

ARBEITSPLANUNG:

☐ Guter Planer ☐ Plant mit Unterstützung ☐ Plant gelegentlich gut ☐ Benötigt ausführliche Anleitung ☐ Kann nicht planen

KOMMUNIKATIONSFÄHIGKEIT:

☐ Versteht Anweisungen prinzipiell ☐ Benötigt gelegentlich Klarstellung ☐ Benötigt immer Klarstellung ☐ Nachfassen erforderlich ☐ Benötigt beständig Anleitung

EINSTELLUNG:

☐ Immer an der Arbeit interessiert ☐ Zeigt meistens Interesse ☐ Zeigt kein Interesse für die Arbeit ☐ Stärker an anderen Aktivitäten interessiert ☐ Kümmert sich nicht um die Arbeit

KOOPERATIONSFÄHIGKEIT:

☐ Immer enthusiastisch ☐ Arbeitet gut bis zum Projektabschluss ☐ Teamwork in der Regel gut ausgeprägt ☐ Teamarbeit schlecht ausgeprägt ☐ Möchte immer eigenen Weg gehen

ARBEITSGEWOHNHEITEN:

☐ Immer projektorientiert ☐ Meistens projektorientiert ☐ Nach Aufforderung normalerweise konsistent ☐ Teamarbeit schlecht ausgeprägt ☐ Arbeitet immer allein

BEMERKUNGEN ____________________

Abbildung 8.2: Leistungsbeurteilung der Projektmitarbeit

Abbildung 8.3 zeigt einen weiteren typischen Beurteilungsbogen für die Bewertung von Mitarbeitern. Der Mitarbeiter wird in jeder Kategorie anhand einer subjektiven Skala eingeschätzt. Um den Zeitbedarf und die Schreibarbeit zu minimieren, kann auch nach Projektabschluss ein Beurteilungsbogen für alle Projektmitarbeiter herangezogen werden (siehe Abbildung 8.4). Hier werden alle Mitarbeiter in jeder Kategorie anhand einer Skala von 1 bis 5 bewertet. Über die Summen lassen sich die einzelnen Mitarbeiter dann vergleichen.

NAME DES MITARBEITERS | DATUM

PROJEKTBEZEICHNUNG | AUFTRAGSNUMMER

ARBEITSAUFTRAG DES MITARBEITERS

BISHERIGE DAUER DER PROJEKTMITARBEIT | VERBLEIBENDE DAUER DER MITARBEIT

	HERAUSRAGEND	ÜBERDURCHSCHN.	DURCHSCHN.	UNTERDURCHSCH.	INADÄQUAT
TECHN. SACHVERSTAND					
ARBEITSPLANUNG					
KOMMUNIKATION					
EINSTELLUNG					
KOOPERATION					
ARBEITSGEWOHNHEIT					
BEITRAG ZUM PROFIT					

BEMERKUNGEN:

Abbildung 8.3: Leistungsbeurteilung für Mitarbeiter des Projektteams

Beurteilungsbögen wie der in Abbildung 8.4 gezeigte sind selbstverständlich stark beschränkt und für einen 1:1-Vergleich aller Linienmitarbeiter kaum zu gebrauchen, wenn diese nicht aus derselben Abteilung stammen. Denn wie sollte sich ein Buchhalter mit einem Projektingenieur vergleichen lassen?

Einige Firmen weisen den Eigenschaften je nach Wichtigkeit Koeffizienten zu. So hat der technische Sachverstand beim Projektingenieur beispielsweise den Koeffizienten 0,90, bei einem Buchhalter hingegen den Koeffizienten 0,25. Bei der Beurteilung von Kostenbewusstsein sind die Koeffizienten sehr wahrscheinlich vertauscht. Leider haben solche Vergleiche keine große Gültigkeit und diese Art von Beurteilungsbogen ist in der Regel vertraulich.

Selbst wenn der Projektmanager einen Beurteilungsbogen ausfüllt, gibt es keine Garantie dafür, dass der Linienmanager die Bewertung des Projektmanagers ernst nimmt. Es gibt immer Situationen, in denen der Projekt- und der Linienmanager in Bezug auf die Qualität oder die Richtung der Arbeit unterschiedliche Auffassungen haben.

PROJEKTBEZEICHNUNG	AUFTRAGSNUMMER
AUFGABE DER MITARBEITER	DATUM

CODE:

HERAUSRAGEND = 5
ÜBERDURCHSCHNITTLICH = 4
DURCHSCHNITTLICH = 3
UNTERDURCHSCHNITTLICH = 2
INADÄQUAT = 1

NAMEN	TECHN. SACHVERSTAND	ARBEITSPLANUNG	KOMMUNIKATIONSFÄHIGKEIT	EINSTELLUNG	KOOPERATIONSFÄHIGKEIT	ARBEITSGEWOHNHEIT	BEITRAG ZUM PROFIT	MOTIVATION	PUNKTE INSGESAMT

Abbildung 8.4: Formular für die Beurteilung der Projektarbeit

Ein weiteres Problem könnte dann auftreten, wenn der Projektmanager ein »Generalist« ist und z.B. nach der Gehaltsstufe 7 bezahlt wird und erwartet, dass ihm der Linienmanager seinen besten Mitarbeiter zur Verfügung stellt. Der Linienmanager stimmt zu. Der Spezialist wird aber nach Gehaltsstufe 10 bezahlt. Eine Lösung für dieses Problem könnte darin bestehen, dass der Projektmanager den Spezialisten nur in bestimmten Kategorien bewertet, wie z.B. der Kommunikationsfähigkeit, den Arbeitsgewohnheiten und der Problemlösefähigkeit, nicht jedoch in seinem technischen Sachverstand.

Es wurde auch der Versuch unternommen, die direkte und die indirekte Bewertung in einem Formular unterzubringen (siehe Abbildung 8.5). Die Gestaltung des Beurteilungsbogens hängt von der Bewertungsmethode ab. Insgesamt gibt es neun Beurteilungsmethoden:

- Freie Eindrucksschilderung
- Rating-Skala
- »Feldbeobachtung«
- Forced-Choice-Beurteilung (Erzwungene Wahl)
- Management by Objectives (Führung durch Zielvereinbarung)
- Rangordnungsverfahren
- Assessment Center
- Critical-Incident-Beurteilung
- Arbeitsstandards-Ansatz

I. BASISINFORMATIONEN:

1. NAME ______ 2. DATUM DER BEURTEILUNG ______
3. ARBEITSAUFTRAG ______ 4. DATUM DER LETZTEN BEURTEILUNG ______
5. GEHALTSSTUFE ______
6. DIREKTER VORGESETZTER ______
7. POSITION DES VORG. ☐ GRUPPE ☐ ABTL. ☐ BEREICH ☐ GESCHÄFTSLEITUNG

II. INFORMATIONEN ZUM BEWERTER

1. NAME BEWERTER ______
2. POSITION BEWERTER: ☐ GRUPPE ☐ ABTL. ☐ BEREICH ☐ GESCHÄFTSLEITUNG
3. BEWERTUNG DES MITARBEITERS IN BEZUG AUF:

	HERAUS-RAGEND	SEHR GUT	GUT	BEFRIE-DIGEND	UNGE-NÜGEND
ÜBERNAHME VON VERANTWORTUNG					
ARBEITET GUT IM TEAM					
IST LOYAL GEGENÜBER UNTERNEHMEN					
KANN KOSTENBEWUSST UND UNTERNEHMERISCH DENKEN					
ZUVERLÄSSIGKEIT					
KRITIKFÄHIGKEIT					
BEREITSCHAFT ZU ÜBERSTUNDEN					
PLANT VORGEHEN SORGFÄLTIG					
FACHKENNTNIS					
KOMMUNIKATIONSFÄHIGKEIT					
GESAMTBEURTEILUNG					

4. EINSCHÄTZUNG DES MITARBEITERS IM VERGLEICH ZU KOLLEGEN:

UNTERE 10%	UNTERE 25%	UNTERE 40%	MITTE	OBERE 40%	OBERE 25%	OBERE 10%

5. EINSCHÄTZUNG DES MITARBEITERS IM VERGLEICH ZU KOLLEGEN:

MÖGLICHST SCHNELL BEFÖRDERN	BEFÖRDERUNG IM NÄCHSTEN JAHR	BEFÖRDERUNG ZUSAMMEN MIT KOLLEGEN	MUSS SICH NOCH ENT-WICKELN	SOLLTE NICHT BEFÖRDERT WERDEN

6. BEMERKUNGEN DES BEWERTERS: ______

UNTERSCHRIFT ______

III. MITWIRKUNG DURCH:

1. NAME ______
2. POSITION: ☐ ABTEILUNG ☐ BEREICH ☐ GESCHÄFTSLEITUNG
3. ÜBEREINSTIMMUNG ☐ ZUSTIMMUNG ☐ ABLEHNUNG
4. BEMERKUNGEN ______

UNTERSCHRIFT ______

IV. PERSONALBEREICH : (Sollte nur von Personalabteilung ausgefüllt werden)

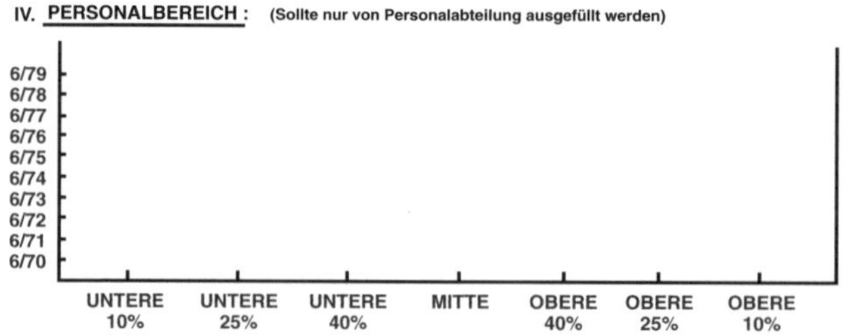

V. UNTERSCHRIFT MITARBEITER: ______ DATUM: ______

Abbildung 8.5: Personalbeurteilungsbogen

Eine Beschreibung dieser Methoden finden Sie in nahezu jedem Text zur Lohn- und Gehaltsabrechnung. Welche Methode eignet sich nun für die Projektorganisation am besten? Um diese Frage zu beantworten, müssen wir die Merkmale der Organisationsform und die des Personals betrachten, das in der Projektorganisation arbeitet. Projektmanagement kann beispielsweise als Arena der Konflikte beschrieben werden. Welche der obigen Bewertungsmethoden eignet sich, um die Fähigkeit der Mitarbeiter zu beurteilen, in einer konfliktträchtigen Atmosphäre zu arbeiten und voranzukommen? Abbildung 8.6 vergleicht die obigen neun Bewertungsmethoden in Bezug auf sechs verbreitete Projektkonflikte. Diese Art von Analyse muss für alle Variablen und Merkmale durchgeführt werden, die das Projektmanagement-Umfeld beschreiben. Die meisten Manager stimmen darin überein, dass Management by Objectives (Führung durch Zielvereinbarung) die größte Aussicht auf eine faire Beurteilung aller Mitarbeiter hat. Dieser Führungsstil beinhaltet, dass die Linienmitarbeiter bei der Zielsetzung mitreden können. Beim Projektmanagement werden die Ziele sehr wahrscheinlich vom Projektmanager oder vom Linienmanager gesetzt und dem Linienmitarbeiter wird mitgeteilt, dass er damit leben muss. Es liegt nahe, dass jede Beurteilungsmethode ihre Vor- und Nachteile hat.

	Freie Eindrucks-schilderung	Rating-Skala	Feld-beobachtung	Forced-Choice-Beurteilung	Critical-Incident-Beurteilung	Management By Objectives	Arbeitsstandards-Ansatz	Rangordnungs-verfahren	Assessment Center
Konflikt wegen Zeitplänen	●	●		●	●		●	●	
Konflikt wegen Prioritäten	●	●		●	●		●	●	
Konflikt wegen technischer Fragen	●			●			●		
Konflikt wegen Administration	●	●	●	●			●	●	●
Persönlichkeits-konflikt	●	●		●			●		
Konflikt wegen Kosten	●		●	●	●		●	●	●

Abbildung 8.6: Vergleich der Beurteilungsmethoden in Hinblick auf verschiedene Konflikttypen

8.2 Entlohnung und Belohnung

Eine angemessene finanzielle Entlohnung und Belohnung sind wichtig für die Motivation der Mitarbeiter jedes Unternehmens. Es gibt jedoch Gründe, aus denen sich die Entlohnungspraktiken für Projektmitarbeiter von denen der restlichen Mitarbeiter unterscheiden sollten.

- *Die Stellenprofile und die Stellenbeschreibung* für Projektmitarbeiter sind in der Regel nicht mit denen für die anderen Stellen vergleichbar. Es ist häufig schwierig, eine vorhandene Klassifikation für Projektmitarbeiter anzupassen. Ohne eine entsprechende Anpassung können jedoch die geringe formelle Kompetenz und die geringe Anzahl an Direktberichten die Position der Projektmitarbeiter trotz ihres breiten Zuständigkeitsbereichs stark verzerren.
- *Die Verantwortung für mehrere Personen* und die Berichterstattung an mehrere Personen werfen die Frage auf, wer die Leistung bewerten und die Belohnung steuern sollte.
- *Die Grundlage für finanzielle Belohnung* lässt sich häufig nur schwer entwickeln, quantifizieren und zuweisen. Die Kriterien für die leistungsgerechte Beurteilung von Arbeit lassen sich nur schwer quantifizieren.
- *Spezielle Entlohnung* von Überstunden, extensiver Reisetätigkeit oder der Abwesenheit von zu Hause sollte zusätzlich zum Bonussystem berücksichtigt werden. Bonussysteme

sind eine ziemlich heikle Sache, weil häufig viele Mitarbeiter zu den Ergebnissen eines Projekts beitragen. Diskrete Bonuspraktiken können das gesamte Projektteam demoralisieren.

Nun werden einige Richtlinien aufgeführt, die Managern dabei helfen können, Entlohnungssysteme für ihre Projektorganisationen einzurichten. Die Entlohnungspraktiken basieren auf vier Systemen: (1) dem Stellenprofil, (2) dem Grundgehalt, (3) der Leistungsbewertung und (4) dem Bonus.

Stellenprofile und Stellenbeschreibungen

Es sollten alle Anstrengungen unternommen werden, um die neuen Stellenprofile für Projektmitarbeiter an die vorhandenen Standardprofile anzupassen, die bereits für die Organisation entwickelt wurden.

Der erste Schritt besteht darin, die Stellenbezeichnungen inklusive der Zuständigkeiten für die verschiedenen Projektmitarbeiter zu definieren. Stellenbezeichnungen werden benötigt, weil sie bestimmte Zuständigkeiten, Kompetenzen, den Status in der Organisation und die Gehaltsstufe beinhalten. Außerdem geben sie Hinweise auf die funktionale Zuständigkeit des Mitarbeiters, wie z.B. die Bezeichnung des Task-Managers[1]. Deshalb sollten Stellenbezeichnungen vorsichtig gewählt werden und mit einer formellen Stellenbeschreibung abgesichert werden.

Die Stellenbeschreibung ist die Grundlage für die Arbeit und für die Person, die dafür verantwortlich ist. Eine gute Stellenbeschreibung ist kurz und knapp gehalten und nicht länger als eine Seite. In der Regel besteht sie aus drei Abschnitten: (1) allgemeine Zuständigkeit, (2) spezielle Pflichten und (3) Qualifikation. Ein Beispiel für eine Stellenbeschreibung sehen Sie in Tabelle 8.1.

Stellenbeschreibung: Projektleiter
Ingenieur der Prozessorentwicklung

Allgemeine Aufgaben

Der Projektleiter ist für die Steuerung der technischen Entwicklung der neuen CPU und für die Führung der Fachkräfte zuständig, die dem Projekt zugeteilt wurden. Der Projektleiter ist zwei Personen unterstellt: (1) dem funktionalen Vorgesetzten, für die technische Implementierung und die technische Qualität und (2) dem Projektmanager für die Durchführung der Entwicklung innerhalb des Kosten- und Terminplans.

Spezialaufgaben

1. Ausarbeitung einer Programmausrichtung für die Planung, Organisation, Entwicklung und Integration der technischen Bemühungen inklusive der Aufstellung spezifischer Ziele, Zeitpläne und Budgets für das Prozessor-Teilsystem.
2. Technische Leitung der Anforderungsanalyse, der Entwicklung eines vorläufigen Designs, der Designentwicklung, der Prototypentwicklung und der Testphase des Prozessor-Teilsystems.
3. Aufteilung der Arbeit in abgegrenzte und klar definierbare Aufgaben. Zuordnung der Aufgaben zu Fachpersonal.
4. Definition, Verhandlung und Zuweisung von Budgets und Zeitplänen gemäß spezifischer Aufgaben und den Programmgesamtanforderungen.
5. Vergleich und Steuerung der Kosten, des Terminplans und der technischen Leistung in Bezug auf den Programmplan.
6. Berichterstattung über Abweichungen vom Programmplan an Project Office (PO).
7. Erstellung von Notfallplänen, wie z.B. Pläne zum optimalen Einsatz der verfügbaren Ressourcen, um das Projektgesamtziel trotz Überschreitung der Projektvorgaben zu erreichen.
8. Planung, Pflege und Nutzung technischer Anlagen, um die langfristigen Programmanforderungen zu erfüllen.

Tabelle 8.1: Beispiel für eine Stellenbeschreibung

1. In den meisten Organisationen ist der Task-Manager für das Management eines Projektteilsystems innerhalb einer funktionalen Einheit zuständig und damit dem Linienmanager und dem PO unterstellt.

Qualifikation
1. Ausgeprägte Kenntnisse im Bereich der CPU-Entwicklung.
2. Erfahrung im Task-Management mit ausgewiesenen Kenntnissen im Bereich der Kostenkontrolle und der Ablauf- und Terminplanung bei technologiebasierten Projekten.
3. Die Fähigkeit, eine Gruppe erfahrener Ingenieure zu führen und zu motivieren.
4. Herausragende kommunikative Fähigkeiten in Wort und Schrift.

Tabelle 8.1: Beispiel für eine Stellenbeschreibung (Forts.)

Grundgehalt und Bonuszahlung

Sind die Stellenbeschreibungen vorhanden, können die Gehaltsstufen gemäß der Zuständigkeitsbereiche und der Verantwortung für Geschäftsergebnisse entworfen werden. Wird dieser Punkt Spezialisten für Personalfragen überlassen, kann es leicht passieren, dass die Gehaltsstufen zu niedrig bemessen werden. Dies ist verständlich, weil die Projektstellen weniger anspruchsvoll wirken als die entsprechenden Stellen in den Linien. Schließlich sind formelle Weisungsbefugnisse über Ressourcen und die direkte Berichterstattung bei Projektstellen häufig nicht in gleichem Maße erforderlich wie bei den traditionellen Positionen in den Fachabteilungen. Aus dieser Schieflage in Bezug auf die Gehälter ergibt sich, dass die Projektorganisation eher weniger qualifizierte Mitarbeiter anzieht und möglicherweise als minderwertiger Karriereweg betrachtet wird.

Viele Unternehmen haben die genannten Gehaltsprobleme dadurch gelöst, dass sie (1) Entlohnungsschemata von Führungskräften und Personalfachleuten gemeinsam entwickeln ließen und (2) für die Wahl der Gehaltsstufe die Kompetenzen und den Beitrag zum Unternehmensgewinn heranzogen. Manager, die Personal einstellen, können ein Gehalt auf der Basis der tatsächlichen Verantwortung einer Stelle, der Qualifikation des Kandidaten, dem verfügbaren Budget und anderen Überlegungen wählen.

Leistungsbeurteilung

Traditionell hat die Leistungsbeurteilung folgenden Zweck:

- Bewertung der Arbeitsleistung eines Mitarbeiters, bevorzugt in Hinblick auf zuvor festgelegte Ziele
- Rechtfertigung für Gehaltserhöhung
- Bestimmung neuer Ziele für den nächsten Überprüfungszeitraum
- Auffinden von und Umgang mit arbeitsbezogenen Problemen
- Ausgangspunkt für Karrieregespräche

In der Praxis besteht ein Konflikt zwischen den ersten beiden Zielen. Entsprechend ist die traditionelle Leistungsbeurteilung ein Gehaltsgespräch mit dem Ziel, nachfolgende Handlungen des Managements zu rechtfertigen.[2] Gespräche, die von Gehaltsaspekten dominiert sind, führen in der Regel nicht zur Aufstellung zukünftiger Ziele, zur Problemlösung oder zur Karriereplanung.

Um dieses Dilemma zu umgehen, trennen viele Firmen Gehaltsgespräche von anderen Teilen der Leistungsbeurteilung. Darüber hinaus haben erfolgreiche Manager sich des komplexen Themas angenommen und ein Leistungsbeurteilungssystem entwickelt, das auf Inhalten, der Messbarkeit und der Informationsquelle basiert.

Die erste Herausforderung besteht in der Auswahl des Inhalts, d.h. darin, zu entscheiden, »was überprüft werden soll« und »wie die Leistung bemessen werden soll«. Moderne Management-Praktiken versuchen, die Befugnisse weitgehend zu individualisieren. Dazu kommt, dass Anreiz-

2. Eine ausführliche Abhandlung finden Sie in The Conference Board, *Matrix Organizations of Complex Businesses,* 1979, und in Meyer, H.H., Kay, E. und French, J.R.P., *Split Roles in Performance Appraisal,* Harvard Business Review, January–February 1965.

oder Bonuszahlungen in der Regel an die gewinnbezogene Leistung gebunden sind. Zwar wenden die meisten Firmen diese Prinzipien auf ihre Projektorganisationen an, jedoch mit großer Skepsis. In der Regel findet eine Anpassung der Leistungsbeurteilung dahingehend statt, dass auch die gemeinsame Leistung berücksichtigt wird. Ein ähnliches Dilemma besteht beim Beitrag zum Gewinn. Der Kommentar eines Projektmanagers von General Electric ist typisch für die Situation, in der sich Manager befinden: »Ich bin zwar verantwortlich für die Geschäftsergebnisse eines umfangreichen Programms, kann jedoch nicht einmal 20 % der Kosten steuern.« Unter Berücksichtigung der Realitäten messen Unternehmen die Leistung ihrer Projektmanager mindestens in zwei der folgenden Bereiche:

- *Geschäftsergebnisse* gemessen in Gewinn, Marge, Kapitalrendite (ROI), Entwicklung neuer Geschäftsfelder und Einkommen. Außerdem werden die fristgerechte Lieferung, die Einhaltung vertraglicher Vorgaben und die Durchführung im Rahmen des Budgets bewertet.
- *Leistung in Bezug auf Management* wird gemessen an der Effektivität des Projektgesamtmanagements, der Organisation, der Führungsstärke und der Teamleistung.

Der erste Bereich ist nur relevant, wenn der Projektmanager tatsächlich für die Geschäftsergebnisse, für die vertragsgemäße Leistung oder für die Akquise neuer Geschäftsbereiche verantwortlich ist. Viele Projektmanager greifen auf Serviceabteilungen wie die firmeninterne Produktentwicklung zu. In solchen Fällen wird die Leistung hauptsächlich daran gemessen, ob die Ergebnisse im Rahmen des Zeit- und des Kostenplans erzielt werden konnten. Der zweite Bereich lässt sich erheblich schwerer beurteilen. Wird er falsch behandelt, führt dies zu Manipulationen und dazu, dass Spiele gespielt werden. Tabelle 8.2 listet einige Punkte auf, nach denen die Leistung im Bereich Projektmanagement bemessen werden kann. Projektmanager werden in der Regel danach beurteilt, wie viel Zeit sie benötigt haben, um das Team zu organisieren, ob das Projekt gemäß der vereinbarten Zeit- und Kostenpläne verläuft und wie gut die globalen Ziele erfüllt werden, die von den Vorgesetzten aufgestellt wurden. Ob der Sponsor firmenintern oder extern ist, spielt dabei keine Rolle.

Durchführung der Leistungsbeurteilung

Vorgesetzter des Projektmanagers

Quelle der Leistungsdaten

Vorgesetzter des Projektmanagers, Ressourcen-Manager, Geschäftsführer

Primäre Leistungskriterien

1. Der Erfolg, mit dem der Projektmanager die vordefinierten Ziele erreicht:
   - Zielkosten
   - wichtige Meilensteine
   - Beitrag zum Gewinn, zu den Nettoeinnahmen und zum Kapitalertrag
   - Qualität
   - technische Leistung
   - Marktmaßnahmen, neue Geschäftsfelder, Folgeaufträge
2. Die Effektivität des Projektmanagers in Bezug auf die Projektgesamtleitung und die Führung in allen Phasen des Projekts inklusive der Entwicklung von:
   - Zielen und Kundenanforderungen
   - Budgets und Zeitplänen
   - Richtlinien
   - Bemessung und Steuerung der Leistung
   - Systemen zur Berichterstattung und für Reviews

Tabelle 8.2: Leistungskriterien für Projektmanager

Sekundäre Leistungskriterien

1. Fähigkeit, die Ressourcen des Unternehmens sinnvoll zu nutzen
   - Reduktion der Gemeinkosten
   - Arbeit mit dem vorhandenen Personal
   - kostengünstige Kaufentscheidungen
2. Die Fähigkeit, ein effektives Projektteam zusammenzustellen
   - Personalausstattung
   - abteilungsübergreifende Kommunikation
   - geringes Konfliktpotenzial und wenig Auseinandersetzungen im Team
3. Effektive Projektplanung und Planumsetzung
   - Detailliertheit des Plans
   - Zustimmung durch Projektmitarbeiter und das Management
   - Einbeziehung des Managements
   - Bereitstellung von Ausweichplänen
   - Berichte und Reviews
4. Kundenzufriedenheit
   - wahrgenommene Projektleistung durch Sponsor
   - Kommunikation, Beziehungen
   - Reaktion auf Veränderungen
5. Partizipation an der Unternehmensführung
   - Information des Managements über neue Projekte, Produkte oder Geschäftsmöglichkeiten
   - Entwicklung von Angeboten
   - Erstellung eines Business-Plans und von Richtlinien

Zusätzliche Kriterien

1. Schwierigkeitsgrad der Aufgaben
   - Technische Schwierigkeit
   - administrative und organisatorische Komplexität
   - multidisziplinäre Ausrichtung
   - Personalausstattung und Start
2. Projektumfang
   - Projektgesamtbudget
   - Anzahl der Mitarbeiter
   - Anzahl der involvierten Unternehmen und Unterauftragnehmer
3. Veränderung der Arbeitsumgebung
   - Art und Grad der Veränderungen und Neuausrichtungen
   - Unvorhergesehene Ausgaben

Tabelle 8.2: Leistungskriterien für Projektmanager (Forts.)

Die Ressourcenmanager oder Projektmitarbeiter werden hauptsächlich in Bezug auf ihre Fähigkeit beurteilt, ein bestimmtes Projektteilsystem zu implementieren:

- *Technische Implementierung* gemessen an den Anforderungen, der Qualität, dem geplanten Zeitrahmen und den geplanten Kosten
- *Teambezogene Leistung* gemessen an der Fähigkeit, effektive Task-Groups aufzubauen, mit anderen Gruppen zusammenzuarbeiten und verschiedene Funktionen zu integrieren

Die Leistungsbeurteilung des Ressourcenmanagers wird in Tabelle 8.3 aufgeführt. Zusätzlich sollte die Projektleistung von Projektmanagern und Projektmitarbeitern in Bezug auf Bedingungen wie z.B. die Schwierigkeit, die Komplexität und den Umfang der Aufgabe, auf die Änderungen und auf die allgemeinen Geschäftbedingungen beurteilt werden.

Durchführung der Leistungsbeurteilung

Vorgesetzter des Projektmitarbeiters

Quelle der Leistungsdaten

Vorgesetzter des Projektmitarbeiters und Ressourcen-Manager

Primäre Leistungskriterien

1. Der Erfolg, mit dem der Projektmanager die vordefinierten Ziele erreicht:
   - technische Implementierung gemäß der Anforderungen
   - Qualität
   - wichtige Meilensteine
   - Zielkosten, Kosten für die Entwicklung
   - Innovation
   - Gegengeschäfte
2. Die Effektivität des Projektmitarbeiters oder Teamleiters in Bezug auf
   - Bildung eines effektiven Task-Teams
   - Zusammenarbeit mit Teammitgliedern, die Partizipation und das Engagement
   - Zusammenarbeit mit anderen Organisationen und Unterauftragnehmern
   - Koordination verschiedener Funktionen
   - Einstellung gegenüber Änderungen
   - das Eingehen von Verpflichtungen

Sekundäre Leistungskriterien

1. Der Erfolg und die Effektivität, mit der funktionale Aufgaben zusätzlich zur Projektarbeit gemäß der funktionalen Richtlinien erledigt werden:
   - Spezialaufgaben
   - Weiterentwicklung der Technologie
   - Organisationsentwicklung
   - Ressourcenplanung
   - fachbezogene Führung
2. Administrative Unterstützung
   - Berichte und Reviews
   - Spezielle Task-Forces und Komitees
   - Projektplanung
   - Verfahrensentwicklung
3. Entwicklung neuer Geschäftsbereiche
   - Entwicklung von Angeboten
   - Erstellung von Kundenpräsentationen
4. Berufliche Entwicklung
   - Schritthalten mit den Entwicklungen des Berufsfelds
   - Publikationen
   - Verhältnis zur Gesellschaft, zu Lieferanten, zu Auftraggebern und zu Bildungseinrichtungen

Zusätzliche Kriterien

1. Schwierigkeitsgrad der Aufgaben
   - technische Herausforderung
   - Überlegungen in Bezug auf den Stand der Technik
   - Veränderungen und Ausweichmöglichkeiten

Tabelle 8.3: Leistungskriterien für Projektmitarbeiter

2. Managementbezogene Zuständigkeiten
   - auf eine Aufgabe bezogener Leiter mehrerer Projektmitarbeiter
   - multifunktionale Integration
   - Budgetverantwortung
   - Personalverantwortung
   - spezifische Befugnisse
3. Arbeit an mehreren Projekten
   - Anzahl unterschiedlicher Projekte
   - Anzahl und Umfang der Aufgaben und Pflichten
   - Arbeitsbelastung insgesamt

Tabelle 8.3: Leistungskriterien für Projektmitarbeiter (Forts.)

Schließlich muss noch entschieden werden, wer die Leistungsbeurteilung vornehmen soll und wer über das Gehalt entscheidet. Ist der Projektmitarbeiter zwei Managern unterstellt, sollten beide eine Beurteilung abgeben. Ein Beispiel für eine solche Situation wäre ein Projektmanager, der fachbezogene Punkte an seinen Vorgesetzten berichtet, spezielle Geschäftsergebnisse jedoch an eine andere Person. Die doppelte Berichterstattung ist bei Projektmanagern eher eine Ausnahme, bei Projektmitarbeitern hingegen häufig. Sie sind in Bezug auf die fachliche Leistung dem Linienmanager und in Bezug auf die Erfüllung des Budgets und des Terminplans dem Projektmanager unterstellt. Außerdem werden die Personalressourcen möglicherweise in mehreren Projekten eingesetzt. Deshalb kann nur der Linien- oder der Ressourcenmanager die Gesamtleistung der Projektmitarbeiter beurteilen.

Leistungsanreize und Bonuszahlungen

In vielen Bereichen ist eine leistungsbezogene Gehaltskomponente üblich, die ausbezahlt wird, wenn die Zielvereinbarungen erfüllt werden. Unter inflationären Bedingungen halten die Gehaltsanpassungen jedoch selten mit den gestiegenen Lebenshaltungskosten Schritt. Um Leistungsanreize zu bieten und einen Inflationsausgleich zu gewähren, haben viele Unternehmen Bonuszahlungen eingeführt. Das Problem ist jedoch, dass die Standardpläne für Gehaltserhöhungen und Bonuszahlungen auf der individuellen Leistung basieren, wohingegen bei der Arbeit im Projekt die gemeinsame Verantwortung, Zuständigkeit und Steuerung eine Rolle spielt. In der Regel ist es sehr schwer, den Projekterfolg oder -misserfolg einer Person oder einer kleinen Personengruppe zuzuschreiben.

Die meisten Manager, die mit diesem Problem konfrontiert sind, setzen traditionelle Mittel der Leistungsbeurteilung ein. Damit lässt sich bis zu einem gewissen Maß beurteilen, inwieweit die Leistung eines Mitarbeiters zum Projekterfolg beigetragen hat. Eine angemessen gestaltete und ausgeführte Leistungsbeurteilung, die Elemente aus allen Bereichen des Managements berücksichtigt und deren Schlussfolgerungen die Zustimmung des Mitarbeiters haben, kann bedenkenlos für zukünftige Gehaltsüberprüfungen herangezogen werden.

8.3 Effektives Projektmanagement in kleinen Unternehmen

Kleine Projekte lassen sich beispielsweise wie folgt definieren:

- Gesamtdauer zwischen drei und zwölf Monaten
- Projektvolumen zwischen € 5.000 und € 1,5 Mio.
- Kontinuierliche Kommunikation zwischen Teammitgliedern, insgesamt sind nicht mehr als drei oder vier Kostenstellen betroffen
- Manuelle Kostenkontrolle ist akzeptabel.
- Projektmanager arbeiten eng mit den Linienmitarbeitern und den Linienmanagern zusammen, weshalb ein zeitraubendes detailliertes Berichtswesen nicht erforderlich ist.
- Die Arbeit wird in maximal drei Ebenen unterteilt.

Es werden nun die Besonderheiten des Projektmanagements in kleinen Unternehmen und in kleinen Organisationen innerhalb von Großunternehmen beschrieben. Es folgt eine Gegenüberstellung der wichtigsten Unterschiede zwischen dem Projektmanagement in kleinen und in Großunternehmen.

- *In kleinen Unternehmen muss der Projektmanager viele Funktionen erfüllen und wird häufig gleichzeitig als Projekt- und als Linienmanager eingesetzt.* Großunternehmen können sich den Luxus eines Projektmanagers leisten, der für die gesamte Projektdauer ausschließlich an einem Projekt arbeitet. In kleineren Unternehmen ist dies nicht möglich. Deshalb müssen Linienmanager häufig die Aufgaben von Projektmanagern übernehmen. Dies stellt ein Problem dar, wenn die Linienmanager sich stärker ihrer Linienfunktion als dem Projekt zuwenden, da dann das Projekt leidet. Außerdem ist das Risiko hoch, dass der Linienmanager, der auch als Projektmanager agiert, die besten Ressourcen für sein eigenes Projekt einsetzt. Das Projekt des Linienmanagers verläuft dann erfolgreich, jedoch zu Lasten aller anderen Projekte, für die der Linienmanager Ressourcen bereitstellen muss.

  Im Idealfall arbeitet der Projektmanager in horizontaler Richtung und ist einem Projekt zugeordnet, wohingegen der Linienmanager in vertikaler Richtung arbeitet und seiner Fachabteilung verpflichtet ist. Besteht zwischen Projekt- und Linienmanager ein gutes Arbeitsverhältnis, werden Entscheidungen so getroffen, dass das Projekt und das Unternehmen davon profitieren. Leider ist dies in kleinen Unternehmen recht schwierig, in denen ein Mitarbeiter mehrere Funktionen erfüllen muss.
- *In einem kleinen Unternehmen betreut der Projektmanager mehrere Projekte, die möglicherweise unterschiedliche Prioritäten haben.* Großunternehmen können sich den Luxus leisten, Projektmanager nur für ein Projekt einzusetzen. Bei kleineren Unternehmen müssen Projektmanager hingegen stets mehrere Projekte gleichzeitig betreuen. Die Betreuung mehrerer Projekte kann zu einem ernsthaften Problem werden, wenn alle eine ähnliche Priorität haben. Kleine Unternehmen scheuen sich häufig, Prioritäten zu vergeben, weil sie befürchten, dass dann Aktivitäten mit einer niedrigen Priorität niemals zum Abschluss gelangen.
- *In einem kleinen Unternehmen sind die Ressourcen beschränkt.* In einem Großunternehmen kann der Projektmanager zusätzliche Ressourcen anfordern oder mit dem Linienmanager über die Bereitstellung weiterer Ressourcen verhandeln, wenn er mit den vorhandenen Ressourcen unzufrieden ist. In kleinen Unternehmen sind die zugeteilten Ressourcen sehr wahrscheinlich die einzigen verfügbaren Ressourcen.
- *In einem kleinen Unternehmen müssen Projektmanager in der Regel besser ausgebildete soziale Kompetenz besitzen als in Großunternehmen.* Dies ist deshalb erforderlich, weil Projektmanager in kleinen Unternehmen nur wenige Mitarbeiter zur Verfügung haben und diese so gut wie möglich motivieren müssen.
- *In kleinen Unternehmen sind die Kommunikationswege kürzer.* In kleinen Unternehmen muss der Projektmanager fast immer an die Unternehmensführung berichten, wohingegen der Projektmanager in Großunternehmen jeder Managementebene unterstellt sein kann. Bei kleinen Unternehmen sind die Hierarchien in der Regel flacher.
- *In kleinen Unternehmen gibt es kein PO.* Großunternehmen, insbesondere im Bereich der Luftfahrt und im Baubereich können leicht POs mit zwanzig bis dreißig Mitarbeitern unterhalten, wohingegen in kleinen Unternehmen der Projektmanager selbst das PO ist. Dies impliziert, dass der Projektmanager in einem kleinen Unternehmen mehr allgemeine und auch spezifische Kenntnisse über die Unternehmensaktivitäten, -richtlinien und -verfahrensweisen besitzen muss als sein Ebenbild im Großunternehmen.
- *In einem kleinen Unternehmen ist das Risiko für das Gesamtunternehmen größer, wenn bereits ein Projekt fehlschlägt.* Großunternehmen können sich möglicherweise den Verlust eines Programms leisten, das ein Volumen von mehreren Millionen hat, wohingegen kleinere Unternehmen in einem solchen Fall in ernsthafte finanzielle Schwierigkeiten geraten. Somit bewerben sich kleinere Firmen häufig nicht um Projekte, für die sie zusätzliche Mitarbeiter einstellen müssten oder für die sie kleinere Projekte aufgeben müssten.

- *In einem kleineren Unternehmen ist die Kontrolle der Ausgaben möglicherweise erheblich schärfer, wird jedoch mit weniger professionellen Techniken durchgeführt.* Weil bei kleineren Unternehmen das Risiko des Misserfolgs eines einzigen Projekts erheblich größer ist als bei Großunternehmen, werden die Kosten in der Regel wesentlich stärker und häufiger kontrolliert als in Großunternehmen. Kleinere Unternehmen setzen in der Regel manuelle oder nur teilweise computerisierte Kostenkontrollsysteme ein, während Großunternehmen aufwändige Software-Pakete benutzen.
- *In einem kleinen Unternehmen mischt sich die Unternehmensführung in der Regel stärker ein.* Dies ist zu erwarten, weil das Risiko des Misserfolgs bei einem kleinen Unternehmen erheblich höher ist als bei einem Großunternehmen. Außerdem mischen sich die Führungskräfte von kleinen Unternehmen erheblich stärker ein als bei Großunternehmen und delegieren so wenig wie möglich an Projektmanager.
- *Die Mitarbeiterbewertung ist in kleinen Unternehmen häufig unproblematischer.* Das liegt daran, dass der Projektmanager seine Mitarbeiter viel genauer kennen lernt und seine soziale Kompetenz erheblich stärker ausgebildet sein muss als in einem Großunternehmen.
- *In kleinen Unternehmen ist die Projekteinschätzung in der Regel präziser und basiert auf Erfahrung oder auf Standards.* Die Planung wird in der Regel manuell durchgeführt und, anders als bei Großunternehmen, nicht computerisiert. Außerdem fühlen sich die Linienmanager in einem kleinen Unternehmen dazu verpflichtet, sich an Zusagen zu halten, wohingegen in Großunternehmen Lippenbekenntnisse häufiger sind.

8.4 Durchführung von Großprojekten

Für Großprojekte gelten meist ganz andere Regeln und Richtlinien als für kleine Projekte:

- Bei Großprojekten wird in der Regel eine große Anzahl an Mitarbeitern benötigt – allerdings häufig nur für einen kurzen Zeitraum oder in besonders arbeitsintensiven Phasen.
- Unternehmen, die Großprojekte durchführen, müssen eventuell beständig umstrukturiert werden, weil jedes Projekt eine andere Phase des Projektlebenszyklus durchläuft.
- Bei Unternehmen, die Großprojekte durchführen, werden die Matrix- und die Projektorganisation möglicherweise austauschbar eingesetzt.
- Im Zusammenhang mit Großprojekten sind folgende Punkte ausschlaggebend für Erfolg:
  - Schulung der Mitarbeiter in Projektmanagement
  - Klare Definition der Regeln und Verfahrensweisen
  - Kommunikation auf allen Ebenen
  - Qualitativ hochwertige Frontend-Planung

Viele Unternehmen träumen davon, den Zuschlag für Großprojekte zu erhalten, was jedoch häufig in einer Katastrophe endet. Die Schwierigkeiten ergeben sich bei Großprojekten hauptsächlich durch folgende Ressourcenbeschränkungen:

- Mangel an Arbeitern vor Ort
- Mangel an Fachpersonal
- Mangel an angemessen geschulten Führungskräften vor Ort
- Mangel an Rohmaterial

Wegen solcher Probleme teilen Unternehmen Großprojekten sofort ihre besten Mitarbeiter zu, was bei kleineren Projekten, die zu Folgeaufträgen führen können, zu großen Problemen führt. In der Regel müssen längerfristig Überstunden gemacht werden, was zu einer Verringerung der Effizienz und zur Unzufriedenheit der Mitarbeiter führt.

Sobald Probleme bei der Erfüllung des Terminplans auftreten, stellt die Unternehmensführung zusätzliche Mitarbeiter ein. Nach Abschluss des Projekts ist das Unternehmen dann vollkommen überbesetzt, viele kleinere Kunden haben sich umorientiert und das Unternehmen benötigt ein weiteres Großprojekt, um zu überleben und die vorhandenen Mitarbeiter bezahlen zu können.

Großprojekte sind nicht immer so glanzvoll, wie viele Leute glauben. Die Stabilität eines Unternehmens und eine moderate Wachstumsrate sind möglicherweise wichtiger als Quantensprünge zu Großprojekten. Diese sollten besser Unternehmen überlassen werden, die die Möglichkeiten, die Fachkenntnis, die Ressourcen und das Management-Know-how dafür besitzen.

8.5 Moral, Ethik und die Unternehmenskultur

PMBOK® Guide 2004

1.3 Was ist Projektmanagement - Verantwortlichkeit und der PMP®-Verhaltenskodex

Unternehmen, die Moral und Ethik fördern, haben in der Regel weniger Schwierigkeiten, eine Unternehmenskultur zu entwickeln, als Unternehmen, die unmoralisches Handeln fördern.

Unethisches Handeln kann durch unternehmensinterne oder externe Kräfte erzwungen werden. Eine Notlage durch die interne Aufforderung zu unethischem Verhalten entsteht beispielsweise dann, wenn Mitarbeiter oder Manager eines Unternehmens andere zu Handlungen auffordern, die deren ethisches Empfinden verletzten. Typische Beispiele wären:

- Mitarbeiter werden aufgefordert, ein Angebot so zu gestalten, dass das Unternehmen den Auftrag erhält, obwohl der Auftraggeber dabei belogen wird.
- Mitarbeiter werden aufgefordert, schlechte Nachrichten vor dem Management zu verheimlichen.
- Mitarbeiter werden aufgefordert, schlechte Nachrichten vor dem Auftraggeber zu verheimlichen.
- Mitarbeiter werden aufgefordert, ein möglicherweise fehlerhaftes Teil an den Auftraggeber zu schicken, um die Produktionsquoten zu erfüllen.
- Mitarbeiter werden angewiesen, die Buchführung zu fälschen, um vor der Unternehmensführung gut dazustehen.
- Mitarbeiter werden gebeten, Unterschlagungen zu decken oder falsche Kostenstellen zu verwenden.
- Mitarbeiter werden gebeten, das Vertrauen zu verletzen, das sie in Bezug auf eine private, persönliche Entscheidung eines Teammitglieds genießen.

Eine externe Aufforderung zu unmoralischem Verhalten liegt dann vor, wenn ein Mitarbeiter von einem Auftraggeber gebeten wird, etwas zu tun, das zwar im Interesse des Auftraggebers liegt (und möglicherweise auch im Interesse der eigenen Firma), jedoch die moralischen und ethischen Vorstellungen des Mitarbeiters verletzt. Typische Beispiele wären:

- Ein Mitarbeiter wird gebeten, Informationen zu verbergen oder zu vernichten, die in einem Rechtstreit gegen den Auftraggeber verwendet werden könnten.
- Ein Mitarbeiter wird dazu aufgefordert, den Auftraggeber zu belügen, um das Image des Auftraggebers aufrechtzuerhalten.
- Ein Mitarbeiter wird gebeten, unzuverlässige Informationen zu verbreiten, die sich für einen Konkurrenten des Auftraggebers schädlich auswirken könnten.
- Der Projektmanager des Auftraggebers bittet den Mitarbeiter, das Angebot so zu fälschen, dass er es leichter prüfen kann.

Projektmanager befinden sich häufig in der Lage, dass Entscheidungen zugunsten des Auftraggebers getroffen werden müssen, auch wenn diese zur Verärgerung der Mitarbeiter führen. Das folgende Beispiel zeigt jedoch, dass auch ein positiver Umgang mit einer solchen Situation möglich ist:

- Der Projektplan enthielt ein Lieferdatum, zu dem eine bestimmte Anzahl an fertigen Einheiten beim größten Auftraggeber des Unternehmens eintreffen sollten. 30 Prozent des Absatzes und 33 Prozent des Gewinns verdankte das Unternehmen allein diesem Auftraggeber. Aufgrund von Problemen bei der Projektentwicklung konnte das Projekt jedoch nicht rechtzeitig abgeschlossen werden. Die Mitarbeiter wurden aufgefordert, über Weihnachten und Neujahr zu arbeiten, um das Lieferdatum einzuhalten, obwohl viele Mitarbeiter für diesen Zeitraum Urlaub beantragt hatten. Der Projektmanager arbeitete genauso lange wie seine Mitarbeiter und war für alle sichtbar. Das Unternehmen gestattete es Familienangehörigen, die Mitarbeiter während der Essenszeiten zu besuchen. Nach Abschluss des Projekts sorgte der Projektmanager dafür, dass alle Teammitglieder zwei Wochen bezahlten Urlaub erhielten. Die Projektmitarbeiter erklärten sich auch bei Folgeprojekten bereit, wieder mit dem Projektmanager zusammenzuarbeiten.

Der Projektmanager hatte erkannt, dass es möglicherweise als unmoralisch betrachtet werden würde, von seinen Leuten zu fordern, über Weihnachten und Neujahr zu arbeiten. Da er selbst auch arbeitete, verstärkte sein Verhalten die Bedeutung, die die Einhaltung des Terminplans für das Unternehmen hatte. Das Handeln des Projektmanagers stärkte die Kooperationsbereitschaft im Unternehmen.

Nicht alle Änderungen sind im Interesse des Unternehmens und der Mitarbeiter. Manchmal sind Änderungen aber erforderlich, um zu überleben. Die Mitarbeiter werden dadurch möglicherweise gezwungen, Dinge aufzugeben, die für sie bequem sind. Möglicherweise betrachten die Mitarbeiter die Änderungen sogar als unmoralisch. Betrachten Sie das folgende Beispiel:

- Wegen einer Rezession stellte ein Werkzeugmaschinenhersteller seinen Betrieb von einer nicht projektorientierten auf eine Projektorganisation um. Das Management erkannte den Wandel der Zeit und versuchte, die Mitarbeiter davon zu überzeugen, dass die Kunden nun Spezialprodukte statt der Standardprodukte benötigten und dass das Überleben des Unternehmens davon abhängen könnte, ob die Umstellung gelingt. Das Unternehmen engagierte ein Projektmanagement-Beratungsunternehmen, das bei der Umstellung der Organisationsstruktur behilflich sein sollte. Die Mitarbeiter leisteten energischen Widerstand gegen die Veränderungen, weil sie fälschlicherweise davon ausgingen, dass die Nachfrage nach Standardprodukten nach der Rezession wieder ansteigen würde und dass Projektmanagement nur eine Zeitverschwendung sei. Das Unternehmen existiert nicht mehr und die Mitarbeiter machten das Projektmanagement für den Verlust ihres Arbeitsplatzes verantwortlich.

Einige Unternehmen entwickeln »Praxishandbücher«, die detailliert beschreiben, was mit ethischem Verhalten im Umgang mit Anbietern und Kunden gemeint ist. Doch selbst damit ist nicht ausgeschlossen, dass wohlmeinende Mitarbeiter unbeabsichtigt einen großen Schaden anrichten.

Betrachten Sie folgendes Beispiel:

- Der Projektsponsor eines FuE-Projekts beschloss, die Rohdaten zu verändern, um bei der Kundenpräsentation eine bessere Wirkung erzielen zu können. Als der Kunde feststellte, was passiert war, entwickelte sich aus dem bisherigen Vertrauensverhältnis mit offener Kommunikation ein Verhältnis des Misstrauens mit formeller Dokumentation. Das gesamte Projektteam litt, weil ein Mitarbeiter sich falsch verhalten hatte.

Manchmal finden sich Projektmanager in Situationen wieder, in denen eine Win-Lose- statt einer Win-Win-Position zu erwarten ist. Betrachten Sie die folgenden drei Situationen:

- Dem Projektassistenten wurde die Möglichkeit geboten, ein neues, umfangreiches Projekt zu übernehmen, das demnächst starten sollte. Er benötigte dafür die Zustimmung des Projektmanagers. Für den Projektmanager hätte dies jedoch geheißen, dass er die Arbeit des Projektassistenten zusätzlich zu seiner eigenen Arbeit hätte übernehmen müssen, wenn dieser das Projekt verlassen hätte. Deshalb verweigerte der Projektmanager seine Zustimmung und zog sich damit den Ruf zu, Mitarbeitern die Möglichkeit der Beförderung zu nehmen.

- Im ersten Monat eines Projekts mit einer Laufzeit von zwölf Monaten stellte der Projektmanager bereits fest, dass der Endtermin zu optimistisch gewählt worden war. Er hielt diese Information jedoch vor dem Kunden zurück in der Hoffnung, dass ein Wunder geschehe. Zehn Monate später hielt der Projektmanager die Information noch immer zurück. Im elften Monat klärte er den Kunden schließlich über die tatsächliche Lage auf. Der Projektmanager wurde daraufhin als Person eingestuft, die Probleme verschleiert, um es sich einfacher zu machen.
- Um den vorgegebenen Terminplan einzuhalten, forderte der Projektmanager von seinen Mitarbeitern, dass sie Überstunden machten, obwohl er wusste, dass dies häufig zu einem Anstieg der Fehlerquote führt. Das Unternehmen entließ daraufhin einen übermüdeten Arbeiter, der versehentlich das falsche Rohmaterial benutzt hatte, was zu einem kostspieligen Herstellungsfehler führte.

In allen drei Situationen glaubte der Projektmanager, dass seine Entscheidung im Interesse des Unternehmens sei. Trotzdem wurde das Verhalten des Projektmanagers im Anschluss als unethisch oder unmoralisch eingestuft.

Häufig wird behauptet, dass Geld die Wurzel alles Bösen sei. Manchmal glauben Firmen, es wäre günstig, die Leistung der Mitarbeiter durch finanzielle Belohnungen zu honorieren, ohne dabei jedoch die Auswirkungen auf die Unternehmenskultur zu beachten. Betrachten Sie das folgende Beispiel:

- Nach Abschluss eines höchst erfolgreich verlaufenen Projekts wurde der Projektmanager befördert und erhielt einen Bonus von € 5.000 und vom Unternehmen bezahlten Urlaub. Die Teammitglieder, die eigentlich für den Erfolg mitverantwortlich waren und die nur ein geringes Gehalt hatten, trafen sich in einem Fast-Food-Restaurant, um ihren Beitrag zum Projekt zu feiern. Der Projektmanager feierte allein.

Das Unternehmen hatte nicht berücksichtigt, dass der Erfolg eines Projekts ein Teamerfolg ist. Die Mitarbeiter betrachteten die Belohnungspolitik als unmoralisch und unethisch, weil der Projektmanager seinen Erfolg dem gesamten Team zu verdanken hatte.

Wenn sich Projektmanager, Projektsponsoren und Linienmanager moralisch und ethisch verhalten, verbessern sie damit die Unternehmenskultur. Umgekehrt kann unmoralisches und unethisches Verhalten häufig zu einer Zerstörung der Unternehmenskultur führen, wobei es meist schneller geht, die Unternehmenskultur zu zerstören, als sie aufzubauen.

8.6 Professionelle Verantwortung

Die Bedeutung der professionellen Verantwortung von Projektmanagern hat innerhalb der letzten Jahre immer mehr zugenommen, insbesondere aufgrund der schlechten Publicity durch die Geschäftemacherei amerikanischer Unternehmen. Diese professionelle Verantwortung gibt es schon seit längerer Zeit bei uns, insbesondere beim Umgang mit Behörden. Professionelle Verantwortungen eines Projektmanagers sind sowohl breit gefächert als auch umfassend. PMI® hat im Jahr 2000 eine Studie zur Rollenbeschreibung für Projektmanager (Project Management Professional [PMP®] Role Delineation Study) veröffentlicht, die sich mit der professionellen Verantwortung des Projektmanagers beschäftigt. Der Abschnitt über die professionelle Verantwortung im PMBOK® Guide basiert auf der Rollenbeschreibungsstudie und dem PMI®-Verhaltenskodex. Im Abschnitt über professionelle Verantwortung werden im PMBOK® Guide vor allem fünf Aufgaben angesprochen:

- **Sicherstellen individueller Integrität und Professionalität:** Man erwartet, dass sich der Projektmanager jederzeit professionell verhält. Das beinhaltet die Einhaltung aller rechtlichen Vorschriften, die Bewahrung moralischer und ethischer Standards sowie den Schutz der Gemeinschaft und aller Stakeholder, auch wenn es widersprüchliche Interessen bei den Aktieninhabern gibt. Der Projektmanager muss rechtliche Vorschriften kennen (einschließlich der rechtlichen Vorgaben für Berufsstandards) ebenso wie multinationale, ethnische, ethische und kulturelle Standards sowohl für den Projektstandort als auch innerhalb des Teams. Darüber hinaus ist es erforderlich, die Werte zu kennen, die für die Stakeholder zu wahren sind.

- **Beitragen zur Projektmanagement-Wissensbasis:** Es wird erwartet, dass Projektmanager zur Projektmanagement-Wissensbasis beitragen, indem sie Wissen aus dem Projektmanagement einbringen. Dabei kann es sich um Themen handeln wie etwa aktuelle Forschung, beste bekannte Verfahrensweisen, Erfahrungswerte und stetige Verbesserungsbemühungen. Dieser Beitrag soll den Beruf weiterbringen, die Qualität des Projektmanagements verbessern und die Fähigkeiten der Kollegen verbessern. Beiträge können in Form von Artikeln, Präsentationen, Büchern und verschiedener anderer Medien formuliert werden.
- **Gesteigerte individuelle Kompetenz:** Man erwartet von Projektmanagern, dass sie ihre eigenen individuellen Kompetenzen auf dieselbe Weise erweitern, wie sie zu dem Berufsbild beitragen. Normalerweise können Projektmanager, die zum Beruf beitragen, gleichzeitig ihre eigenen Kompetenzen verbessern.
- **Ausgleich der Anliegen von Stakeholdern:** Die Stakeholder können alle unterschiedliche Werte und Anliegen haben. Diese konkurrierenden Interessen bedingen, dass die Projektmanager nicht nur die Bedürfnisse und Ziele der Stakeholder kennen, sondern auch besondere Fähigkeiten in Hinblick auf Konfliktlösung, Verhandlungen und Kommunikation besitzen.
- **Zusammenarbeit mit dem Team und den Stakeholdern auf professionelle und kooperative Weise:** Man geht davon aus, dass Projektmanager die ethnischen und kulturellen Normen sowohl der Teammitglieder als auch der Stakeholder kennen. Das führt zu der Kategorie der kulturellen Vielfalt sowie zu sozioökonomischen Einflüssen, wie etwa in Hinblick auf politische Differenzen, Nationalfeiertage, Kommunikationsgewohnheiten, religiöse Praktiken, ethnische und moralische Vorstellungen und andere demografische Betrachtungen. Projektmanager müssen die Vielfalt zulassen, offen an alle Beteiligten herangehen, sich selbst unter Kontrolle haben, Empathie zeigen und Toleranz mit der Bemühung um Kompromisse üben.

Neben den fünf Aufgaben, die unter dem Thema der professionellen Verantwortung beschrieben sind, hat das PMI® auch einen professionellen Verhaltenskodex entwickelt, der diese fünf Aufgaben unterstützt. Der Kodex gilt für alle, die in einer Projektumgebung arbeiten, nicht nur für den Projektmanager. Damit betont der Kodex, dass PMPs® als »Rollenmodelle« funktionieren müssen und Eigenschaften wie Ehrlichkeit, Moral und ethisches Verhalten aufweisen.

Der Kodex umfasst zwei Hauptabschnitte:

- Verantwortung gegenüber der Profession
- Verantwortungen gegenüber den Kunden und der Öffentlichkeit

Es gibt zahlreiche Situationen, die Probleme für Projektmanager verursachen können, was den Umgang mit den Erwartungen zu den professionellen Verantwortungen betrifft. Unter anderem handelt es sich dabei um:

- Professionelle Integrität bewahren
- Ethische Standards einhalten
- Vielfältigkeit erkennen
- Interessenkonflikte vermeiden/berichten
- Keine Projektentscheidungen für den persönlichen Vorteil treffen
- Geschenke von Kunden und Lieferanten erhalten
- Geschenke an Kunden und Lieferanten machen
- Information wahrheitsgemäß wiedergeben
- Verletzungen bewusst erkennen
- Die Bedürfnisse der Stakeholder ausgleichen

- Dem Druck von Seiten der Interessenvertreter widerstehen
- Sicherstellen, dass mit dem intellektuellen Eigentum des Unternehmens richtig umgegangen wird
- Sicherstellen, dass mit dem intellektuellen Eigentum des Kunden richtig umgegangen wird
- Datenschutz- und Datensicherheitsanforderungen genügen
- Den professionellen Verhaltenskodex einhalten

Einige dieser Themen sind nachfolgend genauer beschrieben.

Interessenkonflikt

Ein Interessenkonflikt ist eine Situation, in der sich eine Einzelperson in einer kompromittierenden Position befindet, in der sie je nach den getroffenen Entscheidungen persönliche Vorteile erzielen kann. Man spricht auch von persönlicher Bereicherung. Es gibt zahlreiche Situationen, die einen Projektmanager in diese Position bringen. Beispiele sind unter anderem:

- Insider-Wissen, dass eine Aktie steigen oder fallen wird
- Wenn sie gefragt werden, Angestellten zu erlauben, auf das Kostenkonto ihres Projekts zu arbeiten, auch wenn diese gar nicht an dem Projekt mitarbeiten
- Unangemessene Geschenke (dem Geldwert nach) zu machen oder zu erhalten
- Unberechtigte Bezahlungen oder Schmiergelder zu erhalten
- Dem Kunden falsche Information bereitzustellen, um das Projekt am Leben zu erhalten

Man erwartet von Projektmanagern, dass sie den PMI®-Verhaltenskodex befolgen, wodurch klar wird, dass Projektmanager sich ethisch verhalten sollten. Ungerechtfertigte Bezahlungen oder Vorteile werden nicht nur missbilligt - sie sind nicht akzeptabel. Wenn diese Situationen der Interessenkonflikte nicht erkannt werden, werden die legitimen Interessen sowohl des Kunden als auch des Unternehmens nicht weitergebracht.

Unangemessene Verbindungen

Nicht alle Stakeholder haben dieselbe Fähigkeit, die Entscheidungen des Projektmanagers zu beeinflussen. Einige Stakeholder können unangemessenen Einfluss/Zahlungen ausüben bzw. leisten, wie beispielsweise:

- Einen Kredit mit einem sehr geringen Zinssatz
- Die Möglichkeit, ein Produkt/eine Dienstleistung zu einem Preis zu kaufen, der mit einem Geschenk vergleichbar ist
- Die Möglichkeit, kostenlose Geschenke zu erhalten, wie beispielsweise Flugtickets, Veranstaltungstickets, kostenlose Mahlzeiten und Unterhaltung oder sogar Bargeld

Eine weitere Art unangemessener Verbindungen betrifft Familie oder Freunde. Diese Personen könnten Ihnen Informationen bereitstellen oder Einfluss nehmen, nach denen Sie in einer Geschäftssituation persönlichen Vorteil erzielen könnten. Beispiele dafür könnten wie folgt aussehen:

- Erhalt von Insider-Informationen
- Erhalt von privilegierten Informationen
- Das Öffnen von Türen, die Sie selbst nicht ohne Weiteres hätten öffnen können

Annahme von Geschenken

Heute gibt es in allen Unternehmen Regeln, welche Geschenke angenommen werden dürfen oder ausgeschlagen werden müssen. Während es in einigen Ländern völlig normal ist, Geschenke zu machen oder anzunehmen, lautet die Standardregel im Allgemeinen, alle Geschenke zu vermeiden. Einige Unternehmen geben Grenzen vor, wann Geschenke zulässig sind und welche Geschenke angemessen sind. Bei den Geschenken kann es sich um Bargeld, Essenseinladungen oder anderes handeln.

Verantwortung gegenüber Ihrem Unternehmen (und den Stakeholdern)

Mehr als je zuvor unterliegen Unternehmen heute dem Druck, ethisch korrekte Beziehungen zu Kunden und Lieferanten zu unterhalten. Man könnte es als Ethikkodex des Unternehmens interpretieren, der das professionelle Verhalten vorgibt, das vom Projektmanager und den Teammitgliedern erwartet wird. Das gilt insbesondere für die Handlungen des Projektmanagers und der Teammitglieder. Einige Unternehmen gehen sogar so weit, dass sie »Handbücher für standardmäßige Verfahrensweisen« veröffentlichen, die beschreiben, wie man sich professionell verhält. Typische Abschnitte in diesen Handbüchern könnten etwa wie folgt aussehen:

- Wahrheitsgemäße Darstellung aller Informationen
- Komplette Offenlegung aller Informationen
- Schutz von unternehmenseigenen Informationen
- Verantwortlichkeit, Verletzungen des Kodex zu melden
- Vollständige Konformität zu Gruppen, die Verletzungen überwachen
- Komplette und rechtzeitige Offenlegung aller Interessenkonflikte
- Sicherstellen, dass alle Teammitglieder die oben angeführten Aspekte berücksichtigen

8.7 Interne Partnerschaften

Eine interne Partnerschaft besteht aus einer Gruppe von zwei oder mehr Mitarbeitern, die zusammenarbeiten, um ein gemeinsames Ziel zu erreichen. Beim Projektmanagement ist es extrem wichtig, ein gutes Arbeitsverhältnis zu pflegen, das von internen Partnerschaften geprägt ist. Von besonderer Bedeutung ist hier das Verhältnis zwischen Projekt- und Linienmanager.

In den Anfangstagen des Projektmanagements wurden häufig die Mitarbeiter als Projektmanager ausgewählt, die das größte Fachwissen besaßen. Wie in Abbildung 8.7 gezeigt, resultierte dies in einem schlechten Arbeitsverhältnis zwischen den Linien- und dem Projektmanager. Die Linienmanager betrachteten die Projektmanager als Bedrohung und ihr Verhältnis war von Konkurrenzdenken geprägt. Die häufigste Form von Organisationsstruktur war eine feste Matrix, bei der der Projektmanager, der als Spezialist wahrgenommen wurde, mehr Einfluss auf die Projektmitarbeiter hatte als ihr Linienmanager.

Mit zunehmender Größe und Komplexität der Projekte wurde deutlich, dass die Projektmanager sich nicht in allen Bereichen des Projekts auskennen konnten. Sie mussten eher einen allgemeinen Begriff von der Technologie haben als sie zu beherrschen. Sie wurden von der technischen Unterstützung durch die Linienmanager abhängig. Schließlich fanden sich die Projektmanager in einer schwachen Matrix wieder, in der die Mitarbeiter die meisten technischen Anweisungen von ihren Linienmanagern erhielten.

Als sich ein partnerschaftliches Verhältnis zwischen dem Projekt- und dem Linienmanager entwickelte, erkannte das Management, dass Partnerschaften am besten auf kollegialer Ebene funktionieren. Projekt- und Linienmanager begannen, einander als gleichgestellt zu betrachten und die Kompetenzen, Zuständigkeiten und Verantwortung zu teilen, die den Projekterfolg garantieren. Gute Projektmanagement-Methoden betonen ein kooperatives Arbeitsverhältnis zwischen dem Projekt- und den Linienmanagern.

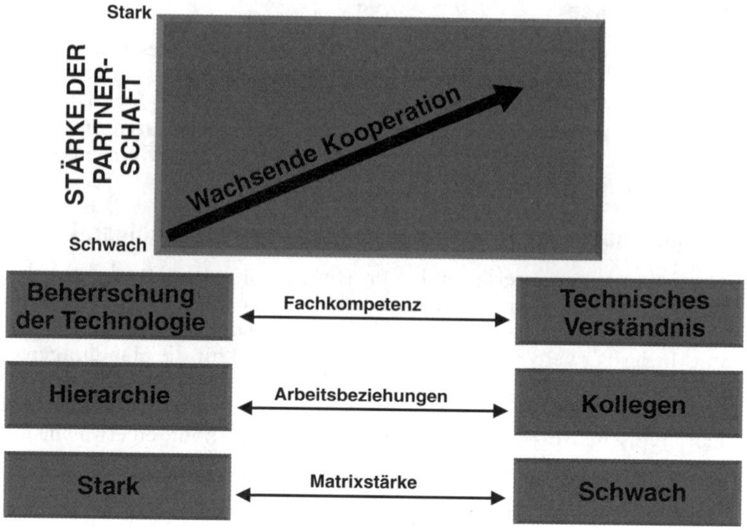

Abbildung 8.7: Stabilität der Partnerschaft

8.8 Externe Partnerschaften

Outsourcing ist zu einem wichtigen Trend geworden, weil es Unternehmen die Möglichkeit bietet, ihre Produkte schneller und zu konkurrenzfähigeren Preisen auf den Markt zu bringen, und weil Auftraggeber und Auftragnehmer davon profitieren. Die Beziehung zwischen Auftraggeber und Auftragnehmer wird als Partnerschaft betrachtet. Joki und Russett identifizieren drei Arten von Partnerschaften:[3]

- *Die Partnerschaft mit einem geprüften Lieferanten* ist eine Partnerschaft mit einer minimal ausgeprägten partnerschaftlichen Beziehung, die nur eine minimale Investition erfordert. Diese Form der Partnerschaft bietet in der Regel nur beschränkt Vorteile. Die Auftragnehmer werden nur für ein Projekt herangezogen und haben keine Garantie dafür, zukünftige Aufträge zu erhalten. Die Gruppe der geprüften Lieferanten kämpft um Aufträge und das wichtigste Ziel des Auftraggebers ist die Kommunikation des Projektziels. Ein geprüfter Lieferant hat lediglich den Vorteil, dass er sich bereits auf die Unternehmenskultur der Organisation einstellen konnte.
- *Die Partnerschaft zu einem bevorzugter Auftragnehmer* ist eine umfassendere Form der Partnerschaft, in die etwas mehr investiert werden muss. Entsprechend profitieren beide Parteien auch stärker davon. Ein bevorzugter Auftragnehmer wird in Anspruch genommen, sobald bestimmte Arbeiten anfallen. Er wird jedoch nicht in die anfängliche Planung einbezogen, was möglicherweise ein Nachteil ist. Der Kunde investiert zwar mehr, weil die Auswahl eines Angebots entfällt. Die Vorteile sollten jedoch die Kosten überwiegen. Da die Partner kontinuierlich zusammenarbeiten, können die Erfahrungswerte (Lessons learned) zur Verbesserung der Beziehung eingesetzt werden. Außerdem erhält der Auftraggeber in der Regel ein besseres Produkt, er kann Gemeinkosten und Zeit und möglicherweise auch anderes einsparen, was bei einer Partnerschaft mit einem geprüften Lieferanten nicht möglich wäre.

3. Übernommen aus Joki, E. und Russett, R., *Partnering for Success – Maximizing Project Management Value Through a Strategic Partner,* Project Management Institute Inc., Files of Change: Proceedings of the 29th Annual Seminars and Symposium, Long Beach, California, 1998. All rights reserved. Materials from this publication have been reproduced with permission of PMI. Unauthorized reproduction of this material is strictly prohibited.

- *Die strategische Partnerschaft* ist die umfassendste Form der Partnerschaft. Bei dieser Art von Beziehung bilden der Auftraggeber und der Auftragnehmer ein Team, das sich unter Umständen als separate Einheit von den ursprünglichen Organisationen abspalten kann. Das Team einer strategischen Partnerschaft arbeitet vom Projektstart bis zum Projektabschluss zusammen und unterstützt sich gelegentlich gegenseitig bei strategischen Entscheidungen in Bezug auf das Projekt oder das Programm. Das Team wird in die Konzeptionsphase einbezogen und arbeitet bis zur Fertigstellung und Inbetriebnahme zusammen.

Externe Partnerschaften können, wenn sie richtig gepflegt werden, für Auftraggeber und Auftragnehmer langfristige Vorteile bieten.

Das amerikanische Verteidigungsministerium hat eine Untersuchung dazu durchgeführt, welche Faktoren eine effektive Beziehung zum Auftragnehmer oder Zulieferer bedingen.[4] Jedem Zulieferer von Chrysler stand bei Chrysler ein Ansprechpartner zur Verfügung, der über den Zulieferer Bescheid wusste und an den sich der Zulieferer in allen Fragen wenden konnte. Die Unternehmen interagierten mit Kernzulieferern in enger Teamarbeit, die den Informationsaustausch erleichterte. In den so genannten integrierten Produktteams (IPTs) arbeiteten die Mitglieder so zusammen, dass Design-, Fertigungs- und Kostengesichtspunkte gemeinsam durchdacht wurden. Die Teammitglieder wurden ermutigt, sich als Partner an der Erfüllung der Projektziele zu beteiligen und möglichst häufig zu interagieren. Außerdem stellten einige Unternehmen den Zulieferern ihre eigenen Leute zur Verfügung oder richteten gemeinsam mit dem Zulieferer zentrale Produktionsanlagen ein, um Themen gemeinsam angehen zu können wie die Frage, wie sich ein Produkt verbessern lässt oder sich die Kosten reduzieren lassen. Motorola und Xerox betrachteten solche Teams als äußerst wichtig, um den Zulieferer möglichst früh in die Produktentwicklung einzubinden. Bei Motorola hatten die Kernzulieferer Zugang zu den Werksgebäuden und kamen mehrmals pro Woche in das Unternehmen, um gemeinsam mit den Ingenieuren von Motorola Punkte auszuarbeiten.

Die Unternehmen forderten die Zulieferer außerdem auf, hohe Standards zu erfüllen, und unterschieden dann in ihrem Pool von Zulieferern verschiedene Arten von Beziehungen. Viele behandelten ihre Kernzulieferer – die Zulieferer, die am meisten zu ihrem Produkt beitrugen – anders als Zulieferer für unwichtige oder für Standardteile. Bei Corning wurden die Zulieferer beispielsweise auf der Basis ihres Einflusses auf den Kunden und die Qualität beurteilt. Zulieferer der Ebene 1 haben direkten Einfluss auf die Kundenzufriedenheit, Zulieferer der Ebene 2 sind wichtig für Alltagsarbeiten und Zulieferer der Ebene 3 bieten allgemein verfügbare Produkte an. DuPont unterschied zwischen Allianzpartnern – d.h. Zulieferer mit ähnlichen Zielen, die mit DuPont zum beiderseitigen Vorteil zusammenarbeiten wollten – und anderen Zulieferern.

Bei Chrysler hat sich die Beziehung zu den Zulieferern so entwickelt, dass in einigen Bereichen keine großen Investitionen mehr getätigt werden mussten. Die Zulieferer investierten selbst und hatten genügend Vertrauen in ihre Beziehung zu Chrysler, dass sie vor langfristigen Verpflichtungen nicht zurückschreckten, die diese Investitionen beinhalteten. Chrysler seinerseits vertraute darauf, dass die Zulieferer Investitionen tätigen würden, dank derer die Autos weiterhin konkurrenzfähig waren. In diesem Fall sahen der Zulieferer und der Produktentwickler ihren Erfolg in Bezug auf das Endprodukt und eine Beziehung, die für beide Seiten Vorteile bietet.

8.9 Schulung und Weiterbildung

PMBOK® Guide 2004

Aufgabe 3 Professionelle Verantwortung: Steigerung der Einzelkompetenz

Angenommen, die meisten Unternehmen würden die gleichen Werkzeuge als Bestandteil ihrer Methodik einsetzen. Was unterschiede dann eine Form von der anderen? Die Umsetzung der Methodik. Schulung und Weiterbildung können nicht nur den Projektmanagement-Reifungsprozess beschleunigen, sondern auch die Fähigkeit, die Methodik anzuwenden.

4. *DoD Can Help Suppliers Contribute More to Weapon System Programs*, Best Practices Series, GAO, NSIAD-98-87, Government Accounting Office, March 1998, S. 38, 48, 51.

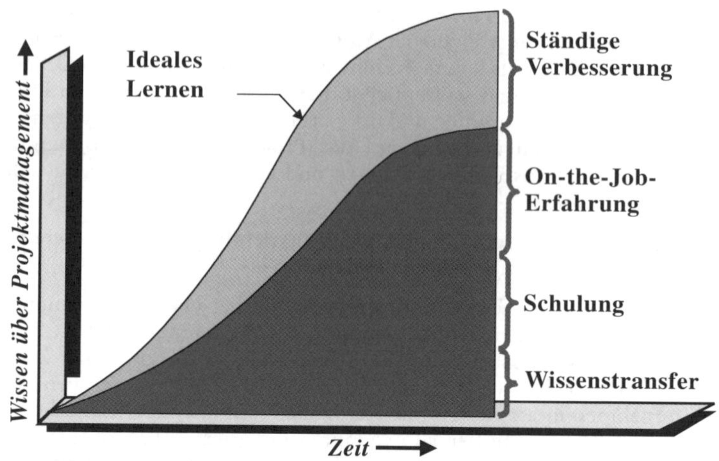

Abbildung 8.8: Projektmanagement-Lernkurve

Lernen findet in drei Bereichen statt (siehe Abbildung 8.8): über Erfahrung (On-the-Job-Training), in Form von Weiterbildung und beim Wissenstransfer. Im Idealfall würden Kenntnisse über Projektmanagement dadurch vermittelt werden, dass jeder Mitarbeiter sich mit den Erfahrungen befasst, die Unternehmen aus bisherigen Projekten gezogen haben (Lessons learned). Leider geschieht dies selten und idealtypisches Lernen ist ein unerreichbares Ideal. Hinzu kommt, dass das tatsächliche Lernergebnis wegen verloren gegangenen Wissens geringer ausfällt als erwartet. Verlorenes Wissen (siehe Abbildung 8.9) gibt es auch in Unternehmen mit einer geringen Fluktuation. Die Gegenüberstellung des idealen und des tatsächlichen Lernerfolgs zeigt auch, wie wichtig es ist, die Mitarbeiter für die Gesamtdauer eines Projekts zu halten.

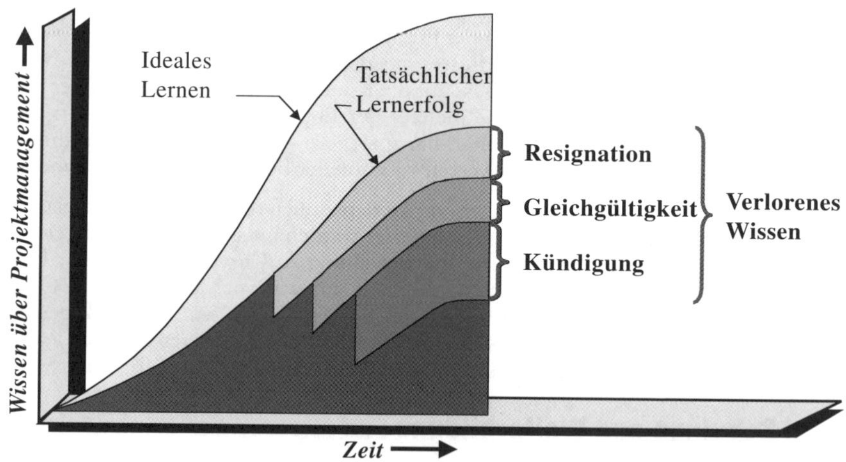

Abbildung 8.9: Projektmanagement-Lernkurve

Unternehmen befinden sich häufig in der Position, dass sie spezialisiertes Training für ein Programmteam anbieten müssen, das ein langfristiges Projekt durchziehen soll. In solchen Fällen ist ein spezielles Training mit klar vorgegebenen Zielen und Ergebnissen erforderlich. Die Elemente, die bei der Schulung zum Einsatz kommen, sind unter anderem:[5]

- Die Frontend-Analyse der Bedürfnisse und Schulungsanforderungen des Teams
- Einbeziehung des Programmteams bei wichtigen Entscheidungen

- Training, das an die speziellen Bedürfnisse des Programmteams angepasst ist
- Zielgerichtetes Training für die Einführung spezieller Praktiken
- Verbesserte Trainingsergebnisse wie die Tiefe der Kurse, die rechtzeitige Durchführung und die Reichweite.

Die Frontend-Analyse dient dazu, den Bedarf und die Anforderungen des Project Office zu ermitteln, das die Praktik implementiert. Die Analyse wird außerdem eingesetzt, um Hindernisse zu identifizieren und in Angriff zu nehmen, mit denen jedes Project Office bei der Einführung neuer Praktiken konfrontiert ist.

Mittels der Informationen aus der Frontend-Analyse passen Schulungsunternehmen das Training so an, dass sichergestellt wird, dass es die Programmteams bei der Einführung neuer Praktiken unterstützt. Um sicherzustellen, dass die Schulung die Bedürfnisse des Programmteams anspricht, beziehen die Schulungsunternehmen die Mitarbeiter mit ein, wenn wichtige Entscheidungen getroffen werden. Das Personal eines Programms entscheidet mit darüber, wie viele Schulungen für bestimmte Stellenbeschreibungen und Kursziele bereitgestellt werden müssen. Unternehmen, die sich dafür entscheiden, glauben, dass auf diese Weise die passende Kurstiefe, der richtige Schulungszeitpunkt und die geeigneten Schulungsteilnehmer ausgewählt werden können.

Die Mitarbeiter von Boeings Personalentwicklungsabteilung sagen, dass ihr Hauptziel darin besteht, ihre Kunden zu unterstützen. Dies sind die Mitarbeiter der Commercial Airplane Group. Die Schulungsleiter entwickeln vom Programmstart bis zum Entwurf und der Herstellung eines neuen Flugzeugs eine partnerschaftliche Beziehung zu den Mitarbeitern. Die Schulungsleiter bilden so genannte »Drop Teams«, die dem Programm zugeordnet werden, um eine Frontend-Analyse durchführen zu können und möglichst viel über die Geschäftsprozesse und die Bedürfnisse der Mitarbeiter zu erfahren. Anhand der Analyse kann das Drop-Team feststellen, welcher Schulungsbedarf besteht, um das Personal bei der Einführung der neuen Praktik zu unterstützen.

Verantwortliche von Boeing für den Bereich Schulung sagen, dass sie Seite an Seite mit dem Programmteam arbeiteten, um ein Trainingsprogramm zu erarbeiten, das Teambildungs- und Konfliktlösungstechniken fördert, und ein Schulungsprogramm zu entwickeln, das auf die Verbesserung der Arbeitskompetenz ausgerichtet ist, die sich aufgrund der neuen digitalen Umgebung der Boeing 777 verändert. Um sicherzustellen, dass alle Mitarbeiter der Boeing 777 gleich gut geschult wurden, mussten die Mitarbeiter ein Trainingsprogramm absolvieren, bevor sie mit der Projektarbeit beginnen konnten. Die Ingenieure und Zeichner mussten beispielsweise 120 Stunden Training zu verschiedenen Praktiken und zur Bedienung einer speziellen CAD-Software[6] absolvieren. Die Teams wurden häufig gemeinsam am Arbeitsort geschult. Vertreter von Boeing sagen, dass das Training für die Implementierung der Kernpraktiken des 777-Programms sehr hilfreich war. Sie sagten, dass die Designteams nicht zu der Unternehmenskultur passten, weil sie es nicht gewohnt waren, im Team zu arbeiten und Informationen mit mehreren Fachbereichen zu teilen.

> Boeings Personaldirektor fasste die Schulungsstrategie zur Implementierung neuer Praktiken als Strategie zusammen, die eine klare Vision oder Mission hat, wohldefinierte Ziele besitzt und sich durch positive Bedingungen wie gute Schulungen und gute Verfahren auszeichnet, die für die Implementierung förderlich sind. Diese Philosophie ermöglichte es Boing, in nur einem Jahr ein maßgeschneidertes Schulungsprogramm für das 777-Programm zu entwickeln, das die Unternehmenskultur verändern und die Mitarbeiter dazu ermutigen sollte, über die Art und Weise nachzudenken, wie sie ihre Arbeit verrichten. Die Programmverantwortlichen glauben, dass die erfolgreiche Implementierung der Kernpraktiken des 777-Programms durch die Investition in die Schulungen bedingt ist.

---

5. Übernommen aus *DoD Training Can Do More to Help Weapon System Programs Implement Best Practices,* Best Practices Series, GAO, NSIAD-99-206, Government Accounting Office, August 1999, S. 40–41, 51.
6. Diese CAD-Software bietet Designern die Möglichkeit, Designentwürfe und die Schnittstellen von Millionen von Flugzeugteilen dreidimensional zu betrachten.

Die Firmenvertreter bestätigten zwar, dass das Training förderlich bei der Implementierung der Kernpraktiken war, es wurde jedoch deutlich, dass Schulung nur eine der erforderlichen Komponenten für den Erfolg war. Um neue Praktiken erfolgreich zu implementieren, muss auch die richtige Umgebung geschaffen werden, und die Qualität der Schulungen hing von der Umgebung ab. Boeing-Vertreter betonten, dass eine starke Führungsrolle häufig eine weitere wichtige Komponente ist. Werden wichtige Programme bei IBM gestartet, stellt das Top-Management genügend Mittel für Schulungen zur Verfügung und gibt klare Erwartungen, Ziele, Übersichten und Anreize vor, um sicherzustellen, dass die neuen Praktiken implementiert werden können. Der Manager für das 777-Programm sagte, dass das Management von Boeing im Team arbeitet – eine Kernpraxis. Er glaubte, dass die Stärke des Managements darin bestand, mit gutem Beispiel voranzugehen und so zu verhindern, dass frühere Arbeitsweisen wieder übernommen wurden. Unternehmen wie Boeing glauben daran, dass andere Faktoren, wie z.B. die Anpassung der Unternehmensstruktur, eine gute interne Kommunikation, die konsistente Anwendung und förderliche Technologie bei der erfolgreichen Implementierung neuer Kernpraktiken wichtig sind.

8.10 Integrierte Projektteams

PMBOK® Guide 2004

Kapitel 4 Integrationsmanagement

Kapitel 9 Personalmanagement

In den vergangenen Jahren gab es Bemühungen, die Teambildung bei Teams zu verbessern, die bei Produktentwicklung und der Implementierung neuer Praktiken benötigt werden. Solche Teammitglieder stammen aus den verschiedensten Unternehmensbereichen und werden als integrierte Produkt- oder Projektteams (IPTs) bezeichnet. Ein IPT besteht aus einem Sponsor, einem Programm-Manager und dem Kernteam. Die Mitglieder des Kernteams arbeiten in der Regel ausschließlich an einem Projekt mit, jedoch möglicherweise nicht während der gesamten Projektdauer.

Ein Mitglied des Kernteams muss folgende Fähigkeiten besitzen:

- Eigeninitiative
- Arbeit ohne Anweisungen (selbstständiges Arbeiten)
- Gute kommunikative Fähigkeiten
- Kooperationsbereitschaft
- Fachkompetenz
- Wille, zu lernen
- Kenntnisse in der Durchführung von Machbarkeitsstudien und Kosten-Nutzen-Analysen
- Kenntnisse in der Durchführung oder Unterstützung von Marktforschungsstudien
- Entscheidungskraft
- Kenntnisse im Bereich Risikomanagement
- Einsicht in die Notwendigkeit einer kontinuierlichen Beurteilung

Jedes IPT erhält eine Projektbeschreibung, die die Mission des Projekts beschreibt und den Projektmanager benennt. In der IPT-Charta können die Kernmitglieder des IPTs namentlich oder über die Stellenbeschreibungen angegeben sein.

Anders als traditionelle Projektteams haben die IPTs dadurch Erfolg, dass sie Informationen im Team gemeinsam nutzen und kollektive Entscheidungen treffen. IPTs entwickeln in der Regel ihre eigene Kultur und können in formeller oder informeller Funktion agieren.

Da sich das Konzept des IPTs sehr gut für umfangreiche, langfristige Projekte eignet, ist es kein Wunder, dass das amerikanische Verteidigungsministerium wissenschaftliche Untersuchungen über die besten Praktiken für IPTs in Auftrag gab.[7] Die amerikanische Regierung verglich vier Projekte im öffentlichen und privaten Sektor, bei denen der Ansatz der IPTs sehr erfolgreich eingesetzt wurde, mit vier Regierungsprojekten, die weniger akzeptable Ergebnisse zeigten. Die erfolgreichen IPT-Projekte werden in Tabelle 8.4 aufgeführt. Die weniger erfolgreichen IPT-Projekte finden Sie in Tabelle 8.5. Bei der Datenanalyse bildete sich das in Abbildung 8.10 gezeigte Ergebnis heraus. Jede vertikale Linie entspricht einer Situation, in der das IPT seine eigene Domäne verlassen und Informationen und Genehmigungen einholen muss. Dieser Vorgang wird als Rückschlag bezeichnet. Die Untersuchung der amerikanischen Regierung zeigte, dass die Wahrscheinlichkeit einer Überschreitung der Kosten-, Zeit- und Qualitätsvorgaben mit der Anzahl der Rückschläge steigt. Damit wurde bestätigt, dass die gewünschte Leistung erzielt werden könnte, wenn das IPT das Wissen besäße, das für die Entscheidungsfindung benötigt wird, und auch die Kompetenz hätte, die Entscheidungen treffen zu können. Rückschläge verzögern Entscheidungen und sorgen dafür, dass Zeitvorgaben nicht mehr erfüllt werden können.

Programm	Kostenstatus	Status Terminplan	Leistungsstand
Daimler-Chrysler	Produktkosten wurden verringert	Verkürzung der Entwicklungszyklen um 50 Prozent (in Monaten)	Besseres Fahrzeugdesign
Hewlett-Packard	Kostenreduktion um mehr als 60 Prozent	Verkürzung des Zeitrahmens um mehr als 60 Prozent	Bessere Systemintegration und Verbesserung des Produktdesigns
3M	Kostenvorgaben wurden übertroffen	Produktlieferzeiten wurden um 12 bis 18 Monate verkürzt	80-prozentige Leistungssteigerung
Amphibien-Angriffspanzer	Produktstückkosten geringer als ursprünglich angenommen	Der ursprüngliche Entwicklungszeitraum wurde übererfüllt	fünffacher Geschwindigkeitszuwachs

Tabelle 8.4: Effektive IPTs

Programm	Kostenstatus	Status Terminplan	Leistungsstand
CH-60S-Helikopter	Mehrkosten durch Zukäufe	Terminplan verzögert	Schwierigkeiten mit der Software und strukturelle Probleme
Langstreckenraketen	Erhöhte Entwicklungskosten	Terminplan um drei Jahre überschritten	Neudesign aufgrund technischer Schwierigkeiten erforderlich
Globaler Übertragungsdienst	Wachsende Entwicklungskosten	Terminplan um 1,5 Jahre verfehlt	Defizite im Soft- und Hardware-Design
Land Warrior	Mehrkosten von 50 Prozent	Terminplan um vier Jahre verfehlt	

Tabelle 8.5: Ineffiziente IPTs

7. *DoD Teaming Practices Not Achieving Potential Results,* Best Practices Series, GOA-01-501, Government Accounting Office, April 2001.

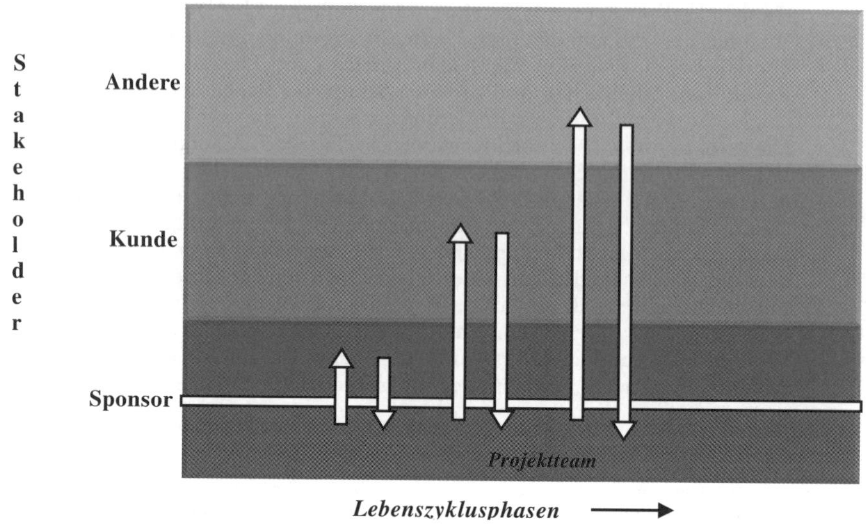

Abbildung 8.10: Wissen und Kompetenz

8.11 Studientipps für das PMI®-Projektmanagement-Zertifizierungsexamen

Dieser Abschnitt kann als Wiederholung der Grundlagen dienen, um die Wissensbereiche und Domänengruppen im PMBOK® Guide zu ergänzen. In diesem Kapitel geht es um Folgendes:

- Personalmanagement
- Professionelle Verantwortung
- Planung
- Ausführung

Das Verständnis der folgenden Grundlagen ist vorteilhaft, wenn der Leser diesen Text für die Vorbereitung auf das PMP®-Zertifizierungsexamen verwendet:

- Prinzipien und Aufgaben, die zur professionellen Verantwortung gehören
- Faktoren, die die professionelle Verantwortung beeinflussen, wie beispielsweise Interessenkonflikte und Geschenke
- PMI®-Verhaltenskodex (den Sie von der Website von PMI® herunterladen können, pmi.org)
- Dass persönliche Leistungsüberprüfungen, egal ob formell oder informell, zu den Verantwortlichkeiten des Projektmanagers gehören
- Unterschiede zwischen Projektmanagement in einem großen Unternehmen und Projektmanagement in einem kleinen Unternehmen

Die folgenden Multiple-Choice-Fragen sind hilfreich bei der Wiederholung der Grundlagen dieses Kapitels:

1. Man hat Sie auf Geschäftsreise geschickt, um eines der Unternehmen zu besuchen, die sich an einer der Ausschreibungen Ihres Unternehmens beteiligt. Sie sollen dort feststellen, ob die Informationen in dem Angebot zutreffend sind. Man führt Sie an einem Abend in ein sehr teures Restaurant zum Essen. Wenn die Rechnung kommt, sollten Sie:
   A. Sich für die Großzügigkeit bedanken und ihnen die Bezahlung der Rechnung überlassen
   B. Sich für die Großzügigkeit bedanken und ihnen mitteilen, dass Sie Ihr Essen lieber selbst bezahlen möchten

C. Anbieten, das Essen für alle zu bezahlen und es auf die Kreditkarte Ihres Unternehmens buchen

D. Anbieten, die Rechnung zu bezahlen, die Kosten auf die Kreditkarte Ihres Unternehmens buchen und die entsprechende Anpassung am Angebotspreis des Unternehmens vornehmen, die die Kosten für die Mahlzeit abdeckt

2. Sie bereiten ein Angebot nach einer Ausschreibung eines potenziell wichtigen Kunden vor. Der Verkaufsvertreter Ihres Unternehmens, der für das Angebot verantwortlich ist, schlägt Ihnen vor, im Angebot zu »lügen«, um die Chancen auf die Auftragserteilung zu erhöhen. Sie sollten:

   A. Tun, wie Ihnen geheißen

   B. Sich weigern, an dem Angebot mitzuarbeiten

   C. Das Ganze Ihrem Vorgesetzten, dem Projektsponsor oder der Rechtsabteilung des Unternehmens melden

   D. Kündigen

3. Sie bereiten sich auf ein Meeting mit dem Kunden vor. Ihr Projektsponsor fordert Sie auf, den Kunden in Hinblick auf bestimmte Testergebnisse zu belügen. Sie sollten:

   A. Tun, wie Ihnen geheißen

   B. Sich weigern, weiterhin an dem Projekt mitzuarbeiten

   C. Das Ganze Ihrem Vorgesetzten oder der Rechtsabteilung Ihres Unternehmens mitteilen und um weitere Anweisung bitten

   D. Kündigen

4. Einer der Projektmanager in Ihrem Unternehmen tritt an Sie heran, weil er die Kostenstellen Ihres Projekts (das momentan das genehmigte Budget nicht ausschöpft) für sein Projekt (das momentan über dem genehmigten Budget liegt) verwenden will. Ihr Vertrag lautet auf volle Kostenerstattung durch den externen Kunden. Sie sollten:

   A. Tun, wie Ihnen geheißen

   B. Sich weigern, es sei denn, der Projektmanager gestattet Ihnen, später seine Kostenstellen zu verwenden

   C. Das Ganze Ihrem Vorgesetzten, dem Projektsponsor oder der Rechtsabteilung des Unternehmens melden

   D. Den Projektmanager auffordern, zu kündigen

5. Sie haben einem Kunden ein Angebot zu einer Ausschreibung unterbreitet. Einer der Angestellten, die Ihr Angebot prüfen, informiert Sie darüber, dass es üblich ist, Geschenke zu senden, um eine bessere Chance auf die Auftragserteilung zu haben. Sie sollten

   A. Geschenke schicken

   B. Keine Geschenke schicken und abwarten

   C. Das Ganze Ihrem Vorgesetzten, dem Projektsponsor oder der Rechtsabteilung Ihres Unternehmens mitteilen und weitere Anweisungen abwarten

   D. Das Angebot zurückziehen

6. Sie haben festgestellt, dass das Unternehmen, in dem Ihr Schwager arbeitet, Ihrem Unternehmen ein Angebot gemacht hat. Ihr Schwager hat Sie gebeten, alles zu tun, dass dieser Vertrag zustande kommt, weil sein Job sonst in Gefahr ist. Sie sollten:

   A. Tun, was Ihr Schwager erwartet

   B. Sich weigern, das Ganze einzusehen, und behaupten, es wäre nie etwas vorgefallen

   C. Den Interessenkonflikt Ihrem Vorgesetzten, dem Projektsponsor oder der Rechtsabteilung des Unternehmens melden

   D. Einen Rechtsanwalt um Rat fragen

7. Als Teil des Angebotsbewertungsteams haben Sie erfahren, dass der Vertrag an die Alpha Company gehen wird und dass in zwei Tagen eine formelle Benachrichtigung erfolgen wird. Der Aktienpreis der Alpha Company wird in den Himmel schießen, wenn dieser Vertrag zustande kommt. Sie sollten:
   A. Innerhalb der nächsten zwei Tage so viele Aktien von Alpha Company wie möglich kaufen
   B. Ihren Familienmitgliedern raten, die Aktie zu kaufen
   C. Ihren Mitarbeitern im Unternehmen raten, die Aktie zu kaufen
   D. Keine Aussagen über Aktienkäufe treffen, bis die formelle Auftragserteilung stattgefunden hat
8. Ihr Unternehmen hat beschlossen, den Vertrag mit der Beta Company zu kündigen. Nur ein paar wenige Angestellte wissen von dieser bevorstehenden Aufhebung. Die Ankündigung der Aufhebung wird innerhalb der nächsten beiden Tage erfolgen. Sie besitzen mehrere Aktien der Beta Company und wissen genau, dass der Kurs aufgrund der schlechten Neuigkeiten fallen wird. Sie sollten:
   A. Ihre Aktien so schnell wie möglich verkaufen
   B. Ihre Aktien verkaufen und auch anderen dasselbe raten, von denen Sie wissen, dass sie Aktien besitzen
   C. Den Führungskräften raten, ihre Aktien zu verkaufen
   D. Nichts tun, bis die formelle Ankündigung erfolgt ist
9. Sie füfhren eine zweitägige Qualitätsprüfung bei einem Ihrer Lieferanten durch. Der Lieferant fordert Sie auf, noch ein paar Tage zu bleiben, so dass Sie mit zum Fischen gehen und einen gemeinsamen Ausflug in das örtliche Kasino unternehmen können. Sie sollten:
   A. Annehmen, solange Sie die Prüfung innerhalb von zwei Tagen abschließen können
   B. Annehmen, aber Urlaub dafür nehmen
   C. Die Einladung für einen späteren Zeitpunkt annehmen, so dass sie die Prüfung nicht stört
   D. Die Einladung höflich ablehnen
10. Sie wurden zum Projektmanager für ein großes Projekt im pazifischen Randgebiet gemacht. Es handelt sich um ein sehr wichtiges Projekt sowohl für Ihr Unternehmen als auch für den Kunden. Bei Ihrem ersten Treffen mit dem Kunden erhalten Sie ein sehr teures Geschenk für sich selbst und ein weiteres teures Geschenk für Ihren Ehemann. Ihr Unternehmen hat Ihnen mitgeteilt, dass dies bei der Arbeit in diesem Land üblich sei. Sie sollten:
    A. Beide Geschenke höflich annehmen
    B. Beide Geschenke höflich annehmen, aber Ihrem Unternehmen nur von dem Geschenk für Sie selbst berichten
    C. Beide Geschenke höflich annehmen und Ihrem Unternehmen von beiden Geschenken berichten
    D. Beide Geschenke höflich ablehnen
11. Ihr Unternehmen will Land für ein neues Werk kaufen. Sie gehören zu dem Komitee für die endgültige Entscheidung. Sie stellen fest, dass der Eigentümer eines örtlichen Autohändlers, von dem Sie Ihr Privatfahrzeug gekauft haben, einer der Landbesitzer ist. Der Händler teilt Ihnen im Vertrauen mit, dass er Ihnen für drei Jahre ein neues Auto zur Verfügung stellt, wenn Ihr Unternehmen sein Land für das neue Werk kauft. Sie sollten:
    A. Sich bedanken und das Angebot annehmen
    B. Aufgrund von Interessenkonflikten aus dem Komitee austreten
    C. Das Ganze Ihrem Vorgesetzten, dem Projektsponsor oder der Rechtsabteilung des Unternehmens melden und weitere Anweisungen abwarten
    D. Das Angebot annehmen, wenn das Auto auf den Namen Ihrer Frau läuft

12. Ihr Unternehmen hat ein großes Projekt gestartet (dessen Projektmanager Sie sind). Beim Herstellungsprozess entstehen giftige Abfälle. Es wurde ein Tochterunternehmen gegründet, das die giftigen Abfälle aufnimmt und entsorgt, und es entsteht keinerlei Gefahr für die Umwelt. Diese Information über die giftigen Abfälle wurde noch nicht veröffentlicht, und die Öffentlichkeit scheint noch nichts über dieses Abfallproblem zu wissen. Während eines Interviews mit einem Lokalreporter diskutieren Sie das neue Projekt. Die Frage nach Umweltbeeinträchtigungen taucht auf. Sie sollten:
    A. Sagen, dass es keine Umweltschutzprobleme gibt
    B. Sagen, dass Sie sich bisher noch nicht mit dem Umweltschutzaspekt beschäftigt haben
    C. Nichts sagen und auf die nächste Frage warten
    D. Ehrlich sein und so korrekt wie möglich antworten
13. Als Projektmanager haben Sie eine Projektstrategie eingerichtet, dass Sie vor dem Meeting alle Informationen einsehen, die dem externen Kunden beim Projektstatusbericht vorgelegt werden. Während Sie die Informationen einsehen, erkennen Sie, dass eine Folie vertrauliche Informationen Ihres Unternehmens enthält. Die Offenlegung dieser Information für den Kunden würde sicher mit Wohlwollen aufgenommen. Sie sollten:
    A. Dem Kunden die Information präsentieren
    B. Die vertrauliche Information sofort entfernen
    C. Die mögliche Verletzung mit dem führenden Management und mit der Rechtsabteilung diskutieren, bevor Sie handeln
    D. Die Situation zuerst mit dem Teammitglied diskutieren, das die Folie erstellt hat, und dann die mögliche Verletzung mit dem führenden Management und mit der Rechtsabteilung diskutieren, bevor Sie handeln
14. Sie verwalten ein Projekt für einen externen Kunden. Ihr Unternehmen hat ein neues Testverfahren entwickelt, um bestimmte Eigenschaften eines Produkts zu überprüfen, und das Testverfahren wurde unter Verwendung interner Mittel entwickelt. Ihr Unternehmen besitzt alle Rechte auf den neuen Test. Die Mitarbeiter, die den neuen Test entwickelt haben, haben eine der für Ihren aktuellen Kunden entwickelten Komponenten als Teil für den Experimentierungsprozess verwendet. Die Ergebnisse unter Verwendung des neuen Tests haben gezeigt, dass die Komponenten die Erwartungen des Kunden letztlich übertreffen. Sie sollten:
    A. Dem Kunden die Ergebnisse zeigen, aber nicht erwähnen, dass sie in einem neuen Testverfahren entstanden sind
    B. Die Ergebnisse des neuen Testverfahrens nicht zeigen, weil die Vorgaben des Kunden die alten Testverfahren festlegen
    C. Zuerst die Vorgaben des Kunden ändern und dem Kunden dann die Ergebnisse zeigen
    D. Die Veröffentlichung dieser Information mit Ihrer Rechtsabteilung und dem führenden Management diskutieren, bevor Sie weiter handeln
15. Gehen Sie für dasselbe Szenario wie in der obigen Frage davon aus, dass das neue Testverfahren exakter als das alte Testverfahren ist, und dass es zu dem Ergebnis führt, dass die Leistung die Vorgaben des Kunden nicht erfüllt, während der alte Test zeigt, dass die Vorgaben erreicht werden. Sie sollten:
    A. Dem Kunden die alten Testergebnisse vorlegen, die zeigen, dass die Anforderungen erfüllt sind
    B. Beide Testergebnisse vorlegen und erklären, dass es sich bei dem neuen Verfahren noch um nicht erprobte Technologie handelt
    C. Zuerst die Vorgaben des Kunden ändern und dem Kunden dann die Ergebnisse zeigen
    D. Die Veröffentlichung dieser Information mit Ihrer Rechtsabteilung und dem führenden Management diskutieren, bevor Sie weiter handeln
16. Ihr Kunde hat gefordert, die »Rohdaten« der Testergebnisse der Tests der letzten Woche einzusehen. Normalerweise werden die Testergebnisse nicht an den Kunden weitergegeben, bis

das Unternehmen diese ausgewertet hat. Ihr Kunde hat über dunkle Kanäle erfahren, dass die Tests schlechte Ergebnisse aufweisen. Das Management hat die Entscheidung Ihnen überlassen. Sie sollten:

A. Die Ergebnisse zeigen und erklären, dass es sich noch um Rohdaten handelt und dass die Interpretation der Ergebnisse durch Ihr Unternehmen nachgereicht wird

B. Die Information zurückhalten, bis die Ergebnisse überprüft wurden

C. Zeit gewinnen, auch wenn das bedeutet, dass Sie den Kunden anlügen müssen

D. Dem Kunden die Unternehmensstrategie erklären, keine Rohdaten zu veröffentlichen

17. Eines Ihrer Teammitglieder spielt Golf mit dem Projektmanager Ihres externen Kunden. Sie stellen fest, dass der Angestellte unternehmenskritische Informationen weitergegeben hat. Sie sollten:

A. Den Kunden darüber informieren, dass Projektinformationen, die nicht vom Projektmanager stammen, nicht offiziell sind, bis sie vom Projektmanager bestätigt werden

B. Die Vertragsbedingungen und -bestimmungen ändern und die Information veröffentlichen

C. Den Angestellten aus Ihrem Projektteam entfernen

D. Dem Angestellten die Auswirkungen seiner Handlungsweise erklären, ebenso wie die Tatsache, dass er das Unternehmen auch dann vertritt, wenn er nicht bei der Arbeit ist. Anschließend die Verletzung melden.

18. Ihr Unternehmen gibt vor, dass alle unternehmenskritischen Unterlagen abends in verschlossenen Schränken aufbewahrt werden müssen. Einer Ihrer Angestellten hat mehrere Abmahnungen vom Sicherheitsbüro erhalten, dass er diese Vorgabe verletzt hat. Sie sollten:

A. Den Angestellten zurechtweisen

B. Den Angestellten aus Ihrem Projekt ausschließen

C. Die Personalabteilung auffordern, dem Angestellten zu kündigen

D. Den Angestellten sowie alle anderen Teammitglieder auf die Bedeutung der Vertraulichkeit und die möglichen Folgen ihrer Verletzung hinweisen

19. Sie haben soeben die Leistungswerte des letzten Monats erhalten, die dem Kunden im monatlichen Statusbericht vorgelegt werden müssen. Die Daten aus dem letzten Monat haben ungünstige Abweichungen aufgezeigt, die über die erlaubten Grenzwerte für Zeit- und Kostenaufwand hinausgehen. Entstanden ist das Ganze durch einen längeren Stromausfall im Herstellungsbereich. Der zuständige Techniker aus der Herstellung teilt Ihnen mit, dass dies kein Problem sei und dass Sie im nächsten Monat wieder innerhalb der vorgegebenen Zeit und Kosten liegen werden so wie auch in den vergangenen fünf Monaten. Sie sollten:

A. Dem Kunden die Daten vorlegen und die Abweichungen wahrheitsgemäß erklären

B. Die Abweichungen so anpassen, dass sie innerhalb der Grenzwerte liegen, weil sich dieses Problem im nächsten Monat selbst lösen wird

C. Für diesen Monat überhaupt keine Abweichungen berichten

D. Die Schwellenwerte für die akzeptablen Abweichungen anpassen, dies aber dem Kunden nicht mitteilen

20. Sie arbeiten im Ausland, wo es üblich ist, dass der Kunde dem Projektmanager während der gesamten Projektdauer Geschenke macht, um ihm seine Wertschätzung zu verdeutlichen. Eine Ablehnung der Geschenke würde vom Kunden als kompromittierend erachtet. Ihr Unternehmen hat eine Strategie eingerichtet, wie Berichte über die erhaltenen Geschenke zu verfassen sind. Am besten gehen Sie mit dieser Situation um, indem Sie:

A. Alle Geschenke ablehnen

B. Dem Kunden eine Kopie der Strategie zur Annahme von Geschenken Ihres Unternehmens zukommen lassen

C. Die Geschenke annehmen und gemäß der Strategie darüber berichten

D. Von allen Geschenken berichten, auch wenn die Strategie besagt, dass einige Geschenke nicht gemeldet werden müssen

21. Sie führen ein Gespräch mit einer Bewerberin für eine Projektmanagementposition innerhalb Ihres Unternehmens. In ihrer Bewerbung gibt sie an, sie sei ein PMP®. Einer Ihrer Mitarbeiter, der die Bewerberin kennt, teilt Ihnen mit, dass sie noch kein PMP® ist, sondern die Prüfung erst im nächsten Monat macht, aber davon ausgeht, dass sie sie bestehen wird. Sie sollten:

    A. Warten, bis sie die Prüfung bestanden hat, bevor Sie weitere Gespräche führen

    B. Mit ihr sprechen und fragen, warum sie gelogen hat

    C. PMI® über die Verletzung informieren

    D. Das Ganze vergessen und sie einstellen, wenn sie die Richtige für den Job zu sein scheint

22. Sie verwalten ein multinationales Projekt von Ihrem Büro in Chicago aus. Die Hälfte Ihres Projektteams stammt aus dem Ausland, lebt aber während der Projektdauer in Chicago. Diese Leute informieren Sie darüber, dass in der nächsten Woche in ihrem Land zwei religiöse Feiertage anstehen und dass sie sie einhalten und nicht zur Arbeit kommen wollen. Sie sollten:

    A. Ihren Glauben respektieren und nichts sagen

    B. Sie zwingen, zur Arbeit zu erscheinen, weil sie sich in Amerika befinden, wo dieser Feiertag nicht eingehalten wird

    C. Ihnen mitteilen, dass sie die Fehlzeit nacharbeiten müssen

    D. Sie wenn möglich aus dem Projekt ausschließen

23. PMI® informiert Sie darüber, dass eines Ihrer Teammitglieder, das in der letzten Woche das PMP®-Examen abgelegt und bestanden hat, die Fragen möglicherweise im Voraus gekannt hat, die ihm von einem anderen Ihrer Teammitglieder bereitgestellt wurden, das ebenfalls PMP® ist und ihn unterrichtet hat. PMI® bittet Sie um Mithilfe bei der Überprüfung. Sie sollten:

    A. PMI® bei der Überprüfung der Verletzung unterstützen

    B. Den Angestellten zu sich bitten und ihn befragen und beraten

    C. Die anderen Teammitglieder zu sich bitten und sie befragen und sich mit ihnen beraten

    D. PMI® mitteilen, dass dies nicht Ihr Problem ist

24. Eines Ihrer Teammitglieder arbeitet seit ihrem College-Abschluss vor einem Jahr bei Ihnen. Das Teammitglied teilt Ihnen mit, dass es jetzt ein PMP® ist und zeigt Ihnen ihr Zertifikat vom PMI®. Sie fragen sich, wie sie sich für die Prüfung qualifizieren konnte, weil sie vor dem Eintritt in Ihr Unternehmen vor einem Jahr noch keine Arbeitserfahrung hatte. Sie sollten:

    A. Dem PMI® die mögliche Verletzung melden

    B. Die Angestellte zur Beratung einbestellen

    C. Die Angestellte bitten, ihre PMP®-Berechtigungen vorzulegen

    D. Nichts tun

25. Vier Unternehmen haben ein Angebot für Ihre Ausschreibung abgegeben. Jedes Angebot zeigt eine andere technische Lösung für Ihr Problem, und jedes Angebot behauptet, dass es sich bei der vorgelegten Information um firmeneigenes Wissen handelt, das keinem anderen mitgeteilt werden soll. Nach der Bewertung der Angebote stellen Sie fest, dass das beste technische Angebot vom teuersten Anbieter kommt. Das gefällt Ihnen nicht und Sie beschließen, dem billigsten Anbieter das Angebot vom teuersten Anbieter zu zeigen und ihn zu fragen, ob er dieselbe technische Lösung zu einem günstigeren Preis bereitstellen kann. Diese Situation ist:

A. Akzeptabel, weil die Angebote Ihrem Unternehmen vorgelegt wurden und Sie unbegrenzten Zugang zum intellektuellen Eigentum in den Angeboten haben
B. Akzeptabel, weil das alle Unternehmen so machen
C. Akzeptabel, wenn Sie den teuersten Anbieter darüber informieren, dass Sie sein Angebot dem billigsten Anbieter zeigen
D. Nicht akzeptabel, und es stellt eine Verletzung des Verhaltenskodex dar

ANTWORTEN

1. B
2. C
3. C
4. C
5. C
6. C
7. D
8. D
9. D
10. C
11. C
12. D
13. D
14. D
15. D
16. A
17. D
18. D
19. A
20. D
21. C
22. A
23. A
24. A
25. D

PROBLEME

8.1 Die Firma Beta hat beschlossen, ihr Programm zur Lohn- und Gehaltabrechnung so zu verändern, dass damit über eine Beförderung oder Bonuszahlungen von Linienmanagern entschieden werden kann. Die Leistung wird daran gemessen, wie gut die Linienmanager ihre Zusagen an die Projektmanager erfüllt haben. Nennen Sie die Vor- und Nachteile dieses Ansatzes.

8.2 Wie sollte ein Projektmanager mit einer Situation umgehen, in der der Linienmitarbeiter (oder der Linienmanager) sich seiner eigenen Tätigkeit oder seinem Fachwissen gegenüber mehr verpflichtet fühlt als dem Projekt? Kann ein ähnlicher Fall auch bei Projektmanagern eintreten, wie z.B. bei einem FuE-Projekt?

8.3 Die meisten Personalverantwortlichen behaupten, dass Projektmanagement-Strukturen mit der Personalbeurteilung »verheiratet« werden müssen, weil die Mitarbeiter sich immer Sorgen über ihre Beurteilung machen. Außerdem lässt sich ein Übergang von einer traditionellen Struktur zu einer Projektorganisation nicht realisieren, wenn die Art der Leistungsbeurteilung nicht zuvor festgelegt wird. Was denken Sie darüber?

8.4 Für die Beurteilung von Linienmitarbeitern übergibt jeder Projektmanager eine vertrauliche schriftliche Leistungsbeurteilung an den vorgesetzten Linienmanager des Linienmitarbeiters, der dann die endgültige Beurteilung vornimmt. Der Mitarbeiter darf nur die Beurteilung seines Linienmanagers einsehen. Angenommen, die durchschnittliche Leistungszulage läge bei sieben Prozent und der Mitarbeiter könnte die in der folgenden Tabelle aufgeführten Leistungszulagen erhalten. Wie würde er im jeweiligen Fall reagieren?

Einschätzung des Projektmanagers	Leistungszulage (%)	Zu verdanken		Grund
		Projektmanager	Linienmanager	
Herausragend	5			
Herausragend	7			
Herausragend	9			
Durchschnittlich	5			
Durchschnittlich	7			
Durchschnittlich	9			
Mangelhaft	5			
Mangelhaft	7			
Mangelhaft	9			

8.5 Sollten die Mitarbeiter das Recht haben, den in Abbildung 8.4 gezeigten Beurteilungsbogen einzusehen?

8.6 Hat ein Linienmitarbeiter das Recht, alle Punkte in nicht vertraulichen Beurteilungsbögen des Projektmanagers zu bestreiten?

8.7 Es wird manchmal behauptet, dass Linienmitarbeiter berechtigt sein sollten, die Effektivität des Projektmanagers nach Projektabschluss zu beurteilen. Entwickeln Sie zu diesem Zweck einen Beurteilungsbogen.

8.8 Einige Führungskräfte glauben, dass Beurteilungsbögen die Punkte Kooperationsbereitschaft und Einstellung nicht enthalten sollten, da ein Linienmitarbeiter die Anweisungen des Linienmanagers immer befolgen wird und somit die Einstellung und die Kooperationsbereitschaft sich von selbst ergeben. Gilt dies auch für die indirekte Beurteilung, die von den Projektmanagern vorgenommen wird?

8.9 Stellen Sie sich eine Situation vor, in der der Projektmanager (ein Generalist) aufgefordert wird, einen Linienmitarbeiter (einen Spezialisten) zu beurteilen. Kann der Projektmanager die technische Leistung des Linienmitarbeiters überhaupt korrekt einschätzen? Falls nicht, auf welche Informationen kann der Projektmanager seine Beurteilung dann aufbauen? Ist ein Generalist der Gehaltsstufe 7 in der Lage, einen Spezialisten der Gehaltsstufe 12 zu beurteilen?

8.10 Herr Meier ist Projektassistent und arbeitet neben diesem auch an anderen Projekten mit. Herr Meier muss teilweise die Funktion eines Projektassistenten und auch die eines Linienmitarbeiters übernehmen. Außerdem berichtet er vertikal an seinen Linienmanager und horizontal an einen Projektmanager. Im Rahmen seiner Projekttätigkeit muss Herr Meier die Aktivitäten zwischen seiner Abteilung und zwei anderen Abteilungen aus seinem Bereich integrieren. Zu seinen Aufgaben gehört auch die Erstellung von nicht vertraulichen Leistungsbeurteilungen aller Linienmitarbeiter aus allen drei Abteilungen, die am Projekt beteiligt sind. Kann Herr Meier die Linienmitarbeiter aus seiner eigenen Abteilung ehrlich beurteilen, obwohl er mit diesen Mitarbeitern wieder Seite an Seite arbeitet, sobald das Projekt abgeschlossen ist? Sollte der Projektmanager ihm bei der Beurteilung behilflich sein? Angenommen, Herr Meier wäre Projektmanager und nicht nur Projektassistent?

8.11 Die folgende Frage wurde Führungskräften gestellt: Wie wissen Sie, wann Sie ein Forschungsprojekt abbrechen müssen? Das ist eine gute Frage und manche Leute kennen die Antwort nicht genau. Man muss ein Gefühl dafür haben. In einigen Fällen hängt es davon ab, wie viele Ressourcen Sie haben und ob genügend Ressourcen zur Verfügung stehen, um Forschung durchzuführen, die möglicherweise kein Ergebnis haben wird. Manchmal ist es nicht klar, ob ein Projekt zu etwas führt oder nicht. In anderen Fällen hingegen ist es ganz deutlich, dass die Richtung verändert werden sollte – Sie sind so weit gegangen, wie Sie konnten, oder Sie sind weit genug gegangen, um sagen zu können, dass das Ziel so nicht erreicht werden kann, falls nicht erhebliche Mehrkosten in Kauf genommen werden. Möglicherweise stellen Sie fest, dass es produktivere Wege gibt, um ein Hindernis zu überwinden. Sie suchen nach effektiveren Möglichkeiten. Und es hängt vollständig davon ab, wie kreativ die Person ist, ob sie engstirnig oder sehr flexibel ist und bessere Möglichkeiten finden kann, um das Problem zu lösen. Überlegen Sie, inwiefern diese Aussagen Gültigkeit haben.

8.12 Kann ein Linienmanager in einem kleinen Unternehmen gleichzeitig auch als technischer Direktor und als Direktor des Projektmanagements eingesetzt werden?

8.13 1982 hat ein Elektrogerätehersteller seine Organisation dezentralisiert. Dadurch können die Bereichsleiter nun die Prioritäten für die Arbeit in ihren Sparten selbst festlegen. Der Bereichsleiter der Forschung und Entwicklung hat die höchste Priorität an ein Projekt zur Entwicklung von kostengünstigen Fertigungsmethoden vergeben. Für dieses Projekt wird die Unterstützung der Fertigung benötigt. Der Bereichsleiter der Fertigung hat keine geeigneten Ressourcen zur Verfügung gestellt, da er behauptet, die Ergebnisse eines solchen Projekts könnten in den nächsten fünf Jahren sowieso nicht realisiert werden. Außerdem kümmere er selbst sich nur um die unmittelbaren Gewinne. Lässt sich dieses Problem auch in einer dezentralisierten Organisation lösen?

8.14 Die Geschäftsleitung eines Herstellers von elektrooptischen Geräten für die militärische Nutzung führte Projektmanagement in Form einer Matrixorganisation ein. Die Projektmanager berichteten an den Vertrieb und die Ingenieure mit dem größten Fachwissen wurden zu Projektingenieuren befördert. Nach einem Jahr wurde deutlich, dass sich die Linienmanager den Projekten gegenüber nicht verpflichtet fühlten. Die Geschäftsleitung traf daraufhin eine wichtige Entscheidung. Die Linienmitarbeiter, die von den Linienmanagern für die Projekte ausgewählt wurden, sollten formell an den Projektingenieur (durchgezogene Linie) und informell an den Linienmanager (gepunktete Linie) berichten. Die Projektingenieure, die aufgrund ihrer technischen Kenntnisse ausgewählt worden waren, durften den Linienmitarbeitern technische Anweisungen erteilen und eine Bonuszahlung zusprechen. Kann diese Situation funktionieren? Was passiert, wenn ein Mitarbeiter eine technische Frage hat? Kann er sich an seinen Linienmanager wenden? Sollten die Mitarbeiter nach Projektabschluss zu ihren früheren Linienmanagern zurückkehren? Welche Kompetenz- oder Zuständigkeitsprobleme birgt diese Struktur in sich? Welche langfristigen Konsequenzen hat die Struktur?

8.15 Betrachten Sie die folgenden vier Punkte, die beschreiben, was passiert, wenn eine Matrixstruktur außer Kontrolle gerät (siehe auch Kapitel 3):

- Zurücknahme der Kompetenzen des Projektmanagers
- Alle projektbezogenen Entscheidungen werden von der Unternehmensführung getroffen

- Die Unternehmensführung mischt sich stärker in die Projekte ein
- Es werden unzählige Handbücher mit Stellenbeschreibungen erstellt

Welche dieser Punkte stellen das größte Problem für das Unternehmen, den Projektmanager, den Linienmanager oder die Unternehmensführung dar?

8.16 Angenommen, Sie wären Linienmitarbeiter und der Projektmanager würde Folgendes zu Ihnen sagen: »Unterzeichnen Sie diese Ausdrucke oder ich werfe Sie aus meinem Projekt raus.« Wie sollten Sie mit dieser Situation umgehen?

8.17 Wie effizient kann Projektmanagement in einem unbeweglichen Umfeld sein?

8.18 Die Gehaltsstrukturen und die beschränkten Leistungszulagen verhindern häufig, dass angemessene leistungsbezogene Komponenten für Projektmitarbeiter ausgezahlt werden können. Erklären Sie, inwiefern folgende Punkte zur Mitarbeitermotivation eingesetzt werden könnten:

a. Arbeitszufriedenheit
b. Persönliche Anerkennung
c. Intellektuelle Herausforderung

9 Schlüsselfaktoren für den Projekterfolg

Verwandte Fallstudien (aus Kerzner/*Project* Management *Case Studies*, 2. Auflage)	Verwandte Workbook-Übungen (aus Kerzner/*Project Management Workbook and PMP®/CAPM® Exam Study Guide*, 9. Auflage)	PMBOK® Guide, 3. Auflage, Referenzabschnitt für das PMP®-Zertifizierungsexamen
• Como Tool and Die (A) • Como Tool and Die (B)	• Multiple-Choice-Examen	• Alle PMBOK®-Prozesse

9.0 Einführung

Projektmanagement kann nur dann Erfolg haben, wenn der Projektmanager dazu bereit ist, die Variablen zu analysieren, die zum Erfolg oder zum Misserfolg führen. Dieses Kapitel zeigt kurz, wie sich Projektmanager verhalten sollten, um Erfolg zu haben, und es werden die schlimmsten Fehler aufgezeigt, die Projektmanager machen können. Außerdem finden Sie eine Checkliste mit den Kernfaktoren für Erfolg. Unter anderem werden die folgenden vier Themen behandelt:

- Vorhersage von Projekterfolg
- Effektivität von Projektmanagement
- Erwartungen
- Feldanalyse

9.1 Vorhersage von Projekterfolg

PMBOK® Guide 2004

3.2.2 Planungsprozessgruppe

Kapitel 4 Integrationsmanagement in Projekten

5.1 Planung des Inhalts und Umfangs

Ob ein Projekt erfolgreich verlaufen wird, lässt sich nur sehr schwer vorhersagen. Die meisten zielorientierten Manager achten nur auf die Parameter Zeit, Kosten und Leistung. Wird der vorgegebene Rahmen nicht erfüllt, muss die Ursache für das Problem analysiert werden. Bei ausschließlicher Betrachtung der Faktoren Zeit, Kosten und Leistung lässt sich zwar der unmittelbare Beitrag zum Gewinn ermitteln, es zeigt sich jedoch nicht, ob das Projekt selbst korrekt geleitet wurde. Wenn das Überleben des Unternehmens jedoch davon abhängt, dass beständig erfolgreiche Projekte durchgeführt werden, ist die Tatsache schon von Bedeutung, ob Projekte gut geführt werden. Ein- oder zweimal ist ein Projektmanager vielleicht in der Lage, den Projekterfolg zu erzwingen, indem er eine Keule schwingt. Nach einer gewissen Zeit gewöhnen sich die Mitarbeiter aber entweder an die Bedrohung oder sie weigern sich, an den Projekten mitzuarbeiten.

Projekterfolg wird häufig an den »Handlungsweisen« von drei Gruppen bemessen: dem Projektmanager und seinem Team, der übergeordneten Organisation und der Organisation des Auftraggebers. Es gibt verschiedene Handlungsweisen seitens des Projektmanagers und des Teams, die den Projekterfolg fördern können. Nachfolgend werden einige Beispiele genannt:

- Auf das Recht bestehen, das Projektkernteam selbst auswählen zu können
- In das Projektkernteam nur Mitarbeiter aufnehmen, die sich in ihrem Bereich bewährt haben
- Von Anfang an ein Gefühl der Verpflichtung und einen Sinn für die Mission entwickeln
- Sich ausreichende Kompetenzen beschaffen und als Organisationsform eine Projektorganisation wählen
- Ein gutes Verhältnis zum Auftraggeber, zu der übergeordneten Organisation und zum Team unterhalten
- Versuchen, das öffentliche Ansehen des Projekts zu verbessern
- Die Kernteammitglieder bei der Entscheidungsfindung und Problemlösung einbeziehen
- Realistische Kosten-, Zeit- und Leistungsvorgaben entwickeln
- Einen Ausweichplan für potenzielle Probleme bereithalten
- Eine passende Teamstruktur wählen, die trotzdem flexibel und flach ist
- Die formellen Befugnisse überschreiten, um den Einfluss auf Mitarbeiter und wichtige Entscheidungen zu maximieren
- Funktionsfähige Projektplanungs- und Steuerungswerkzeuge einsetzen
- Sich nicht nur auf eine Art von Steuerungswerkzeug verlassen
- Prioritäten vergeben, um das Endziel zu erreichen
- Änderungen unter Kontrolle halten
- Nach Möglichkeiten suchen, um leistungsfähigen Projektteammitgliedern einen sicheren Arbeitsplatz zu bieten

In Kapitel 4 wurde erwähnt, dass ein Projekt nur dann erfolgreich verlaufen kann, wenn es als solches wahrgenommen und von der Unternehmensführung unterstützt wird. Die Unternehmensführung muss gewillt sein, Ressourcen und die nötige administrative Unterstützung bereitzustellen, damit sich das Projekt leicht in die Alltagsroutine des Unternehmens einpassen kann. Außerdem muss die Unternehmensführung eine Atmosphäre schaffen, die sich positiv auf das Verhältnis zwischen dem Projektmanager, der übergeordneten Organisation und dem Auftraggeber auswirkt.

In Bezug auf die übergeordnete Organisation gibt es zahlreiche Variablen, die für den Projekterfolg förderlich sind, wie z.B. die folgenden:

- Die Bereitschaft, Bemühungen zu koordinieren
- Die Bereitschaft, strukturelle Flexibilität zuzulassen
- Die Bereitschaft, sich an Änderungen anzupassen
- Eine effektive strategische Planung
- Die angemessene Betonung von Erfahrungen aus der Vergangenheit
- Der Einbau von Pufferzeiten
- Eine unmittelbare und korrekte Kommunikation
- Eine enthusiastische Unterstützung
- Allen betroffenen Parteien deutlich machen, dass das Projekt einen Beitrag zum Unternehmenserfolg leistet

Die bloße Identifikation und das Vorhandensein dieser Variablen garantieren noch keinen Projekterfolg im Umgang mit der übergeordneten Organisation. Sie implizieren stattdessen, dass eine gute Grundlage existiert, auf deren Basis der Projekterfolg wahrscheinlich ist, wenn der Projektmanager und sein Team sowie die übergeordnete Organisation die passenden Schritte unternehmen. Folgende Schritte müssen unternommen werden:

- Frühzeitige Wahl eines Projektmanagers mit nachgewiesener technischer Fachkenntnis, sozialer Kompetenz und Führungsqualitäten (in der genannten Reihenfolge)
- Entwicklung von klaren und realisierbaren Richtlinien für den Projektmanager
- Delegation ausreichender Befugnisse an den Projektmanager. Dem Projektmanager gestatten, wichtige Entscheidungen gemeinsam mit den Kernteammitgliedern zu treffen.
- Begeisterung für das Projekt und sein Team zeigen
- Aufbau von kurzen, informellen Kommunikationswegen
- Den Projektmanager in Bezug auf Vertragsabschlüsse nicht extrem unter Druck setzen
- Die Kostenschätzung des Projektteams nicht willkürlich zusammenstreichen oder aufblasen
- Ein enges Arbeitsverhältnis zwischen Auftraggeber und Projektmanager herstellen

Die übergeordnete Organisation und das Projektteam müssen jeweils passende Managementtechniken entwickeln, um einen adäquaten, nicht zu exzessiven Einsatz von Planungs-, Steuerungs- und Kommunikationssystemen zu ermöglichen. Die Managementtechniken können auch Vorbedingungen wie die folgenden beinhalten:

- Klare Spezifikationen und Designs
- Realistische Zeitpläne
- Realistische Kostenpläne
- Vermeidung von übermäßigem Optimismus

Der Auftraggeber kann großen Einfluss auf den Projekterfolg ausüben, indem er die Anzahl der Teambesprechungen minimiert, angeforderte Informationen rasch bereitstellt und den Auftragnehmer »sein Ding durchziehen« lässt, ohne ihn zu stören. Die Variablen, die seitens des Auftraggebers Erfolg garantieren, heißen:

- Die Bereitschaft, Bemühungen zu koordinieren
- Die Pflege einer engen Beziehung
- Die Aufstellung von vernünftigen Zielen und Kriterien
- Gut etablierte Prozeduren für Veränderungen
- Umgehende und exakte Kommunikation
- Minimierung des Papierkriegs
- Der Kontaktperson ausreichende Befugnisse geben (insbesondere bei der Entscheidungsfindung)

Mit diesen Variablen als Grundlage sollte es möglich sein:

- Bei allen Teilnehmern Offenheit und Ehrlichkeit zu fördern
- Eine Atmosphäre zu erzeugen, die einen gesunden Wettbewerb fördert, jedoch nicht zu erbitterten Kämpfen führt
- Die Finanzierung des Projekts solide zu planen
- Die relative Bedeutung der Kosten-, Planungs- und Leistungsziele zu verstehen
- Kurze, informelle Kommunikationswege und eine flache Organisationsstruktur zu entwickeln
- Der wichtigsten Kontaktperson für den Kunden ausreichende Befugnisse erteilen und ihr gestatten, wichtige Projektentscheidungen sofort zu fällen
- »Buy-ins« zurückweisen
- In Bezug auf den Vertragsabschluss schnell zu einer Entscheidung kommen
- Ein enges Arbeitsverhältnis zu den Projektmitarbeitern entwickeln, ohne sich einzumischen

- Exzessive Berichterstattungsschemata vermeiden
- Rasche Entscheidungen in Bezug auf Änderungen treffen

Werden die relevanten Handlungen des Projektteams, der übergeordneten Organisation und des Auftraggebers zusammengenommen, lassen sich für das Management fundamentale Lehren ziehen, wie z.B. die folgenden:

- Beim Einstieg in das Projektmanagement planen, bis zum Ende zu gehen
  - Kompetenzkonflikte erkennen und lösen
  - Die Behinderung von Veränderungen erkennen und beseitigen
- Die richtigen Mitarbeiter für anstehende Aufgaben wählen
  - Kein System ist besser als die Mitarbeiter, die es implementiert haben
- Genügend Zeit für die grundlegenden Projektarbeiten einberechnen
  - Arbeitsaufteilung
  - Netzplantechnik
- Sicherstellen, dass die Arbeitspakete eine angemessene Größe haben
  - Arbeitspakete müssen im Rahmen der Befugnisse durchführbar sein
  - Arbeitspakete müssen in Bezug auf Zeit und Umfang realistisch sein
- Planungs- und Steuerungssysteme zum Schwerpunkt des Projekts machen
  - Wissen, wohin es gehen soll
  - Wissen, wann das Ziel erreicht ist
- Sicherstellen, dass der Informationsfluss realistisch ist
  - Informationen bilden den Ausgangspunkt für Problemlösung und Entscheidungsfindung
  - Kommunikationsfallen tragen am meisten zu Problemen in Projekten bei
- Bereit sein, die Planung anzupassen
  - Auch der beste Plan kann in die Irre führen
  - Änderungen sind unvermeidlich
- Verantwortung, Leistung und Belohnung miteinander verknüpfen
  - Führung durch Zielvereinbarung (Management by Objectives)
  - Schlüssel zur Motivation und zur Produktivität
- Den Projektabschluss schon lange vorher vorbereiten
  - Disposition des Personals
  - Freigabe von Material und von anderen Ressourcen
  - Wissenstransfer
  - Arbeitsaufträge abschließen
  - Berichterstattung an Auftraggeber

Der Projektabschluss hat schon für viele gute Projektmanager den Untergang bedeutet. Wenn der Projektabschluss herannaht, besteht die natürliche Tendenz, die Kosten dadurch zu minimieren, dass Mitarbeiter so schnell wie möglich abgegeben und noch ausstehende Arbeitsaufträge abgeschlossen werden. Der Projektmanager muss dann häufig selbst den Abschlussbericht schreiben und das Rohmaterial an andere Programme weitergeben. Bei vielen Projekten werden nach Projektabschluss noch ein bis zwei Monate benötigt, um die erforderlichen Berichte zu erstellen und die Kosten zusammenzufassen.

Nachdem wir nun die Faktoren für den Projekterfolg genannt haben, müssen wir auch einige Ursachen für den Misserfolg von Projektmanagement vorstellen:

- *Wahl eines nicht realisierbaren Konzepts.* Da jede Anwendung einmalig ist, kann die Wahl eines Projekts, das keine solide Basis hat, oder die Erzwingung einer Änderung zu einem ungünstigen Zeitpunkt zu sofortigem Misserfolg führen.
- *Wahl der falschen Person als Projektmanager.* Die Person, die als Projektmanager ausgewählt wird, muss eher Manager als Macher sein. Sie darf nicht nur die technischen, sondern muss alle Aspekte der Arbeit berücksichtigen.
- *Das obere Management unterstützt das Projekt nicht ausreichend.* Das obere Management muss am Konzept mitwirken und sich entsprechend verhalten.
- *Die Aufgaben sind falsch definiert.* Es muss ein angemessenes System für die Planung und Steuerung eingerichtet werden, um einen Ausgleich zwischen den Faktoren Kosten, Terminplan und technische Leistung zu ermöglichen.
- *Falsch eingesetzte Managementtechniken.* Im technischen Bereich besteht die unvermeidliche Tendenz, zu versuchen, mehr zu erreichen, als laut Vertrag gefordert wird. Die Technologie muss überwacht werden und es sollte nur das gekauft werden, was auch benötigt wird.
- *Der Projektabschluss wurde nicht gut vorbereitet.* Jedes Projekt muss einmal enden. Der Projektabschluss muss geplant werden, damit alle Hindernisse identifiziert werden können.

9.2 Effektivität von Projektmanagement

PMBOK® Guide 2004

Kapitel 4 Integrationsmanagement

Kapitel 9 Personalmanagement

Kapitel 10 Kommunikationsmanagement

Projektmanager interagieren beständig mit dem oberen Management, vermutlich sogar häufiger als Linienmanager. Nicht nur der Projekterfolg, sondern auch die Karrieremöglichkeiten des Projektmanagers können von seinem Verhältnis zum oberen Management und dessen Erwartungen abhängen. Für die Beurteilung der Effektivität des Umgangs mit dem oberen Management gibt es vier Schlüsselvariablen: Glaubwürdigkeit, Verdeutlichung der Projektpriorität, Erreichbarkeit und Wahrnehmung.[1]

- Glaubwürdigkeit
  - Glaubwürdigkeit entsteht, wenn gute Entscheidungen getroffen werden
  - Sie basiert normalerweise auf der Erfahrung, die das Management mit dem Projektmanager in verschiedenen Projekten macht
  - Sie wird vom Manager und dem Status seines Projekts geprägt
  - Wird der Erfolg deutlich gemacht, erhöht sich die Glaubwürdigkeit
  - Um glaubwürdig zu sein, sollten Fakten statt Meinungen betont werden
  - Anderen Glauben schenken. Sie könnten die Gefälligkeit auch umgekehrt erweisen.
- Verdeutlichung der Projektpriorität
  - Die Bedeutung des Projekts für die Unternehmensziele deutlich machen
  - Den Wettbewerbsaspekt hervorheben, falls dies relevant sein sollte
  - Die Chancen auf Erfolg hervorheben
  - Sich der Unterstützung durch andere versichern – Linienorganisationen, andere Manager, Auftraggeber, unabhängige Quellen
  - Die »Nebenprodukte« hervorheben, die sich aus dem Projekt ergeben könnten
  - Prioritätenprobleme vorhersehen
  - Die Priorität verkaufen

1. Dieser Abschnitt und der Abschnitt 9.3 wurden übernommen aus *Seminar in Project Management Workbook,* Copyright 1977 by Hans J. Thamhain. Abgedruckt mit Genehmigung von Dr. Hans Thamhain.

- Erreichbarkeit
  - Erreichbarkeit beinhaltet die Fähigkeit, direkt mit dem Top-Management zu kommunizieren
  - Zeigen, dass die Vorschläge für das gesamte Unternehmen und nicht nur für das Projekt gut sind
  - Die Fakten sorgfältig abwiegen. Die Vor- und Nachteile erklären.
  - Logisch nachvollziehbare und glänzende Präsentationen abhalten
  - Sich mit den Mitgliedern des Top-Managements persönlich bekannt machen
  - Beim »Kunden« das Verlangen nach den eigenen Fähigkeiten und dem Projekt erzeugen
  - Sich die Neugier zunutze machen
- Wahrnehmung
  - Sich klar machen, wie viel Wahrnehmung erforderlich ist
  - Bei der Präsentation des Projekts vor dem Top-Management einen guten Eindruck hinterlassen
  - Falls möglich, einen kontrastierenden Managementstil annehmen
  - Die Teammitglieder dazu einsetzen, um die benötigte Wahrnehmung zu erzielen
  - Rechtzeitig Besprechungen »zu Informationszwecken« mit Personen abhalten, die zählen
  - Verfügbare öffentliche Medien nutzen

9.3 Erwartungen

PMBOK® Guide 2004

Kapitel 9 Personalmanagement

Kapitel 10 Kommunikationsmanagement

Im Projektmanagement-Umfeld haben die Projektmanager, die Teammitglieder und das obere Management unterschiedliche Erwartungen aneinander. Um dies zu veranschaulichen, wird nun gezeigt, was das Top-Management von Projektmanagern erwartet:

- Verantwortung für den Erfolg oder Misserfolg des Projekts
- Bereitstellung effektiver Berichte und Informationen
- Während der Projektdurchführung die Arbeitsabläufe in der Organisation möglichst wenig stören
- Empfehlungen abgeben, nicht nur Alternativen präsentieren
- Die Fähigkeit haben, die meisten zwischenmenschlichen Probleme zu lösen
- Eigeninitiative zeigen
- Zeigen, dass Wachsen mit den Aufgaben möglich ist

Auf den ersten Blick mögen diese Qualitäten zwar von allen Managern erwartet werden, nicht nur von Projektmanagern. Aber das stimmt nicht. Die ersten vier Elemente bringen den Unterschied. Die Linienmanager sind nicht für den Projekterfolg verantwortlich, sondern nur für den Teil, an dem die Linienorganisation beteiligt ist. Linienmanager können wegen ihrer technischen Fähigkeiten befördert werden, nicht unbedingt jedoch wegen ihrer Fähigkeit, effektive Berichte zu schreiben. Linienmanager können nicht den Betrieb der gesamten Organisation stören, Projektmanager hingegen schon. Linienmanager müssen nicht unbedingt Entscheidungen treffen, sondern nur Alternativen bereitstellen und Empfehlungen abgeben.

Genauso, wie das Top-Management Erwartungen an Projektmanager hat, haben die Projektmanager umgekehrt auch gewisse Erwartungen an das Top-Management. Projektmanager erwarten beispielsweise, dass

- Klar definierte Entscheidungswege bereitgestellt werden
- Auf Ersuchen Handlungen folgen
- Die Zusammenarbeit mit anderen Abteilungen erleichtert wird
- Genügend Ressourcen zur Verfügung gestellt werden
- In ausreichendem Maße strategische/langfristige Informationen bereitgestellt werden
- Eine Rückmeldung erfolgt
- Ratschläge gegeben werden
- Erwartungen klar definiert werden
- Schutz vor politischen Anfeindungen geboten wird
- Den Mitarbeitern die Chance geboten wird, sich weiterzuentwickeln

Das Projektteam hat seinerseits Erwartungen an den Projektmanager. Das Projektteam erwartet hauptsächlich, dass Projektmanager:

- Bei der Problemlösung helfen und Lösungsvorschläge bereitstellen
- Die Richtung vorgeben und Führungsstärke zeigen
- Eine entspannte Atmosphäre erzeugen
- Informell mit den Teammitgliedern interagieren
- Den Gruppenprozess stimulieren
- Die Aufnahme neuer Mitglieder erleichtern
- Konflikte reduzieren
- Als Sprecher der Gruppe auftreten
- Das Team gegen Druck von außen verteidigen
- Änderungswünschen widerstehen
- Das Team beim oberen Management repräsentieren

Um die Effizienz und Produktivität zu gewährleisten, sollte ein Projektteam bestimmte Merkmale und Eigenschaften aufweisen. Ein Projektmanager erwartet vom Projektteam, dass es

- Die Selbstentfaltung der Mitglieder unterstützt
- Das Potenzial für Innovation und Kreativität zeigt
- Effektiv kommuniziert
- Sich dem Projekt verpflichtet fühlt
- Die Fähigkeit zeigt, Konflikte zu lösen
- Ergebnisorientiert ist
- Auf Änderungen eingestellt ist
- Effektiv eine Mittlerrolle erfüllt

Die Teammitglieder wollen im Allgemeinen bestimmte primäre Bedürfnisse erfüllt wissen. Der Projektmanager sollte diese Bedürfnisse verstehen, bevor er verlangt, dass das Team seinen Erwartungen entspricht. Die Mitglieder des Projektteams benötigen Folgendes:

- Zugehörigkeitsgefühl
- Interesse an der Arbeit als solcher
- Respekt vor der Arbeit, die erledigt werden muss
- Schutz vor politischen Machtkämpfen
- Arbeitsplatzsicherheit und Kontinuität
- Die Möglichkeit, Karriere zu machen

Projektmanager müssen daran denken, dass die Teammitglieder möglicherweise nicht immer in der Lage sind, ihre Bedürfnisse zu äußern, dass die Bedürfnisse jedoch trotzdem vorhanden sind.

9.4 Lessons learned

PMBOK® Guide 2004
Professionelle Verantwortung
Aufgabe 2 - Beitrag zur PM-Wissensbasis

Bei jedem Projekt gibt es etwas zu lernen, selbst wenn das Projekt ein Misserfolg ist. Aber viele Unternehmen dokumentieren die Projekterfahrungen oder »Lessons learned« nicht, weil die Mitarbeiter ihren Namen nicht unter Dokumente setzen wollen, denen zu entnehmen ist, dass sie Fehler gemacht haben. Deshalb wiederholen Mitarbeiter die Fehler anderer.

Inzwischen wird zunehmend Wert darauf gelegt, die Erfahrungsberichte zu dokumentieren. Boeing pflegt beispielsweise eine Datenbank, in der die Projekterfahrungen oder Lessons learned für jedes Flugzeugprojekt aufgezeichnet werden. Weiterhin gibt es Unternehmen, die nach dem Projektabschluss eine Sitzung durchführen, für die das Team eine drei- bis fünfseitige Fallstudie vorbereiten muss, in der die Erfolge und die Misserfolge des Projekts dokumentiert werden. Die Fallstudien werden dann von der Schulungsabteilung zur Schulung von Mitarbeitern eingesetzt, die für Projektmanagerposten vorgesehen sind. Einige Unternehmen verlangen sogar, dass Projektmanager alle Entscheidungen, die im Zusammenhang mit dem Projekt getroffen wurden, in einem Notizbuch dokumentieren und dass sie die gesamte Korrespondenz in einer Projektdatei speichern. Bei umfangreichen Projekten könnte dies jedoch unpraktikabel sein.

Die meisten Firmen scheinen Sitzungen nach der Inbetriebnahme und die Dokumentation von Fallstudien zu bevorzugen. Es stellt sich jedoch die Frage, wann die Projektabschlussbewertung durchgeführt werden sollte. Ein Unternehmen setzt Projektmanagement nur für die Entwicklung neuer Produkte und für die Fertigung ein. Nach dem ersten Produktionslauf hält das Unternehmen eine Sitzung zur Projektabschlussbewertung ab, um die Erfahrungen zu besprechen. Ungefähr sechs Monate später führt das Unternehmen eine zweite Sitzung durch, um die Reaktionen des Auftraggebers auf das Produkt zu diskutieren. Es gab Situationen, in denen die Kundenreaktion zeigte, dass das, was das Unternehmen als richtig betrachtet hatte, doch eine falsche Entscheidung war. Bei der zweiten Sitzung sollte deshalb eine weitere Fallstudie angelegt werden.

9.5 Verständnis für die Best Practices

PMBOK® Guide 2004
Kapitel 9 Personalmanagement
9.4 Leiten des Projektteams

PMBOK® Guide 2004
Professionelle Verantwortung
Aufgabe 2: Beitrag zur PM-Wissensbasis

Die Schlüsselfaktoren des Erfolgs zu kennen, verschafft Ihnen unter anderem den Vorteil, die Best Practices erkennen und beibehalten zu können. Leider ist dies leichter gesagt als getan. Es gibt mehrere Definitionen einer Best Practice, wie unter anderem:

- Etwas, was funktioniert
- Etwas, das gut funktioniert
- Etwas, das immer wieder gut funktioniert
- Etwas, das einen Konkurrenzvorteil verschafft
- Etwas, das in einem Angebot identifiziert werden kann, um zu einem Geschäft zu führen

Der Meinung des Autors nach sind Best Practices die Aktionen oder Aktivitäten, die vom Unternehmen oder von Einzelpersonen unternommen werden und die zu einem dauerhaften Konkurrenzvorteil im Projektmanagement führen.

Die Bedeutung der Best Practices wurde erst in den letzten Jahren erkannt. In den frühen Jahren des Projektmanagements gab es viele Missverständnisse in Hinblick auf das Projektmanagement. Bei diesen Missverständnissen handelte es sich unter anderem um:

- Projektmanagement ist ein Planungswerkzeug wie etwa PERT/CPM.
- Projektmanagement ist nur für große Projekte sinnvoll.

- Projektmanagement ist nur für Regierungsprojekte vorgesehen.
- Projektmanager müssen Ingenieure sein, bevorzugt mit akademischem Titel.
- Projektmanager müssen »Technologieleitung« besitzen, um erfolgreich zu sein.
- Projekterfolg wird nur in Hinblick auf technische Aspekte gemessen.

Mit der Weiterentwicklung des Projektmanagements wurden die Best Practices immer wichtiger. Best Practices können sowohl aus Erfolg als auch aus Misserfolg abgeleitet werden. In den frühen Jahren des Projektmanagements konzentrierte sich die private Industrie darauf, Best Practices von Erfolgen abzuleiten. Die Regierung dagegen konzentrierte sich darauf, Best Practices von Misserfolgen abzuleiten. Als die Regierung schließlich dazu wechselte, aus Erfolgen zu lernen, kam das Wissen über die Best Practices aus ihren Beziehungen sowohl zu ihren wichtigsten Vertragspartnern als auch zu Unterauftragnehmern. Einige der Best Practices, die aus der Regierung kamen, sind unter anderem:

- Verwendung von Lebenszyklusphasen
- Standardisierung und Konsistenz
- Verwendung von Vorlagen für Planung, Zeitplanung, Kontrolle und Risiko
- Bereitstellung von militärischem Personal in Managementpositionen mit erweiterten Dienstzeiten am selben Standort
- Einsatz integrierter Projektteams (IPTs)
- Kontrolle der vom Vertragspartner erstellten Umfangsänderungen
- Verwendung von Leistungswertmessungen (siehe Kapitel 15)

Was macht man mit einer Best Practice?

Mit der Definition, dass eine Best Practice einen stetigen Konkurrenzvorteil erbringt, ist es kein Wunder, dass sich einige Unternehmen weigern, ihre Best Practices dem allgemeinen Publikum offenzulegen. Was aber sollte ein Unternehmen mit seinen Best Practices machen, außer sie zu veröffentlichen? Die häufigsten Optionen sind unter anderem:

- Bereitstellung des Wissens nur innerhalb des Unternehmens: Diese Bereitstellung erfolgt über das Unternehmens-Intranet, um den Angestellten Informationen zur Verfügung zu stellen. Es kann eine separate Gruppe innerhalb des Unternehmens geben, die für die Kontrolle der Informationen zuständig ist, vielleicht sogar der PMO (Project Management Officer).
- Verbergen außer für ein paar wenige Personen: Einige Unternehmen geben viel Geld dafür aus, Formulare, Richtlinien, Vorlagen und Checklisten für das Projektmanagement entwickeln zu lassen. Diese Dokumente werden als unternehmenseigene Informationen und Best Practices betrachtet und nur einigen wenigen ausgewählten Personen zur Verfügung gestellt, wenn diese sie benötigen. Ein Beispiel für eine »eingeschränkte« beste Verfahrensweise könnten etwa spezielle Formulare und Vorlagen für die Projektgenehmigung sein, wobei die enthaltenen Informationen möglicherweise unternehmenskritische Finanzdaten enthalten oder auch die Position des Unternehmens in Hinblick auf Rentabilität und Marktanteil.
- Als Werbung bei ihren Kunden: Bei diesem Ansatz entwickeln die Unternehmen eine Broschüre mit ihren Best Practices, um ihre Erfolge zu vermarkten. Sie könnten auch eine umfangreiche Bibliothek der Best Practices anlegen, die ihren Kunden nach Vertragsabschluss zur Verfügung gestellt wird.

Auch wenn Unternehmen Best Practices sammeln, werden nicht alle nach außen offengelegt, selbst wenn bei Benchmarking-Studien von allen Parteien erwartet wird, Informationen bereitzustellen. Studenten fragen häufig, warum Lehrbücher nicht mehr Informationen über detaillierte Best Practices enthalten, wie beispielsweise Formulare und Vorlagen. Ein Unternehmen teilte dem Autor Folgendes mit:

Wir haben innerhalb der letzten Jahre wahrscheinlich mehr als eine Million Dollar ausgegeben, um eine umfassende Vorlage für die Risikobewertung beim Übergang eines Projekts von der Entwicklung zur Herstellung zu erstellen. Unser Unternehmen will diese Vorlage einfach nicht jedem zeigen, der sich ein Buch für 80 Dollar kauft. Einige der Vorlagen für die Best Practices gehören zum Allgemeinwissen, und wir können diese Information natürlich bereitstellen. Die Übergangsvorlage betrachten wir jedoch als proprietäres Wissen, das nicht für die Weitergabe vorgesehen ist.

Kritische Fragen

Es gibt einige Fragen, die beantwortet werden müssen, bevor eine Aktivität als Best Practice eingeordnet wird. Drei häufig gestellte Fragen sind:

- Wer bestimmt, ob eine Aktivität eine Best Practice ist?
- Wie können Sie am besten feststellen, ob das, was Sie für eine Best Practice halten, wirklich eine Best Practice ist?
- Wie bringen Sie Führungskräfte dazu, anzuerkennen, dass Best Practices echte wertschöpfende Aktivitäten sind, für die sich das führende Management einsetzen sollte?

Einige Unternehmen setzen Komitees ein, deren wichtigste Aufgabe die Bewertung potenzieller Best Practices ist. Andere überlassen dem PMO diese Arbeit. Diese Komitees geben ihre Berichte häufig an höhere Managementebenen weiter.

Die Bewertung, ob etwas eine Best Practice ist oder nicht, ist nicht zeitaufwendig, sondern komplex. Wenn man einfach glaubt, etwas sei eine Best Practice, dann bedeutet das nicht, dass es eine Best Practice ist. PMOs entwickeln derzeit Vorlagen und Kriterien, anhand derer bestimmt werden soll, ob sich eine Aktivität als Best Practice qualifizieren kann. Einige Aspekte aus dieser Vorlage sind unter anderem:

- Ist auf viele Projekte übertragbar
- Ermöglicht eine effiziente und effektive Leistung, die messbar ist
- Ermöglicht die Messung potenzieller Rentabilität unter Verwendung der Best Practice
- Erlaubt, dass eine Aktivität in kürzerer Zeit und zu geringeren Kosten fertiggestellt wird

Ein Unternehmen hatte zwei einzigartige Eigenschaften in seiner Vorlage für Best Practices:

- Hilft, Fehler zu vermeiden
- Hilft in einer Krise, eine kritische Situation aufzulösen

Führungskräfte müssen erkennen, dass diese Best Practices letztlich intellektuelles Eigentum sind, von dem das gesamte Unternehmen profitiert. Wenn die Best Practice quantifiziert werden kann, ist es im Allgemeinen einfacher, das oberste Management zu überzeugen.

Best-Practices-Ebenen

Best Practices findet man überall innerhalb und außerhalb eines Unternehmens. Abbildung 9.1 zeigt die verschiedenen Ebenen von Best Practices. Die unterste Ebene ist die Ebene der professionellen Standards, die die von PMI® definierten professionellen Standards enthalten könnte. Die Ebene der professionellen Standards enthält die meisten Best Practices, aber sie sind eher allgemein als spezifisch und haben ein geringes Komplexitätsmaß.

Die Ebene der Standards zeigt die Best Practices für Leistung innerhalb der Branche. Die Branche automotiv beispielsweise hat Standards und Best Practices eingerichtet, die spezifisch für die Automobilindustrie sind.

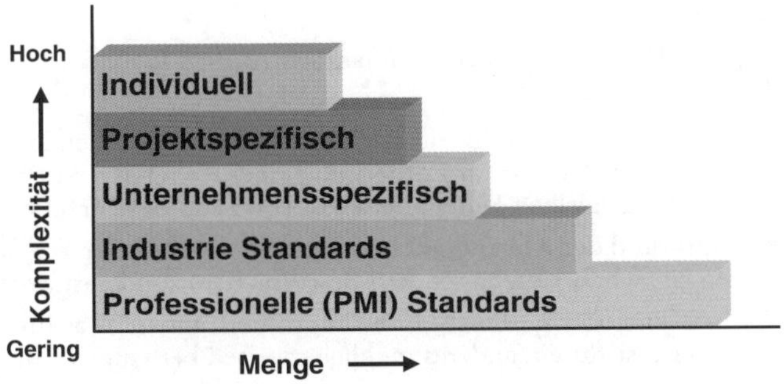

Abbildung 9.1: Best-Practices-Ebenen

Wenn wir in Abbildung 9.1 zu den individuellen Best Practices weitergehen, ändert sich die Komplexität von allgemeinen in sehr spezifische Anwendungen, und die Anzahl der Best Practices ist erwartungsgemäß geringer. Beispiele für eine Best Practice auf jeder Ebene (von allgemein zu spezifisch) könnten etwa wie folgt aussehen:

- Professionelle Standards: Vorbereitung und Benutzung eines Risikomanagementplans, einschließlich von Vorlagen, Anleitungen, Formularen und Checklisten für das Risikomanagement.
- Industriespezifisch: Der Risikomanagementplan beinhaltet Best Practices für die Branche, wie beispielsweise die beste Möglichkeit, von der Entwicklung in die Produktion überzugehen.
- Unternehmensspezifisch: Der Risikomanagementplan identifiziert die Rollen und Interaktionen von Gruppen aus Entwicklung, Herstellung und Qualitätssicherung während des Übergangs.
- Projektspezifisch: Der Risikomanagementplan identifiziert die Rollen und Interaktionen der relevanten Gruppen, abhängig davon, wie sie mit einem bestimmten Produkt/einer bestimmten Dienstleistung für einen Kunden zu tun haben.
- Individuell: Der Risikomanagementplan identifiziert die Rollen und Interaktionen der relevanten Gruppen basierend auf ihrer persönlichen Risikotoleranz, möglicherweise unter Verwendung einer Verantwortungszuordnungsmatrix, die vom Projektmanager aufbereitet wird.

Best Practices können extrem praktisch bei strategischen Planungsaktivitäten sein. Wie in Abbildung 9.2 gezeigt, können die beiden unteren Ebenen nützlicher für die Formulierung von Projektstrategien sein, während die oberen drei Ebenen besser für die Durchführung einer Strategie geeignet sind.

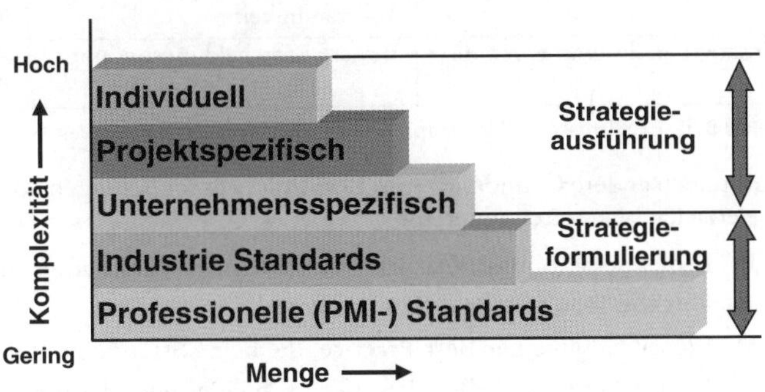

Abbildung 9.2: Nützlichkeit von Best Practices

Allgemeine Annahmen

Es gibt verschiedene allgemeine Annahmen zu Best Practices. Ein Auszug aus der Liste könnte wie folgt aussehen:

- Weil Best Practices in einer Wechselbeziehung stehen können, kann die Identifizierung einer Best Practice zur Entdeckung einer weiteren Best Practice führen, insbesondere innerhalb derselben Kategorie oder Ebene von Best Practices.
- Aufgrund der Abhängigkeiten, die zwischen Best Practices bestehen können, ist es häufig einfacher, Kategorien von Best Practices zu identifizieren als einzelne Best Practices.
- Best Practices sind nicht unbedingt übertragbar. Was für ein Unternehmen gut funktioniert, ist für ein anderes möglicherweise überhaupt nicht geeignet.
- Selbst wenn Best Practices in den meisten Unternehmen einfach und allgemeingültig aussehen, führt die ständige Erinnerung und Verwendung dieser Best Practices zu hervorragender Leistung und Kundenzufriedenheit.
- Best Practices sind nicht auf Unternehmen mit guter finanzieller Lage beschränkt.

Es muss darauf geachtet werden, dass die Implementierung einer Best Practice nicht zu nachteiligen Ergebnissen führt. Ein Unternehmen entschied, dass das Projektmanagement als Beruf anerkannt werden müsse, um die Leistung zu maximieren und qualifizierte Leute halten zu können. Es wurde ein Karriereweg für das Projektmanagement geschaffen und in das Belohnungssystem des Unternehmens integriert.

Leider machte das Unternehmen einen schweren Fehler. Die Projektmanager erhielten sehr viel umfangreichere Gehaltserhöhungen als die Linienmanager und Mitarbeiter. Die Leute wurden neidisch auf die Projektmanager und dachten, das Projektmanagement würde zu Unrecht bevorzugt. Die technische Leistung des Unternehmens verringerte sich und einige Leute kündigten, als sie nicht die Gelegenheit erhielten, Projektmanager zu werden.

Unternehmen können die besten Absichten haben, wenn sie Best Practices einrichten, und doch verheerende Ergebnisse erzielen. Tabelle 9.1 zeigt einige der möglichen Erwartungen und die nachteiligen Ergebnisse, die daraus entstehen können. Die schlechten Ergebnisse könnten als Ursache die unzulänglichen Erwartungen haben oder auch das unvollständige Verständnis für mögliche Konsequenzen nach der Implementierung.

Art der Best Practice	Erwarteter Vorteil	Potenzieller Nachteil
Einsatz von Ampelberichten	Geschwindigkeit und Einfachheit	Ungenaue Informationen
Einsatz einer Risikomanagementvorlage/eines Risikomanagementformulars	Vorausschau und Exaktheit	Keine Möglichkeit, potenzielle kritische Risiken zu erkennen
Sehr detailliertes PSP	Kontrolle, Genauigkeit und Vollständigkeit	Exzessive Kontrolle und Kosten für die Berichterstattung
Einsatz spezialisierter Software	Bessere Entscheidungsfindung	Zu viel Abhängigkeit von Werkzeugen

Tabelle 9.1: Ergebnisse bei der Implementierung von Best Practices

Es gibt noch andere Gründe, warum Best Practices fehlschlagen oder unzufriedenstellende Ergebnisse erzielen, wie unter anderem:

- Fehlende Stabilität, Klarheit oder fehlendes Verständnis für die Best Practice
- Unvermögen, die Best Practice korrekt zu nutzen
- Identifizieren einer Best Practice, die keine Strenge besitzt
- Identifizieren einer Best Practice nach einer fehlerhaften Beurteilung

Bibliothek der Best Practices

Wie kann ein Unternehmen unter der Voraussetzung, dass Projektmanagementwissen und Best Practices intellektuelles Eigentum sind, diese Information zurückbehalten? Die Lösung ist normalerweise, eine Bibliothek der Best Practices anzulegen. Abbildung 9.3 zeigt drei Ebenen von Best Practices, die am besten dafür geeignet sind, in einer Bibliothek für Best Practices abgelegt zu werden.

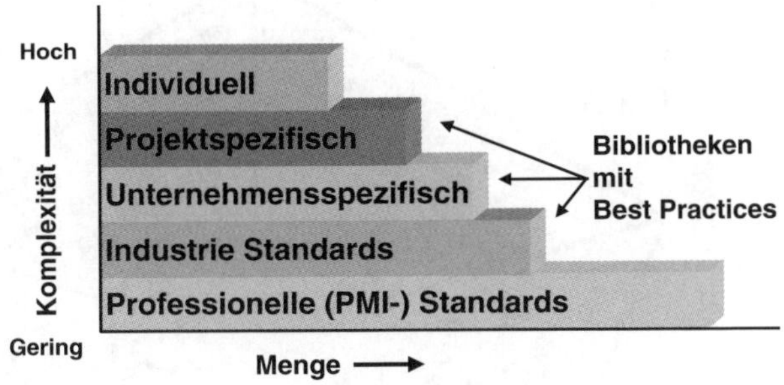

Abbildung 9.3: Best-Practices-Ebenen

Abbildung 9.4 zeigt den Prozess, eine Bibliothek von Best Practices anzulegen. Die unterste Ebene ist das Erkennen und das Verständnis, was eine »potenzielle« Best Practice ist und was nicht. Die Quellen für Best Practices können an beliebiger Stelle innerhalb des Unternehmens liegen.

Abbildung 9.4: Eine Bibliothek der Best Practices anlegen

Die nächste Ebene ist die Auswertungsebene, um zu bestätigen, dass es sich um eine Best Practice handelt. Der Bewertungsprozess kann über den PMO oder ein Komitee erfolgen, sollte aber auch höhere Managementebenen mit einbeziehen. Der Bewertungsprozess ist sehr schwierig, weil ein einmaliges positives Auftreten noch keine Best Practice darstellt. Es müssen Kriterien für die Bewertung einer Best Practice eingerichtet werden.

Nachdem man sich einig ist, dass es eine Best Practice gibt, muss sie klassifiziert und in einem System abgelegt werden, von wo sie wieder abgerufen werden kann, beispielsweise in der Bibliothek für Best Practices im Intranet des Unternehmens.

Abbildung 9.1 zeigt die verschiedenen Ebenen für Best Practices, aber das Klassifizierungssystem für Speicherzwecke kann auch ganz anders aussehen. Abbildung 9.5 zeigt ein typisches Klassifizierungssystem für eine Bibliothek der Best Practices.

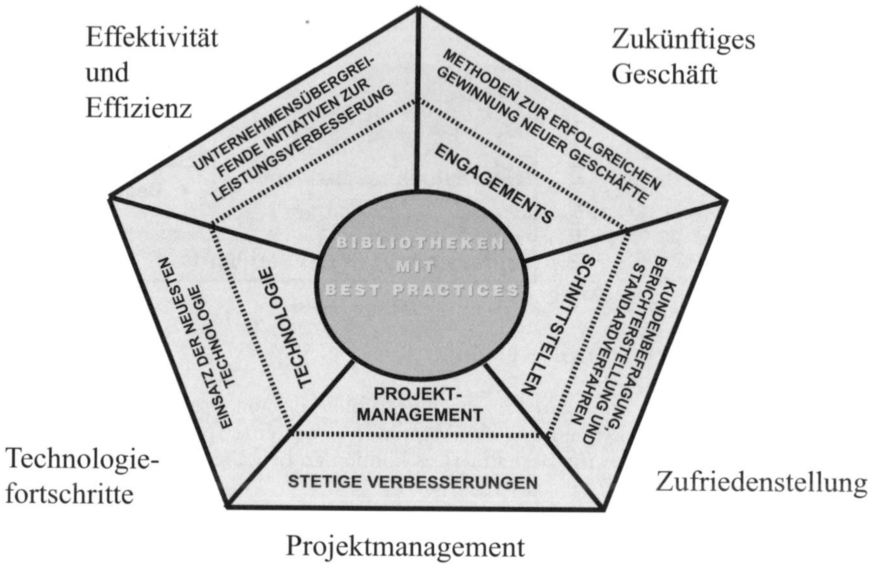

Abbildung 9.5: Bibliothek der Best Practices

Der Zweck, warum man eine Bibliothek mit Best Practices anlegt, ist die Übertragung von Wissen an Angestellte. Das Wissen kann über das Intranet des Unternehmens übertragen werden, über Seminare zu Best Practices oder über Fallstudien. Einige Unternehmen fordern, dass das Projektteam Fallstudien dazu anlegt, was man aus der Projekterfahrung gelernt hat und welche Best Practices es gibt, bevor das Team aufgelöst wird. Diese Unternehmen nutzen dann die Fallstudien in vom Unternehmen gesponserten Seminaren. Best Practices und Dinge, die man gelernt hat, müssen dem gesamten Unternehmen mitgeteilt werden. Das Problem dabei ist, wie man das am effektivsten macht.

Ein weiteres kritisches Problem ist die Übermacht der Best Practices. Ein Unternehmen hat eine Bibliothek mit Best Practices angelegt, und nach ein paar Jahren hatten sich Hunderte davon angesammelt. Niemand hatte sich die Mühe gemacht, später zu überprüfen, ob es sich immer noch um Best Practices handelte. Nachdem eine Überprüfung stattgefunden hatte, stellte man fest, dass weniger als ein Drittel davon noch als Best Practice betrachtet werden konnte. Einige davon waren keine Best Practices mehr, andere mussten aktualisiert werden, und wieder andere mussten durch neuere Best Practices ersetzt werden.

9.6 Studientipps für das PMI®-Projektmanagement-Zertifizierungsexamen

Dieser Abschnitt kann als Wiederholung der Grundlagen dienen, um die Wissensbereiche und Domänengruppen im PMBOK® Guide zu ergänzen. In diesem Kapitel geht es um Folgendes:

- Kommunikationsmanagement
- Initiierung
- Planung

- Ausführung
- Überwachung
- Abschluss

Das Verständnis der folgenden Grundlagen ist vorteilhaft, wenn der Leser diesen Text für die Vorbereitung auf das PMP®-Zertifizierungsexamen verwendet:

- Bedeutung der Erkennung und Aufzeichnung von Best Practices als Teil aller Projektmanagementprozesse
- Schlüsselfaktoren für den Erfolg

Die folgenden Multiple-Choice-Fragen sind hilfreich bei der Wiederholung der Grundlagen dieses Kapitels:

1. Gelernte Erfahrungen und Best Practices werden erfasst:
   A. Erst nach Ende des Projekts
   B. Erst nachdem die Ausführung abgeschlossen ist
   C. Erst, wenn der Projektsponsor dazu aufgefordert hat
   D. Jederzeit, aber hauptsächlich beim Abschluss einer Lebenszyklusphase
2. Die für die Identifizierung einer Best Practice verantwortliche Person ist:
   A. Projektmanager
   B. Projektsponsor
   C. Teammitglied
   D. Alle oben genannten
3. Der wichtigste Vorteil bei der Aufzeichnung gelernter Erfahrungen ist:
   A. Man besänftigt den Kunden.
   B. Man besänftigt den Sponsor.
   C. Das gesamte Unternehmen profitiert stetig dadurch.
   D. Man befolgt die PMBOK®-Anforderungen in Hinblick auf Berichte.

ANTWORTEN

1. D
2. D
3. C

PROBLEME

9.1 Wie sieht ein effektives Arbeitsverhältnis zwischen Projektmanagern aus?

9.2 Muss jeder in der Organisation die »Spielregeln« kennen, damit Projektmanagement effektiv sein kann?

9.3 Rechtfertigen Sie die Aussage, dass Projektmanagement nur dann funktioniert, wenn die Grenzen vollständig definiert sind, über die hinweg der Projektmanager interagieren muss.

10 Der Umgang mit der Unternehmensführung

Verwandte Fallstudien (aus Kerzner/*Project* Management *Case Studies*, 2. Auflage)	Verwandte Workbook-Übungen (aus Kerzner/*Project Management Workbook and PMP®/CAPM® Exam Study Guide*, 9. Auflage)	PMBOK® Guide, 3. Auflage, Referenzabschnitt für das PMP®-Zertifizierungsexamen
• Greyson Corporation • The Blue Spider Project • Corwin Corporation*	• Multiple-Choice-Examen	• Integrationsmanagement • Umfangsmanagement (Scope Management) • Personalmanagement

* Fallstudie wird am Ende des Kapitels beschrieben.

10.0 Einführung

PMBOK® Guide 2004

Kapitel 4 Integrationsmanagement

Kapitel 9 Personalmanagement

Im Projektmanagement-Umfeld haben Projektmanager während der Planung und der Ausführung beständig mit der Unternehmensführung zu tun. Wenn der Projektmanager die Rolle der Unternehmensführung und ihre Gedankengänge nicht verstehen kann, wird sich schnell ein schlechtes Arbeitsverhältnis entwickeln. Um die Schnittstelle zwischen der Unternehmensführung und dem Projekt deutlich zu machen, werden nun zwei Funktionen ausführlicher vorgestellt:

- Die Funktion des Projektsponsors
- Die Funktion der Vertretern der Kunden im eigenen Haus

10.1 Der Projektsponsor

PMBOK® Guide 2004

2.2 Projektstakeholder

5.2.2 Stakeholderanalyse

Mehr als zwei Jahrzehnte lang waren Projektsponsoren Mitglieder des oberen Managements. Der Projektsponsor ist primär für den Kontakt zwischen der Unternehmensführung und dem Kunden oder Auftraggeber verantwortlich. Er stellt sicher, dass die benötigten Informationen aus der Organisation des Auftragnehmers zur Unternehmensführung des Auftraggebers gelangen, dass die Informationen nicht gefiltert werden und dass ein Mitglied der Unternehmensführung darauf achtet, dass das Geld des Auftraggebers vernünftig ausgegeben wird. Der Projektsponsor übermittelt dem Auftraggeber oder Kunden Informationen zu den Kosten und den Ergebnissen, wohingegen Angaben zum Terminplan und zur Qualität und Leistung vom Projektmanager stammen.

Der Sponsor ist jedoch nicht nur für den Kontakt zum Auftraggeber zuständig, sondern er stellt auch Richtlinien für folgende Zwecke auf:

- Zielsetzung
- Prioritätenvergabe
- Projektorganisationsstruktur

- Projektplanung
- Zusammenstellung des Kernteams
- Vorausplanung
- Überwachung der Ausführung
- Konfliktlösung

Die Rolle des Projektsponsors verändert sich im Laufe des Projekts. Während der Planungsphase hat er normalerweise eine aktive Rolle, die Tätigkeiten wie die folgenden beinhaltet:

- Unterstützung des Projektmanagers bei der Entwicklung der Projektziele
- Bereitstellung von Informationen über die politischen und umweltbedingten Faktoren, die die Projektdurchführung beeinflussen könnten
- Prioritätenvergabe für das Projekt (entweder individuell oder durch Beratung mit anderen Führungskräften), Information des Projektmanagers über die Priorität und den Grund für die Wahl der Priorität
- Unterstützung der Aufstellung von Richtlinien und Verfahrensweisen, mit denen das Projekt geleitet werden soll
- Anlaufstelle für den Kontakt zwischen der Unternehmensführung und dem Kunden/Auftraggeber

Während der Start- oder Kickoff-Phase eines Projekts muss der Projektsponsor aktiv in die Entwicklung von Zielen und die Vergabe von Prioritäten einbezogen werden. Es ist absolut wichtig, dass die Führungskräfte die Prioritäten in geschäftlicher und technischer Hinsicht festlegen.

Während der Projektdurchführung hat der Projektsponsor eine eher passive Rolle. Der Sponsor unterstützt den Projektmanager nur bei Bedarf.

Während der Projektdurchführung muss der Sponsor gut überlegen, bei welchen Problemen er helfend eingreifen möchte. Wenn er versucht, sich bei jedem Problem zu engagieren, untergräbt er die Position des Projektmanagers, der seine Arbeit dann nicht mehr ordentlich verrichten kann.

Die Rolle des Sponsors entspricht der eines Schiedsrichters. Tabelle 10.1 zeigt das Arbeitsverhältnis zwischen dem Projektmanager und den Linienmanagern in Organisationen, die bereits Erfahrung im Bereich Projektmanagement haben, und in unerfahrenen Organisationen. Wenn Konflikte oder Probleme zwischen dem Projekt und der Linienorganisation bestehen und auf dieser Ebene nicht gelöst werden können, muss der Projektsponsor möglicherweise hilfreich in Erscheinung treten. Tabelle 10.2 zeigt eine wohl überlegte und eine ungeeignete Vermittlung durch den Projektsponsor.

PMBOK® Guide 2004

1.5.5 Zwischenmenschliche Fertigkeiten

Unerfahrene Organisation	Erfahrene Organisation
• Der Projektmanager hat Weisungsbefugnis gegenüber den Linienmanagern. • Der Projektmanager verhandelt um die besten Mitarbeiter. • Der Projektmanager arbeitet direkt mit den Linienmitarbeitern zusammen.	• Der Projektmanager und die Linienmanager haben gemeinsame Befugnisse und Kompetenzen. • Der Projektmanager verhandelt um Zusagen des Linienmanagers. • Der Projektmanager erreicht sein Ziel über die Linienmanager.

Tabelle 10.1: Die Schnittstelle zwischen Projekt- und Linienorganisation

Unerfahrene Organisation	Erfahrene Organisation
• Der Projektmanager hat keinen Einfluss auf die Leistungsbeurteilung der Mitarbeiter. • Die Führung ist auf den Projektmanager ausgerichtet.	• Der Projektmanager gibt bei der Leistungsbeurteilung der Mitarbeiter Empfehlungen ab. • Die Führung ist teamorientiert.

Tabelle 10.1: Die Schnittstelle zwischen Projekt- und Linienorganisation

Unerfahrene Organisation	Erfahrene Organisation
• Die Führungskraft ist aktiv in Projekte involviert.	• Die Führungskraft verhält sich passiv.
• Die Führungskraft agiert als Projekt-Champion.	• Die Führungskraft agiert als Projektsponsor.
• Die Führungskraft stellt Entscheidungen des Projektmanagers in Frage.	• Die Führungskraft vertraut den Entscheidungen des Projektmanagers.
• Die Prioritäten wechseln häufig.	• Prioritätenwechsel werden vermieden.
• Die Führungskraft betrachtet Projektmanagement als notwendiges Übel.	• Die Führungskraft betrachtet Projektmanagement als positiv.
• Das Projektmanagement wird kaum unterstützt.	• Die Führungskraft macht ihre Unterstützung deutlich.
• Die Führungskraft schreckt davor zurück, Probleme ans Licht zu bringen.	• Die Führungskraft ermutigt es, Probleme ans Licht zu bringen.
• Die Führungskraft hält nichts von Projektsponsoren.	• Die Führungskraft ist leidenschaftlicher Projektsponsor.
• Die Führungskraft kümmert sich nur während des Projektstarts um das Projekt.	• Die Führungskraft unterstützt das Projekt kontinuierlich.
• Die Führungskraft ermutigt Projektentscheidungen.	• Die Führungskraft ermutigt Geschäftsentscheidungen.
• Es gibt keine Vorgehensweise, um Projektsponsoren für Projekte auszuwählen.	• Die Vorgehensweise, mit der Projekten Projektsponsoren zugewiesen werden, ist offenkundig.
• Die Unternehmensführung strebt nach Perfektion.	• Die Unternehmensführung strebt nach dem Machbaren.
• Die Unternehmensführung rät vom Einsatz der Projekt-Charta ab.	• Die Führungskraft erkennt die Bedeutung einer Charta an.
• Die Führungskraft ist in die Vorbereitung der Charta nicht involviert.	• Die Führungskraft übernimmt die Verantwortung für die Vorbereitung der Charta.
• Die Führungskraft weiß nicht, was in einer Charta enthalten sein muss.	• Die Führungskraft versteht den Inhalt der Charta.
• Die Führungskraft glaubt nicht, dass das Projektteam eine gute Leistung erbringt.	• Die Führungskraft vertraut darauf, dass das Projektteam eine gute Leistung erbringt.

Tabelle 10.2: Die Schnittstelle zu Führungskräften aus der Unternehmensführung

Der Sponsor ist für alle da, also auch für die Linienmanager und ihre Mitarbeiter. Projektsponsoren müssen eine Politik der offenen Tür verfolgen, auch wenn dies Nachteile haben kann. Erstens überschwemmen die Mitarbeiter den Projektsponsor möglicherweise mit unwichtigen Problemen. Zweitens haben die Projektmitarbeiter eventuell das Gefühl, dass sie verschiedene Managementebenen umgehen und direkt mit dem Sponsor sprechen können. Die Mitarbeiter einschließlich des Projektmanagers sollten also darauf achten, wie häufig und unter welchen Umständen sie den Projektsponsor aufsuchen.

Neben seiner normalen Tätigkeit muss der Sponsor bereit stehen, um das Projekt bei Bedarf zu unterstützen. Der Einsatz als Sponsor kann sehr zeitraubend sein, was insbesondere dann gilt, wenn Probleme auftreten. Führungskräfte können folglich nur eine begrenzte Anzahl an Projekten effektiv unterstützen.

Mit zunehmender Erfahrung im Bereich Projektmanagement beginnen die Führungskräfte, dem mittleren und dem unteren Management die Funktion des Sponsors zu übertragen. Dafür sprechen verschiedene Gründe:

- Mitglieder der Geschäftsleitung haben nicht die Zeit, bei jedem Projekt Sponsor zu sein.
- Nicht alle Projekte benötigen einen Sponsor aus der Geschäftsleitung.
- Das mittlere Management ist näher an der ausgeführten Arbeit.
- Das mittlere Management kann bei bestimmten Risiken eher beraten.
- Projektmitarbeiter haben einen leichteren Zugriff auf das mittlere Management.

Manchmal sind die Führungskräfte in Großunternehmen sehr stark mit der strategischen Planung beschäftigt und haben einfach keine Zeit, sich als Sponsoren zu betätigen. In solchen Fällen können Manager des mittleren Managements Projektsponsoren werden.

Abbildung 10.1 zeigt die Hauptfunktionen eines Projektsponsors. Am Anfang treffen sich die Mitglieder der Geschäftsleitung, um zu entscheiden, ob die Priorität des Projekts als hoch oder als gering eingestuft werden sollte. Handelt es sich um ein wichtiges oder um ein strategisches Projekt, kann die Geschäftsleitung ein Mitglied der Geschäftsleitung zum Sponsor machen.

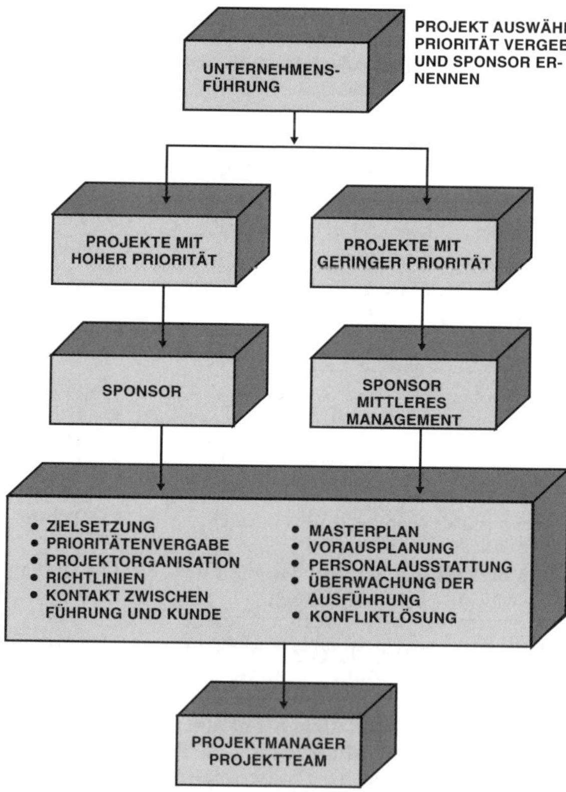

Abbildung 10.1: Die Förderung von Projekten durch Projektsponsoren

Bei Routineprojekten kann ein Sponsor aus dem mittleren Management eingesetzt werden. Nicht alle Projekte benötigen einen Sponsor, sondern nur die Projekte, bei denen zahlreiche Ressourcen eingesetzt werden oder ein hohes Maß an Integration zwischen den Linienorganisationen erforderlich ist, bei Projekten, die ein hohes Konfliktpotential haben, oder bei Projekten, die eine starke Kundenbeziehung erfordern. Der letzte Punkt muss erklärt werden. Sehr häufig wollen Auftraggeber sicherstellen, dass der Projektmanager des Auftragnehmers ihr Geld sinnvoll einsetzt. Sie schätzen es, wenn die Ausgaben des Projektmanagers von einem Mitglied der Geschäftsleitung überwacht werden.

Bei Unternehmen, die Aufträge über Ausschreibungen erhalten, ist es üblich, dass das Angebot nicht nur das Resümee des Projektmanagers, sondern auch das des Projektsponsors enthält. Der Bieter hat dadurch möglicherweise einen Wettbewerbsvorteil. Denn wenn alle anderen Punkte identisch sind, glauben die Kunden, dass sie die Möglichkeit haben, direkt mit der Geschäftsleitung zu kommunizieren. Ein Vertragspartner hat die Funktion des Projektsponsors einmal wie folgt beschrieben:

- Beteiligung an Vertriebsbemühungen und an Vertragsverhandlungen
- Aufbau von Kundenbeziehungen zum Top-Management
- Unterstützung des Projektmanagers bei der Planung, der Personalausstattung etc.
- Im-Bilde-Sein über die wichtigsten Projektaktivitäten (über Kopien der wichtigen Korrespondenz und Berichte, Review-Meetings und regelmäßige Projektbesuche)
- Behandlung wichtiger Vertragsfragen
- Interpretation der Unternehmensrichtlinien für den Projektmanager
- Unterstützung des Projektmanagers beim Identifizieren und Lösen wichtiger Probleme

Angenommen, ein Projekt ist in zwei Phasen unterteilt: die Planung und die Durchführung. Bei Projekten mit einer kurzen Laufzeit von bis zu zwei Jahren sollte der Projektsponsor während der gesamten Laufzeit verfügbar sein, während bei langfristigen Projekten mit einer Dauer von beispielsweise fünf Jahren in den verschiedenen Phasen unterschiedliche Projektsponsoren eingesetzt werden können. Sie sollten jedoch aus der gleichen Managementebene stammen. Der Projektsponsor muss nicht aus der Linienorganisation stammen, in der ein Großteil der Arbeit verrichtet wird. Einige Unternehmen fordern sogar, dass der Sponsor aus einer Linienorganisation stammt, die kein persönliches Interesse an dem Projekt hat.

Der Projektsponsor ist für den Projektmanager so etwas wie ein »großer Bruder« oder Berater. Der Sponsor sollte unter keinen Umständen versuchen, als Projektmanager zu agieren, sondern den Projektmanager beim Lösen von Problemen unterstützen, die dieser nicht selbst klären kann.

Zur Verdeutlichung ein Beispiel: In einer staatlichen Organisation wollte ein Projektmanager eine neue Position für sein Projekt einrichten und hatte bereits eine Mitarbeiterin dafür ausgewählt. Leider gab es eine unternehmensweite Richtlinie, die die Größe des Project Office auf eine bestimmte Anzahl an Positionen beschränkte.

Der Projektmanager erhielt Hilfe von einem Projektsponsor, der in Zusammenarbeit mit der Personalabteilung innerhalb von dreißig Tagen eine neue Position einrichtete. Ohne den Sponsor hätte es mehrere Monate gedauert, die neue Position einzurichten. Das Projekt wäre dann schon abgeschlossen gewesen.

In einem zweiten Fall wollte der Geschäftsführer eines Fertigungsbetriebs, der die Tochterfirma eines größeren Unternehmens war, die Rolle des Projektsponsors für ein bestimmtes Projekt übernehmen. Der Projektmanager beschloss, dem Sponsor bestimmte wichtige Funktionen zu überlassen. Im Terminplan des Projekts waren vier Monate für die Einholung der Genehmigung der Werkzeugbereitstellung von der Unternehmensführung der Mutterfirma vorgesehen. Der Projektmanager wies diese Aufgabe dem Projektsponsor zu, der sich – zwar nur widerwillig – bereit erklärte, zum Hauptsitz der Mutterfirma zu fliegen. Zwei Tage später kehrte er mit der Genehmigung für die Werkzeugbereitstellung zurück. Dank des Engagements des Projektsponsors konnte der Projektabschluss um vier Monate vorverlegt werden.

Abbildung 10.2 stellt die Situation in einem Projekt mit zwei Projektsponsoren dar. Das Unternehmen Alpha erhielt einen Auftrag mit einem Volumen von $ 25 Mio. von der amerikanischen Air Force und vergab davon ein Volumen von $ 2 Mio. an den Unterauftragnehmer Beta. Der

Projektmanager der Firma Alpha bezog ein Jahresgehalt von $ 95.000 und weigerte sich, direkt mit dem Projektmanager von Firma Beta zu kommunizieren, weil dessen Jahresgehalt nur bei $ 65.000 lag. Denn, wie eine Führungskraft einmal sagte, »kommunizieren Elefanten schließlich auch nicht mit Mäusen«. Der Projektmanager von Firma Alpha spürte hingegen in Firma Beta einen Mitarbeiter seiner eigenen Gehaltsstufe auf, der als Projektsponsor agieren sollte. Dies war der technische Direktor.

Der Projektmanager der Firma Alpha berichtete an einen Oberst der Air Force. Der Oberst betrachtete jedoch den Geschäftsführer von Firma Beta als Projektsponsor, da für ihn Macht und Titel mehr bedeuteten als Gehaltsunterschiede. Es gab also einen Projektsponsor für den Hauptauftragnehmer und einen für den Auftraggeber.

In einigen Branchen, wie z.B. der Baubranche, wird der Projektsponsor im Projektantrag angegeben. Somit weiß jeder, wer Projektsponsor ist. Leider gibt es auch Situationen, in denen der Projektsponsor »verborgen« ist und der Projektmanager eventuell nicht weiß, wer der Projektsponsor ist oder ob der Auftraggeber weiß, wer der Projektsponsor ist. Dieses Konzept des unsichtbaren Projektsponsors kommt auf der Ebene der Geschäftführung am häufigsten vor und wird auch als verdeckte Unterstützung bezeichnet.

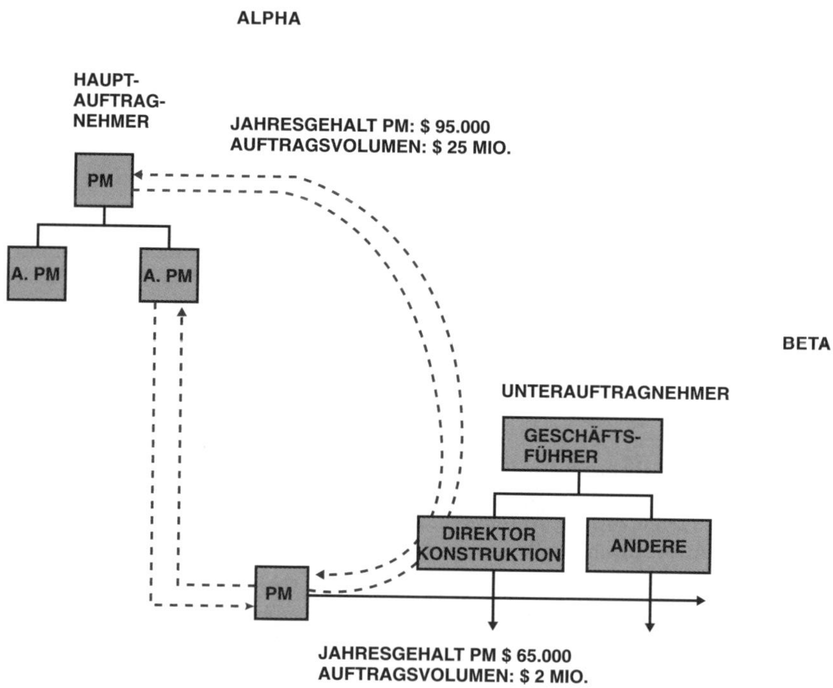

Abbildung 10.2: Ein Projekt mit mehreren Projektsponsoren

Die verdeckte Unterstützung kann verschiedene Ursachen haben. Der Mitarbeiter, der zum Projektsponsor bestimmt wurde, könnte sich beispielsweise weigern, als Projektsponsor zu arbeiten, weil er fürchtet, dass sich schlechte Entscheidungen und Misserfolge bei der Durchführung des Projekts negativ auf seine Karriere auswirken könnten. Es könnte aber auch möglich sein, dass die Führungskraft die Rolle des Projektsponsors oder des Projektmanagements nicht versteht und die Aussagen zur Projektunterstützung nichts als Lippenbekenntnisse sind. Die dritte Möglichkeit tritt bei Führungskräften ein, die bereits überlastet sind und keine Zeit haben, als Sponsoren in Erscheinung zu treten. Die vierte Möglichkeit ist schließlich die, dass der Projektmanager sich weigert, den Sponsor zu informieren und zu involvieren. Der Sponsor glaubt möglicherweise, dass alles gut läuft und er nicht benötigt wird.

Manche Leute behaupten, dass Projektmanager mit unsichtbaren Sponsoren am besten umgehen können, wenn sie Entscheidungen selbstständig treffen und dann eine Mitteilung mit folgendem Inhalt an den Sponsor schicken: »Ich habe die folgende Entscheidung getroffen und falls ich in den nächsten 48 Stunden nichts von Ihnen höre, gehe ich davon aus, dass Sie dieser Entscheidung zustimmen.«

Das andere Extrem tritt dann auf, wenn der Sponsor alles selbst in die Hand nimmt. Der Projektmanager kann in einer solchen Situation versuchen, den Sponsor so mit Arbeit zu überhäufen, dass dieser es sich anders überlegt. Leider könnte dies den Projektsponsor auch in seinem Glauben bestärken, dass er richtig handelt. In einem solchen Fall ist es besser, um ein klärendes Gespräch zu bitten, in dem die Rollen des Projektmanagers und die des Projektsponsors klarer definiert werden.

Der unsichtbare und der zu dominante Sponsor sind jedoch beide nicht so schädlich, wie der »Ich-kann-nicht-nein-sagen«-Sponsor. So kommunizierte ein Projektsponsor beispielsweise intensiv auf dem Golfplatz mit dem Projektsponsor des Auftraggebers. Nach jedem Golfspiel kam der Projektsponsor des Auftragnehmers mit neuen Kundenforderungen zurück, bei denen es sich eigentlich um Änderungen handelte, die vom Auftraggeber jedoch als kostenlos betrachtet wurden. Wenn ein Sponsor dem Auftraggeber gegenüber immer »Ja« sagt, müssen eventuell alle anderen Mitarbeiter in seinem Unternehmen darunter leiden.

Manchmal kann die Existenz eines Sponsors mehr schaden als nutzen. Dies gilt insbesondere, wenn sich der Projektsponsor auf die falschen Ziele konzentriert und seine Entscheidungen darauf aufbaut. Die folgenden zwei Bemerkungen stammen von zwei Projektmanagern eines Geräteherstellers:

- Bei den Projekten hier geht es immer nur um die Abgabetermine. Wir sollten aber besser die Meilensteine und die Qualität hervorheben. Wir sagen, »Sie erhalten Ihr System zum geplanten Termin«. Stattdessen sollten wir jedoch sagen, »Sie erhalten ein gutes System«.
- Die Unternehmensführung lässt möglicherweise kein echtes Projektmanagement zu. Zu viele Führungskräfte sind auf Abgabetermine statt auf die Anforderungen fixiert. Die ursprünglichen Zieldaten sollten nur der Grobplanung dienen. Anschließend sollten unter Ausnutzung des vollständigen Projektmanagement-Ansatzes spezifische Zieldaten aufgestellt werden, die sich beispielsweise an den verfügbaren Ressourcen, an der Trennung der Grundanforderungen von Verbesserungen, an technischen und an Hardware-Beschränkungen, an nicht eingeplanten Aktivitäten und unvorhergesehenen Faktoren etc. ausrichten.

Diese Kommentare veranschaulichen den Bedarf für einen Projektsponsor, der nicht nur die Entscheidungsfindung unterstützt, sondern auch etwas von Projektmanagement versteht. Die Ziele des Sponsors müssen mit denen des Projekts übereinstimmen und sie müssen realistisch sein. Falls der Sponsor aus der Geschäftsführung stammt, muss er für alle sichtbar sein und beständig über den Projektstatus informiert werden.

Ein Komitee als Sponsor

Jahrelang haben Unternehmen immer nur eine Person als Sponsor für ein Projekt benannt. Dabei bestand immer das Risiko, dass der Sponsor seine Liniengruppe bevorzugen und suboptimale Entscheidungen treffen würde. Erst vor kurzem haben Firmen damit begonnen, ein ganzes Komitee als Projektsponsor einzusetzen.

Die Wahl eines Komitees als Projektsponsor ist bei Unternehmen üblich, die Concurrent Engineering einsetzen und versuchen, die Produktentwicklungszeiten zu verkürzen. Die Komitees setzen sich aus Mitgliedern des mittleren Managements aus den Bereichen Marketing, FuE und operatives Geschäft zusammen. Hinter dem Konzept verbirgt sich die Idee, dass das Komitee eher in der Lage ist, Entscheidungen im Interesse des Unternehmens zu treffen, als Einzelpersonen.

Der Einsatz eines Komitees als Projektsponsor hat auch seine Nachteile. Stammen die Mitglieder aus der Unternehmensführung, ist es fast unmöglich, Zeiten zu finden, in denen sich die Manager versammeln können. Für Unternehmen mit einer großen Anzahl an Projekten ist dieser Ansatz wohl kaum durchführbar.

In Krisenfällen müssen die Projektmanager sehr wahrscheinlich direkt auf ihre Sponsoren zugreifen können. Ist der Sponsor ein Komitee, wird es für den Projektmanager schwierig, das Komitee schnell zu einer Besprechung einzuberufen. Außerdem fühlen sich Einzelpersonen einem Projekt gegenüber sehr wahrscheinlich stärker verpflichtet als ein Komitee. Das Komitee als Sponsor hat sich in Fällen bewährt, in denen ein Mitglied des Komitees als Hauptsponsor fungiert.

Wann Hilfe geholt werden sollte

Im Statusbericht kann der Projektmanager die Farben Rot, Gelb und Grün vergeben. Diese Methode wird auch als »Ampel-Berichterstattungsmethode« bezeichnet. Für die Wahl der Farbe gelten folgende Kriterien:

- *Grün:* Die Arbeit schreitet wie geplant voran. Der Sponsor wird nicht benötigt.
- *Gelb:* Es gibt möglicherweise ein Problem. Der Sponsor wurde informiert, er muss jedoch momentan nicht in Aktion treten.
- *Rot:* Es ist ein Problem vorhanden, das sich auf die Zeit, die Kosten oder auf die Qualität auswirkt. Der Sponsor muss sich unbedingt darum kümmern.

Die Farbe dient als Warnung und wird für Probleme eingesetzt, die auf der Ebene des mittleren Managements oder sogar darunter gelöst werden können.

Wenn der Projektmanager die Farbe Rot wählt, muss sich der Sponsor möglicherweise aktiv beteiligen. »Rote« Probleme wirken sich eventuell auf die Zeit-, Kosten- oder Qualitätsvorgaben des Projekts aus und es muss sofort eine Entscheidung getroffen werden. Die Hauptfunktion des Projektsponsors besteht darin, rechtzeitig die bestmögliche Entscheidung zu treffen.

Projektsponsoren und Projektmanager sollten die Mitarbeiter nicht dazu ermutigen, mit Problemen zu ihnen zu kommen, falls sie keine Alternativen nennen oder Empfehlungen aussprechen können. In der Regel können Mitarbeiter ihre Probleme selbst lösen, nachdem sie sich eine Alternative oder eine Handlungsempfehlung überlegt haben.

Gute Unternehmenskulturen ermutigen die Mitarbeiter, auf Probleme schnell aufmerksam zu machen. Je früher ein potenzielles Problem identifiziert wird, desto mehr Lösungsmöglichkeiten stehen zur Verfügung.

Ein Problem, das Führungskräfte häufig plagt, ist die Frage, wer die Farbe für das Problem bestimmt. Betrachten Sie folgendes Beispiel: Ein Abteilungsleiter hatte geplant, 1000 Arbeitsstunden im vorgegebenen Zeitrahmen zu erledigen, hatte am Ende jedoch nur 500 Arbeitsstunden in dieser Zeit geschafft. Nach den Berechnungen des Projektmanagers liegt das Projekt nun hinter dem Plan zurück und er würde im Statusbericht gerne die Farbe Gelb oder Rot verwenden. Der Linienmanager hat jedoch das Gefühl, dass er noch genügend Spielraum hat und das Projekt trotzdem in der geplanten Zeit abschließen kann. Deshalb möchte er, dass die Farbe Grün für den Projektstatus gewählt wird. Führungskräfte scheinen die Auffassung des Linienmanagers zu bevorzugen, der für das Endprodukt zuständig ist. Der Projektmanager hat zwar bei der Wahl der Farbe das letzte Wort, die Vorgehensweise basiert jedoch letztendlich auf dem Arbeitsverhältnis und dem Vertrauen zwischen den beiden Parteien.

Einige Unternehmen setzen mehr als drei Farben ein, um den Projektstatus zu identifizieren, wie z.B. die Farbe »Orange« für Aktivitäten, die noch nicht beendet sind, obwohl das Datum des Meilensteins bereits überschritten wurde.

Die neue Rolle der Unternehmensführung

Mit zunehmender Erfahrung im Bereich Projektmanagement dezentralisiert die Unternehmensführung die Position des Projektsponsors und verteilt sie auf das mittlere und untere Management. Das obere Management übernimmt nun neue Aufgaben, wie z.B. die folgenden:

- Den Aufbau eines Center for Excellence im Projektmanagement
- Den Aufbau eines Project Office oder einer zentralen Projektmanagement-Funktion
- Der Entwicklung eines Karrierewegs im Projektmanagement
- Einrichtung eines Mentor-Programms für neu ernannte Projektmanager
- Aufbau einer Organisation, die Best Practices im Projektmanagement innerhalb eines Benchmarking-Prozesses ermittelt
- Bereitstellung strategischer Informationen für das Risikomanagement

Der letzte Punkt muss ausführlicher erklärt werden. Da ein hoher Termindruck auf dem Projektmanager lastet, kann Risikomanagement sehr leicht zur wichtigsten Fähigkeit des Projektmanagers werden. Die Unternehmensführung stellt sehr wahrscheinlich den Bedarf fest, den Projektmanager mit strategischen Informationen zu versorgen, ihm bei der Identifikation von Risiken behilflich zu sein und die Optionen zum Umgang mit Risiken zu bewerten oder mit Prioritäten zu versehen.

Der Umgang mit schleichenden Veränderungen

Technisch ausgerichtete Teammitglieder wollen die Spezifikationen nicht nur erfüllen, sondern übertreffen. Leider kann dies ziemlich kostspielig werden. Projektmanager müssen schleichende Veränderungen überwachen und Pläne für die Steuerung der Änderungen entwickeln.

PMBOK® Guide 2004

5.5 Steuerung des Inhalts und Umfangs

5.5.2.1 Änderungssteuerungssystem

Aber was passiert, wenn die schleichende Änderung durch den Projektmanager verursacht wurde? Der Projektsponsor muss sich in regelmäßigen Abständen mit dem Projektmanager treffen, um zu überprüfen, ob Veränderungen an den Grunddaten des Projekts oder nicht genehmigte Veränderungen vorgenommen wurden, die zu signifikanten Mehrkosten führen. Eine solche Situation wird nachfolgend beschrieben:

Situation 10.1: Pine-Lake-Vergnügungspark. Nach sechsjähriger Debatte war endlich ein Beschluss zum neuen Aquarium des Parks gefasst worden. Das Aquarium sollte gebaut werden. Die geschätzten Kosten beliefen sich auf $ 30 Mio. und die Finanzierung sollte über eine Spendenaktion und Bankkredite erfolgen.

Die fertigen Entwürfe waren bereits genehmigt und die Projektdauer wurde auf zwei Jahre geschätzt. Wegen der Komplexität des Projekts wurde beschlossen, ab der Entwurfsphase sechs Monate lang einen Projektmanager einzusetzen. Der Projektmanager war bekannt für seine Liebe zum Detail und seinen Hang zu Ästhetik.

Es wurde nun eine detaillierte Kostenschätzung durchgeführt, die sich auf $ 40 Mio. belief. Der Aufsichtsrat des Vergnügungsparks hatte nun drei Möglichkeiten: das Projekt aufgeben, eine Finanzierung für weitere $ 10 Mio. zu suchen oder den Projektumfang zu reduzieren. Die Beschaffung zusätzlicher Finanzmittel war nicht akzeptabel und die Öffentlichkeit würde sehr ärgerlich reagieren, wenn das Projekt aufgegeben würde. Es blieb also nur die Möglichkeit, den Projektumfang anzupassen.

Nach zwei Monaten intensiver Planung resultierte ein Entwurf, dessen Kosten sich auf $ 32 Mio. beliefen. Der Aufsichtsrat stimmte dem neuen Entwurf zu und die Bauphase des Projekts begann. Der Projektmanager hatte die Anweisung erhalten, dass Mehrkosten nicht akzeptabel seien.

Am Ende des ersten Jahres waren bereits $ 22 Mio. ausgegeben worden. Der Projektmanager hatte nicht nur den ursprünglichen Projektumfang reaktiviert, der bereits bei der Überarbeitung zurückgenommen worden war, sondern die schleichenden Veränderungen waren bis zu einem Punkt gediehen, an dem die geschätzten Kosten bei $ 62 Mio. lagen und mit einer Projektdauer von drei Jahren zu rechnen war. Zu dem Zeitpunkt, als das Management Review-Sitzung mit dem Projektteam abhielt, waren die Änderungen bereits vorgenommen worden.

Die Führungskraft als Champion

Die Führungskraft als Champion wird für Aktivitäten benötigt, bei denen Änderungen durchgesetzt werden müssen, wie z.B. bei der Einführung einer Methode für das Projektmanagement. Die Führungskraft treibt die Einführung voran und beschleunigt die Akzeptanz, weil ihr Engagement die Unterstützung und das Interesse der Unternehmensführung demonstriert.

10.2 Der Umgang mit Meinungsverschiedenheiten mit dem Sponsor

Jahrelang herrschte die Auffassung, dass der Projektsponsor das letzte Wort bei allen Entscheidungen in Bezug auf das Projekt haben solle. Der Sponsor hatte in der Regel ein persönliches Interesse an dem Projekt und war für die Finanzierung zuständig. Aber was passiert, wenn der Projektmanager die Entscheidung des Projektsponsors für falsch hält?

Es gibt verschiedene Gründe für Meinungsverschiedenheiten zwischen dem Projektmanager und dem Projektsponsor. Zunächst einmal besitzt der Projektsponsor möglicherweise nicht die erforderlichen technischen Kenntnisse oder Informationen, um die Risiken potenzieller Entscheidungen richtig einschätzen zu können. Zweitens sind Sponsoren möglicherweise mit anderen Aktivitäten überlastet und nicht in der Lage, genügend Zeit für ihre Tätigkeit als Projektsponsor aufzubringen. Gehört der Projektsponsor zum mittleren Management, besitzt er möglicherweise nicht genügend wirtschaftliche Kenntnisse, um die besten Entscheidungen treffen zu können.

Da Unternehmen wissen, dass solche Konflikte auftreten können, setzen sie Lenkungsausschüsse ein, die solche Streitigkeiten schnell auflösen können. Es gibt nur wenige Konflikte, die bis zum Lenkungsausschuss gelangen. Diejenigen, die dort ankommen, sind jedoch in der Regel ernst oder bergen für das Unternehmen ein unerwünschtes Risiko.

Ein üblicher Konflikt, der vor dem Lenkungsausschuss enden könnte, tritt auf, wenn eine Partei das Projekt aufgeben und eine zweite Partei es fortsetzen möchte. Diese Situation trat bei einem Telekommunikationsunternehmen ein, bei dem der Projektmanager glaubte, dass das Projekt aufgegeben werden sollte, der Projektsponsor hingegen fortfahren wollte, weil sich ein Abbruch negativ auf sein Ansehen ausgewirkt hätte. Leider entschloss sich der Lenkungsausschuss für die Auffassung des Projektsponsors und das Projekt wurde fortgesetzt. Das Unternehmen verschwendete über mehrere Monate hinweg kostbare Ressourcen, bevor das Projekt dann doch abgebrochen wurde.

10.3 Ein Vertreter des Auftraggebers im eigenen Haus

Bei Projekten mit hoher Priorität und hohem Risiko oder in Situationen, in denen Misstrauen vorherrscht, wollen Auftraggeber häufig Firmenvertreter beim Vertragspartner installieren. Die Repräsentanten des Auftraggebers können, wenn sie entsprechend behandelt werden, das Project Office verstärken, ohne dass das Projektbudget dadurch zusätzlich belastet wird. Sie sind unschätzbare Ressourcen, die Rohentwürfe von Berichten lesen und Empfehlungen dazu abgeben können, wie der Bericht aus der Sicht des Auftraggebers strukturiert sein sollte.

Die Büroräume von Repräsentanten des Auftraggebers befinden sich normalerweise nicht in der Nähe des Project Office des Auftragnehmers, weil der Projektmanager einen gewissen Grad an Privatsphäre benötigt. Eine Ausnahme bildet die Entwurfsphase bei einem Bauprojekt, in die Kundenwünsche einfließen sollten und schnelle Entscheidungen und Genehmigungen wünschenswert sind.

Die meisten Repräsentanten von Auftraggebern wissen, wo ihre Rechte beginnen und wo sie enden. Einige Unternehmen fordern, dass ihre Firmenvertreter von Mitarbeitern des Project Office begleitet werden, wenn sie die Produktionsanlage besichtigen, mit Linienmitarbeitern sprechen oder einfach nur die Tests und die Fertigung der Komponenten überwachen.

Firmenvertreter, die den Arbeitsablauf stören, können aus dem Unternehmen entfernt werden. Dazu muss jedoch der Projektsponsor eingreifen. Insgesamt sollten die Unternehmensführung und der Projektsponsor die Aktivitäten der Firmenvertreter im Haus überwachen und einen entsprechenden Kontakt zu ihnen halten. Dies kann nicht die Aufgabe des Projektmanagers sein.

10.4 Studientipps für das PMI®-Projektmanagement-Zertifizierungsexamen

Dieser Abschnitt kann als Wiederholung der Grundlagen dienen, um die Wissensbereiche und Domänengruppen im PMBOK® Guide zu ergänzen. In diesem Kapitel geht es um Folgendes:

- Integrationsmanagement
- Umfangsmanagement (Scope Management)
- Personalmanagement
- Initiierung
- Planung
- Ausführung
- Überwachung
- Abschluss

Das Verständnis der folgenden Grundlagen ist vorteilhaft, wenn der Leser diesen Text für die Vorbereitung auf das PMP®-Zertifizierungsexamen verwendet:

- Rolle des leitenden Sponsors oder Projektsponsors
- Dass der Projektsponsor nicht auf Führungsebene angesiedelt sein muss
- Dass es für einige Projekte ein Komitee-Sponsoring gibt
- Wann ein Problem dem Sponsor vorgelegt werden soll und welche Information Sie bereitstellen sollten

In Anhang C finden Sie unter dem Namen Dorale Products die folgenden Mini-Fallstudien:

- Dorale Products (G) [Integrations- und Umfangsmanagement]

Die folgenden Multiple-Choice-Fragen sind hilfreich bei der Wiederholung der Grundlagen dieses Kapitels:

1. Die Aufgabe des Projektsponsors während der Projektinitiierung ist die Unterstützung bei:
   A. Definition der Projektziele sowohl in geschäftlicher als auch in technischer Hinsicht
   B. Entwicklung des Projektplans
   C. Durchführung der Machbarkeitsstudie für das Projekt
   D. Durchführung der Kosten/Nutzen-Analyse für das Projekt
2. Die Aufgabe des Projektsponsors während der Projektausführung ist:
   A. Überprüfung der Objektziele
   B. Überprüfung der Planausführung
   C. Treffen aller Projektentscheidungen
   D. Auflösung von Problemen/Konflikten, die an keiner anderen Stelle im Unternehmen gelöst werden können
3. Die Aufgabe des Projektsponsors während des Abschlusses des Projekts oder einer Projektlebenszyklusphase ist:
   A. Überprüfen, dass die Gewinnspannen korrekt sind
   B. Unterzeichnung der Akzeptanz der Teilziele
   C. Verwaltung von Leistungsüberprüfungen der Projektteammitglieder
   D. Alles oben genannte

ANTWORTEN

1. A
2. D
3. B

PROBLEME

10.1 Hat das Alter einen Einfluss darauf, wie viel Zeit eine Führungskraft benötigt, um Projektmanagement zu akzeptieren?

10.2 Sie wurden von der Unternehmensführung eines wichtigen Stromversorgers angerufen und gebeten, eine überzeugende Rede zu halten, die den Bedarf des Unternehmens für Projektmanagement deutlich macht. Was würden Sie sagen? Welche Bereiche würden Sie hervorheben? Welche Fragen würden Sie von der Unternehmensführung erwarten? Welche Befürchtungen haben die Führungskräfte aus Ihrer Sicht?

10.3 Es gibt Führungskräfte, die aus ihren Projektmanagern am liebsten Workaholics machen würden, die nichts außer ihrem Projekt sehen und dafür leben, zu arbeiten, anstatt zu arbeiten, um zu leben. Was denken Sie darüber?

10.4 Projektmanagement soll Ressourcen effektiv und effizient einsetzen. Die meisten Firmen, die Projektmanagement einführen, kommen besser damit zurecht, das Projekt unterzubesetzen und Überstunden einzuplanen, als das Projekt überzubesetzen und die Mitarbeiter anschließend zu entlassen. Ein führender Elektrogerätehersteller behauptet, dass bei entsprechender Umsetzung des Projektmanagement-Ansatzes die meisten Mitarbeiter, die das Unternehmen wegen Kündigung oder Pensionierung verlassen, nicht ersetzt werden müssen. Ist dies korrekt?

10.5 Der Konstruktionsdirektor der Firma R.P. glaubt, dass eine Projektorganisation hilfreich wäre, um verschiedene Probleme zu lösen. Im Rahmen von Gesprächen mit der Unternehmensführung sagt der technische Leiter Folgendes: »All unsere Aktivitäten (oder Projekte) sind mit Technik überladen. In der Vergangenheit haben wir festgestellt, dass Zeit ein wichtiger Parameter ist, nicht die Qualitätskontrolle oder die Kosten. Manchmal geraten wir so schnell in Projekte hinein, dass wir keine andere Wahl haben, als Qualitätsgesichtspunkte außer Acht zu lassen.«

10.6 Welche Fragen würden Sie stellen, bevor Sie eine Projektorganisationsform empfehlen? Welche Projektorganisationsform würden Sie empfehlen?

10.7 Wie sollte ein Projektmanager reagieren, wenn er in den Linienorganisationen Ineffizienz feststellt? Sollte die Unternehmensführung eingeschaltet werden?

Ein Elektrogerätehersteller hat Sie soeben für ein dreitägiges Seminar zum Thema Projektmanagement engagiert, an dem sechzig Mitarbeiter teilnehmen sollen. Der Geschäftsführer des Unternehmens hat Sie eingeladen, am ersten Tag des Seminars mit ihm essen zu gehen. Während des Essens sagt der Geschäftsführer: »Die Matrixstruktur habe ich geerbt, als ich das Unternehmen übernahm. Ich glaube allerdings nicht, dass sie hier funktionieren kann, und ich bin mir nicht sicher, wie lange ich sie noch unterstützen werde.« Was sollten Sie nun tun?

10.8 Sollten Projektmanager die Erlaubnis haben, in Hinblick auf Standardverfahrensweisen Vorbedingungen für das Top-Management zu entwickeln?

10.9 Während der Einführung von Projektmanagement stellen Sie fest, dass die Linienmanager nur widerwillig Informationen über die Nutzung von Ressourcen in ihren Bereichen preisgeben. Wie sollte die Situation gelöst werden und von wem?

10.10 Die Konstruktionsabteilung eines Großunternehmens kümmert sich in der Regel um alle Anlageerweiterungsprojekte mit einem Volumen von mehr als 25 Mio. €. Überlegen Sie, welche Auswirkungen dies hat, wenn in jeder Anlage neben der Erweiterung auch mehrere andere Projekte durchgeführt werden.

a. Der Projektmanager wird von der Konstruktion bereitgestellt und er berichtet an die Konstruktion, alle anderen Ressourcen werden jedoch vom Manager der Anlage bereitgestellt.

b. Der Projektmanager wird von der Konstruktion bereitgestellt, er berichtet jedoch für die Dauer des Projekts an den Manager der Anlage.

c. Der Manager der Anlage stellt den Projektmanager und dieser berichtet für die Dauer des Projekts formell an die Konstruktion und informell an den Manager der Anlage.

10.11 Ein Flugzeughersteller benötigt sieben Jahre von der ursprünglichen Idee bis zur Fertigung eines Militärflugzeugs. Betrachten Sie folgende Fakten: Die Forschung und Entwicklung dauert mindestens zwei Jahre. Die Fertigung hat während dieser Zeit eine passive Rolle inne. Im dritten Jahr erstellt die Konstruktion ihren eigenen Prototyp.

a. An wen sollten der Programm-Manager, der Projektmanager und der Projektingenieur berichten? Hängt Ihre Antwort von der Projektphase ab?

b. Können die Projektingenieure formell an den Projektmanager gebunden sein, während der technische Leiter weiterhin die Befugnis hat, technische Anweisungen zu geben?

c. Welche Rolle sollte das Marketing haben?

d. Sollte es hier einen Projektsponsor geben?

10.12 Hat ein Projektsponsor das Recht, einen hausinternen Vertreter des Kunden aus dem Unternehmen zu entfernen?

10.13 Eine Führungskraft sagte einmal, dass ihr Unternehmen Probleme bei der Durchführung von Projekten habe, weil die Mitarbeiter nicht wussten, wie sie das verwalten sollten, was sie haben. Wie hängt dies mit Projektmanagement zusammen?

10.14 Ajax National ist der weltweit größte Werkzeugmaschinenhersteller. Der Erfolg des Unternehmens basiert auf der Erfahrung der Mitarbeiter. Die meisten Abteilungsleiter sind zwischen fünfundvierzig und fünfundfünfzig Jahre alt und stammen aus den eigenen Reihen, besitzen jedoch keinen Universitätsabschluss. Das Unternehmen hat soeben mehrere Ingenieure mit Universitätsabschluss eingestellt, die Projektmanagement- und Projekttechnikfunktionen steuern sollen. Könnte dies ein Problem darstellen? Werden Mitarbeiter mit Universitätsabschluss wegen der raschen technologischen Veränderungen benötigt?

10.15 Wann wird aus Projektmanagement übertriebenes Management?

10.16 *Brainstorming in der United Central Bank (Teil I):* Als Teil des strategischen Plans für die United Central Bank beschloss der Präsident, Joseph P. Keith, 1989, einmal pro Woche »Brainstorming-Sitzungen« abzuhalten, in der Hoffnung, dass sich kreative Ideen entwickelten, die zur Lösung der Probleme der Bank beitragen könnten. Der Vizepräsident der Bank sollte ständiges Mitglied des Brainstorming-Komitees sein. Die anderen Teilnehmern sollten per Zufall ausgewählt werden, wobei 10 Prozent der Teilnehmer Bereichsleiter, 30 Prozent der Teilnehmer Abteilungsleiter, 30 Prozent der Teilnehmer Gruppenleiter und die restlichen 30 Prozent der Teilnehmer normale Angestellte sein sollten. Herr Keith ordnete außerdem an, dass das Brainstorming-Komitee alle Ideen kritisieren und nur die Ideen an das obere Management weitergeben würde, die den Test des Kritisierens überstehen.

Nach sechs Monaten waren erst zwei Ideen an das obere Management weitergegeben worden, die beide von Bereichsleitern stammten. Herr Keith bildete daraufhin einen Untersuchungsausschuss, der prüfen sollte, woraus das mangelnde Interesse der Teilnehmer des Brainstorming-Komitees resultierte. Welche der folgenden Aussagen finden sich sehr wahrscheinlich im Bericht des Untersuchungsausschusses wieder? (Es ist mehr als eine Antwort möglich.)

a. Die Kreativität wird durch das hierarchische Verhältnis (Hackordnung) behindert.

b. Kritik und Spott haben die Tendenz, Spontaneität zu verhindern.

c. Gute Manager können sehr konservativ sein und sich weigern, ihren Kopf hinzuhalten.

d. Hackordnungen können, falls sie nicht entsprechend gesteuert werden, Teamwork und die Bereitschaft, Probleme zu lösen, verhindern.

e. Alle scheinbar verrückten oder unkonventionellen Ideen wurden verspottet und schließlich verworfen.

f. Viele Mitarbeiter einer niederen Hierarchieebene, die möglicherweise gute Ideen gehabt hätten, fühlten sich unterlegen.

g. Die Sitzungen wurden von den Mitarbeitern des oberen Managements dominiert.

h. Die Sitzungen wurden an einem falschen Ort und zur falschen Zeit abgehalten.

i. Viele Mitarbeiter waren nicht korrekt über den Zeitpunkt der Sitzung und über ihren Zweck informiert worden.

10.17 *Brainstorming in der United Central Bank (Teil II):* Nachdem Herr Keith den Bericht des Untersuchungsausschusses gelesen hatte, beschloss er, seine Vorstellung von Brainstorming noch einmal zu überdenken, indem er die Vor- und die Nachteile auflistete. Welche Argumente sprechen für Brainstorming und welche dagegen? Wenn Sie Herr Keith wären, würden Sie sich dann für oder gegen die Fortsetzung der Brainstorming-Sitzungen aussprechen?

10.18 *Brainstorming in der United Central Bank (Teil III):* Herr Keith wertete alle Daten aus und beschloss, dem Brainstorming-Komitee noch eine Chance zu geben. Welche Änderungen sollte Herr Keith vornehmen, um zu verhindern, dass die bisherigen Probleme wieder auftreten?

10.19 Erklären Sie die Bedeutung der folgenden Aussage: »Die ersten 10 Prozent der Arbeit werden mit 90 Prozent des Budgets erledigt, die restlichen 90 Prozent der Arbeit mit den verbleibenden 10 Prozent des Budgets.«

10.20 Sie sind Linienmanager und es kommen zwei Projektmanager in Ihr Büro (beide berichten an den Bereichsleiter), um Sie um Ressourcen zu bitten. Jeder Projektmanager behauptet, dass sein Projekt vom Bereichsleiter die höchste Priorität zugewiesen bekommen hätte. Wie sollten Sie die Situation als Linienmanager behandeln? Welche Lösung ist empfehlenswert, um zu verhindern, dass sich ähnliche Situationen wiederholen?

10.21 Abbildung 10.3 zeigt das Organigramm für ein neues EPA-Projekt (EPA – Environmental Protection Agency, Umweltbundesbehörde in den USA). Firma Alpha ist einer der Unterauftragnehmer, die den Zuschlag für das Projekt erhalten haben. Da es sich um ein neues Projekt handelt, berichtete der Projektmanager informell an den Vorstandsvorsitzenden, der auch gleichzeitig Projektsponsor war. Der direkte Vorgesetzte des Projektmanagers war der Bereichsleiter.

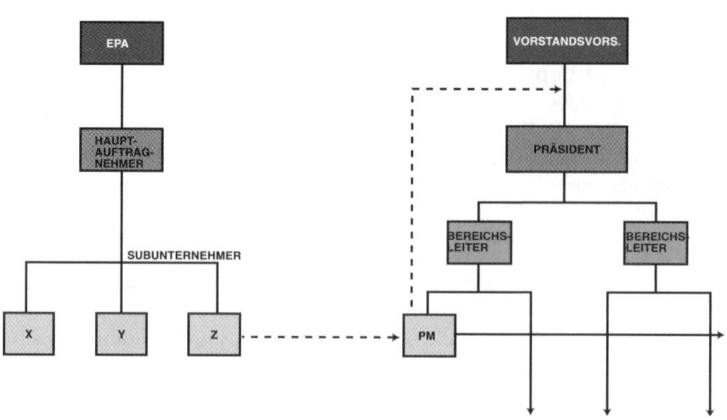

Abbildung 10.3: Organigramm für das EPA-Projekt

Weil der Projektmanager glaubte, dass die Firma Alpha nicht genügend Fachkenntnis besaß, um den Auftrag erledigen zu können, stellte er einen externen Berater ein. Die EPA und der Hauptauftragnehmer stimmten dem Vorhaben zu und der Input des Beraters war herausragend.

Der Vorgesetzte des Projektmanagers missbilligte den Berater und behauptete ständig, dass das Unternehmen selbst genügend Fachkenntnisse besäße. Wie sollten Sie als Projektmanager mit einer solchen Situation umgehen?

10.22 Sie sind der Auftraggeber eines Zwölf-Monate-Projekts. Sie haben einmal pro Monat eine Besprechung mit Ihren Unterauftragnehmern eingeplant. Der Vertrag sieht vor, dass für jede Teambesprechung eine 25 bis 40 Seiten umfassende Zusammenfassung erstellt werden muss. Bietet es für Sie als Auftraggeber Vorteile, diese Zusammenfassung jeweils drei bis vier Tage vor der Besprechung einsehen zu können?

10.23 Sie besitzen einen Projektstrukturplan, der bis zur 5. Ebene aufgegliedert ist. Bei einem Arbeitspaket der Ebene 5 muss ein Unterauftragnehmer ausgewählt werden, der eine der technischen Linienorganisationen unterstützten kann. Wer sollte für die Kommunikation zwischen dem Kunden und seinem Vertragspartner verantwortlich sein: das Project Office oder der Linienmanager? Hängt Ihre Antwort von der Projektphase, von der Ebene der Projektstruktur oder vom »Vertrauen« des Projektmanagers in den Linienmanager ab?

10.24 Sollte ein Kunde das Recht haben, direkt mit den Projektmitarbeitern statt mit dem Projektmanager zu kommunizieren?

10.25 Ihre Firma hat einem der Bereichsleiter die Funktion des Projektsponsors übertragen. Leider weigert sich der Projektsponsor, wichtige Entscheidungen zu treffen, und gibt Ihnen den »schwarzen Peter« immer wieder zurück. Was sollten Sie tun? Welche Handlungsmöglichkeiten haben Sie? Nennen Sie deren Vor- und Nachteile. Warum reagiert ein Projektsponsor auf diese Weise?

FALLSTUDIE

Die Firma Corwin

Im Juni 1983 erzielte die Firma Corwin einen Jahresumsatz von $ 150 Mio. und genoss international den Ruf als Hersteller von preisgünstigen, hochwertigen Gummikomponenten. Corwin pflegte mehr als zehn Produktlinien, wobei alle Produkte als Standardprodukte über Supermärkte und Distributoren für Autoteile vertrieben wurden. Der Name »Corwin« stand für Qualität. Dies bot dem Management den Luxus von Produkten mit extrem langen Lebenszyklen.

Das Organigramm war bei Corwin seit mehr als fünfzehn Jahren unverändert geblieben (siehe Abbildung 10.4). Das Top-Management von Corwin war sehr konservativ und glaubte an einen Marketing-Ansatz, nach dem es neue Märkte für vorhandene Produktlinien finden anstatt neue Produkte entwickeln musste. Gemäß dieser Philosophie gab es bei Corwin nur eine kleine FuE-Gruppe, deren Auftrag lediglich darin bestand, die aktuelle Technologie und deren Anwendung auf vorhandene Produktlinien zu prüfen.

Der Ruf von Corwin war so gut, dass das Unternehmen beständig Anfragen zur Fertigung von Spezialprodukten erhielt. Leider wollte das Management von Corwin keinerlei Risiko eingehen. Es wurde eine Management-Richtlinie entwickelt, mit der alle Anfragen nach Spezialprodukten überprüft werden sollten. Gemäß der Richtlinie mussten die folgenden Fragen beantwortet werden:

- Bietet das Spezialprodukt dieselbe Gewinnmarge (20 Prozent) wie bestehende Produktlinien?
- Wie sieht die voraussichtliche Rentabilität für das Unternehmen in Form von Folgeaufträgen aus?

- Kann das Spezialprodukt zu einer Produktlinie entwickelt werden?
- Kann das Spezialprodukt mit minimaler Unterbrechung der Fertigung bestehender Produktlinien und Fertigungsvorgänge produziert werden?

Wegen der strengen Anforderungen war Corwin gezwungen, mehr als 90 Prozent aller Anfragen abzuweisen.

Die Firma Corwin war ein marketingorientiertes Unternehmen, obwohl die Fertigung häufig andere Vorstellungen hatte. Fast alle Entscheidungen wurden vom Marketing getroffen. Lediglich die Preisbildung wurde von Fertigung und Marketing gemeinsam vorgenommen. Die Konstruktion wurde als Serviceabteilung für Marketing und Fertigung betrachtet.

Bei Projekten zur Entwicklung von Spezialprodukten stammten die Projektmanager immer aus dem Marketing – selbst während der Entwicklungsphase. Das Unternehmen vertrat die Auffassung, dass das Produkt, sollte es sich zu einer Produktlinie entwickeln, schon von Anfang an einen Manager der Produktlinie haben sollte.

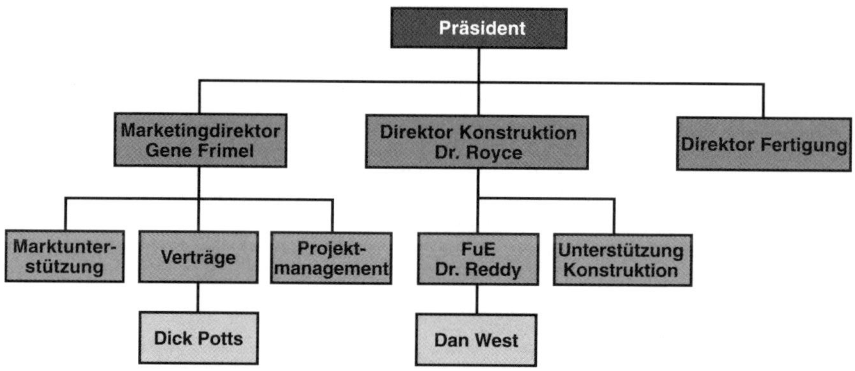

Abbildung 10.4: Das Organigramm der Firma Corwin

Das Projekt der Firma Peters

1980 nahm Corwin einen Auftrag für die Entwicklung eines Spezialprodukts von der Firma Peters an, weil dieser das Potenzial für Folgeaufträge bot. In den Jahren 1981 und 1982 und auch 1983 erhielt Corwin profitable Folgeaufträge und es entwickelte sich ein gutes Arbeitsverhältnis, obwohl die Firma Peters den Ruf genoss, ein schwieriger Kunde zu sein.

Am 7. Dezember 1982 erhielt Gene Frimel, der Marketingdirektor von Corwin, einen ziemlich ungewöhnlichen Anruf von Dr. Delia, dem Marketingdirektor der Firma Peters.

Dr. Delia: »Herr Frimel, ich habe ein seltsames Problem auf dem Tisch. Unsere FuE-Gruppe hat $ 250.000 für die Forschung zur Entwicklung eines neuen Gummimaterials ausgegeben und wir haben einfach nicht das entsprechende Personal oder die Fähigkeit, das Projekt durchzuführen. Wir müssen es nach außen geben. Und da haben wir an Sie gedacht. Unsere Test- und FuE-Anlagen sind auch so bereits überlastet.«

Herr Frimel: »Wie Sie wissen, sind wir keine FuE-Gruppe, obwohl wir bereits schon länger forschen als Sie. Außerdem wäre es nicht möglich, unserem Management ein solches Unterfangen zu verkaufen. Vergeben Sie die FuE-Arbeiten an ein anderes Unternehmen und wir übernehmen dann die Produktion.«

Dr. Delia: »Lassen Sie mich unsere Position noch einmal erklären. Wir hatten in der Vergangenheit mehrmals Pech. Aus Projekten wie diesem ergeben sich mehrere Patente und FuE-Unternehmen fordern fast immer Lizenzgebühren oder dass ihnen die Übernahme der Produktion als Erstes angeboten wird.«

Herr Frimel: »Ich verstehe Ihr Problem, aber wir haben die Ressourcen nicht. Dieses Projekt könnte Teile unserer Organisation zum Erliegen bringen. Wir sind in der Konstruktion schon knapp dran.«

Dr. Delia: »Der Punkt ist der: Wir haben vollkommenes Vertrauen in Ihre Herstellung und sind sogar bereit, einen Fünfjahresvertrag mit Ihnen abzuschließen, wenn das Produkt entwickelt werden kann. Das macht die Sache sehr profitabel für Sie.«

Herr Frimel: »Sie haben mein Interesse geweckt. Können Sie mir noch mehr dazu sagen?«

Dr. Delia: »Ich kann Ihnen grobe Leistungsspezifikationen geben, die wir erfüllen wollen. Es sind auch Kompromisse möglich.«

Herr Frimel: »Wann können Sie mir die Spezifikationen zukommen lassen?«

Dr. Delia: »Morgen. Ich schicke sie heute per Express los.«

Herr Frimel: »Gut. Ich gebe sie meinen Leuten zur Überprüfung, kann Ihnen aber erst Anfang des kommenden Jahres eine Antwort geben. Wie Sie wissen, ist unsere Fabrik die letzten zwei Wochen im Dezember geschlossen und die meisten meiner Mitarbeiter sind bereits im Urlaub.«

Dr. Delia: »Das geht nicht. Mein Management möchte die Verträge bis Ende des Monats abgeschlossen haben. Ist dies nicht möglich, wird die Firma unser Budget für 1983 um $ 250.000 reduzieren, da das Management glaubt, wir hätten uns zu viel vorgenommen. Eigentlich benötige ich Ihre Antwort in den nächsten 48 Stunden, damit ich mir notfalls einen anderen Hersteller suchen kann.«

Herr Frimel: »Heute ist der 7. Dezember, der Pearl Harbour Day. Warum habe ich bloß das Gefühl, als ob der Himmel über mir zusammenstürzt?«

Dr. Delia: »Machen Sie sich keine Sorgen! Ich habe nicht vor, Bomben auf Sie zu werfen. Denken Sie einfach daran, dass wir nur $ 250.000 zur Verfügung haben und dass der Auftrag zu einem Festpreis durchgeführt werden muss. Wir gehen von einem Sechs-Monate-Projekt aus und würden $ 125.000 bei Vertragsabschluss und den Rest bei Projektabschluss bezahlen.«

Herr Frimel: »Ich habe noch immer ein seltsames Gefühl, werde aber mit meinen Leuten sprechen. Ich habe eigentlich eine Kreuzfahrt in die Karibik gebucht, die ich heute Abend mit meiner Frau antreten werde. Einer meiner Leute wird sich um die Sache kümmern.«

Herr Frimel hatte ein Problem. Alle Entscheidungen wurden von einem Vier-Mann-Komitee getroffen, das aus dem Präsidenten und den drei Direktoren bestand. Der Herstellungsdirektor war bereits in Urlaub. Herr Frimel traf sich mit Dr. Royce, dem technischen Direktor, und erklärte ihm die Situation.

Dr. Royce: »Sie wissen, dass ich Projekte wie dieses unterstütze, weil unsere Techniker daran wachsen. Leider scheint jedoch meine Stimme kein Gehör zu finden.«

Herr Frimel: »Das Potenzial, Profit zu machen, und die Entwicklung einer guten Kundenbeziehung machen das Angebot attraktiv, ich bin mir aber nicht sicher, ob wir ein solches Risiko eingehen sollten. Ein Misserfolg könnte unser gutes Arbeitsverhältnis zu Peters sehr leicht zerstören.«

Dr. Royce: »Ich müsste mir die Spezifikationen einmal ansehen, bevor ich mehr zum Risiko sagen kann. Ich würde der Sache aber eine Chance geben.«

Herr Frimel: »Ich versuche, unseren Präsidenten telefonisch zu erreichen.«

Am Spätnachmittag hatte Herr Frimel Glück und konnte den Präsidenten erreichen, der nur widerwillig zustimmte, mit der Sache fortzufahren. Nun bestand das Problem, wie in den nächsten zwei oder drei Tagen ein Angebot erstellt werden und eine mündliche Präsentation bei der Firma Peters abgehalten werden konnte.

Herr Frimel: »Mein Chef hat seinen Segen gegeben, Dr. Royce. Nun sind Sie am Zug. Ich fahre nun in Urlaub und Sie sind für das Angebot und die Präsentation zuständig. Dr. Delia erwartet die Präsentation am Wochenende. Sie sollten die Spezifikationen morgen früh haben.«

Dr. Royce: »Unser FuE-Direktor, Dr. Reddy, ist heute Morgen in Urlaub gefahren. Ich wünschte, er wäre hier, um mir bei der Berechnung der Kosten und der Wahl des Projektmanagers zu helfen. Ich gehe davon aus, dass der Projektmanager in diesem Fall aus der Konstruktion und nicht aus dem Marketing stammen sollte.«

Herr Frimel: »Sie haben Recht. Das Marketing sollte bei diesem Auftrag nicht einbezogen werden. Das ist Ihr Baby. Und was die Kostenberechnung betrifft, wissen Sie ja, dass sich unser Angebot auf $ 250.000 belaufen sollte. Gehen Sie von dieser Summe aus und versuchen Sie, sie mit Zahlen zu belegen. Ich sende Ihnen einen meiner Vertragsspezialisten, der Ihnen bei der Preisgestaltung helfen wird. Ich hoffe, ich kann einen erfahrenen Mitarbeiter finden. Ich rufe Delia an und teile ihm mit, dass wir ihnen ein Angebot machen.«

Dr. Royce wählte Dan West, einen der FuE-Wissenschaftler, als Projektleiter aus. Er hatte zwar etwas Bedenken dabei, die Entscheidung ohne Dr. Reddy zu treffen. Da Dr. Reddy jedoch in Urlaub war, blieb ihm keine andere Wahl.

Am nächsten Morgen trafen die Spezifikationen ein und Dr. Royce, Dan West und Dick Potts, ein Vertragsspezialist, begannen, das Angebot vorzubereiten. Dan West berechnete die Arbeitsstunden für die Forschung und Royce steuerte die Kostendaten und die Preise bei. Dick Potts war mit dieser Art von Arbeit überhaupt nicht vertraut und diente als Beobachter. Außerdem gab er bei Bedarf Auskünfte zu rechtlichen Fragen. Dick Potts überließ es Dr. Royce, alle Entscheidungen zu treffen, obwohl er eigentlich offizieller Repräsentant des Präsidenten war.

Das Angebot, das zwei Tage später fertig war, bestand aus einem zehnseitigen Brief, der lediglich eine Aufstellung der Kosten enthielt (siehe Abbildung 10.5). Nach Dan Wests Schätzung mussten *30 Tests* durchgeführt werden. Die Testmatrix beschrieb lediglich die Testbedingungen für die ersten fünf Tests. Die restlichen fünfundzwanzig Testbedingungen sollten zu einem spateren Zeitpunkt gemeinsam mit Mitarbeitern der Firmen Peters und Corwin festgelegt werden.

Direkte Arbeit und Unterstützung durch andere Abteilungen	$ 30.000
Test (30 Tests à $ 2.000)	$ 60.000
Gemeinkosten bei 100 %	$ 90.000
Material	$ 30.000
Allgemeine und Verwaltungskosten	$ 21.000
Gesamt	$ 231.000
Gewinn	$ 19.000
Gesamt	$ 250.000

Abbildung 10.5: Kostenvoranschlag

Am Sonntagmorgen fand die Sitzung bei Peters statt und das Angebot wurde angenommen. Dr. Delia übergab Dr. Royce eine Absichtserklärung der Firma Peters, die die Firma Corwin autorisierte, direkt mit der Arbeit an dem Projekt zu beginnen. Der Vertrag würde erst Ende Januar unterschriftsreif sein und die Absichtserklärung besagte lediglich, dass die Firma Peters alle Kosten bis zum Zeitpunkt der Vertragsunterzeichnung oder zum Projektabschluss übernehmen würde.

Dan West war ziemlich aufgeregt, weil er als Projektmanager ausgewählt worden war und nun direkt mit dem Kunden kommunizieren durfte, ein Luxus, den bisher nur die Mitarbeiter des Marketings genossen. Die Firma Corwin war über Weihnachten zwar sechs Wochen geschlossen, Dan West ging jedoch trotzdem ins Büro, um den Projektterminplan vorzubereiten und genau festzulegen, welche Art von Unterstützung er aus den anderen Bereichen benötigen würde. Er glaubte, das Management davon überzeugen zu können, dass er alles unter Kontrolle hatte, wenn er diese Informationen dem Management am ersten Tag nach deren Urlaub präsentieren würde.

Die Arbeit beginnt ...

Am ersten Arbeitstag im Januar 1983 hielten die drei Direktoren und Dr. Reddy eine Sitzung ab, um darüber zu sprechen, welche Unterstützung für das Projekt benötigt wurde. (Dan West war bei dieser Sitzung nicht anwesend, obwohl alle Teilnehmer seine Mitteilung erhalten hatten.)

Dr. Reddy: »Ich glaube, uns steht mit diesem Projekt viel Ärger ins Haus. Ich habe bereits früher bei FuE-Projekten mit der Firma Peters zusammengearbeitet und sage Ihnen, dass das nicht einfach ist. Dan West ist ein guter Mann, aber ich hätte ihn niemals als Projektleiter ausgewählt. Er ist eher ein Spezialist für interne als für externe Projekte. Aber egal, was passiert, ich werde Dan West unterstützen, so gut ich kann.«

Dr. Royce: »Sie sind zu pessimistisch. Sie haben gute Leute in Ihrer Gruppe und ich bin sicher, dass Sie ihm die Unterstützung geben können, die er benötigt. Ich versuche, mich so oft ich kann um das Projekt zu kümmern. Dan West berichtet weiterhin an Sie. Versuchen Sie, ihn nicht so stark mit anderen Arbeiten zu belasten. Dieses Projekt ist wichtig für das Unternehmen.«

Dan West verbrachte die ersten Tage nach den Ferien damit, sich um die Unterstützung zu kümmern, die er aus den anderen Linien benötigte. Einige Linienmanager waren verstimmt, weil sie nicht früher informiert worden waren und ihnen nicht klar war, welchen Beitrag sie zu dem Projekt leisten sollten. Dan West traf sich mit Dr. Reddy, um den Terminplan abzusprechen.

Dr. Reddy: »Ihr Terminplan sieht ziemlich gut aus. Ich glaube, Sie haben das Problem im Griff. Sie benötigen kaum Hilfe von mir. Ich bin so sehr mit anderen Dingen beschäftigt, dass ich mich bei diesem Projekt gerne im Hintergrund halten würde. Senden Sie mir einfach hin und wieder eine Mitteilung, mit der Sie mich über den Stand der Dinge auf dem Laufenden halten. Ich benötige nichts Formelles. Ein oder zwei kurze Absätze genügen.«

An Ende der dritten Woche war das gesamte Rohmaterial vorhanden und die Tests konnten beginnen. Außerdem war der Vertrag unterschriftsreif. Der Vertrag enthielt eine Klausel, die besagte, dass die Firma Peters das Recht hatte, einen Firmenvertreter für die gesamte Dauer des Projekts bei Corwin zu installieren. Die Firma Peters informierte die Firma Corwin, dass dieser Vertreter Patrick Ray sein würde, der direkt an Dr. Delia berichten und seine Arbeit am 15. Februar aufnehmen sollte.

Als Patrick Ray bei Corwin auftauchte, hatte Dan West bereits drei Tests durchgeführt. Die Ergebnisse entsprachen zwar nicht den Erwartungen, gaben jedoch Anlass zu der Annahme, dass sich Corwin in die richtige Richtung bewegte. Patrick Ray interpretierte die Tests jedoch völlig anders. Er sagte, dass eine Neuausrichtung erforderlich sei.

Patrick Ray: »Wir haben nur sechs Monate für dieses Projekt und sollten unsere Zeit nicht mit Daten verschwenden, die nur marginal akzeptabel sind. Hier haben Sie die nächsten fünf Tests, die ich durchführen möchte.«

Dan West: »Ich würde mir die Tests gerne ansehen und mit meinen Leuten durchsprechen. Das dauert ein paar Tage. In der Zwischenzeit führe ich meine beiden anderen Tests wie geplant durch.«

Das arrogante Verhalten von Patrick Ray hatte Dan West zwar geärgert, er war jedoch entschlossen, sich deswegen nicht mit Patrick Ray zu streiten, sondern ihn so gut wie möglich zu unterstützen. Das Arbeitsverhältnis entsprach allerdings nicht dem, was Dan West erwartet hatte.

Dan West prüfte die Testdaten und die neue Testmatrix mit seinen Ingenieuren, die das Gefühl hatten, dass die Testdaten bisher nicht sehr aufschlussreich waren und lieber noch den vierten und den fünften Test abwarten wollten. Das missfiel Patrick Ray zwar, er erklärte sich jedoch bereit, noch ein paar Tage zu warten, wenn dies bedeutete, dass Corwin dann auf der richtigen Fährte wäre.

Der vierte und der fünfte Test zeigten ähnliche Ergebnisse wie die ersten drei. Die Ingenieure der Firma Corwin analysierten die Daten und gaben Empfehlungen ab.

Dan West: »Meine Leute haben das Gefühl, dass wir in die richtige Richtung gehen und dass unser Weg mehr Aussicht auf Erfolg hat als Ihre Testmatrix.«

Patrick Ray: »Solange wir die Rechnung bezahlen, dürfen wir auch bestimmen, welche Tests durchgeführt werden sollen. Ihr Angebot besagt, dass wir bei der Entwicklung der anderen Testbedingungen zusammenarbeiten. Lassen Sie uns nun mit meiner Testmatrix fortfahren. Ich habe meinem Chef bereits berichtet, dass die ersten fünf Tests ein Misserfolg waren und dass wir nun die Richtung des Projekts verändern.«

Dan West: »Ich habe bereits Rohmaterial im Wert von $ 30.000 beschafft. Ihre Matrix benutzt anderes Material und wir müssen zusätzlich $ 12.000 dafür ausgeben.«

Patrick Ray: »Das ist Ihr Problem. Vielleicht hätten Sie das Material nicht kaufen sollen, bevor wir der endgültigen Testmatrix zugestimmt haben.«

Im Februar wurden fünfzehn Tests nach Patrick Rays Anordnungen durchgeführt. Die Daten hatten eine solche Streubreite, dass daraus keine Rückschlüsse gezogen werden konnten. Patrick Ray versandte weiterhin Berichte an Dr. Delia, um zu bestätigen, dass die Firma Corwin nicht die gewünschten Ergebnisse erbrachte und dass es keine Anzeichen für eine Veränderung der Situation gab. Dr. Delia forderte von Patrick Ray, die nötigen Schritte zu unternehmen, um das Projekt erfolgreich abzuschließen.

Patrick Ray: »Mein Chef setzt mich enorm unter Druck, da ich ihm bisher noch keine vernünftigen Ergebnisse liefern konnte. Ich soll in ein paar Monaten befördert werden und möchte mich nicht von diesem Projekt daran hindern lassen. Das Projekt muss nun völlig neu ausgerichtet werden.«

Dan West: »Die Neuausrichtung aller Aktivitäten bringt meinen ganzen Terminplan durcheinander. An dem Projekt arbeiten auch Mitarbeiter aus anderen Abteilungen mit, die ich nicht ständig mit Planänderungen konfrontieren kann. Sie behaupten, ich würde nicht mit ihnen kommunizieren. Tatsächlich verhindern Sie jedoch jede Kommunikation.«

Patrick Ray: »Jeder hat seine Probleme. Wir werden dieses Problem schon lösen. Ich verbringe den Morgen in Ihrem Labor, um die nächsten fünfzehn Tests zu entwickeln. Hier sind die Testbedingungen.«

Dan West: »Ich möchte selbstverständlich einbezogen werden. Schließlich bin ich der Projektmanager.«

Patrick Ray: »Sehen Sie, Dan. Ich mag Sie wirklich gerne, aber ich bin mir nicht sicher, ob Sie dieses Projekt im Griff haben. Wir benötigen nun wirklich schnell gute Ergebnisse oder ich kann mir meine Beförderung abschminken. Und daran habe ich kein Interesse. Lassen Sie Ihre Mitarbeiter einfach die Tests durchführen. Dann wird schon alles gut gehen. Ich werde die Tests persönlich überwachen und mit Ihren Mitarbeitern sprechen.

Dan West: »Wir haben bereits zwanzig Tests durchgeführt und Sie planen fünfzehn weitere Tests ein. Ich habe jedoch das Angebot nur auf dreißig Tests ausgelegt. Es werden also Mehrkosten entstehen.«

Patrick Ray: »Unser Vertrag basiert auf einem Festpreis. Die Mehrkosten sind Ihr Problem.«

Dan West traf sich mit Dr. Reddy, um den neuen Projektverlauf und die Mehrkosten mit ihm zu besprechen. Dan West brachte eine Auflistung der geschätzten Gesamtkosten nach Ablauf des dritten Monats mit (siehe Abbildung 10.6).

	Ursprünglich geplante Kosten für Sechs-Monate-Projekt	Überschlagene Gesamtkosten nach Ablauf des dritten Monats
Direkte Arbeit/Unterstützung	$ 30.000	$ 15.000
Test	$ 60.000 (30 Tests)	$ 70.000 (35 Tests)
Gemeinkosten	$ 90.000 (100 %)	$ 92.000 (120 %)*
Material	$ 30.000	$ 50.000
Verwaltungskosten	$ 21.000 (10 %)	$ 22.700 (10 %)
Gesamt	$ 231.000	$ 249.700

*Die Gemeinkosten wurden auf 100 % geschätzt, wohingegen die Gemeinkosten für die Forschung und Entwicklung bei 120 % lagen.

Abbildung 10.6: Überschlagene Gesamtkosten nach Ablauf des dritten Monats

Dr. Reddy: »Ich bin mit meinen eigenen Projekten überlastet und kann Ihnen jetzt nicht helfen. Dr. Royce hat Sie als Projektmanager ausgewählt, weil er den Eindruck hatte, sie wären dazu in der Lage. Lassen Sie ihn jetzt nicht hängen. Senden Sie mir eine kurze Mitteilung, in der Sie mir die Situation erklären, und ich werde sehen, was ich tun kann. Vielleicht löst sich das Problem ja von selbst.«

Im nächsten Monat erhielt Dan West fast täglich Anrufe von Mitarbeitern, die sich darüber beschwerten, dass Patrick Ray sie von der Arbeit abhielt. Er hatte die Testbedingungen verändert und sie entsprachen nun nicht mehr der aktuellsten Testmatrix. Als Dan West Patrick Ray mit seinem Verhalten konfrontierte, behauptete dieser, dass die Mitarbeiter von Corwin unprofessionell seien und dass sich das auch auf die Tests auswirke. Er verlangte, dass einer der Linienmitarbeiter wegen Inkompetenz sofort aus dem Projekt herausgenommen werde. Dan West sagte, er wolle zuerst mit dessen Vorgesetzten sprechen, Patrick Ray drohte ihm jedoch und es blieb ihm keine andere Wahl, als den Mitarbeiter aus dem Projekt herauszunehmen.

Am Ende des dritten Monats hatten die Mitarbeiter von Corwin das Interesse an dem Projekt verloren und begannen, sich nach anderen Arbeiten umzusehen. Dan West machte dafür Patrick Rays Verhalten gegenüber den Mitarbeitern verantwortlich. Um die Situation noch weiter zu verschlimmern, traf sich Patrick Ray mit Dr. Royce und Dr. Reddy und verlangte, Dan West durch einen kompetenteren Projektmanager zu ersetzen.

Dr. Royce weigerte sich und gab Dr. Reddy den Auftrag, sich um das Problem zu kümmern und dafür zu sorgen, dass das Projekt erfolgreich abgeschlossen würde.

Dr. Reddy: »Sie haben mich über dieses Projekt völlig im Dunkeln gelassen. Wenn ich Ihnen helfen soll, benötige ich bis morgen alle Informationen, insbesondere die Kosteninformationen. Ich erwarte Sie um 8.00 Uhr in meinem Büro. Ich haue Sie da schon raus.«

Dan West bereitete die gewünschten Daten vor und präsentierte sie Dr. Reddy (siehe Tabelle 10.3). Beide stimmten darin überein, dass das Projekt völlig außer Kontrolle geraten war und drastische Schritte erforderlich waren, um die Situation zu retten. Außerdem würde das Unternehmen erhebliche Mittel aus eigener Tasche beisteuern müssen, um das Projekt erfolgreich abschließen zu können.

Direkte Arbeit/Unterstützung aus anderen Abteilungen	$ 47.000*
Test (60 Tests)	$ 120.000
Gemeinkosten (120 %)	$ 200.000

Tabelle 10.3: Geschätzte Projektgesamtkosten

Material	$ 103.000
Verwaltungskosten	$ 47.000
Summe	$ 517.000
Festpreis laut Vertrag mit Peters	$ 250.000
Mehrkosten	$ 267.000

* Inklusive Dr. Reddy

Tabelle 10.3: Geschätzte Projektgesamtkosten (Forts.)

Dr. Reddy: »Dan, ich habe für 10.00 Uhr eine Besprechung mit Leuten aus der FuE-Abteilung angesetzt, um eine völlig neue Testmatrix zu entwickeln. Das hätten wir von Anfang an tun sollen.«

Dan West: »Sollten wir nicht Patrick Ray dazu einladen? Ich bin sicher, dass er an der Entwicklung der neuen Testmatrix beteiligt sein möchte.«

Dr. Reddy: »Das ist jetzt meine Sache und nicht die von Patrick Ray. Teilen Sie ihm mit, dass wir neue Richtlinien für Firmenvertreter aufgestellt haben und dass er unsere Labors nicht mehr allein betreten darf. Er muss entweder von Ihnen oder von mir begleitet werden. Wenn ihm diese Regelung nicht gefällt, kann er gehen. Ich lasse nicht zu, dass dieser Typ unsere ganze Firma durcheinander bringt. Jetzt geht es um unser Geld.«

Dan West informierte Patrick Ray über die neue Testmatrix und auch über die neuen Richtlinien für Firmenvertreter. Patrick Ray war darüber sehr wütend und sagte, dass er zu einer Besprechung mit Dr. Delia zu seiner Firma zurückkehren werde.

Am darauf folgenden Montag erhielt Herr Frimel ein Schreiben von Dr. Delia, das besagte, dass die Firma Peters unter Nennung der folgenden Gründe offiziell vom Vertrag zurücktrete:

1. Die Firma Corwin habe keinerlei Daten abgeliefert, die Aussicht auf Erfolg versprochen hätten.
2. Die Firma Corwin habe ständig die Projektausrichtung verändert und scheine keinen systematischen Plan zu haben.
3. Die Firma Corwin habe keinen geeigneten Projektmanager bereitgestellt, der ein solches Projekt durchführen könne.
4. Die Firma Corwin habe den Firmenvertreter von Peters nicht ausreichend unterstützt.
5. Das Top-Management der Firma Corwin schiene sich nicht ernsthaft für das Projekt zu interessieren und ihm nicht die benötigte Unterstützung seitens der Unternehmensführung zukommen lassen.

Dr. Royce und Herr Frimel trafen sich, um zu überlegen, was zu tun sei. Um das gute Arbeitsverhältnis zu der Firma Peters wiederherzustellen, schrieben sie einen Brief, der alle Anschuldigungen der Firma Peters zurückwies, jedoch ohne Erfolg. Selbst die Tatsache, dass die Firma Corwin bereit war, das Projekt mit eigenen Mitteln zu unterstützen, änderte nichts an der Entscheidung von Dr. Delia. Der Schaden war nicht mehr zu beheben. Herr Frimel war fest davon überzeugt, dass am »Pearl Harbor Day« keine Aufträge angenommen werden sollten.

11 Planung

Verwandte Fallstudien (aus Kerzner/*Project* Management *Case Studies*, 2. Auflage)	Verwandte Workbook-Übungen (aus Kerzner/*Project Management Workbook and PMP®/CAPM® Exam Study Guide*, 9. Auflage)	PMBOK® Guide, 3. Auflage, Referenzabschnitt für das PMP®-Zertifizierungsexamen
• Quantum Telecom • Concrete Masonry Corporation* • Margo Company • Project Overrun • The Two-Boss Problem • Denver International Airport (DiA)	• The Statement of Work • Technology Forecasting • The Noncompliance Project • Multiple-Choice-Examen • Crossword Puzzle on Scope Management	• Umfangsmanagement (Scope Management)

* Fallstudie auch im Workbook.

11.0 Einführung

PMBOK® Guide 2004

Kapitel 5 Inhalts- und Umfangsmanagement

5.1 Planung des Leistungsumfangs

Zu den wichtigsten Aufgaben des Projektmanagers gehören die Planung, die Integration und die Planausführung. Wegen der relativ kurzen Dauer und der häufig mit hoher Priorität besetzten Ressourcenkontrolle muss bei fast allen Projekten eine formelle Feinplanung durchgeführt werden. Die Integration der Planungsaktivitäten ist deshalb erforderlich, weil möglicherweise jede Linienorganisation ihre eigene Planungsdokumentation entwickelt, ohne die Aktivitäten der anderen Linienorganisationen zu berücksichtigen.

Planung kann beschrieben werden als Funktion der Wahl der Unternehmensziele und der Aufstellung von Richtlinien, Prozeduren und Programmen, mit denen die Unternehmensziele erreicht werden können. Planung in einer Projektumgebung umfasst dann die Festlegung eines vordefinierten Handlungsverlaufs in einem vorhersagbaren Umfeld. Die Projektvorgaben definieren die wichtigen Meilensteine. Wenn sich ein Linienmanager den Projektzielen nicht verpflichten kann, weil die Meilensteine unrealistisch sind, muss der Projektmanager möglicherweise Handlungsoptionen entwickeln. Eine solche Option könnte beispielsweise darin bestehen, die Meilensteine zu verschieben. Das obere Management ist dann für die Wahl der Option zuständig.

Für eine erfolgreiche Projektplanung ist ein Projektmanager unerlässlich. Er sollte von der Projektkonzeption bis zur Ausführung involviert sein. Die Projektplanung sollte *systematisch* und *flexibel* genug durchgeführt werden, um auch mit einmaligen Aktivitäten umgehen zu können, sie sollte durch Reviews und Überprüfungsmaßnahmen gesteuert werden und es sollte möglich sein, Inputs aus verschiedenen funktionalen Abteilungen zu integrieren. Erfolgreiche Projektmanager erkennen, dass die Projektplanung ein iterativer Vorgang ist und während des gesamten Projektlebenszyklus durchgeführt werden muss.

PMBOK® Guide 2004

5.1 Planung des Inhalts und Umfangs

Zu den Zielen der Projektplanung gehört die Definition aller erforderlichen Arbeiten (ermöglicht durch die Entwicklung eines dokumentierten Projektplans), die dann von jedem Projektteilnehmer identifiziert werden können. Dies ist im Projektumfeld aus den folgenden Gründen unbedingt erforderlich:

- Wenn die Aufgabe bereits vor der Ausführung ausreichend bekannt ist, kann ein Großteil der Arbeit bereits im Voraus geplant werden.
- Wenn das Projektteam vor der Ausführung nicht genau über die Aufgabe Bescheid weiß, muss das Wissen während der Ausführung erworben werden, was zu Veränderungen bei der Ressourcenzuordnung, bei der Terminplanung und bei den Prioritäten führen kann.
- Je unbestimmter eine Aufgabe ist, desto mehr Informationen müssen verarbeitet werden, um effektiv arbeiten zu können.

Derartige Überlegungen sind im Projektumfeld sehr wichtig, weil sich die einzelnen Projekte stark voneinander unterscheiden können und entsprechend sehr verschiedene Ressourcen benötigt werden, die Zeit-, Kosten- und Qualitätsvorgaben jedoch trotzdem eingehalten werden müssen. Abbildung 11.1 veranschaulicht die Art von Projektplanung, mit der sich ein effektives Planungs- und Steuerungssystem einrichten lässt. Die Kästchen am oberen Rand stellen die Planungsaktivitäten dar, die unteren Kästchen hingegen die Überwachung der Planungsaktivitäten.

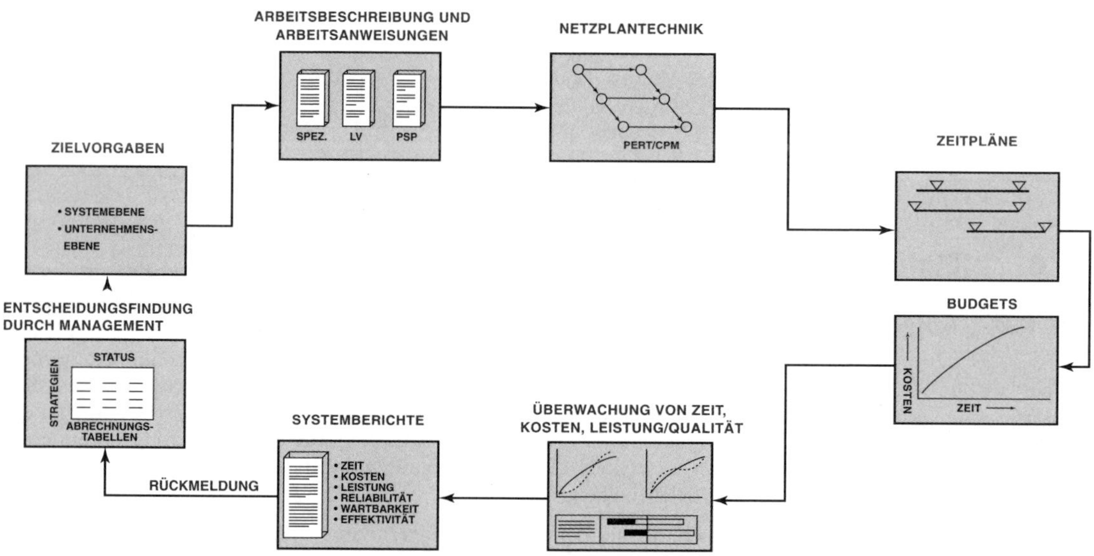

Abbildung 11.1: Das Projektplanungs- und Steuerungssystem

Es gibt zwei Aphorismen, die sich auf die Projektplanung beziehen:

- Wer beim Planen versagt, plant sein Versagen.
- Der größte Vorteil einer fehlenden Planung ist, dass das Scheitern völlig überraschend kommt und ihm keine Phasen mit Sorgen und Depressionen vorausgehen.

Fehlt eine angemessene Planung, kann dies verschiedene Folgen haben, wie z.B.:

- Das Projekt wird ohne genau definierte Anforderungen gestartet
- Wilder Enthusiasmus
- Desillusionierung
- Suche nach dem Schuldigen
- Bestrafung Unschuldiger
- Beförderung Unbeteiligter

Es gibt vier Gründe, warum eine Projektplanung durchgeführt werden sollte:

- Um Unsicherheit zu eliminieren oder zu reduzieren
- Um die Effizienz zu steigern
- Um die Zielvorgaben besser zu verstehen
- Um eine Grundlage für die Projektsteuerung und -überwachung verfügbar zu haben

Planung ist ein kontinuierlicher Vorgang, bei dem unternehmerische Entscheidungen mit einem Blick auf die Zukunft getroffen werden, und bei dem die Bemühungen methodisch organisiert werden, die erforderlich sind, um die Entscheidungen umzusetzen. Die systematische Planung ermöglicht es Unternehmen außerdem, Zielvorgaben zu setzen. Die Alternative zur systematischen Planung ist die Entscheidungsfindung auf der Basis von Erfahrungswerten, die in der Regel in reaktivem Management resultiert, das Krisenmanagement, Konfliktmanagement und Brandbekämpfung nach sich zieht.

11.1 Allgemeine Planung

PMBOK® Guide 2004

Kapitel 5 Inhalts- und Umfangsmanagement

1.5.4 Wissen und Fertigkeiten bezüglich allgemeinen Managements

Planung heißt, festzulegen, was von wem und wann erledigt werden muss, um eine bestimmte Aufgabe zu erfüllen. Die Planungsphase besteht im Wesentlichen aus den folgenden neun Faktoren:

- *Zielvorgabe:* Eine Zielvorgabe oder ein Pensum, die oder das in einer bestimmten Zeit erreicht werden muss.
- *Programm:* Die Strategie, die verfolgt werden muss, und die wichtigsten Handlungen, die erforderlich sind, um die Zielvorgaben zu erreichen oder zu übertreffen.
- *Terminplan:* Ein Terminplan zeigt, wann die Aktivitäten einer Einzelperson oder einer Gruppe gestartet oder abgeschlossen werden müssen.
- *Budget:* Geplante Ausgaben, die erforderlich sind, um die Zielvorgaben zu erfüllen oder überzuerfüllen.
- *Prognose:* Eine Vorhersage dessen, was zu einem bestimmten Zeitpunkt passieren wird.
- *Organisation:* Entwicklung mehrerer verschiedener Stellen und entsprechender Pflichten und Zuständigkeiten, die benötigt werden, um die Zielvorgaben zu erfüllen oder überzuerfüllen.
- *Richtlinie:* Eine allgemeine Anleitung zur Entscheidungsfindung sowie für einzelne Handlungsweisen.
- *Vorgehensweise:* Eine ausführlich beschriebene Methode zur Durchsetzung einer Richtlinie.
- *Standard:* Eine Ebene für die Leistung von Einzelpersonen oder einer Gruppe, die als akzeptabel definiert wird.

Ein Aspekt, der in den vergangenen Jahren an Bedeutung zugenommen hat, ist die Dokumentation der Voraussetzungen, die in die Ziele oder in die Projektpläne einfließen. Während des Projektfortschritts können sich selbst bei kurzfristigen Projekten die Voraussetzungen ändern, beispielsweise aufgrund der wirtschaftlichen Lage, etwaiger Technologiefortschritte oder der Marktbedingungen. Diese Änderungen können die ursprünglichen Voraussetzungen ungültig machen, oder sie können neue Voraussetzungen erforderlich machen. Diese Änderungen könnten außerdem dazu führen, dass Projekte verworfen werden. Unternehmen werten die Voraussetzungen heute bei Gate-Review-Meetings aus. Projektsatzungen enthalten mittlerweile Abschnitte für die Dokumentation der Voraussetzungen.

Einige dieser Faktoren müssen näher erläutert werden. Die Prognose dessen, was passieren wird, ist nicht einfach. Dies gilt insbesondere, wenn Reaktionen der Umwelt vorhergesagt werden müssen. Die Planung wird gewöhnlich als strategisch, taktisch oder operational definiert. Die strategische Planung bezieht sich meistens auf einen Zeitraum von mindestens fünf Jahren, die taktische Planung auf einen Zeitraum von einem bis fünf Jahren und die operationale Planung auf einen Zeitraum zwischen sechs Monaten und einem Jahr. Fast alle Projekte sind operational. Sie können als strategisch betrachtet werden, wenn viel versprechende Folgeaufträge zu erwarten sind.

Um eine Prognose wagen zu können, müssen die Stärken und Schwächen in Bezug auf die folgenden Punkte bekannt sein:

- Konkurrenzsituation
- Marketing
- Forschung und Entwicklung
- Fertigung
- Finanzierung
- Personal
- Managementstruktur

Ist die Projektplanung streng operational, lassen sich diese Faktoren sehr wahrscheinlich klar definieren. Ist hingegen eine strategische oder eine langfristige Planung erforderlich, können sich die ökonomischen Erwartungen von Jahr zu Jahr verändern und es muss in regelmäßigen Abständen eine Neuplanung durchgeführt werden, weil sich auch die Ziele und Zielvereinbarungen ändern können. (Das Verfahren ist in Abbildung 11.1 zu sehen.)

Die letzten drei Faktoren, Richtlinien, Verfahrensweisen und Standards, können sich zwischen den einzelnen Projekten unterscheiden. Jeder Projektmanager kann Projektrichtlinien aufstellen, vorausgesetzt, dass sie in den vom Top-Management vorgegebenen Rahmen fallen.

Die Planung sieht auf jeder Ebene der Organisation anders aus. Auf der Ebene der Einzelpersonen ist die Planung erforderlich, damit sich eine kognitive Simulation entwickeln kann, bevor unwiderrufliche Handlungen erfolgen. Auf Arbeitsgruppen- oder funktionaler Ebene muss die Planung Folgendes beinhalten:

- Einigung über den Zweck
- Zuordnung und Akzeptanz von Zuständigkeiten zu Einzelpersonen
- Koordination der Arbeitsaktivitäten
- Höhere Verpflichtung gegenüber den Zielen der Gruppe
- Laterale Kommunikation

Auf Organisations- oder Projektebene muss die Planung Folgendes beinhalten:

- Wahrnehmung und Auflösung von Gruppenkonflikten in Bezug auf die Ziele
- Zuordnung und Akzeptanz von Zuständigkeiten zur Gruppe
- Erhöhte Motivation und Verpflichtung gegenüber den organisatorischen Zielen
- Vertikale und laterale Kommunikation
- Koordination der Aktivitäten zwischen verschiedenen Gruppen

Die logische Planung beinhaltet die Beantwortung verschiedener Fragen, um Handlungsoptionen und Beschränkungen besser verstehen zu können. Die Fragen könnten beispielsweise wie folgt lauten:

- Zur Vorbereitung einer Umfeldanalyse
  - Wo befinden wir uns?
  - Wie und warum sind wir hier gelandet?
- Zur Festsetzung von Zielvorgaben
  - Ist das die Stelle, an der wir stehen wollen?
  - Wo würden wir gerne stehen? In einem Jahr? In fünf Jahren?
- Zur Auflistung von alternativen Strategien
  - Wo enden wir, wenn wir so fortfahren wie bisher?
  - Ist es das, was wir wollen?
  - Wie können wir dorthin gelangen, wo wir hinwollen?

- Zur Auflistung von Bedrohungen und Chancen
  - Was hindert uns daran, unser Ziel zu erreichen?
  - Was könnte uns dabei helfen, unser Ziel zu erreichen?
- Zur Vorbereitung von Prognosen
  - Wo liegen unsere Fähigkeiten?
  - Was benötigen wir, um dahin zu gelangen, wo wir hinwollen?
- Zur Zusammenstellung des Strategie-Portfolios
  - Welchen Kurs sollten wir am besten nehmen?
  - Welche Vorteile bietet das?
  - Wo liegen die Risiken?
- Zur Vorbereitung von Aktionsprogrammen
  - Was müssen wir tun?
  - Wann müssen wir aktiv werden?
  - Wie werden wir aktiv?
  - Wer wird aktiv werden?
- Zur Überwachung und Steuerung
  - Befinden wir uns auf Kurs? Falls nicht, warum?
  - Was müssen wir tun, um wieder auf Kurs zu kommen?
  - Schaffen wir das?

Zu den schwierigsten Aufgaben im Projektumfeld gehört es, bei der Planung das Ziel nicht aus den Augen zu verlieren. Die folgenden Vorgehensweisen können Projektmanagern bei der Planung helfen:

- Gestatten Sie den Linienmanagern, ihre eigene Planung vorzunehmen. Arbeiter sind Arbeiter und Planer sind Planer und die beiden Parteien werden sich nie begegnen.
- Stellen Sie Zielvorgaben auf, bevor Sie planen. Andernfalls siegt das kurzfristige Denken.
- Geben Sie den Planern Ziele vor. Damit schützen Sie sich vor Unwesentlichem und richten Ihre Bemühungen auf Dinge aus, bei denen sie sich auszahlen.
- Bleiben Sie flexibel. Nutzen Sie zwischenmenschliche Kontakte und betonen Sie schnelle Reaktionen.
- Versuchen Sie, ausgeglichen zu sein. Reagieren Sie nicht über und positionieren Sie sich richtig für einen Aufschwung.
- Heißen Sie die Mitwirkung des Top-Managements willkommen. Das Top-Management kann Ihren Plan akzeptieren oder verwerfen und ist möglicherweise die einzige wichtige Variable.
- Nehmen Sie sich vor zukünftigen Ausgabeplänen in Acht. Dadurch lässt sich möglicherweise die Tendenz zur Unterschätzung ausschalten.
- Überprüfen Sie die Annahmen, die sich hinter Ihren Prognosen verbergen. Das ist erforderlich, weil viele Fachleute zu optimistisch sind. Verlassen Sie sich nicht ausschließlich auf einen Datensatz.
- Konzentrieren Sie sich nicht auf Alltagsprobleme. Versuchen Sie, vom Krisenmanagement und von der Brandbekämpfung wegzukommen.
- Belohnen Sie Personen, die Illusionen aufdecken. Köpfen Sie nicht den Überbringer schlechter Nachrichten. Belohnen Sie den Mitarbeiter, der mit einem Problem als Erstes zu Ihnen kommt.

11.2 Planung in den einzelnen Projektphasen

PMBOK® Guide 2004

Kapitel 2 Projektlebenszyklus und Organisation

2.1.2 Eigenschaften von Projektphasen

Die Projektplanung findet auf zwei Ebenen statt. Die erste ist die Ebene der Unternehmenskultur und die zweite die der einzelnen Mitarbeiter. Auf der Ebene der Unternehmenskultur wird das Projekt in verschiedene Phasen unterteilt (siehe Tabelle 2.6 auf Seite 85). Damit sollen dem Projektmanager keine Handschellen angelegt werden, sondern das Verfahren soll ihm eine Methode für eine einheitliche Projektplanung bieten. Viele Unternehmen erstellen Checklisten für die Aktivitäten, die in jeder Phase berücksichtigt werden sollten. Diese Checklisten bieten Planungskonsistenz. Der Projektmanager kann jedoch in jeder Phase weiterhin seine eigenen Planungsinitiativen entwickeln.

Ein zweiter Vorteil der Projektphasen besteht darin, dass sie ein Mittel zur Steuerung und Kontrolle bieten. Am Ende jeder Phase findet eine Sitzung statt, an der der Projektmanager, der Sponsor, das obere Management und sogar der Kunde teilnehmen, um festzustellen, was in der Phase erreicht wurde, und das Einverständnis für die nächste Phase einzuholen. Solche Sitzungen werden häufig als Projektreviews bezeichnet. In einigen Firmen dienen die Sitzungen dazu, die Budgets und Ablauf- und Terminpläne für die nächste Phase zu stabilisieren. Die Einteilung in Phasen kann auch für den Einsatz von Personal und die Nutzung von Ausrüstung und Anlagen eingesetzt werden. Einige Firmen gehen sogar so weit, Handbücher mit Projektmanagement-Richtlinien und -verfahren zu entwickeln, bei denen das gesamte Material nach den Projektphasen geordnet ist. Durch die Entscheidungspunkte, die durch die Phasen vorgegeben sind, verschwindet auch das Problem, das auftritt, wenn Projektmanager die Finanzierung des gesamten Projekts beantragen, bevor überhaupt der Projektumfang bekannt ist. Manche Firmen haben sogar die Arten von Entscheidungen festgelegt, die in der Review-Sitzung am Ende jeder Phase getroffen werden müssen. Dazu gehören beispielsweise die folgenden:

- Fahren Sie erst mit der nächsten Phase fort, wenn die Finanzierung genehmigt wurde.
- Fahren Sie mit der nächsten Phase fort. Nutzen Sie jedoch neue oder veränderte Zielvorgaben.
- Stellen Sie das Einverständnis, fortzufahren, zurück, wenn Sie zusätzliche Informationen benötigen.
- Beenden Sie das Projekt.

Betrachten Sie ein Unternehmen, das Projekte in folgende Phasen unterteilt:

- Konzepterstellung (Bewertung konzeptioneller Möglichkeiten)
- Machbarkeitsprüfung
- Vorausplanung
- Ausführliche Lösungsentwürfe
- Durchführung
- Test und Inbetriebnahme

In der Konzepterstellungsphase sind Brainstorming und der gesunde Menschenverstand gefragt und sie beinhaltet zwei wichtige Faktoren: (1) Identifikation und Definition des Problems und (2) Identifikation und Definition potenzieller Lösungen.

In einer Brainstorming-Sitzung werden *alle* Ideen aufgezeichnet und keine wird verworfen. Die Brainstorming-Sitzung funktioniert am besten, wenn keine formelle Autoritätsperson anwesend ist und die Sitzung zwischen dreißig Minuten und einer Stunde dauert. Sitzungen, die länger als 60 Minuten dauern, bringen nur Ideen hervor, die an Science-Fiction erinnern.

Während der Machbarkeitsstudie werden die technischen Aspekte der verschiedenen Konzepte betrachtet und es steht anschließend eine bessere Entscheidungsgrundlage für die Machbarkeit des Projekts zur Verfügung.

Die Machbarkeitsstudie verfolgt folgende Zwecke:

- Planung der Projektentwicklung und der Aktivitäten zur Projekteinführung
- Einschätzung des Zeit-, des Personal- und des Einsatzmittelbedarfs
- Identifikation der Kosten und der Konsequenzen einer Investition in das neue Projekt

In der Machbarkeitsstudie sollten möglichst die alternativen Lösungen bewertet und die damit verbundenen Vorteile und Kosten aufgezeigt werden.

Das Ziel dieses Schritts besteht darin, dem Management vorhersagbare Ergebnisse für die Implementierung eines bestimmten Projekts zu liefern und allgemeine Projektanforderungen zu nennen. Die Machbarkeitsstudie dient als Grundlage bei der Entscheidung, ob die kostspieligen Phasen der Vorausplanung, der Entwicklung und der Implementierung überhaupt angegangen werden sollten.

Es ist sehr wichtig, dass Benutzer in die Machbarkeitsstudie einbezogen werden. Der Benutzer muss die benötigten Informationen bereitstellen und in der Lage sein, die Auswirkungen der verschiedenen Ansätze zu beurteilen. Die Lösungen müssen betriebstechnisch, technisch und ökonomisch machbar sein. Ein Großteil der ökonomischen Bewertung muss vom Benutzer untermauert werden. Deshalb muss der Hauptbenutzer hoch qualifiziert und eng mit der Arbeitsweise der Organisation vertraut sein und er sollte aus der Linienorganisation stammen.

Die Machbarkeitsstudie behandelt auch die technischen Aspekte des Projektantrags und setzt die Entwicklung von konzeptuellen Lösungen voraus. Um die benötigten Informationen zu sammeln, zu analysieren und daraus praktische Rückschlüsse ziehen zu können, werden erhebliche Fachkenntnis und Erfahrung benötigt.

Unangemessene technische oder betriebliche Entscheidungen, die in diesem Schritt getroffen werden, werden möglicherweise im weiteren Verlauf nicht mehr entdeckt oder nicht angezweifelt. Im schlimmsten Fall kann ein solcher Fehler zum Abbruch eines Projekts, das nach allen Kriterien fortgesetzt werden müsste, oder zur Fortsetzung eines Projekts führen, das ökonomisch oder technisch nicht machbar ist.

In der Phase der Machbarkeitsprüfung sollten unbedingt die Projektgrundlage und der Projektrahmen bzw. die Projektvorgaben definiert werden. Eine typische Checkliste für die Machbarkeitsstudie sieht wie folgt aus:

- Zusammenfassung
  - Bewertung der Alternativen
  - Bewertung des Marktpotenzials
  - Bewertung der Kostenwirksamkeit
  - Bewertung der Machbarkeit
  - Bewertung der technischen Grundlage
- Auf Detailebene
  - Eine ausführlichere Bestimmung des Problems
  - Die Analyse des Stands der Technik
  - Bewertung der technischen Möglichkeiten im Haus
  - Überprüfung der Gültigkeit alternativer Möglichkeiten
  - Bestimmung der Schwächen und der Unbekannten
  - Analysen von Kompromissmöglichkeiten in Bezug auf die Zeit, die Kosten und die Leistung
- Aufstellung von Projektzielen und Zielvorgaben
- Vorbereitung von Kostenvoranschlägen und von Entwicklungsplänen

Die Machbarkeitsstudie resultiert in einer Management-Entscheidung darüber, ob das Projekt abgebrochen oder ob die nächste Phase genehmigt werden sollte. Das Management kann das

Projekt zwar auch noch in späteren Phasen stoppen, die Entscheidung ist jedoch besonders an dieser Stelle wichtig, weil in späteren Phasen Ressourcen verpflichtet werden müssen. Es geschieht leider sehr häufig, dass die Fortsetzung eines Projekts nur deshalb genehmigt wird, weil ein Abbruch an dieser Stelle Zweifel über die Einschätzung aufkommen ließe, die die Gruppe zu einem früheren Zeitpunkt zu einer Genehmigung veranlasst hat.

Die Entscheidung, die aus der Machbarkeitsprüfung resultiert, sollte auch die Projekte identifizieren, die beendet werden müssen. Wenn ein Projekt einmal machbar zu sein scheint und für die Entwicklung freigegeben wurde, muss ihm eine Priorität im Vergleich zu den anderen genehmigten Projekten zugewiesen werden, die ebenfalls entwickelt werden sollen (unter Berücksichtigung der beschränkten Finanzmittel und anderer Ressourcen). Sobald die Entwicklung gestartet wird, stehen dem Management verschiedene Prüfpunkte zur Verfügung, anhand derer es den Ist-Verlauf des Projekts im Vergleich zum Plan prüfen kann.

Die dritte Projektphase ist entweder die Vorausplanung oder die »Definition der Anforderungen«. In dieser Phase wird die Bemühung offiziell als Projekt definiert und es sollten folgende Punkte berücksichtigt werden:

- Allgemeiner Rahmen der Arbeit
- Ziele und deren Hintergrund
- Aufgaben des Vertragspartners
- Qualitätsanforderungen an das Endergebnis
- Verweis auf verwandte Studien, Dokumentation und Spezifikationen
- Daten (Dokumentation)
- Einsatzmittel für Endprodukt
- Vom Kunden bereitgestellte Einsatzmittel und Dienste
- Vom Kunden bereitgestellte Dokumentation
- Terminplan
- Abbildungen und Anhänge

Diese Elemente lassen sich, wie in Abschnitt 11.5 gezeigt, mittels vier Dokumenten zusammenfassen. Beachten Sie außerdem, dass ein »Kunde« auch ein interner Kunde sein kann, wie z.B. eine Benutzergruppe oder ein eigener Vorgesetzter.

Die nachfolgende Tabelle zeigt den Prozentsatz der *Einzelkosten* in Arbeitsstunden/Euro, die in jeder Phase ausgegeben werden:

Phase	**Prozent Einzelkosten/Euro**
Konzepterstellung	5
Machbarkeitsprüfung	10
Erste Planung	15
Feinplanung	20
Ausführung	40
Inbetriebnahme	10

Interessant ist hier, dass eventuell 50 Prozent der Personenstunden und Euro bereits ausgegeben werden, bevor die Ausführung beginnt. Die Qualität kann nicht überprüft werden. Unternehmen, die weniger als die genannten Prozentwerte investieren, sind in der Regel bei der Ausführung mit Qualitätsproblemen konfrontiert.

11.3 Die Erstellung von Angeboten

Es stellt sich immer die Frage, was ein Projektmanager macht, wenn er gerade nicht an einem Projekt arbeitet. Bei Unternehmen, die dadurch überleben, dass sie Ausschreibungen gewinnen, ist die Aufgabe klar: Der Projektmanager schreibt Angebote für zukünftige Projekte. Dies findet in der Regel während der Machbarkeitsprüfung statt, wenn das Unternehmen entscheiden muss, ob es an einer Ausschreibung teilnehmen soll oder nicht. Die Angebotserstellung kann auf vier verschiedene Arten erfolgen:

- *Der Projektmanager erstellt das gesamte Angebot.* Dies ist häufig bei kleinen Firmen der Fall. In großen Unternehmen hat der Projektmanager sehr wahrscheinlich nicht auf alle verfügbaren Daten Zugriff, da diese möglicherweise Firmeneigentum sind, und es liegt wohl auch nicht im Interesse des Unternehmens, wenn der Projektmanager seine Zeit mit der Erstellung von Angeboten verbringt.
- *Ein Angebotsmanager erstellt das gesamte Angebot.* Dies kann funktionieren, so lange der Projektmanager das Angebot überprüfen darf, bevor es an den Kunden geht, und der Projektmanager dem Angebot zustimmt.
- *Der Projektmanager erstellt das Angebot mit Unterstützung des Angebotsmanagers.* Dieses Modell wird sehr häufig gewählt, setzt jedoch den Projektmanager erheblich unter Druck.
- *Der Angebotsmanager erstellt das Angebot mit Unterstützung des Projektmanagers.* Dies ist die bevorzugte Methode. Der Angebotsmanager ist für das Angebot verantwortlich, bis es an den Kunden geschickt wird. Dann wird es vom Projektmanager übernommen. Der Projektmanager ist von Anfang an eingebunden, obwohl er möglicherweise nur die technische Seite des Angebots vorbereitet.

11.4 Die Rollen der Teilnehmer

Unternehmen mit erfolgreicher Planung zeichnen sich durch Mitarbeiter aus, die ihre Rollen im Planungsprozess kennen. Eine gute Planung kann verhindern, dass Änderungen vorgenommen werden müssen oder reduziert zumindest die Anzahl der erforderlichen Änderungen. Die Zuständigkeiten der wichtigsten Teilnehmer im Planungsprozess sehen wie folgt aus:

- Der Projektmanager definiert:
  - Ziele und Zielvorgaben
  - Meilensteine
  - Anforderungen
  - Grundregeln und Grundannahmen
  - Zeit-, Kosten- und Leistungsvorgaben
  - Betriebliche Verfahrensweisen
  - Administrative Richtlinien
  - Anforderungen an die Berichterstellung
- Der Linienmanager definiert
  - Ausführliche Aufgabenbeschreibungen, um die Ziele, Anforderungen und Meilensteine zu implementieren
  - Ausführliche Termin- und Personalpläne im Rahmen des Budgets und des Terminplans
  - Riskante, unsichere und konfliktreiche Bereiche

- Das obere Management (Projektsponsor) hat folgende Aufgaben:
  - Agiert als Mittler bei Missverständnissen zwischen dem Projekt- und dem Linienmanagement
  - Klärt wichtige Themen
  - Stellt eine Verbindung zum Management des Kunden her

Eine erfolgreiche Planung setzt voraus, dass das Projekt-, das Linien- und das obere Management dem Plan zustimmen.

11.5 Projektplanung

PMBOK® Guide 2004

Kapitel 5 Inhalts- und Umfangsmanagement

5.1 Planung des Inhalts und Umfangs

Erfolgreiches Projektmanagement, ob bei internen oder externen Projekten, setzt den Einsatz effektiver Planungstechniken voraus. Der erste Schritt besteht darin, sich mit den Projektzielen vertraut zu machen. Ziele können sein, Kenntnisse in einem bestimmten Bereich zu entwickeln, konkurrenzfähig zu werden, ein vorhandenes Einsatzmittel für den späteren Einsatz zu verändern oder einfach die Mitarbeiter weiterhin beschäftigen zu können.

Die Ziele sind in der Regel nicht völlig unabhängig, sondern hängen alle implizit und explizit zusammen. Häufig ist es nicht möglich, alle Ziele zu erreichen. Dann muss das Management strategischen Zielen eine höhere Priorität zuweisen als anderen Zielen. In der Regel treten bei der Entwicklung von Zielen folgende Probleme auf:

- Die Projektziele oder -zielvorgaben sind nicht für alle Parteien akzeptabel.
- Die Projektziele sind zu starr.
- Es steht nicht genügend Zeit zur Verfügung, um passende Ziele zu definieren.
- Die Ziele wurden nicht angemessen eingeschätzt.
- Die Ziele sind nicht ausreichend dokumentiert.
- Die Bemühungen des Kunden und der Projektmitarbeiter sind nicht ausreichend koordiniert.
- Die Fluktuation ist hoch.

Sind die Ziele erst einmal klar definiert, müssen folgende vier Fragen näher betrachtet werden:

- Welche Arbeiten müssen verrichtet werden, um die Ziele zu erfüllen, und wie hängen diese Arbeitspakete zusammen?
- Welche funktionalen Abteilungen sind dafür zuständig, dass die Ziele erreicht werden?
- Stehen die benötigten Ressourcen zur Verfügung?
- Wie sehen die Anforderungen zum Informationsfluss für das Projekt aus?

Bei umfangreichen, komplexen Projekten muss eine sorgfältige Planung und Analyse erfolgen. Es muss die passende Organisationsstruktur für das Projekt ausgewählt werden. Die Arbeitspläne und Terminpläne müssen so entwickelt werden, dass eine maximale Ressourcenzuordnung möglich ist. Kostenrechnungssysteme müssen entwickelt werden und es muss ein Managementinformationssystem eingerichtet werden.

Eine effektive Programmplanung ist nur möglich, wenn von Anfang an alle benötigten Informationen zur Verfügung stehen. Dazu gehören die folgenden Elemente:

- Das Lastenheft
- Die Projektspezifikationen
- Die Meilensteinplanung
- Die Projektstrukturplanung

Das Lastenheft beschreibt die Arbeit, die erledigt werden muss. Es beinhaltet die Ziele, eine kurze Beschreibung der Arbeit, die erledigt werden muss, Finanzierungsvorgaben, falls solche existieren, die Spezifikationen und den Ablauf- und Terminplan. Dieser „Grobterminplan" enthält Folgendes:

- Starttermin
- Endtermin
- Wichtige Meilensteine
- Termine für die Abgabe von schriftlichen Berichten

Die Abgabe von schriftlichen Berichten sollte immer im Ablauf- und Terminplan vermerkt sein, damit der Linienmanager rechtzeitig einen passenden Mitarbeiter für diese Aufgabe einteilen kann, falls ein Beitrag aus seiner Abteilung erforderlich ist.

Das letzte Element ist die Projektstrukturplanung, bei der die Struktur des Projekts, also der Aufbau, grafisch dargestellt wird, um die bessere Steuerung durch Visualisierung zu unterstützen. Die einzelnen Planungselemente werden in den folgenden Abschnitten ausführlicher beschrieben.

11.6 Das Lastenheft

PMBOK® Guide 2004

5.2.3 Definition des Inhalts und Umfangs

5.2.3.1 Beschreibung des Projektinhalts und -umfangs

12.1.3.2 Vertragliche Leistungsbeschreibung

Der PMBOK®Guide beschreibt vier Elemente, die mit dem Umfang zu tun haben:

- Leistungsumfang: Der Umfang ist die Summe aller Teilziele, die als Teil des Projekts gefordert werden. Dies beinhaltet alle Produkte, Dienste und Ergebnisse.
- Projektleistungsumfang: Dies ist die Arbeit, die erledigt werden muss, um den endgültigen Umfang des Projekts zu erreichen, nämlich die Produkte, Dienste und Ergebnisse. (In Abschnitt 2.7 haben wir zwischen Projektumfang und Produktumfang unterschieden.)
- Leistungsumfangsbeschreibung: Dies ist ein Dokument, das die Grundlage für zukünftige Entscheidungen darstellt, wie beispielsweise für Umfangsänderungen. Das Dokument soll genutzt werden, um sicherzustellen, dass alle Stakeholder dasselbe Wissen über den Projektumfang besitzen. In diesem Dokument sind die Ziele, die Beschreibung der Teilziele, das Endergebnis oder Produkt und die Rechtfertigung für das Projekt enthalten. Die Umfangsbeschreibung beantwortet sieben Fragen: Wer, Was, Wann, Warum, Wo, Wie und Wie viel. Dieses Dokument überprüft den Projektumfang gegenüber dem vom Kunden bereitgestellten Lastenheft.
- Lastenheft: Dies ist eine in Prosa abgefasste Beschreibung der Endergebnisse, die unter dem Vertrag zu liefern sind. Im restlichen Abschnitt konzentrieren wir uns auf das Lastenheft.

Das Lastenheft ist eine ausformulierte Beschreibung der Arbeiten, die im Rahmen des Projekts verrichtet werden müssen. Die Komplexität des Lastenhefts, das auch als Leistungsverzeichnis (LV) bezeichnet wird, hängt von den Wünschen des Top-Managements, des Auftraggebers und/oder der Benutzergruppen ab. Bei firmeninternen Projekten wird das Lastenheft vom Project Office erstellt, wobei die Informationen aus den Benutzergruppen stammen, weil das Project Office in der Regel Mitarbeiter mit einem guten Schreibstil beschäftigt.

Bei externen Projekten, wie z.B. bei Angeboten, muss der Auftragnehmer möglicherweise ein Lastenheft für den Auftraggeber erstellen, weil dieser selbst keine Mitarbeiter hat, die dazu in der Lage wären. Es ist außerdem üblich, dass der Projektmanager das Lastenheft des Auftraggebers neu schreibt, damit die Linienmanager des Auftragnehmers die Preisbestimmung vornehmen können.

Bei Angeboten im Rahmen von Ausschreibungen gibt es häufig zwei Lastenbeschreibungen: das Lastenheft, das im Angebot verwendet wird, und das Pflichtenheft. Möglicherweise gibt es auch einen Projektstrukturplan für das Angebot und einen für den Vertrag. Bei Vertragsverhandlungen sollte insbesondere auf die Unterschiede zwischen dem Lastenheft/Projektstrukturplan und dem Pflichtenheft/vertraglichen Projektstrukturplan geachtet werden, da sonst Zusatzkosten entstehen können. Ein gutes Angebot ist noch lange keine Garantie dafür, dass der Kunde oder Vertragspartner das Lastenheft versteht. Bei umfangreichen Projekten müssen die Fakten in der Regel vor den Vertragsverhandlungen geklärt werden, weil es unbedingt erforderlich ist, dass Auftraggeber und Auftragnehmer das Lastenheft verstehen und ihm zustimmen, da hier angegeben wird, welche Arbeiten unbedingt erforderlich sind und welche Arbeiten vorgeschlagen werden. Außerdem wird die Faktenbasis für die Kostenberechnung geschaffen und vieles mehr. Auch über das Lasten- und Pflichtenheft, die Vertragsbestandteil sind, muss Einigkeit herrschen.

Die Erstellung des Lastenhefts ist nicht so einfach, wie es klingt. Betrachten Sie folgende Beispiele:

- Das Lastenheft besagt, dass Sie mindestens fünfzehn Tests durchführen müssen, um die Materialeigenschaften einer neuen Substanz zu erkunden. Sie berechnen die Kosten für zwanzig Tests, um auf der sicheren Seite zu sein. Nach Abschluss der fünfzehn Tests behauptet der Auftraggeber, dass die Ergebnisse nicht aufschlussreich seien, und verlangt die Durchführung weiterer Tests. Die Mehrkosten betragen 40.000 €.
- Sie erhalten von der Bundeswehr einen Auftrag, dessen Lastenheft besagt, dass der Prototyp im Wasser getestet werden muss. Sie schmeißen den Prototyp zum Test in einen Swimmingpool. Leider versteht die Bundeswehr unter »Wasser« den Atlantischen Ozean und der Transport der Testingenieure und der Testgeräte zum Atlantischen Ozean kostet 1 Mio. €.
- Sie erhalten einen Auftrag, dessen Pflichtenheft besagt, dass Sie die Waren in »belüfteten« Güterwagen transportieren müssen. Sie wählen Güterwagen, die oben offen sind. Leider fährt der Zug während des Transports durch ein Gebiet, in dem es wolkenbruchartig regnet, und die Waren sind ruiniert.

Diese drei Beispiele zeigen, dass eine Fehlinterpretation des Pflichtenhefts in gewaltigen Verlusten resultieren kann. Gründe für Fehlinterpretationen sind:

- Die Aufgaben, Spezifikationen, Genehmigungen und speziellen Anweisungen werden durcheinander gebracht.
- Die gewählte Sprache ist nicht präzise (»annähernd«, »Optimum«, »ungefähr« etc.).
- Es fehlt ein Muster, eine Struktur oder eine chronologische Ordnung.
- Der Umfang der Aufgaben variiert stark.
- Es fehlt eine Überprüfung durch eine dritte Partei.

Fehlinterpretationen über die zu verrichtende Arbeit können und werden auftreten, auch wenn alle Beteiligten sehr sorgfältig arbeiten. Es ergeben sich schleichende Veränderungen, die sich am besten steuern lassen, wenn die Anforderungen im Voraus möglichst gut definiert werden.

Es ist heutzutage üblich, Handbücher zur Erstellung des Lastenhefts zu entwickeln. Die folgenden Punkte stammen aus einer Publikation der NASA zur Erstellung von Lastenheften:[1]

- Der Projektmanager sollte die Dokumente überprüfen, mit denen das Projekt bewilligt wird und die die Zielvorgaben definieren. Außerdem sollte er die Verträge und die Studien prüfen, die zum bisherigen Stand der Entwicklung führen. Zusätzlich sollte möglichst eine Bibliografie von verwandten Studien zusammen mit Beispielen für ähnliche Lastenhefte und Spezifikationen zusammengestellt werden.
- Es sollte ein Exemplar des Projektstrukturplans vorliegen und es sollte mit der Koordination zwischen dem vertraglich vereinbarten Projektstrukturplan und dem Lastenheft begonnen werden. Jedes Element des vorläufigen Projektstrukturplans sollte auch im Lastenheft enthalten sein und es sollten die gleichen Begriffe verwendet werden.

1. Übernommen aus *Statement of Work Handbook,* NHB5600.2, National Aeronautics and Space Administration, Februar 1975.

- Der Projektmanager sollte ein Team bestimmen, das das Lastenheft vorbereitet und aus geeigneten Mitarbeitern des Programm- oder des Project Office besteht, die Experten in den betroffenen technischen Bereichen sind. Im Team sollten außerdem Vertreter aus den Bereichen Einkauf, Finanzverwaltung, Herstellung, Test, Logistik, Konfigurationsmanagement, Sicherheit, Zuverlässigkeit, Qualitätssicherheit und aus allen anderen Bereichen vorhanden sein, die bei der Beschaffung berücksichtigt werden müssen.
- Bevor das Team mit der Erstellung des Lastenhefts beginnt, sollte der Projektmanager es in Bezug auf die Struktur des vorläufigen Projektstrukturplans und das fertige Lastenheft kurz informieren. Dieses Briefing dient als Ausgangsbasis für alle weiteren Aktivitäten.
- Der Projektmanager weist eventuell Teammitgliedern bestimmte Aufgaben zu und nennt die zu erfüllenden Spezifikationen, die Designkriterien und andere erforderliche Angaben, die im Lastenheft enthalten sein müssen. Dann legt er fest, welche Mitarbeiter für die Erstellung verantwortlich sind. Die Teammitglieder erhalten eigene Exemplare der Dokumente, die die Spezifikationen, die technischen Anforderungen, die technischen Zeichnungen, die Ergebnisse der Vorstudien und/oder verwandter Studien enthalten, die sich auf die verschiedenen Elemente der vorgeschlagenen Beschaffung beziehen.
- Der Projektmanager sollte eine ausführliche Checkliste vorbereiten, die die obligatorischen Elemente und ausgewählte optionale Elemente enthält, die im Lastenheft oder in dessen Anhängen erwähnt werden.
- Der Programmmanager sollte den Einsatz von Listen bevorzugter Teile hervorheben. Entwürfe für Standardteilsysteme, die bereits existieren oder noch entwickelt werden, verfügbare Hardware, sonstige Einsatzmittel, Handbücher mit Designkriterien und andere technische Informationen, die den Entwicklungsingenieuren zur Verfügung stehen, um Abweichungen von guten Entwurfspraktiken zu vermeiden.
- Der Kostenvoranschlag (Personalkosten, Materialkosten, Software etc.), der von einem Spezialisten entwickelt wurde, sollte von allen Personen zur Kenntnis genommen werden, die am Lastenheft mitarbeiten. Dadurch kann schon zu einem frühen Zeitpunkt entschieden werden, ob zusätzliche Anforderungen definiert werden müssen, die in den technischen Zielvorgaben nicht direkt gefordert werden.
- Der Projektmanager sollte einen Ablauf- und Terminplan entwickeln, nach dem die Teammitglieder die von ihnen erstellen Teile des Lastenhefts mit anderen austauschen. Er muss allerdings sicherstellen, dass sein Terminplan mit dem Terminplan der Ausschreibung vereinbar ist. Das Lastenheft sollte früh genug fertig sein, damit noch überprüft werden kann, ob alle Projektanforderungen enthalten sind. Es sollte auf jeden Fall fertig sein, bevor das Angebot für die Ausschreibung erstellt wird.

Die Handbücher zur Erstellung des Lastenhefts können auch Richtlinien für die Lektoren und Verfasser enthalten:[2]

- Lastenhefte, die länger als zwei Seiten sind, sollten mit einem Inhaltsverzeichnis ausgestattet werden, das den Spezifikationen des Projektstrukturplans entspricht. Es sollten möglichst keine Elemente im Lastenheft enthalten sein, die im Projektstrukturplan fehlen. Eine Beschränkung auf die Elemente, die im Projektstrukturplan genannt werden, ist jedoch auch nicht unbedingt nötig.
- Klare und präzise Aufgabenbeschreibungen sind entscheidend. Der Verfasser des Lastenheft, sollte sich klar machen, dass sein Text von Personen mit unterschiedlichem Hintergrund gelesen wird, wie z.B. Anwälten, Käufern, Kostenplanern, Buchhaltern und Fachleuten aus den Bereichen Fertigung, Transport, Sicherheit, Audit, Qualität, Finanzen und Vertragsmanagement. Ein gutes Lastenheft beschreibt das gewünschte Produkt oder die Dienstleistung präzise. Die Klarheit des Lastenhefts beeinflusst auch die Vertragspflege, weil im Lastenheft der Arbeitsumfang definiert wird. Alle Arbeiten, die aus diesem Rahmen fallen, machen eine Neubeschaffung erforderlich, die sehr wahrscheinlich die Kosten in die Höhe treibt.

2. Siehe ebenda.

- Der Verfasser eines Lastenhefts sollte immer an die Auswirkungen denken, die sein Text auf den Leser hat. Deshalb müssen mehrdeutige Aussagen vermieden werden. Alle Pflichten müssen korrekt angegeben werden. Bei staatlichen Aufträgen, die genehmigungspflichtig sind, sollte ein Zeitlimit gesetzt werden.
- Denken Sie daran, dass alle Vorkehrungen, die der Auftragnehmer nicht steuern muss, ihn möglicherweise auch von seiner Verantwortung entheben.
- Bei der Spezifikation der Anforderungen sollten aktive statt passive Formulierungen verwendet werden. Aussagen wie »der Auftragnehmer sollte einen Test durchführen« kommen besser an, als passive Aussagen wie »ein Test sollte durchgeführt werden«.
- Abkürzungen sollten nur im üblichen Rahmen verwendet werden. Außerdem sollte das Lastenheft eine Liste aller Abkürzungen und Akronyme inklusive ihrer Bedeutung enthalten. Wird ein Begriff zum ersten Mal verwendet, sollte er ausgeschrieben und die Abkürzung sollte dahinter in Klammern gesetzt werden.
- Wenn die Zuständigkeiten zwischen den Vertragspartnern, anderen Agenturen etc. verteilt werden müssen, sollte das Lastenheft einen separaten Teil enthalten, in dem die Zuständigkeiten aufgeführt werden.
- Falls Entscheidungen nicht unmittelbar getroffen werden können, sollte das Verfahren zur Entscheidungsfindung beschrieben werden.
- Die Angaben sollten nicht zu ausführlich sein. Je nachdem, um welche Art von Arbeit und Vertrag es geht, sollten nur die Endergebnisse oder Endprodukte angegeben werden. Der Vertragspartner sollte selbst die Möglichkeit haben, einen Lösungsvorschlag zu machen.
- Die Anforderungen sollten ausreichend ausführlich und klar beschrieben werden. Das hat nicht nur rechtliche, sondern auch praktische Gründe. Details können leicht übersehen werden. Außerdem können sich leicht Wiederholungen einschleichen. Beides sollte jedoch vermieden werden. Außerdem sollte für fertige Produkte, für Berichte oder für Handlungen niemals die Formulierung »bei Bedarf« verwendet werden. Besser ist es, anzugeben, ob die Entscheidung vom Vertragspartner gefällt werden soll. Denn solche ausstehenden Aktionen können sich auf den Preis und auf die Kosten auswirken. Wenn kostspielige Dienstleistungen wie technische Verbindungspersonen erforderlich sind, sollten Sie niemals »bei Bedarf« schreiben. Geben Sie eine Obergrenze für solche Dienstleistungen an oder arbeiten Sie eine Vorgehensweise aus, die eine entsprechende Kontrolle ermöglicht.
- Externes Material und externe Anforderungen sollten vermieden werden. Sie könnten unnötige Kosten verursachen. Datenanforderungen verursachen beispielsweise häufig Probleme. Es sollten nur die Datenanforderungen angegeben werden, die unbedingt nötig sind. Es empfiehlt sich, die Datenanforderungen in den Anhang aufzunehmen.
- Ausführliche Anforderungen oder Spezifikationen, die bereits in vorhandenen Dokumenten enthalten sind, sollten nicht noch einmal aufgeführt werden. Ein Verweis genügt. Sind Erweiterungen, Veränderungen oder Ausnahmen erforderlich, reichen ein Verweis auf die anwendbaren Teile und eine Beschreibung der Veränderungen.

Es gibt auch Checklisten für die Erstellung von Lastenheften.[3] Im Anschluss finden Sie ein Beispiel für eine solche Checkliste. Sie enthält Punkte, an die der Verfasser unbedingt denken sollte:

- Ist das Lastenheft (gemeinsam mit dem vorläufigen Projektstrukturplan) spezifisch genug, um dem Vertragspartner eine tabellarische Aufstellung und Zusammenfassung des für die einzelnen Aufgaben benötigten Personalbedarfs zu ermöglichen?
- Werden spezielle Verpflichtungen des Vertragspartners genannt, so dass er weiß, was gefordert wird, und kann der Vertreter des Vertragspartners, der die Abnahmeberichte unterzeichnet, sagen, ob der Vertragspartner zugestimmt hat?

3. Siehe ebenda.

- Ist das Lastenheft so verfasst, dass kein Zweifel darüber besteht, was der Vertragspartner unbedingt leisten muss und wann?
- Ist, wenn auf andere Dokumente verwiesen werden muss, das korrekte Referenzdokument angegeben? Wird es korrekt zitiert? Ist das gesamte Dokument relevant für die Aufgabe oder sollte nur auf Teile davon verwiesen werden? Gibt es Verweise auf die anwendbaren Elemente des Lastenhefts?
- Können Spezifikationen nur im Ganzen oder als Teil angewandt werden? Falls ja, sind sie korrekt zitiert?
- Sind Anweisungen klar von allgemeinen Informationen unterscheidbar?
- Gibt es eine terminierte Datenanforderung für jedes lieferbare Element? Falls eine Laufzeit angegeben wird, enthält sie Kalender- oder Arbeitstage?
- Werden die korrekten Mengen angegeben?
- Wurden das Format und die Rechtschreibung der Überschriften geprüft? Passen die Unterüberschriften? Passt der Text zu den Überschriften?
- Wurden die Beschaffungsrichtlinien befolgt?
- Wurde externes Material weggelassen?
- Wurden alle Datenanforderungen erfüllt, die in einem separaten Anhang genannt werden? Wurden alle überflüssigen Datenanforderungen weggelassen?
- Werden die Sicherheitsanforderungen adäquat abgedeckt, falls welche bestehen?
- Wurde die Verfügbarkeit für Vertragspartner angegeben?

Zum Schluss sollte das Management das Lastenheft überprüfen:[4]

> Bei der Erstellung des Lastenhefts sollte der Projektmanager sicherstellen, dass der Inhalt korrekt ist, indem er seinen Text häufig von Projekt- oder Linienspezialisten überprüfen lässt. Dabei stellt sich heraus, ob die angegebenen technischen und die Datenanforderungen den Richtlinien entsprechen und die allgemeinen Systemziele unterstützen. Die Matrix aus Projektstrukturplan und Lastenheft sollte eingesetzt werden, um die Vollständigkeit des Lastenhefts zu überprüfen. Nachdem alle Kommentare und Inputs berücksichtigt wurden, sollte ein Team-Review durchgeführt werden, um einen Lastenheftentwurf zu erhalten, der den Linien- und Projektmanagern zur Überprüfung vorgelegt werden kann. Probleme sollten behoben und die letzten Änderungen vorgenommen werden. Anschließend sollte ein letzter Entwurf erstellt und vom Programm-Manager, den Vertragsspezialisten und Führungskräften aus dem oberen Management geprüft werden, falls es sich um ein Beschaffungsprojekt handelt. Sind andere Project Offices oder staatliche Stellen involviert, sollten deren Einverständnis ebenfalls eingeholt werden.

11.7 Die Projektspezifikationen

PMBOK® Guide 2004

5.2.3 Definition des Inhalts und Umfangs

12.1.3.2 Vertragliche Leistungsbeschreibung

Die Spezifikationen werden entweder separat geliefert oder sind Bestandteil des Lastenhefts wie in Tabelle 11.1 gezeigt. Sie dienen zur Einschätzung des Personal-, Einsatzmittel- und Materialbedarfs. Kleine Änderungen in der Spezifikation können zu erheblichen Mehrkosten führen.

Spezifikationen sind auch erforderlich, um sicherzustellen, dass den Kunden keine Überraschungen erwarten. Die Spezifikationen sollten immer auf dem neuesten Stand sein. Es kommt häufig vor, dass ein Kunde eine externe Agentur damit beauftragt, das technische Angebot zu bewerten und sicherzustellen, dass die passenden Spezifikationen benutzt werden.

4. Statement of Work Handbook NHB5600.2, National Aeronautics and Space Administrations, Februar 1975.

Spezifikationen sind eigentlich Standards für die Preisfestsetzung. Wenn keine Spezifikationen vorhanden oder erforderlich sind, sollte das Angebot Arbeitsstandards enthalten. Die Arbeitsstandards können auch im Kostenteil des Angebots genannt werden.

Beschreibung	Spezifikationsnummer
Hoch- und Tiefbau	100 (Index)
• Beton	101
• Baustellenausrüstung	102
• Dämmung	121
• Dach und Seitenwände	122
• Bodentests	123
• Bauentwurf	124
Elektrik	200 (Index)
• Elektrische Tests	201
• Wärmeleitung	201
• Motoren	209
• Stromanlagen	225
• Schaltanlagen	226
• Synchrone Generatoren	227
Heizung und Klimaanlage	300 (Index)
• Gefährliche Umgebung	301
• Isolation	302
• Kühlrohre	318
• Leerrohre aus Blech	319
Installation	400 (Index)
• Förderbänder und Rampen	401
• Erhitzer und Boiler	402
• Wärmetauscher	403
• Reaktoren	414
• Türme	415
• Kessel	416
Instrumente	500 (Index)
• Alarmsysteme	501
• Steuerventile	502
• Flussinstrumente	503

Tabelle 11.1

Beschreibung	Spezifikationsnummer
• Füllstandmesser	536
• Druckinstrumente	537
• Temperaturinstrumente	538
Mechanische Anlagen	600 (Index)
• Zentrifugalpumpen	601
• Kompressoren	602
• Hochgeschwindigkeitsantriebe	603
• Materialbearbeitungsanlagen	640
• Mechanische Rührwerke	641
• Dampfturbinen	642
Rohre	700 (Index)
• Dehnungsanschlüsse	701
• Drucktests im Arbeitsbereich	702
• Installation der Rohre	703
• Herstellungsspezifikation für die Rohre	749
• Rohrhalterungen	750
• Dampfführung	751
Projektverwaltung	800 (Index)
• Zeichnungsentwurf	801
• Entwurfsstandards	802
• Allgemeine Anforderungen	803
• Projektkoordination	841
• Berichtsverfahren	842
• Herstellerdaten	843
Kessel	900 (Index)
• Feuerfestigkeit	901
• Lackierung	902
• Verstärkte Tanks	948
• Rohrbündel-Wärmetauscher	949
• Dampfkessel	950
• Kesselauskleidung	951

Tabelle 11.1

Vor einigen Jahren befragte eine Behörde ihre Auftragnehmer darüber, warum einige Regierungsprogramme so teuer wären. Die Spezifikationen stellen sich als Übeltäter heraus. Typische Spezifikationen enthalten doppelt so viele Seiten wie nötig, betonen die Qualität nicht stark genug, sind mit unnötigen Entwürfen und Schemata überladen, sind nur schwer lesbar und aktualisierbar und bereits obsolet, bevor sie veröffentlicht werden. Die Anpassung vorhandener Spezifikationen ist kostspielig und zeitaufwändig. Es ist daher sinnvoller, die Mitarbeiter, die die Spezifikation erstellen, so zu schulen, dass zukünftige Spezifikationen weniger Mängel aufweisen.

11.8 Die Meilensteinplanung

PMBOK® Guide 2004
Kapitel 6 Terminmanagement

Ein Meilensteinplan enthält Angaben wie

- Projektstartdatum
- Projektenddatum
- Andere wichtige Meilensteine
- Datenelemente (Berichte oder andere Ergebnisse)

Das Projektstart- und das -enddatum müssen aufgenommen werden. Andere wichtige Meilensteine wie Review-Sitzungen, die Verfügbarkeit des Prototyps, Beschaffung, Test etc. sollten ebenfalls angegeben werden. Der letzte Punkt, die Datenelemente, wird häufig übersehen. Zwei Gründe sprechen dafür, einen separaten Ablauf- und Terminplan für die Datenelemente zu entwickeln. Der erste Grund besteht darin, dass ein Terminplan den Linienmanager darauf hinweist, dass er einen Mitarbeiter auswählt, der gut schreiben kann. Zweitens beansprucht die Erstellung von Berichten Zeit. Sie müssen getippt, formatiert, korrigiert, mit Grafiken ausgestattet und reproduziert werden. Viele Unternehmen berücksichtigen in den Ablauf- und Terminplänen die ungefähre Seitenanzahl pro Datenelement und jedes Datenelement wird beispielsweise mit € 500/Seite berechnet. Die gesonderte Berechnung der Datenelemente sorgt häufig dafür, dass Kunden weniger Berichte anfordern.

Nachdem die Informationen für einen Bericht gesammelt wurden, wird der Bericht in folgenden Schritten erstellt:

- Organisation der Informationen
- Schreiben des Berichts
- Korrektur lesen
- Korrigieren
- Grafische Gestaltung und Satz
- Zur Genehmigung einreichen
- Reproduktion und Verteilen

In der Regel werden sechs bis acht Arbeitsstunden pro Seite benötigt. Bei einem Stundensatz von € 80/Stunde können die Kosten für die Dokumentation leicht unerschwinglich werden.

11.9 Der Projektstrukturplan

PMBOK® Guide 2004
5.3 Erstellen des Projektstrukturplans (PSP)

Um die Vertrags- und Unternehmensziele erfolgreich erreichen zu können, wird ein Plan benötigt, der angibt, was erreicht werden muss und wie es mittels der bereitgestellten Ablauf- und Terminpläne und Budgets erreicht werden kann. Für die Erstellung dieses Plans ist der Projektmanager zuständig. Er wird unterstützt durch das Programmteam. Die Feinplanung wird in Übereinstimmung mit den Unternehmensrichtlinien für die Budgetierung durchgeführt, bevor Vertragsverhandlungen geführt werden.

Bei der Planung eines Projekts muss der Projektmanager die Arbeit in Elemente unterteilen, die folgende Kriterien erfüllen:

- Handhabbarkeit insofern, als Zuständigkeiten und Kompetenzen für sie vergeben werden können
- Unabhängigkeit oder minimale Abhängigkeit von anderen Elementen
- Integrierbarkeit, so dass das Gesamtpaket sichtbar wird
- Messbarkeit insofern, als Fortschritt möglich ist

Nachdem die Projektanforderungen definiert sind, muss als Nächstes ein Projektstrukturplan entwickelt werden. Ein Projektstrukturplan ist eine als Baumstruktur dargestellte, produktorientierte Unterteilung des Projekts in die Einsatzmittel, Dienstleistungen und Daten, die erforderlich sind, um das Endprodukt zu erzeugen. Die Struktur spiegelt wider, in welchen Schritten die Arbeit ausgeführt werden soll und wie die Projektkosten und Daten zusammengefasst und eventuell auch berichtet werden sollen. Bei der Erstellung eines Projektstrukturplans werden auch andere Bereiche berücksichtigt, in denen strukturierte Daten benötigt werden, wie z.B. die Terminplanung, das Konfigurationsmanagement, die Finanzplanung und die Parameter der technischen Leistung. Der Projektstrukturplan ist das wichtigste Element, weil er einen allgemeinen Rahmen liefert, in dem:

- Das Programm als Summe der Teilaufgaben dargestellt werden kann
- Eine Planung durchgeführt werden kann
- Kosten und Budgets erstellt werden können
- Der Zeitaufwand, der Kostenumfang und die Leistung verfolgt werden können
- Zielvorgaben folgerichtig mit den Unternehmensressourcen verknüpft werden können
- Ablauf- und Terminpläne und Verfahrensweisen zur Erstellung von Statusberichten erstellt werden können
- Die Zuständigkeiten für jedes Element angegeben werden können.

Der Projektstrukturplan dient dazu, die Arbeit in kleinere Elemente aufzuteilen. Damit erhöht sich die Wahrscheinlichkeit, dass alle wichtigen und weniger wichtigen Aktivitäten durchgeführt werden. Es gibt verschiedene Projektstrukturpläne. Nachfolgend sehen Sie einen Projektstrukturplan mit sechs Ebenen, der sehr weit verbreitet ist (Anm. des Übers.: Abweichend von dieser Darstellung ist die Aufteilung in Deutschland durch eine DIN-Norm geregelt):

	Ebene	*Beschreibung*
Managementebenen	1	Gesamtprogramm
	2	Projekt
	3	Aufgabe
Technische Ebenen	4	Teilaufgabe
	5	Arbeitspaket
	6	Arbeitsaufwand

Ebene 1 ist das Gesamtprogramm und besteht aus mehreren Projekten. Die Summierung aller Aktivitäten und Kosten, die mit den einzelnen Projekten verbunden sind, müssen dem Gesamtprogramm entsprechen. Jedes Projekt lässt sich in einzelne Aufgaben unterteilen, wobei die Summe aller Aufgaben der Summe aller Projekte entspricht, aus denen das Gesamtprogramm besteht. Die Aufteilung ist deshalb sinnvoll, weil sich das Programm so leichter steuern lässt. Programm-Management ist also ein Synonym für die Integration von Aktivitäten und der Projektmanager agiert als Integrator, wobei ihm der Projektstrukturplan als Rahmen dient.

Der Projektstrukturplan muss sorgfältig bedacht werden. Der in Abbildung 11.2 gezeigte Projektstrukturplan bietet die Basis für folgende Elemente:

- Zuständigkeitsmatrix
- Netzstrukturplanung
- Kostenberechnung
- Risikoanalyse
- Organisationsstruktur
- Koordination der Zielvorgaben
- Steuerung (inklusive Vertragsverwaltung)

PMBOK® Guide 2004

Abbildung 5.6 Beispiel für einen Projektstrukturplan

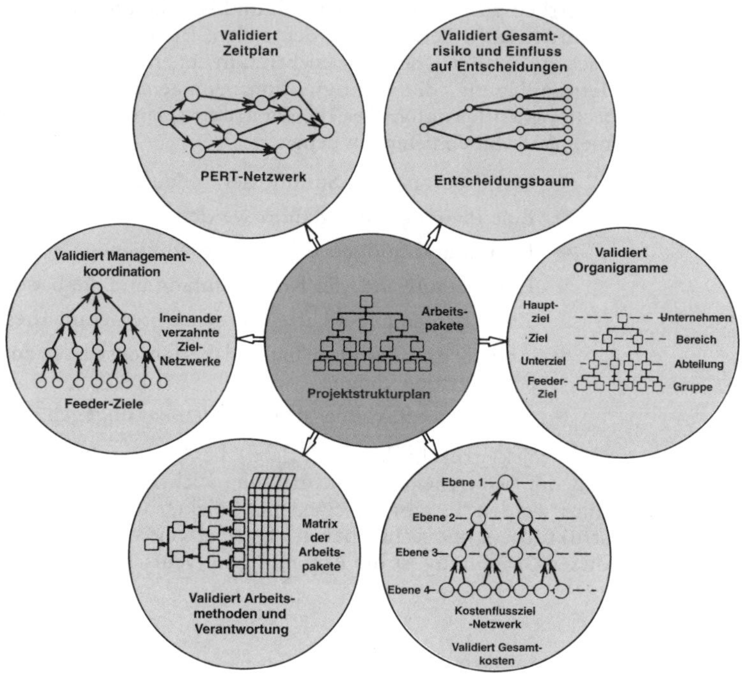

Abbildung 11.2: Ein Projektstrukturplan für die Steuerung und Kontrolle der Zielvorgaben[5]

Die oberen drei Ebenen des Projektstrukturplans werden normalerweise vom Auftraggeber für die Berichterstattung vorgegeben. Die unteren Ebenen werden vom Auftragnehmer für die hausinterne Projektsteuerung entwickelt. Jede Ebene dient einem ganz bestimmten Zweck: Auf der Ebene 1 wird in der Regel die gesamte Arbeit autorisiert und freigegeben. Auf der Ebene 2 werden Budgets entwickelt und auf der Ebene 3 Ablauf- und Terminpläne. Für die drei Ebenen lassen sich einige gemeinsame Merkmale generalisieren:

- Die obersten drei Ebenen des Projektstrukturplans spiegeln die integrierten Arbeiten wider und sollten nicht mit einer bestimmten Abteilung verbunden sein. Aufgaben, die von einzelnen Abteilungen oder Gruppen durchgeführt werden müssen, sollten in Teilaufgaben und Arbeitspaketen definiert werden.

5. Mali, P., *Managing by Objectives,* New York, 1972, S. 163.

- Die Zusammenfassung aller Elemente auf einer Ebene muss der Summe aller Arbeiten auf der nächsttieferen Ebene entsprechen.
- Jedes Arbeitselement sollte nur einer Ebene zugeordnet sein. Der Bau des Fundaments eines Hauses sollte beispielsweise nur in einem Projekt (oder einer Aufgabe) enthalten sein und sich nicht auf zwei oder drei Projekte erstrecken. (Auf Ebene 5 sollten die Arbeitspakete identifizierbar und homogen sein.)
- Die Ebene, auf der das Projekt verwaltet wird, wird im Allgemeinen als Arbeitspaketebene bezeichnet. Ein Arbeitspaket kann auf jeder Ebene unterhalb der Ebene 1 existieren.
- Zum Projektstrukturplan muss es eine Beschreibung des Rahmens geben, in dem das Projekt abgewickelt wird, oder die Personen, die den Projektstrukturplan entwickeln, müssen zumindest Bescheid wissen, welche Arbeiten durchgeführt werden müssen. Es ist üblich, dem Projektstrukturplan das Lastenheft des Kunden als Beschreibung zugrunde zu legen.
- Es ist häufig unabhängig von seinem Fachwissen das Beste für den Projektmanager, den Linienmanagern zu gestatten, die Risiken einzugehen, die im Lastenheft definiert sind. Schließlich sind die Linienmanager in der Regel im Unternehmen anerkannte Experten.

Projektmanager sind in der Regel auf den obersten drei Ebenen des Projektstrukturplans angesiedelt und bevorzugen es, auch die Statusberichte an das Management auf diesen Ebenen abzugeben. Einige Firmen versuchen, die Berichterstattung an das Management zu standardisieren, indem sie fordern, dass die obersten drei Ebenen des Projektstrukturplans für alle Projekte identisch sind und Unterschiede nur auf den Ebenen 4 bis 6 vorkommen dürfen. Bei Unternehmen, deren Projekte sich sehr ähnlich sind, bietet dies große Vorteile. Bei den meisten Firmen machen es die Unterschiede zwischen den Projekten jedoch fast unmöglich, die obersten Ebenen des Projektstrukturplans zu standardisieren.

Das Arbeitspaket ist die entscheidende Ebene für die Verwaltung eines Projektstrukturplans (siehe Abbildung 11.3). Der Linienmanager kann jedoch das Management der Arbeitspakete übernehmen und Statusberichte an den Projektmanager abliefern, der auf den höheren Ebenen des Projektstrukturplans angesiedelt ist.

Arbeitspakete sind die Einheiten, die auch von der Kostenrechnung benutzt werden, und bilden die Bausteine für die Planung, Steuerung und Bemessung der Vertragsleistung. Ein Arbeitspaket ist einfach eine Aufgabe oder eine Arbeitszuordnung auf einer niedrigen Stufe der Projektstruktur, die nicht weiter zergliedert werden kann. Es beschreibt die Arbeit, die von einer bestimmten organisatorischen Einheit oder einer Gruppe von Kostenstellen durchgeführt wird, und dient als Vehikel für die Überwachung und Berichterstattung des Arbeitsfortschritts. Die Dokumente, mit denen Arbeitspakete genehmigt und einer ausführenden Organisation zugeordnet werden, haben ganz unterschiedliche Namen. »Arbeitspaket« ist der allgemeine Begriff, mit dem einzelne Aufgaben identifiziert werden, die ein definierbares Endergebnis haben.

Die Dokumentation der Arbeitspakete muss nicht unbedingt vollständige, unabhängige Beschreibungen enthalten. Sie kann auch nachträglich erweitert werden. Die Kostenstellen-Manager müssen jedoch in der Lage sein, die Arbeitspakete anhand der Beschreibungen klar zu unterscheiden. Bei der Prüfung der Arbeitspaket-Dokumentation ist es möglicherweise nötig, zusätzliche Informationen von Mitarbeitern zu beziehen, die routinemäßig in die Arbeiten involviert sind, anstatt vollständig selbsterklärende Arbeitspaketbeschreibungen zu fordern.

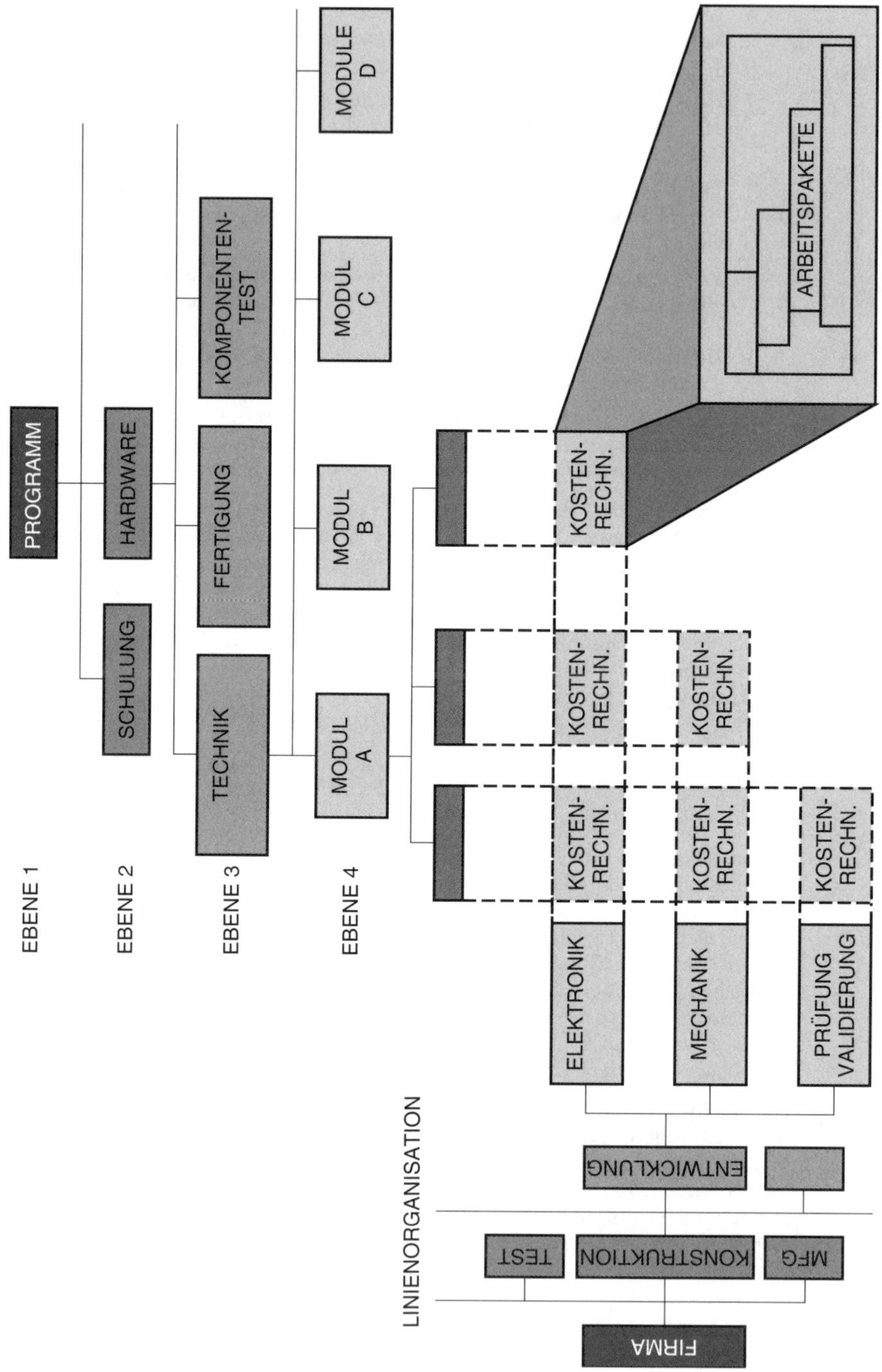

Abbildung 11.3: Die Schnittstelle zur Kostenrechnung

Mit kurzen Arbeitspaketen lässt sich möglicherweise die Durchführung bewerten. Arbeitspakete sollten natürliche Unterteilungen der geplanten Projektarbeit darstellen. Wenn die Arbeitspakete jedoch nur einen geringen Umfang haben, muss nur wenig in der Ausführung begriffene Arbeit bewertet werden und die Einschätzung der Arbeit kann hauptsächlich auf der Basis der fertig gestellten Arbeitspakete erfolgen. Je länger die Arbeitspakete sind, desto schwieriger und subjektiver wird die Beurteilung der in der Ausführung begriffenen Arbeiten, falls die Pakete nicht in Zielvereinbarungsindikatoren wie Meilensteine unterteilt sind, denen bereits Budgetwerte oder Prozentwerte in Bezug auf die Fertigstellung zugewiesen wurden.

Für die Erstellung des Projektstrukturplans sollten die Aufgaben:

- Klar definierte Start- und Endzeitpunkte haben
- Als Kommunikationsmittel eingesetzt werden können, bei dem die Ergebnisse mit den Erwartungen verglichen werden können
- Eine geschätzte Gesamtdauer, jedoch kein festes Start- oder Enddatum haben
- So strukturiert sein, dass ein Minimum an Steuerung und Dokumentation (z.B. mittels Formularen) durch das Project Office erforderlich ist

Bei umfangreicheren Projekten wird die Planung auf der Ebene der Arbeitspakete des Projektstrukturplans zeitlich unterteilt. Ein Arbeitspaket hat folgende Merkmale:

- Repräsentiert Arbeitseinheiten auf einer Ebene, auf der die Arbeit ausgeführt wird
- Unterscheidet ein Arbeitspaket von allen anderen, die einer funktionalen Gruppe zugewiesen wurden
- Enthält einen klar definierten Start- und Endzeitpunkt, die repräsentativ für die Durchführung sind (das erfolgt, nachdem die Zeitplanung abgeschlossen ist)
- Gibt das Budget als Geldbetrag, in Form von Arbeitsstunden oder in Form anderer messbarer Einheiten an
- Beschränkt die durchzuführende Arbeit auf relativ kurze Zeiträume, um die in Ausführung begriffene Arbeit zu minimieren

Tabelle 11.2 zeigt einen einfachen Projektstrukturplan mit Nummerierungssystem. Die erste Zahl steht für das Gesamtprogramm (in diesem Fall 01), die zweite Zahl steht für das Projekt und die dritte Zahl identifiziert die Aufgabe. Entsprechend repräsentiert die Zahl 01-03-00 Projekt 3 aus Programm 01, wohingegen die Zahl 01-03-02 für Aufgabe 2 aus Projekt 3 des Programms 01 steht. Diese Art von Nummerierungssystem ist nicht standardisiert. Jede Firma benutzt ihr eigenes System in Abhängigkeit von der Art der Kostenkontrolle.

Es ist nicht einfach, einen Projektstrukturplan zu erstellen. Der Projektstrukturplan ist ein Kommunikationsmittel und bietet ausführliche Informationen über die verschiedenen Ebenen des Managements. Enthält der Projektstrukturplan nicht genügend Ebenen, kann sich die Integration der Aktivitäten als schwierig herausstellen. Sind hingegen zu viele Ebenen vorhanden, müssen Leerlaufzeiten eingeplant werden, um in allen Projekten dieselbe Anzahl an Ebenen zu erhalten etc. Jedes wichtige Arbeitselement sollte für sich betrachtet werden. Denken Sie daran, dass der Projektstrukturplan die Anzahl der erforderlichen Netzwerke für die Kostenkontrolle angibt.

Bei vielen Programmen wird der Projektstrukturplan vom Kunden entwickelt. Dabei müssen bestimmte Richtlinien berücksichtigt werden:

- Die Komplexität und die technischen Anforderungen des Programms (z.B. das Lastenheft)
- Die Programmkosten
- Die Zeitrahmen des Programms
- Die Ressourcenanforderungen des Vertragspartners

- Die interne Struktur des Vertragspartners und des Kunden in Bezug auf Managementsteuerung und -berichterstattung
- Die Anzahl der Nebenverträge

Programm: Bau und Inbetriebnahme	01-00-00
Projekt 1: Analytische Studie	01-01-00
Aufgabe 1: Marketing-/Produktionsstudie	01-01-01
Aufgabe 2: Wirtschaftlichkeitsstudie	01-01-02
Projekt 2: Design und Layout	01-02-00
Aufgabe 1: Entwurf Ablaufsteuerung	01-02-01
Aufgabe 2: Plan Ablaufsteuerung	01-02-02
Projekt 3: Installation	01-03-00
Aufgabe 1: Fertigung	01-03-01
Aufgabe 2: Aufbau	01-03-02
Aufgabe 3: Test und Ausführung	01-03-03
Projekt 4: Programm-Support	01-04-00
Aufgabe 1: Management	01-04-01
Aufgabe 2: Erwerb Rohmaterial	01-04-02

Tabelle 11.2: Projektstrukturplan für die Planung und Erstellung eines neuen Werks

Die Anwendung dieser Richtlinien dient nur dazu, die Komplexität des Programms zu ermitteln. Die Daten müssen dann aufgeteilt und zusammen mit anderen ausführlichen Informationen an die unterschiedlichen Ebenen der Organisation weitergegeben werden. Der Projektstrukturplan sollte bestimmten Kriterien folgen, weil die eigentliche Arbeit von den Machern und nicht von den Planern verrichtet wird. Die Macher und die Planer müssen gemeinsame Erwartungen haben. Nachfolgend sehen Sie ein Beispiel für eine Liste von Kriterien, die zur Entwicklung eines Projektstrukturplans eingesetzt werden können:

- Der Projektstrukturplan und die Arbeitsbeschreibungen sollten leicht verständlich sein.
- Alle Ablauf- und Terminpläne sollten anhand des Projektstrukturplans erstellt werden.
- Es sollte nicht der Versuch unternommen werden, Arbeit willkürlich auf der niedrigsten Ebene zu unterteilen. Die niedrigste Projektebene sollte im Vergleich zu anderen Arbeiten keinen lächerlichen Kostenumfang haben.
- Da sich der Umfang eines Programms während seiner Laufzeit verändern kann, sollte der Projektstrukturplan möglichst flexibel gehalten werden.
- Der Projektstrukturplan kann als Liste separater, greifbarer Meilensteine dienen, anhand derer sofort deutlich wird, wenn die Meilensteine erreicht wurden.
- Die Ebene des Projektstrukturplans kann das »Vertrauen« widerspiegeln, das in bestimmte Liniengruppen gesetzt wird.
- Der Projektstrukturplan kann eingesetzt werden, um wiederkehrende von Einmalkosten zu trennen.

  Die meisten Elemente des Projektstrukturplans bewegen sich im Bereich zwischen 0,5 und 2,5 Prozent des Projektgesamtbudgets.

11.10 Probleme bei der Gliederung des Projektstrukturplans

In der Regel herrscht die falsche Annahme, dass die Gliederung des Projektstrukturplans ganz einfach sei. Bei der Entwicklung des Projektstrukturplans sind die obersten drei Ebenen (Managementebenen) in der Regel einfach umgewandelt. Die Erstellung von Vorlagen auf diesen Ebenen ist eine gängige Praxis. Für die Ebenen 4 bis 6 des Projektstrukturplans passen die Vorlagen jedoch möglicherweise nicht. Dafür gibt es Gründe.

- Die Unterteilung von Arbeit in extrem kleine Arbeitspakete setzt die Einrichtung von mehreren Hundert oder sogar Tausend Kostenstellen und Buchungskonten voraus. Dies könnte die Management-, Steuerungs- und Berichterstattungskosten so stark erhöhen, dass die Kosten die Vorteile überwiegen. Ein typisches Arbeitspaket umfasst zwar möglicherweise 200 bis 300 Arbeitsstunden und einen Zeitraum von zwei Wochen. Bei einem umfangreichen Projekt mit mehreren Millionen Arbeitsstunden könnte sich eine solche Aufteilung jedoch sehr hinderlich auswirken.
- Die Unterteilung von Arbeit in kleine Arbeitspakete kann nur dann ein Mittel zur genauen Kostenkontrolle sein, wenn die Linienmanager die Kosten auf dieser Ebene überhaupt ermitteln können. Die Linienmanager müssen das Recht haben, den Projektmanagern mitzuteilen, dass die Kosten auf der gewünschten Ebene nicht bestimmt werden können.
- Der Projektstrukturplan bildet die Grundlage für Planungstechniken wie den Netzplan und den Balkenplan. Die Abhängigkeiten zwischen den Aktivitäten des Projektstrukturplans können so komplex werden, dass keine sinnvollen Netzpläne erstellt werden können.

Eine Lösung für das obige Problem besteht darin, so genannte »Hängematten«-Aktivitäten einzuplanen, die alle Aktivitäten umfassen, deren Kosten nicht genau bestimmt werden können. Einige Projekte identifizieren Management-Support als »Hängematten«-Aktivität, die das gesamte Projektmanagement, die Datenelemente, die Management-Rücklagen und möglicherweise auch die Beschaffung beinhalten. Der Vorteil solcher »Hängematten«-Aktivitäten besteht darin, dass der Projektmanager diese Buchungskonten direkt kontrollieren kann.

Es besteht die fälschliche Annahme, dass ein Arbeitspaket ungefähr 80 Stunden und einen Zeitraum zwischen zwei Wochen und einem Monat umfasst. Dies kann zwar bei kleinen Projekten zutreffen, ein Großprojekt würde dann jedoch aus mehreren Millionen Arbeitspaketen bestehen, was ziemlich unpraktisch wäre, selbst wenn die Linienmanager Arbeitspakete dieser Größe steuern könnten.

Aus der Sicht der Kostenkotrolle ist eine Kostenanalyse bis zur fünften Ebene vorteilhaft. Auf allen darunter liegenden Ebenen steigen die Kosten für die Vorbereitung der Daten exponentiell an. Dies gilt insbesondere, wenn der Kunde wünscht, dass die Daten in einem bestimmten Format präsentiert werden, das nicht zu den Standardformaten des Unternehmens gehört. Die Arbeitspakete auf der fünften Ebene dienen normalerweise nur hausinternen Zwecken. Einige Unternehmen berechnen Kunden Kostenberichte ab der dritten Ebene.

Die Projektziele werden auf jeder Ebene des Projektstrukturplans weiter untergliedert. Durch die Definition von Teilzielen werden die Aktionen hoffentlich für die Personen klarer, die die Ziele erreichen müssen. Wenn Arbeit strukturiert und leicht identifizierbar ist und im Zuständigkeitsbereich einer Person liegt, ist die Zuversicht hoch, dass das Ziel erreicht werden kann.

Mit Projektstrukturplänen lässt sich Arbeit so strukturieren, dass Ziele wie die Kostenreduktion, die Reduzierung von Fehlzeiten und die Verbesserung der Arbeitsmoral erreicht werden können. Da hier jedoch Projektmanagement beschrieben werden soll, wird im weiteren Verlauf des Textes die unterste Ebene als Arbeitspaket betrachtet.

Nachdem der Projektstrukturplan steht und das Programm gestartet wurde, wird es wegen der Kostenkontrolle ziemlich kostspielig, Aktivitäten zu ergänzen oder wegzunehmen oder die Ebenen der Berichterstattung zu verändern. Viele Firmen unterschätzen die Bedeutung eines guten Projektstrukturplans und riskieren damit, dass zu einem späteren Zeitpunkt Probleme bei der Kostenkontrolle auftreten. Ein Projektstrukturplan kann als Kostenkontrollstandard für zukünftige Aktivitäten benutzt werden, die sich anschließen oder ähnlich sind. Das Management begeht häufig den Fehler, unterstützende mit administrativen Aktivitäten zu vermischen. So muss der Abteilungsleiter für die Fertigungstechnik das Programm verwaltungstechnisch unterstützen, indem er regelmäßig an den Besprechungen teilnimmt. Wenn sich diese Unterstützung jedoch auf jedes einzelne Projekt des Programms erstreckt, entsteht ein völlig falsches Bild in Bezug auf die Arbeitsstunden, die erforderlich sind, um die einzelnen Projekte des Programms abzuschließen. Wird eines der Projekte aufgegeben, reduzieren sich die Support-Arbeitsstunden für das Gesamtprogramm, wohingegen der Verwaltungsaufwand unabhängig von der Anzahl der Projekte und Aufgaben gleich bleibt.

Die Projektstrukturpläne, die in den Ausschreibungen von Kunden enthalten sind, beinhalten sehr häufig einen größeren Arbeitsumfang (laut Lastenheft) als in der Finanzierung vorgesehen. Dies ist von den Kunden beabsichtigt, weil sie hoffen, dass ihr Vertragspartner bereit ist, sich »einzukaufen«. Wenn der Preis des Vertragspartners den Finanzierungsumfang des Kunden überschreitet, muss der Projektumfang reduziert werden, indem Aktivitäten aus dem Projektstrukturplan herausgenommen werden. Erstellt der Kunde ein separates Projekt für Verwaltungstätigkeiten, kann er die Kosten sehr leicht dadurch anpassen, dass er die Einzelkosten für die Service-Tätigkeiten des gestrichenen Projekts herausnimmt.

Bevor wir fortfahren, soll nun noch die Nützlichkeit des Projektstrukturplansystems vorgestellt werden. Viele Unternehmen und Branchen haben ihre Programme bisher auch ohne Projektstrukturplan erfolgreich abgewickelt. Wie für das Lastenheft gibt es auch Richtlinien für die Erstellung von Projektstrukturplänen:[6]

- Beim Aufbau des Projektstrukturplans muss das Gesamtprojekt in diskrete und logische Elemente unterteilt werden. In der Regel wird ein Programm in Projekte, Hauptsysteme, wichtige Teilsysteme und verschiedene Unterebenen unterteilt, bis die Ebene handhabbarer Elemente erreicht ist. Die Bandbreite ist dabei je nach Art des Programms ziemlich groß (z.B. Systementwicklung, Dienstleistung etc). Einplanung mehrerer Kostenstellen und mehrerer Auftragnehmer, falls dies die Situation erfordert.
- Überprüfung des Projektstrukturplans auf Vollständigkeit, Kompatibilität und Kontinuität
- Sicherstellen, dass der Projektstrukturplan alle funktionalen (Konstruktion/Fertigung/Test) und programm- oder projektbezogenen Anforderungen (Hardware, Dienstleistungen etc.) inklusive der wiederkehrenden und der Einmalkosten erfüllt
- Prüfung, ob der Projektstrukturplan die logische Unterteilung der Projektarbeit abdeckt
- Zuordnung von Verantwortlichkeiten für alle identifizierten Arbeiten an spezielle Organisationen
- Prüfung des vorgeschlagenen Projektstrukturplans in Hinblick auf die Anforderungen an die Berichterstellung durch die involvierten Unternehmen

PMBOK® Guide 2004
Vertrag Projektstrukturplan

Für die Vorbereitung des Projektstrukturplans gibt es auch Checklisten:[7]

- Um ein Angebot einzuholen, einen vorläufigen Projektstrukturplan entwickeln, der nur drei Ebenen hat (oder auch mehr, falls dies aus besonderen Gründen erforderlich ist)
- Sicherstellen, dass der Vertragspartner den vorläufigen Projektstrukturplan im Anschluss an die Angebotseinholung erweitern muss. Die Arbeiten des Vertragspartners so strukturieren, dass sie mit der Organisationsform und dem Managementsystem kompatibel sind.
- Der Projektstrukturplan, der im Anschluss an die Vertragsverhandlungen in den Vertrag aufgenommen wird, sollte maximal drei Ebenen haben.
- Sicherstellen, dass die Struktur des ausgehandelten Projektstrukturplans mit den Anforderungen der Berichterstellung kompatibel ist

6. Quelle: *Handbook for Preparation of Work Breakdown Structure*, NHB5610.1, National Aeronautics and Space Administration, February 1975.
7. Siehe ebenda.

- Sicherstellen, dass der ausgehandelte Projektstrukturplan mit der Organisationsform und dem Managementsystem des Vertragspartners kompatibel ist
- Die Elemente des Projektstrukturplans überprüfen, um sicherzustellen, dass sie übereinstimmen mit:
  - Dem Spezifikationsbaum
  - Den Vertragselementen
  - Den erforderlichen Datenelementen
  - Den Aufgaben, die im Lastenheft genannt werden
  - Den Anforderungen an das Konfigurationsmanagement
- Definition der Projektstrukturplanelemente bis zu einer Ebene, auf der Definitionen für Management-Zwecke sinnvoll und erforderlich sind
- Angabe von Berichterstattungsanforderungen für ausgewählte Elemente des Projektstrukturplans, falls Abweisungen von den Standardanforderungen gewünscht werden
- Sicherstellen, dass der Projektstrukturplan messbare Leistung, die Ebene der Leistung, zugeteilte Leistung und Unterverträge abdeckt
- Sicherstellen, dass die Gesamtkosten auf einer bestimmten Ebene der Summe der Kosten der konstituierenden Elemente auf der nächsttieferen Ebene entspricht

Bei einfachen Projekten kann der Projektstrukturplan als Baumdiagramm strukturiert werden (siehe Abbildung 11.4). In Abbildung 11.4 folgt das Baumdiagramm dem Arbeitsablauf oder sogar der Organisationsstruktur des Unternehmens (z.B. Bereich, Abteilung, Gruppe, Einheit). Die zweite Methode besteht darin, einen logischen Ablauf zu erstellen (siehe Abbildung 12.21 auf Seite 481) und bestimmte Elemente so zusammenzufügen, dass sie Aufgaben und Projekte repräsentieren. Bei der Baummethode werden die funktionalen Bereiche der untersten Ebene nur einem Arbeitselement zugeordnet. Nach der Methode des logischen Ablaufs können die funktionalen Bereiche der unteren Ebene mehrere Elemente der Projektstruktur bedienen.

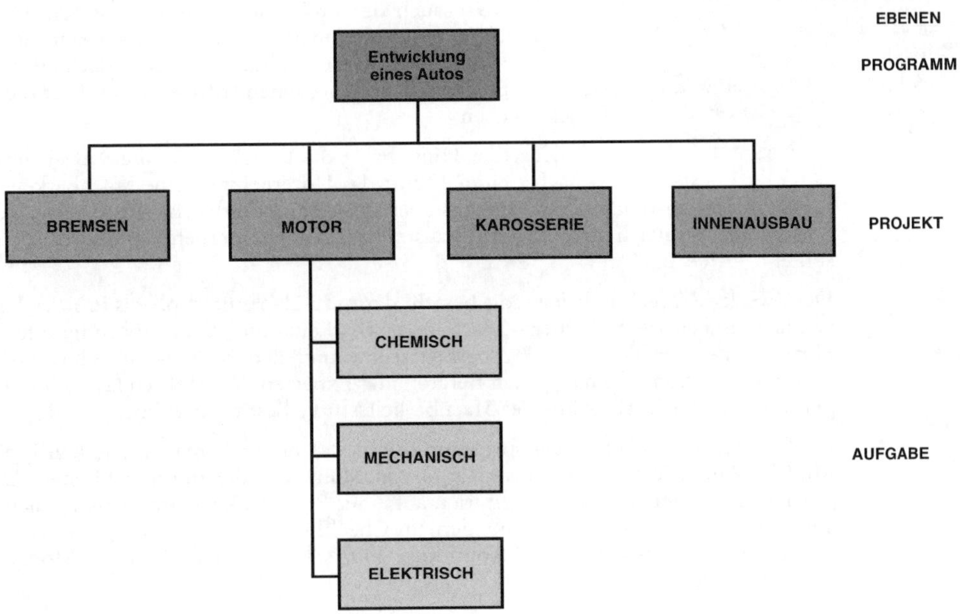

Abbildung 11.4: Der Projektstrukturplan als Baumdiagramm

Es besteht die Tendenz, Richtlinien und Verfahrensweisen für das Projektmanagement, jedoch nicht für die Erstellung des Projektstrukturplans zu entwickeln. Einige Unternehmen haben bereits sehr erfolgreich eine »allgemeine« Methodik für die Ebenen 1, 2 und 3 des Projektstrukturplans entwickelt, die auf alle Projekte angewendet werden kann. Die Unterschiede treten in den Ebenen 4, 5 und 6 auf.

Die nachfolgende Tabelle zeigt die gebräuchlichsten Methoden zur Strukturierung des Projektstrukturplans:

	Methode		
Ebene	**Ablauf**	**Lebenszyklus**	**Organisation**
Programm	Programm	Programm	Programm
Projekt	System	Lebenszyklus	Bereich
Aufgabe	Teilsystem	System	Abteilung
Teilaufgabe	Personal	Teilsystem	Gruppe
Arbeitspaket	Personal	Personal	Personal
Arbeitsschritt	Personal	Personal	Personal

Die Methode des Arbeitsablaufs zergliedert die Arbeit in Systeme und wichtige Teilsysteme. Diese Methode eignet sich für Projekte, die maximal zwei Jahre dauern. Für längere Projekte ist die Lebenszyklus-Methode besser geeignet. Die Methode der Organisation wird für Projekte eingesetzt, bei denen sich vieles wiederholt und bei denen die funktionalen Bereiche kaum integriert werden müssen.

11.11 Die Rolle der Unternehmensführung bei der Projektauswahl

PMBOK® Guide 2004

Kapitel 4 Integrationsmanagement

4.1.2 Entwickeln des Projektauftrages: Werkzeuge und Methoden

Zu den Hauptverantwortlichkeiten der Unternehmensführung (und möglicherweise auch der Projektsponsoren) gehört die Projektauswahl. Die Auswahlkriterien der meisten Unternehmen sind eher subjektive, objektive, quantitative oder qualitative Werte oder einfach nur Schätzwerte. Auf jeden Fall sollte es einen triftigen Grund für die Auswahl des Projekts geben.

In finanzieller Hinsicht ist die Projektauswahl ein zweistufiger Vorgang. Zunächst einmal führt das Unternehmen eine Machbarkeitsüberprüfung durch, um festzustellen, ob das Projekt überhaupt durchführbar ist. Als Nächstes wird ein Kosten-Nutzen-Vergleich erstellt, um festzustellen, ob das Unternehmen das Projekt durchführen sollte.

Der Zweck der Machbarkeitsstudie besteht darin, zu überprüfen, ob das Projekt die Kosten-, die technologischen, die Sicherheits-, die Vermarktbarkeits- und die Ausführungsanforderungen des Unternehmens erfüllt. Die Machbarkeitsstudie und den Kosten-Nutzen-Vergleich kann das Unternehmen von einem externen Berater oder Experten durchführen lassen. Ein Projektmanager muss erst nach Abschluss der Machbarkeitsstudie bestimmt werden.

Im Rahmen der Machbarkeitsprüfung erhebt das obere Management häufig über Rating-Modelle Angaben von Spezialisten und von Managern der unteren Ebenen. Dabei werden geschäftliche oder technische Kriterien auf einer Rating-Skala eingeschätzt (siehe Abbildung 11.5). Abbildung 11.6 zeigt hingegen ein Checklisten-Ratingsystem, bei dem drei Projekte gleichzeitig geprüft werden. In Abbildung 11.7 sehen Sie schließlich ein Modell zur gewichteten Bewertung.

	KRITERIEN	SKALA −2	−1	0	+1	+2
TOP-MANAGEMENT	KAPITALANFORDERUNGEN				X	
	REAKTION AUF KONKURRENZ			X		
	KAPITALRENDITE (ROI)				X	
	AMORTISATIONSDAUER	■			X	■
	AUSWIRKUNG AUF AKTIENKURS				X	
KONSTRUKTION	BENÖTIGTE BETRIEBSMITTEL					X
	PERSONALVERFÜGBARKEIT				X	
	KNOW-HOW					X
	ENTWURFSPROBLEMATIK	■	■	■	■	■
	BETRIEBSMITTELVERFÜGBARKEIT				X	
	ROHRANORDNUNG				X	
FORSCHUNG	PATENTIERFÄHIGKEIT			X		
	ERFOLGSAUSSICHTEN					X
	KNOW-HOW					X
	PROJEKTKOSTEN		X			
	PERSONALVERFÜGBARKEIT	X				
	LABORZUGANG	X				
MARKETING	PRODUKTLEBENSDAUER		X			
	PRODUKTVORTEIL	■	X	■		■
	EIGNUNG FÜR VERKÄUFER	X				
	MARKTUMFANG	X				
	ZAHL DER KONKURRENTEN	X				
FERTIGUNG	VERARBEITBARKEIT					X
	KNOW-HOW					X
	VERFÜGBARE BETRIEBSMITTEL					X
	SUMME DER Xe	5	3	2	7	7

SCHLÜSSEL: +2 = HERVORRAGEND
+1 = GUT
0 = BEFRIEDIGEND
−1 = MANGELHAFT
−2 = UNGENÜGEND

■ = NICHT ANWENDBAR
X = PUNKTE FÜR PROJEKT A

Abbildung 11.5: Rating-Skala für die Machbarkeitsprüfung eines Projekts[8]

8. Souder, W. E., *Project Selection and Economic Appraisal,* S. 66.

KRITERIEN

PROJEKTE	RENTABILITÄT			MARKTFÄHIGKEIT			ERFOLGSWAHRSCH.			GESAMTPUNKTE
	3	2	1	3	2	1	3	2	1	
PROJEKT A	✓				✓			✓		7
PROJEKT B		✓		✓					✓	6
PROJEKT C			✓			✓			✓	3

Abbildung 11.6: Checkliste für drei Projekte[9]

KRITERIEN	RENTABILIT T	PATENTIERBARKEIT	MARKTFÄHIGKEIT	VERARBEITBARKEIT
KRITERIENGEWICHTUNG	4	3	2	1

PROJEKTE	PUNKTESTAND (NACH KRITERIEN)*				GEWICHTETER PUNKTESTAND
PROJEKT D	10	6	4	3	69
PROJEKT E	5	10	10	5	75
PROJEKT F	3	7	10	10	63

GEWICHTETER PUNKTESTAND = Σ (PUNKTESTAND X KRITERIENGEWICHTUNG)

*SKALA: 10 = HERVORRAGEND; 1 = INAKZEPTABEL

Abbildung 11.7: Ein Modell zur Ermittlung gewichteter Werte[10]

9. Souder, W. E., *Project Selection and Economic Appraisal,* S. 68.
10. Souder, W. E., *Project Selection and Economic Appraisal,* S. 69.

Wird das Projekt als machbar eingeschätzt und passt es zum strategischen Plan des Unternehmens, wird es zusammen mit anderen Projekten weiterentwickelt. Nach der Machbarkeitsprüfung wird ein Kosten-Nutzen-Vergleich erstellt, um festzustellen, ob das Projekt den erforderlichen monetären und nicht-monetären Nutzen bietet. Für den Kosten-Nutzen-Vergleich werden wesentlich mehr Informationen benötigt als bei der Machbarkeitsprüfung zur Verfügung stehen. Dadurch kann der Kosten-Nutzen-Vergleich kostspielig werden.

PMBOK® Guide 2004

5.2.2 Definition des Inhalts und Umfangs

5.2.2.1 Produktanalyse

Es ist sehr schwierig, den Nutzen und die Kosten rechtzeitig zu ermitteln. Der Nutzen wird häufig definiert als:

- Direkter Nutzen, der in geldwerter Form messbar ist
- Nicht-monetärer Nutzen, der nicht in Geldwert bemessen werden kann

Die Kosten lassen sich erheblich schwieriger quantifizieren als der Nutzen. Es müssen auf jeden Fall die Kosten ermittelt werden, die direkt mit dem Nutzen verglichen werden. Dazu gehören:

- Die aktuellen Betriebskosten oder die Betriebskosten unter heutigen Umständen
- Zukünftige Kosten, die zu erwarten sind oder die eingeplant werden können
- Nicht greifbare Kosten, die sich nur sehr schwer quantifizieren lassen. Wenn die Quantifizierung wenig zur Entscheidungsfindung beiträgt, werden diese Kosten häufig weggelassen

Die bekannten Beschränkungen und Annahmen müssen im Kosten-Nutzen-Vergleich ausführlich dokumentiert werden. Unrealistische und unerkannte Annahmen sorgen häufig zu einer unrealistischen Einschätzung des Nutzens. Die Entscheidung, ein Projekt weiterzuverfolgen, könnte von der Gültigkeit dieser Annahmen abhängen.

Tabelle 11.3 zeigt die wichtigsten Unterschiede zwischen Machbarkeitsstudien und Kosten-Nutzen-Vergleichen.

	Machbarkeitsstudie	**Kosten-Nutzen-Vergleich**
Grundfrage	*Ist das Projekt machbar?*	*Sollte das Projekt verfolgt werden?*
Phase	Vor Konzepterstellung	Konzepterstellung
PM bereits ausgewählt	In der Regel nicht	In der Regel ja, PM arbeitet jedoch noch nicht ausschließlich an diesem Projekt mit.
Analyse	Qualitativ	Quantitativ
Wichtige Faktoren für Weiterverfolgung/Abbruch	• Technische Faktoren • Kosten • Qualität • Sicherheit • Leichtigkeit der Erfüllung • Ökonomische Faktoren • Rechtliche Faktoren	• Nettowert • Diskontierter Cashflow • Interne Rendite • ROI (Kapitalrendite) • Wahrscheinlichkeit des Erfolgs • Realitätsbezug der Annahmen und Beschränkungen
Entscheidungskriterien	Das Projekt passt strategisch.	Der Nutzen übersteigt die Kosten im erforderlichen Maß.

Tabelle 11.3: Gegenüberstellung von Machbarkeitsstudie und Kosten-Nutzen-Vergleich

11.12 Die Rolle der Unternehmensführung bei der Planung

Die Unternehmensführung bestimmt den Projektmanager, der Planungserfahrung haben sollte. Nicht alle technischen Spezialisten sind gute Planer. Analog dazu haben einige Leute, die ausgezeichnete Fähigkeiten im Bereich der Ausführung haben, nur minimale Planungsfertigkeiten. Führungskräfte müssen sicherstellen, dass derjenige, der zum Projektmanager gemacht wird, sowohl Planungs- als auch Ausführungsfertigkeiten besitzt. Darüber hinaus müssen die Führungskräfte während der Projektplanungsaktivitäten eine führende Rolle einnehmen, insbesondere, wenn sie auch als Projektsponsoren tätig sind.[11]

Die Unternehmensführung darf nicht willkürlich unrealistische Meilensteine vorgeben und dann das Linienmanagement dazu zwingen, sie zu erfüllen. Der Projekt- und die Linienmanager sollten zwar versuchen, auch unrealistische Meilensteine zu erreichen. Wenn ein Linienmanager jedoch sagt, dies sei unmöglich, sollte die Unternehmensführung dies respektieren, weil der Linienmanager schließlich der Experte ist.

Die Unternehmensführung sollte während der Planungsphase mit dem Projekt- und dem Linienpersonal zusammenarbeiten, um die Anforderungen definieren und vernünftige Stichtage ermitteln zu können. Die Unternehmensführung muss einsehen, dass die Aufstellung unangemessener Stichtage dazu führen kann, dass Prioritäten neu vergeben werden müssen. Dies kann wiederum bedingen, dass Meilensteine nach hinten verschoben werden müssen.

11.13 Der Planungskreislauf

Wie bereits erwähnt, besteht einer der wichtigsten Gründe für die Strukturierung von Projekten in Phasen darin, dem Management Entscheidungspunkte an die Hand zu geben, damit:

- Die verfrühte Bindung von Ressourcen vermieden werden kann
- Zukünftige Optionen offen gehalten werden können
- Der Nutzen jedes Projekts im Verhältnis zu allen anderen Projekten maximiert werden kann
- Die Risiken richtig eingeschätzt werden können

Bei langfristigen Projekten kann die Unterteilung in Phasen auch übertrieben werden, was zu erhöhten Kosten und Verzögerungen führt. Um dies zu verhindern, greifen viele projektorientierte Unternehmen auf andere Systeme zu, wie z.B. auf Kostenplanungs- und Steuerungssysteme. Ohne ein solches Kostenplanungs- und Steuerungssystem kann kein Programm oder Projekt effizient organisiert und verwaltet werden. Abbildung 11.8 zeigt die fünf Phasen eines solchen Systemss. Die erste Phase begründet den Planungskreislauf. Der eigentliche Kreislauf besteht aus den sich anschließenden vier Phasen.

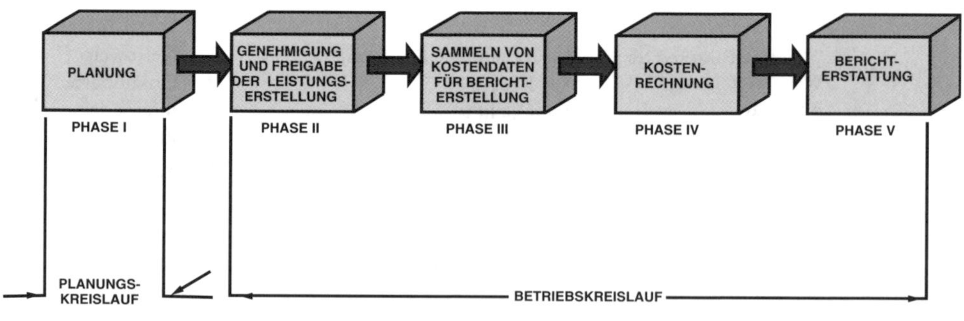

Abbildung 11.8: Die Phasen eines Kostenplanungs- und Steuerungssystems

11. Obwohl dieser Abschnitt mit »Die Rolle der Unternehmensführung bei der Planung« überschrieben ist, bezieht er sich auch auf das Linienmanagement, wenn das Projektsponsoring auf der mittleren Managementebene oder darunter angesiedelt wurde. Das ist in sehr reifen Projektmanagementorganisationen relativ häufig, wenn das obere Management ausreichend viel Vertrauen in die Fähigkeiten des Linienmanagers hat, als Projektsponsor aufzutreten.

Abbildung 11.9 zeigt die Aktivitäten, die im Planungskreislauf inbegriffen sind. Der Projektstrukturplan dient als Planungsgrundlage und als Ader für die Kommunikation und Leistungserstellung in allen Phasen. Eine umfassende Analyse von Kostenplanungs- und Steuerungssystemen finden Sie in Kapitel 15.

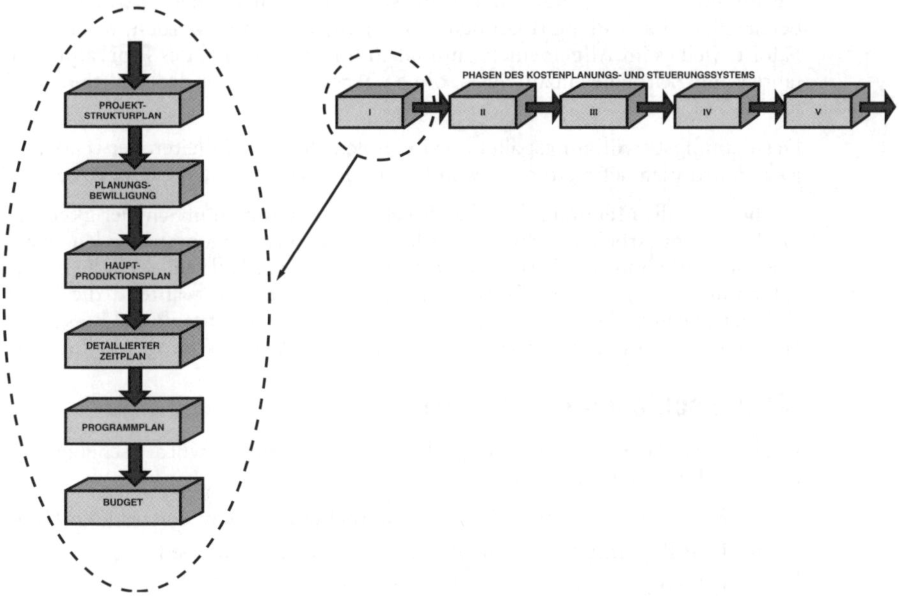

Abbildung 11.9: Der Planungskreislauf eines Kostenplanungs- und Steuerungssystems

11.14 Die Planungsbewilligung

PMBOK® Guide 2004

4.4.2 Lenken und Managen der Projektausführung: Werkzeuge und Methoden

Nach Abschluss eines Vertrags ist irgendeine Form der Genehmigung erforderlich, bevor die Arbeit beginnen kann, selbst in der Planungsphase. Sowohl die Genehmigung der Arbeit als auch die Genehmigung der Arbeitsplanung werden benötigt, um Finanzmittel freizugeben, allerdings für unterschiedliche Zwecke. Die Genehmigung der Arbeitsplanung gibt Finanzmittel frei (hauptsächlich für das funktionale Management), so dass Zeitpläne, Kosten, Budgets und alle anderen Arten von Plänen vorbereitet werden können, bevor Finanzmittel für den operationalen Zyklus freigegeben werden, nachfolgend einfach als Arbeitsgenehmigung bezeichnet. Für beide Arten von Genehmigungen sind dieselben organisatorischen Aufgaben erforderlich. In vielen Unternehmen wird diese Arbeitsgenehmigung als Planungsbewilligung bezeichnet, eine Beschreibung der Aufgaben der Kostenstelle (minimale Unterteilungsebene) in „Erzählform". Dieses Paket legt die auszuführende Arbeit fest, den Leistungszeitraum und möglicherweise die maximal verfügbare Stundenzahl. Die Planungsbewilligung hat vielerlei Zwecke. Sie kann Vertragsmittel freisetzen, die Planung genehmigen, die im Projektstrukturplan angegebenen Aktivitäten beschreiben und schließlich die Arbeit freigeben.

Die Planungsbewilligung ist eines der Schlüsselelemente bei der Planung eines Programms, wie in Abbildung 11.9 gezeigt. Die Vertragskontrolle und -administration gibt die Vertragsfinanzmittel frei, indem sie eine Planungsbewilligung einrichtet, die sowohl die allgemeinen Vertragsbedingungen vorgibt als auch die Durchführung des Programm-Managements genehmigt. Das Programm-Management richtet die Planungsbewilligung ein, um die vertraglichen Richtlinien und Anforderungen für funktionale Einheiten vorzugeben. Die Planungsbewilligung gibt an, wie die Arbeit ausgeführt wird, welche funktionalen Organisationen beteiligt sind, wer welche speziellen Verantwortlichkeiten hat, und genehmigt die Nutzung von Ressourcen über einen bestimmten Zeitraum.

Die Planungsbewilligung genehmigt sowohl dem Programmteam als auch dem funktionalen Management, mit der Arbeit zu beginnen. Wie in Abbildung 11.9 gezeigt, stellt die Planungsbewilligung direkte Eingaben für Phase II des Management-Kosten- und Kontrollsystems bereit. Phase I und Phase II können gleichzeitig ausgeführt werden, was normalerweise auch der Fall ist, weil es im Allgemeinen unmöglich für das Personal des Programmbüro ist, Pläne, Verfahren und Zeitpläne einzurichten, ohne über Eingaben von den funktionalen Einheiten zu verfügen.

Das Planungsbewilligungspaket wird von den Betriebseinheiten verwendet, um den vom Projektstrukturplan definierten Aufwand weiter in kleine Segmente oder Arbeitspakete zu zerlegen.

Oft herrscht die Meinung, dass das Projekt von Anfang an in Schwierigkeiten steckt, wenn sich die Daten im Arbeitsgenehmigungsdokument von dem unterscheiden, was ursprünglich im Angebot enthalten war. Das muss nicht unbedingt der Fall sein, weil die meisten Projekte unter Annahme „unbegrenzter" Ressourcen kalkuliert werden, während die Zeitangaben und die Geldbeträge im Arbeitsgenehmigungsdokument auf „beschränkten" Ressourcen basieren. Diese Situation hat man häufig in Unternehmen, die an Ausschreibungen teilnehmen.

11.15 Warum schlagen Pläne fehl?

Unabhängig davon, wie aufwändig die Planung betrieben wurde, schlagen Pläne auch manchmal fehl. Typische Gründe dafür sind:

- Mangelnde Kenntnis über die Unternehmensziele in den unteren Unternehmensebenen
- Laut Plan muss zu viel in zu kurzer Zeit erreicht werden.
- Fehlerhafte Einschätzung der benötigten Finanzmittel
- Die Daten, auf denen die Pläne basieren, sind unzureichend.
- Es wird nicht versucht, den Planungsvorgang zu systematisieren.
- Die Planung wird von einer Planungsgruppe durchgeführt.
- Die Zielvorgaben sind unbekannt.
- Die Personalvorgaben sind unbekannt.
- Die Zeitpunkte für die wichtigen Meilensteine sind unbekannt und auch in Berichten nicht enthalten.
- Die Planung basiert auf Schätzwerten statt auf Standards.
- Es stand nicht genügend Zeit für die Planung zur Verfügung.
- Niemand hat sich darum gekümmert, ob Mitarbeiter mit den benötigten Kenntnissen zur Verfügung stehen.
- Die Mitarbeiter orientieren sich nicht an denselben Spezifikationen.
- Die Mitarbeiter werden ständig anderen Aufgaben innerhalb und außerhalb des Projekts zugeteilt, ohne dass dabei der Terminplan berücksichtigt wird.

Warum treten solche Situationen ein? Wenn die Unternehmensziele nicht bekannt sind, liegt das daran, dass die Unternehmensführung die benötigten strategischen Informationen zurückhält. Schlägt ein Plan bedingt durch übergroßen Optimismus fehl, sind dafür der Projekt- und die Linienmanager verantwortlich, weil sie das Risiko nicht richtig eingeschätzt haben. Projektmanager sollten die Linienmanager auffordern, bei den Schätzwerten anzugeben, ob diese optimistisch oder pessimistisch sind, und auch eine ehrliche Antwort erwarten. Für eine fehlerhafte Einschätzung des Finanzbedarfs ist der Linienmanager verantwortlich. Schlägt das Projekt fehl, weil die Anforderungen nicht ausreichend definiert wurden, ist der Projektmanager fehl am Platz.

Manchmal tritt ein Misserfolg auf, weil einfache Details vergessen oder übersehen wurden. Beispiele hierfür sind:

- Es wurde versäumt, dem Linienmanager früh genug mitzuteilen, dass der Prototyp noch nicht fertig und eine Neuplanung erforderlich ist.
- Es wurde versäumt, zu überprüfen, ob der Linienmanager für die nächsten zwei Wochen tatsächlich weitere Mitarbeiter bereitstellen kann, da dies vor sechs Monaten noch möglich war.

Manchmal schlagen Pläne auch deshalb fehl, weil der Projektmanager sich zu viel vornimmt und dann etwas dazwischenkommt, wie z.B. Krankheit. Der Misserfolg vieler Projekte stammt daher, dass der Projektmanager krank wurde und als Einziger über alles Bescheid wusste.

11.16 Projekte vorzeitig beenden

PMBOK® Guide 2004
4.7 Abschließen des Projekts

Es sind immer Situationen denkbar, in denen Projekte vorzeitig beendet werden müssen. Nachfolgend sind neun häufige Ursachen für den Projektabbruch aufgelistet:

- Die Projektziele wurden bereits vor dem geplanten Endtermin erreicht.
- Mangelhafte Planung und Markteinschätzung
- Es wurde eine bessere Alternative gefunden.
- Die Unternehmensinteressen und die Unternehmensstrategie haben sich verändert.
- Die veranschlagte Zeit ist abgelaufen.
- Die budgetierten Kosten wurden überschritten.
- Die Kernmitarbeiter verlassen das Unternehmen.
- Eine Laune der Unternehmensführung
- Das Problem ist zu komplex und kann mit den verfügbaren Ressourcen nicht gelöst werden.

Die Gründe, aus denen Projekte nicht rechtzeitig abgeschlossen werden, sind in der Regel auf Verhaltensmängel zurückzuführen:

- Mangelnde Arbeitsmoral
- Schlechte zwischenmenschliche Beziehungen
- Mangelnde Arbeitsproduktivität
- Projektmitarbeiter fühlen sich dem Projekt gegenüber nicht ausreichend verpflichtet.

Der letzte Punkt scheint häufig die Ursache für die ersten drei Punkte zu sein.

Nachdem die Gründe für den Projektabbruch festgelegt wurden, besteht das nächste Problem darin, wie das Projekt gestoppt werden kann. Dazu gibt es folgende Möglichkeiten:

- Ein ordnungsgemäß geplanter Projektabschluss
- Die »Kriegserklärung« (Abzug von Finanzmitteln und von Personal)
- Zuweisung von Mitarbeitern zu Aufgaben mit einer höheren Priorität
- Umorientierung des Arbeitsaufwands auf andere Ziele
- Begraben oder aussterben lassen (z.B. indem nichts Offizielles mehr unternommen wird)

Beim Abbruch von Projekten sind drei Problembereiche zu beachten:

- Die Arbeitsmoral der Mitarbeiter
- Die Neuzuordnung von Mitarbeitern
- Die adäquate Dokumentation und Nachbereitung

11.17 Der Projektabschluss

PMBOK® Guide 2004
4.5 Überwachen und Steuern der Projektarbeit

Definitionsgemäß haben alle Projekte (und sogar Lebenszyklusphasen) ein Ende. Die Phase des Projektabschlusses ist sehr wichtig und sollte bestimmten Prozeduren folgen und Folgendes zum Ziel haben:

- Das Projekt effektiv und gemäß der vertraglichen Vereinbarungen zum Abschluss bringen
- Das Projekt auf den Übergang in die nächste Phase vorbereiten, wie z.B. von der Produktion zur Installation, zum Feldbetrieb oder zur Schulung
- Analyse der Projektleistung in Bezug auf die Finanz-, Zeit- und Technikvorgaben
- Schließen des Project Office und Übergabe oder Verkauf aller Ressourcen, die dem Projekt ursprünglich zugeordnet wurden (inklusive der Mitarbeiter)
- Ermittlung und Verfolgung von Folgeaufträgen

Die meisten Projektmanager sind sich zwar der Notwendigkeit einer exakten Planung vor dem Projektstart bewusst, kümmern sich jedoch nicht um die Planung des Projektabschlusses. Diese Planung beinhaltet folgende Punkte:

- Übertragung von Zuständigkeiten
- Abschließende Projektberichte
  - Bewertung des Projektablaufs
  - Projektbewertung
- Dokumentieren der Ergebnisse
- Abnahme durch Sponsor oder Benutzer
- Erfüllung vertraglicher Vereinbarungen
- Freigabe von Ressourcen
  - Neuzuordnung der Projektteammitglieder
  - Disposition der Linienmitarbeiter
  - Disposition des Materials
- Abschließende Arbeitsanweisungen (Finanzabschluss)
- Vorbereitung der Zahlungen

Projekterfolg oder -misserfolg hängen häufig von der Fähigkeit des Managements ab, mit PersonalProblemen umzugehen, die in der letzten Phase auftreten. Wenn die sich anschließenden Aufträge auf die Projektteammitarbeiter unangenehm oder unsicher wirken, entstehen Ängste, es werden Konflikte hervorgerufen und dringend benötigte Energie wird umgeleitet und für die Stellensuche, für die Errichtung von Hindernissen und sogar für Sabotage eingesetzt. Die Projektmitarbeiter kümmern sich möglicherweise nur noch um die Stellensuche und nicht darum, dass das Projekt erfolgreich abgeschlossen wird. Dadurch entsteht eine Leere, die häufig nur schwer gefüllt werden kann.

Unter den gegebenen Realitäten der Geschäftswelt ist es schwierig, Projektmitarbeiter unter Idealbedingungen in andere Projekte zu vermitteln. Die folgenden Hinweise können nützlich sein, um die Effektivität beim Projektabschluss zu erhöhen und gleichzeitig den persönlichen Stress zu verringern:

- Der Projektabschluss sollte vom Projekt- und von den Linienmanagern sorgfältig geplant werden. Der Einsatz einer Checkliste ist sinnvoll.
- Es sollte eine einfache Prozedur zum Abschluss von Projekten entwickelt werden, die die wichtigsten Schritte und Verantwortlichkeiten umfasst.
- Die Projektabschlussphase sollte wie alle anderen Phasen des Projekts behandelt werden, d.h., die Aufgaben sollten klar umrissen werden, die Zuständigkeiten sollten abge-

stimmt werden, es sollte einen Terminplan und ein Budget geben und die Endergebnisse sollten klar sein.

- Die Interaktion von verhaltensbezogenen und organisationsbezogenen Elementen sollte klar sein, um ein Umfeld schaffen zu können, das bis zum Projektabschluss Teamwork begünstigt.
- Die Projektziele und ihre Auswirkungen auf das Unternehmen sollten hervorgehoben werden.
- Die Unterstützung durch das Top-Management sollte gesichert werden.
- Konflikte, Prioritätenwechsel und technische oder logistische Probleme sollten beachtet werden. Es sollte versucht werden, die Probleme zu identifizieren und zu lösen, sobald sie auftreten. Die Kommunikation sollte durch regelmäßige Statusbesprechungen gefördert werden.
- Die Projektmitarbeiter sollten über zukünftige Arbeitsmöglichkeiten informiert werden. Ressourcenmanager sollten mit dem Personal neue Arbeitsaufträge besprechen und die Mitarbeiter bereits in das nächste Projekt einbeziehen.
- Vorsicht vor Gerüchten! Falls Umstrukturierungsmaßnahmen oder Entlassungen erforderlich sind, sollte die Situation professionell gehandhabt werden, da ansonsten Gerüchte entstehen, in denen das Schlimmste angenommen wird.
- Es sollte ein Vertragsmanager beauftragt werde, der die Firmeninteressen wahrnimmt, indem er die Unterschrift des Auftraggebers einholt und sich um die Abschlusszahlung kümmert.

11.18 Feinplanung

Die Feinplanung der Aktivitäten ist eine wichtige Anforderung an das Project Office, nachdem das Programm gestartet wurde. Das Project Office ist normalerweise vollständig für die Planung der Aktivitäten zuständig, falls diese nicht zu komplex sind. Bei Großprojekten kann die Terminplanung nur in Zusammenarbeit mit den Linienmanagern erfolgen. Je nach Programmgröße und Vertragsbedingungen ist das Project Office eventuell mit einem Mitarbeiter ausgestattet, der ausschließlich für die Entwicklung und Aktualisierung des Terminplans zuständig ist. Die Termininformationen müssen dann an die Mitarbeiter des Project Office, an das Linienmanagement, an die Teammitglieder und an den Auftraggeber weitergegeben werden.

Die Tätigkeitsplanung ist vermutlich das wichtigste Werkzeug, um festzustellen, wie die Unternehmensressourcen integriert werden sollten. Ablauf- und Terminpläne sind unerlässlich, um die Ressourcen nutzen, die Leistung verfolgen und die Kosten einschätzen zu können. Ablauf- und Terminpläne dienen als Hauptpläne, denen die Auftraggeber und das Management ein aktuelles Bild des Projektstands entnehmen können.

Bei der Erstellung von Ablauf- und Terminplänen sollten unabhängig von ihrem geplanten Einsatz oder ihrer Komplexität bestimmte Richtlinien berücksichtigt werden:

- Alle wichtigen Ereignisse und Termine müssen klar identifiziert werden. Falls vom Auftraggeber ein Lastenheft bereitgestellt wird, sollten die Zeitangaben, die darin enthalten sind, in den Terminplan aufgenommen werden. Können die vom Auftraggeber gesetzten Meilensteine nicht erreicht werden, sollte der Auftraggeber darüber sofort in Kenntnis gesetzt werden.
- Der genaue Arbeitsablauf sollte über einen Netzplan definiert werden, in dem die Beziehungen zwischen Ereignissen identifiziert werden können.
- Ablauf- und Terminpläne sollten sich direkt auf Projektstrukturpläne beziehen. Wird ein Projektstrukturplan gemäß eines bestimmten Arbeitsablaufs erstellt, können die Arbeitssequenzen ganz leicht im Terminplan identifiziert werden, indem das gleiche Nummerierungssystem wie beim Projektstrukturplan benutzt wird. Als Minimalanforderung sollte für alle Aufgaben angegeben werden, wann sie beginnen und wann sie enden.

- Alle Ablauf- und Terminpläne müssen die Terminvorgaben ausweisen und, falls möglich, auch die Ressourcen, die für jedes Ereignis erforderlich sind.

Diese vier Richtlinien beziehen sich zwar auf die Erstellung von Ablauf- und Terminplänen, sie definieren jedoch nicht, wie komplex die Ablauf- und Terminpläne sein sollten. In diesem Zusammenhang sollten die folgenden drei Fragen berücksichtigt werden:

- Wie viele Ereignisse oder Aktivitäten sollte ein Netzplan enthalten?
- Wie stark sollten die Aktivitäten untergliedert werden?
- Für welche Zielgruppe wird der Terminplan erstellt?

Die meisten Unternehmen erstellen mehrere Terminpläne, wie z.B. eine Kurzfassung für das Management und die Planer und einen ausführlichen Terminplan für die Macher und die unteren Ebenen der Projektsteuerung. Die ausführlichen Ablauf- und Terminpläne können sich ausschließlich auf abteilungsübergreifende Tätigkeiten beziehen. Das Programm-Management muss alle Ablauf- und Terminpläne bis zur dritten Ebene des Projektstrukturplans überprüfen. Ablauf- und Terminpläne, die für die vierte bis sechste Ebene erstellt werden, müssen nicht unbedingt genehmigt werden.

Zu den größten Problemen der Terminplanung gehören Situationen, in denen der Auftragnehmer die vom Auftraggeber festgelegten Meilenstein-Zeitpunkte nur erfüllen kann, wenn er ein Risiko eingeht. Eine solche Situation wird in Beispiel 11.1 beschrieben.

Beispiel 11.1. Die Firma Condor arbeitet momentan an einem Projekt, das aus den Phasen Entwurf, Entwicklung und Qualifikation einer bestimmten Komponente besteht. Laut Vertrag soll mit der Entwicklungsphase erst begonnen werden, nachdem eine Review-Sitzung über den Entwurf abgehalten wurde. Die Firma Condor stellte fest, dass dann die Meilensteine nicht mehr erreicht werden können. Deshalb geht die Firma Condor das Risiko ein, die Kosten auf sich zu nehmen, die zusätzlich anfallen, wenn die Fertigung bereits bewilligt wird, sich jedoch in der Review-Sitzung ergibt, dass die Spezifikationen nicht akzeptabel sind. Wie sollte dies im Terminplan berücksichtigt werden?

Für dieses Problem gibt es keine einfache Lösung. Im Hauptproduktionsplan muss die Firma Condor deutlich machen, dass die Herstellung der Komponenten früher beginnt, der Auftragnehmer jedoch das Risiko dafür trägt. Dies sollte vertraglich festgehalten werden, wobei dem Auftragnehmer und dem Auftraggeber die möglichen Risiken und Probleme bekannt sind.

Es werden für fast alle Aktivitäten ausführliche Ablauf- und Terminpläne erstellt. Das Project Office muss alle ausführlichen Ablauf- und Terminpläne in einen Masterplan zusammenfassen und prüfen, ob alle Aktivitäten wie geplant ausgeführt werden können. Die Abfolge der Planungsschritte wird in Abbildung 11.10 gezeigt. Das Project Office fordert von den Linienmanagern ausführliche Ablauf- und Terminpläne an. Jeder Linienmanager spricht seine Ablauf- und Terminpläne mit dem Project Office durch. Das Project Office integriert die Pläne dann zusammen mit den Programmteammitgliedern aus den Linienorganisationen und überprüft, ob alle vertraglich vereinbarten Zeitvorgaben eingehalten werden können.

Bevor die Ablauf- und Terminpläne veröffentlicht werden, sollten die Entwürfe vom Auftraggeber überprüft werden, um Folgendes zu erreichen:

- Sicherstellen, dass nichts übersehen wurde
- Verhindern, dass ein veröffentlichtes Dokument direkt überarbeitet werden muss
- Die Produktionskosten minimieren, indem die Anzahl der Revisionen verringert wird
- Dem Auftraggeber bereits sehr früh zeigen, dass seine Hilfe bei und seine Beiträge zur Planungsphase willkommen sind

Nachdem das Dokument veröffentlicht wurde, sollte es an alle Mitglieder des Project Office, an die Linienmitarbeiter, an das Linienmanagement und an den Auftraggeber verteilt werden. Beispiele für ausführliche Ablauf- und Terminpläne finden Sie in Kapitel 13.

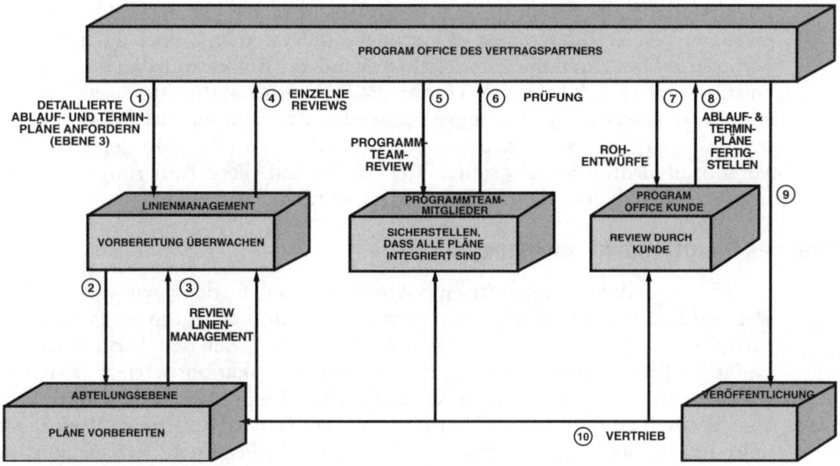

Abbildung 11.10: Erstellung der Zeit- und Programmpläne

Neben den ausführlichen Ablauf- und Terminpläne muss das Project Office mit Unterstützung durch das Linienmanagement Organigramme entwickeln, die zeigen, wer wofür verantwortlich ist und welche formellen (und häufig auch informellen) Kommunikationswege es gibt. Beispiele hierfür wurden in Abschnitt 4.11 gegeben.

Das Project Office entwickelt möglicherweise auch ein Lineare-Kompetenz-Diagramm. Trotz der Bemühungen des Managements gibt es Überlappungen bei den Funktionen in den einzelnen Linieneinheiten. Außerdem möchte das Management eine bestimmte Aktivität möglicherweise einer bestimmten Linieneinheit übergeben, die normalerweise gar nicht dafür zuständig ist. Dieser Fall tritt häufig bei kurzen Programmen ein, bei denen das Management Kosten und unnötigen Büroaufwand vermeiden möchte.

Die Projektmitarbeiter sollten immer daran denken, zu welchem Zweck der Terminplan entwickelt wurde. Das Hauptziel besteht darin, die Aktivitäten so zu koordinieren, dass das Projekt wie folgt durchgeführt wird:

- Innerhalb der kürzestmöglichen Zeit
- Mit möglichst wenig Kostenaufwand
- Mit einem möglichst geringen Risiko

Es gibt auch untergeordnete Ziele der Terminplanung:

- Erkundung von Alternativen
- Entwicklung eines optimalen Terminplans
- Effektiver Einsatz der Ressourcen
- Kommunikation
- Verfeinerung der Schätzkriterien
- Erreichen einer guten Projektkontrolle
- Erleichterung der Überarbeitung

11.19 Der Hauptproduktionsplan

Wie in Abbildung 11.9 gezeigt, erhalten die Fertigungseinheiten mit der Planungsbewilligung die Befugnis, einen Hauptproduktionsplan zu entwickeln, dem der Einsatz der Unternehmensressourcen zu entnehmen ist.

Die Erstellung eines Hauptproduktionsplans ist nichts Neues. Frühe Materialsteuerungssysteme erzeugen bereits anhand von »Quartalsbestellsystemen« einen Hauptproduktionsplan für die Fertigung. Diese Systeme entwickeln anhand der Rückstände bei der Bearbeitung der Kundenaufträge einen Produktionsplan für einen Zeitraum von drei Monaten. Anschließend wird manuell ermittelt, welche Teile im entsprechenden Zeitraum erworben oder hergestellt werden müssen. Wegen der sich schnell verändernden Kundenanforderungen, der schwankenden Vorlaufzeiten und der langsamen Reaktionen auf diese Änderungen kann der Hauptproduktionsplan jedoch erheblich beeinträchtigt werden.[12]

Definition des Hauptproduktionsplans

Ein Hauptproduktionsplan ist eine Anweisung, die festlegt, wie viele Einheiten wann gefertigt werden. Es handelt sich um einen Produktions- und nicht um einen Vertriebsplan. Der Hauptproduktionsplan berücksichtigt den Gesamtbedarf, der den Verkauf der Fertigprodukte, den Bedarf an Ersatzzeilen und den Bedarf anderer Fabrikationsbetriebe berücksichtigt. Der Hauptproduktionsplan muss auch die Kapazität einer Produktionsanlage und die Anforderungen, die vom Vertrieb gestellt werden, berücksichtigen. Es wird außerdem Vorsorge für die Arbeitsweise jeder Produktionsanlage getroffen. Die Material-, Personal-, Produktions-, Einsatzmittel- und Finanzplanung wird durch den Hauptproduktionsplan bedingt.

Ziele des Hauptproduktionsplans

Mit dem Hauptproduktionsplan soll Folgendes geleistet werden:

- Bereitstellung eines Mittels für das Top-Management, um den Personalbedarf, Bestandsinvestitionen und Geldflüsse zu bewilligen und zu steuern
- Koordination der Aktivitäten von Marketing, Fertigung, Konstruktion und Finanzen mittels eines gemeinsamen Leistungsziels
- Abstimmung der Bedürfnisse von Marketing und Fertigung
- Bereitstellung eines Leistungsbemessungssystems
- Bereitstellung von Daten für die Material- und Kapazitätsplanung

Die Entwicklung eines Hauptproduktionsplans stellt einen wichtigen Schritt im Planungskreislauf dar. Hauptproduktionspläne verbinden Personal, Material, Einsatzmittel und Produktionsanlagen eng miteinander (siehe Abbildung 11.11). Außerdem kennzeichnen Hauptproduktionspläne auch Kerndaten für Auftraggeber, falls diese den Auftragnehmer während spezieller Fertigungsperioden aufsuchen wollen.

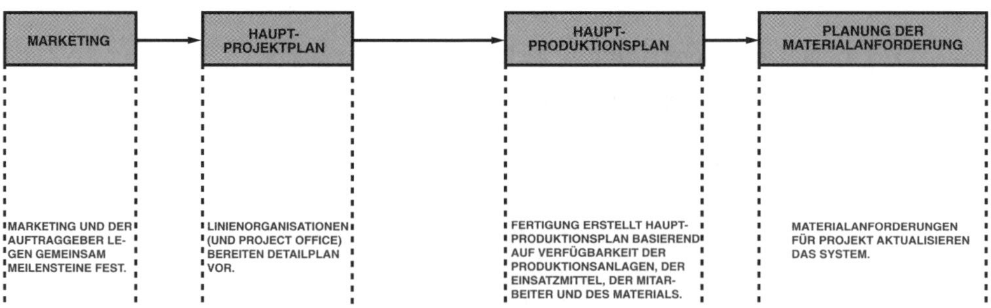

Abbildung 11.11: Beziehungen bei der Planung von Materialanforderungen

12. Der Hauptproduktionsplan wird hier wegen seiner Bedeutung für den Planungskreislauf vorgestellt. Der Hauptproduktionsplan kann jedoch nicht ohne effektive Bestandsprüfungsverfahren eingesetzt werden.

11.20 Der Projektplan

PMBOK® Guide 2004

Kapitel 5 Inhalts- und Umfangsmanagement

Kapitel 4 Integrationsmanagement

3.2.2 Planungsprozessgruppe

Ein Projektplan ist ein wesentlicher Bestandteil für den Erfolg eines Projekts. Bei umfangreichen und häufig auch komplexen Projekten benötigen Kunden einen Projektplan, der alle Aktivitäten innerhalb des Projekts dokumentiert. Der Projektplan dient als Richtlinie für das Projekt und kann je nach Projekt bis zu einmal monatlich überarbeitet werden (bei FuE-Projekten muss der Projektplan beispielsweise häufiger überarbeitet werden als bei Fertigungs- oder Bauprojekten). Der Projektplan bietet Folgendes:

- Elimination von Konflikten zwischen Linienmanagern
- Elimination von Konflikten zwischen Linien- und Programm-Management
- Bereitstellung eines Standardkommunikationsmittels für das Programm (sollte auf den Projektstrukturplan aufsetzen)
- Bereitstellung des Nachweises, dass der Auftragnehmer die Ziele und Anforderungen des Auftraggebers versteht
- Bereitstellung eines Mittels, um Inkonsistenzen in der Planungsphase zu identifizieren
- Bereitstellung eines Mittels, um Problembereiche und Risiken zu einem frühen Zeitpunkt festzustellen und spätere Überraschungen zu vermeiden
- Enthält alle Ablauf- und Terminpläne, die in Abschnitt 11.18 definiert wurden, als Grundlage für die Fortschrittsanalyse und die Berichterstattung

Die Entwicklung eines Projektplans kann sehr zeit- und kostenaufwändig sein. Es nehmen alle Ebenen der Organisation daran teil. Die oberen Ebenen stellen die Inhaltsangaben bereit und die unteren Ebenen die Details. Der Projektplan enthebt wie die Tätigkeitspläne die Abteilungen nicht davon, eigene Pläne zu entwickeln.

Der Projektplan muss zeigen, wie die Unternehmensressourcen integriert werden. Dieser Vorgang ähnelt der Ablaufplanung, die in Abbildung 11.10 gezeigt wird. Da der Projektplan die Ereignisse, die in Abbildung 11.10 gezeigt werden, jedoch erklären muss, sind mehrere Iterationsschritte erforderlich, die zu Projektänderungen führen können (siehe Abbildung 11.12).

Der Projektplan ist ein Standard, mit dem Auftraggeber, Programm- und Linienmanager die Leistung messen können, und er beantwortet die folgenden Fragen:

- Was soll geleistet werden?
- Wie soll die Ausführung erfolgen?
- Wo soll die Ausführung erfolgen?
- Wann soll die Ausführung erfolgen?
- Warum soll die Ausführung erfolgen?

Um diese Fragen beantworten zu können, müssen Auftragnehmer und Auftraggeber folgende Punkte betrachten:

- Projektanforderungen
- Projektmanagement
- Projektpläne
- Anforderungen an die Produktionsanlagen
- Logistik
- Finanzmittelausstattung
- Personal und Organisation

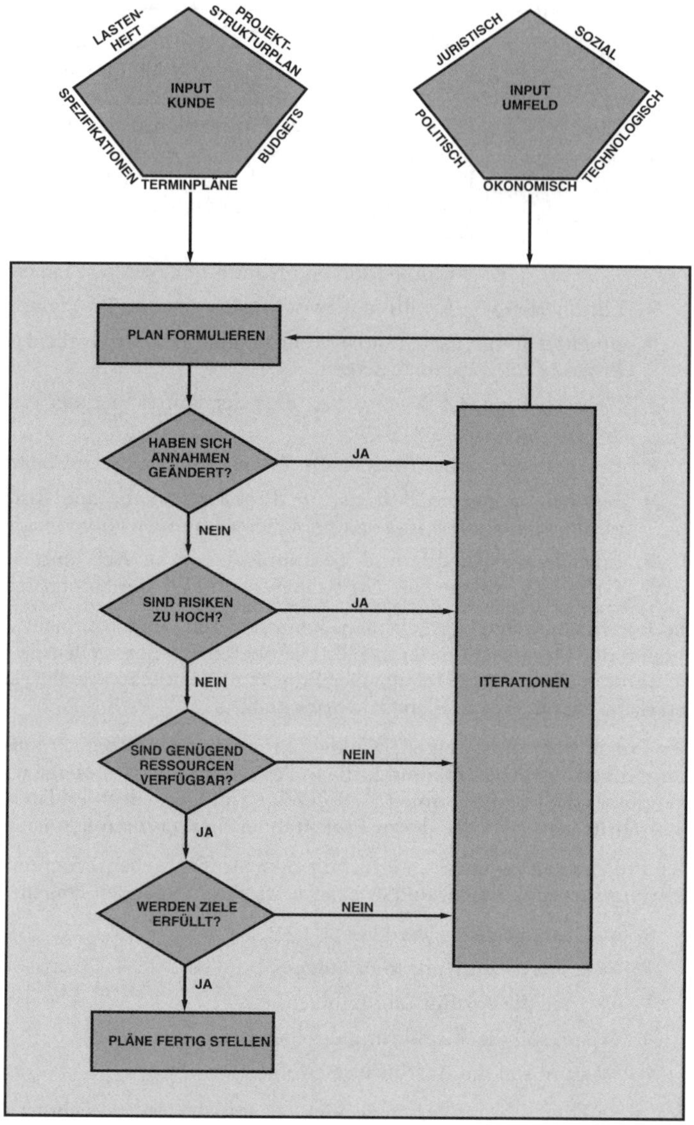

Abbildung 11.12: Iterationsschritte im Planungsprozess

Der Projektplan ist mehr als nur ein Satz von Anweisungen. Er stellt den Versuch dar, Krisen zu verhindern, indem alles vermieden wird, was aus dem Rahmen fällt. Der Plan wird von Auftraggeber und Auftragnehmer genehmigt, um feststellen zu können, welche Daten fehlen und welche Auswirkungen sich möglicherweise daraus ergeben. Der Projektplan wird anschließend mit bisher fehlenden oder mit neuen Daten aktualisiert. Die häufigsten Ursachen für die Überarbeitung eines Plans sind:

- Aktivitäten, um Endtermine zu erreichen
- Kompromisslösungen in Bezug auf Personal, Ablauf- und Terminpläne und die Leistung
- Anpassung von Personalanforderungen

Projektpläne können bei jedem Auftragnehmer anders aussehen. Die meisten Projektpläne bestehen aus einer Einleitung, einer Zusammenfassung, einem Management- und einem technischen Teil. Die Komplexität liegt in der Regel im Ermessen des Auftragnehmers, vorausgesetzt, dass die Kundenanforderungen, die möglicherweise im Lastenheft enthalten sind, erfüllt werden.

In der Einführung wird das Projekt definiert und die wichtigsten Bestandteile werden erwähnt. Falls das Projekt sich an ein anderes Projekt anschließt oder aus einer ähnlichen Aktivität hervorgeht, wird dies zusammen mit einem kurzen Abriss über den Hintergrund des Projekts angegeben.

Die Zusammenfassung enthält die Ziele und Zielvorgaben des Projekts und in der Regel die üblichen »Lippenbekenntnisse« zum Projekterfolg und dazu, wie alle Probleme überwunden werden können. Dieser Abschnitt muss auch den Projekthauptplan enthalten, der zeigt, wie alle Projekte und Aktivitäten zusammenhängen. Der Gesamtprogrammplan sollte Folgendes beinhalten:

- Ein entsprechendes Planungssystem (Balkendiagramme, Meilenstein-Diagramme, Netzplantechnik etc.)
- Eine Auflistung aller Aktivitäten auf Projektebene oder tiefer
- Die möglichen Beziehungen zwischen Aktivitäten (kann durch logische Netzpläne, durch Kritischer-Pfad-Netzpläne oder durch PERT-Netzpläne bereitgestellt werden)
- Ablauf- und Terminplanung für Aktivitäten (ergibt sich aus dem vorherigen Punkt)

Die Zusammenfassung ist in der Regel der zweite Abschnitt im Projektplan. Sie soll dem oberen Management des Auftraggebers einen vollständigen Überblick über das Projekt bieten, ohne dass es sich durch technische Informationen kämpfen muss.

Der Management-Teil des Projektplans enthält Verfahrensweisen, Diagramme und Ablauf- und Terminpläne:

- Die Zuteilung der Kernmitarbeiter zum Projekt wird deutlich. Dies bezieht sich in der Regel nur auf die Mitarbeiter des Project Office, da diese die einzigen Mitarbeiter sind, die direkt mit dem Auftraggeber zu tun haben.
- Arbeitskräfte, Planung und Schulung werden diskutiert, um für die Kunden darzulegen, dass qualifiziertes Personal aus den funktionalen Einheiten zur Verfügung steht.
- Ein Lineare-Kompetenz-Diagramm kann ebenfalls sinnvoll sein, um den Auftraggebern die Kompetenzbeziehungen im Programm deutlich zu machen, die im Programm vorherrschen.

Es gibt Situationen, in denen der Management-Teil weggelassen werden kann. Bei einem Folgeauftrag benötigt der Auftraggeber diesen Teil eventuell dann nicht, wenn die Position des Managements unverändert geblieben ist. Der Management-Teil ist auch dann nicht erforderlich, wenn die Managementinformationen bereits im Angebot bereitgestellt wurden oder Auftraggeber und Auftragnehmer ständig in Kontakt miteinander sind.

Der technische Teil kann zwischen 75 und 90 Prozent des Programmplans beinhalten. Dies gilt insbesondere, wenn Forschung und Entwicklung inbegriffen sind und der Projektplan im Verlauf des Programms ständig aktualisiert werden muss. Im technischen Teil können folgende Punkte enthalten sein:

- Eine ausführliche Aufstellung der Diagramme und Ablauf- und Terminpläne, die im Projekthauptplan enthalten sind, eventuell auch eine Kostenabschätzung
- Eine Liste der Tests, die für jede Aktivität durchgeführt werden müssen. (Es sollten außerdem die Testmatrizen vorhanden sein.)
- Testprozeduren. Dieser Punkt kann auch eine Beschreibung der Kernelemente der Leistungserstellung oder des Fertigungsplans sowie eine Auflistung der Anforderungen an die Anlagen und die Logistik enthalten.

- Identifikation der Materialien und der Materialspezifikationen. (Es können auch Systemspezifikationen inbegriffen sein.)
- Ein Versuch, die Risiken zu identifizieren, die mit speziellen technischen Anforderungen verbunden sind. Da eine solche Einschätzung Manager erschreckt, die mit den technischen Verfahren nicht vertraut sind, sollte der Punkt möglichst ausgelassen werden.

Der Projektplan enthält, so wie er hier verwendet wird, eine Beschreibung aller Projektphasen. Bei vielen und insbesondere bei umfangreichen Projekten müssen alle wichtigen Ereignisse und Aktivitäten geplant werden. Tabelle 11.4 zeigt die Art von Plänen, die anstelle des Projektplans benötigt werden. Man spricht häufig von *ergänzenden Plänen*.

Art des Plans	Beschreibung
Budget	Wie viel Geld steht für jedes Ereignis zur Verfügung?
Konfigurationsmanagement	Wie werden technische Änderungen vorgenommen?
Produktionsanlagen	Welche Produktionsanlagen stehen zur Verfügung?
Logistik	Wie erfolgt die Wiederbeschaffung?
Management	Wie ist das Project Office organisiert?
Fertigung	Welche Fertigungsereignisse sind zeitlich getrennt?
Beschaffung	Welche Quellen gibt es? Ist eine Eigenfertigung oder der Zukauf sinnvoller?
Qualitätssicherung	Wie lässt sich sicherstellen, dass die Spezifikationen erfüllt werden?
Forschung/Entwicklung	Welche technischen Aktivitäten gibt es?
Terminplanung	Wurden alle Stichtage berücksichtigt?
Werkzeug	Welche zeitlich beschränkten Werkzeuganforderungen gibt es?
Schulung	Wie ist qualifiziertes Personal zu bekommen?
Transport	Wie werden Güter und Dienstleistungen transportiert?

Tabelle 11.4: Arten von Plänen

Wurde der Projektplan von Auftraggeber und Auftragnehmer verabschiedet, dient er als Projektrichtlinie (siehe Abbildung 11.13). Ist der Projektplan klar strukturiert, sollte jeder Linienmanager in der Lage sein, zu erkennen, was von ihm erwartet wird. Der Projektplan sollte an alle Mitglieder des Projektteams und an alle Linienmanager und Gruppenleiter verteilt werden, die mit dem Projekt zu tun haben.

Der Projektplan sollte so gestaltet sein, dass die Anforderungen erfüllt werden, die im Lastenheft des Auftraggebers spezifiziert werden. Der Auftragnehmer behält sich das Recht vor, zu entscheiden, wie die Anforderungen erfüllt werden sollen, falls dies nicht ebenfalls im Lastenheft festgelegt wurde. Wenn das Lastenheft beispielsweise eine Qualitätskontrolle bei fünfzehn Produkten vom Fließband vorschreibt, müssen mindestens fünfzehn Produkte getestet werden. Der Projektplan könnte dann beispielsweise den Test von fünfundzwanzig Produkten vorsehen. Entsteht beim Auftragnehmer eine Kostenüberschreitung, kann er vom Projektplan abweichen und nur die im Lastenheft geforderten fünfzehn Produkte testen. Laut Vertrag muss er den Auftraggeber darüber vermutlich nicht informieren. In den meisten Fällen wird der Auftraggeber jedoch über die Veränderung in Kenntnis gesetzt und das Projekt wird überarbeitet.

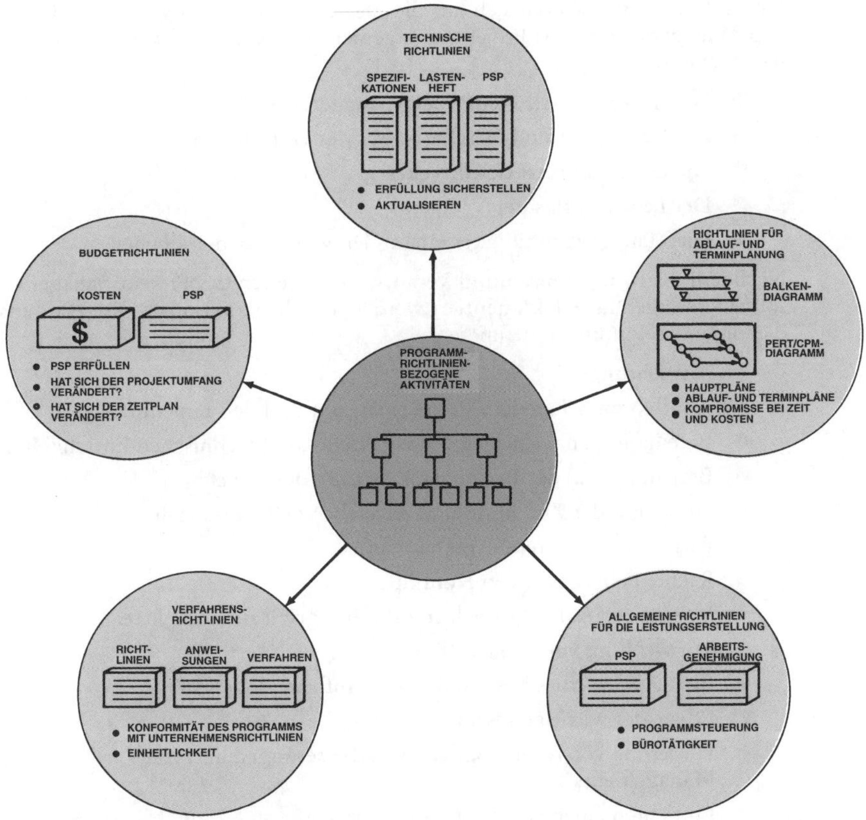

Abbildung 11.13: Aktivitäten im Rahmen der Programmrichtlinien

11.21 Gesamtprojektplanung

> **PMBOK® Guide 2004**
>
> Kapitel 5 Inhalts- und Umfangsmanagement
>
> Kapitel 4 Integrationsmanagement
>
> 3.2.2 Planungsprozessgruppe

Der Unterschied zwischen einem guten und einem schlechten Projektmanager lässt sich in einem Wort erklären: Planung. Die Projektplanung beinhaltet Folgendes:

- Entwicklung eines Terminplans
- Entwicklung eines Budgets
- Projektadministration (siehe Abschnitt 5.3)
- Führungsstil (siehe Abschnitt 5.4)
- Konfliktmanagement (siehe Kapitel 7)

Die ersten beiden Punkte beinhalten die quantitativen Aspekte der Planung. Die Planung für die Projektadministration beinhaltet die Entwicklung eines Lineare-Kompetenz-Diagramms.

Zwar hat jeder Projektmanager die Befugnis, Projektrichtlinien aufzustellen. Sie sollten jedoch nicht von den Unternehmensrichtlinien abweichen, die vom Top-Management entwickelt wurden.

Lineare-Kompetenz-Diagramme können auch vom Auftraggeber gefordert werden. So fordert der Auftraggeber möglicherweise im Rahmen seiner Qualitätskontrollanforderungen, dass ein bestimmter Ingenieur die Tests eines bestimmten Produkts überwacht und abzeichnet oder dass ein anderer Mitarbeiter alle Daten genehmigt, die an den Kunden weitergegeben werden. Um solche Kundenanforderungen erfüllen zu können, muss ein Lineare-Kompetenz-Diagramm erstellt werden. Die Anforderungen können außerdem in der Organisation zu Konflikten führen.

Folgende Faktoren wirken sich auf die Delegation von Befugnissen und Zuständigkeiten vom Top-Management an das Projektmanagement und vom Projektmanagement an das Linienmanagement aus:

- Die Ausgereiftheit von Projektmanagement
- Die Größe, Art und Geschäftsbasis des Unternehmens
- Die Größe und Art des Projekts
- Der Lebenszyklus des Vorgangs
- Die Managementfähigkeiten auf den verschiedenen Ebenen

Nachdem die Kompetenzen und Verantwortlichkeiten des Projektmanagers festgelegt wurden, sollten die Ergebnisse dokumentiert werden, um die Funktion des Projektmanagers in Bezug auf die folgenden Punkte zu definieren:

- Ausrichtung
- Konflikt zwischen dem Projektmanager und den Linienmanagern
- Beteiligung an wichtigen Management- und technischen Entscheidungen
- Beteiligung an der Personalausstattung des Projekts
- Steuerung der Zuteilung und Ausgabe von Geldmitteln
- Auswahl von Unterauftragnehmern
- Rechte beim Lösen von Konflikten
- Beitrag zur Aufrechterhaltung der Integrität des Projektteams
- Entwicklung von Projektplänen
- Beschaffung eines kostengünstigen Informationssystems
- Pflege der wichtigen Kundenkontakte
- Förderung von technologischen Verbesserungen und von Verbesserungen im Bereich des Managements
- Einrichten einer Projektorganisation
- Vermeidung von unnötigem Papierkram

Die Dokumentation der Entscheidungskompetenzen des Projektmanagers ist in einigen Situationen nötig, da:

- Alle Schnittstellen so einfach wie möglich gehalten werden müssen
- Der Projektmanager die Befugnis haben muss, Linienmanager dazu zu zwingen, von bestehenden Standards abzuweichen und dadurch möglicherweise ein Risiko einzugeben
- Der Projektmanager Befugnisse über die Elemente eines Programms gewinnen muss, die ihm nicht direkt unterstellt sind. Dies geschieht in der Regel dadurch, dass sich der Projektmanager bei den betroffenen Personen Respekt verschafft.
- Der Projektmanager versuchen sollte, die genauen Befugnisse und Verantwortlichkeiten der Mitarbeiter des Project Office oder der Projektteammitglieder zu beschreiben. Es sollten Problemlösungen statt Rollendefinitionen unterstützt werden.

Die Dokumentation der Projektkompetenzen ist zwar unerwünscht, kann jedoch insbesondere dann erforderlich sein, wenn für die Initiierung und Planung des Projekts eine formelle Projektcharta benötigt wird. In einem solchen Fall reicht möglicherweise ein Brief aus, wie er in Tabelle 11.5 gezeigt wird.

PMBOK® Guide 2004
4.1 Entwickeln des Projektauftrags

ELEKTRODYNAMICS

12 Oak Avenue

Cleveland, Ohio 44114

An: Vertrieb

Von: L. White, Vizepräsident

Betreff: Projektcharta für das Acme-Projekt

Herr Robert L. James wurde zum Projektmanager für das Acme-Projekt bestellt.

Verantwortlichkeiten:

Herr James ist dafür verantwortlich, dass alle wichtigen Meilensteine im Rahmen der Zeit-, Kosten- und Leistungsvorgaben erreicht werden, wobei angemessene Standards der Qualitätskontrolle berücksichtigt werden sollten. Außerdem muss der Projektmanager eng mit den Linienmanagern zusammenarbeiten, um sicherzustellen, dass alle zugewiesenen Ressourcen effektiv und effizient genutzt werden und das Projekt ausreichend mit Personal besetzt ist.

Zusätzlich ist der Projektmanager für folgende Punkte verantwortlich:

1. Die formelle Kommunikation zwischen Auftragnehmer und Auftraggeber
2. Die Erstellung eines realistischen Projektplans, der für Auftragnehmer und Auftraggeber gleichermaßen akzeptabel ist
3. Zusammenstellung aller Projektdatenelemente
4. Projektstatusberichterstattung mittels wöchentlicher (ausführlicher) und monatlicher (Kurzfassung) Statusberichte
5. Sicherstellen, dass alle Linienmitarbeiter und Linienmanager ihre Zuständigkeitsbereiche im Projekt und alle Überarbeitungen kennen, die vom Auftraggeber oder der Organisation am Programmplan vorgenommen wurden
6. Vergleich der Soll- und der Ist-Kosten sowie der Soll- und der Ist-Leistung und bei Bedarf Einleitung korrigierender Aktivitäten
7. Pflege eines Plans, der ständig die zeitliche Situation, die Kosten und die Leistung sowie die Ressourcenplanung zeigt, die von den Linienmanagern vorgenommen wurde
8. Kompetenzen
9. Um sicherzustellen, dass das Projekt sein Ziel erfüllt, ist Herr James befugt, das Projekt zu leiten und Richtlinien in Übereinstimmung mit den Unternehmensrichtlinien herauszugeben. Zusätzliche Richtlinien können vom Büro des Vizepräsidenten eingeführt werden.

Der Programm-Manager hat folgende Kompetenzen:

1. Direkter Zugang zum Auftraggeber in allen Angelegenheiten, die das Acme-Projekt betreffen
2. Direkter Zugang zu der Unternehmensführung von Electrodynamics in allen Angelegenheiten, die das Acme-Projekt betreffen
3. Steuerung und Verteilung der Geldmittel inklusive Beschaffung in Übereinstimmung mit den Cashflow-Vorgaben des Unternehmens und des Projekts
4. Überarbeitung des Projektplans, falls erforderlich und mit dem Auftraggeber abgestimmt
5. Anforderung regelmäßiger Statusberichte
6. Überprüfung, ob die Linienabteilungen die Zeit-, Kosten- und Leistungsvorgaben einhalten und sicherstellen, dass alle Probleme sofort identifiziert, berichtet und gelöst werden
7. Bei Bedarf Zusammenarbeit mit allen Linien und mit allen Managementebenen, um Projektanforderungen zu erfüllen
8. Aushandlung der Bereitstellung von Personal mit den Linienmanagern
9. Delegation von Zuständigkeiten und von Kompetenzen an Linienmitarbeiter, vorausgesetzt, dass der Linienmanager zustimmt, dass der Mitarbeiter dieses Kompetenzniveau erfüllen kann.

Alle Fragen in Bezug auf die obigen Richtlinien sind an den Unterzeichnenden zu richten.

L. White

Vizepräsident

Tabelle 11.5: Projektcharta

Macht und Entscheidungskompetenz werden häufig so dargestellt, als würde das eine das andere bedingen. Entscheidungskompetenz wird jedoch von übergeordneten Personen verliehen, wie z.B. durch Delegation, während Macht von den Mitarbeitern zugestanden wird. Ein Projektmanager kann Entscheidungsbefugnisse besitzen, ohne mächtig zu sein, und mächtig sein, ohne Entscheidungsbefugnisse zu besitzen.

In einer traditionellen Organisationsstruktur behaupten die meisten Mitarbeiter ihre Machtposition. Je höher ein Mitarbeiter im Organigramm angesiedelt ist, desto mächtiger ist er. Im Projektmanagement ist das Organigramm jedoch möglicherweise irrelevant. Dies gilt insbesondere, wenn ein Projektsponsor existiert. Beim Projektmanagement hängt die Macht des Projektmanagers mit folgenden Punkten zusammen:

- Fachkenntnis (technisch oder managementbezogen)
- Glaubwürdigkeit gegenüber Mitarbeitern
- Fähigkeit, schlüssige Entscheidungen zu treffen

Der letzte Punkt ist in der Regel der wichtigste. Wird der Projektmanager als Person eingeschätzt, die schlüssige Entscheidungen trifft, verleihen ihm die Mitarbeiter sehr viel Macht.

Der Führungsstil hängt von dem Einfluss ab, den der Projektmanager ausüben kann. Projektmanager müssen eventuell je nach Zusammensetzung des Projektteams unterschiedliche Führungsstile einsetzen. Konfliktmanagement ist wichtig, weil der Projektmanager Konflikte viel leichter lösen kann, wenn er vorhersagen kann, welche Konflikte entstehen werden und wann sie sehr wahrscheinlich auftreten.

Abbildung 11.14 zeigt die komplette Projektplanungsphase für die quantitativen Teile. Das Ziel besteht jedoch darin, einen Projektplan zu entwickeln, der die vollständige Verteilung der Ressourcen und die entsprechenden Kosten zeigt. Die Abbildung repräsentiert einen iterativen Prozess. Der Projektmanager beginnt mit einem groben Plan und entwickelt daraus einen Projektstrukturplan. Möglicherweise gibt es einen Netzplan und ein detailliertes Diagramm für jedes Element des Projektstrukturplans. Enthält der Plan zu viele Einzelheiten, kann der Projektmanager Elemente zusammenfassen. Es besteht dann jedoch die Gefahr, dass das Diagramm an Klarheit verliert. Wie in Abbildung 11.14 gezeigt, lassen sich alle Diagramme und Ablauf- und Terminpläne in eine Abbildung integrieren. Dies ist auf jeder Ebene des Projektstrukturplans möglich. Dies kann auf Ebene der einzelnen Projektstrukturpläne erfolgen, bis der gewünschte Plan realisiert ist.

Zum Abschluss müssen das Projekt- und das Linienmanagement zusammen mit der Unternehmensführung andere interne und externe Variablen analysieren, bevor die Ablauf- und Terminpläne fertig gestellt werden. Zu diesen Variablen gehören:

- Einführung oder Akzeptanz des Projekts im Markt
- Vorhandene und geplante Personalverfügbarkeit
- Ökonomische Beschränkungen des Projekts
- Grad der technischen Schwierigkeit
- Personalverfügbarkeit
- Verfügbarkeit von Schulungsmaßnahmen
- Priorität des Projekts

In kleinen Unternehmen und Projekten können bestimmte Elemente aus Abbildung 11.14 weggelassen werden, wie z.B. das Lineare-Kompetenz-Diagramm.

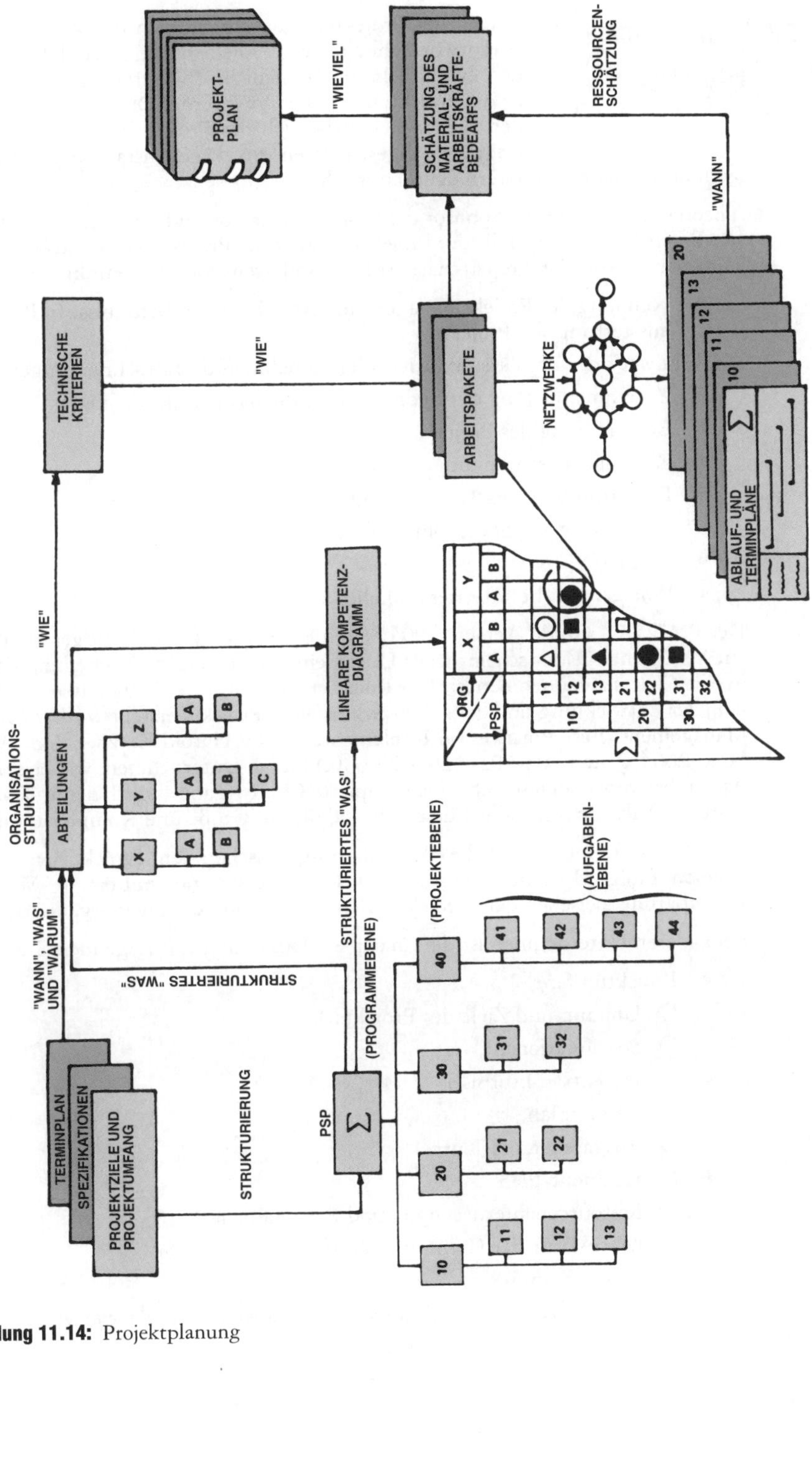

Abbildung 11.14: Projektplanung

11.22 Die Projektcharta

PMBOK® Guide 2004

Entwicklung der Projekt-Charta

Hinter der Projektcharta verbirgt sich das Ziel, die Kompetenzen und Verantwortlichkeiten des Projektmanagers zu dokumentieren – insbesondere bei Projekten, die nicht im Büro implementiert werden. Inzwischen ist die Projektcharta eher ein internes Dokument, das die Kompetenz und den Zuständigkeitsbereich des Projektmanagers und den mit dem Auftraggeber abgestimmten Projektgegenstand gegenüber den Linienmanagern und ihren Mitarbeitern deutlich macht.

Theoretisch bereitet der Sponsor die Projektcharta vor und setzt seine Unterschrift darunter. In der Praxis hingegen erstellt der Projektmanager die Projektcharta und legt sie dem Sponsor zur Unterschrift vor. Die Projektcharta sollte mindestens folgende Punkte beinhalten:

- Nennung des Projektmanagers und Angabe seiner Befugnisse in Bezug auf die Personalausstattung des Projekts
- Zweck des Projekts inklusive aller Annahmen und Beschränkungen
- Zusammenfassung der Bedingungen, die das Projekt definieren
- Beschreibung des Projekts
- Ziele und Beschränkungen des Projekts
- Projektumfang (Inklusionen und Exklusionen)
- Die wichtigsten Stakeholder und ihre Rollen
- Risiken
- Engagement bestimmter Stakeholder

Der PMBOK® Guide (Version 2004 Seiten 81-86) stellt ein Grundgerüst für die Projektcharta zur Verfügung. Leider scheint jedes Unternehmen eine eigene Vorstellung davon zu haben, was in eine Charta aufzunehmen ist. Der Inhalt einer Charta ist häufig davon abhängig, wo sie innerhalb der Entwicklung und des Lebenszyklus eines Projekts erstellt wird. (Siehe Advanced Project Management: Best Practices on Implementation by Harold Kerzner, John Wiley & Sons, New York, 2004, Seiten 101-102, 120, 629-630.) Einige Unternehmen, wie beispielsweise Computer Associates, verwenden sowohl eine komplette Charta (ganz ähnlich der im PMBOK® Guide vorgestellten) als auch eine abgekürzte Charta, die auf Größe und Komplexität des Projekts basiert.

Die Charta ist eine »rechtliche« Vereinbarung zwischen dem Projektmanager und dem Unternehmen. Einige Unternehmen stellen die Charta zusammen mit einem »Vertrag« bereit, der als Vereinbarung zwischen dem Projektmanagement und den Linienorganisationen dient.

Bei anderen Unternehmen ist die Charta ein Dokument mit folgendem Inhalt:

- Projektumfang
  - Umfang und Ziele des Projekts
  - Spezifikationen
  - Projektstrukturplan
  - Terminplan
  - Ausgabeplan (S-Kurve)
- Management-Plan
  - Ressourcenanforderungen und Personalbedarf
  - Lebensläufe der Kernmitarbeiter
  - Organigramm
  - Unterstützung, die von anderen Organisationen benötigt wird
  - Projektrichtlinien und -prozeduren

- Plan für Änderungsmanagement
- Genehmigung obiger Punkte durch das Management

Wenn die Projektcharta den Projektumfang vorgibt und einen Managementplan enthält, kann sie als Projektplan genutzt werden. Diese Form der Nutzung ist zwar nicht sehr effektiv, sie ist jedoch für bestimmte Arten von internen Projekten akzeptabel.

11.23 Projektsteuerung

PMBOK® Guide 2004
4.6 Integrierte Änderungssteuerung

Weil in der Planungsphase die Richtlinien für die nachfolgenden Phasen entwickelt werden, muss sehr sorgfältig vorgegangen werden. Da außerdem die Planung für verschiedene Programme durchgeführt wird, sollten Management-Richtlinien erstellt werden, die für das gesamte Unternehmen gelten. Nur so lässt sich Einheitlichkeit und Übereinstimmung erzielen.

Alle Linienorganisationen und Mitarbeiter, die direkt oder indirekt an einem Programm arbeiten, müssen den Projektmanager über sämtliche Ablauf- und Terminplanungsprobleme Planungsprobleme inklusive Ablauf- und Terminplanung, Kosten- und Personalplanung informieren, damit rechtzeitig korrigierend eingegriffen werden kann. Die Managementrichtlinien dienen insbesondere dazu, den Programm-Manager bei der Definition der Anforderungen zu unterstützen. Werden diese in der Planungsphase nicht klar definiert, laufen viele Projekte in eine Richtung, die nicht beabsichtigt ist.

Viele Unternehmen stellen Projekt- und Linienmanagern Richtlinien für die Ablauf- und Terminplanung sowie eine kurze Beschreibung für die Gestaltung der Zusammenarbeit zur Verfügung. Tabelle 11.6 zeigt eine typische Management-Richtlinie für die Planung und Tabelle 11.7 beschreibt Terminplanungsrichtlinien.

Programm-Manager	Linienmanager	Beziehung
Fordert Erstellung des Hauptplans und integriert die Pläne der einzelnen Bereiche. Definiert die Arbeit, die erledigt werden muss, durch die Definition einzelner Arbeitspakete.	Entwickelt die Details der Programmpläne und Anforderungen zusammen mit dem Programm-Manager. Unterbreitet Vorschläge zur Unterstützung des Hauptprogrammplans.	Programmplanung und die Ablauf- und Terminplanung sind die Aufgabe der funktionalen Abteilungen. Der Programm-Manager nutzt die Dienste von Spezialisten, die zwar selbst direkt mit der Unternehmensführung kommunizieren, den Programm-Manager jedoch informieren müssen.
Stellt Programmrichtlinien für die Erstellung von Programmplänen bereit, denen die Programmkosten, die Ablauf- und Terminplanung und die technische Leistung zu entnehmen sind und die die wichtigsten Ereignisse und Aufgaben des Programms definieren.	Unter Anleitung des Programm-Managers Mitwirkung an der Vorbereitung der Programmpläne, der Ablauf- und Terminpläne und der Arbeitsfreigabedokumente, die die Kosten, die Ablauf- und Terminpläne und die technische Leistung enthalten. Stellt Detailpläne und ausführliche Ablauf- und Terminpläne bereit.	Die Programmplanung ist auch eine beratende Tätigkeit und die Richtlinien werden vom Programm-Manager bereitgestellt. Die Linienorganisationen erstellen zusätzliche Pläne, die der Programm-Manager genehmigt, oder sie verändern Pläne so, dass sie weiterhin gültig sind. Die Linienorganisationen starten außerdem Planungsstudien, die Kompromisse und alternative Vorgehensweisen enthalten, die sie dann dem Programm-Manager präsentieren.

Tabelle 11.6: Planungsrichtlinien

Programm-Manager	Linienmanager	Beziehung
Vergibt Prioritäten innerhalb des Programms. Erhält vom Direktor, dem Programm-Management, dem Manager, dem Marketing und der Produktentwicklung oder von der Unternehmensführung relative Prioritäten für die Programme, die von anderen verwaltet werden.	Verhandelt Prioritäten für Ereignisse und Aufgaben, die von seiner Organisation ausgeführt werden müssen, mit dem Programm-Manager.	Der Programm-Manager und die Mitglieder des Programmteams sind auf das Programm ausgerichtet, die Linienorganisationen und die Linienmanager hingegen auf mehrere Programme. Die Ausrichtung jedes Direktors, Managers und Teammitglieds muss deutlich sein, damit unvernünftige Anforderungen und Prioritätenkonflikte vermieden werden. Prioritätenkonflikte lassen sich nur von der Unternehmensführung lösen.
Prüft die vertraglich vereinbarten Datenanforderungen.	Analysiert vertraglich vereinbarte Datenanforderungen. Entwickelt Datenpläne inklusive einer Liste der Datenanforderungen an den Auftragnehmer und holt Genehmigung des Programm-Managers ein.	
Ist aufmerksam gegenüber neuen Vertragsanforderungen oder staatlichen Regulierungen, die sich auf die Arbeit, die Kosten oder das Management des Programms auswirken könnten.	Ist aufmerksam gegenüber neuen Vertragsanforderungen oder staatlichen Regulierungen, die sich auf die Arbeit, die Kosten oder das Management für die Organisation eines Programms auswirken könnten.	
Stellt frühe Definitionen der technischen Anforderungen bereit und konkretisiert Make-or-Buy-Entscheidungen. Nimmt an der Formulierung des Make-or-Buy-Plans für das Programm teil.	Stellt die erforderlichen Daten für Make-or-Buy-Entscheidungen bereit. Untermauert Schätzwerte und Empfehlungen für den eigenen funktionalen Bereich.	Make-or-Buy-Entscheidungen und Bestätigungen werden in Übereinstimmung mit den aktuellen Richtlinien und Verfahrensweisen getroffen.
Genehmigt die Stücklisten in Übereinstimmung mit den Programmanforderungen.	Erarbeitet die Stücklisten für das Programm.	
Leitet Datenmanagement inklusive der Pflege der aktuellen und älteren Dateien mit vertraglich vereinbarten Datenanforderungen.		

Tabelle 11.6: Planungsrichtlinien

Programm-Manager	Linienmanager	Beziehung
Stellt vertraglich vereinbarte Datenanforderungen und eine Richtlinie für die Erstellung des Hauptplans bereit.	Operative Abteilung ist für die Erstellung des Hauptprogrammplans zuständig. Die Daten sollten die technischen Pläne, die Produktionspläne, die Beschaffungspläne, die Testpläne, die Qualitätspläne und den Zeitrahmen für die Realisierung der Arbeitselemente enthalten, die im Projektstrukturplan definiert sind.	Operative Abteilung erstellt den Hauptprogrammplan anhand der Daten von den Linienorganisationen und der Richtlinien vom Programm-Manager. Die operative Abteilung soll den Programmplan mit den Linienorganisationen abstimmen und vor der Freigabe die Genehmigung des Programm-Managers einholen.
Wirkt an der Feinplanung mit.	Konstruiert Detailpläne und Arbeitspläne in Übereinstimmung mit dem durch den Programm-Manager genehmigten Programmhauptplan. Sichert sich das Einverständnis des Programm-Managers und leitet eine Kopie an den Programm-Manager weiter.	Der Programm-Manager prüft, ob die Feinplanung der Linienorganisation mit dem Programmhauptplan konform ist und berichtet Abweichungen, die die einzelnen Abteilungen beeinträchtigen könnten, an den Direktor des Programm-Managements.
Leitet korrigierende Maßnahmen ein, wenn eine Linienorganisation die Anforderungen des Programmplans nicht erfüllt oder wenn sich bei einer Analyse herausstellt, dass sich die Leistung, die durch den Feinplan vorgesehen ist, hemmend auf den Hauptplan auswirkt.		

Tabelle 11.7: Terminplanungsrichtlinien

11.24 Das Verhältnis zwischen Projekt- und Linienmanager

PMBOK® Guide 2004
1.5.5 Zwischenmenschliche Fertigkeiten

Der Einsatz von Hilfsmitteln, wie in Abschnitt 11.23 beschrieben, garantiert nicht unbedingt eine erfolgreiche Projektplanung. Eine gute Projektplanung und auch eine erfolgreiche Durchführung setzen eine funktionierende Arbeitsbeziehung zwischen Projekt- und Linienmanagern voraus, die sich wie folgt gestaltet:

- Der Projektmanager beantwortet die folgenden Fragen:
  - Welche Aufgaben müssen ausgeführt werden? (basierend auf Lastenheft und Projektstrukturplan)
  - Wann muss die Aufgabe ausgeführt werden? (basierend auf Kurzfassung des Ablaufplans)
  - Warum muss die Aufgabe erledigt werden? (basierend auf Lastenheft)
  - Wie viel Geld steht zur Verfügung? (basierend auf Lastenheft)
- Der Linienmanager beantwortet folgende Fragen:
  - Wie wird die Aufgabe erledigt? (z.B. technische Kriterien)
  - Wo wird die Aufgabe erledigt? (z.B. technische Kriterien)
  - Wer wird die Aufgabe erledigen? (z.B. Personalauswahl)

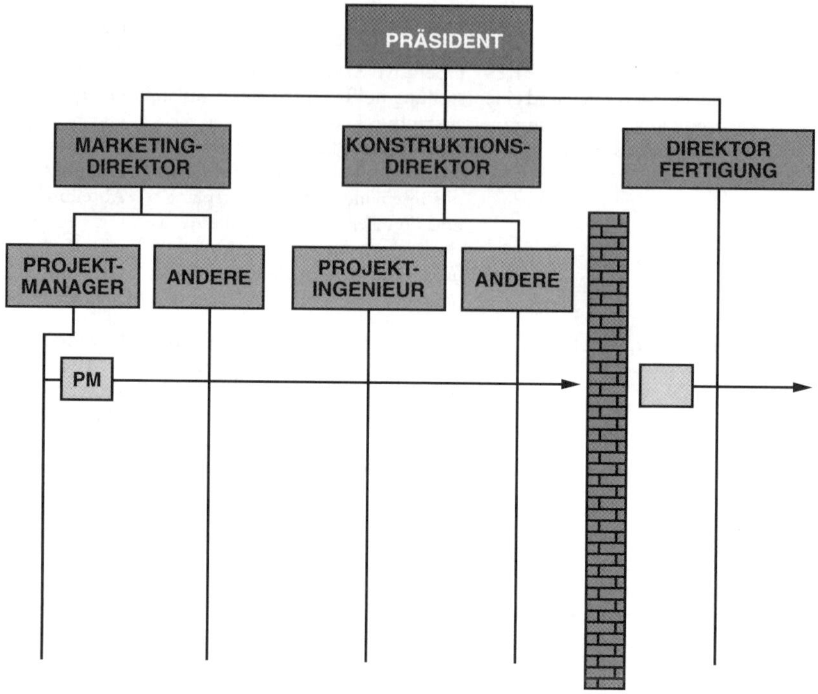

Abbildung 11.15: Die Mauer

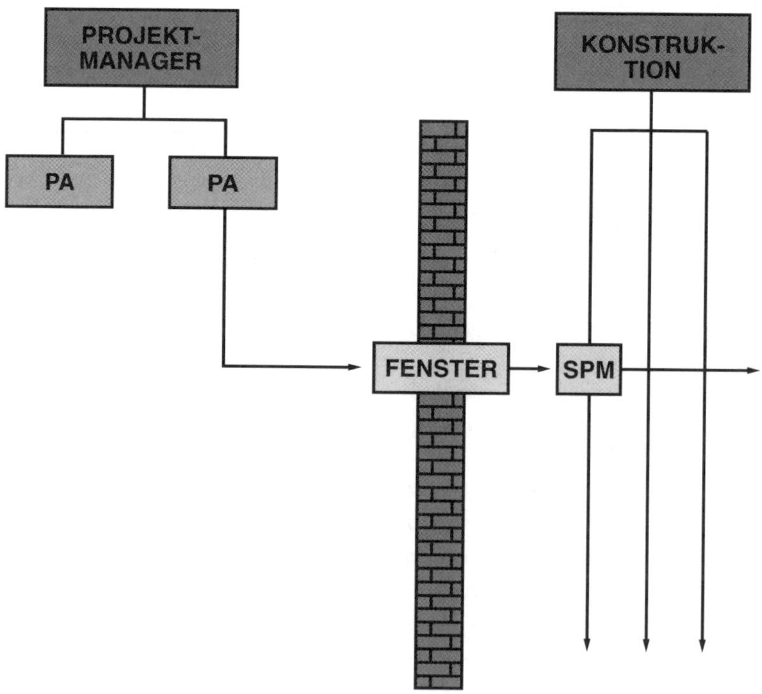

Abbildung 11.16: Die Mauer in abgewandelter Form

Projektmanager sind möglicherweise in der Lage, den Linienmanagern mitzuteilen, »wie« und »wann« Aufgaben erledigt werden müssen, vorausgesetzt, dass diese Informationen im Lastenheft als Projektanforderungen enthalten sind. Selbst dann kann der Linienmanager aufgrund seiner technischen Kenntnisse Ausnahmen durchsetzen.

Die Abbildungen 11.15 und 11.16 zeigen, was passieren kann, wenn die Projektmanager ihre Grenzen überschreiten. In Abbildung 11.15 baut der Direktor der Fertigung eine dicke Mauer auf, um den Projektmanager von seinen Mitarbeitern fernzuhalten, weil die Projektmanager seinen Mitarbeitern gesagt hatten, wie diese ihre Arbeit zu erledigen hätten. In Abbildung 11.16 hätten die Projektingenieure zu Projektassistenten (PA) befördert werden müssen. Leider glaubten die Projektassistenten, kompetent genug zu sein, um technische Anweisungen geben zu können, brachten dadurch in der Konstruktion jedoch alles durcheinander.

Die einfachste Lösung für diese Probleme besteht für den Projektmanager darin, die technischen Anweisungen über die Linienmanager übermitteln zu lassen. Schließlich sind die Linienmanager die wahren technischen Experten.

11.25 Projekte beschleunigen

PMBOK® Guide 2004

2.1.2 Eigenschaften von Projektphasen

Auch wenn ein Projekt hervorragend geplant ist, können Dinge geschehen, die alles durcheinander bringen. Dies ist beispielsweise der Fall, wenn der Auftraggeber oder das Management die Projektvorgaben verändert. Betrachten Sie Abbildung 11.17 und nehmen Sie einmal an, die Projektdauer läge bei einem Jahr. Müssten die Arbeitszeichnungen und die Spezifikationen bis zur fünften Ebene des Projektstrukturplans erstellt werden, würde dies die Ausführungsdauer um 35 Prozent erhöhen, und falls zusätzlich eine Machbarkeitsstudie erforderlich wäre, würde sich das Projekt um weitere 40 Prozent hinauszögern. Das heißt also, das gesamte Projekt würde dann fast zwei Jahre dauern.

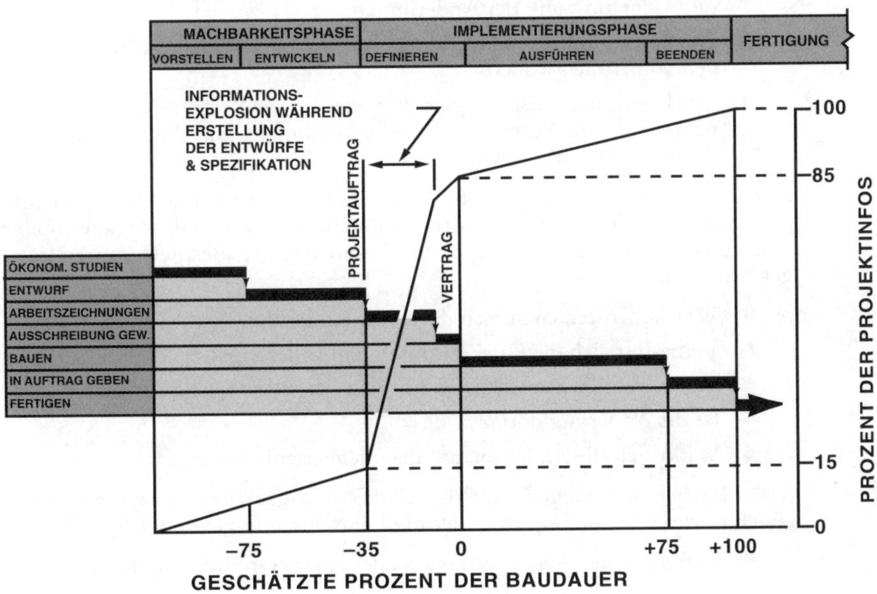

Abbildung 11.17: Explosion der Projektinformationen[13]

13. Wideman, R. M., *Cost Control of Capital Projects,* Vancouver, B.C.: A.E.W. Services of Canada, 1983, S. 22.

Nehmen Sie nun einmal an, das Management wollte das Enddatum beibehalten, das Startdatum würde sich jedoch verzögern, weil die benötigten Geldmittel bisher noch nicht zur Verfügung stehen. Wie ließe sich dies erreichen, ohne dass die Qualität leidet? Eigentlich nur dadurch, dass Aktivitäten, die üblicherweise in Folge ausgeführt werden, nun parallel durchgeführt werden. Ein Beispiel hierfür wäre, mit dem Bau zu beginnen, bevor der detaillierte Entwurf zur Verfügung steht. (Siehe Kapitel 2, Tabelle 2.5)

Mit dieser Technik lässt sich der Terminplan zwar verkürzen, es müssen jedoch zusätzliche Risiken eingegangen werden. Wenn die Risiken wahr werden, lässt sich entweder das Enddatum nicht mehr einhalten oder die Arbeit muss erneut durchgeführt werden, was sehr kostspielig ist. Fast alle projektorientierten Unternehmen nutzen die Möglichkeit, Projekte zu beschleunigen. Es ist jedoch ziemlich gefährlich, wenn dies zur Regel wird.

11.26 Konfigurationsmanagement

PMBOK® Guide 2004
4.6 Integrierte Änderungssteuerung

Ein wichtiges Werkzeug des Projektmanagers ist das Konfigurationsmanagement. Im Laufe des Projekts können die durch technische Änderungen bedingten Kosten grenzenlos anwachsen. Es kommt nicht selten vor, dass Firmen Angebote machen, die 40 Prozent unter ihren eigenen Kosten liegen in der Hoffnung, dass sich die Unterschiede durch Änderungen der Technik im Laufe des Projekts wieder ausgleichen lassen. Es ist außerdem üblich, dass die Unternehmensführung Projektmanager dazu ermutigt, nach Möglichkeiten zu suchen, durch technische Änderungen die Rentabilität zu erhöhen.

Konfigurationsmanagement ist eine Technik zur Steuerung und Überwachung der Konfiguration eines Produkts. Wird das Konfigurationsmanagement erfolgreich betrieben, leistet es Folgendes:

- Das Konfigurationsmanagement bietet ein angemessenes Niveau für die Überwachung und Genehmigung der Änderungen.
- Das Konfigurationsmanagement bietet eine Anlaufstelle für Mitarbeiter, die Änderungen vornehmen wollen.
- Das Konfigurationsmanagement bietet für die Vertreter von Auftraggeber und Auftragnehmer, die die Vertragsverhandlungen führen, eine Anlaufstelle, an der sie genehmigte Änderungen einbringen können.

Der Konfigurationsausschuss entscheidet über Änderungsanforderungen und sollte aus Vertretern des Auftraggebers, des Auftragnehmers und der Linienorganisation bestehen, die die Änderungen vornehmen möchte. Im Rahmen einer Besprechung sollten folgende Fragen geklärt werden:

- Welche Kosten entstehen durch die Änderung?
- Verbessert sich die Qualität durch die Änderungen?
- Lassen sich die Zusatzkosten für die verbesserte Qualität rechtfertigen?
- Ist die Änderung nötig?
- Wirkt sich die Änderung auf den Liefertermin aus?

Änderungen kosten Geld. Deshalb muss das Konfigurationsmanagement unbedingt richtig eingerichtet werden. Die Implementierung kann durch folgende Schritte erleichtert werden:

- Definition des Ausgangspunkts oder einer »Grundkonfiguration«
- Definition der Änderungsklassen
- Definition der notwendigen Einschränkungen für Auftraggeber und Auftragnehmer
- Identifikation von Richtlinien und Verfahrensweisen, wie z.B.:
  - Vorsitzender des Konfigurationsausschusses
  - Alternativen

- Sitzungstermin
- Tagesordnung
- Genehmigung der Änderungen
- Vorgehen in einzelnen Schritten
- Notfallprogramm

Eine effektive Konfigurationsüberwachung ist im Sinne von Auftraggeber und Auftragnehmer. Sie beinhaltet folgende Vorteile:

- Bessere Kommunikation der Mitarbeiter
- Bessere Kommunikation mit dem Kunden
- Höhere technische Intelligenz
- Weniger Aufruhr durch Änderungen
- Herausfiltern von leichtfertigen Änderungen
- Bereitstellung einer Datenspur

Abschließend sei noch darauf hingewiesen, dass die Konfigurationsüberwachung, so wie sie hier eingesetzt wird, keinen Ersatz für die Überwachung des Designs oder für Kundenbesprechungen darstellt. Diese Besprechungen sind weiterhin Bestandteil aller Projekte.

11.27 Studientipps für das PMI®-Projektmanagement-Zertifizierungsexamen

Dieser Abschnitt kann als Wiederholung der Grundlagen dienen, um die Wissensbereiche und Domänengruppen im PMBOK® Guide zu ergänzen. In diesem Kapitel geht es um Folgendes:

- Leistungsumfangsmanagement
- Initiierung
- Planung
- Ausführung
- Überwachung
- Abschluss

Das Verständnis der folgenden Grundlagen ist vorteilhaft, wenn der Leser diesen Text für die Vorbereitung auf das PMP®-Zertifizierungsexamen verwendet:

- Die Notwendigkeit effektiver Planung
- Komponenten eines Projektplans und von Teilplänen
- Die Notwendigkeit eines Pflichtenhefts und seiner Komponenten (sowohl für das Angebot als auch für den Vertrag)
- Wie man einen Projektstrukturplan entwickelt und die Vor- und Nachteile eines hohen Detaillierungsgrads
- Verschiedene Arten von Projektstrukturplänen
- Die Aufgabe eines Arbeitspakets
- Die Aufgabe des Konfigurationsmanagements und die Rolle des Änderungskontrollgremiums
- Die Notwendigkeit einer Projekt-Charta und die Komponenten einer Projekt-Charta
- Die Notwendigkeit, dass das Projektteam in Projektplanungsaktivitäten eingebunden wird
- Dass Änderungen an einem Plan oder an einem Basisplan verwaltet werden müssen

In Anhang C finden Sie unter dem Namen Dorale Products die folgenden Mini-Fallstudien:

- Dorale Products (C) [Leistungsumfangsmanagement]

- Dorale Products (D) [Leistungsumfangsmanagement]
- Dorale Products (E) [Leistungsumfangsmanagement]

Die folgenden Multiple-Choice-Fragen sind hilfreich bei der Wiederholung der Grundlagen dieses Kapitels:

1. Das Dokument, das das Projekt offiziell bestätigt, heißt :
   A. Projekt-Charta
   B. Projektplan
   C. Machbarkeitsstudie
   D. Kosten/Nutzen-Analyse
2. Die »Kontrollpunkte« des Projektstrukturplans für die Verwaltung eines Projekts sind die:
   A. Meilensteine
   B. Arbeitspakete
   C. Aktivitäten
   D. Beschränkungen
3. Einer der häufigsten Gründe, warum Leistungsumfangsänderungen in Projekten vorgenommen werden, ist:
   A. Unzulänglicher Projektstrukturplan
   B. Schlecht definiertes Lastenheft
   C. Fehlende Ressourcen
   D. Fehlende Finanzierung
4. Welches der folgenden Dinge kann normalerweise nicht mit Hilfe eines Projektstrukturplans überprüft werden?
   A. Zeitplankontrolle
   B. Kostenkontrolle
   C. Qualitätskontrolle
   D. Risikomanagement

Beantworten Sie die Fragen 5-8 unter Verwendung des nachfolgend gezeigten Projektstrukturplans (PSP) (die Zahlen in Klammern stehen für den Geldwert des jeweiligen Elements):

1.00.00	
1.1.0	($25000)
1.1.1	
1.1.2	($12000)
1.2.0	
1.2.1	($16000)
1.2.2.0	
1.2.2.1	($20000)
1.2.2.2	($30000)

5. Die Kosten für das Projektstrukturplanelement 1.2.2.0 betragen:
   A. $20000
   B. $30000
   C. $50000

D. Kann nicht bestimmt werden

6. Die Kosten für das Projektstrukturplanelement 1.1.1 betragen:
   A. $12000
   B. $13000
   C. $25000
   D. Kann nicht bestimmt werden
7. Die Kosten für das gesamte Programm (1.00.00) betragen:
   A. $25000
   B. $66000
   C. $91000
   D. Kann nicht bestimmt werden
8. Die Arbeitspakete in dem Projektstrukturplan befinden sich auf den Projektstrukturplanebenen
   A. nur 2
   B. nur 3
   C. nur 4
   D. 3 und 4
9. Eines der Ergebnisse des PMBOK®-Leistungsumfangsplanungsprozesses ist:
   A. Eine Projekt-Charta
   B. Ein Leistungsumfangsbeschreibungs- und Managementplan
   C. Ein detaillierter Projektstrukturplan
   D. Nichts von alledem
10. Welche der folgenden Dinge sind die Vorteile bei der Entwicklung eines Projektstrukturplans auf niedrigsten Ebenen?
    A. Bessere Kostenabschätzungen
    B. Bessere Kontrolle
    C. Geringere Wahrscheinlichkeit, dass etwas »durch das Raster fällt«
    D. Alle genannten Dinge
11. Der PMBOK®-Leistungsumfangsüberprüfungsprozess soll sicherstellen, dass:
    A. Das Budget korrekt ist
    B. Der Leistungsumfang korrekt ist
    C. Der Zeitplan korrekt ist
    D. Eine Lebenszyklusphase oder das Projektende erfolgreich fertiggestellt wurde
12. Der Finanzabschluss, der häufig nach dem Leistungsumfangsprüfungsprozess folgt, wird verwendet, um:
    A. Alle Belastungskonten zu schließen
    B. Alle Belastungskonten für die durchgeführte und abgeschlossene Arbeit zu schließen
    C. Die Arbeitsberechtigungsformulare zu berichtigen
    D. Nichts von alledem
13. Einer Ihrer Vertragspartner hat Ihnen eine E-Mail geschickt, in der er darum bittet, nur acht statt der in der Spezifikation geforderten zehn Tests durchführen zu müssen. Was sollte der Projektmanager als Erstes tun?
    A. Den Leistungsumfang-Basisplan abändern
    B. Den Vertragspartner bitten, eine Änderungsanforderung einzureichen

C. Die Vertragsstrafen im Vertrag genauer einsehen

D. Seinen Sponsor nach seiner Meinung fragen

14. Einer Ihrer Vertragspartner schickt Ihnen eine E-Mail, in der er Sie auffordert, hochqualitative Materialien für Ihr Projekt zu verwenden, weil dies wertschöpfend ist und die Qualität dadurch verbessert wird. Was sollte der Projektmanager als Erstes tun?

A. Den Leistungsumfang-Basisplan abändern

B. Den Vertragspartner bitten, eine Änderungsanforderung einzureichen

C. Seinen Sponsor nach seiner Meinung fragen

D. Den Projektstrukturplan ändern

15. In welchem Leistungsumfangmanagementprozess wird der detaillierte Projektstrukturplan aufbereitet:

A. Leistungsumfangsinitiierung

B. Leistungsumfangsplanung

C. Leistungsumfangsdefinition

D. Umfangsüberprüfung

16. Das Änderungskontrollgremium, dem Sie als Mitglied angehören, genehmigt eine größere Leistungsumfangsänderung. Das erste Dokument, das der Projektmanager aktualisieren sollte, ist:

A. Leistungsumfang-Basisplan

B. Zeitplan

C. Projektstrukturplan

D. Budget

ANTWORTEN

1. A
2. B
3. B
4. C
5. C
6. B
7. C
8. D
9. B
10. D
11. D
12. B
13. B
14. B
15. C
16. A

PROBLEME

11.1 Unter welchen Umständen ständen die folgenden Elemente für eine erste Planung nicht zur Verfügung oder wären nicht erforderlich?

a. Projektstrukturplan
b. Lastenheft
c. Spezifikationen
d. Meilensteinpläne

11.2 Welche Planungsschritte sollten der Planung des zeitlichen Ablaufs vorangehen?

11.3 Wie stellt ein Projektmanager fest, wie komplex ein Programmplan sein darf oder wie viele Ablaufpläne er enthalten darf?

11.4 Lassen sich die Projektziele immer identifizieren und zeitlich einplanen?

11.5 Lässt sich immer ein Projektstrukturplan entwickeln, um ein Ziel zu erreichen?

11.6 Wer legt fest, welche Arbeiten erforderlich sind, um ein Ziel zu erreichen?

11.7 Welche Rolle spielt der Linienmanager bei der Festsetzung der ersten drei Ebenen des Projektstrukturplans?

11.8 Sollte die Dauer eines Programms einen Einfluss darauf haben, ob zur Verwaltung ein separates Projekt oder eine Aufgabe eingerichtet wird? Wie verhält es sich mit dem Rohmaterial?

11.9 Kann ein Projektstrukturplan so gestaltet werden, dass die Ressourcenzuordnung leicht zu erkennen ist?

11.10 Wenn sich der Projektumfang eines Projekts ändert, während eine Aktivität ausgeführt wird, welche Rolle sollte dann der Linienmanager einnehmen?

11.11 Welche Arten von Konflikten können im Planungskreislauf auftreten und wie lassen sie sich lösen?

11.12 Wie würde es sich auf die Effektivität auswirken, wenn in Abbildung 11.2 die Arbeitspakete durch Aufgaben ersetzt würden?

11.13 In welchen Situationen oder bei welchen Projekten wäre eine Arbeitsplanungsgenehmigung nicht erforderlich?

11.14 Bei welcher Art von Projekten lässt sich die Ausweich-Position leicht in einem Terminplan identifizieren?

11.15 Könnten die Aktivitäten 5 und 6 in Abbildung 11.10 weggelassen werden? Welche Risiken nimmt ein Projektmanager auf sich, wenn diese Aktivitäten weggelassen werden?

11.16 An welcher Stelle im Planungskreislauf sollten Lineare-Kompetenz-Diagramme erstellt werden? Können Sie diesen Punkt in Abbildung 11.10 einzeichnen?

11.17 Wer trifft die Entscheidungen bei den einzelnen Entscheidungspunkten in Abbildung 11.12? Wer muss die Informationen bereitstellen? Welche Rolle haben der Linienmanager und die Linienmitarbeiter? Wo werden strategische Variablen identifiziert?

11.18 Betrachten Sie ein Projekt, bei dem die gesamte Projektplanung von einer Gruppe vorgenommen wird. Nach Abschluss der Planung wird ein Projektmanager ausgewählt. Ist diese Abfolge sinnvoll? Kann sie funktionieren?

11.19 Wie können Auftraggeber und Auftragnehmer sicherstellen, dass ihr Vertragspartner das Lastenheft, den Projektstrukturplan und den Programmplan wirklich verstanden hat?

11.20 Sollte ein guter Projektplan Methoden zur Vorausberechnung von Problemen enthalten?

11.21 Einige Projektmanager nutzen Besprechungen als primäres Mittel für die Planung und Steuerung. Halten Sie das für richtig?

11.22 Paul Mali definiert Management by Objectives als fünfstufiges Verfahren:[14]

- Zielsuche
- Zieldefinition
- Zielbewertung
- Implementierung des Ziels
- Steuerung und Statusberichterstattung in Bezug auf das Ziel

Wie kann der Projektstrukturplan eingesetzt werden, um die obigen fünf Schritte durchzuführen? Würden Sie der Behauptung zustimmen, dass die Kenntnis von diesen Schritten, die zum Erreichen der Ziele notwendig sind, von der Anzahl der Stufen des Projektstrukturplans abhängt?

11.23 Viele Lehrbücher zum Thema Management vertreten die Auffassung, dass Pläne so gestaltet sein sollten, dass eins nach dem anderen erledigt wird. Lässt sich diese Praxis auch auf Projektebene anwenden oder müssen Projektmanager hier alle Aktivitäten auf einmal planen?

11.24 Stimmt es, dass Projektmanager Meilensteine festlegen und Linienmanager hoffen, sie erreichen zu können?

11.25 Sie wurden gebeten, einen Projektstrukturplan für ein Projekt zu entwickeln. Wie sollten Sie dabei vorgehen? Sollte der Projektstrukturplan zeitbasiert, abteilungsbasiert, bereichsbasiert oder als Kombination dieser Faktoren aufgebaut werden?

11.26 Sie wurden aufgefordert, einen Ablaufplan für die Einführung eines neuen Produkts zu entwickeln. Die nachfolgenden Elemente müssen in dem Plan enthalten sein. Ordnen Sie diese Elemente in einem Projektstrukturplan (bis zur Ebene 3) an und zeichnen Sie dann den Vorgangspfeil-Netzplan. Sie können bei Bedarf auch zusätzliche Themen hinzunehmen.

- Produktionslayout
- Markttest
- Analyse der Vertriebskosten
- Analyse der Kundenreaktion
- Kosten für Lagerhaltung und Vertrieb
- Auswahl der Vertriebsmitarbeiter
- Schulung der Vertriebsmitarbeiter
- Schulung der Distributoren
- Werbematerial für Vertriebsmitarbeiter
- Werbematerial für Distributoren
- Druck des Werbematerials
- Vertriebspromotion
- Vertriebshandbuch
- Werbung
- Prüfung der Herstellungskosten
- Wahl des Distributors
- Layout des Bildmaterials
- Genehmigung des Bildmaterials
- Einführung bei Messe
- Verteilung an Vertriebsmitarbeiter

---

14. Mali, P., *Management by Objectives*, New York, 1972, S. 12.

- Einführung eines Abrechnungsverfahrens
- Einrichtung eines Kreditvergabeverfahrens
- Überprüfung der Produktionskosten
- Überprüfung der Vertriebskosten
- Genehmigung*
- Fortschrittsüberprüfung (Review)*
- Spezifikationen
- Materialanforderung

(* Besprechungen zur Genehmigung und zur Fortschrittsüberprüfung können mehrmals vorkommen)

11.27 Nachdem ein Projekt gestartet wurde, legt ein guter Projektmanager Prüfpunkte fest. Wie sollte er dazu vorgehen? Spielt die Projektdauer dabei eine Rolle? Lassen sich Prüfpunkte in einen Terminplan integrieren?

11.28 Für die Linienmanager werden ausführliche Ablauf- und Terminpläne (über die Projektstrukturplanebenen 3, 4, 5) vorbereitet. Sollten diese dem Auftraggeber gezeigt werden?

11.29 Die Projektstartphase ist abgeschlossen und Sie arbeiten gerade daran, den operationalen Plan fertig zu stellen. Die nachfolgenden Schritte sind häufig Bestandteil der Projektabschlussphase. Setzen Sie sie in die richtige Reihenfolge.

1. Zeichnen Sie für jedes Element des Projektstrukturplans ein Diagramm.
2. Erstellen Sie den Projektstrukturplan und identifizieren Sie die einzelnen Ebenen und die Elemente der Berichterstellung.
3. Erstellen Sie einen Netzplan und legen Sie den Projektstrukturplan fest.
4. Verfeinern Sie das Diagramm, indem Sie alle logischen Gesichtspunkte in einen Plan aufnehmen. Nehmen Sie dann eine Zuordnung der zu erledigenden Arbeiten vor.
5. Versuchen Sie, das Diagramm so stark wie möglich zu komprimieren, ohne dass es an Klarheit verliert.
6. Integrieren Sie die Diagramme auf jeder Ebene, bis nur noch ein Diagramm übrig bleibt. Beginnen Sie mit der Integration auf höhere Ebenen des Projektstrukturplans, bis der gewünschte Plan resultiert.

11.30 Die nachfolgenden sieben Faktoren müssen berücksichtigt werden, bevor ein Terminplan fertig gestellt wird. Erklären Sie, wie sich ein Terminplan durch die folgenden Faktoren verändern kann:

- Einführung oder Akzeptanz des Produkts am Markt
- Vorhandene oder geplante Verfügbarkeit der Arbeitskräfte
- Ökonomische Beschränkungen des Projekts
- Grad der technischen Schwierigkeit
- Personalverfügbarkeit
- Vorhandensein von Mitarbeiterschulungen
- Priorität des Projekts

11.31 Sie sind Projektmanager eines Projekts mit neun Monaten Dauer. Sie befinden sich im fünften Monat und liegen nun mehr als zwei Wochen hinter dem Terminplan zurück. Die Aussicht darauf, den Plan noch einzuholen, ist gering. Wegen heftiger Regenfälle bricht ein Damm in Ihrer Nähe und einige Ortschaften werden überflutet. Fünfzehn Ihrer wichtigsten Mitarbeiter möchten sich gerne drei Tage frei nehmen, um Freunden zu helfen. Der Linienmanager, dem die Mitarbeiter unterstellt sind, hat Ihnen die Entscheidung überlassen. Sollten Sie dem Sonderurlaub zustimmen?

11.32 Wer ist dafür verantwortlich, dass die Arbeiten im geplanten Zeitrahmen durchgeführt werden, nachdem der Projekt- und der Linienmanager sich auf einen Terminplan verständigt haben?

11.33 Treffen die folgenden Aussagen in Bezug auf Befugnisse zu oder nicht?

a. Ein guter Projektmanager besitzt mehr Befugnisse als es für seinen Zuständigkeitsbereich nötig wäre.
b. Ein guter Projektmanager sollte nicht Mitarbeiter für Dinge verantwortlich machen, die er (der Projektmanager) aufgrund mangelnder Befugnisse nicht erzwingen kann.

11.34 Nachfolgend sehen Sie zwölf Anweisungen. Welche lassen sich eher als Planung und welche als Vorhersagen einstufen?

a. Eine vollständige Arbeitsdefinition abliefern
b. Einen Vorschlag für einen Terminplan entwerfen
c. Projektmeilensteine aufstellen
d. Den Bedarf für andere Ressourcen festlegen
e. Die Fähigkeiten festlegen, die für jede Aufgabe oder jedes Element des Projektstrukturplans benötigt werden
f. Den Projektumfang ändern und eine neue Einschätzung erhalten
g. Den Zeitrahmen abschätzen, der für eine Arbeit erforderlich ist
h. Über einen Ressourcenwechsel nachdenken
i. Jedem Element des Projektstrukturplans passende Mitarbeiter zuweisen
j. Projektressourcen neu einplanen
k. Die Elemente des Projektstrukturplans in einen Terminplan integrieren
l. Die Projektprioritäten verändern

11.35 In einem Großunternehmen gibt es eine Planungsgruppe, die Budgets vorbereitet (mit Hilfe der Liniengruppen) und die Projekte auswählt, die innerhalb einer bestimmten Zeitdauer ausgeführt werden müssen. Sie sind Projektmanager eines dieser Projekte und stellen fest, dass es bereits hätte gestartet werden sollen, um den Endtermin noch zu erreichen. Was können Sie als Projektmanager unternehmen? Sollten Sie den Projektstart verzögern, um die Arbeiten neu einzuplanen?

11.36 Der Projektmanagement-Direktor bestellt Sie in sein Büro und informiert Sie darüber, dass einer Ihrer Kollegen, der mitten in einem Projekt steckte, einen Herzinfarkt hatte. Sie sollen sein Projekt übernehmen, das nun weit hinter dem Terminplan zurückliegt und bei dem der Kostenrahmen bereits überschritten ist. Sie sollen das Projekt jedoch im geplanten Zeit- und Kostenrahmen abschließen. Wie wollen Sie diese Aufgabe angehen? Wo wollen Sie beginnen? Sollten Sie das Projekt abbrechen und neu planen?

11.37 Planung wird häufig als Tätigkeit beschrieben, die aus den Elementen Vorbereitung, Budgetierung, Ablauf- und Terminplanung und Ressourcenzuweisung besteht. Identifizieren Sie diese vier Elemente in Abbildung 11.1.

11.38 Ein Unternehmen startet ein Entwicklungsgroßprojekt, für das ein umfangreicher Entwurfsplan entwickelt werden muss. Welche Art von Projektstrukturplan eignet sich in diesem Fall am besten?

11.39 Ein Unternehmen gestattet jeder Linienorganisation, den Einkauf selbst vorzunehmen (über ein zentrales Einkaufsbüro), so lange die Finanzmittel dafür in der Projektplanungsphase berücksichtigt wurden. Das Project Office muss diese Art von Einkauf nicht genehmigen und weiß möglicherweise noch nicht einmal davon. Kann ein solches System effektiv sein? Falls ja, unter welchen Bedingungen?

11.40 Im Rahmen einer Machbarkeitsstudie werden Sie gebeten, mit Unterstützung des Linienmanagers einen Terminplan und eine Aufwandseinschätzung für ein Projekt zu entwickeln, das erst in drei Jahren gestartet werden soll, falls es überhaupt genehmigt wird. Angenommen, das Projekt wird genehmigt. Wie kann der Projektmanager den Linienmanager dazu bekommen, den Terminplan und die Kostenschätzung zu übernehmen, die er selbst vor drei Jahren entwickelt hat?

11.41 »Immer mit Problemen rechnen.« Gute Projektmanager wissen, welche Art von Problemen in den verschiedenen Stadien eines Projekts auftreten können. Die Aktivitäten in der nachfolgenden Liste kennzeichnen die Phasen eines Projekts. Die Buchstaben identifizieren wichtige Probleme. Geben Sie für jedes Projektstadium alle Probleme an, die auftreten können.

1. Ausschreibung________________
2. Angebot an Auftraggeber________________
3. Zuschlag von Auftraggeber________________
4. Design-Review-Sitzungen________________
5. Produkttest________________
6. Abnahme durch Auftraggeber________________
   a. Die Konstruktion fordert hinsichtlich der Produzierbarkeit des Endprodukts keinen Input von der Fertigung an.
   b. Der Projektstrukturplan ist mangelhaft.
   c. Der Auftraggeber macht sich die Auswirkungen nicht klar, die eine technische Änderung auf die Kosten und den Terminplan hat.
   d. Die Zeit- und Kostenvorgaben sind nicht mit dem aktuellen Stand der Technik kompatibel.
   e. Die Schnittstelle zwischen Projekt und Linien ist schlecht definiert.
   f. Durch eine mangelhafte Systemintegration sind Konflikte entstanden und die Kommunikation ist abgebrochen.
   g. Einige Linienmanager haben nicht bemerkt, dass sie für bestimmte Risiken verantwortlich waren.
   h. Die Auswirkungen von Designänderungen werden nicht systematisch untersucht.

11.42 Tabelle 11.8 identifiziert 26 Schritte der Projektplanung und -steuerung. Diese Schritte werden nachfolgend beschrieben. Füllen Sie anhand dieser Informationen die Spalten 1 und 2 aus (Spalte 2 dient für die Antworten einer Gruppe). Steht Ihnen ein Experte oder Schulungsleiter zur Verfügung, lassen Sie von ihm die Spalte 3 füllen. Füllen Sie dann die Spalten 4 und 5 aus.

Aktivität	Beschreibung	Spalte 1: Ihre Abfolge	Spalte 2: Abfolge der Gruppe	Spalte 3: Abfolge eines Experten	Spalte 4: Unterschied zwischen 1 & 3	Spalte 5: Unterschied zwischen 1 & 4
1	Lineare-Kompetenz-Diagramm entwickeln					
2	Über qualifiziertes Projektpersonal verhandeln					
3	Spezifikationen entwickeln					

Tabelle 11.8: Schritte der Projektplanung und -steuerung

Aktivität	Beschreibung	Spalte 1: Ihre Abfolge	Spalte 2: Abfolge der Gruppe	Spalte 3: Abfolge eines Experten	Spalte 4: Unterschied zwischen 1 & 3	Spalte 5: Unterschied zwischen 1 & 4
4	Mittel zur Bemessung des Fortschritts festlegen					
5	Abschlussbericht vorbereiten					
6	Den Abteilungen genehmigen, mit der Arbeit zu beginnen					
7	Projektstrukturplan entwickeln					
8	Arbeitsaufträge von funktionalen Abteilungen ausbuchen					
9	Projektumfang und Zielvorgaben definieren					
10	Einen groben Terminplan entwickeln					
11	Prioritäten für alle Projektbestandteile vergeben					
12	Alternative Handlungsoptionen entwickeln					
13	PERT-Netzplan entwickeln					
14	Ausführliche Ablauf- und Terminpläne aufstellen					
15	Voraussetzungen des Linienpersonals definieren					
16	Die laufenden Aktivitäten koordinieren					
17	Ressourcenanforderungen festlegen					
18	Fortschritt messen					
19	Den grundlegenden Handlungsverlauf festlegen					
20	Kosten für jedes Projektstrukturplanelement einschätzen					

Tabelle 11.8: Schritte der Projektplanung und -steuerung

Aktivität	Beschreibung	Spalte 1: Ihre Abfolge	Spalte 2: Abfolge der Gruppe	Spalte 3: Abfolge eines Experten	Spalte 4: Unterschied zwischen 1 & 3	Spalte 5: Unterschied zwischen 1 & 4
21	Kosten des Projektstrukturplans mit jedem Linienmanager durchgehen					
22	Projektplan entwickeln					
23	Kostenabweichung für grundlegende Elemente festlegen					
24	Preise für Projektstrukturplan festlegen					
25	Logischen Netzplan mit Meilensteinen als Kontrollpunkte entwickeln					
26	Grundkosten mit Direktor durchgehen					

Tabelle 11.8: Schritte der Projektplanung und -steuerung

1. *Lineare-Kompetenz-Diagramm entwickeln.* Dieses Diagramm identifiziert den Projektstrukturplan und weist den verschiedenen Mitarbeitern bestimmte Befugnisse und Verantwortlichkeiten zu, um sicherzustellen, dass alle Elemente des Projektstrukturplans berücksichtigt werden. Das Lineare-Kompetenz-Diagramm kann entweder mit Positionen oder mit Namen erstellt werden. Wird das Lineare-Kompetenz-Diagramm erstellt, nachdem die Personalverhandlungen um qualifiziertes Personal stattgefunden haben, kennen Sie entweder die Namen oder die Fähigkeiten der Personen, die dem Projekt zugewiesen werden.
2. *Über qualifiziertes Projektpersonal verhandeln.* Nachdem festgelegt wurde, welche Arbeiten durchgeführt werden müssen, versucht der Projektmanager die Qualifikation des benötigten Personals zu definieren. Dies ist dann die Grundlage für Personalverhandlungen.
3. *Spezifikationen entwickeln.* Die Spezifikationen gehören zu den vier Dokumenten, die benötigt werden, um die Projektanforderungen zu definieren. Angenommen, es handele sich um Leistungs- oder um Materialspezifikationen, die Ihnen in der Planungsphase von dem Auftraggeber oder dem Benutzer zur Verfügung gestellt werden.
4. *Mittel zur Bemessung des Fortschritts festlegen.* Bevor der Projektplan fertig gestellt wird und das Projekt beginnen kann, muss der Projektmanager die Mittel festlegen, mit denen der Erfolg gemessen werden soll. Insbesondere muss er bestimmen, was für jedes Projektstrukturplanelement außerhalb der Toleranz liegt.
5. *Abschlussbericht vorbereiten.* Es handelt sich hierbei um den Abschlussbericht, der bei Projektabschluss erstellt wird.
6. *Den Abteilungen genehmigen, mit der Arbeit zu beginnen.* Dieser Schritt gestattet es den Abteilungen, das Projekt und nicht die Planung zu starten. Der Schritt schließt sich in der Regel an die Planungsphase an und beinhaltet Arbeitsanweisungen für die Projekteinführung.
7. *Projektstrukturplan entwickeln.* Der Projektstrukturplan gehört zu den vier Dokumenten, die für die Projektdefinition in einer frühen Projektplanungsphase benötigt werden. Der Projektstrukturplan wird also mit dem Bottom-up-Ansatz erstellt, d.h. aus grafisch

strukturierten Daten, wobei die Kontrollpunkte eventuell die Grundlage für die PERT/CPM-Diagramme bilden.

8. *Arbeitsaufträge von funktionalen Abteilungen ausbuchen.* Der Projektmanager versucht, eine exzessive Belastung seines Projekts zu verhindern, indem er die Arbeitsaufträge der funktionalen Abteilungen bei Projektabschluss ausbucht. Das heißt, es werden bis auf die Arbeitsaufträge, die zum Abschluss des Projekts und zur Erstellung des Abschlussberichts erforderlich sind, alle Arbeitsaufträge storniert.
9. *Projektumfang und Zielvorgaben definieren.* Diese Punkte werden im Lastenheft definiert, das zu den vier Dokumenten gehört, die die Anforderungen des Projekts definieren. In der Regel bildet der Projektstrukturplan eine Strukturierung des Lastenhefts.
10. *Einen groben Terminplan entwickeln.* Dieser Meilenstein-Terminplan wird bei der Initiierung des Projekts benötigt, um die vier Anforderungsdokumente für das Projekt zu definieren. Der grobe Terminplan beinhaltet den Start- und den Endtermin (falls bekannt), andere wichtige Meilensteine und die Datenelemente.
11. *Prioritäten für alle Projektbestandteile vergeben.* Nachdem der Grundverlauf definiert und alternative Handlungsoptionen festgelegt wurden (z.B. Notfallplanung) führt das Projektteam für jedes Element des Projektstrukturplans eine »Sensivitätsanalyse« durch. Dazu müssen möglicherweise jedem Element des Projektstrukturplans Prioritäten zugewiesen werden. Die höchsten Prioritäten müssen *nicht* unbedingt den Elementen zugewiesen werden, die auf dem Kritischen Pfad liegen.
12. *Alternative Handlungsoptionen entwickeln.* Nachdem der Fall bekannt ist und der Handlungsverlauf festgelegt wurde (z.B. in Form eines Feinplans), führen Projektmanager »Was-wäre-wenn«-Analysen durch, um Notfallpläne zu entwickeln.
13. *PERT-Netzplan entwickeln.* Anhand des PERT/CPM-Netzplans kann der Feinplan entwickelt werden. Der Netzplan und die Zeitdauern basieren in der Regel darauf, wer dem Projekt zugewiesen wurde oder wird und welche Befugnisse/Verantwortlichkeiten diese Personen haben. Das heißt, die Dauer einer Aktivität ist nicht nur vom Leistungsstandard, sondern auch vom Fachwissen und der Kompetenz bzw. Zuständigkeit einer Person abhängig.
14. *Ausführliche Ablauf- und Terminpläne aufstellen.* Dabei handelt es sich um die Detailpläne für das Projekt, die auf der Basis des PERT/CPM-Diagramms und der Fähigkeiten der Projektmitarbeiter erstellt werden.
15. *Voraussetzungen des Linienpersonals definieren.* Nachdem die Unternehmensführung die Kosten grob geprüft und das Projekt genehmigt hat, beginnt der Projektmanager damit, den Grob- in einen Feinplan umzuwandeln. Dazu gehören die Identifikation der benötigten Ressourcen und der entsprechenden Qualifikationen.
16. *Die laufenden Aktivitäten koordinieren.* Laufende Aktivitäten gibt es nur bei der Projektausführung, nicht bei der Planung. Diese Aktivitäten dürfen mit Aktivität 6 beginnen.
17. *Ressourcenanforderungen festlegen.* Nachdem die Unternehmensführung die geschätzten Grundkosten genehmigt hat, beginnt die Feinplanung, bei der die Ressourcenanforderungen inklusive der Personalressourcen ermittelt werden.
18. *Fortschritt messen.* Während das Projektteam die laufenden Aktivitäten der Projektausführung koordiniert, überwacht es auch den Fortschritt und erstellt Statusberichte.
19. *Den grundlegenden Handlungsverlauf festlegen.* Nachdem der Projektmanager eine grobe Kostenschätzung für die Elemente eines Projektstrukturplans erhalten hat, fügt er alle Teile zusammen und legt den grundlegenden Handlungsverlauf fest.
20. *Kosten für jedes Projektstrukturplanelement einschätzen.* Nachdem der grundlegende Handlungsverlauf bestimmt wurde, bestimmt der Projektmanager die Grundkosten für jedes Element des Projektstrukturplans in Vorbereitung auf die Preisgestaltungssitzung mit der Unternehmensführung. Die Kostenschätzung stimmt in der Regel mit der der Linienmanager überein.

21. *Kosten des Projektstrukturplans mit jedem Linienmanager durchgehen.* Jeder Linienmanager erhält den Projektstrukturplan mit der Aufgabe, seine Rolle festzulegen und die Kosten für die Arbeit seiner Linienorganisation anzugeben. Der Projektmanager überprüft dann die Kosten des Projektstrukturplans, um sicherzustellen, dass alles berücksichtigt wurde und keine doppelten Verbuchungen vorkommen.
22. *Projektplan entwickeln.* Dies ist der letzte Schritt bei der Feinplanung. Im Anschluss beginnt die Ausführung. (Außer in Situationen, in denen der Projektplan entwickelt wird, während das Projekt bereits ausgeführt wird.)
23. *Kostenabweichung für grundlegende Elemente festlegen.* Nachdem die Prioritäten für jedes Element bekannt sind, legt der Projektmanager die Kostenabweichungen fest, die im Rahmen der Bemessung eingesetzt werden. Die Kostenberichterstattung ist minimal, solange die tatsächlichen Kosten im Rahmen der erlaubten Abweichungen bleiben.
24. *Preise für Projektstrukturplan festlegen.* An dieser Stelle stellt der Projektmanager jedem Linienmanager den Projektstrukturplan für die Preisentwicklung zur Verfügung.
25. *Logischen Netzplan mit Meilensteinen als Kontrollpunkte entwickeln.* Dies ist der Bottom-up-Ansatz, der häufig als Grundlage für die Entwicklung des Projektstrukturplans und des PERT/CPM-Netzplans eingesetzt wird.
26. *Grundkosten mit Direktor durchgehen.* Der Projektmanager nimmt die groben Kostenschätzungen, die bei der Preisfestsetzung anhand des Projektstrukturplans festgelegt wurden, und versucht, eine Genehmigung vom Management zu erhalten, um mit der Feinplanung beginnen zu können.

11.43 Betrachten Sie den Projektstrukturplan in Abbildung 11.18. Kann das Projekt mittels dieses Überblicks gemanagt werden, wenn davon ausgegangen wird, dass der Projektmanager am Ende jedes Monats eine Übersicht über die Kosten und über den prozentualen Fertigstellungsgrad der erledigten Arbeiten erhält?

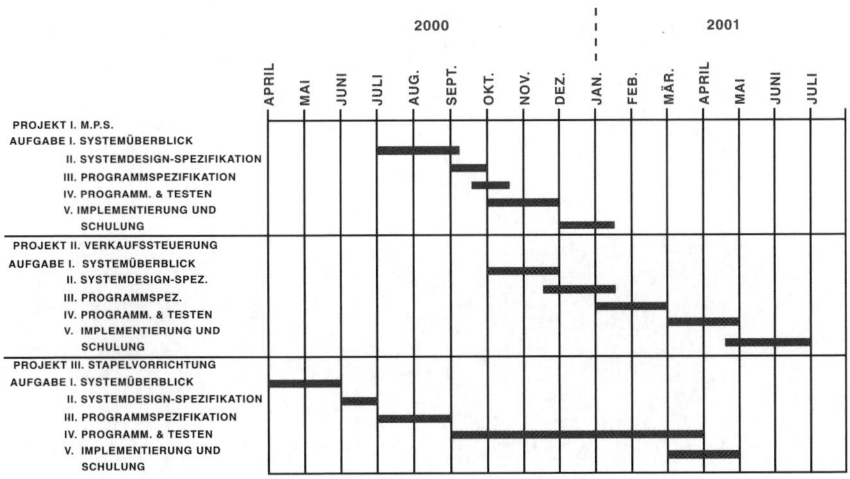

Abbildung 11.18: Beispiel für einen Projektstrukturplan

11.44 In den Jahren 1992 und 1993 sparte General Motors mehr als 2 Milliarden $ durch die Kosteneinsparungsmaßnahmen von Herrn Lopez ein. In der Autoindustrie verbreitete sich das Gerücht, dass General Motors Unterauftragnehmern 10-Jahres-Verträge anbot, wenn diese die Kosten um 20 Prozent reduzieren konnten.

Die langfristigen Verträge boten GM und den Unterauftragnehmern die Möglichkeit, eine informelle Projektmanagement-Beziehung aufzubauen, die auf Vertrauen, einer effektiven Kommunikation und minimalen Dokumentationsanforderungen basierte.

a. Ist es denkbar, dass die Kosteneinsparungen von 20 Prozent ausschließlich durch die Minimierung der formellen Dokumentation realisiert werden können?

b. Was ist Ihrer Meinung nach passiert, als Herr Lopez GM im Frühjahr 1993 verließ, um einen Posten im Vorstand von VW zu übernehmen? Lief das informelle Projektmanagementsystem auch ohne ihn weiter? Begründen Sie Ihre Antwort.

11.45 Während der amerikanischen Rezession in den Jahren 1989–1993 begann die Autoindustrie mit extremen Kosteneinsparungsmaßnahmen, um die Unternehmensgröße zu reduzieren. Dadurch entwickelten sich für die Projektingenieure in den Fertigungsabteilungen ProjektmanagementProbleme. Da immer weniger Ressourcen zur Verfügung standen, musste immer mehr Arbeit nach außen vergeben werden. Dies galt insbesondere für Dienstleistungen. Die Fertigungsanlagen verfügten bereits über jahrelange Erfahrung bei der Verhandlung über Teile, jedoch nicht über Dienstleistungen. Entsprechend wurden die Dienstleistungsrahmenverträge durch technische Änderungen und Überschreiten der Ablauf- und Terminpläne drastisch verletzt. Wo liegt das eigentliche Problem und was empfehlen Sie, um das Problem zu lösen?

11.46 Der richtige Zeitpunkt, zu dem der Projektmanager an Bord geholt werden sollte, war schon immer ein Problem. Nennen Sie für die folgenden Situationen Vor- und Nachteile.

a. Der Projektmanager wird bereits am Anfang der Konzepterstellungsphase an Bord geholt, er agiert jedoch nur als Beobachter. Der Projektmanager beantwortet weder Fragen noch liefert er Ideen, bevor die Brainstorming-Sitzung beendet wurde.

b. Nachdem die Brainstorming-Sitzung beendet wurde, ernennt ein Mitglied der Geschäftsführung einen Sitzungsteilnehmer zum Projektmanager.

12 Netzplantechniken

Verwandte Fallstudien (aus Kerzner/*Project* Management *Case Studies*, 2. Auflage)	Verwandte Workbook-Übungen (aus Kerzner/*Project Management Workbook and PMP®/CAPM® Exam Study Guide*, 9. Auflage)	PMBOK® Guide, 3. Auflage, Referenzabschnitt für das PMP®-Zertifizierungsexamen
• Crosby Manufacturing Corporation*	• Crashing the Effort • Multiple-Choice-Examen • Crossword Puzzle on Time (Schedule) Management	• Terminmanagement

* Die Fallstudie wird am Ende des Kapitels beschrieben.

12.0 Einführung

PMBOK® Guide 2004
Kapitel 6 Terminmanagement in Projekten

Das Management sucht ständig nach neuen und besseren Steuerungstechniken, um mit der Komplexität, den Datenmassen und den eng gesetzten Stichtagen fertig zu werden, die für Branchen charakteristisch sind, die vom Konkurrenzkampf geprägt sind. Manager suchen auch nach besseren Methoden der Präsentation von technischen und von Kostendaten gegenüber Auftraggebern.

PMBOK® Guide 2004
6.1.3.3 Meilensteinliste
6.2 Festlegung der Vorgangsfolgen

Die Netzplantechniken helfen dabei, diese Ziele zu erreichen. Im Wesentlichen werden die folgenden Methoden der Ablauf- und Terminplanung unterschieden:

- Gantt- oder Balkendiagramme
- Meilenstein-Diagramme
- Line of balance (LOB)[1]
- Netzplantechnik
- PERT (Program Evaluation and Review Technique)
- Vorgangspfeil-Netzplan (ADM – Arrow Diagram Method) (Manchmal auch als Methode des kritischen Pfads bezeichnet)[2]
- PDM (Precedence Diagram Method)
- GERT (Graphical Evaluation and Review Technique)

1. Line of balance eignet sich in erster Linie für Fertigungsplanung und -steuerung von Produktionslinien, kann jedoch auch für das Projektmanagement eingesetzt werden, wenn eine endliche Anzahl an Erzeugnissen in einem bestimmten Zeitraum hergestellt werden muss. Zu dieser Technik gibt es sehr viel Literatur.
2. Die Begriffe ADM und CPM sind austauschbar.

Die Netzplantechniken bieten folgende Vorteile:

- Sie bilden die Basis für die gesamte Planung und helfen dem Management dabei, zu entscheiden, wie die Ressourcen eingesetzt werden sollen und wie die Zeit- und Kostenziele erreicht werden können.
- Sie machen vieles sichtbar und bieten dem Management die Möglichkeit, Programme eines Typs zu steuern.
- Sie unterstützen das Management bei der Bewertung von Alternativen, indem sie Fragen der Art beantworten, wie Zeitverzögerungen den Projektabschluss beeinflussen, wo ein Puffer zwischen den Projektelementen besteht und welche Elemente wichtig sind, um den Endtermin halten zu können.
- Sie bieten eine Grundlage, um Fakten für die Entscheidungsfindung zu sammeln.
- Sie nutzen einen Netzplan, den Personal-, Material- und Kapitalbedarf zu ermitteln und den Fortschritt zu überprüfen.
- Sie bieten eine Grundstruktur für die Berichterstellung.
- Sie bringen Abhängigkeiten zwischen Tätigkeiten zum Vorschein.
- Sie erleichtern »Was-Wäre-Wenn«-Analysen.
- Sie identifizieren den längsten oder den kritischen Pfad.
- Sie sind hilfreich bei der Risikoanalyse.

PERT wurde in den Jahren 1958 und 1959 für technische Projekte entwickelt, bei denen Gantt- und Taylor-Diagramme nicht eingesetzt werden konnten. Das »Special Projects Office« der US-Navy, das sich mit Leistungstrends bei militärischen Großprojekten befasste, führte PERT 1958 bei dem Waffensystem Polaris ein. Die Technik wurde mit Hilfe der Unternehmensberatung Booz, Allen & Hamilton entwickelt. Seither hat PERT in fast allen Branchen Einzug gehalten. Ungefähr zur selben Zeit entwickelte die Firma DuPont eine ähnliche Technik namens CPM (Critical Path Method), die ebenfalls große Verbreitung fand und sich insbesondere auf die Bau- und die verarbeitenden Gewerbe konzentriert.

Anfang der 1960er-Jahre galten laut Definition der US-Navy für PERT folgende Grundanforderungen:

- Alle Aufgaben, die zum Abschluss eines Projekts ausgeführt werden müssen, müssen so klar definiert sein, dass sie in einen Netzplan eingezeichnet werden können, der alle Ereignisse und Tätigkeiten umfasst.
- Die Abfolge der Ereignisse und Tätigkeiten muss bestimmten logischen Grundregeln genügen, mittels derer ein kritischer Pfad ermittelt werden kann. Netzpläne müssen mindestens zehn Elemente enthalten, können aber auch mehr als hundert Elemente enthalten.
- Für jede Tätigkeit müssen eine optimistische, eine wahrscheinliche und eine pessimistische Zeitdauer von den Personen geschätzt werden, die am besten mit der Aufgabe vertraut sind.
- Der kritische Pfad und der Puffer pro Ereignis werden berechnet. Beim kritischen Pfad handelt es sich um die Folge von Aktivitäten und Ereignissen, deren Durchführung die meiste Zeit beansprucht.

Ein großer Vorteil von PERT besteht darin, dass eine ausführliche Planung möglich ist. Die Netzplanentwicklung und die Analyse des kritischen Pfads bringen Abhängigkeiten und Probleme zum Vorschein, die mit anderen Planungsmethoden nicht sichtbar werden. PERT zeigt, an welcher Stelle die größten Bemühungen unternommen werden sollten, um das Projekt wieder auf Plan zu bekommen.

Der zweite Vorteil von PERT besteht darin, dass die Projektdauer mittels statistischer Wahrscheinlichkeiten und anhand der Zeitdauer der einzelnen Vorgänge ermittelt werden kann. So kann festgestellt werden, ob der geplante Projektendtermin erreicht werden kann. Wenn der Entscheidungsträger statistisch versiert ist, kann er die Standardabweichungen und die Wahrscheinlichkeit des Eintreffens von Terminen ermitteln. Besteht minimale Unsicherheit, kann einseitiger Ansatz gewählt werden, wobei die Vorteile der Netzplantechnik erhalten bleiben.

Ein dritter Vorteil von PERT besteht darin, dass sich die Auswirkungen von Programmänderungen bewerten lassen. PERT kann beispielsweise die Auswirkungen einer Verlagerung der Ressourcen von weniger kritischen Tätigkeiten zu Tätigkeiten bewerten, die als potenzielle Engpässe identifiziert wurden. Mit PERT lässt sich außerdem ermitteln, wie sich Abweichungen von der Ist- zur Soll-Zeit bei der Ausführung von Tätigkeiten auswirken.

PERT stellt außerdem eine große Menge an Daten bereit, die so in einem Diagramm dargestellt werden können, dass Auftragnehmer und Auftraggeber gemeinsame Entscheidungen treffen können.

PERT bietet leider auch Nachteile. Die Komplexität von PERT vergrößert die Implementierungsprobleme. Die Datenanforderungen für ein PERT-Berichterstellungssystem sind wesentlich höher als die für die meisten anderen Verfahren. PERT wird dadurch kostspielig und wird hauptsächlich bei umfangreichen, komplexen Programmen eingesetzt.

Viele Unternehmen haben die Brauchbarkeit von PERT bei kleinen Projekten untersucht. Daraus sind PERT/LOB-Verfahren entstanden, die Folgendes leisten:

- Verringerung der Projektkosten und der Projektdauer
- Koordination und Beschleunigung der Planung
- Entfernung von Leerzeiten
- Bessere Planung und Steuerung der Tätigkeiten von Unterauftragnehmern
- Entwicklung von besseren Problemlöseverfahren
- Verringerung des Zeitbedarfs für Routineentscheidungen, jedoch mehr Zeit für die Entscheidungsfindung

Selbst unter Berücksichtigung dieser Vorteile sollten sich viele Firmen fragen, ob sie PERT tatsächlich benötigen, weil sich dadurch viele Schwierigkeiten und hohe Kosten ergeben, selbst wenn fertige Software-Pakete eingesetzt werden. PERT wird unter anderem wegen der folgenden Eigenschaften kritisiert:

- Zeit- und Arbeitsintensivität
- Die Möglichkeiten der Entscheidungsfindung werden reduziert
- Die Schätzwerte können keiner Funktion zugeordnet werden
- Es gibt keine Verlaufsdaten für Zeit- und Kostenschätzungen
- Es wird von unbegrenzten Ressourcen ausgegangen
- Es werden zu viele Details gefordert

Eine tiefer gehende Untersuchung von PERT kann im Rahmen dieses Buches nicht durchgeführt werden. Dieses Kapitel möchte Sie lediglich mit der Terminologie, den Möglichkeiten und den Anwendungsgebieten von Netzplänen vertraut machen.

12.1 Grundlagen der Netzplantechnik

> **PMBOK® Guide 2004**
>
> 6.2 Festlegung der Vorgangsfolgen
>
> 6.2.2 Festlegung der Vorgangsfolgen: Werkzeuge und Methoden

Die Hauptunterschiede zwischen einem Gantt- und einem Meilenstein-Diagramm bestehen darin, dass die Abhängigkeiten zwischen den Ereignissen und Tätigkeiten nicht gezeigt werden können. Diese Abhängigkeiten müssen jedoch identifiziert werden, um einen Hauptplan entwickeln zu können, der jederzeit ein aktuelles Bild von der Leistungserstellung vermittelt.

Abhängigkeiten werden über Netzpläne deutlich gemacht. Die Netzplantechnik bietet wertvolle Informationen für die Ablaufplanung, für die Integration von Plänen, für Zeitstudien, für die Ablauf- und Terminplanung und für das Ressourcenmanagement. Der Hauptzweck der Netzplantechnik besteht darin, den Bedarf für ein Krisenmanagement zu eliminieren, indem das Gesamtprogramm bildlich dargestellt wird. Aus einer solchen Darstellung lassen sich die folgenden Management-Informationen ablesen:

- Abhängigkeiten zwischen Tätigkeiten
- Zeitrahmen für die Durchführung eines Projekts
- Auswirkung eines verspäteten Starts
- Auswirkungen eines verfrühten Starts
- Kompromisse zwischen Ressourcen und Zeitbedarf
- »Was-Wäre-Wenn«-Analysen

- Kosten eines Programmabbruchs
- Plan-/Leistungsabweichungen
- Leistungsbewertung

Netzwerke bestehen aus Ereignissen und Tätigkeiten. Die folgenden Begriffe sind nützlich, um Netzwerke zu verstehen:

- Ereignis: Äquivalent mit einem Meilenstein, der anzeigt, wann ein Vorgang beginnt oder endet.
- Tätigkeit: Das Arbeitselement, das realisiert werden muss.
- Dauer: Die Gesamtzeit, die für die Ausführung des Vorgangs benötigt wird.
- Aufwand: Die Arbeit, die innerhalb der Dauer tatsächlich geleistet wird. Die Dauer eines Vorgangs könnte beispielsweise einen Monat betragen, aber der Aufwand könnte eine zweiwöchige Zeitspanne innerhalb der Dauer sein.
- Kritischer Pfad: Dies ist der längste Pfad durch das Netzwerk. Er bestimmt die Projektdauer. Gleichzeitig ist er die kürzeste Zeit, die erforderlich ist, das Projekt zu realisieren.

Abbildung 12.1 zeigt die Standardnomenklatur für PERT-Netzpläne. Die Kreise repräsentieren Ereignisse und die Pfeile Tätigkeiten. Die Zahlen in den Kreisen stehen für die speziellen Ereignisse oder Leistungen. Die Zahl über dem Pfeil gibt den Zeitbedarf an (in Stunden, Tagen oder Monaten), um von Ereignis 6 zu Ereignis 3 zu gelangen. Die Ereignisse müssen nicht in einer speziellen Reihenfolge nummeriert werden. Ereignis 6 muss jedoch stattfinden, bevor Ereignis 3 fertig gestellt (oder begonnen) werden kann. In Abbildung 12.2 (a) muss Ereignis 26 vor den Ereignissen 7, 18 und 31 stattfinden. In Abbildung 12.2 (b) verhält es sich umgekehrt. Hier müssen die Ereignisse 7, 18 und 31 vor dem Ereignis 26 stattfinden. Abbildung 12.2 (b) entspricht den UND-Gattern, die in Logikdiagrammen verwendet werden.[3]

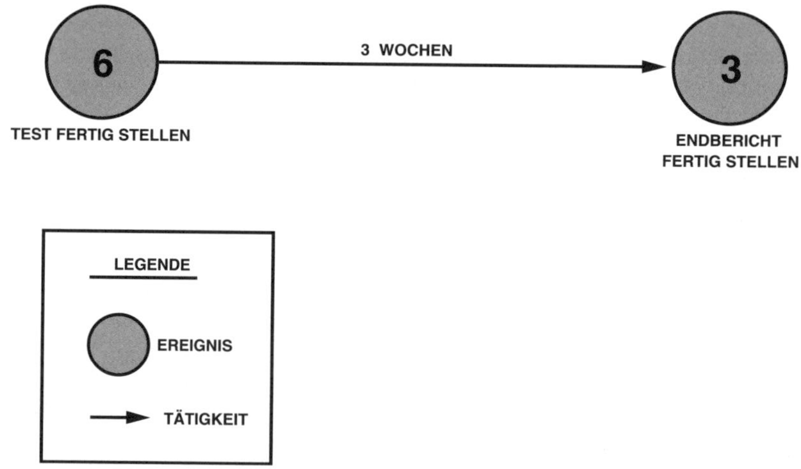

Abbildung 12.1: Nomenklatur bei PERT-Netzplänen

3. PERT-Netzpläne können als Logikdiagramme betrachtet werden. Viele der Symbole, die in PERT verwendet werden, wurden aus der Nomenklatur der logischen Flussdiagramme entnommen.

PMBOK® Guide 2004

6.2.2.4 Bestimmung der Abhängigkeit

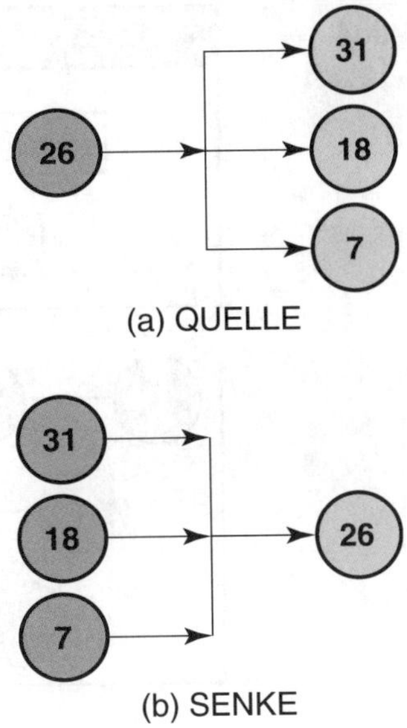

Abbildung 12.2: PERT-Quellen und -Senken

In der Einführung dieses Kapitels wurden die Vor- und Nachteile von Gantt- und Meilenstein-Diagrammen zusammengefasst. Aus diesen Diagrammen lassen sich jedoch PERT-Netzpläne entwickeln (siehe Abbildung 12.3). Das Balkendiagramm in Abbildung 12.3 (A) lässt sich in das Meilensteindiagramm in Abbildung 12.3 (B) umwandeln. Wird dann die Beziehung zwischen den Ereignissen der verschiedenen Balken im Meilensteindiagramm definiert, lässt sich der in Abbildung 12.3 (C) gezeigte PERT-Netzplan erzeugen.

PERT ist im Wesentlichen ein Management-Werkzeug zur Planung und Steuerung. Es kann als Ablaufplan für ein bestimmtes Programm oder Projekt betrachtet werden, bei dem alle wichtigen Elemente (Ereignisse) und ihre Beziehungen identifiziert wurden.[4] PERT-Netzpläne werden häufig per Rückwärtsrechnung ausgehend vom Endtermin erstellt, weil bei vielen Projekten der Endtermin fest steht und der Auftragnehmer eine gewisse Flexibilität beim Starttermin hat.

4. Die Ereignisse im PERT-Netzplan sollten zumindest bis zu der Ebene untergliedert sein, die im Projektstrukturplan verwendet wird.

PMBOK® Guide 2004

6.2 Festlegung der Vorgangsfolgen

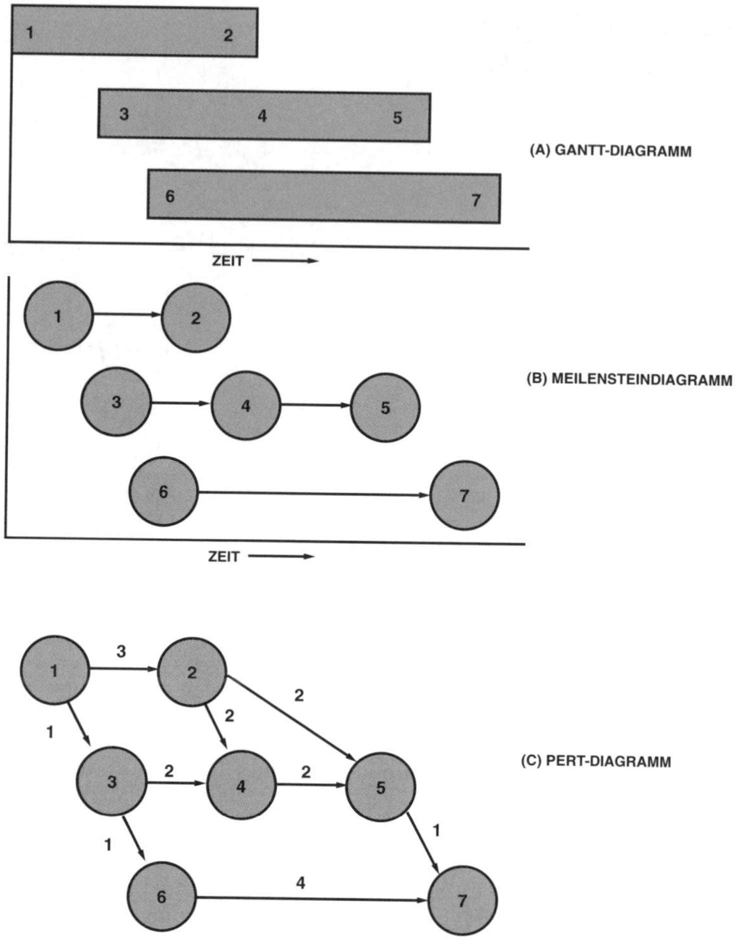

Abbildung 12.3: Umwandlung eines Balkendiagramms in einen PERT-Netzplan

Unter anderem werden PERT-Netzpläne erstellt, um festzustellen, wie viel Zeit für die Fertigstellung des Projekts benötigt wird. PERT nutzt die Zeit als gemeinsamen Nenner für die Analyse der Elemente, die den Erfolg des Projekts direkt beeinflussen, nämlich die Zeit, die Kosten und die Leistung. Um einen PERT-Netzplan erstellen zu können, werden zwei Angaben benötigt. Erstens muss bekannt sein, ob Ereignisse den Anfang oder das Ende einer Tätigkeit repräsentieren. Im nächsten Schritt wird die Abfolge der Ereignisse definiert (siehe Tabelle 12.1), d.h., jedes Ereignis wird mit seinem unmittelbaren Vorgänger verknüpft. Großprojekte lassen sich leicht in PERT-Netzpläne umwandeln, nachdem einmal die folgenden Fragen beantwortet wurden:

- Welche Tätigkeit geht einer Tätigkeit voran?
- Welche Tätigkeit folgt einer Tätigkeit unmittelbar?
- Welche Tätigkeiten können gleichzeitig ausgeführt werden?

Tätigkeit	Ereignis	Unmittelbare Vorgänger	Zeitdauer der Tätigkeit (Wochen)
1–2	A	–	1
2–3	B	A	5
2–4	C	A	2
3–5	D	B	2
3–7	E	B	2
4–5	F	C	2
4–8	G	C	3
5–6	H	D, F	2
6–7	I	H	3
7–8	J	E, I	3
8–9	K	G, J	2

Tabelle 12.1: Ereignisfolge

PMBOK® Guide 2004

6.2 Festlegung der Vorgangsfolgen

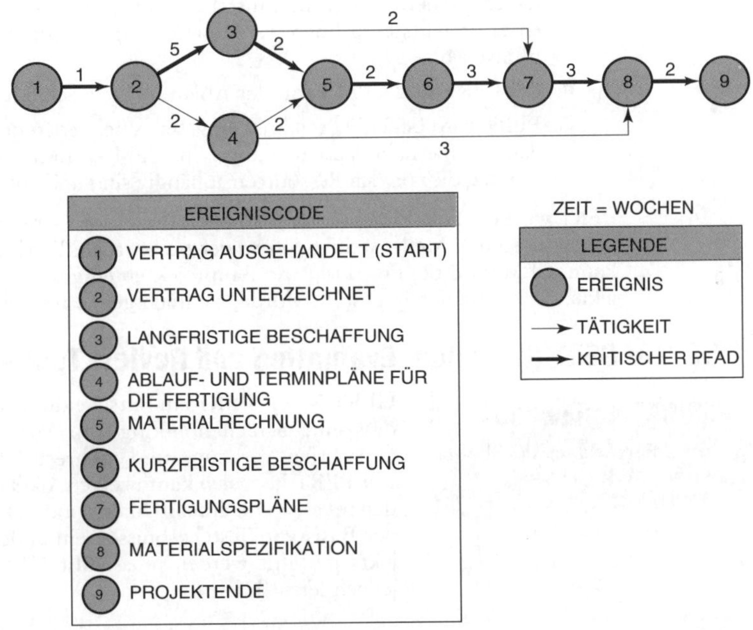

Abbildung 12.4: Vereinfachter PERT-Netzplan

Abbildung 12.4 zeigt einen typischen PERT-Netzplan. Die fette Linie repräsentiert den kritischen Pfad als zeitintensivste Ablauffolge der Ereignisse. Der kritische Pfad setzt sich aus den Ereignissen 1–2–3–5–6–7–8–9 zusammen. Für die Erfolgskontrolle eines Projekts ist der kritische Pfad sehr wichtig, weil das Management daraus zwei Dinge ablesen kann:

- Da es bei den Ereignissen keine Pufferzeiten gibt, verursachen alle Verzögerungen eine entsprechende Überschreitung des Fertigstellungstermins.
- Weil die Ereignisse auf dem kritischen Pfad sehr wichtig für den Projekterfolg sind, muss das Management sie besonders im Auge behalten.

Mit PERT lässt sich der frühestmögliche Zeitpunkt berechnen, zu dem ein Ereignis auftreten kann oder zu dem eine Tätigkeit beginnen oder enden kann. An dieser Art der Berechnung gibt es nichts Mystisches, ohne Netzwerkanalyse sind die Informationen jedoch möglicherweise schwer erhältlich.

PERT-Netzpläne können über die Ereignisse oder die Tätigkeiten verwaltet werden. Bei den Ebenen 1 bis 3 des Projektstrukturplans sind in erster Linie die Meilensteine und deshalb die Ereignisse wichtig. Bei den Ebenen 4 bis 6 des Projektstrukturplans sind für den Projektmanager hauptsächlich die Tätigkeiten wichtig.

Die Prinzipien, die wir bisher beschrieben haben, gelten auch für CPM. Die Nomenklatur ist identisch und die beiden Techniken werden häufig als Pfeildiagramme bezeichnet. Zwischen PERT und CPM bestehen jedoch die folgenden Unterschiede:

- Bei PERT wird die erwartete Zeit aus drei Schätzwerten abgeleitet (optimistisch, am wahrscheinlichsten und pessimistisch, siehe Abschnitt 12.7), bei CPM hingegen nur die normale Zeit (d.h. höhere Schätzgenauigkeit bei CPM).
- PERT ist eine Wahrscheinlichkeitsberechnung, die auf einer Beta-Verteilung aller Zeitdauern basiert (siehe Abschnitt 12.7). Dadurch lässt sich das »Risiko« der Fertigstellung eines Projekts berechnen. CPM basiert hingegen auf einer Zeitschätzung und ist deterministisch.
- Bei PERT und CPM kann der Ablauf mittels Scheintätigkeiten entwickelt werden.
- PERT wird bei FuE-Projekten eingesetzt, bei denen die Risiken der Berechnung von Zeitdauern eine hohe Varianz aufweisen. CPM kommt hauptsächlich bei Bauprojekten zum Einsatz, die von den Ressourcen abhängig sind und auf genauen Zeitschätzungen basieren.

PERT wird bei FuE-Projekten und anderen Projekten dieser Art eingesetzt, bei denen außer bei abgeschlossenen Meilensteinen kaum der prozentuale Fertigstellungsgrad eingeschätzt werden kann. CPM wird bei Projekten wie Bauprojekten eingesetzt, bei denen sich der Anteil des Projekts, der bereits fertig gestellt wurde, ziemlich genau feststellen lässt.

12.2 GERT (Graphical Evaluation and Review Technique)

PMBOK® Guide 2004
6.5.2 Entwicklung des Terminplans: Werkzeuge und Methoden

GERT ist wie PERT ein Entscheidungsnetzplan, bietet jedoch den Vorteil, dass eine Schleifenbildung von Vorgängen, Entscheidungsweichen für alternative Vorgänge und mehrere Projektendergebnisse möglich sind. Mit PERT lässt sich kaum zeigen, dass der Test mehrmals wiederholt werden muss, wenn er fehlschlägt, und es kann nicht gezeigt werden, dass auf der Basis von Testergebnissen ein anderer Pfad zur Fortsetzung des Projekts gewählt werden muss. Mit GERT lassen sich derartige Probleme jedoch leicht lösen.

12.3 Abhängigkeiten

PMBOK® Guide 2004
6.2 Festlegung der Vorgangsfolgen
6.2.2.4 Bestimmung der Abhängigkeit

Es gibt drei Arten von Beziehungen oder Abhängigkeiten:

- *Zwingende Abhängigkeiten (z.B. fest verdrahtete logische Schaltungen)*: Diese Abhängigkeiten sind unveränderlich. Beim Bau eines Hauses müssen beispielsweise zuerst die Wände errichtet werden, bevor das Dach aufgesetzt werden kann.
- *Kann-Abhängigkeiten*: Diese Abhängigkeiten liegen möglicherweise im Ermessen des Programm-Managers oder ändern sich von Projekt zu Projekt. So muss beispielsweise nicht erst die gesamte Stückliste fertig gestellt werden, bevor mit der Beschaffung begonnen wird.

- *Externe Abhängigkeiten*: Es gibt Abhängigkeiten, die der Projektmanager nicht steuern kann, wie z.B. Lieferanten, die sich auf dem kritischen Pfad befinden.

Manchmal lassen sich Abhängigkeiten in Netzplänen nur mittels Scheintätigkeiten veranschaulichen. Scheintätigkeiten sind künstliche Tätigkeiten, die mit einer gepunkteten Linie dargestellt werden und keine Ressourcen oder Zeit beanspruchen. Sie werden nur für den Fall zum Netzplan hinzugefügt, dass zwei Tätigkeiten die gleichen Anfangs- und Endereignisse haben.

In Abbildung 12.5 geht dem Vorgang C nur der Vorgang B voraus. Angenommen, es gibt einen Vorgang D, dem die beiden Vorgänge A und B vorausgehen. Ohne die Eintragung eines Scheinvorgangs (d. h. einer gestrichelten Linie) gibt es keine Möglichkeit zu zeigen, dass dem Vorgang D beide Vorgänge A und B vorausgehen. Unter Verwendung von zwei Scheinvorgängen, einem von Vorgang A nach Vorgang D, und einem weiteren von Vorgang B nach Vorgang D, könnte man diese Darstellung ebenfalls realisieren. Software-Programme fügen die Mindestanzahl an Scheinvorgängen ein. Die Richtung der Pfeilspitze ist dabei ausschlaggebend. In Abbildung 12.5 muss die Pfeilspitze nach oben zeigen.

PMBOK® Guide 2004

6.2.2.2 Vorgangspfeilnetzplan (ADM)

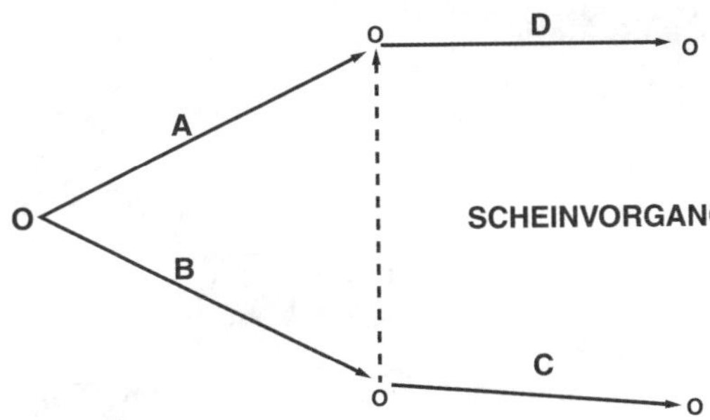

Abbildung 12.5: Der Scheinvorgang zur Veranschaulichung von Abhängigkeiten

12.4 Pufferzeit

PMBOK® Guide 2004

6.5.2 Entwicklung des Terminplans: Werkzeuge und Methoden

6.5.2.2 Methode des kritischen Wegs

Es muss mindestens einen längsten Pfad im Netzplan geben, es kann jedoch auch mehrere längste Pfade geben. Da die anderen Pfade entsprechend kürzer sein müssen, muss es Ereignisse und Tätigkeiten geben, die früher beendet werden können als erforderlich. Der Zeitunterschied zwischen dem geplanten und dem erforderlichen Endtermin wird als Pufferzeit bezeichnet. In Abbildung 12.4 liegt Ereignis 4 nicht auf dem kritischen Pfad. Um auf den kritischen Pfad von Ereignis 2 zu Ereignis 5 zu gelangen, müssen die Ereignisse 2–3–5 durchlaufen werden, was sieben Wochen dauert. Wird die Route 2–4–5 gewählt, werden nur vier Wochen benötigt. Deshalb sollte Ereignis 4, das in zwei Wochen fertig gestellt werden kann, zwischen null und zwei Wochen beginnen, nachdem Ereignis 2 abgeschlossen wurde. Während dieser drei Wochen findet das Management möglicherweise ein anderes Einsatzgebiet für die Personal- und Finanzressourcen, die Einsatzmittel und die Anlagen, die benötigt werden, um Ereignis 4 fertig zu stellen.

Der kritische Pfad ist wichtig für die Ressourcenplanung und -zuteilung, weil der Projektmanager in Zusammenarbeit mit dem Linienmanager diejenigen Ereignisse neu einplanen kann, die nicht auf dem kritischen Pfad liegen. Sie können dann in Zeiten fertig gestellt werden, in denen eine maximale Ressourcenauslastung erreicht werden kann, vorausgesetzt der kritische Pfad wird nicht verlängert. Diese Art der Planung durch Ausnutzung von Pufferzeiten hilft, die Ressourcen des Unternehmens besser auszulasten und reduziert möglicherweise die Projektkosten, indem Leer- oder Wartezeiten eliminiert werden.

Die Pufferzeit lässt sich definieren als Unterschied zwischen dem Zeitpunkt, zu dem ein Ereignis spätestens beginnen muss, und dem Zeitpunkt, zu dem ein Ereignis frühestens beginnen muss:

F_Z = ist der früheste Zeitpunkt, zu dem das Ereignis stattfinden kann

S_Z = ist der späteste Zeitpunkt, zu dem ein Ereignis stattfinden muss, ohne den Fertigstellungstermin des Projekts zu überschreiten

Pufferzeit $= S_Z - F_Z$

Die Berechnung der Pufferzeit wird für jedes Ereignis im Netzwerk wie in Abbildung 12.6 gezeigt vorgenommen, indem jeweils der früheste zu erwartete Zeitpunkt und der letztmögliche Ereigniszeitpunkt angegeben werden. Für Ereignis 1 gilt $S_Z - F_Z = 0$. Ereignis 1 dient also als Referenzpunkt für das Netzwerk und hätte auch als Kalenderdatum angegeben werden können. Wie bisher auch wird der kritische Pfad als fette Linie gekennzeichnet. Die Ereignisse auf dem kritischen Pfad besitzen keine Pufferzeiten (d.h., $S_Z = F_Z$) und bilden Grenzwerte für nicht kritische Ereignisse.[5] Da Ereignis 2 kritisch ist, gilt $S_Z = F_Z = 3 + 7 = 10$ für Ereignis 5. Ereignis 6 beendet den kritischen Pfad. Die Gesamtprojektdauer beträgt fünfzehn Wochen.

PMBOK® Guide 2004
Abbildung 6.6

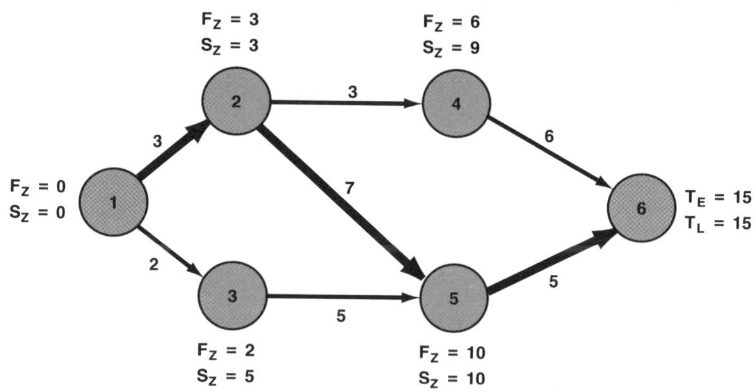

Abbildung 12.6: PERT-Netzplan mit Pufferzeiten

Der frühestmögliche Zeitpunkt für Ereignis 3, das sich nicht auf dem kritischen Pfad befindet, beträgt zwei Wochen ($F_Z = 0 + 2 = 2$), vorausgesetzt, dass das Ereignis so früh wie möglich gestartet wird. Das späteste zulässige Datum ergibt sich, wenn die Zeit, die benötigt wird, um die Ereignisse 3 und 5 fertig zu stellen, vom spätesten Ereigniszeitpunkt für Ereignis 5 subtrahiert wird. Der S_Z (für Ereignis 3) berechnet sich also wie folgt: $10 - 5 = 5$ Wochen. Ereignis 3 kann nun zwischen der 2. und der 5. Woche auftreten, ohne dass sich die geplante Fertigstellung des Projekts verschieben würde. Die gleiche Prozedur lässt sich auch auf Ereignis 4 anwenden, bei dem $F_Z = 6$ und $S_Z = 9$ beträgt.

Abbildung 12.6 zeigt einen einfachen PERT-Netzplan, bei dem die Berechnung der Pufferzeit nicht allzu schwierig ist. Bei komplexen Netzplänen mit mehreren Pfaden muss der früheste Ereigniszeitpunkt per Vorwärtsrechnung ermittelt werden, d.h., indem der Netzplan vom Anfang bis zum Ende durchgegangen wird. Der späteste Startzeitpunkt wird per Rückwärtsrechnung ermittelt, indem der Netzplan vom Ende bis zum Anfang berechnet wird.

Die Bedeutung, die die genaue Kenntnis der Pufferzeiten hat, kann nicht genug betont werden. Werden die Pufferzeiten gut genutzt, lässt sich die technische Leistung steigern. Donald Marquis konnte beobachten, dass die Unternehmen, die Pufferzeiten sinnvoll nutzen, in Bezug auf die Erfüllung technischer Anforderungen um 30 Prozent erfolgreicher waren als der Durchschnitt.[6]

5. Es gibt spezielle Situationen, in denen auch der kritische Weg geringe Pufferzeiten enthält. Solche Spezialfälle werden hier jedoch nicht berücksichtigt.
6. Marquis, D., *Ways of Organizing Projects,* Innovation, 1969.

Wegen der Pufferzeiten werden PERT-Netzpläne häufig nicht mit einer Zeitskala versehen. Die Planungsanforderungen setzen jedoch Zeitskalen voraus. In einem solchen Fall muss entschieden werden, ob für die Puffervariablen die frühen oder die späten Zeitpunkte verwendet werden. In Abbildung 12.7 sehen Sie einen Vergleich zwischen der Gesamtkosten- und der Arbeitskräfteplanung. In der Abbildung werden für die Pufferzeitvariablen die frühesten Ereigniszeitpunkte verwendet.

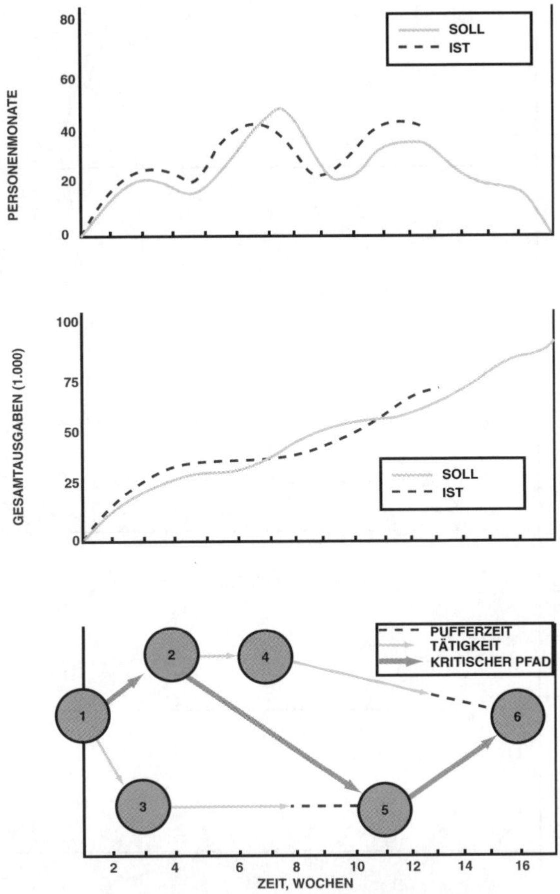

Abbildung 12.7: Vergleichsmodelle für einen zeitbasierten PERT-Netzplan

Anhand der frühesten und der spätesten Ereigniszeitpunkte lässt sich die Wahrscheinlichkeit berechnen, den Terminplan erfolgreich zu erfüllen. Ein Beispiel sehen Sie in Tabelle 12.2. Der früheste und der späteste Zeitpunkt werden als Zufallsvariablen betrachtet. Der ursprüngliche Ablauf- und Terminplan bezieht sich auf den geplanten Ereigniszeitpunkt, der zu Projektbeginn festgelegt wurde. Die letzte Spalte in Tabelle 12.2 gibt die Wahrscheinlichkeit an, dass der früheste Zeitpunkt nicht größer ist als der ursprünglich für dieses Ereignis geplante Zeitpunkt. Die genauen Methoden zur Berechnung der Wahrscheinlichkeit und auch die Varianz werden in Abschnitt 12.5 beschrieben.

Ereignis-nummer	Frühester Zeitpunkt		Spätester Zeitpunkt		Puffer	Ursprünglicher Ablauf- und Terminplan	Wahrscheinlichkeit, den Ablauf- und Terminplan zu erfüllen
	Erwartet	Abweichung	Erwartet	Abweichung			

Tabelle 12.2: Ergebnis der PERT-Analyse

Im Beispiel in Abbildung 12.6 wurden für jedes Ereignis der früheste und der späteste Zeitpunkt berechnet. Als Alternative können auch der früheste und der späteste Zeitpunkt für jede Tätigkeit berechnet werden. Außerdem wurden der früheste und der späteste Zeitpunkt einfach als der Zeitpunkt oder das Datum identifiziert, zu dem ein Ereignis erwartungsgemäß stattfinden wird. Um die Möglichkeiten von PERT/CPM voll auszunutzen, können wir vier Werte identifizieren.

- Der früheste Zeitpunkt, zu dem eine Aktivität beginnen kann (FAZ)
- Der früheste Zeitpunkt, zu dem eine Aktivität enden kann (FEZ)
- Der späteste Zeitpunkt, zu dem eine Aktivität beginnen kann (SAZ)
- Der späteste Zeitpunk, zu dem eine Aktivität enden kann (SEZ)

Abbildung 12.8 zeigt die frühesten und die spätesten Start- und Endtermine für die Aktivität.

PMBOK® Guide 2004

6.2.2 Festlegung der Vorgangsfolgen: Werkzeuge und Methoden

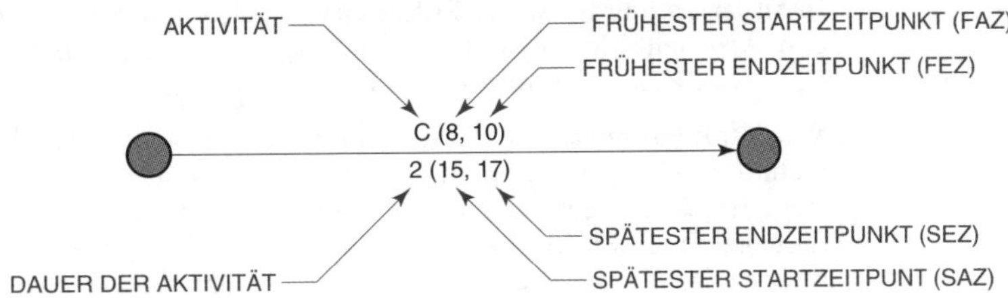

Abbildung 12.8: Identifikation von Pufferzeiten

Die frühesten Anfangstermine werden per Vorwärtsrechnung berechnet (d.h. von links nach rechts). Der früheste Anfangstermin einer Nachfolgetätigkeit entspricht den spätesten Endterminen der Vorgänger. Der früheste Endtermin ergibt sich aus dem frühesten Anfangstermin und der Dauer der Tätigkeit.

Der Fertigstellungszeitpunkt wird durch Rückwärtsrechnung des Netzwerks ermittelt, indem der späteste Endtermin berechnet wird. Da die Zeitdauer für die Aktivität bekannt ist, kann der späteste Anfangstermin ganz einfach ermittelt werden, indem die Zeitdauer der Aktivität vom spätesten Endtermin subtrahiert wird. Der späteste Endtermin für eine Aktivität, die zu einem Ereignis übergeht, entspricht dem frühesten Anfangszeitpunkt der Aktivitäten, die von dem Ereignisknoten ausgehen. Abbildung 12.9 zeigt die frühesten und spätesten Anfangs- und Endtermine für ein typisches Netzwerk.

PMBOK® Guide 2004

6.2.2 Festlegung von Vorgangsfolgen: Werkzeuge und Methoden

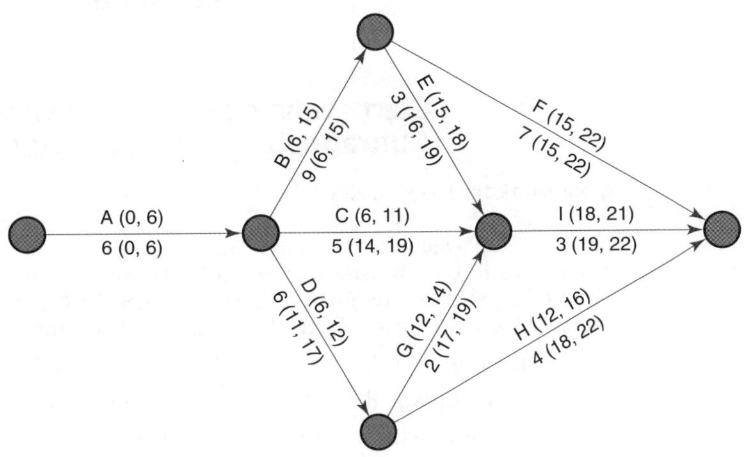

Abbildung 12.9: Ein typischer PERT-Netzplan mit Pufferzeiten

Die Identifikation von Pufferzeiten kann dem Projektmanager als Frühwarnsystem dienen. Wenn die Gesamtpufferzeit beispielsweise von einer Berichtsperiode zur nächsten abzunehmen beginnt, könnte dies ein Hinweis darauf sein, dass die Arbeit länger dauert als erwartet oder dass besser ausgebildetes Personal benötigt wird. Es könnte sich ein neuer kritischer Pfad bilden.

Pufferzeiten lassen sich durch Vergleich der frühesten und spätesten Anfangs- und Endtermine ermitteln. Betrachten Sie als Beispiel die nachfolgenden zwei Situationen:

[20, 26]	[30, 36]
[24, 30]	[25, 31]
Situation a	Situation b

In Situation a umfasst der Puffer vier Arbeitseinheiten, wobei Arbeitseinheiten in Tagen, Stunden, Wochen oder sogar Monaten ausgedrückt werden können. In Situation b gibt es einen negativen Puffer von fünf Arbeitseinheiten.

Wie kann ein negativer Puffer entstehen? Betrachten Sie Abbildung 12.10. Bei der Vorwärtsrechnung wird der Netzplan von links nach rechts durchgegangen, wobei der Anfangs-Meilenstein des Auftraggebers (Position 1) den Anfangstermin bildet. Die Rückwärtsrechnung beginnt hingegen beim Endtermin-Meilenstein des Auftraggebers (Position 2) und nicht, wie häufig vermutet wird, an der Stelle, an der die Vorwärtsrechnung endet. Falls die Vorwärtsrechnung bei Position 3 endet, d.h. vor dem Endtermin des Auftraggebers, gibt es auf dem kritischen Pfad einen Puffer. Dieser Puffer wird häufig als Zeitreserve bezeichnet und kann zu anderen Tätigkeiten hinzugefügt werden oder mit Tätigkeiten gefüllt werden wie dem Schreiben von Berichten, damit die Vorwärtsrechnung beim Endtermin des Auftraggebers abgeschlossen wird.

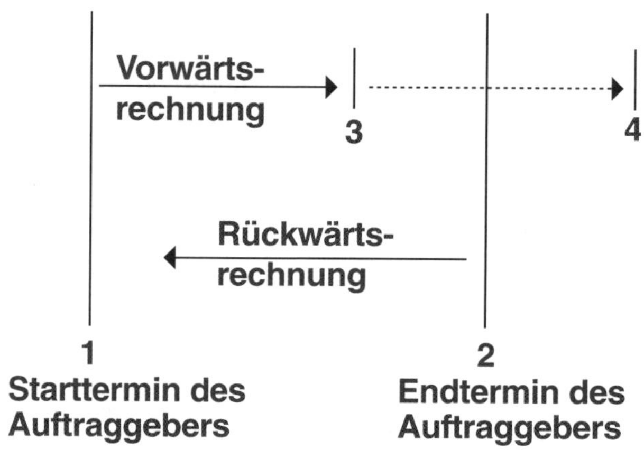

Abbildung 12.10: Die Pufferzeit

Negative Pufferzeiten treten in der Regel auf, wenn die Vorwärtsrechnung über den Endtermin des Auftraggebers hinausreicht, wie z.B. bis Position 4 in Abbildung 12.10. Die Rückwärtsrechnung geht jedoch weiterhin vom Endtermin des Auftraggebers aus. So entsteht ein negativer Puffer, der unter anderem folgende Ursachen haben kann:

- Der ursprüngliche Plan war nicht nur sehr optimistisch, sondern unrealistisch.
- Der Endtermin des Auftraggebers war unrealistisch.
- Eine oder mehrere Tätigkeiten haben bei der Projektausführung zu lange gedauert.
- Die zugewiesenen Ressourcen besaßen nicht die benötigten Fähigkeiten.
- Die benötigten Ressourcen stehen erst zu einem späteren Zeitpunkt zur Verfügung.

Auf jeden Fall ist ein negativer Puffer jedoch ein Hinweis dafür, dass korrigierend eingegriffen werden muss, um den Endtermin des Auftraggebers noch einhalten zu können.

An dieser Stelle ist es wichtig, die physische Bedeutung des Puffers zu verstehen. Der Puffer bemisst, wie früh oder wie spät ein Ereignis beginnen oder enden kann. In Abbildung 12.6 stellten die Kreise die Ereignisse dar, und der Puffer wurde anhand der Ereignisse berechnet. Die meisten heutigen Netzwerke konzentrieren sich jedoch mehr auf die Tätigkeit als auf das Ereignis, wie in Abbildung 12.9 gezeigt. Wenn der Puffer anhand der Tätigkeit berechnet wird, wird er in der Regel als Float und nicht als Puffer bezeichnet, aber die meisten Projektmanager verwenden die Begriffe synonym. (Anm. d. Übers.: Im Englischen bezeichnet der Begriff »Slack« den Puffer in einem Vorgangspfeilnetz. »Float« wird dagegen bei Vorgangsknotennetzen verwendet. Im Deutschen wird keine Unterscheidung gemacht, das heißt, für beide Netzwerkarten werden synonym folgende Begriffe verwendet: Puffer, Pufferzeit, Zeitpuffer oder Spielraum.) Für die Tätigkeit C in Abbildung 12.9 ist der Float acht Einheiten groß. Ist der Float in einer Tätigkeit gleich null, handelt es sich um eine kritische Tätigkeit, das heißt eine Tätigkeit, die auf dem kritischen Pfad liegt, wie man etwa in Tätigkeit F erkennt. Ist der Puffer in einem Ereignis gleich null, ist das Ereignis kritisch, das heißt, es liegt auf dem kritischen Pfad.

Ein weiterer Begriff ist »maximaler Float«. Die Gleichung für den maximalen Float lautet:

Maximaler Float = spätestes Ende – frühester Start – Dauer

Für die Tätigkeit H in Abbildung 12.9 ist der maximale Float sechs Einheiten groß.

12.5 Neuplanung

PMBOK® Guide 2004

6.5.2 Entwicklung des Terminplans: Werkzeuge und Methoden

6.5.2.3 Verdichtung des Terminplans

Nachdem der PERT- oder der CPM-Netzplan einmal steht, bietet er den Rahmen für die Feinplanung und die Kostenkontrolle. Der PERT-/CPM-Netzplan durchläuft in der Regel jedoch mehrere Iterationsschritte, bis er schließlich fertig ist. Abbildung 12.11 zeigt diesen iterativen Vorgang. Die Pufferzeiten bilden den Ausgangspunkt, von dem aus zusätzliche Iterationsschritte oder eine Umplanung des Netzplans erfolgen können. Die Neuplanung wird entweder während der Programmplanung durchgeführt, um die Länge des kritischen Pfads zu reduzieren, oder während das Programm läuft, falls etwas Unerwartetes auftritt. Verliefe alles nach Plan, könnte der ursprüngliche PERT-/CPM-Netzplan für die gesamte Dauer des Projekts unverändert genutzt werden. Aber wie viele Programme oder Projekte folgen vom Anfang bis zum Ende einem genauen Ablauf- und Terminplan?

Angenommen, für die Tätigkeiten 1–2 und 1–3 aus Abbildung 12.6 werden Mitarbeiter aus derselben Linienorganisation benötigt. Auf Nachfrage des Projektmanagers behauptet der Linienmanager, er könne den Zeitbedarf für die Tätigkeit 1–2 um eine Woche reduzieren, indem er die Ressourcen von Tätigkeit 1–3 zu Tätigkeit 1–2 verlegt. Dadurch erhöht sich jedoch der Zeitbedarf für Tätigkeit 1–3 um eine Woche. Wird der PERT-/CPM-Netzplan wie in Abbildung 12.12 neu aufgebaut, reduziert sich die Länge des kritischen Pfads um eine Woche und die entsprechenden Pufferereignisse ändern sich ebenfalls.

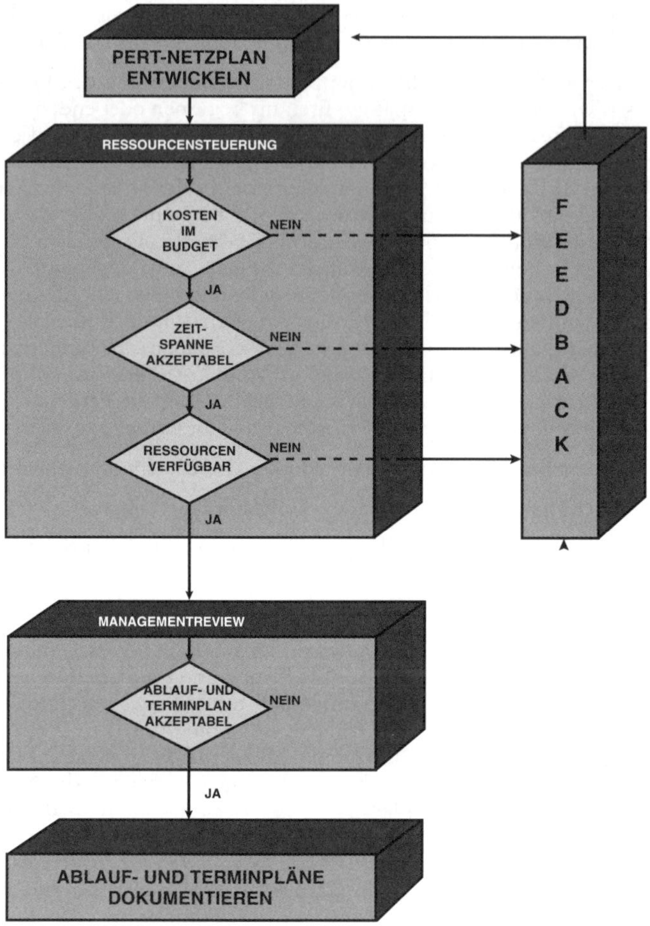

Abbildung 12.11: Iterationsschritte bei der Entwicklung eines PERT-Netzplans

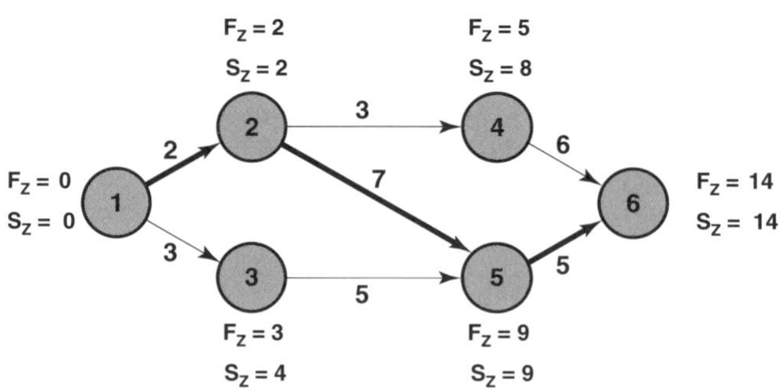

Abbildung 12.12: Neuplanung des Netzplans aus Abbildung 12.6

Es gibt zwei Neuplanungstechniken für Netzpläne, die fast vollständig auf Ressourcen basieren: der Ressourcenausgleich und die Ressourcenzuweisung.

PMBOK® Guide 2004
6.5.2.5 Bedarfsglättung

- Der Ressourcenausgleich stellt den Versuch dar, die Höhen und Tiefen der Personalanforderung zu eliminieren, indem die Ressourcenanforderungen zwischen den einzelnen Perioden geglättet werden. Im Idealfall kann dafür der Endtermin beibehalten werden. In der Regel verschiebt sich der Endtermin jedoch und es entstehen zusätzliche Kosten.
- Die Ressourcenzuweisung (auch als ressourcen-beschränkte Planung bezeichnet) stellt einen Versuch dar, den kürzesten kritischen Pfad anhand der verfügbaren oder festen Ressourcen zu finden. Das Problem bei diesem Ansatz besteht darin, dass der Mitarbeiter technisch nicht in der Lage ist, mehrere Tätigkeiten im Netzplan durchzuführen.

Leider ist es nicht bei allen PERT-/CPM-Netzplänen so einfach, die Ressourcen neu einzuplanen. Projektmanager sollten alles daran setzen, die Ressourcen so zuzuordnen, dass sich die Länge des kritischen Pfads reduziert, vorausgesetzt, der Puffer war nicht absichtlich als Sicherheitsventil eingeplant.

Der Wechsel von einem Pfad mit Pufferzeiten zu einem kritischen Pfad stellt nur eine Methode zur Reduktion der erwarteten Projektdauer dar. Es gibt auch noch die folgenden Methoden:

- Streichung von Projektteilen
- Hinzunahme weiterer Ressourcen (z.B., Crashing)
- Austausch durch weniger zeitaufwändige Komponenten oder Tätigkeiten
- Parallelausführung von Tätigkeiten
- Beschleunigung von Tätigkeiten auf dem kritischen Pfad
- Beschleunigung der frühen Tätigkeiten
- Beschleunigung der längsten Tätigkeiten
- Beschleunigung der einfachsten Tätigkeiten
- Beschleunigung der Tätigkeiten, die sich am kostengünstigsten beschleunigen lassen
- Beschleunigung von Aktivitäten, für die weitere Ressourcen zur Verfügung stehen
- Erhöhung der Arbeitsstunden pro Tag

Im Idealfall sind der Projektstart- und der Projektendzeitpunkt fix und die Leistung muss im Rahmen der Richtlinien vollbracht werden, die im Lastenheft definiert sind. Muss der Projektumfang reduziert werden, um andere Anforderungen zu erfüllen, geht der Auftragnehmer das Risiko ein, dass das Projekt abgebrochen wird oder die Leistungserwartungen nicht mehr gehalten werden können.

Es ist nicht immer möglich, die Ressourcen aufzustocken. Falls die Tätigkeiten, für die die zusätzlichen Ressourcen benötigt werden, ein bestimmtes Fachwissen voraussetzen, besitzt der Auftragnehmer möglicherweise keine qualifizierten oder erfahrenen Mitarbeiter und meidet das Risiko deshalb. Der Auftragnehmer kann die Idee aber auch dann verwerfen, wenn genügend Zeit und Geld verfügbar wäre, um die neuen Mitarbeiter auszubilden, weil es nach Abschluss des Projekts keine weitere Verwendung für die zusätzlichen Mitarbeiter gäbe.

Die Parallelausführung von Tätigkeiten kann als Eingehen eines Risikos betrachtet werden, weil ein Ereignis parallel zu einem zweiten gestartet wird, das normalerweise erst im Anschluss stattfinden würde (siehe Abbildung 12.13). Zu den größten Problemen beim Start eines Projekts gehört der Erwerb von Rohmaterial und von Werkzeugen. Wie in Abbildung 12.13 gezeigt, lassen sich vier Wochen einsparen, wenn direkt nach Abschluss der Vertragsverhandlungen, jedoch noch vor Unterzeichnung des Vertrags, bestellt wird. Der Auftragnehmer geht hier jedoch ein Risiko ein. Sollte das Projekt gestrichen werden oder sich das Lastenheft vor der Vertragsunterzeichnung ändern, entstehen für den Auftragnehmer hohe Kosten. Dieses Risiko wird in der Regel dadurch umgangen, dass direkt im Anschluss an die Vertragsverhandlungen langfristige Beschaffungslisten ausgestellt werden.

PMBOK® Guide 2004
2.1.1 Eigenschaften des Projektlebenszyklus

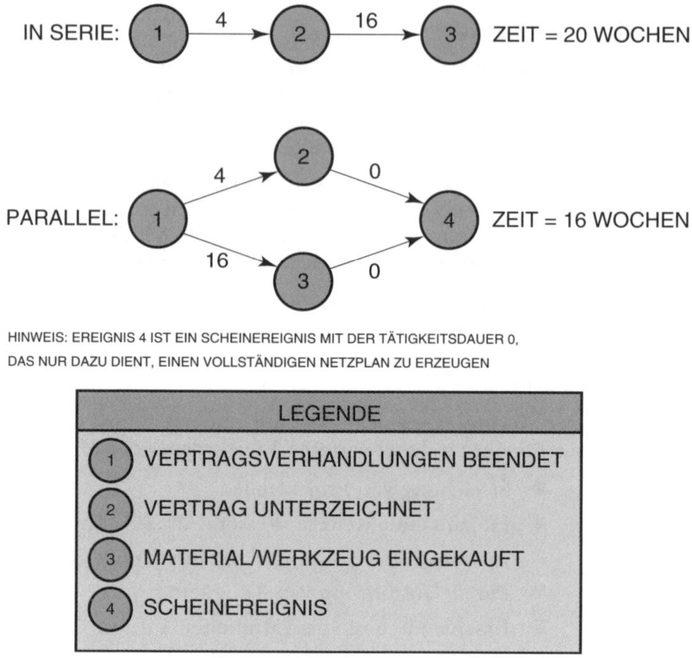

Abbildung 12.13: Parallelausführung von PERT-Tätigkeiten

Es gibt noch zwei weitere Arten von Risiken, die häufig auftreten. In der ersten Situation hat der Manager den Prototyp noch nicht fertig gestellt und die Fertigung muss bereits die Werkzeuge bestellen, um den Endtermin halten zu können. In diesem Fall muss die Konstruktion den Prototyp an die Werkzeuge anpassen. Im zweiten Fall hat ein Subunternehmer Schwierigkeiten, den ursprünglichen Entwurf einzuhalten. Um Zeit zu sparen, gestattet der Auftraggeber dem Auftragnehmer, ohne Entwürfe zu arbeiten, und die Entwürfe werden anschließend so geändert, dass sie mit dem fertigen Produkt übereinstimmen.

Aufgrund der Komplexität umfangreicher Programme lassen sich die Programmaktivitäten mit der Netzplantechnik unmöglich erfassen. Es ist häufig sinnvoller, jede Abteilung oder jeden Bereich mit Genehmigung des Project Office und auf der Basis des Projektstrukturplans eigene PERT-/CPM-Netzpläne entwickeln zu lassen. Die einzelnen PERT-Netzpläne werden dann in einen PERT-Hauptplan integriert, der die kritischen Pfade des Gesamtprogramms enthält (siehe Abbildung 12.14). Der Leser sollte aus Abbildung 12.14 jedoch nicht ableiten, dass Abteilung D nicht mit anderen Abteilungen interagiert oder dass Abteilung D die einzige Partei ist, die an diesem Element des Projekts beteiligt ist.

Unterteilte PERT-Netzpläne können auch dann eingesetzt werden, wenn mehrere Auftragnehmer am selben Programm arbeiten. Jeder Auftragnehmer (oder Subunternehmer) entwickelt seinen eigenen PERT-Netzplan und der Hauptauftragnehmer ist dafür verantwortlich, die PERT-Netzpläne der Subunternehmer zu integrieren. Mit PERT-Netzplänen lässt sich sicherstellen, dass die Vorgaben des Gesamtprogramms erfüllt werden können.

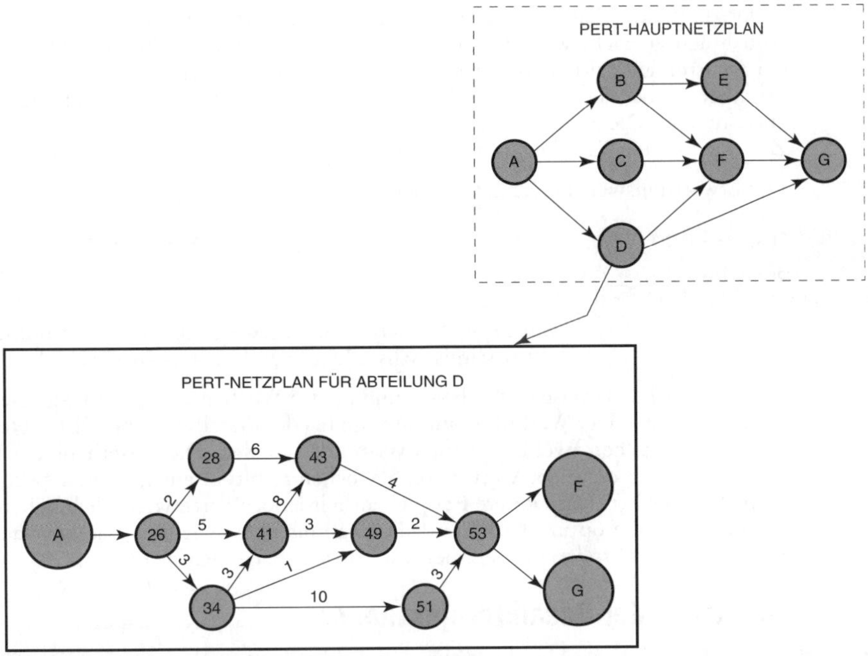

Abbildung 12.14: Abteilungsbezogener PERT-Netzplan

12.6 Den Zeitbedarf für Tätigkeiten einschätzen

PMBOK® Guide 2004
6.4 Schätzung der Vorgangsdauer

Um die Zeit einschätzen zu können, die zwischen zwei Ereignissen vergeht, müssen die verantwortlichen Linienmanager die Situation bewerten und eine entsprechende Einschätzung abgeben. Die Berechnung von kritischen Pfaden und von Pufferzeiten in den ersten Abschnitten basierte auf solchen Schätzwerten.

Im Idealfall hat der Linienmanager einen umfangreichen Fundus an Daten aus älteren Projekten zur Verfügung, anhand derer er seine Einschätzung vornehmen kann. Je mehr solcher Daten verfügbar sind, desto zuverlässiger ist die Einschätzung. Viele Programme beinhalten jedoch einmalige Ereignisse und Tätigkeiten. In einem solchen Fall müssen die Linienmanager ihre Schätzwerte unter drei möglichen Annahmen abgeben:

PMBOK® Guide 2004
6.4.2.4 Drei-Punkt-Schätzungen

- *Die optimistische Dauer.* Bei dieser Einschätzung wird davon ausgegangen, dass alles nach Plan verläuft und nur minimale Schwierigkeiten auftreten. Dies sollte für ein Prozent der Fälle gelten.
- *Eine pessimistische Dauer.* Bei dieser Einschätzung wird davon ausgegangen, dass nichts nach Plan verläuft und viele Schwierigkeiten entstehen. Auch dies sollte für ein Prozent der Fälle gelten.
- *Eine wahrscheinliche Dauer.* Diese Zeitdauer sollte aus der Sicht des Linienmanagers am häufigsten zutreffen, wenn über das Ereignis mehrmals berichtet würde.[7]

7. Es wird hier davon ausgegangen, dass der Linienmanager alle Einschätzungen vornimmt. Der Leser sollte sich klar machen, dass es Ausnahmen geben kann, bei denen das Program Office oder das Project Office die Einschätzung selbst vornimmt.

Bevor diese drei Zeitwerte zu einem Erwartungswert kombiniert werden, müssen noch zwei Annahmen gemacht werden. Die erste Annahme besteht darin, dass die Standardabweichung ein Sechstel des Zeitbedarfsbereichs ausmacht. Diese Annahme entspricht der Wahrscheinlichkeitstheorie, bei der die Endpunkte einer Kurve zwei Standardabweichungen vom Mittelwert entfernt sind. Die zweite Annahme geht davon aus, dass die Wahrscheinlichkeitsverteilung der Zeit, die für eine Tätigkeit benötigt wird, als Beta-Verteilung ausgedrückt werden kann.[8]

Der Erwartungswert berechnet sich wie folgt:

PMBOK® Guide 2004
6.4.2.4 Drei-Punkt-Schätzungen

$$t_e = \frac{a + 4m + b}{6}$$

wobei t_e = Mittlere Dauer (Erwartungswert), a = optimistischste Dauer, b = pessimistischste Dauer und m = wahrscheinlichste Dauer bedeutet.

Wenn also beispielsweise a = 3, b = 7 und m = 5 Wochen wäre, dann läge die erwartete Dauer, *te*, bei 5 Wochen. Der Wert für *te* würde dann bei der Erstellung eines PERT-Netzplans als Tätigkeitsdauer zwischen zwei Ereignissen verwendet werden. Diese Methode der besten Schätzung ist sehr unsicher, denn der Wert *te* von 5 Wochen resultiert auch, wenn a = 2, b = 12 und m = 4 Wochen beträgt. Das letztere Beispiel enthält jedoch einen wesentlich höheren Grad an Unsicherheit, weil die optimistische und die pessimistische Schätzung so weit auseinander liegen. Erwartungswerte sollten also immer mit Vorsicht behandelt werden.

12.7 Schätzung der Gesamtprojektdauer

PMBOK® Guide 2004
6.4 Schätzung der Vorgangsdauer

Um die Wahrscheinlichkeit zu berechnen, mit der das Projekt rechtzeitig fertig gestellt werden kann, müssen die Standardabweichungen aller Tätigkeiten bekannt sein. Diese ergeben sich aus folgender Näherungsgleichung:

$$\sigma_{t_e} = \frac{b - a}{6}$$

wobei st_e die Standardabweichung der geschätzten Zeit, t_e, ist. Ein weiterer nützlicher Ausdruck ist die Varianz, d, das Quadrat der Standardabweichung. Die Varianz eignet sich in erster Linie als Vergleichwert für die erwarteten Werte. Die Standardabweichung kann jedoch genauso eingesetzt werden. Abbildung 12.15 zeigt den kritischen Pfad aus Abbildung 12.6 gemeinsam mit den entsprechenden Werten, aus denen die erwarteten Zeitdauern berechnet wurden, und den Standardabweichungen. Die Standardabweichung des kritischen Pfads lässt sich mittels des folgenden Ausdrucks aus der Quadratwurzel der Summe der quadrierten Tätigkeits-Standardabweichungen berechnen:

$$\sigma_{total} = \sqrt{\sigma_{1-2}^2 + \sigma_{2-5}^2 + \sigma_{5-6}^2}$$

$$= \sqrt{(0,33)^2 + (1,0)^2 + (0,67)^2}$$

$$= 1,25$$

8. Hillier, F. S. und Lieberman, G. J., *Introduction to Operations Research,* San Francisco 1967, S. 229.

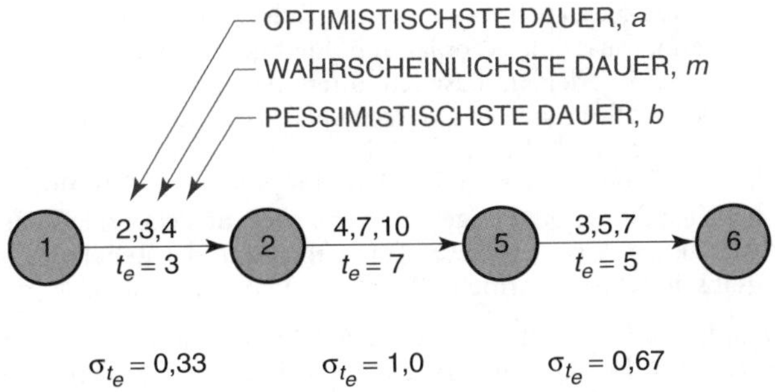

Abbildung 12.15: Erwartete Zeitdauer für die Ereignisse des kritischen Pfads

Wir berechnen σ, weil uns diese Berechnung ermöglicht, ein Vertrauensintervall für jede Tätigkeit und den kritischen Pfad einzurichten. Unter Annahme einer Normalverteilung aus der Statistik wissen wir, dass die 68-prozentige Wahrscheinlichkeit besteht, dass das Projekt innerhalb einer Standardabweichung fertig gestellt wird, die 95-prozentige Wahrscheinlichkeit innerhalb von zwei Standardabweichungen und die 99,73-prozentige Wahrscheinlichkeit innerhalb von drei Standardabweichungen.

Diese Art der Analyse kann angewendet werden, um die Risiken in den Abschätzungen zu bestimmen, die Risiken bei der Fertigstellung jeder Tätigkeit und die Risiken bei der Fertigstellung des gesamten Projekts. Mit anderen Worten, die Standardabweichung σ dient als Risikomaß. Diese Analyse setzt jedoch voraus, dass die Normalverteilung gilt, was nicht immer der Fall ist.

12.8 PERT-/CPM-Gesamtplanung

Bevor wir fortfahren, soll nun gezeigt werden, wie PERT-Ablaufpläne vorbereitet werden. Die PERT-Planung umfasst sechs Schritte. Im ersten und zweiten Schritt beginnt der Projektmanager damit, eine Tätigkeitsliste auf der Basis des Projektstrukturplans zu erstellen und die Tätigkeiten dann gemäß ihrer Abfolge zu ordnen. So werden Beziehungen zwischen Tätigkeiten deutlich. Die Diagramme, die der Projektmanager zu diesem Zweck zeichnet, werden als Logikdiagramme, als Pfeildiagramme, als Arbeitsablaufdiagramme oder einfach als Netzpläne bezeichnet. Die Pfeildiagramme sehen bis auf zwei Ausnahmen wie das Diagramm in Abbildung 12.6 aus. Es wird weder die Zeitdauer für die einzelnen Aktivitäten angegeben, noch ist ein kritischer Pfad zu sehen.

In Schritt drei geht der Projektmanager das Pfeildiagramm mit den Linienmanagern durch (d.h. den wahren Experten), um ihre Zusicherung zu erhalten, dass nicht zu viele und nicht zu wenig Tätigkeiten identifiziert wurden, und dass die Beziehungen korrekt sind.

In Schritt vier wandelt der Linienmanager das Pfeildiagramm in einen PERT-Netzplan um, indem er den Zeitbedarf für jede Tätigkeit schätzt. Es sollte hier erwähnt werden, dass die Zeitschätzungen, die die Linienmanager abgeben, auf der Annahme unbegrenzter Ressourcen basieren, weil noch keine Kalenderdaten festgelegt wurden.

Schritt fünf ist der erste Iterationsschritt auf dem kritischen Pfad. An dieser Stelle betrachtet der Projektmanager die kritischen Kalenderdaten, die in den Projektvorgaben definiert sind. Erfüllt der kritische Pfad die Kalendervorgaben nicht, muss der Projektmanager versuchen, den kritischen Pfad mit den in Abschnitt 12.3 vorgestellten Methoden abzukürzen oder aber die Linienmanager bitten, ihre Schätzwerte abzuspecken.

Schritt sechs wird häufig übersehen. In diesem Schritt setzt der Projektmanager die Kalenderdaten in jedes Ereignis des PERT-Netzplans ein und wandelt die Planung so in eine Planung mit beschränkten Ressourcen um. Der Linienmanager hat zwar eine Zeitschätzung abgegeben, es gibt jedoch keine Garantie dafür, dass die passenden Ressourcen verfügbar sind, wenn sie benötigt werden. Deshalb ist dieser Schritt so wichtig. Falls der Linienmanager sich nicht auf die Kalenderdaten festlegen kann, muss eine Neuplanung durchgeführt werden. Die meisten Unternehmen, die eine Ausschreibung überlegen, basieren ihren Ablauf- und Terminplan für das Angebot auf der Annahme unbeschränkter Ressourcen. Nachdem der Vertrag unterzeichnet wurde, werden die Zeitpläne noch einmal überprüft, weil das Unternehmen nur begrenzte Ressourcen besitzt. Denn wie sollte ein Unternehmen an drei Ausschreibungen gleichzeitig teilnehmen und detaillierte Zeitpläne bei allen Angeboten abgeben, wenn es nicht sicher sein kann, wie viele Aufträge es erhalten wird? Aus diesem Grund fordern Auftraggeber in der Regel, dass dreißig oder neunzig Tage nach Vertragsabschluss neue formelle Projektpläne und Zeitpläne abgegeben werden.

Die Neuplanung eines PERT-Netzplans sollte im Rahmen eines Projekts kontinuierlich erfolgen. Die besten Projektmanager versuchen kontinuierlich, abzuschätzen, was schief gehen kann, und führen Was-Wäre-Wenn-Analysen durch. (Der Grund für diese Vorgehensweise ist klar, denn die Projektvorgaben und -ziele können sich im Laufe der Zeit ändern.) Die Hauptziele eines Ablauf- und Terminplans sind folgende:

- Zeitbedarf optimieren
- Kosten gering halten
- Risiken gering halten

Sekundäre Ziele sind unter anderem:

- Analyse von Alternativen
- Effektiver Einsatz der Ressourcen
- Kommunikation
- Verfeinerung des Schätzvorgangs
- Vereinfachung der Projektsteuerung
- Vereinfachung der Überarbeitung von Terminen oder Kosten

Diese Ziele sind selbstverständlich beschränkt durch Vorgaben wie die folgenden:

- Jahresabschluss
- Vorgaben zum Kapital und Cashflow
- Beschränkte Ressourcen
- Genehmigungen durch das Management

12.9 Abläufe verkürzen

PMBOK® Guide 2004
6.5.2.3 Verdichtung des Terminplans

In den vorangegangenen Abschnitten wurde nicht zwischen PERT und CPM unterschieden. Der Hauptunterschied besteht dabei darin, dass nur beim CPM-Netzplan der prozentuale Fertigstellungsgrad ermittelt werden kann. CPM wird hauptsächlich im Baubereich eingesetzt. PERT wird eher in der Forschung und Entwicklung oder für Entwicklungsaktivitäten eingesetzt, bei denen es nahezu unmöglich ist, den prozentualen Fertigstellungsgrad zu ermitteln. PERT ist also eher ereignisorientiert, wohingegen CPM eher vorgangsorientiert ist. Die beiden Netzplantechniken unterscheiden sich also hauptsächlich durch die Umgebungen, in denen sie eingesetzt werden, und durch die Art des Einsatzes. Archibald und Villoria beschreiben dies wie folgt: [9]

Die Umgebungsfaktoren, die einen wichtigen Einfluss auf die Elemente der CPM-Technik hatten, waren:

a. Wohldefinierte Projekte
b. Eine dominante Organisation

---

9. Archibald, R. D. und Villoria, R. L., *Network-Based Management Systems (PERT/CPM)*, (New York, John Wiley 1967), S. 14.

c. Relativ wenig Unsicherheit

d. Ein geografischer Standort für das Projekt

CPM (vorgangsorientierter Netzplan) fand weite Verbreitung im verarbeitenden Gewerbe, im Baugewerbe und in industriellen Aktivitäten, die nur ein Projekt umfassten. Zu den häufigsten Problemen gehören mangelnder Platz, um die neu angekommenen Rohmaterialen zu lagern, und Projektverzögerungen, weil das Rohmaterial zu spät ankommt.

Wird der CPM-Ansatz streng eingehalten, können Projektmanager die Kosten für die Beschleunigung bestimmter Projektphasen berechnen. Dazu müssen sie die Beschleunigungskosten pro Zeiteinheit sowie die Zeit einschätzen, die normalerweise für den Vorgang (= Tätigkeit) benötigt wird. Mit CPM-Netzplänen, die PERT-Netzplänen sehr ähnlich sind, lassen sich die Auswirkungen der Beschleunigung visuell darstellen. Es bestehen die folgenden Voraussetzungen:

- In einem CPM-Netzplan bilden die Vorgänge (= Tätigkeiten) den Schwerpunkt, nicht die Ereignisse. Deshalb sollte der PERT-Netzplan neu gezeichnet werden, wobei die Knoten Ereignissen und die Pfeile Vorgängen entsprechen.
- Beim CPM-Netzplan werden die Kosten und der Zeitbedarf pro Vorgang berücksichtigt.[10]
- Es werden nur die Vorgänge auf dem kritischen Pfad berücksichtigt. Den Ausgangspunkt bildet der Vorgang, für den die Beschleunigungskosten pro Zeiteinheit am geringsten sind.

Abbildung 12.16 zeigt einen CPM-Netzplan mit den entsprechenden Beschleunigungszeiten für alle Vorgänge. Die Vorgänge werden hier durch Knoten repräsentiert und enthalten eine Vorgangskennung und den geschätzten Zeitbedarf. Die Kosten, die in der Abbildung angegeben werden, sind in der Regel nur Einzelkosten.

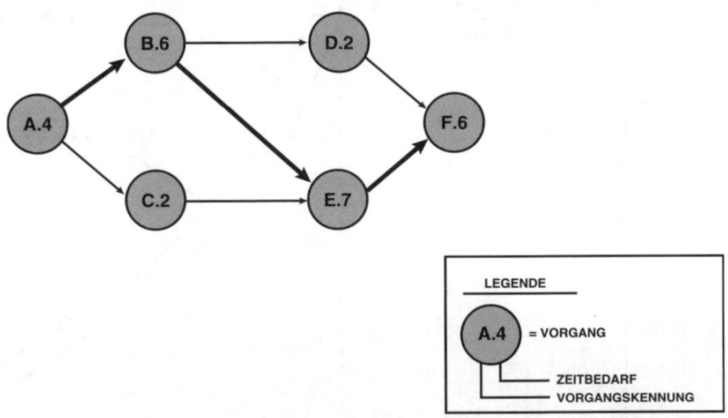

VORGANG	ZEITBEDARF, WOCHEN		KOSTEN		VERKÜRZUNGSKOSTEN PRO WOCHE,
	NORMAL	VERKÜRZT	NORMAL	VERKÜRZT	
A	4	2	10.000	14.000	2.000
B	6	5	30.000	42.500	12.500
C	2	1	8.000	9.500	1.500
D	2	1	12.000	18.000	6.000
E	7	5	40.000	52.000	6.000
F	6	3	20.000	29.000	3.000

Abbildung 12.16: Ein CPM-Netzplan

10. PERT berücksichtigt zwar in erster Linie die Zeit, kann jedoch auch so verändert werden, dass auch Kostenfaktoren berücksichtigt werden.

Um die Beschleunigungskosten für die Vorgänge auf dem kritischen Pfad zu ermitteln, beginnen wir nun mit den geringsten wöchentlichen Beschleunigungskosten für Vorgang A von € 2.000 pro Woche. Bei Vorgang C sind die Beschleunigungskosten zwar geringer, dieser Vorgang befindet sich jedoch nicht auf dem kritischen Pfad. Der nächste Vorgang ist Vorgang F mit Beschleunigungskosten von € 3.000 pro Woche für eine Beschleunigung von maximal drei Wochen. Diese Beschleunigungskosten sind Zusatzkosten, die über die normale Kostenschätzung hinausgehen.

Was die Auswahl und die Reihenfolge der Vorgänge betrifft, die verkürzt werden sollten, ist Vorsicht geboten: Die Wahrscheinlichkeit ist hoch, dass ein neuer kritischer Pfad entsteht, wenn jede Aktivität verkürzt wird. Dieser neue Pfad kann unter Umständen Elemente enthalten, die zuvor übergangen wurden, weil sie nicht auf dem kritischen Pfad lagen.

Unter der Annahme, dass kein neuer kritischer Pfad entsteht, werden in Abbildung 12.16 die Vorgänge A, F, E und B in der angegebenen Reihenfolge verkürzt. Die Beschleunigungskosten würden sich dann auf € 37.500 belaufen, was die Projektgesamtkosten von € 120.000 auf € 157.500 erhöhen würde. Die Projektdauer würde sich von fünfundzwanzig auf fünfzehn Wochen reduzieren. Dieser Kompromiss zwischen den höheren Kosten und dem geringeren Zeitbedarf wird in Abbildung 12.17 veranschaulicht. Aus Abbildung 12.17 wird außerdem die Kostenerhöhung durch Beschleunigung von Vorgängen deutlich, die nicht auf dem kritischen Pfad liegen. Eine Beschleunigung dieser Vorgänge würde in einer Kostenerhöhung von € 7.500 resultieren, ohne dass sich dadurch die Projektgesamtdauer verringert. Es besteht auch die Gefahr, dass diese Abbildung unrealistische Bedingungen repräsentiert, weil für die Beschleunigung nicht genügend Ressourcen bereitgestellt werden können.

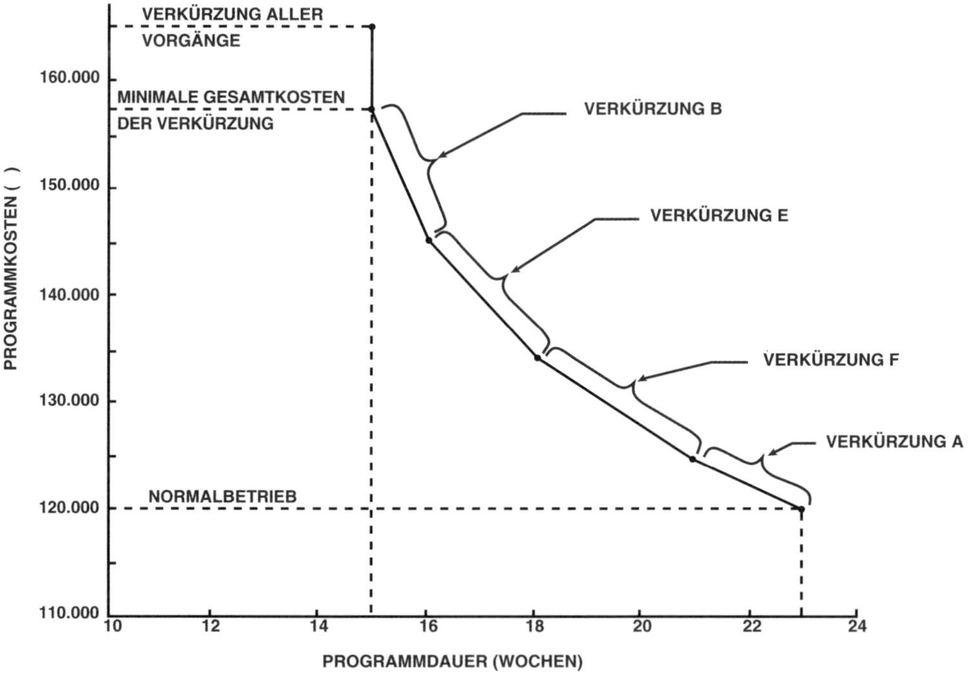

Abbildung 12.17: CPM-Beschleunigungskosten

Hinter dem Ausgleich der Zeit und Kosten verbirgt sich der Zweck, eine Ressourcenverschwendung zu vermeiden. Wenn die Einzel- und die Gemeinkosten verfügbar sind, kann der Bereich ermittelt werden, in dem sich das Budget bewegen wird. Die Grenzen bilden dabei die Vorgänge, die früh gestartet werden (Beschleunigung), und die Vorgänge, die spät gestartet werden, d.h. die normalen Vorgänge (siehe Abbildung 12.18).

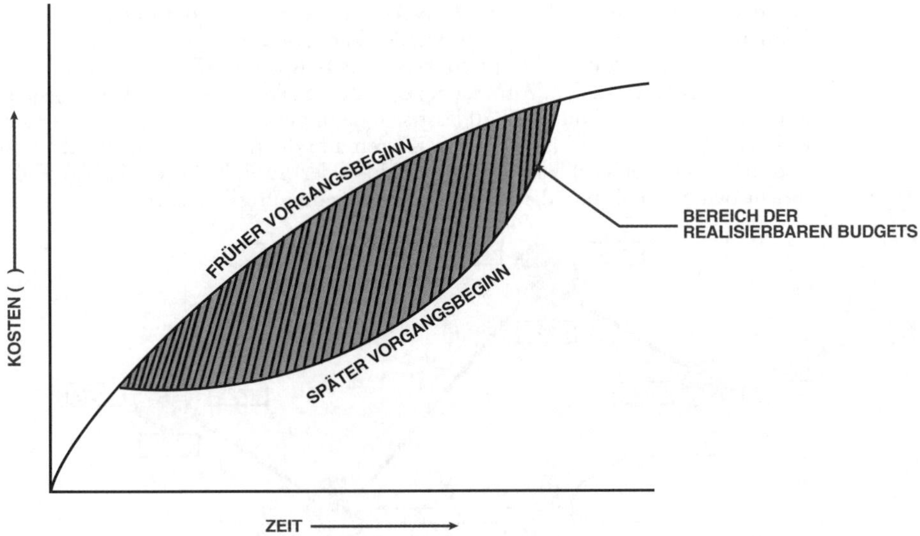

Abbildung 12.18: Der Bereich realisierbarer Budgets

Da sich die Einzel- und die Gemeinkosten nicht direkt als Linearfunktionen ausdrücken lassen, werden Kompromisse zwischen Zeit und Kosten gemacht und es wird nach den geringstmöglichen Einzel- und Gemeinkosten gesucht, die im Bereich der realisierbaren Budgets liegen. Diese Methode wird in Abbildung 12.19 vorgestellt.

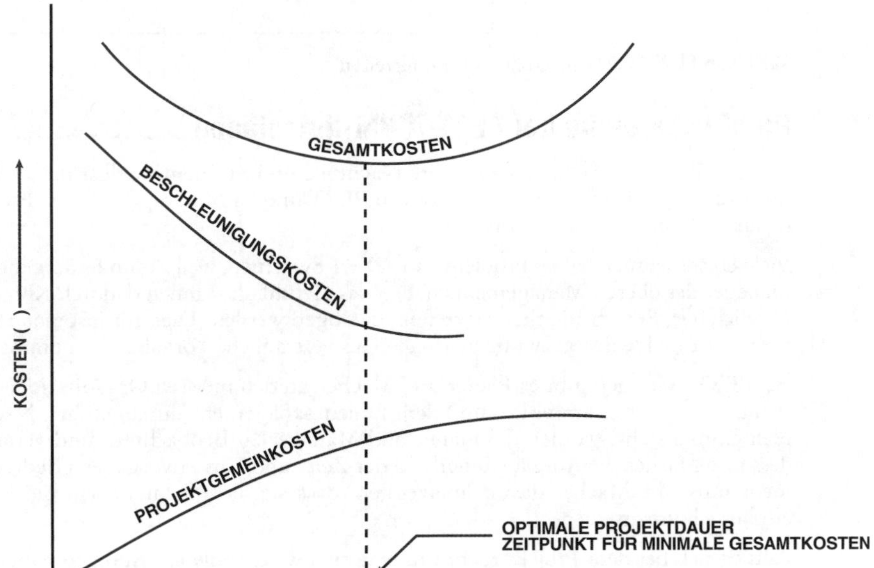

Abbildung 12.19: Ermittlung der Projektdauer

Wie der PERT- kennt auch der CPM-Netzplan das Konzept der Pufferzeit, d.h. der maximalen Zeitdauer, die ein Vorgang verzögert werden kann, ohne dass der Projektendtermin dadurch verzögert wird. Abbildung 12.20 ist ein typisches Beispiel für die Repräsentation von Pufferzeiten mit einem CPM-Netzplan. Außerdem zeigt die Abbildung, wie die Vorgangskosten identifiziert werden können. Abbildung 12.20 lässt sich dahingehend verändern, dass die normalen und die verkürzten Zeiten sowie die normalen Kosten und die Kosten für die Beschleunigung enthalten sind. In diesem Fall enthielte das Kostenfeld in der Abbildung zwei Zahlen: Die erste Zahl entspricht den Normal- und die zweite den Beschleunigungskosten.

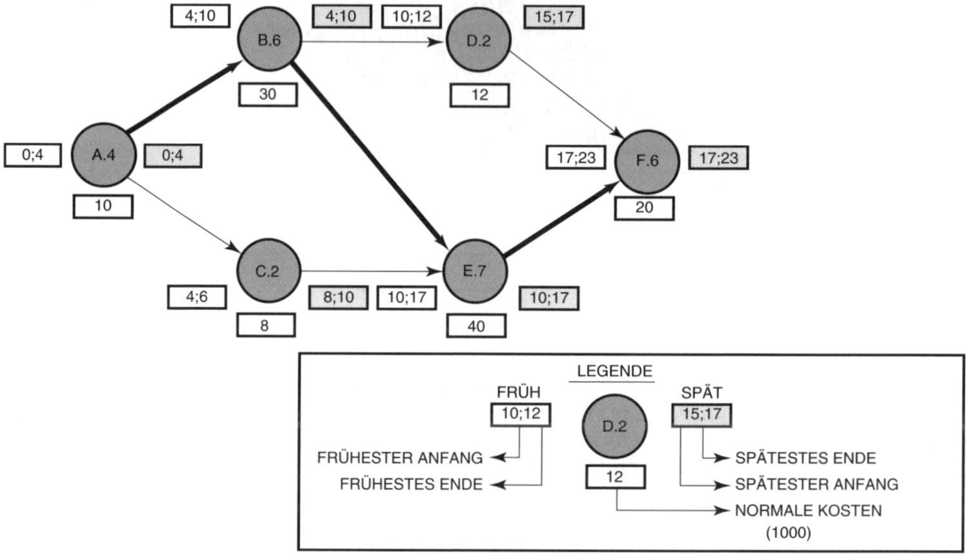

Abbildung 12.20: CPM-Netzplan mit Pufferzeiten

12.10 Problembereiche bei PERT-/CPM-Netzplänen

PERT-/CPM-Modelle haben auch ihre Nachteile und Probleme. Selbst die größte Organisation mit jahrelanger Erfahrung im Einsatz von PERT und CPM kämpft mit den Problemen von kleineren und unerfahrenen Firmen.

Viele Unternehmen haben Probleme mit PERT-Systemen, weil sie am Endergebnis orientiert sind. Manager des oberen Managements haben das Gefühl, dass ihnen dadurch Kompetenzen und die Möglichkeit, Entscheidungen zu treffen, entzogen werden. Dies gilt insbesondere für Unternehmen, die PERT/CPM gezwungenermaßen als vertragliche Vorgabe übernommen haben.

Bei PERT-Systemen gibt es Planer und Macher. In den meisten Organisationen wird die PERT-Planung vom Programmbüro und dem Linienmanagement durchgeführt. Nachdem der Netzplan einmal steht, werden die Planer und Manager zu Beobachtern und verlassen sich darauf, dass ihre Macher die Aufgabe innerhalb der Zeit- und Kostenvorgaben erledigen. Das Management muss die Macher davon überzeugen, dass sie die Pflicht haben, die PERT/CPM-Pläne erfolgreich umzusetzen.

Falls es sich bei dem Projekt nicht um eine sich wiederholende Aufgabe handelt, gibt es kaum verwertbare Erfahrungsdaten aus anderen Projekten, die als Grundlage für die optimistischste, die pessimistischste und die wahrscheinlichste Zeitschätzung benutzt werden könnten. Problematisch kann sich auch eine unzureichende Schätzung der Gemein-, der Material- und Arbeits- und der Beschleunigungskosten auswirken. Möglicherweise nutzen alle wichtigen Fachbereiche der Organisation eigene Methoden der Kostenschätzung. Die Konstruktion nutzt möglicherweise Daten aus bisherigen Projekten, wohingegen die Fertigung Lernkurven bevorzugt. PERT funktioniert am besten, wenn alle Organisationen dieselben Methoden zur Kosten- und Leistungsschätzung verwenden.

PERT-Netzpläne basieren auf der Annahme, dass alle Tätigkeiten so schnell wie möglich beginnen. Dies setzt voraus, dass qualifizierte Mitarbeiter und Einsatzmittel verfügbar sind. Unabhängig davon, wie gut geplant wird, gibt es immer Leistungsabweichungen. Die Zeit- und Kostenschätzungen sollten immer wohlüberlegt und keine Entscheidungen des Augenblicks sein.

Ist das Projektkosten- und -steuerungssystem nicht mit den Unternehmensrichtlinien kompatibel, treten Probleme mit der Kostenkontrolle auf. Projektorientierte Kosten werden bei der Budgetentwicklung möglicherweise mit Kosten für Aufgaben vermischt, die nicht durch einen PERT-Netzplan gesteuert werden. Bei der Kostenberichterstattung wirft dies dann Probleme auf. Dies gilt insbesondere dann, wenn jedes Projekt seine eigene Methode zur Kostenanalyse und -kontrolle besitzt.

Viele erwarten zu viel von PERT-Netzplänen. Abbildung 12.21 zeigt einen PERT-/CPM-Netzplan, der in Arbeitspakete unterteilt ist und in dem für jede Tätigkeit eine Kostenstelle angegeben ist. Großprojekte können hunderte von Kostenstellen beinhalten. Werden Arbeitspakete, die eigentlich die kleinsten Einheiten sein sollten, weiter unterteilt, bietet dies den Vorteil, dass Kostenstellen leicht identifiziert werden können. Für die Zeit- und die Kostenplanung kann diese Form von Detailliertheit jedoch eher hinderlich sein. PERT-/CPM-Netzpläne sind Werkzeuge zur Programmsteuerung und Manager müssen sehr darauf achten, dass der ursprüngliche Einsatzzweck der Netzplantechnik, primäre und sekundäre Ziele zu ermitteln, noch immer erfüllt wird. Dieser Zweck kann durch die zusätzlichen Details leicht verborgen werden. Denken Sie daran, dass Netzpläne als Mittel erstellt werden, um Programmberichte besser zu verstehen. Das Management sollte nicht gezwungen sein, die Berichte zu lesen, um die PERT-/CPM-Netzpläne interpretieren zu können.

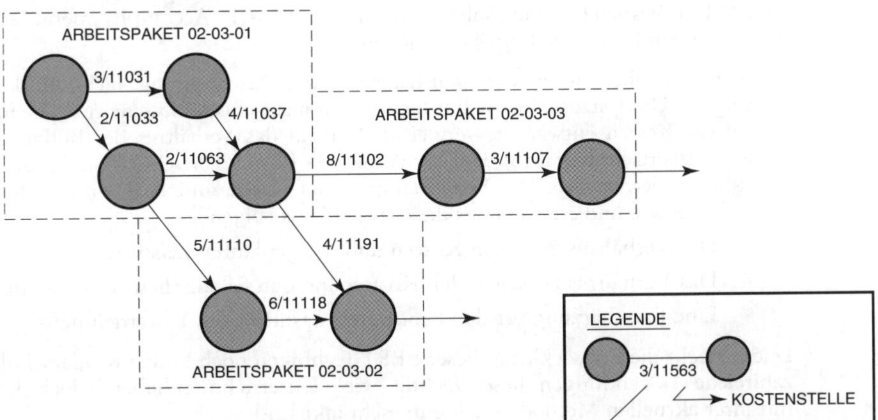

Abbildung 12.21: Einsatz von PERT für die Steuerung von Arbeitspaketen

12.11 Alternative PERT-/CPM-Modelle

Wegen der zahlreichen Vorteile von zeitbezogenen PERT-Netzplänen werden sie in vielen Branchen eingesetzt. PERT-Netzpläne bieten unter anderem die Möglichkeit,

- Kompromisslösungen für die Ressourcenkontrolle zu analysieren
- Notfallpläne bereits in einem frühen Projektstadium zu entwickeln
- die Leistung visuell verfolgen zu können
- integrierte Planung zu zeigen

- Elemente bis zu den untersten Ebenen des Projektstrukturplans transparent zu machen
- eine Struktur für Kontrollzwecke bereitzustellen, mit der die Erfüllung des Projektstrukturplans und des Lastenhefts sichergestellt werden kann
- den Linienmitarbeitern die Gelegenheit bieten, sich mit dem Gesamtprogramm zu identifizieren und so ein stärkeres Zugehörigkeitsgefühl zu entwickeln.

Trotz dieser Vorteile haben sich zeitbezogene PERT-Netzpläne für die Ressourcensteuerung als ineffizient herausgestellt. Am Anfang dieses Kapitels wurden drei Parameter definiert, die für die Steuerung der Ressourcen relevant sind: Zeit, Kosten und Leistung. Unter Berücksichtigung dieser Faktoren begannen Unternehmen damit, zeit- in kosten- oder leistungsbezogene PERT-Netzpläne umzuwandeln.

Kostenbezogene PERT-Netzpläne stellen eine Erweiterung der zeitbezogenen PERT-Netzpläne dar und bilden den Versuch, die Probleme zu überwinden, die mit der Verwendung der optimistischsten und der pessimistischsten Zeitschätzung verbunden sind. Kostenbezogene PERT-Netzpläne können als Kostenberechnungs-Netzpläne betrachtet werden, die auf dem Projektstrukturplan basieren und in Arbeitspakete unterteilt werden können. Der Vorteil von kostenbezogenen PERT-Netzplänen besteht darin, dass sie

- alle Merkmale von zeitbezogenen PERT-Netzplänen aufweisen
- auf allen Ebenen des Projektstrukturplans eine Kostenkontrolle erlauben

Kostenbezogene PERT-Netzpläne wurden hauptsächlich entwickelt, damit Projektmanager kritische Überschreitungen des Zeit- und Kostenrahmens rechtzeitig erkennen und korrigierend eingreifen können.

Es wurden bereits zahlreiche Versuche unternommen, effektive terminbezogene PERT-Netzpläne zu entwickeln. In den meisten Fällen werden die Netzpläne von links nach rechts aufgebaut.[11] Ein Beispiel für einen solchen Versuch stellt ACP (Accomplishment/Cost Procedure) dar. ACP wird von Block wie folgt beschrieben:[12]

> ACP-Kostenberichte basieren auf der geplanten Durchführung, nicht auf der Zeit, die vergeht. Um festzustellen, wie sich eine noch nicht abgeschlossene Aufgabe in Hinblick auf die Kosten entwickelt, vergleicht ACP (a) das Verhältnis der Budgetierung von Kosten/Fortschritt mit (b) dem Verhältnis von Kosten/Fortschritt, die für die Aufgaben aufgewendet wurden. Das Verfahren greift auf Daten zurück, die in Berichten gesammelt werden, und ermittelt aus dieser Datenbasis Folgendes:
>
> - Das Verhältnis zwischen Kosten und der geplanten Leistung
> - Das Verhältnis zwischen den Kosten und den fiskalischen Abrechnungsanforderungen
> - Eine Einschätzung für den benötigten Cashflow des Unternehmens

Leider steckt die Entwicklung dieser PERT-Techniken noch in den Kinderschuhen. Es gibt zwar zahlreiche Anwendungen dieser Technik, viele Unternehmen haben jedoch das Gefühl, dass sie mit ihrer aktuellen Methode stark eingeschränkt sind.

12.12 Vorgangsknotennetzpläne

PMBOK® Guide 2004
6.2.2.1 Vorgangsknotennetzplan (PDM)

In den vergangenen Jahren ist die Zahl der Software-Pakete für das Projektmanagement explodiert. Das computergestützte Projektmanagement bietet Antwort auf Fragen wie die folgenden:

11. Eine Beschreibung dieser Technik finden Sie in Whitehouse, Gary E., *Project Management Techniques*, Industrial Engineering, March 1973, S. 24–29.
12. Abgedruckt mit Genehmigung des Harvard Business Review. Aus Block, Ellery B., *Accomplishment/Cost: Better Project Control*, Harvard Business Review, May–June 1971, S. 110–124. Copyright © 1971 by the Harvard Business School Publishing Corporation; all rights reserved.

- Wie wird das Projekt durch beschränkte Ressourcen beeinflusst?
- Welchen Einfluss übt eine Änderung der Anforderungen auf das Projekt aus?
- Welcher Cashflow ist im Projekt zu verzeichnen (und bei den Elementen des Projektstrukturplans)?
- Wie wirken sich Überstunden aus?
- Welche zusätzlichen Ressourcen werden benötigt, um die Projektvorgaben zu erfüllen?
- Wie wirkt sich eine Veränderung der Priorität eines bestimmten Elements des Projektstrukturplans auf das Gesamtprojekt aus?

Umfangreichere Software-Pakete können auch Fragen zum Terminplan und zu den Kosten auf der Basis folgender Daten beantworten:

- Ungünstige Wetterbedingungen
- Wochenendarbeit
- Unausgeglichene Ressourcenanforderungen
- Variable Teamgröße
- Aufteilung von Tätigkeiten
- Zuordnung nicht benutzter Ressourcen

Unabhängig von der Ausgereiftheit eines Computersystems zeichnen Drucker und Plotter lieber gerade Linien als Kreise. Die meisten Software-Systeme nutzen Vorgangsbeziehungen (siehe Abbildung 12.22), um die Abhängigkeiten in Balkendiagrammen zu verdeutlichen. Zwischen den Vorgängen 1 und 2 in Abbildung 12.22 besteht eine Beziehung, weil sie mit einer durchgezogenen Linie miteinander verbunden sind. Die Vorgänge 3 und 4 können beginnen, wenn Vorgang 2 zur Hälfte abgeschlossen ist. (Dies lässt sich im PERT-Netzplan nur schwer verdeutlichen, ohne die Tätigkeiten aufzuteilen.) Die gepunkteten Linien kennzeichnen Pufferzeiten. Der kritische Pfad lässt sich mittels Sternchen (*) neben den kritischen Elementen deutlich machen oder indem die kritischen Verbindungen durch eine bestimmte Farbe oder fett hervorgehoben werden.

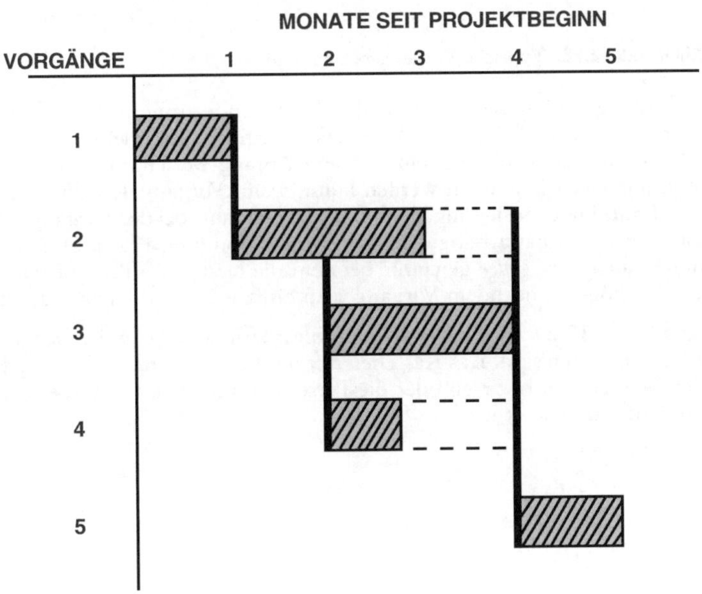

Abbildung 12.22: Ein Vorgangsknotennetzplan

Komplexere Software-Pakete stellen Vorgangsknotennetzpläne in dem Format dar, das in Abbildung 12.23 gezeigt wird. In beiden Abbildungen wird in den Vorgängen Arbeit verrichtet. Die Pfeile repräsentieren die Beziehung zwischen den Vorgängen oder die geltenden Restriktionen.

PMBOK® Guide 2004
6.2.2.1 Vorgangsknotennetzplan (PDM)

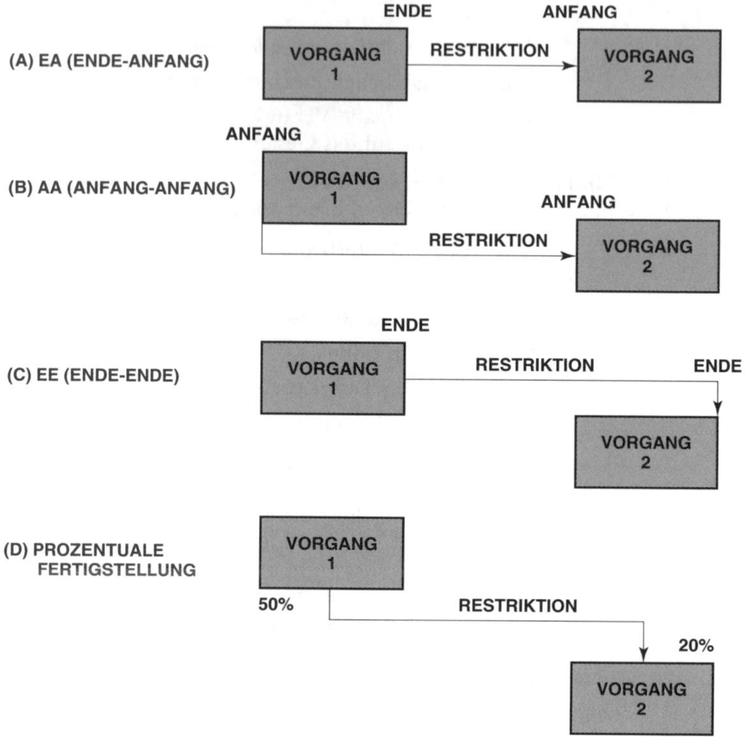

Abbildung 12.23: Typische Vorgangsbeziehungen

Abbildung 12.23 (A) veranschaulicht eine Ende-Anfang-Beziehung, die auch als *Normalfolge* bezeichnet wird. Vorgang 2 kann erst beginnen, nachdem Vorgang 1 abgeschlossen wurde. Abbildung 12.23 (B) zeigt eine Anfang-Anfang-Beziehung, auch *Anfangsfolge* genannt, bei der Vorgang 2 erst begonnen werden kann, wenn Vorgang 1 beginnt. Abbildung 12.23 (C) zeigt eine Ende-Ende-Beziehung, auch *Endfolge* genannt, bei der Vorgang 2 erst abgeschlossen werden kann, wenn Vorgang 1 abgeschlossen wird. Abbildung 12.23 (D) zeigt eine Anfang-Ende-Beziehung, auch *Sprungfolge* genannt, bei dem die letzten 20 Prozent von Vorgang 2 erst begonnen werden können, nachdem Vorgang 1 zu fünfzig Prozent fertig gestellt wurde.

Abbildung 12.24 zeigt die typischen Informationen, die in den Vorgangsknoten von Abbildung 12.23 enthalten sind. Das Kästchen mit der Bezeichnung »Relevante Kostenstelle« könnte auch den Namen, die Initialen oder die Personalnummer des Mitarbeiters enthalten, der für diesen Vorgang verantwortlich ist.

PMBOK® Guide 2004

6.1.3.2 Vorgangsattribute

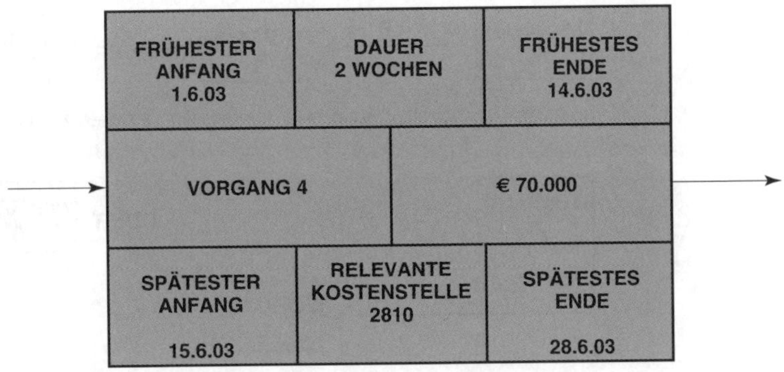

Abbildung 12.24: Vom Computer berechneter Informationsfluss

In Abbildung 12.25 finden Sie einen Vergleich der drei Netzplantechniken.

ALLGEMEIN:	EREIGNISKNOTEN	VORGANGSPFEIL	VORGANGSKNOTEN
ARTEN:	PERT	CPM	MPM
ANZAHL DER SCHÄTZUNGEN:	3	1	1
LOGIK:	SCHEIN-VORGÄNGE MÖGLICH	SCHEIN-VORGÄNGE MÖGLICH	EINSATZ VON RESTRIKTIONEN (DIE ALS SCHEIN-VORGÄNGE DIENEN KÖNNEN)

Abbildung 12.25: Vergleich von Netzplänen

12.13 Zeitabstand

PMBOK® Guide 2004

6.2.2.5 Anwendung von Vor- und Nachlaufzeiten

6.2.2.1 Vorgangsknotennetzplan (PDM)

Die Zeitdauer zwischen dem frühesten Anfang oder Ende eines Vorgangs und dem frühesten Anfang oder Ende eines zweiten Vorgangs in einer Folge wird als Zeitabstand oder Zeitwert bezeichnet. Zeitabstände kommen in erster Linie in Vorgangsknotennetzplänen vor. Abbildung 12.26 zeigt fünf verschiedene Möglichkeiten, um Zeitabstände in den Anordnungsbeziehungen zu finden.

Puffer wird innerhalb von Vorgängen gemessen, während *Zeitabstand* zwischen den Vorgängen gemessen wird. Betrachten Sie beispielsweise Abbildung 12.26a. Angenommen, Vorgang A endet in der ersten Märzwoche. Weil es sich um einen Vorgangsknotennetzplan mit Normalfolge handelt, würde man erwarten, dass der Start von Vorgang B am Beginn der zweiten Märzwoche liegt. Aber Vorgang B kann erst zu Beginn der dritten Märzwoche starten, was eine Woche Zeitabstand zwischen Vorgang A und Vorgang B bedeuten würde, obwohl beide Vorgänge Puffer innerhalb des Vorgangs haben können. Einfach ausgedrückt, der Puffer wird innerhalb des Vorgangs gemessen, während der Zeitabstand zwischen den Vorgängen gemessen wird. Der Zeitabstand kann durch begrenzte Ressourcen entstehen.

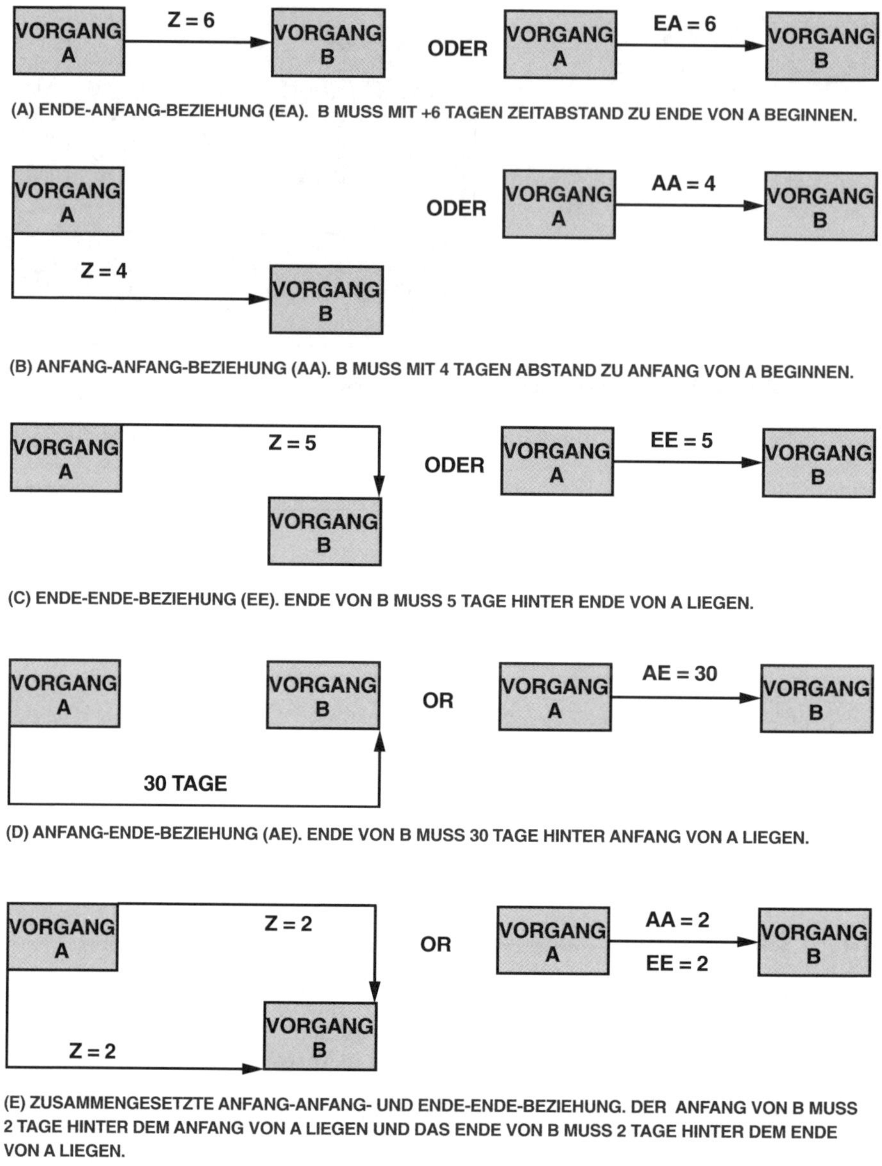

Abbildung 12.26: Vorgangsknotennetzplan mit Zeitabstand

Ein häufiger Begriff ist »Vorlauf«. Betrachten wir erneut Abbildung 12.26a und nehmen wir an, Vorgang A endet am 15. März, aber der Prioritätsnetzplan zeigt, dass Vorgang B am 8. März beginnt, sieben Tage vor Fertigstellung von Vorgang A. In diesem Fall ist L = -7, ein negativer Wert, der darauf hinweist, dass der Start von Vorgang B der Fertigstellung von Vorgang A um sieben Tage vorausgeht. Um zu verdeutlichen, wie das sein kann, betrachten Sie das folgende Beispiel: Der Linienmanager, der für Vorgang B verantwortlich ist, hat Ihnen versprochen, dass seine Ressourcen am 16. März zur Verfügung stehen, am Tag nach der geplanten Fertigstellung von Vorgang A. Der Linienmanager informiert Sie dann, dass diese Ressourcen bereits am 8. März zur Verfügung stehen, und wenn Sie sie zu diesem Zeitpunkt nicht in Ihre Kostenstelle übernehmen, sie anderweitig verteilt werden und am 16. nicht zur Verfügung stehen. Die meisten Projektmanager würden diese Ressourcen am 8. übernehmen und irgendeine Arbeit für sie finden, auch wenn die Logik besagt, dass die Arbeit erst beginnen kann, nachdem Vorgang A fertiggestellt ist.

12.14 Projektmanagement-Software

PMBOK® Guide 2004
6.3.2.4 Projektmanagement-Software

Effizientes Projektmanagement erfordert mehr als eine gute Planung. Es setzt voraus, dass die relevanten Informationen rechtzeitig abgerufen, analysiert und überprüft werden können. Potenzielle Probleme und ihr Einfluss auf andere Aktivitäten können entsprechend früh erkannt werden, was zu Planänderungen und einem Eingreifen des Managements führen kann. Inzwischen steht Projektmanagern eine große Auswahl an Projektmanagement-Software zur Verfügung, die sie bei der Projektsteuerung unterstützen. Es ist zwar klar, dass selbst die komplexeste Software keinen Ersatz für eine kompetente Projektleitung darstellt – und von sich aus natürlich keine aufgabenbezogenen Probleme erkennen und korrigieren kann. Projektmanagement-Software kann für den Projektmanager jedoch hilfreich sein, um die vielen miteinander verbundenen Variablen und Aufgaben zu verfolgen, die im Rahmen eines Projekts relevant sind. Nachfolgend sehen Sie ein paar Beispiele für Funktionen, die eine Projektmanagement-Software bereitstellen kann:

- Zusammenfassung der Projektdaten in Bezug auf Ausgaben, Zeit und Vorgänge
- Erstellung von Projektmanagement- und Geschäftsgrafiken
- Datenverwaltung und Berichterstellung
- Kritischer-Pfad-Analyse
- Benutzerdefinierte und standardisierte Berichterstellungsformate
- Verfolgung multipler Projekte
- Teilnetzpläne
- Was-Wäre-Wenn-Analyse
- Frühwarnsystem
- Online-Analyse zum Auffinden von Alternativen
- Grafische Darstellung von Kosten-, Zeit- und Vorgangsdaten
- Ressourcenplanung und -analyse
- Kostenanalyse, Varianzanalyse
- Bereitstellung mehrerer Kalender
- Ressourcenausgleich

Viele komplexe Software-Pakete stehen seit Jahren für den PC zur Verfügung. Dies bietet kleinen und mittleren Unternehmen viele Vorteile, die von der echten Interaktion mit dem Benutzer, dem direkten Zugriff und der Verfügbarkeit über eine benutzerfreundlichere Oberfläche bis hin zu den beträchtlich geringeren Software-Kosten reichen.

12.15 Funktionen von Projektmanagement-Software

Die Funktionen und Merkmale von Projektmanagement-Software unterscheiden sich sehr stark in Hinblick auf die Speicherkapazität, die Anzeige, die Analyse, die Interoperabilität, die Benutzerfreundlichkeit, jedoch weniger in Hinblick auf den Funktionsumfang. Dieser ist bei den meisten Programmen sehr ähnlich. Fast alle Projektmanagement-Programme bieten folgende Funktionen:

1. *Planen, Verfolgen und Überwachen.* Dieses Feature dient dazu, die Aufgaben, Ressourcen und Kosten eines Projekts zu planen und zu verfolgen. Das Datenformat, mit dem das Projekt beschrieben wird, basiert normalerweise auf Standardnetzwerktopologien wie CPM (Critical Path Method), PERT (Program Evaluation and Review Technique), und MPM (Metra-Potential-Method, Vorgangsknotennetz). Die Aufgaben mit den geschätzten Anfangs- und Endzeitpunkten, den zugeordneten Ressourcen und den tatsächlichen

Kostendaten können im Projektverlauf eingegeben und aktualisiert werden. Die Software ermöglicht die Datenanalyse und dokumentiert den technischen und den Finanzstatus des Projekts im Vergleich zum Plan. In der Regel bietet die Software auch die Möglichkeit, die Auswirkungen abzuschätzen, die sich durch die Planabweichungen ergeben. Viele Systeme ermöglichen außerdem den Ressourcenausgleich, eine Funktion, die die im Durchschnitt verfügbaren Ressourcen ermittelt, um die Dauer von Vorgängen beurteilen zu können, und die einen geglätteten Ablaufplan zu Vergleichszwecken bietet.

2. *Berichte.* Projektberichte werden in der Regel per Menüauswahl erstellt. Es stehen verschiedene Standardberichte zur Verfügung, die der Benutzer bei Bedarf anpassen kann. Er kann jedoch auch eigene Berichtformate erstellen. Der Benutzer kann die Berichte außerdem bearbeiten oder neue erstellen. Je nach Komplexität des Systems und der verwendeten Hardware können die Berichte Gant-Diagramme, Netzpläne, tabellarische Zusammenfassungen und Geschäftsgrafiken enthalten. Die Berichtfunktionen beinhalten Folgendes:

PMBOK® Guide 2004
7.3.2 Steuerung der Kosten: Werkzeuge und Methoden

- Fertigstellungsgrad oder Planned Value (auch Budgeted Cost For Work Scheduled, BCWS) oder Planwert der Arbeit (PV, Planned Value)
- Fertigstellungswert oder Earned Value (auch Budgeted Cost of Work Performed, BCWP) oder Leistungswert der Arbeit (EV, Earned Value)
- Ist- und Soll-Kosten
- Earned-Value-Analyse
- Indikatoren für Kosten und Leistung
- Cashflow
- Kritischer-Pfad-Analyse
- Anordnungsfolge

Darüber hinaus unterstützen viele Software-Pakete die Erstellung von benutzerdefinierten, frei formatierten Berichten.

3. *Projektkalender.* Mit dieser Funktion kann der Benutzer die Arbeitswochen auf der Basis der tatsächlichen Arbeitstage planen. Der Benutzer kann hier auch arbeitsfreie Perioden wie Wochenenden, Feiertage und Ferien festlegen. Der Projektkalender lässt sich im Detail oder in gekürzter Form ausdrucken und bildet die Basis für die computerbasierte Ressourcenplanung.
4. *Was-Wäre-Wenn-Analyse.* Es gibt Software, mit der sich Was-Wäre-Wenn-Analysen ganz leicht durchführen lassen. Dazu wird eine separate Kopie der Projektdatenbank erstellt und es werden die gewünschten Änderungen eingegeben. Die Software führt dann eine vergleichende Analyse durch und zeigt den neuen und den alten Projektplan in tabellarischer oder grafischer Form an.
5. *Multiprojekt-Analyse.* Einige komplexere Software-Pakete unterstützen die projektübergreifende Analyse und Berichterstellung. Kosten- und Terminplanungsmodule greifen auf allgemeine Dateien zu, die die Integration mehrerer Projekte ermöglichen und Probleme mit Dateninkonsistenzen und Redundanzen minimieren.

12.16 Klassifikation der Projektmanagement-Software

Um die Klassifikation zu erleichtern, wurde Projektmanagement-Software auf der Basis ihrer Funktionen und Features in drei Kategorien unterteilt.[13]

Software der Klasse I. Software zur Planung einzelner Projekte. Software der Klasse I ist einfach zu bedienen und die Ausgaben sind leicht verständlich. Die Software bietet jedoch nur begrenzte

13. Standards wurden erstmals von PC Magazine in dem folgenden Artikel gesetzt: *Project Management with the PC*, Ausgabe. 3, Nr.24, 11 December, 1984.

Datenanalysemöglichkeiten. Es erfolgt keine automatische Neuplanung auf der Basis bestimmter Änderungen. Deshalb muss bei Abweichungen vom ursprünglichen Projektplan eine komplette Neuplanung des Projekts durchgeführt werden und die Daten müssen komplett neu eingegeben werden.

Software der Klasse II. Software für das Projektmanagement einzelner Projekte. Die Software unterstützt Projektleiter bei der Planung, der Überwachung und der Berichterstellung. Sie bietet eine umfassende Analyse des Projekts, Fortschrittsberichte und Planüberarbeitung auf der Basis der tatsächlichen Leistung. Diese Art von Software ist auf das Management und nicht nur auf die Planung von Projekten ausgerichtet. Sie bietet eine halbautomatische Projektsteuerung.

Software der Klasse III. Software, die die Planung, Überwachung und Steuerung multipler Projekte unterstützt, indem sie auf eine gemeinsame Datenbank, die projektübergreifende Überwachungsfunktionen und Berichterstellungskomponenten zugreift.

Die meisten Projektmanagement-Programme der Klassen II und III bieten folgende Funktionen für die Projektüberwachung und -steuerung:

1. *Systemkapazität.* Die Anzahl der Aktivitäten und/oder die Anzahl der Teilnetzwerke, die eingesetzt werden können.
2. *Netzwerkschemata.* Die Netzwerkschemata umfassen Vorgangsdiagramme und/oder Vorgangsknotenbeziehungen.
3. *Kalenderdaten.* Ein interner Kalender steht zur Verfügung, um die Projektvorgänge zu planen. Es gibt zahlreiche Abweichungen und Optionen für die verschiedenen Kalenderalgorithmen.
4. *Gantt- oder Balkendiagramme.* Eine grafische Anzeige der Ergebnisse auf einer Zeitskala.
5. *Flexibler Berichtgenerator.* Der Benutzer kann das Ausgabeformat innerhalb vordefinierter Richtlinien festlegen.
6. *Aktualisierung.* Das Programm nimmt überarbeitete Zeitschätzungen und Fertigstellungszeitpunkte entgegen und berechnet den überarbeiteten Terminplan neu.
7. *Kostenkontrolle.* Das Programm berechnet anhand der budgetierten und der tatsächlich angefallenen Kosten für jede Tätigkeit die budgetierten und die tatsächlichen Gesamtkosten. Das Hauptziel besteht darin, dem Management bei der Aufstellung eines realistischen Kostenplans behilflich zu sein, bevor das Projekt gestartet wird, und das Management bei Kontrolle der Projektausgaben im Laufe des Projekts zu unterstützen.
8. *Geplante Termine.* Für den Abschluss aller Tätigkeiten werden Termine angegeben, um die Planung und Steuerung zu erleichtern. Es werden dann Berechnungen mit diesen Terminen als Beschränkungen vorgenommen.
9. *Sortieren.* Das Programm listet die Tätigkeiten in der vom Benutzer gewählten Reihenfolge auf.
10. *Ressourcenzuweisung.* Das Programm versucht, die Ressourcen mittels eines heuristischen Algorithmus zuzuweisen.
11. *Verfügbarkeit eines Plotters.* Es steht ein Plotter zur Verfügung, auf dem die Netzpläne ausgegeben werden können.
12. *Speicheranforderungen.* Die minimalen Speicheranforderungen für das Programm (angegeben in Byte).
13. *Kosten.* Dieser Faktor gibt an, ob das Programm gekauft oder geleast wurde und welche Kosten dabei angefallen sind.

12.17 Probleme bei der Implementierung

Allgemein gilt, dass Mainframe-Software-Pakete schwieriger zu implementieren sind als kleinere Pakete, weil jeder möglicherweise dasselbe Paket nutzen muss – eventuell sogar auf dieselbe Weise. Die folgenden Schwierigkeiten treten häufig bei der Implementierung auf:

- *Dem oberen Management sagt das Ergebnis nicht zu.* Das Top-Management sieht, dass mehr Zeit und Ressourcen benötigt werden als ursprünglich angenommen. Dies kann sich positiv für den Projektmanager bemerkbar machen, der mit starken Ressourcenbeschränkungen umgehen muss.
- *Das obere Management setzt die Software nicht für die Planung, Budgetierung und Entscheidungsfindung ein.* Das obere Management bevorzugt traditionellere Methoden oder weigert sich ganz einfach, die Realität zur Kenntnis zu nehmen. Entsprechend sind die Projektpläne so gestaltet, dass sie auf den ersten Augenschein gut wirken und schnell akzeptiert werden. Die Realität wird dabei nicht unbedingt beachtet.
- *Die Projektplaner setzen die Software für ihre eigenen Projekte selbst nicht ein.* Die Projektmanager verlassen sich häufig auf Planungsmethoden und -werkzeuge aus früheren Projektbeteiligungen. Sie verlassen sich sehr stark auf ihren Instinkt und ihr Versuch- und Irrtumsverhalten.
- *Das obere Management unterstützt möglicherweise keine Weiterbildungsmaßnahmen.* Auf das Unternehmen zugeschnittene Mitarbeiterschulungen sind für eine erfolgreiche Implementierung zwingend erforderlich, selbst wenn sich die einzelnen Projekte voneinander unterscheiden.
- *Der Einsatz von Mainframe-Software setzt für den Support starke interne Kommunikationswege voraus.* Manager, die Ressourcen gemeinsam nutzen, müssen ständig miteinander in Kontakt sein.
- *Klare, prägnante Berichte fehlen.* Komplexe Mainframe-Programme können große Datenvolumina erzeugen, auch wenn sie mit einer Berichterstellungskomponente ausgestattet sind.
- *Mainframe-Programme liefern die gewünschten Informationen nicht immer sofort.* Das geschieht häufig, wenn nicht bekannt ist, wie die neuen Systeme bedient werden.
- *In der Geschäftseinheit gab es vor der Implementierung noch keine Projektmanagementstandards.* Dies hängt mit den fehlenden Nummerierungsschemata für den Projektstrukturplan, mit dem Fehlen der Projektphasen und einem mangelnden Verständnis für die Abhängigkeiten zwischen den Aufgaben zusammen.
- *Die Implementierung hebt die Unerfahrenheit des mittleren Managements in Bezug auf Projektplanung und organisatorische Fähigkeiten hervor.* Die Angst vor der Nutzung ist die Ursache dafür, dass die passende Unterstützung fehlt.
- *Das Geschäftsfeld und die Organisationsstruktur eignen sich nicht für Projektmanagement.* Bei intensiver gemeinsamer Nutzung von Ressourcen sollte die Organisationsstruktur eine formelle oder eine informelle Matrix sein. Verschanzt sich ein Unternehmen hinter einer traditionellen Struktur, passt die Software nicht zur Organisationsform und wird sehr wahrscheinlich nicht akzeptiert.
- *Der Ressourcenbedarf ist enorm.* Große Mainframe-Pakete konsumieren in der Implementierungsphase eine Unmenge an Ressourcen.
- *Die Geschäftseinheit muss das Ausmaß und den entsprechenden Einsatz der Systeme im Unternehmen festlegen.* Sollte das System vom ganzen Unternehmen genutzt werden oder nur bei Projekten mit hoher Priorität?
- *Das System wird möglicherweise als Ersatz für die soziale Kompetenz betrachtet, die der Projektmanager benötigt.* Software-Systeme ersetzen nicht den Bedarf für einen Projektmanager mit stark ausgeprägten kommunikativen Fähigkeiten und Verhandlungsgeschick.
- *Die Software-Implementierung verläuft sehr wahrscheinlich dann nicht erfolgreich, wenn die Mitarbeiter des Unternehmens nicht ausreichend in Projektmanagement-Prinzipien geschult wurden.* Dieses Problem liegt möglicherweise allen anderen Problemen zugrunde.

12.18 Studientipps für das PMI®-Projektmanagement-Zertifizierungsexamen

Dieser Abschnitt kann als Wiederholung der Grundlagen dienen, um die Wissensbereiche und Domänengruppen im PMBOK® Guide zu ergänzen. In diesem Kapitel geht es um Folgendes:

- Terminmanagement
- Planung
- Controlling

Das Verständnis der folgenden Grundlagen ist vorteilhaft, wenn der Leser diesen Text für die Vorbereitung auf das PMP®-Zertifizierungsexamen verwendet:

- Wie die drei Arten der Terminplanungstechniken identifiziert werden, und welche Vor- und Nachteile sie haben
- Unterschied zwischen Vorgangspfeil- und Vorgangsknotennetzwerken
- Vier Arten von Zuordnungsbeziehungen
- Grundlegende Netzwerkterminologie, wie etwa Vorgänge, Ereignisse, kritischer Pfad und Puffer (Float)
- Unterschied zwischen positivem und negativem Puffer
- Zeitplankomprimierungstechniken und Crashing und Fast-Tracking (nebenläufige Entwicklung)
- Bedeutung der Arbeitsablaufstruktur in der Netzwerkentwicklung
- Die Schritte und ihre Reihenfolge für die Entwicklung eines Netzwerks
- Drei Arten von Abhängigkeiten
- Wie ein Vorwärts- und ein Rückwärtsdurchlauf durchgeführt werden
- Ressourcenzuteilung
- Ressourcen-beschränkte Planung
- Unterschied zwischen Aufwand und Dauer
- Welche Netzwerktechniken optimistische, wahrscheinlichste und pessimistische Schätzungen verwenden
- Verwendung von Scheinvorgängen
- Nachlaufzeit
- Unterschied zwischen unbeschränkter und beschränkter Ressourcenplanung/Zeitplanung

Die folgenden Multiple-Choice-Fragen sind hilfreich bei der Wiederholung der Grundlagen dieses Kapitels:

1. Die kürzeste Zeit, die benötigt wird, um alle Vorgänge innerhalb eines Netzwerks fertigzustellen, heißt:
   A. Vorgangsdauer
   B. Kritischer Pfad
   C. Maximaler Pufferpfad
   D. Komprimierungspfad
2. Was kann nicht identifiziert werden, nachdem ein Vorwärts- und ein Rückwärtsdurchgang stattgefunden haben?
   A. Scheinvorgänge
   B. Pufferzeit
   C. Vorgänge des kritischen Pfads
   D. Wie viel Überstunden geplant sind

3. Was ist keine allgemein eingesetzte Technik für die Zeitplankomprimierung?
   A. Ressourcenreduzierung
   B. Umfangsreduzierung
   C. Fast-Track-Vorgänge
   D. Einsatz von Überstunden
4. Ein netzwerkbasierter Zeitplan hat vier Pfade, nämlich 7, 8, 9 und 10 Wochen. Wenn der 10-Wochen-Pfad auf 8 Wochen komprimiert wird:
   A. Haben wir zwei kritische Pfade
   B. Ist jetzt der 9-Wochen-Plan der kritische Pfad
   C. Hat nur der 7-Wochen-Plan einen Puffer
   D. Steht jetzt genügend Information bereit, um einen Beschluss zu fassen
5. Der größte Nachteil bei der Verwendung von Balkendiagrammen für die Verwaltung eines Projekts ist, dass Balkendiagramme:
   A. Die Abhängigkeiten zwischen Vorgängen nicht zeigen
   B. Ineffektiv für Projekte sind, die kürzer als ein Jahr dauern
   C. Ineffektiv für Projekte sind, die einen Wert von weniger als eine Million haben
   D. Start- und Enddatum eines Zeitplans nicht identifizieren
6. Der erste Schritt bei der Entwicklung eines Zeitplans ist:
   A. Auflistung der Vorgänge
   B. Bestimmung der Abhängigkeiten
   C. Berechnung des Aufwands
   D. Berechnung der Dauern
7. Die Reduzierung der Spitzen und Senken in der Arbeitskraftzuteilung, um eine relative glatte Arbeitskraftkurve zu erhalten, heißt:
   A. Arbeitskraftreservierung
   B. Arbeitskraftglättung
   C. Ressourcenzuteilung
   D. Ressourcenbereitstellungsplanung
8. Vorgänge ohne Zeitdauer heißen:
   A. Reservevorgänge
   B. Scheinvorgänge
   C. Nullpuffervorgänge
   D. Supervisionsvorgänge
9. Optimistische, pessimistische und wahrscheinlichste Vorgangszeiten gehören zu:
   A. PERT
   B. GERT
   C. PDM
   D. ADM
10. Die häufigste »Beschränkung« oder Beziehung innerhalb eines Prioritätsnetzwerks ist:
    A. Start/Start
    B. Start/Ende
    C. Ende/Start
    D. Ende/Ende

11. Eine netzwerkbasierte Technik, die Verzweigungen und Schleifen unterstützt, ist:
    A. PERT
    B. GERT
    C. PDM
    D. ADM
12. Wenn ein Vorgang auf dem kritischen Pfad länger als angenommen dauert:
    A. Haben Vorgänge, die nicht auf dem kritischen Pfad liegen, zusätzlichen Puffer
    B. Haben Vorgänge, die nicht auf dem kritischen Pfad liegen, weniger Puffer
    C. Treten zusätzliche Vorgänge des kritischen Pfads auf
    D. Nichts von alledem
13. Was gehört nicht zu den drei Arten von Abhängigkeiten?
    A. Zwingend
    B. Frei wählbar
    C. Intern
    D. Extern
14. Sie haben einen Vorgang, dessen frühester Start in Woche 6, dessen frühestes Ende in Woche 10 liegt. Der letztmögliche Start ist Woche 14, das letztmögliche Ende Woche 18. Der Puffer in diesem Vorgang beträgt:
    A. 4 Wochen
    B. 6 Wochen
    C. 8 Wochen
    D. 18 Wochen

ANTWORTEN

1. B
2. D
3. A
4. D
5. A
6. A
7. B
8. B
9. A
10. C
11. B
12. A
13. C
14. C

PROBLEME

12.1 Sollte ein PERT-/CPM-Netzplan ein Mittel sein, um die Berichte und Zeitpläne besser verstehen zu können oder umgekehrt?

12.2 Sollte der Mitarbeiter, der PERT-Netzpläne erstellt, die Anforderungen und Ziele genau kennen, bevor er mit den Vorbereitungen beginnt? Ist eine Kenntnis der Anforderungen und Ziele unbedingt erforderlich?

12.3 Wer erstellt die PERT-Netzpläne? Wer ist für ihre Integration zuständig?

12.4 Sollten PERT-Netzpläne an den Projektstrukturplan angelehnt sein?

12.5 Wie kann ein PERT-Netzplan eingesetzt werden, um die Fähigkeit zu verbessern, sich mit dem Gesamtprogramm zu identifizieren?

12.6 Welche Probleme stellen sich, wenn PERT auf kleine Programme angewendet wird?

12.7 Sollte das PERT-Netzplandesign von der Anzahl der Elemente im Projektstrukturplan abhängen?

12.8 Können Balkendiagramme und PERT-Netzpläne eingesetzt werden, um die Personalanforderungen zwischen Abteilungen auszugleichen?

12.9 Sollten Kernmeilensteine an Stellen errichtet werden, an denen sehr wahrscheinlich Kompromisse eingegangen werden müssen?

12.10 Stimmen Sie der Behauptung zu, dass die Kosten für die Beschleunigung eines Projekts exponentiell wachsen und zwar insbesondere dann, wenn sich das Projekt dem Abschluss nähert?

12.11 Welche Schwierigkeiten treten im Zusammenhang mit PERT-Netzplänen auf und wie können sie überwunden werden?

12.12 Dienen kostenbezogene PERT-Netzpläne dazu, kritische Terminplan- und Kostenüberschreitungen zu identifizieren, um früh genug korrigierend eingreifen zu können?

12.13 Zeichnen Sie einen Netzplan und identifizieren Sie den kritischen Pfad. Berechnen Sie außerdem die frühest- und spätestmöglichen Anfangs- und Endzeitpunkte für jeden Vorgang.

Vorgang	Vorgängervorgang	Zeit (Wochen)
A	–	7
B	–	8
C	–	6
D	A	6
E	B	6
F	B	8
G	C	4
H	D, E	7
I	F, G, H	3

12.14 Zeichnen Sie den Netzplan und identifizieren Sie den kritischen Pfad. Berechnen Sie außerdem die frühest- und spätestmöglichen Anfangs- und Endzeitpunkte für jeden Vorgang.

Vorgang	Vorgängervorgang	Zeit (Wochen)
A	–	4
B	–	6
C	A, B	7
D	B	8
E	B	5
F	C	5
G	D	7
H	D, E	8
I	F, G, H	4

12.15 Betrachten Sie den folgenden Netzplan für ein kleines Wartungsprojekt (alle Zeitangaben beziehen sich auf Tage. Der Netzplan verläuft von Knoten 1 zu Knoten 7):

a. Zeichnen Sie ein Pfeildiagramm, das das Projekt repräsentiert.

b. Heben Sie den kritischen Pfad und die damit verknüpften Zeitpunkte hervor.

Vorgang	Netzplan		Optimistische Dauer	Pessimistische Dauer	Wahrscheinlichste Dauer
	Anfangsknoten	Endknoten			
A	1	2	1	3	2
B	1	4	4	6	5
C	1	3	4	6	5
D	2	6	2	4	3
E	2	4	1	3	2
F	3	4	2	4	3
G	3	5	7	15	9
H	4	6	4	6	5
I	4	7	6	14	10
J	4	5	1	3	2
K	5	7	2	4	3
L	6	7	6	14	10

c. Was ist die Gesamtpufferzeit in einem Netzplan?

d. Wie sieht die Zeitschätzung für einen Fertigstellungsgrad von 68, 95 und 99 Prozent aus?

e. Welchen Einfluss hat dies auf Ihre Antwort auf Frage b, wenn Vorgang G eine geschätzte Dauer von fünfzehn Tagen hat?

12.16 Betrachten Sie den folgenden Netzplan für ein kleines MIS-Projekt (alle Zeitdauern beziehen sich auf Tage und der Netzplan verläuft von Knoten 1 zu Knoten 10):

	Netzplan		
Vorgang	Anfangsknoten	Endknoten	Geschätzte Dauer
A	1	2	2
B	1	3	3
C	1	4	3
D	2	5	3
E	2	9	3
F	3	5	1
G	3	6	2
H	3	7	3
I	4	7	5
J	4	8	3
K	5	6	3
L	6	9	4
M	7	9	4
N	8	9	3
O	9	10	2

a. Identifizieren Sie den kritischen Pfad.
b. Berechnen Sie die Gesamtpufferzeit im Netzplan.
c. Angenommen, die Vorgänge A, B und C nutzen alle denselben Mitarbeiterpool und eine Beschleunigung von einem dieser Vorgänge führt dazu, dass sich einer der anderen beiden um die gleiche Zeitdauer verlängert. Kann die Neuplanung dieser drei Vorgänge dann die Gesamtdauer des kritischen Pfads verkürzen?
d. Beantworten Sie die Fragen a, b und c unter der Annahme, dass die geschätzte Dauer von Vorgang C 4 ist.

12.17 Am 1. Mai hat Arne Walter eine Mitteilung an seinen Chef geschickt, der Direktor des Projektmanagements ist, die besagt, dass das Projekt MX gemäß Abbildung 12.27 in drei Wochen abgeschlossen wird.

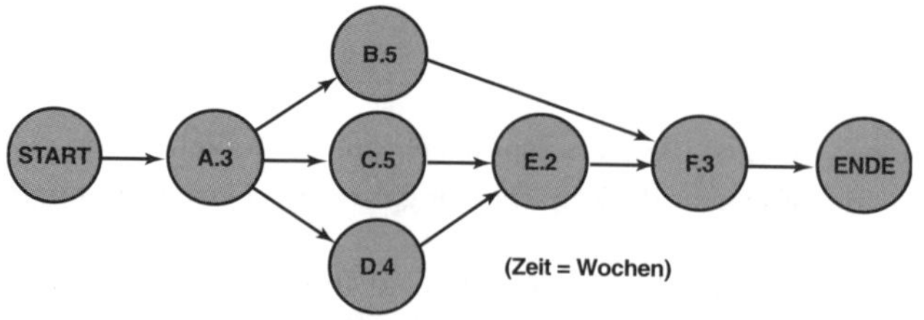

Abbildung 12.27: Der Netzplan für Projekt MX

Arne war klar geworden, dass der Auftraggeber das Projekt in kürzerer Zeit beenden wollte. Nach einem Gespräch mit den Linienmanagern entwickelte Arne die folgende Tabelle:

	Normal		Normal		
Vorgang	Zeit	Kosten	Zeit	Kosten	Zusatzkosten/Woche (Beschleunigung)
A	3	6.000	2	8.000	2.000
B	5	12.000	4	13.500	1.500
C	5	16.000	3	22.000	3.000
D	4	8.000	2	10.000	1.000
E	2	6.000	1	7.500	1.500
F	3	14.000	1	20.000	3.000

a. Laut Vertrag ist eine Konventionalstrafe in Höhe von € 5.000 pro Woche ab der 6. Woche fällig. Welche zusätzlichen Finanzmittel sollte Arne anfordern?

b. Angenommen, Ihre Antwort auf Frage a umfasst dieselben minimalen Zusatzkosten für ein acht- und ein neunwöchiges Projekt. Welche Faktoren würden Sie berücksichtigen, bevor Sie entscheiden, ob das Projekt in acht oder in neun Wochen abgeschlossen werden soll?

12.18 Am 1. März erhielt der Projektmanager drei Statusberichte, die die bisherige Ressourcennutzung zeigten. Nachfolgend sehen Sie die drei Berichte und den PERT-Netzplan (siehe Abbildung 2.28).

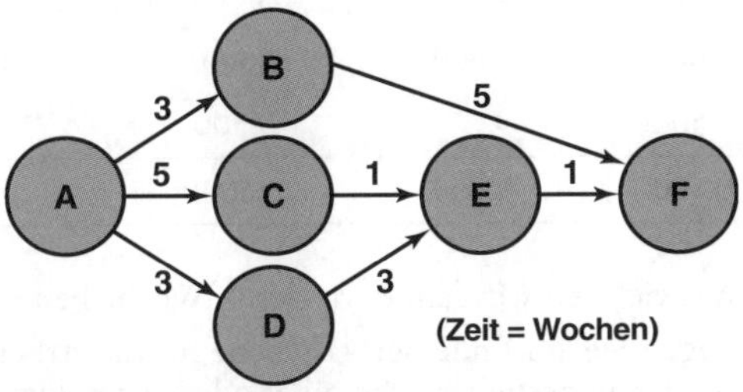

Abbildung 12.28: PERT-Netzplan

Bericht über den Fertigstellungsgrad (%)

Vorgang	Beginnt am	% erledigt	Zeit bis Abschluss
AB	2.1.	100 %	–
AC	2.1.	160 %	2
AD	2.1.	100 %	–
DE*	nicht begonnen	–	3
BF	14.2.	140 %	3

* Hinweis: Wegen der Prioritäten der Vorgänge kann Vorgang DE erst ab dem 14.3. erledigt werden. Das Management schätzt, dass dieser Vorgang von 3 auf 2 Wochen verkürzt werden kann. Die Zusatzkosten dafür betragen € 3.000.

Projektplanungsbudget (Wochen nach Start)

Vorgang	1	2	3	4	5	6	7	8	Gesamt (€)
AB	2.000	2.000	2.000	–	–	–	–	–	26.000
AC	3.000	4.000	4.000	4.000	15.000	–	–	–	20.000
AD	2.000	3.000	2.500	–	–	–	–	–	27.500
BF	–	–	–	2.000	13.000	14.000	3.000	3.000	15.000
CE	–	–	–	–	–	12.500	–	–	22.500
DE	–	–	–	3.500	13.500	13.500	–	–	10.500
EF	–	–	–	–	–	–	3.000	–	23.000
Gesamt	7.000	9.000	8.500	9.500	11.500	10.000	6.000	3.000	64.500

Kostenzusammenfassung

	Woche des Abschlusses			Kumulativ bis zum aktuellen Datum		
Vorgang	Soll-Kosten	Ist-Kosten	(Über) Unter	Soll-Kosten	Ist-Kosten	(Über) Unter
AB	–	–	–	16.000	16.200	(200)
AC	4.000	4.500	(500)	15.000	12.500	(2.500)
AD	–	2.400	(2.400)	17.500	17.400	(100)
BF	2.000	2.800	(800)	12.000	14.500	(2.500)
DE	3.500	–	3.500	13.500	–	3.500
Gesamt	9.500	9.700	(200)	34.000	30.600	3.400

a. Wie viel Zeit wird am Ende der 4. Woche benötigt, um das Projekt fertig zu stellen?

b. Liegen Sie am Ende der 4. Woche für die Arbeit, die bisher (teilweise oder vollständig) fertig gestellt wurde, über oder unter dem Budget und um wie viel?

c. Zu welchem Zeitpunkt sollte die Entscheidung getroffen werden, Vorgänge zu verkürzen?

d. Erstellen Sie eine Tabelle, der die Kosten- und Leistungsdaten leichter zu entnehmen sind, oder verändern Sie die obigen Tabellen entsprechend.

Um dieses Problem zu lösen, müssen Sie eine Annahme über die Beziehung zwischen dem prozentualen Fertigstellungsgrad und der Zeit/Kosten machen. Gehen Sie davon aus, dass der prozentuale Fertigstellungsgrad in der Tabelle Projektplanungsbudget in Bezug auf die Zeit linear und in Bezug auf die Kosten nicht linear ist (d.h., die Kosten müssen aus der Tabelle abgelesen werden).

12.19 Können PERT-Netzpläne mehr Ebenen haben als der Projektstrukturplan?

12.20 Die Zeitschätzung ist nicht einfach, insbesondere, wenn Annahmen gemacht werden müssen. Geben Sie an, ob die einzelnen Elemente, die nachfolgend aufgeführt werden, bei der Erstellung eines PERT-/CPM-Netzplans berücksichtigt werden können:

- Berücksichtigung der Wetterbedingungen
- Berücksichtigung von Wochenendtätigkeit
- Unausgeglichene Personalanforderungen
- Prüfung der Ressourcenzuordnung
- Variable Teamgröße
- Aufteilung (oder Unterbrechung) von Vorgängen
- Zuweisung nicht benutzter Ressourcen
- Projektprioritäten

12.21 Der Planung des Personalbedarfs für ein Projekt ist selbst dann sehr schwierig, wenn Pufferzeiten zur Verfügung stehen. Viele Manager würden Personal lieber konstant zur Verfügung stellen, als die Mitarbeiter dem Projekt zuzuweisen und dann wieder abzuziehen.

a. Erstellen Sie anhand der nachfolgenden Informationen einen PERT-Netzplan, identifizieren Sie den kritischen Pfad und legen Sie für jeden Knoten die Pufferzeit fest.

Vorgang	Wochen	Personalbedarf (Kräfte, die ausschließlich an diesem Projekt arbeiten)
A-B	5	3
A-C	3	3
B-D	2	4
B-E	3	5
C-E	3	5
D-F	3	5
E-F	6	3

b. Der Netzplan, den Sie soeben erstellt haben, ist ein abteilungsbezogener PERT-Netzplan. Erstellen Sie einen wöchentlichen Personalbedarf unter der Annahme, dass alle Vorgänge so früh wie möglich beginnen. (Hinweis: Es ist nicht möglich, die Vorgangsdauer mittels Überstunden zu verkürzen.)

c. Der Abteilungsleiter möchte dem Projekt acht Mitarbeiter zur Verfügung stellen, die für die gesamte Projektdauer ausschließlich an diesem Projekt arbeiten. Falls ein Mitarbeiter jedoch im Projekt nicht mehr benötigt wird, kann er anderweitig beschäftigt werden. Ermitteln Sie auf der Basis der acht Mitarbeiter die Leerzeiten und die Zeiten, in denen Überstunden gemacht werden müssen.

d. Legen Sie die Kosten für Leerzeiten und für Überstunden fest. Gehen Sie dazu davon aus, dass jeder Mitarbeiter pro Woche € 300 erhält und Überstunden mit dem 1,5fachen Satz vergütet werden. Während der Leerzeiten erhalten die Mitarbeiter ihr volles Gehalt.

e. Beantworten Sie die Fragen c und d, indem Sie versuchen, die Leerzeiten zu nutzen, um die Personalkurven zu glätten. (Hinweis: Einige Vorgänge sollten so früh wie möglich beginnen, andere hingegen so spät wie möglich.) Ermitteln Sie die ideale Personalbesetzung, um Leerlauf und Überstunden zu minimieren. Gehen Sie davon aus, dass alle Mitarbeiter ausschließlich an einem Projekt arbeiten.

f. Würde Ihre Antwort auf die Fragen d und e anders ausfallen, wenn die Mitarbeiter während der gesamten Projektdauer bleiben müssen, auch wenn sie nicht mehr benötigt werden?

12.22 Wie entscheidet ein Manager, ob der Projektstrukturplan auf einer Baumstruktur oder dem PERT-Netzplan basieren sollte?

12.23 Zeichnen Sie anhand der Daten aus Tabelle 12.3 einen CPM-Netzplan für das Projekt. Identifizieren Sie die Vorgänge auf den Pfeilen statt der Ereignisse. Zeigen Sie, dass der kritische Pfad zweiundzwanzig Wochen umfasst.

Zeichnen Sie anhand von Tabelle 12.4 einen Vorgangsknotennetzplan für das Projekt und zeigen Sie die Beziehungen zwischen den Vorgängen. Versuchen Sie, für den kritischen Pfad eine andere Farbe zu verwenden.

Berechnen Sie den minimalen Cashflow für die ersten vier Projektwochen. Gehen Sie dabei von folgender Verteilung aus.

Vorgang	Gesamtkosten für Vorgang
A-H	16.960
I-P	5.160
Q-V	40.960
W	67.200
X	22.940

Gehen Sie außerdem davon aus, dass alle Kosten linear verlaufen und dass die Kosten für Vorgang X in den ersten zwei Wochen ausgegeben werden müssen. Belegen Sie, dass der minimale Cashflow bei € 92.000 liegt.

Vorgang	Vorgängervorgang	Normaler Zeitbedarf (Wochen)
A	–	4
B	A	6
C	B, U, V, N	3
D	C	2
E	C	2
F	C	7
G	C	7
H	D, E	4
I	–	2
J	I, R	1
K	J	1
L	K	2
M	L	1
N	M	1
O	N	2
P	O	1
Q	–	4
R	Q	1
S	–	1
T	–	1
U	S	2
V	T	2
W*	–	*
X	–	2

* Steht für die Gesamtdauer des Projekts. Es handelt sich um die Unterstützung durch das Management.

Tabelle 12.3: Daten für den CPM-Netzplan

Vorgang	1	2	3	4	5	6	7	8	9	10	11	12	13	14	15	16	17	18	19	20	21
A																					
B																					
C																					
D																					
E																					
F																					
G																					
H																					
I																					
J																					
K																					
L																					
M																					
N																					
O																					
P																					
Q																					
R																					
S																					
T																					
U																					
V																					
W																					
X																					

Tabelle 12.4: Vorgangsknoten-Netzplan*

*Zeichen Sie die Balken in die Tabelle ein. Gehen Sie davon aus, dass jeder Vorgang so früh wie möglich beginnt (identifizieren Sie Pufferzeiten). Versuchen Sie, die

FALLSTUDIE

Die Firma Crosby Manufacturing

»Ich habe eine Sitzung einberufen, um die Probleme mit unserem Einsatzmittel- und Steuerungssystem zu besprechen«, sagte Wilfred Livingston, der Präsident. »Wir brauchen viel zu lange, um mit unseren antiquierten Berichterstellungsprozeduren konkurrenzfähig zu sein. Im letzten Jahr wurden wir bei drei großen Regierungsaufträgen als uninteressiert betrachtet, weil wir die Anforderungen für die Finanzberichterstattung nicht erfüllen konnten. Die Regierung hat vor kurzem ihr Interesse bekundet, weiterhin mit uns zusammenzuarbeiten. Wenn wir unsere Finanzberichterstattung computerisieren können, haben wir gute Chancen, die Ausschreibung zu gewinnen. Möglicherweise verzichtet der Auftraggeber sogar auf die Anforderungen im Bereich der Finanzberichterstattung, wenn wir die Absicht bekunden, sofort umzustellen.«

Als Wilfred »Willy« Livingston 1985 Präsident wurde, war Crosby Manufacturing ein Elektroteilehersteller mit einem Jahresumsatz von $ 50 Millionen. Livingstons erste Handlung bestand darin, die 700 Mitarbeiter in einer modifizierten Matrixorganisation zu strukturieren. Diese Umorganisation war der erste Schritt im Rahmen eines langfristigen Plans, um große Regierungsaufträge zu erhalten. Die Matrix bot dem Kunden die Möglichkeit, sich an einen Ansprechpartner zu wenden, was von Regierungsstellen bevorzugt wird. Nun konnte das Unternehmen mit der zweiten Phase beginnen, nämlich die Finanzberichterstattung zu verbessern.

Am 20 Oktober 1988 berief Livingston eine Besprechung mit den Abteilungsleitern aus dem Projektmanagement, der Kostenrechnung, der Abteilung MIS, der Datenverarbeitung und der Planung ein.

Livingston: »Wir müssen unsere Computer erneuern, um unsere Berichterstattungsprozeduren modernisieren zu können. Um wachsen zu können, müssen wir die Fähigkeit entwickeln, zwei oder sogar drei verschiedene Bücher für unsere Kunden zu entwickeln. Unser aktueller Computer kann das nicht leisten. Es geht hier um eine größere Investition, die unsere Ausgangsbasis verbessern und unser Wachstum sichern soll. Wir benötigen nicht nur wöchentlich, sondern täglich Kostendaten, um unsere Projekte besser steuern zu können.«

Leiter MIS: »Als Erstes sollten wir eine Machbarkeitsprüfung durchführen. Ich habe bereits eine Liste der wichtigsten Themen vorbereitet, die in der Regel bei dieser Art von Machbarkeitsstudie berücksichtigt werden (siehe Tabelle 12.5).

- Ziel der Studie
- Kosten
- Vorteile
- Manuelle oder computerbasierte Lösung?
- Ziele des Systems
- Eingabeanforderungen
- Ausgabeanforderungen
- Anforderungen an die Datenverarbeitung
- Vorläufige Systembeschreibung
- Auswertung der Angebote von Zulieferern
- Finanzanalyse
- Schlussfolgerung

Tabelle 12.5: Themen für Machbarkeitsprüfung

Livingston: »Welche Art von Kosten wollen Sie in der Machbarkeitsprüfung berücksichtigen?«

Leiter MIS: »Die wichtigsten Kostenelemente sind die Anforderungen an die Ein-/Ausgabe, die Verarbeitung, die Speicherkapazität, Miete, Kauf oder Leasing eines Systems, einmalige Ausgaben, Bereitstellungskosten und die Schulungsanforderungen. Den größten Teil der Informationen erhalten wir in der EDV-Abteilung.«

Leiter EDV: »Sie müssen daran denken, dass wir eine kurze Zeit zwei Computersysteme gleichzeitig betreiben müssen. Das lässt sich nicht ändern. Ich habe jedoch selbst einen typischen (verkürzten) Ablaufplan entwickelt (siehe Tabelle 12.6). Sie werden feststellen, dass ich in der rechten Spalte eine eher optimistische Zeitschätzung vorgenommen habe.

Vorgang	Normale Bearbeitungsdauer	Verkürzte Bearbeitungsdauer
Freie Bahn durch Management	0	0
Freigabe vorläufiger Systemspezifikationen	6	2
Einholung von Angeboten zu Spezifikationen	2	1
Bestellung der Hardware und der Systemsoftware	2	1
Flussdiagramme fertig gestellt	2	2
Anwendungsprogramme fertig gestellt	3	6
Eintreffen der Hardware und der Systemsoftware	3	3
Test und Fehlerbehebung beendet	2	2
Dokumentation, falls erforderlich	2	2
	—	—
Wechsel abgeschlossen	22	15*

*Dieser Terminplan geht davon aus, dass einige Vorgänge parallel ausgeführt werden können.

Tabelle 12.6: Typischer Terminplan (in Monaten)

Livingston: »Haben wir schon eine Checkliste für einen Vergleich der Anbieter vorbereitet?«

Leiter EDV: »Neben dem Benchmark-Test habe ich eine Liste der Themen vorbereitet, die wir bei der Bewertung der Anbieter berücksichtigen müssen (siehe Tabelle 12.7). Wir sollten auch Zeit dafür einplanen, um andere Installationen zu besichtigen und uns das System in Aktion anzusehen. Mit der Entwicklung der Software-Pakete sollten wir sofort beginnen.«

- Verfügbarkeit der Hard- und Software
- Hardware-Leistung und Bereitstellung
- Nähe des Händlers und Wartungs- und Supportvertrag
- Sicherungsprozedur für Notfälle
- Verfügbarkeit von Anwendungen und deren Kompatibilität mit anderen Systemen.
- Erweiterungsfähigkeit
- Dokumentation
- Verfügbarkeit von Personen für die Systemprogrammierung und allgemeine Schulungen
- Wer trägt die Schulungskosten?
- Risiko des Veralterns
- Bedienungsfreundlichkeit

Tabelle 12.7: Faktoren zur Bewertung von Anbietern

Livingston: »Wegen der großen Bedeutung dieses Projekts verletze ich unsere normalen Strukturen und ernenne Tim Emary aus unserer Planungsgruppe zum Projektleiter. Er kennt sich mit Computern genauso gut aus wie ihr. Er weiß jedoch auch, wie Zeitpläne aufgestellt und Projekte durchgezogen werden. Ich bin nicht sicher, ob ihr ihn ausreichend unterstützen werdet. Denkt jedoch daran, dass ich die ganze Zeit hinter diesem Projekt stehen werde. Wir treffen uns in einer Woche wieder, um einen detaillierten Terminplan durchzusprechen, der alle wichtigen Meilensteinen, Teambesprechungen, Entwurfsüberarbeitungsbesprechungen etc. enthält. Das Projekt sollte in achtzehn Monaten abgeschlossen sein. Wenn der Terminplan Risiken enthält, solltet ihr diese identifizieren. Sonst noch Fragen?«

13 Projektgrafiken

Verwandte Fallstudien (aus Kerzner/*Project* Management *Case Studies*, 2. Auflage)	Verwandte Workbook-Übungen (aus Kerzner/*Project Management Workbook and PMP®/CAPM® Exam Study Guide*, 9. Auflage)	PMBOK® Guide, 3. Auflage, Referenzabschnitt für das PMP®-Zertifizierungsexamen
• Keine	• Multiple-Choice-Examen	• Terminmanagement • Kommunikationsmanagement

13.0 Einführung

PMBOK® Guide 2004

Kapitel 6 Terminmanagement

Kapitel 10 Kommunikationsmanagement

6.6.2.6 Balkendiagramme zum Terminplanvergleich

In Kapitel 11 wurden die Schritte zur Entwicklung eines formellen Programmplans mit detaillierter Ablauf- und Terminplanung zur Verwaltung von Programmen vorgestellt. Jeder Plan, jede Grafik, jeder Terminplan und jede Spezifikation, die von mehr als einer Person gelesen wird, muss in einer Sprache gehalten sein, die für alle Leser verständlich ist.

Im Idealfall werden Diagramme und Ablauf- und Terminpläne so erstellt, dass sie für die hausinterne Steuerung und die hausexterne Statusberichterstattung eingesetzt werden können. Leider ist dies leichter gesagt als getan. Auftraggeber und Auftragnehmer sind hauptsächlich an den folgenden drei kritischen Parametern interessiert:

- Zeit
- Kosten
- Leistung

Alle Ablauf- und Terminpläne und Diagramme sollten diese drei Parameter und ihre Beziehung zu den Unternehmensressourcen berücksichtigen.

Informationen für eine Projektbewertung werden normalerweise mittels der folgenden vier Methoden erfasst:

- Eigene Beobachtung
- Schriftliche und mündliche Berichte
- Review-Sitzungen und Sitzungen zum fachlichen Austausch
- Grafiken

Die direkte Beobachtung eignet sich hervorragend, um ungefilterte Informationen zu erhalten. Möglicherweise ist sie jedoch bei umfangreichen Projekten nicht praktikabel. Mündliche und schriftliche Berichte sind zwar üblich, sie enthalten jedoch häufig zu viele oder zu wenige Details und wichtige Informationen werden verschleiert. Review-Sitzungen und Besprechungen zum fachlichen Austausch bieten die Möglichkeit, direkt zu kommunizieren, und können in der Zustimmung zu bestimmten Problemdefinitionen oder -lösungen resultieren, wie z.B. in der Veränderung eines Ablauf- und Terminplans. Die Schwierigkeit besteht hier in der Auswahl der Teilnehmer aus den Organisationen von Auftraggeber und Auftragnehmer. Gute Grafiken sind nützlich, um Informationen leichter identifizieren zu können, und sind ein entscheidendes Mittel, um Kosten, den Ablauf- und Terminplan und die Leistung zu verfolgen. Werden Grafiken sinnvoll eingesetzt, kann dies zu folgenden Ergebnissen führen:

- Reduktion der Projektkosten und Verkürzung des Zeitbedarfs
- Koordination und Beschleunigung der Planung
- Entfernung von Leerzeiten
- Bessere Planung und Steuerung der Aktivitäten von Unterauftragnehmern
- Entwicklung besserer Problemlösemethoden
- Reduktion des Zeitbedarfs für Routineentscheidungen, jedoch mehr Zeit für die Entscheidungsfindung

13.1 Berichterstattung an Auftraggeber

PMBOK® Guide 2004
10.3 Fortschrittsberichtswesen

Es stehen mehr als vierzig visuelle Methoden zur Verfügung, um Tätigkeiten oder Vorgänge zu repräsentieren. Die Wahl der Methode sollte von der Zielgruppe abhängen. Das obere Management ist beispielsweise eher an den Kosten und an der Integration von Tätigkeiten interessiert und weniger an Details. Für diesen Zweck reichen in der Regel summarische Diagramme aus. Diejenigen, die täglich mit dem Projekt zu tun haben, benötigen hingegen einen hohen Grad an Detailliertheit. Eine Präsentation für den Auftraggeber sollte Kosten- und Leistungsdaten enthalten.

Für die Präsentation von Kosten- und Leistungsdaten sollten leicht verständliche Abbildungen, Grafiken und Diagramme benutzt werden, die die beabsichtigte Nachricht oder das beabsichtigte Ziel schnell transportieren. In vielen Organisationen hat jede Abteilung oder jeder Bereich seine eigene Methode, um Tätigkeiten darzustellen. Die Forschung und Entwicklung zeigt beispielsweise am liebsten die Logik der Tätigkeiten, wohingegen die Integration von Tätigkeiten eine Sache des Repräsentanten eines Fertigungsbetriebs ist.

Gute Kommunikationsfähigkeiten bilden die Grundvoraussetzung für das erfolgreiche Management eines Programms. Review-Meetings, Besprechungen zum fachlichen Austausch, Treffen zur Information des Auftraggebers oder für die hausinterne Unternehmenssteuerung erfordern unterschiedliche Präsentationsformen des aktuellen Programmstatus. Zur Auswahl stehen Balkendiagramme, Grafiken, Tabellen, Kuchendiagramme oder logische Diagramme. Diese verschiedenen Präsentationsformen werden nachfolgend beschrieben.

13.2 Das Balkendiagramm (Gantt-Diagramm)

PMBOK® Guide 2004
6.6.2.6 Balkendiagramme zum Terminplanvergleich

Die am häufigsten benutzte Präsentationsform beim Projektmanagement ist das nach Henry Gantt benannte Balken- oder Gantt-Diagramm. Mit dem Balkendiagramm lassen sich einfache Vorgänge oder Ereignisse auf einer Zeit- oder Kostenskala abbilden. Ein Vorgang repräsentiert die Arbeitsmenge, die erforderlich ist, um von einem Zeitpunkt zum nächsten zu gelangen. Ereignisse werden eher mittels der Start- oder Endzeitpunkte beschrieben und können sich über einen oder mehrere Vorgänge erstrecken.

Balkendiagramme werden meistens eingesetzt, um den Programmfortschritt zu demonstrieren oder um die Arbeit zu definieren, die ausgeführt werden muss, um ein Ziel zu erreichen. Balkendiagramme beinhalten häufig Elemente wie Tätigkeitslisten, Termine und Fortschrittsgrade. Abbildung 13.1 zeigt neun Vorgänge, die erforderlich sind, um die Fertigung eines neuen Produkts zu starten. Jeder Balken in der Abbildung repräsentiert einen Vorgang bzw. eine Tätigkeit. Abbildung 13.1 ist ein typisches Balkendiagramm, das vom Project Office zu Programmbeginn entwickelt wird.

Balkendiagramme bieten den Vorteil, dass sie leicht verständlich sind und einfach verändert werden können. Sie stellen das einfachste Mittel zur Darstellung des Forschritts dar und lassen sich leicht so erweitern, dass die Elemente sichtbar werden, die hinter dem Terminplan zurückliegen oder dem Terminplan voraus sind.

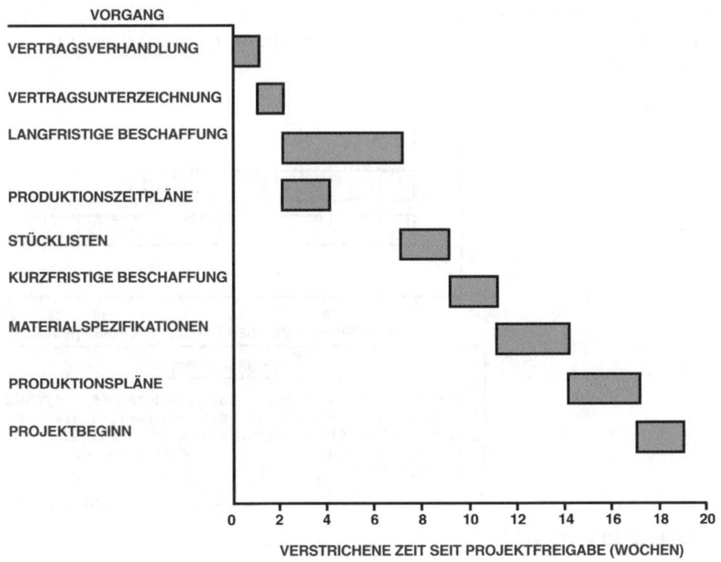

Abbildung 13.1: Balkendiagramm

Balkendiagramme beschreiben nur vage, wie das Gesamtprogramm oder Projekt als System reagiert, und sind in dreierlei Hinsicht beschränkt. Erstens zeigen Balkendiagramme keine Abhängigkeiten zwischen Vorgängen und können deshalb keine »Netze« abbilden. Die Beziehungen zwischen den Vorgängen sind jedoch für die Kontrolle der Programmkosten absolut wichtig. Ohne die Beziehungen haben Balkendiagramme keinen Vorhersagewert. Fragen wie die folgenden lassen sich also nicht beantworten: Setzt der Vorgang der langfristigen Beschaffung in Abbildung 13.1 beispielsweise die Vertragsunterzeichnung voraus? Kann der Produktionsplan erstellt werden, ohne dass der Vorgang der Materialbeschaffung abgeschlossen ist? Der zweite wichtige Nachteil des Balkendiagramms besteht darin, dass die Balken die Ergebnisse von früheren oder späteren Vorgängen nicht anzeigen können. Fragen wie die folgenden bleiben also offen: Wie wirkt sich eine Überschreitung des Vorgangs »Produktionsterminplan« in Abbildung 13.1 auf das Abschlussdatum des Projekts aus? Kann der Vorgang »Produktionsterminplan« auch vierzehn Tage später beginnen und trotzdem noch als Input für den Vorgang »Stücklisten« dienen? Wir wirkt sich ein Beschleunigungsprogramm aus, mit dem die Vorgänge bereits sechzehn statt neunzehn Wochen nach Projektfreigabe abgeschlossen werden? Balkendiagramme können keine Auskunft über den Projektstatus bieten. Die dritte Beschränkung besteht darin, dass das Balkendiagramm nicht die Unsicherheit zeigt, die bei der Durchführung von Vorgängen besteht. Es lässt sich weder die kürzeste Zeitdauer ermitteln, in der ein Vorgang abgewickelt werden kann, noch die längste und auch die durchschnittliche oder geschätzte Zeit für den Abschluss eines Vorgangs ist nicht ersichtlich.

Trotz dieser Beschränkungen sind Balkendiagramme für die Programmanalyse nützlich. Einige der Beschränkungen von Balkendiagrammen lassen sich umgehen, indem einzelne Vorgänge kombiniert werden, wie in Abbildung 13.2 gezeigt. Der Schwachpunkt dieser Methode besteht darin, dass die Zahlen, die die einzelnen Vorgänge repräsentieren, keinen Hinweis darauf bieten, ob es sich um den Anfang oder das Ende des Vorgangs handelt. Deshalb sollten die Zahlen besser Ereignisse statt Vorgänge repräsentieren. Wie im reinen Balkendiagramm wird nicht unterschieden, ob Ereignis 2 vor dem Beginn von Ereignis 3 oder Ereignis 4 abgeschlossen sein muss. Das Diagramm definiert außerdem die Beziehung zwischen den verschiedenen Vorgängen in einem Balken nicht genau. Muss Ereignis 3 beispielsweise vor Ereignis 5 abgeschlossen sein? Kombinierte Balkendiagramme für Aktivitäten lassen sich häufig in Meilenstein-Balkendiagramme umwandeln, indem auf den Balken an den Stellen kleine Dreiecke angebracht werden, an denen bestimmte Meilensteine innerhalb jedes Vorgangs abgeschlossen sind (siehe Abbildung 13.3).

Die genaue Definition von Meilensteinen sieht in jeder Firma anders aus. In der Regel gibt es jedoch einen Punkt, an dem der Hauptvorgang entweder beginnt oder endet oder an dem die Kostendaten kritisch werden.

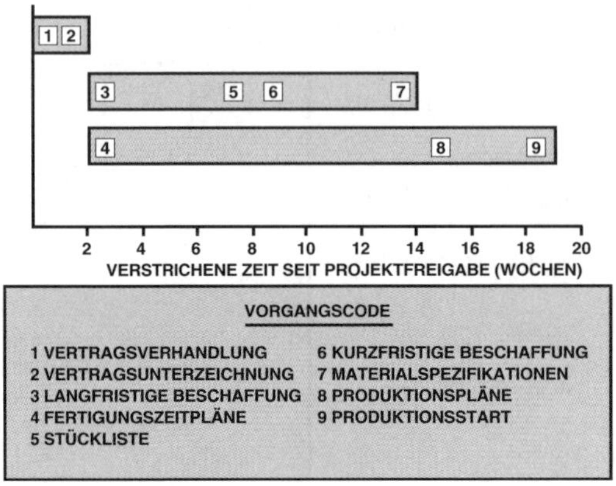

Abbildung 13.2: Kombinierte Balkendiagramme für Aktivitäten

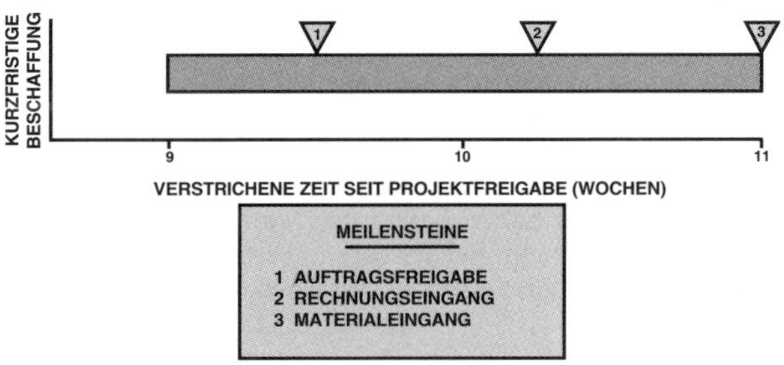

Abbildung 13.3: Meilenstein-Balkendiagramme

Balkendiagramme lassen sich in Anordnungsbeziehungsdiagramme umwandeln, indem mit Pfeilen die Anordnung deutlich gemacht wird, in der die Vorgänge auftreten müssen (siehe Abbildung 13.4).

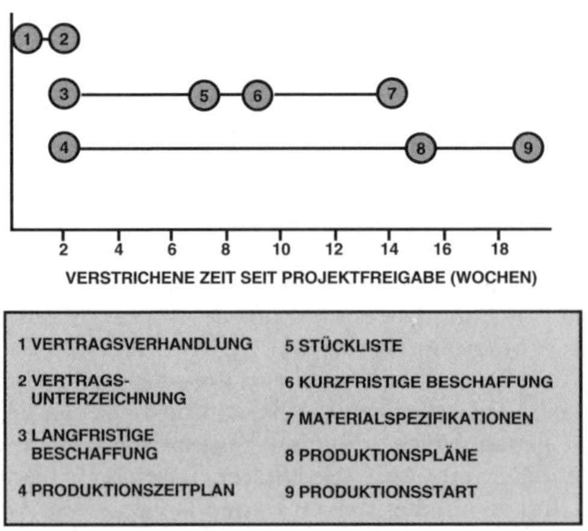

Abbildung 13.4: Anordnungsbeziehungsdiagramm

Die Methode, die zur Datenpräsentation sowohl hausintern, als auch beim Auftraggeber am häufigsten eingesetzt wird, ist das Balkendiagramm. Allerdings sollte beachtet werden, dass die Grafik nicht so komplex ist, dass sie auf unterschiedliche Weisen interpretiert werden kann. Abbildung 13.5 zeigt zum Vergleich ein gruppiertes Balkendiagramm, in dem drei Projekte verglichen werden, die in verschiedenen Jahren durchgeführt wurden. Beim Einsatz dieser Technik sollte darauf geachtet werden, dass die verschiedenen Bereiche leicht unterschieden werden können und dass die Kontraste zwischen den verschiedenen Bereichen bis auf das aktuelle Projekt nicht zu stark sind. Balken ohne Füllung sollten in solchen Diagrammen vermieden werden.

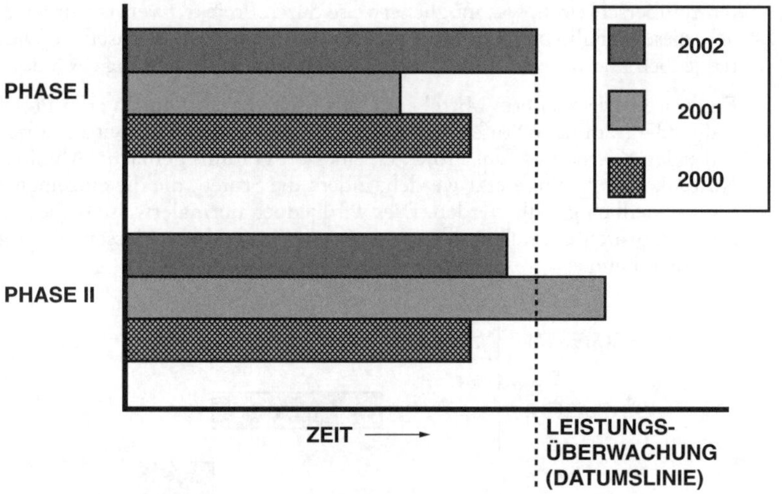

Abbildung 13.5: Gruppiertes Balkendiagramm zum Leistungsvergleich

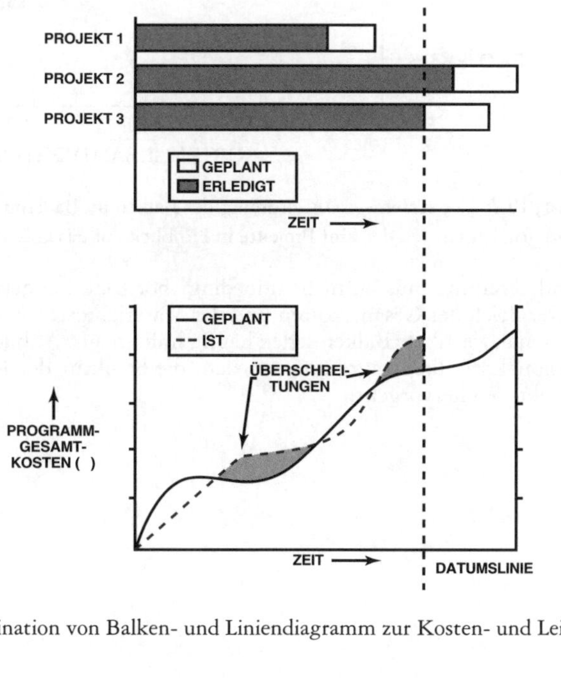

Abbildung 13.6: Kombination von Balken- und Liniendiagramm zur Kosten- und Leistungskontrolle

Ein starker Kontrast zwischen schattierten und nicht schattierten Balken kann beim Vergleich des geplanten mit dem tatsächlichen Fortschritt genutzt werden (siehe Abbildung 13.6). Die Datenlinie kennzeichnet den Zeitpunkt, zu dem die Kosten- und Leistungsdaten analysiert wurden. Projekt 1 liegt hinter dem Terminplan zurück, Projekt 2 übererfüllt den Terminplan und Projekt 3 liegt genau im Plan. Leider gibt der obere Teil von Abbildung 13.6 keinen Hinweis auf die Kosten, die mit dem Status der drei Projekte verbunden sind. Werden die Programmkosten auf einer Zeitachse eingezeichnet (siehe Abbildung 13.6), können Vergleiche zwischen Kosten und Leistung gezogen werden. Aus dem oberen Teil von Abbildung 13.6 sind die Ist-Programmkosten nicht ersichtlich. Im unteren Teil wird jedoch deutlich, dass das Programm kurz davor ist, die Kosten zu überschreiten, was möglicherweise durch Projekt 1 verursacht wird. Prinzipiell ist es möglich, dieselbe Fülltechnik für unterschiedliche Situationen einzusetzen. Die gefüllten Bereiche sollten jedoch klar unterscheidbar sein, wie dies auch in Abbildung 13.6 der Fall ist.

Ein weiteres verbreitetes Mittel zum Vergleich von Vorgängen oder Projekten besteht darin, die Balkendiagramme in Stufen anzuordnen. In Abbildung 13.7 wird dies beispielsweise für die prozentualen Kosten von fünf Projekten eines Programms gemacht. Abbildung 13.7 kann auch zur Kostenkontrolle eingesetzt werden, indem die Stufen, die die einzelnen Projekte identifizieren, unterschiedlich gefüllt werden. Dies wird jedoch normalerweise nicht gemacht, weil die Anordnung in Stufen darauf hindeutet, dass eine Stufe abgeschlossen sein muss, bevor die nächste beginnen kann.

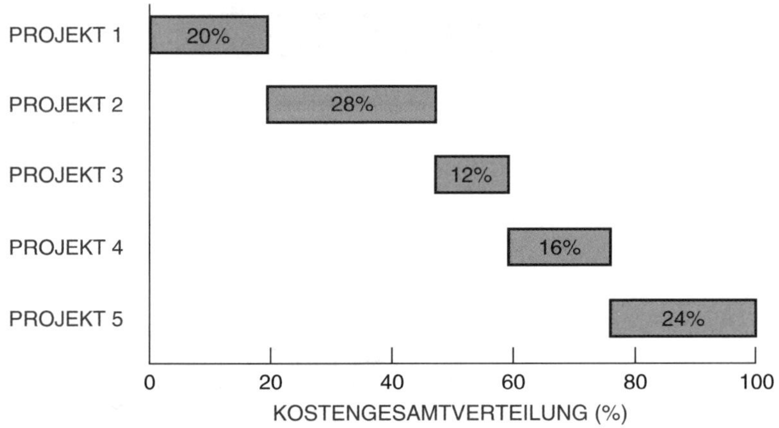

Abbildung 13.7: Die stufenweise Anordnung der Balken im Balkendiagramm bietet einen Überblick über die prozentualen Kosten der fünf Projekte in Hinblick auf das Gesamtprogramm.

Balkendiagramme müssen nicht unbedingt horizontal angeordnet sein. Abbildung 13.8 zeigt einen Vergleich der Gesamtkosten und der Materialkosten in den Jahren 2000 und 2002. Dreidimensionale vertikale Balken sehen häufig hübsch aus. Abbildung 13.9 zeigt ein typisches dreidimensionales Balkendiagramm, aus dem die Struktur der Material- und Personaleinzel- und -gemeinkosten hervorgeht.

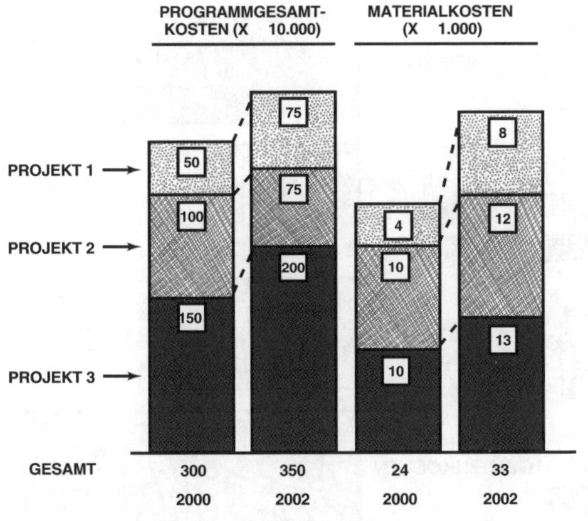

Abbildung 13.8: Kostenvergleich zwischen den Jahren 2000 und 2002

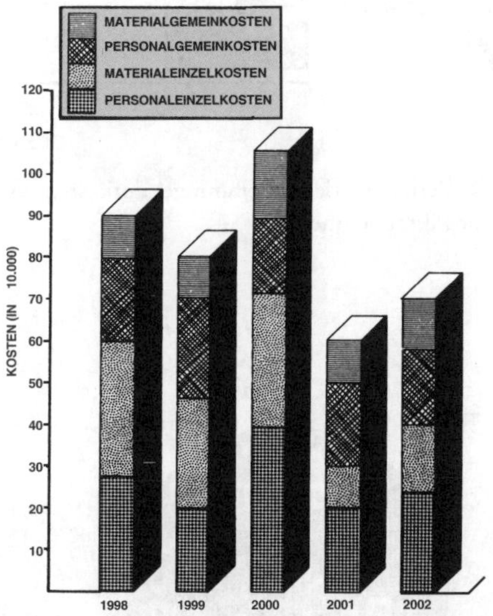

Abbildung 13.9: Struktur der Material- und Personaleinzel- und -gemeinkosten für alle Programme pro Jahr

Balkendiagramme können dadurch attraktiv gemacht werden, dass sie mit anderen Gestaltungstechniken kombiniert werden. Abbildung 13.10 zeigt ein Balkendiagramm, das mit Piktogrammen gestaltet wurde, um die Verteilung der Programmgesamtkosten zu verdeutlichen. Abbildung 13.11 zeigt die gleiche Kostenverteilung im Kuchendiagramm. Abbildung 13.12 veranschaulicht, wie zwei quantitative Balkendiagramme nebeneinander gestellt werden können und so einen raschen Vergleich bieten. Abbildung 13.12 wirkt am besten, wenn für die beiden Achsen dieselben Maßstäbe verwendet werden.

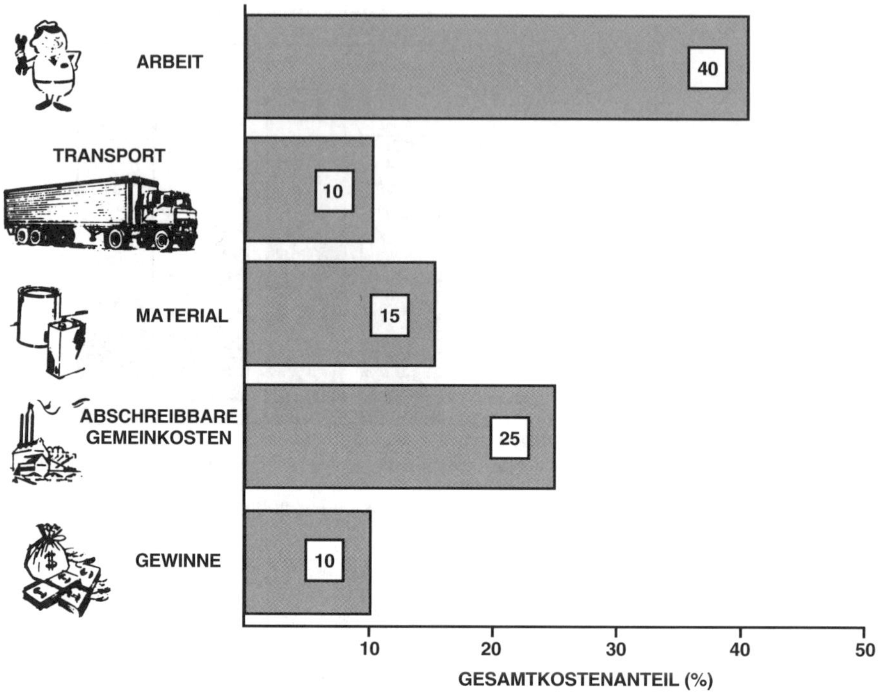

Abbildung 13.10: Verteilung der Programmgesamtkosten im Balkendiagramm (angereichert mit Piktogrammen)

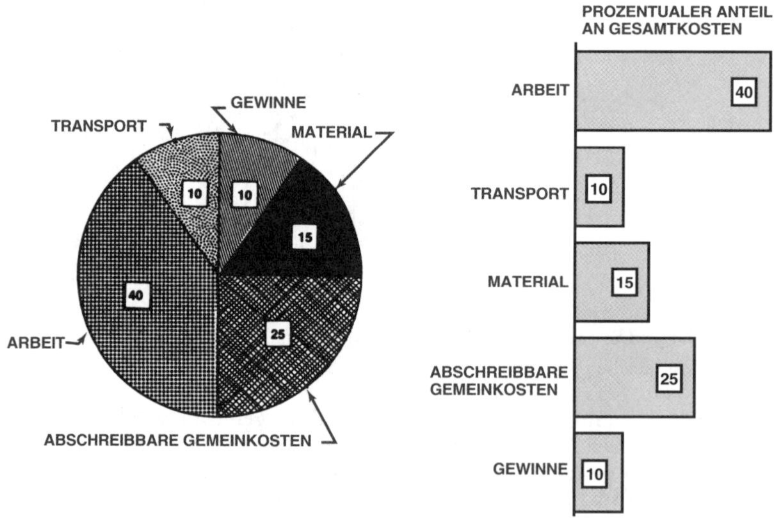

Abbildung 13.11: Verteilung der Programmgesamtkosten im Kuchen- und im Balkendiagramm

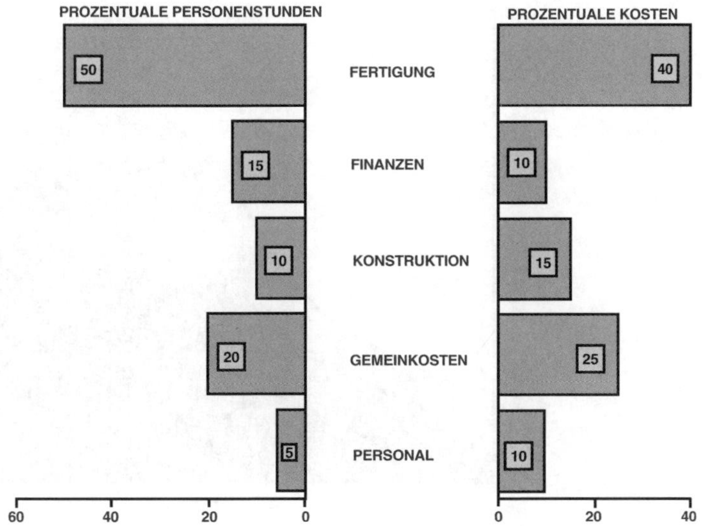

Abbildung 13.12: Struktur von Kosten und Arbeit nach Abteilungen

Die Abbildungen in diesem Abschnitt stellen nicht die einzigen Methoden dar, um Daten im Balkendiagrammformat zu präsentieren. Es gibt auch noch einige andere Methoden, die im nächsten Abschnitt beschrieben werden.

13.3 Andere konventionelle Präsentationstechniken

Balkendiagramme eignen sich hervorragend, um Daten bei Fachsitzungen zu präsentieren. Leider werden Programme oft per Ausschreibung vergeben. Angebote für Ausschreibungen oder hausinterne Projektanforderungen sollten Grafiken und Diagramme zur Veranschaulichung der Zahlen enthalten. Sie müssen nicht unbedingt Vorgänge repräsentieren, sondern entweder die Planung, die Organisation, die Überprüfung oder die technische Vorgehensweise zeigen, die für das aktuelle Programm verwendet werden soll oder in früheren Programmen eingesetzt wurde. Angebote enthalten in der Regel Zahlen, die inter- oder extrapoliert werden müssen. Abbildung 13.13 zeigt die Struktur der Programmgesamtkosten. Da die Zahlen normalerweise interpretiert werden müssen, wird eine Tabelle mitgeliefert, der die monatlichen Kosten zu entnehmen sind. Falls die Tabelle nicht zu umfangreich ist, kann sie in die Abbildung aufgenommen werden. Diese Technik kommt in Abbildung 13.14 zum Einsatz. Für Ausschreibungen werden die Spalten »Tatsächliche Lieferung« und »Kumulative Lieferung« weggelassen und auch die gestrichelte Linie sollte nicht vorhanden sein. Sie kann dann hinterher bei Besprechungen zum fachlichen Austausch wieder aufgenommen werden. In der Regel ist es sinnvoll, bereits vorhandene Tabellen und Abbildungen wieder zu verwenden, weil das Management sich an die Art und Weise gewöhnt, in der Daten präsentiert werden.

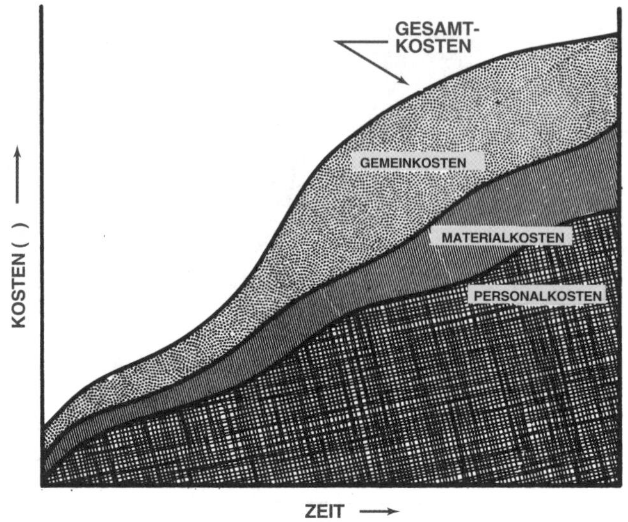

Abbildung 13.13: Struktur der Programmgesamtkosten

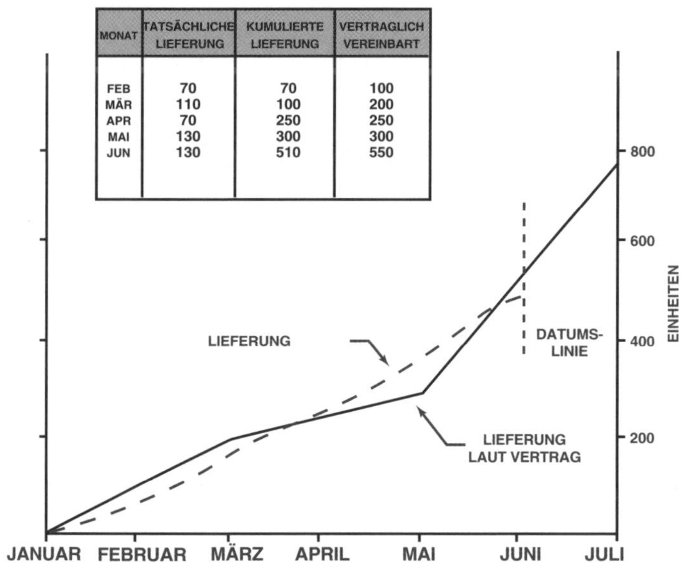

Abbildung 13.14: Vergleich des aktuellen und des geplanten Lieferterminplans

Eine weitere Technik, die häufig zum Einsatz kommt, ist die der schematischen Modelle. Organigramme sind schematische Modelle, die die Beziehungen zwischen den Mitarbeitern und der Organisation oder der Funktion in der Organisation deutlich machen. Ein Organigramm reicht in der Regel nicht aus, um die Beziehungen innerhalb eines Programms zu beschreiben. Abbildung 4.8 zeigte das Midas-Programm im Verhältnis zu anderen Programmen der Firma Dalton. Das Midas-Programm wurde mit fetten Linien hervorgehoben. Der Programm-Manager des Midas-Programms wurde ganz oben platziert, obwohl das Programm nicht unbedingt die höchste Priorität hatte. Alle Managementeinheiten für das Midas-Programm sollten möglichst nahe am Top-Management angesiedelt sein, um dem Auftraggeber indirekt die relative Bedeutung des Programms deutlich zu machen.

Eine weitere Art der schematischen Darstellung ist das Arbeitsablaufdiagramm, das den Flussdiagrammen für die Programmierung entspricht. Flussdiagramme dienen dazu, die Abfolge von Ereignissen deutlich zu machen, die für einen Vorgang erforderlich sind. Abbildung 13.15 zeigt das Flussdiagramm für die Produktion von Gussteilen. Die Symbole, die in der Abbildung verwendet werden, sind in verschiedenen Branchen üblich.

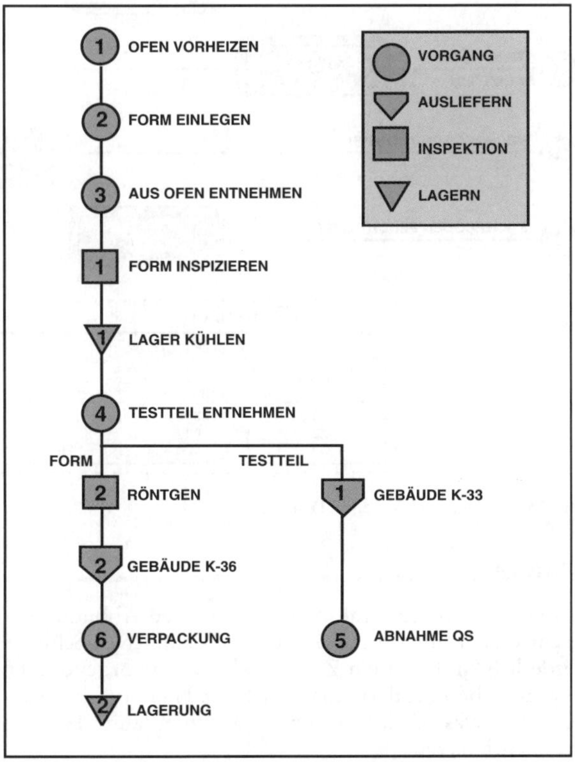

Abbildung 13.15: Flussdiagramm für die Fertigung von Gussteilen

Die bildliche Darstellung ist zwar häufig kostspielig, sie kann jedoch Farbe in einen Antrag bringen. Weil Auftraggeber Vorgänge häufig betrachten wollen, die in Abbildungen dargestellt wurden, sollte das Programm-Management die grafische Veranschaulichung von Vorgängen vermeiden, die aus Sicherheitsgründen vor dem Auftraggeber geheim gehalten werden sollten.

Es können auch Blockdiagramme eingesetzt werden, um die Abfolge von Vorgängen zu beschreiben. Mit Blockdiagrammen lässt sich zeigen, wie Informationen über eine Organisation verteilt sind oder wie sich ein Prozess oder ein Vorgang zusammensetzt. Abbildung 13.16 zeigt eine Testmatrix für Treibstoff-Stichproben. Aus derartigen Abbildungen kann der Kunde nicht nur entnehmen, wo, sondern auch, welche Tests durchgeführt werden.

Blockdiagramme, Schemata, Piktogramme und Flussdiagramme erfüllen alle denselben Zweck, die verschiedenen Vorgänge innerhalb eines Unternehmens zu beschreiben. Die Abbildungen und Diagramme sind nicht nur beschreibender Natur. Sie können dem Management auch als wertvolle Werkzeuge für die Entscheidungsfindung dienen.

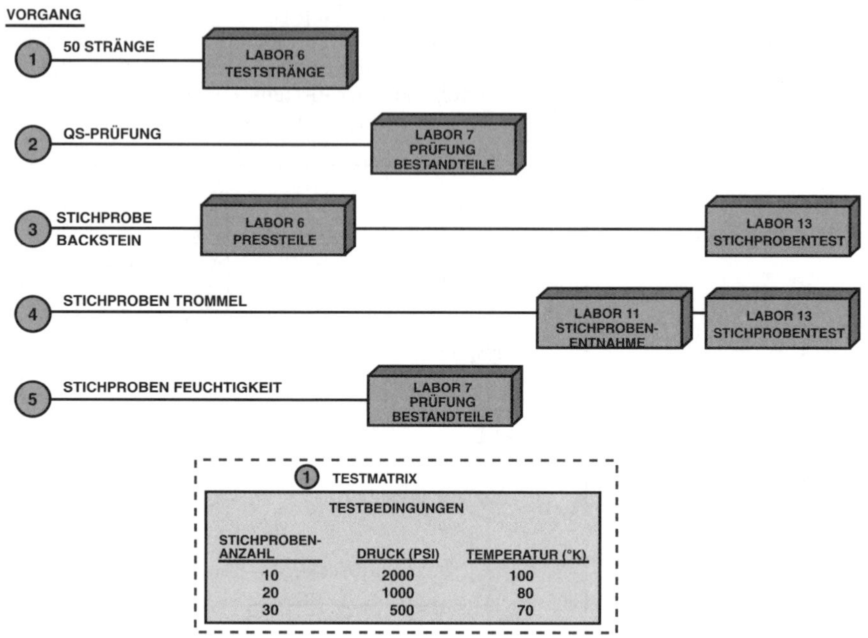

Abbildung 13.16: Beispiel für eine Testmatrix

13.4 Logikpläne

Logikpläne gehören sehr wahrscheinlich zu den Abbildungen, die am schwierigsten sind. Sie werden entwickelt, um die induktiven und deduktiven Schlussfolgerungen zu veranschaulichen, die erforderlich sind, um ein Ziel innerhalb des vorgegebenen Zeitrahmens zu erreichen. Das HauptProblem besteht darin, dass wichtige Fragen nicht beantwortet werden können, wie z.B. die folgenden: Was passiert, wenn etwas schief läuft? Lassen sich wichtige Elemente des Diagramms quantifizieren?

Logikpläne basieren wie Balkendiagramme auf der Annahme, dass nichts schief geht. Sie sind in der Regel begleitet von ausführlichen Fragen, möglicherweise im Checklistenformat, die beantwortet werden müssen. Die folgenden Fragen sind beispielsweise repräsentativ für FuE-Projekte:

- Welche Dokumentation wurde bereitgestellt, um die beschriebene Tätigkeit oder möglicherweise auch die einzelnen Elemente innerhalb eines Vorgangs zu beginnen?
- Welche Informationen werden benötigt, bevor die Dokumentation freigegeben werden kann? (Welche Kernvorgänge müssen durchgeführt, welche Studien abgeschlossen werden etc.?)
- Nach welchen Kriterien gilt ein Vorgang als abgeschlossen oder als Erfolg?
- Welche Alternativen gibt es in den einzelnen Phasen des Programms, falls sich kein Erfolg einstellt?
- Welche anderen Vorgänge sind vom Ergebnis der Tätigkeit abhängig?
- Welche anderen Vorgänge sind erforderlich, um die Tätigkeit durchzuführen?
- Welche wichtigen Entscheidungspunkte gibt es im Laufe des Vorgangs?
- Mit welcher Dokumentation wird der Vorgang abgeschlossen (d.h. Bericht, Zeichnung etc.)?
- Welche Genehmigung muss vom Management eingeholt werden, bevor die Abschlussdokumentation erstellt werden kann?

Diese Arten von Fragen lassen sich nicht nur auf Logikpläne, sondern auch auf viele andere Formen der Datenpräsentation anwenden.

13.5 Studientipps für das PMI®-Projektmanagement-Zertifizierungsexamen

Dieser Abschnitt kann als Wiederholung der Grundlagen dienen, um die Wissensbereiche und Domänengruppen im PMBOK® Guide zu ergänzen. In diesem Kapitel geht es um Folgendes:

- Terminmanagement
- Kommunikationsmanagement
- Ausführung
- Controlling

Das Verständnis der folgenden Grundlagen ist vorteilhaft, wenn der Leser diesen Text für die Vorbereitung auf das PMP®-Zertifizierungsexamen verwendet:

- Wie die verschiedenen Möglichkeiten identifiziert werden, wie Informationen zu Berichtszwecken dargestellt werden können
- Verschiedene Arten grafischer Berichtstechniken sowie ihre Vor- und Nachteile

Die folgenden Multiple-Choice-Fragen sind hilfreich bei der Wiederholung der Grundlagen dieses Kapitels:

1. Was ist eine gültige Methode, korrekte Projektleistungsinformationen zu erhalten?
   A. Beobachtungen aus erster Hand
   B. Mündliche und schriftliche Berichte
   C. Review-Meetings und Meetings für den technischen Austausch
   D. Alle genannten
2. Die korrekte grafische Darstellung von Informationen kann Folgendes bewirken:
   A. Reduzierung der Dokumentationskosten
   B. Reduzierung der Berichtskosten
   C. Reduzierung der Zeit für Routineentscheidungen
   D. Alle genannten

ANTWORTEN

1. D

2. D

PROBLEME

13.1 Beantworten Sie für jede Art von Terminplan, der in diesem Kapitel definiert wurde, die folgenden Fragen:

a. Wer bereitet den Plan vor?
b. Wer aktualisiert den Plan?
c. Wer sollte dem Auftraggeber die Daten präsentieren?

13.2 Sollten Auftraggeber das Recht haben, vorzugeben, wie Ablauf- und Terminpläne erstellt und präsentiert werden sollen? Was passiert, wenn die Forderung den Unternehmensrichtlinien widerspricht?

13.3 Sollten für die hausinterne Berichterstattung andere Ablauf- und Terminpläne und Diagramme benutzt werden als für die externe Berichterstattung? Sollten für die verschiedenen Management-Ebenen unterschiedliche Ablauf- und Terminpläne erstellt werden? Gibt es eine effektivere Vorgehensweise, um mit dieser Art von Problemen umzugehen?

14 Die Projektkalkulation

Verwandte Fallstudien (aus Kerzner/*Project* Management *Case Studies*, 2. Auflage)	Verwandte Workbook-Übungen (aus Kerzner/*Project Management Workbook and PMP®/CAPM® Exam Study Guide*, 9. Auflage)	PMBOK® Guide, 3. Auflage, Referenzabschnitt für das PMP®-Zertifizierungsexamen
• Capital Industries • Polyproducts Incorporated • Small Project Cost Estimating at Percy • Cory Electric • Camden Construction Corporation • Payton Corporation	• The Automobile Problem • Life-Cycle costing • Multiple-Choice-Examen	• Integrationsmanagement • Umfangsmanagement (Scope Management) • Kostenmanagement

14.0 Einführung

PMBOK® Guide 2004

6.3.2.5 Bottom-Up-Schätzung

6.4.2 Schätzung der Vorgangsdauer: Werkzeuge und Methoden

Gemessen an der Komplexität der Aufgabe ist es nicht weiter erstaunlich, dass viele Geschäftsführer die Projektkalkulation als Kunst betrachten. Wären die Kostenbudgets des Auftraggebers und die Angebotspreise der Mitbewerber bekannt, wäre dies sicherlich hilfreich. Die Realität sieht jedoch so aus, dass alle Informationen, die ein Anbieter hat, auch seinen Konkurrenten zur Verfügung stehen.

Eine geordnete Vorgehensweise ist bei der Entwicklung einer Preisempfehlung anhand der Unmenge an Daten sicherlich hilfreich. Ein Nebeneffekt einer geordneten Vorgehensweise besteht darin, dass die Faktoren und Annahmen, die später verwendet werden, dokumentiert und zu einem späteren Zeitpunkt analysiert werden können. Es resultieren Erfahrungswerte und Management-Kenntnisse, die wiederum benötigt werden, um effektive Geschäftsentscheidungen fällen zu können.

Schätzwerte sind keine Glückssache. Im Gegenteil handelt es sich um durchdachte Entscheidungen, die auf den bestmöglichen verfügbaren Informationen und einer Kostenschätzbeziehung (CER – Cost Estimating Relationship) oder einem Kostenmodell basieren. Die Kostenschätzbeziehungen resultieren in der Regel aus Kostenmodellen. Typische Kostenschätzbeziehungen sind:

- mathematische Gleichungen auf der Basis der Regressionsanalyse
- Beziehungen zwischen Kosten und anderen quantitativen Werten, wie z.B. Lernkurven
- Kosten-Kosten-Beziehungen
- Kosten-Nicht-Kosten-Beziehungen basierend auf physischen Merkmalen, technischen Parametern oder Leistungsmerkmalen

14.1 Globale Kalkulationsstrategien

Für jeden Einzelfall werden spezifische Kalkulationsstrategien benötigt. Sehr häufig werden Projekte jedoch über Ausschreibungen akquiriert. Dabei kann die neue Geschäftsmöglichkeit entweder ein einmaliges Programm sein, das nur ein geringes oder kein Potenzial für Folgeaufträge bietet. Diese Art von Situation wird als Typ-I-Akquise bezeichnet. Die neue Geschäftsmöglichkeit kann jedoch auch zu einem umfangreicheren Folge- oder Wiederholungsgeschäft führen oder den Versuch darstellen, in einen neuen Markt einzudringen. Diese Art der Akquise wird als Typ-II-Akquise klassifiziert.

Die Geschäftsziele unterschieden sich in den beiden genannten Fällen selbstverständlich. Bei der Typ-I-Akquise besteht das Ziel darin, die Ausschreibung für das Programm zu gewinnen und das Programm rentabel und gemäß der Vertragsvereinbarungen auszuführen. Das Ziel bei der Typ-II-Akquise besteht zwar häufig ebenfalls darin, die Ausschreibung für ein Programm zu gewinnen, jedoch möchte das Unternehmen damit Fuß in einem neuen Marktsegment fassen oder neue Kunden gewinnen. Der Gewinn steht hier nicht an erster Stelle. Entsprechend gestaltet sich auch die Kalkulationsstrategie (siehe Tabelle 14.1).

Typ-I-Akquise: Einmaliges Programm ohne oder mit geringem Folgegeschäft	**Typ-II-Akquise: Neues Programm mit Potenzial für umfangreiches Folgegeschäft oder Programm, das die Möglichkeit bietet, einen neuen Markt zu durchdringen**
1. Entwicklung eines Kostenmodells und von Richtlinien für die Aufwandschätzung; Planung der Projekt-/Programmgrundkosten.	1. Projekt-/Programmangebot gemäß Kundenanforderungen mit innovativen Funktionen, aber minimalem Risiko gestalten.
2. Einschätzung der Kosten für die minimalen Anforderungen.	2. Kosten realistisch einschätzen.
3. Abspecken der Projektgrundkosten. Entfernen unnötiger Kosten.	3. Abspecken der Projektgrundkosten. Entfernen unnötiger Kosten.
4. Realistische minimale Kosten ermitteln. Zustimmung der ausführenden Organisationen einholen.	4. Realistische minimale Kosten ermitteln. Zustimmung der ausführenden Organisationen einholen.
5. Anpassung der Kostenschätzung unter Berücksichtigung von Risiken.	5. Einplanen eines Puffers zur Risikovermeidung.
6. Gewünschte Gewinnspannen hinzufügen. Preis festlegen.	6. Vergleich der Aufwandsschätzung mit dem Kundenbudget und dem Preis, mit dem die Ausschreibung am wahrscheinlichsten gewonnen werden kann.
7. Vergleich des Preises mit Kundenbudget und Kosteninformationen aus der Ausschreibung.	7. Festlegen der Bruttogewinnmarge, die Sie selbst für Ihr Angebot benötigen. Diese kann auch negativ sein!
8. Angebot nur abgeben, wenn der Preis konkurrenzfähig ist.	8. Entscheiden, ob der Bruttogewinn im Hinblick auf den Wunsch akzeptabel ist, die Ausschreibung zu gewinnen.
	9. Je nach Stärke des Wunsches, die Ausschreibung zu gewinnen, den »wahrscheinlichsten« Gewinnerpreis oder einen geringeren Preis wählen.

Tabelle 14.1: Zwei globale Projektkalkulationsstrategien

Typ-I-Akquise: Einmaliges Programm ohne oder mit geringem Folgegeschäft	Typ-II-Akquise: Neues Programm mit Potenzial für umfangreiches Folgegeschäft oder Programm, das die Möglichkeit bietet, einen neuen Markt zu durchdringen
	10. Wenn der Angebotspreis unter den geschätzten Projektkosten liegt, muss dem Kunden häufig erklärt werden, woher die zusätzlichen Finanzmittel kommen sollen. Quellen könnten beispielsweise die Unternehmensgewinne oder Synergieeffekte mit ähnlichen Aktivitäten sein. In beiden Fällen sollte dem Kunden ein klares Bild über die Ressourcen vermittelt werden, um das Angebot glaubwürdig zu machen.

Tabelle 14.1: Zwei globale Projektkalkulationsstrategien

Ein Vergleich der beiden Kalkulationsstrategien für die zwei globalen Situationen (siehe Tabelle 14.1) zeigt, dass sich die ersten fünf Punkte stark ähneln. Der Hauptunterschied zwischen den beiden Strategien besteht darin, dass der Angebotspreis bei der Akquise eines profitablen Neugeschäfts auf der Basis der tatsächlichen Kosten ermittelt wird, wohingegen der Preis in einer »Must-Win«-Situation von den Kräften im Markt abhängig ist. Es sollte deutlich gemacht werden, dass die Kostenschätzung der voraussichtlichen Projektgrundkosten der wichtigste Wert bei der Projektkalkulation ist. Die Projektgrundkosten sollten bereits sehr früh auf der Basis von Grundregeln, Kostenmodellen und Kostenzielen ermittelt werden. Sie werden jedoch sehr häufig parallel zum Angebot ermittelt. Dann ist es aber bereits zu spät dafür, die minimalen Kosten zu ermitteln. Außerdem gibt es kaum Optionen für eine endgültige Entscheidung über das Angebot. Selbst wenn der Preis nicht konkurrenzfähig zu sein scheint, macht es wenig Sinn, die Angebotserstellung abzubrechen. Da die Ressourcen sowieso beansprucht werden, kann das Angebot auch dann abgegeben werden, wenn nur eine entfernte Chance darauf besteht, die Ausschreibung zu gewinnen.

Die effektive Preisermittlung beginnt bereits lange vor der Angebotserstellung. Sie beginnt mit der Ermittlung der Kundenanforderungen, der Unteraufgaben und der Plan-Kosten in einem »Top-down«-Prozess. Bei dieser Art von Prozess hat die Linienorganisation die Möglichkeit, eine Grundlinie zu definieren, die die Kundenanforderungen und die Kostenziele erfüllt, und das Management hat noch genügend Zeit, das Design zu überarbeiten, bevor das Angebot abgegeben wird. Außerdem hat das Management so die Gelegenheit, bereits während der Akquise die Chancen einzuschätzen, ob die Ausschreibung zu gewinnen ist, und es besteht die Möglichkeit, dem Projekt zusätzliche Ressourcen zuzuteilen oder die Akquise einzustellen, bevor zu viele Ressourcen für ein hoffnungsloses Unterfangen verschwendet werden.

Die letztendliche Review-Sitzung sollte zur Integration und Überprüfung von Informationen dienen, die bereits bekannt sind. Die Prozess- und Managementwerkzeuge, die nachfolgend beschrieben werden, bieten die Möglichkeit, Preise effektiv zu kalkulieren.

14.2 Schätzverfahren

PMBOK® Guide 2004

6.4.2 Schätzung der Vorgangsdauer: Werkzeuge und Methoden

7.1.2 Kostenschätzung: Werkzeuge und Methoden

Projekte reichen von der Machbarkeitsstudie über die Veränderung vorhandener Möglichkeiten bis zum kompletten Neuentwurf, der Beschaffung und der Konstruktion eines großen Komplexes. Um welche Art von Projekt es sich auch immer handelt, die Schätzwerte und die Art der Informationen können sich drastisch zwischen den Projekten unterscheiden.

Die erste Art der Schätzung ist die *Größenordnungsanalyse*, die ohne detaillierte technische Daten vorgenommen wird. Die Größenordnungsanalyse hat eine Genauigkeit von ± 35 Prozent. Diese Art von Schätzwert kann auf der Basis vergangener Erfahrungen, mittels Skalierungsfaktoren, mittels parametrischer Methoden oder per Kapazitätsschätzung (z.B. €/Anzahl der Produkte oder €/kW Elektrizität) gebildet werden.

Größenordnungsschätzungen sind Top-Down-Schätzungen, die normalerweise auf Ebene 1 des Projektstrukturplans (PSP) angewendet werden, wobei parametrisierte Schätzungen genutzt werden. Eine parametrisierte Schätzung basiert auf statistischen Daten. Angenommen, Sie leben in einer Vorstadt von Chicago und wollen sich das Haus Ihrer Träume bauen. Sie wenden sich an einen Bauunternehmer, der Ihnen mitteilt, dass die parametrisierten oder statistischen Kosten für ein Haus in dieser Vorstadt 120 $ pro Quadratmeter betragen. In Los Angeles könnten die Kosten bei 4150 $ pro Quadratmeter liegen.

Weiterhin gibt es das *Näherungswertverfahren* (oder Top-down-Schätzwert), das ebenfalls ohne detaillierte technische Daten auskommt und eine Genauigkeit von ± 15 Prozent hat. Diese Art von Schätzwert basiert auf Erfahrungswerten vergangener Projekte, die einen ähnlichen Projektgegenstand und eine ähnliche Kapazität hatten, und wird häufig auch als *Analogie-Methode* der Kostenplanung bezeichnet. Bei diesem Verfahren gibt der Schätzer beispielsweise an, dass das Vorhaben um 50 Prozent schwieriger ist als ein früheres Vorhaben (d.h. das Referenzprojekt) und deshalb 50 Prozent mehr Zeit, Personenstunden, Finanzmittel, Material etc. beanspruchen wird.

Die *definitive Aufwandsschätzung* wird anhand von genauen technischen Daten inklusive der Angebote von Lieferanten, von fast vollständigen Plänen, Spezifikationen, Stückpreisen und Schätzwerten durchgeführt. Dieses Schätzverfahren wird auch als detaillierte Aufwandsschätzung bezeichnet und hat eine Genauigkeit von ± 5 Prozent.

Eine weitere Methode der Aufwandsschätzung ist die Methode der *Lernkurven*. Lernkurven sind grafische Abbilder von sich wiederholenden Funktionen, in denen kontinuierliche Arbeitsweisen zu einer Reduktion des Zeit-, Ressourcen- und Finanzbedarfs führen. Die Theorie, die sich hinter den Lernkurven verbirgt, wird häufig auf die Fertigung angewendet.

Jedes Unternehmen setzt sehr wahrscheinlich seinen eigenen Ansatz zur Aufwandsschätzung ein. Tabelle 14.2 zeigt, welche Schätzverfahren sich für welche Zwecke eigenen. Vorausgesetzt wird dabei der Einsatz normaler Management-Praktiken.

Schätzverfahren	Allgemeiner Typ	Verhältnis zum Projektstrukturplan	Genauigkeit	Vorbereitungsdauer
Parametrische Methoden	Grobe Größenordnung	Top-down	– 25 % bis + 75 %	Mehrere Tage
Analogie-Methoden	Budget	Top-down	– 10 % bis + 25 %	Mehrere Wochen
Technische Verfahren	Definitiv	Bottom-up	– 5% bis + 10 %	Mehrere Monate

Tabelle 14.2: Standardmethoden zur Aufwandsschätzung

Viele Unternehmen versuchen, ihre Schätzverfahren zu standardisieren, indem sie entsprechende Schätzhandbücher entwickeln. Mittels dieser Handbücher werden dann bis zu 90 Prozent der Preise festgelegt. Die Schätzwerte, die mittels Schätzhandbüchern entwickelt werden, sind in der Regel besser als die Standards der Ablauforganisation, weil sie Aufgabengruppen enthalten und Faktoren wie Ausfallzeiten, Zeiten für Reinigungsarbeiten sowie Zeiten für Mahlzeiten und für Pausen berücksichtigen. Tabelle 14.3 zeigt das Inhaltsverzeichnis eines Schätzhandbuchs im Baubereich.

Einleitung
Zweck und Art der Schätzung
Hauptziel der Schätzung
Katalogisierte Kosten der Einsatzmittel
Automatisiertes Investitionsdatensystem
Automatisiertes Schätzverfahren
Computerisierte Methoden und Verfahrensweisen
Klassen von Schätzwerten
Definitive Schätzung
Investitionskostenschätzung
Bereitstellungsschätzung
Machbarkeitsschätzung
Einschätzung der Größenordnung
Diagramme – Einschätzung der Quantität und der Kalkulationsrichtlinien in den Ausschreibungsunterlagen
Benötigte Daten
Diagramm – Datenvergleich, der für die Vorbereitung der verschiedenen Klassen von Schätzwerten benötigt wird
Spezifikationen für die Präsentation
Schätzverfahren – allgemein
Schätzverfahren für definitive Schätzwerte
Schätzverfahren für Investitionskostenschätzung
Schätzverfahren für Bereitstellungsschätzung
Schätzverfahren für Machbarkeitsschätzung

Tabelle 14.3: Inhaltsverzeichnis eines Schätzhandbuchs

Schätzhandbücher bieten, wie der Name schon sagt, Schätzwerte. Nun stellt sich natürlich die Frage, wie gut die Schätzwerte sind. Die meisten Schätzhandbücher legen die Genauigkeit der Schätzung über die Definition des Schätzwerts fest (siehe Tabelle 14.3). Mittels der Tabelle 14.3 lassen sich die Tabellen 14.4, 14.5 und 14.6 erstellen, die den Einsatz des Schätzhandbuchs veranschaulichen.

Klasse	Art der Schätzung	Genauigkeit
I	Definitive Aufwandsschätzung	± 5 %
II	Investitionskostenschätzung	± 10–15 %
III	Bereitstellungskostenschätzung (mit Investitionskosten)	± 15–20 %
IV	Bereitstellungskostenschätzung	± 20–25 %
V	Machbarkeitsanalyse	± 25–35 %
VI	Größenordnungsschätzung	> ± 35 %

Tabelle 14.4: Arten von Schätzwerten

Element	I	II	III	IV	V	VI
1. Befragung	X	X	X	X	X	X
2. Lesbarkeit	X	X	X			
3. Kopien	X	X				
4. Ablauf- und Terminplan	X	X	X	X		
5. Anbieterbefragung	X	X	X			
6. Untervertragspakete	X	X				
7. Auflistung	X	X	X	X	X	
8. Vor-Ort-Besuch	X	X	X	X		
9. Größenschätzung	X	X	X	X	X	
10. Stundensätze	X	X	X	X	X	
11. Auswahl der Einsatzmittel und Unterverträge	X	X	X	X	X	
12. Steuern, Versicherungen und Lizenzgebühren	X	X	X	X	X	
13. Kosten für das Home-Office	X	X	X	X	X	
14. Baugemeinkosten	X	X	X	X	X	
15. Grundlage der Schätzung	X	X	X	X	X	X
16. Liste der Einsatzmittel	X					
17. Zusammenfassung	X	X	X	X	X	
18. Management-Review	X	X	X	X	X	X
19. Endkosten	X	X	X	X	X	X
20. Genehmigung durch Management	X	X	X	X	X	X
21. Computerschätzung	X	X	X	X		

Tabelle 14.5: Arbeitscheckliste für die verschiedenen Schätzklassen

	Schätzklassen					
	I	II	III	IV	V	VI
Allgemein						
Produkt	X	X	X	X	X	X
Prozessbeschreibung	X	X	X	X	X	X
Kapazität	X	X	X	X	X	X
Standort – allgemein					X	X
Standort – spezifisch	X	X	X	X		
Grundlegende Designkriterien	X	X	X	X		
Allgemeine Designspezifikationen	X	X	X	X		

Tabelle 14.6: Daten, die für die Abgabe von Schätzwerten benötigt werden

	Schätzklassen					
	I	II	III	IV	V	VI
Prozess						
Prozessflussdiagramm						X
Prozessflussdiagramm (mit Höhe der Einsatzmittel und der Materialkosten)				X	X	
Mechanische Prozesse	X	X	X			
Liste der Einsatzmittel	X	X	X	X	X	
Katalysator/Chemische Spezifikation	X	X	X	X	X	
Standort						
Bodenbeschaffenheit	X	X	X	X		
Standortfreigabe	X	X	X			
Geologische und meteorologische Daten	X	X	X			
Straßen, Straßenbelag und Landschaftsgestaltung	X	X	X			
Objektschutz	X	X	X			
Zugänglichkeit des Standorts	X	X	X			
Belieferungs- und Lieferbedingungen	X	X	X			
Die wichtigsten Kosten erfasst					X	X
Haupteinsatzmittel						
Vorläufige Größe und Material			X	X	X	
Endgültige Größe, Material und Grundbestandteile	X	X				
Materialmenge						
Letztendliche Menge		X				
Vorläufige Menge	X	X	X	X		
Konstruktion						
Plan und Höhenangaben plotten	X	X	X	X		
Diagramme mit hydraulischen Berechnungen	X	X	X			
Rohrleitungsindex	X	X				
Einzelne elektrische Leitung	X	X	X	X		
Brandschutz	X	X	X			
Kanalisationssysteme	X	X	X			
Pro-Services – detaillierter Schätzwert	X	X				
Pro-Services – anteiliger Schätzwert			X	X	X	
Chemische Mengen	X	X	X	X	X	

Tabelle 14.6: Daten, die für die Abgabe von Schätzwerten benötigt werden (Forts.)

	Schätzklassen					
	I	II	III	IV	V	VI
Bau						
Arbeitslohn, Reisekosten	X	X	X	X	X	
Arbeitsproduktivität und Erfahrung	X	X				
Detaillierter Bauplan	X	X				
Gebietsbezogene Gemeinkosten – detaillierter Schätzwert	X	X				
Gebietsbezogene Gemeinkosten – anteiliger Schätzwert			X	X	X	
Ablauf- und Terminplan						
Ausführungsdauer				X	X	
Detaillierter Ausführungsplan	X	X	X			
Geschätzter Ausführungsplan	X	X	X			

Tabelle 14.6: Daten, die für die Abgabe von Schätzwerten benötigt werden (Forts.)

Nicht alle Unternehmen können Schätzhandbücher einsetzen. Sie eignen sich am besten für sich wiederholende oder ähnliche Aufgaben, die einen vorhandenen Schätzwert aufgreifen und an den veränderten Grad der Schwierigkeit anpassen. Bei Tätigkeiten wie der Forschung und Entwicklung können Schätzhandbücher nur für Benchmark- und sich wiederholende Labortests eingesetzt werden. Die Verwendung eines Schätzhandbuches sollte also sorgfältig überdacht werden. In der Literatur gibt es im Überfluss Beispiele von Firmen, die mehrere Millionen durch den Versuch verloren haben, Schätzhandbücher für Situationen zu entwickeln, die sich für diesen Ansatz nicht eignen.

Für die Bewerbung im Rahmen einer Ausschreibung müssen die Schätzwerte mit den Kundenanforderungen konsistent sein. Bei hausinternen Projekten kann sich der Typ des Schätzwerts im Laufe des Projekts verändern:

- Konzeptphase: Machbarkeitsstudien für die Bewertung zukünftiger Arbeiten. Diese Aufwandsschätzung basiert häufig auf minimalen Informationen.
- Planungsphase: Aufwandsschätzung für die Genehmigung sämtlicher oder eines Teils der Finanzmittel. Diese Schätzwerte basieren auf dem vorläufigen Entwurf und dem vorläufigen Projektgegenstand.
- Hauptphase: Aufwandsschätzung für die Detailarbeit.
- Abschlussphase: Erneute Aufwandsschätzung für wichtige Änderungen des Projektgegenstands und Abweichungen, die über den genehmigten Rahmen hinausgehen.

14.3 Die Kalkulation

Dieser Vorgang beinhaltet die Entwicklung des Projektstrukturplans und stellt dem Management zwei der drei Werkzeuge zur Verfügung, die für die System- oder Projektsteuerung erforderlich sind. Für die Entwicklung dieser beiden Werkzeuge ist normalerweise das Programmbüro zuständig und enthält dafür Input aus den Linienorganisationen.

Die Integration der Fachbereiche in die Projektumgebung oder das Projektsystem erfolgt vor der Kalkulation des Projektstrukturplans. Die Programmgesamtkosten, die sich aus der Kalkulation der Vorgänge über den geplanten Zeitraum ergeben, bieten dem Management ein weiteres Werkzeug, um das Projekt erfolgreich zu managen. Im Rahmen der Projektkalkulation haben die Fachbereiche die Möglichkeit, das Projektmanagement nach möglichen Änderungen im Ablaufplan und im Projektstrukturplan zu befragen.

Der Projektstrukturplan und die Ablaufpläne werden anhand der niedrigsten Kalkulationseinheiten des Unternehmens berechnet. Die einzelnen Kalkulationseinheiten können Gruppen, Abteilungen oder Bereiche sein, über die sinnvolle und genaue Kostendaten bereitgestellt werden (möglichst basierend auf früheren Erfahrungen). Alle Angaben werden auf dem geringstmöglichen geforderten Leistungsniveau kalkuliert. Ausgehend von der Annahme in Kapitel 11 ist dies das Aufgabenniveau. Die Aufwandsschätzung wird dann auf das Projekt und schließlich auf das Gesamtprogramm übertragen.

Im Idealfall basiert die Einschätzung der Arbeit (d.h. der Personenstunden), die zur Ausführung einer Aufgabe erforderlich ist, auf Erfahrungswerten. Leider sind die einzelnen Projekte und Programme in vielen Branchen so unterschiedlich, dass ein realistischer Vergleich zu den bisherigen Tätigkeiten nicht gezogen werden kann. Die Kosteninformationen, die aus den einzelnen Kalkulationseinheiten gezogen werden können, sollten nur als Schätzwerte betrachtet werden. Denn wie sollte ein Unternehmen die Gehaltsstruktur vorhersagen, die in drei Jahren gelten wird? Möglicherweise ändert sich auch die Geschäftsgrundlage und damit die Gemeinkosten im Laufe des Programms. Dies zeigt, dass Kostendaten immer auf ihr Umfeld bezogen sind und nur mit einem bestimmten Grad an Gewissheit vorhergesagt werden können. Der systemische Management-Ansatz kann jedoch schneller auf die Umwelt reagieren als weniger strukturierte Ansätze.

Nachdem Kostendaten gesammelt wurden, muss ihr potenzieller Einfluss auf die Personal-, Finanz-, Einsatzmittel- und Anlagenressourcen eines Unternehmens untersucht werden. Die Kosten für die zugeordneten Ressourcen lassen sich nur über eine Kostenanalyse für das Gesamtprogramm ermitteln. Die Analyse der Ressourcenzuteilung erfolgt auf allen Managementebenen vom Gruppenleiter über den Bereichsleiter bis zum Geschäftsführer. Bei den meisten Programmen muss die Unternehmensführung die endgültigen Kostendaten und die Ressourcenzuteilung genehmigen.

Eine angemessene Analyse der Programmgesamtkosten bietet dem Management (dem Programm- und dem Unternehmensmanagement) ein Modell für die strategische Planung, mit dem das aktuelle Programm in die Unternehmensgesamtstrategie integriert werden kann. Sinnvolle Planungs- und Kalkulationsmodelle beinhalten die Analyse der monatlichen Personenstunden pro Abteilung, die monatlichen Kosten pro Abteilung, die monatlichen und die jährlichen Programmgesamtkosten, die monatlichen Materialausgaben und den Cashflow des Gesamtprogramms.

Es wurden bereits verschiedene Probleme identifiziert, die an den Knoten auftreten, an denen die Hierarchie des Programm-Managements die vertikale Hierarchie des Linienmanagements schneidet. Die Projektkalkulation anhand des Projektstrukturplans bietet die Grundlage für eine effektive und offene Kommunikation zwischen dem Programm- und dem Linienmanagement, wobei beide Parteien ein gemeinsames Ziel verfolgen (siehe Abbildung 14.1). Nachdem die Projektkalkulation abgeschlossen und das Programm gestartet wurden, bildet der Projektstrukturplan noch immer die Grundlage für die Kommunikation, indem er die Leistung dokumentiert, die im Rahmen der Aufwandsschätzung vereinbart wurde. Außerdem bildet der Projektstrukturplan das Kriterium, an dem die Kosten der Leistung hinterher bemessen werden.

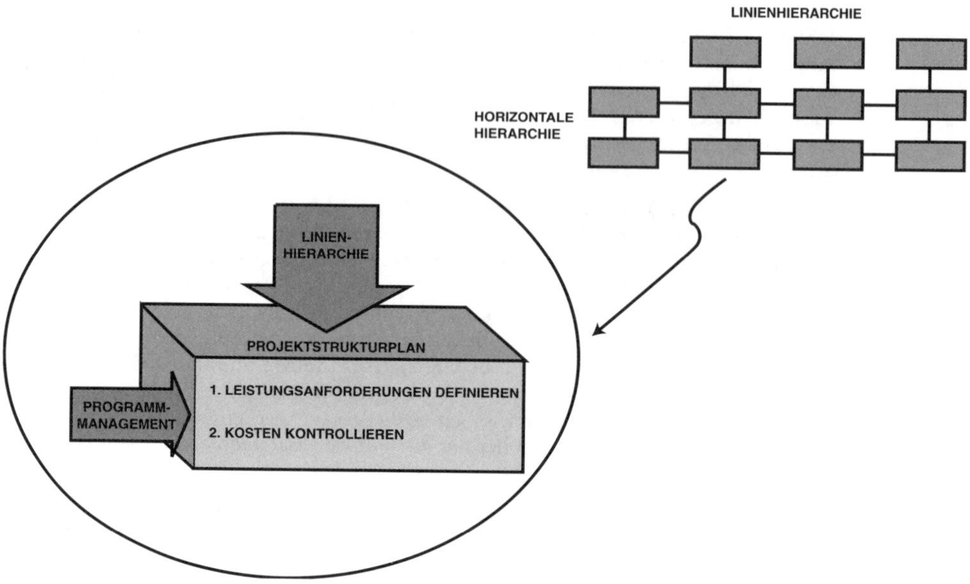

Abbildung 14.1: Die Schnittstelle zwischen vertikaler und horizontaler Hierarchie

14.4 Anforderungen, die die Organisation erfüllen muss

Nachdem der Projektstrukturplan und die Ablaufpläne erstellt wurden, beruft der Programm-Manager eine Besprechung ein, an der alle Linien teilnehmen, die Daten zur Projektkalkulation bereitstellen. Es ist sehr wichtig, dass bereits bei der ersten Besprechung alle Kalkulationsmanager anwesend sind. Während dieses »Kickoff«-Meetings wird der Projektstrukturplan ausführlich beschrieben, so dass jeder Manager einer Kalkulationseinheit genau weiß, wofür er im Rahmen des Programms zuständig ist. Das Kickoff-Meeting löst auch den Machtkampf zwischen Linienmanagern auf, deren Zuständigkeiten ziemlich ähnlich sind. Ein Beispiel wäre die Qualitätskontrolle. Im Rahmen der Forschungs- und Entwicklungsphase eines Programms dürfen die Wissenschaftler möglicherweise eine eigene Qualitätskontrolle durchführen, wohingegen die Abteilung Qualitätskontrolle für das Endprodukt zuständig ist. Leider reicht eine Besprechung häufig nicht immer aus, um alle Probleme zu klären. An den weiteren Statusbesprechungen sind normalerweise jedoch nur die Parteien beteiligt, die mit den aufgetretenen Problemen zu tun haben. Einige Unternehmen bestehen allerdings darauf, dass alle Programmteam-Mitglieder an Statusbesprechungen teilnehmen, um zu gewährleisten, dass alle Mitarbeiter mit dem Programm und den damit verbundenen Problemen vertraut sind. Haben jedoch nicht alle Besprechungsteilnehmer mit dem Programm zu tun, bietet dies den Vorteil, dass bei der Kostenschätzung für die einzelnen Tätigkeiten Zeit eine wesentliche Rolle spielt. Viele Fachabteilungen führen diese Politik sogar noch einen Schritt weiter, indem sie einen Vertreter der Abteilung zum einzigen Teilnehmer des Kickoff-Meetings machen. Dieser Vertreter der Abteilung übernimmt dann die Verantwortung, dass alle Kalkulationsdaten rechtzeitig bereitgestellt werden. Diese Vorgehensweise bietet den Vorteil, dass das Programmbüro nur eine Person aus der Abteilung kontaktieren muss, um mehr über den Status zu erfahren. Schafft der Abteilungsvertreter es jedoch nicht, eine angemessene Kommunikation zwischen den Facheinheiten und dem Programmbüro aufzubauen oder ist der Mitarbeiter nicht mit den Kalkulationsanforderungen des Projektstrukturplans vertraut, kann sich eine solche Vorgehensweise leicht zum Engpass entwickeln.

Während der Angebotserstellung kann der Faktor Zeit sehr wichtig sein. Bei den meisten Ausschreibungen müssen die Anbieter ihre Angebote bis zu einem bestimmten Stichtag abliefern. Der Terminplan für das Programmbüro und die Facheinheiten wird in diesem Fall vom Angebotsmanager erstellt. Und dieser Terminplan ist wegen der engen Zeitvorgaben nicht oder nur in einem geringen Maße flexibel, weil das Angebot vor der Einreichung noch getippt, editiert und veröffentlicht werden muss. In diesem Fall definiert die Ausschreibung indirekt, wie viel Zeit die Kalkulationseinheiten haben, um ihre Personalkosten zu ermitteln und zu begründen.

Die Begründung der Personalkosten kann länger dauern als die ursprüngliche Kostenschätzung. Dies gilt insbesondere, wenn keine Erfahrungswerte zur Verfügung stehen. Häufig muss eine umfassende Begründung der Personalkosten bereits zusammen mit dem Angebot eingereicht werden. Manchmal kann sie jedoch auch nachgereicht werden.

Bei der abschließenden Analyse müssen die Überwacher der Kalkulationseinheiten der untersten Ebene die entsprechenden Standards einhalten, um dadurch dem Programmbüro auf Preisanfragen unmittelbar eine Antwort erteilen zu können.

14.5 Aufteilung der Arbeit

Die Facheinheiten liefern ihren Input in Form von Personenstunden beim Programmbüro ab (siehe Abbildung 14.2). Diese Angabe kann zusätzlich untermauert werden. Unter der Voraussetzung, dass die Aufgabe die kleinste Kalkulationseinheit ist und die Anzahl der Aufgaben pro Monat beschränkt ist, können die Personenstunden pro Aufgabe angegeben werden. Die Personenstunden, die zur Durchführung jeder einzelnen Aufgabe pro Monat benötigt werden, werden mit den entsprechenden Lohnsätzen multipliziert und so in Währungswerte umgerechnet. Die Personalkosten können auf diese Art für den Zeitraum von zwölf Monaten bestimmt werden. Ab dann handelt es sich jedoch nur noch um Schätzwerte. Denn wie sollte ein Unternehmen Gehaltshöhen schon fünf Jahre im Voraus kennen? Falls das Unternehmen die Gehaltshöhe unterschätzt, steigen die Kosten und die Gewinne sinken. Wird die Gehaltshöhe hingegen überschätzt, kann das Unternehmen kein konkurrenzfähiges Angebot abliefern.

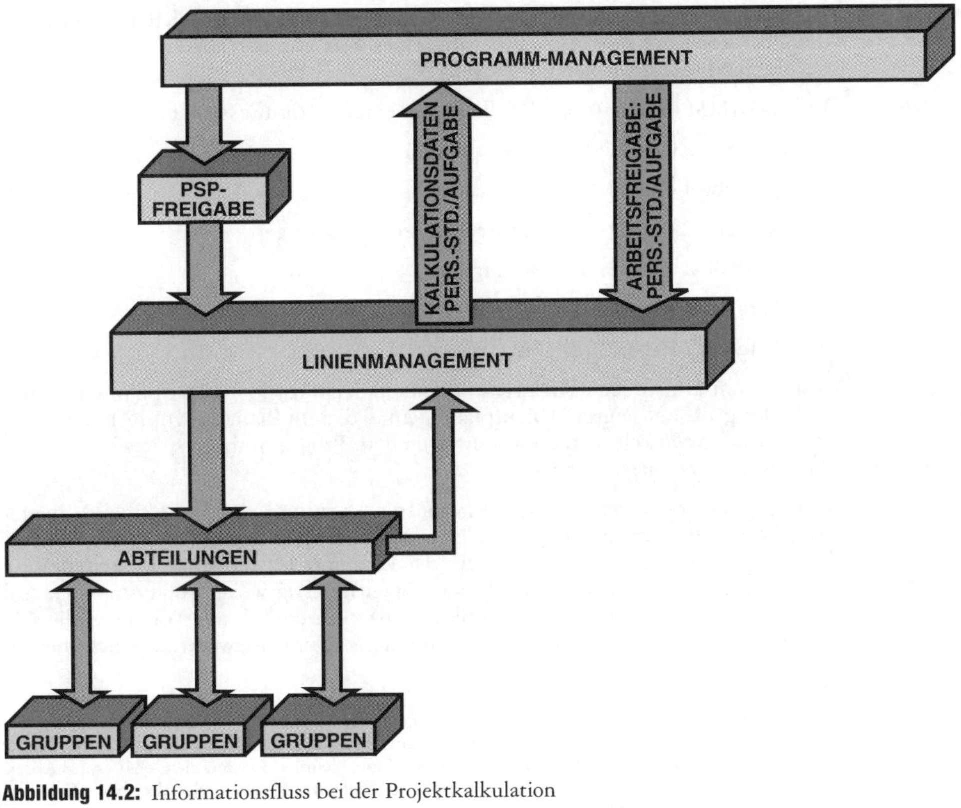

Abbildung 14.2: Informationsfluss bei der Projektkalkulation

Die Personalkosten, die in der Prognose verwendet werden, basieren auf den Erfahrungswerten der Branche auf der Basis des durchschnittlichen Stundensatzes im letzten Monat oder im letzten Quartal. Für jede Arbeitseinheit werden auf der Basis der Personaleinzelkosten durchschnittliche Stundensätze ermittelt. Diese Durchschnittswerte geben jedoch keine Auskunft über die tatsächlichen Personalkosten, da es sich lediglich um Durchschnittswerte handelt, (d.h., sie beinhalten das Gehalt des Abteilungsleiters und das aller übrigen Angestellten).[1] Die Durchschnittwerte werden anschließend auf der Basis der bisherigen Erfahrung, des Budgets, der Situation vor Ort und der Richtwerte aus verwandten Branchen angepasst.

Die Personenstunden der einzelnen Facheinheiten werden häufig stark überschätzt, weil die Befürchtung besteht, dass das Management versuchen wird, die Anzahl der Personenstunden drastisch zu reduzieren. Dies geschieht beispielsweise, weil nicht genügend Finanzmittel zur Verfügung stehen oder weil das Unternehmen sonst nicht konkurrenzfähig wäre. Die Reduktion der Personenstunden sorgt häufig für heftige Diskussionen zwischen den Linien- und den Programm-Managern. Programm-Manager denken im Interesse des Programms, wohingegen Linienmanager in erster Linie um ihre Mitarbeiter besorgt sind.

Die Lösung derartiger Konflikte bleibt meist dem Programm-Manager überlassen. Falls er Mitarbeiter für das Programmteam auswählt, die sich mit den Standards für jede Abteilung auskennen, kann sich zwischen dem Programmbüro und der Linienorganisation Vertrauen entwickeln und es ist möglich, die Personenstunden im Interesse des Unternehmens zu reduzieren. Dies ist einer der Gründe, aus denen die Mitarbeiter des Programmteams häufig aus den Linienorganisationen stammen.

Die Personenstunden, die von den Facheinheiten angegeben werden, bilden den Ausgangspunkt für die Analyse der Programmgesamtkosten und die Programmkostenkontrolle. Betrachten Sie zur Veranschaulichung Beispiel 14.1.

Beispiel 14.1. Am 15. Mai beschloss das Unternehmen Apex, sich an einer Ausschreibung für die Überarbeitung und Aktualisierung einer Fertigungsstraße zu beteiligen. Dazu wurde der nachfolgende Strukturplan entwickelt:

PROGRAMM (01-00-00): Aktualisierung einer Fertigungsstraße

- PROJEKT 1 (01-01-00): Vorausplanung
  - Aufgabe 1 (01-01-01): Konstruktionssteuerung
  - Aufgabe 2 (01-01-02): Konstruktionsentwicklung
- PROJEKT 2 (01-02-00): Montage
  - Aufgabe 1 (01-02-01): Überarbeitung
  - Aufgabe 2 (01-02-02): Test

Am 1. Juni erhielt jede Kalkulationseinheit den Projektstrukturplan zusammen mit dem in Abbildung 14.3 gezeigten Ablaufplan. Gemäß diesem Plan, der vom Angebotsmanager für dieses Projekt entwickelt worden war, müssen dem Programmbüro spätestens bis zum 15. Juni alle Arbeitsdaten bereitgestellt werden.

Der Angebotsmanager, der Kalkulationsmanager und der Programm-Manager müssen das Angebot gemeinsam erstellen. Das letzte Wort hat jedoch der Programm-Manager. Der Angebotsmanager ist dafür verantwortlich, die Vorgänge für die Angebotserstellung zu integrieren und sicherzustellen, dass das Angebot rechtzeitig fertig wird. Einen typischen Ablaufplan eines Angebotsmanagers sehen Sie in Abbildung 14.4. Er enthält alle Vorgänge, die erforderlich sind, um das Angebot »aus dem Haus zu bekommen«. Der erste wichtige Schritt besteht darin, dafür

1. Es können Probleme auftreten, wenn die Gehälter der Mitarbeiter, die dem Programm zugeordnet werden, den Abteilungsdurchschnitt überschreiten. Methoden, mit denen dieses Problem umgangen werden kann, werden später beschrieben. In vielen Unternehmen werden die Gehälter der Abteilungsleiter außerdem in die Gemeinkosten eingerechnet. Deshalb werden diese Gehälter beim Durchschnittslohn auch nicht berücksichtigt.

zu sorgen, dass die Fachabteilungen die Kostendaten abliefern. Abbildung 14.4 gibt außerdem Auskunft über die Entwicklung des Kostenvoranschlags. In der Regel gehört zum Ablaufplan des Angebots auch ein Terminplan mit einer Checkliste, die den Ablaufplan näher spezifiziert.

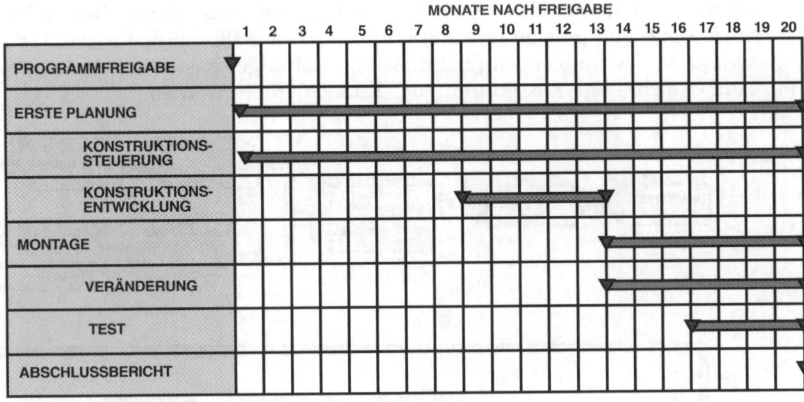

Abbildung 14.3: Ablaufplan für die Aktualisierung der Fertigungsstraße

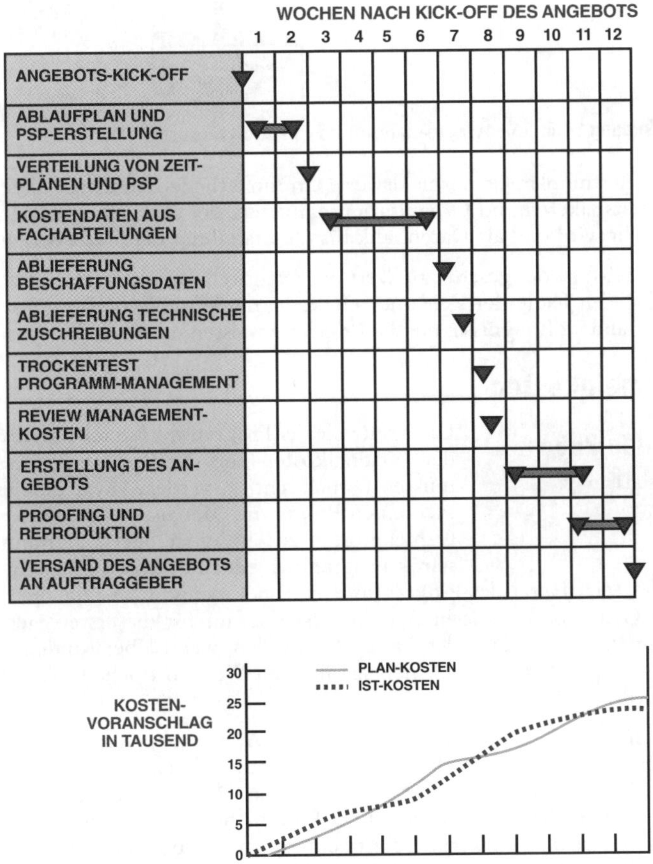

Abbildung 14.4: Ablaufplan und Kostenvoranschlag für das Angebot

Nachdem die Planungs- und Kalkulationsdiagramme von den Programmteammitgliedern und den Programm-Managern überprüft wurden, werden sie in ein EDV-System eingegeben (siehe Abbildung 14.5). Dieses berechnet die Preise für die Stunden aus den Planungsdiagrammen und erstellt einen Terminplan sowie einen Endbericht mit den Schätzwerten. Der Terminplan bleibt während der gesamten Vertragslaufzeit erhalten. Ausnahmen bilden lediglich vom Kunden gewünschte und genehmigte Änderungen sowie Fälle, in denen das Vertragsmanagement die Reduktion des Budgets empfiehlt. Wird ein Budget jedoch durch das Management reduziert, kann es nicht ohne Zustimmung des Kunden erhöht werden.

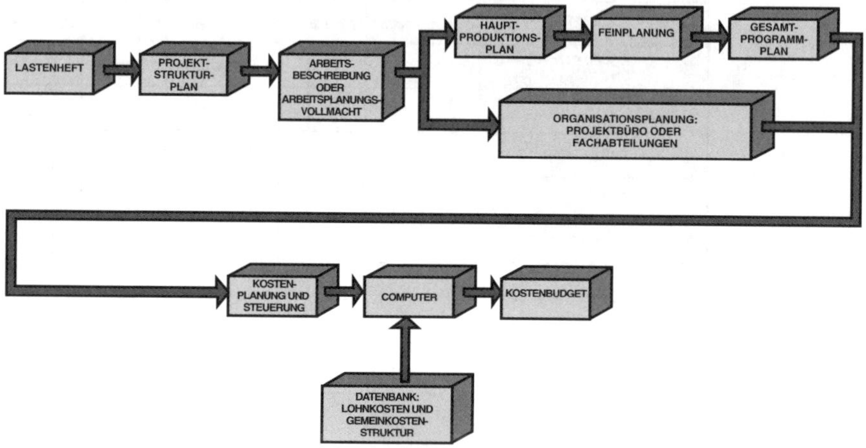

Abbildung 14.5: Die Arbeitsplanung im Flussdiagramm

Der Terminplan ist normalerweise ein monatlicher Ausdruck aller geplanten Tätigkeiten nach Arbeitspaketen und Organisationseinheiten, der über die gesamte Vertragslaufzeit automatisch erstellt wird und als Datenbank für die Erstellung der Statusberichte dient.

Zunächst ist der geschätzte Wert bei Fertigstellung identisch mit dem Budget. Er verändert sich jedoch im Laufe der Zeit und reflektiert die Verschlechterung oder Verbesserung der Leistung oder andere Ereignisse, die die Programmkosten oder den Terminplan verändern.

14.6 Gemeinkosten

PMBOK® Guide 2004

7.1.1 Kostenschätzung: Eingangswerte

Die Kontrolle der Programmkosten beinhaltet mehr als die Aufzeichnung der Personalkosten und der Personenstunden. Auch die Gemeinkosten müssen berücksichtigt werden. Zwar gibt es bei den meisten Programmen einen Programm-Management-Assistenten, der für die Analyse der Gemeinkosten zuständig ist. Der Programm-Manager kann den Erfolg seines Programms jedoch drastisch erhöhen, wenn er darauf achtet, dass jeder Mitarbeiter des Programmteams ein Verständnis für die Gemeinkosten entwickelt. Wenn die Gemeinkostenzuschläge beispielsweise nur für die ersten vierzig Personenstunden gelten, können Programmgelder eingespart werden, wenn Überstunden zu einem Zeitpunkt gemacht werden, zu dem sie mit einem geringeren Wert zu Buche schlagen. Dies wird in Beispiel 14.2 deutlich.

Beispiel 14.2. Angenommen, die Firma Apex muss einen Zwischenbericht für Aufgabe 1 von Projekt 1 für die normale Schicht und für die Überstunden schreiben. Das Projekt beansprucht 500 Personenstunden à € 15,00 pro Stunde. Der Gemeinkostenzuschlag liegt bei 75 Prozent für die normale Schicht und bei nur 5 Prozent bei Überstunden. Überstunden werden jedoch mit dem 1,5fachen Satz vergütet. Angenommen, der Bericht könnte zu einem beliebigen Zeitpunkt erstellt werden. Wäre es dann kostengünstiger, ihn während der Regelarbeitszeit oder außerhalb der Regelarbeitszeit zu erstellen und Überstunden zu bezahlen?

- Während der Regelarbeitszeit setzen sich die Kosten wie folgt zusammen:

  (500 Stunden) x (€ 15,00/Stunde) x (100 % + 75 % Gemeinkosten) = € 13.125,00
- Außerhalb der Regelarbeitszeit (Überstunden) setzen sich die Kosten wie folgt zusammen:

  (500 Stunden) x (€ 15,00/Stunde x 1,5 Überstunden) x (100 % - 5 % Gemeinkosten) = € 11.812,50

Das Unternehmen kann also € 1.312,50 einsparen, wenn es die Berichte außerhalb der Regelarbeitszeit erstellen lässt. Die Einplanung von Überstunden kann die Gewinne erhöhen, wenn der Gemeinkostenzuschlag für die Überstunden erheblich geringer ist als für die Regelarbeitszeit. Dieser Unterschied zwischen Regelarbeitszeit und Überstunden kann sich zwischen den einzelnen Fertigungsabteilungen stark unterscheiden, da in einigen Abteilungen Gemeinkostenzuschläge zwischen 300 und 450 Prozent üblich sind.

Unabhängig davon, ob ein Projekt oder ein System analysiert wird, müssen für alle Kosten entsprechende Gemeinkosten berücksichtigt werden. Leider betrachten viele Programm- und Systemmanager die Gemeinkostenzuschläge als magische Zahlen, die aus der Luft gegriffen sind. Die Berechnung der Gemeinkosten für die einzelnen Fachabteilungen ist eine Wissenschaft für sich. Die Geldsummen für die Gemeinkostenzuschläge sind zwar relativ konstant, das Management behält sich jedoch vor, zu entscheiden, wie die Gemeinkostenzuschläge auf die einzelnen Fachabteilungen verteilt werden. Ein Unternehmen, das ein FuE-Team für die Beteiligung an Ausschreibungen unterhält, möchte den Gemeinkostenzuschlag für die Forschung und Entwicklung sicherlich so gering wie möglich halten. Es sollte jedoch darauf geachtet werden, dass andere Abteilungen die zusätzlichen Kosten nicht aufsaugen und das Unternehmen dadurch seine Konkurrenzfähigkeit bei den Produkten verliert, von denen es lebt.

Gemeinkostenzuschläge sind eine Funktion der drei Elemente Personaleinzelkosten, prognostizierte Geschäftsentwicklung und geplante Gemeinkosten. Die Personaleinzelkosten wurden bereits beschrieben. Die prognostizierte Geschäftsentwicklung beinhaltet die prognostizierten Personaleinzelkosten, die prognostizierten Materialeinzelkosten und andere Einzelkosten, die anfallen, um das Programm durchzuführen, das als Geschäftsgrundlage dient. Die Faktoren, die in der prognostizierten Geschäftsentwicklung berücksichtigt werden, beinhalten alle vertraglich vereinbarten Programme und den gesamten vorgeschlagenen oder vorhersehbaren Arbeitsaufwand. Die Geschäftsgrundlage für jedes Programm kann anhand der folgenden Faktoren ermittelt werden:

- Ist-Kosten und Plan-Kosten bis zum Programmabschluss
- Daten aus dem Angebot
- Marketing-Intelligenz
- Management-Ziele
- Erfahrungswerte und Trends

Die Prognose der Gemeinkosten erfolgt über eine Analyse aller Elemente, die zu den Gemeinkosten beitragen. Eine unvollständige Liste finden Sie in Tabelle 14.7. Die Prognose der Ausgaben innerhalb einzelner Elemente wird dann wie folgt vorgenommen:

- Erfahrungswerte in Bezug auf Personaleinzel- und -gemeinkosten
- Regressions- und Korrelationsanalysen
- Personalanforderungen und Fluktuationsrate
- Prognostizierte Veränderungen der Arbeitgeberleistungen
- Fixkosten in Bezug auf Anlageanforderungen
- Veränderungen der Geschäftsgrundlage
- Tri-Service-Vereinbarungen zum Angebotswesen
- Tri-Service-Vereinbarungen zur internen Forschung und Entwicklung

Gebäudeinstandhaltung	Neue Geschäftsdirektoren
Miete	Bürobedarf
Cafeteria	Lohnsteuern
Bürokosten	Personalbeschaffung
Clubs, Vereinigungen etc.	Portogebühren
Beratungsdienste	Besprechungen
Ausgaben für Buchprüfung	Reproduktionsanlagen
Unternehmensgehälter	Rentenpläne
Abschreibung auf Sachmittel	Ausfallzeiten durch Krankheit
Gehälter der Unternehmensführung	Stromversorgung
Arbeitgeberleistungen	Überwachung
Allgemeine Hauptbuchausgaben	Telefongebühren
Versicherungen	Transportkosten
Urlaubsgelder	Dienstleistungen
Ausgaben für Umzug und Lagerhaltung	Ferien

Tabelle 14.7: Bestandteile von Gemeinkostenzuschlägen

In vielen Branchen wie beispielsweise in der Luft- und Raumfahrtindustrie finanziert die Regierung einen großen Prozentsatz der Aktivitäten der Angebotserstellung und der internen Forschung und Entwicklung. Die staatliche Finanzierung ist erforderlich, weil viele Unternehmen sonst nicht konkurrenzfähig wären. Die Regierung fördert damit Forschung und Wettbewerb.

Der Hauptfaktor bei der Kontrolle der Gemeinkosten ist das Geschäftsjahresbudget. Dieses Budget ergibt sich aus den Zielen, die von der Unternehmensführung festgelegt werden, und wird von allen Managementebenen überprüft und abgesegnet. Es wird auf Abteilungsebene erstellt und jeder Abteilungsleiter ist für den Vergleich der Ist- mit den Plankosten verantwortlich.

Die Budgets der einzelnen Abteilungen werden zusammengefasst und dem oberen Management zur Verfügung gestellt. Anhand dieser Zusammenfassung hat das Management einen Überblick über die genehmigten Gemeinkosten im eigenen Zuständigkeitsbereich.

Es werden Monatsberichte veröffentlicht, in denen die auf den Monat und das Jahr bezogenen Abweichungen zwischen Ist und Plan deutlich gemacht werden. Diese Berichte werden für jede Managementebene erstellt und von der Budgetabteilung wird eine Analyse zusammen mit dem Management erstellt. Die Gesamtorganisation wird dann vom Budgetanalysten überprüft, der für die Gemeinkosten verantwortlich ist. Im Anschluss wird eine Besprechung mit den Abteilungsleitern und der Geschäftsführung einberufen, bei der die Leistung in Bezug auf die Gemeinkosten geprüft wird.

14.7 Materialkosten

PMBOK® Guide 2004
7.1.1 Kostenschätzung: Eingangswerte

Die Gehaltsstruktur, die Struktur der Gemeinkosten und die Personalkosten sind drei der vier Faktoren für die Projektkalkulation. Den vierten Faktor bilden die Materialkosten und die Kosten der Serviceleistungen. Die Material-/ Serviceleistungskosten lassen sich in sechs Bereiche unterteilen: Material, Zukaufteile, Unterverträge, Frachtkosten, Reisekosten und sonstige. Die Fracht- und die Reisekosten können auf zwei Arten behandelt werden und hängen in der Regel von der Programmgröße ab.

Bei Projekten mit einem geringen Volumen werden die Fracht- und Reisekosten geschätzt. Bei Großprojekten werden für die Reisekosten in der Regel drei bis fünf Prozent der Personaleinzelkosten berechnet und für die Frachtkosten drei bis fünf Prozent aller Kosten für Material, Zukaufteile und Unterverträge. Die Kategorie »Sonstige« kann Themen wie Computerstunden oder eine Spezialberatung beinhalten.

Die Ermittlung der Materialkosten ist erheblich zeitaufwendiger als die der Personalkosten. Die Materialkosten werden über Stücklisten und Materiallisten berechnet, die alle Lieferanten umfassen, von denen Material erworben werden soll. Die Plankosten für das Programm, die Ausschlussfaktoren und die Regalstandzeiten können vernachlässigt werden.

Sobald der Projektstrukturplan freigegeben wird, werden die Fertigteil-Stücklisten und die Arbeitspläne erstellt (siehe Abbildung 14.6). Die Fertigteil-Materialien sind die Bestandteile des Endprodukts. Sonstige Materialien sind Materialien, die von der Konstruktion und der Fertigung benötigt werden, um die Endprodukte herzustellen. Sie sind Bestandteil des Fertigungsplans.

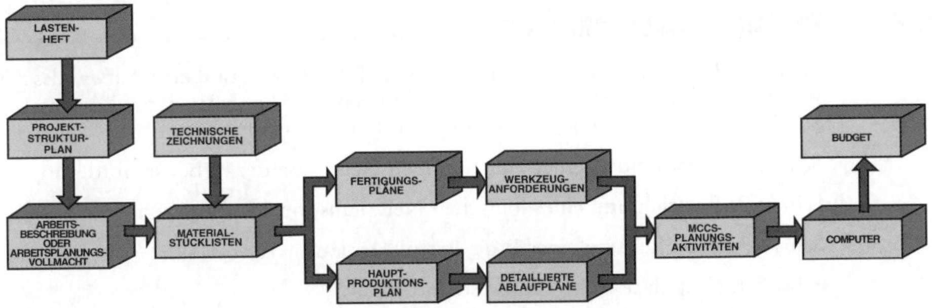

Abbildung 14.6: Die Materialplanung im Flussdiagramm

Im Anschluss an die Vertragsverhandlungen wird so bald wie möglich ein Beschaffungsplan erstellt (siehe Abbildung 14.7). Dieser Plan dient zur Überwachung der Materialkäufe, zur Vorhersage des Lagerbestands und zur Identifikation von Materialpreisabweichungen.

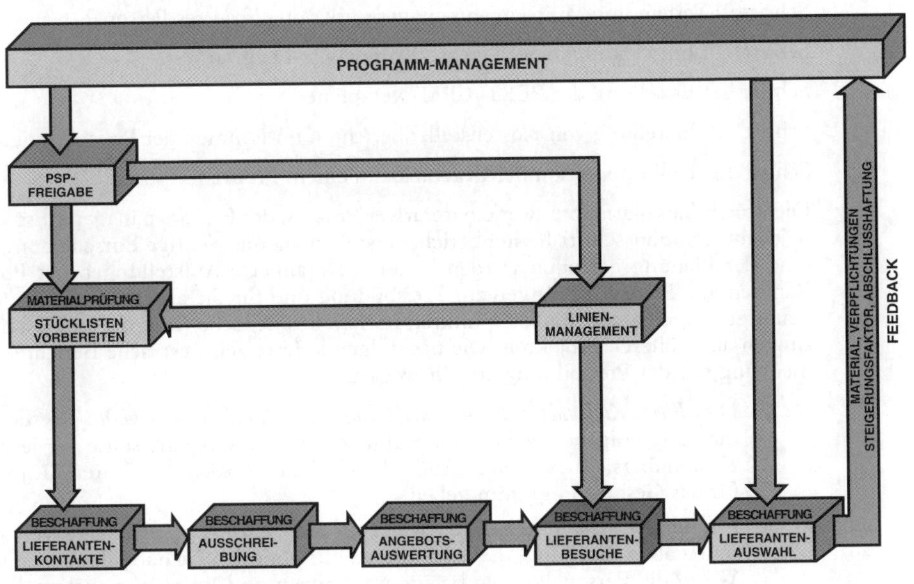

Abbildung 14.7: Tätigkeiten im Rahmen der Beschaffung

Produktionspläne werden erstellt, sobald die Unterteilung der Arbeitsschritte vorliegt. Sie dienen zur Ausarbeitung von Werkzeuglisten für die Fertigung, die Qualitätssicherung und die Konstruktion. Vom Werkzeugingenieur wird dann eine spezielle Werkzeugstruktur ausgearbeitet, die festlegt, wie die Werkzeuge beschafft werden sollen und welche Materialanforderungen für Werkzeuge bestehen, die hausintern hergestellt werden. Diese Elemente werden dann kalkuliert, damit sie in die Planungsdiagramme aufgenommen werden können.

Die Materialkosten werden monatlich vorgelegt. Falls eine langfristige Finanzierung des Materials absehbar ist, sollte diese dem ersten Monat des Programms zugewiesen werden. Außerdem sollte ein Angleichungsfaktor auf die Materialkosten angewendet werden. Einige Lieferanten bieten möglicherweise Festpreise bei Zeitspannen von mehr als zwölf Monaten. Der Lieferant Z bietet dem Unternehmen beispielsweise einen Festpreis von € 130,50 für 650 Einheiten, die auf die nächsten 18 Monate verteilt geliefert werden sollen, falls die Bestellung innerhalb der nächsten 60 Tage aufgegeben wird. Es gibt jedoch auch noch andere Faktoren, die die Materialkosten beeinflussen.

14.8 Preisbildungstechniken

Logische Preisbildungstechniken sind hilfreich für eine detaillierte Aufwandsschätzung. Die folgenden dreizehn Schritte helfen Unternehmen dabei, ihre begrenzten Ressourcen zu steuern. Die Schritte können sich von Unternehmen zu Unternehmen geringfügig unterscheiden:

Schritt 1: Entwicklung einer vollständigen Definition der Arbeitsanforderungen

Schritt 2: Entwicklung eines logischen Netzplans mit Prüfpunkten

Schritt 3: Ausarbeitung eines Projektstrukturplans

Schritt 4: Kalkulation des Projektstrukturplans

Schritt 5: Review der PSP-Kosten mit jedem Linienmanager

Schritt 6: Festlegen des grundlegenden Handlungsverlaufs

Schritt 7: Ausarbeitung der Kosten für jedes PSP-Element

Schritt 8: Review-Besprechung der Kosten für einen Standardfall mit dem oberen Management

Schritt 9: Verhandlung mit Linienmanagern über qualifiziertes Personal

Schritt 10: Entwicklung eines Lineare-Kompetenz-Diagramms

Schritt 11: Erstellung der PERT-/CPM-Netzpläne

Schritt 12: Erstellung von Kostenstellenberichten im Rahmen der Preisbildung

Schritt 13: Dokumentation der Ergebnisse in einem Programmplan

Die Projektkalkulation ist zwar ein iterativer Prozess, der Projektmanager muss jedoch trotzdem in jedem Iterationsschritt Kostenberichte erstellen, damit wichtige Entscheidungen bereits während der Planung getroffen werden können. Detaillierte Aufstellungen der Preise werden im Rahmen von Review-Sitzungen zur Preisbildung und für die abschließende Projektkalkulation benötigt. Zu allen anderen Zeitpunkten reichen kosmetische Eingriffe an Kostenzusammenfassungen aus früheren Projekten. Die nachfolgende Liste zeigt typische Berichte, die im Zusammenhang mit der Preisbildung erstellt werden:

- *Detaillierte Kostenübersicht für jedes Element des Projektstrukturplans.* Werden die Preise für die zu erledigende Arbeit auf Aufgabenebene festgelegt, sollte für jede Aufgabe eine Kostenübersicht existieren. Außerdem sollte es Kostenübersichten für jedes Projekt und für das Gesamtprogramm geben.
- *Programmbezogene Personalbedarfskurve für jede Abteilung.* Personalkurven zeigen die Ressourcenbereitstellung, die das Project Office mit den Fachabteilungen ausgehandelt hat. Wenn die Personalkurven bestimmte Spitzen und Einbrüche enthalten, muss der Pro-

jektmanager eventuell Ablaufpläne ändern, um den Personalbedarf auszugleichen. Linienmanager bevorzugen geglättete Ressourcenzuordnungskurven.

- *Monatliche Kostenübersicht über die Personalkosten.* Diese Tabelle zeigt normalerweise die voll angelasteten Kosten für den durchschnittlichen Mitarbeiter einer Abteilung im Projektverlauf. Wenn die Projektkosten reduziert werden müssen, vergleicht der Projektmanager diese Kostenübersicht mit den Tabellen, die den Personalkurven zugrunde liegen, anhand einer parametrischen Vergleichsmethode.
- *Eine auf das Geschäftsjahr bezogene Kostenverteilungstabelle.* Diese Tabelle wird durch die Elemente des Projektstrukturplans unterteilt und zeigt die benötigten jährlichen (oder die vierteljährlichen) Kosten. Im Wesentlichen handelt es sich bei der Tabelle also um eine Übersicht über den Cashflow pro Vorgang.
- *Eine funktionsbezogene Übersicht über die Kosten und die Personenstunden.* Diese Tabelle bietet dem Top-Management eine Übersicht über die Anzahl der Stunden und die Ausgaben jeder großen fachbezogenen Einheit, wie z.B. einer Abteilung. Das Top-Management kann diese Übersicht im Planungsprozess nutzen, um sicherzustellen, dass für alle Projekte genügend Ressourcen verfügbar sind. Die Gemeinkosten sind hier ebenfalls enthalten.
- *Eine Prognose der monatlichen Personenstunden und Ausgaben.* Diese Tabelle lässt sich mit der Kostenverteilung im Jahresüberblick kombinieren. Die Kosten sind jedoch nicht nach Vorgang oder Abteilung, sondern nach Monaten unterteilt. Die Tabelle gibt außerdem in der Regel Auskunft über die Gewährleistungsbedingungen bei vorzeitigem Abbruch des Projekts durch den externen Auftraggeber.
- *Prognose der Ausgaben für Rohmaterial.* Die Prognose zeigt den Cashflow für Rohmaterial auf der Basis der Lieferzeiten, der Zahlungspläne, der Vereinbarungen und der Haftung bei Projektabschluss.
- *Monatliche Abschlussgewährleistung für den Programmgesamtabschluss:* Diese Tabelle zeigt die monatlichen Kosten des Auftraggebers für das gesamte Programm. Es handelt sich dabei um den Cashflow des Auftraggebers, nicht um den des Auftragnehmers. Der Unterschied besteht darin, dass die monatlichen Kosten die Abschlussgewährleistung für die Personenstunden und das Kapital in Bezug auf die auszuführenden Arbeiten und das Rohmaterial enthalten. Diese Tabelle ist eigentlich eine Übersicht der monatlichen Kosten bei vorzeitigem Projektabbruch.

Diese Tabellen werden von Projektmanagern als Ausgangsbasis für die Projektkostenkontrolle eingesetzt. Das obere Management nutzt die Tabellen, um Projekte auszuwählen, zu genehmigen und um Prioritäten zu vergeben.

14.9 Ausgleich der abteilungsbezogenen Personenstunden

Die gestrichelte Linie in Abbildung 14.8 zeigt den geplanten Personalbedarf für eine Abteilung, der sich aus einem typischen Personalbedarfsplan eines Programms ergibt. Die Abteilungsleiter versuchen jedoch, die Personalkurven zu glätten. In Abbildung 14.8 wird dieser Versuch mit der durchgezogenen Linie verdeutlicht. Die Glättung hat den Vorteil, dass keine angebrochenen Personenstunden pro Tag vorkommen. Der Programm-Manager muss jedoch wissen, dass kleine Projekt- und Kostenabweichungen und Abweichungen beim Personalbedarf pro Aufgabe auftreten können, wenn Abteilungsleiter die Erlaubnis haben, Spitzen und Täler in der Personalplanung auszugleichen. In der Regel sollte sich dies jedoch nicht signifikant auf die Kosten des Gesamtprogramms auswirken.

Die zweite wichtige Frage, die in diesem Zusammenhang gestellt werden muss, bezieht sich darauf, ob die Abteilung überhaupt genügend Personal besitzt, um die Personalanforderungen zu erfüllen, und mit welcher Frequenz die Fachabteilungen dem Programm Personal zur Verfügung stellen können. Zur Verdeutlichung ein Beispiel: Der Projektingenieur benötigt im Januar 2004 23 Mitarbeiter. Der Linienmanager kann jedoch nur 15 Mitarbeiter bereitstellen. Die restlichen Mitarbeiter müssen entweder von anderen Programmen abgezogen oder von außen angeworben werden. Die gleiche Situation tritt auch beim Abschluss des Vorgangs ein. Benötigt der Projektingenieur im August 2004 weiterhin 23 Mitarbeiter oder können einige der Mitarbeiter Anfang Juni 2004 anderen Programmen zugewiesen werden? Diese Frage, die insbesondere für den Support und für administrative Aufgaben/Projekte wichtig ist, muss vor Beginn der Vertragsverhandlungen geklärt werden. Abbildung 14.9 zeigt die Problemarten, die auftreten können. Kurve A zeigt die Personalanforderungen an eine bestimmte Abteilung nach der Glättung. Kurve B repräsentiert die im Hinblick auf eine sinnvolle Verteilung der Personalstärke angepasste Personalbedarfskurve. Die Unterschiede zwischen diesen beiden Kurven, die schraffiert dargestellt sind, zeigen die Einbußen, die der Auftragnehmer möglicherweise durch die Besetzung und den Abzug von Personal hat. Das Problem lässt sich teilweise umgehen, indem der Personalbedarf nach der Glättung (siehe Kurve C) so erhöht wird, dass die Unterschiede zwischen den Kurven B und C der Geldsumme entsprechen, die durch die Unterschiede zwischen den Kurven A und B verloren geht. Selbstverständlich müsste das Programm-Management in der Lage sein, diesen durchschnittlichen Anstieg des Personalbedarfs zu rechtfertigen. Dies gilt insbesondere dann, wenn die Anpassungen in einer Projektphase mit hohen Lohn- und Gemeinkosten vorgenommen werden.

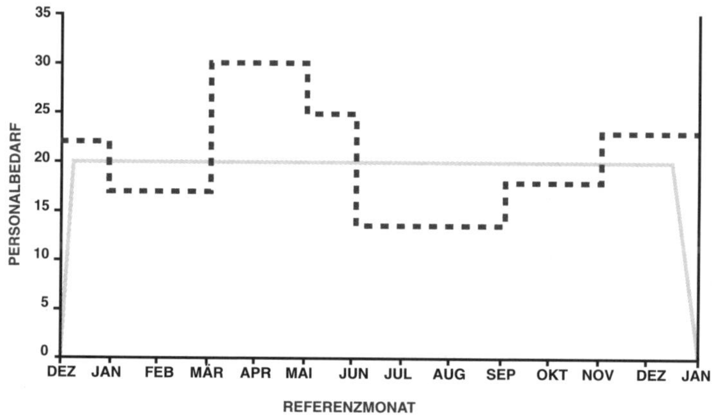

Abbildung 14.8: Typischer Verlauf des Personalbedarfs

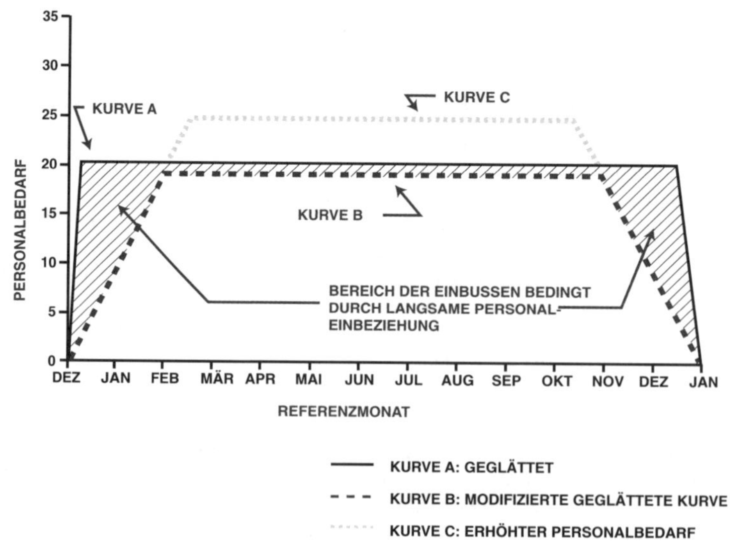

Abbildung 14.9: Linearer Zuwachs des Personalbedarfs

14.10 Review der Projektkalkulation

Kosten können nur dann veranschlagt, analysiert und kontrolliert werden, wenn die Preisangaben koordiniert werden und die Linieneinheiten und das obere Management miteinander kooperieren. Eine typische Unternehmensrichtlinie für die Kostenanalyse und -überprüfung finden Sie in Abbildung 14.10. Das Management des Unternehmens muss möglicherweise die Vorgänge initiieren oder genehmigen, falls die Unternehmensressourcen durch das Programm belastet werden, falls Kapitalaufwendungen für neue Anlagen oder Einsatzmittel erforderlich sind oder falls eine Genehmigung durch die Unternehmensführung bei allen Projekten erforderlich ist, die ein bestimmtes Volumen überschreiten.

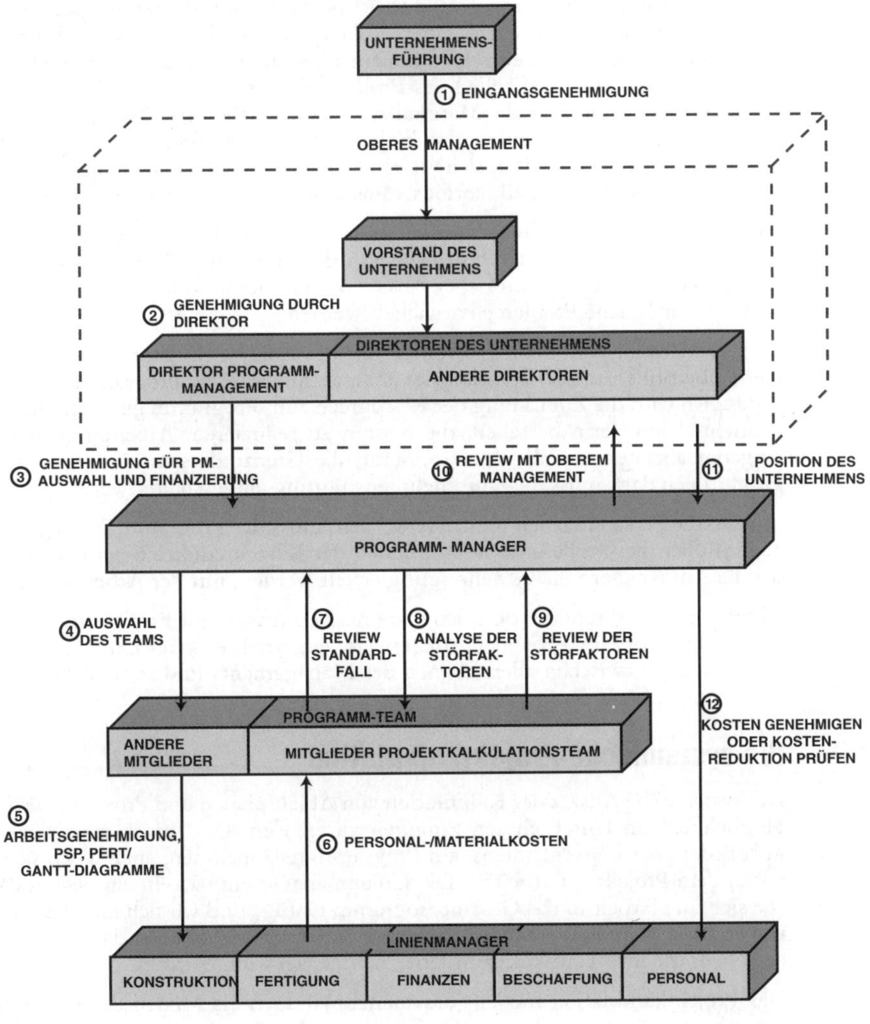

Abbildung 14.10: Review der Projektkalkulation

Das obere Management prüft und bewilligt mit Genehmigung des Vorstands des Unternehmens den Projekt- oder Programmstart. Die eigentlichen Projekt- oder Programmvorgänge beginnen jedoch erst, nachdem der Direktor des Programm-Managements einen Programm-Manager ausgewählt und das Budget für das Gebot oder Angebot (falls es sich um eine Ausschreibung handelt) oder die Finanzmittel für die Projektplanung bewilligt hat.

Der neu ernannte Programm-Manager stellt dann sein Programmteam zusammen. Die Teammitglieder, die auch Mitglieder des Programmbüros sind, stammen möglicherweise aus anderen Programmen. In diesem Fall muss der Programm-Manager mit den anderen Programm-Managern oder dem oberen Management über die Mitarbeiter verhandeln. Die Mitarbeiter des Programmbüros haben in der Regel eine unterstützende Funktion. Um Teammitglieder aus den einzelnen Fachabteilungen zu erhalten, muss der Programm-Manager mit den Linienmanagern verhandeln. Die Linienmitarbeiter werden möglicherweise erst dann ausgewählt oder dem Projekt zugewiesen, nachdem die eigentliche Arbeit vertraglich ausgehandelt wurde. Bei vielen Angeboten müssen jedoch alle Linienmitarbeiter angegeben werden. In einem solchen Fall muss die Auswahl während der Angebotserstellung erfolgen.

Die erste Aufgabe des Programmbüros (die Linienmitarbeiter müssen hier nicht unbedingt beteiligt werden) besteht darin, einen Ablaufplan und den Projektstrukturplan zu entwickeln. Anschließend müssen die einzelnen Linieneinheiten die Vorgänge kalkulieren. Die Linieneinheiten stellen dazu einem Mitglied des Projektkalkulationsteams Schätzwerte für die Anzahl der Personenstunden und für die Materialkosten zur Verfügung. Das Mitglied des Projektkalkulationsteams gehört normalerweise so lange zum Programmbüro, bis die Programmgesamtkosten ermittelt wurden. Handelt es sich um ein Projekt, das per Ausschreibung vergeben wird, nimmt das Mitglied des Projektkalkulationsteams anschließend an den Vertragsverhandlungen teil.

Nachdem der Standardfall formuliert wurde, führen die Mitglieder des Projektkalkulationsteams zusammen mit anderen Mitgliedern des Programmbüros eine Analyse der Störfaktoren durch. Dazu wird ein systemischer Ansatz der Problemlösung genutzt, mit dem Handlungsoptionen für mögliche Probleme entwickelt werden.

Der Standardfall wird dann zusammen mit der Analyse der Störfaktoren vom oberen Management überprüft, um die Position des Unternehmens zum Programm formulieren zu können. Zusätzlich wird die Zuordnung der Ressourcen zum Programm geprüft. Die Position des Unternehmens kann darin bestehen, die Kosten zu reduzieren, Arbeiten zu genehmigen oder ein Angebot abzugeben. Falls das Programm die Grenze dessen überschreitet, was der Direktor genehmigen darf, muss die Unternehmensführung eingeschaltet werden.

Müssen die Personalkosten reduziert werden, muss der Programm-Manager mit den Linienmanagern über die Größe und die Methoden der Kostenreduktion verhandeln. Andernfalls muss den Linienmanagern die Genehmigung erteilt werden, mit der Arbeit zu beginnen.

Abbildung 14.10 repräsentiert den systemischen Ansatz zur Ermittlung der Programmgesamtkosten. Der Vorgang erzeugt normalerweise ein synergetisches Umfeld, bietet offene Kommunikationswege zwischen allen Ebenen des Managements und stellt sicher, dass alle Beteiligten den Programmkosten zustimmen.

14.11 Die systemische Projektkalkulation

Der systemische Ansatz der Kalkulation von Ablaufplänen und Projektstrukturplänen bietet die Möglichkeit, im Unternehmen Einigkeit zu erzielen. Der Informationsfluss gestattet es allen Mitgliedern des Unternehmens, am Programm teilzunehmen, auch wenn sie nur zeitlich befristet an dem Projekt mitarbeiten. Die Linienmanager entwickeln ein besseres Verständnis dafür, wie sich ihre Arbeit in das Gesamtprogramm einfügt und wo sich ihre Tätigkeit mit derjenigen von anderen Abteilungen überschneidet. Zum ersten Mal können die Linienmanager genau vorhersehen, wie ihre Tätigkeit zum Unternehmensgewinn beiträgt.

Das Projektkalkulationsmodell, das manchmal auch als Modell der strategischen Projektplanung bezeichnet wird, dient als Management-Informationssystem und bildet den Ausgangspunkt für den systemischen Ansatz der Ressourcensteuerung (siehe Abbildung 14.11). Anhand der Computerausgabe des strategischen Projektkalkulationsmodells kann das Management die Programme auswählen, die die Ressourcen am besten nutzen. Dieses Modell bietet dem Management auch die Möglichkeit, Störfaktoren zu ermitteln, die sich auf die Kosten des Standardfalls auswirken, und es besteht bei Bedarf die Möglichkeit, Ausfallpläne zu entwickeln und zu bewerten.

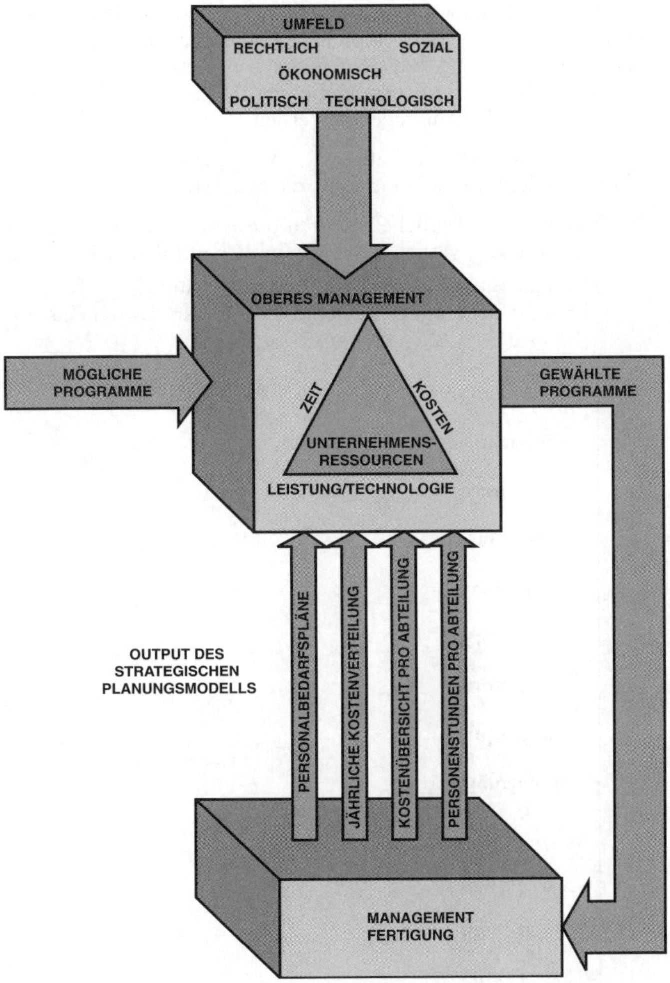

Abbildung 14.11: Der systemische Ansatz zur Ressourcensteuerung

14.12 Die Kostendaten absichern

PMBOK® Guide 2004
7.1.2.7 Analyse der Reserven

Nicht bei allen Angeboten müssen Quellen genannt werden, die die Kostendaten absichern. Ist dies jedoch erforderlich, sollte die Abstützung des Angebots zusammen mit der Projektkalkulation entwickelt werden. Die Preise der einzelnen Elemente sollten mit denen der Daten kompatibel sein, die das Angebot stützen.

Die Daten, die zur Abstützung des Angebots eingesetzt werden, stammen in der Regel aus externen Quellen (z.B. von Subunternehmen oder von externen Lieferanten). Interne Daten müssen auf Erfahrungswerten aus vorangegangenen Projekten basieren und die Daten müssen kontinuierlich anhand neuer abgeschlossener Projekte aktualisiert werden. Die Daten, die zur Abstützung verwendet werden, sollten nach Kostenstellen verfolgt werden können.

Die Auftraggeber wollen den Kostenvoranschlag möglicherweise prüfen. In diesem Fall könnten die Stützdaten einen Ausgangspunkt darstellen. Bei Angeboten, die nur auf einer Datenquelle für die Kostendaten basieren, ist es nicht unüblich, dass zunächst die stützenden Daten überprüft werden, bevor der endgültige Kostenvoranschlag an den Auftraggeber weitergeleitet wird.

Nicht alle Kostenvoranschläge müssen abgesichert werden. Der entscheidende Faktor ist in der Regel der Vertragstyp. Bei Festpreisangeboten hat der Auftraggeber möglicherweise nicht das Recht, die Bücher zu prüfen. Bei Paketen mit Kostenrückerstattung sind ihre Kosten hingegen ein offenes Buch und der Auftraggeber vergleicht sie in der Regel genau mit den Daten, die zur Stützung des Angebots angegeben werden.

Die meisten Unternehmen haben die Wahl zwischen mehreren Arten der Absicherung eines Angebots. Bei der Entscheidung sollte die Möglichkeit von Folgeaufträgen berücksichtigt werden:

- Wenn die tatsächlichen Kosten die Angaben, die zur Absicherung dienen, bei weitem überschreiten, verlieren Sie in Hinblick auf Folgeaufträge an Glaubwürdigkeit.
- Wenn die tatsächlichen Kosten geringer sind als die Kosten, die zur Absicherung dienen, sollten Sie bei Folgeaufträgen die neuen Ist-Kosten einsetzen.

Fachgebiet \ Mitarbeiter	Abel, J.	Becker, P.	Koch, D.	Dirk, L.	Eller, P.	Franke, W.	Grün, C.	Henrich, L.	Imhoff, R.	Jung, C.	Klein, W.	Leger, D.	Mayer, Q.	Neumann, A.	Oliver, G.	Port, L.
Administratives Management		a				a		a			a	a			a	
Steuerung und Kommunikation	b		b	b	b		b	b		b	b	b		b	b	b
Einschätzung von Umwelteinflüssen	c	c	c						c		c		c			
Anlagenmanagement		d					d				d		d			
Finanzmanagement	e					e			e	e	e				e	e
Personalmanagement	f							f				f				
Ablauforganisation	g				g					g						
Sicherheit								h				h		h		
Bestandsaufnahme	i						i								i	i
Logistik			j		j			j				j				
Arbeitsschutz	k									k			k			
Projektmanagement	l			l		l					l				l	
Qualitätskontrolle		m	m			m	m	m	m							
FuE			n	n							n		n			n
Lohn- und Gehaltsabrechnung		o			o				o	o		o		o	o	

Tabelle 14.8: Matrix der operativen Fähigkeiten

Wichtig ist hier, dass die Kosten, die zur Absicherung angegeben werden, die zukünftige Glaubwürdigkeit untermauern. Wenn Sie über gut dokumentierte Aufwandsschätzungen verfügen, sollten Sie diese in den Kostenvoranschlag aufnehmen, auch wenn dies gar nicht gefordert wird.

Da die Gemein- und die Einzelkosten möglicherweise als separate Vertragsbestandteile ausgehandelt werden, werden unterstützende Daten wie in den Tabellen 14.8 bis 14.11 und in Abbildung 14.12 benötigt, um die Kosten zu rechtfertigen, die vom Unternehmensstandard abweichen (den der Auftraggeber kennt).

	Anzahl der Mitarbeiter			
	Aktuell verfügbar		**Verfügbar für dieses Projekt und für neue Projekte 1/02**	**Erwartetes Wachstum 1/02**
	Fest angestellter Beschäftigter	**Mitarbeiter von Agentur**	**Fest angestellt +Agentur**	**Fest angestellt + Agentur**
Prozessingenieure	93	—	70	4
Projektmanager/-ingenieure	79	—	51	4
Kostenvorkalkulation	42	—	21	2
Kostenkontrolle	73	—	20	2
Planungskontrolle	14	—	8	1
Beschaffung	42	—	20	1
Abnahme	40	—	20	2
Ausführung	33	—	18	1
Home-Office-Bauleitung	9	—	6	0
Installation	90	13	67	6
Elektrik	31	—	14	2
Geräteausstattung	19	—	3	1
Gefäße	24	—	19	1
Zivil/strukturell	30	—	23	2
Andere	13	—	8	0

Tabelle 14.9: Personalverfügbarkeit beim Auftragnehmer

	Für eine Dauer von zwölf Monaten (1.1.01 bis 1.1.02)	
	Anzahl gekündigt	**Anzahl eingestellt**
Prozessingenieure	5	2
Projektmanager/-ingenieure	1	1
Kostenvorkalkulation	1	2
Kostenkontrolle	12	16

Tabelle 14.10: Fluktuationsrate

Planungskontrolle	2	5
Beschaffung	13	7
Abnahme	18	6
Ausführung	4	5
Home-Office-Bauleitung	0	0
Design und technisches Zeichnen – insgesamt	37	29
Ingenieure – insgesamt	26	45
Insgesamt	119	118

Tabelle 14.10: Fluktuationsrate (Forts.)

	Betriebszugehörigkeit in Jahren				
	0–1	1–2	2–3	3–5	5 oder mehr
Prozessingenieure	2	4	15	11	18
Projektmanager/-ingenieure	1	2	5	11	8
Kostenvorkalkulation	0	4	1	5	7
Kostenkontrolle	5	9	4	7	12
Planungskontrolle	2	2	1	3	6
Beschaffung	4	12	13	2	8
Abnahme	1	2	6	14	8
Ausführung	6	9	4	2	3
Installation	9	6	46	31	22
Elektrik	17	6	18	12	17
Geräteausstattung	8	8	12	13	12
Maschinenbau	2	5	13	27	19
Zivil/strukturell	4	8	19	23	16
Überwachung des Umfelds	0	1	1	3	7
Ingenieure	3	3	3	16	21
Insgesamt	64	81	161	180	184

Tabelle 14.11: Erfahrung der Mitarbeiter

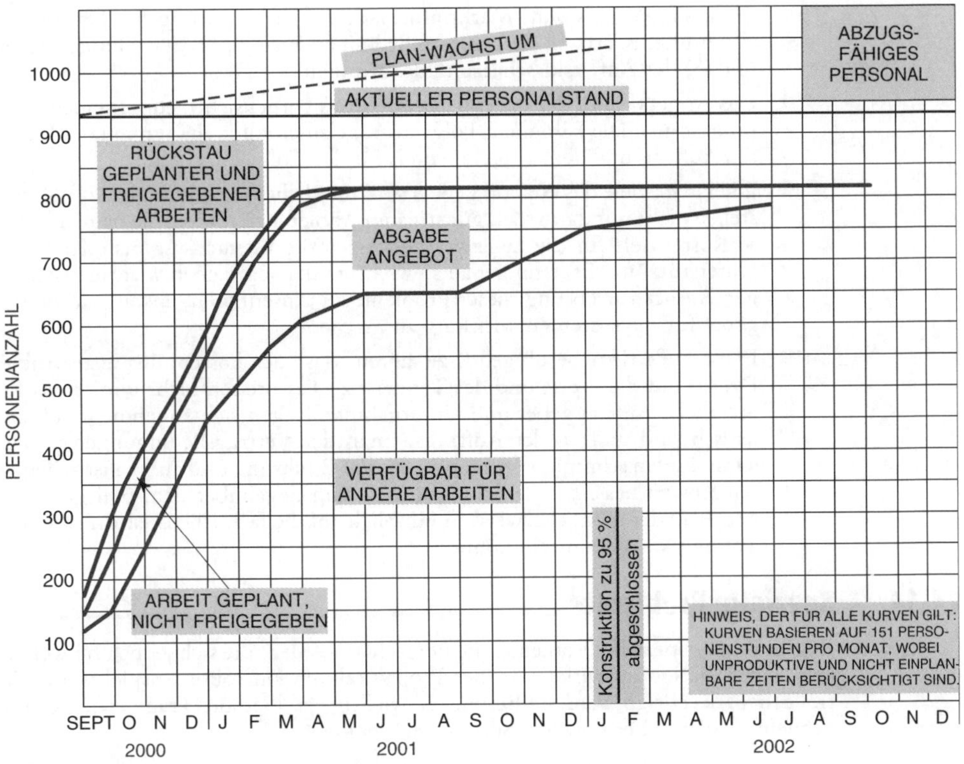

Abbildung 14.12: Anzahl der abzugsfähigen Mitarbeiter

14.13 Das Dilemma der Niedrigpreisstrategie

PMBOK® Guide 2004

12.4.2 Lieferantenauswahl: Werkzeuge und Methoden

Die Bedeutung des Preises für das Angebot steht außer Frage. Fraglich ist jedoch, mit welchem Preis eine Ausschreibung gewonnen werden kann. Der Entscheidungsprozess, der letztendlich zum Preis für das Angebot führt, ist sehr komplex und enthält viele Unsicherheitsfaktoren. Die Angebotsmanager, die den Auftrag unbedingt erhalten wollen, glauben möglicherweise, dass ein besonders niedriges Angebot hilfreich sei. Damit, dass ein Unternehmen einen Auftrag erhält, fängt jedoch alles erst an. Unternehmen haben kurz- und langfristige Ziele in Hinblick auf die Gewinne, die Marktdurchdringung, die Entwicklung neuer Produkte etc. Diese Ziele sind möglicherweise nicht mit einer Niedrigpreisstrategie vereinbar. Nachfolgend sehen Sie einige Beispiele:

- Ein auffällig niedriger Preis wird vom Kunden möglicherweise als unrealistisch betrachtet und wirkt sich negativ auf die Glaubwürdigkeit des Angebots oder die Einschätzung der Fachkompetenz aus.
- Der Angebotspreis ist im Verhältnis zur Konkurrenz und dem Budget des Auftraggebers unnötig niedrig und unterhöhlt die Gewinne.
- Der Preis ist möglicherweise für das Ziel irrelevant, mit dem sich das Unternehmen an der Ausschreibung beteiligt. Dieses Ziel kann beispielsweise darin bestehen, Fuß in einem neuen Markt zu fassen. Der Auftragnehmer muss sein Angebot dann glaubhaft verkaufen, indem er beispielsweise eine Kostenbeteiligung als Grund für das günstige Angebot angibt.

- Ein geringer Preis ohne Marktinformationen ist bedeutungslos. Das Preisniveau verhält sich immer relativ zu (1) konkurrenzfähigen Preisen, (2) dem Budget des Auftraggebers und (3) der Aufwandsschätzung des Kunden.
- Das Angebot und der darin genannte Preis berücksichtigen nur einen Teil des Gesamtprogramms. Die Fähigkeit, Folgeaufträge zu erhalten, hängt von der Leistung beim ersten Auftrag und dem Angebotspreis für den Folgeauftrag ab.
- Die Finanzziele des Auftraggebers sind möglicherweise komplexerer Natur, d.h., sie bestehen nicht nur darin, den günstigsten Anbieter zu finden. Sie beinhalten möglicherweise Kostenziele für die Lebenszykluskosten des Gesamtsystems oder für die logistische Unterstützung. Es kann genau so wichtig oder sogar noch wichtiger sein, einen stimmigen Ansatz zur Lösung dieser Probleme zu präsentieren, anstatt ein preisgünstiges Angebot für die Systementwicklung zu machen.
- Es ist außerdem beruhigend, zu hören, dass der kostengünstigste Anbieter trotz des Drucks auf die Preise und der Tendenz zu Festpreisen nicht immer das Rennen macht. Staatliche Auftraggeber und Unternehmen fragen sich zunehmend, ob die Kosten realistisch sind und ob der Auftrag gemäß der Vertragsbedingungen ausgeführt werden kann. Einem stimmigen Angebot, das auf Erfahrung und auf realistischen, dokumentierten Kosten basiert, wird häufig der Vorzug gegenüber dem preisgünstigsten Anbieter gegeben, der möglicherweise in Hinblick auf die fachliche Leistung, die Kosten oder den Terminplan riskant sein könnte.

14.14 Spezielle Probleme

Es gibt immer spezielle Probleme, die übersehen werden, die sich jedoch schwerwiegend auf die Projektkalkulation auswirken. In der Projektkalkulation sollte beispielsweise die Kostenkontrolle berücksichtigt werden. Besonders wichtig ist hier die Frage, wie Kosten im Projekt gebucht werden. Hier sind drei Situationen denkbar:

- *Für die Preisgestaltung wurde der Abteilungsdurchschnitt herangezogen und die durchgeführten Arbeiten werden dem Projekt nun, unabhängig davon, wer die Arbeit tatsächlich ausführt, mit dem durchschnittlichen Gehalt belastet.* Diese Technik ist zwar die einfachste, sie ermutigt die Projektmanager jedoch dazu, um die bestbezahlten Mitarbeiter zu kämpfen, weil das Projekt nur mit den Durchschnittslöhnen belastet wird.
- *Bei der Projektkalkulation wurde das durchschnittliche Gehalt einer Abteilung verwendet, nun wird jedoch das tatsächliche Gehalt der Mitarbeiter in Rechnung gestellt, die die Arbeit ausführen.* Diese Methode kann für den Projektmanager sehr Problematisch sein, wenn er versucht, für das Projekt nur die besten Mitarbeiter einzusetzen. Wenn das Gehalt dieser Mitarbeiter deutlich über dem Abteilungsdurchschnitt liegt, kommt es zu einer Kostenüberschreitung, falls die Mitarbeiter es nicht schaffen, die Arbeit in einer kürzeren Zeit zu erledigen. Manchmal werden Unternehmen von staatlichen Stellen gezwungen, diesen Ansatz zu wählen, und haben dann Probleme bei der Aufwandsschätzung, wenn es sich um kurzfristige Projekte handelt, bei denen nur höher bezahlte Mitarbeiter eingesetzt werden können. In einer solchen Situation werden die Mitarbeiterstunden in der Regel »aufgebläht«, um die Zusatzkosten zu kompensieren.
- *Für die Projektkalkulation wurde das tatsächliche Gehalt der Mitarbeiter herangezogen, die die Arbeit durchführen werden. Die Kosten werden dem Projekt auch entsprechend belastet.* Diese Methode ist ideal, sofern die Mitarbeiter im Rahmen der Projektkalkulation identifiziert werden können.

Einige Unternehmen kombinieren diese drei Methoden. In diesem Fall wird das Project Office mit der dritten Methode kalkuliert (weil die Mitarbeiter bereits früh ausgewählt wurden). Die Linienmitarbeiter werden jedoch mit der ersten oder der zweiten Methode kalkuliert.

14.15 Fallen erkennen

> **PMBOK® Guide 2004**
> 7.1.1 Kostenschätzung: Eingangswerte

Bei der Projektkalkulation gibt es einige Fallen. Die wichtigste und auch eine, die der Projektmanager nicht in der Hand hat, ist die »Buy-In«-Entscheidung, die auf der Annahme basiert, dass es zu einem späteren Zeitpunkt zu einem »Notverkauf« oder zu Folgeaufträgen kommen wird. Diese Möglichkeit besteht beispielsweise bei Ersatzteilen, bei der Wartung, bei Wartungshandbüchern, bei der Überwachung der Einsatzmittel, bei optionalen Dienstleistungen und bei Ausschussfaktoren. Es gibt jedoch auch andere Arten von Fallen, wie z.B. die folgenden:

- Fehlinterpretation des Lastenhefts
- Der Projektgegenstand wurde nicht oder mangelhaft definiert.
- Der Terminplan ist mangelhaft oder zu optimistisch geplant.
- Die Ebene der Fachkenntnis, die für eine Aufgabe erforderlich ist, wurde falsch eingeschätzt.
- Der Projektstrukturplan ist ungenau.
- Risiken wurden nicht berücksichtigt.
- Der Kostenanstieg oder eine Aufblähung der Kosten wurde nicht berücksichtigt.
- Es wurde keine passende Technik zur Aufwandsschätzung eingesetzt.
- Gemein- und Einzelkosten wurden außer Acht gelassen.

Leider werden viele dieser Fallen erst offensichtlich, wenn sie vom Kostenkontrollsystem entdeckt werden und das Projekt bereits läuft.

14.16 Aufwandsschätzung bei Projekten mit hohem Risiko

> **PMBOK® Guide 2004**
> 6.1.2.3 Rollierende Planung
> Kapitel 11 Risikomanagement

Ob ein Projekt ein hohes oder nur ein geringes Risiko in sich birgt, hängt von der Zuverlässigkeit der Einschätzung von Erfahrungswerten ab. Bauunternehmen besitzen gut etablierte Standards für die Nutzung von Erfahrungswerten, was die Risiken verringert. Forschungs- und Entwicklungsprojekte sind hingegen sehr riskant. Typische Ebenen der Genauigkeit für die einzelnen Stufen des Projektstrukturplans finden Sie in Tabelle 14.12.

Projektstrukturplan		Genauigkeit	
Stufe	Beschreibung	Projekte mit geringem Risiko	Projekte mit hohem Risiko
1	Programm	± 35	± 75–100
2	Projekt	20	50–60
3	Aufgabe	10	20–30
4	Teilaufgabe	5	10–15
5	Arbeitspaket	2	5–10

Tabelle 14.12: Die Vorhersagegenauigkeit bei Projekten mit hohem und mit geringem Risiko

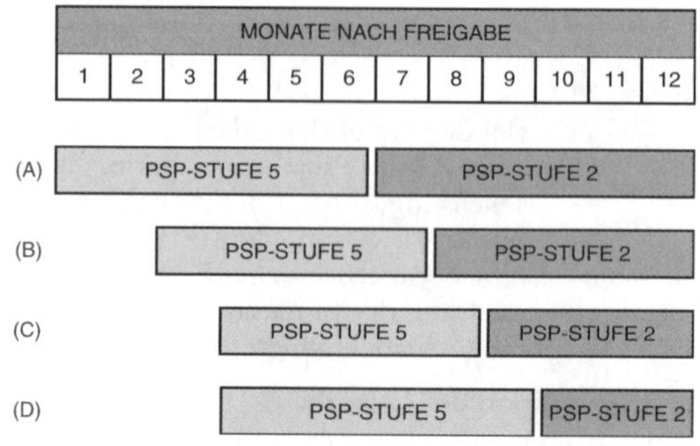

Abbildung 14.13: Das Konzept des beweglichen Fensters

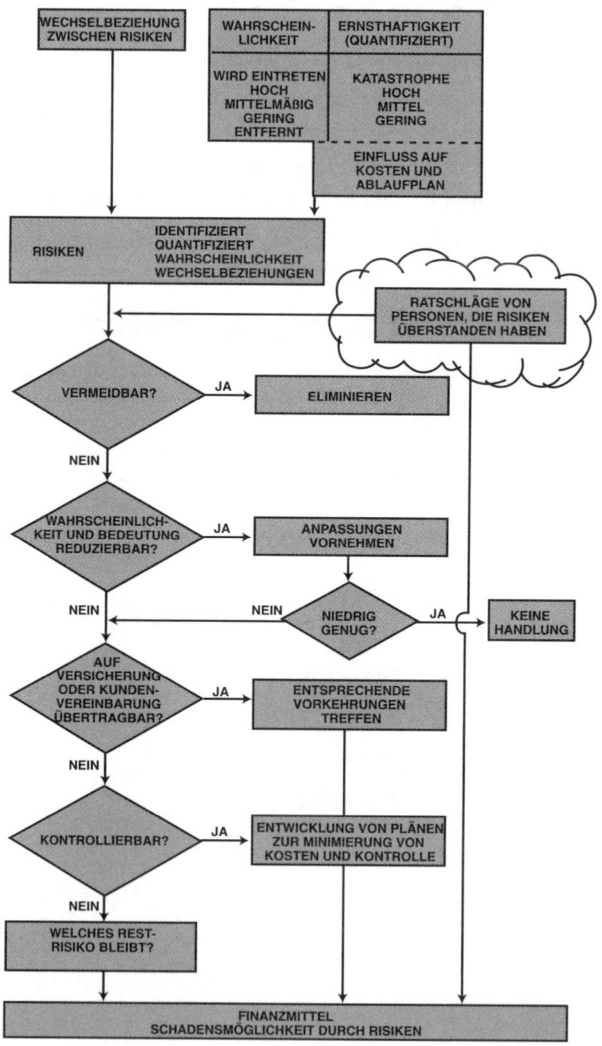

Abbildung 14.14: Elemente für die Risikoeinschätzung

Eine übliche Technik der Aufwandsschätzung bei riskanten Projekten ist der Ansatz des »beweglichen Fensters«. Dieser wird in Abbildung 14.3 für ein FuE-Projekt mit hohem Risiko gezeigt. Das Projekt hat eine Dauer von zwölf Monaten. Der FuE-Aufwand für die ersten sechs Monate ist ausführlich definiert und kann bis zur 5. Stufe des Projektstrukturplans geschätzt werden. Der Aufwand für die folgenden sechs Monate basiert jedoch auf dem Ergebnis der ersten sechs Monate und kann nur bis zur Stufe 2 geschätzt werden. Er birgt also ein hohes Risiko in sich. Betrachten Sie nun Teil B von Abbildung 14.13, der ein Fenster von sechs Monaten zeigt. Um dieses Fenster zu erhalten, muss am Ende des ersten Monats die Aufwandsschätzung für Monat 7 von der Stufe 2 auf die Stufe 5 korrigiert werden. Das Gleiche gilt für die folgenden Monate, wie in den Teilen C und D von Abbildung 14.13 gezeigt.

Beim Einsatz dieser Technik müssen zwei Punkte berücksichtigt werden. Erstens kann sich die Länge des beweglichen Fensters zwischen den einzelnen Projekten unterscheiden. In späteren Phasen des Projektlebenszyklus wird das Fenster außerdem länger. Die zweite Technik funktioniert am besten, wenn das obere Management die Technik kennt. Es kommt häufig vor, dass das obere Management während der Projektgenehmigung nur eine Planungszahl hört und dabei nicht bedenkt, dass mindestens die Hälfte der Schätzwerte nur eine Genauigkeit von 50 bis 60 % hat. Das heißt also, es handelt sich lediglich um eine grobe Aufwandsschätzung.

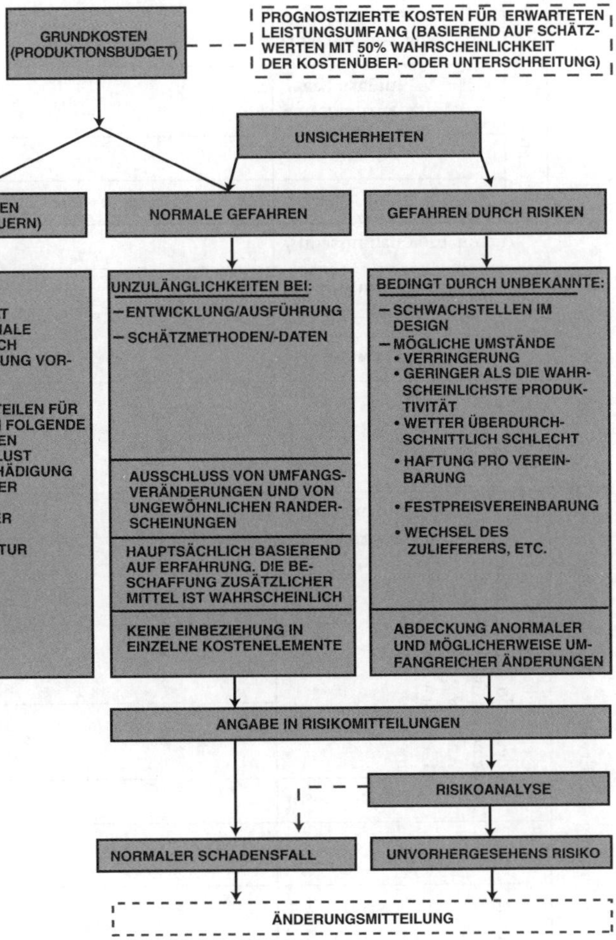

Abbildung 14.15: Grundkosten und Risikomöglichkeiten

Für die Einschätzung der Risiken können auch Methoden entwickelt werden. Die Abbildungen 14.14 und 14.15 sowie Tabelle 14.13 zeigen Beispiele.

Projektrisikoanalyse & Risikoeinschätzung | Angebot/Bestellnummer | Abteilung

Risikoeinschätzung = 2 Erwartete Werte Ref: Prozedur 0110E | Datum | Vorgangsnr.

Folge	Element	Wert	Risiko: Ja/Nein	Beschreibung des Risikos, auf eine maximale Änderung des Elementwerts in %	Maximales Risiko – Höhe	Wahrscheinlichkeit	Mögliches Ergebnis – Höhe	Wechselwirkung	Ernsthaftigkeit Hoch/Mittel/Gering	Anpassungen vornehmen	Verlegen zu: Versicherung	Verlegen zu: Zustimmung	Verlegen zu: Unterauftragnehmer oder Lieferant	Verlegen zu: Ausgrenzung aus Projektgegenstand	Verlegen zu: Einbeziehung in Schätzung	Verlegen zu: Entwicklungsbewilligung	Verlegen zu: Ersatzteilbau	Verlegen zu: Steuerungsplan	Verlegen zu: Akzeptanz als Restrisiko	Verlegen zu: Zufall	Risiko – Erwarteter Wert

Tabelle 14.13: Standardformular für die Risikoanalyse und die Risikoeinschätzung

14.17 Projektrisiken

PMBOK® Guide 2004
11.2 Risikoidentifikation

Projektpläne sind »lebende Dokumente« und deshalb Veränderungen unterworfen. Änderungen sind nötig, um ungünstige Situationen zu verhindern oder zu korrigieren. Solche ungünstigen Situationen können auch als Projektrisiken bezeichnet werden.

Risiken beziehen sich auf gefährliche Vorgänge oder Faktoren, die, falls sie eintreten, die Wahrscheinlichkeit erhöhen, dass die Projektzeit- und -kostenvorgaben nicht erfüllt werden oder dass die geforderte Leistung nicht geboten wird. Viele Risiken sind vorherseh- und steuerbar. Außerdem sollte Risikomanagement in allen Projektphasen Bestandteil des Projektmanagements sein.

Nachfolgend sehen Sie Beispiele für häufige Projektrisiken:

- Unzureichende Definition der Projektanforderungen
- Mangel an qualifizierten Ressourcen
- Mangelnde Unterstützung durch das Management
- Schlechte Aufwandsschätzung
- Unerfahrene Projektmanager

Die Identifikation von Risiken ist eine Kunst. Sie setzt voraus, dass der Projektmanager alle Daten kennt und analysiert. Dazu stehen dem Projektmanager unter anderem folgende Werkzeuge zur Verfügung:

- Entscheidungsfindungssysteme
- Schätzwerte
- Trendanalysen/Projektionen
- Unabhängige Reviews und Audits
- Projektsponsoren/Review durch Unternehmensführung

Die Abbildungen 14.14 und 14.15 und die Tabelle 14.13 zeigen den Prozess der Risikobewertung bei Investitionsprojekten. Aus den Abbildungen und der Tabelle wird ersichtlich, dass der Versuch besteht, die Risiken zu quantifizieren, indem beispielsweise Fonds für unvorhergesehene Ausgaben angelegt werden.

14.18 Das Problem der 10-Prozent-Lösung für die Projektkalkulation

Ökonomische Krisen können in Organisationen großes Chaos anrichten. Die schlimmste Situation für den Projektmanager tritt ein, wenn das obere Management willkürlich eine »10-Prozent-Lösung« anwendet, d.h., das Budget wird bei allen Projekten um 10 Prozent gekürzt – insbesondere bei denen, die bereits gestartet wurden. Die 10-Prozent-Lösung wird eingesetzt, um Geldmittel für zusätzliche Vorgänge bereitzustellen, für die keine Budgets existieren. Die 10-Prozent-Lösung hat selten Erfolg. In der Regel entsteht einfach nur Chaos, es treten Verzögerungen bei den Zeitplänen auf, die Leistung und die Qualität werden schlechter und die Budgets erhöhen sich eher, als dass sie sich verringern.

Die meisten Projekte werden über ein Führungsgremium initiiert. Die wesentlichen Funktionen solcher Führungsgremien bestehen darin, die Projekte auszuwählen, die realisiert werden sollen, und die Projekte mit Prioritäten zu versehen. Budgeterwägungen können ebenfalls vorkommen, so lange sie mit der Projektauswahl in Verbindung stehen. Die eigentlichen Budgets werden jedoch vom mittleren Management entwickelt und an das obere Management zur Genehmigung weitergereicht.

Die Rolle des Führungsgremiums ist zwar häufig in Bezug auf die Budgetierung schlecht definiert, das eigentliche Problem besteht jedoch darin, dass das Führungsgremium die Auswirkungen einer 10-Prozent-Lösung nicht sieht. Wenn das Projekt ehrlich kalkuliert wurde, müssen bei einer Reduktion Kompromisse in Bezug auf die Zeitdauer oder die Leistung gemacht werden. Häufig wird gesagt, dass mit 90 Prozent des Budgets die ersten 10 Prozent der gewünschten

Dienstleistung oder des gewünschten Qualitätsniveaus erreicht werden können. Mit den verbleibenden 10 Prozent des Budgets werden die restlichen 90 Prozent der Zielanforderungen erfüllt. Falls dies stimmt, muss eine Reduktion des Budgets um 10 Prozent mit einem wesentlich höheren Leistungsverlust einhergehen.

Bei der Aufwandsschätzung werden manchmal Puffer eingebaut, die durch die erzwungene Reduktion des Budgets herausgenommen werden müssen. Die meisten Projektmanager liefern jedoch realistische Schätzwerte und Zeitpläne ohne größere Puffer ab. Kompromisse zwischen der Zeit und den Kosten sind ebenfalls nicht hilfreich, weil sich die Kosten durch eine Verlängerung des Projekts eher erhöhen.

Kosten oder Qualität

Jeder weiß, dass eine Kostenreduktion häufig in Qualitätseinbußen resultiert. Ist der Terminplan hingegen unflexibel, kann der Projektmanager nur Kosten gegen Qualität setzen. Ist das geschätzte Budget für ein Projekt zu hoch, ist die Unternehmensführung häufig bereit, die Qualität bis zu einem gewissen Grad zu opfern, um im Rahmen des Budgets zu bleiben. Es ist jedoch ziemlich schwierig zu entscheiden, welcher Qualitätsverlust noch akzeptabel ist.

Führungskräfte glauben häufig, dass eine lineare Beziehung zwischen den Kosten und der Qualität besteht und sich deshalb die Qualität um 10 Prozent verringert, wenn die Kosten um 10 Prozent reduziert werden. Nichts könnte jedoch weiter von der Wahrheit entfernt sein. Das Verhältnis zwischen Kosten, Qualität und Zeit können Sie der nachfolgenden Tabelle entnehmen.

Projektkosten	85–90 %	10–15 %
Greifbare Qualität	10 %	90 %
	Zeit→	

Die ersten 85–90 Prozent des Budgets (d.h. das Budget für die Einzelkosten) werden benötigt, um die ersten 10 Prozent der Qualität zu erzielen. Mit den restlichen 10–15 Prozent des Budgets werden dann die verbleibenden 90 Prozent der Qualität erzeugt. Man benötigt keinen Doktor in Mathematik, um zu bemerken, dass eine Kostenreduktion um 10 Prozent leicht zu einer Qualitätseinbuße von 50 Prozent führen kann. Es kommt immer darauf an, an welcher Stelle gekürzt wird.

Das folgende Szenario zeigt die Ereigniskette, die in einer typischen Organisation vorzufinden ist:

- Am Anfang des Geschäftsjahrs wählt das Führungsgremium die Projekte aus, die durchgeführt werden sollten, damit *alle* verfügbaren Ressourcen eingesetzt werden.
- Kurz nachdem das Geschäftsjahr begonnen hat, genehmigt das Führungsgremium weitere Projekte. Diese werden dann in die Warteschlange gesetzt.
- Das Führungsgremium erkennt, dass nicht genügend Ressourcen zur Verfügung stehen, um die Warteschlange zu bedienen. Da die Budgets eng geschnürt sind, können keine zusätzlichen Mitarbeiter eingestellt werden. (Selbst wenn Personal eingestellt werden könnte, wäre das Projekt bereits abgeschlossen, bevor die neuen Mitarbeiter entsprechend ausgebildet wären.)
- Das Führungsgremium weigert sich, Projekte zu streichen, und wählt den einfachen Weg, indem es die 10-Prozent-Lösung auf jedes Projekt anwendet. Außerdem besteht das Führungsgremium darauf, dass die ursprüngliche Leistung auf jeden Fall beibehalten werden muss.
- Die Arbeitsmoral, die im Projekt und den Fachbereichen über Monate aufgebaut wurde, wurde nun über Nacht zerstört. Die Linienmitarbeiter verlieren das Vertrauen in die Fähigkeit des Führungsgremiums, korrekt zu handeln und sinnvolle Entscheidungen zu treffen. Die Mitarbeiter versuchen, in andere Organisationen versetzt zu werden.
- Die Prioritäten werden täglich geändert und die Ressourcen werden ohne Rücksicht auf den Terminplan zwischen den einzelnen Projekten hin- und hergeschoben.

- Da jedes Projekt zu leiden beginnt, versuchen die Projektmanager, Ressourcen zu hamstern, und weigern sich, Mitarbeiter an andere Projekte abzugeben, auch wenn das Projekt abgeschlossen ist.
- Da die Qualität und die Leistung schlechter zu werden beginnen, fangen die Manager auf allen Ebenen an, »Schutzmitteilungen« zu schreiben.
- Die Vernachlässigung des Terminplans und der Qualität steigen so stark an, dass einige Projekte in das nächste Geschäftsjahr verschoben werden. Dadurch reduziert sich die Anzahl neuer Projekte.

Die 10-Prozent-Lösung funktioniert schlicht nicht. Es gibt jedoch zwei sinnvolle Handlungsoptionen. Die erste besteht darin, die 10-Prozent-Lösung nur auf ausgewählte Projekte anzuwenden, nachdem eine »Einflussanalyse« durchgeführt wurde und das Führungsgremium den Einfluss auf die Kosten-, Zeit- und Leistungsvorgaben beurteilen kann. Die zweite Handlungsoption ist die weit bessere und besteht darin, ausgewählte Projekte abzubrechen oder den Projektumfang ausgewählter Projekte zu verringern. Da es nicht möglich ist, das Budget ohne eine Reduktion des Projektumfangs zu verringern, kann der Abbruch eines Projekts oder die Verzögerung in das nächste Geschäftsjahr eine sinnvolle Handlungsoption sein. Denn warum sollten alle Projekte leiden?

Der Abbruch von einem oder zwei Projekten, die sich in der Warteschlange befinden, gestattet den effektiveren und produktiveren Einsatz der vorhandenen Ressourcen und auch die Moral steigt. Es erfordert jedoch mehr Führungsstärke seitens des Führungsgremiums, Projekte abzubrechen, statt die Budgets aller Projekte um 10 Prozent zu kürzen. Die Führungsgremien funktionieren häufig am besten, wenn das Komitee für die Projektauswahl, die Prioritätenvergabe und die Projektüberwachung zuständig ist und das mittlere Management für die Budgetierung.

14.19 Lebenszykluskosten

PMBOK® Guide 2004

7.1.1 Kostenschätzung: Eingangswerte

Jahrelang haben Unternehmen, die Forschung und Entwicklung betreiben, in einem Vakuum operiert, in dem technische Entscheidungen lediglich während der Forschung und Entwicklung getroffen wurden, ohne dass berücksichtigt wurde, was nach Produktionsbeginn passiert. Heute nutzen viele Firmen den Ansatz der Lebenszykluskosten, der von Rüstungsunternehmen entwickelt wurde. Einfach gesagt fordert der Ansatz der Lebenszykluskosten, dass Entscheidungen, die im Rahmen des FuE-Prozesses getroffen werden, in Bezug zu den Lebenszykluskosten des Gesamtsystems gesetzt werden. Angenommen, die FuE-Gruppe hat zwei mögliche Designkonfigurationen für ein neues Produkt entwickelt. Beide Konfigurationen haben dasselbe FuE-Budget und ähnliche Herstellungskosten. Die Wartungskosten und die Kosten für den Kundendienst sind jedoch bei einem der Produkte erheblich höher. Werden diese Kosten in der FuE-Phase nicht berücksichtigt, resultieren möglicherweise umfangreiche nicht eingeplante Ausgaben zu einem Zeitpunkt, zu dem keine Handlungsoptionen existieren.

Die Lebenszykluskosten sind die Gesamtkosten, die für das Unternehmen während der Lebensdauer eines Produkts anfallen. Dazu gehören die Kosten für die Forschung und Entwicklung, für die Produktion, für den Betrieb und den Kundendienst und möglicherweise auch die Beseitigung. Eine typische Beschreibung der Kostenstruktur könnte folgende Kosten beinhalten:

- *FuE-Kosten:* Die Kosten für die Machbarkeitsstudien, die Kosten-Nutzen-Analysen, die Systemanalysen, das Design und die Entwicklung, die Herstellung, den Zusammenbau und den Test der Prototypen, die Kosten für die Projektbewertung und die anschließende Produktdokumentation.
- *Produktionskosten:* Die Kosten für die Herstellung, den Zusammenbau und den Test der Produktionsmodelle, die Kosten für den Betrieb und die Pflege der Produktionsfähigkeit und die damit verbundenen internen logistischen Anforderungen, Kosten für die Bereitstellung von Ersatzteilen, die Entwicklung der technischen Daten und die Aufnahme der Produkte in den Lagerbestand.
- *Baukosten:* Die Kosten für neue Produktionsanlagen oder den Ausbau vorhandener Strukturen, um die Produktion anzupassen.

- *Betriebs- und Wartungskosten:* Die Kosten für das Betriebs- und Wartungspersonal, die Kosten für Ersatzteile und ähnlichen Lagerbestand, die Kosten für Test- und Wartungsgeräte, die Kosten für Transport und Handling, die Kosten für Anlagen, Veränderungen, Änderungen technischer Daten etc.
- *Produktabwicklungskosten:* die Kosten für die Entfernung des Produkts (auch als Entsorgungskosten bezeichnet) aus dem Lagerbestand, weil es veraltet oder abgenutzt ist, und die anschließende Wiederverwertung und Rückgewinnung der Einsatzmittel.

Die Analyse der Lebenszykluskosten ist ein systematischer analytischer Prozess, bei dem die verschiedenen Handlungsabläufe in einem frühen Projektstadium erfolgen, wobei das Ziel besteht, die beste Möglichkeit für den Einsatz knapper Ressourcen zu wählen. Die Lebenszykluskosten werden bei der Auswertung möglicher Designkonfigurationen, Produktionsmethoden oder Kundendienstmodelle eingesetzt. Der Prozess beinhaltet folgende Schritte:

- Definition des Problems (welche Informationen werden benötigt?)
- Definition der Anforderungen an das eingesetzte Kostenmodell
- Sammlung von Erfahrungswerten
- Entwicklung von Schätzwerten und von Testergebnissen

Bei erfolgreicher Anwendung des Ansatzes der Lebenszykluskosten geschieht Folgendes:

- Der Einfluss auf die Ressourcen im Projektverlauf wird deutlich
- Bereitstellung eines Lebenszykluskosten-Managements
- Beeinflussung von FuE-Entscheidungen
- Unterstützung der strategischen Budgetierung im Projektverlauf

Es gibt auch verschiedene Beschränkungen der Lebenszykluskosten-Analyse, wie z.B. die folgenden:

- Die Annahme, dass der Lebenszyklus eines Produkts endlich ist
- Hohe Durchführungskosten, die bei Billigproduktionen oder Produktionen mit geringen Stückzahlen nicht angemessen sind
- Eine hohe Sensibilität für sich ändernde Anforderungen

Der Ansatz der Lebenszykluskosten setzt voraus, dass sehr früh eine Aufwandsschätzung vorgenommen wird. Die gewählte Schätzmethode basiert dabei auf dem Problemkontext (d.h. den Entscheidungen, die getroffen werden müssen, der geforderten Genauigkeit, der Komplexität des Produkts und dem Entwicklungsstatus des Produkts) und operationalen Überlegungen (d.h. dem Markteinführungsdatum, der Zeit, die für die Analyse zur Verfügung steht, und den verfügbaren Ressourcen).

Die verfügbaren Schätzmethoden lassen sich wie folgt klassifizieren:

- Informelle Schätzmethoden
- Beurteilung auf der Basis von Erfahrungswerten
- Analogie-Methoden
- SWAG-Methode
- ROM-Methode
- Methode der Faustregeln
- Formelle Schätzmethoden
- Detaillierte Methoden (unter dem Gesichtspunkt der Ablauforganisation)
- Parametrische Methoden

Tabelle 14.14 zeigt die Vor- und Nachteile der verschiedenen Methoden.

PMBOK® Guide 2004

7.1.2 Kostenschätzung: Werkzeuge und Methoden

Schätztechnik	Anwendung	Vorteile	Nachteile
Technische Schätzung (empirisch)	Neubeschaffung Fertigung Entwicklung	• Detaillierteste Technik • Höchste Genauigkeit • Bester Ausgangspunkt für die Einschätzung zukünftiger Programmänderungen	• Setzt detaillierte Programm- und Produktdefinition voraus • Zeitaufwändig und eventuell auch kostspielig • Von einer technischen Sichtweise geprägt • Systemintegrationskosten werden möglicherweise übersehen
Parametrische Schätzung und Skalierung (statistisch)	Fertigung Entwicklung	• Einfache und kostengünstige Anwendung • Eine statistische Datenbank kann die Erwartungswerte und die Vorhersageintervalle bereitstellen • Kann für die Ausrüstung oder für Systeme vor der Entwicklung oder der Programmplanung eingesetzt werden	• Parametrische Kostenbeziehungen müssen hergestellt werden • Häufig auf bestimmte Teilsysteme oder funktionelle Hardware von Systemen beschränkt • Abhängig von der Datenmenge und -qualität • Beschränkt durch die Daten und die Anzahl unabhängiger Variablen
Schätzung basierend auf Analogien (vergleichend)	Neubeschaffung Fertigung Entwicklung Programmplanung	• Relativ einfach • Preisgünstig • Betont schrittweise Programm- und Produktänderungen • Hohe Genauigkeit bei ähnlichen Systemen	• Setzt analoge Produkt- und Programmdaten voraus • Beschränkt auf stabile Technologie • Beschränkte Reichweite der elektronischen Anwendungen • Möglicherweise beschränkt auf Systeme und Einsatzmittel, die von derselben Firma erstellt wurden
Expertenmeinung	Alle Programmphasen	• Verfügbar, wenn nicht genügend Daten oder parametrische oder keine Programm- oder Produktdefinition vorhanden ist	• Durch Vorurteile geprägt • Erhöhte Produkt- oder Programmkomplexität kann Schätzwerte verschlechtern • Die Untermauerung der Schätzwerte ist nicht quantifizierbar

Tabelle 14.14: Schätzverfahren

Abbildung 14.16 zeigt die verschiedenen Phasen für Projekte des US-amerikanischen Verteidigungsministeriums. Am Ende der Demonstrations- und Bewertungsphase (d.h. nach Abschluss der Forschung & Entwicklung) wurden 85 Prozent aller Entscheidungen getroffen, die die Gesamtkosten beeinflussen, und die Möglichkeit der Kostenreduktion hat sich auf maximal 22 Prozent reduziert (ausgenommen der Auswirkungen der Lernkurven). Abbildung 14.17 zeigt, dass am Ende der FuE-Phase 95 Prozent der kumulativen Lebenszykluskosten festgelegt wurden. Abbildung 14.18 ist zu entnehmen, dass 12 % der Mittel für die FuE-Phase aufgewendet werden, dass 28 % der Kosten für die Produktion ausgegeben werden und 60 % für Kundendienst und Betrieb.

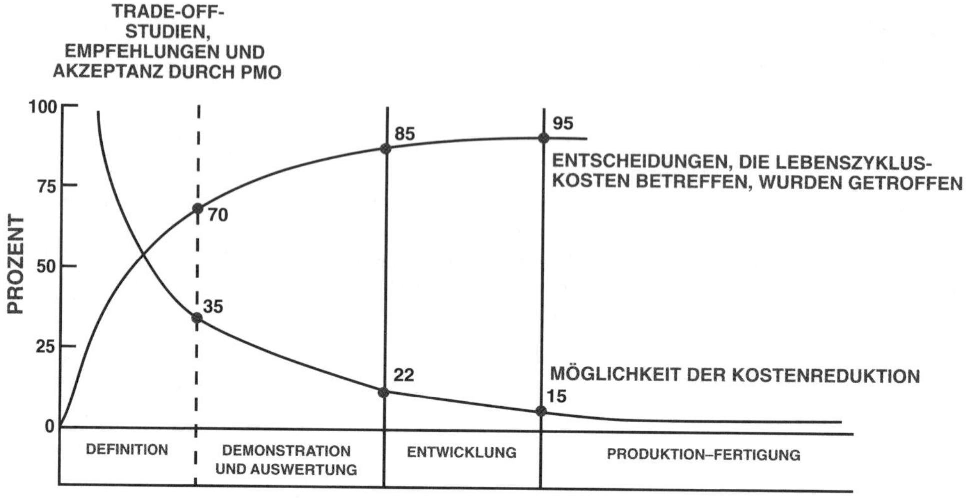

Abbildung 14.16: Lebenszyklusphasen bei Projekten des US-amerikanischen Verteidigungsministeriums (DoD – Department of Defense)

> **PMBOK® Guide 2004**
>
> Kapitel 2: Projektlebenszyklus und Organisation
>
> 2.1.2 Eigenschaften von Projektphasen
>
> 7.1.1 Kostenschätzungen: Eingangswerte

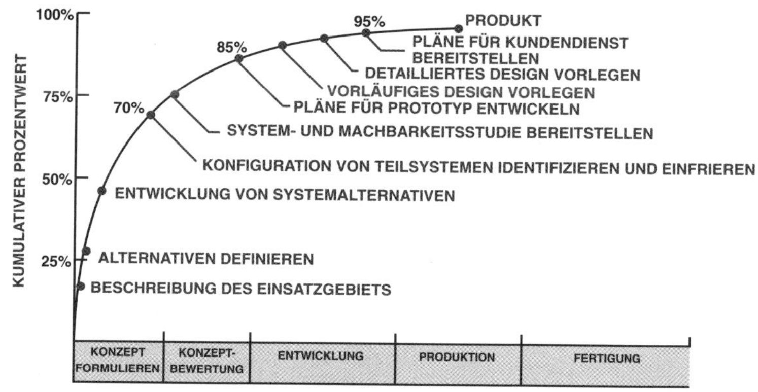

Abbildung 14.17: Handlungen, die sich auf die Lebenszykluskosten auswirken

Die Analyse der Lebenszykluskosten gehört zur strategischen Planung, weil die Entscheidungen von heute die Handlungen von morgen bedingen. Trotzdem werden bei der Analyse der Lebenszykluskosten Fehler gemacht:

- Datenverlust oder Nichtbeachtung von Daten
- Fehlen einer systematischen Struktur
- Fehlinterpretation der Daten
- Falsche oder falsch angewendete Techniken
- Konzentration auf unwichtige Faktoren
- Unsicherheit wurde nicht richtig eingeschätzt
- Die Arbeit wurde nicht überprüft
- Es wurden die falschen Elemente geschätzt

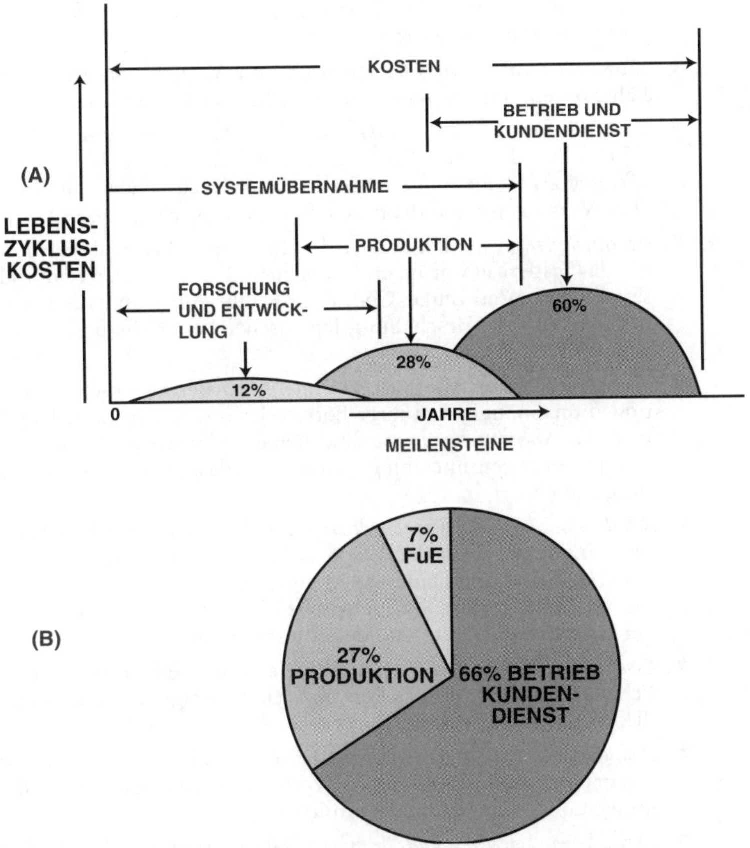

Abbildung 14.18: (A) Ein typisches Profil der Lebenszykluskosten der Akquise eines DoD-Systems; (B) Ein typisches Profil der Lebenszykluskosten der Akquise eines Kommunikationssystems

14.20 Logistische Betreuung

Es gibt so genannte Materialprojekte, bei denen die fertigen Ergebnisse die Wartung und Belieferung voraussetzen. Die Belieferung erstreckt sich über den gesamten Lebenszyklus des Endprodukts. Die Bereitstellung von Dienstleistungen für die Endprodukte wird als logistische Unterstützung bezeichnet.

Es wurde bereits gezeigt, dass ungefähr 85 Prozent der Lebenszykluskosten bis zum Abschluss der Designphase festgelegt werden (siehe die Abbildungen 14.16 und 14.17). Außerdem wurde deutlich gemacht, dass der größte Teil der Lebenszykluskosten für Wartung und Betrieb anfällt. Die Entscheidungen, die die Lebenszykluskosten am stärksten beeinflussen, beziehen sich also auf das Design des Endprodukts. Durch eine gute Planung und Entwicklung kann ein Unternehmen also große Geldsummen einsparen, nachdem das Produkt im Einsatz ist.

Die beiden Schlüsselparameter sind hier die Möglichkeit, das nötige Personal und andere Ressourcen zur Unterstützung des Systems zu erhalten und die Fähigkeit, das System auf dem geplanten Leistungsniveau zu halten und bei einem Systemausfall Reparaturen vorzunehmen. Durch eine genaue Planung während der Projektentwicklungsphase lassen sich die Anforderungen an die spätere Wartung und die Kosten für Wartung und Kundendienst reduzieren.

Zur logistischen Unterstützung gehören die folgenden zehn Elemente:

- *Planung der Wartung:* Die Entwicklung eines Wartungskonzepts und der Wartungsanforderungen für ein System.
- *Wartungspersonal:* Die Identifikation und Akquise von Mitarbeitern mit den benötigten Fähigkeiten, um ein System zu betreiben und zu warten.
- *Unterstützung bei der Beschaffung:* Alle Management-Handlungen, -Prozeduren und -Techniken, die für die Katalogisierung, Speicherung, Übertragung und Beseitigung von sekundären Elementen erforderlich sind. Dazu gehören die Beschaffung einer anfänglichen Versorgung und die Beschaffung von Nachschub.
- *Einsatzmittel für die Wartung:* Alle Einsatzmittel (mobil oder fest), die benötigt werden, um das System zu warten und zu pflegen. Dazu gehören Endprodukte mit mehreren Einsatzwecken, Werkzeuge, Geräte zur Kalibrierung und Testgeräte. Außerdem beinhaltet dieser Faktor die Beschaffung logistischer Unterstützung für die Wartungs- und Testausrüstung.
- *Technische Daten:* Alle aufgezeichneten wissenschaftlichen oder technischen Informationen unabhängig von ihrer Form oder ihrem Typ (z.B. Handbücher oder Zeichnungen). Computerprogramme sind keine technischen Daten, die Dokumentationen von Computerprogrammen hingegen schon; alle anderen Informationen zur Vertragsverwaltung ebenfalls.
- *Schulung und Schulungsunterstützung:* Die Prozesse, Verfahrensweisen, technischen Geräte und Einsatzmittel für die Personalschulung, um ein System zu bedienen und zu warten. Dies beinhaltet die Schulung von Einzelpersonen und von Gruppen, das formelle und das On-the-Job-Training, die logistische Planung des Erwerbs der Schulungsausrüstung und der technischen Geräte und deren Installation.
- *Computerressourcen:* Die Geräte, die Hard- und die Software, die Dokumentationen, die Personenstunden und das Personal, die benötigt werden, um Computersysteme zu bedienen und zu unterstützen.
- *Anlagen*: Die Anlagenverwaltung beinhaltet die Durchführung von Studien, um den Anlagentyp zu bestimmen oder um Verbesserungen, Standorte, Platzbedarf, Umweltbedingungen und Ausstattung zu ermitteln.
- *Verpackung, Lagerung und Transport:* Die Ressourcen, Verfahrensweisen, Design-Überlegungen und andere Elemente, die zur Unterstützung benötigt werden, werden angemessen in Stand gehalten, verpackt und transportiert. Dazu gehören Umweltüberlegungen und Anforderungen an die lang- und kurzfristige Lagerung und den Transport von Einsatzmitteln.
- *Designschnittstelle:* Die Beziehung zwischen logistikbezogenen Design-Parametern in Hinblick auf Anforderungen an die Einsatzbereitschaft der Ressourcen. Diese logistikbezogenen Design-Parameter werden eher in operationaler Form und nicht als Werte ausgedrückt und beziehen sich insbesondere auf die Einsatzbereitschaft und die Wartungskosten des materiellen Systems.

14.21 Ökonomische Projektauswahlkriterien

PMBOK® Guide 2004
4.1.2.1 Projektauswahlmethoden

Projektmanager werden häufig aufgefordert, sich aktiv an der Kosten-Nutzen-Analyse für die Projektauswahl zu beteiligen. Es ist höchst unwahrscheinlich, dass ein Unternehmen ein Projekt genehmigt, dessen Kosten den Nutzen übersteigen. Der Nutzen lässt sich in finanztechnischen und in nicht finanzbezogenen Begriffen ausdrücken.

Der Vorgang der Identifikation finanzieller Vorteile wird als Investitionsplanung bezeichnet und kann als Entscheidungsfindungsprozess definiert werden, bei dem Unternehmen Projekte bewerten, die den Erwerb von festen Vermögenswerten wie Gebäuden, Maschinen und sonstigen Einsatzmitteln beinhalten. Ausgereifte Techniken zur Investitionsplanung berücksichtigen die Abschreibung, Steuerinformationen und den Cashflow. Da in diesem Text nur die Prinzipien der Investitionsplanung beschrieben werden, beschränken wir uns auf die folgenden Themen:

- Die Amortisationsdauer
- Die Erwartungswertmethode
- Die Kapitalwertmethode
- Die kalkulatorischen Zinsen

14.22 Die Amortisationsdauer

PMBOK® Guide 2004
4.1.2.1 Projektauswahlmethoden

Die Amortisationsdauer ist die genaue Zeitdauer, die ein Unternehmen benötigt, um die Investitionskosten über Geldzuflüsse zurückzugewinnen. Die Amortisationsdauer ist die ungenaueste Investitionsplanungsmethode, weil die Berechnungen in Geldwerten durchgeführt werden und nicht mit dem Zeitwert des Geldes. Tabelle 14.15 zeigt den Cashflow für Projekt A.

Investition	Erwarteter Einnahmestrom				
	1. Jahr	2. Jahr	3. Jahr	4. Jahr	5. Jahr
€ 10.000	€ 1.000	€ 2.000	€ 2.000	€ 5.000	€ 2.000

Tabelle 14.15: Investitionen für Projekt A

Nach Tabelle 14.15 erstreckt sich Projekt A über einen Zeitraum von fünf Jahren. Die Amortisationsdauer beträgt vier Jahre. Würden im 4. Jahr € 6.000 statt der erwarteten € 5.000 eingenommen werden, läge die Amortisationsdauer bei drei Jahren und 10 Monaten.

Das Problem bei der Berechnung der Amortisationsdauer besteht darin, dass die € 5.000, die im 4. Jahr verdient werden, heute keine € 5.000 wert sind. Deshalb kann die Berechnung der Amortisationsdauer nur als Zusatz zu anderen Methoden verwendet werden.

14.23 Erwartungswertmethode

PMBOK® Guide 2004
4.1.2.1 Projektauswahlmethoden

Es ist bekannt, dass ein Euro heute mehr wert ist als morgen. Das liegt am Werteverfall des Geldes. Betrachten Sie dazu die folgende Gleichung:

$ZW = AW(1 + k)^n$

wobei ZW= Zukünftiger Wert einer Investition

AW= Aktueller Wert

k= Zinssatz der Investition (oder Kapitalkosten)

n= Anzahl der Jahre

Dieser Formel können Sie entnehmen, dass die Investition von € 1.000 (d.h. AW), die mit einem Zinssatz von 10 % (d.h. k) für ein Jahr (d.h. n) investiert wird, zukünftig € 1.210 wert ist.

Betrachten Sie nun die Formel aus einer anderen Perspektive. Falls eine Investition in einem Jahr € 1.000 einbringt, wie viel ist sie dann heute wert, wenn die Kosten für das Anlagekapital bei 10 % liegen? Um diese Frage zu klären, müssen die zukünftigen Werte mit den aktuellen gleichgesetzt werden. Dies wird als Ertragswertmethode bezeichnet.

Die obige Gleichung kann wie folgt umgeschrieben werden:

$$AW = \frac{ZW}{(1+k)^n}$$

Mit den Beispieldaten ergibt sich also folgende Gleichung:

$$AW = \frac{€1.000}{(1+0{,}1)^1} = €\,909$$

Die € 1.000, die in einem Jahr verdient werden, sind also heute € 909 wert. Falls der Zinssatz, *k*, bei 10 % liegt, sollten Sie heute nicht mehr als € 909 investieren, um in einem Jahr € 1.000 zurückzuerhalten. Könnten Sie die € 1.000 jedoch für eine Investition von € 875 erhalten, läge Ihr Zinssatz bei mehr als 10 %.

Die Berechnung des Ertragswerts ist sehr nützlich, um den Wert einer Investition einzuschätzen. Nehmen Sie beispielsweise an, Sie hätten die Wahl zwischen zwei Investitionen, wobei Sie bei der Investition A in zwei Jahren einen Gewinn von € 100.000 erzielen werden und bei der Investition B in drei Jahren einen Gewinn von € 110.000. Welche Investition wäre besser, wenn die Kosten für das Anlagekapital bei 15 % lägen?

Mit der Ertragswertformel ergibt sich folgende Situation:

AW_A = € 75.614

AW_B = € 72.327

Eine Rendite von € 100.000 in zwei Jahren ist für das Unternehmen also mehr wert als eine Rendite von € 110.000 in drei Jahren.

14.24 Die Kapitalwertmethode

PMBOK® Guide 2004
4.1.2.1 Projektauswahlmethoden

Die Kapitalwertmethode ist eine ausgereifte Investitionsplanungsmethode, die den diskontierten Cashflow mit der Investition gleichsetzt. Mathematisch gesehen sieht das wie folgt aus:

$$KW = \sum_{t=1}^{n} \left[\frac{ZW_t}{(1+k)^t} \right] - AI$$

wobei *ZW* der zukünftige Wert des Kapitalzuflusses ist, *AI* für die Anfangsinvestition steht und *k* der Diskontsatz ist, der den Kosten für das Anlagekapital entspricht.

In Tabelle 14.16 wurde der Kapitalwert für die Daten aus Tabelle 14.15 mit einem Diskontsatz von 10 % berechnet.

Jahr	Kapitalzufluss	Aktueller Wert
1	€ 1.000	€ 909
2	€ 2.000	€ 1.653
3	€ 2.000	€ 1.503
4	€ 5.000	€ 3.415
5	€ 2.000	€ 1.242
	Aktueller Wert des Kapitalzuflusses	€ 8.722
	Minus Investition	€ 10.000
	Kapitalwert	€ – 1.278

Tabelle 14.16: Berechnung des Kapitalwerts für Projekt A

Dies zeigt, dass der Kapitalzufluss die ursprüngliche Investition nicht abdeckt. Also handelt es sich um eine schlechte Investition. Bisher wurde ausgesagt, dass der Cashflow eine Amortisationszeit von vier Jahren habe. Mit der Kapitalwertmethode zeigt sich jedoch, dass die Amortisationsdauer viel länger ist, vorausgesetzt im 6. und 7. Jahr gibt es einen Kapitalzufluss.

Wenn in Tabelle 14.16 die Investition bei € 5.000 liegen würde, läge der Kapitalwert bei € 3.722. Für die Kapitalwertmethode gelten folgende Entscheidungskriterien:

- Ist der Kapitalwert größer oder gleich null, sollte das Projekt durchgeführt werden.
- Ist der Kapitalwert kleiner als null, sollte das Projekt abgelehnt werden.

Ein positiver Kapitalwert bedeutet, dass die Einnahmen höher sind als die Kosten für das Anlagekapital.

14.25 Die kalkulatorischen Zinsen

PMBOK® Guide 2004

11.4.2.2 Quantitative Risikoanalyse und Modellierungsmethoden

Die Berechnung der kalkulatorischen Zinsen (KZ) ist sehr wahrscheinlich die ausgereifteste Investitionsplanungsmethode und die Berechnung ist etwas schwieriger als bei dem Kapitalwert. Die kalkulatorischen Zinsen entsprechen dem Zinsverlust des eingesetzten Kapitals, d.h. dem Diskontsatz bei einem Kapitalwert von null. Mathematisch ausgedrückt sieht dies wie folgt aus:

$$\sum_{t=1}^{n}\left[\frac{ZW_t}{(1+KZ)^t}\right]-AI=0$$

Diese Gleichung lässt sich im Wesentlichen durch Ausprobieren lösen. Tabelle 14.7 zeigt, dass unter der Voraussatzung, dass ein Kapitalzufluss erfolgt, kalkulatorische Zinsen von 10 % bei einer Investition von € 5.000 einen Kapitalwert von € 3.722 erzeugen. Um einen Kapitalwert von 0 zu erhalten, sollten Sie es also mit kalkulatorischen Zinsen probieren, die über 10 % liegen. Tabelle 14.17 zeigt das Ergebnis dieser Berechnung.

Kalkulatorische Zinsen	Kapitalwert
10 %	€ 3.722
20 %	€ 1.593
25 %	€ 807
30 %	€ 152
31 %	€ 34
32 %	€ -78

Tabelle 14.17: Kalkulatorische Zinsen für Projekt A

Die Tabelle zeigt, dass der Kapitalzufluss einer Kapitalrendite von 31 % entspricht. Deshalb handelt es sich um eine hervorragende Investition, wenn die Kosten für das Anlagekapital bei 10 % liegen. Dieses Projekt ist also besser als andere Projekte mit geringeren kalkulatorischen Zinsen.

14.26 Vergleich von Amortisationsdauer, Erwartungswert, Kapitalwert und Rendite

PMBOK® Guide 2004
4.1.2.1 Projektauswahlmethoden

Bei den meisten Projekten ergeben der Kapitalwert und die kalkulatorischen Zinsen das gleiche Bild. Es kann jedoch Unterschiede in den Annahmen geben, die dazu führen, dass Projekte unterschiedlich eingestuft werden. Das HauptProblem wird durch die unterschiedlichen Größen und Zeitpunkte des Kapitalzuflusses verursacht. Bei der Kapitalwertmethode besteht die Annahme, dass der Kapitalzufluss mit den Kosten des Anlagekapitals reinvestiert werden, wohingegen bei den kalkulatorischen Zinsen davon ausgegangen wird, dass das Kapitel mit den kalkulatorischen Zinsen des Projekts reinvestiert wird. Die Kapitalwertmethode ist ein konservativerer Ansatz.

Der Verlauf des Cashflow ist ebenfalls wichtig. Die Kapitalkosten für den Kapitalzufluss in frühen Jahren scheinen niedriger und besser vorhersagbar zu sein als die für den Kapitalzufluss in späteren Jahren. Wegen dieser Unsicherheit bevorzugen Unternehmen den Kapitalzufluss in früheren Jahren.

Die Höhe und der Zeitablauf des Cashflow sind bei der Auswahl von Investitionsvorhaben sehr wichtig. Betrachten Sie hierzu Tabelle 14.18.

Projekt	Kalkulatorische Zinsen	Amortisationszeit
A	10 %	1 Jahr
B	15 %	2 Jahre
C	25 %	3 Jahre
D	35 %	5 Jahre

Tabelle 14.18: Investitionsvorhaben

Falls das Unternehmen nur über genügend Kapital für ein Projekt verfügt, sollte Projekt D mit kalkulatorischen Zinsen von 35 % gewählt werden. Leider schrecken Unternehmen wegen des unsicheren Kapitalzuflusses nach einem Jahr vor langfristigen Amortisationszeiten zurück. Ein Chemiefabrikant zieht Investitionsvorhaben beispielsweise nur in Betracht, wenn die Amortisationszeit kleiner als ein Jahr ist und wenn der kalkulatorische Zinssatz über 50 % liegt.

14.27 Risikoanalyse

PMBOK® Guide 2004
11.4.2.2 Quantitative Risikoanalyse und Modellierungsmethoden

Angenommen, Sie hätten die Wahl zwischen zwei Projekten, in die die gleiche Summe investiert werden muss, die die gleichen Ertragswerte haben und bei denen derselbe jährliche Kapitalzufluss benötigt wird, um den Break-Even zu erreichen. Hätte der Kapitalzufluss der ersten Investition eine Wahrscheinlichkeit von 95 % und der der zweiten Investition eine Wahrscheinlichkeit von 70 %, würde die Risikoanalyse zeigen, dass die erste Investition besser ist.

Die Risikoanalyse bezieht sich auf die Wahrscheinlichkeit, dass sich die Wahl eines Projekts als inakzeptabel herausstellt. Bei der Investitionsplanung basiert die Risikoanalyse darauf, wie gut der Cashflow vorhergesagt werden kann, da die Investitionshöhe mit einer gewissen Sicherheit prognostiziert werden kann. Der Kapitalzufluss basiert hingegen auf Verkaufsprognosen, Steuern, Rohmaterialkosten, Stundenlöhnen und den allgemeinen ökonomischen Bedingungen.

Die Sensitivitätsanalyse ist eine einfache Form der Risikoeinschätzung. Der Kapitalwert wird hier auf der Basis des besten, des wahrscheinlichsten und des schlechtesten Falls eingeschätzt (siehe Tabelle 14.19). In die Projekte A und B müssen jeweils € 10.000 investiert werden, wobei die Kapitalkosten bei 10 % liegen und mit einem Kapitalzufluss von € 5.000 pro Jahr über einen Zeitraum von fünf Jahren zu rechnen ist. Der Kapitalwert von Projekt A ist erheblich geringer als der von Projekt B. Projekt A ist also weniger riskant. Jemand, der gerne Risiken eingeht, wird sich sehr wahrscheinlich für Projekt B entscheiden, weil hier die Möglichkeit besteht, einen Gewinn von € 27.908 zu erzielen. Für Personen, die lieber kein großes Risiko eingehen, ist Projekt A besser geeignet, weil die Wahrscheinlichkeit eines Verlusts geringer ist.

Investition	**Projekt A** **€ 10.000**	**Projekt B** **€ 10.000**
	Jährlicher Kapitalzufluss	
Optimistisch	€ 8.000	€ 10.000
Wahrscheinlich	€ 5.000	€ 5.000
Pessimistisch	€ 3.000	€ 1.000
Bandbreite	€ 5.000	€ 9.000
	Kapitalwert	
Optimistisch	€ 20.326	€ 27.908
Wahrscheinlich	€ 8.954	€ 8.954
Pessimistisch	€ 1.342	€ –6.209
Bandbreite	€ 18.984	€ 34.117

Tabelle 14.19: Sensitivitätsanalyse

14.28 Die Kapitalrationierung

PMBOK® Guide 2004

11.4.2.2 Quantitative Risikoanalyse und Modellierungsmethoden

Die Kapitalrationierung ist der Vorgang, bei dem die beste Gruppe von Projekten in Hinblick darauf ausgewählt wird, dass der höchste Kapitalwert erzielt wird, ohne dass dafür das verfügbare Gesamtbudget überschritten wird. Eine Grundannahme der Kapitalrationierung besteht darin, dass die berücksichtigten Projekte sich gegenseitig ausschließen. Für die Kapitalrationierung gibt es zwei Ansätze.

Bei der Methode der kalkulatorischen Zinsen werden die kalkulatorischen Zinsen in absteigender Reihenfolge den kumulativen Investitionen gegenübergestellt. Die resultierende Abbildung wird häufig als Ablaufplan der Investitionsmöglichkeiten bezeichnet. Betrachten Sie ein Beispiel. Angenommen, ein Unternehmen hat € 300.000 für Projekte eingeplant und muss nun zwischen den Projekten wählen, die in Tabelle 14.20 aufgeführt werden. Weiterhin sei angenommen, die kalkulatorischen Zinsen lägen bei 10 %.

Projekt	**Investition**	**kalkulatorische Zinsen**	**Diskontierter Cashflow**
A	€ 150.000	20 %	€ 116.000
B	€ 120.000	18 %	€ 183.000
C	€ 110.000	16 %	€ 147.000
D	€ 130.000	15 %	€ 171.000
E	€ 90.000	12 %	€ 103.000
F	€ 180.000	11 %	€ 206.000
G	€ 80.000	18 %	€ 66.000

Tabelle 14.20: Projekte, die zur Auswahl stehen

Abbildung 14.19 zeigt verschiedene Investitionsmöglichkeiten. Projekt G sollte nicht berücksichtigt werden, weil die kalkulatorischen Zinsen geringer sind als die Kapitalkosten des Unternehmens. Werden jedoch die Projekte A, B und C ausgewählt, die € 280.000 des Gesamtbudgets von € 300.000 beanspruchen, werden die drei höchsten kalkulatorischen Zinsen erzielt.

Das Problem bei den kalkulatorischen Zinsen besteht darin, dass es keine Garantie dafür gibt, dass Projekte mit höheren kalkulatorischen Zinsen auch höhere Renditen erzielen. Das liegt daran, dass nicht alle Finanzmittel aufgezehrt wurden.

Die Kapitalwertmethode eignet sich besser, weil hier die Projekte zwar auch anhand der kalkulatorischen Zinsen eingestuft werden, jedoch die Kombination der ausgewählten Projekte auf dem höchsten Kapitalwert basiert. Wenn aus Tabelle 14.20 beispielsweise die Projekte A, B und C ausgewählt werden, ist eine Investition von € 280.000 erforderlich, wobei der diskontierte Cashflow bei € 446.000 liegt. Der Kapitalwert der Projekte A, B und C beträgt also € 166.000. Dies setzt voraus, dass der nicht genutzte Teil des ursprünglichen Budgets von € 300.000 nicht an Wert verliert oder gewinnt. Werden hingegen die Projekte A, B und D ausgewählt, müssen € 300.000 investiert werden und der Kapitelwert liegt bei € 170.000 (€ 470.000 minus € 300.000). Bei der Wahl der Projekte A, B und D wird also der Kapitalwert maximiert.

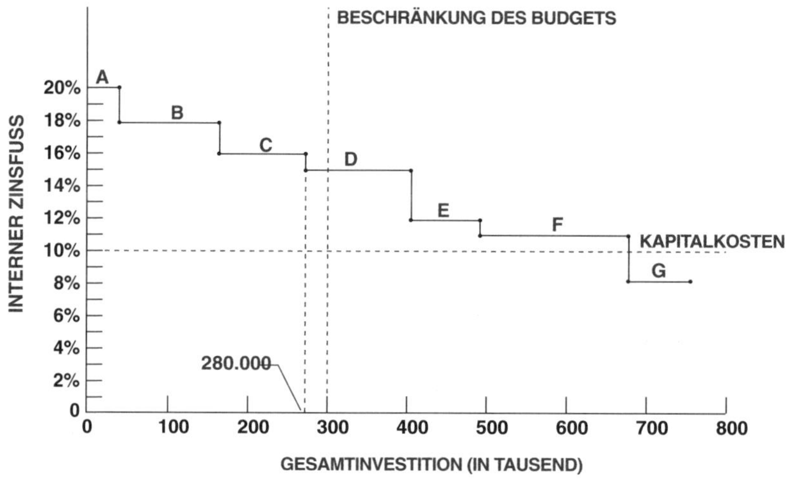

Abbildung 14.19: Investitionsmöglichkeiten für Tabelle 14.20

14.29 Studientipps für das PMI®-Projektmanagement-Zertifizierungsexamen

Dieser Abschnitt kann als Wiederholung der Grundlagen dienen, um die Wissensbereiche und Domänengruppen im PMBOK® Guide zu ergänzen. In diesem Kapitel geht es um Folgendes:

- Integrationsmanagement
- Umfangsmanagement
- Terminmanagement
- Kostenmanagement
- Initiierung
- Planung

Das Verständnis der folgenden Grundlagen ist vorteilhaft, wenn der Leser diesen Text für die Vorbereitung auf das PMP®-Zertifizierungsexamen verwendet:

- Was sind Kostenschätzungsbeziehungen (CER)
- Drei grundlegende Schätzarten

- Relative Genauigkeit jedes Schätztyps und die angenäherte Zeit für die Vorbereitung der Schätzung
- Informationen, die benötigt werden, um die Schätzungen aufzubereiten (d.h. Arbeit, Material, Überstundensätze usw.)
- Bedeutung der Backup-Daten für Kosten
- Fallstricke bei der Schätzung
- Konzept der rollierenden Planung
- Was sind Lebenszykluskosten
- Unterschiedliche Methoden, die finanzielle Durchführbarkeit eines Projekts und seine Vorteile zu bewerten (d.h. Rendite, Amortisationsdauer, interner Zinsfuß, Abschreibung, Bewertungsmodelle)

Die folgenden Multiple-Choice-Fragen sind hilfreich bei der Wiederholung der Grundlagen dieses Kapitels:

1. Was ist eine gültige Methode, die finanzielle Durchführbarkeit eines Projekts zu bewerten?
   A. Rendite
   B. Kapitalwert
   C. Interner Zinsfuß
   D. Alle genannten
2. Die drei gebräuchlichsten Klassifizierungssysteme für Schätzungen beinhalten alle folgenden außer:
   A. Parametrisierte Schätzungen
   B. Quick-and-dirty-Schätzungen
   C. Analogieschätzungen
   D. Entwicklungsschätzungen
3. Die genauesten Schätzungen sind:
   A. Parametrisierte Schätzungen
   B. Quick-and-dirty-Schätzungen
   C. Analogieschätzungen
   D. Entwicklungsschätzungen
4. Was wird eher als Bottom-Up- und weniger als Top-Down-Schätzung betrachtet?
   A. Parametrisierte Schätzungen
   B. Analogieschätzungen
   C. Entwicklungsschätzungen
   D. Nichts davon
5. Was wird als Kostenschätzungsbeziehung (CER) betrachtet?
   A. Mathematische Gleichungen, die auf der Regressionsanalyse basieren
   B. Lernkurven
   C. Kosten/Kosten- oder Kosten/Mengen-Beziehungen
   D. Alle genannten
6. Wenn ein Angestellter 30 $ pro Stunde Gehalt erhält, aber das Projekt mit 75 $ pro Stunde für jeden Mitarbeiter veranschlagt ist, dann beträgt der Gemeinkostensatz:
   A. 100 %
   B. 150 %
   C. 250 %
   D. Keiner der genannten Werte trifft zu

7. Information, die einem Kunden bereitgestellt wird, um die in einem Angebot gelieferten Finanzdaten zu unterstützen, heißt:
   A. Backup-Daten
   B. Entwicklungsunterstützungsdaten
   C. Arbeitsrechtfertigungsschätzungen
   D. Rechtsabschätzungen
8. Fallstricke für die Schätzung können entstehen aus:
   A. Schlecht definiertem Lastenheft
   B. Keine Berücksichtigung von Risiken in den Schätzungen
   C. Anwendung der falschen Schätztechniken
   D. Alle genannten
9. Die Ursache vieler Schätzrisiken ist:
   A. Schlecht definierte Anforderungen
   B. Ein unerfahrener Projektmanager
   C. Fehlende Unterstützung durch das Management während der Schätzung
   D. Alle genannten
10. Ein Projekt, in dem sich der Umfang während der Arbeit vergrößert, wird als progressive Planung bezeichnet, oder auch als:
    A. Synchrone Planung
    B. Stetige Planung
    C. Rollierende Planung
    D. Planung mit stetiger Neuschätzung
11. Die Berechnung der Gesamtkosten für ein Produkt von der Forschung und Entwicklung bis zum operationalen Support und zur Auslieferung heißt:
    A. Anfang/Ende-Kosten
    B. Lebenszyklus-Kosten
    C. Zusammenfassende Kosten
    D. Abschreibungskosten

ANTWORTEN

1. D
2. B
3. D
4. C
5. D
6. B
7. A
8. D
9. D
10. C
11. B

PROBLEME

14.1 Wie kann ein Projektmanager die Kosten eines Auftrags berechnen, bei dem die Spezifikation erst erstellt wird, nachdem der Auftrag zur Hälfte ausgeführt wurde?

14.2 Das Unternehmen Beta erstellt gerade einen Vertrag über die Produktion von 150 Einheiten für einen bestimmten Kunden. Der Vertrag umfasst die Forschung & Entwicklung, den Test und die anschließende Fertigung. Die Abteilung Fertigungstechnik hat den folgenden Zeitbedarf für die Fertigung bestimmter Stückzahlen ermittelt:

Stückzahl	Zeitbedarf (in Stunden)
1	100
2	90
4	80
8	70
16	65
32	60
64	55
128	50

a. Zeichnen Sie die Daten in ein Diagramm ein, wobei die Y-Achse den Zeitbedarf in Stunden und die X-Achse die Anzahl der produzierten Einheiten angibt.

b. Zeichnen Sie die Daten im logarithmischen Maßstab ein und bestimmen Sie die Neigung der Linie.

c. Vergleichen Sie die Zeichnungen aus a. und b. Welche Schlüsse ziehen Sie daraus?

d. Wie viel Zeit wird benötigt, um die 150. Einheit zu fertigen?

e. Wie viel Zeit sollte es beanspruchen, die 1.000ste Einheit zu fertigen? Belegen Sie Ihre Antwort. Ist dies realistisch? Falls nein, warum nicht?

f. Während Sie die 150. Einheit fertigen, erhalten Sie einen Folgeauftrag für 150 weitere Einheiten. Wie hoch ist der Zeitbedarf für den Folgeauftrag (benutzen Sie nur die Lernkurven)?

g. Angenommen, die Fertigungstechnik stellt fest, dass die optimale Stundenanzahl, um 100 % Effizienz zu erzielen, bei fünfundvierzig liegt. Welcher Effizienzfaktor gilt dann für die Anfertigung von Element Nummer 150? Nach wie vielen Einheiten des Folgeauftrags wird das optimale Niveau erreicht?

h. Am Ende des ersten Folgeauftrags arbeitet Ihr Team noch immer mit einer Effizienz von 100 Prozent. Sie haben einen zweiten Folgeauftrag erhalten, der jedoch erst in sechs Monaten startet. Angenommen, Sie können wieder dasselbe Team zusammenstellen. Welchen Zeitbedarf schätzen Sie dann für die nächsten 150 Einheiten des Folgeauftrags?

i. Würde Ihre Antwort auf Frage h. anders ausfallen, wenn Sie nicht dasselbe Team zusammenstellen könnten? Belegen Sie Ihre Antwort mit Zahlen.

j. Sie sind im Vertragsverhandlungsteam für den Folgeauftrag über 150 Einheiten, der erst in sechs Monaten beginnen soll. Auf der Basis der verfügbaren Mitarbeiter und dem Lernverlust zwischen den beiden Projekten berechnet Ihre Fertigungstechnik-Abteilung, dass das Projekt mit einem Effizienzfaktor von 60 Prozent ausgeführt werden kann. Der Kunde sagt, dass die Effizienz mindestens bei 75 Prozent liegen sollte. Wie hoch ist der Preisunterschied zwischen den Effizienzfaktoren von 60 und von 75 Prozent, wenn Ihr Unternehmen mit einem Arbeitslohn von € 40/Stunde belastet wird?

k. Welche Überlegungen sind anzustellen, um entscheiden zu können, wo Kompromisse im Hinblick auf den Effizienzfaktor zu treffen sind?

14.3 Unter welchen Bedingungen könnten unter Bezugnahme auf Abbildung 14.10 *alle* folgenden Situationen auftreten:

a. Programm-Manager und Programmbüro bestimmen die Arbeitsstunden, indem sie den Projektstrukturplan ohne Koordination mit dem funktionalen Management kalkulieren.

b. Das obere Management entscheidet über den Preis eines Angebots, ohne ein Programmbüro einzurichten oder das funktionale Management zu befragen.

c. Es werden keine Abweichungen vom Basisfall berücksichtigt.

d. Der Hauptgeschäftsführer wählt den Programm-Manager aus, ohne sich mit seinen Direktoren zu beraten.

e. Das oberste Management will vor der Abgabe des Angebots kein Meeting zur Kostenübersicht abhalten.

14.4 Kann Abbildung 14.20 effektiv genutzt werden, um die Kosten von vorbereitenden Berichten zu kalkulieren?

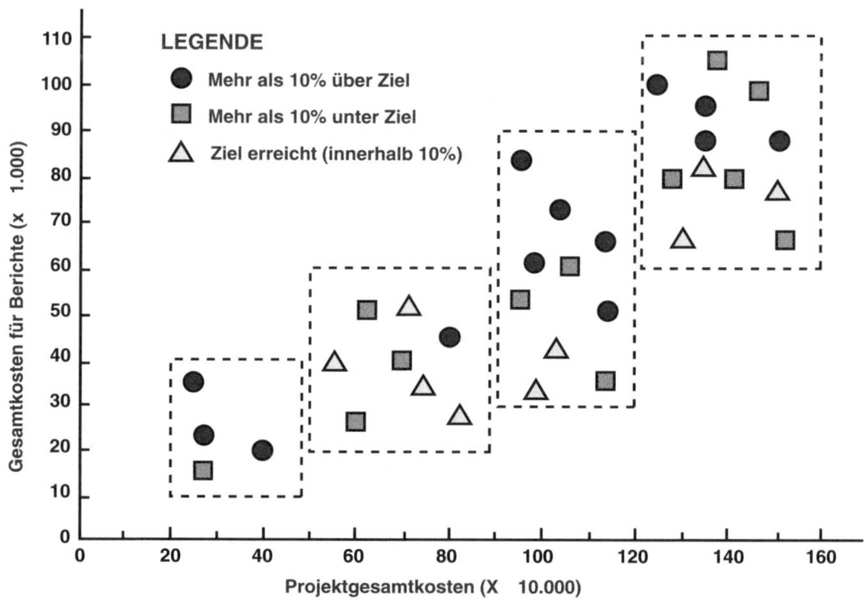

Abbildung 14.20: Kosten für die Projektdokumentation.

14.5 Beantworten Sie die folgenden Fragen im Hinblick auf Abbildung 14.10.

a. Der Basisfall für ein Programm ist mit 22 Millionen Euro kalkuliert. Der Geschäftsführer muss eine schriftliche Genehmigung vom Unternehmen einholen, um Programme anbieten zu dürfen, die über 20 Millionen Euro hinausgehen. Beim Meeting zur Preisfestsetzung bestimmt der Hauptgeschäftsführer, dass das Gebot mit 19,5 Millionen Euro festzulegen ist. Sollten Sie als Programm-Manager dies in Frage stellen?

b. Würde sich an Ihrer Antwort etwas ändern, wenn dieses Programm ein Nachfolgeauftrag zu einem früheren Programm wäre?

c. Angebote bestehen normalerweise aus Abschnitten für Management, Technik und Kosten. Geben Sie für Abbildung 14.10 an, wann diese Bereiche abschließend gedruckt werden können, vorausgesetzt, jeder davon kann unabhängig gedruckt werden.

14.6 Bei welcher Art von Projekt werden die folgenden Parameter gewählt:

a. Steigerung der Gehälter von 0 Prozent

b. Materialhaftung von 0 Prozent oder von 100 Prozent

c. Materialverpflichtungen für zwanzig Monate bei einem Programm mit einer Länge von 24 Monaten

d. Personalabbaurate von 0 Prozent oder von 100 Prozent für die Arbeit der Folgemonate

14.7 Wie kann das obere Management die Kosten und die Stundenangaben aus den Linienabteilungen nutzen, um die Personalplanung für das gesamte Unternehmen durchzuführen? Wie sollte das Management reagieren, wenn sich ein Mangel oder ein Überschuss an geschultem Personal zeigen würde?

14.8 Welche der Abbildungen, die in diesem Kapitel enthalten sind, sollte das Programm-Management den Linienmanagern zur Verfügung stellen? Erklären Sie Ihre Antwort.

14.9 Die Baufirma Jennings hat beschlossen, sich für den Bau von zwei Phasen eines Großprojekts zu bewerben. Laut Ausschreibung müssen die Kosten für die beiden Phasen unabhängig voneinander ermittelt werden und es müssen die Kosten angegeben werden, um das Programm von der ersten Phase an den Auftragnehmer der zweiten Phase zu übergeben. Die Vergabe für die zweite Phase erfolgt erst kurz vor Ende der ersten Phase. Wie lassen sich die Übergangskosten im strategischen Planungsmodell identifizieren?

14.10 Zwei Auftragnehmer beschließen, sich für ein Projekt zusammenzutun. Welche Schwierigkeiten können auftreten, wenn die Auftragnehmer die Arbeit bereits aufgeteilt haben, jedoch Änderungen vorgenommen werden müssen, falls Probleme auftreten? Was passiert, wenn einer der Auftragnehmer ein höheres Lohnniveau und höhere Gemeinkosten hat als der andere?

14.11 Das Unternehmen Jones beteiligt sich an einer Ausschreibung für einen Produktionsauftrag, bei dem im Januar 2004 mit der Arbeit begonnen werden muss. Das Kostenpaket für das Angebot muss im Juli 2003 abgegeben werden. Die Geschäftsgrundlage und damit auch die Gemeinkosten sind jedoch unsicher, weil das Unternehmen möglicherweise eine zweite Ausschreibung gewinnen könnte, bei der die Arbeit im September 2003 beginnen muss. Wie lässt sich der Einfluss des zweiten Engagements im Angebot berücksichtigen? Wie würden Sie mit einer Situation umgehen, in der ein weiterer Vertrag erst im Januar 2004 erneuert würde?

14.12 Viele Ausschreibungen für Programme beinhalten zwei Phasen: die Forschung und Entwicklung und die Fertigung. Die Gewinne, die bei der Fertigung erzielt werden können, übersteigen die der Forschung und Entwicklung bei weitem. Das Unternehmen, das den Zuschlag für den FuE-Auftrag erhält, ist der Favorit für den Fertigungsauftrag und auch für Folgeaufträge. Inwiefern beeinflussen die Gewinne, die bei Folgeaufträgen erzielt werden können, die Kosten, die für die FuE-Phase veranschlagt werden? Würde Ihre Antwort anders ausfallen, wenn die Personenstunden, die für die FuE-Phase berechnet werden, als Grundlage für die Fertigungsphase benutzt würden?

14.13 Während der Preisbildungsphase stellt einer der Linienmanager fest, dass der Projektstrukturplan Kostenangaben auf einer Stufe voraussetzt, die nicht üblich ist und durch die Zusatzkosten anfallen. Wie sollten Sie als Programm-Manager mit einer solchen Situation umgehen? Welche Handlungsoptionen haben Sie?

14.14 Sollte der Projektmanager die endgültigen Personalkurven an die Linienmanager weitergeben? Falls ja, zu welchem Zeitpunkt?

14.15 Sie wurden gebeten, ein Projekt für einen externen Auftraggeber zu kalkulieren. Das Projekt hat eine Dauer von acht Monaten. Die Einzelkosten liegen bei monatlich € 100.000 und die Gemeinkosten liegen bei monatlich 100 %. Die Abschlussgewährleistung für die Einzel- und die Gemeinkosten liegt bei 80 Prozent der Ausgaben des Folgemonats. Die Materialkosten gestalten sich wie folgt:

Material A: Die Kosten belaufen sich auf € 100.000 zahlbar in 30 Tagen. Das Material wird Ende des fünften Monats benötigt. Die Lieferzeit beträgt vier Monate, wobei folgende Abschlussgewährleistung gilt:

30 Tage: 25 %

60 Tage: 75 %

90 Tage: 100 %

Material B: Die Kosten belaufen sich auf € 200.000, zahlbar bei Lieferung. Das Material wird Ende des siebten Monats benötigt. Die Lieferzeit beträgt drei Monate mit folgender Abschlussgewährleistung:

30 Tage: 50 %

60 Tage: 100 %

Vervollständigen Sie die nachfolgende Tabelle, wobei die Gewinne nicht berücksichtigt werden müssen.

	Monat							
	1	2	3	4	5	6	7	8
Einzelkosten								
Gemeinkosten								
Material								
Monatlicher Cashflow								
Kumulierter Cashflow								
Monatliche Abschlussgewährleistung: Arbeit								
Kumulierte Abschlussgewährleistung: Arbeit								
Monatliche Abschlussgewährleistung: Material								
Kumulierte Abschlussgewährleistung: Material								
Projektgesamtgewährleistung								

14.16 Sollte ein Projektmanager bereits ernannt werden, während das Angebot für ein Projekt erstellt wird? Falls ja, welche Kompetenzen sollte er haben und wer ist dafür verantwortlich, die Ausschreibung zu gewinnen?

14.17 Erklären Sie, welchen Nutzen die folgenden Elemente für die Einschätzung der Projektkosten haben können:

a. Notfallplanung
b. Nutzung von Erfahrungswertdatenbanken (siehe Abbildung 15.11)
c. Nützlichkeit von Computerschätzungen
d. Nützlichkeit von Leistungsfaktoren zur Bemessung der Ineffizienz und von Unsicherheiten

15 Kostenkontrolle

Verwandte Fallstudien (aus Kerzner/*Project* Management *Case Studies*, 2. Auflage)	Verwandte Workbook-Übungen (aus Kerzner/*Project Management Workbook and PMP®/CAPM® Exam Study Guide*, 9. Auflage)	PMBOK® Guide, 3. Auflage, Referenzabschnitt für das PMP®-Zertifizierungsexamen
• The Bathtub Period* • Trouble in Paradise*	• Using the 50/50 Rule • Multiple-Choice-Examen • Crossword Puzzle on Cost Management	• Kostenmanagement • Umfangsmanagement (Scope Management)

* Die Fallstudie ist am Ende des Kapitels beschrieben.

15.0 Einführung

PMBOK® Guide 2004
7.3 Steuerung der Kosten

Die Kostenkontrolle ist ein wichtiger Faktor in allen Unternehmen, und zwar unabhängig von der Unternehmensgröße. In kleineren Unternehmen ist die Kostenkontrolle in der Regel strenger, weil der Fortbestand des Unternehmens auf dem Spiel stehen kann, wenn nur ein einziges Projekt fehlschlägt. In der Regel sind die Kontrolltechniken bei kleineren Unternehmen jedoch nicht so umfassend. Größere Unternehmen können sich möglicherweise den Luxus leisten, bei mehreren Projekten Verlust zu machen. Auf kleinere Unternehmen trifft dies nicht zu.

Viele Menschen sind mit der Kostenkontrolle nur wenig vertraut. Die Kostenkontrolle beinhaltet nicht nur die »Überwachung« der Kosten und die Aufzeichnung von Kostendaten, sondern auch die Datenanalyse und die Einleitung von Korrekturmaßnahmen, bevor es zu spät ist. Die Kostenkontrolle sollte nicht nur vom Project Office, sondern von allen Mitarbeitern durchgeführt werden, die Kosten erzeugen.

Die Kostenkontrolle setzt gutes Kostenmanagement voraus, das folgende Punkte beinhalten muss:

- Kostenschätzung
- Kostenbuchung
- Cashflow des Projekts
- Cashflow des Unternehmens
- Personaleinzelkosten
- Gemeinkosten
- Andere Kosten, z.B. für Bonuszahlungen (Incentives), Ponäle und Gewinnbeteiligungen

Die Kostenkontrolle ist kein eigenständiges System, sondern Bestandteil des Management-Kostenplanungs- und -steuerungssystem (MCCS – Management Cost and Control System). Dies wird in Abbildung 15.1 veranschaulicht, in der das MCCS aus einem Planungs- und einem Betriebskreislauf besteht. Der Betriebskreislauf wird in der Regel als Kostenkontrollsystem bezeichnet. Wenn das Kostenkontrollsystem den tatsächlichen Status eines Projekts nicht korrekt beschreibt, heißt dies nicht, dass es fehlerhaft wäre. Ein Kostenplanungs- und Steuerungssystem kann nur so gut sein wie der Plan, an dem die Leistung gemessen wird. Deshalb muss das Kostenkontrollsystem beim Entwurf des Planungssystems berücksichtigt werden.

Der Planungskreislauf wird häufig auch als Kreislauf der Planung und Steuerung und der Betriebskreislauf als Kreislauf der Kostenkontrolle bezeichnet.

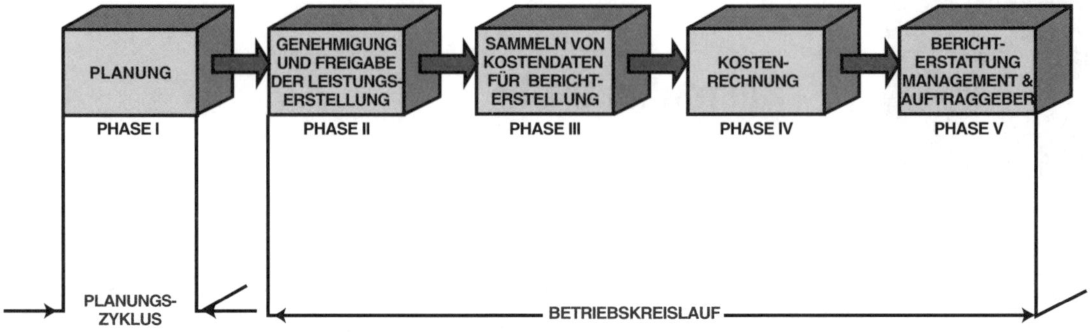

Abbildung 15.1: Phasen eines Management-Kostenplanungs- und -steuerungssystems (MCCS)

Das Kostenplanungs- und -steuerungssystem muss dem Management die Möglichkeit bieten, den aktuellen Status in Bezug auf die Zielerfüllung zu ermitteln. Es müssen Richtlinien, Verfahren und Techniken entwickelt werden, die im Alltag zur Steuerung von Projekten und Programmen eingesetzt werden können. Zu diesem Zweck muss das System Informationen bereitstellen, die Folgendes leisten:

- Einen Eindruck vom tatsächlichen Projektfertigstellungsgrad vermitteln
- Die kostenbezogene und die terminliche Leistung miteinander in Verbindung bringen
- Potenzielle Probleme und ihre Ursachen identifizieren
- Dem Projektmanager Informationen auf einer zweckmäßigen Verdichtungsebene bereitstellen
- Zeigen, dass die Meilensteine gültig, erreichbar und prüfbar sind

Das Planungs- und Steuerungssystem dient nicht nur dazu, Ziele zu definieren (d.h. eine Hierarchie der Ziele und die Zuständigkeit innerhalb der Organisation), sondern es kann auch als Planungswerkzeug und als Mittel zur Bemessung des Fortschritts und zur Überwachung von Änderungen eingesetzt werden. Als Planungswerkzeug muss das Planungs- und Steuerungssystem Folgendes leisten:

- Planung der zu erbringenden Leistung (inklusive der Personal-, Kosten-, Ablauf- und Terminplanung)
- Die Indikatoren identifizieren, die als Kennzahlen genutzt werden können
- Budgets für die Personaleinzelkosten entwickeln
- Budgets für die Gemeinkosten aufstellen
- Management-Reserven identifizieren

Das Projektbudget, das aus dem Planungskreislauf des MCCS resultiert, muss angemessen und realisierbar sein und auf den vertraglich vereinbarten Kosten und dem Lastenheft basieren. Die Grundlage für das Budget bilden Erfahrungswerte, die in früheren Projekten oder Programmen gesammelt wurden, Schätzwerte oder Industriestandards. Das Budget muss den geplanten Personalbedarf, die vertraglich zugewiesenen Geldmittel und die Management-Reserven ausweisen.

Um Budgets erstellen zu können, muss der Planer die Bedeutung von Normen kennen. Es gibt zwei Kategorien von Normen. Leistungsnormen sind quantitative Maßeinheiten und beinhalten Dinge wie die Arbeitsqualität, die Leistungsmenge, die Personalkosten und die Zeit, die zur Fertigstellung benötigt wird. Verfahrensnormen sind qualitativ und beinhalten die Beziehungen zwischen Personal-, Funktions- und technischen Faktoren. Normen sind insofern von Vorteil, als sie ein Mittel zur Vereinheitlichung, einen Ausgangspunkt für die effektive Steuerung und einen Anreiz für andere bereitstellen. Der Nachteil von Normen besteht darin, dass die Leistung häufig eingefroren wird und die Mitarbeiter oft nicht in der Lage sind, sich an die Unterschiede anzupassen.

Als Werkzeug für die Bemessung des Fortschritts und die Überwachung von Änderungen muss das System Folgendes leisten:

- Den Ressourcenverbrauch messen
- Den Status und die Leistung messen
- Die Messergebnisse mit Prognosen und Standards vergleichen
- Einen Ausgangspunkt für die Diagnose und Neuplanung bieten

Für den Einsatz des MCCS gelten folgende Richtlinien:

- Der Detaillierungsgrad wird vom Projektmanager mit Zustimmung des Top-Managements festgelegt.
- Die Projektmanagement-Abteilung hat Weisungsbefugnis für alle Projekte und ist für die Steuerung aller Projekte zuständig.
- Bei umfangreicheren Projekten wird der Projektmanager möglicherweise von einem Projektteam beim Einsatz des Kostenplanungs- und Steuerungssystem unterstützt.

Bei fast allen Projektplanungs- und Steuerungssystemen sind bestimmte Designanforderungen erkennbar. Dazu gehören die folgenden:

- Sie bieten einen allgemeinen Rahmen zur Integration der terminlichen, der kostenbezogenen und der technischen Leistung.
- Sie bieten die Möglichkeit, den Fortschritt bei wichtigen Parametern zu verfolgen.
- Sie bieten eine schnelle Rückmeldung.
- Sie liefern eine Endwertprognose.
- Sie liefern für die Entscheidungsfindung auf jeder Management-Ebene genaue und geeignete Daten.
- Sie bieten die Möglichkeit, Ausnahmeberichte inklusive einer Problemanalyse zu erstellen.
- Sie bieten die Möglichkeit, Alternativlösungen sofort quantitativ zu bewerten.

Die Planung im Rahmen eines MCCS beinhaltet Folgendes:

- Erhalt des Auftrags (falls erforderlich)
- Auftrag für die Projektplanung
- Projektstrukturplan
- Beschreibung der Teilarbeitsschritte
- Ablauf- und Terminpläne
- Planungsdiagramme
- Budgets

MCCS-Planungsdiagramme sind in diesem Fall Arbeitsblätter, die zur Budgeterstellung eingesetzt werden. Die Diagramme beinhalten die geplante Leistung in Stunden und die Materialkosten.

Die Planung im Rahmen eines MCCS erfolgt auf eine der folgenden Arten:

- Eine Ebene unterhalb der niedrigsten Ebene des Projektstrukturplans
- Auf der niedrigsten Management-Ebene
- Nach Kosteneinheiten oder Kostenkonten

Selbst bei ausgereiften Kostenplanungs- und Steuerungssystemen sollten die Vor- und Nachteile im Rahmen einer Kosten-Nutzen-Analyse erfolgen, die folgende Elemente beinhaltet:

- Projektnutzen
    - Planungs- und Steuerungstechniken, die Folgendes erleichtern:
        - Ableitung von Spezifikationen der Ergebnisse (Projektziele)
        - Genaue Darstellung der erforderlichen Aktivitäten

        - Koordination und Kommunikation zwischen den einzelnen Organisationseinheiten
        - Ermittlung des Typs, der Menge und der Einsatztermine der erforderlichen Ressourcen
        - Identifikation von Elementen, die ein hohes Risiko in sich bergen, und Einschätzung von Unsicherheiten
        - Vorschläge für mögliche andere Handlungsverläufe
        - Identifikation der Auswirkungen von Änderungen auf Ressourcenebene und von Leistungsänderungen
        - Bemessung des und Berichterstattung über den tatsächlichen Fortschrittsgrad
        - Identifikation möglicher Probleme
        - Ausgangspunkt für die Problemlösung, für die Entscheidungsfindung und für Korrekturen
        - Sicherstellung, dass die Planung und die Steuerung miteinander gekoppelt sind
- Projektkosten
    - Planungs- und Steuerungstechniken setzen Folgendes voraus:
        - Neue Darstellungsformen für Informationen aus zusätzlichen Quellen und schrittweise Verarbeitung (Zeitaufwand für das Management, Ausgaben für Computer etc.)
        - Zusätzliches Personal oder kleinerer Aufgabenbereich, um mehr Zeit für Planungs- und Steuerungsaufgaben zu schaffen (erhöhte Gemeinkosten)
        - Schulung in der Nutzung von Techniken (Zeit und Material)

Ein gut aufgebautes Kostenplanungs- und -steuerungssystem beinhaltet Folgendes:

- Richtlinien und Verfahren, die die Wahrscheinlichkeit einer verzerrten Berichterstattung minimieren
- Intensive Verfolgung von Vereinbarungen, die in Besprechungen getroffen werden
- Wöchentliche Teambesprechungen mit einer formalisierten Tagesordnung, mit Aufgabenzuodnung und Protokollen
- Regelmäßiges Review des technischen und des Finanzstatus durch das Top-Management
- Vereinfachtes internes Audit zur Überprüfung der Übereinstimmung der Vorgehensweise mit den vorgeschriebenen Verfahren

Ein Kostenplanungs- und -steuerungssystem hat nur dann Erfolg, wenn keine unbeabsichtigten oder willkürlichen Budget- oder Planänderungen vorgenommen werden. Das bedeutet nicht, dass das Budget und der grundlegende Ablauf- und Terminplan, nachdem sie einmal festgelegt wurden, statisch oder unflexibel sein müssen. Vielmehr dürfen Änderungen nur gezielt vorgenommen werden.

Kostenplanungs- und -steuerungssysteme dienen also dazu, den Projektmanager unter Druck zu setzen und damit eine hervorragende Projektplanung zu erzwingen, bei der nur minimale Änderungen vorgenommen werden müssen. So sollten beispielsweise bei Unterauftragnehmern von staatlichen Aufträgen folgende Dinge ausgeschlossen werden:

- Rückwirkende Veränderung von Budgets oder von Kosten für Leistung, die bereits erbracht wurde
- Erneute Budgetierung von Leistungen, die gerade erbracht werden
- Weitergabe von Leistungen ohne Berücksichtigung des Budgets
- Erneute Bearbeitung bereits abgeschlossener Arbeitspakete

In einigen Branchen müssen Planungs- und Steuerungssystemen bei allen Verträgen mit einem Volumen von mehr als € 2 Millionen eingesetzt werden, sogar, wenn es sich um Festpreisangebote handelt. Ob ein Kostenplanungs- und Steuerungssystem erforderlich ist, lässt sich daran feststellen, ob laut Vertrag Endergebnisse wie Hardware oder Computersoftware geliefert werden müssen, die über einen messbaren Leistungsaufwand realisiert werden.

In den USA werden von der Regierung und der Industrie in Verbindung mit dem MCCS zwei Programme eingesetzt, um die Effektivität der Kostenkontrolle zu verbessern. Das »Zero Base«-Budgetierungsprogramm bietet bessere Schätzverfahren für die Überprüfung im Rahmen der Kostenkontrolle. Das »Design-to-Cost«-Programm unterstützt die Entscheidungsfindung während des Kontrollprozesses, indem es einen Rahmen bereitstellt, in dem eine Neuplanung erfolgen kann.

15.1 Die Kostenkontrolle

PMBOK® Guide 2004
3.2.4 Überwachungs- und Steuerungsprozessgruppe

Effektives Management eines Programms im Rahmen des Betriebskreislaufs setzt ein gut organisiertes Kostenplanungs- und -steuerungssystem voraus, das eine direkte Rückmeldung bietet und die aktuelle Ressourcennutzung mit den Zielvorgaben vergleicht, die in der Planungsphase aufgestellt wurden. Ein effektives Kontrollsystem (für die Kosten und den Ablauf- und Terminplan) muss Folgendes leisten:

- Gründliche Planung der zu erbringenden Leistung
- Gute Einschätzung der benötigten Zeit, Leistung und Kosten
- Klare Kommunikation des Aufgabenumfangs
- Disziplinierter Umgang mit dem Budget und Genehmigung von Ausgaben
- Rechtzeitige Ermittlung des Fortschritts und der Ausgaben
- Regelmäßige Neueinschätzung der Zeit und der Kosten, die erforderlich sind, um die noch zu erledigenden Aufgaben fertig zu stellen
- Regelmäßiger Vergleich des Projektfortschritts und der Ausgaben mit dem Ablauf- und Terminplan und dem Budget, sowohl in der aktuellen Situation als auch bis zur Fertigstellung

Das Management darf den Zeitbedarf, die Ist-Kosten und die Leistung nicht unabhängig voneinander mit den Projektvorgaben vergleichen. Es macht wenig Sinn, wenn zwar das Budget nicht überschritten wird und das Projekt im gewünschten Zeitrahmen ausgeführt wird, jedoch der Leistungsgrad nur bei 75 Prozent liegt. Ähnliches gilt, wenn 200 Einheiten mit einem Fließband wie geplant produziert werden, das Budget jedoch um 50 Prozent überschritten wurde. Die drei Ressourcenparameter (Zeit, Kosten und Leistung/Qualität) müssen also immer gemeinsam analysiert werden; andernfalls „gewinnen wir eine Schlacht, verlieren aber den Krieg". Der Begriff »Management-Kostenkontrollsystem« ist insofern vage, als er impliziert, dass nur die Kosten gesteuert werden. Dies ist jedoch nicht der Fall. Ein effektives Steuerungssystem überwacht den Ablauf- und Terminplan und die Leistung sowie die Kosten, indem Budgets eingerichtet, die Ausgaben mit den Budgets verglichen und die Abweichungen ermittelt werden. Auf diese Weise lässt sich sicherstellen, dass die Ausgaben im Kostenrahmen liegen, oder es kann bei Bedarf korrigierend eingegriffen werden.

Der Projektstrukturplan wurde bereits definiert als Anordnung von Elementen, von denen alle Kosten und die gesamte Steuerung ausgehen müssen. Beim Projektstrukturplan (Work Breakdown Structure) handelt es sich um eine hierarchische Untergliederung des Gesamtprojekts bis zur gewünschten Steuerungsebene. Der Projektstrukturplan dient deshalb als Werkzeug zur Unterteilung der Leistung in Ziele und Unterziele. Im Projektverlauf bietet der Projektstrukturplan einen Rahmen, in dem die Kosten, die Zeit und der Ablauf bzw. die Leistung mit dem Budget verglichen werden können.

Der Hauptzweck der Steuerung besteht darin, die Ist-Werte mit den Plan- und Normwerten zu vergleichen, die in der Planungsphase aufgestellt wurden. Anhand dieses Vergleichs soll überprüft werden, ob

- die Ziele erfolgreich in Leistungsstandards umgesetzt wurden.
- die Leistungsnormen die Programmvorgänge und -ereignisse tatsächlich zuverlässig repräsentieren.
- sinnvolle Budgets erstellt wurden, die einen Vergleich von Plan- und Ist-Werten zulassen.

Das heißt also, mit dem Vergleich wird überprüft, ob die richtigen Normen gewählt wurden und ob sie passend eingesetzt werden.

Der zweite Zweck der Steuerung besteht darin, Entscheidungen zu treffen. Das Management benötigt drei Arten von Berichten, um Entscheidungen effektiv und rechtzeitig treffen zu können:

- Den Projektplan, den Terminplan und das Budget, die in der Planungsphase erstellt wurden
- Einen detaillierten Vergleich zwischen den Ressourcen, die bisher verbraucht wurden, und denen, die laut Plan aufgewendet werden sollten. Dazu gehören auch die Einschätzung der offenen Restaufwände und der Einfluss auf Fertigstellung der Leistungserbringung.
- Eine Prognose der Ressourcen, die bis zum Programmabschluss benötigt werden

Diese Berichte, die den Managern und den Ausführenden bereitgestellt werden, leisten Folgendes:

- Feedback für das Management, die Planer und die Ausführenden
- Identifikation aller wichtigen Abweichungen vom aktuellen Programmplan, dem Ablauf- und Terminplan oder dem Budget
- Die Möglichkeit, früh genug Notfallpläne zu entwickeln, damit die kostenbezogenen, die Leistungs- und die terminlichen Anforderungen ohne Ressourcenverlust korrigiert werden können

Diese Berichte bieten dem Management die Möglichkeit, den späteren Änderungsbedarf zu reduzieren, indem die passenden Korrekturen hier und jetzt vorgenommen werden. Wie in den Abbildungen 15.2 und 15.3 gezeigt, besteht eher in den frühen Projektphasen die Möglichkeit einer Kostenreduktion. Abbildung 15.3 zeigt die Beteiligten, die wahrscheinlich den größten Einfluss darauf haben, mögliche Änderungen an einem Projekt zu initiieren. Die Kosten für spätere Änderungen können die ursprünglichen Projektkosten leicht übersteigen. Dies ist ein Beispiel für das »Eisberg«-Syndrom, bei dem die Probleme erst sichtbar werden, wenn eine einfache Lösung nicht mehr realisiert werden kann, was wiederum hohe Korrekturkosten verursacht.

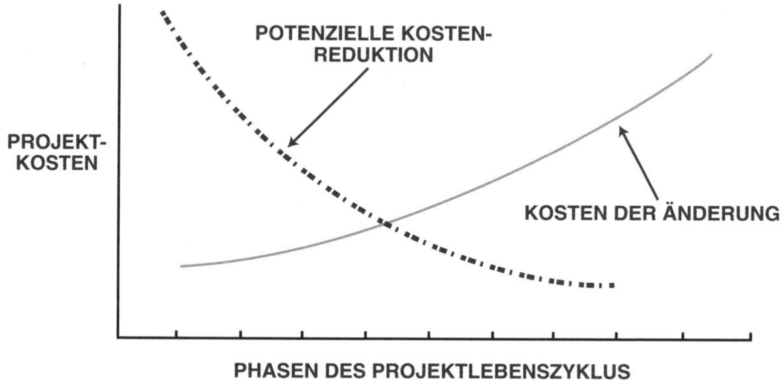

Abbildung 15.2: Analyse der Kostenreduktion

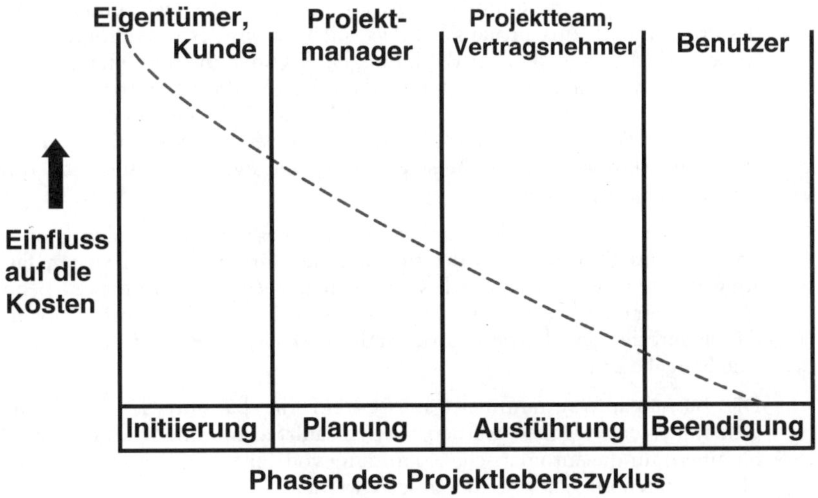

Abbildung 15.3: Personen mit der Fähigkeit, die Kosten zu beeinflussen[1]

15.2 Der Durchführungszyklus

Das Management-Kostenplanungs- und -steuerungssystem (MCCS) ist für den Durchführungszyklus des Projekts von größter Wichtigkeit. Der Durchführungszyklus besteht aus vier Phasen:

- Beauftragung für und Freigabe der Leistungserstellung (Phase II)
- Zusammentragen der Kosten und Berichterstattung über die Kosten (Phase III)
- Kostenanalyse (Phase IV)
- Berichterstattung an den Auftraggeber und an das Management (Phase V)

Diese vier Phasen bilden zusammen mit dem Planungskreislauf (Phase I) ein geschlossenes Netzwerk, das als Ausgangspunkt für das Kostenplanungs- und -steuerungssystem dienen kann.

Phase II umfasst die Auftragsfreigabe. Nach Abschluss der Planung und Erhalt des Auftrags wird die Leistungserstellung über eine Leistungsbeschreibung genehmigt. Die Leistungsbeschreibung oder das Formular für den Projektauftrag ist ein Vertrag und enthält die Beschreibung, die Organisation und den Zeitrahmen für jede Ebene der Projektstruktur. Dieses Mehrzweckformular wird eingesetzt, um den Auftrag freizugeben, die Planung zu genehmigen und die Tätigkeiten, die im Projektstrukturplan angegeben werden, aufzuzeichnen und zur Durchführung durch die Linienabteilungen freizugeben.

Möglicherweise ist für die Vertragsabteilung auch eine formale Leistungsbeschreibung erforderlich, um den Auftrag freizugeben. Diese legt die allgemeinen, vertraglich vereinbarten Leistungsanforderungen fest und ermöglicht es dem Programm-Management, mit der Arbeit fortzufahren.

Das Programm-Management übergibt den Linienorganisationen möglicherweise ein Formular mit einer aufgeschlüsselten Leistungsbeschreibung, damit mit der Leistungserstellung begonnen werden kann. Diese aufgeschlüsselte Leistungsbeschreibung muss eventuell angepasst werden, falls sich der Projektumfang oder der Terminplan ändert. Das Leistungsbeschreibungsformular wird in der Regel nur für Vorhaben eingesetzt, die maximal neunzig Tage dauern, und muss wie das Projekt selbst überwacht werden. Es enthält die vertraglich vereinbarten Anforderungen und Planungsrichtlinien für die ausführenden Organisationen. Die aufgeschlüsselte Leistungs-

1. Wideman, M., *Managing Project Development for Better Results,* Project Management Quarterly, September 1981, S. 16.

beschreibung wird im Rahmen der Angebotserstellung erstellt und nach Verhandlungen seitens des Programm-Teams aktualisiert. Anschließend wird es vom Programm-Management schrittweise an die Leitstellen in der Fertigung, der Technik und der Öffentlichkeitsarbeit und das Programm-Management weitergegeben, die wiederum Projektaufträge an die ausführenden Organisationen vergeben. Die aufgeschlüsselte Leistungsbeschreibung gibt an, wie die vertraglich festgelegten Anforderungen erfüllt werden können, welche Linienorganisationen beteiligt sind und wofür sie jeweils zuständig sind, und genehmigt den Ressourcenverbrauch innerhalb eines bestimmten Zeitrahmens.

Die Kontrollstelle weist der aufgeschlüsselten Leistungsbeschreibung eine Auftragsnummer zu und gibt das Dokument an die ausführenden Organisationen weiter, falls keine zusätzlichen Anweisungen mehr erforderlich sind. Werden weitere Anweisungen benötigt, kann die Kontrollstelle für die Leistungserstellung ein ausführlicheres Auftragsfreigabedokument vorbereiten, die entsprechenden Betriebsauftragsnummern festlegen und der ausführenden Organisation eine Freigabe erteilen.

Die Betriebsauftragsnummern müssen für die hausinterne Berechnung von Einzel- und Gemeinkosten vergeben werden. Betriebsauftragsnummern können außerdem als Referenznummern für die automatische Zuordnung von Teilen des Projektstrukturplans zu Arbeits- und Materialdaten im Computer eingesetzt werden.

Kleinere Unternehmen können diesen zusätzlichen Aufwand umgehen, indem sie Aufträge direkt anhand des Projektvertrags vergeben.

15.3 Kostenverrechnungsschlüssel

PMBOK® Guide 2004

Abbildung 5.6 Beispiel für einen Projektstrukturplan mit bis hinunter zu den Arbeitspaketen zerlegten Zweigen

Da die Projektmanager die Ressourcen nicht direkt, sondern über die Linienmanager steuern, überwachen sie die Kosten, indem sie Aufträge vergeben. Aufträge definieren die Buchungsnummern für jede Kostenstelle. Ein Kostenkonto ist per definitionem ein natürlicher Schnittpunkt zwischen Projekt- und Organisationsstrukturplan, anhand dessen die funktionale Zuständigkeit für die einzelnen Tätigkeiten festgelegt wird und die Personal-, die Material- und andere Einzelkosten mit den erbrachten Leistungen verglichen werden.

Kostenkonten sind die Schwerpunkte des Planungs- und Steuerungssystems und können verschiedene Arbeitspakete enthalten (siehe Abbildung 15.4). Arbeitspakete sind Leistungen, die nur einen kurzen Zeitraum umfassen und im Rahmen des Gesamtprojekts durchgeführt werden müssen. Betrachten Sie die Struktur der Kostenkonten in Abbildung 15.5 und das Formular für den Projektauftrag in Abbildung 15.6. Das Formular für den Projektauftrag gibt die Kostenstellen an, die für diesen Auftrag benutzt werden sollen, sowie die Personenstunden, die jeder Kostenstelle zur Verfügung stehen, und den Zeitraum für den Auftrag. Weil das genaue Datum der Durchführung angegeben ist, kann die Betriebsauftragsnummer bereits bis zu einem Jahr vor Beginn der Leistungserstellung vergeben werden. Dies wird in Abbildung 15.7 verdeutlicht.

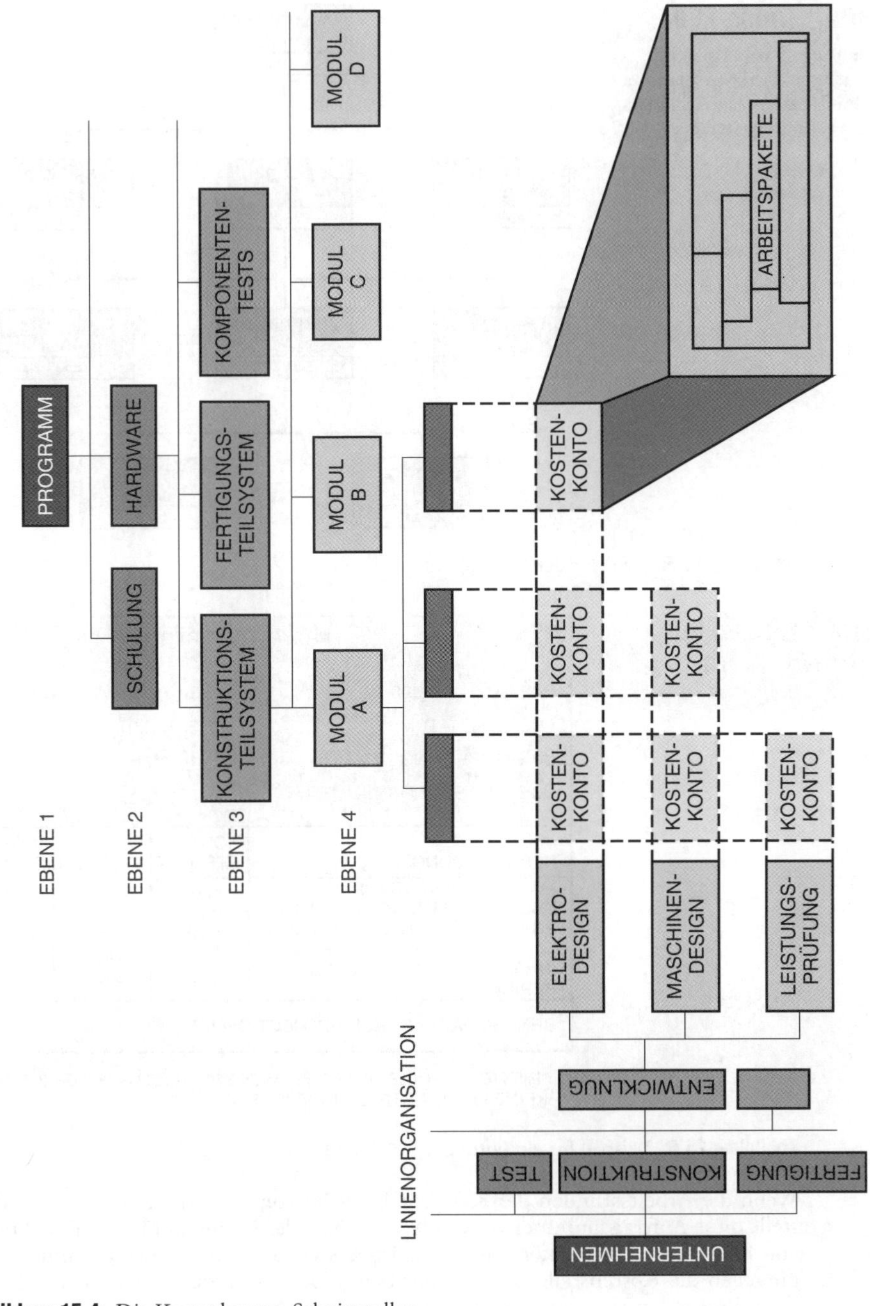

Abbildung 15.4: Die Kostenkonten-Schnittstellen

PMBOK® Guide 2004
Abbildung 5.6 Beispiel für einen Projektstrukturplan mit bis hinunter zu den Arbeitspaketen zerlegten Zweigen

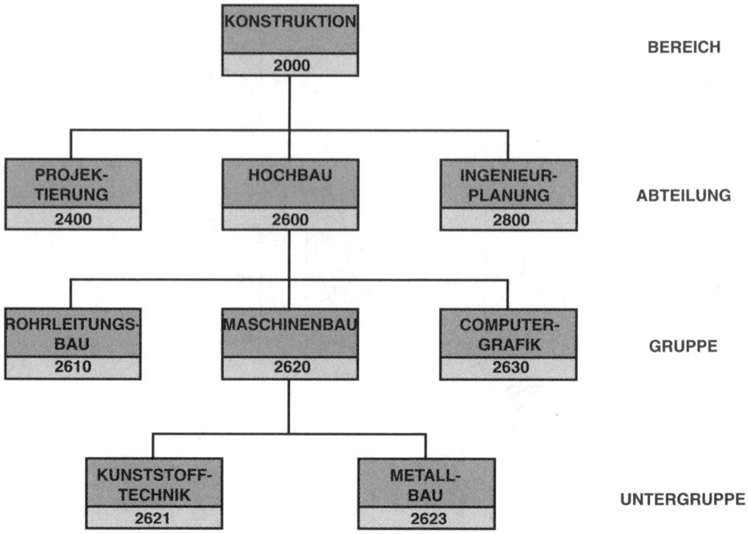

Abbildung 15.5: Struktur der Kostenkonten

PMBOK® Guide 2004
4.5 Überwachen und Steuern der Projektarbeit

PROJEKTAUFTRAGSFORMULAR

PSP-NR.: 31-03-02 AUFTRAGSNR.: D1385

FREIGABEDATUM: 3. FEB 01

ÜBERARBEITUNGSDATUM: : 18. MÄRZ 01

ÜBERARBEITUNGSNUMMER: : C

BESCHREIBUNG	KOSTEN-STELLEN	STUNDEN	ARBEITS-BEGINN	ARBEITS-ENDE
MATERIALTEST VB-2 IN ÜBEREINSTIMMUNG MIT DEM PROGRAMMPLAN UND DER NORM G1483-52. DIESE AUFGABE BEINHALTET EINEN SCHRIFTLICHEN BERICHT.	2400 2610 2621 2623 5000*	150 160 140 46 600	01.08.01 ↓	15.09.01 ↓

GENEHMIGUNG DURCH PROJECT OFFICE ____________

*HINWEIS: EINIGE UNTERNEHMEN ERLAUBEN AUF DER 3. EBENE DES PSP KEINE KOSTENSTELLENAUFTEILUNG

Abbildung 15.6: Beispiel für ein Formular für einen Projektauftrag

Wenn die Arbeitsstunden der Kostenstelle 2400 zugewiesen werden, kann jede 24xx-Kostenstelle diese Auftragsnummer verwenden. Stammt das Formular für den Projektauftrag hingegen von Kostenstelle 2610, können alle 261x-Kostenstellen die Auftragsnummer benutzen. Wird hingegen die Kostenstelle 2623 angegeben, gibt es keine untergeordneten Kostenkonten, die diese Betriebsauftragsnummer einsetzen können. Das heißt, wenn eine Auftragsnummer auf Abteilungsebene eröffnet wird, hat der Abteilungsleiter auch das Recht, die zugeteilten Personenstunden auf die verschiedenen Gruppen und Untergruppen aufzuteilen. Die Unternehmensrichtlinien legen in der Regel die Ebenen der Kostenstellen fest, die im Formular für den Projektauftrag zugewiesen werden können. Die Genehmigungsebenen sind mit den Ebenen des Projektstrukturplans verbunden. So kann beispielsweise die Kostenstelle 5000 (d.h. Abteilung) auf der Projektebene des Projektstrukturplans zugewiesen werden, auf der Aufgabenebene des Projektstrukturplans können jedoch nur abteilungsbezogene, gruppen- oder untergruppenbezogene Kostenkonten zugewiesen werden.

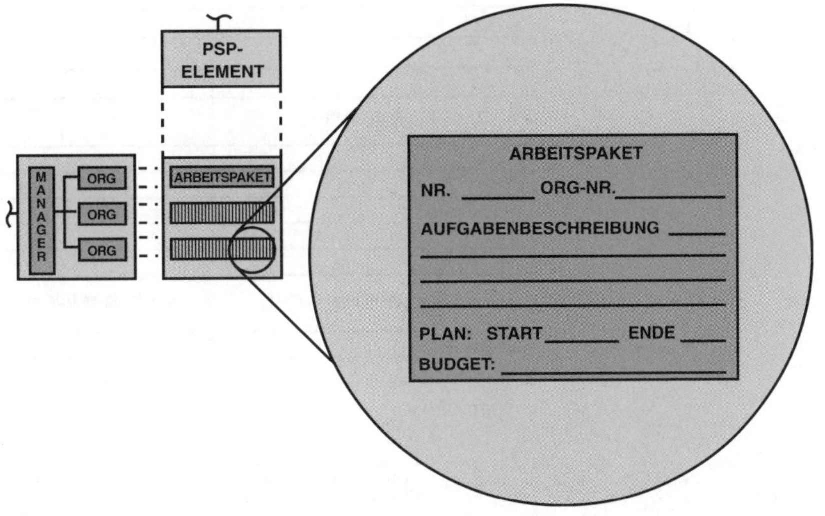

Abbildung 15.7: Während der Planung und Budgetierung werden die Arbeit beschrieben, der Ablauf geplant und ein Ablauf- und Terminplan aufgestellt.

Falls eine Kostenstelle einen zusätzlichen Zeit- oder Personenstundenbedarf hat, muss eine Kostenstellenänderungsnotiz initiiert werden. In der Regel geschieht dies durch die Kostenstelle, die die Änderungen anfordert. Die Änderungen müssen dann vom Project Office genehmigt werden. Abbildung 15.8 zeigt ein Formular für eine Kostenstellenänderungsnotiz.

Große Unternehmen besitzen computerisierte Kostenplanungs- und Steuerungssysteme. Bei kleineren Unternehmen erfolgt die Kostenkontrolle zum Teil manuell. Das Hauptproblem beim Einsatz der Kostenstellenstruktur und von Formularen für Projektaufträge (Abbildung 15.5 und 15.6) besteht darin, ob die Mitarbeiter Zeiterfassungsformulare nutzen oder nicht und wie häufig diese Formulare ausgefüllt werden bzw. die Zeit erfasst wird. Projektorientierte Unternehmen füllen mindestens ein Mal wöchentlich Zeiterfassungsformulare aus. Die Formulare werden anschließend in ein Computersystem eingegeben. Nicht projektorientierte Unternehmen füllen Zeiterfassungsformulare ein Mal monatlich aus, wobei der Grad der Computerisierung von der Größe des Unternehmens abhängt.

Die Kostenerfassung und die Berichterstellung bilden die zweite Phase des Durchführungszyklus des Planungs- und Steuerungssystems. Die Ist-Kosten (ACWP – Actual Cost for Work Performed) und der aktuelle Fertigstellungswert (BCWP – Budgeted Cost for Work Performed) für die erbrachte Leistung werden in Kostenkonten nach Kostenstellen und Kostenelementen akkumuliert. Anschließend werden die in Abbildung 15.9 gezeigten Berichte erstellt. Diese Details zu den Ist-Kosten und dem aktuellen Fertigstellungswert (BCWP) werden in der Regel monatlich für alle Ebenen des Projektstrukturplans ausgedruckt. Außerdem können zusätzlich wöchentliche Arbeitsberichte ausgedruckt werden, denen die Personaleinzelkosten entnommen werden können. Diese können dann mit den Vorhersagen verglichen werden.

PMBOK® Guide 2004
7.3 Steuerung der Kosten
10.2.2.2 Systeme zum Sammeln und Abrufen von Informationen

KOSTEN-KONTO-NR. ____________ Revision der Kostenkonto-Nr. ________ Datum ________

BESCHREIBUNG DER ÄNDERUNGEN:

____

____

____

____

____

____

GRUND FÜR DIE ÄNDERUNG:

____

____

____

____

____

____

	Budgetvorgaben	Genehmigtes Budget	Leistungszeitraum:
Personenstunden	________	________	
Materialkosten	________	________	Von ________
Einzelkosten	________	________	Bis ________

BUDGETQUELLE:

- ☐ Finanzierte Vertragsänderung
- ☐ Management-Reserve
- ☐ Unverteiltes Budget
- ☐ Andere ________

INITIIERT DURCH: ____________ GENEHMIGT Programm-Manager ______ Programmleitung ______

Abbildung 15.8: Kostenstellenänderungsnotiz

IST

* ACWP (Actual Cost of Work Performed) = Aktuelle Ist-Kosten

** BCWP (Budgeted Cost for Work Performed) = Aktueller Fertigstellungswert

*** BCWS (Budgeted Cost for Work Scheduled) = Plan-Kosten oder geplanter Fertigstellungswert

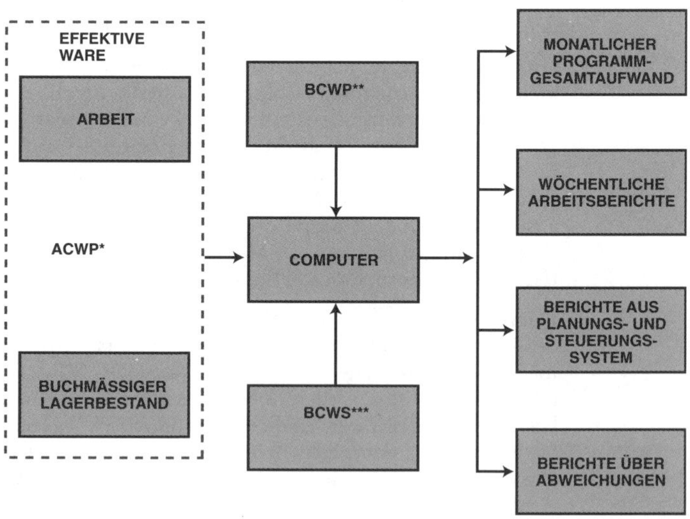

Abbildung 15.9: Berichterstattung über die Kosten

Tabelle 15.1 zeigt einen typischen Wochenarbeitsbericht. Die erste Spalte gibt die PSP-Nummer[2] an. Wäre diesem PSP-Element mehr als ein Auftrag zugewiesen worden, würde die Auftragsnummer unter der PSP-Nummer stehen. Dieser Vorgang würde sich für alle Aufträge unter einer PSP-Nummer wiederholen. Die zweite Spalte enthält die Kostenstellen, die für dieses PSP-Element belastet werden (und möglicherweise auch die Auftragsnummern). Die Kostenstelle 41xx repräsentiert die Abteilung 41 und umfasst die Kostenstellen 4110, 4115 und 4118. Die Kostenstelle 4xxx repräsentiert den gesamten Bereich und beinhaltet alle Abteilungen der 4000-Ebene. Die Kostenstelle xxxx repräsentiert die übergeordnete Kostenstelle aller Abteilungen, die für dieses PSP-Element belastet werden. Die wöchentlichen Arbeitsberichte müssen alle Kostenstellen auflisten, die für dieses PSP-Element belastet werden können. Ob in der letzten Berichtsperiode tatsächlich Kosten angefallen sind, spielt dabei keine Rolle.

Die meisten Wochen-Arbeitsberichte liefern Übersichten über die monatlichen Zwischensummen und die Summen des letzten Monats. Diese Daten sind zwar auch im detaillierten Monatsbericht enthalten, sie dienen jedoch im wöchentlichen Arbeitsbericht dazu, rasch Vergleiche ziehen zu können. Der Jahressaldo ist im wöchentlichen Arbeitsbericht nur dann enthalten, wenn die Benutzer dies fordern, um einen direkten Vergleich zu den erwarteten Kosten bei Fertigstellung (EAC – Estimate Cost at Completion) und dem Auftrag ziehen zu können.

Die wöchentlichen Arbeitsberichte sind für das Program Office (PO) sehr nützlich, weil daraus Kosten- und Leistungstrends hervorgehen und noch genügend Zeit zur Verfügung steht, um Notfallpläne aufzustellen und zu implementieren. Fehlen solche Berichte, können Kostenüberschreitungen erst im Folgemonat aus dem Monatsbericht entnommen werden, der eine Personenstunden-, eine Kosten- und eine Materialübersicht enthält.

In Tabelle 15.1 hat die Kostenstelle 4110 das gesamte Budget bereits ausgegeben. Die Leistung scheint nach Terminplan erbracht worden zu sein. Das verantwortliche Program Office könnte beispielsweise dafür sorgen, dass diese Kostenstelle durch dieses PSP-Element nicht weiter belastet wird, indem es eine neue Arbeitsaufteilung vornimmt oder Aufträge storniert. Die Kostenstelle 4115 scheint erst die Hälfte des Budgets verbraucht zu haben. Wenn die Zeit knapp wird, muss die Kostenstelle 4115 zusätzliche Ressourcen anfordern, um die Vorgaben zu erfüllen. Die Kostenstelle 4443 scheint auf eine Kostenüberschreitung zuzulaufen. Dies könnte auch auf eine Management-Reserve hinweisen. In diesem Fall hat das verantwortliche Mitglied des Programmteams das Gefühl, dass die Leistung auch mit weniger Personenstunden erbracht werden kann.

Mit der Auftragsfreigabe wird den Kostenstellen die Genehmigung erteilt, ihre Arbeitszeit bestimmten Kostenberichtselementen zuzuordnen. Die Aufträge enthalten die Anzahl der Personenstunden, nicht die Kosten. Es handelt sich dabei um Zielwerte, die das Program Office gerne erreichen würde. Wenn das Program Office spezifischer sein und die Abteilungen dazu zwingen möchte, sich an die Zeitvorgaben zu halten, sollten die Plan-Kosten (BCWS) so geändert werden, dass aus ihnen die verringerte Anzahl der Personenstunden hervorgeht.

Normalerweise gibt es vier Kostenkategorien:

- Personaleinzelkosten
- Materialeinzelkosten
- Andere Einzelkosten
- Gemeinkosten

Projektmanager können lediglich die Personal-, die Material und andere Einzelkosten beeinflussen. Die Gemeinkosten werden jährlich oder monatlich berechnet und rückwirkend allen Programmen zugewiesen, für die sie gelten. Management-Reserven werden häufig benutzt, um die Auswirkungen von Gemeinkostenänderungen auszugleichen.

---

2. Hier wird von drei Ebenen der Kostenberichterstattung ausgegangen. Werden hingegen Arbeitspakete eingesetzt, identifiziert die PSP-Nummer alle fünf Ebenen des Projektstrukturplans.

Nr.:	Kosten-stelle	Personen-stunden Kosten (€)	Wöchentliche Ist-Kosten	Monatliche Zwischen-summe	Letzter Monat		Jahressaldo				
					Ist-Kosten (ACWP)	Aktueller Fertigstellungs-wert (BCWP)	Ist-Kosten (ACWP)	Aktueller Fertigstellungs-wert (BCWP)	Plan-Kosten (BCWS)	Zu erwartende Kosten bei Abschluss (EAC)	Auftrags-freigabe
01-03-	4110	Stunden	200	300	300	300	1000	1000	1000	1000	1000
06		Kosten (€)	1000	1500	1500	1500	5000	5000	5000	5000	
	4115	Stunden	200	300	300	300	1000	1000	1000	2000	2000
		Kosten (€)	1000	1500	1500	1500	5000	5000	5000	10000	
	4118	Stunden	200	300	300	300	1000	1000	1000	2000	1800
		Kosten (€)	1000	1500	1500	1500	5000	5000	5000	10000	
	41XX	Stunden	600	900	900	900	900	900	900	5000	4800
		Kosten (€)	3000	4500	4500	4500	4500	4500	4500	25000	
	4443	Stunden	100	200	400	360	800	700	1400	2000	1800
		Kosten (€)	600	1200	2400	2260	4800	4200	8400	12000	
	4446	Stunden	200	400	1000	1200	2000	2000	2300	3000	2500
		Kosten (€)	800	1600	4000	4800	8000	8000	9200	12000	
	4448	Stunden	300	600	1000	1200	2000	2000	2300	3000	3000
		Kosten (€)	1500	3000	5000	6000	10000	10000	11500	15000	
	44XX	Stunden	600	1200	2400	2760	4800	4700	6000	8000	7300
		Kosten (€)	2900	5800	11400	13060	22800	22200	29100	39000	
	4XXX	Stunden	1200	2100	3300	3660	5700	5600	6900	13000	12100
		Kosten (€)	5900	10300	15900	17560	27300	26700	33600	64000	
	XXXX	Stunden	8000	18000	20000	19000	50000	48000	47000	61000	58000
		Kosten (€)	56000	126000	140000	133000	350000	336000	329000	427000	

Tabelle 15.1: Wochenarbeitsbericht

15.4 Budgets

Das Projektbudget, das aus dem Planungskreislauf des MCCS resultiert, muss angemessen und erreichbar sein und auf den vertraglich ausgehandelten Kosten und dem Lastenheft basieren. Die Grundlage für das Budget bilden entweder Erfahrungswerte, Schätzwerte oder Industrienormen. Das Budget muss die geplanten Personalanforderungen, die Finanzmittel und die Management-Reserven ausweisen.

Alle Budgets müssen über das »Budget-Protokoll« auffindbar sein, das folgende Elemente enthält:

- Veröffentlichtes Budget
- Management-Reserve
- Unveröffentlichtes Budget
- Vertragsänderungen

Die Management-Reserve ist die Geldsumme, die vom Project Office für alle Arten von unvorhergesehenen Problemen und Notfällen reserviert wird, die sich ergeben, wenn das Projekt den Plan nicht erfüllt. Die Management-Reserve sollte jedoch eher für Änderungen der Gebührensätze eingesetzt werden und nicht dazu, eine schlechte Planung oder Budgetüberschreitungen zu verdecken. Wenn sich in der Gebührenstruktur eine wesentliche Änderung ergibt, sollte das Gesamtbudget angepasst werden.

Neben dem »normalen« und dem Management-Budget gibt es zwei weitere Budgets:

- Das unveröffentlichte Budget. Dabei handelt es sich um ein Budget, das mit Vertragsänderungen verknüpft ist und bei dem die zeitlichen Beschränkungen verhindern, dass die Änderungen in das Budget aufgenommen werden. (Der Auftrag ist möglicherweise zeitlich beschränkt.)
- Das freie Budget, das eine logische Gruppierung von vertraglich vereinbarten Aufgaben beinhaltet, die bisher noch nicht identifiziert und/oder genehmigt wurden.

15.5 Ein Bewertungssystem für den Leistungswert (EVMS, Earned Value Measurement System)

In den Anfangstagen des Projektmanagements wurde offensichtlich, dass die Projektmanager Probleme damit hatten, den Projektstatus zu bestimmen. Einige glaubten, der Status könne nur durch Hilfe eines mystischen Ansatzes bestimmt werden, wie in Abbildung 15.10 gezeigt.

Abbildung 15.10: Statusbestimmung

Die kritische Frage lautete, ob die Projektmanager die Kosten steuerten oder sie doch nur beobachteten. Die Regierung wollte, dass die Kosten gesteuert werden, statt sie nur zu beobachten, zu verrechnen oder zu berichten. Dieser Bedarf führte zur Entwicklung des EVMS (Earned Value Measurement System, System zur Bewertung für den Leistungswert).

Die Grundlage für das EVMS, das einige für eine Komponente des MCCS halten, ist die Bestimmung des Leistungswerts. Der Leistungswert ist eine Managementtechnik, die die Ressourcenplanung den Zeitplänen und den Anforderungen an die technische Leistung zuordnet. EVM (Earned Value Management) ist ein systematischer Prozess, der den Leistungswert als wichtigstes Werkzeug für die Integration von Kosten, Zeitplan, technischem Leistungsmanagement und Risikomanagement einsetzt.

Ohne die Verwendung des EVMS kann die Statusbestimmung schwierig sein. Betrachten Sie Folgendes:

- Das Projekt
- Ein Gesamtbudget von 1,2 Millionen Euro
- Ein Aufwand von 12 Monaten
- Es werden 10 Teilziele erstellt
- Berichteter Status
- Vergangene Zeit: 6 Monate
- Bisher ausgegebenes Geld: 700.000 Euro
- Erstellte Teilziele: 4 vollständig, 2 teilweise

Welchen Status hat das Projekt wirklich? Wie weit ist das Projekt fortgeschritten: 40, 50, 60 Prozent usw.? Ein weiteres Problem war, wie genau die Kosten der Leistung zugeordnet werden konnten. Wenn man 20 Prozent des Budgets ausgegeben hat, bedeutet das dann, dass man zu 20 Prozent fertig ist? Wenn man zu 30 Prozent fertig ist, hat man dann 30 Prozent des Budgets ausgegeben?

Das EVMS bietet die folgenden Vorteile:

- Exakte Darstellung des Projektstatus
- Frühe und genaue Identifizierung von Trends
- Frühe und genaue Identifizierung von Problemen
- Basis für Kurskorrekturen

Das EVMS kann die folgenden Fragen beantworten:

- Welchen Status hat das Projekt tatsächlich?
- Welche Probleme gibt es?
- Was kann getan werden, um die Probleme zu beheben?
- Welchen Einfluss haben die einzelnen Probleme?
- Welche Risiken bestehen aktuell und in der Zukunft?

Das EVMS konzentriert sich darauf, übergroße Kurskorrekturen zu vermeiden, indem Probleme früh erkannt und gelöst werden. Das EVMS ist ein Frühwarnsystem, das dem Projektmanager genügend Zeit bietet, Kurskorrekturen in kleinen Schritten vorzunehmen. Normalerweise ist es einfacher, kleine im Gegensatz zu großen Abweichungen zu korrigieren. Aus diesem Grund sollte das EVMS innerhalb des Projekts stetig genutzt werden, um die Abweichungen zu erkennen, solange sie noch klein und möglicherweise einfacher zu korrigieren sind. Große Abweichungen sind schwieriger zu korrigieren und tragen das Risiko in sich, dass die Kosten für ihre Korrektur dem Management womöglich so weit missfallen, dass das Projekt verworfen wird.

15.6 Abweichung und erbrachte Leistung

Abweichung ist definiert als terminliche-, Leistungs- und Kostenabweichung von einem bestimmten Plan. Abweichungen müssen verfolgt und berichtet werden. Sie sollten durch Korrekturen abgeschwächt werden, in keinem Fall jedoch durch Änderung des Basisplans eliminiert werden, es sei denn es gibt dafür triftige Gründe. Abweichungen werden von allen Management-Ebenen genutzt, um das Budgetierungs- und das Planungssystem zu verifizieren. Die Abweichungen, die sich zwischen der Budgetierung und der Ablauf- und Terminplanung ergeben, müssen aus folgenden Gründen verglichen werden:

- Die Kostenabweichung vergleicht die Abweichungen vom Budget. Sie bietet keinen Aufschluss über die Abweichung zwischen der terminlich eingeplanten und der bereits fertig gestellten Arbeit.
- Die terminliche Abweichung bietet einen Vergleich zwischen geplanter und tatsächlicher Leistung, beinhaltet jedoch keine Kosten.

Es gibt zwei Messmethoden:

- *Messbarer Aufwand für die Leistungserstellung:* Konkrete Arbeitsschritte, für deren Durchführung sich ein Ablauf- und Terminplan definieren lässt und bei deren Durchführung greifbare Ergebnisse erzielt werden.
- *Ebene der Leistungserstellung:* Arbeit, die sich nicht in weitere Arbeitsschritte unterteilen lässt, wie z.B. Projektservice und Projektsteuerung.

Abweichungen werden mit beiden Messmethoden ermittelt.

Um Abweichungen berechnen zu können, müssen die drei Basisgrößen für Abweichungen bei der Budgetierung und bei den Ist-Kosten für geplante und fertig gestellte Arbeiten definiert werden. Archibald definiert diese drei Variablen wie folgt:[3]

- BCWS (Budgeted Cost for Work Scheduled) oder Plan-Kosten: Die budgetierten Kosten für die Ergebnisse und die Menge oder Ebene der Leistungen, die in einem vorgegebenen Zeitrahmen noch erbracht werden müssen.
- BWCP (Budgeted Cost for Work Performed) oder aktueller Fertigstellungswert: Die budgetierten Kosten für die bisher erbrachten Ergebnisse und die Menge der bisher erbrachten Ergebnisse.
- ACWP (Actual Cost for Work Performed) oder Ist-Kosten: Die tatsächlich angefallenen Kosten für die bis zu einem bestimmten Zeitpunkt erbrachten Leistungen.

PMBOK® Guide 2004

7.3.2 Steuerung der Kosten: Werkzeuge und Methoden

7.3.2.2 Analyse der Leistungsmessung

> Das Project Management Institute (PMI) hat die Nomenklatur in der neuen Version des PMBOK® Guide geändert, wobei BCWS durch PV (Planned Value), BCWP durch EV (Earned Value) und ACWP durch AC (Actual Cost) ersetzt wurde. Die Mehrheit der Personen, die diese Abkürzungen verwenden, benutzt jedoch noch die alten Abkürzungen. Dies gilt insbesondere für Auftragnehmer von Regierungsaufträgen der US-amerikanischen Regierung. Die geläufigen alten Akronyme werden in diesem Buch noch so lange verwendet, bis die Akronyme des PMI in allen Branchen akzeptiert wurden.

Die Plan-Kosten (BCWS) repräsentieren den auf Phasen verteilten Projektplan, anhand dessen die Leistung bemessen wird. Auf den Gesamtvertrag bezogen handelt es sich bei den Plan-Kosten normalerweise um die vertraglich vereinbarten Kosten zuzüglich der geschätzten Kosten für Leistungen, die zwar bereits genehmigt, deren Preise jedoch noch nicht kalkuliert wurden (ohne Management-Reserve). Die Plan-Kosten bestehen zu jedem Zeitpunkt aus der Summe der Bud-

3. Archibald, R. D., *Managing High-Technology Programs and Projects,* New York, 1976, S. 176.

gets für alle Arbeitspakete plus des Budgets für die Leistungen, die gerade erbracht werden (offene Arbeitspakete) plus des Budgets für Projekt-Service-Leistung und die entsprechend aufgeteilte Arbeit.

Bei der Aufstellung der Plan-Kosten muss der Auftraggeber eine Lernkurve voraussetzen. Dabei können alle bekannten Methoden eingesetzt werden, so lange die Plan-Kosten die erwarteten Ist-Kosten, mit denen die einzelnen Kostenkonten oder Arbeitspakete belastet werden, möglichst genau wiedergeben.

Diese Kosten können dann auf jeder Ebene des Projektstrukturplans (d.h. auf Programme, auf Projekte, auf Aufgaben, Teilaufgaben und Arbeitspakete) auf die Leistungen angewendet werden, die bereits erbracht wurden, die gerade erbracht werden oder die noch erbracht werden müssen. Aus dieser Definition ergeben sich folgende Berechnungsformeln:

- Berechnung der Kostenabweichung (CV – Cost Variance):

  $$CV = BCWP - ACWP$$

  wobei BCWP (Budgeted Cost for Work Performed) der aktuelle Fertigstellungswert ist und ACWP (Actual Cost for Work Performed) die Ist-Kosten sind. Ist die Kostenabweichung negativ, deutet dies auf eine Kostenüberschreitung hin.
- Berechnung der terminlichen Leistungsabweichung oder Planabweichung (SV – Schedule Variance):

  $$SV = BCWP - BCWS$$

  wobei BCWP (Budgeted Cost for Work Performed) der aktuelle Fertigstellungswert und BCWS (Budgeted Cost For Work Scheduled) die Plan-Kosten bedeuten. Eine negative terminliche Leistungsabweichung ist ein Hinweis dafür, dass der Terminplan nicht erfüllt wird.

Werden sowohl die Kosten als auch der Ablauf- und Terminplan analysiert, dienen die Kosten als kleinster gemeinsamer Nenner. Das heißt, die terminliche Leistungsabweichung ist eine Funktion der Kosten. Um dieses Problem zu umgehen, werden die Abweichungen in der Regel in Prozentwerte umgewandelt:

$$\text{Kostenabweichung in Prozent (CVP)} = \frac{CV}{BCWS}$$

$$\text{Terminplanabweichung in Prozent (SVP)} = \frac{SV}{BCWS}$$

wobei CV (Cost Variance) die Kostenabweichung, SV (Schedule Variance) die terminliche Abweichung und BCWS (Budgeted Cost For Work Scheduled) die Plan-Kosten bedeuten. Die Terminplanabweichung (SV) kann in Stunden, Tagen, Wochen oder sogar als Geldwert angegeben werden.

Betrachten Sie beispielsweise ein Projekt, bei dem laut Terminplan in den ersten vier Wochen pro Woche € 100.000 ausgegeben werden sollen. Am Ende der vierten Woche belaufen sich die Ist-Kosten auf € 325.000. Also gilt: Plan-Kosten (BCWS) = € 400.000 und Ist-Kosten (ACWP) = € 325.000. Diese zwei Parameter lassen mehrere mögliche Erklärungen des Projektstatus zu. Wenn jedoch gilt: Aktueller Fertigstellungswert (BCWP) = € 300.000, liegt das Projekt hinter dem Terminplan zurück und es liegt eine Kostenüberschreitung vor.

Beachten Sie die physische Bedeutung von CV und SV. Betrachten Sie dazu das folgende Beispiel:

- BCWS = € 1000
- BCWP = € 800
- ACWP = € 700

In diesem Beispiel werden als Einheiten Euro verwendet. Die Einheiten hätten genauso gut Stunden, Tage oder Wochen sein können. CV = € 800 - € 700 = + € 100. Weil der CV ein positiver Wert ist, weist er darauf hin, dass ein physischer Fortschritt erzielt wurde, der zu geringeren Kosten als den vorausgesagten Kosten realisiert werden konnte. Das ist eine günstige Situation. Wäre CV negativ gewesen, hätte dies darauf hingedeutet, dass der physische Fortschritt zu höheren Kosten als vorausgesagt erzielt wurde. Ist CV = 0, wurde der physische Fortschritt genau im Budgetrahmen erreicht.

Obwohl CV in Stunden oder Euro gemessen wird, handelt es sich dabei letztlich um ein Maß der Effizienz, mit der der physische Fortschritt im Vergleich zum Plan erreicht wurde. Um eine negative Kostenabweichung zu korrigieren, sollte vor allem auf die Produktivität geachtet werden, mit der die Arbeit geleistet wird.

Zurück zum obigen Beispiel. SV = € 800 - € 1000 = -€ 200. In diesem Beispiel ist die Terminplanabweichung ein negativer Wert, d.h. dass der physische Fortschritt langsamer als geplant erzielt wurde. Das ist eine ungünstige Situation. Wäre die Terminplanabweichung positiv gewesen, würde dies zeigen, dass der physische Fortschritt schneller als geplant erzielt wurde. Ist SV = 0, wird der physische Fortschritt wie geplant realisiert.

Die Terminplanabweichung, SV, misst die Rechtzeitigkeit des physischen Fortschritts im Vergleich zum Plan, während die Kostenabweichung, CV, die Effizienz misst. Um eine negative Terminplanabweichung zu korrigieren, sollte vor allem darauf geachtet werden, die Geschwindigkeit zu erhöhen, mit der die Arbeit erbracht wird.

Die Kostenabweichung bezieht sich auf die realen Kosten. Das Problem bei der Terminplanabweichung ist jedoch, wie sie sich auf den realen Zeitplan bezieht. Die Zeitplanabweichung wird anhand von Kostenbuchungen oder Finanzzahlen aus dem Arbeitspaket bestimmt und bezieht sich nicht unbedingt auf den realen Zeitplan. Die Zeitplanabweichung unterscheidet nicht zwischen Arbeitspaketen auf dem kritischen Pfad und nicht auf dem kritischen Pfad. Die eigentliche Zeitplanabweichung bedeutet nicht, dass der kritische Pfad verrutscht ist. Im Gegensatz dazu könnte der reale Zeitplan (d.h. Prioritätsnetzwerke oder die Pfeildiagrammnetzwerke) darauf hinweisen, dass das Projekt vor dem Zeitplan liegt. Eine detaillierte Analyse des realen Zeitplans ist dennoch erforderlich, unabhängig von dem Wert für die Zeitplanabweichung.

Abweichungen werden fast immer als kritisch betrachtet und an alle Organisationsebenen berichtet. In Übereinstimmung mit den Management-Richtlinien werden für alle Organisationsebenen kritische Abweichungen definiert.

Nicht alle Unternehmen setzen einheitliche Schwellenwerte für Abweichungen ein. Die zulässigen Abweichungen können von Faktoren wie den folgenden abhängen:

- Lebenszyklusphase
- Dauer der Lebenszyklusphase
- Projektdauer
- Art des Schätzwerts
- Genauigkeit des Schätzwerts

Die Behandlung der Abweichung kann sich zwischen den einzelnen Programmen stark voneinander unterscheiden. Tabelle 15.2 gibt Beispiele für die Abweichungskriterien eines Programms X.

Organisationsebene	Schwellenwerte*
Gruppe	Abweichungen von mehr als € 750, was einer Kostenabweichung von 25 % entspricht
Gruppe	Abweichungen von mehr als € 2.500, was einer Kostenabweichung von 10 % entspricht
Gruppe	Abweichungen von mehr als € 20.000

Tabelle 15.2: Schwellenwerte für Abweichungen beim Programm X

Organisations-ebene	Schwellenwerte*
Abteilung	Abweichungen von mehr als € 2.000, was einer Kostenabweichung von 25 % entspricht
Abteilung	Abweichungen von mehr als € 7.500, was einer Kostenabweichung von 10 % entspricht
Abteilung	Abweichungen von mehr als € 40.000
Bereich	Abweichungen von mehr als € 10.000, was einer Kostenabweichung von mehr als 10 % entspricht

* Die Schwellenwerte im Berichterstellungssystem eines Unternehmens sind in der Regel wesentlich strenger, als von externen Auftraggebern gefordert. Die Schwellenwerte für die Berichterstattung an den externen Auftraggeber werden üblicherweise im Laufe der einzelnen Projektphasen angepasst (sie sinken prozentual gegen Ende der Projektlaufzeit).

Tabelle 15.2: Schwellenwerte für Abweichungen beim Programm X

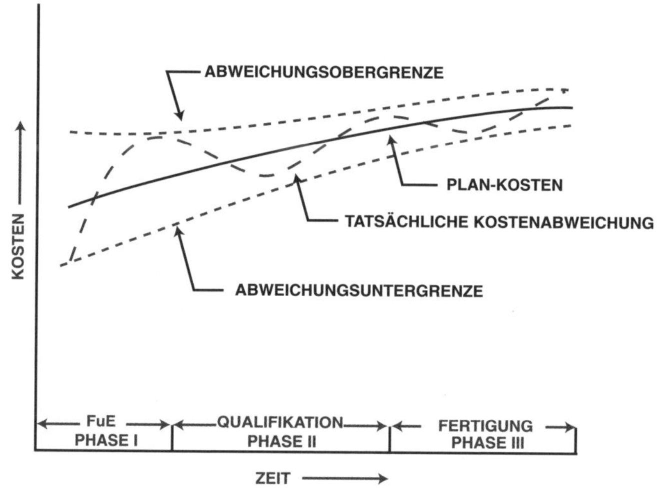

Abbildung 15.11: Prognose der Projektabweichung

Bei vielen Programmen und Projekten dürfen Abweichungen sich während der Laufzeit verändern. Bei reinen Fertigungsprogrammen (Produktmanagement) sind die Abweichungen möglicherweise mittels Kriterien wie in Tabelle 15.2 genau festgelegt. Bei Programmen, die Forschung und Entwicklung beinhalten, sind während der Anfangsphasen größere Abweichungen zulässig als in späteren Phasen. Abbildung 15.12 zeigt phasenbezogene Kostenabweichungen für ein Programm mit den Phasen Forschung und Entwicklung, Qualifikation und Fertigung. Da das Risiko im Laufe der Zeit abnehmen sollte, reduzieren sich auch die Schwellenwerte für die Abweichungen. Abbildung 15.11 zeigt, dass die Abweichung in einem solchen Fall möglicherweise von der Art des Schätzwerts abhängt.

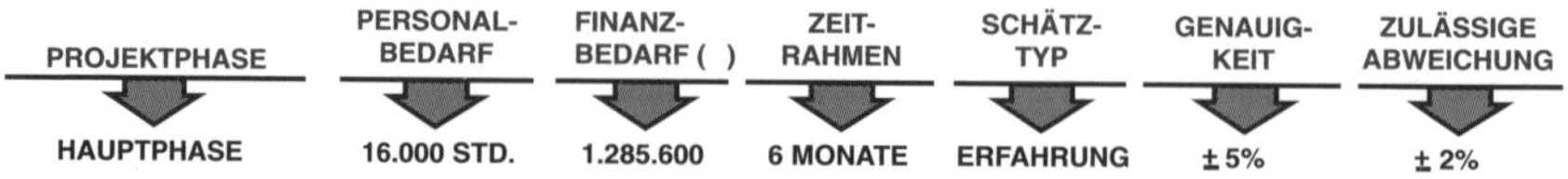

Abbildung 15.12: Methode zur Ermittlung der Abweichung

Mittels der Kostenabweichung (CV – Cost Variance) und der Terminplanabweichung (SV – Schedule Variance) lässt sich ein Berichterstattungssystem einrichten, das die Kosten und den Terminplan berücksichtigt und das die Abweichungen deutlich macht, indem die Kostenentwicklung in Relation zur bereits erbrachten Leistung gesetzt wird. Dieses System gewährleistet, dass die Kostenbudgetierung und die Ablauf- und Terminplanung für die Leistungserstellung auf derselben Datenbasis aufsetzen.

Neben der Berechnung der Kosten- und der Terminplanabweichung in Form eines Geld- oder Prozentwerts ist in der Regel auch interessant, wie effizient die Leistung erbracht wurde. Die Effizienz der Leistung lässt sich als prozentualer Anteil des Fertigstellungswerts (BCWP bzw. EV) mit folgenden Formeln berechnet:

$$\text{CPI (Cost Performance Index)} = \frac{\text{BCWP}}{\text{ACWP}}$$

$$\text{SPI (Schedule Performance Index)} = \frac{\text{BCWP}}{\text{BCWS}}$$

wobei CPI (Cost Performance Index) die kostenbezogene Leistungskennzahl, SPI (Schedule Performance Index) die zeitbezogene Leistungskennzahl, BCWP (Budgeted Cost for Work Performed) der aktuelle Fertigstellungswert, ACWP (Actual Cost for Work Performed) die Ist-Kosten und BCWS (Budgeted Cost For Work Scheduled) die Plan-Kosten bedeuten.

Ist die kostenbezogene Leistungskennzahl CPI = 1,0, ist die Kostenleistung perfekt. Ist CPI < 1,0, wird der physische Fortschritt zu höheren Kosten als vorhergesagt realisiert. Das ist ungünstig. Ist CPI > 1,0, wird der physische Fortschritt zu geringeren Kosten als den vorhergesehenen Kosten realisiert, was günstig ist. Vergleichbar mit CV misst CPI die Effizienz, mit der der physische Fortschritt realisiert wurde, verglichen mit dem Plan oder der Basislinie. Für einen ungünstigen Wert von CPI sollte darauf geachtet werden, die Produktivität zu verbessern, mit der Arbeit erbracht wird.

Ist SPI = 1,0, haben wir eine perfekte Zeitplanleistung. Ist SPI < 1,0, wurde der physische Fortschritt langsamer als geplant erzielt. Das ist ungünstig. Ist SPI > 1,0, wurde der physische Fortschritt schneller als geplant realisiert, was günstig ist. Für einen ungünstigen Wert von SPI sollte darauf geachtet werden, die Rechtzeitigkeit des physischen Fortschritts zu verbessern.

SPI und CPI werden als Verhältnisse angegeben, nämlich im Vergleich zum Leistungsfaktor 1,0, während CV und SV in Stunden oder Euro angegeben werden. Ein historischer Grund dafür ist, dass SPI und CPI genutzt werden können, um die Leistung für eine bestimmte Zeitdauer oder Trends über einen langen Zeithorizont zu zeigen, ohne die sensiblen Zahlen des eigentlichen Unternehmens offenzulegen.

CPI (Cost Performance Index) und SPI (Schedule Performance Index) werden in der Regel wie in Abbildung 15.13 gezeigt für Trendanalysen eingesetzt. Die Trends werden anhand der Drei-Monats-, der Vier-Monats- oder Sechs-Monats-Durchschnitte vorhergesagt. Mit der Trendanalyse steht Managern ein Frühwarnsystem zur Verfügung, das ihnen die Möglichkeit bietet, rechtzeitig korrigierend einzugreifen. Leider ist ihr Einsatz wegen des hohen Zeitbedarfs für Korrekturen auf Langzeitprojekte beschränkt.

Abbildung 15.14 zeigt ein System, das Kosten- und Zeitfaktoren integriert. Gemäß der Abbildung liegt aktuell eine Terminplanüberschreitung vor. Dies muss nicht unbedingt schlecht sein, wenn die Kosten entsprechend unterschritten werden. Im oberen Teil von Abbildung 15.13 zeigt sich jedoch eine Kostenüberschreitung (im Vergleich zu den budgetierten Kosten), was den Ernst der Situation verdeutlicht.

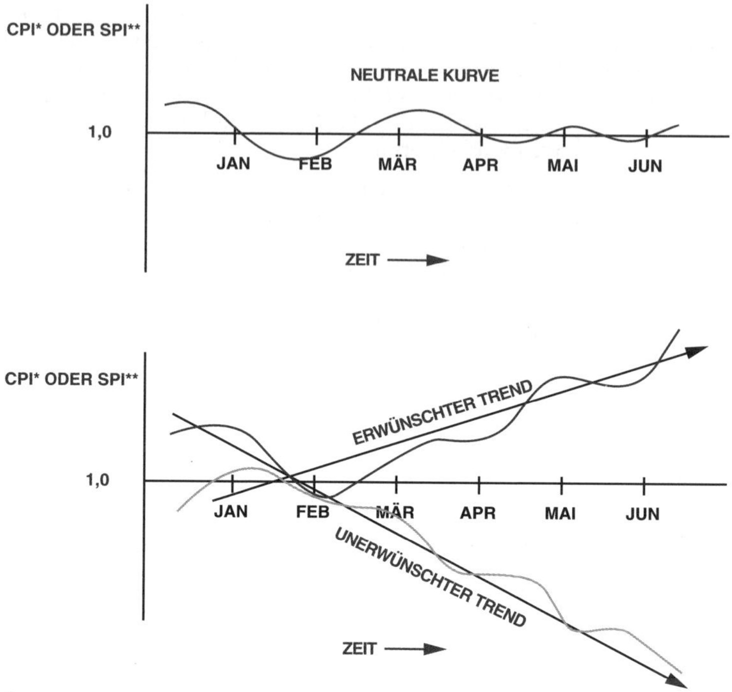

* CPI (Cost Performance Index) – Kostenbezogene Leistungskennzahl
** SPI (Schedule Performace Index) – Zeitbezogene Leistungskennzahl

Abbildung 15.13: Leistungskennzahlen

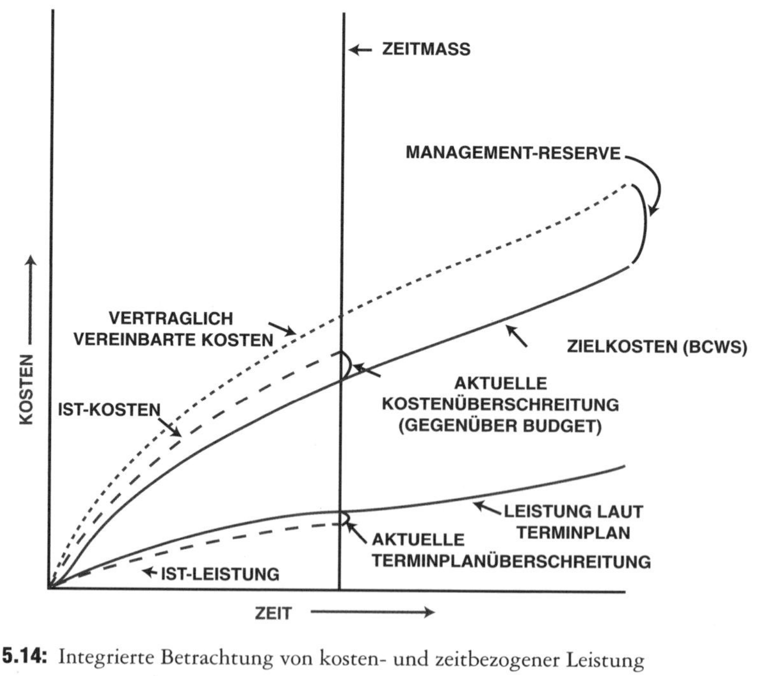

Abbildung 15.14: Integrierte Betrachtung von kosten- und zeitbezogener Leistung

In Abbildung 15.14 wird zusätzlich die Management-Reserve gezeigt. Dabei handelt es sich um die Differenz zwischen den vertraglich vereinbarten und den budgetierten Kosten für die zu erbringende Leistung. Management-Reserven sind Finanzmittel für Notfälle und werden vom Programm-Manager eingerichtet, um unvermeidlichen Verzögerungen entgegenzuwirken, die sich auf den kritischen Pfad des Projekts auswirken können. Die Management-Reserven decken unvorhergesehene Ereignisse innerhalb des definierten Projektumfangs ab, werden jedoch nicht für unwahrscheinliche schwerwiegende Ereignisse oder bei Änderungen des Projektumfangs eingesetzt. Solche Änderungen werden separat über Notfallmittel oder Ähnliches finanziert. Es besteht ein Unterschied zwischen den Management-Reserven, die aus dem Projektbudget stammen, und Notfallmitteln, die aus externen Quellen stammen. In der Regel wird zwischen diesen beiden Finanztöpfen jedoch nicht unterschieden. Linienmanager (und auch einige Projektmanager) haben die natürliche Tendenz, Schätzwerte aufzublähen, um ihre Organisation zu schützen und einen Puffer zu schaffen. Wenn das aufgeblähte Budget genehmigt wird, verbrauchen die Manager außerdem zweifellos alle zugewiesenen Finanzmittel inklusive der Reserven. Parkinson drückt dies wie folgt aus:[4]

- Die zu erbringende Leistung dehnt sich aus und beansprucht die gesamte verfügbare Zeit.
- Die Aufwendungen steigen, um die Budgets zu erfüllen.

Manager müssen alle Zeit-, Kosten- und Leistungsreserven (z.B. PERT-Pufferzeiten) für solche Notfallpläne identifizieren.

Die Linie, die in Abbildung 15.14 die Ist-Kosten repräsentiert, weicht in Form einer Kostenüberschreitung vom Budget ab. Angesichts der verfügbaren Management-Reserve liegen die Kosten jedoch noch immer innerhalb des vertraglich vereinbarten Bereichs. Deshalb ist die Lage wohl doch nicht so schlecht, wie sie zu sein scheint.

Firmen, die Aufträge der US-amerikanischen Regierung erhalten, müssen ein von der US-Regierung geprüftes System zur Kosten- und zur Terminplankontrolle einsetzen. Ein solches System muss die folgenden Informationen bereitstellen:

- Plan-Kosten (BCWS – Budgeted Cost For Work Scheduled)
- Aktueller Fertigstellungswert (BCWP – Budgeted Cost For Work Performed)
- Ist-Kosten (ACWP – Actual Cost For Work Performed)
- Zu erwartende Kosten für die Fertigstellung (EAC – Estimated Cost at Completion)
- Geplantes Gesamtbudget für die Fertigstellung (BCA – Budgeted Cost at Completion)
- Kosten- und Planabweichungen sowie Begründung für diese Abweichungen
- Nachvollziehbarkeit

Die letzten beiden Punkte implizieren, dass standardisierte Richtlinien und Verfahren für die Berichterstattung und die Kontrolle der Abweichungen existieren.

Überschreiten die Abweichungen den zulässigen Wert, müssen Berichte erstellt werden, die die Abweichungen analysieren (siehe Abbildung 15.15). Die Berichte müssen gegebenenfalls von folgenden Personen unterzeichnet werden:

- Den Linien-Mitarbeitern, die für die Arbeit verantwortlich sind
- Den Linien-Managern, die für die Arbeit verantwortlich sind
- Dem Kostenrechnungs-Manager oder Projektmanagement-Assistenten
- Dem Projekt-Manager, dem für den entsprechenden Teil des Projektstrukturplans zuständigen Manager oder einer anderen Person, die Zeichnungsbefugnis vom Project Office erhalten hat

---

4. Parkinson, C.N., *Parkinson's Law,* Boston, 1957.

KOSTENKONTO-NR/CAM						BERICHTSEBENE		
PSP/BESCHREIBUNG								
	KOSTENLEISTUNGSDATEN			ABWEICHUNG		BEI FERTIGSTELLUNG		
	BCWS	BCWP	ACWP	ZEIT	KOSTEN	BUDGET	EAC	ABWEICH.
MONAT BISHER ( )								
VERTRAG ( )								

PROBLEMURSACHE UND EINFLUSS

KORREKTURMASSNAHME

KOSTEN-KONTEN-MANAGER DATUM	KOSTEN-STELLEN-MANAGER DATUM	PSP-ELEMENT-MANAGER DATUM	DATUM

BCWS (Budgeted Cost for Work Scheduled) = Plan-Kosten

BCWP (Budgeted Cost for Work Performed) = Aktueller Fertigstellungswert

ACWP (Actual Cost for Work Performed) = Ist-Kosten

Abbildung 15.15: Kostenabweichungsanalyse

Bei der Abweichungsanalyse besteht das Ziel des Kostenmanagers (Projektverantwortlicher oder Sachbearbeiter) darin, korrigierend einzugreifen, um das Problem im Rahmen des ursprünglichen Budgets zu lösen oder eine neue Schätzung zu rechtfertigen.

Im Rahmen der Abweichungsanalyse müssen fünf Fragen geklärt werden:

- Wodurch wird die Abweichung verursacht?
- Wie wirkt sich die Abweichung auf die Zeit, die Kosten und die Leistung aus?
- Welchen Einfluss hat die Abweichung auf andere Aktivitäten, falls das zutrifft?
- Welche Korrekturmaßnahmen sind geplant oder bereits in Vorbereitung?
- Welches Ergebnis wird von den Korrekturmaßnahmen erwartet?

Einer der Schlüsselparameter bei der Abweichungsanalyse ist das Konzept des »Earned Value«, das dem aktuellen Fertigstellungswert (BCWP – Budgeted Cost for Work Planned) entspricht. Der Earned Value (EV) ist ein Parameter, der eingesetzt wird, um vorherzusagen, ob das Projekt mit einer Budgetüber- oder -unterschreitung abgeschlossen wird. Nehmen Sie beispielsweise an, am 1. Juni hätten laut Budget 800 Stunden für eine bestimmte Aufgabe verbraucht werden müssen. Tatsächlich weist der Arbeitsbericht jedoch nur 600 Stunden aus. Die Leistung liegt also bei (800/600) x 100 oder 133 Prozent und für die Aufgabe liegt eine Budgetunterschreitung vor. Wären hingegen 1.000 Personenstunden verbraucht worden, läge die Leistung bei 80 Prozent und es läge eine Kostenüberschreitung vor.

Die Hauptschwierigkeit bei der Ermittlung des aktuellen Fertigstellungswerts (BCWP) besteht darin, dass die Leistung bemessen werden muss, die gerade erbracht wird (d.h. die Arbeitspakete, die zum Zeitpunkt der Berichterstellung bereits begonnen, jedoch noch nicht abgeschlossen wurden). Durch den Einsatz von Arbeitspaketen mit kurzer Dauer oder die Aufstellung von Meilensteinen innerhalb von Arbeitspaketen lassen sich die Probleme bei der Bewertung der Leistung, die gerade erbracht wird, verringern. Die Verfahren, die dazu eingesetzt werden, hängen von der Länge der Arbeitspakete ab. Einige Auftragnehmer berechnen den aktuellen Fertigstellungswert (BCWP) erst, wenn das Arbeitspaket abgeschlossen ist. Andere hingegen setzen 50 Prozent des aktuellen Fertigstellungswerts (BCWP) beim Start des Arbeitspakets und die restlichen 50 Prozent bei Abschluss des Arbeitspakets an. Manche Auftragnehmer bedienen sich Formeln zur Bewertung von erbrachten Leistungen, andere hingegen verwenden Earned Value-Standards, wogegen wiederum andere den Fortschritt der Arbeit messen, um den Wert zu ermitteln Bei umfangreicheren Arbeitspaketen benutzen viele Auftragnehmer Meilensteine in Zusammenhang mit einem vordefinierten Budget oder mit Fortschrittswerten, um die erbrachte Leistung zu bemessen.

Die größte Schwierigkeit bei der Durchführung von Abweichungsanalysen besteht in der Berechnung des aktuellen Fertigstellungswerts (BCWP), weil dieser anhand des aktuellen Fertigstellungsgrads vorhergesagt werden muss, was nur sehr schwer möglich ist. Die einfachste Formel für die Berechnung von BCWP lautet:

BCWP = (% fertig) × BAC

Die meisten Leute berechnen »Prozent fertig« basierend auf den Zeitdauern für die einzelnen Aufgaben. Eine genauere Darstellung wäre es, die »Prozent der fertiggestellten Arbeit« zu berechnen. Dafür ist ein ressourcenbezogener Zeitplan erforderlich. Um dieses Problem zu umgehen, arbeiten viele Firmen unabhängig vom Fertigstellungsgrad mit Standardsätzen. So ließe sich beispielsweise festlegen, dass 10 Prozent der Kosten für jeweils 10 Prozent des Zeitintervalls berechnet werden. Die 50/50-Regel ist eine weitere weit verbreitete Technik:

Die Hälfte des Budgets für jedes Element wird zu dem Zeitpunkt berechnet, zu dem die Leistungserstellung laut Terminplan beginnen soll, und die zweite Hälfte zu dem Zeitpunkt, an dem die Leistungserstellung laut Terminplan abgeschlossen sein sollte. Bei einem Projekt mit einer Vielzahl an Elementen ergibt sich durch diese Vorgehensweise nur eine minimale Verzerrung. (Die Abbildungen 15.16 und 15.17 veranschaulichen diese Technik.)

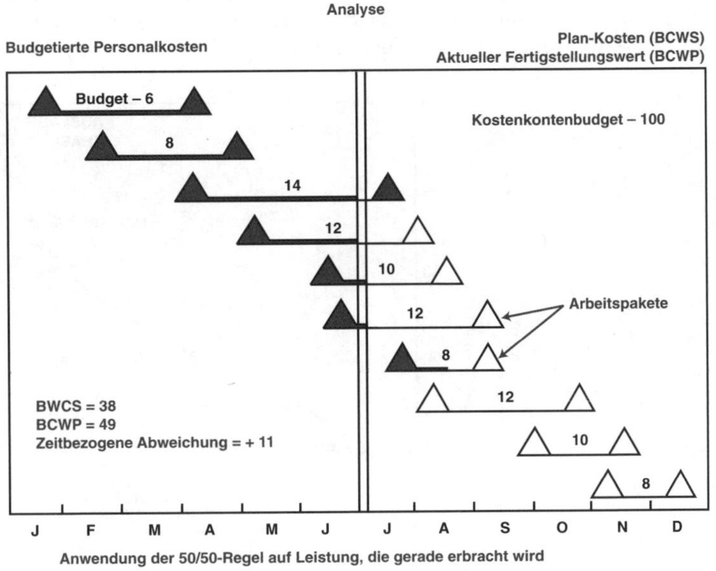

Abbildung 15.16: Analyse mit der 50/50-Regel

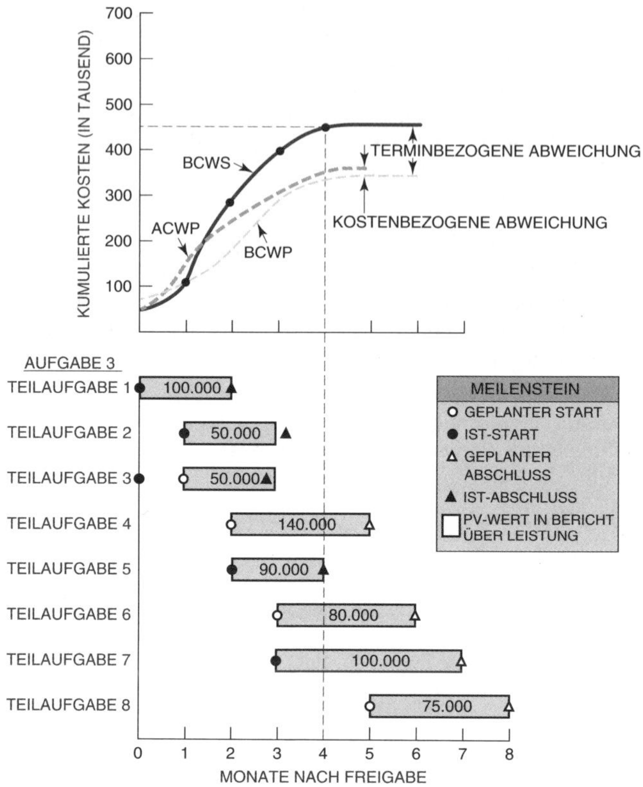

Abbildung 15.17: Projekt Z und die vertraglich vereinbarten Kosten für Aufgabe 3

Ein Vorteil der 50/50-Regel besteht darin, dass der Fertigstellungsgrad nicht mehr ständig ermittelt werden muss. Wenn der Fertigstellungsgrad jedoch festgestellt werden kann, wird er im Zeitverlauf eingezeichnet (siehe Abbildung 15.18).

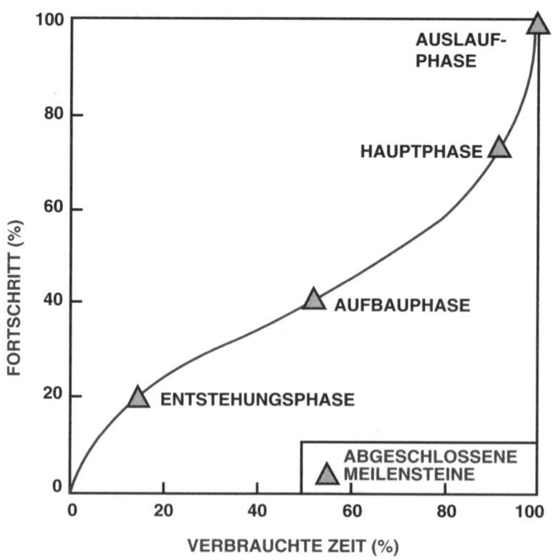

Abbildung 15.18: Der Projektfortschritt im Zeitverlauf

Neben der 50/50-Regel gibt es noch weitere Techniken:[5]

- *0/100:* Diese Technik ist normalerweise auf Arbeitspakete (Vorgänge) von kurzer Dauer beschränkt (d.h. kürzer als ein Monat). Der Fertigstellungswert wird erst berechnet, wenn der Vorgang abgeschlossen ist.
- *Meilenstein:* Diese Technik wird bei Langzeit-Arbeitspaketen eingesetzt, die Meilensteine enthalten, oder aber bei Gruppen von funktional zusammenhängenden Tätigkeiten, bei denen an bestimmten Kontrollpunkten Meilensteine eingerichtet wurden. Der Fertigstellungswert (Earned Value) wird ermittelt, sobald ein Meilenstein abgeschlossen wurde. In diesem Fall wird das Budget den Meilensteinen und nicht den Arbeitspaketen zugewiesen.
- *Fertigstellungsgrad:* Wird normalerweise bei Langzeit-Arbeitspaketen eingesetzt (d.h. Arbeitpakete, die länger als drei Monate dauern), bei denen keine Meilensteine identifiziert werden können. Der Fertigstellungswert entspricht dem gemeldeten Anteil des Budgets.
- *Zählung fertig gestellter Einheiten:* Wird bei mehreren gleichartigen Arbeitspaketen eingesetzt, wobei die Fertigstellungswerte sich auf abgeschlossene Einheiten statt auf die erbrachte Leistung beziehen.
- *Kostenformel (80/20):* Eine Variante der Technik »Fertigstellungsgrad für Langzeit-Arbeitspakete«.
- *Höhe des Leistungsaufwands*: Diese Methode basiert auf dem Zeitablauf und wird häufig bei Arbeitspaketen eingesetzt, die Management oder Supervision beinhalten. Der Fertigstellungswert basiert auf der Zeit, die im Vergleich zum Gesamtzeitrahmen verbraucht wurde. Der Wert wird anhand der innerhalb einer bestimmten Zeit verbrauchten Ressourcen bemessen und resultiert nicht in einem Endprodukt.
- *Anteilsmäßige Verteilung des Leistungserstellungsaufwands:* Eine selten eingesetzte Technik, die sich für Arbeitspakete eignet, die eng miteinander verbunden sind. Ein Produktions-Arbeitspaket kann beispielsweise ein anteilsmäßiges Inspektions-Arbeitspaket von 20 Prozent enthalten. Für diese Technik gibt es nur wenige Anwendungsmöglichkeiten. Häufig wird versucht, diese Technik für Supervision einzusetzen, was jedoch nicht sinnvoll ist. Die Technik eignet sich für Arbeitsschritte, die sich nicht in eigenständige Arbeitspakete unterteilen lassen, die jedoch mit anderem messbaren Leistungsaufwand in Verbindung stehen.

Insgesamt gilt, dass das Konzept des Earned Value oder Fertigstellungswerts kein effektives Steuerungswerkzeug darstellt, wenn es auf den unteren Stufen des PSP eingesetzt wird. In der Regel lohnt sich der Aufwand einer Earned-Value-Analyse nur auf der Aufgabenebene und eine Ebene darüber. Betrachten Sie beispielsweise Abbildung 15.17. Die Abbildung zeigt die vertraglich vereinbarten Kosten für Aufgabe 3 von Projekt Z. Tabelle 15.3 zeigt den Status der Kosten am Ende des vierten Monats. Nachfolgend sehen Sie eine kurze Zusammenfassung der Kosten für jede Teilaufgabe von Aufgabe 3 am Ende des vierten Monats:

Teilaufgabe	Status	Plan-Kosten (BCWS)	Aktueller Fertigstellungswert (BCWP)	Ist-Kosten (ACWP)
1	Abgeschlossen	100	100	100
2	Abgeschlossen	50	50	55
3	Abgeschlossen	50	50	40
4	Nicht gestartet	70	0	0
5	Abgeschlossen	90	90	140

Tabelle 15.3: Status der Kosten für Projekt Z, Aufgabe 3 am Ende des vierten Monats (in Tausend)

5. Diese Techniken stehen in vielen Projektmanagement-Programmen zur Verfügung.

Teilaufgabe	Status	Plan-Kosten (BCWS)	Aktueller Fertigstellungswert (BCWP)	Ist-Kosten (ACWP)
6	Nicht gestartet	40	0	0
7	Gestartet	50	50	25
8	Nicht gestartet	–	–	–
Total		450	340	360

Hinweis: Bei den Daten wird von einem Verhältnis von 50/50 für die Plan- und Fertigstellungswerte des Budgets ausgegangen.

Tabelle 15.3: Status der Kosten für Projekt Z, Aufgabe 3 am Ende des vierten Monats (in Tausend)

- *Teilaufgabe 1:* Alle vertraglich vereinbarten Finanzmittel wurden eingeplant. Die Leistung wurde laut Position des Meilensteins rechtzeitig erbracht. Die Teilaufgabe ist abgeschlossen.
- *Teilaufgabe 2:* Alle vertraglich vereinbarten Finanzmittel wurden eingeplant. Es trat eine Kostenüberschreitung von € 5.000 auf und ein Meilenstein wurde später abgeschlossen als erwartet. Die Teilaufgabe ist abgeschlossen.
- *Teilaufgabe 3:* Die Teilaufgabe ist abgeschlossen. Es trat eine Kostenunterschreitung von € 10.000 auf, was vermutlich am frühen Start liegt.
- *Teilaufgabe 4:* Der Ablauf- und Terminplan wird untererfüllt. Es wurde noch nicht mit der Arbeit begonnen.
- *Teilaufgabe 5:* Die Bearbeitung der Teilaufgabe wurde nach Ablauf- und Terminplan abgeschlossen, jedoch mit einer Kostenüberschreitung von € 50.000.
- *Teilaufgabe 6:* Es wurde noch nicht mit der Arbeit begonnen. Die Ausführung dieser Teilaufgabe liegt hinter dem Ablauf- und Terminplan zurück.
- *Teilaufgabe 7:* Die Bearbeitung dieser Teilaufgabe wurde bereits gestartet und scheint zu 25 Prozent abgeschlossen zu sein.
- *Teilaufgabe 8:* Die Bearbeitung wurde noch nicht begonnen.

Zur Vervollständigung der Projektstatusanalyse müssen noch das geplante Gesamtbudget bei Fertigstellung (BAC = Budget at Completion) und die zu erwartenden Kosten bei Fertigstellung (EAC – Estimate at Completion) ermittelt werden. Tabelle 15.4 zeigt die Parameter der Abweichungsanalyse.

Frage	Antwort	Akronym
Wie viel Leistung *sollte* erbracht werden?	Plan-Kosten	BCWS (Budgeted Cost for Work Scheduled)
Wie viel Leistung *wurde* erbracht?	Aktueller Fertigstellungswert	BCWP (Budgeted Cost Of Work Performed)
Welche Kosten *sind* bei der bisherigen Leistungserbringung entstanden?	Ist-Kosten	ACWP (Actual Cost Of Work Performed)
Welcher Gesamtkosten waren *geplant?*	Geplantes Gesamtbudget bei Fertigstellung	BAC (Budget At Completion)
Wie hoch wird der Aufwand für die Leistungserbringung voraussichtlich noch sein?	Noch zu erwartende Kosten bis zur Fertigstellung oder letzte geprüfte Schätzung	EAC (Estimate at Completion) LRE (Last Revised Estimate)

Tabelle 15.4: Die Parameter für die Abweichungsanalyse

- Das geplante Gesamtbudget bei Fertigstellung (BAC) ergibt sich aus der Summe aller Einzelbudgets, die für dieses Projekt geplant wurden (BCWS). Dies entspricht in der Regel der Projekt-Basisplan, also dem Gesamtaufwand für das Projekt.
- Die zu erwartenden Kosten bis zur Fertigstellung (EAC) werden entweder als Geldwert oder in Stunden angegeben und setzen sich aus der Summe aller Einzel- und Gemeinkosten bis zum aktuellen Zeitpunkt und der Schätzung der offenen Restaufwände (ETC – Estimate to Complete) zusammen. (EAC = kumulierte Ist-Kosten + geschätzte Restaufwände).

Gemäß obiger Definitionen berechnet sich die Abweichung bei Fertigstellung (VAC = Variance at Completion) wie folgt:

VAC = BAC – EAC

wobei BAC (Budget at Completion) das geplante Gesamtbudget bei Fertigstellung und EAC (Estimate at Completion) die noch zu erwartenden Kosten bis zur Fertigstellung bedeuten.

Um die zu erwartenden Kosten bis zur Fertigstellung (EAC) schätzen zu können, muss der Projektstatus ständig bewertet werden. In der Regel geschieht dies einmal monatlich oder nachdem signifikante Änderungen vorgenommen wurden. Normalerweise müssen die zu erwartenden Kosten bis zur Fertigstellung vom Auftragnehmer bereitgestellt werden.

Die Neuberechnung der zu erwartenden Kosten bis zur Fertigstellung und die anschließende Überarbeitung besagen nicht, dass tatsächlich Korrekturmaßnahmen vorgenommen wurden. Betrachten Sie als Beispiel eine Aufgabe mit dreimonatiger Dauer, die zu 99 Prozent fertig gestellt wurde und deren Plan-Kosten (BCWS) sich auf € 400.000 beliefen. Die Ist-Kosten (ACWP) betragen € 395.000. Nutzt man die 50/50-Regel ergibt sich ein aktueller Fertigstellungswert (BCWP) von € 200.000. Die zu erwartenden Kosten bei Fertigstellung (EAC) berechnen sich wie folgt: € 395.000/€ 200.000. Dies bedeutet, dass eine Kostenüberschreitung von 100 Prozent droht. Ganz offensichtlich ist dies jedoch nicht der Fall.

Die zu erwartenden Kosten bis zur Fertigstellung (EAC) lassen sich mittels der Daten aus Tabelle 15.5 und der Annahme, dass das geplante Budget bei Fertigstellung (BAC) € 579.000 beträgt (Anm. d. Übers.) und der folgenden Formel berechnen:

EAC = (ACWP/BCWP) x BAC = BAC/CPI

= (360.000/340.000) x 579.000

= € 613.059

wobei ACWP = Ist-Kosten, BCWP = geplanter Fertigstellungswert, BAC = geplantes Gesamtbudget bei Fertigstellung und CPI (Cost Performance Index) die kostenbezogene Leistungskennzahl bedeuten. Das geplante Gesamtbudget bei Fertigstellung (BAC) ist außerdem identisch mit den Plan-Kosten (BCWS) bei Projektfertigstellung.

Die Frage, welcher Wert für die Berechnung des geplanten Budgets bei Fertigstellung (BAC) genommen werden sollte, ist strittig. In der obigen Berechnung wurden die Personaleinzelkosten eingesetzt. Manche bevorzugen den Einsatz unbelasteter Arbeit mit dem Argument, dass der Projektmanager nur die Personaleinzelkosten und die Personenstunden beeinflussen kann. Bei der Berechnung der zu erwartenden Kosten bei Fertigstellung (EAC) wurden Materialkosten und Gemeinkosten nicht berücksichtigt.

Nach obiger Berechnung der EAC ist mit einer Kostenüberschreitung von 6,38 % zu rechnen. Die Personalkosten werden die geplanten Personalkosten um € 34.059 überschreiten. Für eine genauere Berechnung der EAC müssten die Materialkosten (schätzungsweise € 70.000) und die Gemeinkosten berücksichtigt werden, also insgesamt Kosten von € 751.365. Daraus ergäbe sich eine Kostenüberschreitung von € 37.365. Der resultierende Gewinn würde dann € 86.000 minus € 37.365 oder € 48.635 betragen. In einer abschließenden Analyse zeichnet sich ab, dass die Arbeit außer in den Teilaufgaben 4 und 6 nach Plan verrichtet wird, jedoch eine Kostenüberschreitung zu verzeichnen ist.

		Kumuliert bis zum aktuellen Zeitpunkt				
	Vertrags-gemäß	Plan-Kosten (BCWS)	Aktueller Fertig-stellungswert (BCWP)	Ist-Kosten (ACWP)	Kosten-bezogene Leistungs-zahl (CPI)	Zeit-bezogene Leistungs-zahl (SPI)
Personenstunden	8650	6712	5061	4652	409	
Personaleinzel-kosten	241	187	141	150	(9)	(46)
Gemeinkosten (140 %)	338	263	199	210	(11)	(64)
Zwischensumme	579	450	340	360	(20)	
Materialkosten	70	66	26	30	(4)	
Zwischensumme	649					
G&A (10 %)	65					
Zwischensumme	714					
Gebühr (12 %)	86					
Summe	800					

Hinweis: Bei dieser Tabelle wurde die 50/50-Regel für die Berechnung von BCWS und BCWP verwendet.

Tabelle 15.5: Projekt Z, Aufgabe 3, Kostenzusammenfassung für die bereits abgeschlossene und die derzeit ausgeführte Arbeit (in Tausend)

Es stellt sich nun die Frage, wo die Kostenüberschreitung entsteht. Um diese Frage zu beantworten, muss die Kostenzusammenfassung für das Projekt Z, Aufgabe 3 analysiert werden (siehe Tabelle 15.5). Hier sehen Sie, dass eine negative Kostenabweichung (Überschreitung) für die Personalkosten, die Gemeinkosten und die Materialkosten besteht. Da die Gemeinkosten als prozentualer Anteil der Personaleinzelkosten berechnet werden, scheint das Problem durch die Personaleinzelkosten verursacht zu werden.

Laut Vertrag wurde für die Personaleinzelkosten ein Stundenlohn von € 27,86 veranschlagt (€ 241.000/8650 Stunden), der tatsächliche Stundenlohn beläuft sich jedoch auf € 32,24 (€ 150.000/4652 Stunden). Es werden also höher bezahlte Mitarbeiter beschäftigt als geplant. Dieser Lohnzuwachs wurde zum Teil durch die Tatsache ausgeglichen, dass eine positive Abweichung von 409 Personenstunden besteht, d.h., dass die Leistung der höher bezahlten Mitarbeiter auf der Lernkurve höher angesiedelt ist. Da die Meilensteine (siehe Abbildung 15.17) wie geplant erreicht werden, ergibt sich außer für die Teilaufgabe 4 keine Abweichung.

Der Gemeinkostenanteil hat sich nicht verändert. Die vertraglich vereinbarten (BCWS) und die BCWP-Gemeinkosten wurden auf 140 Prozent geschätzt. Die tatsächlichen Gemeinkosten, die aus dem Monatsbericht hervorgehen, bestätigen den Schätzwert.

Daraus lassen sich folgende Schlüsse ziehen:

- Die Leistung wird wie geplant erbracht (fast nach Terminplan, jedoch mit einer wesentlich günstigeren Position auf der Lernkurve). Teilaufgabe 4 bildet jedoch eine Ausnahme. Dadurch entsteht eine Abweichung vom Terminplan.
- Die Personaleinzelkosten steigen, weil höher bezahlte Mitarbeiter eingesetzt werden.
- Die Gemeinkosten haben die geplante Höhe.

- Die Anzahl der Personenstunden muss reduziert werden, um die erhöhten Kosten zu kompensieren, da sich andernfalls die Gewinne drastisch verringern.

Diese Art der Analyse lässt sich weiter ausdehnen, indem genau festgestellt wird, welche Abteilung die höher bezahlten Mitarbeiter einsetzt. Dieser Schritt sollte auf jeden Fall vorgenommen werden, um festzustellen, ob auch geringer bezahlte Mitarbeiter verfügbar sind, die auf der erforderlichen Position der Lernkurve arbeiten können. Wären die höheren Personalkosten das Ergebnis von Mehrarbeit, müsste der Grund für die Kostenüberschreitung festgestellt werden. Möglicherweise war der Aufwand auch nur falsch eingeschätzt worden.

In Tabelle 15.5 zeigt sich auch beim Material eine positive Abweichung. Diese sollte ebenfalls näher untersucht werden. Sie könnte beispielsweise durch falsch definierte Hardware, durch eine Explosion der Materialkosten oder durch den Wechsel des Zulieferers verursacht werden.

Es sollte deutlich geworden sein, dass sich die Ursachen für die Abweichungen am besten über eine detaillierte Untersuchung ergründen lassen. Das Konzept des Earned Value bietet zwar nur eine grobe Schätzung, es identifiziert jedoch Trends zum Status bestimmter PSP-Elemente. Im Rahmen dieses Konzepts könnten die Plan-Kosten (BCWS) auch als PEV (Planned Earned Value), geplanter Fertigstellungswert, und der aktuelle Fertigstellungswert (BCWP) als AEV (Actual Earned Value), aktueller Fertigstellungswert, bezeichnet werden. Die Earned-Value-Analyse dienen dazu, festzustellen, ob sich die Kosten schneller oder langsamer als geplant erhöhen. Eine Kostenüberschreitung bedeutet jedoch nicht notwendigerweise, dass das Budget tatsächlich überschritten wird, denn möglicherweise kann die Kostenüberschreitung durch eine Beschleunigung der Leistungserbringung aufgefangen werden.

Die zu erwartenden Kosten bei Fertigstellung (EAC) lassen sich mittels verschiedener Formeln berechnen. Anhand der nachfolgenden Daten lässt sich jedoch veranschaulichen, wie unterschiedlich die Berechnungsergebnisse mittels der verschiedenen Formeln ausfallen können. Im Beispiel wird davon ausgegangen, dass das Projekt nur aus drei Vorgängen besteht.

Vorgang	% Erledigt	BCWS	BCWP	ACWP
A	100	1000	1000	1200
B	50	1000	500	700
C	0	1000	0	0

Formel I:

$$\text{EAC} = \frac{\text{ACWP}}{\text{BCWP}} \text{ x BAC}$$

$$= \frac{1900}{1500}(3000) = € \, 3800$$

Formel II:

$$\text{EAC} = \frac{\text{ACWP}}{\text{BCWP}} \text{x} \begin{bmatrix} \text{Leistung, die bereits erbracht} \\ \text{wurde oder gerade erbracht wird} \end{bmatrix} + \begin{bmatrix} \text{Ist-Kostenfür noch nicht} \\ \text{bearbeitete Arbeitspakete} \end{bmatrix}$$

$$= \frac{1900}{1500}(2000) + € \, 1000 = € \, 3533$$

Formel III:

$$\text{EAC} = [\text{Ist-Kosten}] + \begin{bmatrix}\text{Geschätzte noch ausstehende Aufwände} \\ \text{und Leitung, die gerade erbracht wird}\end{bmatrix}$$

$$= 1900 + [\underset{\substack{\uparrow \\ B}}{500} + \underset{\substack{\uparrow \\ C}}{1000}] = € 3400$$

Jede Formel hat ihre Vor- und ihre Nachteile. Bei Formel I wird vorausgesetzt, dass die Burn Rate, also Zeitspanne bis zum Verbrauch des Kapitals (ACWP/BCWP) für den restlichen Verlauf des Projekts unverändert bleibt. Formel I ist die einfachste Formel. Die Burn Rate wird in jedem Bericht aktualisiert.

Formel II geht davon aus, dass alle Arbeitspakete, die bisher noch nicht gestartet wurden, zu den geplanten Kosten abgeschlossen werden. Die geplanten Kosten können jedoch auf der Grundlage der Erfahrungswerte für bereits abgeschlossene Arbeitspakete überarbeitet werden.

Formel III geht davon aus, dass der Restaufwand unabhängig von der Burn Rate ist. Diese Annahme ist etwas unrealistisch, falls nicht die Möglichkeit besteht, den Restaufwand bei Bedarf neu zu schätzen.

Es stehen weitere Techniken zur Berechnung der Kosten bei Projektfertigstellung zur Verfügung.[6] Der Wert der gewählten Technik hängt vom Projektvolumen, vom Risiko, von der Qualität des Kostenrechnungssystems und von der Genauigkeit der Schätzwerte ab. Bei den Schätztechniken, die hier eingesetzt werden, werden nur die Personalkosten berücksichtigt. Um die Gesamtkosten zu erhalten, müssen die Materialkosten zu jeder Gleichung hinzugefügt werden.

In Tabelle 15.6 werden die geplante und die Ist-Leistung von 13 Fällen gegenübergestellt. Anschließend wird jeder Fall in Bezug auf die folgenden Beziehungen beschrieben:

- Kostenabweichung = Aktueller Fertigstellungswert – Ist-Kosten
- Terminliche Leistungsabweichung = Aktueller Fertigstellungswert – Geplanter Fertigstellungswert

Fall	Plan-Kosten oder Planned Value (BCWS)	Ist-Kosten oder Actual Value (ACWP)	Aktueller Fertigstellungswert oder Earned Value (BCWP)
1	800	800	800
2	800	600	400
3	800	400	600
4	800	600	600
5	800	800	600
6	800	800	1.000
7	800	1.000	1.000
8	800	600	800
9	800	1.000	800
10	800	1.000	600

Tabelle 15.6: Fallstudien für die Abweichungsanalyse

6. Fleming, Q. Q. und Koppelman, J. M., *Forecasting the Final Cost and Schedule Results,* PM Network, Januar 1996, S. 13–18.

Fall	Plan-Kosten oder Planned Value (BCWS)	Ist-Kosten oder Actual Value (ACWP)	Aktueller Fertigstellungswert oder Earned Value (BCWP)
11	800	600	1.000
12	800	1.200	1.000
13	800	1.000	1.200

Tabelle 15.6: Fallstudien für die Abweichungsanalyse

Fall 1: Der Idealfall, in dem alles nach Plan verläuft.

Fall 2: Die Kosten liegen unter Plan und es scheint eine Kostenunterschreitung vorzuliegen. Die Leistung liegt unter 100 Prozent, da die Ist-Kosten oder der Actual Value (ACWP) den aktuellen Fertigstellungswert oder den Earned Value (BCWP) überschreiten. Dies deutet darauf hin, dass mit einer Kostenüberschreitung zu rechnen ist. Die Situation ist sogar noch schlechter, als sie aussieht, denn es zeigt sich, dass die Leistung um 50 Prozent hinter dem Ablauf- und Terminplan zurückliegt. Dies ist der schlimmste Fall, der eintreten kann (Worst Case).

Fall 3: Bei diesem Fall gibt es eine gute und eine schlechte Nachricht. Die gute Nachricht ist, dass effizient gearbeitet wird (die Effizienz ist höher als 100 Prozent). Die schlechte Nachricht ist, dass der Ablauf- und Terminplan nicht erfüllt wird.

Fall 4: Der Ablauf- und Terminplan wird unterschritten, die Kosten entsprechen jedoch den Planwerten.

Fall 5: Die Kosten liegen auf Plan, das Projekt liegt jedoch um 25 Prozent hinter dem Ablauf- und Terminplan zurück, weil bei der Leistungserbringung nur eine Effizienz von 75 Prozent erreicht wird.

Fall 6: Weil bei der Leistungserbringung eine Effizienz von 125 Prozent erreicht wird, wird der Ablauf- und Terminplan um 25 Prozent übertroffen, die Kosten bewegen sich jedoch noch im geplanten Rahmen. Das heißt also, die Leistungserbringung erfolgt auf einer günstigeren Position der Lernkurve.

Fall 7: Bei der Leistungserbringung wird eine 100-prozentige Effizienz erzielt und der Ablauf- und Terminplan wird übererfüllt. Die Kosten entsprechen dem Budget.

Fall 8: Die Leistung wird nach Ablauf- und Terminplan erbracht, es liegt jedoch eine Kostenunterschreitung vor.

Fall 9: Die Leistung wird nach Ablauf- und Terminplan erbracht, es liegt jedoch eine Kostenüberschreitung vor.

Fall 10: Es liegt eine Kostenüberschreitung vor und die erbrachte Leistung erfüllt den Plan nicht. Diese Situation ist sehr ungünstig.

Fall 11: Die Leistung überschreitet den Plan und die Kosten fallen geringer aus als geplant. Diese Situation resultiert in einem dicken Bonus.

Fall 12: Die Leistung wird effizient erbracht, es zeichnet sich jedoch eine Kostenüberschreitung ab. Da der Terminplan bisher unterschritten wird, kann die Situation in einer Kostenüberschreitung oder in einer Unterschreitung des Terminplans resultieren.

Fall 13: Die Kosten sind zwar höher als geplant, der Terminplan wird jedoch unterschritten und die Leistungserbringung ist effizient. Diese Situation ist ebenfalls sehr günstig.

In allen Fällen wurde die Earned-Value-Analyse eingesetzt, um Trends bei der Kosten- und zeitbezogenen Abweichung vorherzusagen. Die Earned-Value-Analyse hat dabei Vor- und Nachteile.

Alle kritischen Abweichungen (oder Earned Values) müssen analysiert werden, um die Ursache für die Abweichung feststellen, Korrekturmaßnahmen ergreifen und die Auswirkungen auf den geschätzten Restaufwand (ETC – Estimate to Completion) einschätzen zu können. Die Analysen werden von der Linie durchgeführt, der die Plan-Kosten (BCWS) zugewiesen wurde, und zwar auf der Akkumulationsebene, die vom Programm-Management festgelegt wurde.

Analyse auf Linienorganisationsebene

Bei allen kritischen Abweichungen, die in den Berichten des Kostenplanungs- und Steuerungssystems identifiziert werden, muss der Leiter der involvierten Kostenstelle eine Abweichungsanalyse durchführen. Der Leiter analysiert die Projekt- und die Organisationsstruktur und konzentriert seine Bemühungen systematisch auf zeit- und kostenbezogene Probleme innerhalb der Linie.

Die Analyse beginnt auf der niedrigsten Ebene. Die kritischen Abweichungen werden für das Kostenkonto im Bericht des Kostenplanungs- und Steuerungssystems vermerkt. Wenn eine Abweichung vom Ablauf- und Terminplan auftritt und die Teilaufgabe aus mehreren Arbeitspaketen besteht, muss der Vorgesetzte einen separaten Bericht zu Hilfe nehmen, der alle Kostenkonten in die verschiedenen Arbeitspakete unterteilt, die den Ablauf- und Terminplan über- oder untererfüllen. Dann kann der Vorgesetzte die Abweichung auf der Basis des involvierten Arbeitspakets analysieren und mit Unterstützung der beteiligten Linienorganisationen die Ursache für die Abweichung ermitteln und festlegen, welche Korrekturmaßnahmen ergriffen werden sollen oder welche Auswirkungen sich auf zukünftige Arbeitsschritte ergeben können.

Abweichungen bei den Personalkosten werden vom Vorgesetzten auf der Basis der Möglichkeiten analysiert, die seine Linie hat, um die zugeteilten Arbeiten im Rahmen der budgetierten Personenstunden und der Personalkosten zu erledigen. Nachdem die Ursache für die Kostenabweichung ermittelt wurde, können Korrekturmaßnahmen eingeleitet werden.

Die Kostenabweichungen, die nicht mit den Personalkosten zusammenhängen, werden vom Vorgesetzten mit Hilfe der Programmteammitglieder und der Linien ermittelt, die am Projekt mitarbeiten.

Die Abweichungen bei den Materialkosten werden normalerweise vom Rechnungswesen bereitgestellt. Die Abweichungsanalysen werden fertig gestellt und enthalten bereits Angaben zu den Abweichungsursachen und Korrekturvorschläge. Anschließend werden die Analysen an die Linie gesendet, die die Arbeit ausführt. Diese überarbeitet die Analysen und vervollständigt sie. Ergibt sich eine Abweichung durch eine Veränderung im Materialpreis, wird diese Information der verantwortlichen Organisation vom Rechnungswesen bereitgestellt und es wird eine Anpassung des geschätzten Budgets bei Projektfertigstellung vorgenommen.

Der Vorgesetzte sollte die fertigen Abweichungsanalysen und die neu berechneten zu erwartenden Kosten bei Fertigstellung (EAC) dem oberen Management und den Mitgliedern des Programmteams bereitstellen.

Analyse auf der Ebene des Programmteams

Das Programmteammitglied erhält eine Abweichungsanalyse, die die Abweichungen auf der niedrigsten Ebene der Projektstruktur angibt. Auf Anforderung des Programm-Managers fasst ein Mitglied des Programmteams die Abweichungsanalysen zusammen und übergibt sie dem Programm-Manager zur Prüfung.

Die Statusberichte, die für das interne Management oder für den Auftraggeber erstellt werden, sollten die Beantwortung der folgenden Fragen erlauben:

- Was ist der aktuelle Stand (in Hinblick auf den Ablauf- und Terminplan und die Kosten)?
- Wohin führt die aktuelle Situation (in Hinblick auf die Zeit und die Kosten)?

Die Informationen, die benötigt werden, um diese Fragen zu beantworten, liefern die folgenden Formeln:

- Was ist der aktuelle Stand?
  - Kostenabweichungen (als Geldwert, in Stunden und als Fertigstellungsgrad)
  - Terminliche Leistungsabweichung (als Geldwert, in Stunden und als Fertigstellungsgrad)
  - Fertigstellungsgrad
  - Prozentualer Anteil der aufgewendeten Geldmittel
- Wohin führt die aktuelle Situation?
  - Zu erwartende Kosten bei Fertigstellung (EAC)
  - Der verbleibende kritische Pfad
  - Zeitbezogene Leistungskennzahl SPI (Trendanalyse)
  - Kostenbezogene Leistungskennzahl CPI (Trendanalyse)

Weil SPI und CPI für die Trendanalyse verwendet werden, können wir CPI und SPI nutzen, um die erwarteten Endkosten vorherzusagen, ebenso wie das erwartete Fertigstellungsdatum für das Projekt. Wir können die Kosten bei der Fertigstellung, EAC, wie folgt ausdrücken:

$$\text{EAC} = \frac{\text{BAC}}{\text{CPI}}$$

Die Zeit bis zur Fertigstellung verwendet SPI für die Vorhersage und kann wie folgt ausgedrückt werden:

$$\text{Neue Projektlänge} = \frac{\text{ursprüngliche Projektlänge}}{\text{SPI}}$$

Es muss vor allem bei der Verwendung von SPI für die Berechnung der neuen Projektlänge Sorgfalt angewendet werden, weil ein günstiger Wert für SPI (d.h. $> 1{,}0$) das Ergebnis von Arbeitspaketen sein könnte, die nicht auf dem kritischen Pfad liegen.

Nachdem EAC und die neue Projektlänge berechnet wurden, können wir die Abweichung bei der Fertigstellung (VAC) und die geschätzten Kosten für die Fertigstellung (ETC) unter Verwendung der beiden folgenden Formeln berechnen:

$\text{VAC} = \text{BAC} - \text{EAC}$ und $\text{ETC} = \text{EAC} - \text{ACWP}$

Der prozentuale Fertigstellungsgrad und die prozentualen aufgewendeten Geldmittel können mittels der folgenden Formeln berechnet werden:

$$\text{Fertigstellungsgrad} = \frac{\text{BCWP}}{\text{BAC}}$$

$$\text{Aufwand (\%)} = \frac{\text{ACWP}}{\text{BAC}}$$

wobei BAC das geplante Gesamtbudget bei Fertigstellung, BCWP der aktuelle Fertigstellungswert und ACWP die Ist-Kosten bedeuten.

Der Programm-Manager stellt diese Informationen bereit, um den Programmstatus gemeinsam mit dem oberen Management prüfen zu können. Bei umfangreichen Projekten werden solche Review-Besprechungen in der Regel einmal monatlich durchgeführt. Außerdem werden die Analyseergebnisse verwendet, um dem Kunden Abweichungen in den vertraglich vereinbarten Monatsberichten zu erklären.

Nach der Durchführung der Abweichungsanalyse müssen Berichte für den Auftraggeber und das obere Management im Haus erstellt werden. Die Anforderungen, die die Berichte für die Auftraggeber erfüllen müssen, sind häufig vertraglich festgelegt. Dies bezieht sich auf die Art der Berichte, die Häufigkeit, den Verteiler und die Gestaltung der Berichte.

Die Art der Berichte, die der Auftraggeber und das Management benötigen, hängt von der Größe des Programms und von der Höhe der Abweichung ab. Den meisten Berichten lassen sich wichtige technische Parameter entnehmen, wie z.B. die folgenden:

- Wichtige Meilensteine für den Projekterfolg
- Ein Vergleich mit den Spezifikationen
- Testarten oder Testbedingungen
- Die Korrelation der technischen Leistung mit dem Vorgangsnetzplan und dem Projektstrukturplan

Um Zeit zu sparen, sollten Berichte nur ein bis zwei Seiten umfassen oder es sollte sich um Formulare handeln, die leicht ausgefüllt werden können.

15.7 Die Kostenbasis

Nachdem das Projekt initiiert wurde, richtet das Projektteam die Kosten- oder Finanzbasis ein, auf die hin der Status berichtet und Abweichungen gemessen werden. Abbildung 15.19 zeigt eine Kostenbasis. Jeder Block stellt eine Kostenstelle oder ein Arbeitspaketelement dar. Die Summe aller Kostenstellen oder Arbeitspakete ergibt dann das zeitverschobene Budget. Jedes Arbeitspaket würde dann durch das Lastenheft für dieses Arbeitspaket beschrieben.

Die Kostenbasis in Abbildung 15.19 ist nur Teil des Kostenüberblicks. Eine Darstellung eines Kostenüberblicks finden Sie in Abbildung 15.20.

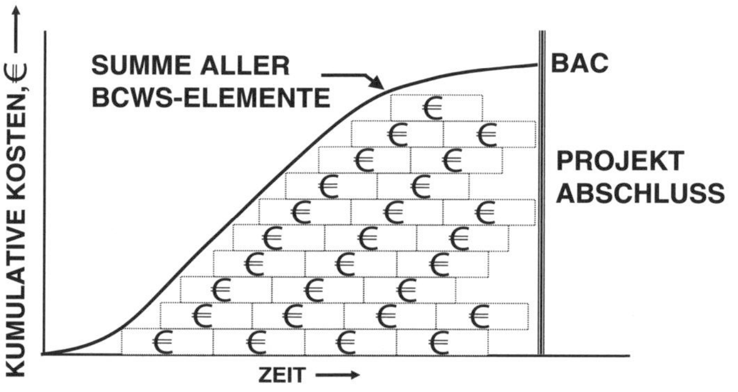

Abbildung 15.19: Die Kostenbasis

Abbildung 15.20 enthält einige Unterscheidungsmerkmale:

- Das zeitverschobene Budget, wobei es sich um das freigegebene Budget handelt, ist die Summe aller BCWS-Elemente.
- Die Kostenbasis ist die Summe des zeitverschobenen Budgets (d.h. des verteilten Budgets) und des nicht verteilten Budgets. Dies ist gleich dem freigegebenen, geplanten Budget zur Fertigstellung (BAC).
- Die Vertragskosten, die für die Fertigstellung des Projekts anfallen, sind die Summe der Kostenbasis und der Managementreserve, vorausgesetzt, es gibt eine Managementreserve.
- Der Vertragspreis sind die Vertragskosten plus den Gewinn, falls ein solcher entsteht.

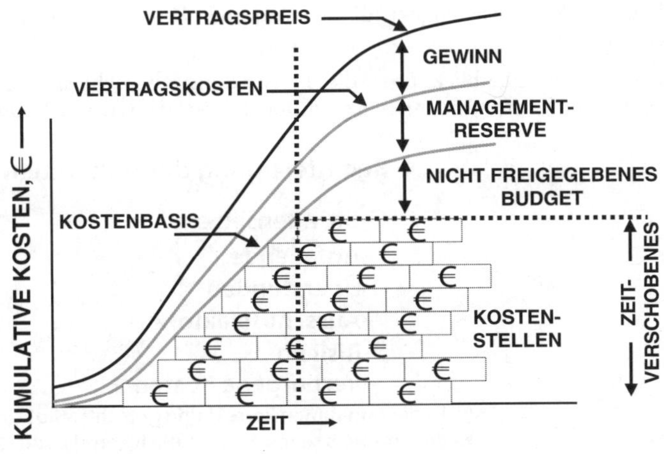

Abbildung 15.20: Kostenüberblick Projektstrukturplan Ebene 1

15.8 Rechtfertigung der Kosten

Die Preisfindung für ein Projekt basiert häufig mehr auf möglichst gut geratenen Werten als auf konkreten Abschätzungen. Das gilt insbesondere für Unternehmen, die zum Überleben ihre Konkurrenz unterbieten müssen und wo die Vorbereitungskosten für einen Zuschlag zwischen 50.000 € und 500.000 € liegen können. Wenn die Wahrscheinlichkeit, einen Zuschlag zu erhalten, gering ist, wendet das Unternehmen wahrscheinlich ein Minimum an Zeit und Kosten für die Gebotsvorbereitung auf.

Tabelle 15.7 zeigt einen typischen Überblick über die Projektpreisfindung.

	Direkte Arbeit			Zusatzaufwand		
Abteilung	**Stunden**	**Satz**	**Euro**	**%**	**Euro**	**Gesamt**
Entwicklung	1000	42,00 €	42.000	110	46.200	88.200 €
Herstellung	500	35,00 €	17.500	200	35.000	52.200 €
					Gesamtkosten Arbeit	140.700 €

Andere: Unterverträge	10.000 €	
Berater	2.000 €	12.000 €
Gesamtkosten Arbeit und Material		152.700 €
Unternehmens-Verwaltungsgemeinkosten: 10%		15.270 €
		167.970 €
Gewinn: 15 %		25.196€
		193.166 €

Tabelle 15.7: Überblick über eine typische Projektpreisfindung

In Tabelle 15.7 können alle funktionalen Bereiche und alle Fachabteilungen einen eigenen Zusatzaufwandsfaktor haben. In diesem Überblick beträgt der Zusatzaufwandsfaktor für die Entwicklung 110 Prozent, während der Zusatzaufwandsfaktor für die Herstellung 200 Prozent beträgt. Wenn es sich bei dem Unternehmen um ein Tochterunternehmen eines größeren Unternehmens handelt, können auch allgemeine und administrative Unternehmenskosten (G&A) enthalten sein. Wenn das Projekt für einen externen Kunden vorgesehen ist, ist auch eine Gewinnspanne enthalten.

Nachdem der Überblick über die Preisfindung abgeschlossen ist, müssen die Kosten vor irgendeinem Vorstandskomitee gerechtfertigt werden, wie in Abbildung 15.21 gezeigt.

❖ Rechtfertigung der Annahmen

–Stundensätze
–Anfallende Überstunden
–Ausschussfaktoren
–Risiken
–Verborgene Kosten

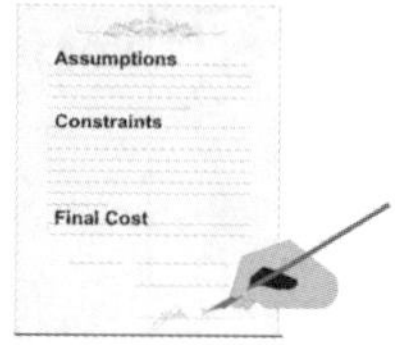

(Falls die Annahmen korrekt und gerechtfertigt sind, ist der Endpreis sehr wahrscheinlich korrekt und für das Management akzeptabel.)

Abbildung 15.21: Rechtfertigung der Kosten (und Absegnung)

Jedes Unternehmen hat seine eigenen Bewertungsprozesse für den Genehmigungsprozess des Kostenüberblicks. Typische Komponenten, die durch harte Daten gerechtfertigt oder unterstützt werden müssen, sind unter anderem:

- Stundensätze: Für Schätzzwecke können Abteilungsdurchschnittswerte oder nach Fertigkeiten gewichtete Durchschnittswerte verwendet werden. Man spricht manchmal auch von einem Mischsatz. Das Bestfall-Szenario würde nach den tatsächlichen Gehältern oder nach den Fertigkeiten der Mitarbeiter schätzen, die mit dem Projekt beauftragt werden. Das ist aber möglicherweise bei konkurrierenden Geboten nicht möglich, weil wir nicht wissen, wer zur Verfügung steht oder wer beauftragt wird, wenn der Vertrag schließlich erteilt wird. Wenn das Projekt außerdem über mehrere Jahre geht, müssen wir möglicherweise Stundensätze weiterreichen, nämlich die vorhergesagten und vollständig übernommenen Gehälter, die für die nächsten paar Jahre angenommen werden. Eine Darstellung finden Sie in Tabelle 15.8.
- Überstunden: Wenn die Ressourcen knapp sind und das Unternehmen nicht vorhat, zusätzliches Personal einzustellen, muss ein Teil der Arbeit innerhalb von Überstunden erledigt werden. Dies könnte die Projektkosten erhöhen, und es muss berücksichtigt werden, dass während dieser Dauer übermäßiger Überstunden Fehler gemacht werden können.

		Verdienst (pro Stunde)		
Gehaltsstufe	Titel	2007	2008*	2009*
9	Engineering Consultant	53 €	56 €	60 €
8	Senior Engineer	48	50	53
7	Ingenieur	39	42	45
6	Junior Ingenieur	34	36	39
5	Apprentice Engineer	29	31	34

Tabelle 15.8: Zukünftige Preissätze: Gehalt (Abteilungsgehaltsstruktur)

Abbildung 15.22: Weitere, oft verborgene Kosten

- **Ausschussfaktoren:** Wenn das Projekt die Beschaffung von Rohmaterialien beinhaltet, muss ein gewisser Ausschussfaktor berücksichtigt werden. Diese Berechnung kann durch die Fähigkeiten des zugeteilten Personals beeinflusst werden, das diese Materialien verarbeitet, durch vorhergehende Erfahrungen bei der Verarbeitung des Materials sowie durch Erfahrung in dieser Art von Projekten.
- **Risiken:** Die Risikoanalyse kann auf der Qualität der Schätzungen sowie auf der Erfahrung der Schätzer basieren. Weitere Risiken, die hier berücksichtigt werden, sind unter anderem die Fähigkeit des Unternehmens, die angenommenen Vorteile oder die ermittelten Gewinne zu erzielen, und im Fall einer Katastrophe die Belastung und Haftbarkeit des Unternehmens durch Rechtsstreitigkeiten.
- **Verborgene Kosten:** Diese Kosten, die zum Teil in Abbildung 15.22 dargestellt sind, können den gesamten von einem Projekt erwarteten Gewinn zunichtemachen. Weitere mögliche verborgene Kosten sind die jährliche oder monatliche geringere Verfügbarkeit der Mitarbeiter. Tabelle 15.9 zeigt eine typische Berechnung. Wenn wir Tabelle 15.9 anwenden und es sich bei allen Mitarbeitern um langjährige Angestellte handelt, stehen möglicherweise weniger als 1840 Stunden pro Jahr zur Verfügung, weil ältere Menschen möglicherweise mehr als drei Wochen Urlaub pro Jahr haben.

Pro Jahr verfügbare Stunden (52 x 40)	2080 Stunden
Urlaub (3 Wochen)	- 120 Stunden
Krankheitsausfälle (3 Tage)	- 24 Stunden
Feiertage (11 Tage)	- 88 Stunden
Freistellung für gemeinnützige Tätigkeiten (1 Tag)	- 8 Stunden
	1840 Stunden
(1840 Stunden/Jahr) / 12 Monate = 153 Stunden/Monat	

Tabelle 15.9: Für die Arbeit verfügbare Stunden

15.9 Das Dilemma der Kostenüberschreitung

Der Lebenssaft der meisten Unternehmen besteht aus einem fortlaufenden Strom an neuen Produkten und Diensten. Aufgrund des Worts »neu« können historische Daten bei einem Minimum liegen und Kostenüberschreitungen sind zu erwarten. Abbildung 15.23 zeigt einen typischen Bereich für Kostenüberschreitungen.

Abschätzungen der Größenordnung (ROM-Abschätzungen, Rough order-of-magnitude) erfolgen häufig anhand von »Soft«-Daten, was zu den verschiedensten Überschreitungen führen kann, und sie werden in der Initiierungsphase eines Projekts verwendet. Wenn wir von »Soft«-Daten zu »Hard«-Daten wechseln und in die Planungsphase eines Projekts eintreten, verbessert sich die Genauigkeit der Schätzungen und die Palette der Überschreitungen wird kleiner.

Wenn Überschreitungen auftreten, sucht der Projektmanager nach Möglichkeiten, Kosten zu reduzieren. Am einfachsten ist eine Reduzierung des Umfangs. Dies beginnt mit einer Suche nach Dingen, die einfach zu kürzen sind. Am einfachsten kann man Dinge kürzen, die während des Schätzprozesses schlecht verstanden und deshalb unterschätzt wurden. Typische Dinge, die im Umfang gekürzt oder reduziert werden, sind unter anderem:

- Supervision Projektmanagement
- Supervision Linienmanagement
- Prozesssteuerungen
- Qualitätssicherung
- Testen

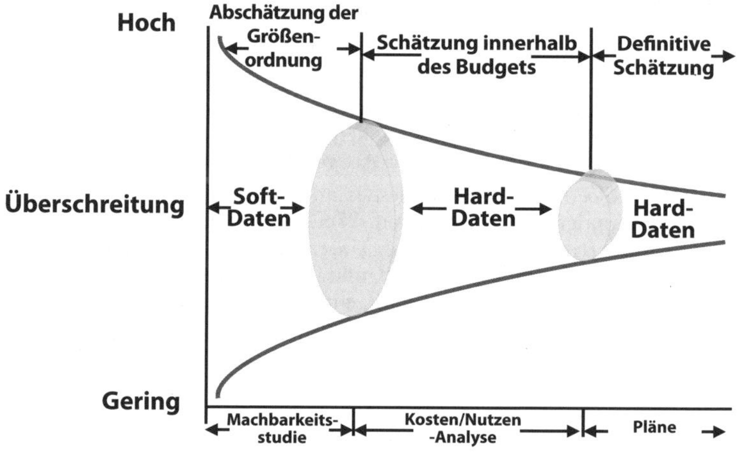

Abbildung 15.23: Palette der Überschreitungen

Wenn einfach zu kürzende Dinge keine ausreichende Kostenreduzierung erbringen, beginnt eine verzweifelte Suche unter den Dingen, die schwer zu kürzen sind. Dabei handelt es sich unter anderem um:

- Direkte Arbeitsstunden
- Material
- Ausrüstung
- Anlagen
- Anderes

Wenn die Kostenreduktionen für das Management nicht akzeptabel sind, muss das Management entscheiden, ob nicht vielleicht die Notbremse gezogen und das Projekt abgebrochen werden soll. Die Notbremse scheint eine einfache Entscheidung zu sein, aber in Wirklichkeit stellt sich heraus, dass es eine der schwierigsten Entscheidungen für die Unternehmensführung ist. Typische Gründe dafür, nicht die Notbremse zu ziehen, sind unter anderem:

- Quantitative Gründe
  - Hohe Austrittsschwellen

    - Es wurden wesentliche Ausgaben gemacht, die nicht zurückerhalten werden
    - Vertragsstrafen
    - Vertragsbruchprozesse
    - Zahlungen an entlassene Mitarbeiter
    - Geringer Verwertungswert für Waren und Eigentum
    - Hohe Kosten durch die Werksschließung
    - Durch die Umschichtung von Angestellten können Renten- und Arbeitsverträge verletzt werden
- Qualitative Gründe
    - Versagen wird als Zeichen der Schwäche interpretiert
    - Versagen wird als karriereschädlich interpretiert
    - Versagen wird als rufschädigend interpretiert
    - Versagen wird als ungünstig für die Werbung interpretiert
    - Angst, anderen Fehler zu offenbaren
    - Schlechte Pressemeldungen werden als persönliches Versagen interpretiert
    - Weigerung, Niederlagen oder Fehler einzugestehen
    - Man sieht, was man sehen will, statt die Realität zu erkennen

15.10 Aufzeichnung der Materialkosten mit der Earned-Value-Analyse

Bei der Earned-Value-Analyse repräsentieren die Ist-Kosten (ACWP) die Einzel- und Gemeinkosten für das Projekt. Die Kosten, die aufgezeichnet und in Berichten genannt werden, müssen sich hierauf beziehen. Die Erhebung der Personaleinzelkosten ist in der Regel kein Problem, weil sie normalerweise aufgezeichnet werden, sobald die Leistung erbracht wird. Die aufgezeichneten Kosten sind folglich identisch mit den im Bericht ausgewiesenen Kosten.

Die Materialkosten werden hingegen möglicherweise zu unterschiedlichen Zeitpunkten schriftlich belegt, wie z.B. als Verbindlichkeiten, als Ausgaben, als Zuwächse und als verrechnete Kosten. Alle Angaben bieten nützliche Informationen und sind für Kontrollzwecke wichtig.

Wegen der vielen Möglichkeiten zur Durchführung von Materialkostenanalysen sollten die Materialkosten im Bericht unabhängig von den Personalkosten ausgewiesen werden. Die Kostenabweichungen bei der Materialbeschaffung können beispielsweise auftreten, wenn mit dem Zulieferer über die Bestellung verhandelt wird, weil hier Abweichungen erstmals sichtbar werden. Signifikante Abweichungen bei den prognostizierten Materialkosten können sich sehr stark auf die Gesamtkosten auswirken und sollten in der Einschätzung der zu erwartenden Kosten bei Fertigstellung (EAC) berücksichtigt und im ausformulierten Teil des Projektstatusberichts erwähnt werden.

Die getrennte Betrachtung der Materialkosten ist sehr wichtig. Betrachten Sie folgendes Beispiel:

Beispiel 15.1. Laut Budget sollen die Personalkosten bei € 1.000.000 und die Materialkosten bei € 600.000 liegen. Am Ende des ersten Monats erhalten Sie folgende Informationen:

Personal:	ACWP = € 90.000
	BCWP = € 100.000
	BAC = € 1.000.000
Material:	ACWP = € 450.000
	BCWP = € 400.000
	BAC = € 600.000

wobei ACWP die Ist-Kosten, BCWP der aktuelle Fertigstellungswert und BAC das geplante Gesamtbudget bei Fertigstellung bedeuten.

Berechnen Sie nun jeweils die zu erwartenden Kosten bei Fertigstellung (EAC) mit folgender Formel:

EAC = (ACWP/BCWP) x BAC

Es ergeben sich folgende Werte:

EAC(Personal) = € 900.000

EAC(Material) = € 675.000

Werden diese beiden EACs addiert, ergibt sich ein geschätztes Gesamtbudget bei Fertigstellung von € 1.575.000. Die zu erwartenden Kosten bei Fertigstellung (EAC) fallen also um € 25.000 niedriger aus als das geplante Budget bei Fertigstellung (BAC). Werden die EACs für Personal und Material hingegen vor der Berechnung der zu erwartenden Kosten bei Fertigstellung (EAC) kombiniert, ergibt sich folgendes Bild:

EAC = [(€ 450.000 + € 90.000)/(€ 100.000 +€ 400.000)] x (€ 1.000.000 + € 600.000)
= € 1.728.000

Dieser Wert entspricht einer Budgetüberschreitung von € 128.000. Die Material- und die Personalkosten sollten im Statusbericht also immer getrennt voneinander dargestellt werden.

Ein weiteres wichtiges Problem besteht in der Frage, wie die Materialkosten bei Erteilung des Auftrags berücksichtigt werden sollen. Zur Bemessung der Leistung ist es in der Regel günstiger, die Materialkosten zu dem Zeitpunkt aufzuzeichnen, an dem das Material eintrifft, bezahlt oder benutzt wird, nicht jedoch bei Auftragserteilung. Die Ist-Kosten, die für das Material angegeben werden, sollten also mit bewährten Verfahren ermittelt werden. Die Aufzeichnung der Materialkosten sollten außerdem auf derselben Basis erfolgen wie bei der Erstellung des Budgets, um sinnvolle Vergleiche zwischen den Ist- und den Plan-Kosten zu ermöglichen. Es sollte beispielsweise vermieden werden, dass das Budget auf der Basis des Zeitpunkts erstellt wird, an dem das Material eingesetzt wird, die Materialkosten im Bericht jedoch auf der Basis des Zeitpunkts, an dem das Material eintrifft. Betrachten Sie folgende Situationen:

Situation I: Ein Anlagenbauer erhält den Auftrag, fünf Maschinen für einen Kunden herzustellen, die sich jedoch leicht voneinander unterscheiden. Das Unternehmen erwirbt für die fünf Maschinen fünf gleiche Elektromotoren. Wann sollten diese Materialkosten berücksichtigt werden?

a. Zum Zeitpunkt der Bestellung
b. Zum Zeitpunkt des Materialeingangs
c. Zum Zahlungszeitpunkt
d. Zum Zeitpunkt der Lagerentnahme
e. Zum Zeitpunkt der Installation

Situation II: Derselbe Hersteller hat eine größere Menge an Stahlplatten erworben, die für die fünf Maschinen und auch für Maschinen anderer Kunden bestimmt sind. Durch die große Bestellmenge erhält er einen beträchtlichen Preisnachlass. Wann sollte der Hersteller die Stahlplatten frühestens in die Materialkosten einbeziehen?

a. Zum Zeitpunkt der Bestellung
b. Zum Zeitpunkt des Materialeingangs
c. Zum Zahlungszeitpunkt
d. Zum Zeitpunkt der Lagerentnahme
e. Zum Zeitpunkt der Installation

Situation III: Angenommen, der Hersteller würde in Situation II die Stahlplatten nur für einen Kunden kaufen. Wann sollte der Hersteller die Stahlplatten bei den Materialkosten berücksichtigen?

a. Zum Zeitpunkt der Bestellung
b. Zum Zahlungszeitpunkt
c. Zum Zeitpunkt des Materialeingangs
d. Zum Zeitpunkt der Anwendung

In den Situationen I und III ist die Antwort »Zum Zeitpunkt des Materialeingangs« empfehlenswert. In Situation II sind alle Antworten denkbar, die Antwort »Zum Zeitpunkt der Installation« ist jedoch empfehlenswert.

15.11 Kriterien für die Materialberechnung

Das Materialberechnungssystem des Auftragnehmers muss mindestens folgende Kriterien erfüllen:

a. Genaue Kostenakkumulation und Zuordnung der Kosten zu Kostenstellen in der gleichen Weise wie im Budget und nach anerkannten Buchführungstechniken. [7]
b. Ermittlung der Materialkostenabweichungen durch Plan-Ist-Vergleiche
c. Erhebung der Materialkosten zu einem Zeitpunkt, der sich für das involvierte Material am besten eignet, jedoch frühestens zum Zeitpunkt des Materialeingangs
d. Ermittlung der Materialkostenabweichungen, die auf den exzessiven Materialeinsatz zurückzuführen sind
e. Ermittlung der Materialstückkosten, falls möglich
f. Anrechnung des gesamten Materials, das für das Projekt erworben wurde (einschließlich des Restbestands)

Diese sechs Systemanforderungen lassen sich mit folgenden Berechnungspraktiken erfüllen:

a. Die Ist-Kosten (ACWP) müssen den Plan-Kosten (BCWS) entsprechen und können auf die Kostenkontenebene des Projektstrukturplans übertragen werden.
b. Die Materialpreisabweichungen müssen sich über einen Vergleich der geplanten Kosten (geschätzter Materialwert) und der Ist-Kosten (tatsächlicher Materialwert) ermitteln lassen.
c. Der aktuelle Fertigstellungswert oder Earned Value (BCWP) muss bestimmbar sein, jedoch nicht, bevor das Material eingegangen ist.
d. Die Kostenabweichung bei den Materialkosten muss aus dem exzessiven Materialeinsatz hervorgehen (siehe hierzu der nächste Abschnitt).
e. Die Materialstückkosten müssen bestimmbar sein.
f. Das gesamte erworbene Material muss sich inklusive des Restbestands berechnen lassen.

Die Aufgabe scheint zwar etwas schwierig zu sein, wenn sich die Organisation jedoch auf zwei Bereiche konzentriert, ist sie ganz einfach:

1. *Materialpläne (BCWS):* Diese werden häufig zu einem Zeitpunkt erstellt, an dem von der Konstruktion und der Fertigung oder auch von anderen Abteilungen Definitionen bereitgestellt wurden, die für eine Materialbestellung ausreichen.
2. *Materialverbrauch (ACWP):* Der Materialverbrauch wird über die Aufzeichnung der Kosten in der Buchhaltung ermittelt. Die Kosten fallen in der Regel an, wenn die Rechnungen bezahlt werden.

Die Unternehmen, die ein Materialberechnungssystem einsetzen, sind in der Lage, die Kosten für erworbene Güter an mehreren Stellen zu ermitteln und zu aktualisieren, wie z.B. als Schätzwert, wenn die Konstruktion oder die Fertigung ihre Anforderungen definieren, weiterhin als

7. Fleming, Q. W., *Cost/Schedule Control Systems Criteria,* Chicago, 1992, S. 144–145.

Schätzwert, wenn die Anforderung formell gestellt wird, in aktualisierter Form, sobald die Bestellung aufgegeben wird, in aktualisierter Form, wenn das Material eingeht und angenommen wird, und schließlich als Abschlusswert, wenn die Rechnungen bezahlt werden und die Kosten in den Büchern ausgewiesen werden.

15.12 Ursachen der Materialkostenabweichung[8]

Zu den Grundanforderungen an ein Materialberechnungssystem gehört, dass das System in der Lage sein muss, festzustellen, warum Materialkosten überschritten wurden. Diese Funktion wird als Abweichungsanalyse bezeichnet. Wenn die Materialkosten das Materialbudget überschreiten, hat dies normalerweise zwei Ursachen:

1. Der Artikel kostet mehr als ursprünglich geplant. Dieser Faktor wird als »Preisabweichung« bezeichnet.
2. Es wird mehr Material verbraucht als geplant. Dieser Faktor wird als »Mengenabweichung« bezeichnet.

Preisabweichungen treten auf, wenn sich der budgetierte Materialpreis (BCWS) vom Ist-Preis (ACWP) unterscheidet. Dies kann mehrere Ursachen haben. Denkbar sind beispielsweise Faktoren wie mangelhafte Schätzwerte, Inflation, die Verwendung eines anderen Materials als geplant usw.

Die Preisabweichung (PV = price variance) lässt sich mit folgender Formel berechnen:

$$PV = (\text{Budgetierter Preis} - \text{Ist-Preis}) \times \text{Verbrauchte Menge}$$

Die Preisabweichung ist also die Differenz zwischen den budgetierten und den tatsächlich angefallenen Stückkosten.

Eine Mengenabweichung (UV = usage variance) tritt hingegen dann auf, wenn mehr Material verbraucht wird als geplant. Die Mengenabweichung lässt sich mit folgender Formel berechnen:

$$UV = (\text{Budgetierte Menge} - \text{Verbrauchte Menge}) \times \text{Budgetierter Preis}$$

Betrachten Sie das folgende Beispiel: Der Projektmanager erstellt ein Materialbudget, das 100 Stück (davon 10 Stück als Ausschuss) zu einem Stückpreis von € 150 beinhaltet. Das Materialbudget hat also ein Volumen von € 15.000. Die tatsächlichen Materialkosten bei Projektfertigstellung (ACWP) betragen € 15.950, was einer Materialkostenüberschreitung von € 950 entspricht. Wie konnte das passieren?

Ermitteln Sie zunächst die Preis- und die Mengenabweichung mit den bekannten Formeln:

$$\begin{aligned}\text{Preisabweichung (PV)} &= (\text{Geplanter Stückpreis} - \text{Tatsächlicher Stückpreis}) \times \text{Verbrauchsmenge}\\ &= (€\,150 - €\,145) \times 110\\ &= €\,550\end{aligned}$$

$$\begin{aligned}\text{Mengenabweichung (UV)} &= (\text{Budgetierte Menge} - \text{Verbrauchte Menge}) \times \text{Budgetierter Preis}\\ &= (100 - 110) \times €\,150\\ &= -€\,1.500\end{aligned}$$

Diese Analyse zeigt deutlich, dass die Anschaffungskosten geringer waren als erwartet. Dadurch entstand eine Kosteneinsparung. Da jedoch die Verbrauchsmenge höher war als geplant (um 10 Stück), ergab sich eine negative Mengenabweichung. Verursacht wurde das Ganze dadurch, dass der Linienmanager den Ausschussfaktor von 10 auf 20 Stück erhöht hatte.

Gute Geschäftspraktiken setzen voraus, dass solche Analysen durchgeführt werden, um zu ermitteln, warum die Materialkosten die budgetierten Materialwerte überschreiten.

8. Fleming, Q. W., *Cost/Schedule Control Systems Criteria,* Chicago, 1992, S. 151–152.

15.13 Die Gesamtabweichungen

Die Gesamtabweichung kann für Lohn- und für Materialkosten berechnet werden. Betrachten Sie nachfolgende Aufstellung:

	Materialeinzelkosten		**Personaleinzelkosten**
Plan-Stückpreis	€ 30,00	Plan-Kosten pro Personenstunde	€ 24,30
Ist-Stückzahl	17.853	Ist-Personenstunden	9.000
Ist-Stückpreis	€ 31,07	Ist-Kosten pro Personenstunde	€ 26,24
Ist-Gesamtkosten	€ 554.630	Ist-Gesamtkosten	€ 236.200

Hieraus lässt sich die Gesamtabweichung für die Material- und die Personaleinzelkosten wie folgt berechnen:

- Gesamtpreisabweichung für Material
  = Ist-Stückzahl x (Plan-Stückpreis – Ist-Stückpreis)
  = 17.853 x (€ 30,00 – € 31,07)
  = – € 19.102,71
- Personalkostenabweichung pro Stunde
  = Plan-Kosten pro Stunde – Ist-Kosten pro Stunde
  = € 24,30 – € 26,24
  = – € 1,94

15.14 Erstellung von Statusberichten

PMBOK® Guide 2004
10.3.2 Fortschrittsberichtswesen: Werkzeuge und Methoden

Um zu verhindern, dass sich das obere Management zu häufig in Projekte einmischt, muss der Projektmanager ihm möglichst häufig Statusberichte zur Verfügung stellen. Abbildung 15.24 zeigt ein relativ schlichtes Exemplar, das auf den Daten basiert, die in den Abbildungen 15.25 und 15.26 gesammelt werden. Diese Art von Statusbericht sollte kurz und knapp sein und nur die wichtigsten Informationen enthalten. Der Status kann zusätzlich grafisch verdeutlicht werden (siehe Abbildung 15.27). Der Unterschied zwischen Abbildung 15.27 und Abbildung 15.17 besteht darin, dass die bei Fertigstellung erwarteten Kosten verwendet wurden.

Wenn die für das Projektmanagement verfügbare Software komplexer wird, gilt dies auch für die Projektberichte. Es gibt vier Berichtstypen, die von Bewertungssystemen für Leistungswerte normalerweise ausgegeben werden:

- **Leistungsberichte:** Diese Berichte zeigen normalerweise den physischen Fortschritt bis zum aktuellen Zeitpunkt an, insbesondere BCWS, BCWP und ACWP. Der Bericht könnte außerdem Informationen über Materialbeschaffung, Lieferung und Nutzung beinhalten, aber die meisten Unternehmen verwenden dafür separate Materialberichte.
- **Statusberichte:** Diese Berichte geben an, wo wir heute stehen, und verwenden die Informationen aus den Leistungsberichten für die Berechnung von SV und CV.
- **Projektionsberichte:** Diese Berichte berechnen EAC, ETC, SPI und CPI sowie andere in die Zukunft blickende Projektionen. Diese Berichte konzentrieren sich darauf, wie alles beim Abschluss aussehen wird.
- **Ausnahmeberichte:** Diese Berichte identifizieren Ausnahmen, Probleme oder Situationen, die die Grenzwerte für Dinge wie etwa Abweichungen, Cashflow, zugewiesene Ressourcen und andere vergleichbare Aspekte überschreiten.

1. Abweichungsanalyse (Kosten in Tausend)

Teilaufgabe	Meilenstein-Status	Plan-Kosten (BCWS)	Aktueller Fertigstellungswert (BCWP)	Ist-Kosten (ACWP)	Abweichung (%)	
					zeitlich	kostenbezogen
1	Abgeschlossen	100	100	100	0	0
2	Abgeschlossen	50	50	55	0	-10
3	Abgeschlossen	50	50	40	0	20
4	Nicht begonnen	60	0	0	-100	—
5	Abgeschlossen	90	90	140	0	-55,5
6	Nicht begonnen	40	0	0	-100	—
7	Begonnen	50	50	25	0	50
8	Abgeschlossen	0	0	0	—	—
Gesamt		450	340	360	-24,4	-5,9

2. Zu erwartende Kosten bei Fertigstellung (EAC – Estimate at Completion)

EAC = (360/340) x € 579.000 = € 613.059

Überschreitung = 613.059 – 579.000 = € 34.059

3. Kostenübersicht

Die Kosten werden das Budget wegen höherer Personalkosten voraussichtlich um 5,9 % überschreiten.

4. Übersicht über den Zeitbedarf

Die Untererfüllung des Ablauf- und Terminplans um 24,4 % wird durch die Teilaufgaben 4 und 6 verursacht, die noch nicht begonnen werden konnten, weil das benötigte Rohmaterial fehlt und die Kosten mittels der 50/50-Regel verbucht wurden. Der Ablauf- und Terminplan kann durch Einsatz von Überstunden eingehalten werden. Dadurch steigen jedoch die Personalkosten um 2,5 %.

5. Meilenstein-Bericht

Meilenstein/ Teilaufgabe	Fertigstellung laut Terminplan	Prognostizierte Fertigstellung	Tatsächliche Fertigstellung
1	1.4.04		1.4.04
2	1.5.04		8.5.04
3	1.5.04		23.4.04
4	1.7.04	1.7.04	
5	1.6.04		1.6.04
6	1.8.04	1.8.04	
7	1.9.04	1.9.04	
8	1.10.04	1.10.04	

6. Ereignisbericht

Aktuelles Problem	Potenzieller Einfluss	Korrekturmaßnahme
(a) Fehlendes Rohmaterial	Kostenüberschreitung und Untererfüllung des Ablauf- und Terminplans.	Überstunden sind bereits eingeplant. Es wird versucht, Mitarbeiter einer geringeren Lohnstufe einzusetzen. Das Rohmaterial wird voraussichtlich in der kommenden Woche eintreffen.
(b) Auftraggeber sind mit Testergebnissen unzufrieden und wünschen Änderungen.	Es muss eine zusätzliche Planung erfolgen.	Der Auftraggeber stellt am 15.6.04 ein überarbeitetes Lastenheft bereit.

Abbildung 15.24: Blue-Spider-Projekt, Monatsbericht Nr. 4

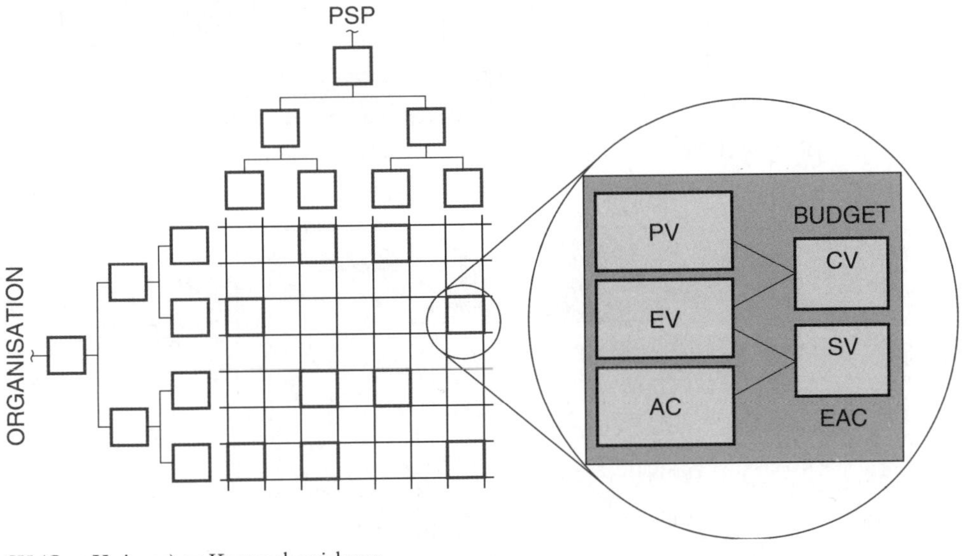

CV (Cost Variance) = Kostenabweichung
SV (Schedule Variance) = Zeitliche Leistungsabweichung
EAC (Estimate at Completion) = Zu erwartende Kosten bei Fertigstellung

PV (Planned Value) = Plan-Kosten
EV (Earned Value) = Aktueller Fertigstellungswert
AC (Actual Value) = Ist-Kosten

Abbildung 15.25: Datenakkumulation

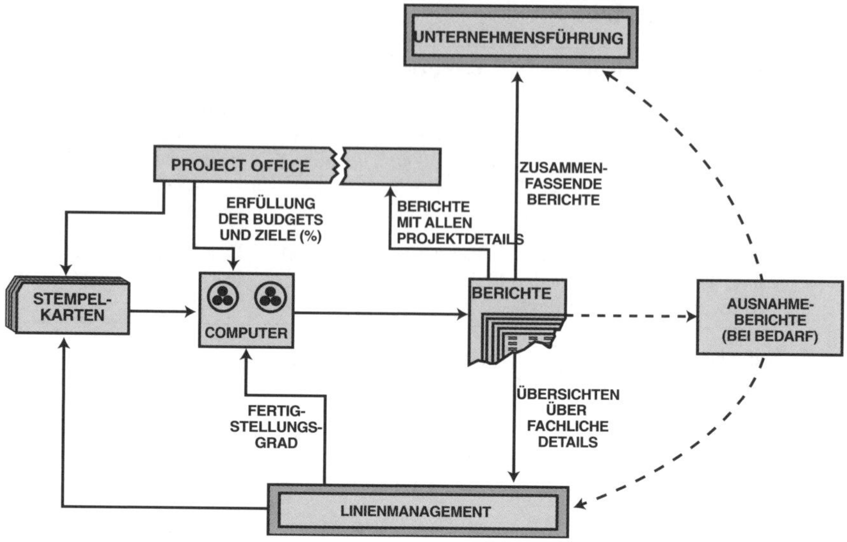

Abbildung 15.26: Verlauf der Kostenkontrolle und der Berichterstattung

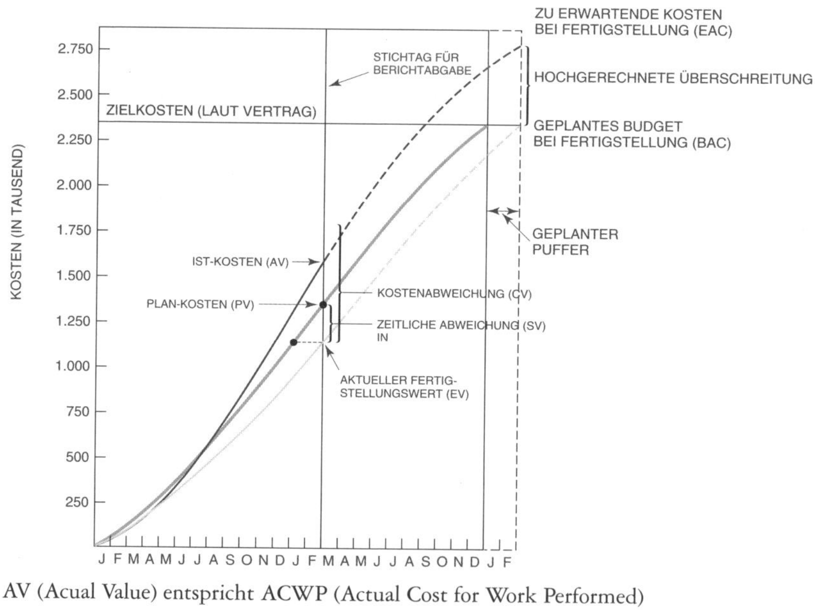

AV (Acual Value) entspricht ACWP (Actual Cost for Work Performed)

PV (Planned Value) entspricht BCWS (Budgeted Cost for Work Scheduled)

EV (Earned Value) entspricht BCWP (Budgeted Cost for Work Planned)

Abbildung 15.27: Grafische Statusberichterstattung

Für die Abweichungsanalyse sollten möglichst keine umfangreichen Berichte erstellt werden. Je kürzer und knapper die Berichte sind, desto schneller ist mit einer Rückmeldung zu rechnen und desto schneller können Korrekturmaßnahmen vorgenommen werden. Zeit ist ein kritischer Faktor, wenn mit beschränkten Ressourcen eine Neuplanung vorgenommen werden muss. Die Ressourcenplanung wird hauptsächlich durch die beiden folgenden Faktoren eingeschränkt:

- Das Enddatum ist fix.
- Die verfügbaren Ressourcen sind konstant (oder beschränkt).

Muss das Projekt an einem fixen Stichtag abgeschlossen werden, müssen zusätzliche Ressourcen bereitgestellt werden. In der zweiten Situation ist eine Überschreitung des geplanten Zeitumfangs möglicherweise die einzige Alternative, falls ein konstanter Ressourcenfluss nicht so neu verteilt werden kann, dass sich der kritische Pfad verkürzt.

Nachdem die Abweichungsanalyse erfolgreich durchgeführt wurde, müssen das Projekt- und das Linienmanagement das Problem diagnostizieren und nach Korrekturmaßnahmen suchen. Dies beinhaltet Folgendes:

- Eine Lösung für das Problem finden
- Einen Plan entwickeln, um die Situation zu retten

Das heißt jedoch nicht, dass alle Abweichungen korrigiert werden müssen. Abweichungsberichte können auf vier Arten behandelt werden:

- Ignorieren
- Funktionale Änderungen vornehmen
- Neu planen
- System neu definieren

Auf allen Organisationsebenen gibt es zulässige Abweichungen. Befindet sich die Abweichung innerhalb des zulässigen Rahmens, kann sie ignoriert werden. In einigen Situationen, in denen die Abweichung marginal ist, sind eventuell Korrekturmaßnahmen erforderlich. In der Regel betreffen diese die fachliche Ebene und können im Einsatz eines anderen Testverfahrens bestehen oder darin, dass Aktivitäten berücksichtigt werden, die im Programmplan nicht enthalten waren.

Treten große Abweichungen auf, ist entweder eine Neuplanung erforderlich oder das System muss neu definiert werden. Die Neuplanung kann eine Neudefinition der Projektziele beinhalten. Diese sollten sich jedoch im Rahmen der Systemspezifikationen bewegen. Möglicherweise sind Kompromisse zwischen den Faktoren Zeit, Kosten und Leistung erforderlich oder es müssen neue Projektvorgänge und Methoden definiert werden, um das Projekt zu überwachen, wie z.B. neue PERT-Netzwerke. Falls die Ressourcen beschränkt sind, müssen sie erneut zugewiesen werden. Bei unbeschränkten Ressourcen können zusätzliches Personal, Finanzmittel, Einsatzmittel, Anlagen oder Informationen angefordert werden.

Kann keine Neuplanung ohne Systemredesign vorgenommen werden, müssen die Systemspezifikationen angepasst werden.[9] Dies ist der schlimmste Fall, weil die Leistung zu Gunsten der Zeit und der Finanzmittel geopfert wird.

Bei Unternehmen mit Matrixorganisation müssen die Informationen sorgfältig vorbereitet und an alle wichtigen Mitarbeiter des Unternehmens verteilt werden. Um zwei Standards und unnötige Schreibarbeit zu vermeiden, muss das Management Richtlinien zur Entscheidungsfindung aufstellen, die mit dem Planungs- und Steuerungssystem in Beziehung stehen. Nachfolgend finden Sie Hinweise zur Gestaltung von Richtlinien:

- Genehmigung aller Schätzwerte und Aushandlung aller Schätzwerte und Definitionen der Leistungsanforderungen mit den entsprechenden Linienorganisationen
- Genehmigung des Budgets, der Verteilung und der Budgetierung verfügbarer Finanzmittel auf allen Organisationsebenen nach Programmelementen
- Definition der durchzuführenden Arbeit und des Ablauf- und Terminplans
- Genehmigung der Auftragsfreigabe. Die Freigabe sollte sich jedoch nur auf den vertraglich vereinbarten Rahmen beziehen.

---

9. Hier werden Systemspezifikationen vorgestellt. Fachliche Änderungen können jedoch auch Spezifikationsänderungen erfordern, jedoch nicht auf Systemebene. Beispiele für funktionelle Änderungen sind Änderungen in den Testtoleranzen oder Änderungen beim Erwerb des Rohmaterials.

- Genehmigung der Materialstücklisten, der Detailpläne und der Programmablaufpläne in Übereinstimmung mit den Programmanforderungen
- Genehmigung des Projektstrukturplans, der Ablaufpläne, der Ressourcenauswahl, der verhandelten Preise und der Vertragsart bei der Materialbeschaffung
- Überwachung der Leistung von Linienorganisationen in Hinblick auf die Budgets, die Zeitpläne und die Programmanforderungen
- Wenn die Leistung im Hinblick auf die Kosten inakzeptabel ist, sollten die entsprechenden Maßnahmen ergriffen werden, um die Leistungsanforderungen innerhalb der betroffenen Linienorganisation zu verändern oder Korrekturmaßnahmen in der Linienorganisation anzuregen, die die Kosten reduzieren, ohne dabei den vertraglich festgelegten Leistungsumfang zu verändern.
- Verantwortung für die gesamte Kommunikation und alle Fragen zu Richtlinien übernehmen, damit keine Direktiven ohne die Unterschrift oder die Zustimmung des Programm-Managers herausgegeben werden

Die Beschreibung der Zuständigkeiten eines Managers macht nur einen Teil der Management-Richtlinie aus. Weil der Programm-Manager über mehrere Linienorganisationen hinweg operieren muss, um die obigen Ziele zu erreichen, müssen auch die Zuständigkeiten des Linienmanagers und die Beziehung zwischen den beiden beschrieben werden. Tabelle 15.7 bietet hierfür ein Beispiel. Ähnliche Tabellen können für die Ablauf- und Terminplanung, für die Kommunikation, für die Kundenbeziehungen und für die Vertragsverwaltung aufgestellt werden.

Programm-Manager	Linienmanager	Beziehung
Trifft alle Entscheidungen, die die vertraglich vereinbarten Zeit-, Kosten- und Leistungsvorgaben oder Programmziele betreffen.	Sammelt die Informationen, die der Programm-Manager benötigt, um Entscheidungen treffen zu können. Schlägt dem Programm-Manager über die Mitglieder des Programmteams Änderungen vor, die die Programmkosten, die Zeitvorgaben und die technischen Anforderungen und Zielvorgaben beeinflussen.	Steuerung, Vertragsabwicklung, Budgetierung, Schätzung und die Steuerung der Finanzen sind Aufgaben des Linien-Managers. Der Programm-Manager nutzt die Dienste spezieller Linienorganisationen. Die Spezialisten nutzen ihre eigenen Kanäle zur Unternehmensführung, müssen den Programm-Manager jedoch über die Mitglieder des Programmteams auf dem Laufenden halten.
Genehmigt alle Entscheidungen zu technischen Änderungen, die die vertraglich vereinbarten Zeit-, Kosten- und Leistungsvorgaben oder Programmziele beeinflussen.	Implementiert Entscheidungen zu technischen Änderungen, die vom Programm-Manager genehmigt wurden. Berät den Programm-Manager in Hinblick auf mögliche Sackgassen und handelt über die Mitglieder des Programmteams Anpassungen aus.	
Erstellt Programmbudgets zusammen mit den Mitarbeitern des Programmteams. Handelt Änderungen aus und überwacht diese.		Der Programm-Manager ist für das Budget und die Kostenkontrolle verantwortlich. Er wird dabei von Mitgliedern des Programmteams unterstützt, die die Finanzkontrollorganisation repräsentieren.

Tabelle 15.10: Beziehung zwischen Programm- und Linienmanager

Programm-Manager	Linienmanager	Beziehung
Genehmigt die Freigabe des Budgets und erteilt die Auftragsfreigabe für die zu erbringende Leistung und verhandelt alle Neuzuordnungen von Ressourcen mit den davon betroffenen Linienorganisationen.	Stellt im Rahmen des Budgets Personal, Anlagen und andere Ressourcen bereit, um die vertraglich vereinbarten Zeit-, Kosten- und Leistungsanforderungen erfüllen zu können.	
Fordert die Zuweisung der Programmteammitglieder zum Programm an und genehmigt Entlassung der Teammitglieder aus dem Programm.	Koordiniert die Auswahl und die Zuordnung von Programmteammitgliedern zusammen mit dem Programm-Manager.	Der Programm-Manager hat keinen Einfluss auf die Einstellung und Entlassung von Linienmitarbeitern. Es sollten keine Mitglieder des Programmteams ohne Einverständnis des Programm-Managers aus dem Programm abgezogen werden.
Stellt die Anforderungen an die Berichte und der Steuerelemente auf, die für die Bewertung der Leistung in allen Programmphasen benötigt werden.	Arbeitet mit den Linienorganisationen zusammen, um sicherzustellen, dass voneinander unabhängige Programmaufgaben und -vorgänge zufrieden stellend erledigt werden.	Die Programmsteuerelemente müssen vorhandene Daten und Steuerelemente nutzen, die durch Abteilungsrichtlinien und -verfahren definiert werden.
Misst die Leistung gegenüber dem Plan und identifiziert aktuelle und potenzielle Probleme. Entscheidet über Korrekturmaßnahmen.	Verfolgt alle Aktivitäten seiner Organisation, um eine zufrieden stellende Erfüllung der Programmanforderungen sicherzustellen. Entdeckt tatsächliche oder potenzielle Probleme. Ergreift rechtzeitig Korrekturmaßnahmen in seiner Organisation und benachrichtigt andere Linienorganisationen, falls sich die Korrekturmaßnahmen mit anderen Linienorganisationen schneiden. Informiert den Programm-Manager (durch die Mitglieder des Programmteams) über Bedingungen, die das Programm beeinflussen, über vorhandene oder zu erwartende Probleme, über gelöste Probleme und über erforderliche oder durchgeführte Korrekturmaßnahmen.	Der Programm-Manager leitet alle Aktivitäten der Linienorganisationen über die Mitglieder des Programmteams. Die Linienmanager sind für die Leistung ihrer Organisationen verantwortlich. Die Linienmanager implementieren keine Entscheidungen in Bezug auf erhöhte Kosten des Gesamtprogramms, Veränderungen im Ablauf- und Terminplan oder Änderungen der technischen Leistung, ohne diese vorher durch den Programm-Manager und die Mitglieder des Programm-Teams genehmigen zu lassen.
Setzt die Mitglieder des Programmteams und/oder die Linienorganisationen von Änderungen in Kenntnis, die sie betreffen.		
Bürgt für den Aufbau, die Koordination und die Ausführung der unterstützenden Programme in einem Ausmaß, das vom Vertrag vorgegeben oder laut Vertrag zulässig ist.		Dazu gehören Programme zur Datenverwaltung, zum Konfigurationsmanagement und Ähnliches.

Tabelle 15.10: Beziehung zwischen Programm- und Linienmanager (Forts.)

15.15 Probleme bei der Kostenkontrolle

PMBOK® Guide 2004
7.3 Steuerung der Kosten

Probleme können unabhängig davon auftreten, wie gut das Planungs- und Kontrollsystem ist. Zu den Ursachen für Probleme bei der Kostenkontrolle gehören die folgenden:

- Mangelhafte Schätztechniken und/oder Normen, die in unrealistischen Budgets resultieren
- Beginn und Abschluss von Vorgängen und Ereignissen unabhängig von der geplanten Reihenfolge
- Inadäquater Projektstrukturplan
- Fehlende Management-Richtlinie für die Berichterstellung und die Kostenkontrolle
- Mangelhafte Aufgabenbeschreibungen auf den unteren Organisationsebenen
- Das Management reduziert Budgets oder Angebote, um konkurrenzfähiger zu sein
- Inadäquate formelle Planung, die in unbemerkten und häufig auch unkontrollierten Veränderungen des Aufgabenumfangs resultiert
- Mangelhafter Vergleich von Ist- und Plan-Kosten
- Vergleich der Ist- und der Plan-Kosten auf der falschen Management-Ebene
- Unvorhergesehene technische Probleme
- Terminplanverzögerungen, die Überstunden erforderlich machen oder zu kostspieligen Leerlaufzeiten führen
- Unrealistische Faktoren für die Erhöhung der Materialkosten

Kostenüberschreitungen können in allen Phasen der Projektentwicklung auftreten. Nachfolgend finden Sie häufige Ursachen für Kostenüberschreitungen:

- Angebotsphase
  - Mangelhafte Kenntnisse der Kundenanforderungen
  - Unrealistische Einschätzung der hausinternen Möglichkeiten
  - Unterschätzung der Zeitanforderungen
- Planungsphase
  - Auslassungen
  - Ungenauigkeiten im Projektstrukturplan
  - Fehlerhafte Interpretation von Informationen
  - Einsatz der falschen Schätztechniken
  - Unvermögen, die wichtigsten Kostenelemente zu identifizieren und sich darauf zu konzentrieren
  - Mangelhafte Einschätzung der Risiken
- Verhandlungsphase
  - Erzwingung rascher Kompromisse
  - Beschränkung der Beschaffungskosten
  - Verhandlungsteam möchte diesen Auftrag unbedingt bekommen
- Vertragsphase
  - Diskrepanzen in Vertragsfragen
  - Die Leistungsbeschreibung (SOW = Statement of Work) weicht von der Angebotsanfrage (RFP = Request for Proposal) ab
  - Das Angebotserstellungs- und das Projektteam sind nicht identisch

- Designphase
  - Entgegennahme von Kundenanforderungen ohne Genehmigung durch das Management
  - Probleme mit den Kommunikationskanälen zu den Kunden und mit Datenelementen
  - Probleme in den Design-Review-Besprechungen
- Fertigungsphase
  - Exzessive Materialkosten
  - Inakzeptable Spezifikationen
  - Meinungsverschiedenheiten zwischen Konstruktion und Fertigung.

15.16 Studientipps für das PMI®-Projektmanagement-Zertifizierungsexamen

Dieser Abschnitt kann als Wiederholung der Grundlagen dienen, um die Wissensbereiche und Domänengruppen im PMBOK® Guide zu ergänzen. In diesem Kapitel geht es um Folgendes:

- Umfangsmanagement (Scope Management)
- Kostenmanagement
- Initiierung
- Planung
- Controlling

Das Verständnis der folgenden Grundlagen ist vorteilhaft, wenn der Leser diesen Text für die Vorbereitung auf das PMP®-Zertifizierungsexamen verwendet:

- Was ist ein Managementkosten- und -steuerungssystem
- Was ist die Leistungswertmessung
- Die Bedeutung der Kontrolle
- Code von Kostenstellen
- Arbeitsberechtigung für die Kostenstellen und ihre Beziehung dazu
- Finanzierungsquellen für ein Projekt oder Projektänderungen
- Vier primäre Elemente für die Kostenüberwachung und -kontrolle: BCWS, BCWP, ACWP und BAC
- Wie man Kosten- und Zeitplanabweichungen in Stunden, Geldwert und Prozentsätzen berechnet
- Bedeutung von SPI und CPI in der Trendanalyse
- Möglichkeiten, Zeit und Kosten beim Abschluss ebenso wie Abweichungen bei der Fertigstellung vorherzusagen
- Unterschiedliche Berichtstypen: Leistung, Status, Vorhersage und Ausnahme
- Nutzung der Managementreserve
- Eskalationsfaktoren und wie sie sich auf ein Projekt auswirken
- Was ist eine Kosten- oder Finanzbasislinie für ein Projekt?
- Verschiedene Methoden, BCWP oder vollständigen Prozentwert zu berechnen

Die folgenden Multiple-Choice-Fragen sind hilfreich bei der Wiederholung der Grundlagen dieses Kapitels:

1. Bei der Leistungswertmessung wird der Leistungswert dargestellt durch:

   A. BCWS

   B. BCWP

   C. ACWP
   D. Nichts davon
2. Wenn BCWS = 1000, BCWP = 1200 und ACWP = 1300, dann ist das Projekt:
   A. Vor dem Zeitplan und unter dem Budget
   B. Vor dem Zeitplan und über dem Budget
   C. Hinter dem Zeitplan und über dem Budget
   D. Hinter dem Zeitplan und unter dem Budget
3. Wenn BAC = $ 20.000 und das Projekt ist zu 40 Prozent fertiggestellt, dann beträgt der Leistungswert:
   A. $ 5000
   B. $ 8000
   C. $ 20.000
   D. Kann nicht bestimmt werden
4. Wenn BAC =$ 12.000 and CPI = 1,2, dann beträgt die Abweichung bei der Fertigstellung:
   A. -$2000
   B. +$2000
   C. -$3000
   D. +$3000
5. Wenn BAC = $ 12.000 und CPI = 0,8, dann beträgt die Abweichung bei der Fertigstellung:
   A. -$2000
   B. +$2000
   C. -$3000
   D. +$3000
6. Wenn BAC für ein Arbeitspaket gleich $ 10.000 ist und BCWP = $ 4.000, dann ist das Arbeitspaket:
   A. 40 Prozent fertig
   B. 80 Prozent fertig
   C. 100 Prozent fertig
   D. 120 Prozent fertig
7. Wenn CPI = 1,1 und SPI = 0,95 ist, dann ist der Trend für das Projekt:
   A. Es bewegt sich über dem Budget, ist aber dem Zeitplan voraus.
   B. Es bewegt sich über dem Budget, ist aber dem Zeitplan hinterher.
   C. Es bewegt sich unter dem Budget, ist aber dem Zeitplan voraus.
   D. Es bewegt sich unter dem Budget, ist aber dem Zeitplan hinterher.
8. Das Dokument, das ein Arbeitspaket dokumentiert, die Kostenstellen identifiziert, die für dieses Arbeitspaket belastet werden dürfen, und die Kostenkonten für dieses Arbeitspaket einrichtet, ist:
   A. Kontencode
   B. Arbeitsablaufstruktur
   C. Arbeitsberechtigungsformular
   D. Nichts davon

9. Unbekannte Probleme, wie etwa Eskalationsfaktoren, werden häufig wie folgt in das Budget aufgenommen:
   A. Unter der Kostenstelle des Projektmanagers
   B. Unter der Kostenstelle des Projektsponsors
   C. Managementreserve
   D. Kostenstelle des Konfigurationsmanagements
10. EAC, ETC, SPI und CPI findet man am häufigsten in welchem Berichtstyp?
   A. Leistung
   B. Status
   C. Vorhersage
   D. Ausnahme
11. Wenn BAC = $ 24.000, BCWP = $ 12.000, ACWP = $ 10.000 und CPI = 1,2, dann betragen die Kosten, die für die Projektfertigstellung noch anfallen:
   A. $ 10.000
   B. $ 12.000
   C. $ 14.000
   D. Kann nicht festgestellt werden
12. Es gibt mehrere Einsatzzwecke für die 50/50-Regel, aber der wichtigste Verwendungszweck für die 50/50-Regel ist die Berechnung von:
   A. BCWS
   B. BCWP
   C. ACWP
   D. BAC
13. Was muss zutreffen, nachdem ein Projekt fertiggestellt wurde?
   A. BAC = ACWP
   B. ACWP = BCWP
   C. SV = 0
   D. BAC = ETC
14. Im März ist CV = -$20.000, im April ist CV = -$30.000. Um festzustellen, ob die Situation sich durch eine größere ungünstige Kostenabweichung wirklich verschlechtert hat, müssen wir Folgendes berechnen:
   A. CV in Prozent
   B. SV in Geldwert
   C. SV in Prozent
   D. Alle genannten
15. Wenn ein Projektmanager nach Einnahmen für eine wertschöpfende Umfangsänderung sucht, ist seine erste Wahl:
   A. Managementreserve
   B. Vom Kunden finanzierte Umfangsänderung
   C. Noch nicht zugeteiltes Budget
   D. Einbehaltene Gewinne
16. Ein Projekt wurde ursprünglich für 20 Monate geplant. Wenn CPI gleich 1,25 ist, dann ist das neue geplante Fertigstellungsdatum:
   A. 16 Monate
   B. 20 Monate

C. 25 Monate

D. Kann nicht bestimmt werden

17. Die Kosten- oder Finanzbasislinie eines Projekt setzt sich zusammen aus:

A. Nur aus dem verteilten Budget

B. Nur aus dem verteilten und nicht verteilten Budget

C. Nur aus dem verteilten Budget, dem nicht verteilten Budget und der Managementreserve

D. Nur aus dem verteilten Budget, dem nicht verteilten Budget, der Managementreserve und dem Gewinn

ANTWORTEN

1. B
2. B
3. B
4. B
5. C
6. A
7. D
8. C
9. C
10. C
11. A
12. B
13. C
14. A
15. A
16. D
17. B

PROBLEME

15.1 Treten Kostenüberschreitungen zufällig auf oder werden sie durch bestimmte Faktoren verursacht?

15.2 Es gibt unendlich viele Projekte, die außer Kontrolle geraten sind. Nachfolgend finden Sie Gründe, aus denen Projekte außer Kontrolle geraten können. In welcher Projektphase sollten die einzelnen Gründe entdeckt und falls möglich beseitigt werden?

a. Die Kundenanforderungen sind nicht richtig verstanden worden.

b. Das Projektteam wurde erst zusammengestellt, nachdem das Angebot erstellt worden war.

c. Unübliche Geschäftsbedingungen akzeptieren

d. Eine Nachfrist zulassen, in der Änderungen an der Spezifikation vorgenommen werden können

e. Zu wenig Zeit für wissenschaftliche Spezifikationen

f. Die Möglichkeiten des Unternehmens überschätzen

15.3 Nachfolgend werden verschiedene Faktoren aufgelistet, die in Projektverzögerungen und Kostenüberschreitungen resultieren können. Erklären Sie, wie diese Probleme bewältigt werden können.

a. Schlecht definierte Meilensteine
b. Mangelhafte Schätztechniken
c. Fehlen eines PERT/CPM-Netzplans
d. Die Linienmanager verstehen nicht genau, was getan werden muss.
e. Unzureichende Programmierrichtlinien und -techniken
f. In späteren Projektphasen werden ständig Änderungen vorgenommen.

15.4 Unter welchen Umständen lassen sich die Abbildungen aus Kapitel 13 für die Berichterstattung an Auftraggeber verwenden? Unter welchen Umständen für die hausinterne Berichterstattung und unter welchen für die Berichterstattung an das Top-Management?

15.5 Welchen Einfluss üben folgende Faktoren auf die Plan-Kosten (BCWS), den aktuellen Fertigstellungswert (BCWP), die Ist-Kosten (ACWP), die Kostenabweichung (CV) und die zeitliche Leistungsabweichung (SV) aus?

a. Früherer Start einer Tätigkeit in einem PERT-Netzplan?
b. Späterer Start einer Tätigkeit in einem PERT-Netzplan?

15.6 Das Unternehmen Alpha hat einen Plan implementiert, in dem die Linienmanager für alle Kostenüberschreitungen gegenüber ihren ursprünglichen Einschätzungen verantwortlich gemacht werden. Darüber hinaus müssen alle Kostenüberschreitungen durch das Budget des Linienmanagers abgedeckt werden, egal ob sie Gemeinkosten sind oder gar nicht zum Projektbudget gehören. Welche Vor- und Nachteile hat dieser Ansatz?

15.7 Herr Meier beschloss, bei einem Projekt mit einem Volumen von € 400.000 und einem zu erwartenden Gewinn von € 60.000 eine Management-Reserve zurückzubehalten. Nach Projektabschluss stellt Herr Meier fest, dass aus der Management-Reserve noch € 40.000 verfügbar waren. Sollte Herr Meier die Management-Reserve als zusätzlichen Gewinn verbuchen (d.h. € 100.000) oder sollte er den ursprünglich geplanten Gewinn von € 60.000 verbuchen und den Linienmanagern gestatten, die Management-Reserve zu verbrauchen?

15.8 Das Unternehmen ABC hat vor kurzem einen Neun-Monats-Vertrag mit einem Bauunternehmen abgeschlossen. Am Ende des ersten Monats wird deutlich, dass das Bauunternehmen die Kostenberichterstattung nicht auf der passenden PSP-Ebene vornimmt. Das Unternehmen ABC bittet den Auftragnehmer, seine Verfahren zur Kostenberichterstattung zu ändern. Der Auftragnehmer sagt, dass dies nicht ohne zusätzliche Finanzmittel möglich sei. Das gleiche Problem ist bereits mit anderen Auftragnehmern aufgetreten. Was kann das Unternehmen ABC dagegen tun?

15.9 Was würde passieren, wenn alle Projektmanager beschließen würden, eine Management-Reserve einzubehalten? Anhand welcher Kriterien sollte entschieden werden, ob eine Management-Reserve erforderlich ist?

15.10 Das Unternehmen Alpha ist eine projektorientierte Organisation und bezahlt seinen Abteilungsleitern einen Quartalsbonus aus, der von zwei Faktoren abhängt: den Gemeinkosten der Abteilung und den Personaleinzelkosten. Die Höhe des Bonus richtet sich danach, um welchen Wert diese beiden Faktoren unterschritten werden.

Die Personalkosten der Abteilung werden am Durchschnitt ausgerichtet. Das Gehalt des Abteilungsleiters wird dabei nicht berücksichtigt. Sein Gehalt fällt unter die Gemeinkosten. Der Abteilungsleiter hat jedoch nicht die Möglichkeit, seine eigene Arbeitszeit bei Projekten geltend zu machen, für die er Ressourcen bereitstellen muss.

Was halten Sie von dieser Methode? Handelt es sich um einen adäquaten Ansporn für die Linienmanager, ihre Ressourcen effektiv zu steuern? Wie würden Sie sich als Projektmanager fühlen, wenn Sie wüssten, dass die Linienmanager pro Quartal eine Bonuszahlung erhalten, Sie jedoch nicht?

15.11 Viele Führungskräfte übergeben Projektmanagern nur widerwillig die vollständige Kontrolle über die Projektkosten, weil die Projektmanager dann die Gehälter aller Projektmitarbeiter kennen. Kann diese Situation verhindert werden, wenn laut Vertrag nur die Ist-Kosten berichtet werden müssen?

15.12 Wie kann sich die Inflationsrate eines Landes auf die vertraglich festgelegten Zahlungsbedingungen auswirken?

15.13 Betrachten Sie eine Situation, in der verschiedene Aufgaben ein oder zwei Jahre statt der 200 Stunden dauern, die für Arbeitspakete des PSP üblich sind.

a. Wie wirkt sich dies auf die Kostenkontrolle aus?

b. Kann die 50/50-Regel trotzdem angewendet werden?

c. Wie häufig sollten die Kosten aktualisiert werden?

15.14 Inzwischen sollten Sie mit den verschiedenen Werkzeugen vertraut sein, die zur Planung, Steuerung und Kontrolle der Projektaktivitäten eingesetzt werden können. Tabelle 15.11 enthält eine Liste solcher Werkzeuge und die Angabe ihrer Beziehung zu bestimmten Projektmanagementfunktionen. Vervollständigen Sie die Tabelle und zeigen Sie, welche Werkzeuge nützlich sind und welche nicht so wichtig sind. Benutzen Sie die Legende, die Sie im Anschluss an die Tabelle finden.

Erklären Sie Ihre Einschätzung.

	Nützlich für			
Werkzeug	**Planung**	**Steuerung**	**Lenkung**	**Schnittstellenbeziehungen**
Projekt-Organigramme				
Projektstrukturplan				
Aufgabenbeschreibungen				
Arbeitspakete				
Projektbudget				
Projektplan				
Netzpläne/Ablaufpläne				
Fortschrittsberichte				
Review-Besprechungen				

Tabelle 15.11: Projektplanung und -steuerung

❍ = in gewisser Weise nützlich
● = sehr nützlich

15.15 Vervollständigen Sie die nachfolgende Tabelle und stellen Sie die erwarteten Kosten bei Fertigstellung (EAC) als Funktion der Zeit dar. Welche Schlussfolgerungen ziehen Sie?

Kumulierte Kosten (in Tausend)				Abweichung (€)		
Woche	Plan-Kosten (BCWS)	Aktueller Fertigstellungswert (BCWP)	Ist-Kosten (ACWP)	Zeitliche Abweichung (SV)	Kostenabweichung (CV)	Zu erwartende Kosten bei Fertigstellung (EAC)
1	50	50	25			
2	70	60	40			
3	90	80	67			
4	120	105	90			
5	130	120	115			
6	140	135	130			
7	165	150	155			
8	200	175	190			
9	250	220	230			
10	270	260	270			
11	300	295	305			
12	350	340	340			
13	380	360	370			
14	420	395	400			
15	460	460	450			
13	380	360	370			
14	420	395	400			
15	460	460	450			

15.16 Nutzen Sie die Daten aus Kapitel 12, Problem 12.18, um Tabelle 15.12 zu vervollständigen.

1	2	3	4	5	6	7
Tätigkeit	Fertigstellungsgrad	Plan-Kosten (BCWS)	Aktueller Fertigstellungswert (BCWP)	Ist-Kosten (ACWP)	Kostenabweichung (CV) = 4-5	Zeitliche Abweichung (SV) = 4-3

Tabelle 15.12: Projektkosten

CV (€) = Spalte 4 – Spalte 5 = ______________________
SV (€) = Spalte 4 – Spalte 3 = ______________________

Zeitbedarf bis Fertigstellung = ____________________
Zu erwartende Kosten bei Fertigstellung (EAC) = ____________________
Ausgabenquote x Gesamtbudget = Spalte 5 / Spalte 4 x ( ) = ____________________
Schätzung der offenen Restaufwände (ETC) = EAC – ACWP = ____________________

15.17 Am 12. Juni 2002 erhielt die Firma Delta einen Auftrag mit einem Volumen von € 160.000 für einen Produkttest. Der Vertrag sah € 143.000 für Lohn- und Materialkosten vor. Die restlichen € 17.000 waren der Gewinn. Laut Vertrag sollte das Projekt am 3. Juli beginnen. Der Ablaufplan, der vom Projektmanager entwickelt und vom Kunden genehmigt worden war, enthielt Folgendes:

Vorgang	Zeit (Wochen)
AB	7
AC	10
AD	8
BC	4
BE	2
CF	3
DF	5
EF	2
FG	1
CF	3
DF	5
EF	2
FG	1

Am 27. August 2002 erhielt der Lenkungsausschuss folgenden Bericht, der den Projektstatus am Ende der achten Woche abbildet:

Vorgang	% Erledigt	Ist-Kosten	Verbleibende Zeit (Wochen)
AB	100	€ 23.500	0
AC	60	€ 19.200	4
AD	87.5	€ 37.500	1
BC	50	€ 38.000	2
BE	50	€ 35.500	1

Der Lenkungsausschuss konnte diesem Bericht den tatsächlichen Projektstatus nicht entnehmen. Selbst ein Vergleich dieses Statusberichts mit dem Projektplanungsbudget (siehe Tabelle 15.13) brachte keinen weiteren Aufschluss über den Projektstatus.

	Woche														
Vorgang	1	2	3	4	5	6	7	8	9	10	11	12	13	14	15
AB	2000	2000	3000	3000	4000	4000	3000								
AC	3000	3000	3000	4000	4000	4000	4000	2000	2000	1000					
AD	5000	5000	6000	4000	4000	4000	4000	1000							
BC								3000	4000	4000	5000				
BE								6000	6000						
CF												2000	3000	3000	
DF										3000	3000	4000	4000		
EF											2000	2000			
FG															3000

Tabelle 15.13: Projektplanungsbudget

Das Management forderte den Projektmanager auf, einen besseren Statusbericht zu erstellen, dem der tatsächliche Projektstatus und auch die Gewinne zu entnehmen sind, mit denen bei Projektabschluss gerechnet werden kann. Ihre Aufgabe besteht nun darin, eine Tabelle wie in Tabelle 15.12 zu erstellen.

15.18 Das Unternehmen Acme hat einen Auftrag erhalten, eine neue Werkzeugmaschine für die Firma Alpha zu bauen. Der Projektbeginn liegt bereits einige Monate zurück. Tabelle 15.14 bietet eine Zusammenfassung über die monatlichen Kosten für Juni 2002. In der Tabelle wurden absichtlich einige Einträge weggelassen. Sie erhalten jedoch folgende Zusatzinformationen, um die nachfolgenden Fragen beantworten zu können:

A. Angenommen, die Gemeinkosten liegen bei 100 % und sind für die gesamte Leistungsdauer fest.

B. Der Bericht, den Sie erhalten, stammt vom 30. Juni 2002.

C. Die 80/20-Regel besagt, dass dem Auftraggeber (d.h. Alpha) 20 Prozent des Projektvolumens dem Planwert bei Start zugeschrieben werden und 80 Prozent bei Fertigstellung. Ebenso gehen 80 Prozent der Kosteneinsparungen gegenüber dem Zielwert an Alpha zurück.

D. Die überarbeiteten Plan-Kosten (BCWS) werden anhand der freigegebenen Plan-Kosten überarbeitet.

E. Der Höchstpreis basiert auf den Kosten (d.h. ohne Gewinn).

Beantworten Sie die folgenden Fragen mittels der Daten aus dem Monatsbericht der Firma Alpha.

1. Welcher Zielwert wurde im Vertrag ausgehandelt? ____________
2. Wie lautet der budgetierte Zielwert für die gesamte Arbeit, die für diesen Auftrag genehmigt wurde? ____________
3. Welches Budget hat Acme ursprünglich für das Alpha-Projekt freigegeben? ____________
4. Welche Höhe hat das überarbeitete Budget, das Acme für das Projekt Alpha freigegeben hat? ____________
5. Wie viel Geld hat Acme auf der Basis des ursprünglich freigegebenen Budgets als Management-Reserve eingerechnet? ____________

6. Wurde die Management-Reserve angepasst und falls ja, um welchen Wert? ______
7. Aus welchen PSP-Elementen der Ebene 2 besteht die überarbeitete Management-Reserve? ______
8. Mit welchen Gewinnen kann Acme aus dem Alpha-Projekt auf der Basis der überarbeiteten Plan-Kosten bei Projektfertigstellung rechnen? ______ (Hinweis: Vergessen Sie nicht die 80/20-Regel.)
9. Welcher Anteil des verteilten Budgets hat mit diesem Auftrag nur indirekt zu tun (d.h. Gemeinkosten)? ______

Beantworten Sie die folgenden Fragen nur für Personaleinzelkosten.

10. Welchen Anteil der Einzelkosten hat Acme für diesen Monat budgetiert? ______
11. Wie hoch ist der aktuelle Fertigstellungswert (EV oder BCWP) für diesen Monat? ______
12. Hat Acme diesen Monat mehr oder weniger erreicht als geplant? Wie hoch war die zeitliche Leistungsabweichung (SV)? (€ und %) ______
13. Welche Ist-Kosten hatte Acme in diesem Monat für die abgeschlossenen Arbeiten zu verzeichnen? ______
14. Welcher Unterschied besteht zwischen der Summe, die Acme für die in diesem Monat durchzuführenden Arbeiten budgetiert hat, und den Ist-Kosten (d.h., wie hoch ist die Kostenabweichung absolut und prozentual)? ______
15. Durch welche PSP-Elemente der Ebene 2 werden die Kosten- (CV) und zeitliche Abweichung (SV) in diesem Monat verursacht? (absolut und prozentual) ______
16. Welche Kostenabweichung (CV) ist bisher aufgetreten? (absolut und prozentual) ______
17. Welche zeitliche Abweichung (SV) ist bisher aufgetreten? (absolut und prozentual) ______
18. Nimmt die Kostenabweichung (CV) zu oder ab? ______
19. Nimmt die zeitliche Abweichung (SV) zu oder ab? ______
20. Wird der geplante Stichtag erreicht? ______
21. Wie hoch sind die zu erwartenden Kosten bei Projektfertigstellung (EAC)? ______
22. Mit welchem Gewinn/Verlust muss Acme auf der Basis der zu erwartenden Kosten bei Projektfertigstellung (EAC) rechnen? ______
23. Falls die geschätzten Kosten für das Programm bei € 3.150.000 lagen, wie hoch wird dann der Gewinn/Verlust ausfallen? ______

Vertrag:	Alpha					Ausgehandelte Kosten: 2.500.00					**Aufteilung:** 80/20			
PM:	Peter Müller					Angestrebte Prozente: 12%					**Maximum:** 3.000.000 über Kosten			
Berichtszeitraum:	01.06.02 – 30.06.02					Richtpreis: 2.800.000					(=3,2 Millionen über Preis)			
Vertragsdauer:	01.02.02 – 30.10.02										Vertragstyp: Festpreis mit Leistungsanreiz			
PSP-Elemente	**Aktueller Monat, €**					**Kumuliert bis zum aktuellen Datum, €**								
	BCWS	BCWP	ACWP	SV	CV	BCWS	BCWP	ACWP	SV	CV	Vertragsgemäßes BCWS	Ursprüngliches BCWS	Überarbeitetes BCWS	Abweichung
Programm-Manmagement	19300	19300	19300	0	0	108000	108000	108000	0	0	200000	200000	200000	
Teilsystem A	23000	16600	24200	-6400	-7600	158000	181700	234700	23700	-53000	250000	200000	225000	-25000
Teilsystem B	14000	15200	16800	1200	-1600	96000	94200	93000	-1800	1200	200000	200000	200000	
Teilsystem C	0	0	0	0	0	0	0	0	0	0	300000	275000	275000	
Fertigung	11600	10400	12000	-1200	-1600	73000	74300	75600	1300	-1300	200000	190000	190000	
Qualitätskontrolle	5900	6000	6000	100	0	5900	6000	6000	100	0	100000	100000	100000	
Gesamtsumme	73800	67500	78300								1250000	1165000	1190000	
Gemeinkosten, 100 %	73800	67500	78300								1250000	1165000	1190000	
Insgesamt	147600	135000	156600								2500000	2330000	2380000	

Tabelle 15.14: Monatliche Kostenübersicht, Juni 2002

15.19 Berechnen Sie die Preisabweichung für die Material- und die Personaleinzelkosten anhand der folgenden Daten:

	Materialeinzelkosten	Personaleinzelkosten
Geplanter Preis/Stück	€ 10,00	Geplanter Stundenlohn € 22,00
Stückzahl	9.300	Personenstunden 12.000
Ist-Preis/Stück	€ 9,25	Ist-Stundenlohn € 22,50
Ist-Kosten	€ 86.025.00	€ 270.000

15.20 Einer der Projektmanagement-Assistenten hat Ihnen eine Earned-Value-Analyse übergeben, die noch nicht vollständig ist. Können Sie die fehlenden Informationen beisteuern? (Alle Angaben sind Währungsangaben in Tausend)

PSP-Arbeitspakete	Plan-Kosten (BCWS = PV)	Aktueller Fertigstellungswert (BCWP = EV)	Ist-Kosten (ACWP = AV)	Zeitliche Abweichung (SV)	Kostenabweichung (CV)
A	103	115	___	12	-91
B	0	___	40	___	___
D	42	12	33	-30	-21
H	66	___	94	189	161
P	87	77	116	-10	-39
S	175	___	184	-115	-124
	═══	═══	═══	═══	═══
	473	___	___	___	-144

15.21 Das folgende Problem setzt Kenntnisse über den Projektstrukturplan, die Elemente der Kostenrechung und der Kostenanalyse voraus. Bei den Geldwerten handelt es sich um Angaben in Tausend.

Betrachten Sie den nachfolgenden Projektstrukturplan. Welche Gesamtkosten ergeben sich dann für das PSP-Element 4.0? Angenommen, bei den angegebenen Kosten handelt es sich ausschließlich um Personaleinzelkosten und die Gemeinkostenrate liegt bei 100 Prozent.

Welchen der folgenden Werte hat das PSP-Element 4.0?

a. € 60.0
b. € 30.0
c. € 24.0
d. € 54.0

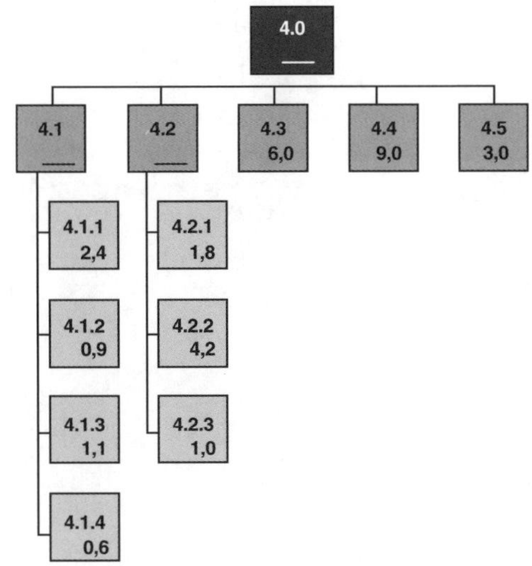

Beantworten Sie anhand der Daten aus Abbildung 15.28 und den nachfolgenden Ist-Kosten für die PSP-Elemente 5.1 bis 5.4 und die Elemente 4.1 und 4.2 die nachfolgenden Fragen:

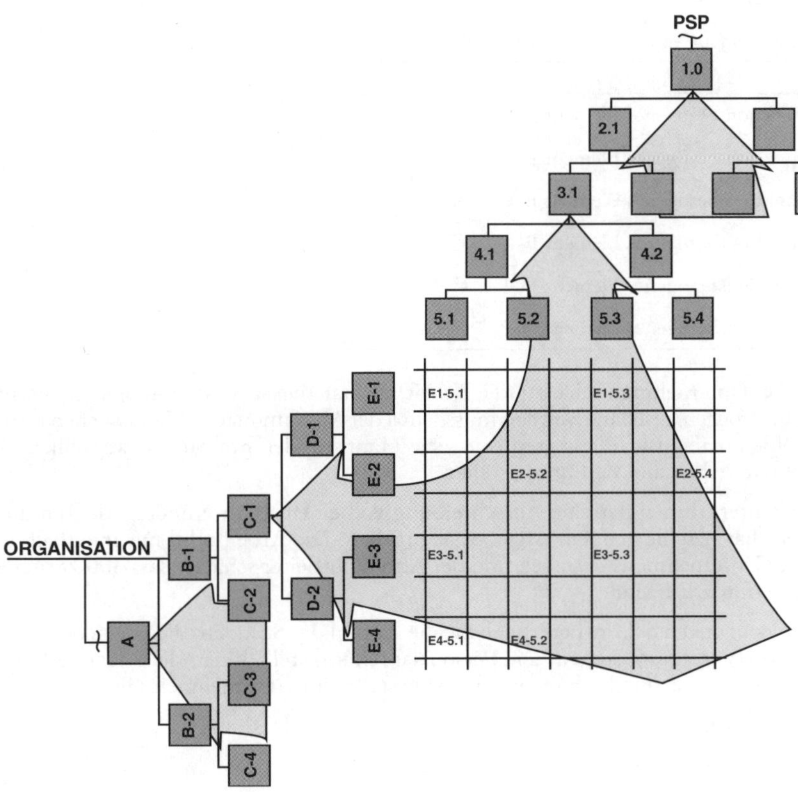

Abbildung 15.28: Kostenstellen

	Ist-Kosten
E-1–5.1	€ 1,0
E-1–5.3	€ 1,5
E-2–5.2	€ 1,0
E-2–5.4	€ 2,0
E-3–5.1	€ 1,0
E-3–5.3	€ 2,5
E-4–5.3	€ 3,0
E-4–5.2	€ 3,5

PSP-Element 5.1	€
PSP-Element 5.2	€
PSP-Element 5.3	€
PSP-Element 5.4	€
PSP-Element 4.1	€
PSP-Element 4.2	€

Funktionsbezogenes Element E-1	€
Funktionsbezogenes Element E-2	€
Funktionsbezogenes Element E-3	€
Funktionsbezogenes Element E-4	€
Funktionsbezogenes Element D-1	€
Funktionsbezogenes Element D-2	€

15.22 Unternehmen schätzen die Arbeit normalerweise in Mannmonaten. Wenn die Arbeit in Mannwochen geschätzt werden muss, wird der Mannmonat in Mannwochen umgewandelt. Das Problem dabei ist, festzulegen, wie viele Mannstunden pro Monat tatsächlich für direkte, produktive Arbeit zur Verfügung stehen.

Ihr Unternehmen hat eine Ausschreibung von einem Ihrer Kunden erhalten und das Management hat beschlossen, ein Angebot abzugeben. Die Arbeit wird nur innerhalb einer Abteilung Ihres Unternehmens geleistet, und der Abteilungsleiter schätzt, dass 3000 Stunden direkter Arbeit erforderlich sind.

In einem ersten Schritt berechnen Sie die Anzahl der Stunden, die in einem normalen Mannmonat zur Verfügung stehen. Die Personalabteilung stellt Ihnen die folgende Jahresübersicht zur Verfügung, die durchschnittlich für Angestellte im Unternehmen gilt:

- Urlaub (3 Wochen)
- Krankheitstage (4 Tage)
- Bezahlte Feiertage (10 Tage)
- Freistellung für gemeinnützige Tätigkeiten (1 Tag)

a. Wie viel direkte Arbeitsstunden stehen pro Monat pro Person zur Verfügung?

b. Wenn dem Projekt nur ein Angestellter zugeteilt werden kann, wie lang dauert der Aufwand dann, angegeben in Monaten?

c. Wenn der Kunde den Auftrag innerhalb eines Jahrs erledigt haben will, wie viele Angestellte sollten dann zugeteilt werden?

15.23 In einem Statusbericht wollen Führungskräfte nicht nur lesen, wo wir uns heute befinden, sondern auch, wo wir in der Zukunft stehen werden. Die Berechnung, wie die finanzielle Zukunft aussieht, ist nicht so einfach, wie es sich anhört. Wenn man die falsche Formel auswählt, können Führungskräfte und Kunden einen falschen Eindruck erhalten.

Es gibt mehrere Formeln für die Berechnung der geschätzten Fertigstellungskosten (EAC). Der Einfachheit halber betrachten wir die folgenden drei Formeln:

I. EAC - (ACWP/BCWP) (Budget zur Fertigstellung)

II. EAC = [(ACWP/BCWP) (BCWS für fertiggestellte und in Ausführung befindliche Arbeit)] + (geplante oder überarbeitete geplante Kosten für noch nicht angefangene Arbeitspakete)

III. EAC = (aktueller Stand) + (die gesamte verbleibende Arbeit, einschließlich in Ausführung befindliche Arbeit, die zu den geplanten oder im Budget vorgesehenen Kosten fertiggestellt werden muss)

a. Bestimmen Sie anhand der folgenden Tabelle den Wert von EAC für jede der drei Formeln. Nehmen Sie dafür an, dass A, B und C die einzigen Arbeitspakete in dem Projekt sind, und dass BCWS(Total) der Gesamtwert für PV (Planned Value, Plankosten) für jedes Arbeitspaket ist, und nicht PV für den Berichtszeitraum. Verwenden Sie für die Berechnung von EV die folgende Formel:

$$EV = [\% \text{ Fertig}] \times BCWS(Total)$$

Aktivität	% Fertig	BCWS(Total)	ACWP
A	100	1000	1100
B	50	1000	A0800
C	0	1000	A0A0A00

b. Betrachten Sie jetzt nur Aktivität B. Wenn die Ursache für die Kostenüberschreitung einem einmaligen Vorkommen zuzuordnen ist, welche der drei Formeln wird dann am besten benutzt?

c. Wenn die Ursache für die Überschreitung in Aktivität B daran liegt, dass die zugeteilten Angestellten höhere Gehälter erhalten als angenommen, und dieselben Angestellten auch Aktivität C zugewiesen werden, welche der drei Formeln wird dann am besten eingesetzt?

d. Betrachten Sie nur Aktivität B. Wenn die Ursache für die Überschreitung Überstunden zuzuordnen ist und die Überstunden fortgesetzt werden, aber nur bis zur Fertigstellung von Aktivität B, welche der drei Formeln wird dann am besten eingesetzt?

e. Betrachten Sie Ihre Antworten zu den obigen vier Teilabschnitten. Sollte ein Unternehmen die Formel für die Berechnung von EAC während der Projektausführung sowie für jeden Berichtszeitraum oder jedes Gate-Review-Meeting wechseln?

15.24 Projektmanager müssen nicht nur Abweichungen berechnen, sondern auch die Ursache für die Abweichung bestimmen. Einige Abweichungen sind möglicherweise erlaubt, während andere erklärt werden, während gleichzeitig ein Korrekturplan bereitgestellt wird.

In der nachfolgenden Tabelle sollen Sie Ihre Fähigkeit beweisen, die Kosten- und Zeitplanabweichungen zu berechnen und die Ursache für die Abweichungen zu bestimmen, falls das möglich ist. Betrachten Sie die folgende Tabelle, in der ein Auszug aus einem Statusbericht für ein Projekt mit fünf Arbeitspaketen (d.h. Aktivitäten) zu finden ist:

Aktivität	BCWS	BCWP	ACWP	SV	CV
A	€800	€1000	€1100		
B	1200	1000	900		
C	800	1000	700		
D	1200	1000	1100		
E	100	1000	800		

a. Berechnen Sie die Kosten- und Zeitplanabweichungen für jede Aktivität in Euro.

b. Was könnte für jede der Aktivitäten die Ursache für die Abweichung sein? Wählen Sie alle aus, die Sie für zutreffend halten.

- ❍ Beschleunigter Zeitplan aufgrund höher bezahlten Personals
- ❍ Beschleunigter Zeitplan aufgrund überlappender Aktivitäten
- ❍ Beschleunigter Zeitplan aufgrund von Überstunden
- ❍ Beschleunigter Zeitplan aufgrund zusätzlicher Ressourcen
- ❍ Verluste aufgrund fehlender Ressourcen
- ❍ Verluste, weil Leute an anderen Projekten gearbeitet haben
- ❍ Verluste aufgrund von Fehlern
- ❍ Die Leute arbeiten, machen aber wenig Fortschritt
- ❍ Im Zeitplan
- ❍ Im Budget
- ❍ Über dem Budget

c. Das Management will den Status des Gesamtprojekts auf Ebene 1 des Projektstrukturplans erfahren. Addieren Sie alle Abweichungen der Aktivitäten in Hinblick auf Kosten und Zeitplan, um die Kosten- und Zeitplanabweichungen für Ebene 1 zu bestimmen. Was können Sie daraus schließen?

d. Würden sich Ihre Schlussfolgerungen aus Teil c ändern, wenn die Aktivitäten B und D die beiden einzigen Aktivitäten auf dem kritischen Pfad wären?

15.25 Manchmal bedingt die Ursache einer Abweichung, dass die Abweichungsanalyse sowohl für Stunden als auch für den Geldwert durchgeführt wird. Es ist möglich, dass die Berechnung der Abweichungen sowohl in Stunden als auch in Geldwert die einzige Möglichkeit darstellen, die Ursache für ein Problem zu bestimmen.

Problem: In Tabelle 15.15 werden die Kosten- und Zeitplanabweichungen nur in voll belasteten Euro für Kostenstelle 2834 gemessen.

Aus Tabelle 15.15 geht hervor, dass Sie vor dem Zeitplan und über dem Budget liegen. Es könnte mehrere mögliche Ursachen dafür geben, einschließlich der Zeitplankomprimierung, der Verwendung höher bezahlter Arbeitskraft, Überstunden, zusätzlicher Ressourcen und anderer Gründe. Wie können wir feststellen, welche dieser Ursachen der wahre Grund für die Abweichungen ist?

Tabelle 15.16 zeigt die Abweichungsdaten sowohl in Stunden als auch in Euro.

a. Berechnen Sie die Kostenabweichungen sowohl in Stunden als auch in Euro. Vergleichen Sie die Ergebnisse. Was können Sie daraus schließen?

b. Berechnen Sie den geplanten vollständig belasteten Arbeitssatz unter Verwendung von BCWS (oder BCWP).

c. Berechnen Sie den tatsächlichen vollständig belasteten Arbeitssatz unter Verwendung von ACWP.

d. Erklären Sie die möglichen Gründe für die Unterschiede in den Arbeitssätzen, und wie dies Ihre Antwort auf Teil a beeinflusst.

e. Tabelle 15.17 zeigt die Abteilungsgehaltsstruktur für Kostenstelle 2834. Bestimmen Sie den Gemeinkostensatz der Abteilung in Prozent.

f. Wie beeinflusst Tabelle 15.17 Ihre Antwort auf Teil d?

BCWS	Euro	29.650	SV = +€4250
	Stunden		
BCWP	Euro	34.000	
	Stunden		CV = +€4400
ACWP	Euro	38.400	
	Stunden		

Tabelle 15.15: Kostenstelle 2834, Juni

Tabelle 15.16: Tabelle 15.16: Kostenstelle 2834, Juni

BCWS	Euro	29.750
	Stunden	350
BCWP	Euro	34.000
	Stunden	400
ACWP	Euro	38.400
	Stunden	320
CV (€€€) = negativ CV(Stunden) = positiv		

Tabelle 15.17: Gehaltsstruktur in der Abteilung

Gehaltsstufe	Titel	Unbelastetes Gehalt	Belastetes Gehalt
9	Engineering Consultant	€53/Std.	€132,50
8	Senior Engineer	48/Std.	120,00
7	Engineer	39/Std.	97,50
6	Junior Engineer	34/Std.	85,00
5	Apprentice Engineer	29/Std.	72,50

15.26 Projekte, die sich über mehr als ein Jahr erstrecken oder das Datum einer unternehmensweiten Gehaltserhöhung kreuzen, bedingen möglicherweise den Einsatz einer geplanten Preisfestsetzung. Die geplante Preisfestsetzung wird aus Wirtschaftsdaten, Branchenumfragen und bestmöglichen Voraussagen abgeleitet.

Betrachten Sie als Beispiel Tabelle 15.17 aus der vorigen Frage, die die Gehaltsstruktur für eine Entwicklungsabteilung zeigt. Der Einfachheit halber gehen wir von den folgenden Annahmen aus:

- Beförderungen und Gehaltserhöhungen einschließlich Anpassungen für die Lebenshaltungskosten gelten ab dem 1. Januar und werden dann für ein ganzes Jahr konstant beibehalten.
- Der Gemeinkostensatz beträgt 150 Prozent und ist für das gesamte Jahr festgeschrieben.
- Die Preise für alle Projekte werden unter Verwendung der Gehaltsstufe 7 ermittelt.
- Die meisten Angestellten der Abteilung haben die Gehaltsstufe 7.

Situation: Ihr Unternehmen hat soeben den Zuschlag für einen Einjahres-Vertrag erhalten. Der Vertrag sollte am 1. Januar 2006 beginnen und am 31. Dezember 2006 enden. Die Arbeit, die von dieser Abteilung zu leisten war, wurde mit 1000 Stunden pro Monat für die Dauer des über 12 Monate laufenden Projekts unter Einsatz von Mitarbeitern der Gehaltsstufe 7 festgelegt. Der Kunde teilt Ihnen mit, dass er das Projekt statt am 1. Januar am 1. Juli beginnen will und dass man davon ausgeht, dass dies keine finanziellen Auswirkungen auf die Gesamtkosten des Projekts haben wird.

Die Buchhaltung liefert Ihnen die in Tabelle 15.18 gezeigten Daten für die geplante Preisfestlegung. Man teilt Ihnen mit, dass der Gemeinkostensatz für 2007 auf 155 Prozent steigen wird. Entsteht ein finanzieller Einfluss auf die Gesamtkosten des Projekts, und wenn ja, wie hoch ist er?

		Gehalt		
Gehaltsstufe	**Titel**	2006	2007*	2008*
9	Engineering Consultant	53	56	60
8	Senior Engineer	48	50	53
7	Engineer	39	42	45
6	Junior Engineer	34	36	39
5	Apprentice Engineer	29	31	34

* Projizierte Sätze.

Tabelle 15.18: Gehaltsstruktur innerhalb der Abteilung (Euro/Stunde)

15.27 Die Preisfestlegung für die Ausschreibung eines Kunden ist eine Abwägung zwischen Zeit, Kosten und Genauigkeit. Wenn Zeit und Geld keine Rolle spielen, könnten wir ein sehr genaues Angebot abgeben. Wenn das Unternehmen jedoch für die Vorbereitung des Gebots wesentlich investieren muss, muss darauf geachtet werden, dass keine verborgenen Kosten vorliegen.

Situation: Sie wurden aufgefordert, den Preis für ein Projekt für einen Kunden festzulegen. Diese Preisfestlegung ist eine Aktivität, mit der Sie sehr wenig Erfahrung haben. Tabelle 15.19 zeigt die Zahlen, die Sie ermittelt haben. Damit sollte ein Angebot von € 193.166 unterbreitet werden.

Bevor ein Gebot einem potenziellen Kunden vorgelegt wird, muss es einem Komitee von führenden Managern vorgelegt werden, die die Gültigkeit der Zahlen in Frage stellen und nach »verborgenen« Kosten fragen können, die möglicherweise übersehen wurden. Geben Sie für jede der nachfolgenden Situationen die Zeile im Preisüberblick an, die am wahrscheinlichsten beeinflusst wird, vorausgesetzt, diese verborgenen Kosten waren noch nicht berücksichtigt.

	Direkte Arbeit			Gemeinkosten		
Abteilung	**Stunden**	**Satz**	**Euro**	**%**	**Euro**	**Gesamt**
Entwicklung	1000	€42,00	42.000	110	46.200	€88.200
Herstellung	500	€35,00	17.500	200	35.000	€52.500
				Gesamt Arbeit		€140.700
			Andere: Zulieferer		€10.000	
			Andere: Berater		€2.000	€12.000
			Gesamt Arbeit und Material			€152.700
			G&A Unternehmen: 10%			€15.270
						€167.970
			Gewinn: 15%			€25.196
						€193.166

Tabelle 15.19: Preisüberblick für das Projekt

a. Das Management informiert Sie, dass der Kunde während der Ausführung des Projekts drei Schnittstellen-Meetings an seinem Standort fordert. Die Reiseabteilung Ihres Unternehmens teilt Ihnen mit, dass Sie für Flüge, Bodentransport, Mahlzeiten und Unterkunft pro Meeting mit etwa € 2000 rechnen müssen.

b. Einer der Kommentare der Führungskräfte lautet: »Die Auslieferungskosten für die Teilziele einschließlich Versicherung, Verpackung und Verarbeitung liegen bei etwa € 1000. Ich kann sie in Ihrem Überblick nicht finden.«

c. Der Finanzfachmann für das Projekt sagt aus, dass der Vertrag zu einem Festpreis abgeschlossen wird, mit einer Pauschalzahlung am Ende des Projekts nach Annahme/ Akzeptanz der fertigen Teilziele. Die Kapitalkosten betragen etwa €6000.

d. Die Entwicklungsabteilung ist der Meinung, dass die Entwicklungsstunden in dem Überblick um etwa zehn Prozent zu gering sein könnten, wenn die in der Schätzung angenommenen Risiken tatsächlich auftreten. Die Führungskräfte glauben, dass eine Managementreserve von zehn Prozent in die Gesamtkosten aufgenommen werden sollte.

e. Welcher endgültige Preis sollte unter Berücksichtigung der Informationen aus den Abschnitten a bis d dem Kunden angeboten werden?

15.28 Ein Hausbesitzer beauftragt einen Bauunternehmer, einen quadratischen Zaun um sein Haus zu ziehen. Der Hausbesitzer stellt das Material bereit, der Bauunternehmer die Arbeitskraft. Der Bauunternehmer schätzt, dass jede Seite des Zauns €2000 kostet und eine Woche dauert.

Nach der ersten Woche ist die erste Seite zu Kosten von €2000 fertig. Innerhalb der zweiten Woche wird die zweite Seite fertiggestellt, allerdings zu Kosten von €2400, weil der Bauunternehmer eine Wasserleitung beschädigt hat, die er reparieren musste. Innerhalb der dritten Woche stellt der Bauunternehmer nur die Hälfte des Zauns für €1000 fertig, weil es die Hälfte der Woche regnet.

Am Ende der dritten Woche muss der Bauunternehmer einen Statusbericht für den Leistungswert erstellen. Berechnen Sie Folgendes:

BCWS: ______________________________

BCWP: ______________________________

ACWP: ______________________________

BAC: ______________________________

SV(€): ______________________________

CV(€): ______________________________

EAC 5 ([ACWP/BCWP] BAC): ______________________________

ETC: ______________________________

VAC: ______________________________

% FERTIG: ______________________________

% € AUSGEGEBEN: ______________________________

CPI: ______________________________

SPI: ______________________________

15.29 Die nachfolgend angegebenen Daten wurden im neuesten Statusbericht eines Projekts aufgeführt:

- BCWS = €36.000
- BCWP = €30.000
- ACWP = €33.000
- BAC = €120.000
- Ursprüngliche Projektdauer: 10 Monate

Berechnen Sie anhand dieser Daten Folgendes:

a. Welche Werte haben CPI und SPI?

b. Welche Kosten sind für die Fertigstellung zu erwarten (EAC)?

c. Wie viel Geld braucht man vom Zeitpunkt der Berichtserstellung bis zur Fertigstellung des Projekts?

d. Welche Kostenabweichung liegt bei der Fertigstellung vor (VAC)?

e. Was ist die neue erwartete Dauer des Projekts unter Berücksichtigung von SPI?

FALLSTUDIE

Die Leerlauf-Periode

Über den Zuschlag für das Scott-Projekt am 3. Januar 1987 war Park Industries sehr erfreut. Das Scott-Projekt bot in den kommenden Jahren enorme Möglichkeiten für Folgeprojekte. Das Management von Park Industries betrachtete das Scott-Projekt als strategisches Projekt.

Das Scott-Projekt hatte eine geplante Dauer von zehn Monaten und es sollte ein neues Produkt für die Scott Corporation entwickelt werden. Scott informierte Park Industries darüber, dass für mindestens fünf Jahre Produktionsaufträge folgen würden, wenn die Produktentwicklung zufrieden stellend verliefe. Die Folgeaufträge sollten jeweils eine Gültigkeit von einem Jahr haben und mussten gesondert ausgehandelt werden.

Jerry Dunlap wurde als Projektmanager ausgewählt. Er war zwar jung und ehrgeizig, konnte jedoch die Bedeutung des Projekts für die Zukunft von Park Industries nachvollziehen. Dunlap und dem Project Office wurden einige der besten Mitarbeiter zugewiesen. Für das Scott-Projekt wurde ein Project Office mit sieben Mitarbeitern einschließlich Dunlap eingerichtet, die für die gesamte Projektdauer ausschließlich an diesem Projekt arbeiten sollten. Hinzu kamen noch acht Linienmitarbeiter, von denen vier ausschließlich und weitere vier zu 50 % an dem Projekt mitarbeiteten.

Die Leistungsauslastung schwankte zwar, das Personalniveau für das Project Office und das Projektteam wurde jedoch für die Dauer des Projekts konstant auf monatlich 2.080 Stunden gehalten. Das Unternehmen ging davon aus, dass pro Personenstunde € 60,00 Gesamtkosten eingerechnet werden müssten.

Ende Juni, also vier Monate vor dem geplanten Projektende, informierte die Scott Corporation Park Industries darüber, dass der Folgeauftrag wegen eines Problems im Cashflow erst in der ersten Märzwoche (1988) vergeben werden könne. Dies stellte für Jerry Dunlap ein enormes Problem dar, weil er das Project Office so beibehalten wollte, wie es war. Wenn er gestattete, dass wichtige Mitarbeiter an anderen Projekten arbeiten, hätte er keine Garantie dafür, dass er sie für den Folgeauftrag wieder zurückbekommen könnte. An gutem Project-Office-Personal besteht immer Bedarf.

Dunlap schätzte, dass er € 40.000 pro Monat benötigen würde, um seine wichtigsten Mitarbeiter während der Leerlaufzeit zu behalten. Glücklicherweise fiel die Leerlaufzeit auf die Zeit zwischen Weihnachten und Neujahr. Zu dieser Zeit würde die Produktionsanlage sieben Tage geschlossen sein. Dunlap überarbeitete seinen Schätzwert und berechnete Kosten von € 125.000 für die Leerlaufzeit.

In der wöchentlichen Besprechung teilte Dunlap seinem Programmteam mit, dass sie ihre Gürtel enger schnallen müssten, um die Management-Reserve von € 125.000 einzusparen. Das Projektteam hatte Verständnis für die Notwendigkeit dieser Vorgehensweise und begann mit der Neuplanung, um die Management-Reserve zu erzielen. Da es sich um einen Festpreisauftrag handelte, wurden alle Zeitpläne für die administrative Unterstützung (d.h. Project Office und Projektteammitglieder) bis zum 28.02. ausgedehnt in der Annahme, dass diese zusätzliche Zeit für die Berechnung der endgültigen Kosten und für den Programmabschlussbericht benötigt würden.

Dunlap informierte seinen Chef, Frank Howard, der gleichzeitig Bereichsleiter für das Projektmanagement war, über das Problem mit der Leerlaufzeit. Howard war der Mittler zwischen Dunlap und dem Geschäftsführer. Howard stimmte Dunlaps Problemlöseansatz zu und forderte ihn auf, ihn auf dem Laufenden zu halten.

Am 15. September teilte Howard Dunlap mit, dass er die Management-Reserve von € 125.000 als Zusatzgewinn buchen will, weil dies Howards Weihnachtsbonus positiv beeinflussen würde. Die beiden stritten sich eine Weile, wobei Howard beständig sagte: »Machen Sie sich keine Sorgen! Sie erhalten Ihre wichtigsten Mitarbeiter zurück. Sie werden schon sehen. Aber ich möchte diese Reserven als Gewinne verbucht haben und das Programm muss am 1. November enden.«

Dunlap ärgerte sich über Howards mangelndes Interesse an der Aufrechterhaltung der aktuellen Organisationsstruktur.

a. Sollte sich Dunlap an den Geschäftsführer wenden?
b. Sollten die wichtigsten Mitarbeiter als Gemeinkosten abgerechnet und gehalten werden?
c. Wenn es sich bei dem Projekt nicht um ein Festpreisangebot handelte, würden Sie sich dann an den Auftraggeber wenden, um von ihm Hilfe zu erhalten?

d. Wären Sie Auftraggeber dieses Projekts ohne Festpreis, wie würden Sie dann über die zusätzlichen Finanzmittel für die Leerlaufperiode denken? Würden Sie eine Kostenüberschreitung befürchten?

e. Würde sich Ihre Antwort auf Frage d. ändern, wenn dem Programm durch eine Kostenunterschreitung das benötigte Geld zur Verfügung stünde?

f. Wie können Sie verhindern, dass eine solche Situation bei allen auf ein Jahr befristeten Folgeaufträgen auftritt?

FRANKLIN ELECTRONICS

Im Oktober 2003 erhielt Franklin Electronics den Zuschlag für einen arbeitsaufwändigen Produktentwicklungsvertrag über 18 Monate von Spokane Industries. Der Vertrag sah die Erstattung aller Kosten mit einem Kostenziel von 2,66 Millionen US-Dollar und einem festen Honorar von 6,75 Prozent des Ziels vor. Dieser Vertrag war der erste Versuch von Franklin, ein formales Projektmanagement einzusetzen, ebenso wie eine neu entwickelte Methodik für das Projektmanagement.

Franklin hatte bereits mehrere Aufträge von Spokane Industries erhalten, aber dabei handelte es sich ausschließlich um Festpreisverträge ohne die Forderung, ein formales Projektmanagement einzusetzen und Berichte über den Leistungswert zu verfassen. Die Bedingungen und Bestimmungen dieses Vertrags beinhalteten die folgenden Schlüsselaspekte:

- Es muss ein Projektmanagement (formal) eingesetzt werden.
- Berichte über Leistungswert-Kostenpläne waren eine Bedingung.
- Der erste Bericht über den Leistungswert sollte am Ende des zweiten Aufwandsmonats erstellt werden, danach in monatlichen Abständen.
- Es soll zwei Meetings zum technischen Austausch geben, eines am Ende des sechsten Monats und ein weiteres am Ende des zwölften Monats.

Leistungswertberichte waren neue für Franklin Electronics. Um die ursprüngliche Ausschreibung bearbeiten zu können, wurde ein Berater engagiert, der ein vierstündiges Seminar über das Leistungswertmanagement hielt. Die Seminarteilnehmer waren der Projektmanager, der der Spokane-Ausschreibung zugeteilt worden war, die gesamte Kostenbuchhaltung sowie zwei Linienmanager. Die Gruppe aus der Kostenbuchhaltung war nicht gerade erfreut darüber, Managementtechniken für den Leistungswert lernen zu müssen, aber sie stimmten widerstrebend zu, um das Gebot für die Spokane-Ausschreibung abgeben zu können. Bei früheren Projekten mit Spokane Industries wurden monatliche Meetings abgehalten. Bei diesem Vertrag machte es den Eindruck, dass Spokane Industries glaubte, dass weniger Meetings erforderlich seien, weil die benötigten Informationen auch aus den Statusberichten für den Leistungswert abgelesen werden konnten. Spokane schien ein enormes Vertrauen in die Fähigkeit des Bewertungssystems für den Leistungswert zu setzen, aussagekräftige Informationen zu liefern. In der Vergangenheit hatte Spokane nie erwähnt, dass man die mögliche Einrichtung eines Bewertungssystems für den Leistungswert für alle weiteren Verträge in Betracht ziehen würde.

Franklin Electronics erhielt den Zuschlag, weil es der günstigste Anbieter war. In der Planungsphase wurde eine Arbeitsaufteilungsstruktur entwickelt, die 45 Arbeitspakete umfasste, wobei nur vier Arbeitspakete innerhalb der ersten vier Monate des Projekts einzuordnen waren.

Franklin Electronics entwarf einen sehr einfachen Statusbericht für das Projekt. Die nachfolgende Tabelle enthält die Finanzdaten, die Spokane am Ende des dritten Monats zur Verfügung gestellt wurden.

Eine Woche, nachdem man den Statusbericht an Spokane Industries geschickt hatte, wurde der Projektmanager von Franklin aufgefordert, ein vom Vizepräsidenten für Entwicklung bei Spokane, der als Projektsponsor agiert, anberaumtes Notfall-Meeting zu besuchen. Der Vizepräsident drohte, das Projekt aufgrund schlechter Leistung abzubrechen. Beim Meeting sagte der Vizepräsident: »Innerhalb des letzten Monats ist die Überschreitung der Kostenabweichung um

78 Prozent von 14.000 US-Dollar auf 25.000 US-Dollar gestiegen, und die Abweichung vom Zeitplan ist um 45 Prozent von 31.000 US-Dollar auf 45.000 US-Dollar gestiegen. Anhand dieser Zahlen erkennen wir mit Leichtigkeit eine Kostenüberschreitung von 500 Prozent und eine Zeitplanüberschreitung von mindestens einem Jahr. Wir können nicht zulassen, dass dieses Projekt mit dieser schlechten Leistung weiter ausgeführt wird. Wenn wir keinen Plan finden, Zeit und Kosten besser zu kontrollieren als in den letzten drei Monaten, werde ich den Vertrag jetzt stornieren und wir werden einen anderen Anbieter finden, der die Leistung erbringt.«

Summen Ende Monat 2						Summen Ende Monat 3				
Arbeitspakete	PV	EV	AC	CV	SV	PV	EV	AC	CV	SV
A	38K	30K	36K	<6K>	<8K>	86K	74K	81K	<7K>	<12K>
B	17K	16K	18K	<2K>	<1K>	55K	52K	55K	<3K>	<3K>
C	26K	24K	27K	<3K>	<2K>	72K	68K	73K	<5K>	<4K>
D	40K	20K	23K	<3K>	<20K>	86K	60K	70K	<10K>	<26K>

Tabelle 15.20: Statusbereicht von Franklin Electronics, Hinweis: BCWS ∇PV, BCWP ∇EV und ACWP ∇AC

Fragen

- Sind die Kommentare des Vizepräsidenten in Hinblick auf Kosten- und Zeitplanabweichung korrekt?
- Welche Information hat der Vizepräsident nicht analysiert?
- Welche zusätzliche Information hätte in den Statusbericht aufgenommen werden sollen?
- Versteht Franklin Electronics die Bewertung des Leistungswerts? Falls nicht, was ist schiefgelaufen?
- Versteht Spokane Industries das Projektmanagement?
- Kann eine korrekte Messung des Leistungswerts als Ersatz für regelmäßige Meetings dienen?
- Was sollte der Projektmanager von Franklin zu seiner Verteidigung sagen?

Ärger im Paradies

Als Belohnung dafür, dass Wiley Coyote der erste PMP von Acme Corporation ist, hat man ihm die Führungsrolle in einem wichtigen Projekt zugewiesen, in dem die rechtzeitige Auslieferung der Teilziele kritisch für den Erfolg des Projekts war. Eine Verzögerung des Zeitplans konnte Acme einen Verlust von mindestens 100.000 US-Dollar monatlich kosten. Die erste Verantwortlichkeit von Wiley Coyote als Projektmanager war die Vorbereitung eines Bewerbungspakets für die Auswahl eines Entwicklungszulieferers.

Acht Unternehmen erstellten Angebote für dieses Bewerbungspaket. Wiley Coyote entschied, nur mit dem günstigsten Anbieter zu verhandeln, der sehr viel geringere Gesamtkosten als die anderen Anbieter aufwies. Der Projektmanager des Zulieferers, Ima Roadrunner, übernahm die Verhandlungen für den Zulieferer. Es handelte sich dabei um einen Zulieferer, mit dem Wiley Coyote noch nie zusammengearbeitet hatte. Wiley Coyote überprüfte die kritischen Informationen in dem Angebot des Zulieferers:

- Die gesamte Arbeit wird von der Entwicklung geleistet.
- Die gesamte belastete Arbeitskraft beträgt 2000 Stunden mit 120 US-Dollar/Stunde.
- Die Projektdauer beträgt etwa 6 Monate und das Projekt wird 2006 fertiggestellt (die Stundensätze im Jahr 2007 sind möglicherweise höher).
- Der Gemeinkostensatz des Zulieferers beträgt 150 Prozent für die Entwicklung.

- Alle zugeteilten Mitarbeiter haben dieselbe Gehaltsstufe und werden für die gesamte Dauer des Projekts in Vollzeit zugeteilt.
- Der geforderte Gewinn beträgt 12,5 Prozent, was aber weiteren Verhandlungen unterliegt.
- Das Gehalt von Ima Roadrunner ist in der Gemeinkostenstruktur enthalten.
- Es ist kein Material erforderlich.

Während der Verhandlungen stellte Ima Roadrunner Wiley Coyote die Gehaltsstruktur für die Entwicklung zur Verfügung, wie in Tabelle 15.2 gezeigt.

Wiley Coyote fragte Ima Roadrunner nach dem Timing (d.h. Arbeitskraftkurve) dazu, wann die Ressourcen zugeteilt würden. Das von Ima Roadrunner gelieferte Ergebnis sehen Sie in Abbildung 15.2 in Form einer S-Kurve, die auch den Gehaltsplan vom Kunden zum Zulieferer darstellt.

Das Bewerbungspaket hatte festgelegt, dass es sich um einen Festpreisvertrag mit Vertragsstrafen für Lieferverzögerungen handelt. Ima Roadrunner sagte, dass die Vertragsstrafen in ihrem aktuellen Wortlaut unfair seien und dass eine höhere Gewinnmarge erforderlich sei, um die Risiken zu kompensieren. Jetzt trat der überlegene Intellekt von Wiley Coyote zutage: Er stimmte zu, die Vertragsstrafenklausel zu entfernen, wenn Ima Roadrunner die Gewinnspanne von 12,4 auf 10 Prozent senkte. Ima Roadrunner entgegnete, dass der Vertrag dann als Festpreisvertrag mit Incentive-Honorar dargestellt werden sollte, damit Ima Roadrunner die verlorenen 2,5 Prozent Gewinn kompensieren könnte, wenn sie das Projekt unter dem vorgesehenen Budget zum Abschluss brachte. Beide Parteien stimmten zu und der Handel war perfekt.

Gehaltsstufe	Titel	Unbelastetes Gehalt in US-Dollar pro Stunde	Belastetes Gehalt
9	Eng. Consultant	53	132,50
8	Senior Engineer	48	120,00
7	Engineer	39	97,50
6	Junior Engineer	34	85,00
5	Apprentice Eng.	29	72,50

Tabelle 15.21: Tabelle 15.2: Gehaltsstruktur innerhalb der Abteilung

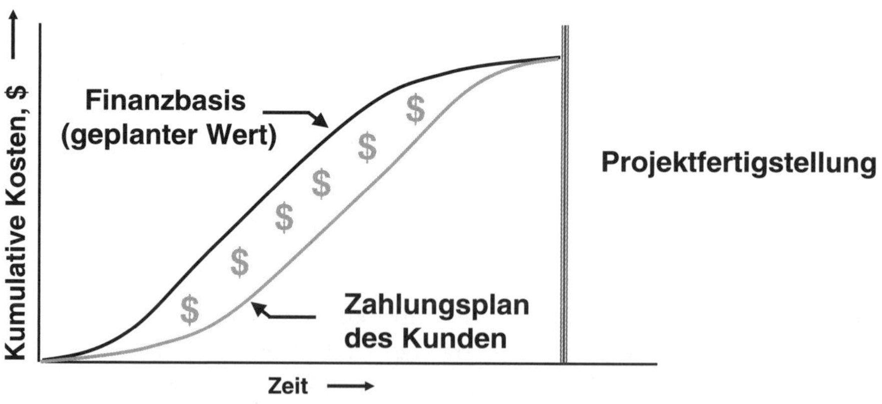

Abbildung 15.29: S-Kurve oder Ausgabenkurve

Der Vertrag verlangte keine Leistungswertberichte, aber Ima Roadrunner, die nur sehr wenig über Leistungswertmaße wusste und noch nie zuvor damit gearbeitet hatte, stimmte zu, einen monatlichen Bericht bereitzustellen, der einfach den geplanten Wert (BCWS), den geleisteten Wert (BCWP) und die tatsächlichen Kosten (ACWP) aufzeigte. Wiley Coyote stimmte zu. Da Wiley Coyote ein PMP war, wusste er schließlich, wie er aus diesen drei Zahlen im Monatsbericht alle weiteren Informationen ableiten konnte, wie etwa Abweichungsanalysen, die Kosten bei der Fertigstellung sowie die Kosten zur Fertigstellung.

Am Ende des ersten Monats erhielt Wiley Coyote einen stark vereinfachten Leistungswertbericht, wie in Abbildung 15.2 dargestellt. Wiley Coyote war hochzufrieden mit den Ergebnissen. Jetzt hatte es den Anschein, als würde das Projekt mindestens einen Monat vor dem Zeitplan und mit wesentlicher Budgetunterschreitung abgeschlossen. Wiley Coyote hatte Acme wesentliche Kosteneinsparungen erlaubt, indem er den billigsten Anbieter ausgewählt und die Gewinnspanne um 20 Prozent reduziert hatte und sehr wahrscheinlich vor dem Zeitplan und mit zusätzlichen Kosteneinsparungen zur Projektfertigstellung kommen würde. Wiley Coyote würde in den Augen der Führungskräfte von Acme zum Superstar mutieren. *Alle würden sie erkennen, dass Wiley Coyote endlich den Roadrunner überlistet hatte.* Wiley Coyote begann zu überlegen, wie er den riesigen Bonus ausgeben würde, den er nach Fertigstellung des Projekts erwartete.

Kostenstelle Entwicklung	geplanter Wert	Dollar	$42,000
		Stunden	350
	geleisteter Wert	Dollar	$48,000
		Stunden	400
	tatsächliche Kosten	Dollar	$34,000
		Stunden	400

Abbildung 15.30: Ende Monat 1

Am Ende des fünften Monats informierte Ima Roadrunner Wiley Coyote über die gute Neuigkeit, dass das Projekt innerhalb des Kostenrahmens fertiggestellt würde, aber es gab auch schlechte Nachrichten, nämlich dass das Fertigstellungsdatum am Ende des 8. Monats liegen würde, so dass das Projekt zwei Monate zu spät fertig wurde und wesentliche Verluste auf Acme Corporation zukamen. Die Gedanken, die sich Wiley Coyote über den Bonus gemacht hatte, wurden jetzt ersetzt durch kreative Ideen, wie er seinen Lebenslauf aktualisieren konnte. Heute besucht Wiley Coyote die Vorlesung über Warnzeichen einer möglichen Projektkatastrophe.

Der Roadrunner war wieder schlauer als Wiley Coyote. Sie wurden als Berater für die Acme Corporation angestellt, um zu analysieren, was schiefgelaufen war, und für die anderen Projektmanager eine Liste zu erstellen, was daraus zu lernen war. Gab es frühe Warnzeichen, insbesondere am Ende des ersten Monats, die Wiley Coyote auf die bevorstehende Katastrophe aufmerksam hätten machen können?

16 Die Trade-Off-Analyse im Projektumfeld

Verwandte Fallstudien (aus Kerzner/*Project* Management *Case Studies*, 2. Auflage)	Verwandte Workbook-Übungen (aus Kerzner/*Project Management Workbook and PMP®/CAPM® Exam Study Guide*, 9. Auflage)	PMBOK® Guide, 3. Auflage, Referenzabschnitt für das PMP®-Zertifizierungsexamen
• Keine • Haller Specialty Manufacturing	• Multiple-Choice-Examen	• Integrationsmanagement • Beschaffungsmanagement • Umfangsmanagement

16.0 Einführung

PMBOK® Guide 2004
Definition des magischen Dreiecks (Glossar)

Erfolgreiches Projektmanagement ist eine Kunst und eine Wissenschaft zugleich, aber auch der Versuch, die Ressourcen im Rahmen der Zeit-, Kosten- und Leistungsvorgaben zu steuern. Bei den meisten Projekten handelt es sich um einzigartige, einmalige Aktivitäten, für die keine vernünftigen Planungsstandards existieren. Entsprechend hat der Projektmanager größte Schwierigkeiten, sich im Rahmen des Dreiecks, das von den Zeit-, Kosten- und Leistungsvorgaben aufgespannt wird, zu bewegen (siehe Abbildung 16.1).

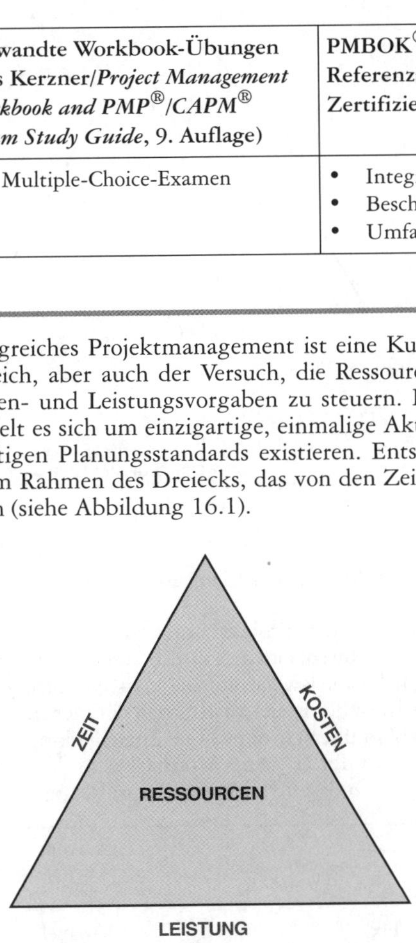

Abbildung 16.1: Überblick über das Projektmanagement

Dieses Dreieck wird auch als »Magisches Dreieck« bezeichnet und es wird vom Projektmanager während der gesamten Projektdauer angestrebt. Verliefe das Projekt nach Plan, gäbe es keinen Bedarf für eine Trade-Off-Analyse (Kompromissanalyse). Leider ist dies jedoch selten der Fall.

Mögliche Kompromisse (Trade-Offs) werden in Abbildung 16.2 veranschaulicht, wobei die »Δs« die Abweichungen von den ursprünglichen Schätzwerten repräsentieren. Bei den Zeit- und Kostenabweichungen handelt es sich um normale Überschreitungen, wohingegen die Leistungsabweichungen Unterschreitungen sind. Projekte unterscheiden sich immer auf die eine oder andere Art. Deshalb muss die Trade-Off-Analyse während der gesamten Projektdauer durchgeführt werden, wobei sie von internen und externen Faktoren beeinflusst wird. Erfahrene Projektmanager wissen, welche Kompromisse sie eingehen müssen. Sie haben begriffen, dass Kompromisse Bestandteil eines fortwährenden Denkprozesses sind.

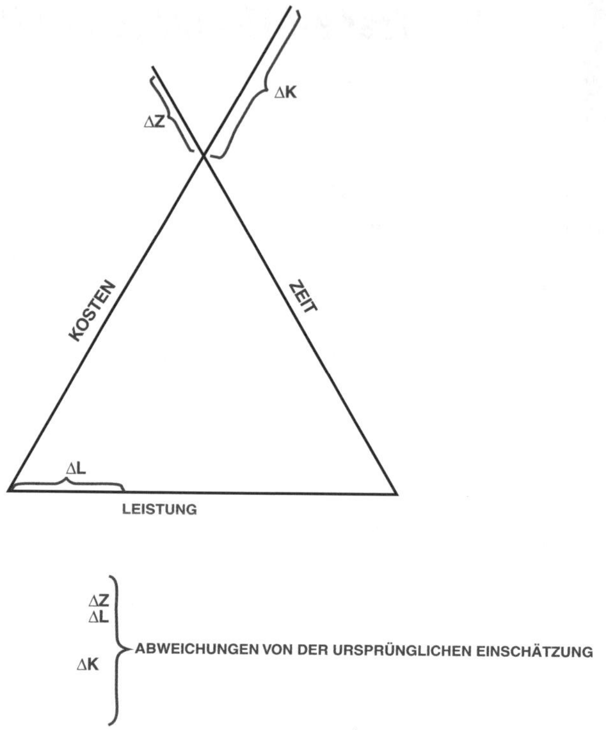

Abbildung 16.2: Projektmanagement mit Kompromissen

Kompromisse basieren immer auf den Projektvorgaben. Tabelle 16.1 veranschaulicht die Arten von Vorgaben, die in der Regel gelten. Die Situationen A und B stellen typische Kompromisse für das Projektmanagement dar. Situation A-3 trifft beispielsweise auf die meisten Forschungs- und Entwicklungsprojekte zu. Die Leistung eines FuE-Projekts ist in der Regel ausführlich definiert und der Zeit- und der Kostenbedarf können das Budget und den Terminplan überschreiten. Die Entscheidung darüber, was geopfert werden soll, basiert auf den verfügbaren Optionen. Gibt es keine Alternative zu dem Produkt, das entwickelt werden soll, und ist der potenzielle Nutzen groß, müssen Kompromisse in Bezug auf Zeit und Kosten eingegangen werden.

	Zeit	Kosten	Leistung
A. Jeweils ein fixes Element			
A-1	Fix	Variabel	Variabel
A-2	Variabel	Fix	Variabel
A-3	Variabel	Variabel	Fix
B. Jeweils zwei fixe Elemente			
B-1	Fix	Fix	Variabel

Tabelle 16.1: Kategorien von Projektvorgaben

	Zeit	Kosten	Leistung
B-2	Fix	Variabel	Fix
B-3	Variabel	Fix	Fix
C. Drei Elemente fix oder variabel			
C-1	Fix	Fix	Fix
C-2	Variabel	Variabel	Variabel

Tabelle 16.1: Kategorien von Projektvorgaben (Forts.)

Kapitalanlageprojekte fallen in der Regel in Kategorie A-1 oder Kategorie B-2, bei denen Zeit von großer Bedeutung ist. Je früher das Produkt in Produktion geht, desto früher kann eine Rendite realisiert werden. Häufig gibt es jedoch Leistungsbeschränkungen, die das Renditepotenzial des Projekts bestimmen. Wenn das Potenzial eines Projekts als hoch eingeschätzt wird, sind die Kosten ein Faktor, bei dem noch etwas Puffer drin ist (siehe Situation B-2).

Anlagen, die nicht für die Produktion erforderlich sind, wie z.B. Filter zur Reduktion der Luftverschmutzung, erzeugen in der Regel ein Szenario wie in Situation B-3. Die Leistung wird durch Behörden festgelegt. Stichtage werden möglicherweise wegen Rechtsstreitigkeiten versäumt. Schlagen Klagen fehl, müssen die Firmen versuchen, die preisgünstigste Lösung zu finden, mit der die Anforderungen erfüllt werden können.

Eine professionelle Unternehmensberatung operiert in erster Linie in der Situation B-1. In der Situation C wird die Trade-Off-Analyse auf der Basis der Auswahlkriterien und der Beschränkungen abgeschlossen. Wenn alle Faktoren fix sind (C-1), gibt es nur Raum für den absoluten Erfolg. Ist hingegen alles variabel (C-2), gibt es keine Vorgaben und entsprechend sind keine Kompromisse erforderlich.

Häufig muss entschieden werden, ob der Faktor Zeit, der Faktor Kosten oder der Faktor Leistung geopfert werden soll. Dies hat jedoch meist auch Einfluss auf die anderen Faktoren. Wird beispielsweise die Zeit reduziert, kann sich dies sehr stark auf die Leistung und die Kosten auswirken, insbesondere, wenn Überstunden erforderlich werden.

Es gibt verschiedene Faktoren, die Kompromisse zu erzwingen scheinen (siehe Abbildung 16.3). Mangelhafte Dokumente wie Lastenhefte, Verträge und Spezifikationen führen fast immer zu Konflikten, bei denen der Projektmanager versucht, die Leistungsbeschränkungen zu lockern. Bei vielen Projekten werden die Verhandlungen zunächst von fachlich hoch spezialisierten Mitarbeitern geführt, die sich eher ein Denkmal errichten als die Bedürfnisse der Auftraggeber erfüllen wollen. Wenn die operativen Kräfte die Beziehung des Projekts nach außen zum Auftraggeber beherrschen, versuchen Projektmanager möglicherweise, ein Entgegenkommen bei den Kosten zu erreichen.

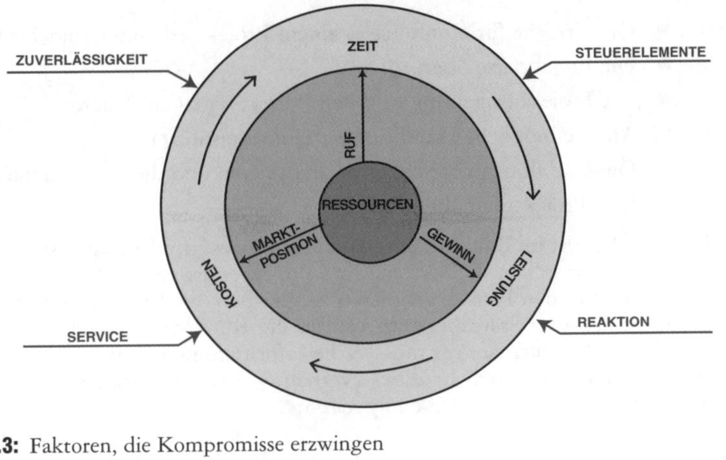

Abbildung 16.3: Faktoren, die Kompromisse erzwingen

16.1 Methoden der Trade-Off-Analyse

PMBOK® Guide 2004

3.2.2 Planungsprozessgruppe

Abbildung 3.12 Projektmanagementprozessgruppen-Dreieck

Kapitel 4 Integrationsmanagement

Kapitel 5 Inhalts- und Umfangsmanagement

Alle Verfahren zum Umgang mit Kompromissen in Hinblick auf die Zeit, die Kosten und die Leistung sollten den systemorientierten Management-Ansatz berücksichtigen, da selbst die kleinste Änderung an einem Projekt oder an einem System alle Systeme einer Organisation beeinflussen kann. Ein typisches Systemmodell sehen Sie in Abbildung 16.4. Es ist häufig sinnvoll, eine bestimmte Vorgehensweise zu entwickeln, nach der Entscheidungen getroffen und Kompromisse gefunden werden. Die folgenden sechs Schritte könnten hierbei hilfreich sein:

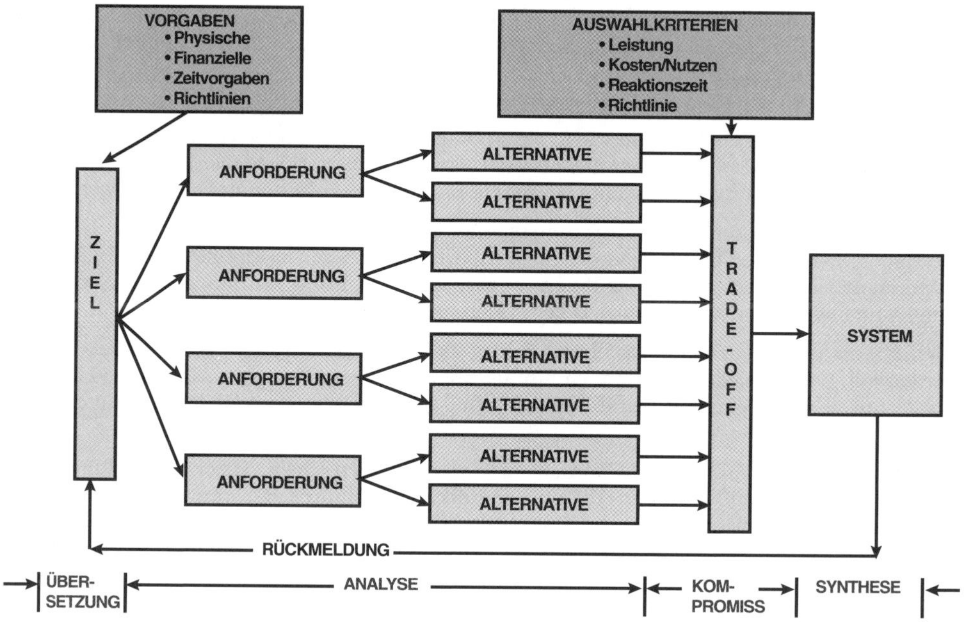

Abbildung 16.4: Der systemorientierte Ansatz

- Die Ursache für Konflikte in einem Projekt erkennen und verstehen
- Die Projektziele überprüfen
- Die Projektumgebung und den Projektstatus analysieren
- Andere mögliche Handlungsverläufe identifizieren
- Die Handlungsmöglichkeiten analysieren und die beste davon auswählen
- Den Projektplan überarbeiten

Der erste Schritt im Entscheidungsfindungsprozess muss darin bestehen, die Konflikte zu erkennen und zu verstehen. Bei den meisten Projekten existieren Planungs- und Steuerungssysteme, die die Ist- mit den Plan-Ergebnissen vergleichen, die Ergebnisse mittels Abweichungsanalysen genau prüfen und Statusberichte liefern, die Korrekturmaßnahmen zur Lösung der Probleme nahe legen. Projektmanager müssen die Informationen über Probleme in einem Projekt sorgfältig bewerten, weil sich nicht alles so verhält, wie es zunächst aussehen mag. Typische Fragen sind in diesem Zusammenhang die folgenden:

- Sind die Informationen sachdienlich?
- Sind die Informationen aktuell?
- Sind die Daten vollständig?
- Wer hat festgestellt, dass ein Problem vorliegt?
- Wie kann diese Person wissen, dass die Informationen korrekt sind?
- Wenn die Informationen zutreffen, wie wirkt sich dies dann auf das Projekt aus?

Die Ursachen von Konflikten lassen sich in drei Kategorien einstufen: menschliche Fehler/ menschliches Versagen, unbestimmte Probleme und völlig unerwartete Probleme. Die folgende Auflistung bietet Beispiele hierfür:

- Menschliche Fehler/menschliches Versagen
  - Zeitvorgaben, die unmöglich eingehalten werden können
  - Mangelhafte Kontrolle der Entwurfsänderungen
  - Fehlerhafte Berechnung der Projektkosten
  - Maschinenfehler
  - Testfehler
  - Wichtige Informationen fehlen
  - Erforderliche Zustimmung kann nicht erzielt werden
- Unbestimmte Probleme
  - Es werden zu viele Projekte gleichzeitig durchgeführt
  - Der Tarifvertrag läuft aus
  - Veränderungen in der Projektleitung
  - Die Gefahr eines Projektabbruchs
- Unerwartete Probleme
  - Übermäßig beanspruchte Projektressourcen
  - Konflikte bei den Projektprioritäten
  - Probleme mit dem Cashflow
  - Auseinandersetzungen über Tarifverträge
  - Verzögerungen bei der Materiallieferung
  - Spitzenleute wurden aus dem Projekt wegbefördert
  - »Temporäre« Mitarbeiter müssen wieder zu ihrer Abteilung zurückkehren
  - Ungenaue Vorhersagen
  - Veränderte Marktbedingungen
  - Entwicklung neuer Standards

Der zweite Schritt bei der Entscheidungsfindung besteht darin, die Projektziele zu überprüfen und dabei die Sichtweise der verschiedenen Projektteilnehmer vom Top-Management bis zum einzelnen Mitglied des Projektteams zu berücksichtigen. Die Projektziele und Prioritäten wurden ursprünglich unter bestimmten Voraussetzungen festgelegt, die sich im Laufe des Projekts jedoch verändert haben können.

Die Art der Projektziele bedingt in der Regel das Verhältnis zwischen den Faktoren Zeit, Kosten und Leistung. Um mehr hierüber zu erfahren, müssen möglicherweise folgende Elemente der Projektdokumentation überprüft werden:

- Projektziele
- Die Integration des Projekts in die Ziele des Projektsponsors und in den strategischen Plan

- Das Lastenheft
- Zeitvorgaben und Kosten- und Leistungsspezifikationen
- Geplante und verbrauchte Ressourcen

Der dritte Schritt bei der Untersuchung von Konfliktursachen besteht in der Analyse der Projektumgebung und des Projektstatus. Dazu gehört ein Vergleich des aktuellen Terminplan-, Kosten- und Leistungsstatus mit dem ursprünglichen oder dem überarbeiteten Projektplan. Faktoren wie das finanzielle Risiko, mögliche Folgeaufträge, der Status anderer Projekte und die relative Position im Rahmen der Konkurrenz sind nur einige der Umwelteinflüsse, die berücksichtigt werden sollten. Einige Unternehmen haben Richtlinien für die Trade-Off-Analyse aufgestellt, wie z.B. die Richtlinie »Opfere nie die Qualität«. Aber selbst solche Richtlinien können sich ändern, wenn die Umwelteinflüsse sich negativ auf das finanzielle Risiko des Unternehmens auswirken. Im Rahmen von Schritt 3 sind folgende Handlungen sinnvoll:

- Einberufung einer Besprechung mit dem Projektmanagement, um
  - die relativen Prioritäten für die Faktoren Zeit, Kosten und Leistung zu ermitteln
  - den Einfluss der Faktoren auf die Rentabilität und den strategischen Plan des Unternehmens festzustellen
  - eine Einschätzung vom Management zu erhalten und damit zumindest einen Eindruck davon zu bekommen, welche Probleme bestehen
- Falls es sich bei dem Projekt um einen Auftrag von einem externen Auftraggeber handelt, sollten Sie sich mit dem Projektmanager des Auftraggebers treffen, um seine Sichtweise in Hinblick auf den Projektstatus zu ermitteln und die Prioritäten des Auftraggebers in Bezug auf die Faktoren Zeit, Kosten und Leistung besser einschätzen zu können.
- Eine Besprechung mit den Linienmanagern einberufen, um ihre Sichtweise des Problems zu ermitteln und Einblick in ihr Engagement für ein erfolgreiches Projekt zu erhalten. Feststellen, welche Priorität das Projekt für die Linienmanager hat.
- Den Status jedes Arbeitspakets des Projekts überprüfen. Sie sollten sich bei den Mitarbeitern des Project Office eine klare und detaillierte Einschätzung über folgende Punkte verschaffen:
  - Zeitbedarf bis zur Projektfertigstellung
  - Kosten bis zur Projektfertigstellung
  - Restaufwände, die bis zur Projektfertigstellung noch anfallen
- Überprüfung der bisherigen Daten, um die Glaubwürdigkeit der Kosten- und Terminplaninformationen in den vorhergehenden Schritten einschätzen zu können.

Der Projektmanager besitzt möglicherweise genügend Hintergrundwissen, um die Bedeutung einer bestimmten Abweichung und ihren möglichen Einfluss auf die Leistung des Projektteams einschätzen zu können. Kennt der Projektmanager die Projektanforderungen, kann er in der Regel leichter absehen, ob Korrekturmaßnahmen überhaupt erforderlich sind oder ob das Projekt wie ursprünglich geplant durchgeführt werden sollte.

Unabhängig davon, ob Korrekturmaßnahmen sofort ergriffen werden müssen oder nicht, sollte kurz analysiert werden, warum sich ein potenzielles Problem entwickeln konnte. Es ist selbstverständlich nicht sinnvoll, die Symptome zu bekämpfen, wenn die Krankheit selbst weiter besteht. Der Projektmanager muss bei einer solchen Problemidentifikation objektiv bleiben, weil er selbst zu den Kernmitgliedern des Projektteams gehört und möglicherweise persönlich für die auftretenden Probleme verantwortlich ist. In diesem Zusammenhang müssen folgende Bereiche genauer untersucht werden:

- Inadäquate Planung. Entweder war die Planung nicht ausführlich genug oder es fehlten die benötigten Steuerelemente, um festzustellen, ob das Projekt sich nach Plan entwickelt.
- Veränderungen des Projektumfangs. Kosten- und Terminplanüberschreitungen, die nicht formell in den Projektplan einbezogen wurden oder bei denen keine entsprechende

Anpassung der Ressourcen vorgenommen wurde, sind bei Veränderungen des Projektumfangs ganz normal.

- Mangelhafte Leistung. Wegen des hohen Grads an Abhängigkeiten, die in jeder Projektteamstruktur bestehen, kann die inakzeptable Leistung eines Mitarbeiters rasch die Leistung des gesamten Teams schwächen.
- Übermäßige Leistung. Häufig stören übereifrige Teammitglieder unbeabsichtigt die geplante Balance zwischen den Faktoren Kosten, Zeit und Leistung in einem Projekt.
- Einschränkungen durch das Umfeld – dieser Faktor gilt insbesondere bei Projekten, bei denen Genehmigungen von Dritten erforderlich sind oder die von externen Ressourcen abhängen. Die Änderungen oder Verzögerungen durch Dritte können sich nachteilig auf die Leistung des Projektteams auswirken.

Manchmal scheint es so, als ob sich Projekte bereits in einem kritischen Zustand befinden, obwohl dies gar nicht der Fall ist. Bauprojekte sind beispielsweise manchmal vordergründig so mit Kosten beladen, dass ein KostenProblem vorhanden zu sein scheint, das jedoch eingeplant war.

Der vierte Schritt bei der Trade-Off-Analyse besteht darin, optionale Handlungsverläufe aufzulisten. Dieser Schritt beinhaltet in der Regel einen Brainstorming-Prozess, in dessen Rahmen mögliche Methoden ausgelotet werden, mit denen das Projekt abgeschlossen werden kann und gleichzeitig Kompromisse hinsichtlich der Faktoren Zeit, Kosten und Leistung eingegangen werden können. Es wäre günstig, wenn sich dabei drei oder vier wahrscheinliche Szenarios für die Fertigstellung des Projekts herauskristallisieren würden. Möglicherweise müssen an dieser Stelle intuitive Entscheidungen getroffen werden, um dafür zu sorgen, dass die Liste der Handlungsoptionen nicht ausufert.

PMBOK® Guide 2004

3.2.4 Überwachungs- und Steuerungsprozessgruppe

Um Handlungsoptionen vollständig identifizieren zu können, muss der Projektmanager Antworten auf folgende Schlüsselfragen in Hinblick auf die Zeit, die Kosten und die Leistung parat haben:

- Zeit
  - Ist eine Zeitverzögerung für den Auftraggeber inakzeptabel?
  - Wirkt sich die Zeitverzögerung auf das voraussichtliche Datum der Fertigstellung anderer Projekte aus?
  - Wodurch wird die Zeitverzögerung verursacht?
  - Kann der neue Terminplan durch eine Neuverpflichtung der Ressourcen gehalten werden?
  - Welche Kosten entstehen für den neuen Terminplan?
  - Ergeben sich durch den größeren Zeitrahmen andere Verbesserungen?
  - Ergeben sich durch eine Ausweitung des Projekts Verzögerungen bei anderen Projekten des Auftraggebers?
  - Wie wird der Auftraggeber reagieren?
  - Wirkt sich das Mehr an Zeit auf die Lernkurve aus?
  - Wirkt sich der erhöhte Zeitbedarf negativ auf die Akquise zukünftiger Aufträge aus?
- Kosten
  - Wodurch wird die Kostenüberschreitung verursacht?
  - Wie lassen sich die Restkosten reduzieren?
  - Akzeptiert der Auftraggeber die Zusatzkosten?
  - Sollten die Zusatzkosten anderweitig aufgefangen werden?
  - Lassen sich der Zeitrahmen oder die Leistungsstandards neu verhandeln, um die Kostenvorgaben erfüllen zu können?

  - Sind die budgetierten Kosten für den restlichen Verlauf des Projekts angemessen berechnet?
  - Wirken sich die zusätzlichen Finanzmittel positiv auf die Gewinne aus?
  - Handelt es sich hierbei um die einzige Möglichkeit, die Leistung zu erfüllen?
  - Wirkt sich dies negativ auf die Akquise zukünftiger Aufträge aus?
  - Handelt es sich hierbei um die einzige Möglichkeit, den Terminplan einzuhalten?
- Leistung
  - Können die ursprünglichen Leistungsspezifikationen erfüllt werden?
  - Falls dies nicht der Fall ist, welche Kosten müssen aufgewandt werden, um die Erfüllung der Leistungsspezifikationen zu garantieren?
  - Sind die Spezifikationen verhandelbar?
  - Welche Vorteile bietet eine Veränderung der Spezifikation für das Unternehmen und für den Auftraggeber?
  - Welche Nachteile bringt eine Veränderung der Leistung für das Unternehmen und für den Auftraggeber mit sich?
  - Steigt oder sinkt die Leistung?
  - Wird der Auftraggeber eine Änderung akzeptieren?
  - Entsteht ein Fall der Produkthaftung?
  - Sorgt die Veränderung der Spezifikationen für eine Umverteilung der Projektressourcen?
  - Verletzt diese Veränderung die Fähigkeit des Unternehmens, zukünftig Verträge zu akquirieren?

Nachdem diese Fragen beantwortet wurden, ist es häufig das Beste, die Ergebnisse grafisch zu veranschaulichen. Grafische Methoden wurden in den letzten zwanzig Jahren beispielsweise eingesetzt, um die Kosten für eine Verkürzung der Projektdauer zu ermitteln. Beim Einsatz von Grafiken muss festgelegt werden, welche der drei Parameter konstant gehalten werden.

Situation 1: Konstante Leistung (gemäß der Spezifikation)

Wird die Leistung konstant gehalten, können die Kosten als Funktion der Zeit ausgedrückt werden. Beispiele für Kurvenverläufe finden Sie in den Abbildungen 16.5 und 16.6. In Abbildung 16.5 gibt das umkringelte X die Zielkosten und den Zielzeitpunkt an. Leider überschreiten die Kosten für die Fertigstellung des Projekts zum geplanten Zielzeitpunkt die budgetierten Kosten. Möglicherweise können zusätzliche Ressourcen und Überstunden eingeplant werden, um das Zeitziel zu erreichen. Je nachdem, wie die Überstunden berechnet werden, kann in der Kurve ein Tiefpunkt gefunden werden, ab dem weitere Verzögerungen der Fertigstellung zu einer Kostensteigerung führen.

Die Kurve A in Abbildung 16.6 veranschaulicht den Fall »Zeit ist Geld«, bei dem jeder zusätzliche Zeitbedarf zu einer Erhöhung der Projektkosten führt. Muss das Management einbezogen werden, erhöhen sich immer die Kosten. Die Kosten können jedoch auch in Phasen des Stillstands anwachsen. Dies wird in Abbildung 16.6 in Kurve B deutlich. Der gezeigte Kurvenverlauf könnte beispielsweise daraus resultieren, dass bestimmte Temperaturbedingungen erfüllt oder bestimmte Ressourcen vorhanden sein müssen, bevor die Arbeit fortgesetzt werden kann. Im letzteren Fall werden die Entscheidungen im Hinblick auf Kompromisse am Ende jeder Stillstandsphase getroffen.

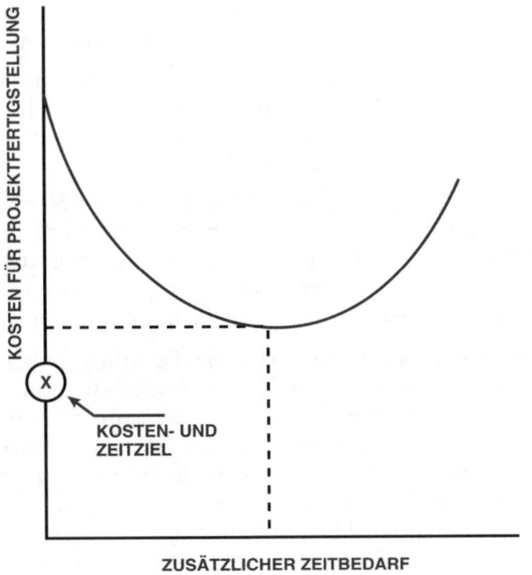

Abbildung 16.5: Kompromissmöglichkeiten im Hinblick auf eine konstante Leistung

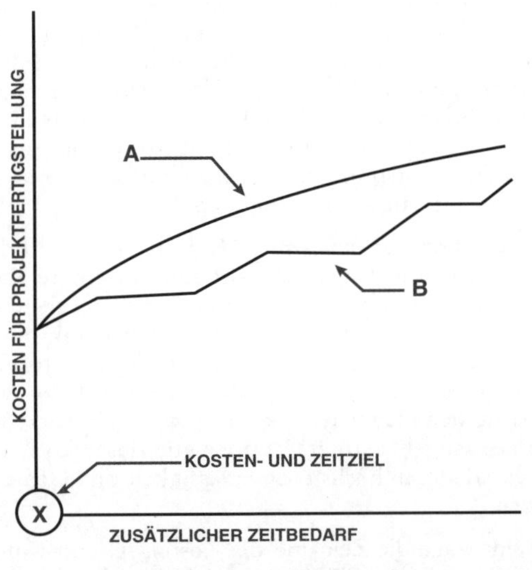

Abbildung 16.6: Kompromissmöglichkeiten im Hinblick auf eine konstante Leistung

Bei konstanter Leistung gibt es vier Methoden, um die Zeit-Kosten-Kurven zu analysieren und zu interpretieren:

- Zusätzliche Ressourcen werden benötigt. Dadurch erhöhen sich die Kosten sehr schnell. Falls die Ressourcen tatsächlich verfügbar sind, können bei der Kostenkontrolle Probleme entstehen, wenn nach der Budgetierung Ressourcen zum Projekt hinzugefügt werden.
- Der Leistungsumfang wird neu definiert und es werden Anforderungen aufgegeben, ohne dass die Anforderungen an die Projektleistung verändert werden. Möglicherweise sind die Leistungsstandards zu hoch gesetzt worden oder die Erfolgserwartung an das Projektteam ist einfach unrealistisch. In der Regel machen sich eine Verringerung der Kosten und Verbesserungen im Ablauf- und Terminplan bemerkbar, wenn die Leis-

tungsspezifikationen gelockert werden. Voraussetzung ist dabei natürlich, dass das geringere Qualitätsniveau die Anforderungen des Auftraggebers noch immer erfüllt.

- Die verfügbaren Ressourcen werden umgestellt, um die Projektkosten auszugleichen oder um die Vorgänge zu beschleunigen, die sich auf dem kritischen Pfad des Elements befinden, das hinterherhinkt. Dieser Vorgang der Neuplanung versetzt Elemente von nicht kritischen zu kritischen Vorgängen.
- Tritt ein Problem mit dem Ablauf- und Terminplan auf, muss möglicherweise eine Änderung am Logikdiagramm vorgenommen werden, um von der aktuellen zur gewünschten Position zu gelangen. Eine solche Veränderung kann sehr leicht in der Neuplanung und Neuzuordnung der Ressourcen resultieren. Ein Beispiel hierfür wäre die Umwandlung von »seriellen« in »parallele« Bemühungen, was häufig sehr riskant ist.

Bei Kompromissen müssen Faktoren wie die Abhängigkeit des Unternehmens vom Auftraggeber, die Priorität des Projekts für das Unternehmen und das Potenzial für Folgeaufträge berücksichtigt werden. Bei Projekten mit fester Leistung besteht die Grundannahme, dass ein Unternehmen niemals seinen Ruf aufs Spiel setzen darf, indem es Produkte liefert, die nicht der Spezifikation entsprechen. Ausnahmen bilden Änderungen, die zu einer höheren Leistung führen und gleichzeitig dafür sorgen, dass der ursprüngliche Ablauf- und Terminplan wieder eingehalten wird. Solche Möglichkeiten sollten immer zuerst untersucht werden, bevor Kompromisse im Hinblick auf die Zeit und die Kosten eingegangen werden.

Zeit und Kosten sind bei einem arbeitsintensiven Projekt immer eng miteinander verbunden. Wird das Lieferdatum überschritten, steigen in der Regel die Kosten. Eine Überschreitung des Liefertermins und eine Minimierung des Kostenanstiegs sind empfehlenswerte Handlungsoptionen bei Projekten, bei denen die Abhängigkeit des Unternehmens vom Auftraggeber, die Priorität des Projekts innerhalb des Unternehmens und das zukünftige Geschäftspotenzial nur ein mittleres bis geringes Risiko darstellen. Selbst in sehr riskanten Situationen muss der Auftragnehmer möglicherweise die Zusatzkosten abfangen. Diese Entscheidung hängt häufig davon ab, wie das Potenzial für Folgeprojekte von diesem Auftraggeber eingeschätzt wird und ob sich die Verluste entsprechend durch zukünftige Projekte amortisieren lassen. Nicht alle Projekte stellen einen finanziellen Erfolg dar.

Es ist in der Regel schwer, einen guten Ruf aufzubauen, und ein guter Ruf ist auch schnell wieder ruiniert. In manchen Fällen ist der gute Ruf das größte Kapital eines Unternehmens. Dies gilt insbesondere bei Verträgen mit hoher Haftung, bei denen sich Misserfolge extrem auswirken können. Im Bereich der Luft- und Raumfahrtechnik gibt es beispielsweise sehr erfolgreiche Unternehmen, die selten zu den günstigsten Anbietern gehörten. Bei bestimmten Arten von Aufträgen wird die Leistung und Qualität wesentlich höher eingestuft als die Kosten. Gemessen an dem, was auf den Hersteller zukommt, wenn ein Verkehrsflugzeug bedingt durch Leistungs- oder Qualitätsmängel abstürzt, kann er gut Zusatzkosten oder eine Zeitverzögerung in Kauf nehmen, wenn dadurch höchste Zuverlässigkeit und Genauigkeit bei der Verarbeitung gewährleistet werden.

Manchmal sind auch die Zeit und die Kosten fix und Kompromisse sind lediglich in Hinblick auf die Leistung möglich. Wie jedoch das folgende Szenario zeigt, kann das Ergebnis trotzdem darin bestehen, die »fixen« Kostenvorgaben zu erweitern.

Betrachten Sie beispielsweise die folgende hypothetische Situation der Lieferung von Hardware durch einen Unterauftragnehmer an einen Hauptauftragnehmer einer staatlichen Behörde zu einem Festpreis. Der Hauptauftragnehmer hatte einen sehr engen Terminplan und für die Lieferung der Hardware gab es lediglich ein »Fenster« von einer Woche, innerhalb der die Hardware bereitgestellt werden musste. Eine Lieferverzögerung hätte auch eine Verzögerung beim Hauptauftragnehmer zur Folge gehabt, durch die dieser in extreme Schwierigkeiten geraten wäre. Zwar würde bei einer verspäteten Lieferung keine Konventionalstrafe anfallen, es war jedoch bereits angekündigt worden, dass alle Folgeaufträge, auf die der Unterauftragnehmer sehr hoffte, bei einer Lieferverzögerung an andere Hersteller vergeben würden.

Die Qualität (Leistung) war sehr wichtig, war bisher jedoch noch nie ein Problem gewesen. Die Leistung überstieg sogar die vertraglichen Anforderungen, weil die Unternehmensrichtlinie schon immer darin bestanden hatte, »Branchenbester« zu sein. Diese Richtlinie hatte zwar schon häufiger KostenProbleme verursacht, jedoch auch immer Folgeaufträge gesichert.

Nach Ablauf der ersten Projekthälfte, d.h. nach drei der sechs Monate, zeichnete sich eine Gefährdung des Projekts ab, da sich der Liefertermin laut aktuellstem Fortschrittsbericht um drei Wochen verzögern würde. Die Kosten lagen zwar momentan im Rahmen des Budgets, die Lieferverzögerung würde jedoch sehr wahrscheinlich in Zusatzkosten resultieren, die den geplanten Gewinn um 20 Prozent schmälern würden.

Die TerminProbleme waren dadurch entstanden, dass sich die Bereitstellung von Rohmaterial aufgrund von Qualitätsproblemen bei einem wichtigen Zulieferer um drei Wochen verzögert hatte. Da die Fertigungsdauer prozessgesteuert war, war es sehr schwierig, die verlorene Zeit wieder aufzuholen.

Zunächst wurde beschlossen, alles zu unternehmen, um die Lieferung in der Woche zu gewährleisten, die ursprünglich vereinbart worden war. Der potenzielle Verlust durch die entgehenden zukünftigen Aufträge war so groß, dass die fristgerechte Lieferung »zu jedem Preis« erfolgen musste.

Anschließend wurde das Qualitätssicherungssystem sorgfältig überprüft. Es stellte sich heraus, dass durch die Streichung von zwei redundanten Inspektionen insgesamt eine Woche eingespart werden konnte. Die beiden zeitaufwändigen Inspektionen waren bei einem früheren Auftrag hinzugefügt worden, bei dem ein Qualitätsproblem entstanden war. Da das Problem inzwischen behoben war und eine neue Prozesssteuerung eingesetzt wurde, konnte die Inspektion also eingespart werden, ohne dass dadurch ein großes Risiko in Bezug auf die Qualität eingegangen werden musste.

Weitere zwei Wochen wurden dadurch eingespart, dass drei Fertigungsmitarbeiter für die restliche Projektdauer jeweils sieben Tage die Woche arbeiteten. Insgesamt konnte dadurch so viel Zeit eingespart werden, dass sogar noch ein Puffer von einer Woche für unvorhergesehene Probleme entstand. Die Wahrscheinlichkeit war also hoch, das vereinbarte »Zeitfenster« für die Lieferung doch noch einhalten zu können.

Durch die Mehrkosten für die Überstunden reduzierte sich der Projektgewinn um 40 Prozent. Durch die Kosteneinsparung durch Wegfall der zwei Inspektionen konnten 10 Prozent des Gewinns wieder zurückgewonnen werden.

Mit dem obigen Notfallplan konnten die Zeit- und die Leistungsspezifikationen unter Aufwendung von Zusatzkosten eingehalten werden, die den Gewinn um schätzungsweise 30 Prozent schmälerten. Das Problem konnte deshalb gelöst werden, weil nur die Lohn-, die Material- und die Gemeinkosten des Projekts fix waren und der Auftragnehmer bereit war, eine Gewinnreduktion in Kauf zu nehmen.

Situation 2: Fixe Kosten

Sind die Kosten konstant, ist die Leistung eine Funktion der Zeit (siehe Abbildung 16.7). In Kurve A wächst die Leistung zu Projektbeginn sehr schnell auf 90 Prozent an. Ein zehnprozentiger Zeit- führt in dieser Phase zu einem zwanzigprozentigen Leistungszuwachs. Ab einem bestimmten Punkt (Zielzeitpunkt) endet diese Entwicklung. Die Leistung wächst nun nur noch langsam und zehn Prozent mehr an Zeit führen nur noch zu einem einprozentigen Leistungszuwachs. Falls ein Leistungsniveau von 100 Prozent überhaupt erreichbar ist, möchte das Unternehmen möglicherweise die Zeit nicht mehr investieren, die hierfür erforderlich wäre. In Kurve C wächst die Leistung zunächst nur langsam. Hier muss das Unternehmen Zeit über den Zielzeitpunkt hinaus investieren, weil der Auftraggeber wohl kaum mit einem Leistungsniveau von 30 oder 40 Prozent zufrieden sein wird. Kurve B lässt sich nur sehr schwer analysieren, es sei denn, der Auftraggeber hat vorgegeben, welches Leistungsniveau für ihn akzeptabel ist.

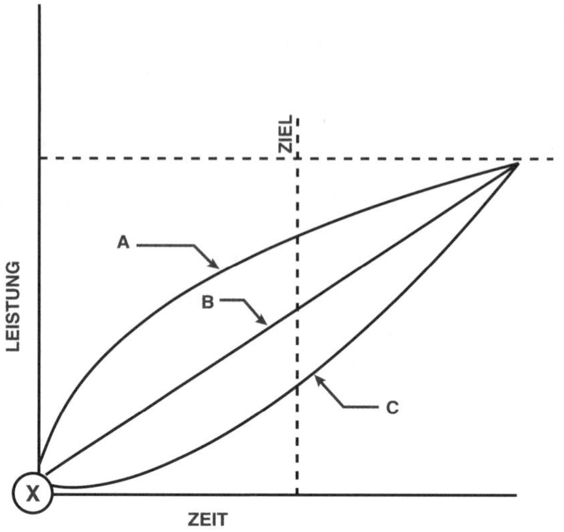

Abbildung 16.7: Kompromisse zwischen Leistung und Zeit bei konstanten Kosten

Sind die Kosten fix, muss der Vertrag in Bezug auf das gewünschte Leistungsniveau sehr klar spezifiziert sein, d.h., es muss deutlich werden, was in der Projektleistung inbegriffen ist. Eine sorgfältige Überwachung der durch Änderungswünsche oder zusätzliche Anforderungen anfallenden Kosten kann hilfreich sein, um die Wahrscheinlichkeit einer Kostenüberschreitung zu reduzieren. Hat ein Unternehmen viel Erfahrung mit Vertragsverhandlungen, ist die Wahrscheinlichkeit hoch, dass Kosten in den Vertrag aufgenommen werden, die unerfahrene Projektmanager leicht übersehen werden. Dadurch reduziert sich der Bedarf, zu einem späteren Zeitpunkt Kompromisse eingehen zu müssen. Zu den Faktoren, die dagegen die Kosten in die Höhe treiben können, jedoch häufig übersehen werden, gehören:

- Exzessive detaillierte Berichterstattung
- Unnötige Dokumentationen
- Entwicklung detaillierter Spezifikationen für Einsatzmittel, die extern preisgünstiger erworben werden können
- Wahl eines falschen Vertragstyps für diese Art von Projekt

Bei Projekten mit fixen Kosten wird häufig als Erstes die Leistung/Qualität geopfert. Dies kann jedoch in einer Katastrophe enden, wenn sich später herausstellt, dass das ursprüngliche Leistungsniveau unbedingt erforderlich gewesen wäre, um eine nicht spezifizierte Anforderung, wie z.B. die langfristige Wartung zu erfüllen. Langfristig wird eine verringerte Leistung/Qualität die Kosten eher erhöhen statt verringern. Deshalb sollte der Projektmanager sich ganz sicher sein, dass er weiß, welche Kosten tatsächlich mit einem Kompromiss in Bezug auf die Leistung/Qualität verbunden sind.

Situation 3: Fixe Zeitvorgabe

Abbildung 16.8 zeigt eine Situation mit fester Zeitvorgabe, in der sich die Kosten abhängig von der Leistung verändern. Der Kurvenverlauf in Abbildung 16.8 ähnelt dem in Abbildung 16.7. Liegt die Leistung bei Erreichen der Zielkosten bei 90 Prozent, kann der Auftragnehmer versuchen, über Abstriche bei der Leistung zu verhandeln. Entspricht der Verlauf jedoch Kurve B oder Kurve C, sollten vor der Übernahme zusätzlicher Kosten Überlegungen wie in Situation 1 angestrengt werden, nämlich, wie wichtig ist der Auftraggeber und welche Bedeutung sollte dem Folgegeschäft beigemessen werden?

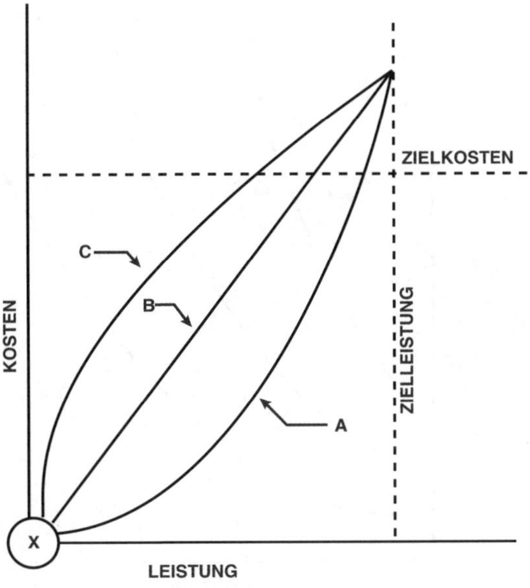

Abbildung 16.8: Kompromisse bei fixer Zeitvorgabe

In bestimmten Fällen kann es extrem wichtig sein, das Projekt nach Terminplan fertig zu stellen. Wenn beispielsweise eine Flugzeugpumpe nicht geliefert wird, wenn das Triebwerk bereits versandbereit ist, kann dies den Triebwerkhersteller, den Flugzeughersteller und schließlich den Auftraggeber aufhalten. Alle drei müssen wegen der Lieferverzögerung bei einer einzigen Komponente kräftige Verluste hinnehmen. Außerdem neigen Auftraggeber, die große, nicht eingeplante Verluste hinnehmen müssen, zu einem guten Gedächtnis. Ein wütender Auftraggeber kann alle Folgeaufträge stornieren, wenn das Lieferdatum nicht eingehalten wird.

Selbst mit fester Zeitvorgabe kann es Situationen geben, in denen Terminüberschreitungen nicht zu Unannehmlichkeiten für die Auftraggeber führen. Ein Beispiel wäre, wenn das gesamte Programm (von dem Ihr Projekt nur ein Teil ist) hinter dem Terminplan zurückliegt und die Leistung, die im Rahmen Ihres Projekts erbracht werden muss, vom Auftraggeber noch gar nicht weiterverwendet werden kann.

Ein weiterer Aspekt des Zeitfaktors ist der, dass eine »Frühwarnung« in Bezug auf eine Terminplanüberschreitung häufig den Schaden für den Kunden mildern kann. Eine sorgfältige Planung und Steuerung und die enge Koordination aller involvierten Funktionen, ein realistischer Umgang mit Ablauf- und Terminplänen vor und im Verlauf des Projekts können dafür sorgen, dass der Auftraggeber rechtzeitig informiert wird und möglicherweise Kompromisse in Hinblick auf die Zeit und die Kosten oder sogar bei der technischen Leistung gemacht werden können. Das Letzte, was der Auftraggeber sich wünscht, ist, während des gesamten Projektverlaufs Berichte zu erhalten, die eine Einhaltung des Endtermins vorgeben, um dann am Ende mit einer starken Terminplanüberschreitung überrascht zu werden.

Bei einer festen Zeitvorgabe stellt der Auftraggeber möglicherweise fest, dass er einen gewissen Grad an Flexibilität bei der Entscheidung darüber besitzt, wie das gewünschte Leistungsniveau erreicht werden kann. Er kann beispielsweise Zusatzkosten für die Maximierung der Sicherheit der Mitarbeiter billigen, was jedoch gleichzeitig zu einem Leistungszuwachs führt (siehe Abbildung 16.9).

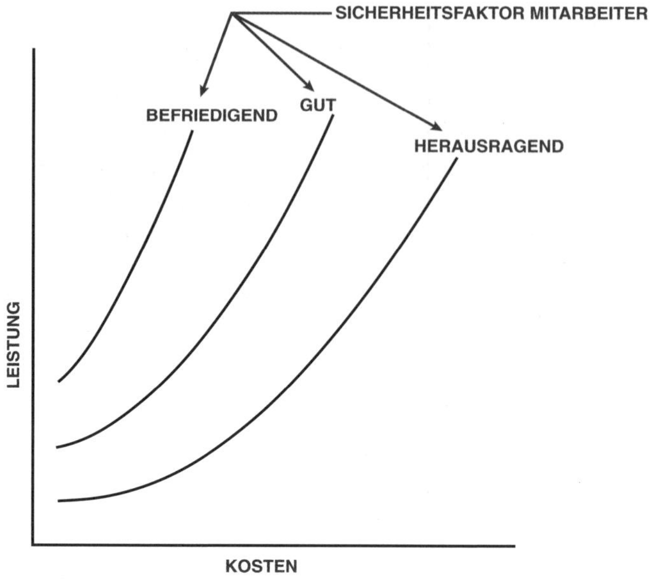

Abbildung 16.9: Das Kosten-Leistungs-Verhältnis

Situation 4: Alle Vorgaben sind variabel

In der Praxis kommt die Situation häufig vor, dass weder Zeit und Kosten noch die Leistung fix sind. Die beste Methode, um die Kompromisse grafisch zu verdeutlichen, die in einer solchen Situation eingegangen werden können, ist die Erstellung von parametrischen Kurven, wie in Abbildung 16.10 gezeigt. Kompromisse zwischen Kosten und Zeitbedarf können nun auf verschiedenen Leistungsebenen analysiert werden. Die Kurven lassen sich ebenfalls für verschiedene Kostenebenen (d.h. 100, 120, 150 Prozent der Zielkosten) und für verschiedene Terminplanungsebenen erstellen.

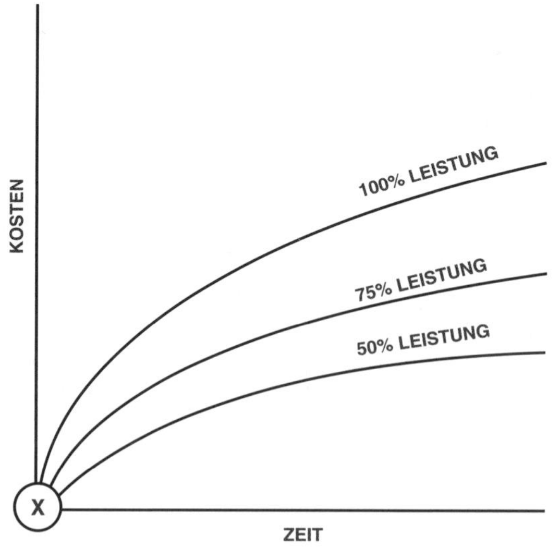

Abbildung 16.10: Trade-Off-Analyse mit mehreren Kurven

Eine weitere Methode zur Anzeige einer Kurvenfamilie sehen Sie in Abbildung 16.11. Hier stehen dem Auftraggeber verschiedene Vorgehensweisen in Bezug auf die Kosten zur Verfügung, um die Zeit- und Leistungsvorgaben zu erfüllen. Der gewählte Kostenweg hängt von der Höhe des Risikos ab, das der Auftraggeber eingehen möchte.

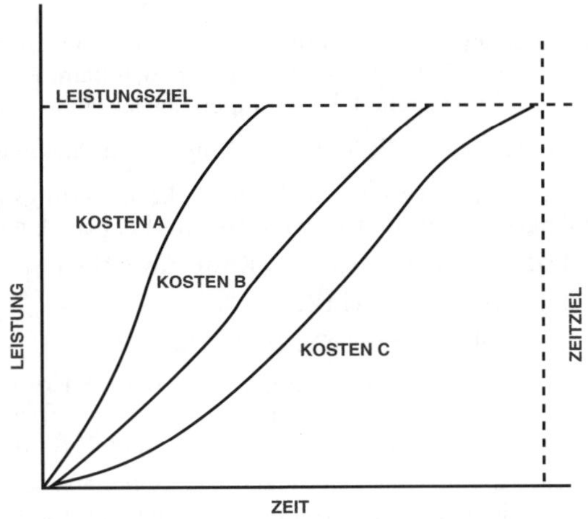

Abbildung 16.11: Kurven zum Kompromiss zwischen Kosten, Zeit und Leistung

Es gab bereits verschiedene Versuche, diese dreidimensionale Struktur des Problems der Kompromissbildung grafisch darzustellen. Leider sind die Verfahren ziemlich komplex und schwierig anzuwenden. Häufiger werden Computermodelle eingesetzt und die Kompromisslösung wird wie ein Problem der linearen oder dynamischen Programmierung behandelt. Aber selbst diese Methode ist nicht immer leicht zu handhaben.

Kompromisse können an jedem Punkt im Projektverlauf erforderlich sein. Abbildung 16.12 zeigt, wie sich die relative Bedeutung der Kosten-, Zeit- und Leistungsvorgaben im Laufe des Projekts verändern kann. Zu Projektbeginn spielen die Kosten in der Regel noch keine bedeutende Rolle. Die Projektleistung hingegen kann mehr Bedeutung erhalten als der Terminplan. An dieser Stelle kann zusätzliche Leistung »erkauft« werden. Wenn sich das Projekt dem Ende zuneigt, steigt die Bedeutung der Kostenvorgabe drastisch. Dies gilt insbesondere, wenn die Projektgewinne die Haupteinnahmequelle des Unternehmens darstellen. Entsprechend ist der Einfluss der Leistung und des Terminplans in dieser Phase dann eventuell geringer.

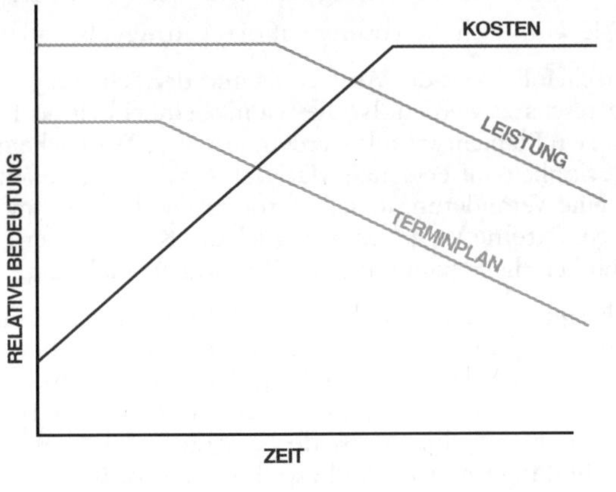

Abbildung 16.12: Kompromisse im Laufe des Lebenszyklus

Nachdem die Handlungsoptionen ermittelt wurden, kann in Schritt 5 der Trade-Off-Analyse eine Machbarkeitsanalyse durchgeführt werden. Im Rahmen der Machbarkeitsanalyse sollten für die einzelnen Handlungsoptionen überarbeitete Projektziele mit angepassten Kosten-, Leistungs- und Zeitvorgaben entwickelt und die Ressourcen, allgemeinen Ablaufpläne und überarbeiteten Projektpläne für jedes Szenario analysiert werden. Das Top-Management muss dann zusammen mit dem Projektmanagement und den Linienmanagern die Lösung auswählen, die einen minimalen negativen Gesamteinfluss auf das Unternehmen ausübt. Dieser Einfluss sollte nicht nur an kurzfristigen finanziellen Ergebnissen bemessen werden, sondern langfristige strategische und marktbezogene Überlegungen enthalten.

In diesem Schritt können die folgenden Aufgaben berücksichtigt werden:

- Vorbereitung eines formellen Projektaktualisierungsberichts, der die optionalen Projektumfänge, Ablauf- und Terminpläne und Kosten beinhaltet
  - Erreichen einer minimalen Kostenüberschreitung
  - Erfüllung der Projektziele
  - Minimale Terminplanüberschreitung
- Erstellung eines Entscheidungsbaums, der die Kosten, die Arbeitsziele und die Ablauf- und Terminpläne und eine Einschätzung der Erfolgswahrscheinlichkeit für jede Bedingung enthält, die zu dem Entscheidungspunkt führt
- Präsentation verschiedener Handlungsoptionen zusammen mit der geschätzten Erfolgswahrscheinlichkeit für das interne und das externe Projektmanagement
- Mit Zustimmung des Managements die passende Strategie auswählen und mit ihrer Implementierung beginnen. Dies setzt voraus, dass das Management nicht auf der Durchführung einer nicht erfüllbaren Aufgabe besteht.

Der letzte Punkt muss näher erläutert werden. Viele Unternehmen setzen Checklisten für die Bewertung von Handlungsoptionen und für die Einschätzung zukünftiger Probleme ein. Folgende Fragen könnten Bestandteil einer solchen Checkliste sein:

- Werden andere Projekte beeinflusst?
- Müssen frühere Aufgaben überarbeitet werden?
- Wird die Reparatur und/oder Wartung erschwert?
- Werden zukünftig zusätzliche Aufgaben anfallen?
- Wie werden die Projektteammitglieder reagieren?
- Wie wirkt sich dies auf den Projektlebenszyklus aus?
- Verringert sich die Flexibilität des Projekts?
- Wie wirkt sich die Lösung auf Kernmitarbeiter aus?
- Wie wirkt sich die Lösung auf die Auftraggeber aus?

Die Wahrscheinlichkeit des Auftretens und der Schweregrad sollten für potenzielle zukünftige Probleme geschätzt werden. Ist die Wahrscheinlichkeit hoch, dass sich das Problem wiederholen wird, sollte ein Plan entwickelt werden, um diese Wahrscheinlichkeit zu verringern. Interne Vorgaben in Hinblick auf Personal, Material, Maschinen, Finanzmittel, Zeit, Richtlinien und Qualität und eine Veränderung der Anforderungen können im gesamten Projektverlauf Probleme verursachen. Externe Vorgaben bezüglich des Kapitals, der Fertigstellungstermine und der Haftung schränken die Flexibilität eines Projekts ebenfalls ein.

Eine der besten Vergleichsmethoden besteht darin, die Handlungsoptionen aufzulisten und sie dann nach der wahrgenommenen Bedeutung relativ zu bestimmten Faktoren wie dem Auftraggeber, dem potenziellen Folgegeschäft, dem Kostendefizit und dem Verlust des guten Willens zu gewichten. Ein Beispiel hierfür sehen Sie in Tabelle 16.2, in der jedes Ziel mit einer vom Management entwickelten Methode gewichtet wird. Diese Art der Analyse wird häufig als Entscheidungsfindung unter Risiko bezeichnet und ist Gegenstand der Entscheidungslogik, die im Rahmen der allgemeinen Betriebswirtschaftslehre und der Operations Research gelehrt wird.

Die Gewichtungsfaktoren sollen den Prozess der Entscheidungsfindung erleichtern, verursachen jedoch häufig in einem bereits verwirrenden Vorgang noch mehr Verwirrung.

Ziele	**Erhöhung des Folgegeschäfts**	**Pünktliche Lieferung**	**Kostenvorgaben erfüllen**	**Spezifikationen erfüllen**	**Gewinne maximieren**
Gewichtung	0,4	0,25	0,10	0,20	0,05
Handlungsoptionen					
Ressourcen hinzufügen	100 %	90 %	30 %	90 %	10 %
Leistungsumfang reduzieren	60 %	90 %	90 %	30 %	95 %
Änderungen der Spezifikation reduzieren	90 %	80 %	95 %	5 %	80 %
Projekt zu spät abschließen	80 %	0 %	20 %	95 %	0 %
Zusatzkosten dem Auftraggeber in Rechnung stellen	30 %	85 %	0 %	60 %	95 %

Tabelle 16.2: Gewichtung der Handlungsoptionen

Tabelle 16.3 zeigt, dass einige Unternehmen Trade-Off-Analysen durchführen, indem sie alle Handlungsoptionen auf einen gemeinsamen Nenner bringen – Geld. Die Umwandlung der Werte kann zwar etwas schwierig sein, es ist jedoch sichergestellt, dass »Äpfel mit Äpfeln« verglichen werden. Alle Ressourcen, wie z.B. die Kapitalausstattung, können als Geldwert ausgedrückt werden. Schwierigkeiten treten dann auf, wenn Geldwerte zu Faktoren wie der Umweltverschmutzung, Sicherheitsstandards und dem potenziellen Verlust des Lebens zugewiesen werden sollen.

Annahme	**Beschreibung**	**Ausgaben, €**	**Monate**	**Gewinn, €**	**Rangfolge nach Gewinn, €**
1	Keine Veränderung	0	6	100.000	5
2	Höher bezahlte Mitarbeiter	0	5	105.000	3
3	Einsatzmittel renovieren	10.000	7	110.000	2
4	Neue Einsatzmittel erwerben	85.000	9	94.000	6
5	Spezifikationen ändern	0	6	125.000	1
6	Unterverträge abschließen	0	6	103.000	4

Tabelle 16.3: Trade-Off-Analyse

Häufig können verschiedene Korrekturmaßnahmen eingesetzt werden, wie z.B. die folgenden:

- Überstunden
- Doppelte Schichten

- Terminüberwachung
- Zusätzliche Arbeitskräfte
- Mehr Geld
- Wechsel des Zulieferers
- Veränderung der Spezifikationen
- Wechsel der Projektressourcen
- Verzicht auf Inspektionen
- Veränderung des Lastenhefts
- Veränderung der Projektstruktur
- Austausch von Einsatzmitteln
- Materialaustausch
- Einsatz externer Auftragnehmer
- Bonuszahlungen an Auftragnehmer leisten
- Nur eine Quelle nutzen
- Verzicht auf Zeichnungsbestätigungen

Die Korrekturmaßnahmen können für die Faktoren Zeit, Kosten und Leistung gleichermaßen verwendet werden. Es gibt jedoch für jeden Bereich bestimmte Alternativen. Angenommen, es wird eine PERT/CPM-Analyse durchgeführt, um das Projekt zu planen. Dann stehen die folgenden Optionen zur Überarbeitung der Ablauf- und Terminpläne zur Verfügung:

- Aufgaben mit Prioritäten versehen und beobachten, wie sich die Entfernung von Arbeitsaufträgen mit geringer Priorität auf den kritischen Pfad auswirkt
- Einsatz des Ressourcenausgleichsverfahrens
- Eine weitere Ebene zum Projektstrukturplan hinzufügen und die Zeitschätzungen für jede Aufgabe erneut zuweisen

Kompromisse in Bezug auf die Leistung können wie folgt erzielt werden:

- Exzessive oder zu strenge Spezifikationen, die für das Projekt nicht wichtig sind, werden gelockert. (Häufig werden Standardspezifikationen eingesetzt, ohne dass dafür eine Notwendigkeit besteht.)
- Die Testanforderungen können mit dem Ziel verändert werden, die Kosten zu minimieren.
- Minimale Leistungsanforderungen festlegen, unterhalb derer das Projekt nicht verfolgt wird. Damit wird am unteren Leistungsende eine Grenze gesetzt, die bei der Wahl der Kompromisslösung nicht überschritten werden darf.
- Leistungsanforderungen aufgeben, die wenig oder nichts mit dem Erreichen der Projektgesamtziele zu tun haben. Zu diesem Zweck muss der Projektmanager die Projektziele in wichtige und weniger wichtige Ziele unterteilen.
- Aufwändige Aufgaben an Mitarbeiter des Projektteams vergeben, die sich den Aufgaben ganz widmen. Ein solcher Ressourcenkompromiss kann effektiv sein, wenn die Aufgaben umfassende Kenntnisse über das Projekt erfordern. So kann beispielsweise in der Design- und der Testphase durch die Erfahrung der Mitarbeiter sehr viel Zeit eingespart werden.

Für die Kostenanalyse sind die folgenden Bereiche besonders viel versprechend:

- Grenzkosten (mittels Sensitivitätsanalyse)
- Neuzuweisung von Ressourcen
- Materialaustausch, wobei preisgünstigere Materialien eingesetzt werden, ohne die Projektspezifikationen zu ändern

Je nach Problemumfang, dem Zeitpunkt, an dem das Problem identifiziert wurde, und dem potenziellen Einfluss des Problems auf die Projektergebnisse kann es schwierig sein, Handlungsoptionen zu finden, mit denen sich das Projekt fristgerecht und im Rahmen der Kosten- und Qualitätsvorgaben realisieren lässt. In der Regel bleiben jedoch die folgenden Möglichkeiten:

- Es kann der Versuch unternommen werden, die Leistungskriterien mit dem Projektsponsor neu auszuhandeln. Diese Vorgehensweise basiert auf einer pragmatischen Sichtweise der Akzeptanz eines möglichen Ergebnisses. Die persönlichen Vorteile für den Projektmanager stehen nicht zur Debatte. Berücksichtigt werden die beruflichen und rechtlichen Pflichten, die der Projektmanager, das Projektteam oder die Mutterorganisation erfüllen müssen.
- Falls es nicht möglich oder der Versuch gescheitert ist, neue Leistungskriterien auszuhandeln, bleibt nur die Möglichkeit, Verluste zu vermeiden. An der Planung für diese Vorgehensweise sollten das Linien- und das Projektmanagement beteiligt sein, weil die Mutterorganisation an dieser Stelle versuchen wird, sich selbst zu verteidigen. Folgende Optionen stehen in einer solchen Situation zur Verfügung:
  - Projektfertigstellung nach Plan, wobei nur die minimale vom Projektsponsor geforderte Qualität geliefert wird. Es resultieren eine Kostenüberschreitung und damit ein finanzieller Verlust, der Projektsponsor sollte jedoch insgesamt zufrieden sein. (Projektsponsoren fühlen sich eigentlich nie besonders wohl, wenn sie wissen, dass ein Projektteam nach dem Motto verfährt, Verluste zu reduzieren.)
  - Kosten- und Leistungskontrolle, wobei eine Überschreitung des Ablauf- und Terminplans in Kauf genommen wird. Der Grad an Unzufriedenheit des Projektsponsors hängt von der Situation ab. Mögliche Risiken sind der Verlust von Folgeaufträgen oder andere Folgeschäden.
  - Einhaltung des Ablauf- und Terminplans und des Kostenrahmens bei gleichzeitiger Aufgabe des Leistungsniveaus. Dieser höchst riskante Ansatz besitzt eine geringe Erfolgswahrscheinlichkeit. Die Gefahr eines Misserfolgs ist jedoch sehr hoch. Wenn die Finanzergebnisse einen bestimmten Wert unterschreiten, geht das verloren, was in Hinblick auf die Qualität erreicht wurde.
  - Der Versuch, die gewünschten Kosten-, Zeit- und Leistungsvorgaben zu erreichen, wird zur Anforderung, die sich unmöglich erfüllen lässt. Bei diesem Ansatz besteht die »Hoffnung«, dass das Unvermeidliche doch nicht eintreten wird, und es besteht die Gefahr, in allen Bereichen gleichzeitig zu versagen.
  - Projektabbruch, um zu verhindern, dass die Ausgaben noch weiter steigen. Dieser Ansatz könnte die Karriere eines Projektmanagers rasch beenden, die des Projektberaters jedoch fördern!

Der sechste und letzte Schritt bei der Auffindung einer Kompromisslösung besteht darin, die Genehmigung des Managements einzuholen und das Projekt neu zu planen. Der Projektmanager identifiziert in der Regel die Handlungsoptionen und bereitet eine Empfehlung vor. Das Top-Management muss an der Entscheidungsfindung beteiligt werden, weil der Projektmanager andernfalls versuchen könnte, Korrekturmaßnahmen in einem Vakuum vorzunehmen. Das Top-Management trifft Entscheidungen in der Regel auf der Basis folgender Punkte:

- Unternehmensrichtlinien in Bezug auf die Qualität, die Integrität und das Image
- Die Möglichkeit, eine langfristige Kundenbeziehung zu entwickeln
- Art des Projekts (FuE, Modernisierung, neues Produkt)
- Größe und Komplexität des Projekts
- Andere Projekte, die gerade durchgeführt oder geplant werden
- Cashflow des Unternehmens
- Die Grundlinie – ROI

- Wettbewerbsrisiken
- Technische Risiken
- Einfluss auf angeschlossene Unternehmen

Nachdem eine Handlungsoption ausgewählt wurde, müssen sich das Management und insbesondere das Projektteam darauf konzentrieren, die überarbeiteten Ziele zu erreichen. Dazu ist sehr wahrscheinlich eine detaillierte Projektneuplanung erforderlich, in deren Rahmen neue Ablauf- und Terminpläne, PERT-Netzpläne, Projektstrukturpläne und andere Benchmarks erstellt werden müssen. Das gesamte Management-Team (d.h., das Top-Management, die Linienmanager und die Projektmanager) müssen sich alle dazu verpflichten, den überarbeiteten Projektplan zu erreichen.

16.2 Der Einfluss des Vertragstyps auf Kompromisslösungen

PMBOK® Guide 2004

Kapitel 12 Beschaffungsmanagement

12.5 Vertragsabwicklung

Die Entscheidung darüber, ob Kompromisse in Bezug auf die Kosten, die Zeit und die Leistung gemacht werden können, hängt letztendlich vom Vertragstyp ab. Tabelle 16.4 zeigt für sieben allgemeine Vertragsarten, in welcher Reihenfolge jeweils Kompromisse gemacht werden können.

	Festpreis	Festpreis mit Leistungsanreiz	Kostenzuschlagsvertrag	Kostenzuschlagsvertrag mit Kostenbeteiligung	Kostenzuschlagsvertrag mit Anreiz	Kostenzuschlagsvertrag mit Bonus	Kostenzuschlagsvertrag mit Gewinnaufschlag auf Selbstkosten
Zeit	2	1	2	2	1	2	2
Kosten	1	3	3	3	3	1	1
Leistung	3	2	1	1	2	3	3

1 = Wird als Erstes geopfert, 2 = Wird als Zweites geopfert, 3 = Wird als Drittes geopfert.

Tabelle 16.4: Rangfolge, in der die Ressourcen je nach Vertragstyp geopfert werden

Der Festpreisvertrag. Im Vertrag werden die Faktoren Zeit, Kosten und Leistung genau festgelegt und der Auftraggeber ist dafür verantwortlich, dass sie erfüllt werden. Es sind jedoch nicht alle Vorgaben gleich wichtig, sondern die Prioritäten entsprechen der Reihenfolge in Tabelle 16.1.

Festpreis mit Leistungsanreiz. Bei Verträgen wird die Höhe der Anreizzahlung anhand der Kosten bestimmt. Deshalb werden die Kosten bei Kompromissen zuletzt geopfert. Da die Leistung/Qualität in der Regel jedoch wichtiger ist als die Erfüllung des Ablauf- und Terminplans, steht dieser Faktor für Kompromisse an zweiter Stelle.

Kostenzuschlagsvertrag mit Anreiz. Die Kosten werden zurückerstattet und bei der Berechnung der Höhe des Bonus berücksichtigt. Deshalb werden zuletzt Kompromisse in Bezug auf die Kosten gemacht. Wie beim Festpreis mit Anreiz ist die Leistung in der Regel wichtiger als die Einhaltung des Ablauf- und Terminplans. Deshalb ist die Reihenfolge der Faktoren gleich wie beim Festpreis mit Anreiz.

Kostenzuschlagsvertrag mit Bonus auf Selbstkosten. Die Kosten werden an den Auftragnehmer zurückerstattet, die Belohnung basiert jedoch auf seiner Leistung. Somit sind die Kosten der erste Faktor, der bei einer Kompromisslösung berücksichtigt wird, und die Leistung der letzte Faktor.

Kostenzuschlagsvertrag mit Gewinnaufschlag auf Selbstkosten. Die Kosten werden dem Auftragnehmer erstattet. Deshalb können hier als Erstes Kompromisse eingegangen werden. Es gibt zwar keinen Anreiz dafür, die Faktoren Zeit und Leistung/Qualität effektiv zu gestalten, für schlechte Leistung/Qualität werden jedoch möglicherweise Konventionalstrafen fällig. Somit können Kompromisse an zweiter Stelle hinsichtlich der Zeit eingegangen werden und an dritter Stelle hinsichtlich der Leistung/Qualität.

16.3 Vorlieben für Kompromisse in den einzelnen Branchen

Tabelle 16.5 listet Vorlieben für Kompromisse in einundzwanzig Branchen auf, die in den USA per Umfrage erhoben wurden. Diese Variablen beeinflussen selbstverständlich jede Entscheidung. Die Daten in der Tabelle spiegeln die allgemeinen Antworten in den Befragungen wider, wobei externe Überlegungen vernachlässigt werden, die sich auf die Reihenfolge der Vorlieben ausgewirkt hätten.

Branche	Zeit	Kosten	Leistung
Baubranche	1	3	2
Chemische Industrie	2	1	3
Elektronikindustrie	2	3	1
Autohersteller	2	1	3
Datenverarbeitung	2	1	3
Regierungsbehörden	2	1	3
Gesundheitswesen (gemeinnützig)	2	3	1
Medizin (profitorientiert)	1	3	2
Kernkraft	2	1	3
Produktion (Plastik)	2	3	1
Produktion (Metall)	1	2	3
Beratung (Management)	2	1	3
Beratung (technische)	3	1	2
Büroprodukte	2	1	3
Werkzeugmaschinen	2	1	3
Öl	2	1	3
Batterien	1	3	2
Versorgungsbetriebe	1	3	2
Luftfahrt	2	1	3
Einzelhandel	3	2	1
Bankwesen	2	1	3

Hinweis: Die Zahlen in der Tabelle geben die Reihenfolge wieder, in der die drei Parameter geopfert werden.

Tabelle 16.5: Reihenfolge, in der Kompromisse in den einzelnen Branchen eingegangen werden

Tabelle 16.6 zeigt die relative Gruppierung von Tabelle 16.5 nach den vier Kategorien projektorientiert, nicht projektorientiert, gemeinnützig und Bank.

	Art der Organisation					
	Projektorientierte Organisationen				Banken	
	Frühe Phasen des Projektlebenszyklus	Späte Phasen des Projektlebenszyklus	Nicht projektorientierte Organisationen	Gemeinnützige Organisationen	Branchenführer	Mitläufer
Zeit	2	1	1	2	3	2
Kosten	1	3	3	3	1	1
Leistung	3	2	2	1	2	3

Tabelle 16.6: Spezialfälle

Bei allen Projekten im Bankensektor werden die Kosten als Erstes geopfert. Der Grund dafür könnte sein, dass Banken bei diesem Kompromiss in der Regel keine quantitative Einschätzung für die tatsächlichen Kosten haben, die für eine bestimmte Dienstleistung anfallen. Die nächste Ressource, die geopfert wird, hängt von der Konkurrenz ab. Wenn andere Mitbewerber eine neue Dienstleistung oder ein Produkt entwickelt haben, das eine bestimmte Bank bisher noch nicht anbietet, ist die Ressource Zeit weniger wichtig als die Leistungskriterien. Bei einigen Bankprojekten ist der Zeitfaktor hingegen sehr wichtig, weil sie von gesetzlichen Bestimmungen abhängen. Der Zeitpunkt, zu dem das Gesetz in Kraft tritt, setzt damit den Stichtag für das Projekt.

Bei gemeinnützigen Organisationen wird im Allgemeinen als Erstes die Leistung geopfert. Gemeinnützige Organisationen beziehen ihre Einnahmen aus Spenden und aus staatlichen Zuwendungen, wodurch die Arbeitsweise stark beschränkt ist. Kostenüberschreitungen werden durch die Art der Organisation verhindert, unerfahrene Mitarbeiter und Zeitvorgaben führen zu mangelhaftem Service am Kunden.

Nicht projektorientierte Organisationen sind gemäß der traditionellen vertikalen Hierarchie strukturiert. Manager von Bereichen wie dem Marketing, der Konstruktion, dem Rechnungswesen und dem Vertrieb werden in die Planung, die Organisation, die Buchhaltung und die Personalausstattung ihrer Bereiche einbezogen. Viele Projekte ergeben sich aus dem Bedarf, ein Produkt oder einen Prozess zu verbessern, und können auf Kundenanforderungen gestartet werden. Die erste Ressource, die geopfert wird, ist die Zeit, gefolgt von der Leistung und den Kosten. In vielen Produktionsunternehmen haben die Budgetvorgaben eine höhere Priorität als die Leistungskriterien.

Bei nicht projektorientierten Organisationen haben Projekte eine geringere Priorität als das Alltagsgeschäft der Linienabteilungen. Die Finanzmittel sind den einzelnen Abteilungen zugeordnet und nicht den Projekten. Wenn Linienmanager neben der Unterstützung der Projekte eine bestimmte Produktivität gewährleisten müssen, kümmern sie sich in erster Linie um ihren Betrieb, was zu Lasten der Projektentwicklung geht. Wenn ein Unternehmen die Kosten kürzen muss, werden Spezialprojekte abgebrochen, um die Gewinnmargen halten zu können.

Die Kompromisse, die bei projektorientierten Organisationen in Bezug auf die Ressourcen eingegangen werden, hängen von der Lebenszyklusphase der Projekte ab. In der Konzeptions-, der Definitions-, der Produktions- und der Ausführungsphase des Projekts werden Kompromisse in Hinblick auf die Kosten, dann auf die Zeit und schließlich auf die Leistung gemacht. In den frühen Planungsphasen muss das Projekt gewisse Leistungs- und Zeitnormen erfüllen. Die Kostenschätzungen basieren auf Werten, die dem Projektmanager von den Linienmanagern vorgegeben werden.

Während der Ausführungsphase nimmt der Kostenfaktor an Bedeutung zu und Zeit und Leistung verlieren an Bedeutung. Das Unternehmen versucht, die Investitionen in das Projekt zurückzuerlangen, und betont deshalb die Kostenkontrolle. Möglicherweise wurde ein Kompromiss hinsichtlich der Leistung eingegangen und das Projekt liegt hinter dem Terminplan zurück. Das Projektmanagement wird jedoch die Kosten analysieren, um den Projekterfolg zu rechtfertigen.

Lediglich bei den projektorientierten Organisationen kann es Unterschiede bei den Prioritäten der Kompromisse geben, die vom jeweiligen Projekt abhängen. Bei Forschungs- und Entwicklungsprojekten gibt es möglicherweise ein festes Leistungsniveau, wohingegen bei Bauprojekten in der Regel das Datum der Fertigstellung die größte Rolle spielt.

16.4 Fazit

Die obige Diskussion macht deutlich, dass der Projektmanager viele Möglichkeiten hat, den Verlauf eines Projekts zu steuern. Projektmanager müssen gewillt sein, kleine und große Kompromisse selbst zu steuern. Ob bestimmte Möglichkeiten verfügbar sind, hängt jedoch von der speziellen Projektumgebung ab.

Der größte Beitrag, den ein Projektmanager in einem Projektteam leisten kann, besteht darin, unter ungünstigen Umständen für Stabilität zu sorgen. Zwischenmenschliche Beziehungen haben sehr viel mit dem verfügbaren Handlungsoptionen und ihren Erfolgsaussichten zu tun, weil im Team gehandelt werden muss. Mit einer Mischung aus Management-Kenntnissen und Sensibilität können Projektmanager die richtigen Kompromisse eingehen, die Teammitglieder ermutigen und dem Projektsponsor versichern, dass das Projekt zufrieden stellend verläuft.

16.5 Studientipps für das PMI®-Projektmanagement-Zertifizierungsexamen

Dieser Abschnitt kann als Wiederholung der Grundlagen dienen, um die Wissensbereiche und Domänengruppen im PMBOK® Guide zu ergänzen. In diesem Kapitel geht es um Folgendes:

- Integrationsmanagement
- Umfangsmanagement
- Beschaffungsmanagement
- Initiierung
- Planung
- Ausführung
- Controlling

Das Verständnis der folgenden Grundlagen ist vorteilhaft, wenn der Leser diesen Text für die Vorbereitung auf das PMP®-Zertifizierungsexamen verwendet:

- Was ist ein Trade-off
- Wer sind die Hauptprotagonisten bei Trade-offs
- Annahmen und Umstände können sich so ändern, dass Trade-offs zwingend erforderlich werden

Die folgenden Multiple-Choice-Fragen sind hilfreich bei der Wiederholung der Grundlagen dieses Kapitels:

1. Trade-offs sind fast immer nötig, weil:
   A. Projektmanager nicht in der Lage sind, korrekt zu planen
   B. Linienmanager nicht in der Lage sind, exakte Schätzungen abzugeben
   C. Führungskräfte nicht in der Lage sind, Projektziele korrekt zu definieren
   D. Die Umstände sich ändern können, so dass Trade-offs zwingend erforderlich werden
2. Die Person, die letztlich für die Genehmigung des Trade-offs verantwortlich ist, ist der:
   A. Projektmanager
   B. Linienmanager
   C. Projektsponsor
   D. Kunde

3. Die häufigsten Trade-offs erfolgen für:
   A. Zeit, Kosten und Qualität
   B. Risiko, Kosten und Qualität
   C. Risiko, Zeit und Qualität
   D. Umfang, Qualität und Risiko
4. Wenn der Startzeitpunkt eines Projekts verzögert wird, aber das Budget und die Spezifikationen gleich bleiben, welcher Trade-off ist für den Projektmanager dann am ehesten möglich?
   A. Umfang
   B. Zeit
   C. Qualität
   D. Risiko

ANTWORTEN

1. D
2. D
3. A
4. C

17 Risikomanagement

Verwandte Fallstudien (aus Kerzner/*Project* Management *Case Studies*, 2. Auflage)	Verwandte Workbook-Übungen (aus Kerzner/*Project Management Workbook and PMP®/CAPM® Exam Study Guide*, 9. Auflage)	PMBOK® Guide, 3. Auflage, Referenzabschnitt für das PMP®-Zertifizierungsexamen
• Teloxy Engineering (A)* • Teloxy Engineering (B)** • The Space Shuttle Challenger Disaster • Packer Telecom • Luxor Technologies • Altex Corporation • Acme Corporation	• Multiple-Choice-Examen • Crossword Puzzle on Risk Management	• Risikomanagement • Professionelle Verantwortung

* Dieses Kapitel wurde von Dr. Edmund H. Conrow CMC, CPCM, PMP überarbeitet. Dr. Conrow ist Experte in Sachen Risikomanagement und kann auf eine langjährige Erfahrung und eine große Bandbreite von Projekten zurückblicken. Er ist Managementberater und technischer Consultant und Autor des Buchs Effective Risk Management: Some Keys to Success, Zweite Auflage (Reston, VA: American Institute of Aeronautics and Astronautics 2003). Er kann über seine Website unter www.risk-services.com erreicht werden.

**Conrow, E. H.: Some Long-Term Issues and Impediments Affecting Military Systems Acquisition Reform, Acquisition Review Quarterly, Defense Acquisition University, Band 2, Nr. 2, Seite 199-212. Sommer 1995.

17.0 Einführung

PMBOK® Guide 2004
Kapitel 11 Risikomanagement

In den Anfangstagen des Projektmanagements wurde bei den meisten Projekten in erster Linie die Einhaltung der Kosten- und der Terminvorgaben berücksichtigt. Das lag daran, dass über diese Faktoren mehr bekannt war als über technische Risiken. Für Prognosen in Bezug auf die Technologie wurde hauptsächlich das bisherige technische Wissen auf die Gegenwart übertragen.[1]

Heute wird bei vielen Projekten die Vorhersage für den Stand der Technologie bis an die Grenzen getrieben. Bei Projekten mit einer Dauer von weniger als einem Jahr wird davon ausgegangen, dass das Umfeld bekannt und stabil ist. Dies gilt insbesondere für das technologische Umfeld. Bei Projekten mit einer Dauer von mehr als einem Jahr müssen technologische Prognosen berücksichtigt werden. Die Leistung im Bereich der Computertechnologie verdoppelt sich alle zwei Jahre, in anderen Bereichen der Konstruktion ungefähr alle drei Jahre.

1. Dieses Kapitel wurde von Dr. Edmund H. Conrow CMC, CPCM, PMP überarbeitet. Dr. Conrow ist ein Experte in Sachen Risikomanagement und kann auf eine langjährige Erfahrung und eine große Bandbreite von Projekten zurückblicken. Das Material wurde aus dem Buch *Effective Risk Management: Some Keys to Success* übernommen (Reston, VA: American Institute of Aeronautics and Astronautics 2000) Copyright © 2000, Edmund H. Conrow. Er kann über seine Website unter www.risk-services.com erreicht werden.

Wie kann ein Projektmanager angesichts so schneller Änderungen den Projektumfang eines Projekts genau definieren, das eine Laufzeit von drei oder vier Jahren hat, ohne davon auszugehen, dass sich aus letztlich unsicheren technologischen Verbesserungen auch technische Änderungen ergeben? Welches Risiko geht er bei einer sich wahrscheinlich ändernden und unsicheren Entwicklungs-, Produktions- und Technologieumgebung ein?

Ein Fertigungsunternehmen hat beispielsweise den Bauauftrag für eine zukunftsweisende Fertigungsfabrik übernommen, deren Baubeginn im Jahr 2006 liegt. Wie sollen Entscheidungen zum Entwurf ohne Prognosen über die Technologie der Zukunft getroffen werden? Welche Computertechnologie wird beispielsweise zukünftig eingesetzt werden? Welche Materialarten wird es geben und welche Arten von Komponenten werden die Kunden zukünftig benötigen? Welche Produktionsrate ist erforderlich und existiert dann auch die Technologie, mit der ein solches Produktionsniveau erreicht werden kann?

Ökonomen und Finanzinstitutionen prognostizieren Zinssätze. Diese Vorhersagen werden in Zeitungen und Zeitschriften veröffentlicht. High-Tech-Firmen machen zwar auch alle technologische Prognosen, veröffentlichen diese häufig jedoch nur ungern. Technologische Vorhersagen werden als Firmenbesitz betrachtet und sind möglicherweise Bestandteil der strategischen Planung.

Wir lesen in der Zeitung über Kosten- und Terminplanüberschreitungen bei den unterschiedlichsten Entwicklungsprojekten. Auf einige Faktoren, die zu einem Kostenwachstum und zu Terminüberschreitungen führen können, können Käufer, Verkäufer und Anteilseigner Einfluss nehmen, wie z.B. die folgenden:[2]

- Das Projekt wird mit einem Budget und/oder einem Ablauf- und Terminplan gestartet, die für das gewünschte Leistungsniveau inadäquat sind.
- Das Projekt wird gestartet, bevor eine geeignete Anforderungsanalyse stattgefunden hat und/oder bevor geeignete Ressourcen bestätigt wurden.
- Der Gesamtentwicklungsprozess (oder Teile davon) bevorzugt eine oder mehrere Variablen gegenüber anderen Variablen (z.B. Leistung gegenüber Kosten und Zeitplan).
- Es wird ein Entwurf entwickelt, der sich zu diesem Zeitpunkt an der Grenze zur Machbarkeit bewegt.
- Es werden wichtige Entscheidungen zum Projektaufbau getroffen, bevor die Beziehungen zwischen den Kosten, der Leistung oder Qualität, dem Terminplan und dem Risiko näher untersucht wurden.

Diese fünf Faktoren fördern die Unsicherheit bei Vorhersagen in Hinblick auf Technologien, die benötigt werden, um die Leistungsanforderungen zu erfüllen. Wenn darüber hinaus technologische Gesichtspunkte nicht korrekt eingeschätzt werden können, erhöht sich das technische Projektrisiko und möglicherweise auch das Risiko, die Kosten- und/oder Zeitvorgaben nicht einhalten zu können.

Heute ist der Kampf um technische Errungenschaften hart geworden. Unternehmen haben bereits mehrere Phasen der Zentralisierung aller Aktivitäten und insbesondere der Management-Funktionen durchlaufen, dezentralisieren jedoch ihr technisches Know-how. Mitte der 1980er-Jahre erkannten viele Unternehmen den Bedarf, die verschiedenen Risiken einschließlich der technischen zu integrieren. In Bereichen, in denen Entscheidungsträgern Informationen über die Risiken zur Verfügung standen, wurden Verfahren zum Risikomanagement implementiert.

Risikomanagement sollte jedoch mehr leisten, als potenzielle Risiken lediglich zu identifizieren. Es sollte eine formelle Planung, eine Analyse zur Einschätzung der Risikowahrscheinlichkeit und der Prognose der Auswirkungen identifizierter Risiken auf das Projekt und eine Strategie zum Umgang mit ausgewählten Risiken beinhalten und die Möglichkeit bieten, den Fortschritt bei der Reduzierung der Risiken auf das gewünschte Niveau zu überwachen.

Ein Projekt ist per definitionem eine zeitlich begrenzte Unternehmung, etwas zu schaffen, was bisher noch nicht unternommen wurde und zukünftig nicht mehr unternommen wird. Wegen dieser Einzigartigkeit haben viele die Vorstellung entwickelt, dass sie mit dem Risiko leben müssen und dass das Risiko zum Geschäft gehört. Wird das Risikomanagement als kontinuierlicher, disziplinierter Ansatz zur Planung, Einschätzung (Identifikation und Analyse), Behandlung und Überwachung betrachtet, kann das System sehr schnell gemeinsam mit anderen Prozessen wie der Planung und Budgetierung, Kostenkontrolle, Qualitätskontrolle und Zeitplanung eingesetzt werden. Der Nutzer muss mit weniger Überraschungen rechnen, die zu Problemen werden, weil jetzt proaktives statt reaktives Management betont wird.

2. Conrow, E. H:, Some Long-Term Issues and Impediments Affecting Military Systems Acquisition Reform, Acquisition Review Quarterly, Defense Acquisition University, Sommer 1995.

Risikomanagement lässt sich bei fast allen Projekten rechtfertigen. Der Implementierungsgrad kann sich zwischen den einzelnen Projekten unterscheiden und hängt von Faktoren wie der Größe, dem Projekttyp, dem Auftraggeber, der Beziehung zur strategischen Planung und der Unternehmenskultur ab. Risikomanagement ist insbesondere dann wichtig, wenn der Einsatz hoch ist und Unsicherheit vorherrscht. Obwohl wir in der Vergangenheit beschlossen haben, mit dem Risiko zu leben, ist das Risikomanagement heute ein Schlüsselbestandteil des Gesamtprojektmanagements. In einem solchen Fall müssen Pläne dafür entwickelt werden, wie verhindert werden kann, dass Gefahren zu Problemen werden, die das Projekt negativ beeinflussen.

17.1 Risiko: Eine Definition

PMBOK® Guide 2004

Einführung Risikomanagement

11.1.3 Risikomanagementplanung: Ausgangswerte

Risiko ist ein Maß für die Wahrscheinlichkeit und die Auswirkungen davon, ein Projektziel nicht zu erreichen. Die meisten Menschen stimmen zu, dass Risiko Gedanken der Unsicherheit beinhaltet. Kann die gewünschte Flugzeugreichweite erreicht werden? Kann der Computer mit den budgetierten Kosten produziert werden? Kann der Markteinführungstermin eines neuen Produkts eingehalten werden? Solche Fragen lassen sich nur in Begriffen der Wahrscheinlichkeit beantworten; z.B. mit der Angabe einer Wahrscheinlichkeit von 0,15 Prozent dafür, dass der geplante Produkteinführungstermin nicht eingehalten werden kann. Bei der Risikobewertung reicht es jedoch nicht aus, lediglich die Eintrittswahrscheinlichkeit negativer Ereignisse zu betrachten. Es müssen auch die mit dem Eintritt des negativen Ereignisses verbundenen Folgen und Schäden berücksichtigt werden.

Ziel A kann beispielsweise ein viel größeres Risiko in sich bergen als Ziel B, obwohl die Wahrscheinlichkeit, Ziel A nicht zu erreichen, mit 0,05 Prozent erheblich geringer ist als die, Ziel B nicht zu erreichen (0,20 Prozent). Das gilt beispielsweise dann, wenn die Folgen davon, Ziel A nicht zu erreichen, vier Mal so schlimm sind als die Folgen, wenn Ziel B nicht erreicht wird. Es ist also nicht immer leicht, ein Risiko zu schätzen, weil die Eintrittswahrscheinlichkeit und die Risikofolgen in der Regel nicht direkt messbar sind und mittels statistischer oder anderer Verfahren geschätzt werden müssen.

Risiko besteht für ein vorgegebenes Ereignis aus den folgenden zwei Komponenten:

- Eintrittswahrscheinlichkeit des Ereignisses
- Auswirkung des Auftretens des Ereignisses

Abbildung 17.1 veranschaulicht diese Komponenten.

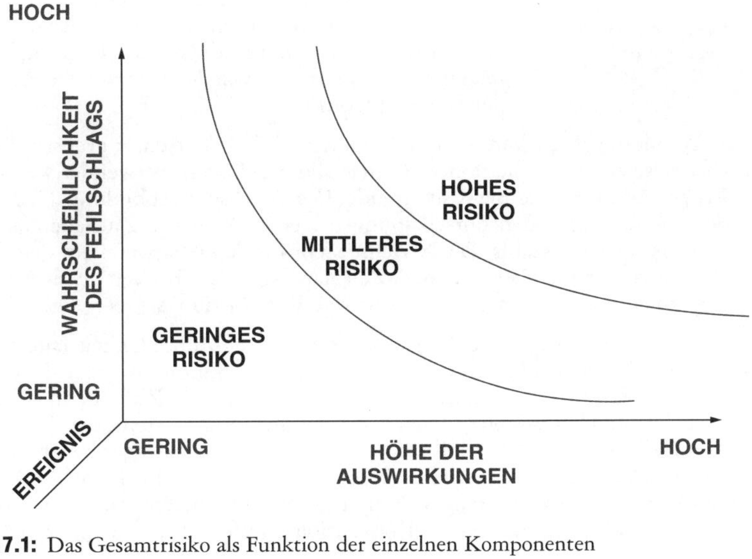

Abbildung 17.1: Das Gesamtrisiko als Funktion der einzelnen Komponenten

Das Risiko eines Ereignisses kann als Funktion der Wahrscheinlichkeit und des Einflusses definiert werden:

Risiko $= f$(Wahrscheinlichkeit, Auswirkungen)

Im Allgemeinen steigt das Risiko mit zunehmender Wahrscheinlichkeit oder zunehmenden Auswirkungen. Deshalb müssen beim Risikomanagement die Risikowahrscheinlichkeit und die Auswirkungen berücksichtigt werden.

Risiko stellt auch mangelndes Wissen über zukünftige Ereignisse dar. Beachten Sie jedoch, dass Risiken und Chancen für ein bestimmtes Projekt möglicherweise nicht oder nur teilweise miteinander verknüpft sind und dass das Risiko- und Chancenmanagement nicht einfach Spiegelbilder voneinander sind. (Weitere Informationen über Risiken und Chancen finden Sie in Conrow, 2003, Anhang E, zitiert in Fußnote 1.) In der Regel werden wünschenswerte zukünftige Ereignisse oder Ergebnisse als Chancen bezeichnet und unerwünschte Ereignisse oder Ergebnisse als Risiken.

Ein weiterer Risikofaktor ist die Ursache. Manchmal kann das Fehlen von irgendetwas eine risikobehaftete Situation herbeiführen. Die Ursache einer Gefahr wird auch als Risiko bezeichnet. Bestimmte Risiken können dadurch entschärft werden, dass sie bekannt sind und dass entsprechende Maßnahmen erfolgen, um sie zu umgehen. Ein großes Loch in der Straße stellt beispielsweise für einen Autofahrer, der die Straße erstmals befährt, eine viel größere Gefahr dar als für Autofahrer, die die Straße täglich befahren und deshalb wissen, dass sie das Loch langsam umfahren müssen. Dies führt zur zweiten Darstellung von Risiko:

Risiko $= f$(Gefahr, Sicherheitsvorkehrung)

Das Risiko erhöht sich durch die Gefahr, die es darstellt, und verringert sich durch Sicherheitsvorkehrungen, die ergriffen wird, um die Gefahr zu umgehen. Die Darstellung impliziert, dass gutes Projektmanagement so strukturiert sein sollte, dass Gefahren erkannt und Vorkehrungen zu ihrer Überwindung entwickelt werden. Mit den angemessenen Sicherheitsvorkehrungen lässt sich ein Risiko auf ein akzeptables Maß reduzieren.

17.2 Die Risikobereitschaft

PMBOK® Guide 2004

11.1.1 Risikomanagementplanung: Eingangswerte

11.1.3 Risikomanagementplanung: Ausgangswerte

Es gibt keine Lehrbuchantwort auf die Frage, wie mit Risiko umgegangen werden sollte – eine einzige Lösung ist nicht für alle Projekte oder Umstände passend. Der Projektmanager muss sich beim Umgang mit Risiko auf seinen gesunden Menschenverstand und auf die passenden Werkzeuge verlassen. Die Entscheidung darüber, wie mit Risiko umgegangen wird, hängt letztendlich von der Risikobereitschaft des Projektmanagers ab, ebenso wie von den vertraglichen Anforderungen, Vorlieben der Stakeholder usw.

In Abbildung 17.2 werden drei Arten der Risikobereitschaft grafisch veranschaulicht, die üblicherweise zur Klassifikation von Entscheidungsträgern verwendet werden: die Risikoscheu, die Risikoneutralität und die Risikofreude. Die Y-Achse in Abbildung 17.2 steht für den »Nutzen«, den das Risiko für den Entscheidungsträger in Form von Zufriedenheit mit sich bringt, wenn sich das Risiko auszahlt. Die X-Achse steht für den Geldwert, um den es geht, sie kann möglicherweise aber auch Leistung oder Zeitplan darstellen. Kurven dieser Art stellen dar, wie tolerant der Projektmanager oder andere wichtige Entscheidungsträger gegenüber Risiken sind.

Bei risikoscheuen Entscheidungsträgern steigt die Zufriedenheit langsamer. Mit anderen Worten, je mehr Geld auf dem Spiel steht, desto mehr nimmt die Zufriedenheit des Projektmanagers ab. Bei risikoneutralen Entscheidungsträgern wächst die Zufriedenheit konstant mit steigendem Geldwert und bei risikofreudigen Entscheidungsträgern steigt die Zufriedenheit mit zunehmendem Geldwert schneller an. Risikoscheue Entscheidungsträger bevorzugen Ereignisse mit sicherem Ausgang und fordern einen Aufpreis, bevor sie ein Risiko in Kauf nehmen. Risikofreudige Personen hingegen bevorzugen Ereignisse mit unsicherem Ausgang und gehen ein Risiko auch dann ein, wenn sie dafür eine Konventionalstrafe in Kauf nehmen müssen. Die Risikobereitschaft des Projektmanagers oder anderer wichtiger Entscheidungsträger kann sich zwar im Laufe der Zeit verändern, um konsistente Entscheidungen zu gewährleisten, sollte jedoch nur eine Form der Risikobereitschaft vorherrschen.

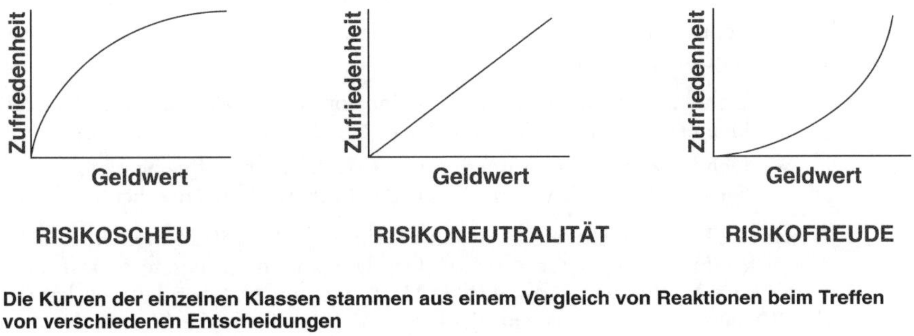

Abbildung 17.2: Die Einstellung zum Risiko und die Funktion der Zufriedenheit

17.3 Risikomanagement: Eine Definition

PMBOK® Guide 2004
Kapitel 11 Risikomanagement

Risikomanagement ist die Art oder Praxis, mit Risiko umzugehen. Sie beinhaltet die Planung und Einschätzung (Identifikation und Analyse) von Risiken, die Entwicklung von Strategien zum Umgang mit dem Risiko, die Überwachung von Risiken und die Beurteilung dessen, wie sich die Risiken verändert haben.

Risikomanagement ist keine abgetrennte Aktivität, die einer Risikomanagementabteilung zugeordnet werden könnte, sondern ein Aspekt des Projektmanagements. Das Risikomanagement sollte eng mit den Kernverfahren und -faktoren eines Projekts gekoppelt sein, wie etwa Gesamtprojektmanagement, Systemtechnik, Konfigurationsmanagement, Kosten, Design/Entwicklung, Fertigstellungswert (»Earned Value«), Herstellung, Qualität, Zeitplan, Umfang und Testen.

Ein angemessenes Risikomanagement ist pro- und nicht reaktiv. Betrachten Sie als Beispiel eine Komponente in einem Netzwerk (z.B. einen Router), für die eine neue Technologie entwickelt werden muss. Im Terminplan sind für diese Entwicklung sechs Monate eingeplant, die Projektingenieure glauben jedoch, dass eher neun Monate benötigt werden. Ein aktiver Projektmanager entwickelt nun sofort einen Plan zum Umgang mit dem Risiko. Ein reaktiver Projektmanager hingegen reagiert unter Umständen erst, wenn das Problem tatsächlich auftritt. Dann muss er jedoch schnell auf die Krise reagieren und hat möglicherweise bereits wertvolle Zeit verloren, in der andere Möglichkeiten entwickelt hätten werden können. (Der resultierende Entwurfslösungsraum für Kosten, Leistung, Zeitplan und Risiko ist möglicherweise ebenfalls kleiner gegenüber dem Stand geworden, den er in der Initiierungsphase des Projekts hatte.) Beim angemessenen Risikomanagement geht es also darum, die Wahrscheinlichkeit zu reduzieren, dass ein unerwünschtes Ereignis eintritt, oder darum, die Auswirkungen eines unerwünschten Ereignisses möglichst gering zu halten.

17.4 Entscheidungen bei Sicherheit, Risiko und Unsicherheit

Die Entscheidungsfindung lässt sich in die drei Kategorien Sicherheit, Risiko und Unsicherheit unterteilen. Am einfachsten ist die Entscheidungsfindung bei Sicherheit. Besteht Sicherheit, kann davon ausgegangen werden, dass alle benötigten Informationen verfügbar sind, um die richtige Entscheidung treffen zu können. In einem solchen Fall lässt sich das Ergebnis mit einer hohen Wahrscheinlichkeit vorhersagen.

Die Entscheidungsfindung bei Sicherheit impliziert, dass das Ergebnis mit 100-prozentiger Genauigkeit vorhergesagt werden kann. Mathematisch lässt sich diese Art der Entscheidungsfindung mit einer Ergebnismatrix darstellen.

Um eine Ergebnismatrix erstellen zu können, müssen alle Situationen identifiziert oder ausgewählt werden, die nicht gesteuert werden können. Anschließend wird eine Handlungsstrategie für jede Situation entwickelt. Die Elemente in der Ergebnismatrix ergeben sich aus der Anwendung der einzelnen Strategien auf die verschiedenen Situationen.

Eine Ergebnismatrix, die auf der Entscheidungsfindung bei Sicherheit basiert, ist durch zwei Faktoren gekennzeichnet:

- Unabhängig vom Status gibt es eine dominante Strategie, mit der größere Gewinne oder kleinere Verluste erzielt werden als bei allen anderen Strategien.
- Den einzelnen Situationen sind keine Eintrittswahrscheinlichkeiten zugeordnet. (Das heißt, dass jede Situation die gleiche Eintrittswahrscheinlichkeit hat.)

Beispiel 17.1. Betrachten Sie ein Unternehmen, das € 50 Millionen für die Entwicklung eines neuen Produkts investieren möchte. Das Unternehmen legt fest, dass eine starke (N1), eine mittlere (N2) oder eine geringe (N3) Marktnachfrage vorhanden sein kann. Außerdem gibt es drei Verfahren zur Produktentwicklung (A, B und C), die hier als Strategie S1, S2 und S3 bezeichnet werden. Das Unternehmen muss sich für eine dieser Produktentwicklungsstrategien entscheiden. Prinzipiell gibt es auch noch eine vierte Strategie, S4, das Produkt überhaupt nicht zu entwickeln. Bei dieser Strategie gäbe es weder Gewinne noch Verluste. Im Beispiel wird davon ausgegangen, dass Strategie S4 nicht relevant ist. Die Ergebnismatrix für Beispiel 17.1 finden Sie in Tabelle 17.1. Wie Sie sehen, erzielt Strategie S3 unabhängig von der Marktnachfrage immer größere Gewinne als die beiden anderen Strategien. Der Projektmanager sollte deshalb für die Produktentwicklung immer Strategie S3 wählen, denn sie eignet sich am besten.

	Umweltzustand		
Strategie	**N_1 = Starke Nachfrage**	**N_2 = Mittlere Nachfrage**	**N_3 = Geringe Nachfrage**
S_1 = A	€ 50	€ 40	€ 50
S_2 = B	€ 50	€ 50	€ 60
S_3 = C	€ 100	€ 80	€ 90

Tabelle 17.1: Beispiel für eine Ergebnismatrix (Gewinn in Millionen)

Der Inhalt von Tabelle 17.1 kann auch in Indexnotation beschrieben werden. Der Wert *Gi,j* repräsentiert dabei die Elemente der Matrix, wobei *G* für Gewinn, der Index *i* für die Zeile (Strategie) und der Index *j* für die Spalte (Situation) steht. Der Wert G2,3 steht also für Gewinn, den das Unternehmen bei der Wahl von Strategie 2 in Situation N3 erzielen kann. Die Matrix muss übrigens nicht unbedingt quadratisch sein, aber mindestens rechteckig, d.h., die Anzahl der Situationen muss nicht der Anzahl möglicher Strategien entsprechen.

Entscheidungsfindung mit Risiko

In den meisten Fällen gibt es keine dominante Strategie, die sich für alle Situationen gleich gut eignet. In der Regel gilt, dass höhere Gewinne auch mit höheren Risiken und damit auch mit einer höheren Verlustwahrscheinlichkeit verbunden sind. Fehlt eine dominante Strategie, muss die Eintrittswahrscheinlichkeit jeder Situation eingestuft werden. Das Risiko ergibt sich dann aus der jeweiligen Eintrittswahrscheinlichkeit und kann entsprechend mit einer Wahrscheinlichkeitsverteilung beschrieben werden. In der Praxis werden solche Wahrscheinlichkeitsverteilungen im Idealfall mittels Schätzwerten oder Experimentaldaten erstellt.

Betrachten Sie Tabelle 17.2, in der die Ergebnisse der Strategien 1 und 3 in Situation N3 im Vergleich zu Tabelle 17.1 vertauscht wurden.

	Umweltzustand		
	N_1	N_2	N_3
Strategie	0,25*	0,25*	0,50*
S_1	€ 50	€ 40	€ 90
S_2	€ 50	€ 50	€ 60
S_3	€ 100	€ 80	– € 50

*Die Zahlen geben die Eintrittswahrscheinlichkeit jeder Situation wieder.

Tabelle 17.2: Ergebnismatrix (Gewinn in Millionen)

Tabelle 17.2 ist zu entnehmen, dass keine dominante Strategie existiert. In einem solchen Fall muss jeder Situation zunächst eine Eintrittswahrscheinlichkeit zugewiesen werden. Die beste Strategie ist die mit dem größten Erwartungswert, wobei der *Erwartungswert* die Summe der Produkte aller Gewinne und der jeweiligen Eintrittswahrscheinlichkeiten ist. Mathematisch lässt sich dies wie folgt formulieren:

$$E_i = \sum_{j=1}^{N} G_{i,j} p_j$$

wobei E_i der erwartete Wert für Strategie i, $G_{i,j}$ der Gewinn in der Ergebnismatrix und p_j die Eintrittswahrscheinlichkeit der Situation j ist. Für Strategie S_1 berechnet sich der Erwartungswert wie folgt:

$E_1 = (50)(0,25) + (40)(0,25) + (90)(0,50) = 67,50$

Für Strategie S2 ergibt sich ein Erwartungswert (E2) von 55 und für Strategie S3 ein Erwartungswert (E3) von 20. In Hinblick auf diese Erwartungswerte sollte der Projektmanager also immer Strategie S1 wählen. Wenn zwei Strategien denselben Erwartungswert haben, sollten zusätzliche Überlegungen in die Wahl der Strategie mit einbezogen werden, wie z.B. die Häufigkeit des Auftretens, die Ressourcenverfügbarkeit und Ähnliches. (Hinweis: Bei der Berechnung der Erwartungswerte ist es erforderlich, dass der Entscheidungsträger risikoneutral ist. Ist dies nicht der Fall, ist die Berechnung von Erwartungswerten möglicherweise nützlich oder nicht nützlich, und die Ergebnisse sollten daraufhin überprüft werden, wie sie von den Unterschieden in der Risikobereitschaft beeinflusst sind.)

Um den potenziellen Nutzen einer Strategie beurteilen zu können, müssen die Strategie, das erwartete Ergebnis (das Element aus der Ergebnismatrix) und die Eintrittswahrscheinlichkeit des Ergebnisses ermittelt werden. Im letzten Beispiel wäre es sinnvoll gewesen, das Risiko zu akzeptieren, das mit Strategie S1 verknüpft ist, weil diese Strategie den größten Erwartungswert liefert (wenn alles andere konstant bleibt). Ist der Erwartungswert positiv, sollte das Risiko berücksichtigt werden. Ist der Erwartungswert negativ, sollte aktiv versucht werden, das Risiko zu bekämpfen.

Ein wichtiger Faktor bei der Entscheidungsfindung mit Risiko ist die Zuordnung von Eintrittswahrscheinlichkeiten zu den einzelnen Situationen. Sind die Eintrittswahrscheinlichkeiten falsch zugeordnet, resultieren entsprechend falsche Erwartungswerte, was zu einer Verzerrung der Einschätzung von Strategien führt. Angenommen, in Tabelle 17.2 hätten die drei Situationen die Eintrittswahrscheinlichkeiten 0,6, 0,2 und 0,2. Hieraus ergäben sich folgende Erwartungswerte:

$E_1 = 56$

$E_2 = 52$

$E_3 = 66$

In diesem Fall müsste der Projektmanager immer Strategie S_3 wählen (und alles andere bleibt konstant.)

Entscheidungsfindung bei Unsicherheit

Der Unterschied zwischen Risiko und Unsicherheit besteht darin, dass den Ergebnissen von Entscheidungen mit Risiko Eintrittswahrscheinlichkeiten zugewiesen werden können, denen von Entscheidungen bei Unsicherheit jedoch nicht. Wie die Entscheidungsfindung mit Risiko impliziert die Entscheidungsfindung bei Unsicherheit, dass keine dominante Strategie existiert. Dem Entscheidungsträger stehen jedoch vier Grundkriterien zur Verfügung, anhand derer er seine Entscheidungen treffen kann. Die Verwendung der einzelnen Kriterien hängt von der Art des Projekts und von der Risikobereitschaft des Projektmanagers ab.

Das erste Kriterium ist das Hurwicz-Kriterium, das häufig auch als Maximax-Kriterium bezeichnet wird. Nach dem Hurwicz-Kriterium ist der Entscheidungsträger immer optimistisch und versucht, den Gewinn zu maximieren. Dies geht aus Tabelle 17.2 hervor. Das Maximax-Kriterium besagt außerdem, dass der Entscheidungsträger immer Strategie S_3 wählen wird, weil diese den maximalen Gewinn von 100 gewährleistet. In der Situation N_3 würde jedoch mit Strategie S_3 ein maximaler Verlust erzielt werden. In einem solchen Fall muss das Hurwicz-Kriterium berücksichtigen, wie groß das Risiko sein darf und wie viel aufs Spiel gesetzt werden kann. Derartige Überlegungen können sich jedoch eher kapitalstarke Aktiengesellschaft erlauben als kleine Privatunternehmen. Letztere sind vielmehr daran interessiert, die Verluste zu minimieren.

Kleine Unternehmen könnten eher das Wald- oder Maximin-Kriterium einsetzen, bei dem der Entscheidungsträger prüft, welchen Verlust er sich leisten kann. Dieses Kriterium setzt eine pessimistische Sichtweise voraus, bei der der maximale Verlust minimiert werden soll.

Beim Hurwicz-Kriterium werden nur die maximalen Werte für jede Strategie betrachtet, beim Wald-Kriterium hingegen nur die minimalen. In Tabelle 17.2 sind dies die Werte 40, 50 und 250 für die Strategien S_1, S_2 und S_3. Weil der Projektmanager den maximalen Verlust minimieren möchte, wählt er immer Strategie S_2. Wären alle Werte in Tabelle 17.2 negativ, würde der Projektmanager den kleinsten Verlust wählen, falls nur diese Optionen zur Wahl stünden. Je nach Finanzlage eines Unternehmens gibt es Situationen, in denen Projekte nicht durchgeführt werden, wenn alle drei minimalen Werte negativ sind.

Das dritte Kriterium ist das Savage- oder Minimax-Kriterium. Bei diesem Kriterium wird davon ausgegangen, dass der Projektmanager ein schlechter Verlierer ist. Um das Bedauern des schlechten Verlierers möglichst gering zu halten, versucht der Projektmanager, das maximale Bedauern zu minimieren.

Beim Savage-Kriterium wird zunächst eine Verlustmatrix aufgestellt, indem alle Elemente in jeder Spalte vom größten Element subtrahiert werden. Wird dieses Vorgehen auf Tabelle 17.2 angewandt, entsteht Tabelle 17.3.

	Umweltzustand			
Strategie	N_1	N_2	N_3	Maximales Bedauern
S_1	50	40	0	50
S_2	50	30	30	50
S_3	0	0	140	140

Tabelle 17.3: Ergebnismatrix für das Savage-Kriterium

Das Bedauern pro Spalte lässt sich ermitteln, indem jedes Element der Spalte vom größten Element subtrahiert wird. Das maximale Bedauern ist das größte Bedauern für jede Strategie, d.h. pro Zeile. Wenn der Projektmanager also Strategie S_1 oder Strategie S_2 wählt, muss er nur einen Verlust von 50 beklagen. Wählt er hingegen Strategie S_3, muss er je nach Situation mit einem Bedauern von 140 rechnen. Nach dem Savage-Kriterium würde im Beispiel Strategie S_1 oder Strategie S_2 gewählt werden.

Das vierte Kriterium ist das Laplace-Kriterium. Dieses Kriterium spiegelt den Versuch wider, die Entscheidungsfindung bei Unsicherheit in eine Entscheidungsfindung mit Risiko umzuwandeln. Wie bereits erwähnt, besteht der Unterschied zwischen Risiko und Unsicherheit darin, dass bei Risiko die Eintrittswahrscheinlichkeit jeder Situation bekannt ist. Das Laplace-Kriterium geht von der Annahme aus, dass alle Situationen oder Umfeldbedingungen die gleiche Eintrittswahrscheinlichkeit haben. Ansonsten wird genauso vorgegangen wie bei der Entscheidungsfindung mit Risiko, indem die Strategie mit dem maximalen Erwartungswert ausgewählt wird. Wird das Laplace-Kriterium auf Tabelle 17.2 angewendet und folglich davon ausgegangen, dass $P_1 = P_2 = P_3 = 1/3$, ergibt sich Tabelle 17.4. Nach dem Laplace-Kriterium müsste Strategie S_1 gewählt werden.

Strategie	**Erwartungswert**
S_1	60
S_2	53,3
S_3	43,3

Tabelle 17.4: Ergebnismatrix für das Laplace-Kriterium

Die wichtige Schlussfolgerung, die aus der Entscheidungsfindung bei Unsicherheit gezogen werden kann, ist, dass der Projektmanager bereit ist, ein bestimmtes Risiko einzugehen. Für die vier Entscheidungskriterien bei Unsicherheit wurde gezeigt, dass die Wahl einer Strategie davon abhängt, welchen Verlust sich ein Unternehmen leisten kann und welches Risiko es einzugehen bereit ist.

Das Konzept des Erwartungswerts lässt sich auch mit dem Konzept der »Wahrscheinlichkeit« oder des »Entscheidungsbaums« kombinieren, um potenzielle Risiken zu identifizieren und zu quantifizieren. Ein weiteres wichtiges Werkzeug ist in diesem Zusammenhang auch die Einflussanalyse. Entscheidungsbäume werden dann eingesetzt, wenn eine Entscheidung nicht isoliert betrachtet werden kann, sondern als eine Folge von aufeinander bezogenen Entscheidungen. In diesem Fall trifft der Entscheidungsträger mehrere Entscheidungen gleichzeitig. (Auch hier wird eine risikoneutrale Nutzenbeziehung vorausgesetzt.)

Betrachten Sie das folgende Problem. Ein Produkt kann mit Maschine A oder mit Maschine B hergestellt werden. Die Chancen von Maschine A, zum Einsatz zu kommen, liegen bei 40 Prozent, die von Maschine B bei 60 Prozent. Die Maschinen arbeiten entweder mit Verfahren C oder mit Verfahren D. Verfahren C wird in 80 Prozent der Fälle gewählt, Verfahren D in 20 Prozent der Fälle. Wenn Maschine B eingesetzt wird, kommt in 30 Prozent der Fälle Verfahren C zum Einsatz und in 70 Prozent der Fälle Verfahren D. Wie hoch ist jeweils die Wahrscheinlichkeit der Produktherstellung mit jeder dieser Kombinationen?

Abbildung 17.3 zeigt den Entscheidungsbaum für das Problem. Die Wahrscheinlichkeit in den Blättern des Entscheidungsbaums (ganz rechts) ergibt sich durch die Multiplikation der Wahrscheinlichkeiten in den einzelnen Ästen.

Bei komplexeren Problemen kann die Konstruktion eines Entscheidungsbaums ziemlich kompliziert werden. Entscheidungsbäume enthalten Entscheidungspunkte, die in der Regel mit einem Punkt oder einem Quadrat dargestellt werden und an denen der Entscheidungsträger eine von mehreren Handlungsoptionen auswählen muss. Chancen sind mit Kreisen gekennzeichnet und geben an, dass an dieser Stelle mit einer Chance gerechnet werden muss.

Ein Entscheidungsbaum wird in folgenden drei Schritten erstellt:

- Aufbau einer logischen Baumstruktur, in der Regel von links nach rechts, die alle Entscheidungspunkte und Chancen enthält
- Den Ästen der Baumstruktur die Eintrittswahrscheinlichkeiten der jeweiligen Situationen zuweisen
- Die bedingten Gewinne eintragen und damit den Entscheidungsbaum fertig stellen

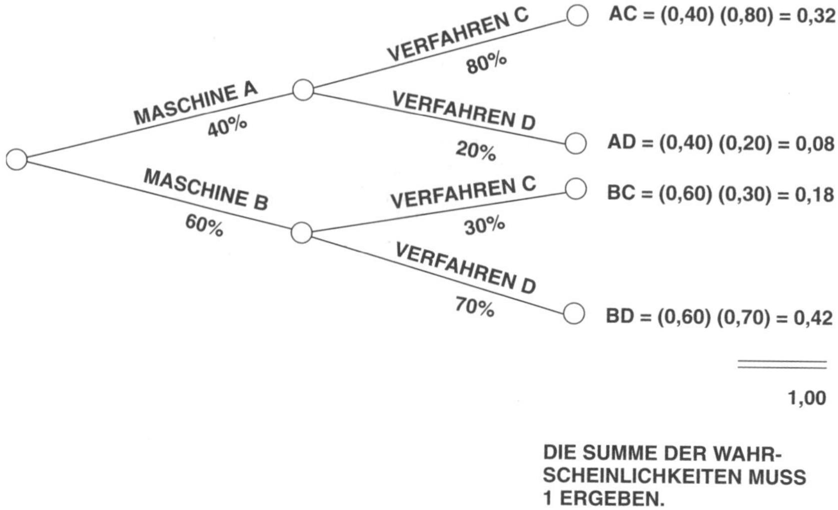

Abbildung 17.3: Entscheidungsfindung mit dem Entscheidungsbaum

Betrachten Sie das folgende Problem. Sie wollen Geräte am Markt verkaufen, die Sie entweder selbst herstellen oder einkaufen können. Wenn Sie die Geräte selbst herstellen, entstehen Kosten in Höhe von € 35.000 für den Erwerb einer neuen Produktionsmaschine. Ist die Nachfrage hoch, womit mit einer Wahrscheinlichkeit *P* von 70 Prozent zu rechnen ist, ergibt sich beim Verkauf der Geräte ein Gewinn von € 80.000. Bei einer geringen Nachfrage – die Wahrscheinlichkeit *P* liegt bei 30 Prozent – kann hingegen nur mit einem Gewinn von € 30.000 gerechnet werden, bei dem die Kosten für die Maschine allerdings noch nicht berücksichtigt sind. Werden die Geräte hingegen zugekauft, fallen lediglich Kosten in Höhe von € 5.000 für die Vertragsverwaltung an. Bei einer hohen Nachfrage resultiert ein Gewinn von € 50.000, bei geringer Nachfrage hingegen ein Gewinn von € 15.000. Abbildung 17.4 zeigt das Baumdiagramm für dieses Problem. Für die erste Strategie, die Eigenfertigung, ergibt sich ein Erwartungswert E1 von (€ 80.000 x 0,7) + (€ 30.000 x 0,3) = € 65.000 und für die zweite Strategie, den Zukauf, ein Erwartungswert E2 von (€ 50.000 x 0,7) + (€ 15.000 x 0,3) = € 39.500. Werden jeweils die Kosten abgezogen, ergibt sich für die erste Strategie ein Wert von € 30.000 und für die zweite Strategie ein Wert von € 34.500. Der Erwartungswert abzüglich der Kosten ist also bei der zweiten Strategie € 4.500 größer als bei der ersten Strategie, die Geräte selbst herzustellen. In diesem Fall ist es also empfehlenswert, die Geräte zuzukaufen.

PMBOK® Guide 2004

11.4.2.2 Quantitative Risikoanalyse und Modellierungsmethoden

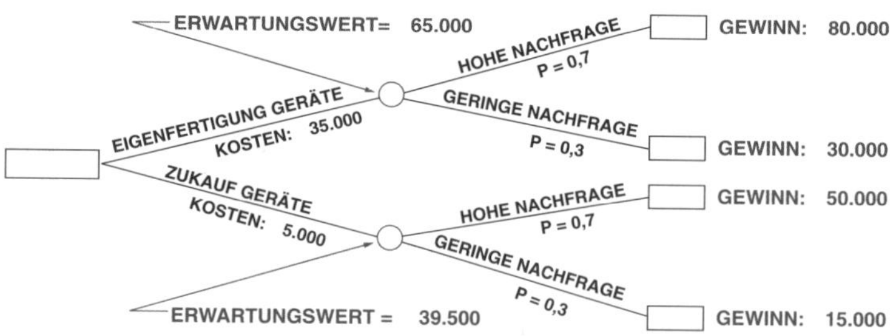

Abbildung 17.4: Erweitertes Baumdiagramm

17.5 Risikomanagement im Einsatz

PMBOK® Guide 2004

Abbildung 11.2 Prozessablaufdiagramm zum Projektrisikomanagement

Es ist wichtig, dass die Risikomanagement-Strategie bereits früh im Projektverlauf entwickelt wird und dass das Thema Risiko im gesamten Projektlebenszyklus beachtet wird. Risikomanagement beinhaltet mehrere verwandte Tätigkeiten, unter anderem die Risikoplanung (Identifikation und Analyse), die Behandlung und die Überwachung.[3] Eine grafische Darstellung des Risikomanagementprozesses ist in Abbildung 17.5 gezeigt, ein Prozessablaufdiagramm in Abbildung 17.6.[4]

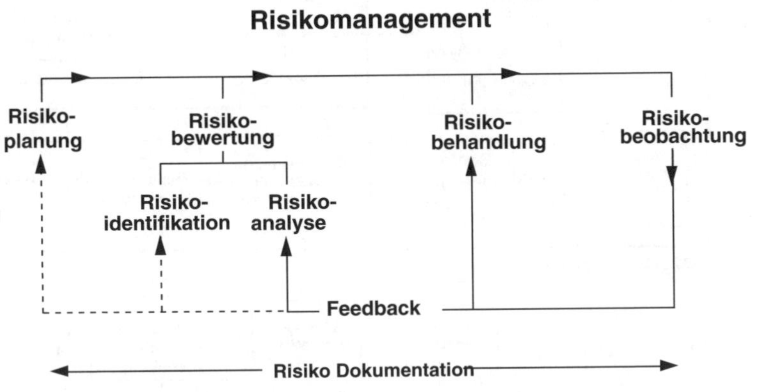

Abbildung 17.5: Risikomanagementablauf

3. Die Struktur des Risikomanagements und einige Angaben in den nachfolgenden Abschnitten stammen aus Arbeiten, die vom US-amerikanischen Verteidigungsministerium (DoD) in den Jahren 1996-1998 durchgeführt und in der folgenden Publikation zusammengefasst wurden: Risk Management Guide for DoD Acquisition, Defense Acquisition University and Defense Systems Management College, Fourth Edition, February 2001. Bei diesem Dokument handelt es sich um die beste Einführung, die es gibt. Sie lässt sich auf die unterschiedlichsten Projekte anwenden, wie z.B. auch kommerzielle Projekte. (Das Dokument können Sie zum Zeitpunkt der Drucklegung dieses Buches kostenfrei unter http://www.dau.mil/pubs/gdbks/risk_management.asp downloaden.) Dr. Conrows Buch, das in Hinweis 1 erwähnt wurde, ist konsistent zum Risikomanagement des DoD sowie zu den Prozessen des Projekt Management Institute in den Jahren 2000 und 2004 und bietet viele Hinweise, wie diese Prozesse auf die unterschiedlichsten Projekte angewendet werden können.
4. Abbildung 17.5 stammt aus E. H. Conrow, Effective Risk Management: Some Keys to Success, Zweite Auflage (Reston, VA: American Institute of Aeronautics and Astronautics, 2003), Seite 22, Copyright © 2003, Edmund H. Conrow. Mit Erlaubnis des Autors verwendet. Die gestrichelten Linien, die dem Feedback von der Risikoüberwachung zur Risikoidentifizierung und Risikoplanung zugeordnet sind, zeigen an, dass es möglicherweise ein Feedback gibt, während die durchgezogenen Linien, die der Risikobehandlung und der Risikoanalyse zugeordnet sind, zeigen, dass es sehr wahrscheinlich ein Feedback gibt. Abbildung 17.6 wurde vom Verteidigungsministerium übernommen, U.S. Department of Defense Extension to: A Guide to the Project Management Body of Knowledge (PMBOK® Guide), Defense Acquistion University, Auflage 1.0, Juni 2003, Abbildung 11.2, Seite 131.

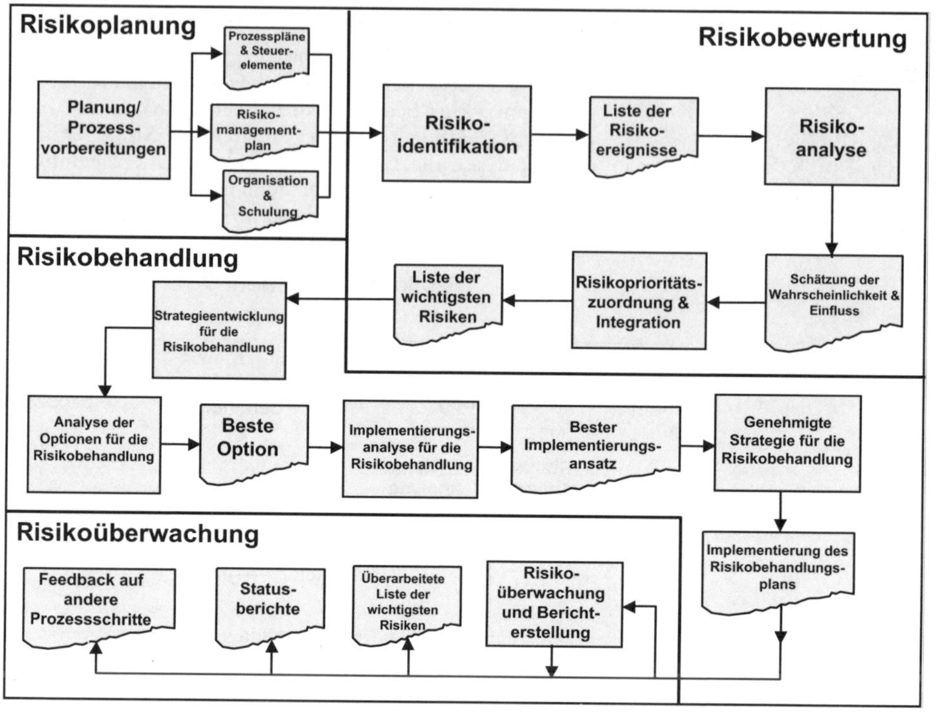

Abbildung 17.6: Prozessablauf des Risikomanagements

- *Risikoplanung:* Das Verfahren der Entwicklung und Dokumentation einer umfassenden und interaktiven Strategie und von Methoden zur Risikoidentifikation und -analyse, zur Entwicklung von Handlungsplänen und zur Überwachung der Veränderung von Risiken.
- *Risikobewertung:* Verfahren zur Identifikation und Analyse von Programmbereichen und von wichtigen technischen Verfahrensrisiken mit dem Ziel, die Wahrscheinlichkeit zu erhöhen, die Kosten-, Qualitäts- bzw. Leistungs- und die terminlichen Ziele zu erreichen. Die *Risikoidentifikation* ist dabei ein Verfahren, bei dem Programmbereiche und die technischen Verfahren untersucht werden, um die damit verbundenen Risiken zu identifizieren und zu dokumentieren. Die *Risikoanalyse* ist ein Verfahren, mit dem jedes identifizierte Risiko überprüft wird, um die Eintrittswahrscheinlichkeit eines Risikos und die Auswirkungen auf das Projekt einschätzen zu können.
- *Risikobehandlung:* Das Verfahren, bei dem eine oder mehrere Strategien identifiziert, bewertet, auswählt und implementiert werden, mit denen das Risiko unter Berücksichtigung der Programmvorgaben und -ziele auf einem akzeptablen Niveau gehalten werden können. Dazu muss angegeben werden, was unternommen werden soll, wenn das befürchtete Ereignis eintritt, wer für die Handlung verantwortlich ist, welche Kosten dabei anfallen und wie der Terminplan aussieht. Eine Risikobehandlungsstrategie besteht aus einer Handlungsoption und dem Ansatz zu ihrer Implementierung. Mögliche Optionen sind die Annahme, die Vermeidung, die Kontrolle und die Übertragung. Zunächst wird die wünschenswerteste Option für die Risikobehandlung ausgewählt. Anschließend wird ein spezifischer Ansatz zur Implementierung dieser Option entwickelt.
- *Risikoüberwachung:* Ein Verfahren zur Bewertung der Tätigkeiten im Rahmen der Risikobehandlung anhand von messbaren Werten, das bei Bedarf als Grundlage für die Aktualisierung der Risikobehandlungsstrategie genutzt werden kann.

17.6 Die Risikoplanung

Die Risikoplanung beinhaltet die detaillierte Ausformulierung eines Handlungsprogramms für den Umgang mit Risiken. Ziel dieses Vorgehens ist es,

- eine organisierte, umfassende und interaktive Risikomanagementstrategie zu entwickeln.
- die Methoden festzulegen, mit denen die Risikomanagement-Strategie eines Programms umgesetzt werden kann.
- die adäquaten Ressourcen einzuplanen.

Die Risikoplanung ist ein iterativer Vorgang. Sie erstreckt sich über das gesamte Risikomanagement und beinhaltet Aktivitäten zur Einschätzung (Identifikation und Analyse), Behandlung und Überwachung von Risiken (und die Dokumentation von Projektrisiken), die mit einem Programm verbunden sind. Ein wichtiges Ergebnis der Risikoplanung ist der Risk Management Plan (RMP).

Die Risikoplanung entwickelt eine Risikomanagementstrategie, die sowohl den Prozess als auch den Implementierungsansatz für das Projekt beinhaltet. Jede dieser beiden Betrachtungen hat primäre Bedeutung für die Realisierung eines effektiven Risikomanagements. Im Allgemeinen ist es jedoch viel einfacher, einen unzureichenden Prozess zu verbessern, als eine problematische Projektumgebung zu korrigieren, die keine Unterstützung des Risikomanagements bietet oder ihm feindlich gegenübersteht. Bei der Risikoplanung sollten schon zu einem frühen Zeitpunkt Zweck und Ziel festgelegt, Zuständigkeiten für bestimmte Bereiche verteilt, die Schätzmethoden beschrieben, die Behandlungsstrategien aufgestellt, die Überwachungskriterien angegeben und der Berichterstellungs-, Dokumentations- und Kommunikationsbedarf definiert werden.

Dem RMP kann das Projektteam entnehmen, wie das Ziel des Programms erreicht werden kann. Der Schlüssel zum Erfolg besteht darin, dem Programmteam die benötigten Informationen bereitzustellen, damit es die Zielsetzungen und die Techniken des Risikomanagements kennt. Beim RMP handelt es sich um einen Plan, der in einigen Bereichen spezifisch sein kann, wie z.B. bei der Zuweisung von Zuständigkeiten für das Projektpersonal, der jedoch in anderen Bereichen allgemein gehalten werden kann, um den Benutzern die Möglichkeit zu bieten, sich für die effizienteste Vorgehensweise zu entscheiden. Der RMP sollte geeignete Grundregeln und Annahmen für die Durchführung des Risikomanagements für das Projekt beinhalten, mögliche Risikokategorien, geeignete Risikoidentifikationen und Analysemethodiken, ein für die Implementierung im Unternehmen geeignetes Risikomanagement ebenso wie eine geeignete Dokumentation für Risikomanagementtätigkeiten. Die Berücksichtigung mehrerer Methoden zur Durchführung einer Risikoanalyse ist sinnvoll, da jede Technik ihre situationsabhängigen Vor- und Nachteile hat.

Ein weiterer wichtiger Aspekt der Risikoplanung besteht darin, die Projektteam-Mitarbeiter im Risikomanagement zu schulen. Die meisten Trainer waren entweder selbst niemals über einen längeren Zeitraum für das Risikomanagement in einem echten Projekt verantwortlich, konzentrieren sich auf generische Prozessschritte und umgehen Implementierungsbetrachtungen und konzentrieren sich deshalb auf unwichtigere Teilbereiche des Risikomanagements (z.B. Monte-Carlo-Simulationen) oder sie sind nicht auf dem neuesten Stand. Schulungen in Risikomanagement sollten von Personen durchgeführt werden, die praktische Erfahrung vorweisen können. Andernfalls ist die Schulung nichts weiter als eine akademische Übung, die wenig oder gar nichts bringt. Die Schulung in Risikomanagement sollte auf die verschiedenen Gruppen innerhalb des Projekts zugeschnitten werden und es sollten Unterschiede zwischen Schulungen für Entscheidungsträger, Projektmitarbeiter und das technische und nicht technische Personal gemacht werden.

17.7 Die Risikobewertung

Die Risikobewertung kann als Problemdefinitionsstadium des Risikomanagements beschrieben werden. Die Projektelemente werden in Form von Wahrscheinlichkeiten und von Konsequenzen identifiziert und analysiert (z.B. Häufigkeit des Auftretens, Zeit bis zur Auswirkung oder übergreifende Beziehungen mit anderen Risiken). Die Ergebnisse bestimmen häufig das anschließende Risikomanagement. Oft ist dies ein schwieriger und zeitaufwendiger Teil des Risikomanagementprozesses, und es gibt keine schnellen Antworten oder Abkürzungen. Es existieren Werkzeuge zur Analyse des Risikos, die sich jedoch nicht für jedes Projekt eignen und häufig irreführend sind, falls der Benutzer nicht weiß, wie er sie anpassen und anwenden muss oder wie die Ergebnisse interpretiert werden sollten. Trotz dieser Komplexität handelt es sich bei Risikobewertung um eine der wichtigsten Phasen des Risikomanagements, weil die Form und die Qualität der Einschätzung großen Einfluss auf die Programmergebnisse haben können.

Die einzelnen Komponenten der Risikobewertung - die Identifikation und die Analyse - werden nacheinander durchgeführt, wobei die Identifikation den ersten Schritt darstellt.

Die Risikoidentifikation beginnt damit, die Risikoaspekte des Programms zu sammeln. Projektrisiken sollten untersucht und bis zu einem Detailgrad zerlegt werden, der es dem Bewerter ermöglicht, die Bedeutung des Risikos und seiner Ursachen zu verstehen. Dies ist eine spezielle Methode, mit der großen Anzahl vielfältiger potenzieller Risiken umzugehen, die in mittleren bis großen Programmen häufig auftreten. Ein Projektstrukturplanelement der Ebene 4 oder 5 kann ein oder mehrere Probleme aufweisen, die aus einer Spezifikation oder Funktion resultieren.

Die Risikoanalyse ist ein systematischer Prozess, um den Risikograd für identifizierte und bestätigte Risikoaspekte abzuschätzen. Das beinhaltet die Abschätzung der Wahrscheinlichkeit und der Konsequenz des Auftretens, ebenso wie die Umwandlung der Ergebnisse in ein entsprechendes Risikoniveau. Welcher Ansatz verwendet wird, ist von den verfügbaren Daten und den für das Projekt erhobenen Anforderungen abhängig. Die Methodiken können Folgendes beinhalten (sind aber nicht darauf begrenzt): Risikoskalierungen mit Risikoabbildungsmatrix, Erwartungswerte für Zahlungsströme EMV (Expected Monetary Value), Entscheidungsbaumanalyse (mit Zweigen, die durch spezielle Wahrscheinlichkeiten und/oder Verteilungen vorgegeben sind), Payoff-Matrizen oder Modellierung und Simulation. Von großer Bedeutung ist die Verwendung einer bestätigten, strukturierten, wiederholbaren Methodik statt eines subjektiven Ansatzes, der unsichere und/oder ungenaue Ergebnisse erbringt.

17.8 Die Risikoidentifikation

PMBOK® Guide 2004
11.2 Risikoidentifikation

Der zweite Schritt beim Risikomanagement besteht darin, alle potenziellen Risikofaktoren zu identifizieren. Dies kann aus einer Begutachtung des Projekts, der Kunden und der Benutzer auf mögliche Schwierigkeiten und Probleme hin resultieren.

In den Bereichen Konstruktion, Test, Logistik, Produktion, Entwicklung und auch anderen Bereichen existiert immer ein gewisses Risiko. Zu den Projektrisiken gehören Geschäfte, Vertragsbeziehungen, Kosten, Finanzierung, Management, politische und Zeitplanrisiken. (Kosten- und zeitbezogene Risiken sind häufig so fundamental für das Projekt, dass sie wie eigenständige Risikokategorien behandelt werden.) Zu den technischen Risiken gehört beispielsweise das Risiko, die Leistungsvorgaben nicht einzuhalten, aber auch Risiken in Bezug auf die Machbarkeit eines Entwurfs, die mit der neuesten Technik der Einsatzmittel und der Software zusammenhängen. Produktionsrisiken beziehen sich auf die Verpackung, die Herstellung, auf Lieferzeiten und auf die Materialverfügbarkeit. Zu den Risiken im Bereich des Kundendienstes gehören die Wartung, die Durchführbarkeit und die Möglichkeiten im Bereich der Schulung. Bedrohungsrisiken beinhalten zahlreiche Unterkategorien, wie etwa Sicherheit, Überlebensfähigkeit und Verletzbarkeit - alles Dinge, die in den letzten Jahren immer mehr an Bedeutung gewonnen haben. Ein Verständnis für die Risiken in diesen und anderen Bereichen entwickelt sich im Laufe der Zeit. Folglich muss sich die Identifikation von Risiken über den gesamten Projektverlauf erstrecken.

Es stehen zahlreiche Methoden zur Identifikation von Projektrisiken zur Verfügung. In der Regel werden Projektrisiken in Bezug auf ihre Quelle klassifiziert, was typischerweise entweder objektiv oder subjektiv ist:

Es stehen zahlreiche Methoden zur Identifikation von Risiken zur Verfügung. In der Regel werden Projektrisiken in Bezug auf ihre Quelle klassifiziert.

- *Objektive Quellen*: Erfahrungswerte aus vergangenen Projekten und aus dem aktuellen Projekt
  - Lessons-Learned-Archive
  - Auswertungen von Programmdokumentationen
  - Aktuelle Leistungsdaten
- *Subjektive Quellen:* Erfahrungen von Experten
  - Interviews und andere Daten von Experten des entsprechenden Fachgebiets

Risiken lassen sich nach ihren Lebenszyklusphasen identifizieren (siehe Abbildung 17.7). In den frühen Projektphasen ist das Projektgesamtrisiko teilweise hoch, weil Informationen fehlen, was möglicherweise eine umfassende und genaue Risikoidentifikation verhindert, und weil die Risikobehandlungspläne noch entwickelt und implementiert werden müssen. In späteren Projektphasen ist das finanzielle Risiko im Allgemeinen sehr hoch, und zwar sowohl aufgrund nötiger Investitionen (wie etwa Kosten) als auch aufgrund der ausgeschlossenen Optionen (Opportunitätskosten).

Alle Informationsquellen, die die Identifikation eines potenziellen Problems zulassen, können eingesetzt werden, um Risiken zu identifizieren. Dazu gehören beispielsweise die folgenden:

- Anforderungsanalyse
- Grundkostenschätzungen
- Brainstorming
- Checklisten
- Kostenanalyse
- Antrieb für Entscheidungen
- Diagrammtechniken (z.B. Einflussdiagramme)
- Fertigstellungswertanalyse
- Expertenmeinung
- Erfahrungswert-Archive
- Analyse der Lebenszykluskosten
- Modelle
- Plan/Projektstrukturplan-Zerlegung
- Zeitplananalyse
- Dokumentation der Systemtechnik
- Messung/Planung/Analyse der technischen Leistung (TPM)
- Technologieanalyse
- Technologieentwicklung/Einführungsprojekte
- Handelsstudien/-analysen

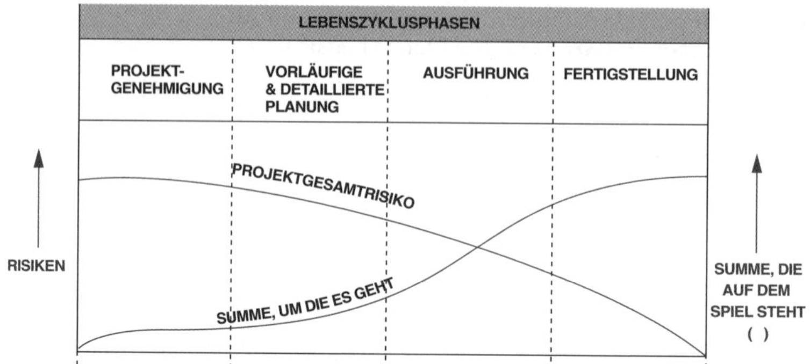

TYPISCHE RISIKEN PRO PHASE			
• KEINE EXPERTEN FÜR DAS THEMA VERFÜGBAR • UNZUREICHENDE PROBLEMDEFINITION • KEINE MACHBARKEITSANALYSE • UNKLARE ZIELE • BUY-IN (DURCH AUSSCHREIBUNG)	• KEIN RISIKOMANAGEMENT-PLAN • EILIGE PLANUNG • MANGELHAFTE SPEZIFIKATION • KEINE UNTERSTÜTZUNG DURCH MANAGEMENT • MANGELHAFTE ROLLENDEFINITION • UNERFAHRENES TEAM	• UNGELERNTE ARBEITER • MATERIALVERFÜGBARKEIT • STREIKS • WETTER • ÄNDERUNG DES UMFANGS • TERMINPLANÄNDERUNGEN • ANFORDERUNGEN VON REGULIERUNGSBEHÖRDEN • FEHLEN VON KONTROLLSYSTEMEN	• QUALITÄTSMÄNGEL • KUNDE AKZEPTIERT ERGEBNIS NICHT • KURZFRISTIGE ÄNDERUNGEN • PROBLEME MIT CASHFLOW

Abbildung 17.7: Analyse der Risiken im Projektverlauf

PMBOK® Guide 2004
11.2.2 Risikoidentifikation: Werkzeuge und Methoden

- Die Technik der Einholung von Expertenmeinungen ist nicht nur für die Risikoanalyse hilfreich, sondern auch für die Prognose und die Entscheidungsfindung. Beispiele hierfür sind die Delphi-Methode und die Technik der nominellen Gruppen. Die Delphi-Methode umfasst folgende Schritte:

- *Schritt 1:* Es wird eine Expertenkommission gebildet, die aus hausinternen und aus externen Experten besteht. Die Experten arbeiten nicht direkt zusammen und wissen möglicherweise gar nicht, wer sonst noch Mitglied der Kommission ist.
- *Schritt 2:* Jeder Experte wird aufgefordert, eine anonyme Prognose zu einem bestimmten Thema abzugeben.
- *Schritt 3:* Jeder Experte erhält eine Rückmeldung, die alle Antworten aus der Expertenkommission umfasst, und der Experte wird aufgefordert, neue Vorhersagen auf der Basis der Rückmeldung zu machen. Dieser Vorgang wird bei Bedarf wiederholt.

Mit der Delphi-Methode ist die Technik der nominellen Gruppe (nominal group technique) eng verbunden, die einen direkten Kontakt und die direkte Kommunikation ermöglicht. Die Technik der nominellen Gruppe ist durch folgende Schritte gekennzeichnet:

- *Schritt 1:* Es wird eine Kommission gebildet, die Ideen schriftlich ausformulieren soll.
- *Schritt 2:* Die Ideen werden auf einer Tafel oder einem Flip-Chart aufgelistet. Jede Idee wird von den Kommissionsmitgliedern diskutiert.

- *Schritt 3:* Jedes Kommissionsmitglied legt Prioritäten für die einzelnen Ideen fest, die dann der Reihenfolge nach geordnet werden. Die Schritte 2 und 3 müssen eventuell wiederholt werden.

Bei der Technik der Expertenmeinung besteht möglicherweise die Gefahr, dass die Risikoidentifikation und -analyse in eine bestimmte Richtung gelenkt wird, ebenso wie die Auswahl von Strategien für die Risikobehandlung. Diese Verfälschungen variieren im Einzelfall und können die Schätzungen für Auftretenswahrscheinlichkeit und Auftretenskonsequenzen unterschiedlich beeinflussen.

Zu den Faktoren, die zu Voreingenommenheit führen können, gehören die folgenden:

- Anpassungen gegenüber einem Ausgangswert
- Verankerung (Verschiebung in Richtung des Ausgangswerts)
- Verfügbarkeit (aus vergangenen Ereignissen)
- Mehrdeutiger Beweis, der in die Disposition passt
- Fehlende Sensibilität gegenüber dem Problem oder den Risiken
- Motivation
- Übermäßiges Vertrauen in die Zuverlässigkeit der Analyse
- Übermäßiges Vertrauen in die eigenen Fähigkeiten
- Projektnähe
- Beziehung zu anderen Experten
- Repräsentativität (der Grad, in dem »A« an »B« erinnert)
- Systematisches Weglassen von Risikokomponenten

Es gibt zahlreiche Möglichkeiten, Risiken zu klassifizieren. In einem einfachen Geschäftskontext kann Risiko wie folgt definiert werden:

- Geschäftsrisiko
- Versicherungsrisiko

Aus Geschäftsrisiken können Gewinne oder Verluste resultieren. Beispiele für Geschäftsrisiken wären die Aktivitäten von Konkurrenten, schlechtes Wetter, Inflation, Rezession, Kundenreaktionen und die Verfügbarkeit von Ressourcen. Versicherungsrisiken beinhalten nur die Möglichkeit eines Verlusts. Zu den Versicherungsrisiken gehören:

- *Direkte Eigentumsschäden:* Dazu gehören Versicherungen von Aktivposten wie Brandschutzversicherungen, Unfallversicherungen und Versicherungen für Projektmaterialien, Projekteinsatzmittel und Projekteigentum.
- *Indirekte Verluste:* Dieser Faktor beinhaltet den Schutz von Auftragnehmern vor indirekten Verlusten bedingt durch die Handlung Dritter, wie z.B. der Ersatz von Einsatzmitteln und die Entfernung von Schutt.
- *Gesetzliche Haftung:* Hierbei handelt es sich um den Schutz vor gesetzlicher Haftung, die aus einem mangelhaften Produktdesign, aus Entwurfsfehlern, aus der Produkthaftung und aus einer mangelhaften Projektleistung resultieren. Sie bietet jedoch keinen Schutz vor einem Vertrauensverlust bei den Kunden.
- *Personal:* Personalrisiken beinhalten die körperliche Verletzung von Mitarbeitern, den Verlust von für das Projekt wichtigen Mitarbeitern, die Kosten für die Wiederbeschaffung von kompetenten Mitarbeitern und verschiedene andere Arten von Unternehmensverlusten, die durch personalbezogene Faktoren bedingt sind.

Bei Bauprojekten stellt der Eigentümer oder Auftraggeber in der Regel kombinierte Versicherungspakete bereit, mit denen alle Beteiligten abgesichert sind. Eventuell muss der Auftragnehmer das kombinierte Versicherungspaket besorgen, das Paket wird jedoch vom Eigentümer oder Auftraggeber bezahlt.

Das Project Management Institute hat Risiken wie folgt kategorisiert:

- *Externe Risiken – nicht vorhersehbar:* Regulierungen von staatlichen Stellen, Naturkatastrophen, höhere Gewalt
- *Externe Risiken – vorhersehbar:* Kapitalkosten, Leihzinsen, Verfügbarkeit von Rohmaterial

Der Projektmanager hat keinen Einfluss auf externe Risiken, kann jedoch möglicherweise die Ausrichtung des Projekts beeinflussen.

- *Interne Risiken (nicht technisch):* Streiks, Probleme mit dem Cashflow, Sicherheitsfragen, freiwillige Sozialleistungen

Auf die internen Risiken kann der Projektmanager möglicherweise Einfluss ausüben. Sie stellen einen Unsicherheitsfaktor dar, der das Projekt eventuell beeinflussen kann.

- *Technische Risiken:* Technologische Veränderungen, Veränderungen in der neuesten Technik, Designfragen, Betriebs- und Wartungsfragen

Technische Risiken beziehen sich auf die Nutzung von Technologie und auf den Einfluss, den Technologie auf die Projektausrichtung ausübt. (Hinweis: Wie bereits erwähnt, können technische Risiken auch Produktion, Support, Bedrohung und alle anderen nicht dem Projekt zuzuordnenden Risiken enthalten.)

- *Rechtliche Risiken:* Lizenzen, Patentrechte, Klagen, die Leistung von Unterauftragnehmern, Vertragsverletzungen

Die Risikoidentifikation sollte so vorgehen: WENN das Risiko auftritt (z.B. Wahrscheinlichkeit 1,0), was ist DANN der Einfluss (Konsequenz des Auftretens)? Unter Verwendung dieses Ansatzes vermeidet man die Verwirrung in Hinblick auf die Wahrscheinlichkeit des Auftretens (und seine Komponenten) und die Konsequenz des Auftretens (Kosten, Leistung, Zeitplan). Diese Schätzungen sollten als Teil der Risikoanalyse erfolgen, wenn das mögliche identifizierte Risiko vom Management bestätigt wurde.

Es gibt eine Abweichung vom Ansatz der Risikoidentifikation, die dafür geeignet ist, unterschiedliche Risikokategorien zu bewerten, die über die zuvor erwähnten hinausgehen. Um Risikofaktoren identifizieren zu können, müssen die Programmelemente, Prozesse und Anforderungen bis zu einer Ebene heruntergebrochen werden, auf der eine zuverlässige Einschätzung vorgenommen werden kann. Die Informationen, die dazu benötigt werden, hängen von der Phase des Programms ab. In frühen Phasen sind möglicherweise die einzigen programmspezifischen Daten, die zur Verfügung stehen, Anforderungs- und Umfangsdokumente sowie Akquisitionspläne. Ein Ansatz basiert auf dem Projektstrukturplan und wird eingesetzt, um Elemente/Produkte zu bewerten. Ein zweiter Ansatz ist der Prozessansatz, der verwendet wird, um Schlüsselprozesse zu bewerten (z.B. Design, Herstellung und Test). Ein dritter Ansatz benutzt die Anforderungszerlegung, um zu versuchen, Spezifikationen zu isolieren, die schwierig zu erfüllen sind.

Der Projektstrukturplanansatz verwendet einen Projektstrukturplan auf einer geeigneten Einrückungsebene im Projekt. Typische Projektrisiken weisen die Tendenz auf, dass sie auf zwei oder drei Gruppierungen von Projektstrukturplanebenen existieren. Die erste ist Projektstrukturplan 1 oder 2, mit Systemebenenrisiken (das ist die oberste Ebene) (z.B. das Risiko, das der Systemverfügbarkeit aufgrund einer nicht erprobten wichtigen Technologie zuzuordnen ist). Viele auf oberster Ebene angesiedelte Risiken existieren auf niedriger liegenden Projektstrukturplanebenen einfach nicht und sind möglicherweise schwer zu definieren. Um solche Risiken wirksam identifizieren zu können, ist es notwendig, die sprichwörtliche »Weitwinkel«-Ansicht für das Projekt anzuwenden. Die zweite Gruppierung potenzieller Risiken für ein mittleres bis großes Projekt liegt typischerweise auf den Projektstrukturplanebenen 3 bis 6 vor. Hier können beispielsweise einzelne Untersysteme, Module, Softwarecode (z.B. Konfigurationskomponenten für die Computersoftware) oder Bausätze potenzielle Risiken enthalten. Auf dieser tiefer liegenden Projektstrukturplanebene (im Vergleich zu Risiken auf oberster Ebene) sollte mehr Projektpersonal spezielles Wissen über potenzielle Risikoaspekte besitzen. Das kann sehr hilfreich sein, es ist aber wichtig, keine potenziellen Risiken durch eine kurzsichtige Analyse auszuschließen, die entweder beabsichtigt oder unbeabsichtigt bestimmte Risiken auslässt. Und schließlich können Risiken sogar auf noch niedriger angesiedelten Projektstrukturplanebenen (z.B. PSP 7 und darunter) existieren, aber solche Risiken sind häufig sehr schwierig zu identifizieren, es sei denn, es gibt spezielle Information, die auf entsprechende Komponenten verweist. (Beispielsweise könnte für eine elektronische Komponente separat festgestellt werden, dass es Zuverlässigkeitsprobleme gibt.)

Der Prozessansatz bewertet Risiken, die mit bestimmten wichtigen Verfahren verbunden sind (wie z.B. bestimmtem Design, Herstellung und Test), die für ein Projekt vorgegeben sind. Informationen zu diesem Ansatz finden Sie in der Direktive 4245.7-M (»Transition from Development to Production«, September 1985) des US-amerikanischen Verteidigungsministeriums (DoD - Department of Defense), die eine Standardstruktur für die Identifizierung technischer Risikobereiche beim Übergang von der Entwicklung zur Fertigung liefert. Die Struktur ist auf Programme in einer mittleren oder späten Entwicklungsphase ausgerichtet, kann jedoch, wenn sie entsprechend angepasst wird, auch in früheren Phasen eingesetzt werden. Die Direktive identifiziert für jede wichtige technische Aktivität eine Vorlage. Jede Vorlage kennzeichnet potenzielle Risikobereiche. Wird ein Projekt mit einer Vorlage belegt, können Bereiche ermittelt werden, die nicht zur Vorlage passen und entsprechend als riskante Bereiche gekennzeichnet werden. (Hinweis: Das Material in diesem Dokument ist etwas veraltet, aber es kann zumindest teilweise auf heute aktuelle Programme angewendet werden. Darüber hinaus wurde das Material entwickelt, bevor das DoD in den 1990er-Jahren die integrierten Produktteams (IPTs) eingeführt hat, was in einigen Fällen eine zusätzliche Konzentration auf wichtige Programmprozesse bedeutet.)

Der Anforderungsansatz beinhaltet eine Zerlegung der Anforderungen, um Spezifikationen zu isolieren, die schwierig zu erfüllen sind. Beispielsweise könnte die Forderung nach einem Computer, der den Durchsatz auf das Zehnfache der vorhandenen Einheit erhöht, Herausforderungen in Hinblick auf Skalierbarkeit, Architektur, Komponentenentwurf, Paketdesign, Herstellung usw. bedeuten. Das folgende hypothetische Beispiel verdeutlicht diese Art der Analyse weiter. Angenommen, es soll ein Raumfahrzeug entworfen werden, das bei sehr hoher Geschwindigkeit in sehr geringer Höhe fliegt. In diesem Fall ist der Luftwiderstand möglicherweise sehr hoch, und man braucht einen sehr zuverlässigen Antrieb, um diesen Widerstand kompensieren zu können. Darüber hinaus bringt die hohe Geschwindigkeit enorme Anforderungen in Hinblick auf die thermische Kühlung der Fahrzeugelektronik mit sich, weil in der Atmosphäre eine aerothermische Aufheizung entsteht. Dies kann auch zu Einschränkungen in Hinblick auf Design und Technologie führen, beispielsweise aufgrund der Kühlungsanforderungen (wenn alles andere konstant beibehalten wird). Der Schlüssel für die Durchführung dieser Art der Risikoidentifikation ist, eine exakte, deutliche und möglichst umfassende Anforderungszerlegung zu erstellen, kombiniert mit erfahrenem Projektpersonal, das wichtige Anforderungsaspekte mit möglichen Lösungen von der Architekturebene mit der Technologieebene vergleichen kann.

Der Wert dieser Ansätze zur Risikoidentifikation besteht darin, dass sie ein methodisches Vorgehen zur Bewertung potenzieller Risikofaktoren liefern. Alle drei Ansätze sollten für jedes Projekt in Betracht gezogen werden, und eine Mischung unterschiedlicher Ansätze ist wahrscheinlich einer Einzelmethode überlegen. Beachten Sie jedoch, dass, wenn die Methode »nach Kochbuch« angewendet wird, immer die Gefahr besteht, dass wichtige Aspekte übersehen werden. Der Projektmanager muss dann die Stärken und Schwächen des Ansatzes analysieren, um Faktoren zu identifizieren, die technische, terminliche, finanzielle, programmbezogene oder andere Risiken in sich bergen könnten. Schließlich ist es wichtig, dass das gesamte Projektpersonal an der Risikoidentifikation beteiligt wird. Die Abordnung einer kleinen Untermenge an Mitarbeitern, die eine Risikoidentifikation durchführen, verringert immer die Ergebnisse sowohl aus technischer Perspektive (Anzahl gültiger identifizierter Risiken) als auch aus Verhaltensperspektive (man sendet die »falsche Botschaft« an anderes Projektpersonal) und kann zu einer geminderten Effektivität des Risikomanagements führen. Diese relativ unbrauchbare Form der Risikoidentifikation sollte vermieden werden, wo immer es möglich ist. (Beachten Sie, dass sich dies davon unterscheidet, gelegentlich Personal von außen in das Projekt einzubringen, um von einem unabhängigen Standpunkt aus zu helfen, mögliche Risiken zu identifizieren, was sich in anspruchsvollen Projekten als vorteilhaft erwiesen hat.)

17.9 Die Risikoanalyse

PMBOK® Guide 2004
11.3 Qualitative Risikoanalyse
11.4 Quantitative Risikoanalyse

Die Risikoanalyse beginnt mit einer detaillierten Untersuchung der Risiken, die von den Entscheidungsträgern identifiziert und bestätigt wurden. Das Ziel besteht darin, genügend Informationen über Risikofaktoren zu sammeln, um die Eintrittswahrscheinlichkeit und entsprechende kosten- oder terminbezogene oder technische Leistungskonsequenzen einzuschätzen zu können. (Hinweis: Um die Verschwendung von Ressourcen zu vermeiden, sollten nur Risikofaktoren analysiert werden, die bereits als solche anerkannt sind.)

Die Informationen für die Risikoanalyse können mit den unterschiedlichsten Techniken gesammelt werden, wie unter anderem den folgenden:

- Analyse von Plänen und anderen Dokumenten
- Vergleiche mit ähnlichen Systemen
- Daten aus technischen und anderen Modellen
- Erfahrung und Befragung
- Modellbildung und Simulation
- Relevante Lessons-Learned-Studien
- Testergebnisse und Erkenntnisse aus der Prototypentwicklung
- Sensibilitätsanalyse für Handlungsoptionen
- Expertenmeinungen

Zu jeder Risikokategorie (d.h. kostenbezogene, terminliche oder technische Risiken) gehören bestimmte Bewertungsaufgaben und jede Kategorie ist mit den beiden anderen Kategorien verbunden. Entsprechend muss eine stützende Analyse zwischen den Bereichen durchgeführt werden, um die Integration des Bewertungsvorgangs sicherzustellen. Technische und kosten- und terminplanbezogene Bewertungen weisen unter anderem folgende Merkmale auf:

Kostenbewertung

- Baut auf der technischen und der Terminplanbewertung auf
- Setzt technische und terminliche Risiken in Kosten um
- Leitet eine Kostenschätzung unter Berücksichtigung von technischen und terminlichen Risiken und dem Einfluss von Unsicherheit bei der Kostenschätzung und bezieht diese auf die Ressourcen
- Weist Risiken, die sich auf das Programm auswirken könnten, eine Priorität zu
- Dokumentiert die Kostengrundlage und die Risikofaktoren für die Risikobewertung

Bewertung des Ablauf- und Terminplans

- Bewertet den grundlegenden Ablauf- und Terminplan
- Gibt die technische Grundlage, die Definition der Aktivitäten und des Inputs aus technischen und aus Kostenbereichen wieder
- Arbeitet Unsicherheit bei der Kosten- und der technischen Bewertung und beim Terminplan in das Ablauf- und Terminplanmodell des Programms ein
- Führt eine Terminplananalyse beim Ablauf- und Terminplan des Programms durch
- Weist Risiken, die sich auf das Programm auswirken könnten, eine Priorität zu
- Dokumentiert die Grundlage des Ablauf- und Terminplans und die Risiken für die Risikobewertung

Technische Bewertung

- Liefert die technische Grundlage
- Identifiziert und beschreibt Programmrisiken (z.B. Technologie)

- Analysiert Risiken und setzt sie zu anderen internen und externen Risiken in Beziehung
- Vergibt Risikoprioritäten in Bezug auf den Programmeinfluss
- Analysiert verwandte Programmaktivitäten in Hinblick auf deren Dauer und auf die verbrauchten Ressourcen
- Analysiert den Input für die Kosten- und die Terminplanbewertung
- Dokumentiert die technische Grundlage und Risikofaktoren für die Risikobewertung

Eine Beschreibung und Quantifizierung des Risikos beinhaltet in der Regel eine Analyse oder Modellbildung. Nachfolgend werden typische Werkzeuge für die Risikoanalyse genannt:

- Analyse von Plänen und anderen Dokumenten für die Abschätzung von Abweichungen
- Entscheidungsanalyse (einschließlich Entscheidungsbäume, EMV usw.)
- Abschätzung der Beziehungen
- Expertenmeinungen
- Fehlermodi und Analyse der Auswirkungen (in Bezug auf die Zuverlässigkeit)
- Grafische Analyse
- Analyse der Lebenszykluskosten
- Netzplananalyse
- Payoff-Matrizen
- Wahrscheinlichkeitsgestützte Risikoanalyse (in Hinblick auf die Zuverlässigkeit)
- Verfahrensvorlagen (z.B. DoD-Direktive 4245.7-M)
- Analyse der schnellen Reaktionszeit/des quantitativen Einflusses
- Risikoabbildungsmatrix mit Risikoskalierungsergebnissen
- Maßstäbe für das Risiko (in der Regel zur Bemessung der Risikowahrscheinlichkeit und des Risikos bestimmter Auswirkungen)
- Zeitplananalyse
- Sensibilitätsanalyse
- Simulation (z.B. Monte Carlo) für Kosten, Leistung und Zeitplan
- Analyse der aktuellen technologischen Trends
- TRACE (Total Risk-Assessing Cost Analysis)

Nachdem eine Risikoanalyse durchgeführt wurde, müssen die Ergebnisse häufig einer bestimmten Risikostufe zugeordnet werden. Die Risikobewertung gibt wieder, wie sich das Risiko auf das Programm auswirken könnte. Sie wird in der Regel an der Wahrscheinlichkeit bemessen, dass ein bestimmter Fall eintritt. Das Risiko kann hoch, mittel oder gering sein (oder möglicherweise niedrig, moderat niedrig, mittel, moderat hoch und hoch). (Andere Faktoren, die für die Bedeutung von Risiken eine Rolle spielen, wie die Häufigkeit des Auftretens, die Zeitempfindlichkeit und die Abhängigkeit von anderen Risiken, sollten angegeben werden und direkt oder indirekt durch das Management in die Einschätzung des Risikos einfließen.) Nachfolgend finden Sie Faktoren für die Bewertung von Risiken:

PMBOK® Guide 2004
11.3 Qualitative Risikoanalyse

- *Hohes Risiko:* starker Einfluss auf die Kosten, die Leistung oder den Terminplan. Es müssen beträchtliche Korrekturmaßnahmen ergriffen werden, um die Auswirkungen abzuschwächen. Das Management muss der Risikoüberwachung eine hohe Priorität beimessen.
- *Mittleres Risiko:* Es gibt gewisse Auswirkungen auf die Kosten, die Leistung oder den Terminplan. Möglicherweise müssen Korrekturmaßnahmen eingeleitet werden, um die Probleme abzuschwächen. Das Management muss der Risikoüberwachung erhöhte Aufmerksamkeit schenken.
- *Geringes Risiko:* minimaler Einfluss auf die Kosten, die Leistung oder den Terminplan. Die Berücksichtigung im Rahmen des normalen Managements reicht völlig aus.

Zur Risikobewertung sollten Definitionen und Verfahren genutzt werden, die mit allen Beteiligten abgestimmt sind (z.B. die oben gezeigten Strawman-Definitionen). Eine subjektive Risikobewertung ist ungünstig, da sich die Wahrscheinlichkeitswerte für bestimmte Beschreibungen sehr stark unterscheiden können. Abbildung 17.8 zeigt die Bandbreite der Bedeutungen von bestimmten mündlichen Bewertungen für verschiedene Personen.[5] Aus der Abbildung wird ersichtlich, dass bei mehr als der Hälfte aller ausgewerteten Aussagen eine auffällige Abweichung (d.h. 0,3) bei den Wahrscheinlichkeitswerten besteht. Es sind jedoch auch sehr viel größere Wahrscheinlichkeitswertebereiche als die in Abbildung 17.8 gezeigten möglich. Conrow führte eine Überprüfung von 50 allgemeinen subjektiven Wahrscheinlichkeitsaussagen durch. Die Ergebnisse von 151 vollständigen Überprüfungen ergab, dass 49 der 50 subjektiven Wahrscheinlichkeitsaussagen einen Ergebnisbereich (vom Maximum bis zum Minimum) von ^{3} 0,70 hatten! Das unterlegt die Aussage, dass subjektive Wahrscheinlichkeitsaussagen für unterschiedliche Betrachter völlig unterschiedliche Bedeutungen haben können und dass sie nicht die Methode der Wahl sein sollten, wenn eine Risikoanalyse durchgeführt wird.[6]

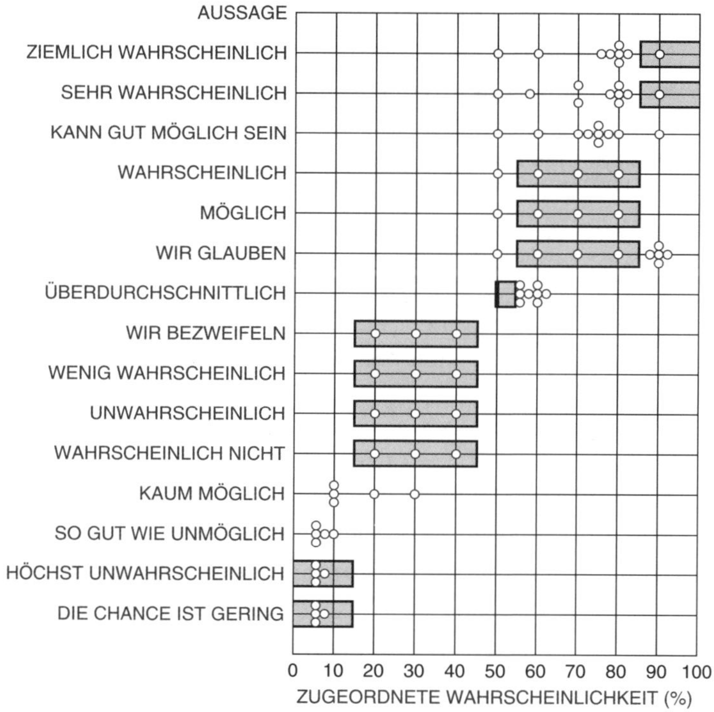

Abbildung 17.8: Was verschiedene Wahrscheinlichkeitsaussagen für unterschiedliche Personen bedeuten

Prioritäten für Programmrisiken sollten erst im Anschluss an die Risikobewertung (wie z.B. die oben beschriebenen Strawman-Definitionen) vergeben werden. Häufig werden zu diesem Zweck zusätzliche Angaben von Managern und von technischen Experten benötigt, die innerhalb einer Bewertungsebene analysiert werden (um beispielsweise unterschiedlich hohen Risiken Prioritäten zuzuweisen).

Ein Risiko, das nach Ansicht von erfahrenen Managern bewältigt werden kann, wird von Managern mit weniger Erfahrung oder Fachkompetenz möglicherweise als hohes Risiko eingeschätzt. Dies macht deutlich, dass die Bewertungen irgendwie relativ sind, auch wenn sie in Hinblick auf

5. Siehe Conrow, E. H., Anmerkung 1, Anhang J, Seite 491-513.
6. Siehe Conrow, E. H., Anmerkung 1, Anhang J, Seite 491-513.

die Strawman-Definitionen betrachtet werden. Es gibt Manager, die eine persönliche Abneigung gegen Risiken haben und deshalb versuchen, sie um jeden Preis zu vermeiden. Andere wiederum suchen das Risiko und entscheiden sich immer für Ansätze mit einem höheren Risiko. Die Bedeutung der Begriffe »hoch«, »mittel« und »gering« kann sich mit dem Wechsel des Managers oder von Vorgesetzten und auch mit bestimmten Projektereignissen ändern.

Programm-Manager können Risikoratings einsetzen, um Themen zu ermitteln, die mit hoher Priorität behandelt werden müssen (z.B., für alle mittleren und hohen Risiken könnten Pläne zur Risikobehandlung erforderlich sein). Risikoratings eignen sich auch, um Bereiche zu identifizieren, über die Bericht erstattet werden sollte. Bereiche mit hohen Risiken können Hinweise auf mangelndes Leistungsvermögen in der Organisation des Projektmanagers oder in Organisationen bieten, die das Projekt unterstützen. In beiden Fällen beinhaltet das »Risikomanagement« den Einsatz von Projektmanagement-Techniken, um den Grad des Risikos zu reduzieren.

Es wurde bereits deutlich gemacht, dass die Risikoanalyse in Form einer Erwartungswertberechnung durchgeführt werden kann. Es gibt jedoch auch fortschrittlichere Ansätze, bei denen Vorlagen zur Einschätzung der Wahrscheinlichkeit und den Auswirkungen des Auftretens eingesetzt werden. Bei diesen Ansätzen werden die Eintrittswahrscheinlichkeit (z.B. bedingt durch das technologische Design oder die Herstellungsmethode) und die Auswirkungen des Auftretens (z.B. für die Kosten, den Ablauf- und Terminplan und die Technik) üblicherweise mittels Ordinalskalen geschätzt. Solche Ordinalskalen können zwar für die Einschätzung des Risikos sehr nützlich sein, sie müssen jedoch mit Bedacht eingesetzt werden. Problematisch ist beispielsweise der Einsatz mathematischer Operationen, der sehr leicht zu irreführenden Ergebnissen führen kann, weil die tatsächlichen Intervalle unbekannt sind.

(z.B. sind die echten Koeffizientenwerte einer fünfstufigen Skala mit den Beschriftungen 0,2, 0,4, 0,6, 0,8 und 1,0 mit Sicherheit nicht diese Werte). Es können relativ einfache Beispiele abgeleitet werden, die beim Vergleich der tatsächlichen mit den angenommenen Ordinalskalenkoeffizienten bis zu 600 Prozent Fehler aufweisen.[7]

Das folgende einfache Beispiel veranschaulicht den Einsatz von Ordinalskalen bei der Risikoanalyse und bietet Empfehlungen für die korrekte Darstellung der Ergebnisse.[8] Die Skalen sollten Sie jedoch nicht für Ihre eigenen Projekte einsetzen, da sie nur zur Veranschaulichung dienen.

Beispiel 17.2. In Tabelle 17.5 wird eine einfache Skala zur Einschätzung der »Wahrscheinlichkeit« des Auftretens verwendet, die sich auf die technologische Ausgereiftheit bezieht. (Hinweis: Da Ordinalskalen zur Einschätzung der Wahrscheinlichkeit fast nie die tatsächliche Wahrscheinlichkeit repräsentieren, sondern lediglich ein Indikator für die Wahrscheinlichkeit sind, werden die Einstufungen, die aufgrund dieser Skalen vorgenommen werden, als »Wahrscheinlichkeitswerte« bezeichnet.) Das technische Risiko beinhaltet in der Regel neben der technischen Ausgereiftheit zahlreiche zusätzliche Risiken wie z.B. das Design. Der Einsatz einer einzelnen Risikokategorie vereinfacht jedoch die nachfolgenden Berechnungen und reicht zum Zwecke der Veranschaulichung aus. Bei der Wahrscheinlichkeitsskala für die technische Ausgereiftheit entsprechen die Ebenen A und B einer geringen Wahrscheinlichkeit, die Ebenen C und D einer mittleren Wahrscheinlichkeit und die Ebene E einer hohen Wahrscheinlichkeit. (Hinweis: Diese Angaben sind nicht identisch mit dem hohen, mittleren und geringen Risiko und bieten nur einen Hinweis darauf, wo Unterbrechungspunkte auftreten können, wenn sie später für die Entwicklung einer Risikozuordnungsmatrix eingesetzt werden.)

7. Siehe E. H. Conrow, Anmerkung 1, Seiten 258-268.
8. Dieses Beispiel stammt aus Conrow, E. H., *Effective Risk Management: Some Keys To Success* (Reston, VA: American Institute of Aeronautics and Astronautics, 2000), S. 301–305, Copyright © 2000, Conrow, E. H.

Definition	Stufe
Grundprinzipien wurden ermittelt	E
Leistung des Entwurfs wurde analysiert	D
Bewertung mittels Testaufbaus in relevanter Umgebung	C
Prototyp besteht Leistungsprüfung	B
Das Produkt ist betriebsbereit	A

Tabelle 17.5: Beispiel für die Einschätzung der Risikowahrscheinlichkeit anhand einer Ordinalskala

Tabelle 17.6 zeigt die kostenbezogenen, die terminlichen und die technischen Auswirkungen von Risiken. Ein geringes Risiko entspricht dabei den Stufen A und B, ein mittleres Risiko den Stufen C und D und ein hohes Risiko der Stufe E. (Hinweis: Diese Angaben entsprechen nicht dem hohen, mittleren und geringen Risiko und sind nur ein Hinweis darauf, wo bei der Entwicklung einer Risikozuordnungsmatrix später in diesem Abschnitt Unterbrechungspunkte auftreten können.)

C_{Kosten}	C_{Zeit}	$C_{Technik}$	Ebene
>= 10 %	Wichtige Programm-Meilensteine können nicht erreicht werden	Inakzeptabel	E
7 %–10 %	Wichtige Meilensteine werden verfehlt oder der kritische Pfad wird beeinflusst	Akzeptabel, jedoch kein Spielraum mehr vorhanden	D
5 %–7 %	Wichtige Meilensteine werden knapp verfehlt	Akzeptabel, signifikante Verringerung des Spielraums	C
<5 %	Zusätzliche Ressourcen sind erforderlich, um die Meilensteine zu erreichen	Akzeptabel, gewisse Verringerung des Spielraums	B
Minimaler oder kein Einfluss	Minimaler oder kein Einfluss	Minimaler oder kein Einfluss	A

Tabelle 17.6: Beispiel für kostenbezogene, terminliche und technische Auswirkungen von Risiken der verschiedenen Risikoklassen

(*Hinweis:* Ich empfehle die Verwendung einer symmetrischen Risikozuordnungsmatrix wie in Tabelle 17.7 gezeigt, es sei denn, es gibt spezifische exakte, quantitative Informationen, die eine asymmetrische Matrix garantieren. Fast alle asymmetrischen Matrizen haben jedoch keine nachvollziehbare Begründung oder Dokumentation, die ihre Verwendung unterstützt, sie weisen inkonsistente Grenzen zwischen den Risikoebenen auf [z.B. Niedrig, Mittel, Hoch], sie stellen die Kosten, die Leistung und den Zeitplan nicht korrekt dar, sondern nur eine nicht spezifizierte Untermenge dieser Variablen, und die resultierenden Risikogrenzen sind häufig nicht konsistent zur Nutzentheorie [beispielsweise könnte eine Behauptung einer Risikoaversion als Übernahme von Risiken dargestellt werden]!)

Aus den Eintrittswahrscheinlichkeiten und den Auswirkungen von Risiken wurde die in Tabelle 17.7 gezeigte Zuordnungsmatrix entwickelt. (Hinweis: Die Risikogrenzwerte lassen sich häufig nicht sehr genau definieren, weil für die Eintrittswahrscheinlichkeit und die Auswirkungen des Auftretens drei Kategorien benutzt wurden, wohingegen für die Einschätzung der Wahrscheinlichkeiten auf der Ordnungsskala fünf Stufen zum Einsatz kamen. Eine Zuordnungsmatrix mit verschiedenen »Wahrscheinlichkeiten« und Auswirkungen des Auftretens [z.B. gering = Stufen A und B, mittel = Stufe C und groß = Stufen D und E], fünf Risikostufen [gering, eher gering, mittel, eher hoch und hoch] oder verschiedenen Risikogrenzwerten hätte in diesem Beispiel auch eingesetzt werden können.)

Es werden nun zwei verschiedene Risikofaktoren für eine handelsübliche hochwertige Digitalkamera mittels der oben beschriebenen Risikoanalyse bewertet. Die Risikofaktoren sind hypothetischer Natur und dienen hier nur zur Veranschaulichung der Anwendung der Risikoanalyse.

Im ersten Fall geht es um ein hochleistungsfähiges ladungsgekoppeltes Bauelement (CCD), das sich bereits im Vorstadium der Prototypentwicklung befindet. Das CCD wird in hochwertige Digitalkameras eingebaut. Das Risiko besteht nun darin, ob der erforderliche Rauschabstand für den Einsatz bei schlechten Lichtverhältnissen erreicht werden kann, ohne dass gleichzeitig die Bildkörnung zunimmt. Können diese Anforderungen nicht erfüllt werden, ist mit einem Kostenanstieg von sechs Prozent für einen dritten Entwurf, die Fertigung und die Testdurchführung zu rechnen (zwei Iterationen sind Standard). Die terminlichen Auswirkungen bestehen darin, dass zusätzliche Ressourcen benötigt werden, um die Liefertermine einhalten zu können. Die mögliche technische Folge ist eine akzeptable Leistung ohne zusätzlichen Spielraum. In diesem Beispiel entspricht die Eintrittswahrscheinlichkeit laut Tabelle 17.5 Stufe C. Gemäß Tabelle 17.6 ergibt sich folgende Einschätzung: C_{Kosten} = Stufe C, C_{Zeit} = Stufe B und $C_{Technik}$ = Stufe D. Aus diesen Angaben und der Risikozuordnungsmatrix in Tabelle 17.7 ergeben sich für die kosten-, termin- und technikbezogenen Risikostufen »mittel«, »gering« und »hoch« Die Verwendung des Maximums der drei Risikowerte ergibt eine allgemeine mittlere Risikostufe für CCD-Leistung bei schlechten Lichtverhältnissen.

PMBOK® Guide 2004

11.1.3 Abbildung 11.5 Definition der Auswirkungsskalen für vier Projektziele

Wahrscheinlichkeit (steigt) ↑	Auswirkungen (steigen) → A	B	C	D	E
E	Mittel	Mittel	Hoch	Hoch	Hoch
D	Gering	Mittel	Mittel	Hoch	Hoch
C	Gering	Gering	Mittel	Mittel	Hoch
B	Gering	Gering	Gering	Mittel	Mittel
A	Gering	Gering	Gering	Gering	Mittel

Tabelle 17.7: Beispiel für eine Risikozuordnungsmatrix

Im zweiten Fall befindet sich eine digitale Speicherkarte mit hoher Speicherdichte in der Konzeptionsphase. Die Speicherkarte soll in die gleiche Digitalkamera eingebaut werden wie die Komponente CCD zur Erhöhung der Leistung bei schlechten Lichtverhältnissen, die bereits erwähnt wurde. Hier geht es darum, das Risiko einzuschätzen, die Speicherdichte erreichen zu können, mit der die gewünschte Anzahl an hoch auflösenden Bildern gespeichert werden kann. Die Bitdichte soll fünf Mal so hoch sein wie bisher üblich. Die potenziellen Auswirkungen auf die Kosten, falls die gewünschte Bit-Dichte nicht erreicht wird, liegen bei einer Steigerung um 20 Prozent. Die Mehrkosten beinhalten die Verbesserung des Speichermediums, das Neudesign, die Herstellung und die zusätzlichen Testdurchläufe. Auf den Ablauf- und Terminplan wirkt sich das Risiko insofern aus, als die Digitalkamera mit der gewünschten Speicherdichte nicht zum gewünschten Termin auf den Markt gebracht werden kann. In technischer Hinsicht kann das Risiko in einer inakzeptablen Leistung bestehen, weil die gewünschte Anzahl an hoch auflösenden Bildern nicht mit den vorhandenen Speicherkarten gespeichert werden kann. (Es wird davon ausgegangen, dass mehrere Speicherkarten mit einer geringeren Dichte nicht als Ersatz für eine Speicherkarte mit hoher Speicherdichte eingesetzt werden können.) In diesem Beispiel resultiert in Bezug auf Tabelle 17.5 eine Eintrittswahrscheinlichkeit der Stufe D (die Leistung des Entwurfs wird überprüft) und in Bezug auf Tabelle 17.6 ergeben sich folgende Einschätzungen: C_{Kosten} = Stufe E, C_{Zeit} = Stufe D und $C_{Technik}$ = Stufe E. Aus diesen Informationen und der Risikozuordnungsmatrix in Tabelle 17.7 ergeben sich ein hohes Kosten-, ein hohes terminliches und ein hohes technisches Risiko für die Bit-Dichte der digitalen Speicherkarte.

Von den beiden Komponenten birgt also die Entwicklung der digitalen Speicherkarte ein höheres Risiko in sich. Wird die Risikostufe, wie üblich, zu einem Wert zusammengefasst, indem die maximale Risikostufe relativ zu den kostenbezogenen, terminlichen und technischen Auswirkungen gewählt wird, birgt die Entwicklung der CCD-Komponente ein mittleres und die der Speicherkarte mit hoher Speicherdichte ein hohes Risiko in sich.

Hätten statt der hier verwendeten einen Risikokategorie (technische Ausgereiftheit) *n* Risikokategorien existiert, gäbe es für jedes Risiko *n* x 3 Bewertungen. Bei Bedarf hätten diese Bewertungen mit einem konservativen Zuordnungsansatz und bei Auswahl des höchsten Werts der Risikobewertungen auf *n* Risikobewertungen reduziert werden können. In ähnlicher Weise hätten die *n* x 3 Bewertungen auch auf ein Risiko pro Faktor reduziert werden können, indem eine konservative Zuordnung durchgeführt und der höchste Wert der *n* Bewertungen des technischen Risikos ausgewählt und mit den maximalen Auswirkungen auf die Kosten, den Ablauf- und Terminplan und die Technik pro Element gekoppelt worden wäre.

(*Hinweis:* Ich empfehle im Allgemeinen *nicht*, separate Risikobewertungen für kostenbezogene, leistungsbezogene oder terminliche Eintrittswahrscheinlichkeiten anzugeben. Hier wurden sie nur deshalb vorgestellt, um zu zeigen, dass in diesem Beispiel eine einzige Wahrscheinlichkeitsskala [Technologieausgereiftheit] verwendet wurde. Wenn Sie *n* Wahrscheinlichkeitsskalen zusammen mit den drei Auswirkungsskalen haben und die konservative Zuordnung verwenden, sollten Sie im Allgemeinen entweder die vollständige Menge der *n* x 3 Risikostufen angeben [was mir nicht gefällt], oder eine einzige Risikostufe [was normalerweise besser ist]. Wenn Sie eine einzige Risikostufe angeben und die konservative Zuordnung verwenden [indem Sie das Paar aus maximaler Wahrscheinlichkeit und Auswirkung auswählen], muss unbedingt angegeben werden, welche Wahrscheinlichkeits- und Auswirkungskategorien zu dieser Risikostufe geführt haben, um bei der Entwicklung eines Risikomaßnahmenplans zu helfen.

Falls für die CCD-Komponente für schlechte Lichtverhältnisse und die Speicherkarte mit hoher Speicherkapazität tatsächlich ein mittleres oder hohes Risiko besteht, sollte ein Risikomanagementplan für beide Risiken entwickelt werden (siehe Abschnitt 17.11). (Hinweis: Alle Risiken sollten zunächst analysiert werden, bevor eine Strategie zur Risikobehandlung gewählt wird.)

Für qualitative und/oder quantitative Risikoanalysen sind verschiedene Ausgaben möglich. Sie beinhalten, sind aber nicht beschränkt auf (1) eine allgemeine Risikobewertung, (2) eine Liste mit Prioritäten belegter Risiken, (3) die Wahrscheinlichkeit, dass die Projektkosten und/oder der Zeitplan überschritten werden, (4) die Wahrscheinlichkeit, dass die Projektleistungsanforderungen nicht erfüllt werden, (5) Entscheidungsanalysenberichte (einschließlich EMV), (6) Fehlermodi und Auswirkungen (Zuverlässigkeit), (7) Fehlerpfade (Zuverlässigkeit) und (8) die Fehlerwahrscheinlichkeit (Zuverlässigkeit).

Die Vorgehensweise für die Erstellung der Liste der mit Prioritäten belegten Risiken variiert abhängig von der verwendeten Methodik. Bei Risikoskalen beispielsweise ist die Einordnung der Risikostufen von der Wahrscheinlichkeit und von der Auswirkung abhängig, ebenso wie möglicherweise von der Häufigkeit des Auftretens, von dem Zeitraum, bis die Wirkung auftritt, und von den Zusammenhängen mit anderen Risiken. Für eine Kostenrisikoanalyse unter Verwendung einer Monte-Carlo-Simulation kann die Einordnung die prozentuale Größe des Kostenrisikos sowie den gewünschten Vertrauensgrad (z.B. 70. Perzentil) berücksichtigen. Für Entscheidungsanalyseergebnisse kann die Berücksichtigung von EMV in der Bewertung einfach eine Liste der

Ergebnisse vom höchsten positiven Ergebnis bis zum niedrigsten negativen Ergebnis sein. Keine dieser Methoden, eine Liste prioritätsbehafteter Risiken zu erzeugen, ist unbedingt besser als die anderen - sie haben alle ihren möglichen Nutzen. Die Herausforderung in solchen Fällen ist, die Ergebnisse wirksam zu integrieren, so dass man aus einer vielfältigen Ergebnismenge eine einzige Risikoliste erhält. Es gibt keinen »besten« Algorithmus, dies in ein reales Projekt umzusetzen. Projektmanager sollten diese Liste im Einvernehmen mit einer strukturierten Auswertung der Risikoanalyseergebnisse ableiten und ihre Begründung so gut wie möglich dokumentieren.

Ein übliches Ergebnis der Risikoanalyse ist die so genannte »Watch List«, also einer Liste aller Elemente, die im Auge behalten werden müssen. Hierzu gehören häufig Indikatoren für den Ansatz eines Problems und die Auswirkungen, die das Problem sehr wahrscheinlich haben wird. Ein Beispiel hierfür wäre das Kostenrisiko für die Produktion bedingt durch ein unfertiges technisches Datenpaket. Wird die Produktion gestartet, bevor die Machbarkeit anhand des Datenpakets überprüft wurde, fällt die erste Kosteneinheit möglicherweise höher aus als geplant. Eine typische »Watch List« ist so strukturiert, dass ihr sowohl das auslösende Ereignis oder Element (z.B. Verzögerung von Elementen mit langer Vorlaufzeit) und Bereiche, auf die sich das Ereignis oder Element auswirken könnte (Produktionsplan), als auch später, nach erfolgter Entwicklung, Maßnahmen zur Risikobehandlung zu entnehmen sind, mit denen die Eintrittswahrscheinlichkeit oder die Auswirkungen verringert werden können (z.B. Identifizierung von Elementen mit langer Vorlaufzeit, Betonung eines frühen Liefertermins etc.).

Die »Watch List« wird regelmäßig überarbeitet, d.h., Elemente werden bei Bedarf hinzugefügt, verändert oder gelöscht. Sollten die auslösenden Ereignisse für Elemente, die in der »Watch List« enthalten sind, im Projektverlauf auftreten, müssen das Material für die Risikoidentifikation überprüft und die Risikobewertung aktualisiert werden und es müssen geeignete Risikomanagementstrategien ausgewählt werden.

17.10 Die Monte-Carlo-Simulation

PMBOK® Guide 2004

11.4.2 Quantitative Risikoanalyse: Werkzeuge und Methoden

Die Monte-Carlo-Simulation im Bereich des Risikomanagements stellt den Versuch dar, eine Wahrscheinlichkeitsverteilung für potenzielle Risiken zu entwickeln und anschließend so umzuwandeln, dass daraus die zugehörigen Kosten-, Leistungs- oder Terminrisiken abgelesen werden können. Monte-Carlo-Simulationen werden zwar häufig bei technischen Anwendungen eingesetzt, wie z.B. für die Bewertung der Leistung von integrierten Stromkreisen oder die strukturelle Reaktion auf ein Erdbeben. Sie können jedoch auch benutzt werden, um das Risiko bei der Gestaltung von Kundendienstzentren einzuschätzen oder aber für die Ermittlung des Zeitbedarfs zur Erfüllung der Meilensteine in einem Projekt, den Kosten für die Entwicklung, Herstellung und Wartung eines Elements, der Verwaltung des Lagerbestands und für viele andere Anwendungen. Die Anzahl äquivalenter Computerstunden auf verschiedenen Plattformen, um Monte-Carlo-Simulationen durchzuführen, die nicht den Kosten oder nicht dem Zeitplan zugeordnet sind, liegt wahrscheinlich um das 10000- bis 1000000-fache höher als für kombinierte Kosten- und Zeitplansimulationen. Leider wird dies in der Literatur über Projektmanagement häufig nicht erkannt oder nicht erwähnt, wo man vor allem Kosten- und Zeitplansimulationen betont. (Das entspricht leider auch dem fast völligen Fehlen von Hinweisen auf die technische Leistungsdimension in einigen Büchern über Projektmanagement.)

Die Kosten für solche Simulationen verhalten sich häufig additiv, d.h., sie lassen sich unabhängig vom Bewertungsverfahren für die einzelnen PSP-Elemente aufsummieren. Die Struktur der Terminplansimulationen basiert im Allgemeinen auf einem Termin-Netzplan, der die wichtigen Meilensteine oder Dauern für die Aktivitäten enthält, die in einer vordefinierten Konfiguration miteinander verbunden sind. Aus diesem Grund wird eine Terminrisikoanalyse im Allgemeinen nicht durch ein einfaches additives Modell dargestellt.Leistungsmodelle können unterschiedliche Strukturen haben, die häufig einmalig für das simulierte Element und komplexer Natur sind.

Die Schritte der Monte-Carlo-Simulation für eine Kosten- und Terminplaneinschätzung sind nachfolgend zusammengefasst. Die Implementierungsdetails hängen zwar von der jeweiligen Anwendung ab, die Vorgehensweise lässt sich jedoch wie folgt beschreiben:

1. Identifikation der geringstmöglichen PSP- oder Aktivitätsebene, auf der sich die Wahrscheinlichkeitsverteilung erstellen lässt. Die gewählte Ebene hängt von der Programmphase ab. In späteren Phasen werden häufig tiefer liegende Ebenen ausgewählt.
2. Entwicklung von Referenzpunktschätzwerten (z.B. für die Kosten oder für den Terminplan) für jedes PSP-Element oder für jede Tätigkeit, die im Modell enthalten ist.
3. Identifikation der PSP-Elemente oder Tätigkeiten, die eine Einschätzung für die Unsicherheit und/oder das Risiko bieten. (PSP-Elemente für die Kostenschätzung und Terminplanaktivitäten können beispielsweise Hinweise auf das technische Risiko bieten.)
4. Entwicklung einer geeigneten Wahrscheinlichkeitsverteilung für jedes PSP-Element oder für jede Tätigkeit, wobei die Unsicherheit und/oder das Risiko geschätzt werden. Bei einigen Werkzeugen (z.B. Software für die Projektzeitplanung) kann nur eine einzige Wahrscheinlichkeitsverteilung für ein bestimmtes Projektstrukturplanelement oder eine Aktivität angegeben werden. In anderen Fällen können mehrere Verteilungen verwendet werden, aber die Leute aus der Praxis verwenden eine einzige Verteilung. Dies ist ein eindeutiger Nachteil, weil die Aggregation von Verteilungen fast immer zu fehlerhaften Ergebnissen führen kann.
5. Aggregation der Wahrscheinlichkeitsverteilungsfunktionen für die PSP-Elemente oder Tätigkeiten mit einer Monte-Carlo-Simulation. Wird die Monte-Carlo-Simulation auf Kostenebene durchgeführt, resultiert dies in einer Kostenschätzung für die PSP-Ebene 1 bei Fertigstellung und in einer kumulativen Verteilungsfunktion der Kosten im Vergleich zu den Wahrscheinlichkeiten. Die Ergebnisse werden dann analysiert, um die Ebene des Kostenrisikos und die spezifischen Kostenverursacher zu ermitteln. Wird die Monte-Carlo-Simulation für den Terminplan durchgeführt, repräsentieren die kumulativen Kostenverteilungsfunktionen in der Regel die Dauer oder das Enddatum auf dem gewünschten Aktivitätsniveau, können jedoch auch andere Variablen beinhalten. Die Ergebnisse werden dann analysiert, um die Ebene des Terminplanrisikos zu ermitteln und die spezifischen Faktoren für Verschiebungen im Terminplan festzustellen.

Hinweis: Die Qualität der Monte-Carlo-Simulation kann nur so gut sein wie die Struktur des Modells, die Qualität der Referenzpunktschätzungen und die Auswahl der Wahrscheinlichkeitsverteilungen, die für die Simulation verwendet werden (die Art der Verteilungen [z.B. Normal- oder Dreiecksverteilung], die Anzahl der Verteilungen pro Element oder Aktivität und der spezifische kritische Wert, der die Verteilung definiert [z.B. der Mittelwert oder die Standardabweichung bei einer Normalverteilung]).[9] Falls die Daten nicht sorgfältig gesammelt werden und nicht genau sind, können die Ergebnisse irreführend oder sogar fehlerhaft sein. Die Entscheidungsträger sollten die Ergebnisse von Monte-Carlo-Simulationen, die mehrere Dezimalstellen aufweisen, mit Vorsicht genießen, wenn die erste Dezimalstelle bereits unsicher ist.

Beispielsweise weisen einige Analysten die Tendenz auf, Kosten- und Terminbewertungen standardmäßig als Dreiecks-Wahrscheinlichkeitsverteilung durchzuführen, weil die Software keine anderen Wahrscheinlichkeitsverteilungen unterstützt (was auf eine unzureichende Software schließen lässt). Einige sagen vielleicht, dass es keinen speziellen Grund für die Auswahl einer Wahrscheinlichkeitsverteilung gibt. Auch das ist ein schlechtes Argument - die Wahrscheinlichkeitsverteilung soll zu den Daten passen und nicht aufgrund ihrer Bequemlichkeit ausgewählt werden. Diese und ähnliche Betrachtungen warnen die Entscheidungsträger, die Ergebnisse von Monte-Carlo-Simulationen auf mehrere Dezimalstellen zu glauben, zumal häufig schon eine Unsicherheit in der ersten Dezimalstelle besteht!

Beispiel 17.3. Der Manager eines Service-Centers denkt darüber nach, einen zweiten Schalter zu öffnen. Er beobachtet, dass die Besucher in der Regel in einer Warteschlange anstehen müssen, um bedient zu werden. Simulieren Sie nun das Problem des Managers mit der Monte-Carlo-Methode unter der Voraussetzung, dass das Service-Center 12 Stunden pro Tag geöffnet und die Kosten für einen Angestellten € 60,00 pro Stunde betragen.

9. Siehe B. H. Conrow, Anmerkung 1, Kapitel 6. Dort finden Sie weitere Betrachtungen zu Monte-Carlo-Simulationen.

Der erste Schritt besteht darin, Prozeduren für die Definition der Eintrittshäufigkeit und der Dauer der Bedienung zu entwickeln. Die Verwendung einer Simulation impliziert, dass für diese Art von Problem keine vordefinierte Verteilung existiert oder sich eine vorhandene Verteilung nicht auf den vorliegenden Fall anwenden lässt. In beiden Fällen müssen entweder Ausdrücke oder Diagramme für die Häufigkeit des Eintreffens und die Dauer der Bedienung entwickelt werden. Dazu müssen Beobachtungen über einen bestimmten Zeitraum durchgeführt und in Histogramme umgewandelt werden.

Angenommen, es wird für einen Service-Schalter über einen bestimmten Zeitraum hinweg aufgezeichnet, wie viel Zeit jeweils bis zum Eintreffen des nächsten Kunden verstreicht und wie viele Kunden das Service-Center insgesamt aufsuchen. Zusätzlich wird erhoben, wie lange jede Person bedient wird und wie viele Personen insgesamt bedient werden. Eine Auflistung der Ergebnisse finden Sie in Tabelle 17.8 und in den Histogrammen der Abbildungen 17.9 und 17.10. Laut Tabelle 17.8 und den Abbildungen 17.9 und 17.10 haben Kunden den Laden fünf Minuten nach dem vorherigen Kunden betreten. Die 6 Kunden sind möglicherweise gleichzeitig oder zu unterschiedlichen Zeiten eingetroffen. 18 Personen haben den Laden 16 Minuten nach dem vorherigen Kunden betreten. Die Bediendauer wird auf die gleiche Weise behandelt. Fünfzehn Personen wurden 14 Minuten lang bedient und 20 Personen 18 Minuten lang.

Ankunft	
Zeitdauer bis zur Ankunft neuer Kunden (Min.)	Häufigkeit
0	5
5	7
8	1
10	9
12	12
15	20
16	18
18	10
20	9
25	5
30	4
	—
	100
Service	
Dauer des Service am Schalter (Min.)	**Häufigkeit**
10	5
12	10
14	15
16	20
18	20
20	15
22	15
	—
	100

Tabelle 17.8: Ankunft und Bediendauer

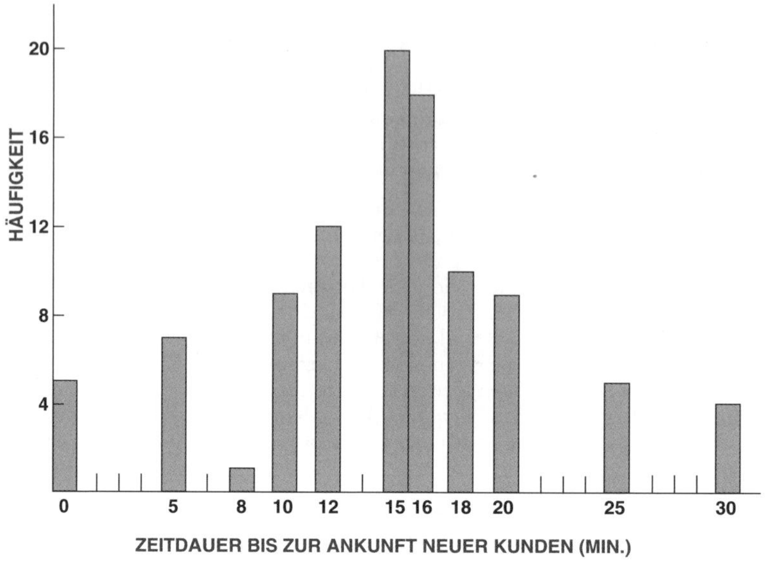

Abbildung 17.9: Zeitdauern bis zur Ankunft eines neuen Kunden im Histogramm

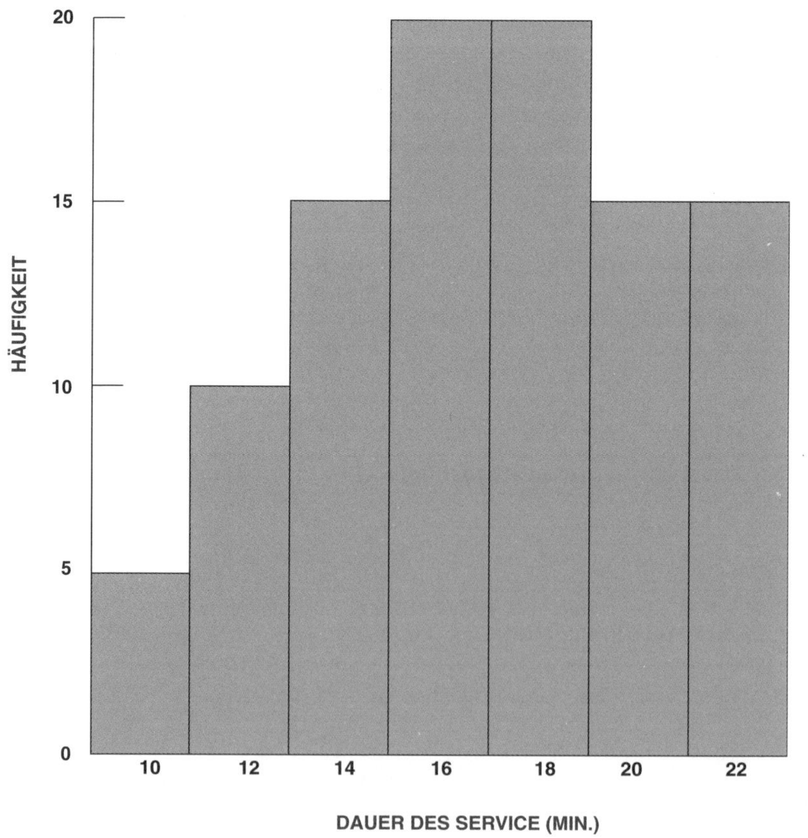

Abbildung 17.10: Dauer der Bedienung

Der zweite Schritt besteht darin, die Daten für die Zeitdauer bis zur Ankunft neuer Kunden und die Dauer der Bedienung aus dem Histogramm in ein Treppenfunktionsdiagramm umzuwandeln, in dem es für jede Zahl nur eine Zeitdauer bis zur Ankunft eines neuen Kunden und für die Bedienung gibt. Um derartige Diagramme erstellen zu können, sollten mindestens 100 Beobachtungswerte vorliegen (siehe Tabelle 17.8).

Die Treppenfunktionsdiagramme basieren auf 100 Zahlen. Betrachten Sie die Service-Daten in Tabelle 17.8. Die Zahlen 1 bis 5 – 5 Personen fallen in diese Kategorie – repräsentieren 10 Minuten Service. Zehn Kunden wurden 12 Minuten lang bedient. Dies wird mit den Zahlen 6 bis 15 repräsentiert. Die Zahlen 16 bis 30 stehen für die 15 Kunden, die 14 Minuten lang die Kundenbetreuung in Anspruch nahmen. Die restlichen Daten aus der Tabelle lassen sich auf die gleiche Weise in das Diagramm übertragen. Das fertige Treppenfunktionsdiagramm für den Service sehen Sie in Abbildung 17.11, das Treppenfunktionsdiagramm für die Ankunftszeiten in Abbildung 17.12.

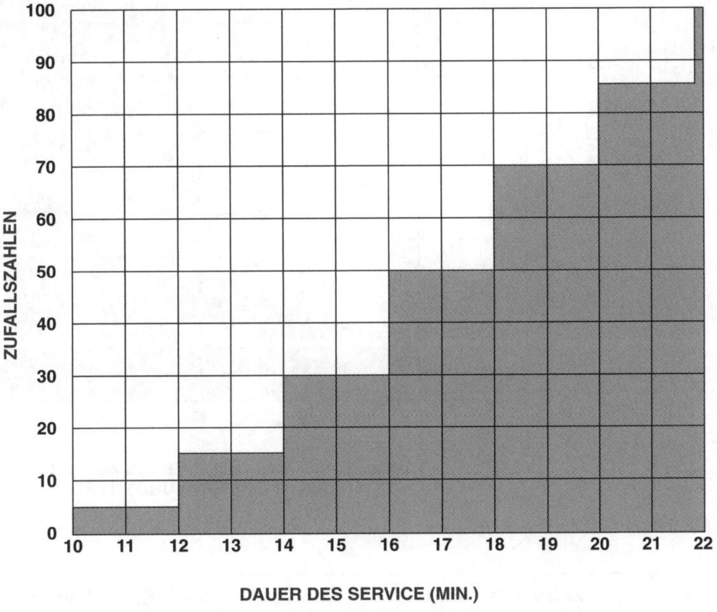

Abbildung 17.11: Die Dauer der Bedienung bei zufällig ausgewählten Werten

Im dritten Schritt müssen Zufallszahlen generiert werden und es muss eine Analyse durchgeführt werden (siehe Tabelle 17.9). Die Zufallszahlen können entweder aus Zufallszahlentabellen entnommen oder von einem Computerprogramm generiert werden. Mit den Zufallszahlen werden anschließend die Zeitdauer bis zur Ankunft neuer Kunden und die Dauer der Kundenbetreuung aus den Diagrammen der Abbildungen 17.11 und 17.12 simuliert. Zufallszahlen sind Werte zwischen 0 und 1. Es ist jedoch üblich, diese Zahlen mit 100 zu multiplizieren, um Ganzzahlen zwischen 0 und 99 oder 1 und 100 zu erhalten. Betrachten Sie beispielsweise die folgenden 10 Zufallszahlen: 1, 8, 32, 1, 4, 15, 53, 80, 68 und 82. Die Zahlen werden in Zweiergruppen gelesen, wobei die erste Zahl die Dauer bis zur Ankunft neuer Kunden und die zweite Zahl die Dauer der Bedienung repräsentiert. In Abbildung 17.12 entspricht die Zahl 1 einer Dauer bis zur Ankunft neuer Kunden von 0. In Abbildung 17.11 entspricht die Zahl 8 einer Bediendauer von 12 Minuten. Wenn also das Service-Center um 8.00 Uhr öffnet, trifft der erste Kunde um 8.00 Uhr ein und verlässt das Service-Center um 8.12 Uhr, nachdem er den Kundendienst 12 Minuten lang in Anspruch genommen hat. Beim zweiten Wertepaar (32 und 1) besagt die erste Zahl, 32, dass der zweite Kunde 12 Minuten nach dem ersten Kunden eintrifft. Da der erste Kunde das Service-Center jedoch um 8.12 Uhr verlässt, muss der zweite Kunde nicht warten. Seine zehnminütige Bedienung beginnt um 8.12 Uhr und endet um 8.22 Uhr. Der dritte Kunde kommt zur gleichen Zeit an wie der zweite Kunde und benötigt 12 Minuten am Schalter. Aber weil sich der zweite Kunde bereits im Service-Center befindet, muss der dritte bis um 8.22 Uhr in der Warteschlange stehen. Er wird dann 12 Minuten lang bedient und verlässt das Service-Center um 8.34 Uhr. Der vierte Kunde trifft 15 Minuten nach dem dritten Kunden ein (um 8.27 Uhr) und wird 20 Minuten lang bedient. Da der Service-Schalter bis um 8.34 Uhr belegt ist, muss der vierte Kunde sieben Minuten warten. Dieser Vorgang wiederholt sich für 16 weitere Kunden. Die Ergebnisse werden in Tabelle 17.9 aufgeführt.

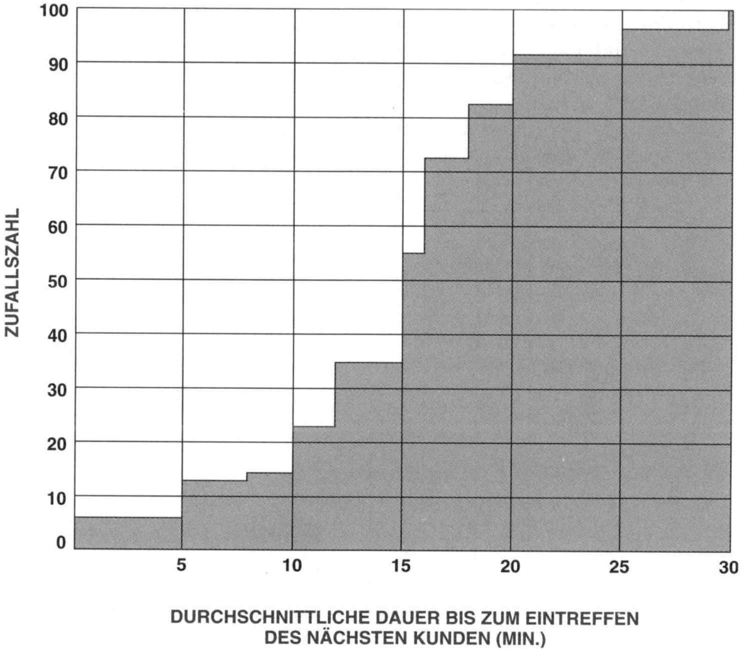

Abbildung 17.12: Die Zeitdauer bis zur Ankunft neuer Kunden im Treppenfunktionsdiagramm

Zufallszahl (Ankunft)	Zeitdauer bis zur Ankunft des nächsten Kunden (Min.)	Zeitpunkt des Eintreffens	Zufallszahl (Service)	Dauer der Bedienung (Min.)	Beginn der Bedienung	Ende der Bedienung	Wartezeit (Min.)
1	0,0	8:00	8	12,00	8:00	8:12	0,0
32	12,00	8:12	1	10,00	8:12	8:22	0,0
4	0,0	8:12	15	12,00	8:22	8:34	10,00
53	15,00	8:27	80	20,00	8:34	8:54	7,00
68	16,00	8:43	82	20,00	8:54	9:14	11,00
87	20,00	9:03	83	20,00	9:14	9:34	11,00
17	10,00	9:13	47	16,00	9:34	9:50	21,00

Tabelle 17.9: Monte-Carlo-Simulation für eine Warteschlange

Zufallszahl (Ankunft)	Zeitdauer bis zur Ankunft des nächsten Kunden (Min.)	Zeitpunkt des Eintreffens	Zufallszahl (Service)	Dauer der Bedienung (Min.)	Beginn der Bedienung	Ende der Bedienung	Wartezeit (Min.)
32	12,00	9:25	64	18,00	9:50	10:08	25,00
99	30,00	9:55	10	12,00	10:08	10:20	13,00
72	16,00	10:11	39	16,00	10:20	10:36	9,00
82	18,00	10:29	41	16,00	10:36	10:52	7,00
7	5,00	10:34	65	18,00	10:52	11:10	18,00
30	12,00	10:46	92	22,00	11:10	11:32	24,00
77	18,00	11:04	32	16,00	11:32	11:48	28,00
96	25,00	11:29	82	20,00	11:48	12:08	19,00
30	12,00	11:41	41	16,00	12:08	12:24	27,00
Wartezeit insgesamt: 230,00 Minuten							

Tabelle 17.9: Monte-Carlo-Simulation für eine Warteschlange (Forts.)

Im vierten Schritt werden die Daten analysiert. Die Daten, die in Tabelle 17.9 gezeigt werden, stammen von 16 Kunden, die in den ersten vier Stunden bedient wurden. Die Wartezeit in diesen vier Stunden beträgt 230 Minuten. Da das Service-Center 12 Stunden lang geöffnet ist, ergibt sich eine Gesamtwartezeit von 690 Minuten (3 x 230). Werden pro Stunde Wartezeit € 50,00 für Verlust des guten Willens angesetzt, ergibt sich für einen 12-Stunden-Tag ein durch die Warteschlange bedingter Verlust von € 575. Wenn der Manager einen zweiten Service-Schalter öffnet und für den Service-Mitarbeiter € 60,00 pro Stunde berechnet, ergeben sich für einen 12-Stunden-Tag Kosten in Höhe von € 720. Es ist also ökonomisch sinnvoller, die Kunden warten zu lassen, als einen zweiten Service-Schalter zu öffnen.

17.11 Die Risikobehandlung

PMBOK® Guide 2004

11.5 Risikobewältigungsplanung

Die Risikobehandlung umfasst Methoden und Techniken für den Umgang mit Risiken, sie identifiziert, wer für die Behandlung von Risiken zuständig ist, und sie bietet eine Einschätzung der Ressourcen für die Behandlung des Risikos. Die Risikobehandlung beinhaltet die Planung und Ausführung mit dem Ziel, die Risiken auf ein akzeptables Niveau zu reduzieren. Die Personen, die das Risiko bewerten, sollten mit der Risikoidentifikation beginnen und Behandlungsansätze entwickeln, die sie dann dem Programm-Manager vorschlagen. Dieser wählt anschließend den passenden Ansatz zur Implementierung aus. Die Reaktionen auf ein Risiko können unter anderem von den folgenden Faktoren beeinflusst werden:

- Menge und Qualität der Informationen über die Gefahr, die das Risiko verursacht (Unsicherheit in der Beschreibung)
- Menge und Qualität der Informationen über die Schadenshöhe (Unsicherheit in der Bemessung)
- Persönlicher Vorteil für den Projektmanager, das Risiko in Kauf zu nehmen (freiwilliges Risiko)
- Das Risiko wird dem Projektmanager aufgezwungen (unfreiwilliges Risiko)
- Das Vorhandensein kostengünstiger Handlungsoptionen (ausgleichbares Risiko)

- Das Vorhandensein kostspieliger oder das Fehlen von Handlungsoptionen (nicht ausgleichbares Risiko)
- Zeitdauer der Belastung durch Risiko

Die Risikobehandlung muss mit den Richtlinien übereinstimmen, die der Programm-Manager bereitstellt. Ein wichtiger Teil der Risikobehandlung beinhaltet die Auswahl und die Verfeinerung der passenden Handlungsoptionen und der Implementierungsansätze für ausgewählte Risiken (häufig diejenigen mit mittlerem oder geringem Risiko). Die gewählte Methode zur Risikobehandlung und ihre Implementierung werden als Risikobehandlungsstrategie bezeichnet, die im Risikobehandlungsplan dokumentiert ist. Eine Risikobehandlungsstrategie lässt sich ganz einfach entwickeln. Zunächst einmal werden die bevorzugte Risikobehandlungsoption und der beste Implementierungsansatz [für Inkaufnahme, Vermeidung, Steuerung (Abschwächung) und Übertragung] für diese Option ausgewählt. In Fällen, in denen mehrere Sicherungsstrategien gerechtfertigt sind (z.B. bei hohen Risiken), wird die obige Prozedur wiederholt. (Die Auswahl einer Sicherungsstrategie kann identisch mit der für die primäre Strategie sein. Der Implementierungsansatz unterscheidet sich jedoch, weil andernfalls die primäre und die Sicherungsstrategie identisch wären.)

Mitarbeiter, die konkurrierende Risikobehandlungsstrategien bewerten müssen, können die folgenden Kriterien als Ausgangspunkte benutzen:

- Können die Bedürfnisse des Benutzers auch nach der Implementierung der Strategie erfüllt werden?
- Wie effektiv ist die Strategie bei der Reduzierung des Risikos auf ein annehmbares Niveau?
- Ist die Strategie bezahlbar im Hinblick auf Finanzmittel und andere Ressourcen (z.B. dem Einsatz von wichtigem Material und von Testanlagen)?
- Steht genügend Zeit zur Verfügung, um die Strategie zu entwickeln und zu implementieren? Wie wirkt sich dies auf den Ablauf- und Terminplan des Gesamtprogramms aus?
- Wie wirkt sich die Strategie auf die technische Leistung des Systems aus?

Zu den Optionen der Risikobehandlung gehören die Risikoannahme, die Risikovermeidung, die Risikosteuerung und die Risikoübertragung. Die Steuerungsoption wird zwar in vielen High-Tech-Programmen eingesetzt, sie sollte jedoch nicht automatisch benutzt werden. Alle vier Optionen sollten sorgfältig bewertet werden und es sollte für jedes Risiko die beste Behandlungsmethode zum Einsatz kommen.

PMBOK® Guide 2004
11.5.2 Risikobewältigungsplanung: Werkzeuge und Methoden

Eine kurze Beschreibung der vier Risikobehandlungsoptionen folgt:

- *Inkaufnahme (d.h. Aufrechterhaltung):* Der Projektmanager sagt: »Ich weiß, dass das Risiko existiert, und ich bin mir der möglichen Konsequenzen bewusst. Ich werde warten und sehen, was passiert. Ich nehme das Risiko in Kauf, falls es auftreten sollte.«
- *Vermeidung:* Der Projektmanager sagt: »Ich bin wegen der möglicherweise unerwünschten Ergebnisse nicht bereit, diese Option zu akzeptieren. Ich ändere entweder das Design, um das Risiko auszuschließen, oder ich ändere die Anforderungen, die das Risiko bedingen.«
- *Steuerung (d.h. Abschwächung):* Der Projektmanager sagt: »Ich ergreife die notwendigen Maßnahmen, um dieses Risiko zu steuern, indem ich es permanent neu bewerte und Notfallpläne oder Rückzugspositionen entwickle. Ich werde tun, was erwartet wird.«
- *Übertragung:* Der Projektmanager sagt: »Ich teile dieses Risiko mit anderen über eine Versicherung oder Garantie oder ich übertrage das gesamte Risiko auf andere. Ich ziehe außerdem in Betracht, das Risiko zwischen den Hard- und Software-Schnittstellen aufzuteilen oder andere Ansätze zu verfolgen, die das Risiko aufteilen.«

Die einzelnen Risikobehandlungsoptionen werden nun etwas ausführlicher erläutert.

Die Inkaufnahme eines Risikos beinhaltet die aktive Anerkennung der Existenz eines bestimmten Risikos und die bewusste Entscheidung, das Risiko in Kauf zu nehmen, ohne spezielle Bemühungen zu unternehmen, um das Risiko zu steuern. Um mögliche Probleme behandeln zu können, die im Zusammenhang mit Risikoentscheidungen auftreten, sollte jedoch eine Zeit- und Finanzmittelreserve gebildet werden. Diese Risikobehandlungsoption erkennt an, dass nicht alle identifizierten Programmrisiken speziell behandelt werden müssen. Sie eignet sich deshalb am besten für Situationen mit geringem Risiko.

(*Hinweis:* Die Risikoinkaufnahme sollte kein passives Projektmanagementverhalten sein. Vielmehr sollte sie eine bewusste Entscheidung darstellen, die ein aktives Verhalten mit sich bringt, um sicherzustellen, dass es geeignete Ressourcen gibt, um das Risiko zu behandeln, falls es auftritt. Andernfalls zeigt das Projektmanagement letztlich eine Verweigerungshaltung und bereitet sich oft nicht korrekt auf das Auftreten des Risikos vor.)

Für die Strategie der Inkaufnahme des Risikos gibt es zwei Schlüssel zum Erfolg:

- Identifikation der Ressourcen (z.B. Geld, Mitarbeiter und Zeit), die erforderlich sind, um das Risiko zu überwinden, falls der Schadensfall eintreten sollte. Dies beinhaltet bestimmte Aktivitäten des Managements, wie z.B. die Durchführung weiterer Tests und die Genehmigung zusätzlicher Zeiten für weitere Design-Aktivitäten.
- Sicherstellen, dass die erforderlichen administrativen Handlungen erfolgen, um eine Management-Reserve zu identifizieren, mit der die Management-Aktivitäten durchgeführt werden können.

Die Risikovermeidung beinhaltet eine Veränderung des Konzepts (inklusive des Designs), der Anforderungen, der Spezifikationen und/oder der Praktiken, um das Risiko auf ein akzeptables Niveau zu senken. Einfach gesagt, eliminiert diese Strategie die Quellen für hohe oder mittlere Risiken und ersetzt sie durch geringe Risiken. Diese Methode kann zusammen mit einer Anforderungsanalyse eingesetzt werden, die von Studien zu Kompromisslösungen in Bezug auf die Kosten und Anforderungen unterstützt wird. Sie kann auch zu einem späteren Zeitpunkt in der Entwicklungsphase eingesetzt werden, wenn die Testergebnisse einen Hinweis darauf bieten, dass einige Anforderungen nicht erfüllt werden können und die potenziellen Auswirkungen auf die Kosten und/oder den Ablauf- und Terminplan schwerwiegend wären.

PMBOK® Guide 2004

11.6 Risikoüberwachung und -steuerung

Bei der Strategie der Risikosteuerung wird nicht versucht, die Quelle für das Risiko zu eliminieren, sondern das Risiko selbst zu reduzieren. Sie behandelt das Risiko auf eine Weise, die die Wahrscheinlichkeit und/oder die Folgen seines Auftretens im Programm verringert. Diese Option erhöht möglicherweise die Kosten eines Programms und der gewählte Ansatz sollte eine optimale Mischung aus Risikoreduktion, Wirtschaftlichkeit und Einfluss auf den Ablauf- und Terminplan haben. Zu den Möglichkeiten der Risikosteuerung gehören folgende Vorgehensweisen:

- *Alternatives Design:* Erstellung eines Sicherungs-Designs, das ein geringeres Risiko beinhaltet.
- *Ereignisse zu Demonstrationszwecken:* Punkte im Programm (in der Regel Tests), an denen festgestellt werden kann, ob die Risiken erfolgreich reduziert wurden.
- *Entwicklung von Experimenten:* Dieser Ansatz identifiziert wichtige Designfaktoren, die ein mittleres oder hohes Risiko in sich bergen können und mit denen eine bestimmte Benutzeranforderung erfüllt werden kann.
- *Frühe Prototypbildung:* Erstellung und Test von Prototypen zu einem frühen Zeitpunkt in der Systementwicklung.
- *Schrittweise Entwicklung:* Das Design wird mit der Absicht entwickelt, Teile des Systems zu einem späteren Zeitpunkt weiter auszubauen.
- *Bedienungstafeln für Schlüsselparameter:* Die Praxis, eine Bedienungstafel für einen Parameter zu entwickeln, eignet sich möglicherweise, wenn ein bestimmtes Merkmal (wie das Systemgewicht) entscheidend ist, um die Programmanforderungen zu erfüllen.

- *Screening der Fertigung:* Bei Programmen in mittleren oder späten Entwicklungsphasen können verschiedene Screening-Verfahren in die Tests der Artikelproduktion und in die anfängliche Produktion einbezogen werden, um fehlerhafte Fertigungsverfahren zu identifizieren.
- *Modellbildung/Simulation:* Modellbildung und Simulation können eingesetzt werden, um verschiedene Designoptionen und Systemanforderungen zu untersuchen.
- *Mehrfache Entwicklungsbemühungen:* Erstellung von Systemen, die die gleichen Leistungsanforderungen erfüllen. (Dieser Ansatz wird auch als Parallelentwicklung bezeichnet.)
- *Offene Systeme:* Der Einsatz von sorgfältig ausgewählten kommerziellen Spezifikationen und Standards kann in einer Risikoverringerung resultieren.
- *Überprüfung der Abläufe:* Bestimmte Abläufe, insbesondere in der Fertigung und im Support, sind entscheidend, um die Systemanforderungen erfüllen zu können.
- *Reviews, Besichtigungen und Inspektionen:* Diese drei Vorgehensweisen können eingesetzt werden, um die Wahrscheinlichkeit und die potenziellen Auswirkungen von Risiken zu reduzieren, indem tatsächliche oder geplante Ereignisse rechtzeitig korrekt eingeschätzt werden.
- *Robustes Design:* Dieser Ansatz nutzt fortschrittliche Design- und Fertigungstechniken, die die Qualität und das Leistungsvermögen mittels des Designs fördern.
- *Bemühungen um die technologische Reifung:* In der Regel wird das Konzept der technologischen Reifung eingesetzt, wenn die erwünschte Technologie eine vorhandene Technologie ersetzen soll.
- *Testen – Analysieren – Korrigieren:* Dieser Ansatz beinhaltet Tests zum Auffinden und Korrigieren von Schwächen in einem Design.
- *Analyse von Kompromisslösungen:* Die technischen Anforderungen beim Design eines Systems sollten ausgewogen sein. Im Idealfall beinhaltet dies Überlegungen zu den Kosten, dem Ablauf- und Terminplan und den Risiken.
- *Einsatz von Modellen:* Der Einsatz von Modellen, insbesondere bei der Mensch-Maschine-Interaktion, dient dazu, die Designoptionen zu einem frühen Zeitpunkt zu erkunden.
- *Einsatz von Standardelementen/Software-Wiederverwendung:* Der Einsatz vorhandener und bewährter Hard- und Software kann hilfreich sein, um potenzielle Risiken zu reduzieren.

Bei der Risikoübertragung werden Risiken von einem Teil des Systems an einen anderen übertragen, wodurch sich das Risiko des Gesamtsystems reduziert. Die Risiken können auch zwischen dem Auftraggeber (z.B. einer staatlichen Stelle) und dem Auftragnehmer aufgeteilt werden. Dies sollte zu Beginn im Rahmen der Anforderungsanalyse betrachtet werden, wird aber dann als Option für die Entwicklung von Risikobehandlungsplänen für bekannte Risiken betrachtet. Die Risikoübertragung ist eine Form der Risikoaufteilung und nicht der Aufhebung seitens des Auftraggebers oder des Auftragnehmers, und sie kann die Kostenziele beeinflussen. Ein Beispiel hierfür wäre die Übertragung einer Funktion von der Hardware- an die Software-Implementierung oder umgekehrt. (Die Risikoübertragung lenkt Risiken nicht um, weil kaum Informationen darüber vorhanden sind.) Die Effektivität einer Risikoübertragung hängt vom erfolgreichen Einsatz von Systemdesigntechniken ab. Die Modularität und die funktionsbezogene Aufteilung sind zwei Designtechniken, die die Risikoübertragung unterstützen. In einigen Fällen lassen sich Risiken durch die Technik auf bestimmte Bereiche konzentrieren. Das Management hat dann die Möglichkeit, seine Aufmerksamkeit und die Ressourcen auf diesen Bereich zu lenken. Weitere Beispiele für die Risikoübertragung sind die Nutzung von Versicherungen, von Garantien, von Verpflichtungen (z.B. Gebots-, Leistungs- und Zahlungsverpflichtungen) und ähnliche Vereinbarungen. Diese Vereinbarungen werden in der Regel zwischen Auftraggeber und Auftragnehmer geschlossen und laufen darauf hinaus, dass der Auftraggeber die Folgekosten eines Fehlschlags zu einem bestimmten Preis übernimmt. Dieser Preis kann sich im Gewinn, in Terminverschiebungen, in der Änderung der Produktleistung und in anderen Dingen niederschlagen.

Neben der Entwicklung des Risikobehandlungsplans (einschließlich der ausgewählten Strategie) und der Identifizierung der Ressourcen, die für die Implementierung dieses Plans benötigt werden, sollten geeignete Metriken für jedes Risiko identifiziert werden, die es ermöglichen, den Fortschritt während der Risikoüberwachungsprozessphase zu verfolgen. Dies kann beispielsweise die Kostenabweichung (Kosten), die Zeitplanabweichung (Zeitplan), technische Leistungsmessungen (Leistung), Risikoabweichung (Risiko) und andere Metriken (z.B. Prozess) beinhalten.

Die Optionen der Risikobehandlung und die implementierten Ansätze können sich sehr stark auf die Kosten und andere Ressourcen auswirken. Die Höhe dieser Kosten und Ressourcen hängt von den Umständen ab. Die Genehmigung und Finanzierung der Risikobehandlungsoptionen und der spezifischen Ansätze zur Risikobehandlung sollte vom Projektmanager oder einem Risikomanagement-Vorstand vorgenommen werden und Bestandteil des Verfahrens sein, in dem die Kosten-, Leistungs- und terminlichen Ziele eines Programms aufgestellt werden. Die gewählte Risikobehandlungsoption sollte in die Akquisestrategie eines Programms einbezogen werden.

Nachdem die Akquisestrategie eine Risikobehandlungsstrategie für jeden ausgewählten Risikobereich enthält, können die Auswirkungen auf die Kosten und den Ablauf- und Terminplan sowie auf andere Ressourcen identifiziert und in den Programmplan bzw. in die Ablauf- und Terminplanung aufgenommen werden. Die Ressourcen, die für die Implementierung des Risikobehandlungsplans erforderlich sind, sollten vom Projektmanagement genehmigt und reserviert werden, sonst wird der Risikomanagementprozess von internen und externen Beteiligten an dem Projekt als »Papiertiger« betrachtet.

17.12 Auswahl der passenden Risikobehandlungsstrategie

Wie bereits erwähnt, sind vier Risikobehandlungsstrategien sehr verbreitet: die Inkaufnahme, die Vermeidung, die Steuerung (Minimierung) und die Übertragung. In der Vergangenheit behaupteten die meisten Praktiker, dass die Risikobehandlungsmethode sehr stark von der Höhe des Risikos und von der Risikobereitschaft des Projektmanagers abhinge. Das gilt zwar heute immer noch, es gibt jedoch weitere Faktoren, die die Wahl der Risikobehandlungsmethode bedingen. Viele dieser Faktoren können in die Projektmanagement-Methode aufgenommen werden.

Eine Belohnung für die Wahl der angemessenen Risikobehandlungsmethode kann sich beispielsweise auf das Auswahlverfahren auswirken. Abbildung 17.13 zeigt eine »Risikoauszahlungsmatrix«. Wichtig ist hier, dass die Matrix dreidimensional ist, wobei die dritte Achse die Qualität, das Erfahrungsniveau oder die Kompetenz der erforderlichen Ressourcen darstellt. Bestimmte Vorgehensweisen zur Risikobehandlung wie die Inkaufnahme, die Steuerung und bestimmte Aspekte der Übertragung setzen voraus, dass die Ressourcen verbraucht werden. Die Qualität und die Verfügbarkeit der benötigten Ressourcen können die Wahl der Risikobehandlungsmethode unabhängig von der potenziellen Gegenleistung beeinflussen. Wenn ein Unternehmen beispielsweise eine Methode zur Risikobehandlung in einem FuE-Projekt anwendet, kann die Gegenleistung enorm sein, wenn Patente entwickelt und Lizenzen verkauft werden. Dazu müssen jedoch qualifizierte Personalressourcen verfügbar sein. Ohne diese kann lediglich versucht werden, das Risiko zu vermeiden oder zu übertragen und in einigen Fällen auch, es zu steuern.

PMBOK® Guide 2004
11.5.2 Risikobewältigungsplanung

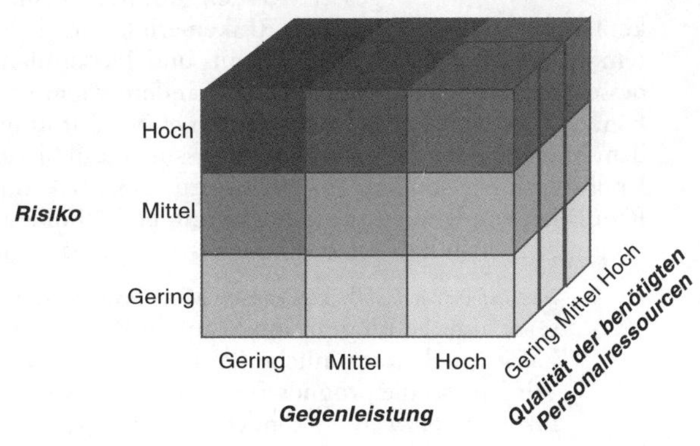

Abbildung 17.13: Die Risikoauszahlungsmatrix

Ein zweiter Faktor, der die Methode zur Risikobehandlung beeinflusst, bezieht sich auf die Dokumentationsanforderungen der Projektmanagement-Methode. Dieser Faktor wird in Abbildung 17.14 veranschaulicht. Projektmanagement-Methoden, die auf Richtlinien und Verfahren basieren, sind sehr starr. Die meisten guten Methoden basieren heute auf Leitlinien, die dem Projektmanagement mehr Flexibilität bei der Entscheidungsfindung bieten.

Die Flexibilität (d.h. der Einsatz von Leitlinien) kann sich auf die Wahl der Risikobehandlungsmethode auswirken. Die Flexibilität oder Starrheit von Richtlinien und Verfahren ist eine Komponente bei der Auswahl der Risikobehandlungsmethode. Sie ist jedoch nicht die einzige und häufig sogar nicht einmal die wichtigste Komponente. Es existieren zwar bisher keine empirischen Daten, die diese Behauptung stützen, es gibt jedoch Projektmanager, die höhere Risiken in Kauf nehmen, wenn sie mehr Entscheidungsfreiheit haben. Die Starrheit von Richtlinien und Verfahren sorgt hingegen in der Regel dafür, dass Projektmanager nur ein geringes Risiko eingehen und deshalb Risiken zu meiden scheinen. Mit wachsender Bedeutung des Risikomanagements werden in diesem Bereich weiterführende Forschungen betrieben werden.

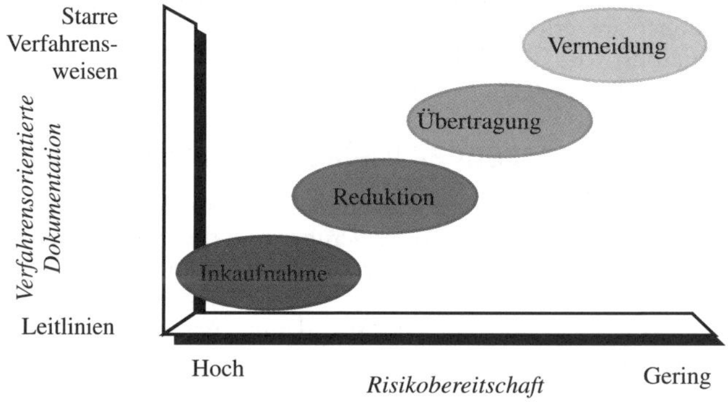

Abbildung 17.14: Welche Methode eignet sich am besten?

17.13 Die Risikoüberwachung

> **PMBOK® Guide 2004**
> 11.6 Risikoüberwachung und -steuerung
> 3.2.2 Ausführungsprozessgruppe

Bei der Risikoüberwachung wird die Effektivität der Risikobehandlungsmethode systematisch anhand vordefinierter Maßstäbe aufgezeichnet und bewertet. Die Überwachungsergebnisse bieten möglicherweise einen Ausgangspunkt für die Entwicklung zusätzlicher oder die Aktualisierung vorhandener Risikobehandlungsstrategien und die erneute Analyse bekannter Risiken, wie von der Feedback-Funktion in Abbildung 17.5 gezeigt. In einigen Fällen können die Überwachungsergebnisse auch eingesetzt werden, um neue Risiken aufzuspüren und um Aspekte der Risikoplanung zu überprüfen. Um Risiken erfolgreich behandeln zu können, muss ein Indikatorsystem für die Faktoren Kosten, Ablauf- und Terminplan und Personal entwickelt werden, anhand dessen der Programm-Manager und andere wichtige Personen den Programmstatus bewerten können. Das Indikatorsystem sollte eine Frühwarnung vor möglichen Problemen darstellen und dem Management dadurch Handlungsspielraum bieten. Die Risikoüberwachung ist keine Problemlösetechnik, sondern sie dient dazu, objektive Informationen über den Fortschritt bei der Reduktion von Risiken zu sammeln. Einige Techniken zur Risikoüberwachung lassen sich in ein programmweit nutzbares Indikatorsystem integrieren:

- *Earned Value (EV):* Bei dieser Methode werden Standarddaten der Kostenplanung eingesetzt, um die Programmleistung in Bezug auf die Kosten zu beurteilen (und einen Indikator für die terminliche Leistung zu erhalten). Mittels der Methode kann festgestellt werden, ob die prognostizierten Ergebnisse mit den gewählten Risikobehandlungstechniken erzielt werden können.

- *Programm-Metriken:* Hierbei handelt es sich um formelle, in regelmäßigen Abständen durchgeführte Leistungsbeurteilungen bei ausgewählten Design-Verfahren, mittels derer bewertet wird, in welchem Maß das Verfahren sein Ziel erreicht. Diese Technik kann für die Überwachung von Korrekturmaßnahmen eingesetzt werden, die sich aus der Beurteilung kritischer Programmabläufe ergeben haben.
- *Überwachung der terminlichen Leistung:* Bei dieser Methode wird mittels der Termine aus dem Programm-Terminplan beurteilt, wie weit das Programm in Hinblick auf die Fertigstellung fortgeschritten ist.
- *Bemessung der technischen Leistung* (TPM – Technical Performance Measurement)*:* Eine Methode zur Bewertung des Produktdesigns, die mit Hilfe von Konstruktionsanalysen und Tests den Nutzen von wichtigen Leistungsparametern für das aktuelle Design bemisst, die von Maßnahmen zur Risikobehandlung beeinflusst werden.

Das Indikatorsystem und die regelmäßige Bewertung des Programmrisikos stellen eine Möglichkeit dar, um Risikomanagement in das Gesamtprogramm-Management einzubeziehen. Ein ausgereiftes Überwachungs- und Bewertungsprogramm kann ein entscheidender Faktor bei der Überwachung der Leistung von ausgewählten Risikobehandlungsstrategien und bei der Erstellung neuer Risikobewertungen sein.

17.14 Überlegungen zur Implementierung

Ein strukturiertes Risikomanagementverfahren ist zwar wichtig, es müssen jedoch auch entsprechende Überlegungen zur Implementierung angestellt werden. Richtlinien allein reichen nicht aus, um Risikomanagement erfolgreich betreiben zu können, weil sich die Implementierungsaspekte abhängig von den einzelnen Projekten unterscheiden. Es müssen hingegen die Rollen und Zuständigkeiten im Rahmen des Risikomanagements genau definiert werden. Dazu müssen beispielsweise folgende Entscheidungen getroffen werden:

- Welche Gruppe von Managern ist für die Entscheidungsfindung in Bezug auf das Risikomanagement verantwortlich?
- Welche Gruppe ist für das Risikomanagement selbst zuständig?
- Welche Gruppe oder welcher Mitarbeiter ist für die Risikomanagement-Schulungen und für die Unterstützung anderer Mitarbeiter bei der Implementierung eines Risikomanagementverfahrens zuständig?
- Wer identifiziert die Risiken (hier ist jeder gefragt)?
- Wie kann die Aufmerksamkeit auf bestimmte Risiken gezogen werden?
- Wie werden Risikoanalysen durchgeführt und genehmigt?
- Wie werden Risikobehandlungspläne entwickelt und genehmigt?
- Wie werden Daten für die Risikoüberwachung zusammengestellt?
- Wie werden unabhängig Risiko-Reviews durchgeführt, damit Projektrisiken korrekt identifiziert, analysiert, behandelt und überwacht werden?

Dies ist nur eine kurze Liste von organisatorischen Überlegungen, die bei der Implementierung von Risikomanagementsystemen anfallen. Die Überlegungen unterscheiden sich zwischen den einzelnen Projekten. Wichtig ist jedoch, dass es ein paar Merkmale gibt, die für alle Projekte gelten.

Das Risikomanagement sollte in einem Top-Down- und in einem Bottom-Up-Ansatz implementiert werden. Der Projektmanager und andere Entscheidungsträger sollten Prinzipien des Risikomanagements bei der Entscheidungsfindung einsetzen und alle am Projekt beteiligten Personen darin bestärken, Risikomanagement zu nutzen. Der Projektmanager sollte nicht gleichzeitig auch Risikomanager sein (außer vielleicht bei sehr kleinen Projekten). Das oberste Management muss jedoch eine positive Risikomanagementatmosphäre innerhalb des Projekts befürworten und unterstützen. Darüber hinaus muss es sich aktiv am Risikomanagement beteiligen und Prinzipien des Risikomanagements in seine Entscheidungen einbeziehen. Ohne eine solche aktive Unterstützung betrachten andere Projektmitarbeiter Risikomanagement häufig als unwichtig und es fehlt die nötige Ermutigung, um in den Projekten eine Risikomanagementkultur zu entwickeln. So ist es zwar wichtig, dass Entscheidungsträger nicht den Überbringer schlechter Nachrichten bestrafen, d.h. Personen, die beispielsweise auf Risiken aufmerksam machen. Dies zu vermeiden, reicht jedoch auch noch nicht aus, um eine Atmosphäre zu schaffen, in der die Mitarbeiter bereit sind, rechtzeitig auf Risiken aufmerksam zu machen, denn wie oben bereits erwähnt, muss eine positive Atmosphäre geschaffen werden, die die Durchführung des Risikomanagements begünstigt.

Mitarbeiter der unteren Projektebenen merken in der Regel schnell, ob die Entscheidungsträger wirklich an Risikomanagement interessiert sind oder ob es sich nur um Lippenbekenntnisse handelt. In diesem Fall liegt mit größter Wahrscheinlichkeit ein unwirksames Risikomanagement vor. Mitarbeiter auf unteren Projektebenen müssen sich aber ebenfalls aktiv beteiligen, damit das Risikomanagement effektiv wird, wobei Risikomanagementgrundlagen direkt in ihre Jobfunktion aufgenommen werden.

Ein wichtiges Verhaltensziel für das Risikomanagement ist es, nicht jede am Projekt beteiligte Person zu einem »Risikomanager« zu machen, sondern sie stattdessen in Hinblick auf die Risikomanagementgrundlagen zu sensibilisieren und diese Grundlagen als Teil ihres Jobs anzuwenden. Das ist häufig schwierig zu erreichen, aber nichtsdestotrotz wichtig, um ein effektives Risikomanagement zu realisieren.

17.15 Erfahrungswerte nutzen

PMBOK® Guide 2004
Professionelle Verantwortung - Aufgabe 2

Bei Risiken, die als mittel oder hoch eingestuft wurden, muss versucht werden, ihre negative Auswirkung auf das Programm möglichst stark zu reduzieren. Mitarbeiter aller Management-Ebenen müssen auf versteckte »Fallen« achten, die möglicherweise ein falsches Gefühl der Sicherheit aufkommen lassen. Werden entsprechende Signale korrekt interpretiert, bieten sie Hinweis auf Probleme, die sich in einem bekannten Risikobereich entwickeln können. Denn jede Falle ist in der Regel von verschiedenen »Warnhinweisen« begleitet, die auf die Entstehung eines Problems und auf die Wahrscheinlichkeit eines Misserfolgs bei der Problembehandlung hindeuten.

Die Fähigkeit, aus Fallen Vorteile zu schlagen, zeigt, dass viele technische Risiken in einem Programm aktiv über Risikobehandlungsmethoden oder die Risikoübertragung angegangen werden können. In einigen Fällen kann es sich auszahlen, zu warten und das Problem zu beobachten. Wenn die Wahrscheinlichkeit gering ist, dass ein bestimmtes Problem auftritt oder wenn die Kosten höher sind als der Nutzen, das Problem zu beheben, kann eine Inkaufnahme des Risikos sinnvoll sein. Bei effektivem Risikomanagement wird die Entscheidung, das Risiko in Kauf zu nehmen, jedoch bewusst getroffen werden und die entsprechenden Faktoren sollten in die »Watch List« aufgenommen werden.

Die Erfahrung zeigt, dass es nicht möglich ist, alle Fallen für jedes Risiko im Voraus zu identifizieren. Es liegt in der Natur von Fallen, dass sie suggestiv sind. Und es sollten nicht nur »Fallen«, sondern auch Probleme überprüft werden, sobald sie auftreten. Außerdem ist zu beachten, dass sich die Ursachen und Arten von Risiken im Laufe der Zeit verändern. Möglicherweise dauert es sehr lange, bis sich Risiken zu Problemen entwickeln. Der Analyse von Risiken und den Erfahrungen aus früheren Risiken (Lessons Learned) sollte also viel Aufmerksamkeit gewidmet werden.

Erfahrungswerte oder Lessons Learned sollten dokumentiert werden, damit zukünftige Projektmanager aus den Fehlern der Vergangenheit lernen können.

In Bezug auf das Risikomanagement ist Erfahrung ein hervorragender Lehrmeister. Denn unabhängig davon, wie sehr daran gearbeitet wird, dies zu verhindern, wird es immer Risiken geben, unter denen die Projekte leiden könnten. So kann die Projektmanagementgemeinschaft beispielsweise auf eine bemerkenswerte Erfahrung beim Übergang von der Entwicklung neuer Produkte zur Produktion zurückblicken. Wir treffen Vorkehrungen für das Risikomanagement, identifizieren und analysieren Problembereiche und entwickeln Möglichkeiten zur Behandlung und Überwachung von Risiken. Bestimmte Risiken treten jedoch in der Regel in der Mitte oder am Ende der Entwicklungsphase auf. Beispiele hierfür finden Sie im Anschluss. (*Hinweis:* Während diese Risikoaspekte eng mit dem Ansatz für die Prozessrisikoidentifikation verknüpft sind, der in Abschnitt 17.8 beschrieben wird, wird das Material hier bereitgestellt, um zu zeigen, wie »beste bekannte Verfahrensweisen« in den unterschiedlichsten Projekten hilfreich sein können.)

Risikofaktor: Entwurfsphase. Die Entwurfsphase muss gemäß bestimmter Richtlinien und geeigneter technischer Praktiken ablaufen. Es müssen Faktoren integriert werden, die die Produktion, den Betrieb und den Support eines Systems während des gesamten Lebenszyklus beeinflussen. Trotzdem kommt es häufig vor, dass Entwürfe ausgewählt, vorgestellt und bewertet werden, ohne dass überprüft wird, ob ein System nach diesem Entwurf überhaupt gefertigt werden kann. Anschließend zeigen sich Lücken in der Fertigungstechnologie und es fehlen bewährte Herstellungsmethoden und -verfahren, um das System mit den geplanten Kosten zu produzieren. Einer der am weitesten verbreiteten Risikofaktoren beim Übergang von der Entwicklung zur Fertigung ist das Versäumnis, die Fertigung beim Entwurf zu berücksichtigen. Wenn ein Konstrukteur beispielsweise beim Entwurf die Vorgaben seitens des Montagepersonals und der Fertigungsverfahren nicht berücksichtigt, ist vorhersehbar, dass das Ganze scheitert, wenn das Produkt nach diesem Entwurf in großen Stückzahlen produziert werden soll, selbst wenn der Entwurf von Ingenieuren und von hoch qualifizierten Technikern entwickelt wurde. Ein Entwurf sollte nicht in Produktion gehen, wenn er keine Chance hat, die Massenproduktion ohne Qualitätseinbußen zu überstehen.

Prävention. Ob ein System überhaupt gefertigt werden kann, sollte im Rahmen der Planungsphase mit den passenden Machbarkeitsanalysen geprüft werden. Lücken in der Fertigungstechnologie und in den Herstellungsmethoden, die für das Design des bestimmten Systems, Teilsystems und der Komponenten spezifisch sind, müssen im Rahmen der technischen Entwicklung behandelt werden.

Risikofaktor: Entwurfs-Reviews. Bei den meisten technischen Entwicklungsprojekten werden formelle Entwurfs-Reviews zwar gefordert, häufig fehlen jedoch spezifische Vorgaben. Dies führt zu einem unstrukturierten Review-Vorgang, der den Hauptzweck des Entwurfs-Reviews verfehlt, nämlich (1) zusätzliches Wissen für den Entwurfsvorgang bereitzustellen, mit dem das grundlegende Programmdesign und die analytischen Aktivitäten ausgeweitet werden können und (2) einen bestimmten Entwurf zufrieden stellend umsetzen zu können.

Prävention

- Auftraggeber und Auftragnehmer erkennen, dass Entwurfs-Reviews die Stelle bilden, an der der Übergang von der Entwicklung zur Fertigung letztendlich entschieden wird. Die Richtlinien, der Terminplan, das Budget, der Ablauf, die Teilnehmer, die Handlungen und die Nachverfolgung werden in Hinblick auf diesen wichtigen Punkt entschieden.
- Entwurfs-Reviews sollten in Übereinstimmung mit den Kundenanforderungen Bestandteil aller Projekte sein. Ein Entwurfs-Review-Plan muss von Auftragnehmer entwickelt und vom Auftraggeber genehmigt werden.

Risikofaktor: Lebensdauer. Lebensdauerprüfungen dienen dazu, die langfristige Angemessenheit eines Entwurfs in bestimmten Betriebsumgebungen zu überprüfen. Da derartige Tests sehr zeitaufwändig sind, wurden verschiedene Methoden entwickelt, mit denen sich die Tests dadurch beschleunigen lassen, dass die Umfeldbedingungen verschärft werden. Die Ergebnisse können jedoch auch irreführend sein, da das Zusammenwirken der Beschleunigungsfaktoren möglicherweise nicht genau bekannt ist.

Bei vielen Projekten müssen Lebensdauerprüfungen durchgeführt werden, nachdem die Systeme im Einsatz sind und bevor zuverlässige Anforderungen entwickelt wurden. Die Lebensdauerprüfungen werden also nach Fertigungsbeginn durchgeführt, und es müssen kostspielige Änderungsanträge und Anpassungsprogramme gestartet werden, um zu versuchen, das Beste aus den suboptimalen Entwürfen zu machen.

Prävention

- Die Lebensdauerprüfung sollte in den Testplan des Gesamtsystems integriert werden, um sicherzustellen, dass die Tests kostengünstig durchgeführt werden und dass der Programmterminplan eingehalten wird.
- Testdaten aus anderen Phasen des Testprogramms nutzen, um die Lebensdauerprüfung des Systems und der Teilsysteme zu erweitern, indem der Zeitbedarf zur Erbringung des Nachweises reduziert wird, dass die Anforderungen an die Zuverlässigkeit erfüllt sind.
- Daten der Lebensdauerprüfung ähnlicher Einsatzmittel verwenden und im gleichen Umfeld operieren, um die Lebensdauerprüfung der Einsatzmittel auszuweiten und damit mehr Vertrauen in das Design entwickeln zu können.

Risikofaktor: Produktionsplan. Der Ausschluss von Produktions- und Fertigungstechniken aus dem Designvorgang ist ein gravierender Fehler und ein wesentliches Risiko für den Übergang von der Entwicklung zur Produktion. Die Folgen für eine späte Einbeziehung sind: (1), dass zusätzliche Entwicklungsbemühungen für das Neudesign und den erneuten Test des Endprodukts auf Kompatibilität mit den Abläufen und Verfahrensweisen, mit denen das Produkt hergestellt wird, erforderlich sind, und (2) geringere und ineffiziente Produktionsraten wegen der exzessiven Änderungen an der Produktkonfiguration resultieren, die im Rahmen der Produktion vorgenommen werden müssen. Entsprechend ergeben sich höhere Kosten und Zeitverzögerungen.

Prävention. Die folgenden Punkte repräsentieren Schlüsselelemente eines Produktionsplans:

- Lieferpläne, die für jedes Teilerzeugnis die Zeitspannen, die Termine, zu denen die Erzeugnisse benötigt werden und die zuständigen Personen aufführen
- Langfristige Werkzeugbereitstellungsanforderungen, um die erhöhten Produktionsraten im späteren Programmverlauf erfüllen zu können
- Spezialwerkzeuge
- Spezielle Testausrüstung
- Montage-Flussdiagramme

Risikofaktor: Hochwertige Fertigungsverfahren. Die Einführung eines neu entwickelten Elements in die Fließbandproduktion bedingt neue Abläufe und Verfahren. Veränderungen der Geräte oder der Arbeitsabläufe erhöhten die Wahrscheinlichkeit von Arbeitsunterbrechungen während der Serienproduktion. Kann vor der Serienproduktion nicht sichergestellt werden, dass das Fertigungsverfahren geeignet ist – indem die Angemessenheit der Fertigungsplanung, des Werkzeugdesigns und des Fertigungsverfahrens überprüft werden –, können sich erhöhte Kosten, Terminüberschreitungen und eine verringerte Produktionsleistung ergeben.

Prävention

- Der Projektstrukturplan, das Lastenheft für die Fertigung und die Fertigungspläne enthalten keine Konfliktlösungsansätze. Alle Diskrepanzen zwischen diesen Dokumenten werden identifiziert und aufgelöst, bevor die Fertigung gestartet wird.
- Für die Startphase der Fertigung werden eine einfache Schicht, ein Acht-Stunden-Tag und eine Fünf-Tage-Woche eingeplant. Die anschließende Personalanforderung wird an die Fertigungskapazität und die Kapazität angepasst, die mit den Fertigungsraten übereinstimmt.
- Das Unterzeichnungssystem muss gut gesteuert werden.
- Der Fertigungsablauf muss so gestaltet sein, dass nur minimale Änderungen der Werkzeugbestückung und Anpassungen an den Maschinen vorgenommen werden müssen, und es muss sichergestellt werden, dass alternative Fertigungsabläufe zur Verfügung stehen.
- Es muss ein Mechanismus aufgebaut werden, mit dem sichergestellt wird, dass wichtige Elemente bereits vier bis sechs Wochen, bevor sie benötigt werden, zur Verfügung stehen.
- Alle neuen Einsatzmittel oder Verfahren, die in der Fertigung verwendet werden, müssen identifiziert werden.

Risikofaktor: Mensch. Die Fertigungsumgebung und die Systeme, mit denen die Fertigung unterstützt wird, müssen unter Berücksichtigung der Benutzer und der Fähigkeiten der Mitarbeiter gestaltet werden. Eignet sich die Fertigungsumgebung für die Mitarbeiter nicht, sinkt die Zuverlässigkeit und die Schulungskosten und die Kosten für die Erstellung technischer Handbücher steigen. Möglicherweise ist sogar eine Neugestaltung der Fertigungsumgebung nötig, wenn sich Probleme während der Demonstration und den Feldtests zeigen. Wird der Bedarf an bestimmten Fähigkeiten und entsprechender Schulung erst sehr spät erkannt, resultieren schwerwiegende Folgeprobleme und häufig auch eine mangelhafte Systemleistung.

Prävention

- Die Personalanforderung und die gewünschten Kenntnisse der Mitarbeiter müssen auf einer formellen Analyse der Erfahrungen mit vergleichbaren Systemen und mit Wartungskonzepten basieren.
- Die auf das Personal bezogenen Kostenfaktoren, die für Trade-Off-Analysen von Entwürfen und die Unterstützung eingesetzt werden, müssen die Weiterbildungskosten, die Kosten für den Austausch von erfahrenen Mitarbeitern und auch die echten Gemeinkosten enthalten.

Risikofaktor: Schulung, Schulungsmaterial und Schulungsgeräte. Bei einigen Programmen wird der Schulungsbedarf nicht angemessen behandelt. Es resultieren große Schwierigkeiten beim Betrieb und dem Support der Geräte. Schulungsprogramme, Schulungsmaterial und Schulungsgeräte wie Simulatoren sind möglicherweise komplexer und kostspieliger als die Geräte, in deren Benutzung die Mitarbeiter geschult werden sollen. Welches Schulungsmaterial und welche Schulungsgeräte bereitgestellt werden müssen, hängt von den Kenntnissen über die Konfiguration des Fertigungsentwurfs, von den Wartungskonzepten und vom Kenntnisstand des Personals ab, das geschult werden soll. Bei vielen Programmen sind die Terminpläne für die Bereitstellung der Schulungsmaterialien und der Schulungsgeräte äußerst ehrgeizig. Die Folge sind mangelhafte Schulungen, Schwächen in Bezug auf den technischen Inhalt des Schulungsmaterials und kostspielige Maßnahmen zur Umgestaltung der Schulungsgeräte.

Prävention

- Die Auftragnehmer müssen eine klare Beschreibung vom Kenntnisstand der Benutzer und Zugang zu aktuellen Schulungsprogrammen für vergleichbare Systeme erhalten.
- Um den Bedarf an zusätzlichen Schulungsgeräten zu reduzieren, sollte On-the-Job-Training in das Schulungskonzept mit einbezogen werden.

17.16 Abhängigkeiten zwischen Risiken

> **PMBOK® Guide 2004**
>
> 11.5.3.1 Risikobewältigungsplanung - Risikoregister (Aktualisierungen)

Hätten Projektmanager unbegrenzte Geldmittel zur Verfügung, könnten sie zahlreiche Gefahren identifizieren, die mehr oder weniger von Bedeutung sind. Gibt es sehr viele potenzielle Gefahren, können nicht alle berücksichtigt werden. Die Risiken müssen dann mit Prioritäten belegt werden.

Angenommen, ein Projektmanager kategorisiert Risiken gemäß der Zeit-, Kosten- und Leistungsvorgaben, die in Abbildung 17.15 veranschaulicht werden. Gemäß der Abbildung sollte sich der Projektmanager darauf konzentrieren, terminliche Risiken zu minimieren. Doch selbst wenn der Terminplan die höchste Priorität hat, müssen möglicherweise gleichzeitig kosten- und qualitätsbezogene Themen berücksichtigt werden. Den terminbezogenen Themen werden jedoch die meisten Ressourcen zugeordnet.

	Terminplan	Kosten	Technische Leistung
Erste (Höchste) Priorität	✓		
Zweite Priorität			✓
Dritte Priorität		✓	

Abbildung 17.15: Prioritäten setzen

Prioritäten für Risiken sollten vom Projektmanager, vom Projektsponsor oder sogar vom Auftraggeber vergeben werden. Die Prioritätenvergabe kann auch branchen- oder sogar länderspezifisch erfolgen, wie in Abbildung 17.16 veranschaulicht. Es ist sehr unwahrscheinlich, dass eine Projektmanagement-Methode festlegt, welche Prioritäten für Risiken vergeben werden sollten. Eine gut durchdachte Analysemethode gibt die Priorität von Risiken vor oder deckt sie zumindest auf. Die resultierenden Prioritäten können jedoch vom Projektmanagement verändert werden. In diesem Bereich kann unmöglich eine Norm entwickelt werden, die unverändert auf jedes Projekt angewendet werden kann.

Die Vergabe von Prioritäten für Risiken ist ein guter Ausgangspunkt und könnte gut funktionieren, wenn die Risiken nicht miteinander verbunden wären. Von der Trade-Off-Analyse wissen wir bereits, dass sich Abweichungen im Terminplan möglicherweise auf die Kosten und auf die Leistung auswirken können. Die Änderungen wirken sich möglicherweise nicht in beiden Bereichen aus, weil die Auswirkungen von den Zielfunktionen und den Marktvorgaben des Käufers und des Verkäufers abhängen. Deshalb gilt in Abbildung 17.15, dass die Risikobehandlung von terminlichen Risiken eine sofortige Bewertung von Risiken in Bezug auf die technische Leistung mit sich bringt, obwohl die Zeiteinteilung die höchste Priorität hat.

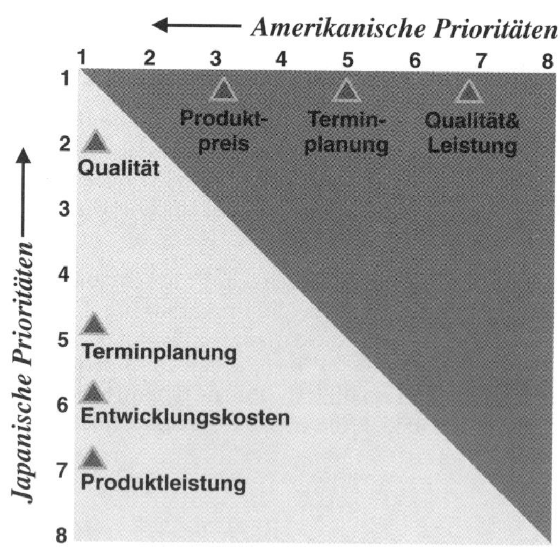

Abbildung 17.16: Die Reihenfolge, in der Kompromisse eingegangen werden müssen (Hinweis: Bei Faktoren mit geringer Priorität müssen häufiger Kompromisse eingegangen werden.)

Die Abhängigkeiten zwischen den Risiken werden auch aus Tabelle 17.10 deutlich. Der ersten Spalte ist zu entnehmen, was der Projektmanager unternehmen kann, um die Vorteile zu erhalten, die in Spalte 2 aufgelistet sind. Jeder dieser möglichen Vorteile kann Risiken in sich bergen, die in Spalte 3 genannt werden. Strategien zur Risikominimierung, die bestimmte Vorteile bringen sollen, können weitere, möglicherweise schwerwiegendere Gefahren zur Folge haben. Nehmen Sie beispielsweise an, Sie komprimieren den Terminplan, indem Sie Überstunden wegfallen lassen, und sparen damit € 15.000 ein. Machen die Mitarbeiter dann jedoch Fehler, kann dies kostspielige Folgen haben, denn es müssen möglicherweise zusätzliche Tests durchgeführt werden, es muss eventuell neues Material erworben werden und der Fertigstellungstermin wird unter Umständen überschritten, so dass sich der Verlust insgesamt auf € 100.000 beläuft. Hier stellt sich natürlich die Frage, ob es sich wirklich lohnt, € 15.000 einzusparen, wenn damit das Risiko eingegangen werden muss, im schlimmsten Fall € 100.000 zu verlieren.

Handlungsmöglichkeit	Möglicher Vorteil	Risiko
• Überstunden anordnen	• Terminplankomprimierung	• Mehr Fehler, höhere Kosten und Terminverzögerung
• Personal aufstocken	• Terminplankomprimierung	• Höhere Kosten und Veränderung der Lernkurve
• Parallel arbeiten	• Terminplankomprimierung	• Nachbesserung und erhöhte Kosten
• Projektumfang reduzieren	• Terminplankomprimierung und Kostenreduktion	• Unzufriedener Kunde und Wegfall von Folgeaufträgen
• Preisgünstigere Mitarbeiter verpflichten	• Kostenreduktion	• Mehr Fehler und Terminverzögerungen
• Wichtige Arbeiten nach außen vergeben	• Kostenreduktion und Terminplankomprimierung	• Auftragnehmer eignet sich wichtiges Wissen auf Ihre Kosten an

Tabelle 17.10: Abhängigkeiten zwischen Risiken

Um diese Frage zu beantworten, kann das Konzept der Erwartungswerte eingesetzt werden, bei dem davon ausgegangen wird, dass die Wahrscheinlichkeit, Fehler zu machen, sowie die Kosten für diese Fehler ermittelt werden können. Sind die Fehlerwahrscheinlichkeiten nicht bekannt, basieren die Handlungen, die der Projektmanager unternimmt, um mögliche Vorteile zu erhalten, auf seiner Risikobereitschaft.

Die meisten Projektmanager scheinen sich darüber einig zu sein, dass die größten Risiken, über die auch gleichzeitig am wenigsten bekannt ist, die technischen Risiken sind. Der schlimmste Fall tritt dann ein, wenn mehrere technische Risiken in unvorhersehbarer und unbekannter Weise zusammenwirken. Angenommen, Sie managen ein Produktentwicklungsprojekt. Das Marketing hat Ihnen zwei technische Merkmale genannt, die das Produkt für den Markt sehr attraktiv machen würden.

Die genaue Beziehung zwischen diesen beiden Merkmalen ist nicht bekannt. Ihr technischer Experte hat Ihnen jedoch die in Abbildung 17.17 gezeigte Kurve gegeben. Gemäß dieser Kurve bewegen sich die beiden Merkmale in entgegengesetzte Richtungen. Das heißt also, die Maximierung eines Merkmals erfordert möglicherweise die Abschwächung des zweiten.

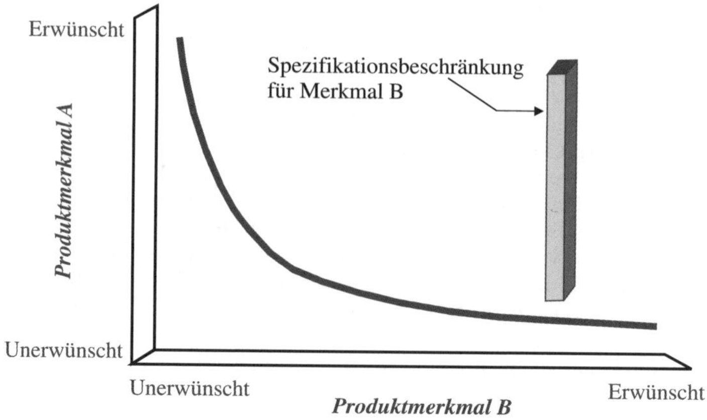

Abbildung 17.17: Zusammenwirkung von Risiken

In Zusammenarbeit mit dem Marketing bereiten Sie eine Spezifikationsbeschränkung für Merkmal B vor. Weil die Merkmale häufig in unbekannter Weise zusammenwirken, macht die Spezifikationsbeschränkung für Merkmal B möglicherweise eine Ausprägung von Merkmal A erforderlich, die für den Endkunden wenig wünschenswert ist. Abbildung 17.17 stellt das Produktmerkmal A dem Produktmerkmal B gegenüber. Die Kurve selbst ist Pareto-optimal, was bedeutet, dass das Produktmerkmal A nicht verbessert werden kann, wenn sich dadurch nicht gleichzeitig Merkmal B verschlechtern soll.

Projektmanagement-Methoden bieten zwar einen Rahmen für das Risikomanagement und für die Aufstellung eines Risikomanagement-Plans, es ist jedoch höchst unwahrscheinlich, dass eine Methode so ausgereift ist, dass sie zur Identifikation der Abhängigkeiten zwischen technischen Risiken eingesetzt werden kann. Die Zeit und die Kosen, die mit der Identifikation, der Analyse und der Behandlung technischer Risiken verbunden sind, können das Projekt finanziell schwer belasten.

Wenn Unternehmen erfolgreiches Projektmanagement betreiben, entwickelt sich das Risikomanagement zu einem strukturierten Verfahren, das sich über die gesamte Projektdauer erstreckt. Der Bedarf für ein kontinuierliches Risikomanagement ist davon abhängig, wie lange das Projekt dauert, wie viel Geld auf dem Spiel steht, wie weit das Projekt technisch entwickelt ist und wie die verschiedenen Risiken miteinander zusammenhängen. Betrachten Sie beispielsweise Flugzeugprojekte bei Boeing, bei denen vom Entwurf bis zur Auslieferung zehn Jahre vergehen und die eine Investition von $ 5 Milliarden beinhalten.

Tabelle 17.11 beschreibt die Risiken für Boeing etwas näher. Die Tabelle soll nicht ausdrücken, dass die Risiken einander ausschließen. Neue Technologien können Kunden zwar beschwichtigen, die Produktionsrisiken steigen dadurch jedoch, weil sich die Lernkurve bei neuen im Vergleich zu bewährten Technologien verlängert. Die Lernkurve kann sich sogar noch weiter ausdehnen, wenn Merkmale hinzukommen, die auf einzelne Kunden zugeschnitten sind. Außerdem kann sich der Verlust an Zulieferern im Laufe eines Flugzeugprojekts auf das Niveau der technischen und der Produktionsrisiken auswirken. Aufgrund der Beziehungen zwischen den Risiken sollte eine Risikomanagement-Matrix eingesetzt werden und kontinuierlich eine Risikobewertung durchgeführt werden.

PMBOK® Guide 2004
11.2 Risikoidentifikation

Art des Risikos	Beschreibung	Risikobehandlungsstrategie
Finanzielles Risiko	Vorfinanzierung und Amortisationsdauer hängt von der Anzahl der verkauften Flugzeuge ab	• Finanzausstattung nach Lebenszyklusphasen • Kontinuierliches Risikomanagement in Bezug auf das finanzielle Risiko • Beteiligung von Unterauftragnehmern an Risiko • Risikobewertung auf der Basis der Verkaufsverpflichtungen
Marktbedingtes Risiko	Vorhersage der Kundenerwartungen in Hinblick auf die Kosten, die Konfiguration und Zusatzleistungen auf der Basis der Flugzeuglebensdauer von 30 bis 40 Jahren	• Enger Kundenkontakt und Input von Kunden • Bereitschaft, Kundenwünsche zu berücksichtigen • Entwicklung eines Basisentwurfs, der an die Kundenwünsche angepasst werden kann
Technisches Risiko	Wegen der langen Lebensdauer eines Flugzeugs müssen Prognosen in Bezug auf die Technologie und ihren Einfluss auf die Kosten, die Sicherheit, die Zuverlässigkeit und die Wartung gemacht werden	• Strukturiertes Änderungsmanagement • Einsatz bewährter Entwürfe und Technologien statt unerprobter Entwürfe und Technologien, die ein hohes Risiko in sich bergen • Produktverbesserung und parallel dazu Entwicklung neuer Produkte
Produktionsbedingtes Risiko	Koordination der Herstellung und des Zusammenbaus zwischen einer großen Anzahl von Unterauftragnehmern, ohne dass dadurch die Kosten, der Terminplan, die Qualität oder die Sicherheit beeinflusst werden	• Enge Arbeitsbeziehungen zu Unterauftragnehmern • Strukturiertes Änderungsmanagement • Lessons Learned aus anderen neuen Flugzeugprogrammen • Einsatz von Lernkurven

Tabelle 17.11: Risikokategorien bei Boeing

Neben den Beziehungen zwischen den Risiken sollte auch die Beziehung zwischen dem Änderungs- und dem Risikomanagement berücksichtigt werden. Beide sind Bestandteil des Projektmanagements. Jede Risikomanagement-Strategie kann in Änderungen resultieren, die zusätzliche Risiken bedingen. Risiken und Änderungen gehen Hand in Hand, was einer der Gründe ist, warum Unternehmen das Risikomanagement und das Änderungsmanagement in der Regel gemeinsam behandeln. Tabelle 17.12 zeigt die Beziehung zwischen gelenkten und ungelenkten Änderungen. Werden die Änderungen nicht gesteuert, muss mehr Zeit und Geld für das Risikomanagement bereitgestellt werden, das dann häufig die Formen einer Krisenbewältigung annimmt. Die Situation wird zusätzlich dadurch verschlimmert, dass hoch bezahlte Mitarbeiter und mehr Zeit eingesetzt werden müssen, um die zusätzlichen Risiken zu bewerten, die aus den ungelenkten Änderungen resultieren. Gelenkte Änderungen sorgen hingegen dafür, dass ein preisgünstigerer Risikomanagementplan aufgestellt werden kann.

Die Abhängigkeiten zwischen Risiken lassen sich unabhängig davon, wie gut die Projektmanagement-Methoden sind, nicht genau definieren. In der Regel muss das Projektteam die Abhängigkeiten festlegen.

	Wo Zeit investiert wird	Wie Energie investiert wird	Welche Ressourcen benutzt werden
Ungelenkte Änderungen	• Back-End	• Nachbearbeitung • Durchführung • Übereinstimmung • Überwachung	• Nur oberes Management und wichtige Mitarbeiter
Gelenkte Änderungen	• Front-End	• Schulung • Kommunikation • Planung • Verbesserungen • Mehrwert	• Stakeholder (intern) • Zulieferer • Kunden

Tabelle 17.12: Ungelenkte und gelenkte Änderungen

17.17 Folgen der Risikobehandlung

Die meisten Projektmanagement-Methoden beinhalten Risikomanagement, das wie folgt eingesetzt werden kann:

- Um die potenziellen Risiken und ihre Folgen deutlich zu machen
- Als Frühwarnsystem für bevorstehende Gefahrenereignisse
- Als Richtlinie für den Umgang mit Gefahrenereignissen
- Zur Wiederherstellung des Systems oder der Abläufe, nachdem das Gefahrenereignis aufgetreten ist
- Zur Bereitstellung eines Rettungsmechanismus für den Fall, dass alle anderen Versuche fehlschlagen

Eine gewisse Anleitung zum Risikomanagement ist nötig, weil jeder Stakeholder eine andere Risikobereitschaft haben könnte. Risiko- und sicherheitsbezogene Systemrichtlinien und -verfahrensweisen existieren in erster Linie für die unteren drei Ebenen von Abbildung 17.18. Die Risikobereitschaft des Auftraggebers kann bedeutend höher oder geringer sein als die des Auftragnehmers. Außerdem kann für ein Projekt auf der Basis der Projektanforderungen beschlossen werden, ein wesentlich höheres oder geringeres Risiko in Kauf zu nehmen, als es das Unternehmen normalerweise zulassen würde.

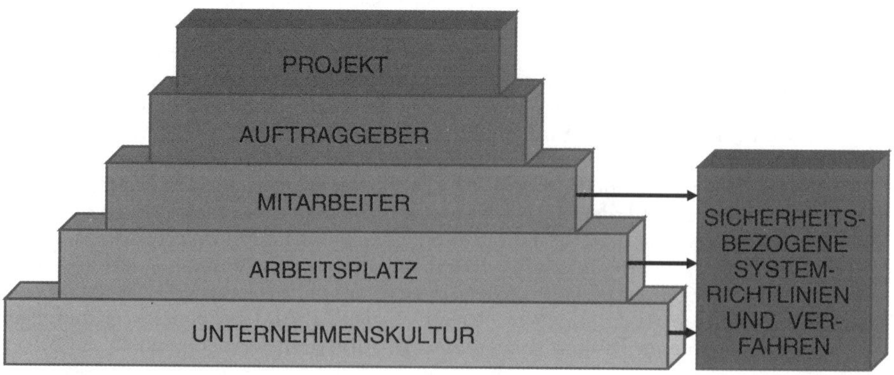

Abbildung 17.18: Risikobereitschaft

Die Projektmanagement-Methode kann sehr wohl den Umfang der Risikobehandlungsmaßnahmen vorgeben. Die Risikobehandlungsmaßnahmen können erheblich komplexer sein als die Maßnahmen zur Risikovermeidung. Abbildung 17.19 zeigt dem Umfang der Risikobehandlungsmaßnahme im Vergleich zur Höhe des Risikos. Wenn sich das Risiko erhöht, kann eine Überreaktion erfolgen, die übertriebenen Druck auf das Risikomanagement und die Projektmanagement-Methode ausübt. Die Kosten für die Pflege der Risikobehandlungsmaßnahmen sollten das Projekt nicht überbelasten. Exzessive Verfahrensweisen zum Risikomanagement sorgen dafür, dass der Projektmanager mehr Zeit und Geld investiert, als tatsächlich angemessen wäre.

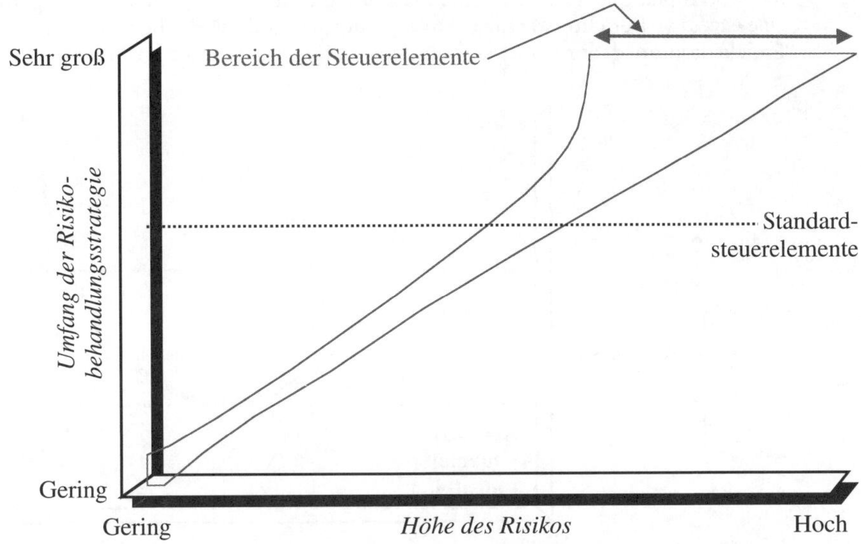

Abbildung 17.19: Maßnahmen zur Risikobehandlung

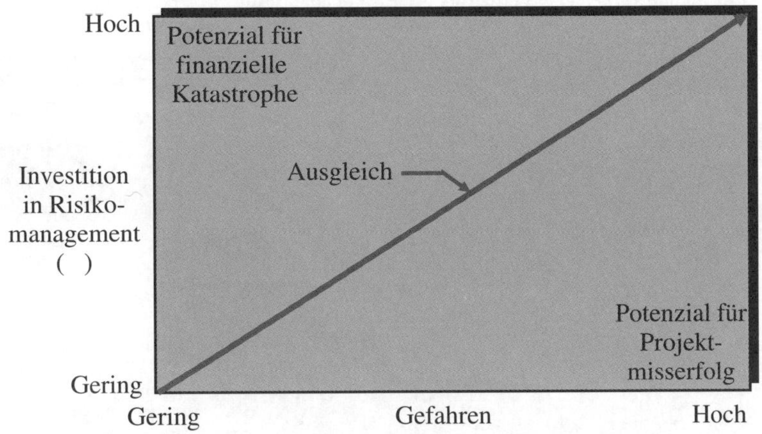

Abbildung 17.20: Investition in das Risikomanagement

Wenn ein Unternehmen seine Bemühungen im Bereich des Risikomanagements übertreibt, kann sich dies katastrophal auswirken (siehe Abbildung 17.20). Eine übermäßige Investition in das Risikomanagement könnte zu einer finanziellen Katastrophe führen, wenn die Gefahren des Projekts keine umfangreichen Maßnahmen oder Ausgaben erfordern. Wird jedoch zu wenig in das Risikomanagement eines Projekts investiert, das zahlreiche und komplexe Risiken in sich birgt, kann dies zu großen Verlusten und Schäden und möglicherweise sogar zu einem Projektabbruch führen. Deshalb sollte ein gewisser Ausgleich geschaffen werden.

Es ist nicht leicht, das richtige Maß an Maßnahmen zur Risikoüberwachung zu bestimmen. Dies geht auch aus Abbildung 17.21 hervor, die den Einfluss des Risikomanagements auf Terminplanvorgaben veranschaulicht. Wenn zu wenig Maßnahmen zur Risikobehandlung durchgeführt werden oder schlicht gar kein Risikobehandlungsplan existiert, zieht sich das Projekt länger hin als angemessen. Wird hingegen mittels zahlreicher Filter und Sperren exzessives Risikomanagement betrieben, kann sich die Projektdauer ebenfalls erhöhen, weil zu viel Zeit für die Notfallplanung verloren geht. Dasselbe gilt auch für ein Risikomanagementverfahren, das eine exzessive Berichterstattung, Dokumentation und zahlreiche Besprechungen beinhaltet. Das Projekt kommt dadurch nur langsam voran. Ein Ausgleich ist erforderlich.

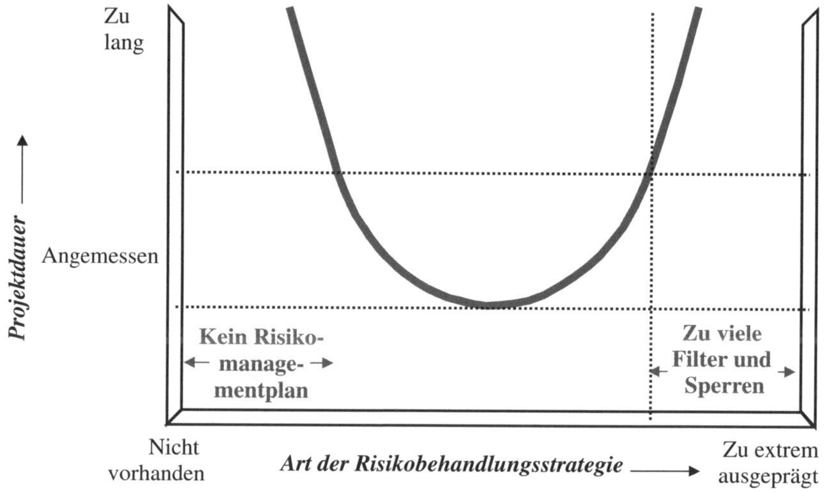

Abbildung 17.21: Das Verhältnis der Risikobehandlung zur Projektdauer

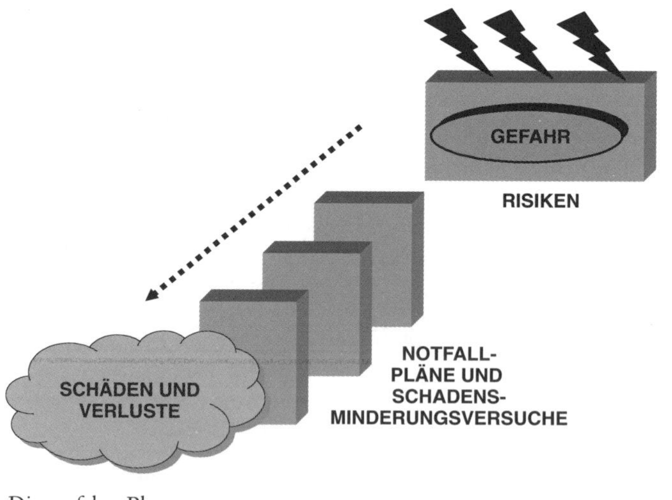

Abbildung 17.22: Die perfekte Planung

Eine Investition in das Risikomanagement garantiert jedoch nicht, dass Verluste und Schäden verhindert werden können. Abbildung 17.22 veranschaulicht eine perfekte Planung für das Risikomanagement. Die Organisation hat für jede potenzielle Gefahr einen primären und einen sekundären Risikobehandlungsplan aufgestellt. Leider sieht die Realität häufig anders aus (siehe Abbildung 17.23), und es treten trotzdem Verluste und Schäden auf, manchmal sogar für bisher unbekannte Risiken.

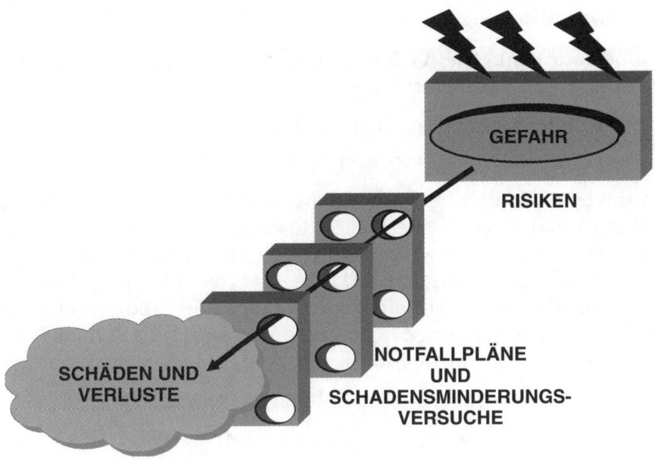

Abbildung 17.23: Die Planung mit Mängeln

17.18 Risiko und Concurrent Engineering

PMBOK® Guide 2004

11.6 Risikoüberwachung und -steuerung

Die meisten Unternehmen wollen ihre Produkte möglichst schnell auf den Markt bringen, weil sich dies sehr positiv auf die Gewinne und auf die Marktanteile auswirken kann. Um dieses Ziel zu erreichen, werden häufig Concurrent Engineering und sich überschneidende Aktivitäten eingesetzt. Die entscheidende Frage ist jedoch, welches Maß an Überschneidung möglich ist, bevor sich die Gewinne dadurch reduzieren.

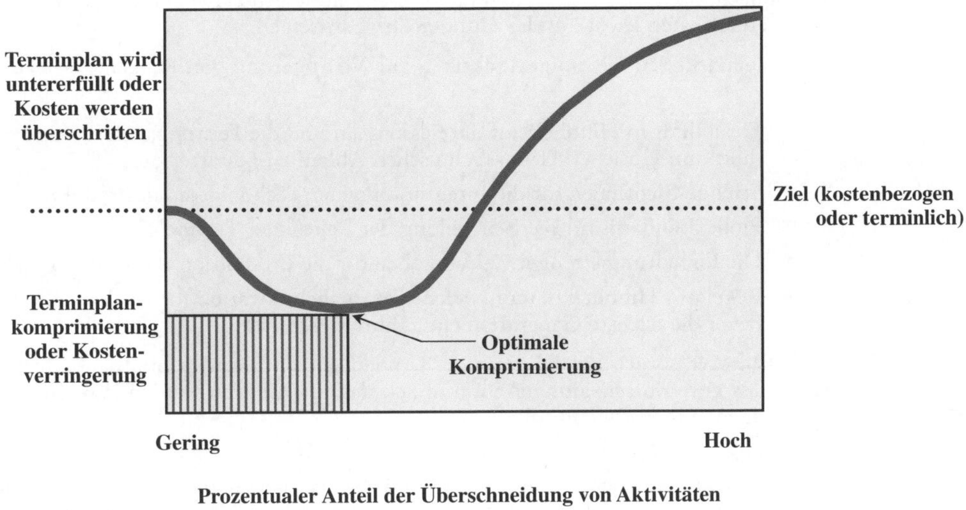

Abbildung 17.24: Überschneidung von Risiken

Die Risiken, die mit der Überschneidung von Aktivitäten verbunden sind, sind in Abbildung 17.24 dargestellt. Überschneidungsaktivitäten können zu einer Terminplankomprimierung und zu einer Kostenverringerung führen. Eine zu große Überschneidung kann jedoch dazu führen, dass sehr viel nachgebessert werden muss und dass unerwartete Probleme auftreten, die sich in erheblichen Termin- und Kostenüberschreitungen niederschlagen können. Es ist sehr schwierig, die richtige Mischung zu finden.

Es gibt zwar zahlreiche Gründe, aus denen nachgebessert werden muss, zwei Probleme sind jedoch sehr weit verbreitet:

- Kombination einer neuen Technologie-Entwicklung und der Produktentwicklung
- Unzureichendes Test- und Bewertungsprogramm

Um zu veranschaulichen, warum diese Probleme auftreten, betrachten Sie eine Situation, in der Marketing und Vertrieb einen Markt für ein neues Produkt mit einer Technik in Aussicht stellen, die bisher noch nicht entwickelt wurde. Um den Terminplan zu verkürzen, beginnt das Produktentwicklungsteam damit, das Produkt zu entwickeln, ohne dass jedoch bekannt ist, ob die Technologie überhaupt entwickelt werden kann. Die Produktionsteams müssen Produktionspläne erstellen, ohne dass ihnen Zeichnungen zur Verfügung stehen. Wenn das Produkt dann endlich in Produktion geht, müssen zahlreiche Änderungen vorgenommen werden.

In diesem Zusammenhang sind drei Fragen relevant:

- Kann die neue Technologie entwickelt werden?
- Kann die neue Technologie in das Produkt integriert werden?
- Kann das Produkt dann innerhalb der geplanten Zeit, der geplanten Kosten und mit der gewünschten Qualität und Leistung produziert werden?

Die zeitgleiche Entwicklung von Technologien und von Produkten ist inzwischen weit verbreitet. Um das Risiko der Umarbeitung zu verringern, sollte gezeigt werden, dass die Technik wie erwartet funktioniert. Führende Firmen, die den Ansatz des Concurrent Engineering nutzen, integrieren keine neue Technologie in ein Produkt, so lange diese nicht eine bestimmte Reife erreicht hat. Bevor die Produktentwicklung gestartet wird, werden die Anforderungen und die technologischen Möglichkeiten miteinander verglichen. Die Unternehmen haben aus Erfahrung gelernt, dass die Lösung technischer Probleme im Anschluss an die Produktentwicklung zu einer Verzehnfachung der Kosten führen kann. Werden die Probleme erst bei der Produktion gelöst, können die Kosten leicht auf das Hundertfache ansteigen.

Nachfolgend finden Sie einige Praktiken zur Verringerung von Risiken, die häufig eingesetzt werden:

- Flexibilität in Hinblick auf die Ressourcen und die Leistungsanforderungen an das Produkt, um Unsicherheit im technischen Ablauf zu gestatten
- Strenge Richtlinien für die Integration neuer Technologien in Produkte
- Hohe Standards für die Beurteilung der Reife einer Technologie
- Die Einhaltung strenger Zeitvorgaben für die Produktionsentwicklungszyklen
- Regeln in Hinblick darauf, welches Maß an Innovation für ein Produkt akzeptabel ist, bevor die nächste Generation eingeführt werden kann

Diese Faktoren sorgen für ein gesundes Umfeld, für die Entwicklung neuer Technologien und dafür, dass gute Entscheidungen in Hinblick darauf getroffen werden können, was in ein Produkt aufgenommen werden sollte.

Sich überschneidende Aktivitäten können sehr riskant sein, wenn die Probleme erst sehr spät zum Vorschein kommen. Häufig wird der Fehler gemacht, die Produktion zu starten, bevor genügend technische Zeichnungen zur Verfügung stehen. Normalerweise sind die Mitarbeiter der Systemintegration hierfür verantwortlich. Die Systemintegration sollte mit einem Entwurfs-Review der technischen Zeichnungen und einer Bestätigung abgeschlossen werden, dass das System die Anforderungen erfüllen wird. Außerdem sollten feste Kosten- und Zeitvorgaben sowie

Anforderungen an die aktuelle Produktversion entwickelt werden. Die Entscheidungsträger sollten auf einen ausgereiften Produktentwurf bestehen, der durch technische Zeichnungen untermauert wird, bevor die Produktion gestartet wird. Dadurch erhöht sich der Produkterfolg beträchtlich und die Kosten für die Umarbeitung lassen sich verringern.

Boeing hatte beispielsweise 90 Prozent der technischen Zeichnungen für das Flugzeug 777-200 bereits im Rahmen des Produktentwicklungsprogramms fertig gestellt. Dies gestattete es Boing, mit fast hundertprozentiger Sicherheit zu entscheiden, ob der Entwurf für die 777-200 die Anforderungen erfüllen würde. Bei einem anderen Programm wurden hingegen in der Entwicklungsphase nur fünfzig Prozent der technischen Zeichnungen fertig gestellt. In der Testphase traten zahlreiche Probleme auf, die in einer Neuplanung, erhöhten Kosten und Terminverzögerungen resultierten.

Unternehmen, die das Risiko beim Concurrent Engineering reduzieren wollen, haben Möglichkeiten gefunden, Tests als ein Mittel einzusetzen, um Umstellungen zu einem späten Zeitpunkt zu verhindern und die Produkte trotzdem effizient in einer geringeren Zeit und mit einer höheren Leistung und geringeren Kosten entwickeln zu können. In der Regel werden diese Techniken eingesetzt, weil bei früheren Produkten Probleme auftraten. Sowohl Boeing als auch Intel mussten große Schäden durch neue Produkte verbuchen, bei denen sich erst in einer späten Entwicklungsphase Probleme bei Produkttests zeigten, die hätten verhindert werden können. Boeing versuchte, bei einem neuen Flugzeugtyp die Kostensteigerungen abzufangen, und lieferte das Flugzeug beim ersten Kunden zu spät aus. Intel musste mehr als eine Million Mikroprozessoren austauschen, die einen kleinen Fehler enthielten, der jedoch viel Wirbel verursachte. Bei Folgeprodukten waren die Firmen in der Lage, solche Probleme zu umgehen, indem sie die Test- und Bewertungsansätze veränderten. Sie konnten bessere Produkte im geplanten Zeit- und Kostenrahmen und mit einer höheren Qualität bereitstellen.

Boeing stieß in einer späten Entwicklungsphase des Verkehrsflugzeugs 747-400 auf unerwartete Probleme, die zu Lieferverzögerungen und erhöhten Kosten führten. Als die 747-400 im Jahr 1990 an United Airlines ausgeliefert wurde, musste Boeing 300 Ingenieure darauf ansetzen, Probleme zu lösen, die sich in früheren Tests nicht gezeigt hatten. Die resultierenden Lieferverzögerungen und die anfänglichen Probleme beim Kundendienst irritierten die Kunden und brachten Boeing in Verlegenheit. Die offizielle Verlautbarung war, dass diese Erfahrung das Unternehmen dazu bewog, den Testansatz für den Flugzeugbau zu verändern. Die Tests erreichten Mitte der 1990er-Jahre beim 777-200-Programm ihren Höhepunkt, das das teuerste Testprogramm war, das Boeing jemals für Verkehrsflugzeuge durchgeführt hatte. Entsprechend lieferte Boeing ein von der FAA (Federal Aviation Administration) zertifiziertes Flugzeug des Typs 777-200, das direkt eingesetzt werden konnte und bei dem die Kosten für Änderungen und Umarbeitung um mehr als 60 Prozent gesenkt worden waren.

Ein Kennzeichen für den Erfolg der 777-200 war die Zertifizierung der erweiterten Reichweite des Zwillingsmotors für transozeanische Flüge, die das Flugzeug von der FAA erhielt. Diese Zertifizierung ist deshalb von Bedeutung, weil ein Flugzeug normalerweise zwei Jahre in Betrieb sein muss, bevor die FAA Reichweitenzertifikate vergibt. In diesem Fall haben die Test- und Bewertungsmethoden so viel Vertrauen in die Leistung des Flugzeugs erzeugt, dass die Zertifizierung direkt vorgenommen werden konnte.

Auch Intel hat versucht, den Änderungsbedarf in späten Entwicklungsstadien bei neuen Mikroprozessoren durch Tests zu reduzieren. Laut offiziellen Angaben hat das Unternehmen die Lektion auf die harte Tour gelernt – durch die unbeabsichtigte Auslieferung eines defekten Mikroprozessors. Nach der Produktfreigabe wurde ein Fehler in einer Berechnungsfunktion festgestellt. Intel ging davon aus, dass die Allgemeinheit der Benutzer davon nicht betroffen sein würde, weil der Fehler sich nur in ganz seltenen Fällen bemerkbar machte. Intel unterschätzte jedoch die Auswirkung auf die Kunden und war gezwungen, mehr als eine halbe Million Mikroprozessoren auszutauschen, was Kosten von mehr als $ 500 Millionen verursachte. Eine umfassende Veränderung des Testansatzes sorgte dafür, dass Fehlleistungen wie diese nicht mehr an die Öffentlichkeit gelangten. Bedingt durch die Tests konnten die nachfolgenden Mikroprozessoren Pentium® Pro und Pentium® III erheblich verbessert werden. Trotz des wesentlich strengeren Test- und Bewertungsansatzes erhöhte sich die Produktentwicklungszeit für die neuen, leistungsfähigeren Mikroprozessoren nicht. Die Geschwindigkeit der Produktentwicklung erhöhte sich sogar im Laufe der Zeit.[10]

17.19 Studientipps für das PMI®-Projektmanagement-Zertifizierungsexamen

Dieser Abschnitt kann als Wiederholung der Grundlagen dienen, um die Wissensbereiche und Domänengruppen im PMBOK® Guide zu ergänzen. In diesem Kapitel geht es um Folgendes:

- Risikomanagement
- Planung
- Ausführung
- Controlling
- Professionelle Verantwortung

Das Verständnis der folgenden Grundlagen ist vorteilhaft, wenn der Leser diesen Text für die Vorbereitung auf das PMP®-Zertifizierungsexamen verwendet:

- Was ist ein Risiko
- Bestandteile eines Risikos
- Risikomanagement wird innerhalb des gesamten Projekts durchgeführt und erfolgt am besten unter Einbeziehung des gesamten Teams
- Risikotypen
- Was ist Risikobereitschaft
- Risikoquellen
- Was sind Risikoereignisse
- Komponenten eines Risikobehandlungsplans
- Techniken für die Bestimmung von Risiken, wie beispielsweise die Delphi-Technik oder Brainstorming
- Quantitative Risikoanalyse, wie beispielsweise Erwartungswert und Monte-Carlo-Simulation
- Qualitative Risikobewertung
- Was sind Entscheidungsbäume
- Risikobewältigungsmodi

Die folgenden Multiple-Choice-Fragen sind hilfreich bei der Wiederholung der Grundlagen dieses Kapitels:

1. Die beiden wichtigsten Komponenten eines Risikos sind:
   A. Zeit und Kosten
   B. Unsicherheit und Schaden
   C. Qualität und Zeit
   D. Kosten und Entscheidungsfindungsumgebung
2. Das Risikomanagement erfolgt normalerweise durch:
   A. Entwicklung von Notfallplänen
   B. Zuhilfenahme des Kunden
   C. Zuhilfenahme des Sponsors
   D. Entwicklung von Abhilfemaßnahmen

10. *A More Constructive Test Approach Is Key to Better Weapon System Outcomes*, Best Practice Series, GAO/NSIAD-00-199, Government Accounting Office, Juli 2000, S. 23–25.

3. Zukünftige Ergebnisse, die günstige Gelegenheiten bieten, heißen:
   A. Günstige Risiken
   B. Gelegenheiten
   C. Notfälle
   D. Überraschungen
4. Die Ursache eines Risikoereignisses wird normalerweise bezeichnet als:
   A. Eine Gelegenheit
   B. Eine Gefahr
   C. Ein Ergebnis
   D. Eine unerwünschte Überraschung
5. Wenn es eine 40-prozentige Wahrscheinlichkeit gibt, 100.000 € Gewinn zu machen, und eine 60-prozentige Wahrscheinlichkeit, 150.000 € zu verlieren, dann ist das erwartete monetäre Ergebnis:
   A. € 50.000
   B. € 50.000
   C. € 90.000
   D. € 90.000
6. Inkaufnahme, Verringerung und Übertragung sind Beispiele für Risiko-:
   A. Notfälle
   B. Unsicherheiten
   C. Erwartungen
   D. Bewältigungen
7. In welcher Lebenszyklusphase ist die Projektunsicherheit am höchsten?
   A. Initiierung
   B. Planung
   C. Ausführung
   D. Abschluss
8. In welcher Lebenszyklusphase ist das Finanzrisiko eines Projekts am höchsten?
   A. Initiierung
   B. Planung
   C. Ausführung
   D. Abschluss
9. Die Identifizierung eines Risikos als hoch, mittel oder gering ist ein Beispiel für welche Risikoeinschätzung?
   A. Bankrott
   B. Nachteilig
   C. Qualitativ
   D. Quantitativ
10. Die Monte-Carlo-Simulation ist ein Beispiel für welche Risikoeinschätzung?
   A. Bankrott
   B. Nachteilig
   C. Qualitativ
   D. Quantitativ

11. Was ist kein gültiger Grund für die Behandlung eines Risikos?
    A. Minimieren der Risikowahrscheinlichkeit
    B. Minimieren der unerwünschten Risikokonsequenzen
    C. Maximieren der Wahrscheinlichkeit der erwünschten Risikokonsequenzen
    D. Bereitstellung eines Warnsystems, das möglichst spät auslöst
12. Was gehört im Allgemeinen nicht zum Risikomanagement?
    A. Definition der Rollen und Verantwortungen der Teammitglieder
    B. Einrichtung eines Risikoberichtsformats
    C. Verständnis der vertraglichen Bedingungen und Bestimmungen
    D. Risikobewertung und -interpretation
13. Eine Technik für die Risikobewertung, bei der ein Fragebogen benutzt wird, mehrere Durchgänge sowie Berichte, die vertraulich eingereicht und dann mit nicht angegebenem Verfasser weitergereicht werden, heißt:
    A. Die Delphi-Technik
    B. Die Arbeitsgruppe
    C. Freiwillige Teambewältigung
    D. Ein Risikomanagementteam
14. Risikosymptome oder frühe Warnzeichen heißen:
    A. Vektoren
    B. Trigger
    C. Vorereignisse
    D. Notfallereignisse
15. Was ist kein Risikoquantifizierungswerkzeug oder keine Risikoquantifizierungstechnik?
    A. Befragung
    B. Entscheidungsbaumanalyse
    C. Zielsetzung
    D. Simulation
16. Eine Technik, die die Interaktionen zwischen Entscheidungen und den zugehörigen Ereignissen darstellt, heißt:
    A. Entscheidungsbaumanalyse
    B. Leistungswertmesssystem
    C. Netzwerkplanungssystem
    D. Erfolgsmatrix
17. Die Variation jeweils eines Risikotreibers entweder in kleinen Inkrementschritten oder von einer optimistischen hin zu einer pessimistischen Schätzung, während alle anderen Treiber unverändert bleiben, heißt:
    A. Entscheidungsbaumanalyse
    B. Sensibilitätsanalyse
    C. Netzwerkanalyse
    D. Mehrwertanalyse

18. Eine Risikobewältigungsstrategie, die im Allgemeinen die Wahrscheinlichkeit oder den Einfluss des Ereignisses reduziert, ohne die Projektziele zu verändern, heißt:
    A. Vermeidung
    B. Inkaufnahme
    C. Verminderung
    D. Übertrage
19. Die Leistungswertmessung ist ein Beispiel für:
    A. Risikokommunikationsplanung
    B. Risikobewertung
    C. Risikobewältigung
    D. Risikoüberwachung und -steuerung
20. Der Unterschied zwischen aktiver und reaktiver Haltung ist die Entwicklung von:
    A. Erfolgstabelle
    B. Wahrscheinlichkeitsbereich
    C. Erfolgsbereich
    D. Notfallplan

ANTWORTEN

1. B
2. A
3. B
4. B
5. B
6. D
7. A
8. D
9. C
10. D
11. D
12. C
13. D
14. B
15. C
16. A
17. B
18. C
19. D
20. D

PROBLEME

17.1 Sie besitzen an einem Standort Einsatzmittel im Wert von € 1.000.000 und wollen das Risiko der direkten Eigentumsbeschädigung minimieren, indem Sie eine entsprechende Versicherung abschließen. Die Versicherungsgesellschaft stellt Ihnen die folgenden statistischen Daten zur Verfügung:

Schadenstyp	Wahrscheinlichkeit (%)	Schadenshöhe (Verlust in %)
Totalschaden	0,02	100
Mittlerer Schaden	0,08	40
Geringer Schaden	0,10	20
Kein Schaden	99,8	0

Wie hoch schätzen Sie die Prämie, wenn die Versicherungsgesellschaft Erwartungswerte zur Berechnung der Prämien einsetzt und € 300 als Versicherungsgebühren aufschlägt?

17.2 Sie wurden gebeten, ein Erwartungswertmodell zur Einschätzung des Risikos einer Neuproduktentwicklung zu erstellen. Die Investitionssummen und Gewinne unterscheiden sich zwischen den einzelnen Produkten (siehe die nachfolgende Tabelle):

	Status		
Strategie	Komplettes Versagen	Teilerfolg	Gesamterfolg
S_1	50.000	30.000	70.000
S_2	80.000	20.000	40.000
S_3	70.000	0	50.000
S_4	200.000	50.000	150.000
S_5	0	0	0

Angenommen, die Wahrscheinlichkeiten der einzelnen Fälle lägen bei 30, 50 und 20 Prozent.

a. Welches Risiko sollte unter Berücksichtigung des Konzepts der Erwartungswerte eingegangen werden (d.h., welche Strategie sollte gewählt werden)?

b. Welche Strategie sollte der Projektmanager wählen, wenn er dazu neigt, sich zu verausgaben?

c. Welche Strategie sollte der Projektmanager wählen, wenn er ein Pessimist ist und Strategie S_5 nicht in Frage kommt?

d. Würde Ihre Antwort auf Frage c. anders ausfallen, wenn Strategie S_5 eine Option wäre?

17.3 Ihr Unternehmen hat Sie darum gebeten, das finanzielle Risiko der Fertigung von 6.000 Teilen im Vergleich zum Zukauf der Teile für € 66,50 pro Stück zu bewerten. Das Fließband kann genau 6.000 Einheiten verarbeiten und die Rüstkosten betragen einmalig € 50.000. Die Produktionskosten liegen bei € 60 pro Teil.

Von der Fertigung werden Sie darüber informiert, dass einige Teile defekt sein könnten:

% Defekt	0	1	2	3	4
Eintrittswahrscheinlichkeit (%)	40	30	20	6	4

Die defekten Teile müssen entfernt und ersetzt werden, was Kosten in Höhe von € 145 pro defektem Teil verursacht. Die Zukaufteile sind jedoch zu 100 Prozent fehlerfrei.

Erstellen Sie eine Auszahlungstabelle nach dem Erwartungswertmodell, ermitteln Sie das finanzielle Risiko und entscheiden Sie, ob die Teile besser selbst hergestellt oder zugekauft werden sollten.

17.4 Nachfolgend werden vier Risikokategorien aufgeführt, wobei jeweils angegeben wird, wie das Unternehmen die Risiken behandelt. Um welche Risikobehandlungsstrategien handelt es sich gemäß Abschnitt 17.11? Geben Sie alle zutreffenden Strategien an.

a. Um die hohen finanziellen Risiken bei FuE-Projekten besser tragen zu können, arbeitet ein Unternehmen mit Partnern zusammen und beschäftigt Unterauftragnehmer. Von den Partnern bzw. Unterauftragnehmern wird erwartet, dass sie selbst Geld investieren. Im Austausch erhalten Sie langfristige Produktionsverträge, falls das Produkt erfolgreich kommerzialisiert werden kann.

b. Ein Unternehmen beschließt, sein Marketing-Risiko dadurch zu verringern, dass es seinem Kundenstamm eine Produktfamilie anbietet. Die angebotenen Produkte unterscheiden sich in ihren Merkmalen.

c. Ein Unternehmen besitzt eine Produktlinie mit einer Lebenserwartung von zehn Jahren oder mehr. Das Unternehmen behandelt technische Risiken, indem es neue Komponenten umfangreich testet und technische Entwicklungen parallel durchführt.

d. Die Fertigungskosten für die High-Tech-Produkte eines Unternehmens sind sehr hoch. Das Unternehmen möchte deshalb die Produktion erst starten, wenn es eine feste Abnahmeverpflichtung über eine bestimmte Menge gibt. Das Unternehmen setzt Lernkurven und Projektmanagement zur Kostenkontrolle ein.

17.5 Ein Telekommunikationsunternehmen glaubt, dass der Großteil seiner Einnahmen in den nächsten zehn Jahren aus ausländischen Organisationen stammen wird. Genauer gesagt werden die Einnahmen aus Dritte-Welt-Ländern stammen, die kaum Erfahrung im Umgang mit Projektmanagement haben. Das Unternehmen hat Abbildung 17.25 vorbereitet. Wodurch erhöht sich in Abbildung 17.25 das Risiko?

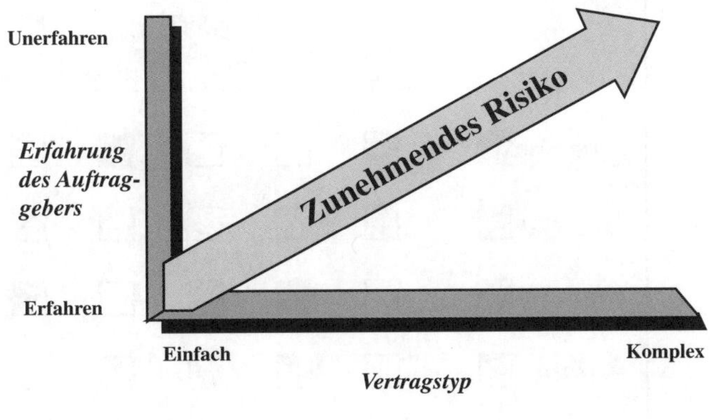

Abbildung 17.25: Zukünftige Risiken

17.6 In den 1970er- und 1980er-Jahren waren amerikanische Rüstungskonzerne führend in der Entwicklung von Möglichkeiten zur Einschätzung von Programmrisiken. Ein Ansatz bestand darin, eine Vorgehensweise zur Identifikation spezifischer technischer Risiken auf funktioneller Ebene zu entwickeln und die detaillierten Informationen dann in mehrere Schritte zu übersetzen. Die Unternehmen glaubten, auf diese Weise das Risiko leicht überwachen und korrigierend einschreiten zu können (siehe Abbildung 17.26). Warum findet diese Methode heute keinen Zuspruch mehr?

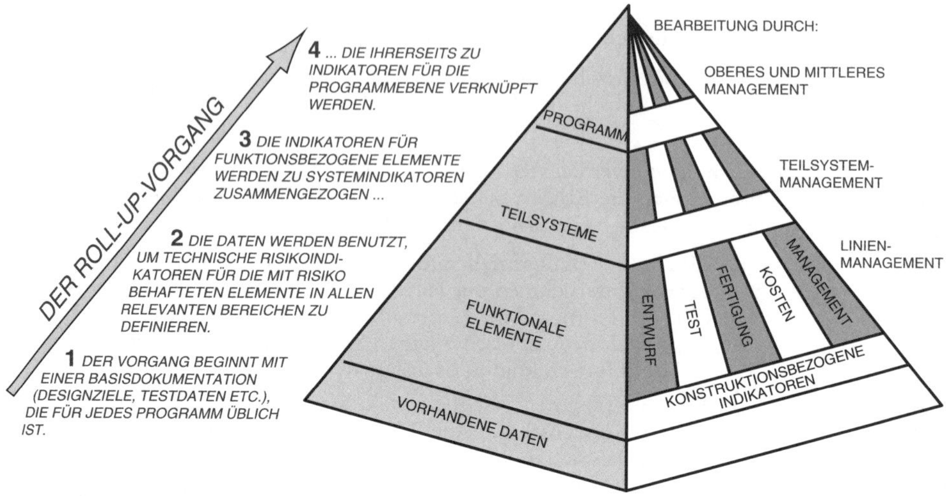

Abbildung 17.26: Die Identifikation technischer Risiken auf den entsprechenden Management-Ebenen (ONAS P 4855-X)

17.7 Abbildung 17.27 zeigt die verschiedenen Risikokategorien aus Problem 17.6 auf Programm-, Teilsystem- und funktioneller Ebene. Auf der untersten Ebene stehen fünf technische Indikatoren, die mittels der drei Risikostufen »hoch«, »mittel« und »gering« eingeschätzt werden. Die Ergebnisse werden dann für jedes Teilsystem zusammengefasst und bieten so einen Überblick über das Risiko. Eine solche Risikoanalyse wird häufig als Risikoanalyse mit Vorlagen bezeichnet. Welche Vor- und Nachteile bietet dieser Ansatz? Warum wird diese Methode heute nicht mehr allzu häufig eingesetzt?

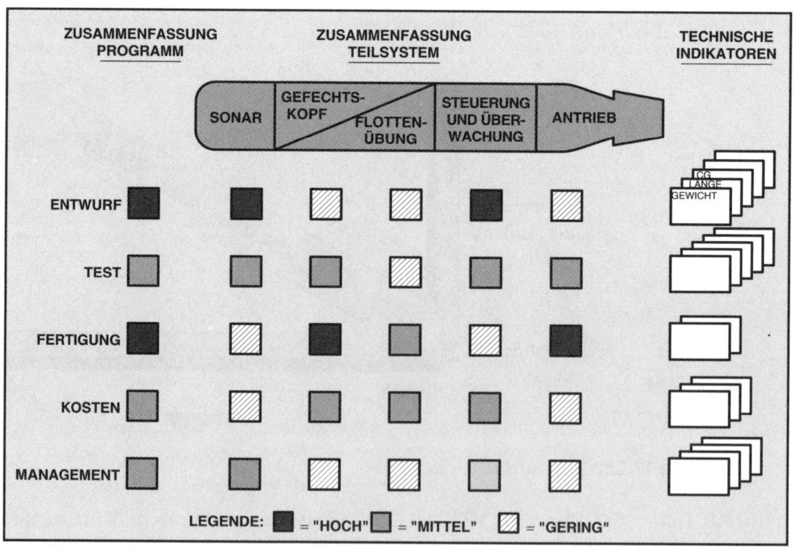

Abbildung 17.27: Auswahl an Risikoidentifikationsprodukten mit Management-Ebene (ONAS P4855-X)

17.8 In den 1970er- und in den 1980er-Jahren hat sich der Einsatz von Computern und von Software in Unternehmen rapide verbreitet. Unternehmen begannen daraufhin, Modelle zur Einschätzung der Risiken des Erwerbs von Computern und von Software zu entwickeln. Eines dieser Modelle wird im Rahmen dieses Problems näher erläutert. Es wird zwar manchmal behauptet, dass das Modell noch immer eingesetzt werden kann, es gibt jedoch auch Stimmen, die argumentieren, dass das Modell obsolet sei und Mängel aufweise. Lesen Sie nun die folgenden Absätze und erklären Sie dann, warum das Modell heute für das Risikomanagement bei technischen Risiken einsetzbar ist.

Es wurde bereits gezeigt, dass Erwartungswertberechnungen zur Bewertung von Risiken eingesetzt werden können. Es gibt jedoch wesentlich fortschrittlichere Ansätze, bei denen das Erwartungswertmodell mit Vorlagen kombiniert wird. Bei diesen Ansätzen können mathematische Ausdrücke für die Risiken in den verschiedenen Arten von Projekten gebildet werden.

Das Risiko lässt sich mittels der Interaktion zweier Variablen nachbilden: der Fehlerwahrscheinlichkeit (P_f) und den fehlerbedingten Konsequenzen (C_f). Die Konsequenzen können in Form der technischen Leistung, der Kosten oder der benötigten Zeit bemessen werden. Mittels eines einfachen Modells können Bereiche deutlich gemacht werden, in denen die Fehlerwahrscheinlichkeit (P_f) hoch ist (selbst wenn die Eintrittswahrscheinlichkeit gering ist). Mathematisch gesehen kann dieses Modell als Vereinigungsmenge der beiden Mengen P_f und C_f ausgedrückt werden. Die folgende Tabelle 17.13 zeigt ein mathematisches Modell für die Risikobewertung bei Hard- und Software-Projekten. Mit anderen Worten ist der Risikofaktor (definiert als P_f x C_f) am höchsten, wenn die Fehlerwahrscheinlichkeit (P_f) und fehlerbedingten Konsequenzen (C_f) hoch sind. Er kann aber auch dann hoch sein, wenn nur einer dieser Faktoren einen hohen Wert hat.

(1) Risikofaktor = $P_f+C_f-P_f*C_f$

(2) $P_f=a*P_{M_{hw}}+b*P_{M_{sw}}+c*P_{C_{hw}}+d*P_{C_{sw}}+e*P_D$
wobei:

$P_{M_{HW}}$ = Wahrscheinlichkeit eines durch den Grad der Ausgereiftheit der Hardware bedingten Fehlers

$P_{M_{SW}}$ = Wahrscheinlichkeit eines Fehlers bedingt durch den Grad der Ausgereiftheit der Hardware

$P_{C_{HW}}$ = Wahrscheinlichkeit eines Fehlers bedingt durch die Hardware-Komplexität

$P_{C_{SW}}$ = Wahrscheinlichkeit eines Fehlers bedingt durch die Software-Komplexität

P_D = Wahrscheinlichkeit eines Fehlers bedingt durch andere Faktoren

wobei *a*, *b*, *c*, *d* und *e* Gewichtungsfaktoren sind, deren Summe 1 ergibt.

(3) $C_f=f*C_t+g*C_c+h*C_s$
wobei:

C_t = Konsequenzen eines durch technische Faktoren bedingten Fehlers

C_c = Konsequenzen eines kostenbedingten Fehlers

C_s = Konsequenzen eines durch Veränderungen des Terminplans bedingten Fehlers

wobei *f*, *g* und *h* Gewichtungsfaktoren sind, deren Summe 1 ergibt.

Größe	Reifefaktor (P_M)		Komplexitätsfaktor (P_C)		Abhängigkeitsfaktor (P_D)
	Hardware $P_{M_{HW}}$	Software $P_{M_{SW}}$	Hardware $P_{C_{HW}}$	Software $P_{C_{HW}}$	
0,1	Vorhanden	Vorhanden	Einfaches Design	Einfaches Design	Unabhängig von bestehendem System, Anlage oder Partner
0,3	Geringfügiges Neudesign	Geringfügiges Neudesign	Geringfügiger Anstieg der Komplexität	Geringfügiger Anstieg der Komplexität	Terminplan hängt von bestehendem System, von der Anlage oder vom Partner ab

Tabelle 17.13: Mathematisches Modell für die Risikobewertung

0,5	Starke Veränderung realisierbar	Starke Veränderung realisierbar	Moderater Anstieg	Moderater Anstieg	Leistung abhängig von vorhandener Systemleistung, von Anlagen oder von Partner
0,7	Technologie verfügbar, komplexes Design	Neue Software, die der vorhandenen ähnelt	Signifikanter Anstieg	Signifikanter Anstieg/Erheblicher Anstieg in Anzahl der Module	Terminplan abhängig von neuem Systemablaufplan, von Anlagen oder von Partner
0,9					Leistung abhängig von neuem Terminplan, von Anlage oder von Partner

Größe	Faktor Technik (C_t)	Faktor Kosten (C_c)	Faktor Terminplan (C_s)
0,1 (gering)	Minimale oder keine Auswirkungen, unwichtig	Budget wird nicht überschritten	Einfluss auf Programm kann vernachlässigt werden, geringfügige Veränderung im Entwicklungszeitplan wird mit Schlupf kompensiert
0,3 (unbedeutend)	Geringfügige Reduktion der technischen Leistung	Kostenschätzung übersteigt Budget um 1 bis 5 Prozent	Geringfügige Terminüberschreitung (weniger als 1 Monat), geringe Anpassung an Meilensteine erforderlich
0,5 (mittel)	Reduktion der technischen Leistung	Kostenschätzung um 5 bis 20 Prozent höher als Budget	Geringfügige Terminüberschreitung
0,7 (bedeutend)	Starke Abnahme der technischen Leistung	Kostenschätzung um 20 bis 50 Prozent höher als Budget	Terminüberschreitung von mehr als 3 Monaten
0,9 (hoch)		Kostenschätzung um mehr als 50 Prozent größer als Budget	Starke Terminüberschreitung, die entweder die Meilensteine des Segments beeinflusst oder sich auf die Meilensteine des Systems auswirkt

Tabelle 17.13: Mathematisches Modell für die Risikobewertung

In diesem Fall wird Pf geschätzt, indem die Ausgereiftheit, die Komplexität und die Abhängigkeit von Schnittstellenelementen betrachtet werden. Die Wahrscheinlichkeit eines Misserfolgs, Pf, wird dann mittels Ratings ähnlich wie die Faktoren in Tabelle 17.13 quantifiziert. Cf wird unter Berücksichtigung der technischen, kosten- und terminbezogenen Implikationen eines Misserfolgs berechnet. Betrachten Sie beispielsweise ein Element mit den folgenden Merkmalen:

- Einsatz von Standardhardware mit geringfügigen Änderungen an der Software-Datenbank
- Basiert auf einfach gestalteter Hardware
- Benötigt Software mit geringfügigem Anstieg der Komplexität
- Beinhaltet die Entwicklung einer neuen Datenbank durch Unterauftragnehmer

Mit Tabelle 17.13 lässt sich die Wahrscheinlichkeit des Fehlers, Pf, wie folgt berechnen:

Angenommen, die Gewichtungsfaktoren für *a*, *b*, *c*, *d* und *e* hätten die Werte 20 Prozent, 10 Prozent, 40 Prozent, 10 Prozent und 20 Prozent.

P_M (Hardware)	= 0,1	0,2 P_M (H)	= 0,02
P_M (Software)	= 0,3	0,1 P_M (S)	= 0,03
P_C (Hardware)	= 0,1	0,4 P_C (H)	= 0,04
P_C (Software)	= 0,3	0,1 P_C (S)	= 0,03
P_D	= 0,9	0,2 P_D	= 0,18
			= 0,30

Weiterhin angenommen, die Gewichtungsfaktoren in Gleichung (2) von Tabelle 17.13 hätten die oben angegebenen Werte. Dann hätte dieses Element eine Fehlerwahrscheinlichkeit (P_f) von 0,30.

Angenommen, die Konsequenz des durch technische Faktoren bedingten Fehlers bei dem Element würde Probleme verursachen, die sich zwar beheben lassen, die Behebung würde jedoch einen Kostenanstieg um acht Prozent und eine Terminverzögerung um zwei Monate bedingen. Die Konsequenzen des Fehlers, C_f, ließen sich dann wie folgt berechnen:

$C_t = 0,3$	$0,4 \times C_t =$	0,12
$C_c = 0,5$	$0,5 \times C_c =$	0,25
$C_s = 0,5$	$0,1 \times C_s =$	0,05
		0,42

Die Konsequenzen, C_f, für dieses Element [angenommen, die Gewichtungsfaktoren in Gleichung (3) von Tabelle 17.13 haben die obigen Werte] hätten also den Wert 0,42.

Gemäß Gleichung (1) aus Tabelle 17.13 berechnet sich der Risikofaktor dann wie folgt:

$$0,30 + 0,42 - 0,30 \times 0,42 = 0,594$$

Das heißt, mit diesem Element ist ein mittleres Risiko verbunden. Weil die meisten Risiken in diesem Beispiel durch Software-Veränderungen und insbesondere durch den Einsatz von Unterauftragnehmer bedingt sind, liegt der Schluss nahe, dass sich das Risiko reduzieren lässt, wenn der Software-Entwickler für die Qualität und dafür verantwortlich gemacht wird, dass die Ziele in allen Phasen des Systemlebenszyklus erreicht werden.

Eine ähnliche Risikoanalyse müsste auch für alle anderen Elemente durchgeführt werden. Es ergäben sich so Risikofaktoren für alle Risikobereiche. Die Risikobereiche könnten dann hinsichtlich ihrer Ursachen mit Prioritäten versehen werden.

17.9 Abbildung 17.28 zeigt eine Wahrscheinlichkeit- und Auswirkungsmatrix (oder Risikoabbildungsmatrix), die häufig als Teil der Prioritätszuweisung bei der Risikoanalyse verwendet wird. Hier werden ordinale Skalen für das Eintrittswahrscheinlichkeitsrisiko und das Auswirkungsrisiko verwendet (5, 4, 3, 2, 1 entsprechen E, D, C, B. A, weil die tatsächlichen Skalenkoeffizienten nicht bekannt sind). In dieser Abbildung stellt G ein geringes Risiko dar, das vom Projektmanager normalerweise akzeptiert werden kann. Der Buchstabe M steht für ein mittleres Risiko, für das sehr wahrscheinlich eine Risikobewältigung durchzuführen ist. Der Buchstabe H steht für ein hohes Risiko, für das eine oder mehrere Risikobewältigungen erforderlich sind. Welche Vorteile hat die Risikobezeichnung Hoch-Mittel-Gering (oder Rot-Gelb-Grün) im Gegensatz zur Zuweisung quantitativer Zahlen für jede Zelle und jede Risikostufe (z.B. 5 x 5 = 25 bis 1 x 1 = 1)?

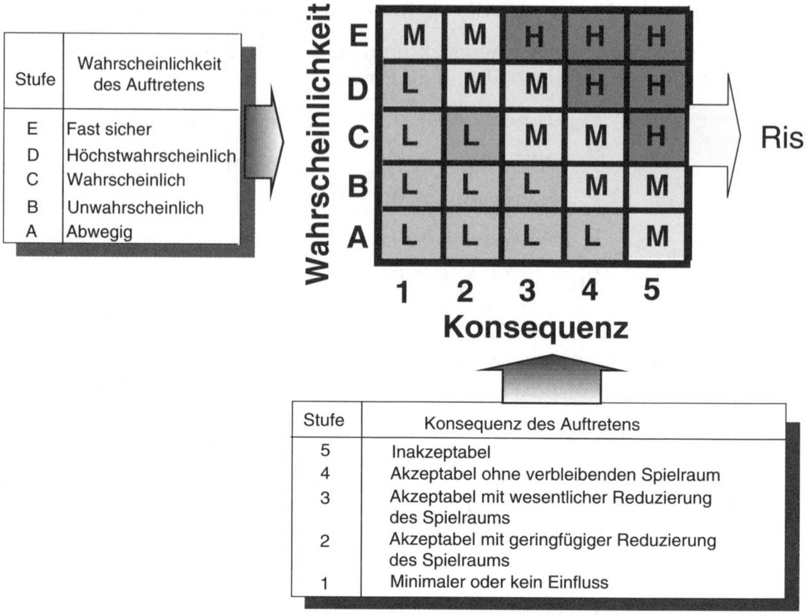

FALLSTUDIE

Teloxy Engineering (A)

Teloxy Engineering hat den einmaligen Auftrag erhalten, 10.000 Stück eines neuen Produkts zu entwickeln und herzustellen. Während der Angebotsphase glaubte das Management, dass das neue Produkt sehr preisgünstig entwickelt und hergestellt werden könne. Für das Produkt wurde eine kleine Komponente benötigt, die für € 60 inklusive Mengenrabatt erworben werden konnte. Entsprechend veranschlagte das Management € 650.000 für den Erwerb und die Verarbeitung der 10.000 Komponenten inklusive Ausschuss.

Während der Entwicklungsphase stellen die Ingenieure fest, dass das Produkt mit einer etwas höherwertigen Komponente ausgestattet werden muss, die für € 72 am Markt angeboten wird. Der neue Preis ist dadurch erheblich höher als der budgetierte. Eine Kostenüberschreitung ist die Folge.

Sie treffen sich mit Ihrem Produktionsteam, um festzustellen, ob die Komponente preisgünstiger hergestellt werden kann. Das Produktionsteam teilt Ihnen mit, dass es maximal 10.000 Stück herstellen kann, was gerade ausreicht, um den Vertrag zu erfüllen. An Einrichtungskosten würden € 100.000 anfallen und die Rohmaterialkosten lägen bei € 40 pro Komponente. Da Teloxy dieses Produkt noch nie zuvor hergestellt hat, rechnet die Produktion mit folgendem Ausschuss:

% Ausschuss	0	10	20	30	40
Eintrittswahrscheinlichkeit (%)	10	20	30	25	15

Alle defekten Teile müssen entfernt und repariert werden, was pro Teil € 120 kostet.

1. Benutzen Sie die Erwartungswertberechnung, um festzustellen, ob die Komponente besser gekauft oder selbst angefertigt werden sollte.
2. Warum könnte sich das Management in strategischer Hinsicht gegen die ökonomischste Lösung entscheiden?

Teloxy Engineering (B)

Ihr Produktionsteam informiert Sie darüber, dass es eine Möglichkeit gefunden hat, die Herstellungsmenge von 10.000 auf 18.000 Einheiten in Inkrementschritten von je 2.000 Einheiten zu erhöhen. Die Einrichtungskosten betragen jedoch - 150.000 und das Entfernen und die Reparatur von Ausschuss kostet ebenfalls - 120.

1. Berechnen Sie die wirtschaftliche Make-or-Buy-Entscheidung.
2. Sollte sich die Ausschusswahrscheinlichkeit ändern, wenn wir 18.000 Einheiten statt 10.000 Einheiten herstellen?
3. Würde sich an Ihrer Antwort auf Frage 1 etwas ändern, wenn das Management von Teloxy davon überzeugt ist, dass es Folgeaufträge geben wird? Was passiert, wenn die Ausschusswahrscheinlichkeit sich aufgrund der Lernkurve auf 15 Prozent, 25 Prozent, 40 Prozent, 15 Prozent und 5 Prozent ändert?

18 Lernkurven

Verwandte Fallstudien (aus Kerzner/*Project* Management *Case Studies*, 2. Auflage)	Verwandte Workbook-Übungen (aus Kerzner/*Project Management Workbook and PMP®/CAPM® Exam Study Guide*, 9. Auflage)	PMBOK® Guide, 3. Auflage, Referenzabschnitt für das PMP®-Zertifizierungsexamen
• Keine	• Multiple-Choice-Examen	• Terminmanagement • Kostenmanagement

18.0 Einführung

PMBOK® Guide 2004
6.4 Schätzung der Vorgangsdauer

Ausschreibungen gehören in vielen Branchen zum Alltag des Projektmanagements. In Bereichen wie dem Baugewerbe, der Flugzeugkonstruktion und der Rüstungstechnik stehen zahlreiche Schätzverfahren zur Verfügung, die Projektmanager bei der Angebotserstellung nutzen können. Ist das Gebot zu hoch, ist das Unternehmen nicht konkurrenzfähig. Ist das Gebot hingegen zu niedrig, muss das Unternehmen die Kosten für die Kostenüberschreitung möglicherweise aus eigener Tasche bezahlen. Bei kleinen Unternehmen könnte eine Kostenüberschreitung sehr schnell zu einer finanziellen Katastrophe führen.

Eine genaue Kostenschätzung ist sehr wahrscheinlich bei den Projekten am schwierigsten, bei denen große Stückzahlen entwickelt und hergestellt werden müssen. Wenn ein Unternehmen beispielsweise aufgefordert wird, ein Angebot für die Entwicklung und Fertigung von 15.000 Komponenten abzugeben, kann das Unternehmen zwar die Kosten für die erste Komponente erheben. Wie sieht es jedoch bei den Kosten für die zehnte, die hundertste, die tausendste oder die zehntausendste Komponente aus? Die Produktionskosten sollten eigentlich pro produzierter Komponente sinken, aber um welchen Wert? Glücklicherweise gibt es genaue Schätzverfahren. Es handelt sich um das so genannte Konzept der »Lernkurven« oder der »Erfahrungskurven«.

18.1 Die Theorie der Lernkurven

Lernkurven basieren auf dem alten Sprichwort »Erfahrung macht klug«. Ein Produkt kann mit zunehmender Häufigkeit immer besser und in einer kürzeren Zeit produziert werden. Dies gilt nicht nur für das zweite, sondern für jedes folgende Mal. Das Konzept der Lernkurven eignet sich insbesondere für arbeitsintensive Projekte, bei denen eine genaue Vorhersage sehr zeitaufwändig ist.

Das Modell der Lernkurven stammt aus den 1960ern. Mitarbeiter der Boston Consulting Group zeigten, dass die Fertigungsdauer und die Produktionskosten bei jeder Verdoppelung der kumulativen Produktion um einen vorhersagbaren Wert fallen. Außerdem konnte die Boston Consulting Group nachweisen, dass sich dieser Effekt auf zahlreiche Branchen anwenden lässt, wie z.B. die Elektroindustrie, die chemische und die Metallindustrie.

Heute bemessen Führungskräfte die Rentabilität eines Unternehmens anhand des Marktanteils. Mit zunehmendem Marktanteil erhöht sich die Rentabilität, weil sich die Produktionskosten verringern und damit die Margen erhöhen. Das ist alles, was sich hinter dem Lernkurveneffekt verbirgt. Besitzt ein Unternehmen einen hohen Marktanteil, kann es große Fertigungsanlagen bauen und die fixen Kapitalkosten auf mehr Einheiten verteilen, was die Stückkosten verringert. Dieser Zuwachs an Effizienz wird als Vorteil der Massenproduktion oder als zunehmender Skalenertrag bezeichnet und ist einer der Hauptgründe dafür, warum große Fertigungsunternehmen effektiver arbeiten können als kleinere.

Die Kapitalausstattungskosten folgen der Regel »Sechs Zehntel der Kapazitätskraft«. Betrachten Sie zur Veranschaulichung beispielsweise eine Fertigungsanlage mit einer Produktionskapazität von 35.000 Einheiten pro Jahr. Die Kosten für die Errichtung der Fertigungsanlage betrugen € 10 Millionen. Wie hoch wären dann die Kosten für die Errichtung einer neuen Fertigungsanlage mit einer Produktionskapazität von 70.000 Einheiten?

$$\frac{Kosten_{neu}}{Kosten_{alt}} = \left(\frac{70.000}{35.000}\right)^{0,6}$$

Wird diese Gleichung nach den Kosten für die neue Fertigungsanlage (Kostenneu) aufgelöst, stellt sich heraus, dass die neue Anlage ungefähr € 15 Millionen kosten wird. Die Kosten wären damit also 1,5 Mal so hoch wie bei der Errichtung der alten Fertigungsanlage. (Für eine genauere Bestimmung müssen die Kosten inflationsbereinigt werden.)

18.2 Das Konzept der Lernkurven

Das Konzept der Lernkurven geht davon aus, dass sich die Arbeitsmenge (insbesondere die direkt durch Mitarbeiter ausgeführte Einzelarbeit) jedes Mal verringert, wenn das Unternehmen seinen Output verdoppelt. In der Regel ergibt sich durch Lernkurven bei jeder Produktionsverdoppelung eine Einsparung von 10 bis 30 Prozent. Betrachten Sie beispielsweise die Daten in Tabelle 18.1. Sie sind repräsentativ für eine Firma, die eine 75-Prozent-Lernkurve erreicht hat. Die Herstellung der zweiten Einheit beansprucht nur 75 Prozent der Zeit, die für die erste Einheit benötigt wurde. Die Herstellung der vierzigsten Einheit beansprucht nur 75 Prozent der Zeit, die für die zwanzigste Einheit benötigt wurde und die Herstellung der achthundertsten Einheit nur 75 Prozent der Zeit für die vierhundertste Einheit etc. In diesem Beispiel verringert sich der Zeitbedarf jeweils um 25 Prozent. Theoretisch ließe sich diese Verringerung unendlich fortsetzen.

Kumulative Produktion	Für die Fertigung einer Einheit benötigte Stundenanzahl	Personenstunden insgesamt (kumuliert)
1	812	812
2	609	1.421
10	312	4.538
12	289	5.127
15	264	5.943
20	234	7.169
40	176	11.142
60	148	14.343
75	135	16.459
100	120	19.631
150	101	25.116
200	90	29.880

Tabelle 18.1: Kumulierte Werte für die Produktion und die dafür benötigten Personenstunden

Kumulative Produktion	Für die Fertigung einer Einheit benötigte Stundenanzahl	Personenstunden insgesamt (kumuliert)
250	82	34.170
300	76	38.117
400	68	45.267
500	62	51.704
600	57	57.622
700	54	63.147
800	51	68.349
840	50	70.354

Tabelle 18.1: Kumulierte Werte für die Produktion und die dafür benötigten Personenstunden

In Tabelle 18.1 könnten die Personenstunden pro Fertigungseinheit durch die Kosten pro Fertigungseinheit ersetzt werden. Es werden jedoch häufiger Personenstunden eingesetzt, weil die genauen Kosten entweder nicht bekannt sind oder vom Unternehmen nicht bekannt gegeben werden. Wird mit Kosten gerechnet, müssen Faktoren wie Gehaltszuwächse, die Anpassung der Lebenshaltungskosten und möglicherweise auch die Inflation berücksichtigt werden. Bei Projekten mit einer Dauer von bis zu einem Jahr ist hingegen der Einsatz von Kosten statt der Personenstunden üblich.

Diese Art von Kosten wird als Wertzuwachskosten bezeichnet und kann sich auch in Form einer mengenbedingten Verringerung der Fracht- oder Beschaffungskosten niederschlagen. Die Wertzuwachskosten sind eigentlich für Auftraggeber und Auftragnehmer Kosteneinsparungen.

Die Lernkurve ergibt sich aus der Beobachtung, dass sich Menschen bei sich wiederholenden Tätigkeiten mit steigender Anzahl der Wiederholungen verbessern. Empirische Studien zu diesem Phänomen legen drei Schlussfolgerungen nahe, auf denen die aktuelle Theorie und Praxis basieren:

- Die Zeit, die zur Ausführung einer Aufgabe benötigt wird, verringert sich mit der Anzahl der Wiederholungen.
- Der Steigerung nimmt mit zunehmender Stückzahl ab.
- Da es sich um eine gleich bleibende Steigerung handelt, kann sie zur Vorhersage eingesetzt werden.

Die gleich bleibende Steigerung zeigt sich in Form einer Reduktion der Fertigungszeit um einen konstanten Faktor bei einer Verdoppelung der Produktionsmenge.

Lernkurven spielen bei Fertigungsprojekten eine große Rolle. Betrachten Sie beispielsweise ein Projekt, bei dem 75 Prozent der Arbeiten aus der von Mitarbeitern durchgeführten Montage bestehen (wie z.B. der Flugzeugmontage) und die restlichen 25 Prozent aus maschineller Arbeit. Bei der durch Mitarbeiter ausgeführten Arbeit schlägt sich die Lernerfahrung nieder, wohingegen die maschinelle Arbeit auf die Leistung der Maschine beschränkt ist. Im obigen Beispiel der Flugzeugmontage arbeitet ein Unternehmen möglicherweise auf einer 80-Prozent-Lernkurve. Läge der prozentuelle Anteil der durch Mitarbeiter direkt ausgeführten Arbeiten hingegen bei 25 Prozent und der Anteil der maschinellen Arbeit bei 75 Prozent, hätte das Unternehmen eine 90-Prozent-Lernkurve erreicht.

18.3 Die grafische Darstellung von Lernkurven

Abbildung 18.1 zeigt die Lernkurve, die sich aus den Daten von Tabelle 18.1 ergibt. Die horizontale Achse zeigt die Gesamtanzahl der produzierten Einheiten und die vertikale Achse die Personenstunden (oder Kosten) pro Einheit. Der Kurvenverlauf auf normalem Grafikpapier (d.h.

rechtwinklige Koordinaten) entspricht einer Hyperbel. Gemäß der Kurve verringern sich die Kosten bzw. die Personenstunden pro Einheit *nicht* konsistent, sondern die Verringerung nimmt jeweils mit einer Verdoppelung der Produktionsmenge ab. Die Änderung oder Verringerung spiegelt sich in einem konstanten prozentualen Anteil an den vorherigen Kosten wider, weil sich die Reduktion des Grundwerts proportional zur Verringerung der Änderungsrate verhält. Dies lässt sich mit den Daten aus Tabelle 18.1 veranschaulichen. Bei einer Verdoppelung der Produktionsmenge von einer auf zwei Einheiten verringert sich die Anzahl der Personenstunden um 203. Bei der Verdoppelung von hundert auf zweihundert Einheiten ist nur noch eine Verringerung um 30 Personenstunden zu beobachten. In beiden Fällen verringert sich die Anzahl der Personenstunden jedoch um 25 Prozent. Bei der Verdoppelung von 400 auf 800 Einheiten verringert sich die Anzahl der Personenstunden wieder um 25 Prozent, also um 17 Personenstunden. Je mehr Einheiten produziert werden, desto geringer fällt die Veränderung aus. Prozentual gesehen bleibt die Änderungsrate jedoch immer gleich.

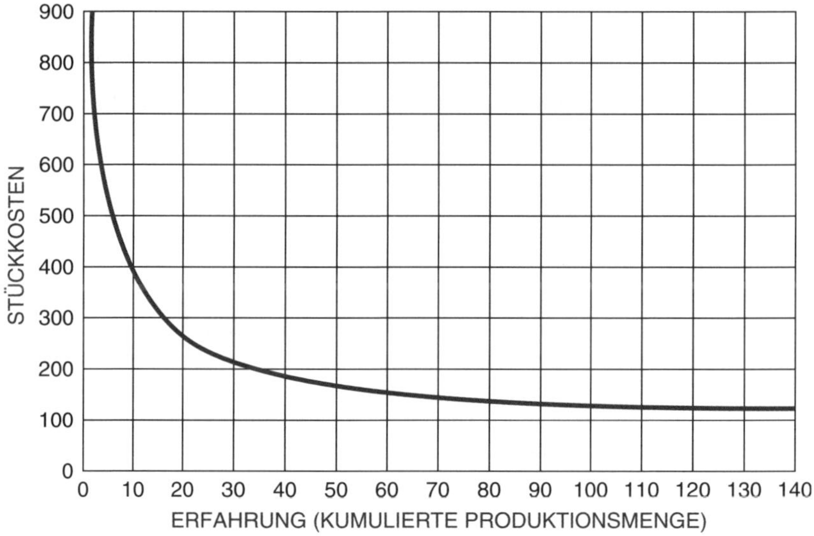

Abbildung 18.1: Eine 75-Prozent-Lernkurve

Werden die Daten aus Abbildung 18.1 auf logarithmisches Papier ausgegeben, ergibt sich für die Lernkurve eine gerade Linie (siehe Abbildung 18.2).

Es gibt zwei grundlegende Modelle für Lernkurven: die Stückkostenkurve und die Kurve der kumulierten Durchschnittswerte. Beide Kurven sehen Sie in Abbildung 18.2. Die Stückkostenkurve ist auf die Personenstunden oder Kosten für die Produktion bestimmter Stückzahlen ausgerichtet. Das Modell geht davon aus, dass sich die Stückkosten bei einer Verdoppelung der Produktionsmenge um einen konstanten Prozentsatz verringern. Dieser konstante Prozentsatz wird als Lernrate (d.h. Lernerfolg bezogen auf die Lernzeit) bezeichnet.

Die »Neigung« der Lernkurve ist mit der Lernrate verknüpft. Die Punkte der Kurve ergeben sich als Differenz zwischen 100 Prozent und der Lernrate. Wenn sich die Anzahl der Personenstunden bei einer Verdoppelung der Produktionsmenge um 20 Prozent verringern (Lernrate), lässt sich dies mit einer Kurve beschreiben, die eine Neigung von 80 Prozent aufweist.

Um eine gerade Linie ausgeben zu können, müssen entweder zwei Punkte der Linie bekannt sein oder ein Punkt und die Neigung. Die letztere Methode ist weiter verbreitet. Die Frage ist nur, ob das Unternehmen die Anzahl an Personenstunden kennt, die für die Produktion der ersten Einheit benötigt werden, oder ob ein projizierter Wert eingesetzt wird.

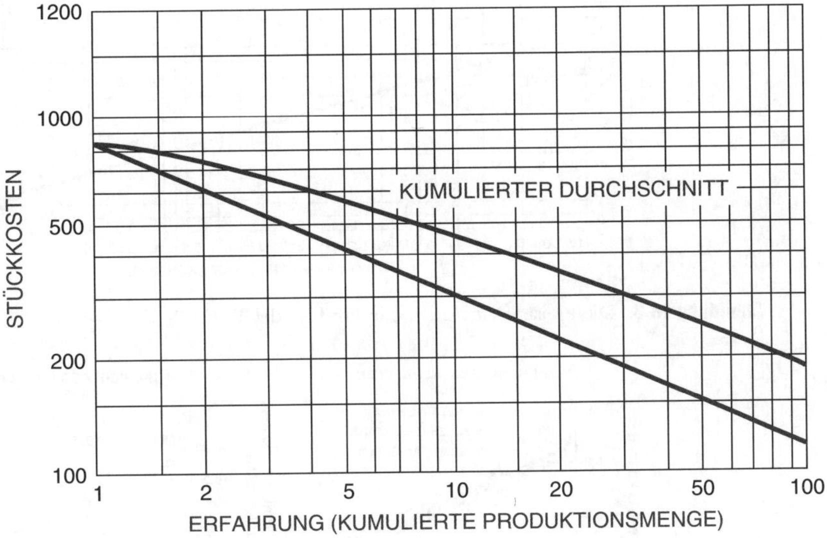

Abbildung 18.2: Plot einer 75-Prozent-Lernkurve auf logarithmisches Papier

Die Kurve der kumulierten Durchschnittswerte in Abbildung 18.2 ergibt sich aus den Spalten 1 und 3 der Tabelle 18.1. Werden die Werte in Spalte 3 durch die Werte in Spalte 1 geteilt, stellt sich heraus, dass die durchschnittliche Stundenanzahl für die ersten 100 Einheiten 196 Stunden beträgt und für 200 Einheiten 149 Stunden. Dies ist für die Erhebung der Kosten für ein Produktionsprojekt sehr wichtig.

18.4 Schlagwörter im Zusammenhang mit Lernkurven

Um die Theorie der Lernkurven besser nutzen zu können, sollten Sie die Schlagwörter kennen:

- *Kurvenneigung.* Ein Prozentwert, der angibt, wie steil die Kurve abfällt. Bei Einsatz der Stückkostentheorie repräsentiert dieser Prozentwert den Wert (z.B. Personenstunden oder Kosten) einer verdoppelten Produktionsmenge in Relation zur vorherigen Menge. Bei einer Erfahrungskurve mit einer Neigung von 80 Prozent beträgt der Wert von Einheit Zwei 80 Prozent des Werts von Einheit Eins und der Wert von Einheit Vier 80 Prozent des Werts von Einheit Zwei etc.
- *Einheit Eins.* Das erste Produkt, das während eines Produktionslaufs fertig gestellt wurde. Die Einheit Eins sollte nicht mit einer Einheit verwechselt werden, die in einer beliebigen Produktionsphase des Gesamtprogramms gefertigt wird.
- *Kumulierte durchschnittliche Anzahl der Personenstunden.* Die durchschnittliche Anzahl der Personenstunden, die pro Einheit über alle produzierten Einheiten hinweg aufgewandt werden muss. In der grafischen Darstellung zeigt die Kurve den Verlauf der kumulierten Durchschnittswerte.
- *Personenstunden pro Stück.* Die Arbeit, die für die Fertigung einer Einheit aufgewendet werden muss. In der grafischen Darstellung zeigt die Kurve den Verlauf der Stückkosten.
- *Kumulierte Arbeitszeit.* Der Zeitbedarf für die Produktion aller Einheiten. Grafisch repräsentiert ergibt sich eine Kurve der kumulierten Gesamtarbeitszeit.

Der größte Vorteil von Lernkurven besteht in dem, was sich aus ihnen ablesen lässt, wenn sie auf logarithmisches Papier ausgegeben werden. Betrachten Sie beispielsweise die Lernkurve in Abbildung 18.3, die die Preisentwicklung für das Ford Model T zeigt. Andere typische Beziehungen finden Sie in Abbildung 18.4.

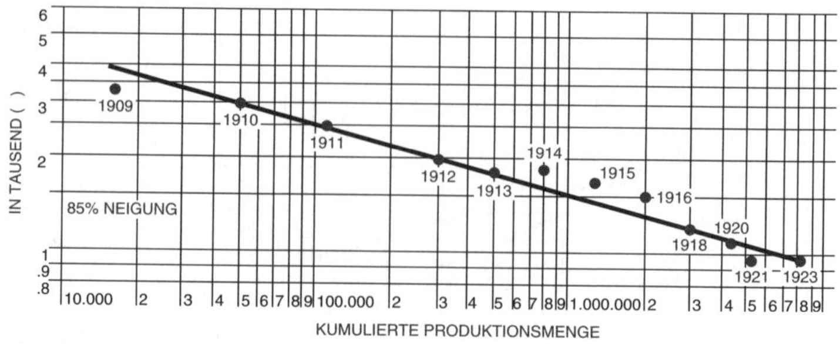

Abbildung 18.3: Die Preisentwicklung beim Ford Model T, 1909–1923[1]

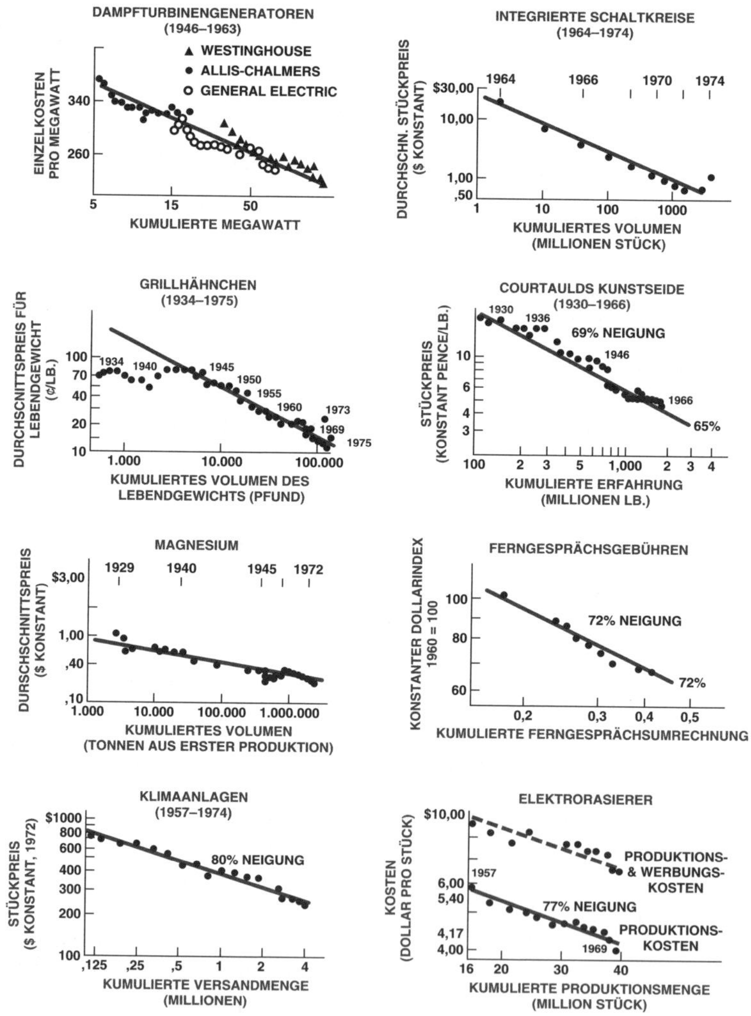

Abbildung 18.4: Beispiele für Lernkurven. Quelle: The Boston Consulting Group.

1. Abgedruckt mit Genehmigung des Harvard Business Reviews. Auszug aus *Limits of the Learning Curve* von Abernathy, W.J. und Wayne, K., September–Oktober 1974.

18.5 Der kumulierte Durchschnitt

Häufig wird die Lernkurve als kumulierter Durchschnitt auf logarithmisches Papier ausgegeben. Der kumulierte Durchschnitt wird jedoch mit der folgenden Formel berechnet:

$$T_x = T_1 X^{-K}$$

wobei

T_x= Einzelkosten pro Stück *n* in Personenstunden

T_1= Einzelkosten für Einheit Eins in Personenstunden

X= Kumulierte Einheit, die gefertigt wird

-K= Faktor, der von der Neigung der Lernkurve abgeleitet wurde

Typische Werte für den Exponenten K sind die folgenden:

Lernkurve %	K
100	0,0
95	0,074
90	0,152
85	0,235
80	0,322
75	0,415
70	0,515

Werden für die Fertigung der ersten Einheit 812 Personenstunden benötigt (T1) und arbeitet das Unternehmens auf einer Lernkurve von 75 Prozent (K = 0,415), berechnet sich die Anzahl der Personenstunden, die für die Fertigung der 250. Einheit erforderlich sind, wie folgt:

$$T_{250} = (812)(250)^{-0,415}$$

$$= 82 \text{ Stunden}$$

Dieses Ergebnis stimmt mit den Angaben in Tabelle 18.1 überein.

Manchmal kennen Unternehmen den Zeitbedarf für die Produktion der Einheit Eins nicht. Sie gehen hingegen von einer Zieleinheit aus und von den entsprechenden Zielpersonenstunden. Angenommen, ein Unternehmen geht davon aus, dass die Leistungsnorm durch die 100. Einheit definiert wird, für die das Ziel von 120 Personenstunden besteht, was einer 75-Prozent-Lernkurve entspricht. Wird die Gleichung nach T1 aufgelöst, ergibt sich folgender Wert:

$$T_1 = T_x\ X^{-K}$$

$$= (120)(100)^{0,415}$$

$$= 811 \text{ Stunden}$$

Dieser Wert stimmt mit Tabelle 18.1 ungefähr überein. Für den kumulierten Durchschnitt der Anzahl der Personenstunden kann mit dem folgenden Ausdruck ein Näherungswert berechnet werden:

$$T_c = \frac{T_1 X^{-K}}{1-K}$$

wobei T_c = der kumulierte Durchschnitt der Personenstunden für die X-te Einheit ist.

X= Kumulierte Produktionsmenge

T1 = Anzahl der Personenstunden für Einheit Eins

Für die 250. Einheit ergibt sich folgender Wert:

$$T_c = \frac{(812)(250)^{-0,415}}{1-0,415}$$

= 135 Stunden

Aus Tabelle 18.1 ergeben sich als kumulierter Durchschnitt für die 250. Einheit 137 Personenstunden (34.170 Personenstunden geteilt durch 250). Denken Sie daran, dass der obige Ausdruck nur ein Näherungswert ist. Bei Stückzahlen unter 100 können signifikante Fehler auftreten. Bei größeren Stückzahlen kann der Fehler vernachlässigt werden.

Aus der Lernkurvengleichung lässt sich Tabelle 18.2 ableiten, die die typische Kostenreduktion bedingt durch zunehmende Erfahrung widerspiegelt. Angenommen, die Produktion hätte sich vervierfacht und das Unternehmen hätte eine 80-Prozent-Lernkurve erreicht. Laut Tabelle 18.2 reduzierten sich die Kosten dann um 36 Prozent.

Verhältnis der neuen zur alten Produktionsmenge	**Erfahrungskurve in Prozent**					
	70	75	80	85	90	95
1,1	5	4	3	2	1	1
1,25	11	9	7	5	4	2
1,5	19	15	12	9	6	3
1,75	25	21	16	12	8	4
2,0	30	25	20	15	10	5
2,5	38	32	26	19	13	7
3,0	43	37	30	23	15	8
4,0	51	44	36	28	19	10
6,0	60	52	44	34	24	12
8,0	66	58	49	39	27	14
16,0	76	68	59	48	34	19

Tabelle 18.2: Beispiele für die erfahrungsbedingte Kostenreduktion[2]

2. Quelle: Abell, D. F. und Hammond, John S., *Strategic Market Planning*, Pearson Education, 1979, S. 109.

18.6 Quellen für Erfahrungen

Es gibt verschiedene Faktoren, die das Phänomen der Lernkurve bedingen. Die Faktoren sind nicht unabhängig voneinander, sondern über ein komplexes Netzwerk miteinander verbunden. Um die Darstellung zu vereinfachen, werden diese Faktoren nun jedoch nicht berücksichtigt.

- *Arbeitseffizienz.* Dieser Faktor ist am häufigsten für den Lernkurveneffekt verantwortlich und besagt, dass wir jedes Mal etwas dazulernen, wenn wir eine Aufgabe wiederholen. Durch die Lernerfahrung sollten sich der Zeitbedarf und die Durchführungskosten für die Aufgabe verringern. Je besser sich ein Mitarbeiter mit einer Aufgabe auskennt, desto weniger Überwachungsaufwand, Ausschuss und Ineffizienz sind zu erwarten. Die Produktivität erhöht sich entsprechend.

Leider steigert sich die Arbeitseffizienz nicht automatisch. Es müssen unbedingt Richtlinien für das Personalmanagement im Bereich der Stabilität des Arbeitskräftepotenzials und der Entlohnung von Mitarbeitern aufgestellt werden. Mit zunehmender Erfahrung werden Mitarbeiter effizienter und es wird zunehmend wichtiger, diesen Pool an Fachkräften zu erhalten. Der Verlust eines Auftrags oder eine Pause zwischen zwei Aufträgen kann Mitarbeiter dazu bewegen, sich eine andere Arbeit zu suchen. In einigen Branchen wie z.B. der Luft- und Raumfahrt- und der Rüstungsindustrie werden Ingenieure häufig als Zugvögel betrachtet, die von Vertrag zu Vertrag und von Firma zu Firma ziehen.

Hochs und Tiefs in der Wirtschaft können sich sehr stark auf die Erfahrungskurven auswirken. Während ökonomischer Tiefs arbeiten die meisten Menschen nur langsam und versuchen, ihren Job zu halten. Möglicherweise wird das Unternehmen in eine Position gezwungen, in der Mitarbeiter andere Tätigkeiten ausüben müssen oder in denen Mitarbeitern gekündigt werden muss. In ökonomischen Hochs sind möglicherweise umfangreiche Schulungsprogramme nötig, um die Lerngeschwindigkeit zu beschleunigen.

Wenn von einem Mitarbeiter erwartet wird, dass er seine Arbeit in einer kürzeren Zeit verrichtet, erwartet der Mitarbeiter seinerseits eine entsprechende Entlohnung. Gehaltsanreize können sich je nach Anwendung positiv oder negativ auswirken. Lernkurven und die Produktivität können im Rahmen von Verhandlungen über eine höhere Bezahlung sehr gut eingesetzt werden.

Feste Gehaltsstufen motivieren Mitarbeiter in der Regel nicht dazu, ihre Leistung zu steigern. Wenn von einem Mitarbeiter erwartet wird, mehr zu geringeren Kosten zu produzieren, möchte der Mitarbeiter an der Kosteneinsparung partizipieren.

Der Lerneffekt geht über Arbeiten hinaus, die direkt mit der Fertigung verbunden sind. Wartungspersonal, Vorgesetzte sowie Mitarbeiter anderer Linien und von Stabspositionen steigern ihre Produktivität ebenso wie die Mitarbeiter von Marketing, Vertrieb, Administration etc.

- *Arbeitsspezialisierung und Verbesserungen der Arbeitsmethoden.*[3] Die Spezialisierung erhöht die Leistung von Mitarbeitern in Bezug auf eine bestimmte Aufgabe. Überlegen Sie, was passiert, wenn zwei Mitarbeiter, die zuvor beide Teile eines zweistufigen Vorgangs ausgeführt haben, sich nun auf jeweils einen Schritt spezialisieren. Jeder Mitarbeiter bearbeitet nun doppelt so viele Einheiten und sammelt doppelt so schnell Erfahrung in Bezug auf die höher spezialisierte Aufgabe. Eine Umgestaltung der Arbeitsmethoden kann sich ebenfalls in erhöhter Effizienz niederschlagen.
- *Neue Produktionsverfahren.* Verfahrensinnovationen und -verbesserungen können eine wichtige Quelle für Kostenreduktionen darstellen. Dies gilt insbesondere bei kapitalintensiven Branchen. Die Halbleiterbranche erzielte beispielsweise Lernkurven von 70 bis 80 Prozent durch eine verbesserte Produktionstechnologie, wobei ein Großteil der Forschung und Entwicklung in Verfahrensverbesserungen gesteckt wurde. Ähnliche Verfahrensverbesserungen konnten in Raffinerien, Atomkraftwerken, Stahlwalzwerken und Ähnlichen beobachtet werden.

---

3. Die folgenden sechs Elemente stammen aus Abell, Derek F. und Hammond, John S., *Strategic Market Planning*, New Jersey, 1979, S. 112–113.

- *Die Leistung der Produktionsmittel erhöhen.* Beim ersten Entwurf wird der Output eines Produktionsmittels sehr wahrscheinlich konservativ eingeschätzt. Durch die Erfahrung zeigen sich möglicherweise innovative Vorgehensweisen, um den Output zu erhöhen. Die Kapazität eines katalytischen Crackers erhöht sich in der Regel im Laufe von zehn Jahren um 50 Prozent.
- *Veränderungen im Ressourcen-Mix.* Mit zunehmender Erfahrung kann ein Hersteller häufig andere oder preisgünstigere Ressourcen nutzen. Ein weniger qualifizierter Mitarbeiter kann einen höher qualifizierten oder Automatisierung Menschen ersetzen.
- *Produktstandardisierung.* Die Standardisierung ermöglicht die Replikation von Aufgaben, durch die die Mitarbeiter lernen können. Bei der Produktion des Ford Model T wurde beispielsweise eine Strategie der bewussten Standardisierung verfolgt. Entsprechend konnte der Preis von 1909 bis 1923 wiederholt reduziert werden, wobei eine 85-Prozent-Lernkurve beobachtet werden konnte.[4] Selbst wenn die Flexibilität und/oder eine breitere Produktlinie aus Sicht des Marketings wichtig sind, kann eine Standardisierung durch Modularisierung erzielt werden. Werden beispielsweise nur ein paar Arten von Motoren, Getrieben, Chassis, Sitzen etc. entwickelt, kann ein Autohersteller Erfahrung durch die Spezialisierung bei jedem Teil erzielen. Durch die Spezialisierung lässt sich die Modellpalette ausweiten.
- *Produktneugestaltung.* Mit zunehmender Erfahrung bilden sich für den Hersteller und den Kunden die Qualitätsanforderungen klarer heraus. Dadurch kann nicht nur die Effizienz der Produktion gesteigert werden, sondern es können preisgünstigeres Material und kostengünstigere Ressourcen eingesetzt und gleichzeitig die Qualität verbessert werden. Im 18. Jahrhundert wurde beispielsweise Holz in Uhren durch Messing ersetzt und die Skistiefel, die früher aus Leder und Gummi gemacht wurden, bestehen heute aus Plastik und aus synthetischen Fasern.

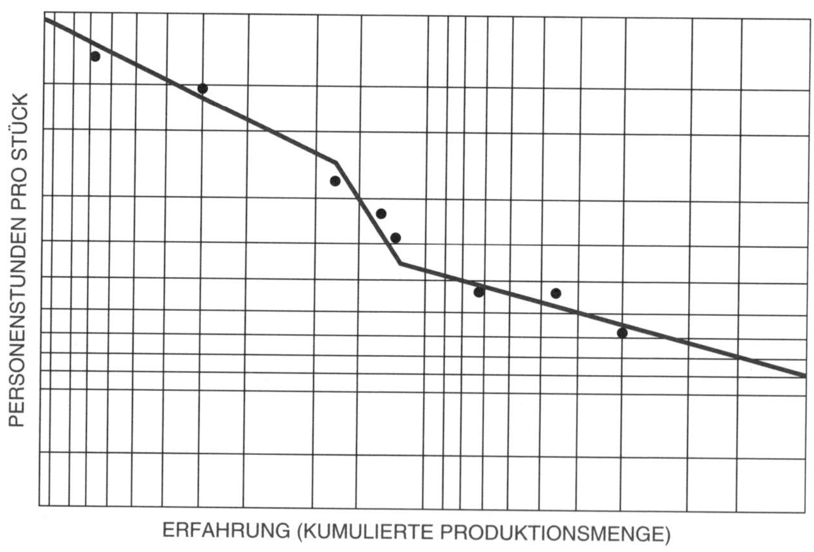

Abbildung 18.5: Eine Lernkurve mit günstigem Verlauf

4. Abgedruckt mit Genehmigung des Harvard Business Review. Aus Abernathy, William J. und Wayne, Kenneth, *Limits of the Learning Curve*, Harvard Business Review, 52, no. 5 (September–October 1974), S. 109-119.

- *Anreize und Leistungshemmer.* Sozialpläne und andere Entlohnungsmethoden können sich als Anreiz oder Leistungshemmer darstellen. Anreize können die Neigung der Lernkurve wie in Abbildung 18.5 gezeigt verändern. Dieser Verlauf der Lernkurve wird auch als »Toe-Down«-Lernkurve bezeichnet. Nach dem Anreiz (»Toe-Down«) ist die Kurvenneigung erheblich günstiger. In Abbildung 18.6 sehen Sie ein Beispiel für eine so genannte »Toe-Up«- oder bogenförmige Lernkurve, die durch Leistungshemmer verursacht wird. Nach Eintritt des Knicks durch den Leistungshemmer (»Toe-Up«) hat die Lernkurve eine ungünstigere Neigung.

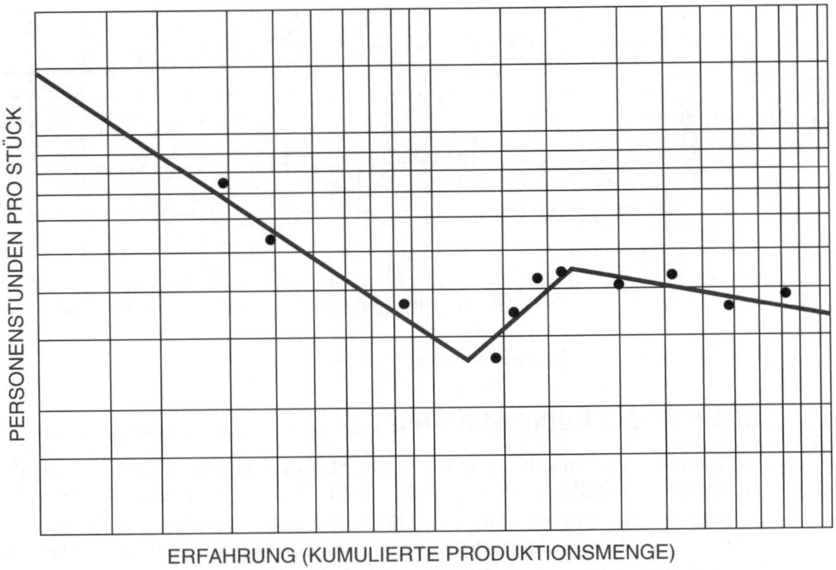

Abbildung 18.6: Eine Lernkurve mit ungünstigem Verlauf

Hirschmann drückt dies wie folgt aus: [5]

> Ein Kurvenanstieg kann durch eine wichtige Veränderung auch mitten im laufenden Projekt auftreten (wie z.B. durch Veränderungen am Modell, durch die Verlagerung der Aktivitäten in ein neues Gebäude oder durch eine Pause bei der Leistungserstellung und dadurch bedingtes Vergessen). Kurz, nachdem der Betrieb wieder aufgenommen wird und Kenntnisse im Umgang mit der Veränderung erworben werden, nähert sich der Kurvenverlauf rapide dem alten Kurvenverlauf an. Ein solcher Bruch im Kurvenverlauf der Lernkurve kommt ziemlich häufig vor und hat deshalb den Namen »Scallop« (deutsch: Kamm-Muschel). Wird jedoch nicht nur eine Veränderung vorgenommen, sondern ein neues Modell eingeführt oder wird eine neue Art von Produkt in die Fertigung gegeben, tritt der Kurvenknick am Anfang auf und die Kurve beginnt dann wieder neu. Die Anzahl der Personenstunden entspricht also wieder der, mit der das erste Element des vorherigen Produkttyps gefertigt wurde (vorausgesetzt, die beiden Elemente ähneln einander und haben eine ähnliche Konfiguration).

Die Arbeitsunzufriedenheit kann sich ebenfalls negativ auf die Lernkurve auswirken (siehe Abbildung 18.7). Diese Abschwächung kann auch durch Ineffizienzen entstehen, wie z.B. durch den Ausschluss eines Fließbands oder die Zuweisung von Mitarbeitern zu anderen Aufgaben bei Fertigstellung eines Projekts.

5. Reprinted by permission of Harvard Business Review. From Winfred B. Hirschmann, »Profit from the Learning Curve«, Harvard Business Review, 42, no. 1 (January–February 1964), p. 126. Copyright © 1964 by the Harvard Business School Publishing Corporation; all rights reserved.

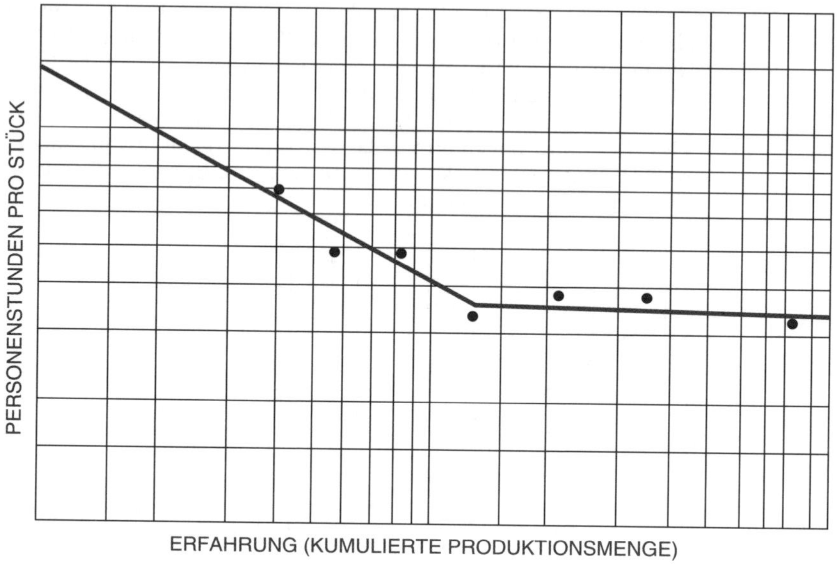

Abbildung 18.7: Die Abschwächung der Lernkurve

18.7 Maße für die Kurvenneigung

Im Rahmen von Forschungsarbeiten am Stanford Research Institute zeigte sich, dass die verschiedenen Hersteller ganz unterschiedliche Neigungen haben, selbst wenn sie ähnliche Fertigungsprogramme verwenden. Die Daten, die von der Fertigung der amerikanischen Luftfahrtindustrie im 2. Weltkrieg gesammelt wurden, wiesen Neigungen von 69,7 Prozent bis zu Neigungen von fast 100 Prozent auf, im Durchschnitt also Neigungen von 80 Prozent. In der Elektroindustrie zeigte sich hingegen bei einer Studie von 162 Elektronikprogrammen eine Neigung von 95,6 Prozent. Leider wird dieser Branchendurchschnitt von Praktikern häufig missbraucht, die ihn als Standard oder Norm verwenden. Für die Bewertung von Neigungen ohne die Daten des Herstellers sollten besser Lernkurven von ähnlichen Fertigungsprogrammen herangezogen werden als der Branchendurchschnitt.

Ein Analyst muss die Neigung der Lernkurve aus verschiedenen Gründen kennen. Ein Grund ist, dass die Kommunikation einfacher wird, weil sie Bestandteil der Sprache der Lernkurventheorie ist. Je steiler die Neigung, desto schneller geht der Ressourcenbedarf (in Stunden) mit zunehmender Produktion zurück. Entsprechend ist die Neigung der Lernkurve in der Regel Bestandteil der Vertragsverhandlungen. Die Neigung der Lernkurve wird auch benötigt, um Folgekosten mittels Lerntabellen oder eines Computers zu veranschlagen. Außerdem kann eine bestimmte Neigung als Ausgangsbasis für zuverlässige Erfahrungswerte dienen. Lernkurven werden anhand der Erfahrung bei der aktuellen Produktion gebildet und können dann mit der StandardNeigung verglichen werden, um festzustellen, ob ein bestimmter Vertrag verbessert werden kann oder nicht.

18.8 Stückkosten und Mittelwerte

Der Einsatz der Lernkurve ist unabhängig von den Methoden zur Aufzeichnung von Kosten, die Firmen sonst einsetzen. Damit Daten für Lernkurven zur Verfügung stehen, muss ein Unternehmen ein Buchhaltungssystem oder ein System zur statistischen Berechnung einsetzen. Kosten wie die Personenstunden pro Stück oder die Stückkosten müssen für jedes produzierte Stück angegeben werden. Es sollten jedoch besser Personenstunden statt Stückkosten verwendet werden, weil bei den Stückkosten eine zusätzliche Variable hinzukommt – die Auswirkung der Inflation oder Deflation (die Lohnkosten und die Materialkosten sind Änderungen unterworfen). Die meisten

Unternehmen setzen ein System ein, bei dem die Kosten für einen Auftrag akkumuliert und dann auf die Anzahl der Einheiten umgerechnet werden. In diesem Fall werden die Kosten jedoch mit den entsprechenden Einheiten und nicht mit den tatsächlichen Einheiten gleichgesetzt. Weil in der Regel das Auftragsannahmesystem verwendet wird, entsprechen die Stückkosten nicht den tatsächlichen Kosten pro Einheit. Dies bedeutet, dass die Durchschnittswerte pro Stück ermittelt werden müssen, wenn die Kurven auf logarithmisches Papier ausgegeben werden.

18.9 Auswahl von Lernkurven

Erfahrungskurven geben bisherige Erfahrung wieder. Durch die akkumulierten Daten lassen sich auf logarithmischem Papier Trendlinien entwickeln und glätten, um die Kurve nachzubilden. Der Kurventyp kann verschiedene Konzepte repräsentieren. Die Daten können je nach Bedürfnissen des Benutzers nach Produktion, nach Verfahren, nach Abteilung oder nach organisatorischen Einheiten akkumuliert worden sein. Aber unabhängig davon, welches Konzept oder welche Methode der Datenakkumulierung eingesetzt wird, sollten die Daten konsistent eingesetzt werden, damit sinnvolle Ergebnisse erzielt werden können. Konsistenz kann beim Kurvenkonzept und bei der Datenakkumulation nicht genügend betont werden, weil die vorhandenen Lernkurven eine entscheidende Rolle bei der Festlegung der Projekterfahrungskurve für ein neues Element oder Produkt spielen.

Steht bei der Auswahl der passenden Kurve für ein neues Produkt nur ein Datenpunkt zur Verfügung und ist die Neigung der Kurve unbekannt, sollten folgende Punkte in der angegebenen Reihenfolge berücksichtigt werden:

- Die Ähnlichkeit zwischen dem neuen Produkt und Produkten, die früher hergestellt wurden.
- Technischer Vergleich
  - Hinzufügung und Beseitigung von Verfahren und von Komponenten
  - Materialunterschiede
  - Auswirkungen von technischen Änderungen auf Elemente, die früher produziert wurden
- Zeitdauer, die seit der Produktion eines ähnlichen Elements vergangen ist
  - Beschaffenheit der Werkzeugbereitstellung und der Einsatzmittel
  - Personalfluktuation
  - Veränderungen in den Arbeitsbedingungen oder der Arbeitsmoral
- Andere vergleichbare Faktoren zwischen ähnlichen Produkten
  - Lieferpläne
  - Verfügbarkeit von Material und von Komponenten
  - Personalfluktuation während der Produktionszyklen von früher hergestellten Produkten
  - Vergleich von Produktionsdaten mit extrapolierten oder theoretischen Kurven, um Abweichungen zu ermitteln

Die genannten und noch andere Faktoren, die einen Vergleich ermöglichen, können auch gewichtet werden, um die Unterschiede zwischen den Produkten quantifizieren zu können. Bei den Faktoren handelt es sich wieder um Erfahrungswerte und sie erhalten ihre Bedeutung nur durch den Vergleich mit aktuellen Werten.

Stehen zumindest zwei Datenpunkte zur Verfügung, lässt sich die Kurvenneigung möglicherweise ermitteln. In der Regel muss dazu die Distanz zwischen den zwei Punkten beachtet werden. Je mehr Datenpunkte zur Verfügung stehen, desto höher ist die Zuverlässigkeit der Kurve. Unabhängig von der Anzahl der Datenpunkte und der angenommenen Zuverlässigkeit der Neigung sind Vergleiche mit ähnlichen Produkten sehr nützlich und sollten vorgenommen werden, wann immer dies möglich ist.

Ein Wert für die Einheit kann entweder durch die Datenakkumulation oder über die statistische Abweichung ermittelt werden. Läuft die Produktion bereits, können die verfügbaren Daten ausgegeben werden und die Kurve kann auf die gewünschte Einheit extrapoliert werden. Wurde die Produktion hingegen noch nicht gestartet, stehen keine Daten zur Einheit Eins zur Verfügung und es muss ein theoretischer Wert für die Einheit Eins entwickelt werden. Dazu sind drei Vorgehensweisen denkbar:

- Eine statistisch abgeleitete Beziehung zwischen den Vorlaufkosten und den Personenstunden für die ersten Produkte kann auf die Personenstunden aus der Vorlaufphase angewendet werden.
- Eine Aufwandsschätzbeziehung für die Kosten des ersten Produkts auf der Basis von physischen oder von Leistungsparametern kann für die Kostenschätzung beim ersten Produkt eingesetzt werden.
- Die Neigung und der Punkt, an dem die Kurve und der Arbeitsstandardwert konvergieren, sind bekannt. In diesem Fall kann ein Wert für die Einheit Eins ermittelt werden. Dazu wird der Arbeitsstandard durch den entsprechenden Wert der Einheit geteilt.

18.10 Folgeaufträge

Nachdem eine erste Erfahrungskurve für den Test- oder den Produktionslauf erstellt wurde, können Werte ermittelt werden. Folgeaufträge und Fortsetzungen von Produktionsläufen, die als Erweiterungen der ursprünglichen Aufträge oder Produktionsläufe betrachtet werden können, werden als Erweiterungen der entsprechenden Kurve eingezeichnet. Der kumulierte Durchschnitt des Endpunkts der erweiterten Kurve entspricht jedoch nicht dem kumulierten Durchschnitt für den Folgeteil der Kurve, sondern dem kumulierten Durchschnitt für beide Teile der Kurve, vorausgesetzt, es gibt keine Unterbrechung der Produktion. Für die Bewertung der Kosten für den Folgeauftrag müssen also nur die Unterschiede zwischen den kumulierten Durchschnittskosten für den Erstlauf und die Folgeläufe berechnet werden. Entsprechend repräsentiert der Wert beider Teile der Kurve den Wert der letzten Einheit für die kombinierte Kurve.

18.11 Unterbrechung der Fertigung

Die Unterbrechung der Fertigung ist die Zeitdauer zwischen der Fertigstellung eines Auftrags oder eines Produktionslaufs eines bestimmten Produkts und dem Beginn eines Folgeauftrags oder dem Neustart eines Produktionslaufs für identische Produkte. Diese Zeitspanne unterbricht den kontinuierlichen Fluss der Fertigung und wirkt sich auf die Kosten aus. In diesem Abschnitt sollen Zeitdauern von mehreren Wochen und Monaten vorgestellt werden, nicht Minuten oder Stunden, die durch maschinelle Verzögerungen, Stromausfall und Ähnliches verursacht werden.

Da die Erfahrungskurve eine Zeit-Kosten-Beziehung beinhaltet, kann davon ausgegangen werden, dass eine Unterbrechung die Zeit und die Kosten beeinflusst. Deshalb ist die Länge der Unterbrechung genau so wichtig wie die Dauer der ersten Bestellung oder des ersten Produktionslaufs. Da die Unterbrechung quantifizierbar ist, müssen nur noch die Kosten dieser Produktionsunterbrechung berechnet werden (d.h. die Zusatzkosten, die über das hinausgehen, was hätte einberechnet werden müssen, wenn der Folgeauftrag direkt im Anschluss an die erste Bestellung oder den ersten Produktionslauf ausgeführt worden wäre).

Wenn ein Hersteller Erfahrungskurven als Managementinformationswerkzeug nutzt, kann davon ausgegangen werden, dass die benötigten Daten für die Anfangskurven bereits gesammelt, aufgezeichnet und ausgewertet wurden. Gab es bereits in der Vergangenheit Unterbrechungen, sollten die Daten für die Erstellung der entsprechenden Erfahrungskurven verfügbar sein.

George Anderlohr schlägt eine Methode vor, die davon ausgeht, dass der Lernverlust von fünf Faktoren abhängig ist:[6]

6. Anderlohr, George, *What Product Breaks Costs*, Industrial Engineering, September 1969, S. 34–36.

- *Lernen der Fertigungsmitarbeiter.* In diesem Bereich muss der Verlust durch normale Fluktuation oder Kündigung ermittelt werden. Die Personalakten des Unternehmens können in der Regel als Beweis für den Lernverlust dienen. Der prozentuale Anteil des Lernverlusts durch die Mitarbeiter, die für andere Projekte eingesetzt werden, sollte ermittelt werden. Die Mitarbeiter verlieren ihre Geschicklichkeit und Vertrautheit im Umgang mit dem Produkt, die durch die Wiederholung entstanden ist.
- *Lernen der Vorgesetzten oder Meister.* Durch die Unterbrechung der Wiederholungen geht ein bestimmter Anteil der Vorgesetzten oder Meister verloren. Das Management unternimmt größere Anstrengungen, um diese höher qualifizierten Mitarbeiter zu halten. Deshalb fällt der tatsächliche Verlust in den meisten Fällen bei diesem Personenkreis erheblich geringer aus. Trotzdem verlieren auch diese Mitarbeiter ihre Routine in dem Job und die Anleitung, die sie geben können, verringert sich. Außerdem besitzen Vorgesetzte oder Meister keine Kenntnisse über die Fähigkeiten und Kompetenzen der als Ersatz für die entfallenen Produktionsmitarbeiter neu eingestellten Mitarbeiter.
- *Kontinuität der Produktivität.* Dieser Faktor bezieht sich auf die physische Positionierung der Fließbandfertigung, die Beziehung zwischen den Arbeitsplätzen oder dem Standort der Beleuchtung, von Teilen und von Werkzeugen an einem Arbeitsplatz. Außerdem bezieht dieser Punkt die Optimierung in Anpassung an die Bedürfnisse des Einzelnen ein. Ein wichtiger Faktor, der diesen Bereich beeinflusst, ist die Zusammenstellung der im Entstehen begriffenen Arbeiten. Von allen Elementen des Lernens ist in diesem Bereich der größte Verlust zu beklagen.
- *Methoden.* Dieser Bereich wird am wenigsten von einer Unterbrechung beeinflusst. So lange die Methodenblätter gesammelt werden, können Lernkurven nie ganz verloren gehen. Möglicherweise muss das Material wegen eines Wechsels der Werkzeugbestückung drastisch überarbeitet werden.
- *Spezielle Werkzeugbestückung.* Die Bestückung mit besserem und neuerem Werkzeug trägt wesentlich zum Lernerfolg bei. Wird der Verlust im Bereich der Werkzeugausstattung mit Lernen in Verbindung gebracht, sind die wichtigsten Faktoren die Abnutzung, die fehlerhafte Platzierung und die Beschädigung. Eine zusätzliche Überlegung muss im Vergleich der kurzfristigen mit der langfristigen Werkzeugbestückung und deren Übergang bestehen.

18.12 Lernkurven und ihre Grenzen

Auch Lernkurven haben ihre Grenzen und es muss sehr darauf geachtet werden, dass keine falschen Schlüsse gezogen werden. Zu den typischen Beschränkungen gehören die folgenden:

- Die Lernkurve setzt sich nicht unendlich fort. Die prozentuale Verringerung an Personenstunden/Kosten nimmt im Laufe der Zeit ab.
- Die Lernkurve hinsichtlich der Kenntnisse zu einem Produkt lässt sich nicht auf andere Produkte übertragen, falls nicht gemeinsame Erfahrungen existieren.
- Es stehen nicht genügend Kostendaten zur Verfügung, um eine aussagekräftige Lernkurve erstellen zu können. Andere Probleme können auftreten, wenn die Gemeinkosten in die Einzelkosten einbezogen werden oder wenn die Berechnungscodes nicht in ausreichendem Maße von den Arbeitspaketen getrennt werden können, um die Elemente identifizieren zu können, die den Lerneffekt tatsächlich veranschaulichen.
- Mengenrabatte können die Kosten und die wahrgenommenen Vorteile durch die Lernkurven durcheinander bringen.
- Die Inflation muss berücksichtigt werden. Andernfalls wird der Zugewinn durch Erfahrung neutralisiert.
- Lernkurven sind insbesondere langfristig gesehen von Nutzen. Bei kurzfristiger Betrachtung zahlen sie sich möglicherweise nicht aus.

- Externe Einflüsse wie Materialbeschränkungen, Patente und staatliche Regulierungen können die Vorteile durch Lernkurven beschränken.
- Eine konstante Jahresproduktion (d.h. kein Wachstum), kann die Vorteile der Erfahrung nach einigen Jahren aufheben.

Das letzte Element muss näher ausgeführt werden. Betrachten Sie beispielsweise Abbildung 18.8. Die Produktionsmenge ist konstant und liegt bei 100 Stück pro Jahr über 10 Jahre hinweg. Bei einer 75-Prozent-Lernkurve gehen die Kosten im ersten Jahr um 25 zurück, im zehnten nur noch um 1,7 Prozent. Bei einer jährlichen Zuwachsrate von 15 Prozent beträgt die tatsächliche Kostenreduktion im ersten Jahr jedoch 27 Prozent und im zehnten 2,2 Prozent.

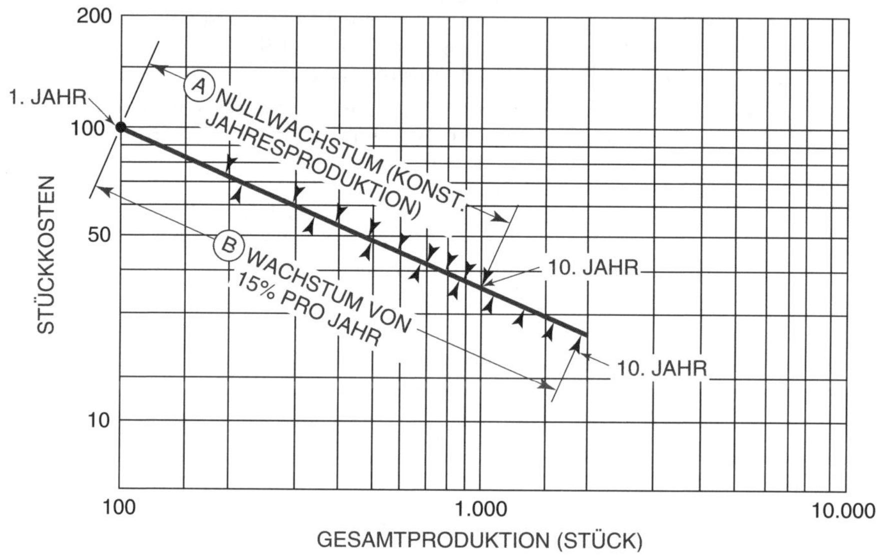

Abbildung 18.8: Die Auswirkungen des Produktionszuwachses auf die Verringerung der Kosten bei einer 75-Prozent-Lernkurve[7]

Abbildung 18.8 veranschaulicht auch die Wettbewerbsvorteile einer 15-prozentigen Wachstumssteigerung. Der Wettbewerber mit einer 15-prozentigen Wachstumssteigerung könnte nach zehn Jahren einen Wettbewerbsvorteil von 30 Prozent oder mehr haben. Wachstumskurven können also auch aufzeigen, wann ein Unternehmen einen Bereich verlassen sollte, wenn es nicht in der Lage ist, die Wachstumssteigerungen der Konkurrenten zu erbringen.

18.13 Preise und Erfahrung

Wenn die Konkurrenz stabil ist, verringern sich die Kosten bedingt durch die Lernkurvenerfahrung und ebenso auch die Preise. Dies setzt voraus, dass die Gewinnmargen als prozentuale Anteile der Preise ausgedrückt werden und nicht als absolute Summen. Der Unterschied zwischen dem Verkaufspreis und den Kosten bleibt konstant (siehe Abbildung 18.9).

7. Hammond, John S. und Allan, Gerald B., *Note on the Use of Experience Curves in Competitive Bidding*, Boston: Harvard Business School Case 175-174. Copyright © 1975 by the President and Fellows of Harvard College. Reprinted by permission.

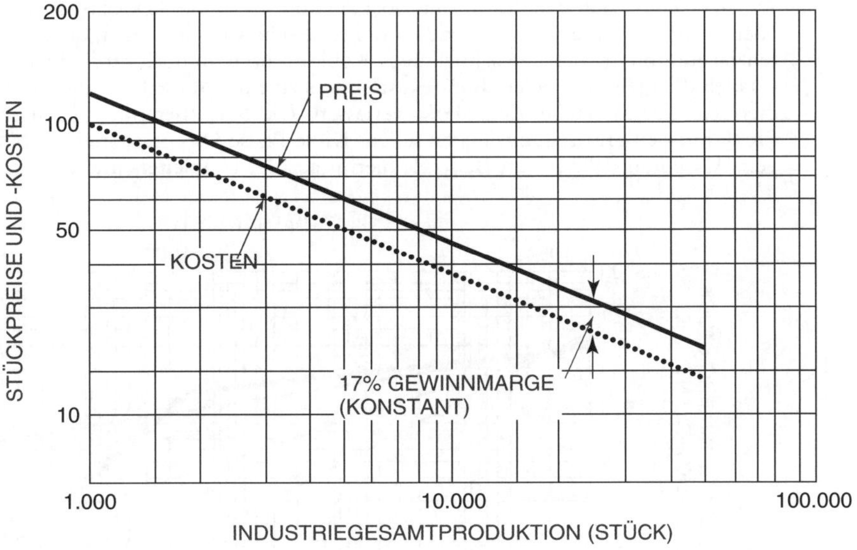

Abbildung 18.9: Ein idealisiertes Preis-Kosten-Verhältnis bei konstanter Gewinnmarge[8]

Leider verhalten sich Preise und Kosten eher wie in Abbildung 18.10. Unternehmen, die Lernkurven einsetzen, erstellen ihre Preisbildungsrichtlinien entweder auf der Basis von branchenüblichen Durchschnittskosten oder auf Durchschnittskosten, die auf dem geplanten Fertigungsvolumen basieren. In Phase A liegen die Preise unter den Produktionskosten, weil der Markt diese ersten Produkte möglicherweise nicht zu den tatsächlichen Produktionskosten annehmen würde. Sobald das Unternehmen Phase B erreicht, beginnen sich die Gewinne langsam zu materialisieren, da die Erfahrungskurve anschlägt. Die Fixkosten können gedeckt werden und können sehr wahrscheinlich wegen der vom Marktführer gewählten Marktstrategie stabil bleiben.

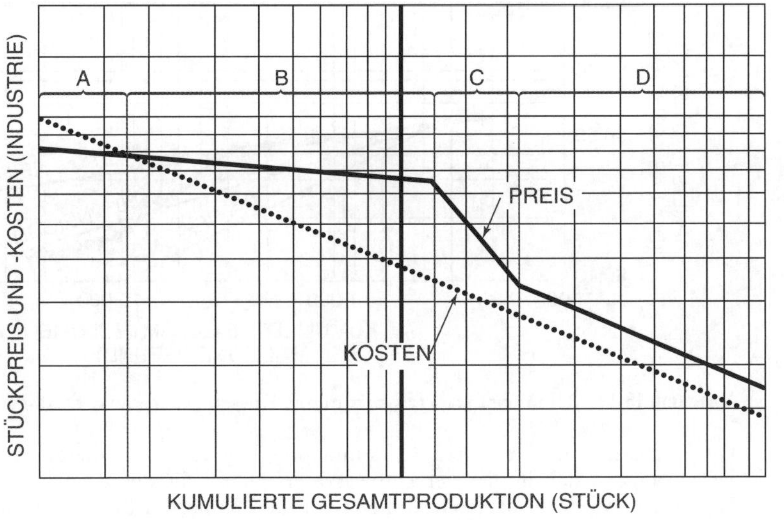

Abbildung 18.10: Typische Preis-Kosten-Beziehungen [9]

8. Abell, Derek F. und Hammond, John S., *Strategic Market Planning*, Prentice-Hall, 1979, S. 115.
9. Abell, Derek F. und Hammond, John S., *Strategic Market Planning*, Prentice-Hall, 1979, S. 116.

Je länger Phase B andauert, umso größer sind die Gewinne. Leider ist Phase B relativ labil. Ein oder mehrere Konkurrenten werden ihre Preise sehr schnell senken, denn wenn das Gewinnpotenzial zu groß ist, tauchen schnell neue Konkurrenten im hoch profitablen Markt auf. In Phase C fallen die Preise schneller als die Kosten, was zu einer Marktbereinigung führt, in deren Rahmen wichtige Hersteller den Markt verlassen. Die Marktbereinigungsphase endet, sobald die Preise mit den Herstellungskosten fallen. Diese Phase D repräsentiert stabile Marktbedingungen. Abbildung 18.11 zeigt Beispiele hierfür aus der Halbleiter- und der Chemiebranche.

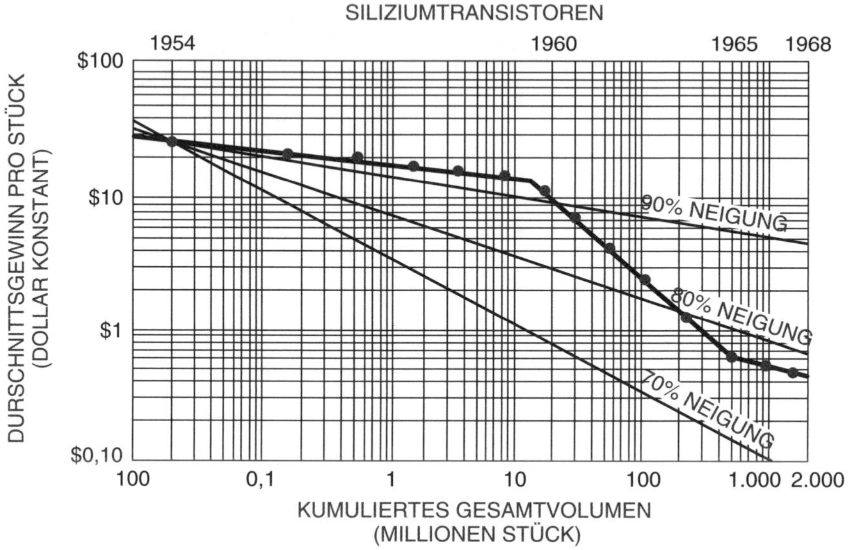

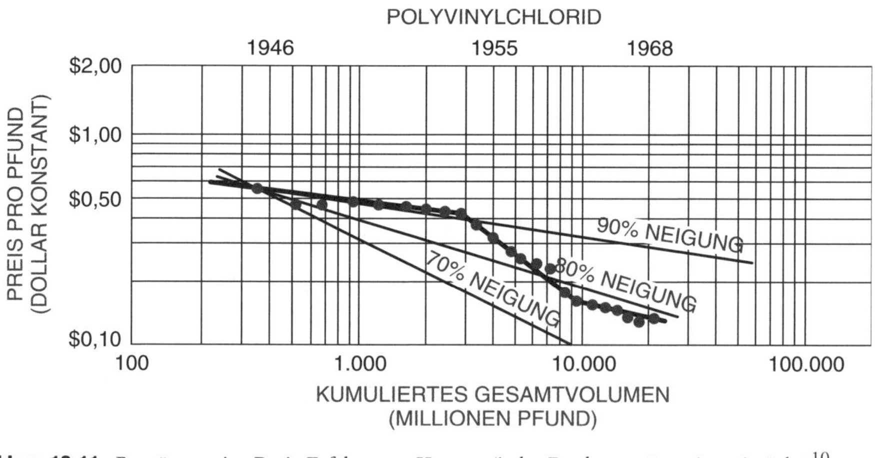

Abbildung 18.11: Repräsentative Preis-Erfahrungs-Kurven (jeder Punkt repräsentiert ein Jahr)[10]

Die durchschnittlichen Kosten des dominanten Herstellers regulieren die Branche. Die Konkurrenten müssen sich immer der Lernkurve annähern, die der Branchenführer nutzt. Wenn die Kosten oder das Produktionsvolumen nicht den Stand des Branchenführers erreichen, verläuft die Kostenreduktion langsamer und die Gewinne verkleinern sich oder verschwinden ganz und damit auch die Anbieter (siehe Abbildung 18.8).

10. Quelle: *Perspectives on Experience*, The Boston Consulting Group, Boston, Massachusetts, 1968, S. 72, 85.

18.14 Lernkurven als Waffe im Konkurrenzkampf

Lernkurven stellen eine starke Waffe dar, um sich im Konkurrenzkampf zu behaupten. Dies gilt insbesondere für die Entwicklung einer Preisbildungsstrategie. Die Strategie hängt vom Status des Produktlebenszyklus, der Marktposition des Unternehmens, den verfügbaren Ressourcen und der Marktposition der Konkurrenten, dem Zeithorizont und der finanziellen Situation des Unternehmens ab. Um die Unternehmensphilosophie zur Preisbildung zu veranschaulichen, haben Unternehmen wie Texas Instruments (TI) und Digital Equipment (DEC) eine so genannte »Erfahrungskurvenpreisbildung« eingesetzt, um sich sehr früh einen hohen Marktanteil zu sichern und im Anschluss eine starke Position zu haben. Unternehmen wie Hewlett-Packard (HP) haben hingegen völlig andere Ansätze verfolgt. Bei der Strategie von TI und DEC wurden die Preise eines neuen Produkts in Relation zu den Herstellungskosten gesetzt, mit denen zu rechnen ist, wenn das Produkt seine Reifephase erreicht. HP nutzt hingegen ein konkurrenzbezogenes Preisbildungsmodell und konzentriert sich auf die Entwicklung von Produkten, die so viele Neuerungen bieten, dass die Kunden bereit sind, einen hohen Preis dafür zu bezahlen. Dr. David Packard sagte immer:

> Der wichtigste Faktor unseres Wachstums ist die Effektivität unserer neuen Produktprogramme ... Jeder kann sich Marktanteile erkämpfen und wenn die Preise tief genug sind, sogar den ganzen Markt erobern. Aber ich sage Ihnen, dass das überhaupt nichts bringt.[11]

Aus der Sicht des Projektmanagements kann die lernkurvenbezogene Preisbildung eine starke Waffe sein. Betrachten Sie beispielsweise ein Unternehmen, das mit € 60/Stunde belastet ist und sich um die Produktion von 500 Einheiten bewirbt. Angenommen, die Daten aus Tabelle 18.1 gelten. Dann werden für die Produktion von 500 Stück insgesamt 51.704 Personenstunden benötigt, was durchschnittlich 103,4 Stunden pro Stück entspricht. Die Kosten für den Auftrag lägen dann bei 51.704 Stunden x € 60/Stunde oder € 3.102.240. Wenn der Zielgewinn bei 10 Prozent liegt, sollte das Angebot bei € 3.412.464 liegen. Bei dieser Summe wird ein Gewinn von € 310.224 einkalkuliert.

Der tatsächliche Gewinn kann jedoch wesentlich geringer ausfallen. Die Preise werden auf der Basis von durchschnittlich 103,4 Stunden/Stück gebildet. Für die Fertigung der ersten Einheit sind jedoch 812 Stunden erforderlich. Das Unternehmen verliert 708,6 Stunden x € 60/Stunde oder € 42.516 bei der Produktion der ersten Einheit. Die 100. Einheit kann innerhalb von 120 Stunden produziert werden, was einem Verlust von € 996 entspricht (d.h. [120 Stunden – 103,4 Stunden] x € 60/Stunde). Ab der 150. Einheit macht das Unternehmen Gewinne, weil die Produktionszeit geringer ist als der Durchschnittswert von 103,4 Stunden.

Einfach gesagt legen die ersten 150 Stück den Cashflow trocken. Möglicherweise muss sich das Unternehmen das Geld »borgen«, um die Produktion der ersten 150 Einheiten zu finanzieren, was den Zielgewinn reduziert.

Bei der Erstellung eines Angebots im Rahmen einer Ausschreibung ist es wichtig, zu wissen, wo sich die Konkurrenten auf der Lernkurve befinden. Betrachten Sie die Situation, die in Abbildung 18.12 gezeigt wird und bei der drei Unternehmen um einen Fertigungsauftrag konkurrieren. Alle Unternehmen befinden sich auf der gleichen Erfahrungskurve. Unternehmen A ist gegenüber Unternehmen B geringfügig und gegenüber Unternehmen C sehr stark im Vorteil. Die Produktionskosten liegen bei Unternehmen C über dem aktuellen Marktpreis. Wenn Unternehmen C ein Angebot zum aktuellen Marktpreis abgibt, verliert es enorm. Deshalb sollte sich Unternehmen C gar nicht um den Auftrag bewerben.

---

11. Hewlett-Packard: »When Slower Growth Is Smarter Management«, Business Week, June 9, 1975, S. 50–58.

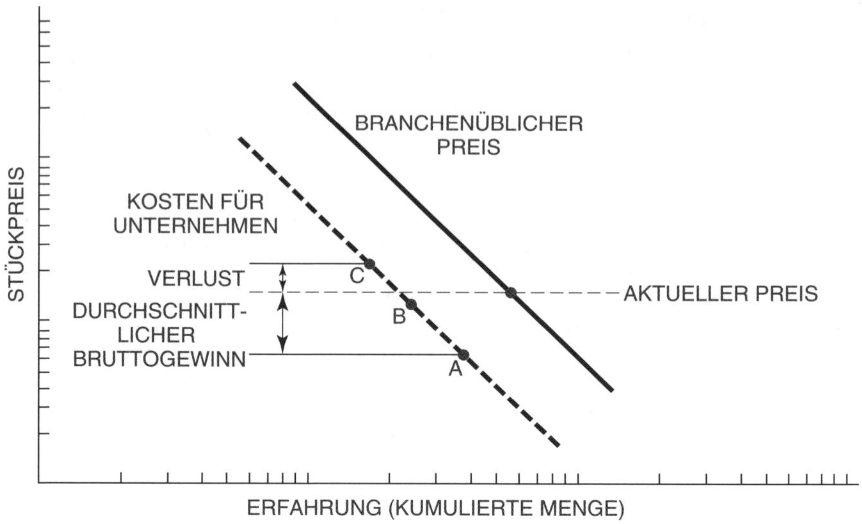

Abbildung 18.12: Vorteile der größeren Erfahrung in Bezug auf den Gewinn (Marktanteil)[12]

Unternehmen A und Unternehmen B könnten sich beide um den Auftrag bewerben und Gewinne machen, wobei die Gewinne von Unternehmen A höher wären. Wenn Unternehmen A jedoch seine Preise auf ein Niveau senkt, das die Stückkosten von Unternehmen B unterschreitet, erhöht Unternehmen A seine Chancen drastisch, den Auftrag zu erhalten – allerdings fallen die Gewinne dann geringer aus.

18.15 Studientipps für das PMI®-Projektmanagement-Zertifizierungsexamen

Dieser Abschnitt kann als Wiederholung der Grundlagen dienen, um die Wissensbereiche und Domänengruppen im PMBOK® Guide zu ergänzen. In diesem Kapitel geht es um Folgendes:

- Terminmanagement
- Kostenmanagement

Das Verständnis der folgenden Grundlagen ist vorteilhaft, wenn der Leser diesen Text für die Vorbereitung auf das PMI®-Zertifizierungsexamen verwendet:

- Was sind Lernkurven
- Verwendungszwecke von Lernkurven
- Einsatz von Lernkurven für Schätzungen

Die folgenden Multiple-Choice-Fragen sind hilfreich bei der Wiederholung der Grundlagen dieses Kapitels:

1. Nach der Lernkurventheorie erfolgt das Lernen mit fester Geschwindigkeit, wenn die Produktionsniveaus:
   A. Höher als normal steigen
   B. Sinken, aber langsamer als normal
   C. Sich verdoppeln
   D. Sich vervierfachen

12. Quelle: Übernommen aus *The Experience Curve Revisited: I. The Concept*, The Boston Consulting Group, 1974, Perspectives, No. 124.

2. Die Lernkurventheorie ist am besten für die Schätzung welcher Kosten geeignet?
   A. F&E
   B. Entwicklung
   C. Marketing
   D. Herstellung
3. Auf einer 90-Prozent-Lernkurve werden für das 100. Stück 80 Stunden benötigt. Wie viele Stunden sind für das 200. Stück erforderlich?
   A. 200
   B. 180
   C. 100
   D. 90
4. Was kann eine Ursache für die Verbesserung einer Lernkurve sein?
   A. Neue, effizientere Herstellungsprozesse
   B. Neuentwürfe von Produkten
   C. Hochqualitativere Rohmaterialien
   D. Alle genannten

ANTWORTEN

1. C
2. D
3. D
4. D

PROBLEME

18.1 Wird eine Lernkurve auf normales Papier ausgegeben, scheint sie irgendwann gegen null zu konvergieren. Wird die Kurve hingegen auf logarithmisches Papier ausgegeben, scheinen sich die Verbesserungen ewig fortzusetzen. Woher kommt dieser Unterschied? Können sich die Verbesserungen unendlich fortsetzen? Falls nicht, wodurch könnte die kontinuierliche Verbesserung beschränkt werden?

18.2 Ein Unternehmen bewegt sich auf einer 85-Prozent-Lernkurve. Für die Fertigung der ersten Einheit werden 620 Stunden benötigt. Wie lange dauert die Produktion der 300. Einheit?

18.3 Ein Unternehmen, das sich auf einer 85-Prozent-Lernkurve bewegt, hat entschieden, dass der Produktionsstandard bei 85 Stunden für die 100. Einheit liegen sollte. Wie viel Zeit sollte für die erste Einheit benötigt werden? Bedeutet es, dass die Lernkurve falsch ist, wenn für die erste Einheit mehr Zeit benötigt wird als erwartet.

18.4 Ein Unternehmen hat soeben einen Vertrag über die Fertigung von 700 Einheiten eines bestimmten Produkts erhalten. Laut Kalkulationsabteilung müssen für die Fertigung der ersten Einheit 2.250 Stunden veranschlagt werden. Die Preisbildungsabteilung glaubt, dass eine 75-Prozent-Lernkurve gerechtfertigt sei. Die tatsächliche Lernkurve liegt bei 77 Prozent. Wie viel Geld hat das Unternehmen verloren, wenn Sie davon ausgehen, dass das Unternehmen mit € 65 pro Arbeitsstunde belastet ist? Welcher Fehler ergibt sich aus der Verwendung einer falschen Lernkurve?

18.5 Wenn für die Produktion der ersten Einheit 1.200 Stunden benötigt werden und für die Produktion der 150. Einheit 315 Stunden, auf welcher Lernkurve operiert das Unternehmen dann?

18.6 Ein Unternehmen hat beschlossen, sich um einen Folgeauftrag für die Produktion von 500 Exemplaren eines Produkts zu bewerben. Das Unternehmen hat bereits 2.000 Einheiten auf einer 75-Prozent-Lernkurve hergestellt. Für die 2.000 Einheit wurden 80 Stunden benötigt. Wie sollte das Angebot des Unternehmens ausfallen, wenn die Arbeitsstunde mit € 80 belastet werden muss und das Unternehmen einen Gewinn von 12 Prozent erreichen möchte?

18.7 Wie viele Exemplare des Folgeauftrags aus Problem 18.6 müssen produziert werden, bis das Unternehmen Gewinne verzeichnet?

18.8 Ein Fertigungsunternehmen möchte in einen neuen Markt eindringen. Bis zum Ende des Folgejahres muss der Marktführer 16.000 Stück auf einer 80-Prozent-Lernkurve herstellen, und der Jahresendpreis soll bei € 475/Stück liegen. Ihre Fertigungsmitarbeiter teilen Ihnen mit, dass für die Produktion der ersten Einheit € 7.150 erforderlich sind. Mit der neuen Technologie, die Sie entwickelt haben, sollte jedoch eine Leistung auf einer 75-Prozent-Lernkurve möglich sein. Wie viele Einheiten muss das Unternehmen im Laufe des nächsten Jahres herstellen und verkaufen, um mit dem Marktführer bei € 475/Stück mithalten zu können?

18.9 Die Firma Rylon baut Elektrokomponenten zusammen. Das Unternehmen schätzt, dass der Bedarf im nächsten Jahr bei 800 Stück liegen wird. Das Unternehmen arbeitet auf einer 80-Prozent-Lernkurve und denkt darüber nach, eine neue Maschine zu erwerben, mit der die Fertigungszeiten verringert werden können. Mit der neuen Maschine liegt die Arbeitsintensität jedoch nur noch bei 25 bis 45 Prozent. Wenn das Unternehmen die neue Maschine kauft und installiert, kann sie sie ab der 200. Einheit einsetzen. Die restlichen 600 Elemente werden dann also mit der neuen Maschine gefertigt. Für den Zusammenbau der 200. Einheit werden 620 Stunden benötigt, für die 201. Einheit nur noch 400 Stunden, jedoch auf einer 90-Prozent-Lernkurve.

a. Verkürzt die neue Maschine die Montagedauer für alle 800 Einheiten und falls ja, um wie viel Stunden?

b. Falls das Unternehmen mit € 70/Stunde belastet wird und die neue Maschine über fünf Jahre abgeschrieben wird, wie viel sollte das Unternehmen dann maximal für die neue Maschine ausgeben?

19 Verträge und Beschaffung

Verwandte Fallstudien (aus Kerzner/*Project Management Case Studies*, 2. Auflage)	Verwandte Workbook-Übungen (aus Kerzner/*Project Management Workbook and PMP®/CAPM® Exam Study Guide*, 9. Auflage)	PMBOK® Guide, 3. Auflage, Referenzabschnitt für das PMP®-Zertifizierungsexamen
• Keine	• Multiple-Choice-Examen • Crossword Puzzle on Procurement Management	• Beschaffungsmanagement

Hinweis: Der 2004 PMBOK® Guide hat sechs Prozesse unter dem Projektbeschaffungsmanagement identifiziert: Planung der Einkäufe und Beschaffungen, Planen des Vertragswesens, Lieferantenanfragen, Lieferantenauswahl, Vertragsabwicklung und Vertragsbeendigung. Nach Gesprächen mit den Fakultätsmitgliedern, die das Lehrbuch anwenden, aber in ihren Vorlesungen nicht dem 2004 PMBOK® Guide folgen, wurde beschlossen, dieses Kapitel nicht den neuen Prozessen entsprechend umzuschreiben. Die Randspalten zeigen jedoch an, auf welche PMP-Prozesse sich der Stoff bezieht.

19.0 Einführung

PMBOK® Guide 2004
Kapitel 12 Beschaffungsmanagement

Im Allgemeinen erstellen projektorientierte Unternehmen Produkte oder Dienstleistungen basierend auf den Anforderungen von Ausschreibungen oder den Ergebnissen von Vertragsverhandlungen mit dem Kunden. Zu den wichtigsten Faktoren bei der Erstellung eines Angebots und der Einschätzung der Kosten und der Gewinne eines Projekts gehört der zu erwartende Vertrag. Das Vertrauen, mit dem ein Angebot ausgearbeitet wird, hängt in der Regel davon ab, welches Risiko der Auftragnehmer mit dem Vertrag eingeht. Bei bestimmten Vertragsarten trägt der Auftragnehmer das volle Risiko, bei anderen hingegen wird er entlastet. Dies ist besonders bei Projekten mit unvorhersehbarem Risiko[1] wichtig. Auch bei der Kostenplanung ist die Vertragsart wichtig. Auch hier stellt sich die Frage, wie gut der Vertrag Bereiche mit hohem Risiko abdeckt.

Bei der Kostenplanung sollte beachtet werden, dass nicht immer das günstigste Angebot das Rennen macht. Wird im Rahmen einer Ausschreibung ein Angebot abgegeben, das die anderen Angebote erheblich unterbietet, macht dies den Kunden eher misstrauisch. Er stellt möglicherweise die Zuverlässigkeit des Angebots in Frage und bezweifelt, ob der Vertrag zu den angegebenen Bedingungen erfüllt werden kann. Erhält ein solches Angebot den Zuschlag, nimmt der Kunde zum Selbstschutz in der Regel Zielvereinbarungen und Klauseln zur Zahlung von Konventionalstrafen in den Vertrag mit auf.

Wegen der Risiken, die mit einem Projekt verbunden sind, müssen Auftragnehmer nicht nur die Zielkosten, sondern auch die Vertragsart verhandeln, da der Schutz vor Risiken ein überwiegender Einflussfaktor ist. Die Größe und Erfahrung des Auftraggebers, die Dringlichkeit der Fertigstellung, die Verfügbarkeit qualifizierter Auftragnehmer und andere Faktoren müssen sorgfältig geprüft werden. Die Vor- und Nachteile aller grundlegenden Vertragsbedingungen müssen deutlich sein, um die optimale Vereinbarung für ein bestimmtes Projekt treffen zu können.

1. *Unvorhersehbare Risiken sind unfaire Risiken, die der Auftragnehmer möglicherweise auf sich nehmen muss. Häufig kann im Rahmen der Vertragsverhandlungen keine Einigkeit darüber erzielt werden, was ein unvorhersehbares Risiko ist.*

19.1 Die Beschaffung

PMBOK® Guide 2004

Kapitel 12 Einführung

12.1 Planen der Einkäufe und Beschaffungen

Beschaffung kann als Erwerb von Gütern oder Dienstleistungen definiert werden. Die Beschaffung ist wie der Vertragsabschluss ein Vorgang, an dem zwei Parteien mit unterschiedlichen Zielen beteiligt sind, die in einem vorgegebenen Marktsegment zusammenarbeiten. Mit guten Beschaffungsverfahren wie der Ausnutzung von Rabatten, der Minimierung von Cashflow-Problemen und der Auswahl von Zulieferern, die einen hohen Qualitätsstandard bieten, lässt sich die Rendite eines Unternehmens erhöhen. Da sich die Beschaffung auf die Rentabilität auswirkt, wird sie oft zentral durchgeführt. Dies führt zum Einsatz standardisierter Verfahren und zu einer Verringerung des Schriftverkehrs.

Es gibt zwei grundlegende Beschaffungsstrategien:

- *Die Beschaffungsstrategie des Unternehmens:* Das Verhältnis von spezifischen Beschaffungsaktivitäten zur Unternehmensstrategie
- *Die Beschaffungsstrategie eines Projekts:* Das Verhältnis von Beschaffungsaktivitäten zu dem Bereich des Projekts, in dem die Fertigung erfolgt

Projektbezogene Beschaffungsstrategien können sich durch Projektvorgaben, die Verfügbarkeit wichtiger Ressourcen und spezifische Kundenanforderungen von der Beschaffungsstrategie des Unternehmens unterscheiden. So kann es beispielsweise laut Unternehmensstrategie vorgeschrieben sein, kleine Mengen bei einigen wenigen qualifizierten Herstellern zu kaufen, nach der projektbezogenen Strategie erfolgt die Beschaffung hingegen von einer Quelle.

Im Rahmen der Beschaffungsplanung müssen in der Regel zunächst folgende primäre Entscheidungen getroffen werden:

- Beschaffung aller Güter/Dienstleistungen von einer Quelle
- Beschaffung aller Güter/Dienstleistungen von mehreren Quellen
- Beschaffung einer kleinen Menge an Gütern/Dienstleistungen
- Keine Beschaffung von Gütern/Dienstleistungen

Ein weiterer wichtiger Faktor ist das Umfeld, in dem die Beschaffung erfolgen muss. Dabei wird zwischen dem Makro- und dem Mikroumfeld unterschieden. Das Makroumfeld beinhaltet allgemeine externe Variablen, die beeinflussen können, wann und wie die Beschaffung erfolgen soll. Dazu gehören Rezession, Inflation, die Kosten für Geldanleihen und die Arbeitslosigkeit. So erhielt beispielsweise in den USA[2] ein ausländisches Unternehmen den Zuschlag für ein Großprojekt, für das mehrere Unterauftragnehmer engagiert werden mussten. Weil in dem Land eine hohe Arbeitslosigkeit herrschte, wurde die Entscheidung getroffen, nur mit heimischen Zulieferern oder Unterauftragnehmern zu arbeiten und Unterauftragnehmern aus Städten mit den höchsten Arbeitslosenraten zu bevorzugen, selbst wenn es anderswo qualifiziertere Zulieferer oder Unterauftragnehmer gab.

Das Mikroumfeld ist das interne Umfeld eines Unternehmens, also insbesondere die Richtlinien und Verfahren, die vom Unternehmen, dem Projekt oder dem Kunden für die Beschaffung vorgegeben werden. Dazu gehört ein Beschaffungssystem, das aus fünf Zyklen besteht:

- *Bedarfsdefinitionszyklus:* Definition der Projektgrenzen
- *Bestellzyklus:* Quellenanalyse
- *Angebotseinholungszyklus:* Das Ausschreibungsverfahren
- *Zuschlagszyklus:* Auswahl der Auftragnehmer und Auftragsvergabe
- *Vertragsverhandlungszyklus:* Verhandlung mit dem Unterauftragnehmer bis zur Fertigstellung des Vertrags

2. Dieses Beispiel ist wegen der EU-Vergaberichtlinien nicht ohne Weiteres auf EU-Mitgliedsstaaten übertragbar.

Die Zyklen können parallel durchgeführt werden. Dies gilt insbesondere für die Bestellung und für die Einholung von Angeboten. Im Rahmen der Beschaffung gibt es außerdem einige Tätigkeiten, die mehrere Zyklen überlappen.

19.2 Die Bedarfsdefinition

PMBOK® Guide 2004
12.1.1 Planen der Einkäufe und Beschaffungen: Eingangswerte

Dieser Schritt wird als Bedarfsdefinitionszyklus bezeichnet und beinhaltet folgende Punkte:

- Bedarfsdefinition für das Projekt
- Entwicklung des Lastenhefts, der Spezifikationen und eines Projektstrukturplans
- Durchführung einer Make-or-Buy-Analyse
- Aufstellung der wichtigsten Meilensteine und eines Ablauf- und Terminplans
- Abschätzung der Kosten inklusive der Lebenszykluskosten
- Einholung der Genehmigung, mit dem Projekt fortzufahren

In Kapitel 11 wurde das Thema Lastenheft ausführlich vorgestellt. Das Lastenheft enthält eine Beschreibung der Arbeiten, die ausgeführt werden müssen, und/oder der Ressourcen, die bereitgestellt werden müssen. Die Identifikation der Ressourcen hat in den letzten zehn Jahren größte Wichtigkeit erlangt. In den 1970er- und den 1980er-Jahren bewarben sich kleine Firmen für Großaufträge, die dann 99 % aller Arbeiten an Unterauftragnehmer vergaben. Rechtsstreitigkeiten waren an der Tagesordnung und viele Unternehmen behalfen sich damit, dass sie von den Auftragnehmern verlangten, die Namen und Lebensläufe der qualifizierten Mitarbeiter, die an dem Projekt mitarbeiten würden, in das Lastenheft mit aufzunehmen.

Spezifikationen sind schriftliche, bildliche oder grafische Informationen, die die Dienstleistungen oder Elemente beschreiben, definieren oder genauer spezifizieren, die beschafft werden müssen. Es gibt drei Arten von Spezifikationen:

- *Entwurfsspezifikationen:* Diese Spezifikationen geben messbare Merkmale an, die das Endprodukt aufweisen muss. Das Risiko liegt beim Auftragnehmer.
- *Leistungsspezifikationen:* Diese Spezifikationen nennen messbare Leistungen, die das Endprodukt erfüllen muss. Das Risiko liegt bei Auftragnehmer.
- *Funktionsbezogene Spezifikationen:* Diese Spezifikationen beschreiben den Einsatz des Elements aus Sicht des Verkäufers. Der Wettbewerb soll angeregt werden, um geringere Gesamtkosten erzielen zu können. Es handelt sich um eine Teilmenge der Leistungsspezifikation und das Risiko liegt beim Auftragnehmer.

Es gibt immer verschiedene Möglichkeiten, Güter zu beschaffen. Güter können beispielsweise gekauft, geleast oder gemietet werden. Außerdem spielt es eine Rolle, ob die Beschaffung auf dem heimischen Markt erfolgt oder international ausgerichtet ist. Nachfolgend sind einige Punkte aufgeführt, die bei der Make-or-Buy-Analyse eine Rolle spielen:

PMBOK® Guide 2004
12.1.2.1 Make-or-Buy-Analyse

- Die Entscheidung, das Produkt selbst herzustellen
  - Kostengünstiger (aber nicht immer!)
  - Leichte Integration
  - Ausnutzung von Kapazitäten, die gerade nicht genutzt werden
  - Direkte Steuerung und Kontrolle möglich
  - Geheimhaltung von Entwurfs-/Produktionsgeheimnissen
  - Vermeidung unzuverlässiger Zulieferer
  - Stabilisierung des vorhandenen Arbeitskräftepotenzials

- Die Entscheidung, ein Produkt zuzukaufen
  - Kostengünstiger (aber nicht immer!)
  - Ausnutzung der Kenntnisse des Zulieferers
  - Die benötigte geringe Menge lässt sich nicht kostengünstig selbst herstellen
  - Die eigenen Kapazitäten oder Fähigkeiten sind beschränkt
  - Erweiterung des vorhandenen Arbeitskräftepotenzials
  - Beibehaltung mehrerer Quellen (Liste qualifizierter Händler)
  - Indirekte Steuerung und Kontrolle

Die Entscheidung darüber, ob geleast oder gemietet werden soll, muss in der Regel genau berechnet werden. Betrachten Sie das folgende Beispiel. Ein Unternehmen möchte ein bestimmtes Gerät zum Preis von € 100 pro Tag mieten. Das Gerät kann auch zum Preis von € 60 pro Tag und einer Einmalzahlung von € 5000 geleast werden. Wo liegt der Break-even-Point gemessen in Tagen, an dem Leasing und Miete identisch sind?

Angenommen, X wäre die Anzahl der Tage.

$$\underset{\text{Miete}}{\underset{\uparrow}{€\,100X}} = €\,5000 + \underset{\text{Leasing}}{\underset{\uparrow}{€\,60X}}$$

Lösung der Gleichung: $X = 125$ Tage

Möchte die Firma das Gerät also länger als 125 Tage nutzen, ist es kostengünstiger, es zu leasen. Bei einer kürzeren Nutzungsdauer sollte das Gerät hingegen gemietet werden.

19.3 Der Bestellzyklus

PMBOK® Guide 2004
12.3 Lieferantenanfragen

Nachdem die Anforderungen identifiziert wurden, wird ein Anforderungsformular an die Beschaffung gesendet, um den Bestellvorgang zu starten. Dieser beinhaltet folgende Aktivitäten:

- Bewertung/Bestätigung der Spezifikationen (sind sie aktuell?)
- Bestätigung der Quellen
- Überprüfung der bisherigen Leistung der Quellen
- Erstellung eines Ausschreibungspakets

Das Ausschreibungspaket wird im Rahmen des Bestellzyklus vorbereitet, jedoch erst im Ausschreibungszyklus genutzt. In den meisten Situationen muss das Ausschreibungspaket an alle Lieferanten gesendet werden. Ein typisches Ausschreibungspaket beinhaltet Folgendes:

- Ausschreibungsdokumente (in der Regel standardisiert)
- Liste qualifizierter Anbieter (deren Angebot erwartet wird)
- Bewertungskriterien für Angebote
- Bieterkonferenz
- Behandlung von Änderungsanforderungen
- Zahlungsplan für Zulieferer

Die Liste der qualifizierten Anbieter soll den Wettbewerb fördern und damit die Kosten senken. Häufig beteiligen sich Anbieter nicht an einer Ausschreibung, weil sie wissen, dass ihr Angebot über dem anderer Anbieter liegen wird und sie keine Chance haben, den Auftrag zu erhalten. Die Beteiligung an einer Ausschreibung ist für ein Unternehmen kostspielig.

Bieterkonferenzen sollen dafür sorgen, dass alle Anbieter denselben Kenntnisstand haben. Hat ein potenzieller Anbieter eine Frage in Bezug auf die Ausschreibung, darf er diese erst auf der Bieterkonferenz stellen, damit die Antwort so für alle Anbieter zugänglich ist. Dies ist insbesondere bei staatlichen Aufträgen wichtig. Zwischen der Ausschreibung und der Vertragsvergabe finden möglicherweise mehrere Bieterkonferenzen statt. Das Projektmanagement vom Auftraggeber und vom Auftragnehmer kann bei Bedarf in die Bieterkonferenzen einbezogen werden.

19.4 Der Angebotseinholungszyklus

> **PMBOK® Guide 2004**
> 12.3 Lieferantenanfragen
> 12.4 Lieferantenauswahl
> 12.3.2.1 Bieterkonferenzen

Die Auswahl der Akquisitionsmethode ist für den Angebotseinholungszyklus sehr wichtig. Hier kommen hauptsächlich drei Methoden zum Einsatz:

- Inserieren
- Verhandlung
- Erwerb geringwertiger Güter (z.B. Büromaterial)

Die Methode des Inserierens kommt bei feststehenden Angeboten zum Einsatz. Es gibt keine Verhandlungen. Die Konkurrenz bestimmt den Preis und der günstigste Anbieter erhält den Zuschlag.

Die Methode der Verhandlung wird eingesetzt, wenn der Preis per Verhandlung festgelegt wird. In einer solchen Situation wird der Kunde möglicherweise Folgendes machen:

> **PMBOK® Guide 2004**
> 12.3.3 Lieferantenanfragen: Ausgangswerte

- Auskunftsersuchen
- Angebotsanforderung
- Ausschreibung

Die Ausschreibung ist die kostspieligste Vorgehensweise für den Anbieter. Umfangreiche Angebote enthalten separate Teile für die Kosten, die technische Leistung, die Qualität, die Anlagen, das Management von Subunternehmern und anderes. Die Verhandlung ist unter Umständen stark vom Wettbewerb bestimmt. Vorgänge, die nicht vom Wettbewerb bestimmt sind, werden als Beschaffung von einer Quelle bezeichnet.

> **PMBOK® Guide 2004**
> 12.4.2.4 Vertragsverhandlungen

Bei umfangreichen Verträgen können die Verhandlungen leicht über die grundlegenden Faktoren hinausgehen. Eventuell werden separate Verhandlungen über den Preis, die Mengen, die Qualität und die Ablauf- und Terminplanung geführt. Die Beziehungen zum Anbieter sind während der Vertragsverhandlungen sehr wichtig. Die Integrität der Beziehung und Erfahrungen in der Vergangenheit können die Verhandlungen erheblich verkürzen. Bei den Verhandlungen spielen in erster Linie die folgenden Punkte eine Rolle:

- Kompromissfähigkeit
- Anpassungsfähigkeit
- Vertrauen

Verhandlungen sollten geplant verlaufen. Typische Aktivitäten, die in diesem Zusammenhang wichtig sind, wären:

- Entwicklung von Zielen (d.h. Min-Max-Positionen)
- Einschätzung der Konkurrenz
- Definition von Strategien und Taktiken
- Fakten sammeln
- Durchführung einer Preis-Kosten-Analyse
- »Hygienefaktoren« durchgehen

Wenn Sie selbst Käufer sind, sollten Sie überlegen, wie viel Sie maximal bezahlen wollen. Sie müssen feststellen, was Ihr Gegenüber motiviert. Ist Ihr Gegenspieler an Rentabilität, an der Erhaltung von Arbeitsplätzen, an der Entwicklung einer neuen Technologie oder daran interessiert, Ihren Namen als Referenz zu benutzen? Die Antwort auf diese Frage wirkt sich mit Sicherheit auf Ihre Strategie und Ihre Taktiken aus.

Zu den »Hygienefaktoren« gehört beispielsweise die Wahl des Verhandlungsorts. Sollen die Verhandlungen in einem Restaurant, in einem Hotel, im Büro, an einem quadratischen oder an einem runden Tisch durchgeführt werden? Aber auch der Verhandlungszeitpunkt (morgens oder nachmittags) und die Sitzordnung (wer sitzt mit Blick aufs Fenster, wer mit Blick auf die Wand) spielen eine Rolle.

Die Verhandlungsführung sollte im Anschluss durchgesprochen werden, um festzustellen, welche Konsequenzen daraus gezogen wurden. Die erste Art von Manöverkritik findet firmenintern statt, die zweite gemeinsam mit den Anbietern, die den Zuschlag nicht erhalten haben. Eventuell protestiert ein Anbieter und der Auftraggeber muss ausführlich erklären, warum der Anbieter den Auftrag nicht erhalten hat. In der Regel ist dies jedoch hauptsächlich bei der staatlichen Vergabe von Aufträgen üblich.

19.5 Der Zuschlagszyklus

PMBOK® Guide 2004

12.4.2 Lieferantenauswahl: Werkzeuge und Methoden

Der Zuschlagszyklus resultiert in einem unterschriebenen Vertrag. Es gibt verschiedene Vertragsarten. Die Vertragsverhandlungen beinhalten auch die Wahl der Vertragsart.

> Im Rahmen des Zuschlagszyklus sollen die Vertragsart und der Preis verhandelt werden. Das Ziel des Auftragnehmers besteht darin, ein überschaubares Risiko auf sich zu nehmen. Gleichzeitig sollten jedoch genügend Anreize für den Auftragnehmer vorhanden sein, effizient und ökonomisch zu arbeiten.

Es gibt einige grundlegende vertragliche Begriffe, die vor der Betrachtung der verschiedenen Verträge geklärt werden sollten:

- *Schlichtung*: Die Einrichtung eines Gesprächs durch einen Dritten, der eine Entscheidung herbeiführt. Der Dritte ist kein Gericht und die Entscheidung kann, muss aber nicht rechtlich bindend sein.
- *Vertragsbruch*: Verletzung des Vertrages durch eine Handlung oder eine Unterlassung oder Bruch einer vertraglichen Verpflichtung.
- *Vertrag*: Eine Vereinbarung zwischen zwei oder mehr Parteien. Die Einhaltung der Vereinbarung kann vor Gericht erzwungen werden.
- *Ausgeführter Vertrag*: Ein Vertrag, der von allen beteiligten Parteien abgeschlossen ist.
- *Höhere-Gewalt-Klausel*: Eine Bestimmung in einem Vertrag, die die beteiligten Parteien von der Haftung oder vertraglichen Verpflichtungen befreit, wenn höhere Gewalt, Kriege, Terroranschläge oder vergleichbare Situationen eintreten.
- *Treu und Glauben*: Ehrlichkeit und korrekter Umgang zwischen allen am Vertrag beteiligten Parteien.
- *Verstoß*: Eine Verletzung des rechtlich anerkannten Rechts eines Beteiligten.
- *Pauschalierter Schadensersatz/Schadensausgleich*: Ein in einem Vertrag festgelegter Betrag, der die angemessene Schätzung von Schäden bestimmt, die bei einem Vertragsbruch entstehen.
- *Fahrlässigkeit*: Das Versäumnis, Aktivitäten so auszuführen, wie eine vernünftige Person dies in einer vergleichbaren Situation tun würde.
- *Wettbewerbsklausel*: Eine Verpflichtung, die Beschränkungen dahingehend vorgibt, ein Konkurrenzunternehmen zu gründen oder innerhalb einer bestimmten Zeitdauer für einen Konkurrenten zu arbeiten.

- *Geheimhaltungsklausel*: Eine Verpflichtung, die Beschränkungen in Hinblick auf bestimmte proprietäre Informationen vorgibt, so dass diese nicht ohne schriftliche Zustimmung offen gelegt werden dürfen.
- *Schlechterfüllung/Nichterfüllung*: Die Arbeit wurde so geleistet, dass sie nicht mit den Spezifikationen oder Anforderungen im Vertrag übereinstimmt.
- *Vertragsstrafe*: Eine Verpflichtung, angegeben in Geldwert, die anfällt, wenn eine Leistung nicht erbracht werden kann.
- *Vertragsbeziehung*: Die Beziehung zwischen dem Käufer und dem Lieferanten in einem Vertrag.
- *Verzichtserklärung*: Ein bewusster Verzicht auf rechtliche Ansprüche.
- *Garantie*: Eine mündliche oder schriftliche Zusicherung, dass bestimmte Tatsachen wie dargestellt gelten.

Folgende Grundfaktoren müssen bei den meisten Verträgen erfüllt sein:

PMBOK® Guide 2004

12.4.3 Lieferantenauswahl: Ausgangswerte

- *Beiderseitiges Einvernehmen:* Es muss ein Angebot vorhanden sein und das Angebot muss angenommen werden.
- *Gegenleistung:* Es muss eine Anzahlung geleistet werden.
- *Vertragsleistung:* Der Vertrag ist nur bindend, wenn der Auftragnehmer dazu in der Lage ist, die Arbeiten auszuführen.
- *Rechtliche Gründe:* Der Vertrag muss aus rechtlichen Gründen geschlossen werden.
- *Form wird vom Gesetz vorgegeben:* Der Vertrag muss die rechtliche Verpflichtung des Auftragnehmers deutlich machen, die Endprodukte zu liefern.

Die häufigsten Formen von Verträgen sind Dienst- und Werkverträge.

- *Werkvertrag:* Der Auftragnehmer ist verpflichtet, ein Endprodukt zu liefern. Wird das Endprodukt fristgerecht geliefert und vom Auftraggeber angenommen, wird der Vertrag als erfüllt betrachtet und die Restzahlung kann erfolgen. Der Auftragnehmer schuldet den Werkerfolg.
- *Dienstvertrag:* Beim Dienstvertrag muss kein Endprodukt geliefert, sondern eine bestimmte Dienstleistung erbracht werden. Diese Dienstleistung kann beispielsweise in Personentagen (oder auch -monaten/-jahren) für einen bestimmten Zeitraum bestehen, wobei die Leistung von Personen mit bestimmten Kenntnissen oder Fähigkeiten erstellt werden muss. Wird die vertraglich vereinbarte Arbeit erledigt, hat der Auftragnehmer seine Vertragspflichten erfüllt und die Restzahlung kann unabhängig davon erfolgen, was technisch tatsächlich erreicht wurde. Der Auftragnehmer schuldet nur seine Tätigkeit, nicht deren Erfolg.

Die Aushandlung des rechtsverbindlichen Vertrags folgt fest vorgegebenen Regeln, wie z.B. der Verhandlung aller vertragsrelevanter Bedingungen, Kosten und Zeitvorgaben. Leider kann es unter Umständen Monate dauern, bis ein Vertrag unterschriftsreif ist. Ist ein sofortiger Arbeitsbeginn erforderlich oder muss die Beschaffung langfristig erfolgen, kann ein Vorvertrag geschlossen werden oder der Auftragnehmer kann eine geschäftliche Verpflichtungserklärung abgeben. Der Vorvertrag ist ein schriftliches Dokument, das den Auftragnehmer dazu ermächtigt, unmittelbar mit der Fertigung eines Produkts oder mit der Bereitstellung einer Dienstleistung zu beginnen. Der verbindliche Preis kann zwar auch noch verhandelt werden, nachdem mit der Leistungserbringung begonnen wurde, der Auftragnehmer sollte jedoch den nicht zu überschreitenden Nennwert einhalten. Der rechtsverbindliche Vertrag muss noch verhandelt werden.

Die Wahl des Vertragstyps hängt von folgenden Faktoren ab:

- Höhe des Risikos in Hinblick auf die Kosten und den Ablauf- und Terminplan
- Art und Komplexität der Anforderungen (technisches Risiko)
- Ausmaß des Preiskampfes
- Kostenanalyse

- Dringlichkeit der Anforderungen
- Leistungszeitraum
- Verpflichtungen (und Risiko) des Auftragnehmers
- Buchhaltungssystem des Auftragnehmers (ist es in der Lage, Earned-Value-Berichte zu erstellen?)
- Aktuelle Verträge (nimmt der Vertrag auf bestehende Arbeiten Bezug?)
- Ausmaß der Arbeiten, die an Unterauftragnehmer vergeben werden müssen

19.6 Vertragsarten

PMBOK® Guide 2004
12.1.2.3 Vertragsformen

Bevor Sie sich mit den verschiedenen Vertragsarten vertraut machen, sollten Sie die grundlegenden Begriffe kennen, die darin vorkommen.

- Die *angestrebten Kosten* oder die vorkalkulierten Kosten sind die Kosten, die für den Auftragnehmer unter normalen Umständen sehr wahrscheinlich anfallen werden. Die angestrebten Kosten dienen als Grundlage für die Bemessung der tatsächlichen Kosten nach Abschluss der Fertigung oder Entwicklung. Die angestrebten Kosten weichen möglicherweise bei den verschiedenen Vertragsarten voneinander ab, obwohl die Vertragsziele identisch sind. Die angestrebten Kosten sind die wichtigste Variable für die Forschung und Entwicklung.
- Der *angestrebte oder erwartete Gewinn* ist der Gewinn, der ausgehandelt und in den Vertrag aufgenommen wird. Der erwartete Gewinn nimmt in der Regel den größten Teil des Gesamtgewinns ein.
- Der *maximale und der minimale Gewinn* in Bezug auf den Gesamtgewinn. Diese Werte werden häufig in die Vertragsverhandlungen einbezogen.
- *Maximale und minimale Kosten* sind prozentuale Anteile der Zielkosten, die die äußeren Beschränkungen der Gewinne des Auftragnehmers dokumentieren.
- Die *Beteiligungsvereinbarung* legt fest, für welchen Anteil der Kosten der Auftragnehmer und für welchen Anteil der Auftraggeber aufkommen muss. Für den Auftragnehmer spielt es dabei keine Rolle, ob es sich um eine Kostenüber- oder -unterschreitung handelt. Die Gestaltung der Beteiligungsvereinbarung hängt möglicherweise davon ab, ob der Auftragnehmer das Kostenziel über- oder unterschreitet.
- Der *Punkt vollständige Übernahme* ist der Punkt, an dem der Auftragnehmer die Haftung für alle zusätzlichen Kosten übernimmt bzw. ab dem weiter steigende Kosten nicht mehr durch die avisierte Gewinnmarge des Auftragnehmers gedeckt sind, er mithin in die Verlustzone gerät.

Weil nicht jeder Vertrag für jede Situation oder jedes Projekt passt, gibt es die unterschiedlichsten Vertragskombinationen:

- Kostenzuschlagsvertrag mit Prozentzuschlag auf Selbstkosten (Cost-plus Percentage Fee – CPPF)
- Kostenzuschlagsvertrag mit Gewinnaufschlag auf Selbstkosten (Cost-plus Fixed Fee – CPFF)
- Kostenzuschlagsvertrag mit garantiertem Maximum (Cost-plus Guaranteed Maximum – CPGM)
- Kostenzuschlagsvertrag mit garantiertem Maximum und Berücksichtigung der Einsparungen (Cost-plus Guaranteed Maximum and Shared Savings – GMSS)
- Kostenzuschlagsvertrag mit Anreiz (Cost-plus Incentive – CPIF)
- Kostenzuschlagsvertrag mit Kostenbeteiligung (Cost and Cost Sharing – CS)
- Festpreis oder Pauschale (Fixed Price – FP)
- Festpreis mit Neuermittlung (Fixed Price with Redetermination – FPR)

- Festpreis mit Leistungsanreiz (Fixed Price with Incentive Fee – FPIF)
- Festpreis mit ökonomischer Preisanpassung (Fixed Price with Economic Price Adjustment)
- Festpreis mit sukzessiven Leistungsanreizen (Fixed Price Incentive with Successive Targets)
- Festpreis, wobei Dienstleistungen, Material und Arbeit zum Selbstkostenpreis berechnet werden (Fixed Price for Services, Material and Labor at Cost)
- Ausschließliche Berechnung von Zeit und Material/Arbeitsstunden
- Bonus – Vertragsstrategie
- Kombinationen
- Joint Venture

Auf der einen Seite des Spektrums befinden sich die Kostenzuschlagsverträge. Dabei handelt es sich um Festpreisvereinbarungen, bei denen der Unternehmensgewinn und nicht der Preis festgelegt wird und das unternehmerische Risiko gering ist, außer bei eigenem Verschulden. Am anderen Ende des Spektrums befinden sich Pauschalsummenvereinbarungen, bei denen der Auftragnehmer für alles selbst verantwortlich ist, d.h. für die Gewinne oder Verluste, für die zeitgerechte Leistung und für alle Kosten, die unter den Festpreis fallen. Dazwischen stehen alle anderen Vertragsarten, wie z.B. Verträge mit einem garantierten Maximum und Verträge mit Anreiz- oder Strafzahlungen. Diese Vertragsarten bergen unterschiedliche Verantwortungsgrade in sich und der Gewinn hängt von der Leistung ab. Bei Consulting-Verträgen gibt es ein Spektrum vom Vertrag auf der Basis von Tagessätzen bis zum Festpreisvertrag.

Am häufigsten kommen die folgenden fünf Vertragsarten zum Einsatz, die nachfolgend ausführlicher beschrieben werden: Festpreisverträge, Kostenzuschlagsvertrag mit Prozentzuschlag auf Selbstkosten, Kostenzuschlagsvertrag mit Gewinnaufschlag auf Selbstkosten, Kostenzuschlagsverträge mit garantiertem Maximum und Berücksichtigung der Einsparungen, Festpreisverträge mit Anreiz und Kostenzuschlagsverträge mit Anreiz.

- Bei einem *Festpreisvertrag* muss der Auftragnehmer die Zielkosten sorgfältig einschätzen. Der Auftragnehmer muss die Arbeit zum vereinbarten Preis erledigen. Waren die geschätzten Zielkosten sehr niedrig, fällt der Gewinn gering aus oder das Unternehmen macht im schlimmsten Fall Verlust. Der Auftragnehmer ist eventuell nicht in der Lage, Konkurrenten zu überbieten, wenn die erwarteten Kosten überschätzt werden. Deshalb geht der Auftragnehmer bei Festpreisverträgen ein hohes Risiko ein.

  Festpreisverträge bieten dem Auftraggeber maximalen Schutz vor Kostenüberschreitungen. Die Vorbereitungen, die für diese Art von Angeboten getroffen, und die Anpassungen, die vorgenommen werden müssen, sind jedoch enorm. Wenn die Vertragspartner sich mit den örtlichen Bedingungen nicht gut auskennen, ist das Risiko großer unvorhergesehener Ausgaben sehr hoch. Festpreisverträge sollten nur dann geschlossen werden, wenn die Anforderungen an das Endprodukt genau bekannt sind. Möchte der Auftraggeber nach Abschluss eines Festpreisvertrags Änderungen vornehmen, kann dies zu unangenehmen und manchmal auch hohen Zusatzkosten führen. Zusatzwünsche des Auftraggebers sind nicht im Festpreis inbegriffen.
- Verträge des Typs *Verkaufspreis mit Gewinnaufschlag auf Selbstkosten* werden in der Regel eingesetzt, wenn die Vertragspartner glauben, dass eine genaue Preisgestaltung auf keine andere Weise erreicht werden kann. Bei dieser Art von Verträgen können sich zwar die Kosten unterscheiden, der Gewinnaufschlag bleibt jedoch fix. Weil sich der Auftragnehmer beim Kostenzuschlagsvertrag nur dazu verpflichtet, die Arbeit bestmöglich zu verrichten, werden gute und schlechte Leistungen gleichermaßen belohnt. Der geringe Gewinn führt zu einer niedrigen Ertragsrate, was sich in dem kleinen Risiko widerspiegelt, das der Auftragnehmer bereit ist, einzugehen. Der Gewinnaufschlag ist in der Regel ein geringer prozentualer Anteil an den Gesamtkosten. Bei Kostenzuschlagsverträgen müssen die Bücher des Unternehmens überprüft werden.

  Diese Art von Vertrag sieht eine feste Summe oder einen festen Gewinn für die Dienstleistungen vor, die vom Auftragnehmer erbracht werden. Das Material und die Arbeitskosten werden jedoch zum Selbstkostenpreis rückerstattet. Diese Form von Angebot kann schnell und mit minimalen Ausgaben für den Auftragnehmer erstellt und vom Auftraggeber ganz einfach bewertet werden. Der Vorteil dieser Vertragsart besteht darin, dass der Auftragnehmer den Anreiz hat, möglichst schnell fertig zu werden.

Verträge des Typs »Verkaufspreis mit Gewinnaufschlag auf Selbstkosten« bieten dem Auftraggeber maximale Flexibilität und Auftraggeber und Auftragnehmer haben die Möglichkeit, alle technischen, finanziellen und kommerziellen Probleme gemeinschaftlich zu lösen. Der Vertrag bietet jedoch keine finanzielle Absicherung der letztendlichen Kosten. So können beispielsweise durch das Fehlen finanzieller Anreize im Vergleich zu anderen Vertragsarten höhere Baukosten resultieren. Der einzige Anreiz bei dieser Art von Vertrag ist der erhöhte Konkurrenzdruck und die Aussicht auf Folgeaufträge.

- Bei Verträgen mit *garantiertem Maximum und Berücksichtigung der Einsparungen* erhält der Auftragnehmer einen festen Gewinnaufschlag, und die Kosten für die Konstruktion, Material und alle anderen Arbeiten werden bis zu einem garantierten Maximum rückerstattet. Einsparungen, die gegenüber dem garantierten Maximum vorgenommen werden, werden zwischen Auftraggeber und Auftragnehmer geteilt. Für Überschreitungen des garantierten Maximums muss hingegen ausschließlich der Auftragnehmer aufkommen.

  Bei dieser Vertragsart werden die Vorteile und auch einige Nachteile von Festpreis- und Kostenzuschlagsverträgen kombiniert. Diese Art von Verträgen ist am günstigsten, weil der maximale Preis zum frühestmöglichen Zeitpunkt ermittelt wird und den Auftraggeber vor überhöhten Abrechnungen schützt. Dadurch, dass die Einsparungen gegenüber dem garantierten Maximum zwischen Auftraggeber und Auftragnehmer geteilt werden, tragen beide Parteien das Risiko gemeinsam und es gibt einen echten Anreiz, das Projekt mit möglichst geringen Kosten durchzuziehen.

- Verträge mit einem *Festpreis plus einer Anreizzahlung* ähneln den Festpreisverträgen, bieten jedoch die Möglichkeit, den Gewinn mittels einer Formel anzupassen, die von den Gesamtkosten bei Abschluss des Projekts abhängen. Diese Art von Vertrag sollte nur genutzt werden, wenn die Vertrags- oder Projektanforderungen klar feststehen. Der Vertrag bietet für den Auftragnehmer den Anreiz, die Kosten zu reduzieren und dadurch seinen Gewinn zu erhöhen. Das Risiko und die Einsparungen teilen sich Auftraggeber und Auftragnehmer.

- *Kostenzuschlagsverträge mit Anreizzahlung* sind bis auf die Tatsache, dass die Anpassung der Kosten über eine Formel ermittelt wird, die die Gesamtprojektkosten mit den Zielkosten vergleicht, identisch mit normalen Kostenzuschlagsverträgen. Die Formel wird vom Auftragnehmer und vom Auftraggeber gemeinsam festgelegt. Die Vertragsart eignet sich hauptsächlich für langfristige FuE-Projekte. Der Auftragnehmer geht jedoch ein größeres Risiko ein und wird gezwungen, vorauszuplanen und die Kosten gering zu halten. In Abschnitt 19.7 werden Verträge mit Anreizsystemen ausführlicher beschrieben.

Die folgenden Vertragsarten kommen seltener zum Einsatz:

- Verträge des Typs *Festpreis mit sukzessiven Leistungsanreizen* werden nur selten eingesetzt. Bisher waren dies hauptsächlich Beschaffungssysteme mit sehr langen Lieferzeiten, wobei die Produktionsaufträge vergeben werden müssen, bevor die Entwicklungs- oder Auftragsbestätigungskosten bestätigt wurden. Die Preisangaben sind für Folgeaufträge nicht aussagekräftig. Diese Art von Verträgen kann statt Vorverträgen oder Kostenzuschlagsverträgen eingesetzt werden.

- Verträge des Typs *Festpreis mit Neuermittlung* können entweder vorausblickend oder rückwirkend verhandelt werden. Die vorausblickenden Verträge ermöglichen die zukünftige Verhandlung von zwei oder mehr Festpreisverträgen zu vorherbestimmten Zeitpunkten. Diese Art von Verträgen wird häufig eingesetzt, wenn die zukünftigen Kosten und Preise sehr starken Änderungen unterworfen sein werden. Bei Verträgen mit rückwirkender Neuermittlung des Festpreises können die vertraglich vereinbarten Preise angepasst werden, nachdem die Leistung erbracht wurde.

- Verträge mit *Kostenbeteiligung* können nur sehr beschränkt eingesetzt werden. Sie kommen meistens bei nicht gewinnorientierten Forschungseinrichtungen zum Einsatz. Kostenbeteiligungsverträge werden in der Regel für die Grundlagenforschung eingesetzt, wobei der Auftragnehmer hofft, von der Forschung und Entwicklung dadurch profitieren zu können, dass er Wissen an andere Teile des Unternehmens überträgt und dadurch einen kommerziellen Gewinn erzielen und die Wettbewerbsposition verbessern kann.

Tabelle 19.1 zeigt die Vor- und die Nachteile der verschiedenen Vertragsmethoden.

Vertragsart	Vorteile	Nachteile
Kostenzuschlagsvertrag mit Gewinnaufschlag	• Der Auftraggeber hat maximale Flexibilität • Minimierung der Gewinne des Auftragnehmers • Minimierung der Verhandlungs- und Spezifikationskosten • Ermöglicht frühen Start und frühe Fertigstellung • Ermöglicht Wahl des qualifiziertesten statt des preisgünstigsten Auftragnehmers • Gestattet Wahl eines Auftragnehmers von der Beratung bis zur Fertigstellung. Dadurch erhöhen sich in der Regel Qualität und Effizienz.	• Keine Gewähr für Endkosten • Kein Anreiz, den Zeitbedarf und die Kosten zu minimieren • Mitarbeiter des Auftraggebers können kostspielige Spezifikationen entwickeln • Der Auftraggeber hat die Möglichkeit, exzessive Entwurfsänderungen vorzunehmen, die den Zeitbedarf und die Kosten erhöhen
Garantiertes Maximum – Aufteilung der Einsparungen	• Die maximalen Kosten werden zum frühestmöglichen Zeitpunkt festgelegt • Der Auftraggeber wird über Verzögerungen und Zusatzkosten informiert, die sich durch Änderungen ergeben • Guter Anreiz, das Projekt möglichst schnell fertig zu stellen • Auftraggeber und Auftragnehmer teilen das Risiko und haben beide einen Anreiz, Einsparungen vorzunehmen • Idealer Vertrag für eine enge Kooperation zwischen Auftraggeber und Auftragnehmer während der Projektausführung	• Überprüfung durch Auftraggeber ist erforderlich • Konstruktion muss vor der Vertragsverhandlung fertig sein
Festpreis	• Die maximalen Kosten sind genau festgelegt • Verzögerungen und Zusatzkosten, die sich durch Änderungen ergeben, werden dem Auftraggeber sofort mitgeteilt • Maximaler Anreiz für Auftraggeber, das Projekt mit den geringstmöglichen Kosten möglichst schnell fertig zu stellen • Minimale Überwachung durch Auftraggeber erforderlich	• Vor Vertragsabschluss muss genau bekannt sein, welche Anforderungen bestehen • Entwicklung der Spezifikationen und Bewertung der Angebote sind zeit- und kostenaufwändig. Fertigstellung wird um 3 bis 4 Monate verzögert. • Hohe Kosten für Abgabe von Geboten und hohe Risiken können qualifizierte Anbieter abhalten • Kosten können sich durch die Absicherung vor möglichen Risiken erhöhen

Tabelle 19.1: Verschiedene Vetragsmethoden

Vertragsart	Vorteile	Nachteile
Festpreis für Dienstleistungen, Material und Arbeit	• Im Wesentlichen identisch mit dem Vertragstyp »Kostenzuschlag mit Gewinnaufschlag« • Ein höherer Prozentsatz der Gesamtkosten wird festgelegt • Die Dienste des Auftragnehmers müssen nicht überprüft werden	• Möglicherweise Reduktion von ökonomischen Studien und von Detailzeichnungen: erzeugt höhere Produktions-, Konstruktions- und Wartungskosten • Weitere Nachteile wie beim Vertragstyp »Kostenzuschlag mit Gewinnaufschlag«
Festpreis für importierte Güter und für Dienstleistungen, lokale Kosten können rückerstattet werden	• Maximaler Preis wird für einen hohen Prozentsatz der Fertigungskosten garantiert • Exzessive Absicherung vor unvorhersehbaren und höchst variablen lokalen Kosten wird vermieden • Auftraggeber kann lokale Anbieter und Unterauftragnehmer wählen	• Wie beim Festpreisvertrag wird sehr viel Zeit für die Erstellung der Spezifikationen und die Bewertung des Angebots benötigt • Die Elemente, die von lokalen Anbietern bereitgestellt werden können, müssen sorgfältig definiert werden, um die Vergleichbarkeit der Angebote zu gewährleisten • Kein finanzieller Anreiz, die Feld- und die lokalen Kosten zu minimieren

Tabelle 19.1: Verschiedene Vetragsmethoden

Welche Art von Vertrag für Auftraggeber und Auftragnehmer akzeptabel ist, wird durch die Umstände jedes einzelnen Projekts, die ökonomischen Bedingungen und die Konkurrenzsituation vorgegeben. Ist das Angebot an Arbeit knapp, bestehen Auftraggeber in der Regel auf Festpreisangeboten. Festpreisverträge gehen normalerweise zu Lasten des Auftragnehmers, weil hohe Kosten für die Angebotserstellung (ungefähr 1 Prozent der Projektgesamtkosten) anfallen und das Risiko der Projektdurchführung hoch ist.

Gibt es in der Branche einen Aufschwung, können Auftraggeber kaum auf Festpreisangeboten bestehen. Mehrarbeit muss auf der Kostenzuschlagsbasis belohnt werden. Hat der Auftraggeber jedoch eine spezielle Kapazität oder ist Zeit ein wichtiger Faktor, handelt der Auftraggeber gelegentlich einen Kostenzuschlagsvertrag mit nur einem Auftragnehmer aus. Eine weitere Technik ist die, ein Projekt auf der Basis eines Kostenzuschlagsvertrags zu bezahlen, den Vertrag jedoch zu einem späteren Zeitpunkt umzuwandeln, an dem der Projektumfang besser definiert ist und unbekannte Faktoren identifiziert werden konnten. Dieser Ansatz ist für Auftraggeber und Auftragnehmer gleichermaßen attraktiv.

Wie bereits früher erwähnt, werden häufig Standardverträge als Grundlage für Vertragsverhandlungen und Ausschreibungen benutzt. Auftragnehmer sollten die Dokumente des Auftraggebers sorgfältig studieren, um festzustellen, wie sich die Vorstellungen des Auftraggebers von der bevorzugten eigenen Position unterscheiden. Alle zusätzlichen Pflichten oder Verantwortlichkeiten müssen genau geprüft werden, um zusätzliche rechtliche Konsequenzen und finanzielle Risiken richtig einschätzen zu können.

Es ist sehr wichtig, dass die Arbeiten, die erledigt werden müssen, adäquat und realistisch beschrieben werden, dass der Arbeitsumfang genau bewertet und mit Preisen ausgezeichnet wird und dass die Verantwortlichkeiten und Pflichten richtig eingeschätzt werden. Um ein Angebot korrekt vorbereiten zu können, müssen die Rechte, Pflichten und Verantwortlichkeiten Ihres Unternehmens deutlich sein. Das Angebot definiert, was getan werden muss und getan werden kann und was nicht beabsichtigt ist. Diese Punkte sollten gründlich analysiert werden, bevor das Angebot abgegeben wird, nicht hinterher.

19.7 Verträge mit Leistungsanreiz

PMBOK® Guide 2004
12.1.2.3 Vertragsformen

Um einige der genannten Problembereiche zu umgehen, wurden Verträge entwickelt, die Anreize bieten. Der Festpreis mit Leistungsanreiz ist ein Beispiel hierfür. Das Ziel eines solchen Vertrags besteht darin, dem Auftragnehmer einen Anreiz zu bieten, seinen Gewinn zu erhöhen, indem er die Kosten reduziert oder die Leistung verbessert. Kostenanreize werden in der Regel als Verhältnisse ausgedrückt. Wird beispielsweise eine 90/10-Formel ausgehandelt, bezahlt der Auftraggeber 90 Cent und der Auftragnehmer 10 Cent pro Euro, der über den geplanten Kosten liegt. Von der Kostenreduktion profitieren also Auftraggeber und Auftragnehmer.

Bei Verträgen des Typs »Festpreis mit Leistungsanreiz« erklärt sich der Auftragnehmer damit einverstanden, eine Dienstleistung zu vorher festgelegten Kosten zu erbringen. Wenn die Gesamtkosten geringer ausfallen als die geplanten Kosten, macht der Auftragnehmer Gewinn, andernfalls Verlust.

Betrachten Sie das folgende Beispiel, das in Abbildung 19.1 veranschaulicht wird. Der Auftragnehmer hat ein Kosten- und ein Gewinnziel. Es gibt jedoch ein Preislimit von € 11.500, das dem Auftragnehmer maximal bezahlt wird. Fallen die tatsächlichen Kosten geringer aus als die geplanten Kosten von € 10.000, macht der Auftragnehmer einen Zusatzgewinn. Verrichtet der Auftragnehmer die Arbeit beispielsweise für € 9.000, macht er einen Gewinn von € 1.150, der sich aus dem geplanten Gewinn von € 850 plus € 300 für die 30 % Kostenunterschreitung zusammensetzt. Dem Auftragnehmer werden insgesamt € 10.150 ausgezahlt.

VERTEILUNG	70/30
GEPLANTE KOSTEN	10.000
GEPLANTER GEWINN	850
GEPLANTER PREIS	10.850
PREISLIMIT	11.500
ANTEIL AUFTRAGNEHMER	30%
ANTEIL AUFTRAGGEBER	70%

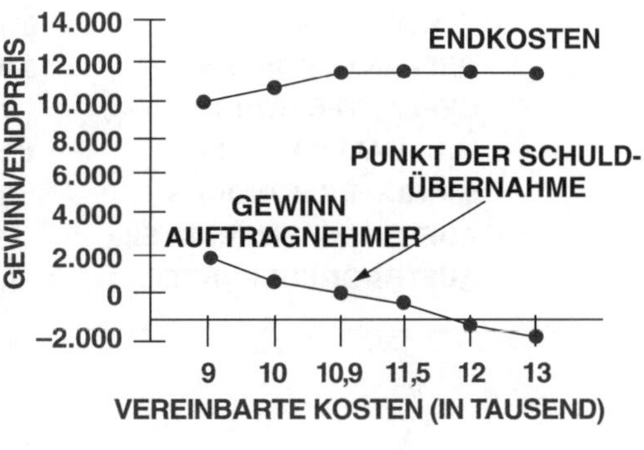

VEREINBARTE KOSTEN	9.000	10.000	10.928	11.500	12.000	13.000
GEWINN	1.150	850	572	0	–500	–1.500
ENDPREIS	10.150	10.850	11.500	11.500	11.500	11.500

DETAIL

(1) 10.000 − 9.000 = 1.000

(2) 1.000 x30% = 300; 300 +850 = 1.150

(3) 1.150 +9.000 = 10.150

Abbildung 19.1: Beispiel für die Bedingungen bei einem Vertrag des Typs »Festpreis mit Leistungsanreiz«

Wenn die tatsächlichen Kosten die kalkulierten Kosten überschreiten, muss der Auftragnehmer für 30 % der Kostenüberschreitung aus seinem Gewinn aufkommen. Bei Festpreisverträgen mit Leistungsanreiz (FPIF) gibt es hingegen einen Punkt der Schuldübernahme. In Abbildung 19.1 wird dieser Punkt bei Kosten in Höhe von € 10.928 erreicht. Der Endpreis von € 11.500 wurde erreicht. Erhöhen sich die Kosten, schmilzt der Gewinn und der Auftraggeber muss den Gewinn möglicherweise einsetzen, um die Kostenüberschreitung zu bezahlen.

Nach Ausführung eines Auftrags übergibt der Auftragnehmer eine Stellungnahme zu allen im Zusammenhang mit der Vertragsleistung angefallenen Kosten. Die Kosten werden auf ihre Zulässigkeit hin überprüft und fragwürdige Gebühren werden entfernt. Es resultieren die vereinbarten Kosten. Die vereinbarten Kosten werden dann von den kalkulierten Kosten subtrahiert und das Ergebnis wird mit dem Verteilungsverhältnis multipliziert. Ergibt sich ein positiver Wert, wird dieser zum kalkulierten Gewinn addiert. Ein negativer Wert wird hingegen vom Gewinn subtrahiert. Aus den vereinbarten Kosten und dem Gewinn ergibt sich schließlich der Endpreis. Der Endpreis überschreitet niemals das Preislimit.

Abbildung 19.2 zeigt die Situation bei einem typischen Kostenzuschlagsvertrag mit Anreizzahlung (CPIF). Bei diesem Vertrag werden dem Auftragnehmer 100 % der Kosten zurückerstattet. Das maximale Honorar (d.h. der Gewinn) liegt jedoch bei € 1.350 und das minimale Honorar bei € 300. Der letztendliche Gewinn bewegt sich also zwischen diesen beiden Werten. Da diese Art von Vertrag für den Auftraggeber ein höheres Risiko in sich zu bergen scheint als der Festkostenvertrag mit Anreizzahlung, fällt das Verteilungsverhältnis zu Gunsten des Auftraggebers aus.

VERTEILUNG	85/15
GEPLANTE KOSTEN	10.000
GEPLANTES HONORAR	750
MAXIMALES HONORAR	1.350
MINIMALES HONORAR	300
AUFTRAGNEHMERANTEIL	15%
AUFTRAGGEBERANTEIL	85%

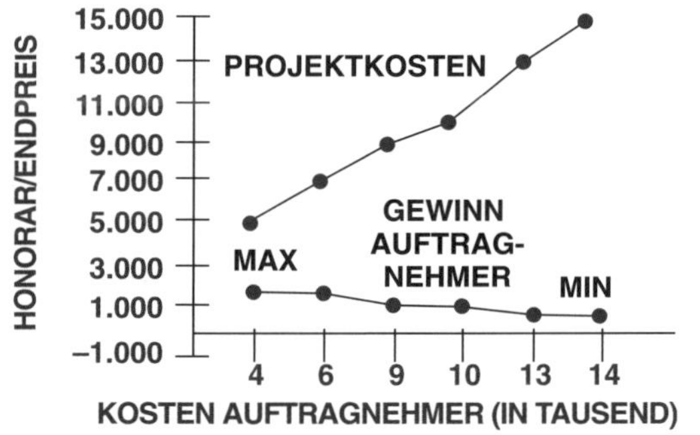

BEGRENZT DURCH VERTRAGSKLAUSELN ZU MAXIMALEM UND MINIMALEM HONORAR.

KOSTEN AUFTRAGNEHMER	4.000	6.000	9.000	10.000	13.000	14.000
HONORAR	1.350	1.350	900	750	300	300
ENDPREIS	5.350	7.350	9.900	10.750	13.300	14.300

DETAIL

(1) 10.000 – 4.000 = 6.000

(2) 6.000 x 15% = 900; 900 + 750 = 1.650

(3) 1.350 + 4.000 = 5.350

ÜBERSCHREITET HONORARLIMIT VON 1.350 UND MUSS NACH UNTEN KORRIGIERT WERDEN.

Abbildung 19.2: Situation bei einem Kostenzuschlagsvertrag mit Anreiz

19.8 Vertragsart und Vertragsrisiko

PMBOK® Guide 2004

12.1.3 Planen der Einkäufe und Beschaffungen: Ausgangswerte

Der Gewinn, der mit einem Vertrag verbunden ist, hängt in der Regel mit dem Risiko zusammen. Bei einem Festpreisvertrag übernimmt der Auftragnehmer 100 Prozent des Risikos (insbesondere des finanziellen Risikos) und rechnet dafür mit einem höheren Gewinn als bei den anderen Vertragsarten. Bei Kostenzuschlags- und Kostenaufteilungsverträgen übernimmt der Auftraggeber bis zu 100 % des Risikos und erwartet dafür, dass der Auftragnehmer sich mit einem geringeren Gewinn zufrieden gibt oder sogar ganz auf den Gewinn verzichtet.

Alle anderen Vertragsarten bergen eine Risikoverteilung nach einer bestimmten Formel in sich. Abbildung 19.3 veranschaulicht die Risiken, die mit den einzelnen Vertragsarten verbunden sind.

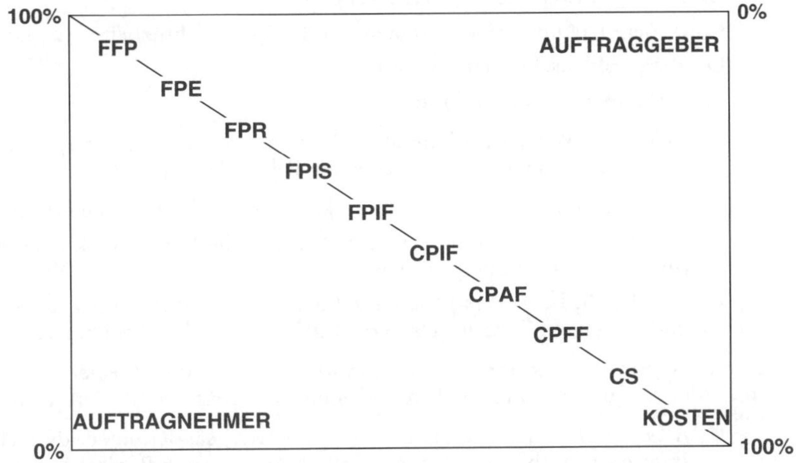

FP (Fixed Price) – Festpreis oder Pauschale
FPE (Fixed Price with Economic Price Adjustment) – Festpreis mit ökonomischer Preisanpassung
FPR (Fixed Price with Redetermination) – Festpreis mit Neuermittlung
FPIS (Fixed Price Incentive with Successive Targets) – Festpreis mit sukzessiven Leistungsanreizen
FPIF (Fixed Price with Incentive Fee) – Festpreis mit Leistungsanreiz
CPIF (Cost-plus Incentive) – Kostenzuschlagsvertrag mit Anreiz
CPFF (Cost-plus Fixed Fee) – Kostenzuschlagsvertrag mit Gewinnaufschlag auf Selbstkosten
CS (Cost and Cost Sharing) – Kostenzuschlagsvertrag mit Kostenbeteiligung

Abbildung 19.3: Vertragsarten und die damit verbundenen Risiken

19.9 Der Vertragsverhandlungszyklus

PMBOK® Guide 2004

12.5 Vertragsabwicklung

Der Vertragsmanager oder Vertragsadministrator ist dafür verantwortlich, dass sich der Auftraggeber an die vertraglichen Vereinbarungen hält und dass das Endprodukt betriebsfähig ist. Der Vertragsmanager muss sich um folgende Punkte kümmern:

- Änderungsmanagement (Change Management)
- Interpretation der Spezifikation
- Einhaltung der Qualität
- Garantien
- Management der Unterauftragnehmer
- Produktionsüberwachung

- Nachträglicher Qualitätsverzicht
- Vertragsbrüche
- Lösung von Auseinandersetzungen
- Projektabschluss
- Zahlungspläne
- Ausbuchung des Projekts

Je umfangreicher der Vertrag ist, desto größer ist der Bedarf für den Vertragsmanager, Unklarheiten aufzulösen. Manchmal enthalten Verträge, die von Anwälten erstellt wurden, Rangordnungsklauseln. Die Rangordnung gibt an, dass alle Unklarheiten bei der Ausführung des Vertrags wie folgt gelöst werden sollen:

A. Spezifikationen (Erste Priorität)
B. Andere Anweisungen (Zweite Priorität)
C. Andere Dokumente wie Anlagen, Anhänge, Pflichtenhefte etc. (Dritte Priorität)
D. Vertragsklauseln (Vierte Priorität)
E. Terminplan (Fünfte Priorität)

Ein uneindeutiger Vertrag wird immer zu Ungunsten der Partei interpretiert, die ihn entworfen hat. Es gibt jedoch eine Auslegungsregel, die Folgendes beinhaltet:

- Der Anbieter einer Ausschreibung kennt die in der Branche üblichen Verfahren.
- Es besteht die Annahme, dass der Anbieter die Vertragsdokumente vor der Unterbreitung ausreichend überprüft hat.
- Werden die beiden erstgenannten Regeln nicht zur Kenntnis genommen, wirkt sich dies im Falle einer Klage auf Uneindeutigkeit gegen den Anbieter aus.

Der Vertragsmanager kümmert sich vermutlich einen Großteil seiner Zeit um Änderungen. Die folgenden Definitionen beschreiben die möglichen Arten von Änderungen:

- *Administrative Änderungen:* Unilaterale Vertragsänderungen, die sich nicht auf die substanziellen Rechte der Vertragspartner auswirken (z.B. eine Änderung der Kostenstelle oder der Fördermittelfinanzierung).
- *Änderungsaufträge:* Schriftliche Aufträge, die vom Vertragsmanager unterzeichnet werden und den Vertragspartner auffordern, eine Änderung vorzunehmen.
- *Vertragsänderungen:* Alle schriftlichen Änderungen, die an einem Vertrag vorgenommen werden.
- *Undefinierte Vertragshandlungen:* Alle Vertragshandlungen, die die Aufnahme der Arbeit vor der endgültigen Preisfestlegung autorisieren.
- *Zusatzvereinbarungen:* Vertragsänderungen, die von Handlungen beider Parteien begleitet sind.
- *Konstruktive Änderungen:* Alle effektiven Änderungen am Vertrag, die durch Handlungen oder das Ausbleiben von Handlungen von Personen oder durch Umstände bedingt sind, die eine Abweichung vom schriftlichen Vertrag erforderlich machen. Der Vertragspartner fordert möglicherweise die entsprechende Anpassung des Vertrags.

Typische Ursachen für konstruktive Änderungen sind:

- Fehlerhafte Spezifikationen, die unmöglich erfüllt werden können
- Eine fehlerhafte Vertragsinterpretation
- Übermäßige Inspektion der Arbeit
- Scheitern der Offenlegung von Hoheitswissen
- Beschleunigung der Leistungserbringung
- Mangelhafte Kooperation

- Falsch angewendete Optionen
- Missbrauch geschützter Daten

Basierend auf der Vertragsart und den Vertragsbedingungen hat der Auftraggeber möglicherweise das Recht, den Vertrag jederzeit zu kündigen. Er muss dem Auftragnehmer jedoch den Aufwand für die Vorbereitungen und für bereits fertig gestellte Arbeiten ersetzen, ggf. auch den entgangenen Gewinn für das Gesamtprojekt.

Nachfolgend sind Gründe für Aufhebungsverträge zu Gunsten des Auftraggebers aufgeführt:

- Eliminierung der Anforderung
- Technologische Fortschritte
- Änderungen des Budgets
- Ähnliche Anforderungen und/oder Beschaffungen
- Es ist nicht mit Gewinnen zu rechnen

Es folgen Gründe für Aufhebungsverträge bedingt durch Handlungen des Auftragnehmers:

- Der Auftragnehmer kann nicht fristgerecht liefern.
- Der Auftragnehmer macht keine Fortschritte und gefährdet damit die Vertragserfüllung.
- Der Auftragnehmer erfüllt andere Vertragsbestimmungen nicht.

Wird der Vertrag wegen Nichterfüllung seitens des Auftragnehmers gekündigt, erhält der Auftragnehmer möglicherweise keine Entschädigung für die unfertigen Erzeugnisse, die vom Auftraggeber noch nicht abgenommen wurden. Der Auftraggeber kann möglicherweise sogar Vorschüsse vom Auftragnehmer zurückfordern. Außerdem ist der Auftragnehmer möglicherweise für alle zusätzlichen Neubeschaffungskosten haftbar.

Der Vertragsmanager ist für die Leistungsüberprüfung verantwortlich. Dazu gehören die Inspektion, die Annahme und der Vertragsbruch. Wenn die Güter oder Dienstleistungen den vertraglichen Vereinbarungen nicht entsprechen, hat der Vertragsmanager das Recht,

- die gesamte Lieferung abzulehnen
- die gesamte Lieferung anzunehmen (abgesehen von latenten Mängeln)
- Teile der Lieferung anzunehmen

Projektmanager machen ihren Finanzabschluss häufig bereits, nachdem die Waren an den Auftraggeber geliefert wurden. Das stellt jedoch ein Problem dar, wenn die Waren repariert werden müssen. Deshalb nehmen die meisten Unternehmen den Finanzabschluss erst 90 Tage nach Lieferung der Waren vor.

19.10 Einsatz von Checklisten

Bei der Bewertung von Anforderungen und der Vorbereitung von Angeboten und von Verträgen kann eine Checkliste mit Vertragsfragen hilfreich sein, um zu überprüfen, dass der Vertrag die entsprechenden Sicherungen enthält. Solche Checklisten eignen sich auch für Werbebriefe und für Broschüren, die eine kommerzielle Verpflichtung repräsentieren. Der Hauptzweck der Checkliste besteht darin, den Nutzer an die rechtlichen und wirtschaftlichen Faktoren zu erinnern, die bei der Erstellung von Angeboten und von Verträgen berücksichtigt werden sollten. Tabelle 19.2 zeigt eine typische Checkliste.

I.	Definition der Vertragsbedingungen
II.	Definition des Projektgegenstands
III.	Umfang der Dienstleistungen oder Arbeiten, die durchgeführt werden müssen

Tabelle 19.2: Typische Überschriften für eine Checkliste zu Vertragsbedingungen

IV.	Anlagen, die vom Auftraggeber ausgestattet werden müssen (Einsatz bei Dienstleistungsunternehmen)
V.	Änderungen und Zusätze
VI.	Zusicherungen und Garantien
VII.	Entlohnung für Dienstleistungsunternehmen
VIII.	Zahlungsbedingungen
IX.	Definition der Grundkosten (Kosten des Projekts)
X.	Spezielle Steuern (z.B. Mehrwertsteuer)
XI.	Andere Steuern
XII.	Versicherungsschutz
XIII.	Andere Vertragsbedingungen (inklusive allgemeiner Bedingungen)
XIV.	Gemischte allgemeine Provisionen

Tabelle 19.2: Typische Überschriften für eine Checkliste zu Vertragsbedingungen (Forts.)

Die folgenden Vertragsbedingungen minimieren das Risiko und sollten in Angebote und Verträge einbezogen werden:

- Umfang der Dienstleistungen und Projektbeschreibung
- Vertragsverwaltung
- Zahlungsbedingungen
- Verpflichtungen des Auftraggebers
- Zusicherungen und Garantien
- Haftungsbeschränkungen und Folgeschäden
- Schadensersatz
- Steuern
- Schutzgebühren für Patente
- Vertrauliche Informationen
- Abschlussbedingungen
- Änderungen und Zusätze
- Forderungen
- Verzögerungen inklusive höherer Gewalt
- Versicherungsanforderungen
- Entscheidungsinstanzen
- Preisgleitklausel
- Fertigstellungszeitpunkt

Wegen der großen Unterschiede zwischen Angeboten und Verträgen ist es nicht möglich, Material vorzubereiten, das sich für alle Situationen eignet. Es können jedoch Standardverträge erstellt oder Standardbedingungen aufgestellt werden, die in jedem Vertrag enthalten sein sollten.

Immer mehr Auftraggeber haben ganz bestimmte Vorstellungen vom Inhalt eines Angebots oder Vertrags. Deshalb wäre es sehr hilfreich, eine Standardliste für Vertragsklauseln zu entwickeln, die nach geringfügiger Anpassung in jedes Angebot aufgenommen werden können. Weil Auftraggeber gelegentlich nach einem »typischen« Vertrag fragen, sollten die Klauseln des Vertragsentwurfs zu einem »typischen« Vertrag zusammengestellt werden, der dann an Kunden ausgehändigt werden kann. Diese »typischen« Vertragsbedingungen sind zwar nicht für jede Situation hinreichend, sie können jedoch einen Ausgangspunkt bieten. Es wäre außerdem hilfreich, eine Zusammenfassung der wirtschaftlich ausgerichteten Unternehmensrichtlinien zu unterhalten, anhand derer die Vertragsbestimmungen von Auftraggebern beurteilt werden können.

Die Verhandlung des Vertragstyps verläuft in zwei Richtungen. Der Auftragnehmer möchte einen Vertrag abschließen, der für ihn das Risiko minimiert. Der Auftraggeber strebt nach einem Vertrag, der die Kosten reduziert. Auftraggeber und Auftragnehmer sind häufig unterschiedlicher Meinung. Potenzielle Projekte kommen häufig wegen mangelnder Finanzmittel, Uneinigkeit bei den Vertragsverhandlungen oder sich ändernden Prioritäten nicht zustande.

19.11 Zusammenhang zwischen Angeboten und Verträgen

Im Rahmen der Vorbereitung eines Angebots müssen die Vertragsklauseln und -bedingungen unbedingt überprüft und genehmigt werden. Der Vertragsbevollmächtigte ist für die Vorbereitung des Vertrags zuständig. Im Allgemeinen werden Verträge in Kooperation von Rechtsabteilung und der Fachseite ausgearbeitet, die das Angebot erstellt hat. Der Vertragsbevollmächtigte legt folgende Punkte fest:

- Vertragstyp
- Erforderliche Klauseln und Bedingungen
- Spezialanforderungen
- Cashflow-Anforderungen
- Patente und geschützte Daten
- Überlegungen zu Versicherungen und zur Besteuerung
- Finanzierung und Buchführung

Die Vertriebsabteilung ist für den Inhalt und das Ergebnis aller Angebote und Verträge verantwortlich, die von der Abteilung behandelt werden. Es gibt jedoch bestimmte Aspekte, bei denen andere Serviceabteilungen eingeschaltet werden sollten, um Ratschläge abzugeben oder anderweitig behilflich zu sein. Vertragsvereinbarungen sollten von folgenden Abteilungen überprüft werden:

- Angebotserstellungsabteilung
- Rechtsabteilung
- Versicherungsabteilung
- Projektmanagement
- Konstruktion
- Schätzung
- Bau (falls erforderlich)
- Beschaffung (falls erforderlich)

Der Angebotsmanager ist dafür verantwortlich, die Kommentare zum Vertrag zu sammeln und zu verarbeiten. Dabei sollten Kommentare berücksichtigt werden, die vor kurzem an den Auftraggeber gesendet wurden, und auch Vereinbarungen, die vom Auftraggeber bereits unterzeichnet wurden.

Kommentare zum Vertrag sollten auf ihre Substanz und auf das Risiko hin überprüft werden, die sie für das Unternehmen mitbringen. In der Regel ist der Auftraggeber nicht gewillt, zahlreiche Änderungen an den Vereinbarungen vorzunehmen. Das Unternehmen muss also belegen, dass eine Vertragsänderung unbedingt erforderlich ist. Deshalb sollten alle Kommentare zum Vertrag gut untermauert sein.

Die Rechtsabteilung sollte hinzugezogen werden, sobald die Vertragsverhandlungen beginnen. Die Mitarbeiter, die das Angebot erstellen, sollten sich mit den Standardverträgen und den Standardvertragsbedingungen vertraut machen, die das Unternehmen gewöhnlich einsetzt. Dazu gehören auch die Bedingungen, die vom Vertrieb und der Rechtsabteilung gemeinsam ausgearbeitet wurden, sowie die Funktionen, Pflichten und Verantwortlichkeiten der Rechtsabteilung. Die Kernbereiche, die in der Regel verhandelt werden, sollten so besprochen werden, dass das Vertragspersonal die vorhandenen kommerziellen Risiken versteht, und auch, warum das Unternehmen bestimmte Positionen einnimmt.

Die Mitarbeiter der Angebotserstellung sollten alle Ausschreibungsdokumente inklusive des Vertragsentwurfs des Auftraggebers an die Rechtsabteilung übersenden, sobald sie im Haus eintreffen. Die Anweisungen sollten die Zuweisung von Verantwortung deutlich machen oder Hintergrundinformationen zu Themen bieten, die für die Verkaufsstrategie oder für bestimmte Probleme wie Garantien, frühere Erfahrungen mit den Kunden etc. wichtig sind.

Die Mitarbeiter der Angebotserstellung sollten mit der Rechtsabteilung kurz besprechen, welche Verkaufsbemühungen geplant sind und welche kommerziellen Überlegungen berücksichtigt werden müssen. Gibt es ein Kickoff-Meeting, sollte ein Mitarbeiter der Rechtsabteilung diesem beiwohnen. Die Rechtsabteilung sollte jedoch vor solchen Diskussionen oder Besprechungen die Dokumente durchsehen.

Die Rechtsabteilung überprüft die Dokumente und bereitet ein Memorandum für die Kommentare und alle erforderlichen Vertragsdokumente vor. Sie erhält dafür die erforderliche Unterstützung. Hat der Auftraggeber eine Vertragsbedingung aufgenommen, die genauer erkundet werden muss, überprüft die Rechtsabteilung diese, um festzustellen, ob sie gegen die Richtlinien des Unternehmens verstößt. Das Memorandum sollte alle rechtlichen Aspekte des Vertrags abdecken.

Der Zweck des Memorandums besteht darin, die Angebotserstellungsabteilung zu warnen und Lösungsvorschläge in Form von Kommentaren zum Vertrag zu machen. Das Memorandum kann auch passende wirtschaftliche Vorschläge unterbreiten. Bei Bedarf erstellt die Rechtsabteilung eine passende Joint-Venture-Vereinbarung oder Ähnliches. Im Allgemeinen folgt die Rechtsabteilung Standards, die zusammen mit dem Vertrieb ausgearbeitet wurden, und verwendet Standardformulare und eine Vertragssprache, die sich gut verkaufen lässt.

Zur gleichen Zeit überprüft die Angebotserstellungsabteilung die Dokumente und berät die Rechtsabteilung in allen noch ausstehenden Fragen, die von der Angebotserstellungsabteilung entschieden werden müssen. Dies ist nicht nur deshalb wichtig, weil die Angebote letztendlich bindend sind, sondern auch, weil die Angebotserstellungsabteilung Informationen bereitstellen und Kommentare von anderen Abteilungen wie der Beschaffung und der Konstruktion einholen muss.

Die Angebotserstellungsabteilung überprüft die Kommentare und Dokumente der Rechtsabteilung und macht einen Vorschlag für die endgültige Form der Kommentare, Vertragsdokumente und anderer relevanter Dokumente inklusive Angebot. Die endgültige Form wird mit der Rechtsabteilung so bald wie möglich und bevor wirtschaftliche Verpflichtungen eingegangen werden durchgesprochen.

Angebote werden in der Regel innerhalb von dreißig oder von sechzig Tagen nach Eingang überprüft. Eine längere Prüfung sollte nur unter speziellen Umständen und mit Zustimmung des Managements erfolgen. Gelegentlich ist es wünschenswert, ein Angebot innerhalb einer kürzeren Zeitspanne zu bearbeiten. Die Dauer der Überprüfung ist insbesondere bei Festpreisangeboten wichtig. Bei solchen Angeboten muss der Bewertungszeitraum mit dem Zeitraum übereinstimmen, in dem Angebote für wichtige Einsatzmittel gelten. Stimmen die Zeiträume nicht überein, muss die mögliche Preiserhöhung bei den Material- und Sachmittelkosten in den Festpreis eingerechnet werden. Die Konkurrenzfähigkeit des Unternehmens könnte dadurch aufs Spiel gesetzt sein.

Ein wichtiger Bereich der Vertragsentwicklung ist die Definition des Arbeitsumfangs, der vom Vertrag abgedeckt wird. Das ist insbesondere für den Angebotsmanager wichtig, der die richtigen Personen für die Erstellung des Lastenhefts auswählen muss. Was während der Angebotserstellung erzeugt wird, lenkt die Vertragsvorbereitung und wird möglicherweise selbst zum Vertragsbestandteil. Der Grad, mit dem der Projektumfang beschrieben werden muss, hängt vom Preisbildungsmechanismus und der verwendeten Vertragsform ab.

Bei einem Vertrag, der auf Tagessätzen basiert, müssen normalerweise die zu erledigenden Dienstleistungen oder Arbeiten nicht genau beschrieben werden.

In der Regel reicht eine allgemeine Beschreibung aus. Dies ist jedoch nicht der Fall, wenn eine Preisbildung wie der Festpreis, die Kostenaufteilung oder das garantierte Maximum zum Einsatz kommt. Bei diesen Vertragsformen müssen die durchzuführenden Arbeiten oder Dienstleistungen in den Vertragsdokumenten sehr genau definiert werden.

Fehlt eine detaillierte Arbeitsbeschreibung, muss sie erstellt und in das Angebot aufgenommen werden. Bei der Vorbereitung der Arbeitsbeschreibung und der Anforderungsanalyse müssen interne und externe Mitarbeiter aus dem Vertrieb, der Administration, dem Rechnungswesen und der Konstruktion koordiniert werden. Technische Mitarbeiter aus dem Unternehmen oder externe technische Berater müssen das Management darüber in Kenntnis setzen, ob das Unternehmen die Kapazität hat, die Arbeit erfolgreich zu erledigen. Außerdem muss festgelegt werden, ob passende Unterverträge vergeben oder Zukäufe getätigt werden können. In den wichtigsten Bereichen sollten feste Verpflichtungen gemacht werden. Es müssen technische Prognosen für die verschiedenen Probleme wie Liefer- und Terminplananforderungen, mögliche Änderungen des Projektumfangs, die Qualitätskontrolle und Herstellverfahren gemacht werden.

Eine inadäquate oder unrealistische Arbeitsbeschreibung oder Bewertung der Projektanforderungen bildet den Anfang einer unangenehmen Vertragserfahrung.

19.12 Zusammenfassung

Es ist zwar sehr wichtig, dass Unternehmen gute Verträge mit einem minimalen Risiko abschließen. Mindestens genauso wichtig ist es jedoch, dass diese Verträge effektiv verwaltet werden. Die folgenden Richtlinien können einem Unternehmen dabei helfen, Angebote und Verträge vorzubereiten und die Arbeiten zu koordinieren:

- Einsatz von Checklisten bei der Vorbereitung aller Angebote und Verträge
- Bewertung der Risiken, wobei die vorgeschlagenen Vertragsbestimmungen berücksichtigt werden
- Überprüfung der Vertragsentwürfe und Angebote durch die Rechtsabteilung, bevor sie an die Auftraggeber gesendet werden
- Angemessene Preisermittlung oder Bewertung der Risiken
- Verbesserung der Vertragsadministration auf den passenden Ebenen
- Regelmäßige Überprüfung und Aktualisierung der gesamten Vertragserstellung inklusive der Administration etc.

19.13 Studientipps für das PMI®-Projektmanagement-Zertifizierungsexamen

Dieser Abschnitt kann als Wiederholung der Grundlagen dienen, um die Wissensbereiche und Domänengruppen im PMBOK® Guide zu ergänzen. In diesem Kapitel geht es um Folgendes:

- Beschaffungsmanagement

Das Verständnis der folgenden Grundlagen ist vorteilhaft, wenn der Leser diesen Text für die Vorbereitung auf das PMP®-Zertifizierungsexamen verwendet:

- Was ist Beschaffungsplanung
- Was sind ein Angebot und ein Angebotspaket?
- Unterschiedliche Vertragsformen und das ihnen jeweils zuzuordnende relative Risiko
- Die Rolle des Vertragsadministrators
- Was ist ein Vertragsausschluss?

Die folgenden Multiple-Choice-Fragen sind hilfreich bei der Wiederholung der Grundlagen dieses Kapitels:

1. Eine Leistungsbeschreibung ist:
   A. Ein nicht bindendes rechtliches Dokument, in dem die Verantwortungen des Auftragnehmers geregelt werden
   B. Eine Definition der vertraglichen Arbeit nur für Auftragnehmer der Regierung
   C. Eine ausführliche Beschreibung der Arbeit/Bereitstellungen, die zu leisten sind, und/oder der erforderlichen Ressourcen und Fähigkeiten
   D. Eine Art Spezifikation
2. Ein schriftliches oder graphisches Dokument, das die zu beschaffenden Dienste oder Produkte beschreibt, ist:
   A. Spezifikationsdokument
   B. Gantt-Diagramm
   C. Plan
   D. Risikomanagementplan
3. Die „Prioritätsordnung" ist:
   A. Das Dokument, das die Reihenfolge (Priorität) angibt, in der Projektdokumente verwendet werden, wenn es erforderlich ist, Inkonsistenzen zwischen Projektdokumenten aufzulösen
   B. Die Reihenfolge, in der Projektaufgaben fertig gestellt werden sollen
   C. Die Beziehung, die Projektaufgaben zueinander haben
   D. Die (nach Qualität) geordnete Liste der überprüften Anbieter für eine Projektleistung
4. In welcher Vertragsanordnung ist es am *unwahrscheinlichsten*, dass der Auftragnehmer die Kosten steuern will?
   A. Kostenzuschlagsvertrag mit Prozentzuschlag
   B. Festpreis
   C. Zeit und Material
   D. Kaufauftrag
5. In welcher Vertragsanordnung ist es am *wahrscheinlichsten*, dass der Auftragnehmer die Kosten steuern will?
   A. Kostenzuschlagsvertrag mit Prozentzuschlag
   B. Festpreis
   C. Zeit und Material
   D. Festpreis mit Leistungsanreiz
6. In welcher Vertragsanordnung hat der *Auftragnehmer* das höchste Risiko, alle *Kostenüberschreitungen* übernehmen zu müssen?
   A. Kostenzuschlagsvertrag mit Prozentzuschlag
   B. Festpreis
   C. Zeit und Material
   D. Festpreis mit Leistungsanreiz
7. In welcher Vertragsanordnung hat der *Kunde* das höchste Risiko, hohe *Kostenüberschreitungen* übernehmen zu müssen?
   A. Kostenzuschlagsvertrag mit Prozentzuschlag
   B. Festpreis
   C. Zeit und Material
   D. Festpreis mit Leistungsanreiz

8. Was ist das primäre Ziel, auf das sich der Projektmanager des Kunden konzentriert, wenn er einen Vertragstyp auswählt?
   A. Übertragung aller Risiken auf den Auftragnehmer
   B. Einrichtung eines sinnvollen Auftragnehmerrisikos, wobei effiziente und wirtschaftliche Leistungsanreize für den Auftragnehmer vorgesehen werden
   C. Übernahme aller Projektrisiken, um damit die Projektvertragskosten zu reduzieren
   D. Nichts von alledem
9. Welche Vertragsanordnung ist vor allem darauf ausgelegt, einen Auftragnehmer vor Inflationsschwankungen oder Material-/Arbeitskostensteigerungen bei langfristigen Verträgen zu schützen?
   A. Kostenzuschlagsvertrag mit Prozentzuschlag
   B. Festpreis
   C. Zeit und Material
   D. Festpreis mit ökonomischer Preisanpassung
10. Was ist kein Faktor, der bei der Auswahl des Vertragstyps berücksichtigt wird?
   A. Typ/Komplexität der Anforderung
   B. Dringlichkeit der Anforderung
   C. Preiskonkurrenz
   D. Alle diese Faktoren sind zu berücksichtigen.
11. In einem Festpreisvertrag mit Leistungsanreiz bezieht sich der "Punkt der kompletten Schuldübernahme" auf den Punkt der Projektkostenkurve, wo:
   A. Der Kunde die Verantwortung für jeden zusätzlichen Euro übernimmt, der für die Erfüllung des Vertrags ausgegeben wird.
   B. Der Auftragnehmer die Verantwortung für jeden zusätzlichen Euro übernimmt, der für die Erfüllung des Vertrags ausgegeben wird.
   C. Die Preisobergrenze erreicht ist, nachdem der Auftragnehmer den beabsichtigten Gewinn abgedeckt hat.
   D. Nichts von alledem
12. Ein schriftlicher *Vorvertrag*, der vor der Ausstellung eines definitiven Vertrags erstellt wird, und der den Auftragnehmer berechtigt, unter bestimmten Beschränkungen sofort mit der Arbeit zu beginnen, wird bezeichnet als:
   A. Definitiver Vertrag
   B. Vorvertrag
   C. Verpflichtungserklärung
   D. Kaufauftrag
13. Ein Vertrag, der nach normalen Verfahrensweisen (z.B. Verhandlungen über die Bedingungen, Bestimmungen, Kosten und Termine) abgeschlossen wird, aber vor der Initiierung der Leistung, heißt:
   A. Definitiver Vertrag
   B. Fertiggestellter Vertrag
   C. Verpflichtungserklärung
   D. Preiseinigung
14. Was ist keine Funktion der Vertragsadministration?
   A. Vertragsänderungsmanagement
   B. Interpretation der Spezifikation
   C. Bestimmung des Vertragsbruchs
   D. Auswahl des Projektmanagers

15. Ein Festpreisvertrag wird vom Projektmanager des Kundenunternehmens normalerweise vorgeschlagen, wenn:
    A. Das Risiko und die Auswirkungen der vertraglich festzulegenden Aufgabe groß sind und der Kunde das Risiko übertragen will.
    B. Das Unternehmen des Projektmanagers große Erfahrung im Hinblick auf die vertraglich festgelegten Aktivitäten hat.
    C. Weder der Auftragnehmer noch der Projektmanager den wahren Umfang der Aufgabe verstehen.
    D. Das Unternehmen des Projektmanagers freie Produktionskapazität hat.
16. Was sind typische Maßnahmen, die ein Kunde unternimmt, wenn er Materialien oder Produkte erhalten hat, die vertraglichen Festlegungen nicht entsprechen, und er nicht die Möglichkeit hatte, diese nachzubessern?
    A. Rückweisung der gesamten Lieferung, aber Erstattung der gesamten Vertragskosten
    B. Annahme der gesamten Lieferung ohne weitere Nachfragen
    C. Annahme der Lieferung unter der Bedingung, dass die nicht übereinstimmenden Produkte vom Lieferanten auf Kosten des Lieferanten in Übereinstimmung gebracht werden.
    D. Annahme der Lieferung und Weiterverkauf an einen Konkurrenten
17. Wenn ein Projektmanager den Einsatz einer bestimmten Ausrüstung verlangt, was ist dann der Breakeven-Punkt, für den Leasing- und Mietkosten gleich sind?

Kostenkategorien	**Mietkosten**	**Leasingkosten**
Jahresnutzung	€ 0,00	€ 3.,000,00
Täglicher Betrieb	€ 0,00	€ 70,00
Tagesmiete	€ 100,00	€ 0,00

    A. 300 Tage
    B. 30 Tage
    C. 100 Tage
    D. 700 Tage
18. Bei welcher Art Anreizvertrag wird ein Maximum- oder Minimumwert für die für den Vertrag erlaubten Gewinne angegeben?
    A. Kostenzuschlag mit Leistungsanreiz
    B. Festpreis mit Leistungsanreiz
    C. Zeit/Material mit Leistungsanreiz
    D. Gesplitteter Preis mit Leistungsanreiz
19. Bei welcher Art Anreizvertrag wird ein Maximum- oder Minimumwert für den Endpreis des Vertrags angegeben?
    A. Kostenzuschlag mit Leistungsanreiz
    B. Festpreis mit Leistungsanreiz
    C. Zeit/Material mit Leistungsanreiz
    D. Gesplitteter Preis mit Leistungsanreiz

Antworten

1. C
2. A
3. A
4. A
5. B
6. B
7. A
8. B
9. D
10. D
11. B
12. C
13. A
14. D
15. A
16. C
17. C
18. A
19. B

20 Qualitätsmanagement[1]

Verwandte Fallstudien (aus Kerzner/*Project* Management *Case Studies*, 2. Auflage)	Verwandte Workbook-Übungen (aus Kerzner/*Project Management Workbook and PMP®/CAPM® Exam Study Guide*, 9. Auflage)	PMBOK® Guide, 3. Auflage, Referenzabschnitt für das PMP®-Zertifizierungsexamen
• Keine	• Construction Process Charts • Constructing Cause-and-Effect Charts and Pareto Charts • The Diagnosis of Patterns of Process Instability, Part (A): $\overline{X}$ Charts • The Diagnosis of Patterns of Process Instability, Part B): $\overline{R}$ Charts • Quality Circles • Quality Problems • Multiple-Choice-Examen • Crossword Puffzle on Quality Management	• Qualitätsmanagement

20.0 Einführung

PMBOK® Guide 2004
Kapitel 8 – Qualitätsmanagement in Projekten
8.1.1 Qualitätsplanung: Eingangswerte

In den letzten zwanzig Jahren fand im Bereich der Qualität eine Revolution statt. Dabei gab es nicht nur Verbesserungen im Bereich der Produkt-, sondern auch bei der Führungs- und der Projektmanagementqualität. Tabelle 20.1 macht diese Veränderungen deutlich.

Früher	Heute
• Für die Qualität sind die Arbeiter in den Fabriken und die Angestellten der untersten Ebene verantwortlich.	• Für die Qualität sind alle verantwortlich, also auch Angestellte und Führungskräfte.
• Qualitätsprobleme sollten vor dem Kunden verborgen werden (und möglicherweise auch vor dem Management).	• Qualitätsprobleme sollten deutlich gemacht werden, um korrigiert werden zu können.

Tabelle 20.1: Veränderung des Qualitätsbegriffs

1. Ein Wort der Anerkennung an Terry Fischer (PMP) und Dr. Frank Anbari (PMP) für ihre wertvolle Hilfe bei der Vorbereitung des Kapitels.

Früher	Heute
• Qualitätsprobleme führen zu Beschuldigungen, zu falschen Rechtfertigungen und zu Entschuldigungen.	• Qualitätsprobleme führen zu kooperativen Lösungen.
• Qualitätsverbesserungen sollten nur minimal dokumentiert werden.	• Die Dokumentation ist sehr wichtig. »Lessons Learned«-Archive können verhindern, dass sich Fehler wiederholen.
• Qualitätsverbesserungen erhöhen die Projektkosten.	• Qualitätsverbesserungen bringen nicht nur Kosteneinsparungen mit sich. Sie sich auch gut fürs Geschäft.
• Die Ausrichtung auf Qualität entspricht einer Ausrichtung nach innen.	• Die Ausrichtung auf Qualität entspricht einer Ausrichtung auf den Kunden.
• Eine hohe Qualität lässt sich nur durch die strenge Überwachung der Mitarbeiter erzielen.	• Die meisten Mitarbeiter wollen qualitativ hochwertige Produkte produzieren.
• Qualität ist ein natürliches Ergebnis der Durchführung eines Projekts.	• Die Frage der Qualität tritt gleich zu Projektbeginn auf und muss in das Projekt eingeplant werden.

Tabelle 20.1: Veränderung des Qualitätsbegriffs

Leider musste es erst zu einer ökonomischen Katastrophe bzw. Rezession kommen, um ein Bewusstsein für die Bedeutung von Qualitätsverbesserungen zu schaffen. Vor der amerikanischen Rezession in den Jahren 1979–1982 betrachteten die amerikanischen Autohersteller Ford, General Motors und Chrysler sich nur gegenseitig als Konkurrenten. Die japanischen Autohersteller zählten für sie nicht. Vor der Rezession in den Jahren 1989–1994 sahen High-Tech-Firmen keinen Bedarf für verkürzte Produktentwicklungszeiten und kannten die Bedeutung des Verhältnisses von Projektmanagement, Total Quality Management (TQM) und Concurrent Engineering nicht.

Der Antrieb für Qualitätsverbesserungen scheint durch die Kunden bedingt zu sein. Kunden fordern nun

- eine höhere Leistung
- eine schnellere Produktentwicklung
- Technologie auf einem höheren Niveau
- bestmögliche Materialien und Verfahren
- geringere Gewinnmargen für die Auftragnehmer
- weniger Defekte bzw. weniger Ausschuss

Die Qualität wird in erster Linie durch die Markterwartungen beeinflusst, die sich in folgenden Faktoren äußern:

- Verkäuflichkeit: Die Balance zwischen Qualität und Kosten
- Produzierbarkeit: Die Möglichkeit, das Produkt mit der verfügbaren Technologie und den verfügbaren Mitarbeitern zu akzeptablen Kosten herzustellen
- Soziale Akzeptanz: Das Maß an Konflikten zwischen dem Produkt oder Verfahren und den Werten der Gesellschaft (z.B. Sicherheit, Umwelt etc.)
- Bedienbarkeit: Der Grad, bis zu dem ein Produkt sicher bedient werden kann
- Verfügbarkeit: Die Wahrscheinlichkeit, mit der das Produkt unter den gegebenen Bedingungen zufrieden stellend funktioniert
- Zuverlässigkeit: Die Wahrscheinlichkeit, mit der das Produkt unter den gegebenen Bedingungen fehlerfrei und für einen bestimmten Zeitraum funktioniert
- Instandhaltbarkeit: Die Möglichkeit, das Produkt in einem bestimmten Zustand oder auf einem bestimmten Leistungs- oder Qualitätsniveau zu halten oder dieses Leistungsniveau wiederherzustellen

Kundenwünsche können nun berücksichtigt werden, indem Unternehmen umfassendes Qualitätsmanagement (TQM – Total Quality Management) einsetzen. TQM ist ein sich ständig verbesserndes System, das die Integration verschiedener Elemente einer Organisation in den Entwurf, die Entwicklung und Fertigung einbezieht, um kostengünstige Produkte oder Dienstleistungen zu erzeugen, die jedoch für den Kunden akzeptabel sind. TQM ist einerseits kundenorientiert und sorgt für mehr Kundenzufriedenheit, andererseits lassen sich mit TQM auch Engpässe bei der Fließbandfertigung beseitigen, was zu einer höheren Produktqualität und einer besseren Arbeitsmoral im Unternehmen führt.

20.1 Definition von Qualität

PMBOK® Guide 2004
Kapitel 8 Einleitung

Viele Unternehmen geben zu, dass sie Qualität nicht genau definieren können. Qualität wird eigentlich vom Kunden definiert. Für Kodak besteht Qualität in der Erzeugung von Produkten und Dienstleistungen, die die Kundenerwartungen und -bedürfnisse erfüllen oder übertreffen, wobei die Kosten gleichzeitig ein offener Wert sind. Gemäß ISO 9000 wird Qualität definiert als »Gesamtheit der Funktionen und Merkmale eines Produkts oder einer Dienstleistung, mit denen ausgewiesene oder implizierte Bedürfnisse erfüllt werden können.« Begriffe wie Betriebsfähigkeit, Kundenzufriedenheit und fehlerfreie Produktion sind eher Ziele als Definitionen.

Die meisten Organisationen betrachten Qualität eher als Vorgang denn als Produkt. Qualität ist also ein sich kontinuierlich verbessernder Vorgang, der dazu dient, zukünftige Produkte und Dienstleistungen auf der Basis von Erfahrungswerten (Lessons Learned) zu verbessern und damit

- Kunden zu halten
- verlorene Kunden zurückzugewinnen
- neue Kunden zu gewinnen

Zu diesem Zweck entwickeln Unternehmen Qualitätsverbesserungsmethoden. Abbildung 20.1 zeigt die fünf Qualitätsprinzipien der Qualitätsrichtlinien von Kodak. Abbildung 20.2 veranschaulicht einen detaillierteren Qualitätsverbesserungsvorgang. Die beiden Abbildungen deuten an, dass Unternehmen sich stärker auf den Vorgang zur Qualitätsverbesserung als auf die Produktqualität konzentrieren und deshalb versuchen, Qualitätsverbesserungen durch einen endlosen Kreislauf zu erzielen.

PMBOK® Guide 2004
8.1 Qualitätsplanung

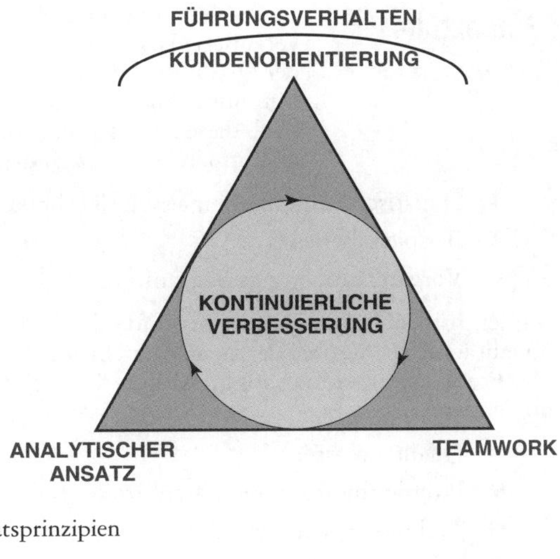

Abbildung 20.1: Kodaks fünf Qualitätsprinzipien

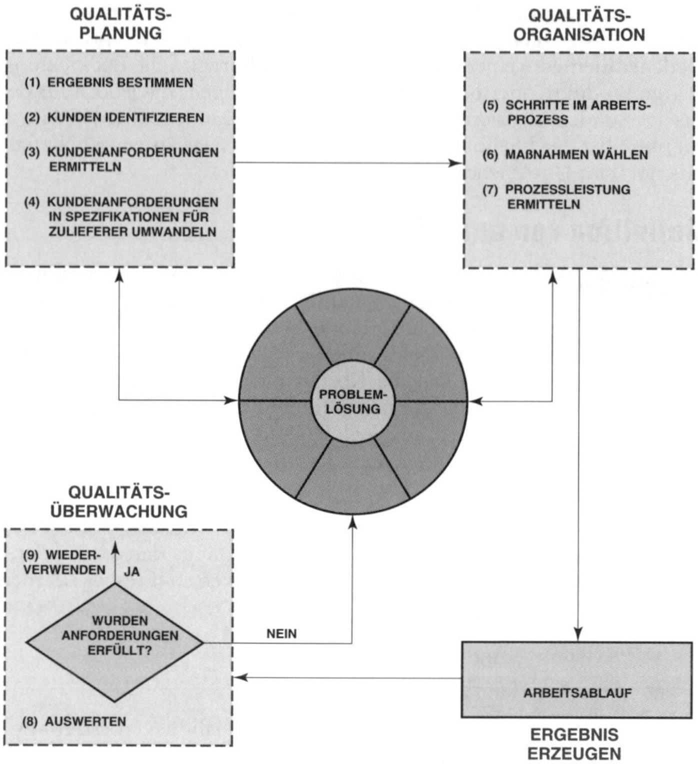

Abbildung 20.2: Die Qualitätsverbesserung (Quelle unbekannt)

20.2 Die Qualitätsbewegung

PMBOK® Guide 2004
Kapitel 8 Einleitung

In den vergangenen zwanzig Jahren hat sich der Qualitätsbegriff drastisch verändert. Vor dem 2. Weltkrieg war Qualität im Wesentlichen eine Frage der Qualitätskontrolle, mittels derer defekte Teile aussortiert wurden. Die Betonung lag auf der Problemidentifikation. Nach dem 2. Weltkrieg blieb diese Auffassung zunächst bestehen. Es kamen jedoch Qualitätskontrollprinzipien wie z.B. die folgenden auf:

- Statistische und mathematische Techniken
- Beispieltabellen
- Vorgangssteuerungsdiagramme

In den frühen 1950er-Jahren bis Ende der 1960er-Jahre wurde aus der Qualitätskontrolle die Qualitätssicherung, bei der es nicht mehr nur um die Aufdeckung von Problemen, sondern um die Problemvermeidung ging. Weitere Qualitätssicherungsprinzipien entstanden, wie z.B. die folgenden:

- Qualitätskosten
- Programme zur fehlerfreien Produktion
- Technische Verlässlichkeit
- Umfassendes Qualitätsmanagement

Heute liegt die Betonung auf dem strategischen Qualitätsmanagement, das Gesichtspunkte wie die folgenden beinhaltet:

- Qualität wird vom Kunden definiert.
- Qualität ist mit Rentabilität unter Markt- und Kostengesichtspunkten verbunden.
- Qualität ist eine Waffe im Kampf gegen die Konkurrenz.
- Qualität ist inzwischen Bestandteil der strategischen Planung.
- Das gesamte Unternehmen muss sich der Qualität verpflichten.

Zum Erfolg der Qualitätsbewegung haben zwar viele Experten beigetragen, die wichtigsten Vertreter waren jedoch W. Edwards Deming, Joseph M. Juran und Phillip B. Crosby. Dr. Deming setzte in den Jahren 1927 bis 1940 im Landwirtschaftsministerium der USA als Erster statistische Methoden sowie die Methode der Probeentnahme ein. Er wurde dabei von Dr. Shewhart beeinflusst und wandte später Shewharts »Plan/Do/Check/Act-Zyklus« (Planen/Ausführen/Prüfen/Handeln) auf Bürotätigkeiten an. Abbildung 20.3 zeigt den »Verbesserungszyklus« von Deming.

PMBOK® Guide 2004

3.1 Projektmanagementprozesse

Abbildung 3.1

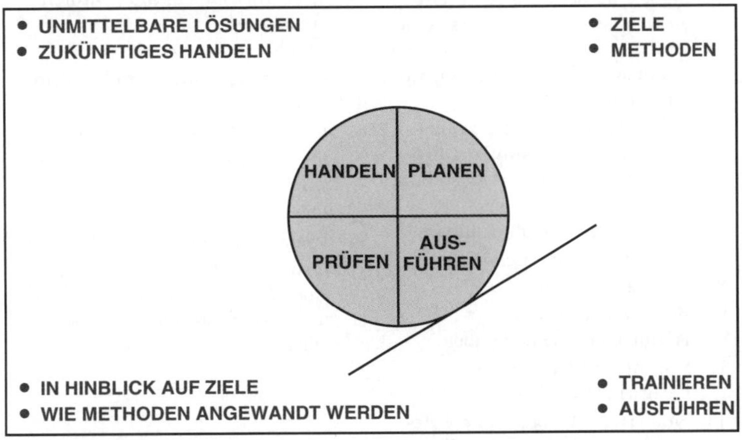

Abbildung 20.3: Der Verbesserungszyklus von Deming

Deming glaubte, dass Unternehmen deshalb nicht in der Lage waren, qualitativ hochwertige Produkte herzustellen, weil sich das Management zu sehr mit dem »Heute« statt mit dem »Morgen« beschäftigt. Laut Deming müsste das Management bei 85 Prozent der Qualitätsprobleme eingreifen und die Verfahren verändern. Nur 15 Prozent der Qualitätsprobleme konnten aus seiner Sicht von den Arbeitern selbst gesteuert werden. Die Arbeiter hatten beispielsweise keinen Einfluss auf die schlechte Qualität des Rohmaterials, die aus der Entscheidung des Managements resultierte, den preisgünstigsten Anbieter zu wählen. Die Lösung könnte in einem solchen Fall darin bestehen, dass das Management seine Beschaffungsrichtlinien verändert und langfristige Beziehungen zu den Lieferanten aufbaut.

Die Verfahren mussten statistisch analysiert werden, um die Wiederholbarkeit von Qualität zu demonstrieren. Außerdem sollte das Ziel darin bestehen, die Verfahren kontinuierlich zu verbessern, anstatt bestimmte Quoten zu erzielen. Statistische Qualitätsregelkarten (SPCs) ermöglichten beispielsweise die Identifikation allgemeiner und spezieller Ursachen von Qualitätsproblemen. Allgemeine Ursachen für Abweichungen gibt es bei jedem Verfahren. Dazu gehören schlechtes Rohmaterial, ein mangelhaftes Produktdesign, ungeeignete Arbeitsbedingungen und Sachmittel, die die Entwurfstoleranzen nicht erfüllen. Diese allgemeinen Ursachen können von den Arbeitern nicht gesteuert werden. Hier muss das Management eingreifen, um eine Verbesserung herbeizuführen.

Zu den speziellen oder bestimmbaren Ursachen gehören mangelnde Kompetenz der Arbeiter, Fehler der Arbeiter sowie Arbeiter, die während der Produktion unaufmerksam sind. Diese speziellen Ursachen können von Arbeitern selbst identifiziert und behoben werden. Das Management muss jedoch das Fertigungsverfahren verändern, um allgemeine Ursachen für die Varianz zu reduzieren.

Demings 14 Managementaufgaben	Jurans 10 Schritte zur Qualitätsverbesserung	Crosbys 14 Schritte zur Qualitätsverbesserung
1. Den Zweck einer konstanten Verbesserung von Produkten und Dienstleistungen deutlich machen.	1. Ein Bewusstsein für den Bedarf und die Chancen der Qualitätsverbesserungen schaffen.	1. Deutlich machen, dass sich das Management der Qualität verpflichtet hat.
2. Die neue Philosophie übernehmen.	2. Ziele für Qualitätsverbesserungen setzen.	2. Qualitätsverbesserungsteams zusammenstellen, die Repräsentanten aus jeder Abteilung enthalten.
3. Die Abhängigkeit aufgeben, Qualität über Qualitätskontrolle zu erzielen.	3. Alles so organisieren, dass die Ziele erreicht werden können (ein Qualitätsgremium einrichten, Probleme identifizieren, die passenden Projekte auswählen, Teams zusammenstellen, Moderatoren ernennen).	3. Ermitteln, wo die aktuellen und die potenziellen Qualitätsprobleme liegen.
4. Die Praxis aufgeben, Zulieferer lediglich auf der Basis der Preise auszuwählen und stattdessen die Gesamtkosten durch die enge Zusammenarbeit mit einem Zulieferer minimieren.	4. Schulungen anbieten.	4. Die Kosten der Qualität bewerten und ihren Einsatz als Management-Werkzeug erklären.
5. Jedes Verfahren im Zusammenhang mit der Planung, der Produktion und dem Service ständig verbessern.	5. Projekte ausführen, um Probleme zu lösen.	5. Das Qualitätsbewusstsein und die persönliche Betroffenheit aller Mitarbeiter heben.
6. Training-on-the-Job einführen.	6. Über den Fortschritt berichten.	6. Schritte unternehmen, um Probleme zu beheben, die durch vorangegangene Schritte aufgetreten sind.
7. Die Führung übernehmen.	7. Die Mitarbeiter für ihre Leistung würdigen.	7. Ein Komitee für das Programm zur Erzielung fehlerfreier Produktion einrichten.
8. Ängste bekämpfen.	8. Die Ergebnisse kommunizieren.	8. Die Vorgesetzten darin schulen, damit sie ihren Part im Qualitätsverbesserungsprogramm erfüllen können.
9. Barrieren zwischen Personalbereichen einreißen.	9. Die Auswertung aufbewahren.	9. Einen Tag der »fehlerfreien Produktion« einführen, um allen Mitarbeitern deutlich zu machen, dass eine Veränderung stattgefunden hat.
10. Slogans und Mahnungen an die Belegschaft abschaffen.	10. Den Schwung bewahren, indem eine jährliche Verbesserung zu einer Muss-Bestimmung gemacht wird.	10. Die Mitarbeiter ermutigen, Punkte zu nennen, in denen sie oder das Team sich verbessern sollten.
11. Numerische Quoten für die Belegschaft und numerische Ziele für das Management abschaffen.		11. Mitarbeiter dazu ermutigen, dem Management Hindernisse mitzuteilen, die verhindern, dass Verbesserungen erzielt werden.
12. Barrieren entfernen, die die Mitarbeiter daran hindern, Qualitätsarbeit zu erbringen. Leistungsprinzipien eliminieren.		12. Die Mitarbeiter belohnen, die mitmachen.
13. Ein Programm zur Schulung der Mitarbeiter einrichten.		13. Sitzungen einberufen, in denen regelmäßig über Qualität gesprochen wird.
14. Jeden Mitarbeiter des Unternehmens zur Mitwirkung am Umwandlungsvorgang verpflichten.		14. Alle Schritte noch einmal durchgehen, um deutlich zu machen, dass das Qualitätsverbesserungsprogramm niemals endet.

Tabelle 20.2: Verschiedene Ansätze zur Qualitätsverbesserung

Deming behauptete, dass Arbeiter nicht von sich aus ihr Bestes geben können. Ihnen müsse gezeigt werden, was eine akzeptable Qualität sei und dass eine kontinuierliche Verbesserung nicht nur möglich, sondern erforderlich ist. Um dies zu erreichen, müssten die Arbeiter in der Anwendung von Qualitätsregelkarten geschult werden. Als Deming feststellte, dass selbst Schulungsmaßnahmen vom Management genehmigt werden mussten, begann er, sich mehr und mehr auf das Management und dessen Verpflichtungen zu konzentrieren.

Dr. Juran begann 1954, also vier Jahre nach Dr. Deming, in Japan Kurse zur Qualitätssteuerung zu halten. Dr. Juran entwickelte 10 Schritte zur Qualitätsverbesserung (siehe Tabelle 20.2) sowie die Juran-Trilogie mit den Faktoren Qualitätsverbesserung, Qualitätsplanung und Qualitätskontrolle. Juran machte deutlich, dass der Hersteller Qualität in Bezug auf die Spezifikationen betrachtet, der Kunde hingegen in Hinblick auf ihre Gebrauchstauglichkeit.

- Entwurfsqualität: Es kann verschiedene Qualitätsgrade geben.
- Anpassungsqualität: Die passenden Schulungen, Motivation etc. bereitstellen.
- Verfügbarkeit: Zuverlässigkeit (d.h. Reparaturhäufigkeit) und Wartbarkeit (d.h. Geschwindigkeit oder Einfachheit der Reparatur)
- Sicherheit: Die potenziellen Gefahren der Produktnutzung
- Feldeinsatz: Dieser Faktor bezieht sich auf die Art und Weise, in der das Produkt vom Kunden genutzt wird.

Dr. Juran hob auch die Kosten der Qualität (siehe Abschnitt 20.8) und die rechtlichen Implikationen hervor. Zu den rechtlichen Aspekten der Qualität, die berücksichtigt werden sollten, gehören folgende:

- Strafrechtliche Haftung
- Zivilrechtliche Haftung
- Angemessene Kapitalmaßnahmen
- Garantien

Juran glaubt, dass der Auftragnehmer Qualität in Hinblick auf die Erfüllung der Spezifikation betrachtet, wohingegen für den Kunden Qualität mit Gebrauchsfertigkeit gleichgesetzt wird. Juran räumt auch ein, dass mehrere Qualitätsgrade existieren können. Die Merkmale der Qualität lassen sich wie folgt definieren:

- Strukturell (Länge, Häufigkeit)
- Sensorisch (Geschmack, Schönheit, Anziehungskraft)
- Zeitorientiert (Zuverlässigkeit, Wartbarkeit)
- Kommerziell (Garantie)
- Ethisch (Gefälligkeit, Ehrlichkeit)

Der dritte wichtige Beitrag zum Thema Qualität stammt von Phillip B. Crosby. Crosby entwickelte die Theorie der 14 Schritte zur Qualitätsverbesserung (siehe Tabelle 20.2) und vier Annahmen zur Qualität:

- Qualität bedeutet Erfüllung der Anforderungen.
- Qualität wird durch Prävention erzielt.
- Qualität bedeutet, dass der Leistungsstandard die »fehlerfreie Produktion« ist.
- Qualität wird gemessen an den Kosten, die durch Fehler entstehen.

Crosby stellte fest, dass die Kosten dafür, dass nicht alles gleich beim ersten Mal richtig läuft, erheblich sein können. Bei der Produktion liegt der Preis für Produktionsfehler bei 40 Prozent der Betriebskosten.

20.3 Vergleich der »Pioniersansätze«

Deming definiert Qualität als »kontinuierliche Verbesserung«. Abweichungen lassen sich zwar nicht direkt eliminieren, durch sie können wir jedoch lernen und sie dadurch vermindern. Das Ziel ist die fehlerfreie Produktion. Fehlerfreiheit ist jedoch nicht immer ökonomisch machbar oder sinnvoll.

Juran glaubt, dass »sporadische« und »chronische« Probleme gelöst werden müssen, um die Qualität verbessern zu können. Sporadische Probleme sind kurzfristige Probleme, die plötzliche Veränderungen hervorrufen, die eine Qualitätsverschlechterung zur Folge haben. Es stehen Techniken für ihre Identifikation und Kontrolle zur Verfügung.

Bei chronischen Problemen hingegen ist manchmal ein wissenschaftlicher Durchbruch erforderlich, um einen höheren Grad an Qualität erzielen zu können. Chronische Probleme existieren, weil die Arbeiter Änderungen nicht akzeptieren und sich weigern, zuzugeben, dass es bessere Vorgehensweisen gibt, um Dinge zu erledigen. Chronische Probleme können nur gelöst werden, indem Projekte durchgeführt werden, die einen Durchbruch bringen, indem Ziele aufgestellt werden, die jährlich überprüft werden, indem das obere Management Qualität unterstützt und indem Qualitätsexperten eingesetzt werden, die unternehmensweit Programme zur Qualitätsverbesserung durchführen. Anders als Deming, der den Einsatz von Zielen und Quoten vermeidet, verfolgt Juran das Ziel, das Management davon zu überzeugen, dass jährlich Qualitätsverbesserungsprogramme auf der Basis wohl definierter Ziele durchgeführt werden müssen.

Jurans Methode zur Ermittlung der Qualitätskosten legt nahe, dass sich die Qualität bis zu einem gewissen Punkt auszahlt. Anschließend können die Kosten jedoch drastisch ansteigen.

Crosby fordert, dass die Qualitätskosten nur die Kosten für die Nichterfüllung beinhalten, wohingegen Juran die Kosten für die Erfüllung und für die Nichterfüllung der Qualitätsstandards berücksichtigt. Laut Crosby sind die Kosten für die Erfüllung der Qualitätsstandards keine echten qualitätsbezogenen Kosten, sondern eher Kosten für den normalen Geschäftsbetrieb. Deshalb ist Qualität kostenlos zu haben. Kosten fallen nur für die Nichterfüllung der Qualitätsstandards an. Crosby berücksichtigt lediglich Messmethoden für die Kosten der Nichterfüllung und er verlässt sich dabei in erster Linie auf die Motivation und die Rolle des oberen Managements.

Tabelle 20.3 vergleicht die drei Ansätze zur Qualitätsverbesserung. Zwar betonen alle die Notwendigkeit und Qualität und die Bedeutung, die das obere Management dabei hat, die Vorgehensweisen zur Erzielung von Qualität unterscheiden sich jedoch.

	Deming	Juran	Crosby
Definition von Qualität	Kontinuierliche Verbesserung	Gebrauchsfertigkeit	Erfüllung der Anforderungen
Anwendung	Produktionsorientierte Unternehmen	Technologieorientierte Unternehmen	Kundenorientierte Unternehmen
Zielgruppe	Arbeiter	Management	Arbeiter
Betonung von	Werkzeuge/Systeme	Messung	Motivation
Art der Werkzeuge	Statistische Prozessregelung (SPC – Statistic Process Control)	Analytisch, Entscheidungsfindung und Kosten der Qualität	Minimaler Einsatz
Einsatz von Zielen	Keine Verwendung	Einsatz für Projekte, die zum Durchbruch verhelfen sollen	Ziele für Arbeiter

Tabelle 20.3: Vergleich der Ansätze der drei Experten Deming, Juran und Crosby

20.4 Der Taguchi-Ansatz

PMBOK® Guide 2004

8.1.2.3 Versuchsplanung

Nach dem Zweiten Weltkrieg stellten die Alliierten fest, dass die Qualität des japanischen Telefonsystems sehr schlecht war und völlig ungeeignet für langfristige Kommunikationsziele. Um das System zu verbessern, empfahl der Rat der Alliierten, in Japan Forschungseinrichtungen nach dem Vorbild der Bell Laboratories in den USA einzurichten, in denen ein modernes Kommunikationssystem entwickelt werden sollte. Die Japaner gründeten die Electrical Communication Laboratories (ECL). Dr. Taguchi war verantwortlich für die Produktivitätsverbesserung bei Forschungs- und Entwicklungsbemühungen und für die Verbesserung der Produktqualität. Er beobachtete, dass sehr viel Zeit und Geld für Experimente und für Tests aufgewendet wurden. Kreatives Brainstorming zur Minimierung des Ressourcenaufwands wurde hingegen kaum beachtet.[2]

Dr. Taguchi begann, neue Methoden zur Optimierung der Durchführung technischer Experimente zu entwickeln. Diese Methoden oder Techniken sind heute unter dem Namen »Taguchi-Methode« bekannt. Sein größter Beitrag besteht nicht in der mathematischen Ausformulierung des Designs von Experimenten, sondern in der begleitenden Philosophie. Sein Ansatz ist mehr als eine Methode zur Gestaltung von Experimenten. Es handelt sich um ein Konzept, das zu einer drastischen Qualitätsverbesserung geführt hat, die sich von den traditionellen Praktiken unterscheidet.

Sein Konzept besteht aus folgenden drei Punkten:

1. Qualität sollte im Produktdesign angelegt sein und nicht durch Qualitätskontrolle entstehen.
2. Qualität lässt sich am besten erreichen, indem die Abweichungen vom Ziel minimiert werden. Das Produkt sollte so gestaltet sein, dass es immun gegenüber nicht kontrollierbaren Umwelteinflüssen ist.
3. Die Kosten für die Qualität sollten als Funktion der Abweichung vom Standard gemessen werden und die Verluste sollten systemweit berücksichtigt werden.

Taguchi baute auf Demings Beobachtung auf, dass 85 Prozent der Qualitätsmängel durch den Herstellungsvorgang bedingt sind und nur 15 Prozent durch die Arbeiter. Deshalb entwickelte er Fertigungssysteme, die »robust« oder unempfindlich gegenüber den täglichen oder saisonabhängigen Schwankungen und anderen externen Faktoren waren. Er baute bei der Entwicklung dieser Systeme lediglich auf seine drei Prinzipien, er testete Faktoren, die eine qualitativ hochwertige Produktion beeinflussen und gab die Produktparameter an.

Taguchi glaubte, dass Qualität sich hauptsächlich dadurch verbessern ließe, dass sie bereits in das Produktdesign einbezogen wurde. Qualitätsverbesserungen beginnen schon beim Produktdesign und setzen sich bis zur Produktionsphase fort. Er schlug eine »Off-Line«-Strategie für die Entwicklung von Qualitätsverbesserungen vor, die die Kontrolle der Produktqualität ersetzen sollte. Er beobachtete, dass sich schlechte Qualität nicht durch Qualitätskontrollen, Screening und Kritik verbessern lässt. Die Qualitätskontrolle behandelt lediglich ein Symptom, führt jedoch nicht zu Qualitätsverbesserungen. Deshalb sollten Qualitätskonzepte auf der Philosophie der Prävention basieren. Das Produktdesign muss so robust sein, dass es gegenüber unkontrollierten Umwelteinflüssen in den Herstellungsvorgängen immun ist.

Sein zweites Konzept bezieht sich auf die Methoden zur Beeinflussung der Qualität. Er behauptete, dass Qualität direkt mit der Abweichung eines Designparameters vom Zielwert zusammenhängt, nicht mit der Übereinstimmung mit festen Spezifikationen. Ein Produkt kann mit Eigenschaften produziert werden, die sich am Rande der Toleranz bewegen und trotzdem eine kurze Lebenserwartung haben. Wird für die wichtige Eigenschaft hingegen ein Zielwert definiert und werden die Fertigungsverfahren so gestaltet, dass der Zielwert mit einer geringfügigen Abweichung erreicht werden kann, müsste sich die Lebenserwartung erheblich erhöhen.

2. Ranjit Roy, *A Primer on the Taguchi Method,* Dearborn, MI: Society of Manufacturing Engineers, 1990, Chapter 2. Reproduced by permission.

Sein drittes Konzept bezieht sich auf die Bemessung der Abweichungen von einem vorgegebenen Designparameter in Form der Lebenszykluskosten des Produkts. Diese Kosten beinhalten die Kosten, die durch den Ausschuss, die Umarbeitung, die Qualitätskontrolle, die Rücksendungen, die Garantieinanspruchnahme und den Produktaustausch entstehen. Sie bieten einen Hinweis darauf, welche Parameter kontrolliert werden müssen.

Beschränkungen des Ansatzes

Die Taguchi-Methode ist hauptsächlich dadurch beschränkt, dass sie nur funktioniert, wenn sie sehr früh in der Produkt- oder Verfahrensentwicklung zum Einsatz kommt. Nachdem die Designvariablen ermittelt und die nominellen Werte spezifiziert wurden, kann sich möglicherweise herausstellen, dass der Versuchsplan nicht kosteneffizient ist. Die Methode hat zwar einen weiten Anwendungsbereich, es gibt jedoch immer Situationen, in denen klassische Techniken besser geeignet sind. Für Simulationsstudien, die Faktoren beinhalten, die kontinuierlich abweichen, wie z.B. bei der Torsionsstärke einer Achse bedingt durch ihren Durchmesser, eignet sich die Taguchi-Methode kaum.

Auswahl von Designparametern für eine Reduktion der Abweichung

Taguchi versucht, Qualität dadurch zu erzielen, dass er die Abweichung vom Ziel reduziert. Dabei suchte er nach Techniken, die eine Minimierung der Abweichung erlauben, ohne notwendigerweise die Ursachen für die Abweichung zu bekämpfen. In einem industriellen Umfeld kann es sehr kostspielig sein, die Ursachen für Abweichungen vollständig zu beseitigen. Eine kostenlose oder kostengünstige Lösung kann darin bestehen, dass die Ebenen angepasst und Abweichungen anderer Faktoren überwacht werden. Das versucht Taguchi mit dem Parameterdesign zu erreichen, bei dem für die Reduktion der Abweichung keine oder nur geringe Kosten anfallen. Außerdem übersteigen die Kosteneinsparungen die Kosten für zusätzliche Experimente bei weitem, die benötigt werden, um die Abweichung zu reduzieren.

Die Taguchi-Methode ist am effektivsten, wenn sie bei Experimenten mit mehreren Faktoren eingesetzt wird. Das Konzept der Auswahl der passenden Ebene der Designfaktoren und der Reduktion der Leistungsabweichungen von einem Zielwert lässt sich am einfachsten mit einem Beispiel veranschaulichen.

Betrachten Sie einen Backvorgang. Angenommen, mehrere Bäcker erhielten dieselben Zutaten, um einen Kuchen zu backen. Der Sieger wäre der Bäcker, der daraus den wohlschmeckendsten Kuchen erzeugt. Die Bäcker dürfen die Menge der Zutaten verändern, müssen jedoch genau die Zutaten verwenden, die ihnen bereitgestellt wurden. Nach Taguchis Ansatz müsste ein Experiment entwickelt werden, das neben den Zutaten Einflussfaktoren wie die Backtemperatur, die Backdauer, die Art des Backofens etc. berücksichtigt.

Ziel ist es, die Faktoren so zu kombinieren, dass das beste Ergebnis erzielt wird und die Abweichung vom optimalen Ergebnis gleichzeitig minimal ist. Im Beispiel hieße das, das richtige Verhältnis zwischen den fünf Hauptzutaten Eier, Milch, Mehl, Butter und Zucker zu finden, um möglichst häufig den besten Kuchen zu backen. Basierend auf Erfahrungswerten lassen sich die in Abbildung 20.4 gezeigten Ebenen entwickeln. Es stellt sich nun die folgende Frage: Wie lässt sich die passende Kombination entwickeln? Abbildung 20.5 zeigt ein Flussdiagramm für ein Taguchi-Experiment.

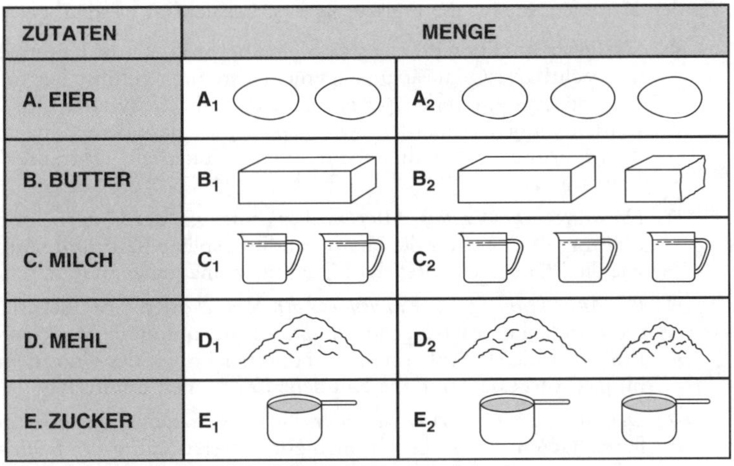

Abbildung 20.4: Faktoren und Ebenen für ein Kuchenbackexperiment

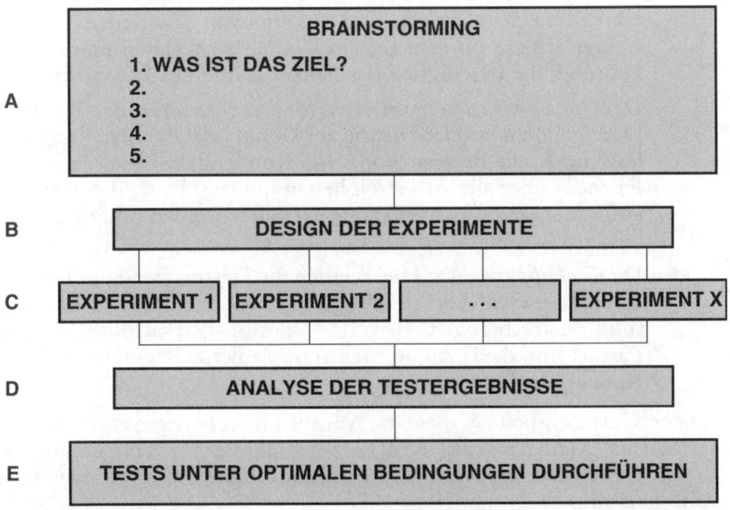

Abbildung 20.5: Ein Flussdiagramm für ein Taguchi-Experiment [3]

20.5 Der Malcolm Baldrige National Quality Award

PMBOK® Guide 2004
Kapitel 8 Einleitung

Um auf dem Weltmarkt konkurrieren zu können, benötigen Unternehmen ein Modell, das Werkzeuge zur kontinuierlichen Verbesserung in ein System einbezieht, das funktionsübergreifend implementiert werden kann. 1987 wurde in den USA der Bedarf für einen nationalen Qualitätsstandard deutlich. Zu diesem Zweck wurde eine Auszeichnung namens »Malcolm Baldrige National Quality Award« eingeführt. Den Preis erhalten Unternehmen, die durch Qualitätsmanagement Produkte und Dienstleistungen von Weltklasseniveau erzeugen konnten.

3. Quelle: Ranjit Roy, *A Primer on the Taguchi Method*, Dearborn, MI: Society of Manufacturing Engineers, 1990, S. 231. Reproduced by permission.

Zu den Kriterien, die für die Preisvergabe berücksichtigt werden, gehören unter anderem:

- *Die Führung:* Hier wird hauptsächlich überprüft, ob die Unternehmensführung ein klares und sichtbares Qualitätsmanagementsystem eingeführt hat und dieses mit einem Managementsystem verknüpft ist, über das alle Aktivitäten des Unternehmens gesteuert werden können. Außerdem wird geprüft, wie das obere Management und die Unternehmensführung die Qualitätsbemühungen innerhalb und außerhalb des Unternehmens unterstützen.
- *Die strategische Planung:* Hier wird geprüft, wie das Unternehmen eine strategische Ausrichtung festlegt und die Haupthandlungspläne bestimmt. Außerdem wird untersucht, wie die Pläne in ein effektives Qualitätsmanagementsystem umgesetzt werden.
- *Die Ausrichtung auf die Kunden und den Markt:* Hier wird überprüft, wie das Unternehmen die Kundenanforderungen und -erwartungen und die Marktanforderungen und -erwartungen ermittelt. Außerdem wird untersucht, wie das Unternehmen seine Kundenbeziehungen verbessert und die Kundenzufriedenheit ermittelt.
- *Die Information und Analyse:* Hier wird das Management überprüft und getestet, wie effektiv Daten und Informationen zur Unterstützung der Schlüsselverfahren des Unternehmens und des Qualitätsmanagementsystems eingesetzt werden.
- *Die Personalentwicklung und die Management-Praxis:* Hier wird überprüft, wie die Mitarbeiter in die Lage versetzt werden, ihr Potenzial in Übereinstimmung mit den Unternehmenszielen zu entfalten und auszunutzen. Außerdem werden die Bemühungen des Unternehmens untersucht, ein Umfeld zu schaffen und zu pflegen, das hervorragende Leistung, die Beteiligung des Personals und das Wachstum des Unternehmens fördert.
- *Das Prozessmanagement:* Hier werden die Aspekte des Prozessmanagements überprüft. Dazu gehören kundenorientiertes Design, die Bereitstellung von Produkten und Dienstleistungen, die Bereitstellung von Kundendienst und der Umgang mit Zulieferern und Partnern über alle Arbeitseinheiten hinweg. Es wird getestet, wie die Schlüsselprozesse aufgebaut sind, wie effektiv sie verwaltet werden und ob sie verbessert werden, um eine bessere Qualität zu erhalten.
- *Die Geschäftsergebnisse:* Hier werden die Leistung und die Verbesserungen in den Kerngeschäftsbereichen berücksichtigt. Dies sind Kundenzufriedenheit, wirtschaftliche Leistung, marktbezogene Leistung, Personalentwicklung, Leistung der Zulieferer und Partner und die Fertigungsleistung. Außerdem wird der Leistungsgrad in Bezug auf die Konkurrenz beurteilt.

Zu den Unternehmen, an die diese Auszeichnung bereits vergeben wurde, gehören IBM, General Motors, Xerox, Kodak, AT&T, Westinghouse, Federal Express, Ritz-Carlton, Armstrong Building Products und Motorola. Pro Jahr erhalten also nur zwei bis drei Unternehmen diese Auszeichnung.

20.6 ISO 9000

Die International Organization for Standardization (ISO) mit Sitz in Genf ist ein Konsortium von ungefähr 100 Industrienationen dieser Welt. Das ANSI (American National Standards Institute) repräsentiert die Vereinigten Staaten von Amerika. ISO 9000 ist kein Standard für Produkte oder Dienstleistungen und ist auch nicht spezifisch für eine Branche. Es handelt sich vielmehr um einen Qualitätsstandard, der auf alle Produkte, Dienstleistungen oder Verfahren weltweit angewendet werden kann.

ISO 9000 umfasst folgende Normen:

ISO 9000: Diese Norm definiert die Schlüsselbegriffe und dient als Struktur für die weiteren Normen der Normenfolge.

ISO 9001: Diese Norm definiert das Modell für ein Qualitätsmanagementsystem, das für Auftragnehmer eingesetzt werden kann, die Produkte oder Dienstleistungen entwickeln, herstellen und installieren.

ISO 9002: Diese Norm ist ein Qualitätssicherungsmodell für die Produktion und die Installation.

ISO 9003: Diese Norm ist ein Qualitätssicherungsmodell für die Qualitätskontrolle und den Abschlusstest.

ISO 9004: Diese Norm bietet Unternehmen Richtlinien für das Qualitätsmanagement, die ein Qualitätssicherungssystem entwickeln und implementieren wollen. Es stehen auch Richtlinien zur Verfügung, mit denen sich feststellen lässt, bis zu welchen Grad sich das Qualitätssicherungssystem jeweils anwenden lässt.

Zur ISO 9000 existieren verschiedene Mythen. Erstens ist die ISO 9000 kein europäischer Standard, sondern sie basiert auf amerikanischen Qualitätsstandards, die noch immer im Einsatz sind. Zweitens ist die ISO 9000 kein alptraumartiger Papierberg. Die Dokumentation ist zwar eine notwendige Voraussetzung, sie ist jedoch nicht so umfangreich, wie die meisten glauben. Drittens garantiert die ISO-9000-Zertifizierung nicht, dass das Unternehmen tatsächlich qualitativ hochwertige Produkte oder Dienstleistungen erzeugt. Sie bestätigt lediglich, dass das passende System eingesetzt wird.

Die ISO 9000 ist eigentlich ein dreiteiliger, endloser Zyklus der Planung, der Prüfung und des Nachweises. Die Planung ist erforderlich, um sicherzustellen, dass die Ziele und die Beziehungen zwischen den Befugnissen und Zuständigkeiten für jede Aktivität korrekt definiert sind und übermittelt werden. Die Prüfung ist erforderlich, um sicherzustellen, dass die Ziele erreicht werden und dass Probleme vorhergesehen oder mittels der passenden Korrekturmaßnahmen verhindert werden können. Der Nachweis oder die Dokumentation bietet in erster Linie eine Rückmeldung darüber, wie gut das Qualitätsmanagementsystem sich eignet, um die Kundenbedürfnisse zu erfüllen und welche Änderungen vorgenommen werden müssen.

Die ISO hat vor kurzem den Standard ISO 14000 entwickelt, der dem Management eine Struktur für die Handhabung von Umwelteinflüssen bietet. Dazu gehören das Managementsystem, die Leistungsbewertung, das Auditing und die Lebenszyklusbewertung.

20.7 Qualitätsmanagementkonzepte

> **PMBOK® Guide 2004**
>
> Kapitel 8 Einleitung
>
> 8.1.1 Qualitätsplanung: Eingangswerte

Der Projektmanager ist für das Qualitätsmanagement im Projekt verantwortlich. Qualitätsmanagement hat die gleiche Priorität wie das Kosten- sowie das Ablauf- und das Terminmanagement. Für die direkte Qualitätsmessung ist möglicherweise jedoch die Qualitätssicherungsabteilung oder der Projektmanagementassistent für Qualität zuständig. Bei arbeitsintensiven Projekten umfasst die Unterstützung durch das Management (d.h. das Project Office) in der Regel 12 bis 15 Prozent des Projektgesamtbudgets. Ungefähr 3 bis 5 Prozent können dabei für das Qualitätsmanagement ausgegeben werden. Deshalb können sehr leicht 20 bis 30 Prozent der Arbeit im Project Office für das Qualitätsmanagement aufgewendet werden.

Aus der Sicht des Projektmanagers gibt es sechs Qualitätsmanagementkonzepte, die bei jedem Projekt vorhanden sein sollten. Dazu gehören:

- Qualitätspolitik
- Qualitätsziele
- Qualitätssicherung
- Qualitätslenkung
- Qualitätsaudit
- Qualitätsprogrammplan

Im Idealfall sollten diese sechs Konzepte in der Unternehmenskultur verankert sein.

Qualitätspolitik

Die Qualitätspolitik wird in einem Dokument festgehalten, das in der Regel von Qualitätsexperten erstellt und vollständig vom Top-Management unterstützt wird. Die Politik sollte die Qualitätsziele, die Qualität, die für das Unternehmen akzeptabel ist, und die Verantwortung der einzelnen Mitarbeiter für die Umsetzung der Politik und die Gewährleistung der Qualität enthalten. Die Qualitätspolitik ist ein Instrument, mit dem der Ruf und das Qualitätsimage des Unternehmens aufgebaut werden können.

Viele Organisationen machen den Fehler, dass sie zunächst eine gute Qualitätspolitik entwickeln, die Umsetzung dann jedoch an das untere Management delegieren, obwohl sie eigentlich Aufgabe des Top-Managements wäre. Das Top-Management muss die Sache im Griff haben. Die Mitarbeiter durchschauen schnell, was dahinter steckt, wenn die Umsetzung der Qualitätspolitik an das untere und mittlere Management delegiert wird, während sich das Top-Management um »wichtige Dinge kümmert, die das Unternehmen wirklich betreffen«.

Eine gute Qualitätspolitik zeichnet sich durch folgende Merkmale aus:

- Sie beinhaltet Grundsätze, die aussagen, was getan werden muss, und nicht, wie etwas getan werden muss.
- Sie sorgt für Konsistenz im gesamten Unternehmen und über alle Projekte hinweg.
- Sie bietet Außenstehenden eine Erklärung dafür, wie das Unternehmen Qualität sieht.
- Sie bietet Richtlinien für wichtige Qualitätsfragen.
- Sie trifft Vorkehrungen für eine Veränderung oder Aktualisierung.

Qualitätsziele

Qualitätsziele sind Bestandteil der Qualitätspolitik eines Unternehmens und bestehen aus spezifischen Zielen sowie einem Zeitrahmen, in dem die Ziele erfüllt werden sollen. Die Qualitätsziele müssen sorgfältig ausgewählt werden. Unerreichbare Ziele können Frustration und Desillusionierung hervorrufen. Beispiele für akzeptable Qualitätsziele können darin bestehen, noch vor Abschluss des aktuellen Geschäftsjahrs allen Mitarbeiter die gültige Qualitätspolitik per Schulung zu vermitteln, bis zum Ende des aktuellen Quartals Grundwerte für bestimmte Vorgänge festzulegen etc.

Gute Qualitätsziele sollten:

- Erreichbar sein
- Spezifisch genug sein
- Verständlich sein
- Stichtage angeben

Qualitätssicherung

Qualitätssicherung ist der Sammelbegriff für die formellen Aktivitäten und Managementverfahren, mit denen versucht wird, sicherzustellen, dass die Produkte und Dienstleistungen den Qualitätsanspruch erfüllen. Die Qualitätssicherung beinhaltet auch Bemühungen von Externen, die Informationen für die Verbesserung der internen Vorgänge bereitstellen.

Das PMBOK (Project Management Institute Guide to the Body of Knowledge)® bezeichnet die Qualitätssicherung als Management-Bereich des Qualitätsmanagements. In diesem Bereich kann der Projektmanager den größten Einfluss auf die Qualität seines Projekts ausüben. Der Projektmanager muss die administrativen Verfahren einrichten, die erforderlich sind, um die Qualität zu sichern und sicherzustellen, dass der Projektinhalt mit den tatsächlichen Anforderungen des Kunden übereinstimmt. Der Projektmanager muss mit seinem Team zusammenarbeiten, um festzustellen, welche Verfahren das Team einsetzen soll, um bei allen Stakeholdern das Vertrauen zu fördern, dass die qualitätsbezogenen Aktivitäten korrekt durchgeführt werden. Es müssen außerdem alle rechtlichen Bestimmungen erfüllt werden.

Ein gutes Qualitätssicherungssystem leistet Folgendes:

- Es legt Ziele und Standards fest.
- Es ist multifunktional und auf Prävention ausgerichtet.
- Es bietet einen Plan für die Sammlung von Daten, die für die kontinuierliche Verbesserung eingesetzt werden können.
- Es bietet einen Plan für die Einrichtung und Pflege der Leistungsbemessung.
- Es beinhaltet Qualitätsaudits.

Qualitätslenkung

Die Qualitätslenkung beinhaltet alle Aktivitäten und Techniken, die dazu dienen, bestimmte Qualitätsanforderungen zu erfüllen. Zu diesen Aktivitäten gehören ein kontinuierlicher Überwachungsvorgang, die Identifikation und Eliminierung von Problemursachen, der Einsatz der statistischen Prozessregelung zur Reduktion der Schwankungen und zur Erhöhung der Effizienz der Verfahren.

Das PMBOK® bezeichnet die Qualitätslenkung als technischen Aspekt des Qualitätsmanagements. Projektteammitglieder, die spezifisches technisches Fachwissen zu verschiedenen Aspekten des Projekts haben, spielen bei der Qualitätslenkung eine aktive Rolle. Sie entwickeln die technischen Verfahren, die sicherstellen, dass jeder Schritt im Projekt vom Design und der Entwicklung über die Implementierung bis zur Wartung ein qualitativ hochwertiges Ergebnis hat. Das Ergebnis jedes Schritts muss den Qualitätsstandards und Qualitätsplänen des Unternehmens entsprechen. So wird ein bestimmter Qualitätsanspruch sichergestellt.

Ein gutes Qualitätslenkungssystem leistet Folgendes:

- Es entscheidet, was gelenkt werden muss.
- Es legt Standards fest, nach denen Entscheidungen in Hinsicht auf mögliche Korrekturmaßnahmen getroffen werden.
- Es legt die verwendeten Messmethoden fest.
- Es vergleicht die Ist-Ergebnisse mit den Qualitätsstandards.
- Es sorgt dafür, dass fehlerhafte Vorgänge und fehlerhaftes Material auf der Grundlage der gesammelten Informationen wieder auf Standardniveau gebracht werden.
- Es überwacht und kalibriert Messgeräte.
- Es dokumentiert alle Vorgänge ausführlich.

Qualitätsaudit

Ein Qualitätsaudit ist eine unabhängige Bewertung, die von qualifizierten Personen durchgeführt wird, um sicherzustellen, dass das Projekt die Qualitätsanforderungen erfüllt und die Qualitätsrichtlinien eingehalten werden.

Ein gutes Qualitätsaudit stellt sicher, dass

- die geplante Qualität des Projekts erreicht wird.
- Produkte sicher und gebrauchsfertig sind.
- alle relevanten Gesetze und Vorschriften eingehalten werden.
- die Daten korrekt und genau gesammelt und weiterverarbeitet werden.
- bei Bedarf passende Korrekturmaßnahmen vorgenommen werden.
- Gelegenheiten zur Verbesserung wahrgenommen werden.

Qualitätsplan

Der Qualitätsplan wird vom Projektmanager und den Mitgliedern des Projektteams erstellt, indem die Projektziele in einen Projektstrukturplan umgewandelt werden. Die Projektaktivitäten werden dabei mittels eines Baumdiagramms so weit untergliedert, dass einzelne qualitätsbezogene Tätigkeiten identifiziert werden können. Der Projektmanager gewährleistet, dass die Handlungen in der Reihenfolge umgesetzt werden, die den Anforderungen und Erwartungen des Auftraggebers entspricht. Der Projektmanager kann damit dem Auftraggeber einen Plan für die Bereitstellung eines Qualitätsprodukts oder einer qualitativ hochwertigen Dienstleistung liefern und erfüllt damit die Bedürfnisse des Auftraggebers.

Ein guter Qualitätsplan leistet Folgendes:

- Er identifiziert alle externen und internen Auftraggeber einer Organisation.
- Er regt einen Prozess an, der die vom Auftraggeber gewünschten Merkmale zum Ergebnis hat.
- Er bezieht den Zulieferer früh in den Prozess mit ein.
- Er bietet dem Unternehmen die Möglichkeit, auf sich ändernde Kundenbedürfnisse zu reagieren.
- Er beweist, dass der Prozess funktioniert und dass die Qualitätsziele erfüllt werden.

20.8 Die Qualitätskosten

PMBOK® Guide 2004
8.1.2.4 Qualitätskosten (COQ)

Um sicherzustellen, dass ein Produkt oder eine Dienstleistung die Anforderungen des Auftraggebers erfüllt, wird ein Maßstab für die Qualitätskosten benötigt. Sehr vereinfacht dargestellt lassen sich die Kosten in »Kosten für die Erfüllung« und »Kosten für die Nichterfüllung« des Qualitätsanspruchs unterteilen. Die Kosten für die Erfüllung des Qualitätsanspruchs beinhalten Faktoren wie die Weiterbildung, die Überprüfung, Tests, die Wartung, die Kalibrierung und Audits. Kosten für die Nichterfüllung beinhalten Faktoren wie Ausschuss, Reparaturen auf Garantie, Produktrückrufe und die Behandlung von Beschwerden.

Der Versuch, ein paar Euro einzusparen, um die Kosten für die Erfüllung des Qualitätsanspruchs zu reduzieren, könnte sich katastrophal auswirken. Ein amerikanisches Unternehmen gewann beispielsweise die Ausschreibung für die Lieferung von Teilen an ein japanisches Unternehmen. Der ursprüngliche Vertrag sah die Lieferung von 10.000 Teilen vor. Bei der Qualitätskontrolle und den Tests, die der Kunde (d.h. die japanische Firma) durchführte, wurden zwei Reklamationen entdeckt. Die japanische Firma schickte alle 10.000 Teile an den amerikanischen Zulieferer zurück, weil die Lieferung für sie nicht akzeptabel war. Bei diesem Beispiel sind die Kosten für die Nichterfüllung der Qualitätsanforderungen erheblich größer als die Kosten für die Erfüllung. Das Fazit ist klar: Es lohnt sich, alles beim ersten Mal richtig zu machen.

Nachfolgend sind weitere Beispiele für Methoden zur Klassifikation der Kosten aufgeführt:

- *Präventivkosten* sind Kosten, die aufgewendet werden, um den Auftraggeber dadurch zufrieden zu stellen, dass die Produkte fehlerfrei hergestellt werden. Die Präventivkosten beinhalten Kosten für das Entwurfsreview, für die Weiterbildung, für die Qualitätsplanung, für Umfragen bei Händlern, Zulieferern und Unterauftragnehmern, für Verfahrensstudien und für andere präventive Maßnahmen.
- *Schätzkosten* sind Kosten, die mit der Bewertung eines Produkts oder eines Vorgangs in Hinblick darauf zusammenhängen, wie gut die Kundenanforderungen erfüllt wurden. Dazu gehören in der Regel Kosten für die Qualitätskontrolle des Produkts, für Labortests, für die Kontrolle der Händler und für interne und externe Entwurfsreviews.
- *Interne Fehlerkosten* sind Kosten, die mit dem Fehlschlagen der Vorgehensweisen verbunden sind, die Produkte für den Kunden akzeptabel zu machen, bevor sie das Unternehmen verlassen. Dazu gehören Kosten für Ausschuss, für Nacharbeiten, für Reparaturen, Ausfallzeiten, die Bewertung von Defekten, die Bewertung von Ausschuss und Korrekturmaßnahmen für die internen Fehler.
- *Externe Fehlerkosten* sind Kosten, die mit der Entscheidung des Kunden zusammenhängen, dass die Anforderungen nicht erfüllt werden. Dazu gehören die Rücksendungen von Produkten durch Kunden und die Bewilligung der Rücknahme, die Auswertung von

Kundenbeschwerden, die Qualitätskontrolle beim Kunden und die Besuche von Auftraggebern, um Qualitätsbeschwerden aufzulösen und die erforderlichen Korrekturmaßnahmen einzuleiten.

Abbildung 20.6 zeigt, welche Auswirkungen ein umfassendes Qualitätsmanagementsystem (TQM) auf die Qualitätskosten hat. Die Präventivkosten werden steigen, wenn das Unternehmen mehr Zeit für die Prävention aufwendet. Wenn sich die Prozesse langfristig verbessern, gehen die Qualitätssicherungskosten zusammen mit dem Bedarf zurück, Qualitätsverschlechterungen zu überwachen. Die größten Einsparungen stammen von internen Fehlerbereichen wie der Neubearbeitung, dem Ausschuss, dem Reengineering, dem Bedarf, alles neu zu machen etc. Die zusätzliche Zeit, die am Anfang für das Design und die Entwicklung aufgewendet wird, zahlt sich hier aus. Und die externen Kosten sinken ebenfalls, wenn die Prozesse regelmäßig eine hervorragende Qualität haben. Die Verbesserungen führen beim Unternehmen langfristig zu einer Kostenreduktion und einer höheren Qualität. Entsprechend sollten die qualitätsbezogenen Kosten mit zunehmender Erfahrung im Projektmanagement sinken.

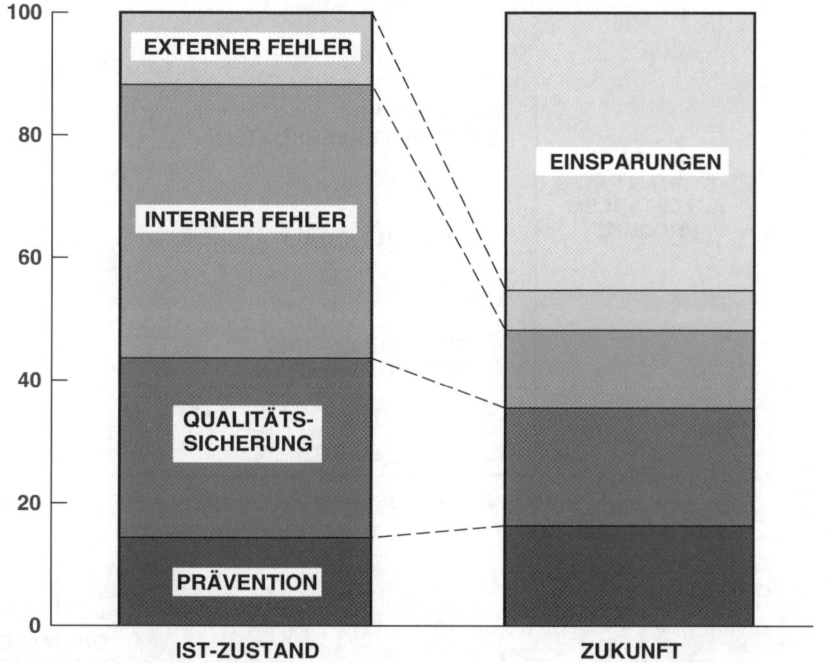

Abbildung 20.6: Qualitätskosten im Überblick

Abbildung 20.6 zeigt, dass die Präventivkosten steigen können. Dies ist jedoch nicht immer der Fall. Die Präventivkosten verringern sich de facto, ohne den Zweck der Prävention zu schmälern, wenn die Kosten, die mit Verschwendung verbunden sind, identifiziert und eliminiert werden können. Solche Kosten sind beispielsweise

- Rücksendungen von fertigen Produkten
- Designfehler
- Unfertige Erzeugnisse
- Falsch instruiertes Personal
- Management, das einen übermäßigen oder keine Beitrag leistet
- Falsch eingeteiltes Personal

- Schlechte Ausnutzung der Produktionsanlagen
- Exzessive Ausgaben für Dinge, die nicht unbedingt zum Projekterfolg beitragen (d.h. unnötige Sitzungen, Reisen etc.)

Ein weiterer wichtiger Aspekt von Abbildung 20.6 ist der, dass 50 Prozent der Qualitätskosten insgesamt den internen und externen Fehlerkosten zugeordnet werden können. Die vollständige Fehlerbeseitigung scheint zwar die Ideallösung zu sein, ist jedoch nicht unbedingt kostengünstig. Betrachten Sie beispielsweise Abbildung 20.7. Dieser Abbildung liegen mehrere Annahmen zugrunde. Die erste Annahme ist, dass die Fehlerkosten (d.h. die Kosten für die Nichterfüllung des Qualitätsanspruchs) gegen null gehen, wenn die Produktion immer weniger Fehler aufweist. Die zweite Annahme ist, dass die Kosten für die Sicherung und Prävention gegen unendlich gehen, wenn die Produktion immer weniger Fehler aufweist.

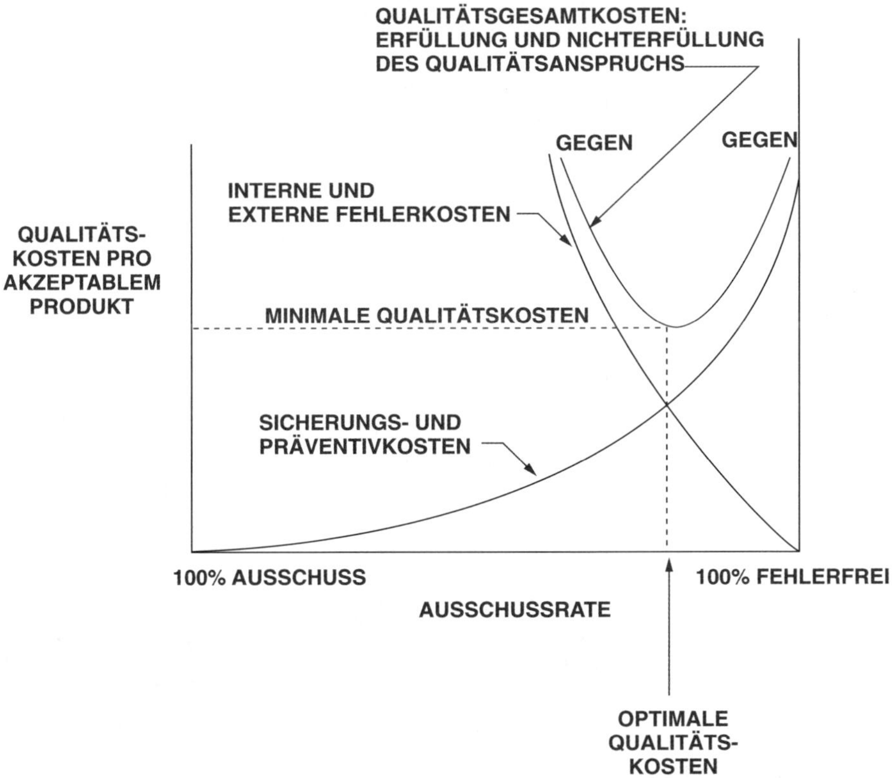

Abbildung 20.7: Minimierung der Qualitätskosten

Das Ziel eines Qualitätsprogramms besteht darin, die Qualität kontinuierlich zu verbessern. Von einem finanziellen Standpunkt aus betrachtet sind Qualitätsverbesserungen nicht ratsam, wenn dabei Verluste entstehen. Juran argumentierte, dass so lange Ressourcen für die Prävention und die Qualitätssicherung eingeplant werden sollten, wie die Präventivkosten und die Kosten für die Qualitätssicherung geringer sind als die Kosten für die Nichterfüllung. Sobald die Präventiv- und die Sicherungskosten jedoch über den Kosten für die Nichterfüllung liegen, macht sich eine weitere Qualitätsverbesserung nicht bezahlt. Das heißt also, dass Fehlerfreiheit nicht immer erstrebenswert ist, weil die Qualitätskosten zu hoch werden.

Abbildung 20.6 zeigt, dass die externen Fehlerkosten wesentlich geringer sind als die internen Fehlerkosten. Dies deutet darauf hin, dass die meisten Fehler entdeckt werden, bevor das Produkt die Funktionsbereiche oder die Produktionsanlagen des Unternehmens verlässt. Dies ist insbesondere in Hinblick auf das Lebenszyklus-Kostenmodell wichtig, das in Abschnitt 14.19 vorgestellt wurde. Es wurde gezeigt, dass sich die Lebenszykluskosten in der Regel wie folgt aufteilen:

- Forschung und Entwicklung: 12 Prozent
- Akquisition: 28 Prozent
- Betrieb und Kundendienst: 60 Prozent

Da 60 Prozent der Lebenszykluskosten auftreten, nachdem das Produkt in Betrieb genommen wurde, kann eine geringfügige Anhebung im Bereich der Forschung und Entwicklung oder im Bereich der Akquisition zu großen Kosteneinsparungen beim Betrieb und der Wartung führen, weil beispielsweise der Wartungsaufwand geringer ist.

20.9 Die sieben Werkzeuge der Qualitätslenkung

PMBOK® Guide 2004

8.3 Durchführen der Qualitätslenkung

Im Laufe der Jahre haben statistische Methoden in Geschäftswelt und Wissenschaft Einzug gehalten. Mit der Verfügbarkeit von modernen, automatisierten Systemen, die Daten in Tabellenform umwandeln und analysieren, nimmt der praktische Einsatz dieser quantitativen Methoden immer weiter zu. [4]

Wichtiger als die quantitativen Methoden selbst ist ihr Einfluss auf die Philosophie des Geschäftslebens. Die statistische Betrachtung von Daten für die Entscheidungsfindung sorgt dafür, dass die Entscheidungsfindung nicht länger subjektiv und autokratisch erfolgt, sondern vielmehr objektive Entscheidungen getroffen werden können, die auf quantifizierbaren Fakten basieren. Diese Veränderung bietet beispielsweise die folgenden Vorteile:

- Bessere Prozessinformationen
- Bessere Kommunikation
- Entscheidungsfindung auf der Basis von Fakten
- Konsens für Handlungen
- Bereitstellung von Daten für Prozessänderungen

Die statistische Fertigungssteuerung nutzt die natürlichen Merkmale jedes Prozesses aus. Alle Geschäftsaktivitäten lassen sich als spezifische Prozesse mit bekannten Toleranzen und messbaren Abweichungen beschreiben. Die Messung dieser Abweichungen und die daraus resultierenden Informationen bieten die Grundlage für eine kontinuierliche Prozessverbesserung. Die Werkzeuge, die hier präsentiert werden, bieten eine grafische Repräsentation der Prozessdaten, die auf Messwerten basiert. Die systematische Anwendung dieser Werkzeuge versetzt Geschäftsleute in die Lage, Produkte und Prozesse so zu lenken, dass sie weltweit konkurrenzfähig sind.

Die grundlegenden Werkzeuge der statistischen Fertigungssteuerung sind Fehlersammellisten, die Pareto-Analysen, Ursache-Wirkungs-Analysen, Trendanalysen, Histogramme, Korrelationsdiagramme und Qualitätsregelkarten. Mit diesen Werkzeugen lassen sich Daten effizient sammeln, Muster entdecken und Abweichungen bemessen. Abbildung 20.8 zeigt die Beziehungen, die zwischen den sieben Werkzeugen bestehen, sowie den Einsatz der Werkzeuge, um Verbesserungsmöglichkeiten zu identifizieren und zu analysieren. Nachfolgend werden die einzelnen Werkzeuge ausführlicher beschrieben.

---

4. Dieser Abschnitt wurde übernommen aus Jackson, H. K. und Frigon, N. L., *Achieving the Competitive Edge,* New York, 1996, Kapitel 6 und 7. Reproduced with permission.

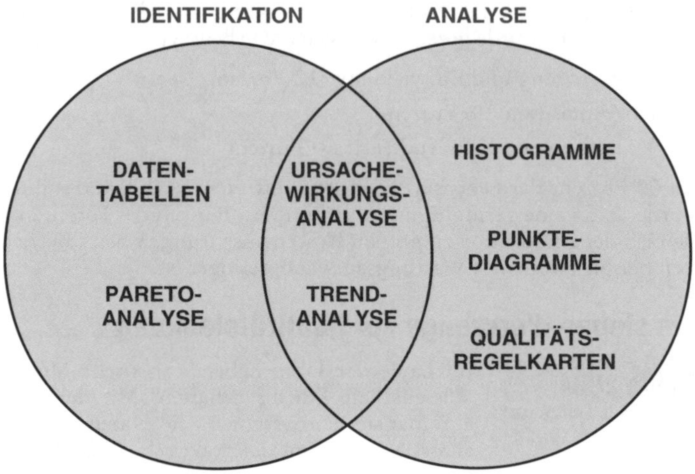

Abbildung 20.8: Die sieben Werkzeuge der Qualitätslenkung

Datentabellen

Datentabellen oder Datenfelder bieten die Möglichkeit, Daten systematisch zu sammeln und anzuzeigen. In der Regel sind Datentabellen Formulare, mit denen spezielle Daten gesammelt werden. Diese Tabellen werden meistens dort eingesetzt, wo Daten automatisch gesammelt werden. Sie stellen einen konsistenten, effektiven und ökonomischen Ansatz für die Sammlung, Analyse und Darstellung von Daten dar. Wenn keine automatisch generierten Daten zur Verfügung stehen, können Datentabellen auch als manuelle Checklisten eingesetzt werden. Sie sollten so gestaltet sein, dass keine komplizierten Einträge vorgenommen werden müssen. Leicht verständliche, einfache Tabellen sind beim Sammeln von Daten der Schlüssel zum Erfolg.

Abbildung 20.9 zeigt ein Beispiel für eine Datentabelle, mit der Daten zur Korrektheit von Rechnungen gesammelt werden können. Dieser einfachen Tabelle sind mehrere Punkte zu entnehmen. So beträgt beispielsweise die Gesamtanzahl der Mängel 34. Die meisten Mängel weist Zulieferer A auf und bei der Testdokumentation werden am häufigsten Fehler gemacht. Derartige Daten können mittels der Pareto-Analyse, mittels Diagrammen oder anderen statistischen Werkzeugen weiter untersucht werden.

MANGEL	ZULIEFERER				
	A	B	C	D	SUMME
FEHLER IN RECHNUNG	////	/		//	7
FEHLER IN BESTANDSLISTE	/////	//	/	/	9
MATERIAL BESCHÄDIGT	///		//	///	8
FEHLERHAFTE TESTDOKUMENTATION	/	///	////	//	10
INSGESAMT	13	6	7	8	34

Abbildung 20.9: Checkliste für Materialeingang und Qualitätskontrolle

In dieser Checkliste repräsentieren die einzelnen Kategorien Mängel, die beim Materialeingang und der Qualitätskontrolle festgestellt wurden. Sie werden nachfolgend näher erläutert:

- Fehler in Rechnung: Die Rechnung stimmt nicht mit dem Auftrag überein.
- Fehler in Bestandsliste: Die Bestandsliste des Materials stimmt nicht mit der Rechnung überein.
- Material beschädigt: Das eingegangene Material war beschädigt und wurde zurückgesandt.
- Fehlerhafte Testdokumentation: Das erforderliche Testzertifikat des Zulieferers war nicht vorhanden und das Material wurde zurückgesandt.

Die Ursache-Wirkungs-Analyse

Nachdem ein Problem identifiziert wurde, muss seine Ursache festgestellt werden. Die Ursache-Wirkungs-Beziehung ist manchmal etwas unklar. Deshalb ist die Analyse einer bestimmten Problemursache häufig sehr aufwändig.

Bei Ursache-Wirkungs-Analysen werden Diagrammtechniken eingesetzt, um die Beziehung zwischen einem Effekt und seinen Ursachen zu ermitteln. Ursache-Wirkungs-Diagramme (siehe Abbildung 20.10) sind auch unter dem Namen Fischgrät-Diagramme bekannt.

PMBOK® Guide 2004
8.3.2 Durchführung der Qualitätslenkung: Werkzeuge und Methoden

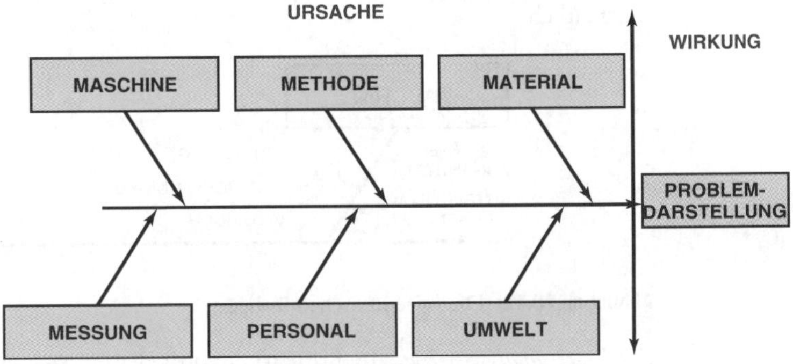

Abbildung 20.10: Ein Ursache-Wirkungs-Diagramm

Die Ursache-Wirkungs-Analyse verläuft in sechs Schritten:

Schritt 1. Identifikation des Problems. Dieser Schritt beinhaltet häufig andere statistische Prozessregelungsmittel wie die Pareto-Analyse und Histogramme und auch Brainstorming. Das Ergebnis ist eine klare Problemdarstellung.

Schritt 2. Auswahl eines interdisziplinären Brainstorming-Teams. Zusammenstellung eines interdisziplinären Teams auf der Basis von technischen, analytischen und Management-Kenntnissen, die benötigt werden, um die Problemursache zu ermitteln.

Schritt 3. Einzeichnen des Problemfelds und des Hauptpfeils. Das Problemfeld enthält die Problemdarstellung, deren Ursache und Wirkung untersucht wurde. Der Hauptpfeil dient als Ausgangspunkt für die wichtigsten Kategorien.

Schritt 4. Angabe der wichtigsten Kategorien. Ermittlung der wichtigsten Kategorien, die zu dem Problem beitragen, das im Problemfeld angegeben wird. Die sechs Grundkategorien sind die primären Ursachen für das Problem – das Personal, die Methode, das Material, die Maschinen, die Messung und die Umwelt (siehe Abbildung 20.10). Andere Kategorien können hinzukommen, falls sie für die Analyse benötigt werden.

Schritt 5. Identifikation der Problemursachen. Nachdem die wichtigsten Problemursachen ermittelt wurden, können sie den wichtigsten Kategorien zugeordnet werden. Für die Analyse gibt es drei Ansätze: die Zufallsmethode, die systematische Methode und die Prozessanalysemethode.

Die Zufallsmethode. Es werden alle sechs Hauptursachen für das Problem aufgelistet und die möglichen Ursachen werden den einzelnen Kategorien zugeordnet, wie in Abbildung 20.11 gezeigt.

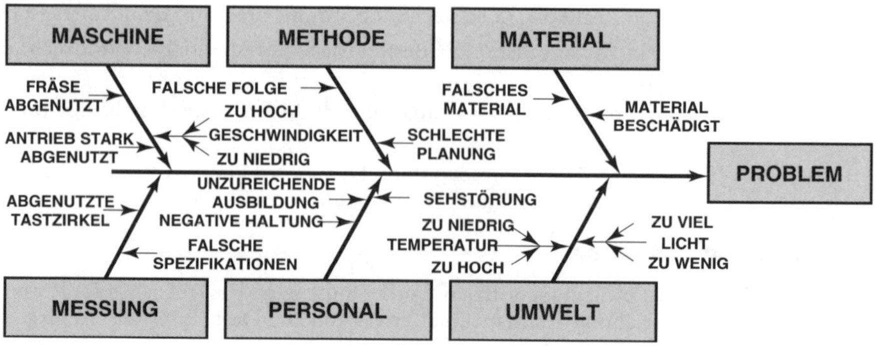

Abbildung 20.11: Die Zufallsmethode

Die systematische Methode. Die Analyse wird jeweils nur auf eine der Hauptkategorien ausgerichtet, wobei zunächst die wichtigste Kategorie behandelt wird und die weiteren Kategorien schrittweise nach Wichtigkeit abgearbeitet werden. Der Vorgang wird in Abbildung 20.12 veranschaulicht.

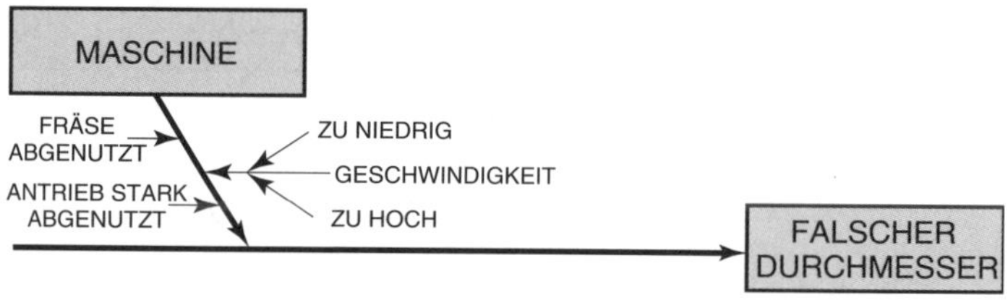

Abbildung 20.12: Die systematische Methode

Die Prozessanalysemethode. Identifikation von jedem einzelnen Schritt des Prozesses und Durchführung einer Ursache-Wirkungs-Analyse für jeden der Schritte (siehe Abbildung 20.13).

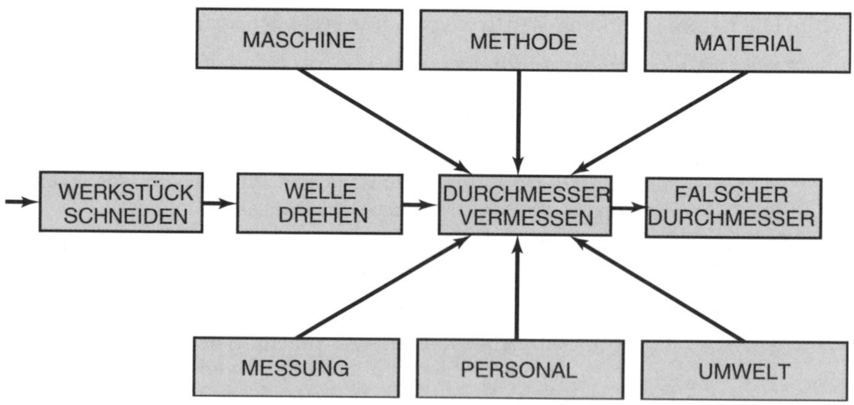

Abbildung 20.13: Die Prozessanalysemethode

Schritt 6. Identifikation von Korrekturmaßnahmen. Basierend auf (1) der Ursache-Wirkungs-Analyse und (2) der Ermittlung der Ursachen, die zu den wichtigsten Kategorien beitragen, sollten Korrekturmaßnahmen ermittelt werden. Die Korrekturmaßnahmen werden auf die gleiche Weise angewendet wie die Ursache-Wirkungs-Analyse. Das Ursache-Wirkungs-Diagramm wird einfach umgedreht und damit das Problemfeld zum Korrekturmaßnahmefeld gemacht. Abbildung 20.14 veranschaulicht dies.

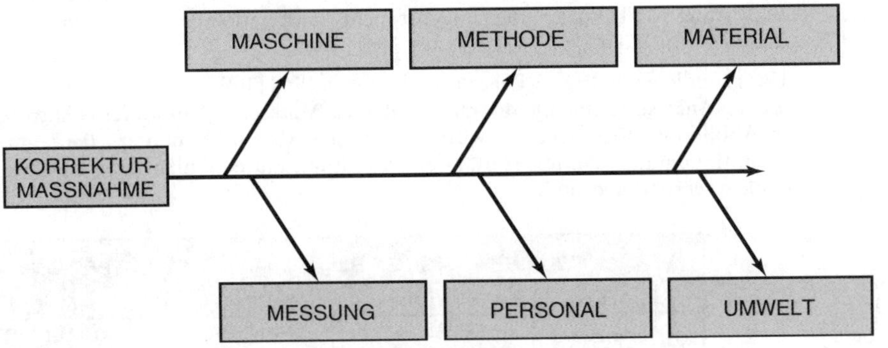

Abbildung 20.14: Identifikation von Korrekturmaßnahmen

Das Histogramm

Das Histogramm repräsentiert Daten als Häufigkeitsverteilung und eignet sich für die Bewertung von Eigenschaften (vorhanden/nicht vorhanden) und von Bewegungsdaten (Messdaten). Histogramme bieten häufig einen Überblick über die Daten zu einem bestimmten Zeitpunkt. Sie zeigen keine Abweichungen oder Trends im Zeitverlauf, sondern vermitteln einen Eindruck davon, wie die kumulierten Daten zu einem bestimmten Zeitpunkt aussehen. Es werden relative Häufigkeiten (prozentuale Verteilungen) oder die Verteilung der Daten deutlich. Abbildung 20.15 zeigt ein Histogramm, das die Häufigkeiten bestimmter Defekte beim Herstellungsprozess veranschaulicht.

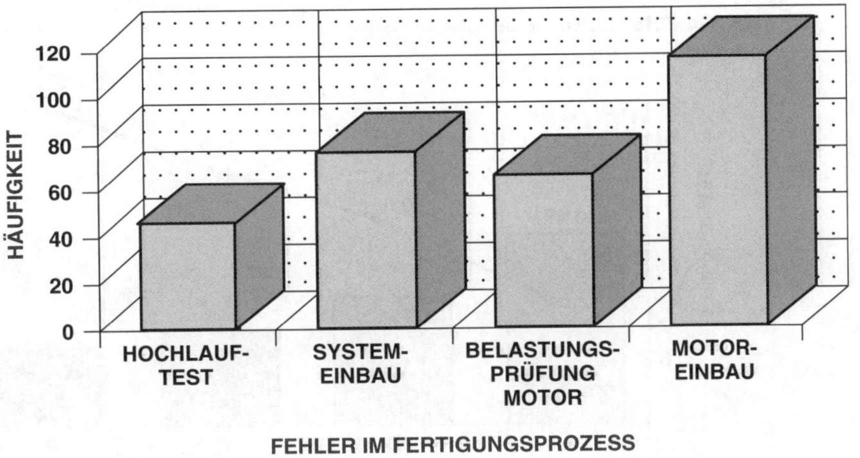

Abbildung 20.15: Beispiel für ein Histogramm

Die Pareto-Analyse

Ein Pareto-Diagramm ist eine spezielle Art von Histogramm, das bei der Identifikation von Problembereichen und bei der Prioritätenvergabe für Problembereiche nützlich ist. Um ein Pareto-Diagramm zu erstellen, müssen Wartungs- und Reparaturdaten, die Ausschussmenge und andere Daten erhoben werden. Die Pareto-Analyse zeigt, wo Auffälligkeiten vorliegen und welche Elemente am häufigsten vorkommen.

Es gibt drei Einsatzbereiche und Arten von Pareto-Analysen. Die grundlegende Pareto-Analyse identifiziert die Ursachen der Qualitätsprobleme eines Systems. Die vergleichende Pareto-Analyse konzentriert sich auf Programmoptionen. Die gewichtete Pareto-Analyse bemisst die Bedeutung von Faktoren, die zunächst nicht signifikant zu sein schienen – wie z.B. Kosten, Zeit und Gefährlichkeit.

Das grundlegende Pareto-Diagramm bewertet die Häufigkeiten in einer Datenmenge. Wird die Pareto-Analyse auf die Qualitätskontrolle des Materials beim Materialeingang angewendet, die in Abbildung 20.16 gezeigt wird, ergibt sich das in Abbildung 20.17 gezeigte Pareto-Diagramm, dem die Häufigkeit und der prozentuale Anteil fehlerhafter Teile bei der Materiallieferung zu entnehmen sind.

FEHLERHÄUFIGKEIT BEI DER MATERIALINSPEKTION			
ZULIEFERER	FEHLER-HÄUFIGKEIT	FEHLER PROZENTUAL	KUMULIERTER PROZENTWERT
A	13	38	38
B	6	17	55
C	7	20	75
D	9	25	100

Abbildung 20.16: Daten für die Pareto-Analyse

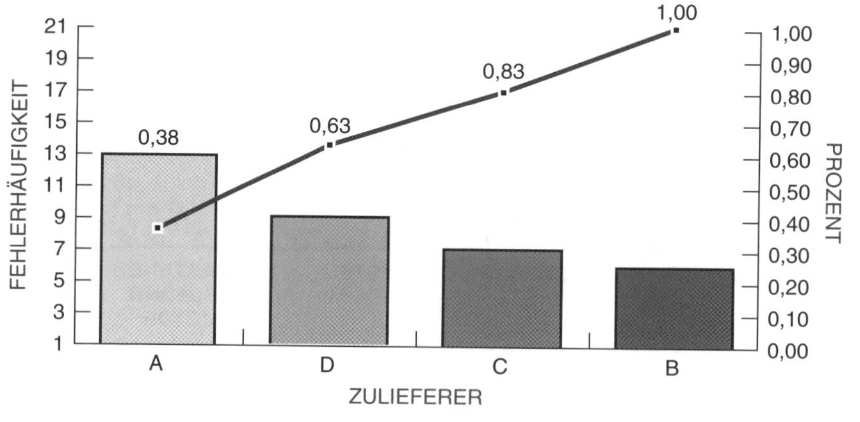

Abbildung 20.17: Grundlegendes Pareto-Diagramm

Die Pareto-Analyse der Fehlerhäufigkeit zeigt, dass bei Zulieferer A mit 38 Prozent die meisten Ausmusterungen vorkommen.

Pareto-Diagramme werden auch eingesetzt, um das Ergebnis von Korrekturmaßnahmen zu überprüfen oder um die Unterschiede zwischen zwei oder mehr Prozessen und Methoden zu ermitteln (siehe Abbildung 20.18).

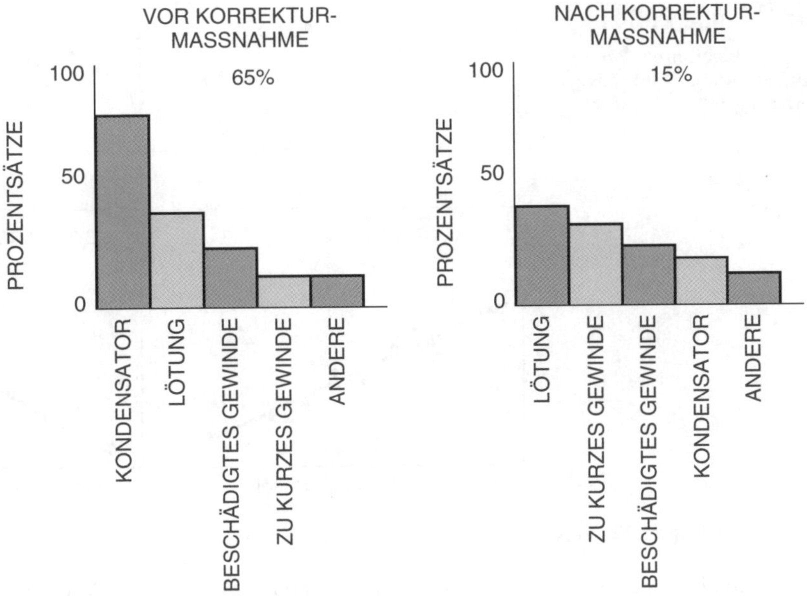

Abbildung 20.18: Vergleichende Pareto-Analyse

Korrelationsdiagramme

PMBOK® Guide 2004
8.3.2.7 Streuungsdiagramm

Eine weitere bildliche Darstellung von Prozessregelungsdaten bietet das Korrelationsdiagramm. Ein Korrelationsdiagramm ordnet die Daten in Bezug auf eine abhängige und auf eine unabhängige Variable an. Diese Daten werden dann in einem einfachen Diagramm mit X- und Y-Koordinaten eingezeichnet und machen so die Beziehung zwischen den beiden Variablen deutlich. Abbildung 20.19 zeigt die Beziehung zwischen den Daten, die sich aus der Überprüfung der Lötung ergaben. Die unabhängige Variable, die Erfahrung in Monaten, wird auf der X-Achse eingetragen. Die abhängige Variable ist der Punktestand, der auf der Y-Achse eingetragen wird.

PMBOK® Guide 2004
8.3.2.7.2 Durchführen der Qualitätslenkung: Werkzeuge und Methoden

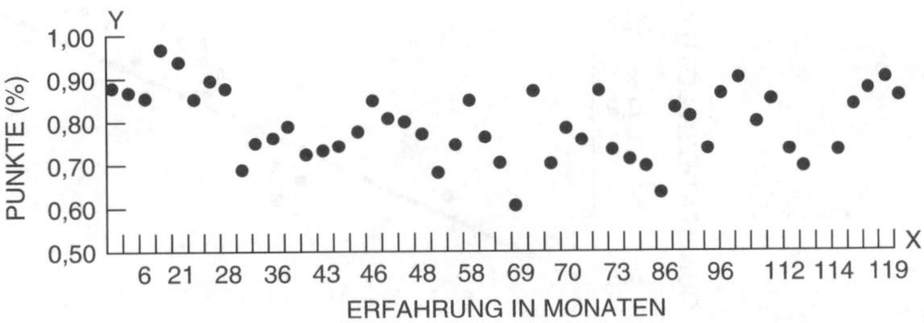

Abbildung 20.19: Ergebnisse der Überprüfung der Lötung im Korrelationsdiagramm

Die Beziehungen lassen sich verschiedenen Kategorien zuordnen (siehe Abbildung 20.20). Die erste Abbildung zeigt keine Korrelation – die Datenpunkte liegen weit verstreut, es zeichnet sich kein Muster ab. Das zweite Diagramm zeigt eine gekrümmte Korrelation, die sich in einem U-förmigen Punkteverlauf niederschlägt. Das dritte Diagramm zeigt eine negative Korrelation (negative Steigung). Das vierte Diagramm zeigt eine positive Korrelation (positive Steigung).

PMBOK® Guide 2004
8.3.2.7.2 Durchführen der Qualitätslenkung: Werkzeuge und Methoden

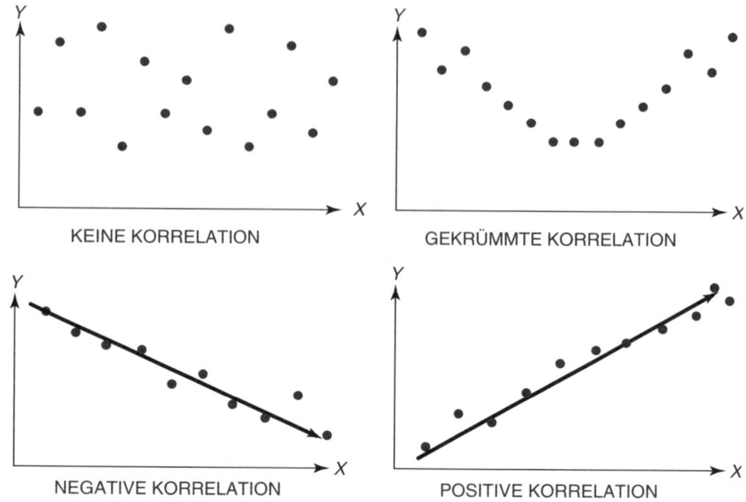

Abbildung 20.20: Verschiedene Arten von Korrelationen

Abbildung 20.19 zeigt einen gekrümmten Verlauf, nach dem die Mitarbeiter mit der geringsten und die Mitarbeiter mit der längsten Erfahrung den höchsten Punktestand aufweisen, wohingegen die Mitarbeiter mit einer mittleren Erfahrung relativ schlecht abschneiden. Um diese Beziehung näher zu analysieren und zu quantifizieren, kann die Trendanalyse eingesetzt werden.

Trendanalyse

Die Trendanalyse ist eine statistische Methode zur Ermittlung der Gleichung, die den Daten im Korrelationsdiagramm am besten entspricht. Trendanalysen quantifizieren die Beziehungen zwischen den Daten, bestimmen die Gleichung und prüfen ihre Angemessenheit. Diese Methode wird auch als Annäherungsverfahren oder als Methode der kleinsten Quadrate bezeichnet.

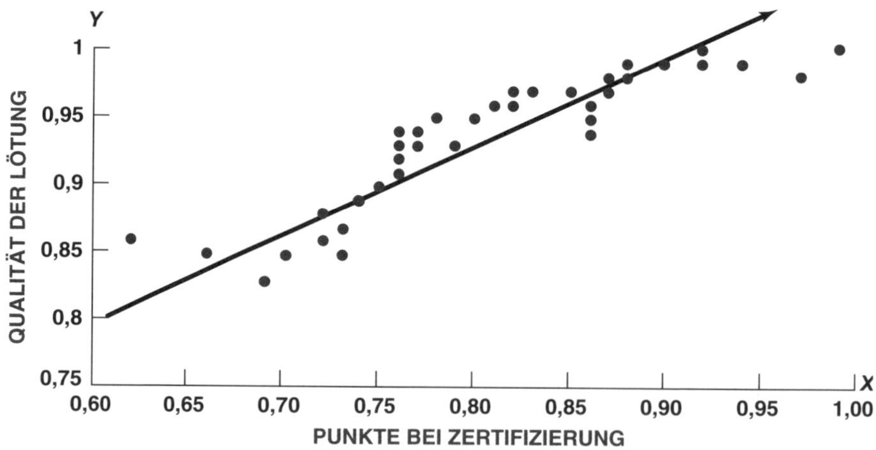

Abbildung 20.21: Die Qualität der Lötung und die Punkte bei der Zertifizierung im Korrelationsdiagramm

Mit der Trendanalyse können die optimalen Bedingungen ermittelt werden. Dazu wird eine Gleichung angegeben, die die Beziehung zwischen den abhängigen (Output) und den unabhängigen (Input) Variablen beschreibt. Ein Beispiel wäre die Beziehung zwischen der Erfahrung und den Ergebnissen im Löttest (siehe Abbildung 20.21).

Die Gleichung für die Regressions- oder Trendlinie bietet ein klares, verständliches Maß für die Änderungen, die bei der abhängigen Variablen durch jede Veränderung der unabhängigen Variablen hervorgerufen werden. Die Auswirkungen von Veränderungen werden so vorhersagbar.

Die Trendanalyse eignet sich insbesondere, um Vorhersagen für die Zukunft zu machen. Auf der Basis der Regressionslinie kann vorhergesagt werden, was passiert, wenn die unabhängige Variable einen bestimmten Wert annimmt.

Qualitätsregelkarten

Qualitätsregelkarten sind nicht auf die Fehleraufdeckung, sondern auf die Fehlerprävention ausgerichtet. Ökonomie und Effizienz lassen sich am besten durch Prävention erzielen. Die Erzeugung eines nicht zufrieden stellenden Produkts oder einer Dienstleistung ist erheblich kostspieliger als die eines zufrieden stellenden Produkts oder einer entsprechenden Dienstleistung. Denn mit Ersterer sind hohe Arbeits-, Material- und Sachmittelkosten sowie der Verlust von Kunden verbunden. Die Kosten für Produktherstellung lassen sich durch den Einsatz von Qualitätsregelkarten drastisch reduzieren.

PMBOK® Guide 2004

8.3.3.2 Validierte Fehlerbehebung

Qualitätsregelkarten und die Normalverteilung: Die Erstellung, der Einsatz und die Interpretation von Qualitätsregelkarten basieren auf der statistischen Normalverteilung (siehe Abbildung 20.22). Die Mittellinie des Diagramms repräsentiert den Mittelwert der Daten ($\overline{X}$). Die Ober- und die Untergrenze (OEG und UEG) der Prozessregelung repräsentieren den Mittelwert plus/minus drei Standardabweichungen ($\overline{X} \pm 3s$). Die Standardabweichung wird durch das kleine s oder den griechischen Buchstaben Sigma (s) dargestellt.

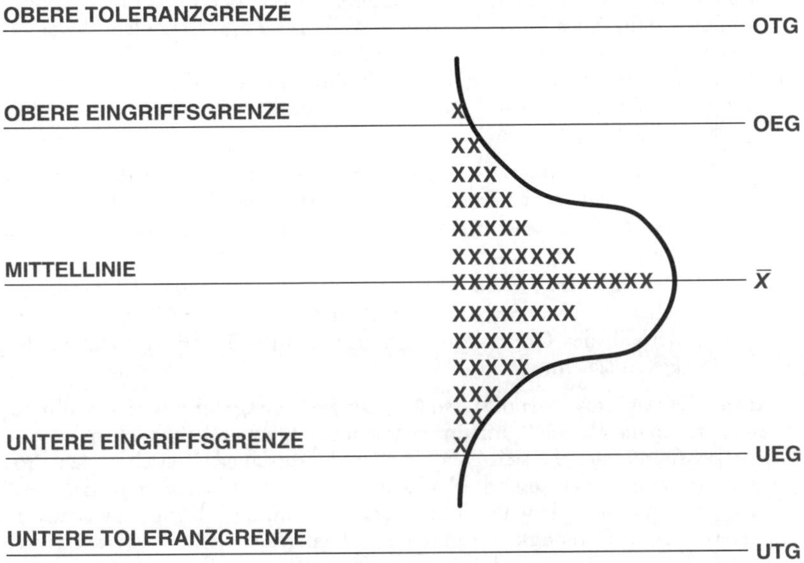

Abbildung 20.22: Die Qualitätsregelkarte und die Normalverteilung

Die Normalverteilung und ihre Beziehung zur Qualitätsregelkarte werden auf der rechten Seite der Abbildung deutlich. Die Normalverteilung kann vollständig durch den Mittelwert und die Standardabweichung beschrieben werden. Die Normalverteilung, auch Gauss'sche Verteilung genannt, ist eine glockenförmige, in Bezug auf den Mittelwert symmetrische Kurve, die auf beiden Seiten gegen unendlich geht und theoretisch unbegrenzt ist. Bei der Normalverteilung liegen 99,73 Prozent aller Messwerte im Bereich von $\overline{X} \pm 3s$. Diese Kennzahl wird manchmal auch als Drei Sigma bezeichnet.

Unternehmen wie Motorola arbeiten mit dem Six-Sigma-Qualitätskonzept. Die Vorteile sehen Sie in Tabelle 20.4. Bei diesem Konzept müssen 99,99 Prozent des Outputs die Qualitätsanforderungen erfüllen. Es sind also nur zwei Fehler pro einer Milliarde produzierter Einheiten zulässig. Das Six-Sigma-Qualitätskonzept kann sehr kostspielig sein, wenn sich die Kosten nicht auf eine große Produktionsmenge wie z.B. 1 Milliarde Stück verteilen lassen.

Bereich, auf den sich die Spezifikation bezieht (in ± Sigma)	Prozent der Einheiten im zulässigen Bereich	Defekte Teile pro Milliarde
1	68,27	317.300.000
2	95,45	45.400.000
3	99,73	2.700.000
4	99,9937	63.000
5	99,999943	57
6	99,9999998	2

Tabelle 20.4: Merkmale der Standardnormalverteilung

Mit der Qualitätsregelkartenanalyse wird ermittelt, ob die Varianz und der Mittelwert eines Prozesses stabil sind oder ob einer oder beide Werte abweichen und eine entsprechende Korrekturmaßnahme erforderlich ist. Ein weiterer Zweck der Qualitätsregelkarten besteht darin, die Zufallsvarianz eines Prozesses von der Varianz zu unterscheiden, die einer bestimmten Ursache zugeschrieben werden kann. Die Zufallsvarianz wird in der Regel durch allgemeine Ursachen bedingt. Dies sind Ursachen, die nicht ohne eine signifikante Umstrukturierung des Prozesses verändert werden können. Varianz, die auf spezielle Ursachen zurückzuführen ist, lässt sich hingegen leichter korrigieren.

- *Varianz bedingt durch allgemeine Faktoren:* Diese Quelle der Varianz ist bei allen Prozessen vorhanden. Sie ist Bestandteil der Varianz des Prozesses. Die Ursache für die Abweichung lässt sich nur beheben, wenn das Management beschließt, den gesamten Prozess zu verändern.
- *Varianz bedingt durch spezielle Faktoren:* Diese Varianz lässt sich auf lokaler oder Betriebsebene steuern. Spezielle Ursachen werden in der Qualitätsregelkarte durch Punkte außerhalb der Grenzwerte oder durch einen Trend, der auf das Regelungslimit zuläuft, gekennzeichnet.

Der effektive Einsatz von Messdaten der Prozessregelung basiert auf dem Konzept der Abweichung. Da die Varianz ganz unterschiedliche Quellen haben kann, gibt es keine Produkte oder Prozessmerkmale, die sich gleichen. Die Unterschiede zwischen den Produkten können dabei sehr groß oder unermesslich klein sein. Sie sind jedoch immer vorhanden. Manche Varianzquellen können unmittelbar Produktunterschiede mit sich bringen, wie z.B. ein Wechsel des Zulieferers oder die Genauigkeit, mit der verschiedene Menschen arbeiten. Andere Varianzquellen wie Umweltveränderungen oder eine zunehmende administrative Kontrolle wirken sich langfristig auf das Produkt oder die Dienstleistung aus.

Um einen Prozess zu steuern und zu verbessern, müssen die allgemeine und die spezielle Ursache der Gesamtvarianz ermittelt werden. Allgemeine Ursachen sind die vielen Varianzquellen, die bei einem Prozess immer existieren und die im Rahmen der Standardnormalverteilung liegen. Spezielle Ursachen (häufig auch bestimmbare Ursachen genannt) sind alle Faktoren, die eine Varianz über die Standardabweichung hinaus verursachen. Wenn die speziellen Ursachen der Varianz nicht identifiziert und behoben werden, beeinflussen sie das Prozessergebnis in unvorhersehbarer Weise.

Die Faktoren, die die meiste Varianz erzeugen, sind die Hauptfaktoren der Ursache-Wirkungs-Analyse (Mitarbeiter, Maschinen, Methoden, Material, Messung und Umwelt). Es kann sich dabei um allgemeine und auch um spezielle Ursachen handeln.

- Die Theorie der Qualitätsregelkarten legt nahe, dass ein Prozess im Bereich von Drei Sigma liegt, wenn die Varianz allgemeine Ursachen hat.
- Wenn der Prozess außer Kontrolle gerät, ist dafür eine spezielle Ursache verantwortlich. Diese muss untersucht und behoben werden.

Arten von Qualitätsregelkarten

PMBOK® Guide 2004
8.3.2.2 Qualitätsregelkarten

So wie es zwei Datenarten gibt, nämlich stetige und diskrete Daten, gibt es auch zwei Arten von Regelkarten: Variablendiagramme für stetige Daten und Attributdiagramme für diskrete Daten. Die jeweiligen Regelkarten können für spezielle Datenarten genutzt werden. Tabelle 20.5 bietet einen kurzen Überblick über die verschiedenen Regelkarten und ihre Anwendung.

Variablendiagramme	Attributdiagramme
$\overline{X}$-und *R*-Diagramme: Zeitreihendarstellung sukzessiver Spannweiten.	*p*-Diagramme: Der Anteil der Attribute von Stichproben variabler Größe, die die Anforderungen nicht erfüllen oder defekt sind, in Zeitreihendarstellung.
$\overline{X}$-und *s*-Diagramme: Zeitreihendarstellung sukzessiver Standardabweichungen.	*np*-Diagramme: Der Anteil der Attribute von Stichproben konstanter Größe, die die Qualitätsanforderungen nicht erfüllen oder defekt sind, in Zeitreihendarstellung.
$\overline{X}$-und s^2-Diagramme: Zeitreihendarstellung sukzessiver Varianzen.	*c*-Diagramme: Der Anteil der Attribute, die bei Elementen aus Untergruppen konstanter Größen defekt sind oder den Qualitätsanforderungen nicht entsprechen, in Zeitreihendarstellung.
	u-Diagramme: Der Anteil der Attribute, die bei Elementen aus Untergruppen variabler Größen den Qualitätsanforderungen nicht entsprechen oder defekt sind, in Zeitreihendarstellung.

Tabelle 20.5: Arten von Qualitätsregelkarten und ihre Anwendung

Variablendiagramme. Qualitätsregelkarten für Variablen, die eingesetzt werden können, wenn die Messwerte eines Prozesses variabel sind. Beispiele für variable Daten sind der Durchmesser eines Lagers oder das Drehmoment bei einem Verschluss.

Wie in Abbildung 20.5 gezeigt, dienen $\overline{X}$- und *R*-Diagramme dazu, Regelungsprozesse zu messen, deren Merkmale kontinuierliche Variablen wie das Gewicht, die Länge, Ohm, Zeit oder das Volumen sind. Die *p*-Diagramme werden eingesetzt, wenn sich der Anteil der Fehler als Bruch ausdrücken lässt, *np*-Diagramme, wenn sich die Fehler als Zahlen ausdrücken lassen. Die *c*- und *u*-Diagramme dienen dazu, die Anzahl oder den Anteil von Fehlern in einer Einheit zu bemessen. Die Qualitätsregelkarte des Typs *c* wird eingesetzt, wenn die Stichprobengröße oder der Bereich jeweils fix ist, und das *u*-Diagramm, wenn die Stichprobengröße oder der Bereich variabel sind.

Attributdiagramme. Qualitätsregelkarten werden zwar meistens mittels Variablen beschrieben, es gibt jedoch auch Versionen für Attribute. Attribute haben nur zwei Werte (Erfüllung/Nichterfüllung, bestehen/durchfallen, vorhanden/nicht vorhanden), sie können aber trotzdem gezählt, aufgezeichnet und analysiert werden. Beispiele sind das Vorhandensein einer bestimmten Beschriftung, die Installation eines erforderlichen Verschlusses oder die Kontinuität eines elektrischen Schaltkreises. Attributdiagramme werden auch für Merkmale eingesetzt, die nicht messbar sind, wenn sich die Ergebnisse mit Ja-/Nein-Werten abbilden lassen, wie z.B. der Durchmesser einer Welle bei der Messung mit einem Ausschussmaß.

Qualitätsregelkarten lassen sich für Arbeiten einsetzen, deren Merkmale die Grundlage für eine Qualitätskontrolle bilden. Die Vorgehensweise ähnelt der für Variablen, es gibt jedoch einige Unterschiede. Wird der Anteil der zurückgewiesenen Exemplare einer Stichprobe behandelt, wird die Qualitätsregelkarte als *p*-Diagramm bezeichnet. Geht es um die tatsächliche Anzahl der zurückgewiesenen Teile, wird die Qualitätsregelkarte als *np*-Diagramm bezeichnet. Gibt es bei den Objekten mehr als eine mangelnde Übereinstimmung und lassen sich alle in Untergruppen fixer Größe unterteilen, wird die Qualitätsregelkarte als *c*-Diagramm bezeichnet. Geht es um die Anzahl der mangelnden Übereinstimmungen pro Einheit, wird die Qualitätsregelkarte als *u*-Diagramm bezeichnet.

Qualitätsregelkarten (Shewhart-Techniken) sind deshalb nützlich, weil sie die Möglichkeit bieten, festzustellen, ob die Abweichungen im Bereich der natürlichen Streuung liegen und damit allgemeine Ursachen haben oder ob die Abweichungen außerhalb der Toleranz liegen und damit spezielle Ursachen haben. Anhand der Informationen aus den Qualitätsregelkarten kann festgelegt werden, welche Anstrengungen Ingenieure, Techniker und Manager zur Prävention oder Korrektur unternehmen müssen.

Statistische Prozessregelungstechniken dienen dazu, bestimmte laufende Prozesse in einem akzeptablen Rahmen zu halten. Qualitätskontrollen haben hingegen das Ziel, Fehler aufzudecken. Das heißt, Qualitätsregelkarten sind auf die Prävention ausgerichtet und nicht so sehr auf die Identifikation und Zurückweisung defekter Produkte. In der Praxis hat sich gezeigt, dass Prävention ökonomisch sinnvoller ist als die Aufdeckung von Fehlern beim fertigen Produkt.

Komponenten von Qualitätsregelkarten:

Qualitätsregelkarten haben bestimmte gemeinsame Merkmale (siehe Abbildung 20.23). Jede Qualitätsregelkarte besitzt beispielsweise eine Mittellinie, statistische Grenzwerte und die berechneten Attribut-Regelungsdaten. Einige Qualitätsregelkarten enthalten spezielle Grenzwerte.

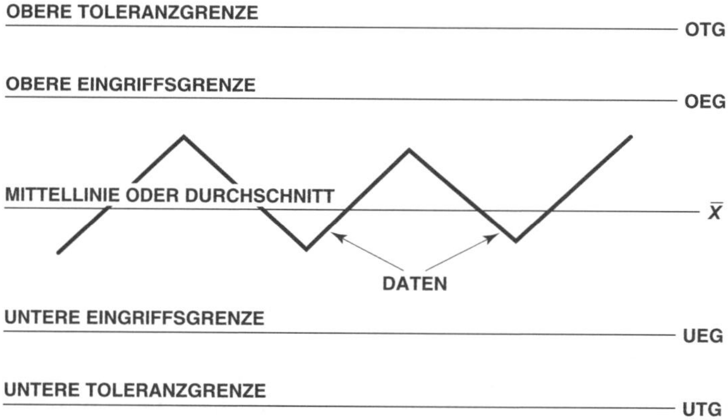

Abbildung 20.23: Elemente der Qualitätsregelkarte

Die Mittellinie ist eine durchgezogene Linie, die den Mittelwert oder das arithmetische Mittel aller Mess- oder Zählwerte angibt. Diese Linie wird auch als $\overline{X}$-Linie bezeichnet. Weiterhin gibt es zwei statistische Grenzwerte: die obere Eingriffsgrenze für Werte, die größer als der Mittelwert, und die untere Eingriffsgrenze für Werte, die kleiner als der Mittelwert sind.

Toleranzgrenzen kommen zum Einsatz, wenn spezifische Anforderungen für ein Verfahren, ein Produkt oder eine Tätigkeit existieren. Diese Grenzwerte sind in der Regel Ausschlusskriterien. Sie unterscheiden sich von den Grenzwerten der statistischen Prozessregelung insofern, als dass sie für einen Prozess vorgeschrieben sind und sich nicht aus einer Messung ergeben.

Die Datenelemente der Qualitätsregelkarten weichen geringfügig von den Attribut- und den Variablenregelkarten ab. Die Unterschiede werden anhand von Beispielen verdeutlicht.

Interpretation von Qualitätsregelkarten.

PMBOK® Guide 2004
8.3.2.2 Qualitätsregelkarten

Es gibt viele Möglichkeiten, die Muster und Änderungen in Qualitätsregelkarten zu interpretieren. Wird eine Qualitätsregelkarte korrekt interpretiert, kann sie erheblich mehr aussagen, als ob der Prozess außer Kontrolle geraten ist. Mit etwas Erfahrung und der passenden Schulung lassen sich Hinweise auf das Prozessverhalten finden (siehe Abbildung 20.24). Die Unterstützung durch statistische Werkzeuge ist sehr wertvoll. Um den Prozess jedoch verbessern zu können, müssen Sie ihn genau kennen.

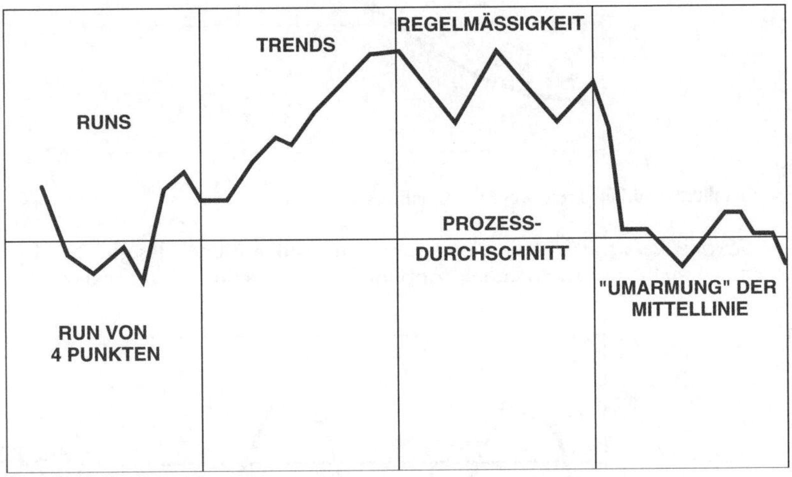

Abbildung 20.24: Interpretation der Qualitätsregelkarte

Eine Qualitätsregelkarte macht deutlich, dass ein Problem vorliegen könnte, gibt jedoch selbst keine Auskunft darüber, wodurch das Problem verursacht wird. Häufig besteht der größte Nutzen der Qualitätsregelkarte darin, dass daraus hervorgeht, wann ein Prozess so belassen werden sollte, wie er ist. Manchmal erhöht sich die Varianz völlig unnötig, wenn ein Mitarbeiter versucht, kleine Korrekturen vorzunehmen, anstatt dafür zu sorgen, dass sich der natürliche Bereich der Abweichungen stabilisieren kann. Die folgenden Abschnitte beschreiben Verteilungsmuster und was daraus abgelesen werden kann.

Runs. Wenn mehrere aufeinander folgende Punkte oberhalb oder unterhalb der Mittellinie liegen, wird dieses Muster als Run bezeichnet. Die Anzahl der Punkte eines Runs entspricht seiner Länge. Es gilt die Faustregel, dass ein systematischer Einfluss auf den Prozess vorliegt, wenn der Run mehr als sieben Punkte umfasst. Abbildung 20.25 veranschaulicht einen Run.

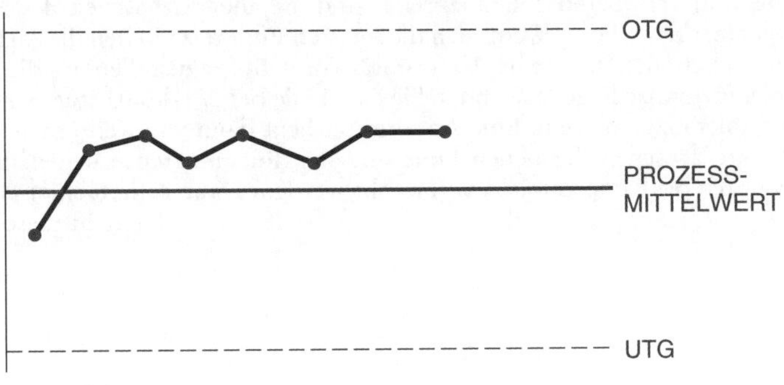

Abbildung 20.25: Der Prozess-Run

Trends. Wenn mindestens sieben Punkte in steigender oder fallender Folge vorliegen, wird das Muster als Trend bezeichnet. Im Allgemeinen liegt in einem solchen Fall eine Abnormität vor. Häufig liegen die Punkte bereits vor dem siebten Punkt oberhalb der Eingriffsgrenzen. Abbildung 20.26 zeigt einen Trend.

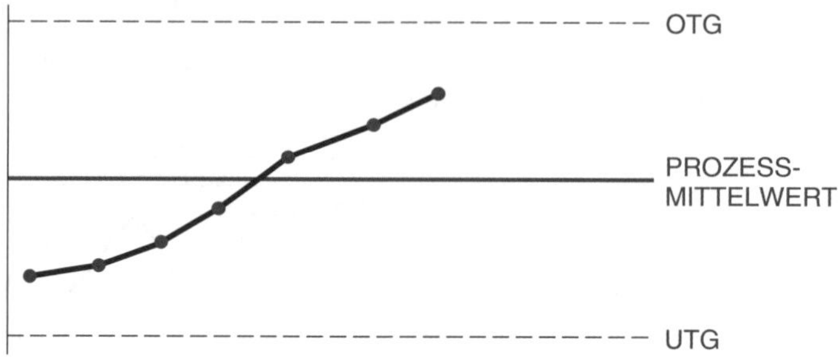

Abbildung 20.26: Trends bei der Qualitätsregelkarte

Regelmäßigkeit. Es tritt in bestimmten Intervallen immer das gleiche Muster auf. Es ist also eine Regelmäßigkeit zu erkennen. Abbildung 20.27 veranschaulicht dies.

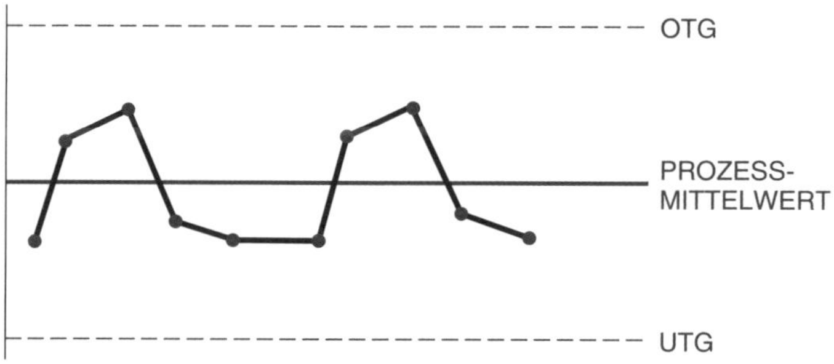

Abbildung 20.27: Regelmäßigkeit bei der Qualitätsregelkarte

»Umarmung« der Mittellinie. Die Punkte in der Qualitätsregelkarte liegen nahe an der Mittellinie. Sie »umarmen« sozusagen die Mittellinie. Diese Verteilungsform wird auch als Middle Third bezeichnet. Häufig entsteht eine solche Situation dadurch, dass Daten aus verschiedenen Stichproben gemeinsam verwendet wurden oder dass die Daten geschönt wurden. In solchen Fällen müssen die Stichproben neu aufgeteilt, die Daten neu gesammelt und die Qualitätsregelkarte muss neu gezeichnet werden. Um festzustellen, ob eine »Umarmung« der Mittellinie vorliegt, zeichnen Sie zwei Linien in die Qualitätsregelkarte ein, von denen die eine zwischen der Mittellinie und der oberen Toleranzgrenze und die andere zwischen der Mittellinie und der unteren Toleranzgrenze liegt. Wenn sich die meisten Punkte zwischen diesen beiden neu eingezeichneten Linien befinden, liegt eine Abnormität vor. Um festzustellen, ob die Punkte zu nah an einer der Toleranzgrenze liegen, zeichnen Sie eine Linie bei 2/3 des Abstands zwischen der Mittellinie und der Toleranzgrenze ein. Eine Abnormität liegt dann vor, wenn mehr als 2/3, 3/7 oder 4/10 aller Punkte zwischen der neuen Linie und der Toleranzgrenze liegen. Es sollte überprüft werden, wodurch die Abnormitäten verursacht werden. Dann sollten entsprechende Korrekturmaßnahmen vorgenommen werden. Abbildung 20.28 veranschaulicht diese Situation.

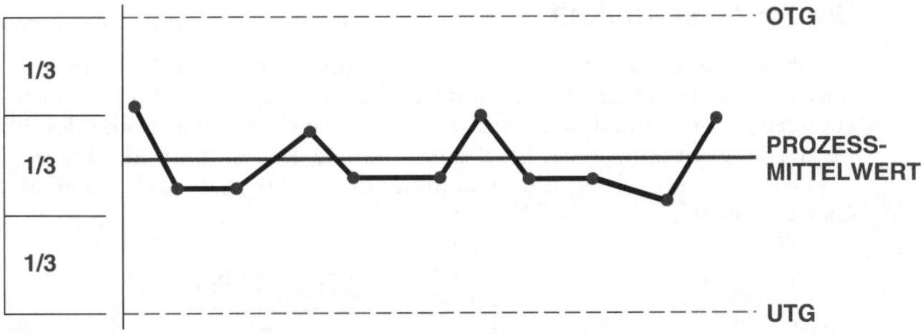

Abbildung 20.28: Middle Third (Punkte zu nah an Mittellinie)

Außer Kontrolle. Wenn die Datenpunkte außerhalb der Toleranzgrenzen liegen, liegt eine Abnormität vor. Abbildung 20.29 veranschaulicht dies.

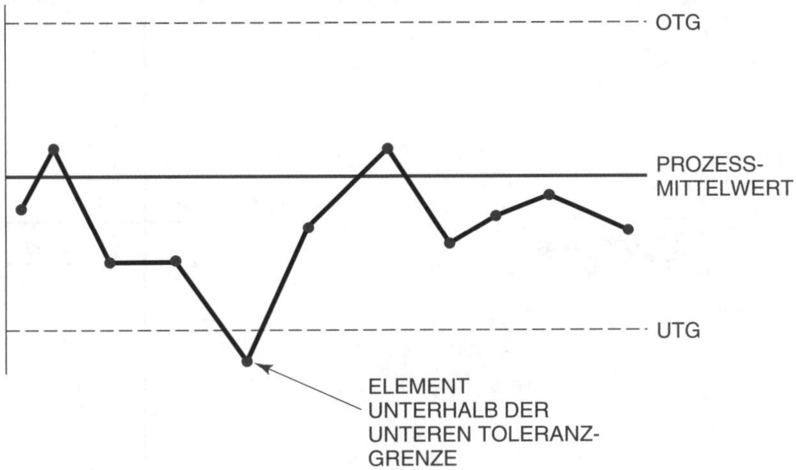

Abbildung 20.29: Punkte außerhalb der Toleranzgrenzen

Unter Kontrolle. Der Qualitätsregelkarte ist keine Abnormität zu entnehmen. Abbildung 20.30 veranschaulicht diesen wünschenswerten Prozesszustand.

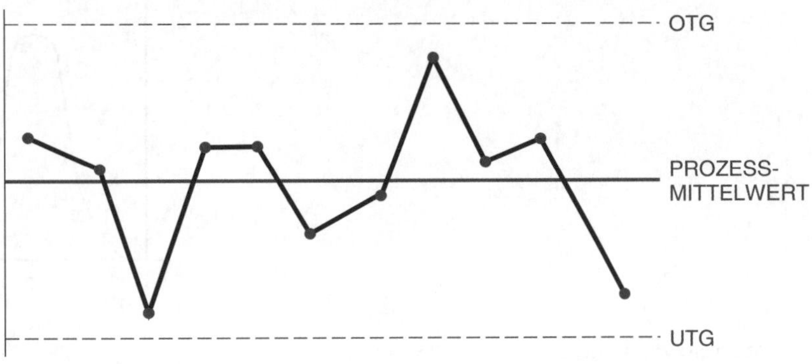

Abbildung 20.30: Prozess unter Kontrolle

20.10 Die Prozessfähigkeit

Die Prozessfähigkeit für einen stabilen Fertigungsprozess ist die Fähigkeit, ein Produkt zu produzieren, das den Designspezifikationen entspricht. Da es im Produktionsprozess täglich Abweichungen geben kann, drückt die Prozessfähigkeit die Einheitlichkeit des Prozesses aus. Wird die Prozessfähigkeit anhand der Qualitätsmerkmale des Produkts oder Prozesses gemessen, handelt es sich um den Mittelwert plus oder minus drei Standardabweichungen. Mathematisch sieht das Ganze so aus:

$$C_P = \frac{OTG - UTG}{6\sigma}$$

Die Prozessfähigkeit C_P sollte dabei größer als eins sein. Dies impliziert, dass der Prozess innerhalb des Bereichs von drei Standardabweichungen liegt (siehe Abbildung 20.31).

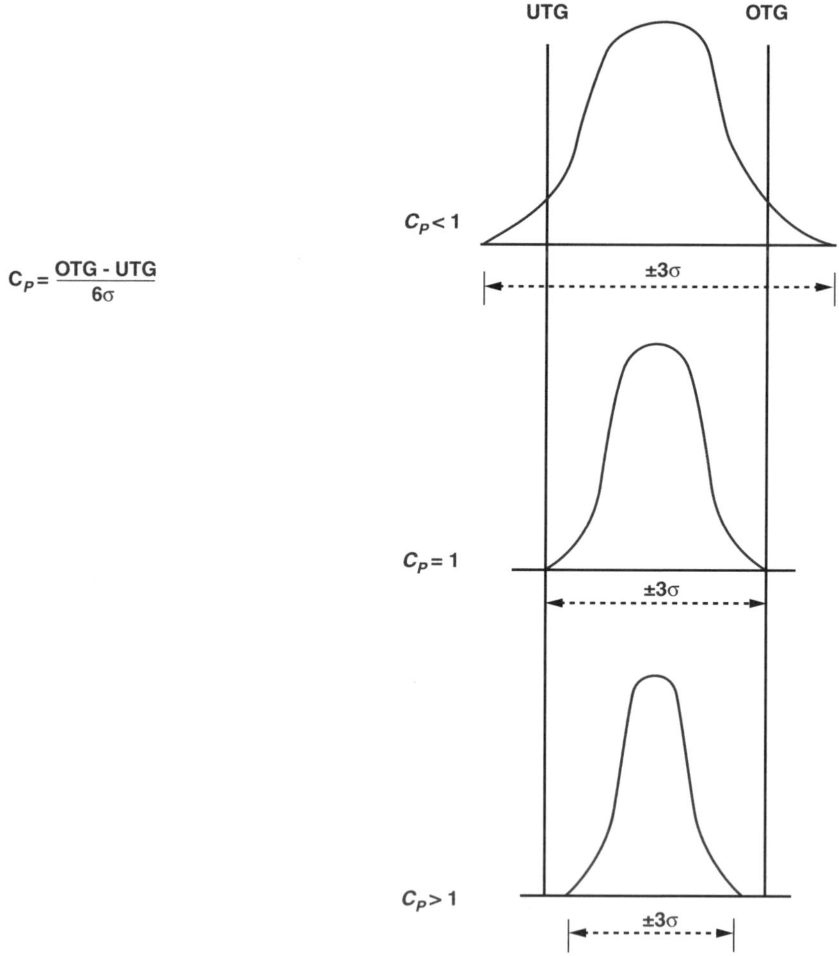

Abbildung 20.31: Berechnung der Prozessfähigkeit

Nachfolgend finden Sie Regeln, die ganz allgemein für die Prozessfähigkeit gelten:

- $C_P > 1{,}33$: Der Prozess erfüllt die Anforderungen der Spezifikationen des Auftraggebers.
- $1{,}33 \geq C_P > 1{,}0$: Der Prozess ist gerade noch akzeptabel. Er erfüllt möglicherweise die Anforderungen des Auftraggebers nicht vollständig. Die Prozessregelung muss verbessert werden.
- $C_P \leq 1{,}0$: Der Prozess ist inakzeptabel. Verbesserungen müssen unbedingt vorgenommen werden.

Der Einsatz der Formel soll nun anhand eines Beispiels veranschaulicht werden. Angenommen, Sie haben den Auftrag, Metallstäbe mit einer Länge von 10 cm ± 0,05 cm herzustellen. Ihr Fertigungsprozess hat eine Standardabweichung (Sigma) von 0,008.

$$C_P = \frac{\text{OTG} - \text{UTG}}{6\sigma}$$

$$= \frac{0{,}05 + 0{,}05}{6(0{,}008)}$$

$$= 2{,}08$$

In Abbildung 20.31 ist C_P die relative Streuung des Prozesses im Rahmen der Spezifikation. Dabei wird jedoch nicht die Lage der Verteilung im Verhältnis zum Sollwert berücksichtigt. Die Streuung der Prozessfähigkeit kann selbst bei sehr guten Werten schlecht positioniert sein und zu nah an der oberen oder unteren Toleranzgrenze liegen. Deshalb wird zusätzlich eine korrigierte Prozessfähigkeit C_{Pk} berechnet, wobei (k) der Korrekturfaktor ist. Laut Dr. Frank Anbari lässt sich die Formel zur Berechnung der korrigierten Prozessfähigkeit C_{Pk} wie folgt vereinfachen:

$$C_{Pk} = \left| \frac{\text{CL} - \text{Engste Spezifikationsgrenze}}{3\sigma} \right|$$

wobei CL der Mittelwert des Prozesses ist.

Dr. Anbari postuliert, dass die Prozessfähigkeit C_P eine Obergrenze für die korrigierte Prozessfähigkeit C_{Pk} darstellt, die erreicht wird, wenn der Prozess vollständig im Bereich der Normalverteilung liegt.

20.11 Die Annahme-Stichprobenprüfung

PMBOK® Guide 2004

8.3 Durchführen der Qualitätslenkung

Der Annahme-Stichprobenprüfung ist ein statistischer Prozess zur Bewertung einer Stichprobe, anhand derer festgelegt wird, ob die gesamte Lieferung angenommen oder zurückgewiesen wird. Es handelt sich dabei um den Versuch, die Qualität von Produkten oder von Material nach der Produktion zu überprüfen.

Die Alternative zur Annahme-Stichprobenprüfung wäre die Qualitätskontrolle von 100 % oder von 0 % der Teile. Bei der 100%-Qualitätskontrolle sind die Kosten zu hoch und bei der 0%-Qualitätkontrolle ist das Risiko zu groß. Es wird also ein Kompromiss benötigt. Die folgenden Stichprobenpläne kommen am häufigsten zum Einsatz:

- *Einfach-Stichprobenplan:* Eine Lieferung wird auf der Basis von einer Stichprobe angenommen oder zurückgewiesen.
- *Doppel-Stichprobenplan:* Es wird zunächst eine kleine Stichprobe einer Lieferung getestet. Sind die Ergebnisse nicht aufschlussreich, wird eine zweite Stichprobe getestet.
- *Mehrfach-Stichprobenplan:* Bei dieser Art von Stichprobenplänen werden einer Lieferung mehrere Stichproben entnommen und überprüft.

Es können jedoch unabhängig von der Art des gewählten Stichprobenplans immer Stichprobenfehler auftreten. Die Lieferung von qualitativ hochwertigen Produkten kann zurückgewiesen werden, wenn zufällig ein großer Anteil defekter Einheiten in der Stichprobe enthalten ist. Das Gleiche gilt für die Akzeptanz von Produkten minderwertiger Qualität, wenn die Stichprobe durch Zufall eine große Menge qualitativ hochwertiger Elemente enthält. Bei der Methode der Stichprobenpläne für die Annahmekontrolle gibt es zwei Risiken:

- *Das Risiko des Herstellers:* Dieses wird als Alpha-Risiko oder Typ-I-Risiko bezeichnet. Es handelt sich um das Risiko des Herstellers, dass gute Ware zurückgewiesen wird.
- *Das Risiko des Kunden:* Diese Art von Risiko wird als Beta-Risiko oder als Typ-II-Risiko bezeichnet. Es handelt sich um das Risiko des Kunden, eine Lieferung mit mangelhafter Ware anzunehmen.

20.12 OC-Kurven[5] (Operating Characteristic Curves)

Bei umfangreichen Lieferungen, wie z.B. bei einer Stückmenge von 5.000, müssen die Stichprobengröße n und Anzahl der Teile, c, festgelegt werden, die eine bestimmte Qualität haben, um die Stichprobe als akzeptabel oder inakzeptabel zu bezeichnen. Die Wahl der Werte n und c bestimmt die Merkmale des Stichprobenplans. Für die Wertebestimmung gibt es Standardverfahren. Die Leistungsanforderungen enthalten die folgenden vier Informationen: AQL (Annehmbare Qualitätsgrenzlage), eine konventionelle Notation, die für ein annehmbares Qualitätsniveau steht; LTPD steht für »Lot Tolerance Percent Defective« oder für »mangelhafte Qualität«; a ist das Risiko des Herstellers und b das Risiko des Konsumenten. Für die Zuweisung von numerischen Werten zu diesen vier Parametern ist in erster Linie das Management verantwortlich. Anschließend können die Werte n und c ermittelt werden.

Beispiel: Einkauf einer Großmenge von Schwangerschaftstests durch eine Klinik. Die Lieferung umfasst 10.000 Schwangerschaftstests. Die chemische Zusammensetzung der Schwangerschaftstests muss unbedingt untersucht werden, damit die Ärzte sicher sein können, dass die Tests zuverlässig sind.

Leistungsspezifikationen	Parameter des Stichprobenplans
Gute Qualität (AQL) = maximal 0,02 defekte Einheiten	
Gewünschte Wahrscheinlichkeit der AQL = 0,95	n = 308
Risiko: Die Wahrscheinlichkeit von α-Fehlern = 0,5	c = 10
Schlechte Qualität (LTPD) = 0,05 oder mehr defekte Einheiten	
Gewünschte Wahrscheinlichkeit der Akzeptanz schlechter Einheiten = 0,10	
Risiko: Die Wahrscheinlichkeit von β-Fehlern = 0,10	

Tabelle 20.6: Stichprobenplan und Spezifikationen für die Schwangerschaftstests

Mit Einverständnis der Ärzte hat die Lieferung eine akzeptable Qualität, wenn weniger als 2 Prozent der Schwangerschaftstests aus der Lieferung eine falsche chemische Zusammensetzung haben. Extrem schlecht ist eine Lieferung mit mehr als 5 Prozent defekten Schwangerschaftstests. Erwünscht ist ein Stichprobenplan, bei dem die Wahrscheinlichkeit der Annahme qualitativ hochwertiger Produkte bei 0,95 liegt. Die Wahrscheinlichkeit, eine mangelhafte Lieferung anzunehmen, sollte bei 0,10 liegen. Die Leistungsspezifikationen für den Stichprobenplan werden auf der linken Seite von Tabelle 20.6 aufgelistet. Für diese Leistungsanforderungen wurde ein Stichprobenplan entwickelt, nach dem aus jeder Lieferung 308 Schwangerschaftstests entnommen werden müssen (rechte Seite von Tabelle 20.6). Falls mehr als 10 dieser Schwanger-

5. Dieser Abschnitt wurde übernommen aus Adam, E. E. und Ebert, R. J., *Production and Operations Management*, 5th ed., *New York,* 1992, S. 653–655. Reproduced by permission of Everett Adam.

schaftstests defekt sind, wird die gesamte Lieferung zurückgewiesen. Für eine Lieferung mit 2 Prozent defekten Schwangerschaftstests besteht also nur eine Wahrscheinlichkeit von 5/100, zurückgewiesen zu werden. Bei einer Lieferung mit 5 Prozent defekten Schwangerschaftstests liegt die Wahrscheinlichkeit, diese anzunehmen, bei 10/100. Es handelt sich also um ein Verfahren zur Ermittlung der Wahrscheinlichkeit, dass eine Lieferung angenommen wird, wenn der Anteil defekter Teile zwischen 2 und 5 Prozent liegt. Die Wahrscheinlichkeiten werden in Abbildung 20.32 gezeigt.

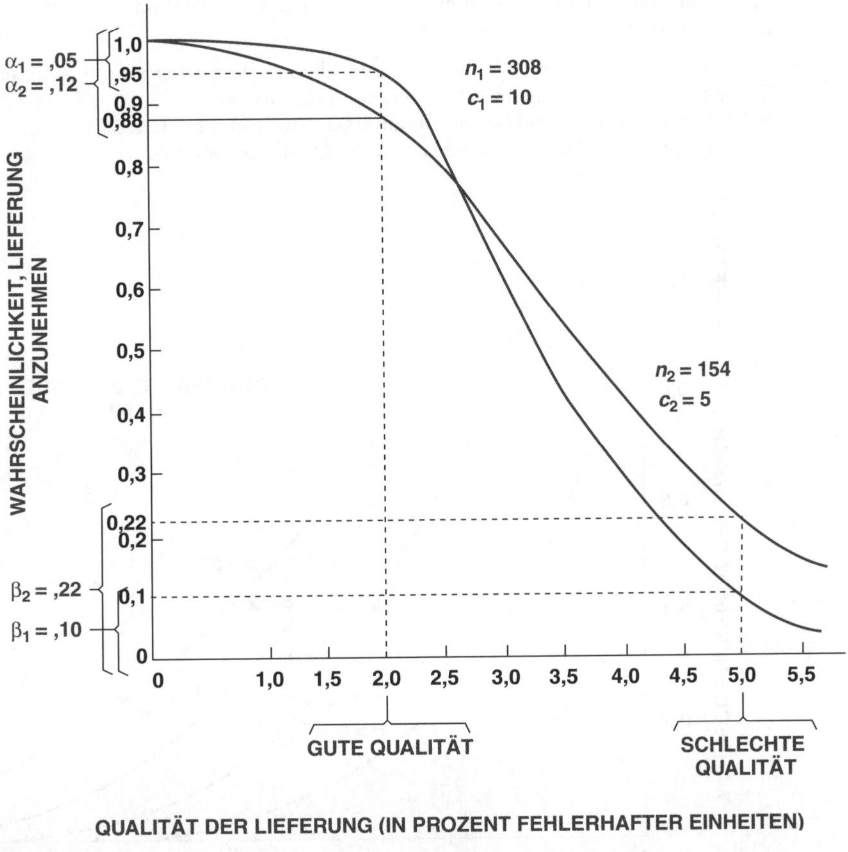

Abbildung 20.32: Wahrscheinlichkeit, die Lieferung anzunehmen

Die Kurven in Abbildung 20.32 werden als OC-Kurven (Operating Characteristic Curves) bezeichnet und zeigen, wie sich die Stichprobenpläne bei den einzelnen Lieferungen voneinander unterscheiden. Wenn eine Lieferung eine hohe Qualität hat (wenig Ausschuss), erzielt ein guter Stichprobenplan eine hohe Wahrscheinlichkeit, die Lieferung anzunehmen. Ist die Qualität einer Lieferung schlecht (hoher Anteil an Ausschuss), erzielt der Stichprobenplan eine geringe Wahrscheinlichkeit, die Lieferung anzunehmen.

Der OC-Kurve in Abbildung 20.32 können Sie entnehmen, dass die gewünschten Wahrscheinlichkeiten, Lieferungen mit einer guten oder schlechten Qualität anzunehmen, erreicht wurden. Die zweite OC-Kurve repräsentiert einen anderen Stichprobenplan mit $n = 154$ und $c = 5$, der die gewünschten Leistungsspezifikationen nicht erfüllt. Die Wahrscheinlichkeit, dass die gewünschten Leistungsanforderungen nicht erfüllt werden, liegt bei 0,88 und die Wahrscheinlichkeit, eine Lieferung mit Waren von mangelhafter Qualität anzunehmen, liegt bei 0,22.

Ein Stichprobenplan, der einen eindeutigen n- und c-Wert hat, besitzt auch eine eindeutige OC-Kurve. Stichprobenpläne mit sehr großen Stichproben sind aussagekräftiger als Stichprobenpläne mit kleinen Stichproben. Abbildung 20.32 zeigt OC-Kurven für zwei Stichprobenpläne mit unterschiedlichen Stichprobengrößen und Akzeptanzwerten. Das Verhältnis der Stichprobengröße *n* und des Annahmewerts *c* ist konstant. Bei Plänen mit größeren Stichproben ist die Wahrscheinlichkeit, Lieferungen mit akzeptabler Qualität anzunehmen, höher als bei Plänen mit kleineren Stichproben. Je größer die Stichprobe ist, desto geringer ist außerdem die Wahrscheinlichkeit, Lieferungen mit einer schlechten Qualität anzunehmen. Diese Vorteile sind allerdings mit dem Nachteil von höheren Kosten der Qualitätskontrolle für die hohe Stichprobengröße verbunden.

Wird der Annahmewert *c* (für einen vorgegebenen Wert *n*) erhöht, erhöht sich die Wahrscheinlichkeit, die Lieferung anzunehmen, für alle Prozentwerte defekter Teile (siehe Abbildung 20.33). Bei höheren *c*-Werten sind bei der Qualitätskontrolle mehr defekte Einheiten zulässig. Durch eine Verringerung des *c*-Werts verschärft sich die Qualitätskontrolle.

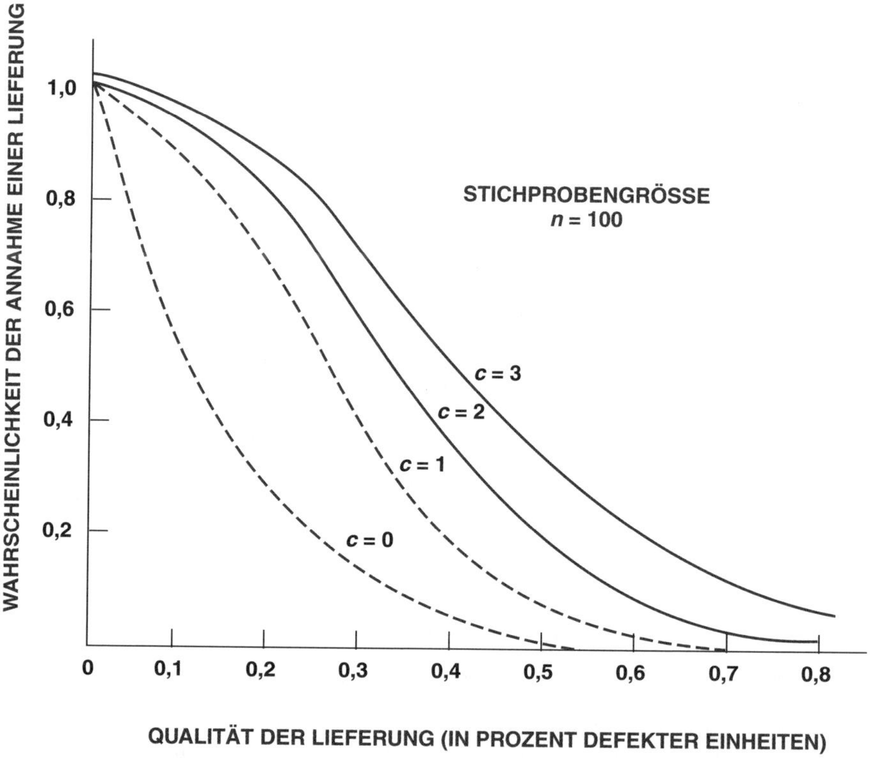

Abbildung 20.33: Auswirkungen der Veränderung des c-Werts auf die OC-Kurve

Im Allgemeinen ist bei höheren *c*-Werten das Leistungskriterium »lockerer«, d.h., die Wahrscheinlichkeit erhöht sich, eine Lieferung mit einem bestimmten Prozentsatz defekter Einheiten anzunehmen. Die Erhöhung des *n*-Werts hingegen erhöht die Sicherheit, korrekt zwischen einer guten und einer schlechten Lieferung unterschieden zu haben. Die Kosten für die Qualitätskontrolle steigen allerdings mit größeren *n*-Werten ebenfalls. Qualitätsmanagement hat die Aufgabe, einen günstigen Ausgleich zwischen den Kosten und den Vorteilen verschiedener Stichprobenpläne zu finden.

20.13 Implementierung der Six-Sigma-Strategie

PMBOK® Guide 2004
Kapitel 8 Einleitung

Six Sigma ist eine Geschäftsinitiative, die Anfang der 1990er-Jahre erstmals von Motorola unterstützt wurde. Die Six-Sigma-Erfolgsgeschichten von Unternehmen wie General Electric, Sony, AlliedSignal und Motorola haben inzwischen die Aufmerksamkeit der Wall Street auf sich gezogen und wirken sich positiv auf den Einsatz dieser Geschäftsstrategie aus. Die Six-Sigma-Strategie beinhaltet den Einsatz statistischer Werkzeuge im Rahmen einer strukturierten Methodik, um sich Kenntnisse darüber zu verschaffen, wie Produkte und Dienstleistungen besser, schneller und preisgünstiger hergestellt werden können als von der Konkurrenz.[6] Die wiederholte, disziplinierte Anwendung einer Masterstrategie in einem Projekt nach dem anderen, wobei die Projekte auf der Basis von Kerngeschäftszahlen ausgewählt werden, verringert die Kosten und resultiert in höheren Gewinnmargen und einem eindrucksvollen ROI. Mit der Six-Sigma-Initiative konnten die Kosten in der Regel um einen sechsstelligen Betrag pro Projekt reduziert werden. Die Mitarbeiter werden in der Six-Sigma-Philosophie und -Methodik geschult und arbeiten in der Regel an mindestens vier Projekten pro Jahr mit. Sie sollten also in der Regel mindestens € 500.000 pro Jahr einbringen. Mit der Six-Sigma-Initiative soll die Unternehmenskultur durch bahnbrechende Verbesserungen verändert werden und es soll dadurch ermöglicht werden, aggressive, umfassende Ziele zu erreichen. Wird Six Sigma richtig eingesetzt, fließt intellektuelles Kapital in das Unternehmen und sorgt für einen beispiellosen Wissenszugewinn, der sich direkt in den Betriebsergebnissen niederschlägt.[7]

Der frühere CEO von General Electric (GE), Jack Welch, hat die Six-Sigma-Strategie als »größte Herausforderung und möglicherweise lohnenswerteste Initiative, die jemals bei GE gestartet wurde« bezeichnet. Der Geschäftsbericht von 1997 wies aus, dass die Six-Sigma-Strategie für mehr als $ 300 Millionen im Betriebsergebnis verantwortlich war. 1998 sollten sich die Auswirkungen auf das Betriebsergebnis verdoppeln. GE listete im Jahresbericht folgende Beispiele für die Vorzüge des Six-Sigma-Ansatzes auf:

- Medizinische Systeme – Mit dem Six-Sigma-Ansatz konnte die Lebensdauer der Röntgenstrahlenröhren von Computertomographen verzehnfacht werden. Dadurch erhöhten sich die Lebensdauer und die Rentabilität dieser Geräte sowie die Versorgungsleistung, die Krankenhäuser und andere Anbieter medizinischer Dienstleistungen ihren Patienten bieten konnten.
- Superschleifmittel – der Juwel des Unternehmens – Mit dem Six-Sigma-Ansatz konnte der ROI vervierfacht werden. Die Ergebnisse entsprachen denen einer zehnjährigen Kapazitätserhöhung, wobei jedoch kein Cent für die Kapazitätserweiterung von Anlagen und Einsatzmitteln ausgegeben wurde.
- Beim Leasing von Triebwagen konnte eine 62%-Reduktion bei den Reparaturzeiten erzielt werden, was einem enormen Produktivitätszugewinn für Eisenbahnkunden und Spediteure entspricht. Die Unternehmen sind wegen der Six-Sigma-Verbesserungen nun zwei bis drei Mal schneller als ihre stärksten Konkurrenten.
- Bei der Kunststoffherstellung konnte die Kapazität durch den rigorosen Einsatz des Six-Sigma-Ansatzes um 30 Millionen Tonnen erweitert werden, wobei jedoch $ 800 Millionen an Investitionen eingespart werden konnten.[8]

In der amerikanischen Tageszeitung USA Today wurden in einem Artikel sechs unterschiedliche Auffassungen zum Six-Sigma-Ansatz präsentiert.[9] Eine Auffassung war, dass der Six-Sigma-Ansatz Unsinn sei. Larry Bossidy, CEO von AlliedSignal (heute fusioniert mit Honeywell), setzt dem Folgendes entgegen: »Tatsache ist, dass der Six-Sigma-Ansatz mehr mit der Realität zu tun hat als alles, was seit langer Zeit sonst an Ansätzen vorgestellt wurde. Je mehr man sich mit die-

---

6. Übernommen aus Forrest W. Breyfogle, III, Implementing Six Sigma (New York: Wiley, 1999), S. 5–7.
7. Die Informationen in diesem Absatz stammen von J. Kiemele, Ph.D., der Air Academy Associates.
8. 1998 GE Annual Report.
9. Jones, D. *Firms Air for Six Sigma Efficiency*, USA Today, July 21, 1998, Money Section. Copyright © 1998 USA Today; reprinted with permission.

sem Ansatz beschäftigt, desto überzeugender ist er.« Nachfolgend finden Sie eine Zusammenstellung weiterer Zitate aus dem Artikel:

- Nach einer Weiterbildung von vier Wochen können Sie den »schwarzen Gürtel« in Six Sigma erwerben und wenn Sie ein durchschnittlicher Träger des schwarzen Gürtels sind, werden Sie Möglichkeiten finden, bis zu $ 1 Million pro Jahr einzusparen.
- Die Einführung des Six-Sigma-Ansatzes ist teuer. Aus diesem Grund konnte sich der Ansatz hauptsächlich bei Großunternehmen durchsetzen. Etwa 30 Unternehmen haben sich bereits für Six Sigma entschieden. Dazu gehören Bombardier, ABB (Asea Brown Boveri) und Lockheed Martin.
- Bei General Electrics wird niemand ohne Six-Sigma-Schulung befördert. Alle Angestellten müssen bis Januar eine Schulung begonnen haben. General Electrics verspricht sich durch Six Sigma erheblich höhere Gewinne und Kosteneinsparungen.
- Raytheon gibt 25 % jedes umgesetzten Dollars für die Problembehebung aus, wenn das Unternehmen auf der Ebene von Four Sigma arbeitet. Wenn das Unternehmen die Qualität und die Effizienz jedoch auf das Six-Sigma-Niveau steigern würde, würden die Ausgaben für die Problembehebung bei 1 % liegen.
- Das Unternehmen (AlliedSignal) kann auf den Bau einer $-85-Millionen-Anlage für die Herstellung von Caperolactan verzichten, das für die Nylonproduktion benötigt wird, und spart dadurch $ 30 bis $ 50 Millionen im Jahr ein.
- Lockheed Martin wandte bisher durchschnittlich 200 Arbeitsstunden auf, um ein bestimmtes Teil zur Abdeckung des Fahrgestells anzupassen. Über Jahre wurden Brainstorming-Sitzungen durchgeführt, aus denen scheinbar logische Lösungen hervorgingen. Keine davon funktionierte jedoch. Aufgrund der statistischen Disziplin von Six Sigma wurde jedoch ein Teil entdeckt, das um ein Tausendstel Zoll abwich. Nachdem das Teil nun korrigiert wurde, spart das Unternehmen pro Jet $ 14.000 ein.
- Lockheed Martin probierte Anfang der 1990er-Jahre Six Sigma aus. Der Versuch scheiterte jedoch so sehr, dass Trainees nun als »Programm-Manager« anstatt als Schwarzgurtträger bezeichnet wurden, um den hausinternen Skeptizismus zu bekämpfen ... Six Sigma ist inzwischen ein Erfolg und das Unternehmen konnte bei den ersten 40 Projekten $ 64 Millionen einsparen.
- John Akers versprach, IBM mit Six Sigma umzukrempeln. Der Versuch wurde jedoch schnell aufgegeben, als Akers sein Amt als CEO 1993 aufgeben musste.
- Das Marketing arbeitet immer mit Zahlen, die das Unternehmen gut aussehen lassen ... Potenziellen Kunden werden mittels Kapazitätsstatistiken Versprechungen gemacht, die keinen Realitätsbezug haben.
- Weil der Bonus der Manager mit den Einsparungen durch Six Sigma verknüpft ist, müssen die Manager Ergebnisse erzielen und die Einsparungen stellen sich als Trugbild heraus.
- Six Sigma wird den Weg aller Modeerscheinungen gehen.

20.14 Quality Leadership

PMBOK® Guide 2004
Kapitel 9 Personalmanagement

Betrachten Sie die folgenden sieben Faktoren: [10]

- Teamwork
- Strategische Integration
- Kontinuierliche Verbesserung
- Respekt vor Mitarbeitern
- Kundenorientierung
- Management-by-Fact
- Strukturierte Problemlösung

10. Übernommen aus Breyfogle, Forrest W., *Implementing Six Sigma* (New York, 1999), S. 28–29.

Es gibt Leute, die behaupten, dass diese sieben Faktoren die Grundprinzipien des Projektmanagements sind. Tatsächlich sind es jedoch die sieben Prinzipien des TQM-Programms, das von Sprint eingesetzt wird. Projektmanagement und TQM haben in Bezug auf den Führungsstil und die teambasierte Entscheidungsfindung große Ähnlichkeit. Laut Breyfogle gehen amerikanische Manager häufig nach einem Ansatz vor, der als Management by Results beschrieben werden kann.[11] Diese Art von Management konzentriert sich nur auf das Endergebnis, d.h. auf den Ertrag, die Margen, die Umsätze, den ROI etc. Die Betonung liegt dabei auf einem Dienstweg mit einer Hierarchie von Standards, Zielen, Kontrollen und Verantwortlichkeiten. Die Ziele werden in Arbeitsstandards umgesetzt, die die Leistung der Mitarbeiter steuern sollen. Diese numerischen Ziele können kurzfristiges Denken, eine Konzentration auf die falschen Dinge, Ängste (z.B. vor einer schlechten Beurteilung), Datenmanipulationen, interne Konflikte und die Blindheit der Unternehmen gegenüber den Bedürfnissen von Kunden verursachen. Diese Art von Führungsstil kann mit dem Versuch verglichen werden, einen Hund glücklich zu machen, indem man ihn zwingt, mit dem Schwanz zu wedeln.

Quality Leadership ist eine Alternative, bei der jeder Arbeitsprozess analysiert und ständig verbessert wird, um ein Produkt oder eine Dienstleistung zu erhalten, die die Kundenerwartungen nicht nur erfüllt, sondern übertrifft. Quality Leadership zeichnet sich durch eine Ausrichtung auf den Kunden, durch die Fixierung auf Qualität, eine effektive Arbeitsorganisation, durch eine Führung, die den Mitarbeitern auch Freiheiten bietet, durch die Identifikation von Problemen bei Prozessen, durch Teamwork und durch Weiterbildung und Training aus. Diese Prinzipien fördern langfristiges Denken, die korrekt ausgerichteten Bemühungen und ein Interesse an den Bedürfnissen des Kunden.

Quality Leadership wirkt sich positiv auf den ROI aus. 1950 beschrieb Deming diese Kettenreaktion wie folgt: Qualitätsverbesserung → Kostenreduktion → Steigende Produktivität → Fallende Preise → Steigender Marktanteil → Mehr Jobs → Steigender ROI. Qualität lässt sich nicht delegieren. Das Management muss den Umwandlungsprozess selbst in die Hand nehmen.

Um Quality Leadership einzuführen, muss die hierarchische Managementstruktur durch eine Struktur ersetzt werden, die Projektteams mit einem einheitlichen Ziel einsetzt. Eine einzelne Person kann in einem Unternehmen zwar viel bewirken, besitzt jedoch in der Regel nicht genug Wissen oder Erfahrung, um alles verstehen zu können, was in einem Prozess vor sich geht. Die größten Gewinne in Bezug auf die Qualität und die Produktivität ergeben sich häufig dann, wenn mehrere Mitarbeiter ihre Fähigkeiten und Kenntnisse einsetzen.

Teams benötigen einen systematischen Plan, um einen Prozess zu verändern, der Fehler, Verzögerungen, Ineffizienzen und Abweichungen hervorruft. Das Management muss in einer vorgegebenen Arbeitsumgebung eine Atmosphäre erzeugen, die die Teamarbeit in jeder Hinsicht unterstützt. In einigen Unternehmen muss das Management dazu möglicherweise einen Prozess einführen, der die hierarchischen Beziehungen zwischen den Teams, den Verlauf von Anweisungen, die Umsetzung von Anweisungen und Verbesserungen und den Grad an Autonomie und Verantwortung der Teams festlegen. Der Umstieg zu Quality Leadership kann sehr schwierig sein und er erfordert viel Geduld und Engagement.

20.15 Verpflichtung zur Qualität

Beim Qualitätsmanagement spielt jeder Mitarbeiter eine wichtige Rolle und die Mitarbeiter auf allen Ebenen müssen sich aktiv beteiligen. Laut Dr. Edward Deming ist die erfolgreiche Einführung von Qualitätsmanagement jedoch von der Unternehmensführung abhängig.

Das Top-Management muss Ängste beseitigen und ein Arbeitsumfeld schaffen, in dem eine funktionsübergreifende Kooperation möglich ist. Letztendlich ist die Unternehmensführung für Qualität im Unternehmen verantwortlich. Nur mit Unterstützung der Unternehmensführung kann Qualität zu einem wichtigen Faktor werden.

Der Projektmanager ist für die Qualität des Projekts verantwortlich, der Vorstand des Unternehmens für die Qualität des Unternehmens. Der Projektmanager wählt die Verfahren und Richt-

11. Übernommen aus Breyfogle, Forrest W., *Implementing Six Sigma* (New York, 1999), S. 28–29.

linien aus, mit denen die Qualität des Projekts gesteuert und überprüft wird. Der Projektmanager muss dabei ein Umfeld schaffen, das sich positiv auf das Vertrauen und die Kooperation zwischen den Teammitgliedern auswirkt. Der Projektmanager muss außerdem dafür sorgen, dass die Teammitglieder Probleme aufdecken und über Probleme Bericht erstatten, und sich vor der Mentalität hüten, den Überbringer schlechter Nachrichten hinzurichten.

Die Projektteammitglieder müssen darin geschult werden, Probleme zu identifizieren und Lösungen zu entwickeln und umzusetzen. Sie müssen die Befugnis haben, die negativen Auswirkungen eines Prozesses zu beschränken, bevor eine bestimmte Grenze überschritten wird. Das heißt, sie müssen in der Lage sein, eine Aktivität zu stoppen, die nicht die gewünschte Qualität hat, und das Problem so lösen, dass das Projekt mit einer zufrieden stellenden Qualität abgeschlossen werden kann.

20.16 Qualitätszirkel

Qualitätszirkel sind kleine Gruppen von Mitarbeitern, die sich regelmäßig treffen, um Qualitätsprobleme des Unternehmens zu lösen und Empfehlungen an das Management abzugeben. Das Konzept der Qualitätszirkel stammt aus Japan und konnte auch in den USA einige Erfolge erzielen. Die Mitarbeiter, die einem Qualitätszirkel angehören, treffen sich entweder bei einem der Mitarbeiter zu Hause oder vor Schichtbeginn in der Fabrik. Der Qualitätszirkel identifiziert Probleme, analysiert Daten, macht Lösungsvorschläge und führt die vom Management genehmigten Änderungen aus. Der Erfolg der Qualitätszirkel basiert sehr stark auf der Bereitschaft des Managements, die Empfehlungen von Mitarbeitern ernst zu nehmen.

Die wichtigsten Kennzeichen von Qualitätszirkeln sind folgende:

- Sie stellen eine Gruppenanstrengung dar.
- Sie sind freiwillig.
- Die Mitarbeiter sammeln Erfahrung in den Bereichen Gruppendynamik, Motivation, Kommunikation und Problemlösung.
- Die Mitarbeiter verlassen sich aufeinander.
- Das Management ist aktiv, greift jedoch nur bei Bedarf ein.
- Kreativität wird gefördert.
- Das Management nimmt die Empfehlungen wahr.

Qualitätszirkel bieten unter anderem folgende Vorteile:

- Qualitätsverbesserungen bei Produkten und Dienstleistungen
- Verbesserung der Kommunikation im Unternehmen
- Verbesserung der Arbeitsleitung
- Verbesserung der Moral

20.17 Die Just-in-time-Fertigung (JIT)

Bei der Just-in-time-Fertigung liegt die Betonung auf der Beseitigung von Ausschuss durch die Optimierung von Prozessen und Verfahren, die erforderlich sind, um die Fertigung aufrechtzuerhalten. Bestandteil dieses Prozesses ist die Just-in-time-Beschaffung oder die Just-in-time-Lagerhaltung, bei der das Material erst dann eintrifft, wenn es benötigt wird, und so Kosten für die Lagerung von Material, der damit verbundene Schriftverkehr und Qualitätskontrollen eliminiert werden. Um auf die Qualitätskontrolle verzichten zu können, muss der Auftraggeber davon überzeugt sein, dass sein Auftragnehmer alle Qualitätsanforderungen einhält. Das heißt, durch die JIT-Lagerhaltung werden die Qualitätssicherung und die Qualitätskontrolle vollständig an den Auftragnehmer abgegeben.

Der Auftraggeber profitiert von der JIT-Beschaffung dadurch, dass er langfristige Beziehungen zu einigen wenigen Zulieferern aufbaut und damit die Kosten für den Umgang mit Unterauftragnehmern verringert. Der Auftragnehmer hat den Vorteil, langfristige Verträge abschließen zu können. Er muss jedoch Sonderbedingungen wie der Vor-Ort-Qualitätskontrolle durch Führungskräfte, Projektmanager, Qualitätsmanager oder Qualitätsteams zustimmen und sogar zulassen, dass ein Vertreter des Auftraggebers vor Ort arbeitet.

Die JIT-Beschaffung konnte sich in Japan sehr stark durchsetzen, in den USA jedoch beispielsweise nur geringe Erfolge verzeichnen. Tabelle 20.7 zeigt einen Vergleich zwischen der traditionellen amerikanischen Beschaffung und der JIT-Beschaffung, die in Japan üblich ist.

Beschaffungstätigkeit	JIT-Beschaffung	Traditionelle Beschaffung
Beschaffung von Losgrößen	Beschaffung kleinerer Losgrößen und häufigere Lieferung	Beschaffung großer Losgrößen, Belieferung nicht so häufig
Wahl des Zulieferers	Ein Lieferant aus einer geografisch nahe gelegenen Gegend mit einem langfristigen Vertrag	Mehrere Lieferanten für ein Teil und kurzfristige Verträge
Bewertung des Zulieferers	Die Betonung liegt auf der Produktqualität, der Lieferungsleistung und dem Preis. Der Kunde darf keine Ausschussteile liefern.	Die Betonung liegt nicht auf der Produktqualität, der Lieferungsleistung und dem Preis, sondern darauf, ob die Lieferung von zwei Prozent Ausschuss akzeptabel ist.
Qualitätskontrolle	Die Zählung und die Qualitätskontrolle der eingehenden Teile reduziert sich und kann möglicherweise komplett eliminiert werden.	Der Käufer ist für die Annahme, die Zählung und die Qualitätskontrolle aller eingehenden Teile zuständig.
Verhandlung und Ausschreibungsverfahren	Die Produktqualität soll durch langfristige Verträge und faire Preise gesichert werden.	Das Hauptziel besteht darin, einen möglichst geringen Preis zu erzielen.
Festlegen des Transportmodus	Die ein- und die ausgehende Fracht muss berücksichtigt werden. Lieferterminplan wird vom Käufer erstellt.	Nur die ausgehende Fracht und die Verringerung der Kosten für ausgehende Fracht müssen berücksichtigt werden. Der Lieferterminplan wird vom Zulieferer aufgestellt.
Produktspezifikation	»Lockere« Spezifikationen. Der Käufer verlässt sich auf die Leistungsspezifikationen und das Produktdesign und der Zulieferer wird zu Innovationen ermutigt.	»Starre« Spezifikationen. Der Käufer verlässt sich eher auf Designspezifikationen als auf die Produktleistung und die Zulieferer haben bei den Designspezifikationen weniger Freiheiten.
Büroarbeit	Weniger formeller Schriftverkehr. Die Lieferdaten und das Qualitätsniveau können auch telefonisch abgesprochen werden.	Der formelle Schriftverkehr erfordert sehr viel Zeit. Bei Änderungen des Lieferdatums und der Liefermenge müssen Bestellberichtigungen laufen.
Verpackung	Kleine Standardcontainer werden eingesetzt, die genau vorgegebene Mengen enthalten und ausführlich beschriftet sind.	Jedes Teil ist speziell verpackt und die Verpackung gibt keinen Aufschluss über den genauen Produktinhalt.

Tabelle 20.7: Vergleichende Analyse der traditionellen amerikanischen und der japanischen JIT-Beschaffungspraxis[12]

12. Quelle: Lee, Sang M. und Ansari, A., *Comparative Analysis of Japanese Just-in-time Purchasing and Traditional Purchasing Systems*, International Journal of Operations and Product Management, 5, No. 4, 1985, S. 5–14.

Ein weiteres Merkmal der JIT-Fertigung ist die kontinuierliche Identifikation und Reduktion von Ausschuss. Shigeo Shingo von der Toyota Motor Company nennt sieben Ursachen für Verschwendung, an denen ständig gearbeitet werden muss (siehe Tabelle 20.8).

1. *Verschwendung durch Überproduktion.* Als Gegenmaßnahme sollten die Rüstzeiten reduziert, die Mengen synchronisiert, die Prozesse zeitlich abgestimmt und die Layouts komprimiert werden. Es sollte nur das gefertigt werden, was gerade benötigt wird.
2. *Verschwendung durch Wartezeiten.* Eine Verringerung dieser Verluste kann durch die Synchronisierung der Arbeitsabläufe und den Ausgleich von Überlastungen durch flexible Arbeiter und Einsatzmittel erzielt werden.
3. *Verschwendung durch Transport.* Eine Reduktion dieser Verluste kann durch die Entwicklung von Anordnungen und von Standorten erzielt werden, die unnötige Transporte und unnötigen Bearbeitungsaufwand eliminieren.
4. *Verschwendung durch Verarbeitung.* Zunächst sollte die Frage gestellt werden, warum das Teil oder Produkt überhaupt hergestellt werden soll. Dann folgt die Frage, warum jeder der einzelnen Vorgänge benötigt wird. Wichtig ist auch, dass über die Skalenerträge und Geschwindigkeit hinausgedacht wird.
5. *Verschwendung durch Lagerhaltung.* Eine Reduktion dieser Verluste kann durch kürzere Rüstzeiten und die Reduktion der Lieferzeiten erzielt werden, die durch eine Synchronisierung der Arbeitsabläufe und einen Ausgleich der Nachfrage für das Produkt herbeigeführt wird.
6. *Verschwendung durch Abläufe.* Um die Verluste zu reduzieren, müssen die Ökonomie und Kontinuität der Abläufe studiert werden. Die Ökonomie ist für die Produktivität und die Kontinuität für die Qualität verantwortlich. Zunächst sollten die Abläufe verbessert werden. Anschließend können sie mechanisiert und automatisiert werden. Ohne eine Verbesserung der Abläufe besteht die Gefahr, die Verschwendung zu automatisieren.
7. *Verschwendung durch Herstellung defekter Produkte.* Eine Vermeidung dieser Verschwendung ist dadurch möglich, dass ein Produktionsverfahren entwickelt wird, bei dem Fehler vermieden werden und entsprechend eine Qualitätskontrolle überflüssig ist. Es werden keine Fehler akzeptiert und keine Fehler gemacht. Die Verfahren werden dazu ausfallsicher gemacht. Aus einem qualitativ hochwertigen Produktionsverfahren resultiert automatisch ein Qualitätsprodukt.

Tabelle 20.8: Die sieben Ursachen für Verschwendung[13]

Im Zusammenhang mit der JIT-Fertigung werden nun zwei neue Themen diskutiert: die Mehrwertfertigung (Value-Added Manufacturing) und die Fertigung ohne Lagerbestand. Bei der Mehrwertfertigung sollen alle Schritte im Fertigungsverfahren eliminiert werden, die für das Produkt und den Kunden keinen Zusatznutzen bieten. Beispiele sind Fertigungsverzögerungen, der Transport von Material, der Lagerbestand an unfertigen Erzeugnissen und exzessiver Schriftverkehr. Bei der Fertigung ohne Lagerbestand wird darauf geachtet, dass möglichst wenig Bestand an Rohmaterial, an unfertigen und an fertigen Erzeugnissen vorhanden ist. Alles wird auf Bestellung gefertigt und dann bei Bedarf ausgeliefert. Verschwendung gibt es nicht.

20.18 Total Quality Management (TQM)

PMBOK® Guide 2004

8.1.1 Qualitätsplanung: Eingangswerte

TQM oder umfassendes Qualitätsmanagement ist nicht eindeutig definiert. Eine Definition lautet, den Kunden zur rechten Zeit und am richtigen Ort Qualitätsprodukte bereitzustellen. TQM wird jedoch auch als Methode definiert, um Kundenanforderungen zu erfüllen oder zu übertreffen. Intern kann TQM als Methode bezeichnet werden, um die Varianz bei der Qualität und die Verschwendung zu verringern.[14]

13. Quelle: Hall, R., *Attaining Manufacturing Excellence*, Homewood, IL: Dow-Jones-Irwin, 1987, S. 26.
14. Dieser Abschnitt wurde übernommen aus Pegels, C. Carl, *Total Quality Management*, Danvers, MA, 1995, S. 4–27.

Abbildung 20.34 veranschaulicht die Ziele und die Bereiche, auf die TQM ausgerichtet ist. Fast alle Unternehmen haben eine Grundstrategie, um TQM zu gewährleisten, und diese Strategie wird in der Regel langfristig eingesetzt. Die beliebtesten Strategien sind nachfolgend aufgeführt. In Tabelle 20.9 sehen Sie, welche Qualitätsverbesserungsstrategien von 17 führenden amerikanischen Unternehmen eingesetzt werden.

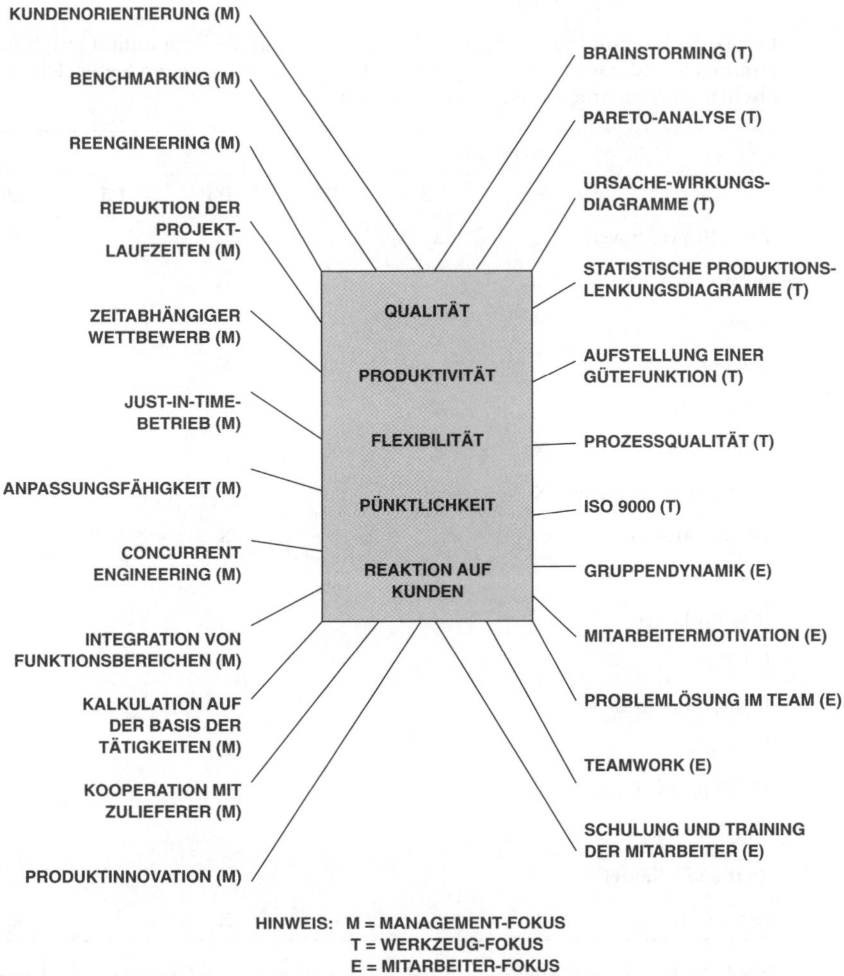

Abbildung 20.34: Ziele und Bereiche, auf die TQM ausgerichtet ist [15]

Primäre Qualitätsverbesserungsstrategien:

- P1: Von Mitarbeitern Verbesserungsvorschläge erbitten.
- P2: Teams zusammenstellen, die Probleme identifizieren und lösen.
- P3: Alle wichtigen Aktivitäten in der Organisation überprüfen, um sicherzustellen, dass sie effizient und effektiv durchgeführt werden.
- P4: Benchmark-Tests für alle wichtigen Aktivitäten in der Organisation einführen, um sicherzustellen, dass sie höchst effizient und effektiv durchgeführt werden.

15. Quelle: Pegels, C. Carl, *Total Quality Management*, Danvers, MA, 1995, S. 6.

- P5: Verfahrensmanagement-Techniken nutzen, um den Kundendienst zu verbessern und die Zykluszeiten zu reduzieren.
- P6: Die Kundendienstmitarbeiter in unternehmerischem und innovativem Denken schulen, damit sie Möglichkeiten finden, um den Kundendienst zu verbessern.
- P7: Verbesserungen implementieren, damit sich das Unternehmen als ISO 9000-Anbieter qualifizieren kann.

Es gibt auch sekundäre Strategien, die langfristig auf die Rentabilität ausgerichtet sind. Typische Strategien sind nachfolgend aufgeführt. In Tabelle 20.10 sehen Sie, welche führenden amerikanischen Unternehmen diese Strategien einsetzen.

	Strategie						
	P1	P2	P3	P4	P5	P6	P7
Asea, Brown, Boveri		X					
AT&T				X			
Cigna						X	
DuPont				X			
Eastman Kodak		X					
Eaton Corp.	X	X	X				
Ford Motor Company	X						
General Motors				X			
Goodyear Tire		X	X				
IBM Rochester							X
ICL Plc							X
Johnson Controls							X
Motorola				X			
New England Corp.					X		
New York Life		X	X				
Pratt and Whitney			X				
Xerox Corp.				X			

Tabelle 20.9: Primäre Qualitätsverbesserungsstrategien, die von führenden amerikanischen Unternehmen eingesetzt werden[16]

16. Quelle: Pegels, C. Carl, *Total Quality Management* Danvers, MA, 1995, S. 21.

	Strategie									
	S1	S2	S3	S4	S5	S6	S7	S8	S9	S10
AMP Corp.	X	X							X	X
Asea, Brown, Boveri	X	X								
British Telecom	X						X			
Chrysler Corp.					X				X	X
Coca-Cola									X	
Corning							X			
Eastman Kodak	X									
Eaton Corp.									X	
Fidelity Investment	X			X					X	
Ford Motor Company									X	
Fujitsu Systems	X		X						X	
General Motors					X				X	X
Holiday Inns			X							
IBM Rochester	X			X					X	X
ICL Plc		X								
Johnson Controls	X	X					X			
Motorola								X		
New England Corp.	X									
New York Life	X	X								
Pratt and Whitney						X				
Procter & Gamble		X							X	
The Forum Corp.	X									X
VF Corp.				X						X
Xerox Corp.	X									

Tabelle 20.10: Sekundäre Qualitätsverbesserungsstrategien, die von führenden amerikanischen Unternehmen eingesetzt werden [17]

Sekundäre Strategien zur Qualitätsverbesserung:

- S1: Ständig im Kontakt mit den Kunden bleiben, um ihre Bedürfnisse zu kennen und vorhersehen zu können.
- S2: Kundenbindung entwickeln, indem deren Erwartungen nicht nur berücksichtigt, sondern sogar übertroffen werden.
- S3: Eng mit den Zulieferern zusammenarbeiten, um ihre Produkt- und Service-Qualität sowie die Produktivität zu verbessern.
- S4: Die Informations- und Kommunikationstechnologie einsetzen, um den Kundendienst zu verbessern.

17. Siehe ebenda.

- S5: Die Organisation in kleine, handhabbare Einheiten unterteilen, um die Leistung zu verbessern.
- S6: Concurrent Engineering nutzen.
- S7: Mitarbeiterschulungen und Weiterbildungsprogramme ermutigen, unterstützen und entwickeln.
- S8: Den zeitgerechten Ablauf aller Betriebszyklen verbessern (alle Zykluszeiten minimieren).
- S9: Ausrichtung auf Qualität, Produktivität und Rentabilität.
- S10: Ausrichtung auf Qualität, Pünktlichkeit und Flexibilität.

Informationen über Qualitätsverbesserungen werden von Unternehmen ungern herausgegeben. Die meisten Unternehmen betrachten diese Informationen als vertraulich und wollen sie nicht veröffentlichen, weil sie Angst davor haben, ihren Konkurrenten einen Vorteil zu bieten. Die Angaben in Tabelle 20.11 sind deshalb nur bruchstückhaft. Es handelt sich lediglich um eine Momentaufnahme einer beschränkten Anzahl an quantitativen Leistungsverbesserungen, die von Firmen im Rahmen ihrer TQM-Programme vorgenommen wurden.

AMP. Der Anteil der fristgerechten Lieferungen konnte von 65 % auf 95 % erhöht werden und die AMP-Produkte sind innerhalb der USA in 50 % der AMP-Verkaufsstellen innerhalb von maximal drei Arbeitstagen verfügbar.

ABB (Asea, Brown, Boveri). Alle Verbesserungen, die von den Kunden gefordert wurden – bessere Zustellung, bessere Qualität etc. – konnten erfüllt werden.

Chrysler. Neue Fahrzeuge werden nun innerhalb von 33 Monaten entwickelt. Vor zehn Jahren war eine Entwicklungszeit von 60 Monaten üblich.

Eaton. Erhöhung des Pro-Kopf-Umsatzes von $ 65.000 auf mehr als $ 100.000 im Jahr 1992.

Fidelity. 200.000 Anrufe werden in vier Telefon-Zentren abgearbeitet. 1.200 Mitarbeiter des Unternehmens arbeiten 75.000 Anrufe ab.

Ford. Pro Auto sind 7,25 Personenstunden erforderlich. 1980 waren es noch 15 Personenstunden. Die Stoßstange des Ford Taurus besteht aus zehn Teilen, die von vergleichbaren Autos der Firma General Motors aus 100 Teilen.

General Motors. Neue Modelle werden nun in 34 Monaten statt wie 1980 in 48 Monaten entwickelt.

IBM Rochester. Die Fehlerrate pro Million produzierter Einheiten ist 32 Mal geringer als vor vier Jahren und einige Produkte erfüllen sogar das Six-Sigma-Kriterium (3,4 Fehler pro Million).

Pratt & Whitney. Die Fehlerrate pro Million produzierter Einheiten konnte halbiert werden. Ein Werkzeugbestückungsverfahren wurde von zwei Monaten auf zwei Tage verkürzt und die Lieferzeiten konnten um 43 % reduziert werden.

VF Corp. Mittels Marktreaktionssystemen können 97 % der Waren für den Einzelhandel verfügbar gehalten werden. Im Branchendurchschnitt sind es nur 70 %.

NCR. Der Checkout-Terminal wurde innerhalb von 22 Monaten statt bisher 44 Monaten erstellt und er erhielt 85 % weniger Teile als sein Vorgänger.

AT&T. Das Neudesign eines Telefoncomputers wurde innerhalb von 18 Monaten statt bisher 36 Monaten abgeschlossen und die Herstellungsfehler konnten um 87 % reduziert werden.

Deere & Co. Reduktion der Zykluszeiten für Produkte um 60 %, Einsparungen bei den Entwicklungskosten von 30 %.

Tabelle 20.11: Qualitätsverbesserungen, die von amerikanischen Unternehmen durch TQM erzielt werden konnten[18]

18. Pegels, C. Carl, *Total Quality Management*, Danvers, MA, 1995, S. 27.

Eine bemerkenswerte Errungenschaft ist die Reduktion der Personenstunden für den Zusammenbau eines Autos bei Ford von 15 auf 7,25 Stunden. Es dauerte zwar zehn Jahre, bis diese Reduktion erreicht werden konnte, es handelt sich jedoch um ein bedeutendes Beispiel einer Produktivitätsverbesserung. Die Reduktion der Defekte pro Million produzierter Einheiten bei IBM Rochester um den Faktor 32 über einen Zeitraum von vier Jahren ist ebenfalls beachtenswert. Das Gleiche gilt für Chrysler und General Motors, die es geschafft haben, die Entwicklungszeiten für neue Autotypen von 60 bzw. 48 auf 33 bzw. 34 Monate zu reduzieren.

20.19 Studientipps für das PMI®-Projektmanagement-Zertifizierungsexamen

Dieser Abschnitt kann als Wiederholung der Grundlagen dienen, um die Wissensbereiche und Domänengruppen im PMBOK® Guide zu ergänzen. In diesem Kapitel geht es um Folgendes:

- Qualitätsmanagement

Das Verständnis der folgenden Grundlagen ist vorteilhaft, wenn der Leser diesen Text für die Vorbereitung auf das PMP®-Zertifizierungsexamen verwendet:

- Beiträge durch die Qualitätspioniere
- Konzept des totalen Qualitätsmanagements (TQM)
- Unterschiede zwischen Qualitätsplanung, Qualitätssicherung und Qualitätslenkung
- Bedeutung von Qualitäts-Audits
- Werkzeuge für die Qualitätslenkung
- Konzept der Qualitätskosten

Die folgenden Multiple-Choice-Fragen sind hilfreich bei der Wiederholung der Grundlagen dieses Kapitels:

1. Was gehört nicht zum heute allgemein anerkannten Qualitätsbild?
   A. Fehler sollten angesprochen und ans Licht gebracht werden.
   B. Wir können Qualität überprüfen.
   C. Bessere Qualität spart Zeit und verbessert das Geschäft.
   D. Qualität ist kundenorientiert.
2. Wer definiert dem heutigen Qualitätsbild nach die Qualität?
   A. Das obere Management des Auftragnehmers
   B. Projektmanagement
   C. Mitarbeiter
   D. Kunden
3. Was sind Werkzeuge der Qualitätslenkung?
   A. Stichprobentabellen
   B. Prozessdiagramme
   C. Statistische und mathematische Techniken
   D. Alle genannten
4. Was gilt für das moderne Qualitätsmanagement?
   A. Qualität wird durch den Kunden definiert.
   B. Qualität ist zu einem Konkurrenzinstrument geworden.
   C. Qualität ist heute integraler Bestandteil der Strategieplanung.
   D. Alle Aussagen sind richtig.
5. Ein Unternehmen, dem Qualität wichtig ist, bietet im Allgemeinen Schulungen für:
   A. Oberes Management und Projektmanager
   B. Arbeiter

C. Angestellte
D. Alle Mitarbeiter

6. Welche der folgenden Qualitätsgurus glauben, dass »Null-Fehler« realisierbar ist?
   A. Deming
   B. Juran
   C. Crosby
   D. Alle genannten
7. Woraus besteht die Trilogie von Juran?
   A. Qualitätsverbesserung, Qualitätsplanung und Qualitätslenkung
   B. Qualitätsverbesserung, Null-Fehler und Qualitätslenkung
   C. Qualitätsverbesserung, Qualitätsplanung und Pert-Diagramme
   D. Qualitätsverbesserung, Qualitätsüberprüfungen und Qualitätslenkung
8. Was gehört nicht zu den vier Qualitätsgrundsätzen von Crosby?
   A. Qualität bedeutet Übereinstimmung mit allen Anforderungen.
   B. Qualität kommt von Prävention.
   C. Qualität wird an den Kosten für die Übereinstimmung gemessen.
   D. Qualität bedeutet einen Leistungsstandard von »Null-Fehler«
9. Welcher Prozentsatz der Qualitätskosten kann laut Deming im Allgemeinen dem Management zugeordnet werden?
   A. 100 %
   B. 85 %
   C. 55 %
   D. 15 %
10. Überprüfung:
   A. Ist eine angemessene Methode, um Qualität sicherzustellen
   B. Ist teuer und zeitaufwendig
   C. Reduziert Nacharbeiten und Allgemeinkosten
   D. Ist immer wirksam, um zu verhindern, dass mangelhafte Produkte den Kunden erreichen
11. Die Philosophien der Taguchi-Methode konzentrieren sich auf die Qualitätsverbesserung in der:
   A. Konzeptphase
   B. Entwurfsphase
   C. Implementierungsphase
   D. Abschlussphase
12. Eine durchdachte Strategieerklärung in Hinblick Qualität:
   A. Ist eine Erklärung, wie Qualität stattzufinden hat, und nicht, was oder warum
   B. Fördert Konsistenz im gesamten Unternehmen und für alle Projekte
   C. Bietet eine Erklärung, wie Kunden Qualität in ihren eigenen Unternehmen handhaben
   D. Bietet Möglichkeiten, die Strategie jährlich zu wechseln.
13. Qualitätssicherung beinhaltet:
   A. Die Identifizierung von Zielen und Standards
   B. Die Durchführung von Qualitäts-Audits
   C. Die Planung für die stetige Sammlung von Daten
   D. Alle genannten

14. Welche Reihenfolge haben die vier Schritte des Verbesserungszyklus von Deming?
    A. Planen, Ausführen, Prüfen und Handeln
    B. Ausführen, Planen, Handeln und Prüfen
    C. Prüfen, Ausführen, Handeln und Planen
    D. Handeln, Prüfen, Ausführen und Planen
15. Qualitäts-Audits:
    A. Sind unnötig, wenn Sie alles von vornherein richtig machen
    B. Müssen für jeden Prozess täglich durchgeführt werden
    C. Sind teuer und deshalb den Aufwand nicht wert
    D. Sind notwendig, um zu überprüfen, ob die Qualitätsstrategie befolgt und eingehalten wird
16. Was ist ein typisches Werkzeug für die statistische Prozesskontrolle?
    A. Pareto-Analyse
    B. Ursache/Wirkung-Analyse
    C. Prozesskontrolldiagramme
    D. Alle genannten
17. Welche der folgenden Methoden ist am besten geeignet, um die »wenigen Überlebensfähigen« zu identifizieren?
    A. Pareto-Analyse
    B. Ursache/Wirkung-Analyse
    C. Trendanalyse
    D. Prozesskontrolldiagramme
18. Wenn ein Prozess optimal eingerichtet ist, werden die oberen und unteren Spezifikationsgrenzen normalerweise:
    A. Gleich den oberen und unteren Kontrollgrenzen gesetzt
    B. Außerhalb der oberen und unteren Kontrollgrenzen gesetzt
    C. Innerhalb der oberen und unteren Kontrollgrenzen gesetzt
    D. Auf einen gleichen Abstand vom Mittelwert gesetzt
19. Die oberen und unteren Kontrollgrenzen werden normalerweise wie folgt gesetzt:
    A. Eine Standardabweichung vom Mittelwert in jede Richtung
    B. 3 (drei Sigma) vom Mittelwert in jede Richtung
    C. Außerhalb der oberen und unteren Spezifikationsgrenzen
    D. Um zu erkennen und zu kennzeichnen, wenn ein Prozess außer Kontrolle gerät.
20. Was ist kein Beispiel für die heutige Betrachtungsweise des Qualitätsmanagementprozesses für ein bestimmtes Projekt?
    A. Mängel sollten angesprochen und ans Licht gebracht werden.
    B. Letztlich liegt die Verantwortung für die Qualität beim höheren Management oder beim Sponsor, aber jeder sollte mit einbezogen werden.
    C. Qualität spart Geld.
    D. Problemerkennung führt zu kooperativen Lösungen.
21. Wenn die von einem Prozess erzeugten Werte um den Mittelwert normalverteilt sind, welchen Prozentsatz der Datenpunkte, die der Prozess erzeugt hat, liegen dann nicht innerhalb von plus oder minus drei Standardabweichungen vom Mittelwert?
    A. 99,7 %
    B. 95,4 %
    C. 68,3 %
    D. 0,3 %

ANTWORTEN

1. B
2. D
3. D
4. D
5. D
6. C
7. A
8. C
9. B
10. B
11. B
12. B
13. D
14. A
15. D
16. D
17. A
18. B
19. B
20. B
21. D

21 Moderne Entwicklungen im Projektmanagement

Verwandte Fallstudien (aus Kerzner/*Project Management Case Studies*, 2. Auflage)	Verwandte Workbook-Übungen (aus Kerzner/*Project Management Workbook and PMP®/CAPM® Exam Study Guide*, 9. Auflage)	PMBOK® Guide, 3. Auflage, Referenzabschnitt für das PMP®-Zertifizierungsexamen
• Lakes Automotive • Ferris HealthCare, Inc. • Clark Faucet Company	• Project Management Maturity Questionnaire • Multiple-Choice-Examen	Keine

21.0 Einführung

PMBOK® Guide 2004
Kapitel 1, 2 und 3

Nachdem Projektmanagement inzwischen in vielen Branchen akzeptiert wird, haben sich mit erstaunlicher Geschwindigkeit neue Formen des Projektmanagements entwickelt. Und was noch erstaunlicher ist: Die Unternehmen, die diese Formen entwickelt haben, sind sogar bereit, ihre Errungenschaften mit anderen Unternehmen zu teilen.

In diesem Kapitel werden acht interessante Ansätze vorgestellt:

- Das Project Management Maturity Model (PMMM)
- Die Entwicklung effektiver Verfahrensdokumentationen
- Projektmanagement-Methodiken
- Die kontinuierliche Verbesserung
- Die Kapazitätsplanung
- Kompetenzmodelle
- Mehrprojektmanagement
- Projektreviews

21.1 Das Project Management Maturity Model (PMMM)

Alle Unternehmen streben nach Perfektion im Projektmanagement. Leider erkennen nicht alle Firmen, dass der Zeitrahmen durch eine strategische Planung für Projektmanagement verkürzt werden kann. Der schlichte Einsatz von Projektmanagement führt selbst über einen längeren Zeitraum hinweg nicht zu hervorragender Leistung. Im Gegenteil können sich Wiederholungsfehler einschleichen und, was noch schlimmer ist, die Unternehmen müssen aus ihren eigenen statt aus den Fehlern anderer lernen.

Unternehmen wie Motorola, Nortel, Ericsson und Compaq nutzen die strategische Planung für Projektmanagement und die Ergebnisse sprechen für sich. Was Nortel und Ericsson in den Jahren 1992 bis 1998 im Bereich des Projektmanagements zu Stande gebracht haben, haben andere Firmen in zwanzig Jahren nicht erreicht.

Die strategische Planung für Projektmanagement wird, anders als andere Formen der strategischen Planung, häufig auf einer mittleren Management-Ebene durchgeführt. Die Unternehmensführung ist zwar involviert, übernimmt jedoch größtenteils eine unterstützende Rolle und stellt die Finanzmittel bereit. Die Einbeziehung der Unternehmensführung ist lediglich erforderlich, um sicherzustellen, dass die Empfehlungen des mittleren Managements nicht zu ungewollten Änderungen der Unternehmenskultur führen.

Unternehmen führen die strategische Planung für neue Produkte und Dienstleistungen in der Regel durch, indem sie einen wohldurchdachten Plan entwerfen und anschließend mit chirurgischer Genauigkeit ausführen. Leider erfolgt die strategische Planung für das Projektmanagement, falls es sie überhaupt gibt, eher auf der Basis des Versuchs und Irrtums. Es gibt jedoch Modelle, die Unternehmen bei der strategischen Planung für das Projektmanagement unterstützen und ihnen dabei helfen, innerhalb einer akzeptablen Zeitspanne gute Ergebnisse zu erzielen.

Die Grundlagen hierfür lassen sich am besten mit dem Project Management Maturity Model (PMMM) beschreiben, das aus fünf Ebenen besteht (siehe Abbildung 21.1). Jede der fünf Stufen repräsentiert einen unterschiedlichen Reifegrad des Projektmanagements.

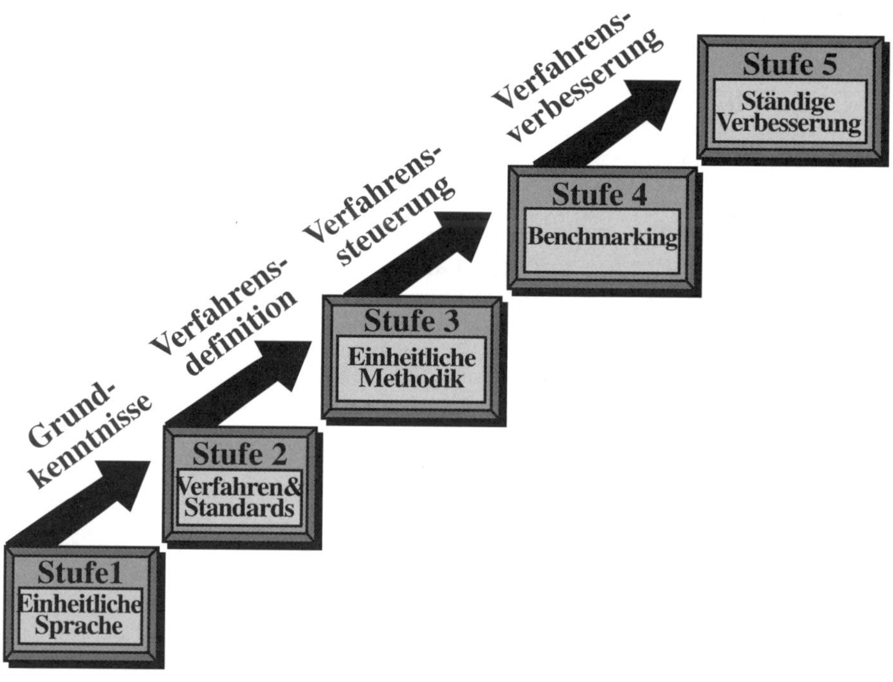

Abbildung 21.1: Die fünf Stufen der Projektreife

- *Stufe 1 – Einheitliche Sprache:* Auf dieser Stufe erkennt das Unternehmen die Bedeutung von Projektmanagement und den Bedarf, sich Grundkenntnisse anzueignen und eine entsprechende Sprache/Terminologie zuzulegen.
- *Stufe 2 – Verfahren und Standards:* Auf dieser Stufe erkennt das Unternehmen, dass allgemeine Verfahren und Standards definiert und entwickelt werden müssen, die dafür sorgen, dass sich der Erfolg eines Projekts auf andere Projekte übertragen lässt. Auf dieser Stufe wird außerdem deutlich, dass Projektmanagement-Prinzipien zur Unterstützung anderer Methoden eingesetzt werden können, die von den Unternehmen eingesetzt werden.
- *Stufe 3 – Eine Methodik:* Auf dieser Stufe erkennt das Unternehmen den Synergieeffekt, der sich dadurch bietet, dass alle Methoden des Unternehmens zu einer einheitlichen Methodik zusammengefasst werden. Dies erleichtert auch die Verfahrenssteuerung.

- *Stufe 4 – Benchmarking:* Auf dieser Stufe herrscht die Erkenntnis vor, dass Verfahrensverbesserungen erforderlich sind, um den Wettbewerbsvorteil aufrechtzuerhalten. Es müssen kontinuierlich Benchmark-Tests durchgeführt werden und das Unternehmen muss entscheiden, wer und was getestet werden soll.
- *Stufe 5 – Ständige Verbesserung:* Auf dieser Stufe wertet das Unternehmen die Ergebnisse der Benchmark-Tests aus und muss dann entscheiden, ob sie in die Methode aufgenommen werden sollen oder nicht.

Im Zusammenhang mit den Stufen der Reife (und sogar mit den Lebenszyklusphasen) herrscht allgemein der Irrtum vor, dass Arbeit in Folge verrichtet werden muss. Das trifft nicht immer zu. Bestimmte Stufen können sich überschneiden und tun dies auch. Die Größe der Überschneidung basiert auf der Höhe des Risikos, das das Unternehmen einzugehen bereit ist. Ein Unternehmen kann beispielsweise damit beginnen, Projektmanagement-Checklisten zur Unterstützung der Methodik zu entwickeln und trotzdem Schulungen im Projektmanagement für die Belegschaft anbieten. Bevor Benchmark-Tests durchgeführt werden, kann das Unternehmen dafür sorgen, dass das Personal im Projektmanagement gut ausgebildet ist.

Überschneidungen sind zwar möglich, die Reihenfolge, in der die Phasen beendet werden, muss jedoch unverändert bleiben. So können sich die Stufen 1 und 2 zwar überschneiden, Stufe 1 muss jedoch abgeschlossen werden, bevor Stufe 2 abgeschlossen werden kann. Die Überschneidung mehrerer Stufen wird in Abbildung 21.2 veranschaulicht.

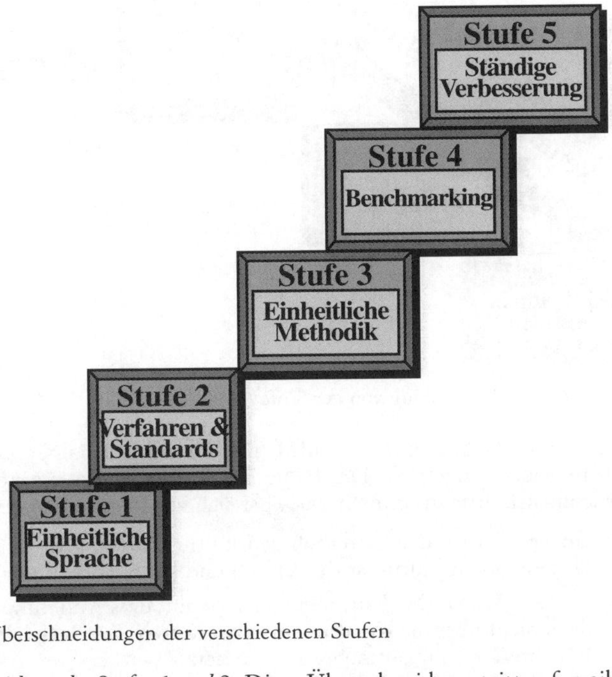

Abbildung 21.2: Überschneidungen der verschiedenen Stufen

- *Überschneidung der Stufen 1 und 2:* Diese Überschneidung tritt auf, weil das Unternehmen mit der Entwicklung der Projektmanagement-Verfahren beginnen kann, während die einheitliche Sprache weiter verfeinert wird oder Schulungen durchgeführt werden.
- *Überschneidung der Stufen 3 und 4:* Diese Überschneidung tritt auf, weil das Unternehmen Pläne zur Verbesserung der Methodik entwickelt, während die einheitliche Methodik entwickelt wird.
- *Überschneidung der Stufen 4 und 5:* Wenn das Unternehmen mit Benchmark-Tests und der kontinuierlichen Verbesserung beschäftigt ist, kann es durch die Geschwindigkeit der vorgenommenen Änderungen zu starken Überschneidungen zwischen den beiden Stufen

kommen. Wie in Abbildung 21.3 gezeigt, impliziert die Rückmeldung von Stufe 5 an die Stufen 4 und 3, dass diese drei Stufen einen Kreislauf der Verbesserung bilden. Möglicherweise überschneiden sich sogar alle drei Stufen.

Die Stufen 2 und 3 überschneiden sich in der Regel nicht. Rein theoretisch kann Stufe 3 zwar beginnen, bevor Stufe 2 abgeschlossen wurde, das ist jedoch sehr unwahrscheinlich. Hat sich ein Unternehmen einmal für eine Methodik entschieden, wird die Arbeit an allen anderen Methoden eingestellt. Außerdem können Unternehmen sehr früh ein »Center for Excellence« für Projektmanagement einrichten, das sich jedoch erst wesentlich später auszahlt.

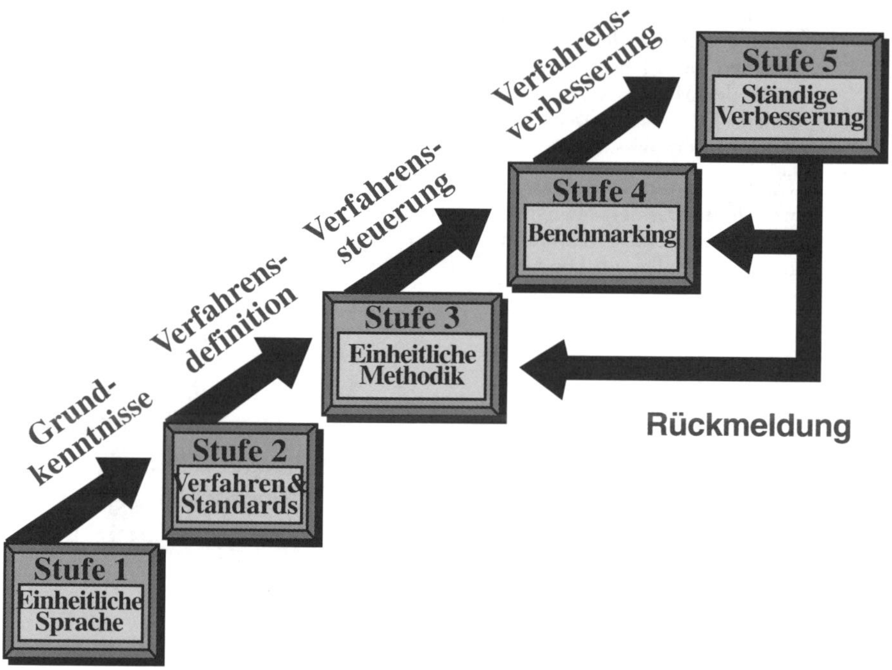

Abbildung 21.3: Rückmeldung von der Stufe 5

Risiken bieten alle Stufen des PMMM. Der Einfachheit halber werden Risiken hier als gering, mittel und hoch eingestuft. Die Höhe des Risikos hängt meistens mit dem Einfluss auf die Unternehmenskultur zusammen und lässt sich wie folgt beschreiben:

- *Geringes Risiko:* Die Unternehmenskultur wird so gut wie gar nicht beeinflusst oder die Unternehmenskultur ist dynamisch und kann Änderungen leicht verkraften.
- *Mittleres Risiko:* Das Unternehmen erkennt, dass Änderungen notwendig sind, ist sich jedoch nicht über die Konsequenzen im Klaren. Ein Beispiel für ein mittleres Risiko ist die Berichterstattung an mehrere Vorgesetzte.
- *Hohes Risiko:* Hohe Risiken treten auf, wenn das Unternehmen erkennt, dass die Änderungen, die aus der Implementierung von Projektmanagement resultieren, eine Veränderung der Unternehmenskultur verursachen. Beispiele hierfür sind die Erstellung von Projektmanagement-Methoden, -Richtlinien und -Verfahrensweisen sowie die Dezentralisierung der Befugnisse und der Entscheidungsfindung.

Stufe 3 birgt das höchste Risiko in sich und ist für das Unternehmen am schwierigsten zu realisieren. Dies wird in Abbildung 21.4 deutlich. Nachdem das Unternehmen einmal die 3. Stufe erreicht hat, ist die Umsetzung der höheren Stufen nicht mehr so schwierig. Um die 3. Stufe zu erreichen, muss das Unternehmen jedoch möglicherweise seine Unternehmenskultur radikal ändern.

Diese Art von Modellen wird sich in Zukunft weiter verbreiten. Sie unterstützen das Management bei der strategischen Planung für das Projektmanagement.

Stufe	Beschreibung	Schwierigkeitsgrad
1	Einheitliche Sprache	Mittel
2	Verfahren & Standards	Mittel
3	Einheitliche Methodik	Hoch
4	Benchmarking	Gering
5	Ständige Verbesserung	Gering

Abbildung 21.4: Schwierigkeitsgrad der fünf Stufen

21.2 Die Entwicklung effektiver Verfahrensdokumentationen

Gute Verfahrensdokumentationen beschleunigen den Reifeprozess des Projektmanagements. Sie fördern die Unterstützung auf allen Management-Ebenen und verbessern die Projektkommunikation erheblich. Welche Art von Verfahrensdokumentation gewählt wird, hängt sehr stark davon ab, ob formelles oder informelles Projektmanagement eingeführt werden soll. Die Dokumentationen sollten jedoch zeigen, wie projektorientierte Tätigkeiten durchgeführt werden müssen und wie die Kommunikation in einem multidimensionalen Umfeld erfolgen soll. Die Projektmanagement-Richtlinien, Verfahren, Formulare und Leitlinien stellen Werkzeuge dar, die bei der Beschreibung hilfreich sein können. Außerdem sind sie nützlich, um die projektbezogenen Daten in einem standardisierten Format zu sammeln, zu verarbeiten und zu kommunizieren. Die Projektplanung und -überwachung beinhalten jedoch mehr als diese Schreibarbeit. Das gesamte Projektteam inklusive der Service-Abteilungen, der Unterauftragnehmer und des Top-Managements muss involviert werden. Dazu ist Einheitlichkeit erforderlich. Verfahrensdokumentationen leisten Folgendes:

- Sie bieten Richtlinien und fördern die Einheitlichkeit.
- Sie fördern eine nützliche, aber minimale Dokumentation.
- Sie kommunizieren Informationen klar und effektiv.
- Sie bieten standardisierte Datenformate.
- Sie vereinigen Projektteams.
- Sie bieten eine Analysegrundlage.
- Sie erfüllen Abkommen zur Dokumentation, auf die zukünftig zurückgegriffen werden kann.
- Sie minimieren die Schreibarbeit.
- Sie minimieren Konflikte und Verwirrung.
- Sie beschreiben Arbeitspakete.
- Sie erleichtern die Eingliederung neuer Teammitglieder.
- Sie dokumentieren die Erfahrung und Methoden, die in zukünftigen Projekten genutzt werden können.

Wird die Projektplanung korrekt vorgenommen, sind Auftragnehmer und Auftraggeber gleichermaßen involviert. Dadurch wird das Projekt für verschiedene Ebenen sichtbar und das Interesse am Projekt und der Wunsch nach Erfolg wachsen.

Die Herausforderung

Obwohl die Verfahrensdokumentation zahlreiche Vorteile bietet, schreckt die Unternehmensführung häufig davor zurück, ein formelles Projektmanagementsystem einzuführen oder vollständig zu unterstützen. Dies hat im Wesentlichen vier Gründe: die Belastung der Gemeinkosten, die Verzögerungen des Projektstarts, die Erstickung der Kreativität und die Reduktion der Selbstkontrolle. Da für die Einführung einer formelleren Organisationsform Richtlinien und Verfahren erforderlich sind, erhöht sich möglicherweise der Finanzbedarf zur Pflege der Organisationsform. Verzögerungen beim Projektstart können dadurch verursacht werden, dass vor der Implementierung zusätzliche Projektdefinitionen benötigt werden. Bei einer formellen Projektorganisation wird häufig befürchtet, dass die Kreativität erstickt wird und die Projektsteuerung von der verantwortlichen Person an ein unpersönliches Verfahren übergeben werden muss. Der Kommentar eines Projektmanagers beschreibt dies sehr gut: »Meine Mitarbeiter haben das Gefühl, dass wir zu viel Zeit in die Planung eines Projekts stecken. Dadurch entsteht ein starres Umfeld, das wenig Raum für Innovation bietet. Der eigentliche Zweck scheint in der Entwicklung von Steuerelementen mittels altmodischer Maßstäbe zu bestehen, die eher zur Bestrafung dienen, als Hilfe im Notfall zu bieten.« Dieser Kommentar veranschaulicht den potenziellen Missbrauch von formellen Projektmanagementsystemen zur Errichtung unrealistischer Kontrollen und zur Bestrafung bei Abweichungen vom Programmplan statt zum Auffinden von Lösungen.

Die Umsetzung

Es gibt nur wenige Unternehmen, die Projektmanagement mühelos einführen konnten. Bei den meisten Unternehmen traten Probleme auf, die vom Skeptizismus bis zur Sabotage des Systems reichten. Deshalb wird Projektmanagement häufig schrittweise eingeführt. Diese Vorgehensweise birgt jedoch vielschichtige Herausforderungen an das Management in sich. Das Problem besteht selten im mangelnden Verständnis für Techniken wie die Budgetierung und die Ablauf- und Terminplanung, sondern darin, wie das Projektteam in die Verfahren einbezogen werden kann, wie das Projektteam dazu gebracht werden kann, etwas zum Projekt beizutragen und sich dem Projekt verpflichtet zu fühlen und wie ein förderliches Umfeld geschaffen werden kann.

Die Verfahrensrichtlinien einer Projektmanagement-Methodik können insbesondere in der Projektplanungs- und -definitionsphase nützlich sein. Die Projektmanagement-Methode ist nicht nur hilfreich, um die vier Grundvariablen für die Organisation und Betreuung eines Projekts zu beschreiben und zu kommunizieren – (1) die Aufgaben, (2) die zeitliche Koordinierung, (3) die Ressourcen und (4) die Zuständigkeiten –, sie hilft auch dabei, die messbaren Meilensteine zu entwickeln und Berichte und Reviews zu erstellen. Dadurch haben die Projektmitarbeiter die Möglichkeit, den Projektstatus und die Projektleistung zu bemessen und sie erhalten wichtige Hinweise darauf, wie sie das Projekt steuern müssen, um die gewünschten Ergebnisse zu erhalten.

Die Entwicklung einer effektiven Projektmanagement-Methodik erfordert mehr als die Zusammenstellung von Richtlinien und Verfahren. Sie umfasst die Integration dieser Richtlinien und Standards in die Unternehmenskultur und in das Wertesystem des Unternehmens. Das Management muss alle Bemühungen darauf ausrichten, ein Umfeld zu schaffen, das für Teamarbeit förderlich ist. Je stärker der Teamgeist, das Vertrauen, das Verpflichtungsgefühl gegenüber dem Projekt und je höher die Qualität der Informationen ist, die die Teammitglieder austauschen, desto höher ist die Wahrscheinlichkeit, dass das Team effektive Verfahren zur Entscheidungsfindung entwickelt, sich auf die Problemlösung konzentriert und in einem Umfeld arbeitet, das sich selbst korrigiert.

Bewährte Praktiken

Projektmanager haben zwar möglicherweise das Recht, eigene Richtlinien und Prozeduren zu entwickeln, viele Unternehmen gestalten die Projektsteuerungsformulare jedoch so, dass sie für alle Projekte eingesetzt werden können. Projektsteuerungsformulare dienen zwei Zwecken, indem sie einen Rahmen bereitstellen, in dem

- der Projektmanager mit der Unternehmensführung, den Linienmanagern, den Linienmitarbeitern und den Auftraggebern kommunizieren kann.
- die Unternehmensführung und der Projektmanager sinnvolle Entscheidungen in Bezug auf die Ressourcenzuweisung treffen können.

Einige Großunternehmen mit ausgereiften Projektmanagementstrukturen unterhalten eine eigene funktionale Einheit für die Erstellung von Formularen. Dies ist in der Luft- und Raumfahrtechnik und in der Rüstungsindustrie üblich, findet jedoch auch in anderen Branchen und in kleineren Unternehmen zunehmend Verbreitung.

Großunternehmen, die zahlreiche Projekte gleichzeitig realisieren, haben nicht den Luxus, Projekte mittels drei oder vier Formularen zu steuern. Es gibt beispielsweise Formulare für die Personal- und Materialplanung, die Ablauf- und Terminplanung, das Controlling und die Genehmigung von Arbeit. Nicht selten nutzen solche Unternehmen 20 bis 30 verschiedene Formulare, die jeweils in Abhängigkeit von der Art des Projekts, der Projektdauer, dem Projektvolumen, den Auftraggebern und ähnlichen Faktoren ausgewählt werden. Projektmanager dürfen häufig eine eigene Projektverwaltung einrichten, was langfristig zu einem Problem werden kann, wenn jede Projektverwaltung ihre eigenen Projektsteuerungsformulare entwickelt.

Die beste Methode zur Beschränkung der Anzahl an Formularen bietet das Task-Force-Konzept, bei dem Manager und Macher die Möglichkeit haben, einen Beitrag zum Ergebnis zu leisten. Zunächst mag zwar der Eindruck entstehen, dass Zeit und Geld verschwendet würden, der Ansatz bietet jedoch langfristig große Vorteile.

Damit Task Forces effektiv arbeiten können, sollten folgende Grundregeln beachtet werden:

- Task Forces sollten Manager und Macher einbeziehen.
- Die Mitglieder einer Task Force sollten Kritik von Kollegen, Vorgesetzten und Mitarbeitern akzeptieren, die mit diesen Formularen »leben« müssen.
- Das obere Management sollte sich eher passiv verhalten.
- Die einzelnen Formulare sollten nur ein Minimum an Unterzeichnern erfordern.
- Die Formulare sollten so gestaltet sein, dass sie leicht regelmäßig aktualisiert werden können.
- Die Linienmanager und die Projektmanager müssen sich zum Einsatz der Formulare verpflichten.

Das breite Spektrum der Dokumentationen

Da Projektmanagement prinzipiell dynamisch ist und mehrere Funktionen involviert sind, besteht Bedarf an einer Vielzahl von Verfahrensdokumentationen, die ein Projekt durch die verschiedenen Phasen und Stufen der Integration führen. Insbesondere bei größeren Unternehmen besteht die Herausforderung, nicht nur Management-Richtlinien für die einzelnen Projekttätigkeiten zu entwickeln, sondern einen kohärenten Rahmen bereitzustellen, innerhalb dessen Projektleiter aller Disziplinen arbeiten und miteinander kommunizieren können. Es ist insbesondere wichtig, dass die Richtlinien und Verfahren zu den verschiedenen anderen Funktionen passen, die im Laufe des Projekts mit ihm in Berührung kommen. Die Komplexität dieser Beziehungen veranschaulicht Abbildung 21.5.

Eine einfache und effektive Möglichkeit, das breite Spektrum der Verfahrensdokumentationen zu kategorisieren, bietet der Projektstrukturplan (siehe Abbildung 21.6). Der PSP definiert die wesentlichen Kategorien des Projektlebenszyklus. Jede Kategorie wird weiter unterteilt in (1) Richtlinien der Unternehmensführung, (2) Richtlinien, (3) Verfahren, (4) Formulare und (5) Checklisten. Bei Bedarf kann das Konzept noch einen Schritt weiter geführt werden, indem Richtlinien, Verfahren, Formulare und Checklisten für die verschiedenen Projekt- und Linienebenen entwickelt werden. Dies mag zwar nur bei sehr großen Programmen erforderlich sein, es sollte jedoch darauf geachtet werden, dass die Schichtung der Richtlinien und Verfahren möglichst gering gehalten wird, um neue Probleme und Kosten zu vermeiden. Bei den meisten Projekten deckt ein Dokument alle Ebenen der Projekttätigkeit ab.

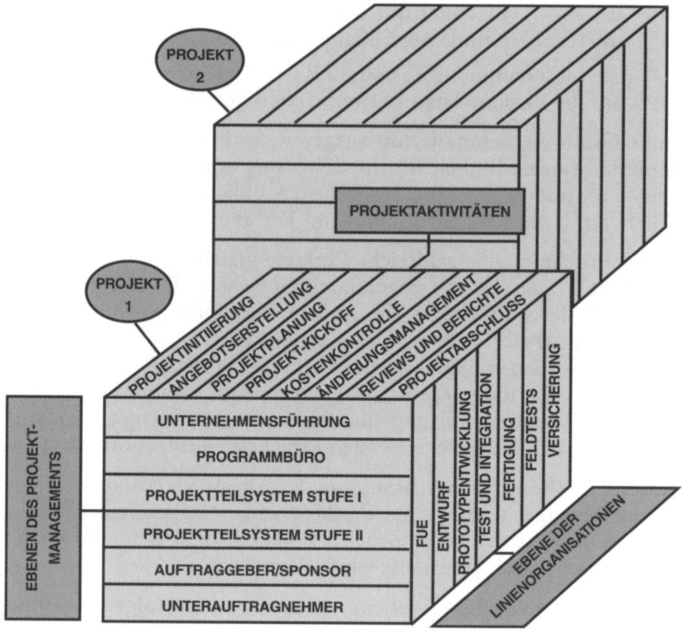

Abbildung 21.5: Beziehungen zwischen den verschiedenen Organisationsebenen und dem Projektmanagement

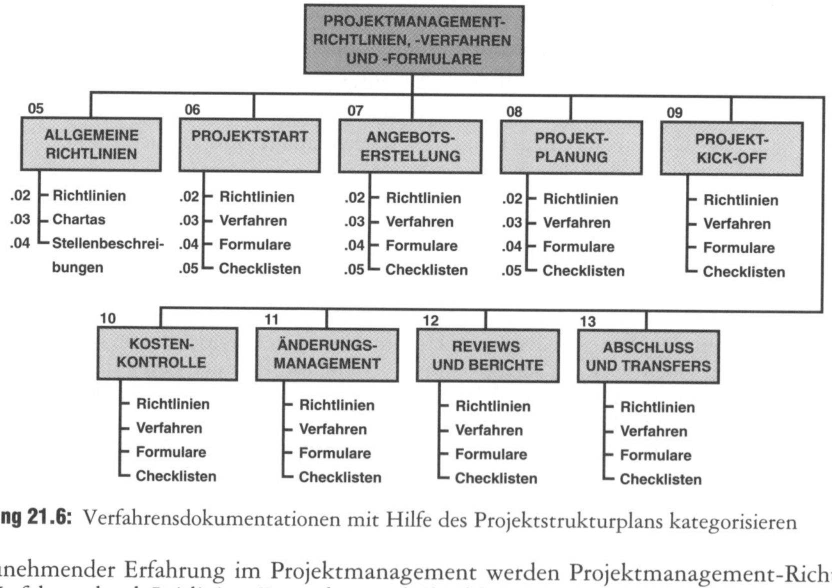

Abbildung 21.6: Verfahrensdokumentationen mit Hilfe des Projektstrukturplans kategorisieren

Mit zunehmender Erfahrung im Projektmanagement werden Projektmanagement-Richtlinien und -Verfahren durch Leitlinien, Formulare und Checklisten ersetzt. Dies bietet dem Projektmanager mehr Flexibilität. Leider kostet dies auch Zeit, weil die Unternehmensführung zuerst Vertrauen in die Projektmanagement-Methodik entwickeln muss, um auf starre Kontrollmechanismen zu verzichten, die durch Richtlinien und Verfahren geboten werden. Es durchlaufen jedoch alle Unternehmen diese Entwicklung, bevor sie sich für den Einsatz von Leitlinien, Formularen und Checklisten entscheiden.

21.3 Projektmanagement-Methodiken

Der Zweck jedes Projektmanagementsystems besteht darin, die Wahrscheinlichkeit zu erhöhen, dass das Unternehmen eine Vielzahl an Projekten erfolgreich durchführt. Dieses Ziel lässt sich am besten mit einer guten Projektmanagement-Methodik erreichen, die auf Leitlinien und Formularen statt auf Richtlinien und Verfahren basiert. Die Methodik muss genügend Flexibilität bieten, um leicht an alle Projekte angepasst werden zu können.

Die Methodik sollte die Unternehmenskultur unterstützen, nicht umgekehrt. Es wirkt sich fatal aus, wenn eine Standardmethodik erworben wird, die sich nur bei einer entsprechenden Anpassung der Unternehmenskultur einsetzen lässt. Wenn eine Methodik die Unternehmenskultur nicht unterstützt, wird sie nicht akzeptiert. Eine Methodik ist nur dann von Nutzen, wenn sie an die Unternehmenskultur angepasst werden kann. Es gibt keinen Grund, warum Unternehmen nicht ihre eigenen Methoden entwickeln sollten. Firmen wie Compaq Services, Ericsson, Nortel Networks, Johnson Controls und Motorola besitzen solche Projektmanagement-Methoden, die jeweils intern entwickelt wurden und somit optimal an die Unternehmenskultur angepasst sind. Der ROI ist erheblich größer als beim Einsatz von Standardpaketen, die massive Veränderungen der Unternehmenskultur voraussetzen.

Selbst die einfachste Methodik kann die Chancen auf Erfolg erhöhen, wenn sie vom Unternehmen angenommen und korrekt eingesetzt wird. Matthew P. LoPiccolo, Direktor der I.S. Operations für die Firma Swagelok, beschreibt das Verfahren, das Swagelok bei der Entwicklung seiner eigenen Methodik durchlaufen hat, wie folgt:

> Anfang der 1990er haben wir alle unsere eigene Version einer Projektmanagement-Methode entwickelt. Wir hatten extensiv gesucht und lediglich einige Ordner gefunden, deren Nutzen wir nicht erkennen konnten. Es gab einfach zu viele Verfahren und Dokumente. Wir entwickelten daraufhin ein einfaches Checklistensystem, das Reviews der einzelnen Phasen beinhaltete. Dieses nannten wir Checkpoint.
>
> Mit zunehmender Bedeutung der strategischen Planung in unserem Unternehmen wuchs auch der Bedarf für ein besseres Projektmanagement. Projektmanagement wird nun als Hauptwerkzeug bei der Ausführung taktischer Pläne eingesetzt.
>
> Bei der Überarbeitung unserer Methode Checkpoint achteten wir insbesondere darauf, sie einfach zu halten. Unser Ziel bestand darin, die Methode in eine Matrix umzuwandeln, die auf einer DIN-A4-Seite Platz hat und die auf die Ergebnisse jeder Projektphase ausgerichtet ist. Es sollte etwas resultieren, das die tägliche Projektausrichtung und Entscheidungsfindung im Rahmen des Projekts unterstützt. Um eine breite Akzeptanz zu finden, musste die Methode einfach zu erlernen sein und es musste schnell auf sie zugegriffen werden können. Der eigentliche Effektivitätstest besteht in der Fähigkeit, Entscheidungen zu treffen und Handlungen durchzuführen, die von einer Methode geleitet werden.
>
> Wir widerstanden der Versuchung, eine Lösung in Form eines Software-Pakets zu erwerben. Erfolg zeigt sich in der Anwendung einer praktischen Methode, nicht in einer Software. Wir setzen verschiedene Software zur Unterstützung der Ablauf- und Terminplanung, der Kommunikation und der Nachverfolgung von Projektinformationen wie dem Terminplan, dem Budget und den Erfahrungswerten ein.

Eine Zusammenfassung der Methode, die von Swagelok entwickelt wurde, finden Sie in Tabelle 21.1. Die Firma Swagelok erkannte auch, dass die Mitarbeiter im Einsatz dieser Methode und auch im Projektmanagement allgemein geschult werden müssen. Tabelle 21.2 zeigt den Schulungsplan der Firma Swagelok.

Projektmanagement	Einschätzung	Initiieren Definieren/Planen	Entwickeln Spezifizieren	Bereitstellen Konstruieren/ Integrieren	Einsatz/ Übergang
Ergebnisse	Machbarkeitsbericht	Projektcharta, Wirtschaftliche Anforderungen, Technische Anforderungen	Detaillierte betriebsw. Anforderungen Systemanalyse Prototypentwicklung	Systemkonstruktion, Pilotstudie zur Systemintegration, Implementierungsplan	Bewertung der Projektergebnisse, Projektleistungsbericht
Genehmigung	Review des Machbarkeitsberichts, Genehmigung der Einschätzung	Projektgenehmigung	Entwurfsbewilligung Prototypbewilligung	Einsatzgenehmigung	Projektaudit, Abschlussgenehmigung
Projektumfang	Grenzen des Projektumfangs	Umfang/Ergebnisse Vorteile/Wert Annahmen & Optionen Strategisch & Taktisch: Einfluss/Priorität/Anordnung	Änderungsanforderungsprozeduren Themenverwaltungsprozeduren	Änderungsmanagement Themenmanagement	Management der gelieferten Werte
Personal	Ressourcenidentifikation	Rollen und Zuständigkeiten, Allgemeine Ressourcenkapazität, Schulungsbedarf, Sponsoren	Beeinflussung und Zuordnung der Ressourcen; Teamschulung	Ressourcenmanagement, Ressourcenleistung, Wissenstransfer, Schulung des Endkunden	Leistungsbewertung der Ressourcen
Zeit	»Zeitfenster«	Vorläufiger Terminplan; Datenbank für die Zeitberichterstattung	Projektstrukturplan, Projektplan	Plan ausführen und überwachen	Aktivitäten/Abschluss bestätigen, Zeitkonten schließen
Kosten	Kostenprojektionen	Finanzierungsplan, operatives Budget, ROI	Budgetdetails	Budget anwenden und überwachen	Kostenstellen schließen
Beschaffung	Bewertung der Optionen	Hardware Software Consulting-Dienste Händlerausschreibung	Wahl des Händlers, Vertragsabschluss	Kauf von Hard- und Software, Bericht über Händlerleistung	Wartungsvereinbarungen, Bewertung der Händlerleistung
Qualität	Händlerbeurteilung, Qualitätsanforderungen	Qualitätsplan, Erfahrungswerte	Testansatz, Konfigurationsmanagement-Ansatz, Review Lessons-Ansatz, Reviews	Testpläne, Test (d.h. Einheit, Integration, System, Akzeptanz)	Verfahrens-Review, Post-Implementierungs-Review, Aufzeichnung Erfahrungswerte

Tabelle 21.1: Projektmanagement-Methodik der Firma Swagelok*

Projektmanagement	Einschätzung	Initiieren Definieren/Planen	Entwickeln Spezifizieren	Bereitstellen Konstruieren/ Integrieren	Einsatz/ Übergang
Risiko	Opportunitätskosten	Risikoeinschätzung	Risikomanagementplan	Risikominderung	Aufzeichnung Erfahrungswerte
Technologie	Aufstellung einer Architektur	Anforderungen der Architektur	Überprüfung der Architektur	Architektur der Technologie	Review der Architektur
Kommunikation	Koordination zwischen und innerhalb der Programme	Kommunikationsanforderungen Projektstandort	Fortschrittsberichte, Besprechungskalender, Aktualisierung des Projektbetriebs	Aktualisierung des Projektbetriebs	Administrativer Abschluss

Tabelle 21.1: Projektmanagement-Methodik der Firma Swagelok* (Forts.)

* Quelle: © 1999 Swagelok Co. All rights reserved.

	Schulungsprogramme			
Projektmanagement-Werkzeuge	**Projektmanager**	**Linienmanager**	**Projektteammitglied**	**Unternehmensführung**
1) Projektmanagementkonzepte	PMP-Unterricht PMP-Zertifizierung PMO-Überblick	PM 101 PM 102 – Management kleiner Projekte	PM 101	Übersicht für Unternehmensführung
2) Prüfpunkte (Methoden)	Lehrniveau	Grundkenntnisse	Grundkenntnisse	Überblick
3) MS Project (Terminplanung)	Gute Kenntnisse	Grundkenntnisse	Kein Bedarf	Kein Bedarf
4) TSP	Management-Ebene	Management-Ebene	Einführung	Kein Bedarf
5) Budget-DB (Budgetverfolgung)	Management des Projektbudgets	Inhaber des Abteilungsbudgets	Kein Bedarf	Kein Bedarf
6) SICL-DB (Themen/Änderungen/Lessons Learned)	Inhaber	Abruf der DB-Inhalte	Abruf der DB-Inhalte	Kein Bedarf
7) Netmosphäre (Projektkommunikation)	Inhaber, Veröffentlicher	Abruf der Inhalte	Abruf der Inhalte	Abruf der Inhalte

Tabelle 21.2: Schulungsplan der Firma Swagelok

21.4 Die kontinuierliche Verbesserung

Häufig ist die Entscheidungsfindung durch Gleichgültigkeit gezeichnet. Dies gilt insbesondere für Organisationen, die eine gewisse Erfahrung im Projektmanagement haben. Sie werden selbstgefällig und bemerken zu spät, dass sie ihren Wettbewerbsvorteil verloren haben. Dieses Problem tritt meistens dann auf, wenn die Unternehmen die Bedeutung der kontinuierlichen Verbesserung nicht erkennen.

Abbildung 21.7 veranschaulicht, warum Bedarf für eine kontinuierliche Verbesserung besteht. Unternehmen erwerben sich mit zunehmender Erfahrung im Projektmanagement Wettbewerbsvorteile. Das wichtigste strategische Ziel eines Unternehmens kann sogar darin bestehen, sich auf lange Sicht einen Wettbewerbsvorteil zu sichern. Das Unternehmen beginnt dann, seinen Wettbewerbsvorteil auszubeuten.

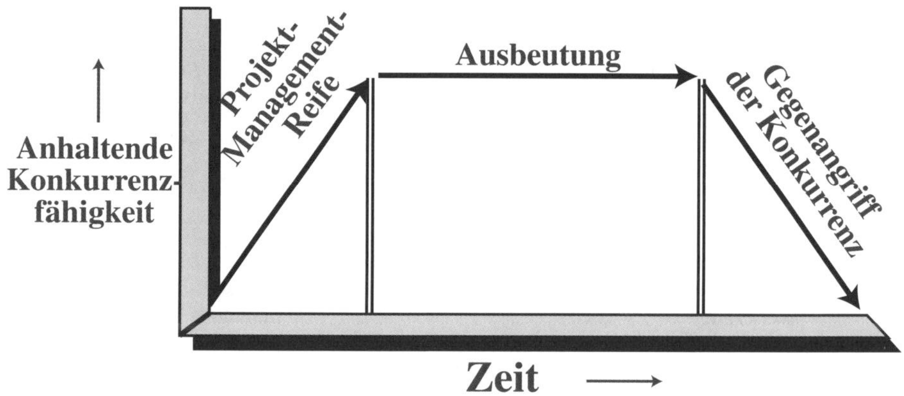

Abbildung 21.7: Warum ein Bedarf für kontinuierliche Verbesserung besteht

Leider sitzt die Konkurrenz nicht tatenlos herum und sieht zu, wie ein Unternehmen seinen Wettbewerbsvorteil ausbeutet. Die Konkurrenten starten Gegenangriffe und das Unternehmen verliert seine starke Position, wenn nicht sogar den anhaltenden Wettbewerbsvorteil. Um effektiv und konkurrenzfähig zu bleiben, muss das Unternehmen die Notwendigkeit für eine kontinuierliche Verbesserung erkennen (siehe Abbildung 21.8). Dadurch ist das Unternehmen in der Lage, seinen Wettbewerbsvorteil auch dann zu halten, wenn die Konkurrenz zum Gegenangriff ansetzt.

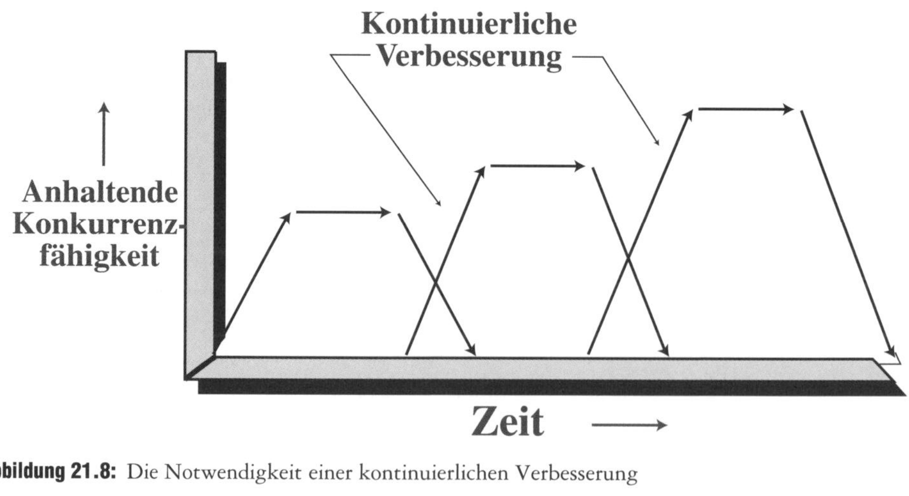

Abbildung 21.8: Die Notwendigkeit einer kontinuierlichen Verbesserung

21.5 Die Kapazitätsplanung

Mit zunehmender Kompetenz im Projektmanagement machen sich die Vorteile der Ausführung von Arbeiten mit einem geringeren Zeitbedarf und mit weniger Ressourcen bemerkbar. Es stellt sich allerdings die Frage, wie viel Arbeit ein Unternehmen annehmen kann. Mittels Kapazitätsplanungsmodellen lässt sich ermitteln, wie viel Arbeit ein Unternehmen mit den vorliegenden Personal- und sonstigen Vorgaben ausführen kann.

Abbildung 21.9 veranschaulicht die klassische Methode der Kapazitätsplanung. Der in der Abbildung gezeigte Ansatz gilt für projekt- und nicht projektorientierte Unternehmen. Der »Planungshorizont« gibt den Zeitpunkt an, an dem die Kapazitätsplanung erfolgen sollte. Die Linie »Angebote« gibt den Personalbedarf für genehmigte interne Projekte oder einen Prozentsatz (möglicherweise bis zu 100 Prozent) der Arbeit an, mit der bei einem Angebot zu rechnen ist. Wird diese Linie mit der Linie »Personalbedarf« kombiniert und mit dem aktuellen Personal verglichen, ist die Kapazität zu erkennen. Diese Technik kann sehr effektiv sein, wenn sie früh genug eingesetzt wird und noch Zeit zur Verfügung steht, um das Personal so zu schulen, dass der Personalbedarf verringert werden kann.

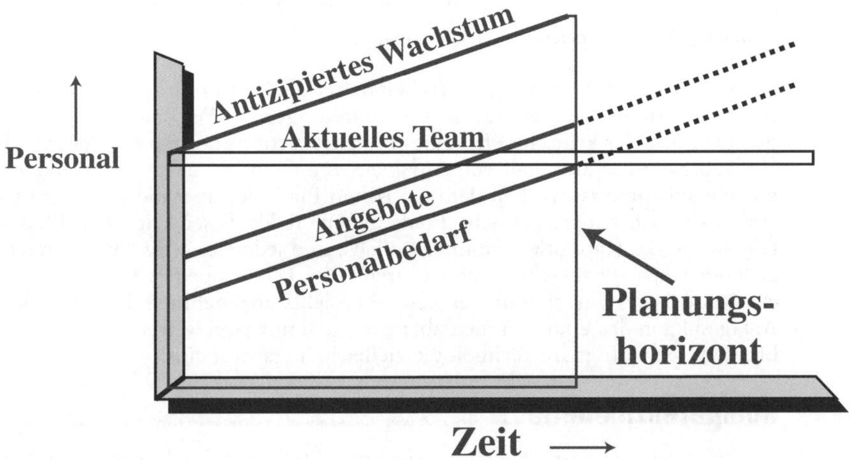

Abbildung 21.9: Klassische Kapazitätsplanung

Dieser Ansatz ist insofern beschränkt, als nur Personalressourcen betrachtet werden. Ein realistischeres Modell wird in Abbildung 21.10 gezeigt, das ebenfalls auf projektorientierte und nicht projektorientierte Unternehmen angewendet werden kann. Abbildung 21.10 ist zu entnehmen, dass Projekte auf der Basis von Faktoren wie der strategischen Eignung, der Rentabilität, dem Auftraggeber und den Vorteilen für das Unternehmen ausgewählt werden. Die gewählten Projektziele werden dann in technischer und in ökonomischer Hinsicht definiert, weil es technische und ökonomische Kapazitätsbeschränkungen geben kann.

Der nächste Schritt besteht darin, durchschnittliche von herausragenden Unternehmen zu unterscheiden. Die Kapazitätsbeschränkungen ergeben sich aus der Summe der Ablauf- und Terminpläne. Bei herausragenden Unternehmen treffen sich die Projektmanager mit den Sponsoren, um die Planziele festzulegen, die sich vom Projektziel unterscheiden. Besteht das Planziel darin, das Projektziel mit den geringstmöglichen Kosten, dem geringstmöglichen Zeitbedarf und dem geringstmöglichen Risiko zu erreichen? In der Regel kann nur eine dieser Möglichkeiten erreicht werden. Organisationen, die nicht sehr erfahren im Projektmanagement sind, glauben, alle drei Faktoren ließen sich bei allen Projekten erreichen. Das ist natürlich unrealistisch.

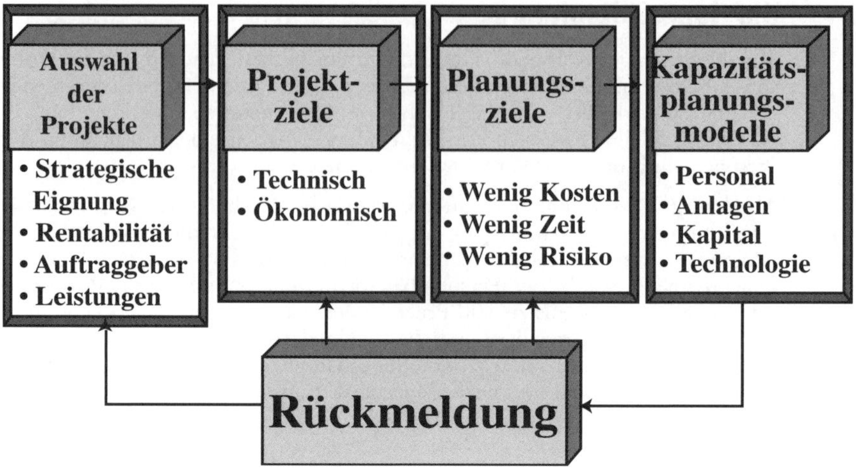

Abbildung 21.10: Verbesserte Kapazitätsplanung

Das letzte Feld in Abbildung 21.10 beinhaltet die Bestimmung der Kapazitätsbeschränkungen. Im letzten Modell wurden nur die Beschränkungen der Personalkapazität betrachtet. Nun wird deutlich, dass der kritische Pfad eines Projekts nicht nur durch die Zeit, sondern auch durch die Verfügbarkeit des Materials von Anlagen, vom Cashflow und sogar von der vorhandenen Technologie abhängig ist. Neben dem kritischen Pfad, der über die Zeit identifiziert wird, kann es also auch noch andere kritische Pfade geben. Jeder dieser kritischen Pfade bietet eine andere Dimension des Kapazitätsplanungsmodells, und jede dieser Beschränkungen kann uns zu einer anderen Kapazitätsbeschränkung führen. Der Personalbedarf kann ein Unternehmen möglicherweise dazu zwingen, nur vier weitere Projekte anzunehmen. In Hinblick auf die verfügbaren Anlagen kann das Unternehmen aber eventuell nur zwei weitere Projekte übernehmen, in Hinblick auf die verfügbare Technologie vielleicht sogar nur eins.

21.6 Kompetenzmodelle

Im 21. Jahrhundert werden Unternehmen Stellenbeschreibungen durch Kompetenzmodelle ersetzen. Stellenbeschreibungen für das Projektmanagement betonen in der Regel die Ergebnisse und Erwartungen an den Projektmanager, wohingegen Kompetenzmodelle die spezifischen Fähigkeiten hervorheben, die benötigt werden, um die Ergebnisse zu erzielen.

Abbildung 21.11 zeigt das Kompetenzmodell für Eli Lilly. Projektmanager sollten Kompetenzen in drei Bereichen besitzen:[1]

- Wissenschaftliche/Technische Kompetenz
- Führungsqualitäten
- Verfahrensbezogene Kompetenz

1. Eine ausführliche Beschreibung des Kompetenzmodells Eli Lilly und des Kompetenzmodells Ericsson finden Sie bei Kerzner, H., *Applied Project Management,* New York, 1999, S. 266–283.

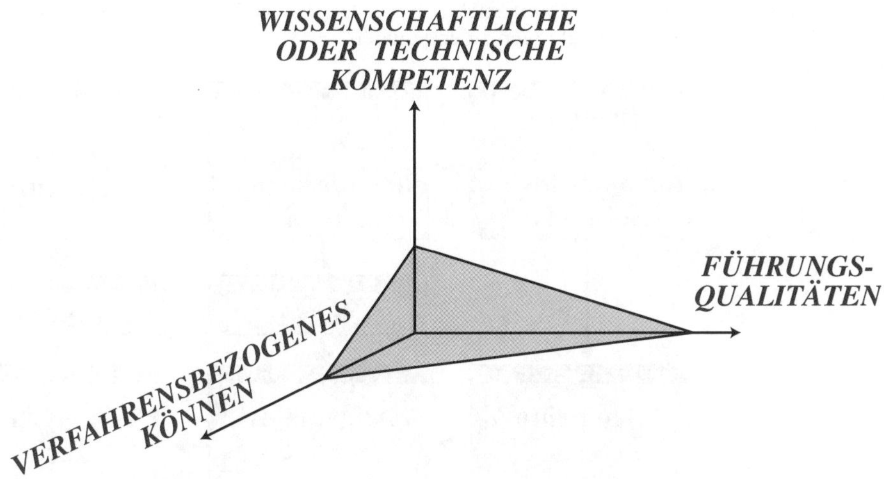

Abbildung 21.11: Ein Beispiel für ein Kompetenzmodell

Jeder der drei Bereiche besitzt verschiedene Unterbereiche oder Ausprägungsgrade. Ein Hauptvorteil des Kompetenzmodells besteht darin, dass der Schulungsabteilung gestattet wird, maßgeschneiderte Schulungsprogramme für das Projektmanagement zu entwickeln. Bei Unternehmen, die keine Kompetenzmodelle nutzen, sind die Schulungsprogramme meist allgemein gehalten.

Kompetenzmodelle sind auf die speziellen Kompetenzen ausgerichtet, die der Projektmanager benötigt, um seine Zeit effizient nutzen zu können. Abbildung 21.12 zeigt, dass Projektmanager mit einem spezialisierten Kompetenztraining gegen Zeiträuber vorgehen und den Bedarf an Nachbearbeitung verringern und dadurch die effektiv genutzte Zeit erhöhen können.

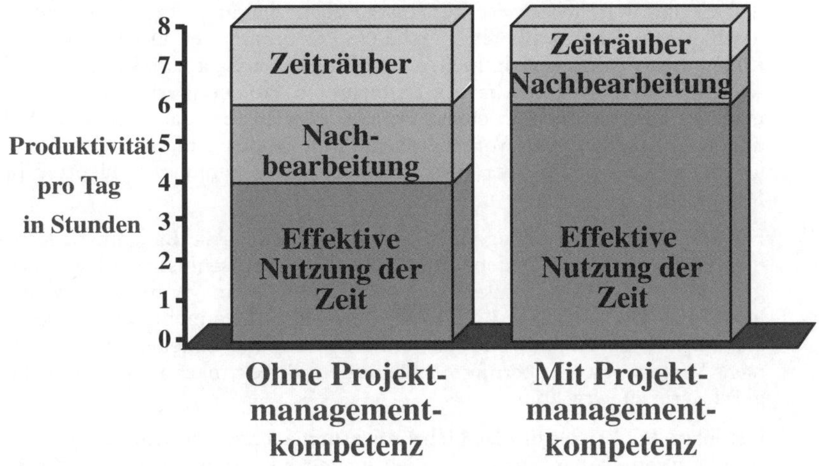

Abbildung 21.12: Analyse der Kernkompetenz

Kompetenzmodelle erleichtern es Unternehmen, ganze Projektmanagement-Schulungspläne zu entwickeln und sich nicht nur auf einen Kurs zu beschränken. Dies wird in Abbildung 21.13 veranschaulicht. Mit zunehmender Erfahrung im Projektmanagement und dem Aufbau eines unternehmensweiten Kernkompetenzmodells entsteht ein interner, benutzerdefinierter Lehrplan. Insbesondere Großunternehmen werden den Bedarf feststellen, einen Spezialisten für die Entwicklung von Schulungen zu engagieren.

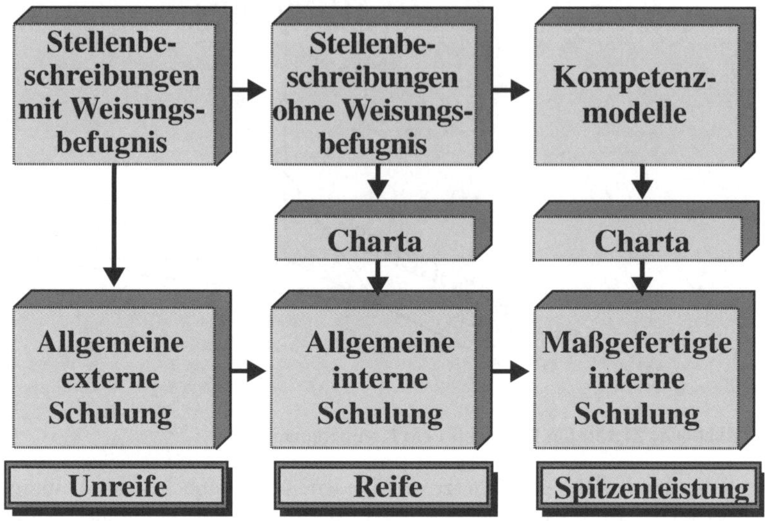

Abbildung 21.13: Kompetenzmodelle und Schulungen

21.7 Mehrprojektmanagement

Mit zunehmender Erfahrung im Projektmanagement besteht die Tendenz, Projektmanagern die gleichzeitige Betreuung mehrerer Projekte anzuvertrauen. Der Impuls dazu stammt entweder vom Unternehmen, das das Projekt sponsort, oder vom Projektmanager selbst. Für das Mehrprojektmanagement, auch Multiprojektmanagement genannt, sprechen verschiedene Faktoren. Erstens sind möglicherweise die Kosten zu hoch, für jedes Projekt einen Projektmanager zu beschäftigen, der ausschließlich an diesem Projekt arbeitet. Der Projektumfang und die Projektrisiken jedes Projekts bestimmen, ob der Projektmanager ausschließlich an diesem Projekt arbeiten muss oder ob er gleichzeitig an mehreren Projekten arbeiten kann. Arbeitet ein Projektmanager ausschließlich an einem Projekt, obwohl dies gar nicht erforderlich wäre, entstehen unnötige Kosten. Diese Vorgehensweise war in den Anfangstagen des Projektmanagements üblich, weil zu wenig über Risikomanagement bekannt war. Heute gibt es dafür etablierte Methoden.

Für das Mehrprojektmanagement spricht auch, dass die Linienmanager dabei zusammen mit dem Projektmanager für den erfolgreichen Projektabschluss verantwortlich sind. Projektmanager sind für den Projektstrukturplan und die Linienmanager für die Arbeitspakete auf den detaillierten PSP-Ebenen zuständig. Projektmanager wenden mehr Zeit für die Integration von Arbeit auf, statt für die Ablauf- und die Terminplanung der Linienaktivitäten. Da der Linienmanager mehr Verantwortung übernimmt, bleibt dem Projektmanager mehr Zeit, um mehrere Projekte gleichzeitig zu verwalten.

Der letzte Punkt, der für das Mehrprojektmanagement spricht, ist der, dass das obere Management festgestellt hat, dass die Projektmanager besonders geschult werden müssen, wenn das Unternehmen in den Genuss der Vorteile des Mehrprojektmanagements kommen möchte. Manager des oberen Managements müssen außerdem ihre Arbeit als Sponsoren etwas verändern. Es gibt sechs Bereiche, in denen Unternehmen Änderungen vornehmen müssen, um erfolgreiches Mehrprojektmanagement betreiben zu können:

- *Prioritätenvergabe:* Wenn ein System zur Vergabe der Projektprioritäten eingesetzt wird, muss dieses korrekt eingesetzt werden, um den Glauben der Mitarbeiter an das System nicht zu erschüttern. Ein Risiko besteht hier darin, dass der Projektmanager, der mehrere

Projekte gleichzeitig betreuen muss, die Projekte mit den höchsten Prioritäten bevorzugt behandelt. In einem solchen Fall kann der Verzicht auf die Prioritätenvergabe die beste Lösung sein. Nicht jedem Projekt muss eine Priorität zugewiesen werden und die Prioritätenvergabe kann zeitaufwändig sein.

- *Veränderungen des Projektumfangs:* Die gleichzeitige Betreuung mehrerer Projekte ist fast unmöglich, wenn die Sponsoren/Auftraggeber ständig Änderungen am Projektumfang vornehmen dürfen. Veränderungen des Projektumfangs sollten besser über Erweiterungsprojekte vorgenommen werden. Ändert sich der Umfang eines Projekts, steht dem Projektmanager eventuell nicht mehr genug Zeit zur Verfügung, um andere Projekte zu betreuen. Außerdem sind ständige Veränderungen des Projektumfangs fast immer von einer Veränderung der Projektpriorität begleitet, was zusätzlich einen schädlichen Einfluss auf das Mehrprojektmanagement ausübt.
- *Kapazitätsplanung:* Organisationen, die Mehrprojektmanagement unterstützen, müssen ihre Ressourcenplanung in der Regel sehr genau steuern. Entsprechend muss sich das Unternehmen mit der Kapazitätsplanung, der Theorie der Beschränkungen, dem Ressourcenausgleich und der Planung mit beschränkten Ressourcen auskennen.
- *Projektmanagement-Methoden:* Die Projektmanagement-Methoden reichen von starren Richtlinien und Verfahren bis zu informellen Leitlinien und Checklisten. Beim Mehrprojektmanagement muss dem Projektmanager ein gewisser Grad an Freiheit gewährt werden. Dafür sind Leitlinien, Checklisten und Formulare erforderlich. Formelle Projektmanagement-Praktiken können eine exzessive Bürokratisierung mit sich bringen und damit die Möglichkeiten für das Mehrprojektmanagement minimieren. Die Projektgröße ist ebenfalls entscheidend.
- *Projektstart:* Mehrprojektmanagement gibt es bereits seit fast 40 Jahren. In der Regel geht alles gut, so lange sich die Projekte in unterschiedlichen Phasen befinden, weil der Zeitbedarf, den der Projektmanager für das Projekt aufwenden muss, zwischen den einzelnen Phasen schwankt.
- *Organisationsstrukturen:* Falls der Projektmanager mehrere Projekte gleichzeitig betreuen muss, ist es höchst unwahrscheinlich, dass er Fachmann in allen Bereichen des Projekts ist. Teilt er die Verantwortung mit den Linienmanagern, entsteht sehr wahrscheinlich eine schwache Matrixstruktur.

21.8 Projektreviews

Mehr als 20 Jahre lang diente das Projektreview lediglich dazu, der Unternehmensführung die Möglichkeit zu bieten, die Projektfortsetzung zu genehmigen. Da nur gute Nachrichten vorgestellt wurden, wurde das Projektreview dazu benutzt, der Unternehmensführung ein Gefühl der Zufriedenheit in Bezug auf den Projektstatus zu vermitteln.

Heute erfüllen Projektreviews eine andere Funktion. Erstens scheuen Führungskräfte inzwischen nicht mehr davor zurück, Projekte vorzeitig abzubrechen, insbesondere, wenn sich die Ziele verändert haben, die Ziele unerreichbar sind oder die Ressourcen für Aktivitäten eingesetzt werden können, die eine größere Erfolgswahrscheinlichkeit haben. Die Führungskräfte verwenden nun mehr Zeit darauf, das Risiko für die Projektfortsetzung zu bewerten, als sich für die Errungenschaften der Vergangenheit zu loben.

Da Projektmanager zunehmend betriebswirtschaftlich statt technisch ausgerichtet sind, wird von ihnen erwartet, dass sie Informationen über die Geschäftsrisiken bereitstellen, das Kosten-Nutzen-Verhältnis und alle Geschäftsentscheidungen neu einschätzen, die die Projektziele beeinflussen könnten. Projektreviews sind inzwischen also eher auf Geschäfts- als auf technische Entscheidungen ausgerichtet.

22

Critical-Chain-Projektmanagement[1]

Verwandte Fallstudien (aus Kerzner/*Project* Management *Case Studies*, 2. Auflage)	Verwandte Workbook-Übungen (aus Kerzner/*Project Management Workbook and PMP®/CAPM® Exam Study Guide*, 9. Auflage)	PMBOK® Guide, 3. Auflage, Referenzabschnitt für das PMP®-Zertifizierungsexamen
Keine	Keine	• Terminmanagement

22.0 Einführung

PMBOK® Guide 2004
6.5.2.6 Methode der kritischen Vorgangskette

Für die Mitglieder der Unternehmensführung ist die Anzahl der durchgeführten Projekte häufig eine Frage des Überlebens. Laut Outplacement-Statistik von Drake, Beam und Morin haben in den letzten drei Jahren 57 Prozent der 367 großen Unternehmen ihre CEOs ausgetauscht.[2] Führungskräfte nutzen Projekte hauptsächlich als Mittel, um ihre Ziele zu erfüllen. Deshalb kann davon ausgegangen werden, dass viele dieser CEOs nicht in der Lage waren, die Projekte, an denen sie gemessen wurden, erfolgreich abzuschließen.

Führungskräfte nennen im Zusammenhang mit Projektmanagement häufig drei Hauptherausforderungen:

- Aus einer großen Anzahl an Projekten die richtige Auswahl treffen
- Die einzelnen Projekte schneller abschließen
- Mehr Projekte durch die Organisation durchschleusen, ohne zusätzliches Personal einstellen zu müssen

Die Critical-Chain-Methode ist eine Projektmanagementmethode, die die letzten beiden Ziele in Angriff nimmt. Die Critical-Chain-Methode basiert auf der so genannten »Theory of Constraints« (TOC), bei der es hauptsächlich um das erste Ziel der Unternehmensführung geht – die Wahl der richtigen Projekte. Dieser Punkt ist Bestandteil der strategischen Planung und wird in anderen Büchern ausführlich vorgestellt.[3]

Wenn die Unternehmensführung versucht, neue Projekte zu initiieren, ist sie häufig damit konfrontiert, dass Mitarbeiter sich über Überlastung beschweren. Der Konflikt zwischen dem Abzug von Mitarbeitern für neue Projekte und dem Zugeständnis an Mitarbeiter, weiter an vorhandenen Projekten zu arbeiten, ist unvermeidlich. Mitarbeiter versuchen auch häufig, die Unternehmensführung dazu zu bewegen, den Projektstart zu verzögern, während die Unternehmsführung sich gezwungen fühlt, weiterzumachen.

Die meisten Führungskräfte leben mit diesem Konflikt. Sie glauben, dass ihre Rolle darin besteht, die Mitarbeiter dazu zu bringen, auf einem möglichst hohen Standard zu arbeiten. Bei Personalressourcenkonflikten verlangen die Führungskräfte häufig, dass bestehende Projekte schneller abgeschlossen werden, um neue Projekte früher beginnen zu können. Diese Vorgehensweise erzeugt wiederum bei den Projektmanagern enorme Probleme. Um ein Projekt schneller abzuschließen, müssen Projektmanager entweder Abstriche beim Pro-

1. Autor des Kapitels ist Gerard I. Kendall, PMP, VP, International Institute for Learning, Inc., E-Mail: Gerryikendall@cs.com.
2. Aus: USA Today, 8. April 2002, Seite B1, *Scandals, SetbacksTopple CEOs Formerly Golden Image.*
3. Kendall, G. I., *Viable Vision*, Boca Raton, Fl., J. Ross Publishing, 2004.

jektumfang oder der Qualität machen oder das Personal aufstocken, was zu einer Budgetüberschreitung führt. Für die Unternehmensführung ist keine dieser Optionen akzeptabel.

Das resultierende Verhalten, das in vielen Unternehmen beobachtet werden kann, bildet das Futter für einen neuen Ansatz namens Critical-Chain-Projektmanagement. Wenn die Projekt- und Ressourcenmanager die Unternehmensführung nicht davon überzeugen können, den Start eines neuen Projekts zu verschieben, greifen sie zu einem der folgenden Mittel, von denen jedes einzelne zahlreiche negative Auswirkungen hat:

- Die Mitarbeiter werden zum Multitasking gezwungen, d.h. dazu, an mehreren Aufgaben gleichzeitig zu arbeiten.
- Die geschätzten Zeitvorgaben für die Aufgaben werden reduziert.
- Die Mitarbeiter werden genau überwacht, um sicherzustellen, dass sie die Termine einhalten.

Da Führungskräfte in Organisationen ein wichtiger Bestandteil der Projektsysteme sind, betrachtet die Critical-Chain-Methode die Führungskräfte als Teil des Problems. Um das Problem zu lösen, muss sich möglicherweise das Verhalten der Unternehmensführung ändern.

Die Critical-Chain-Methode ist eine Fortentwicklung der »Theory of Constraints« und wurde erstmals von Dr. Eliyahu M. Goldratt vorgestellt. Um eine Lösung zu erzielen, müssen nach Goldratt die folgenden fünf Schritte angewendet werden:[4]

1. Die Engpässe des Systems identifizieren
2. Entscheiden, wie die Engpässe überwunden werden können
3. Alle anderen Punkte der obigen Entscheidung unterstellen
4. Die Vorgaben auf eine Stufe heben
5. Wenn die Systemvorgaben in einem früheren Schritt nicht eingehalten wurden, zu Schritt 1 zurückgehen

Die Critical Chain (deutsch: kritische Kette) ist definiert als längste Kette abhängiger Ereignisse, wobei die Abhängigkeit entweder aufgaben- oder personalbezogen ist. Bei dieser Definition wird davon ausgegangen, dass die längste Kette diejenige ist, bei der die Gesamtdauer des Projekts mit der größten Wahrscheinlichkeit negativ beeinflusst wird. Die kritische Kette entspricht nicht unbedingt der Projektdauer. Manchmal gibt es unkritische Aufgaben, die bereits vor Aufgaben der kritischen Kette ausgeführt werden müssen.

Die Critical-Chain-Lösung setzt an der kritischen Kette an, um die Projektdauer zu verringern. Im ersten Schritt »Die Engpässe des Systems identifizieren« wird erkannt, dass Manager Praktiken einführen, die die Verkürzung der kritischen Kette verhindern. Die nachfolgenden Schritte dienen dazu, Änderungen vorzunehmen, um die kritische Kette zu komprimieren, d.h., die Zeitdauer zu verringern, die für die Fertigstellung eines Projekts benötigt wird.

Die Critical-Chain-Methode fordert die Projektmanager, Ressourcenmanager, Teammitglieder und Führungskräfte zum Umdenken auf. Die einzige Möglichkeit, so viele Mitarbeiter eines Unternehmens zu einer Verhaltensänderung zu bewegen, besteht darin, das aktuelle Verhalten und die damit verbundenen Probleme sowie das neue Verhalten und dessen Vorteile deutlich zu machen. Dazu müssen Projektmanager, Ressourcenmanager, Teammitglieder und Führungskräfte entsprechend geschult werden, und es müssen Richtlinien entwickelt und Maßstäbe verändert werden. Dabei müssen folgende Ziele erreicht werden:

- Mit der Praxis aufhören, Mitarbeiter an der Genauigkeit ihrer Schätzwerte zu bemessen
- Die Praxis aufgeben, Mitarbeiter an der Einhaltung von Stichtagen für einzelne Projektaufgaben zu bemessen
- Austausch der obigen beiden Praktiken durch das so genannte »Staffellauf-Prinzip«, das später in diesem Kapitel ausführlicher beschrieben wird
- Ein System, mit dem alle Führungskräfte und das obere Management einverstanden sind, und bei dem neue Projekte nur gestartet werden, wenn eine »strategische Personalressource« verfügbar ist

4. Goldratt, E. M., *Theory of Constraints* (Croton-on-Hudson, NY, 1990).

- Anerkennung des Bedarfs, Projekte strategisch vor Zeitschwankungen bei den Einzelaufgaben zu schützen, indem die entsprechenden Puffer eingebaut werden
- Reduktion des Einsatzes von Multitasking: Die Mitarbeiter sollen nicht an mehreren Aufgaben gleichzeitig (Multitasking), sondern nur an einer Projektaufgabe arbeiten.
- Die Implementierung von Mehrprojekt-Software, die die Daten bereitstellt, die von der Unternehmensführung, den Ressourcenmanagern und den Projektmanagern benötigt werden. Critical-Chain-Berichte bieten ein genaues Bild von den Projekten einer Organisation und ermöglichen den systematischen und logischen Umgang mit Abweichungen.
- Die Implementierung des Puffermanagements als Kernfunktion bei der Identifikation von Problemen während der Projektdurchführung.

Die erfolgreiche Implementierung der Critical-Chain-Methode bringt für ein Unternehmen zahlreiche Verbesserungen mit sich. Beispiele finden Sie in den Fallstudien für dieses Kapitel. Damit Sie die Ausmaße der Veränderungen der Unternehmenskultur und die Probleme, die dabei überwunden werden müssen, besser verstehen können, führt Sie dieses Kapitel in die Grundlagen der Critical-Chain-Methode in Bezug auf einzelne Projekte und auf das gesamte Unternehmen ein.

22.1 Die Einschätzung des Zeitbedarfs für Aufgaben

Die Funtionsweise der Critical-Chain-Methode wird nun an einem einfachen Projekt verdeutlicht. Das Beispiel ist zwar spezifisch, die allgemeinen Merkmale gelten jedoch für alle Projekte.

Im Beispiel hat ein Unternehmen, das Fernmeldetürme baut, einen Auftrag für den Bau eines neuen Fernmeldeturms erhalten. Jeder Turm ist einmalig, weil spezifische Anforderungen in Bezug auf die Höhe und die Wetterfestigkeit gelten. Neben diesen gibt es auch weitere Projektvariablen wie die Verkabelung, die Bodenbeschaffenheit, die Materialbereitstellung vor Ort und die Überprüfung. Die einzelnen Türme sind zwar einmalig, es gibt jedoch einige Komponenten mit dem gleichen Grundentwurf. Eine Zusammenfassung des Projekts auf hoher Ebene sehen Sie in Abbildung 22.1.

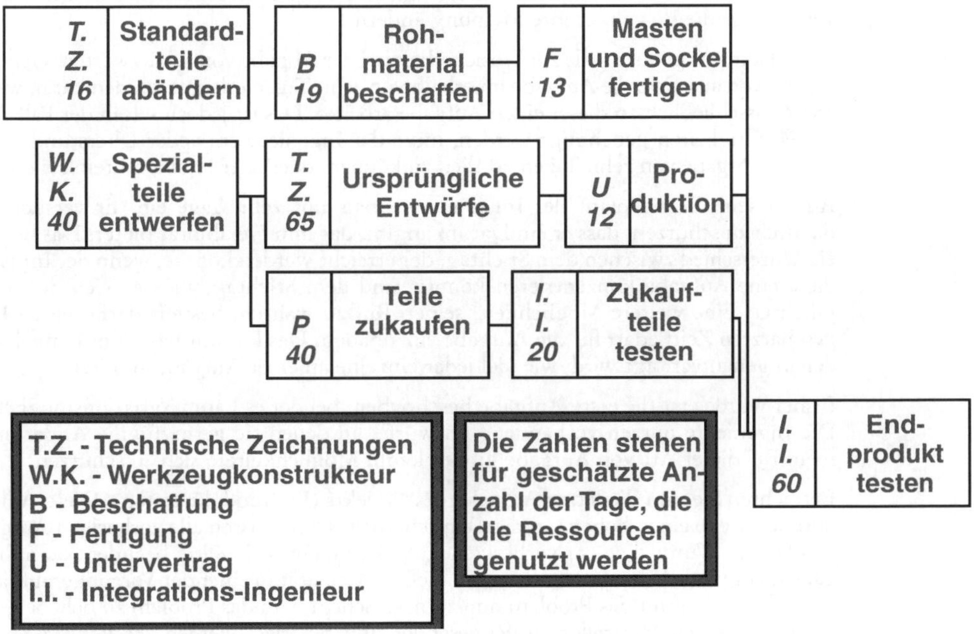

Abbildung 22.1: Die einzelnen Schritte beim Bau von Funktürmen

Die erste Aufgabe besteht darin, die Standardteile abzuändern. Dafür werden 16 Tage eingeplant und die Aufgabe soll von den Mitarbeitern der Abteilung Technisches Zeichnen erledigt werden.

Jede Theorie oder Methode basiert auf Annahmen. Die Critical-Chain-Methode ist keine Ausnahme. Bei dieser Methode besteht die Annahme, dass der Zeitbedarf für eine Aufgabe keine deterministische Zahl ist, sondern ein Schätzwert. Dies bedeutet, dass der Zeitbedarf für die einzelnen Aufgaben eines Projekts nicht genau vorhersehbar ist. Bei Projekten ist jede Aufgabe einmalig und in Bezug auf den Zeitbedarf in gewisser Weise unvorhersehbar. Selbst wenn eine Person eine fast identische Aufgabe noch einmal erledigt, kann der Zeitbedarf stark vom ersten Mal abweichen. Ist die Verfassung der Person identisch? Benutzt sie den gleichen Computer und die gleiche Software wie zuvor? Sind alle Bedingungen gleich (Teammitglieder, Chefs, externe Auftragnehmer, Kommunikationsmittel etc.)?

In diesem Abschnitt wird gezeigt, inwiefern der Zeitbedarf für die Aufführung einer Aufgabe abweichen kann und wie dies die Zeiteinschätzung beeinflusst. Bei den meisten Unternehmen sind die Mitarbeiter stolz auf zuverlässige Schätzwerte. Es ist nicht gut für die Karriere, insbesondere nicht für die Karriere von Ingenieuren, wenn die Schätzwerte wiederholt sehr stark vom tatsächlichen Zeitbedarf abweichen. Der Ingenieur gibt seine Einschätzung unter Berücksichtigung der Tatsache ab, dass er nie genau vorhersehen kann, welche Art von Problemen entstehen wird, und dass er nur an diesem Projekt arbeitet.

Der Ingenieur weiß, dass dies nicht das einzige Projekt ist, an dem das Unternehmen arbeitet. Manche Dinge sind erheblich dringlicher als andere. Die Dringlichkeit selbst ist nicht vorhersehbar. Ein Auftraggeber oder eine Gemeinde beschließt, einen neuen Funkturm zu bauen, um neue oder bessere Kommunikationsdienste anbieten zu können. Viele Bewohner halten Funktürme für hässlich und wollen nicht, dass sie in ihrer Nähe gebaut werden. Deshalb ist die Anzahl der Standorte begrenzt. Außerdem müssen für die verschiedenen Standorte Gutachten eingeholt werden. Dazu gehört beispielsweise eine geologische Überprüfung der Bodenbeschaffenheit.

Es ist also fraglich, wann ein Standort gefunden und genehmigt wird. Steht der Standort einmal fest, wünscht der Auftraggeber häufig, dass das Projekt so schnell wie möglich durchgezogen wird, bevor die Bewohner ihre Meinung ändern.

Diese Faktoren gehören alle zur Unsicherheit bei der Abgabe von Schätzwerten. Gehen Sie im Beispiel davon aus, dass die Aufgabe innerhalb von zehn Tagen erledigt werden kann, wenn der Ingenieur ausschließlich an dieser einen Aufgabe arbeitet. Das ist jedoch selten der Fall. Wenn andere Projekttätigkeiten genehmigt werden, muss der Ingenieur entweder Überstunden machen, um die Zeitvorgabe von zehn Tagen erfüllen zu können, oder aber er überschreitet die Zeitvorgabe.

Aus diesem Grund plant der Ingenieur niemals nur zehn Tage ein. Er versucht, seinen Ruf dadurch zu schützen, dass er ein Datum angibt, das ihm Flexibilität bietet. Das heißt, es besteht ein Unterschied zwischen dem Stichtag, der erreicht werden könnte, wenn der Ingenieur sich auf diese eine Aufgabe konzentrieren könnte, und dem Stichtag, auf den sich der Ingenieur verpflichtet. Eine weitere Möglichkeit, seinen Ruf zu wahren, besteht darin, einen Puffer in den geschätzten Zeitbedarf für die Aufgabe einzubauen. Das kommt häufig in Umgebungen vor, in denen genau verfolgt wird, wie viel jeder einzelne an einer Aufgabe arbeitet.

Bisher wurde erst die erste Aufgabe beschrieben, bei der es kaum Variationsmöglichkeiten gibt. Die Ingenieure nutzen vorhandene Entwürfe, an denen sie geringfügige Änderungen vornehmen. Bei dieser Art von Aufgabe gibt es kaum Möglichkeiten, sich zu schützen.

Betrachten Sie nun die letzte Aufgabe des Projekts (Endprodukt testen). Diese Aufgabe enthält normalerweise einen hohen Grad an Unsicherheit. Hier müssen alle vorherigen Aufgaben zusammenlaufen. Wurde eine der vorherigen Aufgaben nicht rechtzeitig beendet, kann die letzte Aufgabe nicht pünktlich gestartet werden. Ließ die Qualität in einer der Vorgängeraufgaben zu wünschen übrig, kommt das Problem nun zum Vorschein. Um das Problem zu beheben, müssen Teile an den externen Hersteller zurückgesendet und repariert werden. Es kann auch der Versuch unternommen werden, Personal im Unternehmen freizustellen, um die Teile zu reparieren. In der

Regel ist jedoch das Personal in den Organisationen knapp eingeplant und es ist nicht leicht, Freiräume zu schaffen.

Es gibt zwei Arten von Abhängigkeiten, die dafür verantwortlich sind, dass sich eine Aufgabe verzögert. Eine Art ist die »logische Abhängigkeit der Aufgabe«. So kann das Rohmaterial beispielsweise erst erworben werden (Aufgabe 2 in Abbildung 22.1), wenn die technischen Zeichnungen fertig sind (Aufgabe 1). Eine weitere Art von Abhängigkeit wird als »Ressourcenabhängigkeit« bezeichnet. Angenommen, es gibt nur eine Person, die die technischen Zeichnungen anfertigen kann, diese Person wird jedoch an zwei Orten gleichzeitig eingesetzt – einmal, um die vorhandenen Zeichnungen abzuändern, und einmal, um neue Zeichnungen zu erstellen. Die Möglichkeit, neue Zeichnungen für die Unterauftragnehmer verfügbar zu haben (Aufgabe 6 in Abbildung 22.1) hängt nicht nur davon ab, ob die Zeichnungen rechtzeitig fertig gestellt werden können, sondern auch davon, ob die Aufgabe vor der Erstellung der technischen Zeichnungen rechtzeitig abgeschlossen wurde und die Ingenieure deshalb die nächste Aufgabe zum geplanten Zeitpunkt beginen konnten.

Die Abhängigkeit von Ressourcen und die Abhängigkeit von Aufgaben verringern gemeinsam die Wahrscheinlichkeit, dass eine Aufgabe rechtzeitig fertig gestellt werden kann. Im Endstadium eines Projekts gibt es in der Regel zahlreiche Aufgaben- und Ressourcenabhängigkeiten. Die Aufgaben beinhalten dadurch einen hohen Grad an Unsicherheit und müssen abgesichert werden.

Um zu verstehen, welche Absicherung in einem Schätzwert enthalten sein kann, betrachten Sie das Profil für die Dauer einer Aufgabe in Abbildung 22.2. Das genaue Profil für alle Aufgaben in einem Unternehmen kann nicht ermittelt werden. Die Form der Kurve lässt sich jedoch in allen Unternehmen beobachten.

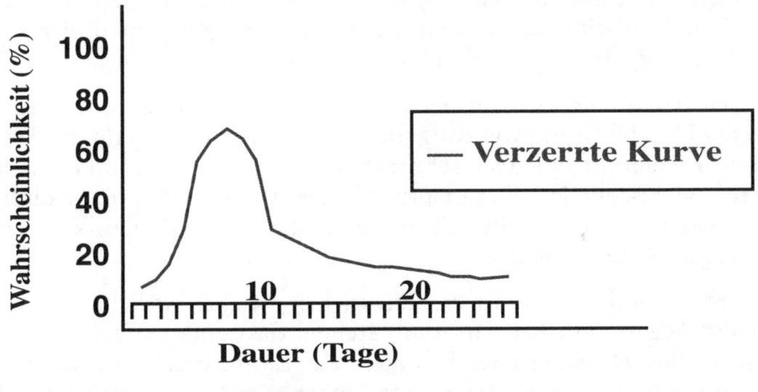

Abbildung 22.2: Profil für die Dauer einer Aufgabe

Die Kurve zeigt die Wahrscheinlichkeit, eine Aufgabe im Zeitrahmen abzuschließen, der durch die X-Achse vorgegeben wird. Drei Punkte der Kurve stechen direkt hervor. Bei Aufgaben, für die zehn Tage veranschlagt werden, ist die Wahrscheinlichkeit, sie innerhalb von null Tagen zu erledigen, gleich null. Die minimale Zeitdauer muss also größer als null sein. Der Startpunkt befindet sich auf der linken Seite der Kurve. Die Wahrscheinlichkeit ist sehr gering, dass die Aufgabe in der kürzestmöglichen Zeit erledigt werden kann.

Ein weiterer Schluss, der aus der Kurve gezogen werden kann, ergibt sich bei der Betrachtung des längsten Zeitraums, der für eine zehntägige Aufgabe erwartet werden kann. Aus der Kurve geht hervor, dass ein 2,5- oder 3-facher Zeitbedarf nur in sehr seltenen Fällen zu erwarten ist (siehe die rechte Seite der Kurve).

Betrachten Sie nun als Nächstes den Höhepunkt der Kurve, der die wahrscheinlichste Dauer repräsentiert.

Die Kurve in Abbildung 22.2 fällt nach rechts ab. Dies suggeriert, dass die Wahrscheinlichkeit, dass Projektaufgaben in einer kürzeren Zeit abgeschlossen werden als erwartet, geringer ist als die Wahrscheinlichkeit, dass für die Projektaufgaben mehr Zeit beansprucht wird als erwartet. Nach dem Critical-Chain-Ansatz gibt es dafür verschiedene Ursachen.[5]

Einer der Gründe dafür, dass Aufgaben in der Regel nicht schneller erledigt werden als geplant, ist der Effekt der Abhängigkeiten. Erzeugnisse, die benötigt werden, um die Aufgabe fertig zu stellen, sind häufig nicht rechtzeitig verfügbar, weil die Ressourcen gebunden waren oder weil die vorherige Aufgabe nicht pünktlich abgeschlossen werden konnte.

Der unpünktliche Abschluss von Arbeiten kann auch durch Multitasking verursacht werden. Dieses Problem wird nachfolgend ausführlich beschrieben. Von Multitasking kann dann gesprochen werden, wenn es in einer Organisation eine Projektressource gibt, die gleichzeitig mehrere Aufgaben bearbeitet. Unternehmen bearbeiten oft mehr Projekte, als es ihre Ressourcen eigentlich zulassen würden. Daraus folgt, dass die Mitarbeiter Aufgaben später beginnen als geplant. Die zahlreichen Aufgaben, die sie gleichzeitig bearbeiten müssen, können zu einem oder zu verschiedenen Projekten gehören.

Menschen neigen dazu, »auf den letzten Drücker« zu arbeiten. Diese Verhaltensweise wird auch als »Studentensyndrom« bezeichnet und entspricht der Situation, in der ein Professor eine Klausur ankündigt, in der das Material des gesamten Semesters abgefragt wird. Die Studenten beschweren sich, dass sie nicht genügend Zeit hatten, sich auf die Klausur vorzubereiten. Ein freundlicher Professor verschiebt daraufhin möglicherweise das Datum der Klausur um zwei Wochen nach hinten. Eilen die Studenten nun sofort nach Hause, um für die Klausur zu lernen? In der Regel nicht. Nein. Sie denken sich: »Wir haben noch genug Zeit. Wozu die Eile?« Und sie beginnen erst in der Nacht vor der Klausur mit der Vorbereitung.

Wenn Mitarbeiter Zeiteinschätzungen mit Pufferzeiten abgeben, sind sie sich dessen bewusst, dass keine Eile besteht, die Aufgabe fertig zu stellen. Da alle an mehreren Aufgaben gleichzeitig arbeiten, bearbeiten sie zunächst die dringlichste Aufgabe und verzögern den Arbeitsbeginn bei anderen Aufgaben.

Dieses Verhalten entspricht der Kurve aus Abbildung 22.2. Häufig stellen sich Schwierigkeiten bei der Durchführung von Aufgaben erst dann heraus, wenn die Aufgaben tatsächlich bearbeitet werden. Dann ist es jedoch sehr wahrscheinlich zu spät, um die Aufgaben zum geplanten Endtermin abzuschließen. Der ursprünglich eingebaute Puffer zur Einhaltung des Endtermins wird verschwendet. Entsprechend verschiebt sich der Zeitbedarf zur Fertigstellung der Aufgabe auf die rechte Seite der Kurve.

Das Konzept der Kurve ist deshalb wichtig, weil es die Schätzungen beeinflusst, die eine Person abgibt. Wenn die Chancen 50/50 stehen, dass eine Aufgabe zu spät abgeschlossen wird, entspricht dies sehr wahrscheinlich nicht der Einschätzung, die ein Mitarbeiter abgeben wird. Ein Ingenieur, der als zuverlässig gelten möchte, wird sehr wahrscheinlich das Risiko einer 50/50-Wahrscheinlichkeit, zu spät zu sein, nicht auf sich nehmen. Deshalb verschiebt er seinen Schätzwert auf die rechte Seite der Kurve. Bei einem gekrümmten Kurvenverlauf entspricht eine 80-prozentige Wahrscheinlichkeit, den geschätzten Termin einzuhalten, häufig der 2- bis 2,5fachen Dauer einer 50/50-Schätzung.

Für Aufgaben, die von den Teammitgliedern als riskant oder schwer vorhersehbar eingeschätzt werden, kann deshalb leicht der doppelte Zeitbedarf oder der zweieinhalbfache Zeitbedarf eingeplant werden. Der eingeplante Puffer ist jedoch eine Verschwendung, die auf das »Studentensyndrom« und darauf zurückzuführen ist, dass sich die Projektmitarbeiter nicht ausschließlich einer Aufgabe widmen können.

Die Einschätzung des Zeitbedarfs für eine Aufgabe entsteht nicht im Vakuum. Häufig werden die Schätzwerte ausführlich diskutiert, wobei die Manager versuchen, die unvernünftigen Pufferzeiten zu verkürzen. Die Mitarbeiter, die seitens der Manager mit einem solchen Verhalten rechnen, blasen ihre Schätzwerte zusätzlich auf, um das Verhalten der Manager auffangen zu können. Werden zwei Schätzwerte zu einer Aufgabe abgegeben, können sie sich erheblich unterscheiden.

5. Goldratt, E. M., *Die Kritische Kette,* Frankfurt, 2002.

22.2 Die Ausführung von Aufgaben

Die obige Diskussion ist im Wesentlichen auf die Einschätzung des Zeitbedarfs ausgerichtet, die hauptsächlich während der Planungsphase eines Projekts erfolgt. Was passiert im Projektverlauf, wenn die Schätzwerte wie oben beschrieben erstellt wurden?

Die meisten Projektmanager wissen, dass ihre Möglichkeiten, Projektziele einhalten zu können, von der Art und Weise abhängen, in der die Teammitglieder ihre Aufgaben erfüllen. Bei projektorientierten Unternehmen, bei denen der Zeitbedarf in Bezug auf das Projektbudget ermittelt wird, tun die Projektmanager alles, um die Mitarbeiter auf den geschätzten Zeitbedarf festzunageln.

Je nach Verantwortlichkeit und danach, wie stark die Arbeiten überwacht werden, arbeiten Mitarbeiter auf Stichtage hin. Bei projektorientierten Unternehmen, bei denen der Zeitbedarf aufgezeichnet wird, versuchen die Mitarbeiter, möglichst viel Zeit abrechnungsfähigen Projekten zuzuschreiben. Selbst, wenn sie eine Aufgabe erheblich früher als geplant abschließen, werden sie deren Abschluss bis zum geplanten Endtermin hinauszögern, wenn sie kein direktes abrechnungsfähiges Folgeprojekt haben.

Wenn Mitarbeiter ihre Aufgaben früh abschließen, ist es nicht üblich, dass sie sofort zur nächsten Aufgabe übergehen. Manchmal kann ein früher Abschluss der Aufgaben in einer oder in zwei Abteilungen beobachtet werden, jedoch selten über das gesamte Projekt hinweg.

Wenn ein Mitarbeiter eine Aufgabe früh abschließt, ist der nächste Mitarbeiter möglicherweise nicht flexibel genug, um direkt mit der Arbeit zu beginnen. Die zusätzliche Zeit, die durch das frühe Ende zur Verfügung steht, wird also verschwendet.

Die beobachtete Dauer für die Ausführung von Aufgaben weicht möglicherweise völlig von der Kurve ab, die sich aus einer statistischen Analyse der Schätzwerte ergibt. Der Kurvenverlauf ist in Abbildung 22.3 im Vergleich zur Abbildung 22.2 erheblich enger. Die kürzeste Dauer liegt sehr nahe an der geschätzten Dauer. Die Wahrscheinlichkeit, die Aufgabe innerhalb der geplanten Dauer fertig zu stellen, ist erheblich höher. Dieser Kurvenverlauf lässt sich dadurch erklären, dass bei den Schätzwerten genügend Raum gelassen wird, um Eventualitäten berücksichtigen zu können.

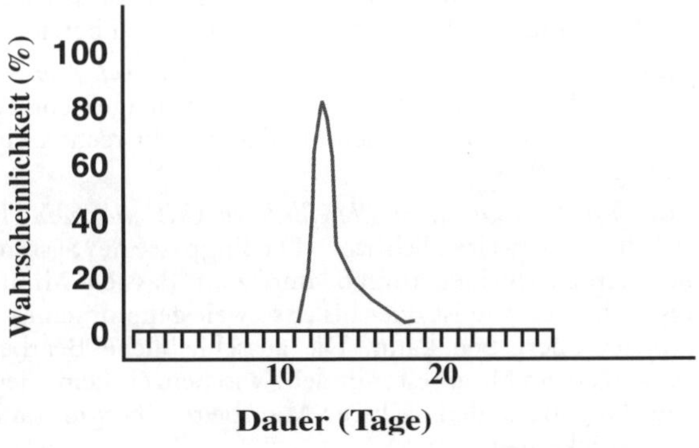

Abbildung 22.3: Die beobachtete Dauer der Ausführung einer Aufgabe

22.3 Terminplanung bei einem Critical-Chain-Projekt

Bei einem Critical-Chain-Projekt akzeptiert das Management die Tatsache, dass der Zeitbedarf für die Fertigstellung von Aufgaben nicht deterministisch ist. Das bedeutet beispielsweise, dass ein Mitarbeiter sich nicht darauf festlegen kann, dass eine Aufgabe genau 3,2 Tage in Anspruch nehmen wird. Die Bearbeitungszeiten von Aufgaben sind Schätzwerte. Deshalb ist es ganz normal, dass Mitarbeiter für eine Aufgabe mehr Zeit benötigen, als sie dachten.

Das Management kümmert sich nicht darum, ob die einzelnen Aufgaben rechtzeitig abgeschlossen werden. Wichtig ist der Endtermin des Projekts. Bei Unternehmen, die die Critical-Chain-Methode anwenden, werden in der Regel mehr als 95 Prozent der Projekte zum geplanten Endtermin abgeschlossen. In diesem Abschnitt wird untersucht, wie dies möglich ist.

W. Edwards Deming lehrte, dass es für das Management von besonderer Bedeutung sei, das System unter Kontrolle zu halten. Laut Deming geht es also um die »Vorhersagbarkeit« eines Systems in Bezug auf die Ziele. Bei der Beschreibung eines Systems weist Deming auf zwei Arten von Problemen hin. Diese Probleme bezeichnet er als »Abweichungen«.[6] Bei jedem System gibt es allgemeine Ursachen für Abweichungen. Diese sind absolut normal und das Management sollte nichts dagegen unternehmen. Wenn ein Manager versucht, dagegen vorzugehen, entsteht sogar häufig Chaos.

In allen Unternehmen ist es beispielsweise normal und zu erwarten, dass Mitarbeiter gelegentlich nicht pünktlich zur Arbeit erscheinen oder sich krank melden. Außerdem gehen Maschinen von Zeit zu Zeit kaputt. Jemand, der die Arbeitsabläufe entwickelt, sollte mit dieser Art von Abweichungen rechnen. Gemäß Deming sollte nichts gegen Abweichungen allgemeiner Art unternommen werden.

Bei jedem System müssen Abweichungen definiert werden, die durch allgemeine Ursachen verursacht werden und mit denen die Manager immer rechnen sollten, und Abweichungen bedingt durch »spezielle Ursachen«, auf die Manager immer reagieren sollten.

Um einen Projektplan aufstellen zu können, der kontrollierbar ist, müssen folgende Schritte durchlaufen werden:

- *Gehen Sie von dem besten Zeitplan aus, den Sie auf traditionelle Weise ermitteln können. Erstellen Sie Schätzwerte für die Aufgaben und halbieren Sie sie. Addieren Sie die Hälfte als Schutz wieder zu dem Projekt, wo sie strategisch als Projektpuffer und Versorgungspuffer dienen kann, wie nachfolgend beschrieben.* Dieser Schritt soll das »Studentensyndrom«-Verhalten vermeiden. Gleichzeitig wird erwartet, dass viele solcher Schätzungen während der Ausführung überschritten werden. Das wird bei dem strategisch innerhalb des Projektplans platzierten Schutz mit berücksichtigt.
- *Die Ressourcen richtig einplanen.* Planen Sie Ihr Projekt nicht unter der Annahme, dass sich der Konkurrenzkampf um Personal magisch von selbst lösen wird. Bei der Critical-Chain-Methode muss der Wettstreit um das Personal bereits vor Projektbeginn gelöst werden.
- *Mitarbeiter nicht danach bewerten, ob sie ihre Aufgaben rechtzeitig abschließen oder ob ihr geschätzter Zeitbedarf korrekt war.* Falls das Management Teammitglieder belohnen möchte, sollte berücksichtigt werden, ob das Projekt rechtzeitig oder sogar vor dem Endtermin abgeschlossen wird.
- *Mitarbeitern gestatten, ausschließlich an Critical-Chain-Aufgaben zu arbeiten.* Dies ist Bestandteil des zweiten Schritts, »Die Engpässe des Systems identifizieren«. Die ausschließliche Arbeit an einer Aufgabe impliziert, dass ein Mitarbeiter an einer Aufgabe arbeitet, bis er damit fertig ist oder bis er so weit gekommen ist, dass er sie an den nächsten Mitarbeiter übergeben kann. Die ausschließliche Bearbeitung von Aufgaben beinhaltet auch, dass ein Mitarbeiter in der Zwischenzeit keine neuen Aufgaben annimmt, wenn er eine Aufgabe an den nächsten Mitarbeiter übergibt und diese innerhalb kurzer Zeit wieder zurückerhält.
- *Das Ressourcenmanagement an das Ressourcenparadigma der Critical-Chain-Methode anpassen, um mehr Flexibilität bei der Übernahme von Arbeiten zu haben, die früher als erwartet vorliegen.* Dazu wird in der Regel ein Frühwarnsystem, der so genannte Ressourcenpuffer, eingesetzt. Der Ressourcenpuffer wirkt wie ein Wecker oder eine Erinnerungsfunktion, die die Mitarbeiter darauf aufmerksam macht, dass nur noch X Tage verbleiben, bis die nächste Aufgabe beginnt.

6. Mehr hierzu finden Sie in Wheeler, D. J., *Understanding Variation, The Key to Managing Chaos,* 2nd ed., (Knoxville, 2000).

- *Einen Projektpuffer implementieren, um die kritische Kette des Projekts zu schützen.* Der Projektpuffer befindet sich am Projektende. In der Regel umfasst er 30–50 Prozent des Zeitbedarfs für die kritische Kette. Der Puffer schützt die Einzelaufgaben in der kritischen Kette vor Abweichungen allgemeiner Art.
- *Implementierung von »Versorgungspuffern« (Feeding Buffers) in den einzelnen Pfaden, um die kritische Kette vor Abweichungen in den einzelnen Pfaden zu schützen.*

Die Funktionsweise dieses Ansatzes wird anhand von Abbildung 22.1 veranschaulicht.

Abbildung 22.4 zeigt das Projekt, nachdem die Pufferzeiten aus jeder Aufgabe herausgenommen wurden. Die erste Aufgabe, »Standardteile ändern« wurde beispielsweise von den geschätzten 16 auf zehn Tage reduziert. Die Aufgabe »Spezifische Teile entfernen« beansprucht nun nur noch 15 statt 40 Tagen.

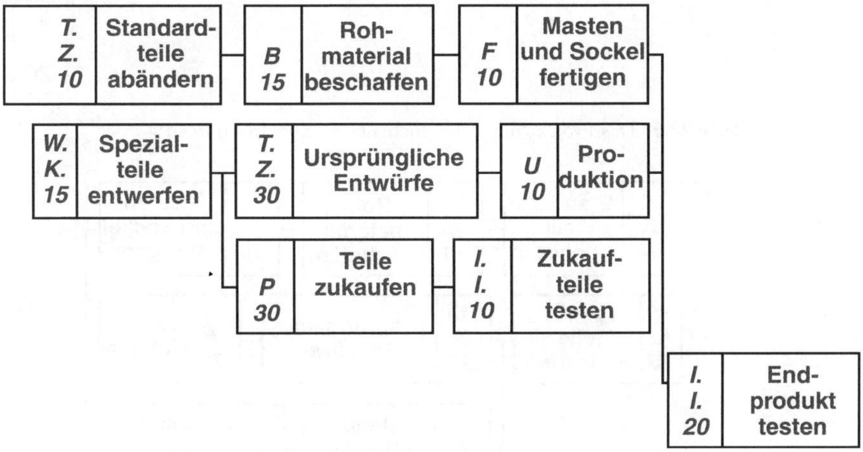

Abbildung 22.4: Einen Funkturm ohne Pufferzeiten erstellen

Der nächste Schritt besteht darin, einen Ressourcenausgleich zu schaffen. Da alle Aufgaben von denselben Mitarbeitern aus den Abteilungen Technisches Zeichnen und Beschaffung bearbeitet werden, sollte es ihnen nicht gestattet sein, zwei Aufgaben gleichzeitig zu bearbeiten.

Abbildung 22.5 zeigt das Projekt, nachdem die Personalressourcen ausgeglichen wurden.

Der nächste Schritt besteht darin, die kritische Kette zu identifizieren – d.h. die längste Kette abhängiger Ereignisse, bei der die Abhängigkeit entweder aufgaben- oder ressourcenbezogen ist. Bei der Betrachtung von Abbildung 22.5 zeigen sich gleich mehrere mögliche Pfade. Um die Frage zu beantworten, welcher Pfad kritischer ist, berücksichtigt die Critical-Chain-Methode zwei mögliche Pfade pro Aufgabe.

Bei einem Pfad wird gefragt, welche Aufgabe logisch direkt von der aktuellen Aufgabe abhängig ist. Von der zweiten Aufgabe, »Rohmaterial beschaffen« ist beispielsweise die dritte Aufgabe, »Masten und Sockel fertigen« direkt abhängig. Ohne den Erwerb von Rohmaterial ist keine Fertigung möglich.

Beim zweiten Pfad wird gefragt, welche Aufgabe als Nächstes die Ressourcen beansprucht, die für die aktuelle Aufgabe verwendet werden. Es handelt sich also um eine Ressourcenabhängigkeit. Im obigen Beispiel folgt der Aufgabe »Rohmaterial beschaffen«, die Ressourcen aus der Beschaffung nutzt, die Aufgabe »Teile zukaufen«, die ebenfalls durch Ressourcen aus der Beschaffung erledigt wird.

Basierend auf dieser Analyse prüft die Critical-Chain-Methode die Dauer jedes möglichen Pfads und wählt den längsten Pfad auf der Basis der Aufgaben- oder Ressourcenabhängigkeit aus (siehe Abbildung 22.6).

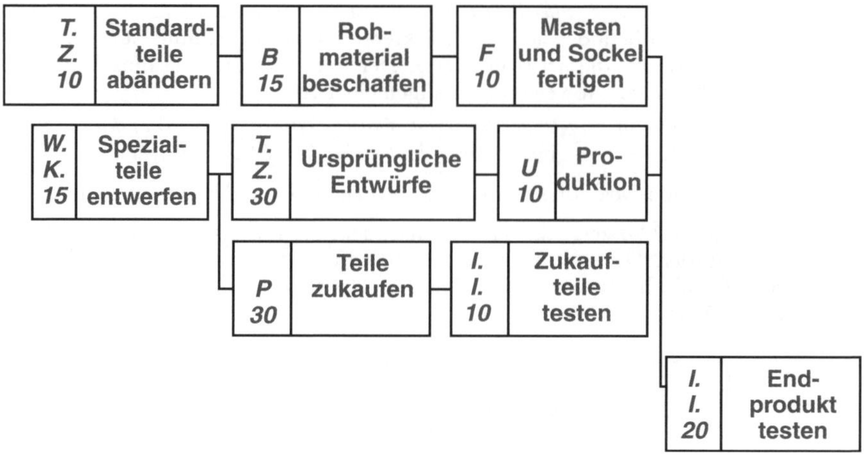

Abbildung 22.5: Das Projekt mit ausgeglichenen Personalressourcen

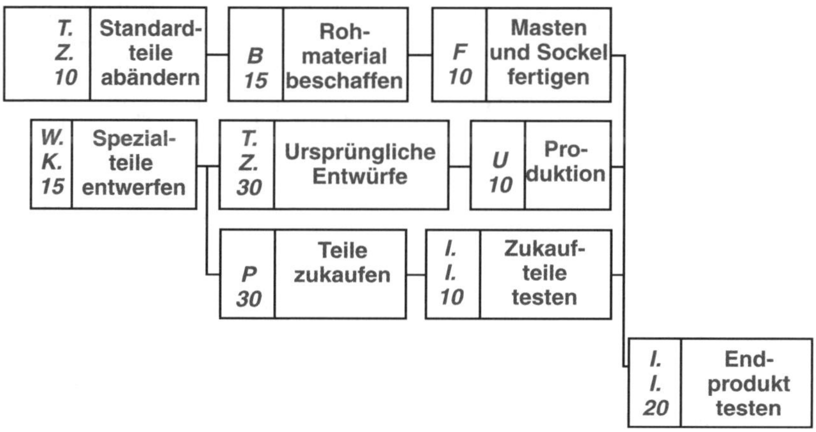

Abbildung 22.6: Die kritische Kette wurde identifiziert.

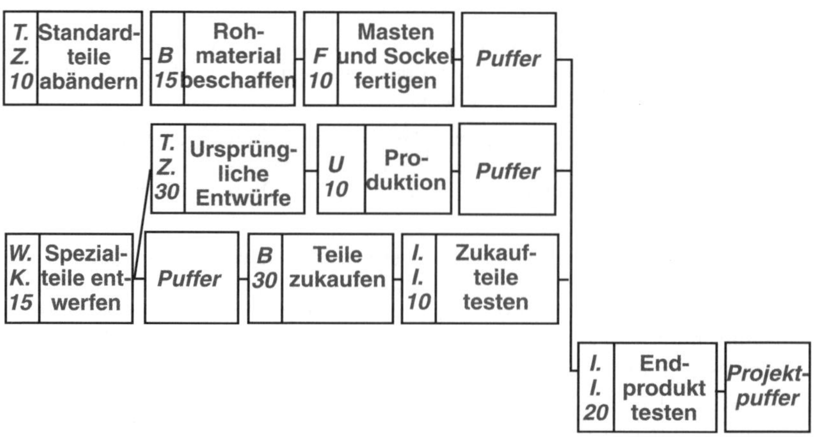

Abbildung 22.7: Projekt- und Versorgungspuffer

Zum Abschluss der Critical-Chain-Planung müssen noch die Projekt- und die Versorgungspuffer eingefügt werden. Die Puffer werden in Abbildung 22.7 in Kursivschrift hervorgehoben. Die Puffer umfassen jeweils 40 Prozent der Länge des kritischen Pfads.

Jede Aufgabe ist nun mit einem Versorgungs- oder mit dem Projektpuffer verknüpft. Im Beispiel gibt es drei Pfade, die in die kritische Kette eingespeist werden. Die Aufgabe »Spezialteile entwerfen« führt direkt zur kritischen Kette und auch zu einer anderen Aufgabe namens »Ursprüngliche Entwürfe« auf einem Versorgungspfad.

Durch den Schutz, der nun gewonnen wurde, werden Abweichungen bei den Einzelaufgaben durch die Puffer aufgefangen. Die Puffer dienen also als Stoßdämpfer.

22.4 Puffermanagement

Das Puffermanagement ist der Schlüssel zum Management von Critical-Chain-Projekten. Die Critical-Chain-Methode funktioniert nicht ohne Puffer. Projekt- und Ressourcenmanager prüfen Berichte über die Puffer einmal täglich oder einmal wöchentlich, um festzustellen, ob Handlungsbedarf besteht. Der Zeitrahmen variiert in Abhängigkeit von der Länge der Projekte. Bei kürzeren Projekten (z.B. Projekte, die maximal einen Monat dauern) werden die Pufferberichte häufiger überprüft, um festzustellen, ob die Projekte sich wie gewünscht entwickeln.

Jede Aufgabe in einem Critical-Chain-Projekt ist mit einem Projekt- oder einem Versorgungspuffer verknüpft. Wenn eine Aufgabe mehr Zeit beansprucht als erwartet, wird der Puffer aufgebraucht, der mit der Aufgabe verbunden ist. Berichte über den Pufferverbrauch machen deutlich, wenn das Projekt in Gefahr ist. Außerdem geben sie Aufschluss darüber, welche aktuelle Aufgabe das Problem verursacht.

Der Vergleich der verbrauchten Puffer mit der prozentualen Fertigstellung der kritischen Kette vermittelt ein Bild vom aktuellen Projektstand. Wenn sich beispielsweise zeigt, dass 50 Prozent der kritischen Kette bereits abgeschlossen sind, aber nur 20 Prozent des Projektpuffers aufgezehrt wurden, verläuft das Projekt nach Plan.

In Abbildung 22.7 wurden für die erste Aufgabe beispielsweise zehn Tage eingeplant. Wenn fünfzehn Tage benötigt werden, um die Aufgabe abzuschließen, werden fünf Tage des Projektpuffers verbraucht. Es wurden zehn der insgesamt 85 Projekttage abgeschlossen, was zwölf Prozent entspricht. Gleichzeitig wurden fünf der 35 Puffertage oder 15 Prozent der Puffertage verbraucht. Oberflächlich betrachtet ist dies ganz normal. Eine Trendinterpretation zeigt jedoch ein anderes Bild.

Da die Versorgungspuffer Stoßdämpfer für die unkritischen Pfade sind, beeinflusst ein Versorgungspuffer den Projektpuffer erst dann, wenn er zu 100 Prozent aufgebraucht wurde. Deshalb werden die Versorgungspuffer mit einer geringeren Priorität überwacht als der Projektpuffer. Die letzte Aufgabe im ersten Pfad von Abbildung 22.7 besteht beispielsweise darin, die Masten und Sockel zu fertigen, wofür zehn Tage angesetzt werden. Diese Aufgabe beeinflusst die kritische Kette erst dann, wenn alle vier Puffertage aufgebraucht sind.

Der Trend beim Verbrauch der Puffer im Vergleich zum Abschluss der Critical-Chain-Aufgaben im Zeitverlauf bietet einen weiteren Hinweis auf das Gesamtbild. Betrachten Sie beispielsweise Abbildung 22.8.

	Woche 1	Woche 2	Woche 3	Woche 4
Verbrauch Projektpuffer (%)	10	20	20	15
% kritische Kette abgeschlossen	2	3	5	8

Abbildung 22.8: Trend beim Verbrauch von Puffern

Wird nur ein Teil der Abbildung betrachtet, sind nach vier Wochen 15 Prozent der Puffer aufgebraucht, wobei erst 8 Prozent der kritischen Kette abgeschlossen sind. Diese Zahlen erwecken eher den Eindruck einer Krise, bei der eingegriffen werden muss. Der Trend zeigt jedoch genau das Gegenteil.

In Woche 1 des Projekts wurden 10 Prozent des Puffers aufgebraucht, wobei nur 2 Prozent der kritischen Kette abgeschlossen wurden. Eine Zahl sollte den Projektmanager noch nicht nervös machen. Er sollte die Lage jedoch genauer untersuchen.

In Woche 2 verschlechtert sich der Projekttrend rapide. Wir sehen, dass 20 Prozent des Projektpuffers aufgezehrt wurden, jedoch nur 3 Prozent der kritischen Kette abgeschlossen wurden. Das könnte ein Zeichen für eine spezielle Abweichung sein. Die Lage sollte genauer überprüft werden und es sollten entsprechende Handlungen eingeleitet werden.

In Woche 3 beginnt sich die Situation zu verbessern. Der Projektpuffer wird nicht mehr stärker aufgebraucht, wobei jedoch weitere Aufgaben der kritischen Kette abgeschlossen wurden.

Nach Abschluss von Woche 4 hat sich die Situation weiter verbessert. Da eine oder mehrere Aufgaben der kritischen Kette früher beendet wurden, hat sich der Puffer wieder vergrößert. Er ist nun nur noch zu 15 Prozent verbraucht, wohingegen jedoch inzwischen 8 Prozent der kritischen Vorgänge abgeschlossen wurden.

Beachten Sie, dass alle Aufgaben der kritischen Kette, die früher als erwartet abgeschlossen werden, den Projektpuffer vergrößern und damit dem Projekt Sicherheit zurückbringen. Alle Aufgaben auf einem Versorgungspfad, die früher als erwartet abgeschlossen werden, vergrößern den Versorgungspuffer. Es wird dabei jedoch davon ausgegangen, dass die nächste Ressource auf dem Pfad flexibel genug ist, um die frühere Fertigstellung einer Vorgängeraufgabe ausnutzen zu können.

Die Tatsache, dass das Puffermanagement für den Erfolg einer Critical-Chain-Implementierung entscheidend ist, wird durch Fallstudien belegt. Führungskräfte, die die Critical-Chain-Methode einsetzen, raten auch dazu, die Prioritäten in Bezug auf den Pufferstatus zu vergeben. Die Aufgabe, die den Projektpuffer am stärksten verbraucht, sollte die höchste Priorität erhalten. Die nächsthöhere Priorität erhält die Aufgabe oder die Aufgaben, die den oder die Versorgungspuffer angreifen.

Bei Unternehmen mit kritischen Meilensteinen, von deren Erfüllung eine Belohung oder Bestrafung abhängt, hat ein weiterer Puffer eine hohe Priorität: der so genannte Meilensteinpuffer. Dieser Puffer verhält sich fast gleich wie der Projektpuffer, er schützt jedoch nur einen Teil des Projekts. Dieser Teil verhält sich wie ein Miniprojekt. Der Meilensteinpuffer ist in diesem Fall eine Untermenge des Projektgesamtpuffers und dient dazu, die Meilensteindaten zu überwachen, deren Erfüllung fraglich sein könnte.

22.5 Management eines Critical-Chain-Projekts

Der Ressourcenmanager betrachtet alle Aufgaben, die von einem bestimmten Mitarbeiterstamm ausgeführt werden müssen, und vergibt dann Prioritäten in Bezug auf den Verbrauch des Projektpuffers. Angenommen, die Mitarbeiter können zwei verschiedene Aufgaben bearbeiten, von denen eine auf einem Versorgungspfad liegt und momentan einen Versorgungspuffer aufbraucht. Die andere Aufgabe ist Bestandteil der kritischen Kette und verzehrt keinen Puffer. Die Aufgabe der kritischen Kette erhält trotzdem eine höhere Priorität.

Die Informationen für die Critical-Chain-Berichte stammen aus anderen Berichten, von Mitarbeitern oder sie setzen sich aus drei Angaben zusammen: dem Zeitpunkt, zu dem die Ausführung der Aufgabe gestartet wurde, der Anzahl der Tage, die noch zur Verfügung stehen, um die Aufgabe abzuschließen, und dem Zeitpunkt, zu dem eine Aufgabe abgeschlossen wird. So lange das obere Management den Projektstatus einmal wöchentlich überprüft, achten die Ressourcenmanager peinlich darauf, aktuelle Daten zu liefern. In vielen Critical-Chain-Projekten werden die Daten täglich aktualisiert und es werden einmal wöchentlich formelle Management-Berichte erstellt.

Der Projektmanager analysieren die Pufferberichte, um sich einen Eindruck darüber zu verschaffen, ob allgemeine oder spezielle Ursachen für die Abweichungen vorliegen. Dauern einzelne Aufgaben länger als geplant, hat dies in der Regel allgemeine Gründe. Weichen jedoch ganze Folgen von Aufgaben von den Zeitvorgaben ab, hat die Abweichung eine spezielle Ursache.

22.6 Die Critical-Chain-Methode beim Mehrprojektmanagement

Viele Unternehmen besitzen nicht genügend Mitarbeiter, um diese jeweils ausschließlich und über die gesamte Projektdauer hinweg an einem Projekt arbeiten zu lassen. Es ist üblich, möglichst viele Projekte anzunehmen, mit dem Ergebnis, dass die Mitarbeiter Multitasking betreiben müssen. Sie arbeiten entweder an mehreren Projekten gleichzeitig oder sie arbeiten an einem Projekt mit und haben gleichzeitig noch andere Verpflichtungen.

Das Konzept des Multitaskings hat sich so stark eingebürgert, dass die meisten Manager es für erstrebenswert halten. Manager glauben, dass das Personal durch Multitasking effektiv genutzt wird und dass sich diese Praxis nicht negativ auf die Arbeitsabläufe auswirkt. Der Critical-Chain-Ansatz spricht sich gegen diese Auffassung aus.

Die Praxis, mehrere Projekte gleichzeitig zu bearbeiten, entspringt der Forderung der Linienmanager, neue Projekte sofort zu starten. Ein Linienmanager benötigt Projekte, um seine Ziele zu erfüllen. Es besteht allgemein die Auffassung: Je schneller ein Projekt gestartet wird, desto schneller wird es abgeschlossen.

Die Unternehmen prüfen in der Regel nicht formell, welcher Arbeitsbelastung die Mitarbeiter durch die Kombination der Projekte ausgesetzt sind, die das Unternehmen bearbeitet. Es gibt zwar Projektpläne, die die Belastung der Mitarbeiter ausweisen, die Angaben sind jedoch häufig zu detailliert, um sie in die Ressourcenplanung mit einbeziehen zu können.

Da jeder Linienmanager glaubt, dass sein Projekt das wichtigste sei, wird er versuchen, sein Projekt voranzutreiben. Das führt zum Multitasking. Manager, die miteinander kollidierende Anforderungen derselben Mitarbeiter erhalten, versuchen, alle Anforderungen zu erfüllen, indem sie die Mitarbeiter mehreren Projekten zuweisen. In einem solchen Umfeld erhält derjenige die höchste Priorität, der am lautesten schreit. Eine systematische Prioritätenvergabe fehlt also.

Multitasking ist nicht prinzipiell negativ. Wenn ein Mitarbeiter beispielsweise die Arbeit an Projekt 1 aufnimmt und dann eine Woche warten muss, bis die Bearbeitung einer weiteren Aufgabe genehmigt wird, kann er die Zeit durch Multitasking überbrücken. So lange er in der Lage ist, die erste Aufgabe ohne Verzögerung weiterzubearbeiten, nachdem er die Genehmigung dazu erhalten hat, ist das Multitasking von Vorteil. Dauert die Bearbeitung der zweiten Aufgabe jedoch einen Monat, hat das Multitasking negative Konsequenzen. Ein Beispiel hierfür sehen Sie in Abbildung 22.9.

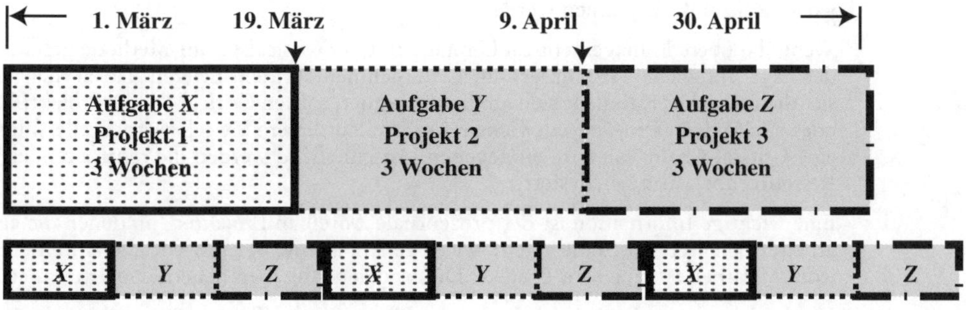

Abbildung 22.9: Multitasking mit negativen Konsequenzen

In Abbildung 22.9 muss ein Mitarbeiter drei Aufgaben aus drei unterschiedlichen Projekten bearbeiten. Jede Aufgabe beansprucht ungefähr drei Wochen. Multitasking impliziert, dass der Mitarbeiter mit Aufgabe X beginnt, einige Stunden oder Tage daran arbeitet und die Bearbeitung dann beendet. Der Mitarbeiter beschäftigt sich dann eine Zeit lang mit Aufgabe Y und schließlich mit Aufgabe Z. Dieser Wechsel setzt sich fort, bis alle Aufgaben abgeschlossen wurden.

Diese Vorgehensweise wirkt sich auf den Zeitbedarf zur Bearbeitung der Aufgaben aus. Selbst wenn dieser Mitarbeiter durch ein Wunder jede der Aufgaben ohne Einarbeitungszeit bearbeiten könnte, könnte die erste Aufgabe erst Mitte April abgeschlossen werden. Während die Aufgabe eigentlich innerhalb von drei Wochen erledigt werden könnte, werden nun sieben Wochen benötigt, da die Mitarbeiter nicht immer direkt an der Stelle beginnen können, an der sie aufgehört haben. Bei einigen Tätigkeiten, wie z.B. der Programmierung oder bei der Konstruktion können sich die Einarbeitungszeiten dramatisch auswirken.

Manchmal hat das Multitasking auch verheerende Auswirkungen auf die Qualität und hat dadurch eine Neubearbeitung zur Folge. Negatives Multitasking kann sich so negativ auf die Konzentration auswirken, dass die Mitarbeiter beginnen, Fehler zu machen. Aus den neun Wochen, die laut Abbildung 22.9 ursprünglich für die Tätigkeiten veranschlagt waren, werden in einem Multitasking-Umfeld zwölf bis fünfzehn Wochen.

Simulationsübungen zeigen, dass die Auswirkungen von negativem Multitasking die Projektdauer um mehr als 100 Prozent verlängern können. In Fallstudien zur Critical-Chain-Methode waren die Auswirkungen sogar noch schlimmer.

In einer Mehrprojektumgebung wird der Systemengpass durch die Management-Praxis hervorgerufen, das System unabhängig davon mit Arbeit zu überhäufen, ob die Mitarbeiter die Arbeit bewältigen können oder nicht. Die Arterien des Systems sind verstopft.

Dr. Goldratt sagt dazu Folgendes: »Je komplexer das Problem ist, desto einfacher muss die Lösung sein.« Es wäre zu komplex und wahrscheinlich auch sinnlos, zu versuchen, alle Mitarbeiter eines Unternehmens in den verschiedenen Projekten und für andere Arbeiten einzuplanen. Die einfachste Lösung besteht darin, mehrere Projekte um einen Mitarbeiter herum zu planen – den am stärksten belasteten Mitarbeiter über alle Projekte hinweg. Dieser Mitarbeiter beeinflusst sehr wahrscheinlich die Projektdauer aller Projekte eines Unternehmens.

Beim Critical-Chain-Ansatz wird dieser Mitarbeiter als »Trommler« bezeichnet. Als Analogie dient das Bild von Soldaten, die in den Kampf marschieren. Um die Soldaten zusammenzuhalten und dafür zu sorgen, dass alle im Gleichschritt marschieren, schlägt ein Soldat die Trommel im Takt. Bei der Critical-Chain-Methode gibt die Kapazität des wichtigsten Mitarbeiters die Geschwindigkeit für die Bearbeitung aller Projekte vor. Dieser Mitarbeiter schlägt also sozusagen die Trommel.

Der Projektbeginn ist von der Kapazität der wichtigsten Ressource abhängig. Das Top-Management des Unternehmens wählt den »Trommler« des Unternehmens und vergibt anschließend die Prioritäten. Ist der »Trommler« an einem Projekt nicht beteiligt, kann dieses Projekt zu jedem Zeitpunkt begonnen werden.

Wenn das obere Management im Umgang mit der Critical-Chain-Methode geschult ist, ist es in der Lage, mögliche »Trommler« im Unternehmen zu identifizieren. Ist einmal nicht so offensichtlich, welcher Kandidat sich am besten eignet, sollten Critical-Chain-Projektpläne für einige oder alle aktiven Projekte entwickelt werden. Zu diesem Zweck werden alle Informationen in eine Critical-Chain-Software eingegeben. Anschließend werden die resultierenden Berichte zur Ressourcenbelastung analysiert.

Eine wichtige Information ist der prozentuale Anteil an Projekten, an denen die einzelnen Mitarbeiter beteiligt sind. Eine zweite wichtige Angabe ist der prozentuale Anteil der Beteiligung jedes Mitarbeiters an einem Projekt. Diese beiden Angaben helfen, den Trommler zu finden.

Um Projekte unter Berücksichtigung der Kapazität des Trommlers zu planen, müssen laufende Projekte deaktiviert werden oder dem Trommler müssen weitere Kapazitäten zur Verfügung gestellt werden

Ein wichtiges Beispiel stammt aus einem Unternehmen, das auf Flugzeugwartung spezialisiert war. Ein Land erhielt verschiedene Flugzeuge geschenkt. Die Flugzeuge mussten unbedingt gewartet werden. Jedes Flugzeug wies zahlreiche Probleme auf, die nur von einer Gruppe hoch spezialisierter Ingenieure gelöst werden konnten. Im Durchschnitt dauerte es 135 Tage, um ein Problem zu lösen. Der Versuch, die Flugzeuge instand zu setzen, schlug nun jedoch schon seit mehreren Jahren fehl.

Die Ingenieure hatten die Genehmigung, unbegrenzt Überstunden zu machen. Dadurch veränderte sich jedoch gar nichts. Im Durchschnitt arbeitete jeder Ingenieur an einem Dutzend Probleme gleichzeitig.

Als der Critical-Chain-Ansatz eingeführt wurde, wurde auch die Vorgabe gemacht, dass jeder Ingenieur nur drei ungelöste Probleme bearbeiten darf. Da jedes Problem als Projekt betrachtet wurde, wurden mehrere Dutzend Projekte pro Ingenieur deaktiviert.

Die Ergebnisse wurden veröffentlicht. Innerhalb von fünf Monaten verringerte sich die Durchlaufzeit pro Problem (d.h. die Zeit von der Problemidentifikation bis zur Beseitigung) von 135 Tagen auf weniger als 30 Tage. Überstunden wurden so gut wie keine mehr gemacht.

In den meisten Fällen hat der Mitarbeiter, der am höchsten belastet zu sein scheint, tatsächlich Überkapazitäten. Die Überkapazitäten werden dadurch überdeckt, dass zu viele Projekte gleichzeitig bearbeitet werden. Werden die Projekte jedoch gestaffelt, kann das Unternehmen viel mehr Projekte mit demselben Mitarbeiterpool bewältigen als zuvor.

In Kombination mit der Einführung von Puffern und dem Puffermanagement sorgt die Staffelung von Projekten für Vorhersagbarkeit im Projektmanagement. Manager sind dazu in der Lage, die Planung von der Ausführung zu trennen, ohne Projekte neu planen zu müssen, wenn Murphys Gesetz zuschlägt.

Um Projekte weiter voneinander zu isolieren, werden so genannte strategische Ressourcenpuffer eingesetzt. Diese Art von Puffer sorgt für Lücken zwischen dem Datum, an dem die strategische Personalressource aus einem Projekt entlassen wird, und dem geplanten Startdatum des nächsten Projekts. Auf diese Weise wirkt es sich nur gering oder gar nicht auf die Terminplanung aller nachfolgenden Projekte aus, wenn die kritische Personalressource ein Projekt später abschließt als geplant. Als Faustregel gilt, dass diese Art von Puffer 30–50 Prozent der Größe (in Tagen) der Aufgaben haben sollte, die die kritische Ressource ausführt.

Ein weiterer Puffer dient dazu, die kritische Personalressource vor Zeitverschwendung zu bewahren. Wenn die kritische Personalressource die Arbeit an einem Projekt aufnimmt, möchte das Unternehmen sicherstellen, dass bereits Arbeit auf die Ressource wartet und nicht umgekehrt. Deshalb werden alle Aufgaben für den Trommler so eingeplant, dass sie wirklich fertig sind, bevor er sich an die Arbeit macht.

22.7 Einführung der Critical-Chain-Methode in einer Mehrprojektumgebung

Damit das Top-Management, die Projekt- und die Ressourcenmanager die Einführung einer Mehrprojektumgebung unterstützen können, müssen die Projektinformationen für jedermann sichtbar, aktuell und genau sein. Dies lässt sich am besten mit Critical-Chain-Software realisieren. Die folgenden drei Software-Pakete unterstützen die Critical-Chain-Methode in der Mehrprojektumgebung:

- Concerto von SpeedtoMarket (www.speedtomarket.com)
- PS8 von LeBihan (www.lebihan.de)
- ProChain und ProChain Plus von ProChain Solutions (www.prochain.com)

Concerto ist eine auf Oracle basierende Lösung, die Microsoft Project für die Dateneingabe und -anzeige benutzt. PS8 verwendet eine eigene SQL-Datenbank und ProChain ist ein AddOn für Microsoft Project.

Eine erfolgreiche Implementierung muss mindestens die folgenden Voraussetzungen erfüllen:

- Identifikation und Übereinstimmung in Bezug auf den Trommler für die Projekte, die mit der Critical-Chain-Methode implementiert werden
- Übereinstimmung in Bezug auf die Methode der Staffelung von Projekten und das System zur Prioritätenvergabe. Dies beinhaltet in der Regel die Deaktivierung von einigen oder vielen momentan aktiven Projekten.

- Ernennung einer Person zum Masterplaner, um ihr bei der Festlegung von Optionen für die Staffelung neuer Projekte zu helfen und um alle Projekt- und Ressourcenmanager über den aktuellen Status des Trommlers auf dem Laufenden zu halten
- Konsens in Bezug auf Änderungen an Terminplänen für alle aktiven Projekte
- Einmischung der Unternehmensleitung in den Vorgang, insbesondere Deutlichmachen, dass neue Projekte nach der Staffelung der Vorgänge gestartet werden
- Schulung und Verfahrensweisen für alle Projekt- und Ressourcenmanager inklusive des »Wie« und des »Warum« der Critical-Chain-Methode

22.8 Critical Chain und Critical Path

Bei der Critical-Chain-Methode wird davon ausgegangen, dass bereits ein Netzplan erstellt und der kritische Pfad (Critical Path) identifiziert wurde. Die Critical-Chain-Methode erweitert die Möglichkeiten, den Ablauf- und Terminplan zu optimieren, und schafft die Voraussetzungen für eine verbesserte Projektüberwachung und -steuerung. Allerdings müssen im Unternehmen einige Änderungen vorgenommen werden, um die Critical-Chain-Methode erfolgreich einzuführen. Nachfolgend sind einige Punkte aufgelistet, die dies näher erläutern.

1. Bei der Critical-Chain-Methode müssen sich die Teammitglieder einer Projektaufgabe vollständig widmen und diese so schnell wie möglich erledigen. Sie müssen außerdem regelmäßig Bericht darüber erstatten, wie viele Tage sie noch bis zur Fertigstellung benötigen. Bei der Planung eines Projekts sollten die Schätzwerte möglichst nahe an dem Zeitbedarf liegen, der erforderlich ist, wenn Mitarbeiter ausschließlich an den Aufgaben arbeiten. Dadurch lässt sich das so genannte Studentensyndrom stark eindämmen.
2. Multitasking mit unangenehmen Folgen kommt so gut wie nicht mehr vor. Dies hängt damit zusammen, dass Puffer aus dem geschätzten Zeitbedarf für die Aufgaben herausgenommen werden, weil die Mitarbeiter ausschließlich an einer Aufgabe arbeiten und diese abschließen, bevor sie mit einer neuen Aufgabe beginnen.
3. Die Mitarbeiter werden nicht daran gemessen, ob sie ihre Aufgaben im vorgegebenen Zeitrahmen erledigen. Sie werden hingegen aufgefordert, das Endergebnis ihrer Arbeit so schnell wie möglich an das nächste Glied in der Kette zu übergeben. Diese Vorgehensweise wird manchmal auch als »Stafellauf-Prinzip« bezeichnet.
4. Werden die aufgaben- und die personalbezogenen Abhängigkeiten berücksichtigt, wird die längste Folge abhängiger Aufgaben schnell deutlich. Diese längste Folge oder kritische Kette von Aufgaben kreuzt möglicherweise logische Pfade im Netzplan.
5. Puffer und der Umgang mit Puffern sind ein Kernbestandteil der Ablauf- und Terminplanung. Die Möglichkeit, Projektendtermine einzuhalten, ist eng mit dem Einsatz von Puffern verknüpft. Strategische eingesetzte Puffer ermöglichen es dem Planer, alle allgemeinen Ursachen für Abweichungen auszugleichen. Damit sind Abweichungen in der Dauer gemeint, die vorhersehbar sind, weil sie Bestandteil des Systems sind, in dem Projekte durchgeführt werden. Es gibt verschiedene Arten von Puffern, wie z.B. Projektpuffer, Versorgungspuffer, Ressourcenpuffer, »Trommlerpuffer« und Puffer für strategische Personalressourcen.
6. Der kritische Pfad nutzt das Konzept des Schlupfes oder von Leerlaufzeiten, um zu ermitteln, wie viel Flexibilität der nichtkritische Pfad bietet. Bei der Critical-Chain-Methode wird davon ausgegangen, dass Leerlaufzeiten wegen des Studentensyndroms keine echte Flexibilität bieten. Die Critical-Chain-Methode gruppiert die Aufgaben auf jedem nichtkritischen oder Versorgungspfad, der zur kritischen Kette führt, und »schützt« die kritische Kette durch einen Vorgabepuffer. Dieser Puffer entspricht einer Terminplanreserve für einen bestimmten Teil des Projekts. Die Critical-Chain-Methode nutzt die Versorgungspuffer im gesamten Netzplan explizit und systematisch.
7. Durch die Pufferung können nichtkritische Aufgaben so spät wie möglich eingeplant und dadurch kostspielige Investitionen für halbfertige Erzeugnisse vermieden werden. Durch diese Vorgehensweise wird auch das so genannte Studentensyndrom stark zurück-

gedrängt. Aufgaben werden mit einem möglichst späten Start eingeplant, falls nicht ein zwingender Grund vorliegt, anders vorzugehen.

8. Häufig verändert sich die kritische Kette im Projektverlauf, weil keine Puffer für die Abweichungen bei der Bearbeitung der Aufgaben vorhanden sind. Wird der Critical-Chain-Ansatz korrekt eingesetzt, sollte dies jedoch nicht passieren, da genügend Puffer vorhanden sein sollten, um die Unsicherheiten in Bezug auf die Aufgabenendtermine aufzufangen.
9. Der Critical-Chain-Ansatz berücksichtigt, dass es Mehrprojektumfelder gibt, in denen es Abhängigkeiten zwischen den Ressourcen gibt, d.h., zumindest für einige Aufgaben wird auf einen allgemeinen Ressourcenpool zugegriffen.
10. Der Critical-Chain-Ansatz identifiziert eine kritische Personalressource, den so genannten Trommler, für mehrere Projekte. Wenn dieser Mitarbeiter überlastet oder nicht verfügbar ist, beeinflusst dies die Projektlaufzeiten aller Projekte.
11. Die gestaffelte Durchführung von Projekten dient dazu, den Projektablauf zu verbessern, um die Vorhersagbarkeit jedes Projektergebnisses zu erhöhen und um die Effektivität kritischer Personalressourcen zu steigern, indem die Auswirkungen von schädlichem Multitasking reduziert werden. Es resultieren kürzere Projektlaufzeiten und die Anzahl erfolgreich abgeschlossener Projekte lässt sich ohne Aufstockung des Personals erhöhen.
12. Der Critical-Chain-Plan und die detaillierten Ablauf- und Terminpläne sind eng miteinander verbunden. Die Logik im Detail muss sich in Zusammenfassungen widerspiegeln.

PROBLEME

22.1 Beschreiben Sie die fünf Arten von Puffern, die bei der Critical-Chain-Methode eingesetzt werden, sowie den Zweck jedes Puffers.

22.2 Wie kann ein Ressourcenmanager entscheiden, welcher Mitarbeiter welche Aufgabe bearbeiten soll und wann ein Konflikt vorliegt?

22.3 Inwiefern berücksichtigt ein Critical-Chain-Plan Demings Bedenken in Bezug auf allgemeine Ursachen für Abweichungen?

22.4 Welche Vorteile bietet ein Zeit- und Terminplan, der nach dem Critical-Chain-Ansatz erstellt wurde, für die Personalplanung, für die Verwaltung der Aufgaben und für die Mitarbeiter, die die Aufgaben ausführen, im Vergleich zur traditionellen Vorgehensweise? Erläutern Sie Ihre Antwort.

22.5 Beschreiben Sie, welche Rolle der Trommler im Zusammenhang mit der Critical-Chain-Methode spielt.

22.6 Nennen Sie vier Punkte, in denen sich der Critical-Chain- vom Critical-Path-Ansatz unterscheidet.

22.7 Wie kann ein Pufferbericht als Frühwarnsystem für Terminprobleme eingesetzt werden?

22.8 Nachfolgend werden verschiedene Methoden vorgestellt, die von Unternehmen zur Beurteilung von Projektmanagern und Teammitgliedern eingesetzt werden. Welche Methode repräsentiert den Critical-Chain-Ansatz?

a. Genauigkeit der Zeitschätzung für die einzelnen Aufgaben
b. Die Arbeit so schnell wie möglich erledigen und so früh wie möglich an die nächste Ressource übergeben.
c. Aufgaben zum geplanten Endtermin abschließen.
d. Das Projekt rechtzeitig oder vorzeitig abschließen.

22.9 Welche Vorteile bietet der Critical-Chain-Ansatz aus der Sicht der Unternehmensführung?

a. Besserer Cashflow
b. Es wird weniger Zeit für die Überwachung wichtiger Projekte benötigt, die Berichterstattung ist jedoch besser.

c. Es können mehr Projekte pro Jahr abgeschlossen werden, ohne dass das Personal aufgestockt werden muss.

d. Meilensteine können besser erreicht werden.

22.10 Zwei Projektmanager wollen einen bestimmten Mitarbeiter für die Mitarbeit an ihrem Projekt gewinnen. Bei einem Projekt geht es um die Bearbeitung einer Aufgabe aus einem Versorgungspfad, dessen Versorgungspuffer zu 95 Prozent aufgebraucht ist. Beim anderen Projekt muss eine Aufgabe der kritischen Kette bearbeitet werden, wobei die kritische Kette zu 50 Prozent abgearbeitet ist und der Projektpuffer bisher noch nicht in Anspruch genommen wurde. Welche Aufgabe sollte von dem Mitarbeiter als Erstes bearbeitet werden? Begründen Sie Ihre Antwort.

22.11 Die Critical-Chain-Methode hilft Managern bei der Projektplanung und bei der Überwachung der Ausführung mit dem Ziel, die Projekte rechtzeitig, im geplanten Kostenrahmen und mit dem gewünschten Projektumfang abzuschließen. Wählen Sie bei jeder Antwort, welche Aussage der Critical-Chain-Methode am ehesten entspricht.

a. Ein Plan umfasst 10.000 Aufgaben oder ein Plan umfasst 300 Aufgaben.

b. Die Personalressourcen werden einzeln identifiziert oder die Personalressourcen werden über den Poolnamen identifiziert.

c. In einem Mehrprojektumfeld gibt es einen Hauptplaner oder jeder Projektmanager legt selbst fest, wann sein Projekt beginnt.

d. Die Teammitglieder kennen die Schätzwerte für eine Aufgabe oder die Teammitglieder kennen die Schätzwerte für eine Aufgabe nicht.

22.12 Warum müssen sich Führungskräfte beim Critical-Chain-Mehrprojektansatz einmischen?

22.13 Es gibt drei Software-Pakete, die den Critical-Chain-Ansatz unterstützen. Eine Software ist ein »AddOn« für Microsoft Project. Beschreiben Sie den wichtigsten Vor- und Nachteil dieser Anbindung.

22.14 Eines der Software-Pakete, die den Critical-Chain-Ansatz unterstützen, basiert auf der Oracle-Datenbank. Beschreiben Sie den wichtigsten Vor- und Nachteil dieser Anbindung.

22.15 Eines der Software-Pakete, die den Critical-Chain-Ansatz unterstützen, ist mit einer eigenen proprietären Datenbank ausgestattet. Beschreiben Sie den wichtigsten Vor- und Nachteil dieses Konzepts.

22.16 Warum lassen sich nach der Critical-Chain-Methode Einzelaufgaben nicht dadurch schützen, dass die Schätzwerte aufgebläht oder die Endtermine nach hinten verschoben werden? Warum bietet die Pufferung eines Projekts und der Versorgungspfade eine größere Vorhersagbarkeit in Bezug auf das Projektergebnis?

22.17 Wie würden Sie Ihre Teammitglieder davon überzeugen, ihre Arbeit möglichst schnell an die nachfolgende Ressource zu übergeben, wenn Sie Projektmanager Ihres ersten Critical-Chain-Projekts wären?

22.18 Welche Informationen benötigen Sie als Ressourcenmanager von Ihren Mitarbeitern, um die Critical-Chain-Datenbank aktuell zu halten?

22.19 Im Mehrprojektumfeld bestimmt der Trommler, wann neue Projekte gestartet werden. Ist der Trommler eher ein Mitarbeiter, der am Anfang oder am Ende eines Projekts eingesetzt wird? Begründen Sie Ihre Antwort.

22.20 Geben Sie für jeden der nachfolgenden Puffertypen an, wie viele Puffer davon in einem Projekt enthalten sind.

a. Projektpuffer

b. Versorgungspuffer

c. Ressourcenpuffer

d. Puffer für strategische Personalressource

e. Puffer für Trommler

FALLSTUDIEN

Lucent Technologies

Die Firma Lucent Technologies mit Sitz in New Jersey, USA, ist ein Kommunikationsunternehmen mit einem Jahresumsatz von $ 33 Milliarden. Mit ungefähr 100.000 Mitarbeitern in mehr als 65 Ländern konzentriert sich Lucent auf den mobilen Internetzugang und den Breitbandmarkt für alle Arten von Kommunikationsnetzwerken. Dazu gehören Produkte und Dienstleistungen aus den Bereichen Internet, E-Business, kabellose und optische Datenverbindungen und Voice-Verbindungen.

In diesem innovativen und hart umkämpften Markt ist die Geschwindigkeit, mit der Produkte auf den Markt gebracht werden, von besonderer Bedeutung. Um eine schnelle Entwicklung sicherzustellen, nutzt Lucent die Dienste der FuE-Community von Bell Labs, die in dreißig Ländern aktiv ist. Lucent investiert 12 Prozent seines Ertrags in Forschung und Entwicklung, was dazu führt, dass aus den Labors zahlreiche innovative Produkte hervorgehen, die von Millionen Menschen auf der ganzen Welt eingesetzt werden.

Zu den ersten Sparten von Lucent, die die Critical-Chain-Methode einsetzten, gehörte die Gruppe Optical Fiber Solutions (Glasfaserlösungen). Diese Gruppe sitzt in Norcross, GA, USA. Sie ist ein Pionier bei der Entwicklung und Herstellung von Glasfaserkomponenten. Der Einsatz von Glasfaser im Bereich der Kommunikation nimmt ständig zu, da das Material sehr hohe Übertragungsgeschwindigkeiten ermöglicht und eine hohe Zuverlässigkeit der Übertragung bietet.

Die Optical Fiber Solutions-Gruppe besteht aus mehreren Tausend Mitarbeitern, von denen mehrere Hundert Wissenschaftler und Ingenieure sind. Ein Direktor dieser Gruppe, Dr. William J. Baron, sagt aus, dass sich das Projektumfeld vor der Einführung des Critical-Chain-Ansatzes beständig änderte.

In der Sparte gibt es einige Großprojekte, deren Mitarbeiter ausschließlich an diesen Projekten arbeiten. Es gibt jedoch auch viele Projekte, an denen die Mitarbeiter nur teilweise arbeiten. Es handelt sich also um eine typische Mehrprojektumgebung. Vor der Einführung des Critical-Chain-Ansatzes wurden die Projektprioritäten ständig verändert. Ungefähr 40 Prozent der Projekte wurden im geplanten Zeitraum abgeschlossen. Die Projektlaufzeiten schienen gleich oder kürzer zu sein als bei vergleichbaren Unternehmen.

Dr. Baron beschreibt den Änderungsvorgang als »99 Prozent Veränderung der Unternehmenskultur und 1 Prozent Theorie«. Laut Dr. Baron konnte es als großer Erfolg gewertet werden, den Präsidenten der Geschäftseinheit und die leitenden Angestellten vom Pufferkonzept zu überzeugen. Dazu wurde von Dr. Richard Franks, CEO vom Consulting-Unternehmen Oak Hill Consulting, ein Trainingsprogramm durchgeführt, bei dem Simulationen von drei Projekten eingesetzt wurden, um das Verständnis zu erleichtern. Laut Dr. Franks sind die Simulationen entscheidend, wenn es darum geht, die Aufmerksamkeit der Führungskräfte zu gewinnen und sie für die Änderungen einzunehmen.

In der Übergangsphase stellte sich die Frage, wie Projekte behandelt werden sollten, die bereits in Arbeit waren. Dr. Baron beschloss, diese Projekte wie bisher üblich abzuschließen, falls sie bereits länger in Arbeit waren. Das Team, das die Umstellung vornehmen sollte, nahm sich zwei Projekte mit einer sehr hohen Priorität heraus, wählte den Trommler und plante die Projekte nach der Critical-Chain-Methode.

Am Anfang kümmerte sich der Trommler um eingehendes Material, das für Entwicklungsprojekte genutzt wurde. Nach sechs Monaten stellte das Team fest, dass die Projekte noch immer stillstanden. Deshalb wurde beschlossen, den Trommler erst im späteren Verlauf des Entwicklungsprozesses einzusetzen. Diese Methode hat sich als Staffelmechanismus über mehrere Jahre bewährt.

Diese Sparte von Lucent setzt eine Software namens ProChain ein (ein AddOn für Microsoft Project), um die Critical-Chain-Terminpläne zu entwickeln. Die Pufferberichte werden einmal wöchentlich aktualisiert und es werden einmal wöchentlich Sitzungen abgehalten, um den Stand der Dinge zu besprechen.

In den ersten beiden Jahren konnten folgende Ergebnisse erzielt werden:

- In der Gruppe Premise Cable Products (Verkabelung in Gebäuden) wurden 100 Prozent der sechzehn Projekte, die mit der Critical-Chain-Methode geplant worden waren, fristgerecht abgeschlossen. Die Projektlaufzeiten konnten im ersten Jahr um 50 Prozent reduziert werden.
- In der Gruppe Outside Plant Cable Products (Außenverkabelung) konnte die Entwicklungskapazität verdreifacht werden, ohne dass dazu die Anzahl der Mitarbeiter erhöht werden musste. Die Projektlaufzeiten in den einzelnen Sparten konnten außerdem im ersten Jahr um 50 Prozent reduziert werden.
- Über einen Zeitraum von zwei Jahren hinweg wurden mehr als 95 Prozent aller Projekte fristgerecht abgeschlossen.

Laut Dr. Baron hat die Critical-Chain-Methode einen großen Einfluss auf die Einführung neuer Produkte. Multitasking gehört nicht mehr zum Projektalltag und die Zufriedenheit der Mitarbeiter ist gestiegen, da das Gefühl vorherrscht, dass Verpflichtungen mit Critical-Chain-Plänen eingehalten werden können. David und Suzan Bergland, das Consulting-Team von TOC Solutions, das mit Dr. Franks bei einer nachfolgenden Implementierung der Critical-Chain-Methode zusammenarbeitete, drücken es wie folgt aus: »Bill Baron und sein Team haben viel dadurch gewonnen, dass sie die alten Regeln abgeschafft haben, durch die sie behindert wurden. Nun sind ihre Projektverpflichtungen vorhersehbar und mit der Vorhersehbarkeit stehen auch die Informationen bereit, die benötigt werden, um mit den Erwartungen umzugehen und die Arbeit zu bewältigen.«

Dadurch, dass mehr Projekte abgeschlossen werden konnten, hatte die Sparte die Möglichkeit, den Projektmix zu verändern. Dr. Baron beschreibt dies wie folgt. »Wir können nun mehr zukunftsorientierte Projekte angehen. Die Arbeit ist weniger trivial.«

Der Critical-Chain-Ansatz wurde bei Lucent auch in anderen Sparten eingeführt, in denen der Konkurrenzdruck ebenfalls kürzere FuE-Zyklen und eine höhere Anzahl an Projektabschlüssen erfordert.

Elbit Systems

Die Firma Elbit Systems (ESL) ist eine Aktiengesellschaft mit Sitz in Haifa, Israel, die weltweit aktiv ist und ungefähr 4.400 Mitarbeiter beschäftigt. ESL entwickelt elektronische und elektrooptische hochleistungsfähige Verteidigungssysteme für Kunden aus der ganzen Welt, z.B. aus den USA, aus Europa, aus Israel, aus Lateinamerika und aus dem Fernen Osten. Elbit Systems ist auf Aktualisierungsprogramme für Verteidigungsplattformen ausgerichtet, häufig als Hauptauftragnehmer. Das Unternehmen entwickelt, fertigt und integriert außerdem Steuerungs-, Kontroll- und Kommunikationssysteme (C3-Systeme) und elektronische und elektro-optische Systeme und Produkte.

Die Fallstudie befasst sich mit der Einführung der Critical-Chain-Methode an einem der Standorte von ESL in Haifa, Israel, an dem die Geschäftseinheiten in einer Matrixorganisation angeordnet sind. Es gibt folgende Hauptgeschäftsbereiche:

- Aktualisierung und Neuentwicklung von Starrflügler- und Helikopter-Systemen
- Systeme zur Befestigung von Pilotenhelmen
- Aktualisierung und Entwicklung von Kampffahrzeugen
- Aktualisierung und Neuentwicklung von C3- und Feldinformationssystemen und Plattformen für unbemannte Flugzeuge
- Elektro-optische und Systeme und Produkte sowie Systeme und Produkte für die Raumfahrt

ESL passt seine Technologien, Integrationsfähigkeiten, Marktkenntnisse und kampferprobte Systeme an die Bedürfnisse jedes einzelnen Kunden sowohl auf vorhandenen als auch auf neuen Plattformen an. ESL bearbeitet die unterschiedlichsten Projekte, die Innovationen für Systeme in der Luft, auf dem Meer, an Land und im Weltraum beinhalten. Es gibt Projekte, die bis zu fünf Jahre dauern können. Das Unternehmen ist in SBUs (Strategic Business Units) unterteilt, die jeweils eine Matrixorganisation aufweisen.

Die Programm-Manager setzen Leute für die aktiven Projekte ein, die häufig an mehreren Projekten gleichzeitig arbeiten. Als schnell wachsendes Unternehmen verursachte die interne Konkurrenz um die Mitarbeiter auch ein zunehmendes Maß an Überstunden.

Vor der Implementierung der Critical-Chain-Methode in den Mehrfachprojekt-SBUs von ESL hatte es in unterschiedlichem Ausmaß mit einigen typischen Problemen projektorientierter Unternehmen zu kämpfen:

- Überschreiten von Endterminen
- Zu viele Änderungen
- Einsatzmittel und Informationen stehen nicht zur Verfügung, wenn sie benötigt werden
- Prioritätenkonflikte zwischen den einzelnen Projekten
- Budgetüberschreitungen
- Nacharbeiten

Weil ESL in einer sehr konkurrenzorientierten Umgebung arbeitet, übt die Verkaufsabteilung häufig Druck auf die Entwickler aus, um ihre Schätzungen zu reduzieren, und man macht höchst aggressive Versprechungen. Guy Bill, Chief Operating Officer bei ESL, beschreibt es so: »Die Kunden fordern immer kürzere Entwicklungszeiten.« Die Entwicklungsgruppen sind häufig der Meinung, dass ihre Schätzungen bereits zu aggressiv sind. In dem Wissen, dass der Verkauf fordert, früher auszuliefern, als die Entwicklung es zusagen kann, setzen die Techniker ihre Schätzungen nicht selten zu hoch an, weil sie erwarten, dass man sie herunterhandeln will.

Um jeden zufriedenzustellen, begann das Unternehmen, exzessives Multitasking zu betreiben, d.h., die Mitarbeiter mussten an zahlreichen Projekten gleichzeitig arbeiten. Manchmal führte dies zu großer Verwirrung und zu einem Kampf um Prioritäten. Laut Guy Brill entstand dadurch eine Situation, in der alle Programm-Manager unzufrieden waren.

Um das Problem zu lösen, begann ESL im April 1997 mit der Einführung der Critical-Chain-Methode. Nach einem zweitätigen Workshop wurden die ersten beiden Pilotprojekte gestartet. ESL stellte jedoch schnell fest, dass dieser Ansatz in einer Matrixorganisation nicht eingesetzt werden konnte. Das Hauptproblem war das Ressourcenmanagement. Es ging dabei um die Möglichkeit, die Ressourcen verfügbar zu haben, wenn sie benötigt werden, ohne dass Konflikte zwischen Projekten entstehen. Die Bemühungen, die bei der frühen Implementierung des Critical-Chain-Ansatzes unternommen wurden, bilden die Grundlage für den Mehrprojektansatz der Critical-Chain-Methode.

Im Juli 1997 war ESL in der Lage, einen Workshop für das Top-Management durchzuführen. Mit Unterstützung des Top-Managements führte das Unternehmen im September 1997 ein Kick-Off-Meeting mit 400 Teilnehmern durch. Der CEO machte die Unternehmensstrategie und den Bedarf für eine neue Vorgehensweise beim Management der Projektressourcen deutlich. Im November standen die benötigte Infrastruktur und Software zur Verfügung und der Wechsel zur Critical-Chain-Methode war in vollem Gange. Zu diesem Zeitpunkt gab es noch keine Software, die den Multiprojekt-Critical-Chain-Ansatz unterstützte. Deshalb wurde eine neue Software namens Concerto entwickelt. Ziel war es, die Projektressourcen des gesamten Unternehmens zu synchronisieren. Das schlechte Multitasking konnte damit wesentlich reduziert werden. Die Avionik-Programme wurden 1997 und alle anderen Programme 1998 auf Critical Chain umgestellt.

Dazu mussten die Projekt- und Ressourcenmanager zunächst einen zweitätigen Workshop besuchen. Anschließend hatten sie drei Tage Zeit, um ihre Critical-Chain-Pläne aufzustellen und Konflikte zu lösen. Alle Hindernisse, die nicht von einzelnen Projektmanagern aus dem Weg geschaffen werden konnten, kamen vor einen Lenkungsausschuss.

Bei der Einführung des neuen Ansatzes stellte sich das Problem der Bewertung der Leistung von Mitarbeitern. Bisher wurden die Teammitglieder belohnt, wenn die vorgegebenen Endtermine eingehalten oder übererfüllt wurden. Da diese Bewertung bei der Critical-Chain-Methode kontraproduktiv ist, beschloss der Lenkungsausschuss, Mitarbeiter auf der Basis der Unternehmens- und der Projektleistung zu belohnen.

Es blieb jedoch ein Motivationsproblem bestehen. Der Critical-Chain-Ansatz beinhaltet die Arbeitsethik des Staffellauf-Prinzips. ESL ist ein projektorientiertes Unternehmen, was bedeutet, dass der Großteil seiner Gewinne direkt aus den Projekten stammt. Deshalb wurde es als sehr negativ betrachtet, kein echtes Projekt zu haben, dem die Arbeitszeit zugerechnet werden konnte. Die Einführung des Staffellauf-Prinzips beinhaltete jedoch, dass viele Teammitglieder von Zeit zu Zeit Leerlaufzeiten hatten, in denen sie nicht aktiv an einem aktiven Projekt mitarbeiteten. Das war zwar für das Management von ESL akzeptabel, die Teammitglieder nahmen den Sachverhalt jedoch anders wahr und machten sich Sorgen darüber.

Um das Problem zu lösen, durchlief ESL mehrere Iterationsschritte. Zunächst wurde daran gedacht, eine »Leerlauf«-Auftragsnummer zu vergeben. Aber der Begriff »Leerlauf« war zu negativ behaftet. Schließlich verwendete man F&E-Auftragsnummern, mit der ausdrücklichen Zusicherung, dass das Management die Leerlaufzeit einzelner Mitarbeiter nicht überprüfen und keine Berichte für die F&E-Auftragsnummern erstellen würde.

Zu den größten Herausforderungen bei der Implementierung des neuen Ansatzes gehörten die Staffelung und die Prioritätenvergabe für die Projekte. ESL wählte zunächst eines der Software-Teams als »Trommler«-Ressourcen aus. Bei der Projektplanung wurde darauf geachtet, dass diese Software-Gruppe nicht überlastet wurde. Während das Multitasking wesentlich reduziert wurde, gab es noch ein großes Hindernis. Zu viele Projekte gelangten gleichzeitig in die Integrationsphase.

Die Ingenieure, die in der Integrationsphase arbeiteten, gehörten zu den besten des Unternehmens. Sie mussten mit den gesamten Projektspezifikationen und Kundenanforderungen vertraut sein. Sie mussten sich gut genug auskennen, um das gesamte Produkt zu integrieren und gründlich zu testen.

Häufig kam es zu Streitigkeiten, wenn eine Komponente die Spezifikationen zwar als solche erfüllte, den Integrationstest jedoch nicht bestand. Auf der Stufe der Systemintegration glaubten die Ingenieure manchmal, dass sie ihre Zeit mit der Bearbeitung von Problemen anderer Abteilungen verschwendeten, denen das Problem zuzuordnen war. Häufig herrschte die Einstellung vor: »Beweise, dass das unser Problem ist und nicht deines.« Um diese schwierigen Probleme zu lösen, mussten häufig Ressourcen aus unterschiedlichen Abteilungen zusammengezogen werden, die jedoch oft nicht sofort verfügbar waren. Weil die Integration so lang dauerte, wurden die Teams nicht selten aufgelöst, bevor sie abgeschlossen war. Aus diesem Grund wurden Projekte oft bei der Integration verzögert. Der Wettbewerb zwischen den Projekten verzögerte ihre Fähigkeit wesentlich, schnell genug durch die Integration zu laufen, um die Zeitpläne einzuhalten.

Aus diesem Grund entwickelte das Unternehmen eine neue Lösung in Zusammenarbeit mit Dr. Goldratt, die so genannte »Virtuelle Trommel«. Diese Lösung verwendet eine Strategievorgabe statt einer physischen Ressource, um Projekte zu staffeln. Bei ESL gilt die Strategie, dass nur ein oder zwei Projekte gleichzeitig das Integrationsstadium durchlaufen dürfen. Die Integrationsingenieure und die Mitarbeiter aus anderen Abteilungen arbeiteten daraufhin ohne jegliche Prioritätenkonflikte zusammen. Die Lösung ist nun seit mehreren Jahren im Einsatz.

Laut Guy Brill gibt es drei Faktoren für den Erfolg der Critical-Chain-Methode:

- Die Erstellung von funktionsfähigen Arbeitsplänen mit der Critical-Chain-Methode und die Einrichtung von ausreichenden Puffern (bei ESL 30-Prozent-Puffer). Bei ESL müssen alle Projektpläne Puffer enthalten.

- Die Implementierung von Puffermanagement als Möglichkeit, Prioritäten für Aufgaben bei der Ausführung mehrerer Projekte zu vergeben. Bei der Prioritätenvergabe muss der Pufferverbrauch berücksichtigt werden.
- Beschränkung des Multitaskings. Bei ESL wurde dazu das Konzept der »virtuellen Trommel« eingeführt.

Bei ESL werden täglich Berichte über den Start und den Abschluss von Aufgaben erstellt. Die Daten werden über Nacht aktualisiert und gestatten so Projektmanagement »in Echtzeit«. Bedingt durch die Art von Verträgen, die üblicherweise von ESL geschlossen werden, hat ESL einen zusätzlichen Puffertyp namens Meilensteinpuffer eingeführt. Häufig hängen Zahlungen oder Konventionalstrafen mit der Erfüllung kritischer Meilensteine zusammen. Dies gilt insbesondere für langfristige Projekte. Der Meilensteinpuffer ähnelt dem Projektpuffer. Die Aufgabenprioritäten werden auf der Basis des Projektpuffers, der Meilensteinpuffer und schließlich der Versorgungspuffer festgelegt.

ESL beschränkt die Anzahl der Aufgaben eines Critical-Chain-Plans auf 200 bis 300. Es werden detailliertere Pläne entwickelt und mit den einzelnen Aufgaben im Critical-Chain-Plan verknüpft. Während das obere Management früher mehr als eine Stunde benötigte, um jedes Projekt zu überprüfen, kann das Management nun alle dreißig bis vierzig Projekte in 1,5 Stunden effektiv überprüfen.

Laut ESL konnten die negativen Effekte, die zu Beginn der Fallstudie beschrieben wurden, durch die Critical-Chain-Methode vollständig eliminiert werden. Die Synchronisierung zwischen den Programmteams läuft hervorragend und basiert auf einer gemeinsamen Sprache, darauf, dass Berichte von jedem eingesehen werden können, und auf dem Trommler-Ansatz der Ablauf- und Terminplanung. Die Pläne sind besser aufgebaut und die Terminpläne werden eher erfüllt. Probleme werden rechtzeitig identifiziert und Probleme mit der Erfüllung von Meilensteinen können früh genug erkannt werden, um die entsprechenden Schritte unternehmen zu können. Die Prioritäten sind für alle klar und deutlich.

Bisher haben noch nicht alle Zulieferer von ESL die Critical-Chain-Methode übernommen. Es ist jedoch möglich, alle Zulieferer zu ermitteln, die Probleme in der kritischen Kette verursachen. ESL ist dadurch in der Lage, bei bestimmten Zulieferern Spezialmaßnahmen zu ergreifen, um das Risiko zu reduzieren und auf frühe Liefertermine hinzuarbeiten.

ESL zeigt seinen Kunden den Critical-Chain-Arbeitsplan und die eingeplanten Puffer. Es wird jedoch erklärt, was die Puffer zu bedeuten haben und wie sie eingesetzt werden, um das Projekt zu schützen. ESL ist dadurch in der Lage, dem Kunden die Rolle deutlich zu machen, die er bei der Erfüllung der kritischen Meilensteine spielt.

Zukünftig würde ESL gerne die Marktposition auf der Basis der hohen Zuverlässigkeit und der kurzen Lieferzeiten ausbauen. ESL glaubt, das Pareto-Prinzip auf den Pufferverbrauch anwenden und so die häufigsten Ursachen für seinen Verbrauch finden zu können. Dadurch lassen sich die Projektlaufzeiten und die Puffergrößen reduzieren.

Die Critical-Chain-Methode wurde inzwischen bei allen ESL-Niederlassungen weltweit eingeführt.

Seagate Technology

Seagate Technology ist ein Speicherhersteller für PCs, Netzwerke und andere Medien, die einen permanenten, sicheren Zugang auf Daten benötigen. Mit Hauptsitz in Kalifornien unterhält das Unternehmen Produktions- und Konstruktionsanlagen in den USA und auf der ganzen Welt. Das Unternehmen wurde 1979 gegründet und stellte zunächst hauptsächlich Laufwerke her. Heute erzielt es zwar noch immer einen Teil seines Umsatzes über Laufwerke, die Produktpalette hat sich jedoch auf Speichermedien für Videorecorder, Fernseher und Spielekonsolen ausgeweitet.

Seagate gehört zu den Pionieren der Critical-Chain-Methode. Für das Unternehmen ist es sehr wichtig, mit neuen Technologien schnell am Markt zu sein. Der erste Anbieter eines innovativen neuen Produkts kommt so lange in den Genuss hoher Margen und hoher Absatzzahlen, bis er von Konkurrenten eingeholt wird. Um diese Marktführerschaft halten zu können, begann Brent King, Executive Director, Business Process Development, 1999, die Tauglichkeit der Critical-Chain-Methode zu prüfen.

Brent King ist Assistent des technischen Direktors der Produktentwicklung der Sparte Laufwerke. In dieser Rolle unterstützt er die Entwicklungskernteams dabei, die Produktneuentwicklungen auf den Markt zu bringen. Im Mai 1999 erhielt eines der Kernteams, das in Minnesota angesiedelt war, die Möglichkeit, das Critical-Chain-Konzept einzuführen. Einen Monat später begann das Team, seinen Netzplan nach der Critical-Chain-Methode aufzustellen.

Im August 1999 sollte das Produktcenter-Management auf die Critical-Chain-Methode umgestellt werden. Die Mitarbeiter sollten nicht mehr versuchen, die Produktentwicklungszeiten von 15 auf 14,5 Monate zu reduzieren, sondern überlegen, wie die Laufzeiten halbiert werden können. Im September 1999 begann ein zweites Kernteam in Minnesota, seinen Netzplan mit der Critical-Chain-Methode zu erstellen. Im März 2000 stellten Kernteams in Oklahoma City und Longmont, CO, auf den Critical-Chain-Ansatz um.

Diesmal wurde versucht, die Produktentwicklung mit Kernteams durchzuführen, die ausschließlich an den Entwicklungsprojekten arbeiten. Die Critical-Chain-Methode wurde bei Projekten eingeführt, die noch ganz am Anfang des Entwicklungszyklus standen. Da die Entwicklungszyklen Zeiträume zwischen mehreren Monaten und einem Jahr umfassten, dauerte die Umstellung aller Projekte pro Standort ein Jahr.

Bei Seagate legen die Programm-Manager die Ablauf- und Terminpläne für die Produktentwicklung fest. Es gibt nur relativ wenig Programm-Manager (in der Regel einen pro Standort), jedoch sehr viele Ressourcenmanager. Ungefähr 200 Ressourcenmanager nehmen an Schulungsprogrammen zur Critical-Chain-Methode teil.

Laut Brent King wurde eine der größten Veränderungen, die durch die Critical-Chain-Methode erzielt werden konnten, durch die Eliminierung aller Puffer aus den Einzelaufgaben und die Konsolidierung dieser Einzelpuffer in einem Projektpuffer erzielt. Durch die Verdeutlichung der Vorteile einer größeren Vorhersagbarkeit der Projektergebnisse ließ sich der Widerstand gegen Änderungen überwinden. Die Akzeptanz wurde auch durch die Unterstützung des technischen Direktors und des oberen Managements beschleunigt. »Die Manager werden zwar nicht dazu gezwungen, Critical Chain einzusetzen, die Akzeptanz nimmt jedoch zu. Die Critical-Chain-Methode in Zusammenhang mit der Software Concerto entwickelt sich zum De-facto-Standard.«

Die meisten Kernteams besitzen zwar Ressourcen, die nur an einem Projekt arbeiten, die Ressourcen arbeiten jedoch trotzdem im Multitasking. Bei Seagate besitzen einige Ingenieure einmalige Kenntnisse. Wenn ein Ingenieur mit einer solchen Begabung mit der Bearbeitung einer Aufgabe fertig ist und zu einem anderen Projekt wechselt, besteht die Wahrscheinlichkeit, dass er zurückgerufen wird, um Wartungsaufgaben an der vorherigen Aufgabe zu verrichten. Das Multitasking-Problem konnte also noch nicht vollständig gelöst werden.

Einer der wichtigsten Mechanismen für die Staffelung von Projekten mittels eines Trommlers funktioniert jedoch ziemlich gut. Bei Seagate besteht der Trommler aus einer Gruppe von Mitarbeitern, die für die Entwicklung von Servo-Algorithmen verantwortlich ist. Diese Algorithmen sind eng mit der Rotationsgeschwindigkeit der Laufwerke, der mechanischen Zuverlässigkeit und der Funktionalität verbunden. Die Servo-Gruppe wird deshalb vom ersten Entwurf an in die Produktentwicklung einbezogen und arbeitet an der Entwicklung und den Tests der Laufwerke sowie der Integration gegen Projektende mit.

Viele Probleme im Zusammenhang mit der Erfüllung der Spezifikationen bei der Integration lassen sich mittels einer Servo-Firmware-Modifikation überwinden. Deshalb ist es für die Entwicklungsgesamtdauer sehr wichtig, dass das Servo-Team während der gesamten Projektdauer zur Verfügung steht. Der Staffelungsansatz der Critical-Chain-Methode hilft dabei, dies sicherzustellen. Das bedeutet, dass neue Programme auf der Basis der Verfügbarkeit der Servo-Gruppe geplant werden. Außerdem überprüft das obere Management einmal wöchentlich den Projektfortschritt und die Belastung der Mitarbeiter mittels Critical-Chain-Berichten, die mit der Software Concerto erstellt werden.

Seagate verbessert die Verfahren mit einer eigenen Methode namens SLAM II (Sustained Leadership All Markets). Diese Methode betrachtet alle Programm-Management-Aktivitäten inklusive der Marktanforderungen, des Produktportfolios, der Qualität, der Technologie und der Projektmanagement-Werkzeuge. In dieser Hinsicht bilden Projektmanagement und die Critical-Chain-Methode nur einen Teil des Gesamten. SLAM ähnelt einem Getriebe, wobei die Critical-Chain-Methode einem Rädchen im Getriebe entspricht.

Zwei Jahre, nachdem Seagate die Critical-Chain-Methode eingeführt hat, beginnt das Unternehmen nun damit, die neue Unternehmenskultur für die Planung und Verwaltung von Projekten auf interne und externe Zulieferer zu übertragen.

23 Das Project Office (PO)

23.0 Einführung

PMBOK® Guide 2004
Abschnitte 1.6.4, 2.2 und 2.3.4

Heute verwalten Unternehmen ihre Aufträge in Form von Projekten. Das Ergebnis ist eine riesige Menge an Projektmanagementinformationen, die aus allen Bereichen des Unternehmens kommen. Diese Informationen konzentrieren sich auf die Best Practices im Projektmanagement, den Nutzen einer unternehmensübergreifenden Projektmanagementmethodik, die Vorteile des Projektmanagements, und wie das Projektmanagement die Rentabilität des Unternehmens verbessert. Weil die Unternehmen immer mehr erkennen, welche positive Wirkung das Projektmanagement hat, betrachten sie nunmehr ihr gesamtes Wissen über das Projektmanagement als ihr geistiges Eigentum. Man legt heute Wert darauf, professionelles Projektmanagement zu betreiben. Dazu wird das Konzept des Project Office (PO) eingesetzt, wobei das Project Management Office (PMO) zum Wächter des geistigen Eigentums im Bereich des Projektmanagements wird. Das Konzept eines POs oder PMOs könnte in diesem Jahrzehnt zur durchaus wichtigsten Projektmanagementaktivität werden.

23.1 Das moderne Project Office

Die 1990er-Jahre begannen mit einer Rezession, die hohen Tribut von den »Arbeitern in den weißen Kitteln« verlangte. Die Forderung des Managements nach Effizienz und Effektivität führte dazu, dass sie dringend nach anderen als den traditionellen Managementtechniken suchen und sich beispielsweise mit dem Projektmanagement befassen mussten. Das Projektmanagement begann, sich auch auf nicht projektorientierte Branchen auszuweiten. Die Vorteile, die durch den Einsatz von Projektmanagement entstehen und die man zuvor nur für Raumfahrt, Verteidigung und Hochbau gesehen hatte, wurden jetzt auch für andere Industriezweige als geeignet erachtet.

Ende der 90er, als immer mehr Vorteile des Projektmanagements offensichtlich wurden, erkannten die Führungsetagen, dass es einen großen günstigen Einfluss auf die Gewinne des Unternehmens haben könnte. Das führte zu zwei wichtigen Schlussfolgerungen:

- Das Projektmanagement musste in das Belohnungssystem des Unternehmens integriert werden und kompatibel mit diesem sein, wenn es weiterhin wachsen sollte.
- Die Akzeptanz des Projektmanagements als Berufsstand durch das Unternehmen war unabdingbar, um die Leistung zu maximieren.

Die Akzeptanz des Projektmanagements als Berufsstand führte dazu, dass die Unternehmen das Zertifizierungsprogramm des PMI als Standard anerkannten und die Bedeutung des PO-Konzepts erkannten. Man berücksichtigte alle kritischen Aktivitäten, die dem Projektmanagement zuzuordnen waren, und stellte sie unter die Überwachung durch das PO. Dies umfasste Themen wie:

- Standardisierung der Schätzung
- Standardisierung der Planung
- Standardisierung der Zeitplanung
- Standardisierung der Steuerung
- Standardisierung des Berichtswesens

- Klärung der Rollen und Verantwortungen des Projektmanagements
- Vorbereitungen von Stellenbeschreibungen für Projektmanager
- Vorbereitung von Archivdaten zu Erfahrungswerten
- Stetige Benchmark-Überprüfungen des Projektmanagements
- Entwicklung von Vorlagen für das Projektmanagement
- Entwicklung einer Projektmanagement-Methodik
- Empfehlung und Implementierung von Änderungen und Verbesserungen der bestehenden Projektmanagement-Methodik
- Identifizieren von Projektmanagementstandards
- Identifizierung der Best Practices im Projektmanagement
- Durchführung einer strategischen Planung für das Projektmanagement
- Einrichtung einer Problem-Hotline des Projektmanagements
- Koordinierung und/oder Durchführung von Schulungsprogrammen für das Projektmanagement
- Weitergabe von Wissen durch Coaching und Mentorenschaft
- Entwicklung eines Unternehmensplans in Hinblick auf die Kapazität/Nutzung von Ressourcen
- Einschätzung von Risiken in Projekten
- Planung der Wiederherstellung von Projekten im Notfall
- Durchführung oder Teilnahme im Portfolio-Management von Projekten
- Einsatz als Wächter für geistiges Eigentum des Projektmanagements

Mit diesen Änderungen begannen die Unternehmen, den Namen von »Project Office« in »Center of Excellence« (COE) für das Projektmanagement zu ändern. Das COE war hauptsächlich dafür verantwortlich, Stakeholdern Informationen zur Verfügung zu stellen, und nicht dafür, irgendwelche Projekte auszuführen oder Plankorrekturen vorzunehmen.

23.2 Implementierungsrisiken

Jede dem PO zugeordnete Aktivität brachte sowohl Vor- als auch Nachteile mit sich. Die meisten Nachteile entstanden durch den gesteigerten Widerstand gegenüber den neuen Verantwortungen, die dem PO zugewiesen wurden. Der Einfachheit halber können die Widerstandsstufen nach den folgenden Definitionen als geringes Risiko, mittleres Risiko und hohes Risiko eingeordnet werden:

- *Geringes Risiko*: Vom Unternehmen problemlos akzeptiert, mit wenig Verschiebung im Gleichgewicht von Macht und Autorität. Fast kein Einfluss auf die Unternehmenskultur.
- *Mittleres Risiko*: Einiger Widerstand durch die Unternehmenskultur und möglicherweise eine Verschiebung im Gleichgewicht von Macht und Autorität. Der Widerstand kann kurzfristig und mit minimalem Aufwand überwunden werden.
- *Hohes Risiko*: Es gibt enormen Widerstand und eine deutliche Verschiebung der Macht- und Autoritätsbeziehungen. Für die Überwindung dieses Widerstands kann eine starke Leitung durch die Unternehmensführung erforderlich sein.

Nicht jedes PO hat dieselben Verantwortungen. Analog dazu können dieselben Verantwortungen, die innerhalb von zwei verschiedenen POs implementiert sind, ein unterschiedliches Maß an Bedeutung für das Unternehmen aufweisen.

Die Bewertung potenzieller Implementierungsrisiken ist kritisch. Es kann einfacher sein, die Unterstützung für die Einrichtung eines PO zu erhalten, wenn man zuerst Aktivitäten geringen Risikos implementiert. Die Aktivitäten geringen Risikos sind operationale Aktivitäten, die die Bemühungen des Projektmanagements auf kurze Zeit unterstützen, während die Aktivitäten höheren Risikos eher mit strategischen Planungsverantwortungen und möglicherweise der Kontrolle sensibler Informationen zu tun haben. Aktivitäten geringen Risikos beinhalten beispielsweise Mentorenschaft, die Entwicklung von Standards und Projektmanagement-Schulung. Aktivitäten hohen Risikos beinhalten Kapazitätsplanung, Benchmarking und die Verbreitung von Informationen.

Die obersten Führungskräfte erkannten jetzt, dass das Projektmanagement und das PO unverzichtbare Werkzeuge für das obere Management geworden waren, ebenso wie für die Ebene, auf der die eigentliche Arbeit ausgeführt wird.

Innerhalb der letzten zehn Jahre wurden die Vorteile beim Einsatz eines PO für die oberen Managementebenen offensichtlich. Sie beinhalten:

- Standardisierung von Abläufen
- Entscheidungsfindung innerhalb des Unternehmens statt ausgelagert
- Bessere Kapazitätsplanung (z.B. Ressourcenzuordnung)
- Schnellerer Zugriff auf hochqualitativere Informationen
- Eliminierung oder Abbau von unnötigen Beständen
- Effizientere und effektivere Abläufe
- Weniger Bedarf an Neustrukturierung
- Weniger Meetings, die Führungskräften wertvolle Zeit rauben
- Realistischere Prioritätsvergabe für die Arbeit
- Entwicklung zukünftiger Führungskräfte höherer Führungsebenen

Alle der oben genannten Vorteile haben entweder direkt oder indirekt mit dem geistigen Eigentum des Projektmanagements zu tun. Um das geistige Eigentum des Projektmanagements zu bewahren, muss das PO die Werkzeuge besitzen, mit denen es die Daten erfassen und dann an die verschiedenen Stakeholder weitergeben kann. Diese Werkzeuge beinhalten das Unternehmens-Intranet für das Projektmanagement, Projekt-Websites, Projektdatenbanken und Projektmanagement-Informationssysteme. Weil ein Großteil dieser Informationen sowohl für das Projektmanagement als auch für die strategische Planung innerhalb des Unternehmens erforderlich ist, muss es eine strategische Planung für das PO geben.

Mit dem Eintritt in das einundzwanzigste Jahrhundert wurde das PO in der Unternehmenshierarchie zur Selbstverständlichkeit. Obwohl sich die meisten Aktivitäten, die dem PO zugeordnet sind, nicht verändert haben, gibt es jetzt einen neuen Auftrag für das PO: Unterstützung des gesamten Unternehmens.

Das PO bedient jetzt das Unternehmen, insbesondere die strategischen Planungsaktivitäten, statt sich auf einen bestimmten Kunden zu konzentrieren. Das PO wurde in ein Unternehmenszentrum für die Kontrolle des geistigen Eigentums des Projektmanagements umgewandelt. Das war erforderlich, weil das Ausmaß der Projektmanagementinformationen innerhalb des Unternehmens fast exponentiell gewachsen war.

23.3 Verschiedene Arten von Project Offices

In Unternehmen werden größtenteils drei verschiedene Arten von POs eingesetzt:

- *Funktionelles PO*: Dieser PO-Typ wird innerhalb eines einzelnen Fachbereichs oder einer Abteilung eines Unternehmens eingesetzt, wie beispielsweise Informationssysteme. Die größte Verantwortung dieses PO-Typs ist, einen kritischen Ressourcen-Pool zu verwalten, d.h. Ressourcenmanagement. Das PMO kann Projekte verwalten, muss aber nicht.
- *Kundengruppen-PO*: Dieser PO-Typ ist für das bessere Kundenmanagement und die Kundenkommunikation vorgesehen. Gemeinsame Kunden oder Projekte werden in Gruppen angeordnet, wodurch sie besser verwaltet werden können und eine bessere Kundenbeziehung entsteht. Mehrere Kundengruppen-POs können gleichzeitig angelegt werden und schließlich eine Art temporäres Unternehmen bilden. Man hat quasi ein Unternehmen im Unternehmen. Diese Art PMO setzt einen permanenten Projektmanager für die Verwaltung von Projekten ein.
- *Unternehmens-PO oder strategisches PO*: Diese Art PO bedient das gesamte Unternehmen und konzentriert sich mehr auf Unternehmens- und strategische Aspekte als auf funk-

tionale Probleme. Wenn diese Art PMO für Managementprojekte eingesetzt wird, dient das der Kostenreduzierung.

In Unternehmen können mehrere PO-Typen gleichzeitig eingesetzt werden. Es kann beispielsweise sowohl ein funktionales PO als auch ein strategisches/Unternehmens-PO geben, die zusammenarbeiten.

23.4 Vernetzung von Project Management Offices

Aufgrund politischer Kämpfe um die Kontrolle über das PMO haben viele Unternehmen mehrere PMOs eingerichtet, die über ein »koordinierendes« PMO vernetzt werden. Andere Unternehmen, die multinational arbeiten, haben regionale PMOs eingerichtet, bei denen es sich um Gruppierungen von Angehörigen des Projektmanagements handelt (Projektmanager, Teammitglieder usw.), die Aufgaben des Projektmanagements innerhalb bestimmter regionaler oder branchenspezifischer Bereiche übernehmen. In diesem Fall sind die wichtigsten PMO-Aufgaben:

- Förderung der Projektmanagementmethodik im Unternehmen
- Förderung der Verwendung von Standardwerkzeugen für das Projektmanagement
- Sicherstellung der Standardisierung der Projektausführung und Bereitstellung
- Verwaltung einer Quelle von Fachwissen für Themen des Projektmanagements
- Koordinierung von multinationalem Projektmanagement-Wissen

23.5 Projektmanagement-Informationssysteme

Angesichts der Tatsache, dass das PO jetzt der Wächter des geistigen Eigentums des Projektmanagements ist, muss es Prozesse und Werkzeuge geben, diese Informationen aufzuzeichnen. Diese Informationen können über vier Informationssysteme gesammelt werden, wie in Abbildung 23.1 gezeigt. Jedes dieser Informationssysteme kann über das Unternehmens-Intranet aktualisiert und verwaltet werden.

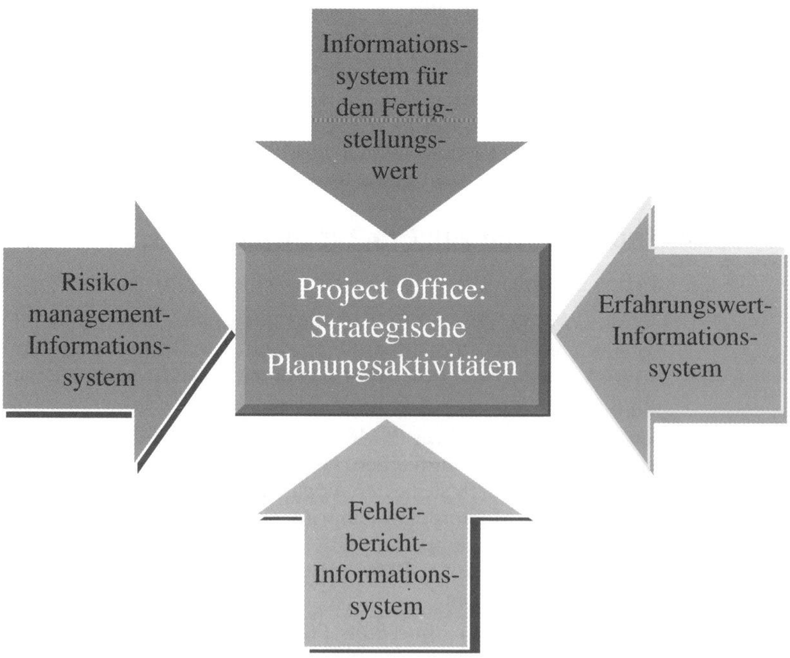

Abbildung 23.1: Projektmanagement-Informationssysteme

Informationssystem zur Messung des Fertigstellungswertes

Das Informationssystem zur Messung des Fertigstellungswertes wird von fast allen Projektmanagern gemeinsam verwendet. Es bietet ausreichend viele Informationen, um zwei Fragen zu beantworten:

- Wo steht das Projekt heute?
- Wo wird das Projekt enden?

Dieses System erfasst oder berechnet den geplanten und den tatsächlichen Wert der Arbeit, die aktuellen Kosten, die Kosten- und Zeitplanabweichungen (in Stunden, Geldwert und Prozent), die geschätzten Kosten bei der Fertigstellung, den Fertigstellungsgrad in Prozent sowie die Trends.

Das Leistungswert-Informationssystem ist wichtig für ein Unternehmen, das bereits vorhandene Informationen für schnelle Entscheidungen benötigt. Kleine Änderungen am Projektplan sind einfacher als große. Aus diesem Grund müssen Abweichungen von den Ausgangswerten des Leistungsmanagements schnell erkannt werden, damit Korrekturmaßnahmen in kleinen Inkrementschritten unternommen werden können.

Risikomanagement-Informationssystem

Das zweite Informationssystem bietet Daten zum Risikomanagement. Das Risikomanagement-Informationssystem (RMIS) speichert die risikobezogenen Daten und ermöglicht, diese wieder abzufragen. Es bietet Daten für die Erstellung von Berichten und dient als Behältnis für alle aktuellen und historischen Informationen, die sich auf das Projektrisiko beziehen. Die Informationen beinhalten Risikoidentifikationsdokumentation (möglicherweise unter Verwendung von Vorlagen), quantitative und qualitative Risikobewertungsdokumente, gegebenenfalls Vertragsteilziele und alle anderen risikobezogenen Berichte. Das PMO verwendet die Daten aus dem RMIS, um Berichte für das oberste Management zu erstellen und Daten für das tägliche Projektmanagement zu ermitteln. Durch den Einsatz von Risikomanagementvorlagen erzeugt jedes Projekt eine Menge an Standardberichten für die regelmäßige Berichterstattung, und man hat die Möglichkeit, für spezielle Anfragen Ad-hoc-Berichte zu erstellen. Diese Informationen sind direkt mit dem Fehlerberichtsinformationssystem und dem Informationssystem für Erfahrungswerte verknüpft. Die beiden letztgenannten Informationssysteme werden in den beiden folgenden Abschnitten genauer beschrieben.

Leistungsfehler-Informationssystem

Das PO ist möglicherweise für die Führung eines Leistungsfehler-Informationssystems (PFIS, Performance Failure Information System) verantwortlich. Bei den Fehlern kann es sich um einen kompletten Projektausfall oder einfach um das Fehlschlagen von bestimmten Tests innerhalb des Projekts handeln. Das PFIS muss die Ursachen für das Fehlschlagen identifizieren und gegebenenfalls Empfehlungen für etwaige Korrekturmaßnahmen bieten. Für die Ursachen kann festgestellt werden, ob sie in Problemen zu suchen sind, die intern für das Unternehmen sind, oder ob sie aus koordinierten Interaktionen mit Auftragnehmern resultieren.

Das PO ist dafür verantwortlich, Standards für die Verwaltung des PFIS zu entwickeln, und nicht für die Auswertung des Fehlers. Die Auswertung liegt in der Verantwortung der Teammitglieder, die die Arbeit erledigen. Fehlerberichte können zur Entdeckung zusätzlicher und ernsthafterer Probleme führen. Zunächst kann es Widerstand geben, bestimmte Fehler zu melden, weil befürchtet wird, dass sie ein schlechtes Licht auf diejenigen werfen, die dem Fehler zuzuordnen sind, wie beispielsweise den Projektsponsoren. Zweitens kann jede Abteilung in einem großen Unternehmen eigene Verfahrensweisen für die Aufzeichnung von Fehlern haben und sich möglicherweise weigern, die Fehler in einer unternehmensübergreifenden Datenbank zu veröffentlichen. Drittens könnte es viele verschiedene Definitionen dessen geben, was ein Fehler ist. Viertens kann das PO auf die Gnade von anderen angewiesen sein, exakte, rechtzeitige und vollständige Informationen bereitzustellen.

Der Fehlerbericht muss das Element identifizieren, für das der Fehler aufgetreten ist, Symptome, Bedingungen zum Zeitpunkt des Fehlers sowie andere Informationen, die für Korrekturmaßnahmen erforderlich sind. Die Fehleranalyse, bei der es sich um die systematische Analyse der Konsequenzen des Fehlers für das Projekt handelt, kann nicht abgeschlossen werden, bis die Ursachen des Fehlers vollständig identifiziert wurden. Das PO kann einfach dafür da sein, die Aufzeichnungen aufzubewahren, um ein einziges, unternehmensübergreifendes Format und eine einzige, unternehmensübergreifende Datenbank zu standardisieren, so dass Berichte für die Ergebnisse jedes Projekts erstellt werden können. Das könnte zum Abschluss jedes Projekts Teil des Erfahrungsbericht-Reviews sein.

Betrachten Sie das folgende Beispiel: Ein Luftfahrtunternehmen hatte zwei Abteilungen, die häufig miteinander konkurrierten, indem sie beide Gebote für Regierungsaufträge abgaben. Jede Abteilung führte ihre eigenen F&E-Aktivitäten durch, und sie tauschten nur selten Daten aus. Eine der Abteilungen wendete sechs Monate darauf auf, an einem F&E-Projekt zu arbeiten, das schließlich abgebrochen und als Misserfolg bewertet wurde. Kurz danach wurde bekannt, dass die andere Abteilung vor einem Jahr an genau demselben Projekt gearbeitet hatte und dass man dasselbe unproduktive Ergebnis erzielt hatte. Die Fehlerinformation war nicht ausgetauscht worden, deshalb wurden kritische Ressourcen verschwendet.

Jeder erkennt, dass es notwendig ist, ein unternehmensübergreifendes Informationssystem zu führen, in dem Fehlerinformationen aufgezeichnet werden. Es besteht jedoch immer das Risiko, dass dies als Machtverlust betrachtet wird. Andere weigern sich vielleicht aus Angst, dass ihr Name mit dem Fehler identifiziert wird. Das Gesamtrisiko, diese Verantwortung dem Project Office zu übertragen, ist gering bis mittelhoch.

Erfahrungswert-Informationssystem (Postmortem-Analyse)

Einige Unternehmen arbeiten jedes Jahr an einer Vielzahl von Projekten, und jedes dieser Projekte bietet wertvolle Informationen, um Standards zu verbessern, zukünftige Angebote abzuschätzen und die Geschäfte zu führen. Bei all diesen Informationen handelt es sich um geistiges Eigentum, das für eine zukünftige Nutzung erfasst werden muss. Erfahrungswert-Reviews stellen eine Möglichkeit dar, diese Informationen zu erhalten.

Wenn geistiges Eigentum aus Projekten an einer zentralen Stelle aufbewahrt wird, dann muss das PO Erfahrung dahin gehend entwickeln, ein Postmortem-Analysemeeting zu organisieren. Bei diesem Meeting müssen vier wichtige Fragen gestellt werden:

- Was haben wir richtig gemacht?
- Was haben wir falsch gemacht?
- Welche Empfehlungen können für die Zukunft ausgesprochen werden?
- Wie, wann und an wen soll die Information weitergegeben werden?

23.6 Weitergabe von Informationen

Ein Problem, dem die meisten Unternehmen gegenüberstehen, ist es, sicherzustellen, dass kritische Informationen, wie beispielsweise Schlüsselleistungsindikatoren (KPIs) und kritische Erfolgsfaktoren (CSFs), im gesamten Unternehmen bekannt werden. Erfahrungswertdatenbanken im Intranet sind eine Möglichkeit, Information bereitzustellen. Eine bessere Möglichkeit für das PO könnte es sein, als führende Stelle zum Ende jedes einzelnen Projekts eine Erfahrungswert-Fallstudie vorzubereiten. Die Fallstudien könnten dann in zukünftigen Schulungsprogrammen für das gesamte Unternehmen genutzt und im Intranet bereitgestellt werden.

Betrachten wir als Beispiel ein Unternehmen, das ein Projekt relativ erfolgreich abgeschlossen hat. Das Projektteam führte zum Ende des Projekts eine Einsatzbesprechung mit dem oberen Management durch. Das Unternehmen hatte wesentliche Durchbrüche in verschiedenen Herstellungsprozessen erzielt, die für das Projekt angewendet wurden, und das obere Management wollte, dass dieses neue Wissen allen anderen Abteilungen ebenfalls zur Verfügung gestellt wurde.

Man entschied, das Team aufzulösen und die Leute verschiedenen Abteilungen im gesamten Unternehmen zuzuordnen. Nach sechs Monaten wurde offensichtlich, dass nur sehr wenig Wissen an die anderen Abteilungen weitergegeben worden war. Das Team wurde wieder zusammengesetzt und aufgefordert, eine Erfahrungswert-Fallstudie zu schreiben, die in Schulungsprogrammen für das Projektmanagement eingesetzt werden konnte.

Obwohl dieser Ansatz gut funktioniert, gab es auch nachteilige Konsequenzen, die seine Implementierung schwierig machten. Ein anderes Unternehmen hatte die Aufgabe übernommen, Erfahrungswert-Fallstudien vorzubereiten. Obwohl das Endergebnis des Projekts ein Erfolg war, wurden während der Ausführung des Projekts mehrere kostspielige Fehler gemacht – aufgrund mangelnden Wissens über das Risikomanagement und unzulängliche Entscheidungen. Im Glauben, dass Erfahrungswert-Fallstudien sowohl Erfolge als auch Fehler beinhalten sollten, hatte das PO, das die Fallstudie aufbereitete, alle Informationen aufgenommen.

Trotz der Versuche, die Namen von Mitarbeitern zu verbergen, die die kritischen Fehler gemacht hatten, wusste jeder innerhalb des Unternehmens, wer an dem Projekt mitgearbeitet hatte, und konnte feststellen, um wen es sich dabei handelte. Einige der am Projekt beteiligten Mitarbeiter führten eine Klage gegen das obere Management wegen der Offenlegung dieser Information, und die Fallstudien wurden schließlich aus den Schulungsprogrammen entfernt. Es bedarf einer starken Unternehmenskultur, um aus Fehlern zu lernen, ohne Mitarbeitern die Schuld zuzuweisen. Das Risiko für das PO, diese Aktivität zu übernehmen, ist hier mittel bis hoch.

23.7 Mentoring

Das Projektmanagement-Mentoring ist eine kritische PO-Aktivität. Die meisten scheinen sich einig zu sein, dass die beste Methode, jemandem das Projektmanagement beizubringen, die Praxiserfahrung ist. Eine Möglichkeit wäre es, dass ein unerfahrener Projektmanager direkt unter der Anleitung eines erfahrenen Projektmanagers arbeitet, insbesondere bei großen Projekten. Dieser Ansatz kann kostspielig werden, wenn das Unternehmen nicht viele große Projekte hat.

Eine vielleicht bessere Möglichkeit wäre es, wenn das PO eine Mentoring-Rolle übernimmt, wobei unerfahrene Projektmanager Rat und Hilfe bei erfahreneren Projektmanagern einholen können, die entweder »solide« oder »lückenhaft« an das PO weitermelden. Dieser Ansatz hat drei wichtige Vorteile. Erstens, der Linienmanager, an den der Projektmanager administrativ berichtet, hat möglicherweise nicht das Wissen oder die Erfahrung im Projektmanagement, um Mitarbeiter bei Problemen zu unterstützen. Zweitens, der Projektmanager will möglicherweise bestimmte Probleme nicht mit seinem Vorgesetzten diskutieren, weil er Angst hat, dafür bestraft zu werden. Drittens, weil das PO vielleicht auch die Aufgabe hat, Erfahrungswertdateien zu führen, könnte das Projekt-Mentoring-Programm diese Dateien nutzen und sie dem unerfahrenen Projektmanager zusammen mit frühen Warnhinweisen auf mögliche Probleme zur Verfügung stellen.

Das Mentoring-Programm könnte auf Vollzeitbasis oder auf Bedarfsbasis durchgeführt werden, je nachdem, welcher Ansatz besser geeignet ist. Ein Vollzeit-Mentoring scheint eine gute Idee zu sein, beinhaltet aber das Risiko, dass irgendwann der Mentor das Projekt verwaltet. Das Gesamtrisiko für das PO-Mentoring ist gering.

23.8 Entwicklung von Standards und Methoden

Eine kritische Komponente jedes PO ist die Entwicklung von Projektmanagementstandards. Standards fördern die Teamarbeit, indem sie für eine gemeinsame Sprache sorgen. Die Entwicklung exzessiver Standards in Form von Strategien und Verfahrensweisen kann falsch sein, weil es unter Umständen überhaupt nicht möglich ist, Strategien und Verfahrensweisen zu erstellen, die jede mögliche Situation in jedem möglichen Projekt abdecken. Darüber hinaus würden die Zeit, das Geld und das Personal, die erforderlich sind, um strenge Strategie- und Verfahrensweisenstandards zu schaffen, die PO-Implementierung unwahrscheinlich machen.

Formulare und Checklisten können in einem Vorlagenformat so aufbereitet werden, dass die Information in verschiedenen Projekten genutzt werden kann. Vorlagen sollten für ein bestimmtes Unternehmen speziell angefertigt werden, statt von einem anderen Unternehmen kopiert zu werden, das möglicherweise nicht dieselbe Art von Projekten bearbeitet und eine andere Kultur aufweist. Wiederverwendbare Vorlagen sollten erstellt werden, *nachdem* das Unternehmen mehrere Projekte fertiggestellt hat, egal ob erfolgreich oder nicht, und wenn Erfahrungswertinformationen für die Entwicklung und Verbesserung der Vorlagen genutzt werden können.

Es besteht die Gefahr, Vorlagen als Ersatz für die formaleren Standards bereitzustellen. Erstens, weil Vorlagen als Anleitung für ein allgemeines Publikum dienen, erfüllen sie möglicherweise nicht die Anforderungen eines bestimmten Programms. Zweitens besteht das Risiko, dass einige beabsichtigte Benutzer der Vorlagen, insbesondere unerfahrene Projektmanager, einfach die Vorlagen als »unveränderlich vorgegeben« betrachten – selbst wenn sie nicht in sein Programm passen.

Der Grund für die Bereitstellung von Vorlagen ist *nicht*, das Team anzuweisen, wie es seinen Job erledigen soll, sondern dem Projektmanager und seinen Leuten einen Ausgangspunkt für ihre Initiierungs-, Planungs-, Ausführungs- und Abschlussprozesse innerhalb ihres eigenen Projekts zu bieten. Vorlagen sollten aktives Nachdenken darüber anregen, was getan werden muss, und möglicherweise Ideen aufzeigen, wie es getan werden kann. Vorlangen und Standards enthalten häufig wesentlich mehr Informationen, als die meisten Projektmanager benötigen. Die Vorlagen und Standards sollten jedoch als Schlüssel betrachtet werden, Dinge einfach zu halten, und die Projektmanager sollten in der Lage sein, die Vorlagen und Standards so anzupassen, dass sie den Bedürfnissen des Projekts entsprechen, indem sie sich auf die kritischen Bereiche konzentrieren.

Vorlagen und Standards sollten nach Bedarf aktualisiert werden. Das PO ist sehr wahrscheinlich dafür verantwortlich, Erfahrungswertdateien zu führen und eine Post-Mortem-Projektanalyse durchzuführen. Deshalb ist es nur sinnvoll, dass das PO diese Daten auswertet, um Schlüsselleistungsindikatoren zu erkennen, die Verbesserungen der Vorlagen fordern könnten. Standards und Vorlagen können als PO-Aktivität mit geringem Risiko betrachtet werden.

23.9 Projektmanagement-Benchmarks

Die vielleicht interessanteste und schwierigste Aktivität, die einem PO zugeordnet werden kann, ist das Benchmarking. Die beauftragten Einzelpersonen müssen wissen, wonach sie suchen und welche Fragen sie stellen müssen. Sie müssen erkennen, was für das Unternehmen geeignet ist, wie die Daten auszuwerten sind und welche Empfehlungen auszusprechen sind.

Benchmarking hat direkt mit der strategischen Planung für das Projektmanagement zu tun und kann eine deutliche Auswirkung auf den Gewinn des Unternehmens haben – abhängig davon, wie schnell die Änderungen implementiert werden. In den vergangenen Jahren haben Unternehmen erkannt, dass die Best Practices für bestimmte Unternehmen nicht unbedingt zu der eigenen Geschäftsstrategie passen müssen. Beispielsweise hat die Luftfahrtabteilung eines großen Unternehmens über 30 Jahre lang Projektmanagement eingesetzt. Anfang der 90er führte das Unternehmen Benchmark-Studien durch, allerdings *nur* im Vergleich mit anderen Luftfahrtunternehmen. Man war zufrieden, weil man zu der Überzeugung gelangte, dass man im Luftfahrtbereich auf demselben Niveau sei wie die Konkurrenten. Ende der 90er begann das Unternehmen, Benchmark-Studien für Firmen außerhalb der eigenen Branche durchzuführen, insbesondere in den Bereichen Telekommunikation, Computer, Elektronik und Unterhaltung. Die meisten dieser Firmen hatten damals weniger als fünf Jahre ein Projektmanagement eingesetzt, und in dieser Zeit hatten sie eine Projektmanagementleistung erzielt, die der des Luftfahrtunternehmens weitaus überlegen war. Jetzt führt das Luftfahrtunternehmen Benchmarks für alle Branchen aus.

PO-Netzwerke für Benchmark-Zwecke könnten für die meisten Unternehmen in nächster Zukunft wichtig werden. PO-Netzwerke könnten Branchen und ganze Kontinente überspannen. Darüber hinaus kann es selbst für Konkurrenten üblich werden, Projektmanagementwissen gemeinsam zu nutzen. Momentan scheint es jedoch eher der Fall zu sein, dass Projektmanagement-Benchmarks von Unternehmen durchgeführt werden, deren Geschäft Benchmarks sind. Diese Unternehmen erheben eine Gebühr für ihre Dienste und führen Symposien für ihre Mitglieder durch, wo die Best Practices für das Projektmanagement veröffentlicht werden. Darüber hinaus bieten sie Datenbankdienste, anhand derer Sie Vergleiche für Ihr Unternehmen durchführen können:

- Mit anderen Unternehmen in Ihrer Branche
- Mit anderen Unternehmen in anderen Branchen
- Mit anderen Angestelltenantworten innerhalb Ihres Unternehmens
- Mit anderen Unternehmen nach Unternehmensgröße
- Mit anderen Unternehmen nach Projektgröße

Einige Unternehmen weisen einen starken Widerstand gegenüber Benchmarks auf. Ihre Argumente gegen das Benchmarking sind unter anderem:

- Es gilt nicht für unser Unternehmen oder unsere Branche.
- Es wurde hier noch nicht erfunden.
- Wir kommen gut zurecht! Wir brauchen es nicht.
- Wir haben es lang genug ohne geschafft!
- Warum etwas reparieren, was nicht kaputt ist?

Aufgrund dieser Aspekte kann das Benchmarking zu einer Aktivität hohen Risikos werden, weil man Angst davor hat, was dabei entdeckt wird und welche Empfehlungen möglicherweise ausgesprochen werden.

23.10 Entwicklung von Business Cases

Eine der besten Methoden für das PO, die strategische Planungsfunktion des Unternehmens zu unterstützen, ist es, Experte in der Entwicklung von Business Cases (Wirtschaftlichkeitsnachweisen) zu werden. Insbesondere beinhaltet dies die Erfahrung in Durchführbarkeitsstudien und Kosten/Nutzen-Analysen. Im Abschnitt über das Umfangsmanagement im PMBOK® Guide ist eine der Ausgaben des Umfangsinitiierungsprozesses die Identifikation/Ernennung eines Projektmanagers. Dies erfolgt, nachdem der Business Case entwickelt wurde. Es gibt nachvollziehbare Argumente, einen Projektmanager erst zuzuordnen, nachdem der Business Case entwickelt wurde:

- Der Projektmanager ist möglicherweise nicht in der Lage, zur Entwicklung von Business Cases beizutragen.
- Das Projekt wird möglicherweise nicht genehmigt und/oder finanziert, und es würde zusätzliche Kosten bedeuten, wenn der Projektmanager bereits in einer frühen Phase daran arbeiten würde.
- Das Projekt ist möglicherweise noch nicht weit genug definiert, um in einer frühen Phase die Person festlegen zu können, die die Aufgabe eines Projektmanagers am besten übernehmen kann.

Während diese Argumente sinnvoll zu sein scheinen, gibt es noch einen ernsthafteren Aspekt, nämlich dass der Projektmanager, der letztlich ernannt wird, nicht genügend Wissen über die Voraussetzungen, Beschränkungen und Alternativen besitzt, die während der Entwicklung eines Business Case in Betracht gezogen werden. Das könnte zu einem nicht optimalen Projektplan führen. Es ist Wunschdenken, zu glauben, dass die Projekt-Charta, die möglicherweise von jemandem aufbereitet wurde, der keine Informationen über die Entwicklung des Business Case (Wirtschaftlichkeitsrechnung) hat, alle erforderlichen Voraussetzungen, Beschränkungen und Alternativen enthalten könnte.

Eines der Axiome des Projektmanagements lautet: Je früher der Projektmanager ernannt wird, desto besser ist der Plan und desto mehr widmet er sich dem Projekt. Unternehmen argumentieren, dass der Beitrag des Projektmanagers während der Entwicklung eines Business Case begrenzt ist. Der Grund für diese Annahme ist, dass Projektmanager nie darin geschult wurden, wie Durchführbarkeitsstudien und Kosten/Nutzen-Analysen erstellt werden. Diese Kurse sind auf dem öffentlichen Seminarmarkt so gut wie nicht existent, deshalb haben einige Unternehmen speziell zugeschnittene Kurse entwickelt.

Die Entwicklung eines Business Case führt häufig zu einem sehr optimistischen Ansatz, in dem Zeitplan und/oder Budget kaum berücksichtigt werden. Anschließend wird Druck auf den Projektmanager ausgeübt, Argumente und Voraussetzungen zu akzeptieren, die während der Entwicklung eines Business Case festgelegt wurden. Wenn der Projektmanager die Erwartungen nicht erfüllen kann, wird letztlich er dafür getadelt.

Das PO muss Erfahrung in Hinblick auf Durchführbarkeitsstudien, Kosten/Nutzen-Analysen und die Entwicklung von Business Cases sammeln. Diese Erfahrung führt ganz von selbst zu Vorlagen, Formularen und Checklisten. Das PO kann eine unverzichtbare Unterstützung für die Verkaufsabteilung werden, weil es ihr hilft, den Kunden realistische Versprechungen zu machen und möglicherweise zusätzliche Verkäufe zu tätigen. In der Zukunft könnte das PO die Unternehmensexperten für Durchführbarkeitsstudien und Kosten/Nutzen-Analysen stellen und irgendwann genau abgestimmte Schulungen zu diesem Thema für das Unternehmen anbieten. Personal aus Marketing und Verkauf, das diese Aktivitäten bisher durchgeführt hat, betrachtet dies möglicherweise als großes Risiko.

23.11 Benutzerdefinierte Schulung (für das Projektmanagement)

Jahrelang war die Schulungsgruppe der Personalabteilung dafür verantwortlich, mit den Trainern und Beratern zusammenzuarbeiten und speziell ausgelegte Projektmanagement-Schulungsprogramme zu entwerfen. Während viele dieser Programme höchst erfolgreich waren, gab es auch viele, die als Misserfolg einzuordnen waren. Eine Abteilung eines großen Unternehmens erkannte den Bedarf an Schulung im Projektmanagement. Die Schulungsabteilung erstellte eine Ausschreibung und wählte einen Trainer aus. Die Schulungsabteilung fügte dann ihre eigenen Pläne hinzu, nachdem alle Informationen zu den Zielen und Ergebnissen gefiltert worden waren, die die Abteilung bereitgestellt hatte, die die Schulung wünschte. Der Trainer kommunizierte nie direkt mit dem Unternehmen, das die Schulung anforderte, und entwarf einfach den Kurs aufgrund der Informationen, die die Schulungsabteilung ihm bereitstellte. Das Schulungsprogramm wurde als Misserfolg eingeordnet und der Berater/Trainer wurde nie wieder in Anspruch genommen. Die Postmortem-Analyse ergab die folgenden Schlüsse:

- Die Schulungsabteilung (und das anfordernde Unternehmen) erkannte nie die Notwendigkeit, dass der Trainer sich direkt mit dem anfordernden Unternehmen treffen musste.
- Die Schulungsgruppe erhielt Eingaben vom obersten Management, welche Bereiche dieses abgedeckt haben wollte. Die Unternehmensleitung wusste nichts über diese Informationen, und die resultierende Schulung erfüllte weder die Erwartung des Managements noch des Unternehmens.
- Der Trainer forderte, dass bestimmte zusätzliche Informationen abgedeckt wurden, während andere Informationen als ungeeignet betrachtet und gelöscht werden sollten. Die Forderung traf auf taube Ohren.
- Die Schulungsabteilung teilte dem Trainer mit, dass man nur Vorlesungen wünschte, keine Fallstudien und nur minimale Übungen. So war man auch in anderen Kursen vorgegangen. Die Teilnehmer klagten in der Bewertung über fehlende Übungen und Fallstudien.

Während die Schulungsgruppe davon ausging, dass ihre Maßnahmen zum Besten des Unternehmens seien, waren die Ergebnisse eher verheerend. Der Trainer war auch dafür verantwortlich, dass diese Situation überhaupt zustande kommen konnte.

Die erfolgreiche Implementierung des Projektmanagements hat eine positive Wirkung auf den Unternehmensgewinn. Wenn das der Fall ist, warum sollte man dann Nichtfachleuten erlauben, Kurse zum Projektmanagement zu entwickeln? Selbst Linienmanager, die glauben, dass ihr Unternehmen Projektmanagement-Wissen benötigt, wissen vielleicht nicht, was aus dem PMBOK® Guide zu betonen ist und was weniger wichtig ist.

Das PO hat die Erfahrung im Entwurf von Kursinhalten zum Projektmanagement. Das PO verwaltet geistiges Eigentum in Erfahrungswertdateien und führt Postmortem-Projektanalysen durch, wodurch es wertvolle Einblicke erhält, wie man die beste Rendite aus dem für die Schulung ausgegebenen Geld erhält. Dieses geistige Eigentum könnte auch unverzichtbar sein, den Linienmanagern dabei zu helfen, Kurse speziell für ihr Unternehmen zu entwerfen. Diese Aktivität hat ein geringes Risiko für das PO.

23.12 Stakeholder verwalten

Alle Unternehmen haben Stakeholder. Vielleicht entsteht in den Köpfen einiger Einzelpersonen die Befürchtung, dass das PO letztlich zum Projektsponsor wird, das für alle Stakeholder verantwortlich ist. Das kann zwar in der Zukunft passieren, aber kurzfristig ist es eher unwahrscheinlich.

Das PO konzentriert seine Aufmerksamkeit hauptsächlich auf interne Stakeholder (im Unternehmen). Es liegt nicht in der Absicht eines PO, das leitende Sponsoring zu ersetzen. Wenn das Projektmanagement innerhalb des Unternehmens heranreift, ist es möglich, dass nicht mehr alle Projekte ein leitendes Sponsoring benötigen. In solchen Situationen erhält das PO (und vielleicht das mittlere Management) möglicherweise die Verantwortung für bestimmte Sponsoring-Aktivitäten, insbesondere für interne Projekte.

Das PO ist ein guter »Ausgangspunkt«, um Allianzen mit Schlüssel-Stakeholdern zu gründen und zu pflegen. Die Aktivitäten des PO sind jedoch auf den Nutzen für das gesamte Unternehmen ausgelegt, und wenn das PO Sponsoring-Verantwortung erhält, könnte das Interessenkonflikte für PO-Angestellte verursachen. Partnerschaften mit Schlüssel-Stakeholdern müssen eingerichtet und gefördert werden, und dafür braucht man Zeit. Das Stakeholder-Management stiehlt dem PO-Personal möglicherweise wertvolle Zeit, die es eigentlich für andere Aktivitäten benötigt. Das allgemeine Risiko für diese Aktivität ist gering.

23.13 Stetige Verbesserung

Angesichts der Tatsache, dass das PO ein Behältnis für das geistige Eigentum des Projektmanagements darstellt, ist es möglicherweise in der besten Position, Gelegenheiten zur stetigen Verbesserung zu erkennen. Das PO sollte keine einseitige Autorität besitzen, die Änderungen zu implementieren, sondern stattdessen die Fähigkeit besitzen, Änderungen zu empfehlen. Einige Unternehmen setzen ein Strategiegremium ein oder ein leitendes Steuerungskomitee, die unter anderem die Empfehlungen des PO zur stetigen Verbesserung auswerten.

23.14 Kapazitätsplanung

Von allen Aktivitäten, die einem PO zugeordnet sind, ist die wichtigste Aktivität in den Augen des obersten Managements möglicherweise die Kapazitätsplanung. Wenn Führungskräfte ihre Verantwortung als die Architekten des Strategieplans für das Unternehmen erfüllen sollen, müssen sie wissen, wie viel zusätzliche Arbeit das Unternehmen übernehmen kann und auch wann und wo, ohne die vorhandene Arbeitskraft übermäßig zu belasten. Das PO muss bei allen Aktivitäten des Portfolio-Managements und der Projektauswahl eng mit dem obersten Management zusammenarbeiten. Strategisches Timing, also der Entscheidungsprozess, welche Projekte wann erledigt werden sollen, ist eine kritische Komponente der Strategieplanung.

Das oberste Management kann bei Bedarf im Intranet des Unternehmens nachsehen, welchen Status ein einzelnes Projekt hat, ohne in persönlichen Kontakt mit dem Team treten zu müssen. Aber um die Anforderungen für das strategische Timing zu erfüllen, müssten alle Projekte innerhalb einer einzigen Datenbank kombiniert werden, die das Folgende angibt:

- Ressourcen, die pro Zeitraum und Fachbereich verplant sind
- Gesamtressourcenpool pro Fachbereich
- Verfügbare Ressourcen pro Zeitraum und Fachbereich

Es gibt möglicherweise Argumente, ob die Kontrolle dieser Datenbank der Verantwortung des PO übertragen werden soll. Der Autor ist der Meinung, dass es sich um eine PO-Verantwortung handelt, weil:

- Die Daten werden vom PO benötigt, um Bemühungen der strategischen Planung und des Projekt-Portfoliomanagements zu unterstützen.
- Die Daten werden vom PO benötigt, um realistische Zeiten und Kosten zu bestimmen, um das Erstellen von Angeboten zu unterstützen.
- Das PO erhält möglicherweise die Verantwortung, die Ressourcenfähigkeiten zu bestimmen, die für die Erledigung zusätzlicher Arbeit erforderlich sind.
- Die Daten werden vom PO für Upgrades und Erweiterungen dieser Datenbank benötigt, ebenso wie für andere damit zusammenhängende Datenbanken.
- Die Daten sind möglicherweise erforderlich, um Durchführbarkeitsstudien zu unternehmen, ebenso wie Kosten/Nutzen-Analysen.

Diese Aktivität besitzt ein hohes Risiko für das PO, weil Linienmanager es möglicherweise als unterminierenden Übergriff betrachten können.

23.15 Risiken beim Einsatz eines Project Office

Risiken und Belohnungen gehen Hand in Hand. Die Vorteile eines PO können zunichtegemacht werden, wenn die Risiken beim Einsatz eines PO nicht effektiv verwaltet werden. Die meisten Risiken treten nicht bei der Einrichtung des PO zutage, sondern erst nach seiner Implementierung. Bei diesen Risiken handelt es sich unter anderem um:

- *Personalbedarf*: Nachdem das Unternehmen die Vorteile eines PO erkannt hat, besteht die natürliche Tendenz, mehr Personal im PO einzusetzen – in dem falschen Glauben, dass damit zusätzliche Vorteile entstehen. Während dies in einigen Fällen durchaus zutrifft, werden die Gewinne größtenteils verringert. Je kompetenter das Unternehmen im Projektmanagement wird, desto mehr sollte der Personalumfang im PO abnehmen.
- *Burn-out*: Der Burn-out der Angestellten ist immer ein Risiko. Der Einsatz von Rotations- oder Teilzeitzuordnungen kann das Risiko vermindern. Es ist nicht unüblich, dass Leute in einem PO arbeiten und immer noch »solide« an ihren Linienmanager melden, aber »lückenhaft« an das Project Office.
- *Hoher Dokumentationsaufwand*: Exzessiver Dokumentationsaufwand kostet Millionen für die Aufbereitung und kann wertvolle Zeit verschwenden. Projektaktivitäten funktionieren sehr viel besser, wenn Formulare, Richtlinien und Checklisten verwendet werden, statt strengerer Strategien und Verfahrensweisen. Dazu benötigt man eine Kultur, die auf Vertrauen, Zusammenarbeit, Teamwork und effektiver Kommunikation basiert.
- *Neustrukturierung des Unternehmens*. Wissen ist Macht. Angesichts der Tatsache, dass das PO mehr Arbeit seitlich als horizontal ausführt, kann es Machtkämpfe in Hinblick auf die Kontrolle des PO geben, insbesondere vonseiten der Projektmanager. Das Projektmanagement und ein PO können innerhalb jeder Unternehmensstruktur relativ gut zusammenarbeiten, die auf Vertrauen, Zusammenarbeit, Teamwork und effektiver Kommunikation basiert.
- *Versuch, jedem im Unternehmen zu dienen*: Das Unternehmen muss Kriterien festlegen, wann das PO beteiligt werden sollte. Das PO muss nicht unbedingt alle Projekte überwachen. Die gebräuchlichsten Schwellenwerte für die Beteiligung des PO sind unter anderem:
  - Geldwert des Projekts
  - Zeitdauer des Projekts
  - Betrag und Komplexität der übergreifenden Funktionalität
  - Risiken für das Unternehmen
  - Kritizität des Projekts (z.B. Kosteneinsparungen)

Eine kritische Frage, der viele Führungskräfte gegenüberstehen, lautet: »Wie können wir als Führungskräfte die Rendite messen, die aus der Implementierung eines Project Office entsteht?« Die eigentliche Messung kann sowohl qualitativ als auch quantitativ erfolgen. Qualitativ können die Führungskräfte die Anzahl der Konflikte betrachten, die auf Führungsebenen zur Auflösung auftreten. Mit einem effektiv arbeitenden PO, das als Filter agiert, sollten weniger Konflikte auf die Führungsebene gelangen. Qualitativ können die Führungskräfte Folgendes betrachten:

- *Fortschritts-Reviews*: Ohne ein PO kann es mehrere Vorlagenformate geben – womöglich für jedes Projekt ein eigenes Format. Mit einem PO und einer Standardisierung sind die Reviews schneller und aussagekräftiger.
- *Entscheidungsfindung*: Ohne ein PO werden Entscheidungen häufig verzögert und man konzentriert sich auf Einzelaktionen statt auf sinnvolle Entscheidungen. Mit einem PO sind sinnvolle Entscheidungen möglich.
- *Verschwendete Meetings*: Ohne ein PO können Führungskräfte viel Zeit damit verbringen, zu viele und zu kostspielige Meetings zu besuchen. Mit einem PO und effektiveren Informationen müssen die Führungskräfte weniger Zeit in Meetings verbringen und können mehr Zeit für strategische statt für operationale Probleme aufwenden.
- *Informationsmenge*: Ohne ein PO kann es sein, dass die Führungskräfte irgendwann zu viel oder zu wenig Projektinformationen besitzen. Das kann effektive Entscheidungen verhindern. Mit einem PO und einer Standardisierung finden die Führungskräfte es einfacher, rechtzeitige Entscheidungen zu treffen. Die wichtigste Aufgabe des obersten Managements sind die strategische Planung und der strategische Einsatz, ohne sich Gedanken über operationale Probleme machen zu müssen. Das PO hat die Verantwortung, als Brücke zwischen all diesen Ebenen zu fungieren und es ihnen leichter zu machen, ihre Ziele und Zielsetzungen zu erreichen.

A Lösungen zur Projektmanagement-Konflikt-Übung

Teil I: Dem Konflikt entgegentreten

Nachdem Sie die folgenden Antworten gelesen haben, tragen Sie die entsprechenden Punkte in Zeile 1 von Tabelle 7.1 auf Seite 303 ein.

A. Viele Projekt- und Linienmanager verhandeln zwar auf der Basis von »Gefälligkeiten«. Dies ist jedoch nicht empfehlenswert. Der Abteilungsleiter mag zwar zunächst eine gewisse Verpflichtung empfinden. Bei Folgeprojekten, an denen Sie mitarbeiten, wird er jedoch sehr wahrscheinlich versuchen, sich zu verteidigen. Möglicherweise entwickelt er sogar die Vorstellung, dass dies die einzige Art und Weise sei, in der er mit Ihnen zukünftig zurechtkommen kann. Wenn Sie diese Antwort gewählt haben, tragen Sie in Zeile 1 einen Punkt ein.

B. Drohungen sind niemals sinnvoll. Es handelt sich um eine todsichere Methode, um eine gute Vereinbarung zunichte zu machen, bevor sie überhaupt zum Tragen gekommen ist. Wenn Sie diese Lösung gewählt haben, erhalten Sie keine Punkte.

C. Wenn Sie nichts sagen, übernehmen Sie die volle Verantwortung für die Verzögerungen und die höheren Kosten. Sie haben nichts unternommen, um das Gespräch mit dem Abteilungsleiter zu suchen. Dies könnte zu weiteren Konflikten bei zukünftigen Projekten führen. Tragen Sie in Zeile 1 zwei Punkte ein, wenn Sie diese Antwort gewählt haben.

D. Wenn Sie die Unternehmensführung an dieser Stelle bitten, sich einzumischen, kann dies die Situation nur komplizierter machen. Führungskräfte bevorzugen es, erst als letzte Rettung hinzugezogen zu werden. Die Unternehmensführung wird Sie sehr wahrscheinlich auffordern, mit dem Abteilungsleiter zu sprechen. Tragen Sie in Zeile 1 zwei Punkte ein, wenn Sie diese Antwort gewählt haben.

E. Möglicherweise geht der Abteilungsleiter bei Erhalt Ihrer Mitteilung in die Defensive, es wird jedoch schwierig für ihn werden, Ihr Gesuch um Hilfe abzulehnen. Es stellt sich natürlich die Frage, wann er Ihnen diese Hilfe gewähren wird. Tragen Sie in Zeile 1 acht Punkte ein, wenn Sie diese Antwort gewählt haben.

F. Wenn Sie versuchen, dem Abteilungsleiter Ihre Lösung aufzudrängen, fühlt er sich bedroht und es entstehen möglicherweise zusätzliche Konflikte. Gute Projektmanager versuchen immer, vorherzusehen, welche emotionalen Reaktionen durch bestimmte Entscheidungen hervorgerufen werden können. Wenn Sie diese Lösung gewählt haben, tragen Sie in Zeile 1 zwei Punkte ein.

G. Der Vorschlag, sich zu einem späteren Zeitpunkt auszusprechen, bietet beiden Parteien die Möglichkeit, sich zu beruhigen und die Situation noch einmal zu überdenken. Sehr wahrscheinlich kann der Abteilungsleiter Ihre Bitte um Hilfe kaum zurückweisen und ist gezwungen, bis zu Ihrem Gesprächstermin noch einmal darüber nachzudenken. Für diese Antwort erhalten Sie zehn Punkte.

H. Wenn Sie versuchen, das Problem sofort mit dem Abteilungsleiter zu besprechen, öffnen Sie einen Kommunikationskanal oder halten diesen geöffnet. Dies ist günstig. Wenn die Situation jedoch stark emotional belastet ist und nicht genügend Zeit zur Verfügung stand, um Handlungsoptionen zu entwickeln, könnte die Vorgehensweise auch von Nachteil sein. Falls Sie diese Antwort gewählt haben, tragen Sie in Zeile 1 sechs Punkte ein.

I. Wenn Sie versuchen, Ihre Lösung durchzusetzen, wird der Abteilungsleiter ganz sicher befremdet sein. Die Tatsache, dass Sie beabsichtigen, seine Anfrage zu einem späteren Zeitpunkt zu berücksichtigen, kommt ihm allerdings etwas entgegen, wenn er Ihr Problem und die potenziellen Auswirkungen seiner Entscheidung auf andere Abteilungen versteht. Für die Wahl dieser Antwort erhalten Sie drei Punkte.

Teil 2: Gefühle verstehen

Verwenden Sie Tabelle A.1, um Ihren Gesamtpunktestand zu ermitteln. Tragen Sie diesen in das passende Feld in Zeile 2 von Tabelle 7.1 auf Seite 303 ein. Es gibt keine »absolut« korrekten Antworten für dieses Problem. Es gibt nur eine »zutreffendste« Antwort.

	Reaktion	Punkte
A. Sie kennen meine Antwort. Wenden Sie sich an die Unternehmensführung, wenn Sie damit nicht leben können.	Feindseligkeit oder Rückzug	4
B. Ich verstehe Ihr Problem. Wir können auf Ihre Art verfahren.	Akzeptanz	4
C. Ich verstehe Ihr Problem zwar, muss jedoch das tun, was für meine Abteilung das Beste ist.	Verteidigung oder Feindseligkeit	4
D. Lassen Sie uns das Problem besprechen. Vielleicht gibt es eine andere Lösung.	Kooperation	4
E. Lassen Sie mich erklären, warum wir die neuen Anforderungen benötigen.	Kooperation oder Verteidigung	4
F. Wenden Sie sich an meinen Gruppenleiter. Es war seine Empfehlung.	Rückzug	4
G. Neue Manager sollten neue und bessere Ansätze entwickeln, oder etwa nicht?	Feindseligkeit oder Verteidigung	4
	Summe Einzelperson:	
	Summe Gruppe:	

Tabelle A.1: Gefühle verstehen

Teil 3: Aufbau der Kommunikation

A. Ihre Erklärung mag zwar akzeptabel sein und der Abteilungsleiter ist an den Mehrkosten schuld, Sie haben jedoch nicht versucht, mit dem Abteilungsleiter zu kommunizieren. Weitere Konflikte sind vorprogrammiert. Wenn Sie diese Antwort gewählt haben, tragen Sie in Zeile 3 von Tabelle 7.1 auf Seite 303 null Punkte ein.

B. Sie lassen dem Abteilungsleiter keine Wahl und verschlimmern den Konflikt. Möglicherweise hatte er noch keine Zeit, über eine Veränderung seiner Anforderungen nachzudenken, und es ist höchst fraglich, ob er das jetzt tun wird, weil Sie ihn nun direkt angegriffen haben. Wenn Sie diese Antwort gewählt haben, tragen Sie in Zeile 3 von Tabelle 7.1 null Punkte ein.

C. Wenn Sie dem Abteilungsleiter drohen, ändert er zwar möglicherweise seine Meinung, Ihr Verhältnis zu ihm wird sich jedoch sehr wahrscheinlich verschlechtern. Dies wirkt sich auch auf zukünftige Projekte aus, an denen seine Abteilung beteiligt ist. Wenn Sie sich für diese Antwort entschieden haben, tragen Sie in Zeile 3 von Tabelle 7.1 null Punkte ein.

D. Wenn Sie eine Mitteilung verschicken, in der Sie einen Gesprächstermin zu einem späteren Zeitpunkt vorschlagen, haben Sie und der Abteilungsleiter die Möglichkeit, sich zu beruhigen, die Situation selbst verbessert sich dadurch jedoch nicht unbedingt. Der Abteilungsleiter hat nun vielleicht viel Zeit, um sich einzureden, dass er Recht hatte, weil Sie möglicherweise doch nicht so unter Zeitdruck sind, wie Sie behauptet haben, wenn der Gesprächstermin mehrere Tage warten kann. Wenn Sie diese Antwort gewählt haben, tragen Sie in Zeile 3 von Tabelle 7.1 vier Punkte ein.

E. Ihr Verhalten geht in die richtige Richtung, da Sie versuchen, mit dem Abteilungsleiter zu kommunizieren. Leider verärgern Sie ihn sehr wahrscheinlich zusätzlich, wenn Sie ihm mitteilen, dass er die Beherrschung verloren habe und sich bei Ihnen hätte entschuldigen sollen. Wenn Sie zur Eröffnung des Gesprächs Ihr Bedauern über die Situation ausdrücken, ist dies sicher von Vorteil. Haben Sie sich für diese Antwort entschieden, tragen Sie in Zeile 3 von Tabelle 7.1 sechs Punkte ein.

F. Es ist nicht hilfreich, das Problem zu vertagen. Der Abteilungsleiter könnte glauben, dass das Problem gelöst sei, weil er nichts mehr von Ihnen gehört hat. Die Konfrontation sollte nicht aufgeschoben werden. Ihre Wahl hat den Vorteil, dass Sie versuchen, einen Kommunikationskanal zu öffnen. Haben Sie sich für diese Antwort entschieden, tragen Sie in Zeile 3 von Tabelle 7.1 vier Punkte ein.

G. Die beste Lösung besteht darin, Bedauern über die Situation auszudrücken und sofort nach einer Lösung zu suchen. Hoffentlich versteht der Abteilungsleiter nun die Bedeutung des Konflikts und die Dringlichkeit, eine Lösung zu finden. Haben Sie sich für diese Antwort entschieden, tragen Sie in Zeile 3 von Tabelle 7.1 zehn Punkte ein.

Teil 4: Konfliktlösungsmethoden

Ermitteln Sie Ihre Gesamtpunktzahl anhand von Tabelle A.2. Tragen Sie diese in Zeile 4 von Tabelle 7.1 auf Seite 303 ein.

	Reaktion	Punkte
A. Ich habe mich für die Anforderungen entschieden und wir machen das auf meine Weise.	Ausübung von Druck	4
B. Ich habe darüber nachgedacht und bin zu dem Schluss gekommen, dass Sie Recht haben. Wir versuchen es mit Ihrer Methode.	Rückzug oder Schlichtung	4
C. Lassen Sie uns über das Problem sprechen. Vielleicht gibt es andere Lösungsmöglichkeiten.	Kompromiss oder Konfrontation	4
D. Lassen Sie mich erklären, warum wir die neuen Anforderungen benötigen.	Schlichtung, Konfrontation oder Ausübung von Druck	4
E. Wenden Sie sich an meine Gruppenleiter. Sie kümmern sich jetzt darum.	Rückzug	4
F. Ich habe mir das Problem noch einmal angesehen und festgestellt, dass ich vielleicht bei einigen Anforderungen Abstriche machen kann.	Schlichtung oder Kompromiss	4
	Summe Einzelperson:	
	Summe Gruppe:	

Tabelle A.2: Konfliktlösungsmethoden

Teil 5: Die Wahl rechtfertigen

A. Sie haben zwar das Recht, Ihre Lösung durchzusetzen, Sie sollten dabei jedoch bedenken, welche emotionalen Auswirkungen dies auf die Organisation hat, und dass der Abteilungsleiter sehr wahrscheinlich befremdet ist. Haben Sie sich für diese Antwort entschieden, tragen Sie zwei Punkte in Zeile 5 von Tabelle 7.1 auf Seite 303 ein.

B. Wenn Sie in der Lage dazu sind, die höheren Kosten und die Zeitverschiebung anderen Beteiligten zu erklären, können Sie die neuen Anforderungen ganz einfach akzeptieren. Das würde dem Abteilungsleiter sicher gefallen. Bei ihm könnte jedoch der Eindruck entstehen, dass er sehr viel Macht hat und er könnte versuchen, Probleme immer auf diese Weise zu lösen. Wenn Sie sich für diese Antwort entschieden haben, tragen Sie in Zeile 5 von Tabelle 7.1 vier Punkte ein.

C. Wenn Sie die Situation nicht selbst lösen können, können Sie sich an das obere Management wenden. Sie müssen sich dann jedoch sicher sein, dass kein Kompromiss gefunden werden kann, und damit leben, dass Sie vor einem Scherbenhaufen sitzen. Wenn Sie sich für diese Antwort entschieden haben, tragen Sie in Zeile 5 von Tabelle 7.1 zehn Punkte ein.

D. Es ist nicht sinnvoll, andere Manager in die Situation mit einzubeziehen. Hoffentlich kümmert sich das obere Management bei der Suche nach einer Lösung um deren Meinung. Wenn Sie sich für diese Antwort entschieden haben, tragen Sie in Zeile 5 von Tabelle 7.1 sechs Punkte ein und hoffen Sie, dass die Linienmanager ihn nicht bedrohen, indem sie sich gegen ihn verschwören.

Teil 6: Der Einfluss zwischenmenschlicher Faktoren

A. Die Androhung der Bestrafung von Mitarbeitern wirkt sich nicht positiv auf die Konfliktlösung aus, weil Sie einen Konflikt mit dem Abteilungsleiter haben, nicht mit seinen Mitarbeitern. Wenn Sie sich für diese Antwort entschieden haben, tragen Sie in Zeile 6 von Tabelle 7.1 auf Seite 303 null Punkte ein.

B. Das Angebot einer Belohnung kann die Mitarbeiter möglicherweise dazu bringen, Ihre Lösung zu akzeptieren, vorausgesetzt, die Mitarbeiter haben das Gefühl, Sie würden Ihre Versprechen halten. Für Beförderungen und die Vergabe von mehr Verantwortung ist der Linienmanager zuständig. Die Leistungsbewertung kann ein wichtiger Punkt sein, wenn der Linienmanager Ihre Bewertung berücksichtigt. In dieser Situation ist das jedoch höchst zweifelhaft. Wenn Sie sich für diese Antwort entschieden haben, tragen Sie in Zeile 6 von Tabelle 7.1 null Punkte ein.

C. Die Macht, die Sie als Experte haben, ist ein effektives Mittel, um sich bei der Linie Respekt zu verschaffen, vorausgesetzt, Sie nutzen dieses Mittel nur für kurze Zeit. Langfristig können dadurch eher Konflikte entstehen. In dieser Situation betrachtet der Abteilungsleiter Sie möglicherweise nicht als Experten und seine Einschätzung kann sich auch auf seine Mitarbeiter übertragen. Haben Sie diese Antwort gewählt, tragen Sie in Zeile 6 von Tabelle 7.1 sechs Punkte ein.

D. Die Darstellung der Arbeit als Herausforderung ist die beste Möglichkeit, um Unterstützung zu erhalten, und kann in vielen Situationen hilfreich sei, um über persönliche Meinungsverschiedenheiten und Ablehnung hinwegzukommen. Leider ist das Problem aufgetreten, weil sich Linienmitarbeiter beschwert haben. Es ist deshalb unwahrscheinlich, dass die Linienmitarbeiter die Arbeit als Herausforderung betrachten können. Wenn Sie sich für diese Antwort entschieden haben, tragen Sie in Zeile 6 von Tabelle 7.1 acht Punkte ein.

E. Personen, die an einem Projekt mitarbeiten, sollten den Projektmanager akzeptieren, weil er seine Befugnisse vom oberen Management erhalten hat. Dies bedeutet jedoch nicht, dass die Mitarbeiter seinen Anweisungen Folge leisten. Im Zweifel befolgen Mitarbeiter die Anweisungen der Person, von der sie bewertet werden, d.h. vom Abteilungsleiter. Der Projektmanager hat zwar formell die Befugnis, den Linienmanager zu zwingen, sich an den ursprünglichen Projektplan zu halten. Diese Vorgehensweise sollte jedoch nur als letzte Rettung in Betracht gezogen werden. Wenn Sie sich für diese Antwort entschieden haben, tragen Sie in Zeile 6 von Tabelle 7.1 zehn Punkte ein.

F. Macht lässt sich nicht über Nacht aufbauen. Wenn der Abteilungsleiter das Gefühl hat, dass Sie versuchen, mit ihm um seine Mitarbeiter zu kämpfen, erzeugt dies zusätzliche Konflikte. Wenn Sie sich für diese Antwort entschieden haben, tragen Sie in Zeile 6 von Tabelle 7.1 zwei Punkte ein.

B Lösungen zur Führungsstil-Übung

Situation 1

A. Diese Technik funktioniert zwar möglicherweise, wenn Sie bereits Führungsstärke gezeigt haben. Da drei der Mitarbeiter jedoch noch nie mit Ihnen zusammengearbeitet haben, müssen Sie irgendetwas tun.

B. Das Team sollte bereits motiviert sein und eine Verstärkung sollte helfen. Die Teambildung muss damit beginnen, dass Sie den Mitarbeitern zeigen, wie sie selbst von der Situation profitieren. Diese Vorgehensweise hat sich bei langfristigen Projekten bewährt. (5 Punkte)

C. Dieser Ansatz eignet sich am besten, wenn die Mitarbeiter bereits in das Projekt eingeführt wurden. In diesem Fall erwarten Sie jedoch möglicherweise zu viel von den Mitarbeitern. (3 Punkte)

D. Dieser Ansatz ist zum momentanen Zeitpunkt zu heftig, weil es zunächst einmal um Teambildung geht. Bei langfristigen Projekten sollten die Mitarbeiter erst einmal die Möglichkeit erhalten, sich besser kennen zu lernen. (2 Punkte)

Situation 2

A. Unternehmen Sie nichts. Sie sollten nicht überreagieren. Dadurch könnte sich die Produktivität erhöhen, ohne dass sich die Arbeitszufriedenheit verringert. Prüfen Sie erst einmal den Einfluss auf das Team. Wenn die anderen Mitglieder Tom als informellen Führer akzeptieren, weil er bereits früher für Sie gearbeitet hat, kann dies sehr günstig sein. (5 Punkte)

B. Das Team könnte den Eindruck bekommen, dass ein Problem existiert, obwohl dies gar nicht der Fall ist.

C. Hierbei handelt es sich um Doppelarbeit, was Ihre Führungsqualitäten widerspiegeln könnte. Die Lösung könnte die Produktivität beeinträchtigen. (2 Punkte)

D. Es handelt sich um eine voreilige Entscheidung, die dazu führen könnte, dass Tom überreagiert und seine Produktivität sinkt. (3 Punkte)

Situation 3

A. Sie belasten möglicherweise das Team, wenn Sie die Austragung von Kämpfen zulassen. Die Motivation könnte sinken und die Frustration steigen. (1 Punkt)

B. Die Teammitglieder erwarten vom Projektmanager, dass er sie unterstützt und dass er Ideen hat. Dadurch verbessern sich die Beziehungen im Team. (5 Punkte)

C. Dieser Ansatz ist vernünftig, so lange Sie sich kaum einmischen müssen. Sie müssen dem Team die Möglichkeit bieten, sich weiterzuentwickeln, ohne ständig auf eine Anleitung zu warten. (4 Punkte)

D. Dieses Handeln ist vorschnell und kann die Kreativität behindern. Das Team könnte Sie daran hindern.

Situation 4

A. Wenn das Problem tatsächlich existiert, muss gehandelt werden. Derartige Probleme verschwinden nicht von selbst.

B. Das Problem eskaliert dadurch und alles wird noch schlimmer. Ihr Verhalten könnte zwar deutlich machen, dass Sie eine gute Beziehung zu Ihrem Team aufbauen wollen, es könnte sich jedoch auch negativ auf Sie auswirken. (1 Punkt)

C. Treffen auf privater Ebene sollten Ihnen die Möglichkeit bieten, die Situation neu einzuschätzen und die Beziehungen zu den Mitarbeitern zu verstärken. Sie sollten in der Lage dazu sein, die Tragweite des Problems einzuschätzen. (5 Punkte)

D. Hierbei handelt es sich um eine vorschnelle Entscheidung. Eine Veränderung des Ablauf- und Terminplans kann sich negativ auf die Moral der Mitarbeiter auswirken. Diese Situation erfordert keine starke Hand, sondern eine Neuplanung. (2 Punkte)

Situation 5

A. Krisenmanagement funktioniert im Zusammenhang mit Projektmanagement nicht. Warum sollte das Problem aufgeschoben werden, bis eine Krise entsteht, und dann Zeit damit verschwendet werden, dass eine Neuplanung durchgeführt werden muss?

B. In dieser Situation muss sofort gehandelt werden. Sympathiebekundungen mit dem Team sind nicht hilfreich, wenn das Team darauf wartet, dass Sie Führungsstärke zeigen. (2 Punkte)

C. Die richtige Balance besteht in partizipierendem Management und einer fortwährenden Planung. Diese Ausgeglichenheit ist in solchen Situationen entscheidend. (5 Punkte)

D. Das Problem könnte dadurch weiter eskalieren, wenn Sie keine Beweise dafür haben, dass die Leistung unterdurchschnittlich ist. (1 Punkt)

Situation 6

A. Die Probleme sollten aufgedeckt werden. Es stimmt, dass dieses Problem sich möglicherweise von selbst löst, oder dass Bob einfach nicht erkennt, dass seine Leistung unterdurchschnittlich ist.

B. Eine direkte Rückmeldung ist das Beste. Bob möchte wissen, wie Sie seine Leistung bewerten. Dies zeigt, dass Sie ihm helfen möchten, sich zu verbessern. (5 Punkte)

C. Es handelt sich hierbei nicht um ein Teamproblem. Warum sollten Sie das Team bitten, Ihnen die Arbeit abzunehmen? Ein direkter Kontakt ist das Beste.

D. Es handelt sich um Ihr Problem, nicht um das des Teams. Sie können das Team zwar um seine Einschätzung bitten, jedoch nicht erwarten, dass das Team Ihre Arbeit macht.

Situation 7

A. George muss sich beeilen, um das andere Projekt abzuschließen. Er benötigt möglicherweise etwas mehr Zeit, um einen Qualitätsbericht zu erstellen. Lassen Sie ihn gewähren. (5 Punkte)

B. Es macht keinen Sinn, George zu drohen, da er das Problem bereits erkannt hat. Eine Drohung wirkt nicht gerade motivierend. (3 Punkte)

C. Die anderen Teammitglieder sollten nicht mit der Sache belastet werden, es sei denn, es handelt sich um Gruppenanstrengung.

D. Diese Last sollte den anderen Teammitgliedern nicht aufgebürdet werden, es sei denn, es geschieht auf freiwilliger Basis.

Situation 8

A. Sich in einer Krisensituation dafür entscheiden, nichts zu tun, ist die schlechteste Entscheidung, die getroffen werden kann. Das Team kann dadurch so stark frustriert werden, dass alles zerstört wird, was Sie bisher aufgebaut haben.

B. Es besteht ein Problem mit der Zeitüberschreitung, nicht mit der Moral. In diesem Fall ist es unwahrscheinlich, dass ein Zusammenhang besteht.

C. Gruppenentscheidungen können zwar funktionieren, jedoch unter Zeitdruck nur schwer realisierbar sein. Die Produktivität hat nichts mit der Überschreitung des Zeitplans zu tun. (3 Punkte)

D. Das Team zählt auf Ihre Führungsqualitäten. Unabhängig davon, wie gut das Team ist, ist es sehr wahrscheinlich nicht dazu in der Lage, alle Probleme zu lösen. (5 Punkte)

Situation 9

A. Ein freundlicher Klaps auf den Rücken kann nicht schaden. Die Mitarbeiter wissen, wenn sie gute Arbeit leisten.

B. Positive Verstärkung ist sinnvoll, es sollte sich jedoch möglicherweise nicht um eine finanzielle Entlohnung handeln. (3 Punkte)

C. Sie haben das Team positiv verstärkt und ihnen die Verantwortung für Phase II übertragen. (5 Punkte)

D. Ihr Team hat in anderen Situationen gezeigt, dass es verantwortlich handeln kann. Ein dominantes Führungsverhalten ist nicht auf Dauer erforderlich.

Situation 10

A. Dies ist der beste Ansatz. Alles ist gut. (5 Punkte)

B. Warum sollten ein gutes Arbeitsverhältnis und ein gesundes Arbeitsumfeld in Gefahr gebracht werden? Ihre Anstrengungen könnten kontraproduktiv sein.

C. Wenn die Teammitglieder ihre Arbeit ordentlich gemacht haben, haben sie bereits nach Notfallplänen gesucht. Warum sollten Sie ihnen das Gefühl vermitteln, dass Sie noch immer alles lenken wollen? Wenn das Team den Terminplan von Phase III jedoch noch nicht überprüft hat, könnte dieser Schritt nötig sein. (3 Punkte)

D. Warum sollten Sie das Team beunruhigen? Sie könnten versuchen, die Mitarbeiter davon zu überzeugen, dass etwas falsch läuft oder passieren wird.

Situation 11

A. Sie können keine passiven Rollen einnehmen, wenn der Kunde ein Problem feststellt. Sie müssen helfend eingreifen. Die Probleme des Kunden werden am Ende doch zu Ihren Problemen. (3 Punkte)

B. Der Kunde kommt nicht in Ihr Unternehmen, um über Produktivität zu diskutieren.

C. Dies belastet das Team schwer, weil es sich um das erste Treffen handelt. Das Team muss geführt werden.

D. Sie sind für die Sitzungen verantwortlich, in denen der Kunde informiert und Informationen ausgetauscht werden. Diese Sitzungen sollten nicht delegiert werden. Sie sind die Anlaufstelle für den Kunden. Hier ist Führungsstärke gefordert. Dies gilt insbesondere für Krisensituationen. (5 Punkte)

Situation 12

A. Wenn Sie eine passive Rolle einnehmen, entsteht beim Team der Eindruck, dass es keinen Grund zur Eile gibt.

B. Die Teammitglieder sind motiviert und haben das Projekt unter Kontrolle. Sie sollten in der Lage sein, das Problem selbst zu lösen. Positive Verstärkung wäre hilfreich. (5 Punkte)

C. Dieser Ansatz könnte zwar funktionieren, er könne sich jedoch auch kontraproduktiv auswirken, wenn bei den Mitarbeitern der Eindruck entsteht, dass ihre Fähigkeiten in Frage gestellt werden. (4 Punkte)

D. Sie sollten keine Führungsstärke zeigen, wenn das Team bereits seine Fähigkeit unter Beweis gestellt hat, gute Gruppenentscheidungen treffen zu können.

Situation 13

A. Dieser Ansatz eignet sich am schlechtesten und könnte dazu führen, dass das Unternehmen den aktuellen Auftrag und Folgeaufträge verliert.

B. Dies könnte in einer Überschätzung resultieren und sich katastrophal auswirken, wenn es keine Folgeaufträge gibt.

C. Dies wirkt sich auf das Team sehr demoralisierend aus, weil die Teammitglieder den Eindruck gewinnen könnten, dass das aktuelle Programm abgebrochen wird. (3 Punkte)

D. Dafür ist der Projektmanager verantwortlich. Es gibt Situationen, in denen Informationen zumindest zeitweise zurückgehalten werden müssen. (5 Punkte)

Situation 14

A. Diese Vorgehensweise eignet sich hervorragend, um das Verhältnis zwischen dem Projekt und der Linie zu zerstören.

B. Diese Lösung beansprucht sehr viel Zeit, weil die Teammitglieder alle eine unterschiedliche Meinung haben. (3 Punkte)

C. Dieser Ansatz ist der beste, weil das Team die Linienmitarbeiter sehr wahrscheinlich besser kennt als Sie. (5 Punkte)

D. Es ist höchst unwahrscheinlich, dass Sie dies schaffen können.

Situation 15

A. Dies ist die einfachste, aber auch die gefährlichste Lösung, weil das restliche Team mit zusätzlicher Arbeit belastet wird. (3 Punkte)

B. Sie sollten die Entscheidung treffen, und nicht das Team. Sie weichen Ihrer Verantwortung aus.

C. Wenn Sie sich mit dem Team beraten, erhalten Sie Unterstützung für Ihre Entscheidung. Höchstwahrscheinlich wird das Team Carola diese Chance geben wollen. (5 Punkte)

D. Diese Entscheidung könnte sich demoralisierend auf das Projekt auswirken. Wenn Carola gereizt reagiert, könnten auch andere Teammitglieder ähnlich reagieren.

Situation 16

A. Dies ist die beste Wahl. Sie sind dem Linienmanager zu Dank verpflichtet. Wenn er nicht gestört wird, lässt er vielleicht etwas nach. (5 Punkte)

B. Das ist fruchtlos. Sie haben das vielleicht schon einmal ausprobiert und sind damit gescheitert. Es könnte frustrierend für Sie sein, es noch einmal versuchen zu müssen. Denken Sie daran, dass die Mauer bereits seit zwei Jahren besteht. (3 Punkte)

C. Die Sitzung ist sehr wahrscheinlich Zeitverschwendung. Mauern sind in der Regel nicht durchlässig.

D. Die Mauer wird dadurch noch dicker und die Beziehung Ihres Teams zum Linienmanager verschlechtert sich. Dies sollte nur als letzte Rettung eingesetzt werden, wenn Statusinformationen nicht auf andere Weise beschafft werden können. (2 Punkte)

Situation 17

A. Diese Annahme ist schwach. Carola hat möglicherweise noch nicht mit ihm gesprochen oder nur ihre Sichtweise dargestellt.

B. Der neue Mann ist noch immer von den anderen Teammitgliedern isoliert. Sie erzeugen damit zwei Projektteams. (3 Punkte)

C. Der neue Mitarbeiter fühlt sich möglicherweise unwohl und hat das Gefühl, dass die Projekte über Meetings geführt werden. (2 Punkte)

D. Neue Teammitglieder fühlen sich unwohl. Es sollten Briefings durchgeführt werden, weil der Projektabschluss nur in Teamarbeit erfolgen kann. (5 Punkte)

Situation 18

A. Diese Entscheidung zeigt, dass Sie sich nicht um das Fortkommen Ihrer Mitarbeiter kümmern. Die Entscheidung ist schwach.

B. Dies ist eine persönliche Entscheidung zwischen Ihnen und dem Mitarbeiter. So lange die Leistung des Mitarbeiters nicht nachlässt, sollte ihm der Besuch gewährt werden. (5 Punkte)

C. Dieses Problem sollte nicht unbedingt offen diskutiert werden. Sie sollten die Meinung des Teams informell erfragen. (2 Punkte)

D. Dieser Ansatz ist vernünftig, weil er anderen Teammitgliedern das Gefühl vermittelt, dass Sie um Konsens bemüht sind.

Situation 19

A. Dies ist die beste Wahl. Sie haben Ihre Mitarbeiter unter Kontrolle. Unternehmen Sie nichts. Sie müssen davon ausgehen, dass die Mitarbeiter bereits Feedback erhalten haben. (5 Punkte)

B. Die Mitarbeiter wurden möglicherweise bereits von Ihrem Team und ihren Linienmanagern beraten. Ihre Bemühungen könnten befremdlich wirken. (1 Punkt)

C. Ihr Team hat die Situation bereits unter Kontrolle. Wenn Sie an dieser Stelle nach einem Notfallplan fragen, könnte sich dies schädlich auswirken. Sie haben sicher schon Notfallpläne entwickelt. (2 Punkte)

D. Wenn Sie nun Führungsstärke zeigen, könnte dies auf das Team befremdlich wirken.

Situation 20

A. Eine schlechte Wahl. Sie als Projektmanager sind für alle Informationen verantwortlich, die dem Kunden geliefert werden.

B. Positive Verstärkung könnte sinnvoll sein, garantiert jedoch nicht, dass der Bericht eine hohe Qualität hat. Ihre Mitarbeiter könnten übermäßige Kreativität an den Tag legen und überflüssige Informationen liefern.

C. Es kann sich zwar positiv auswirken, wenn Sie das Team um Input bitten, letztendlich sind jedoch Sie verantwortlich. (3 Punkte)

D. Führungsverhalten muss bei allen Berichten gezeigt werden. Für die Projektteams ist es verwirrend, wenn sie keine Anleitung für die Erstellung von Berichten erhalten. (5 Punkte)

C Fallstudien Dorale Products

C.1 DORALE PRODUCTS (A)

Bereich im PMBOK® Guide: Integrationsmanagement, Umfangsmanagement

Themenbereich: Definition eines Projekts

C.1.1 Hintergrund

Dorale Products durchlitt angenehme Wachstumsschmerzen. Die Geschäfte liefen gut. Die Entwicklung neuer Produkte wurde als treibende Kraft für das weitere Wachstum des Unternehmens betrachtet. Das Unternehmen gab jetzt wesentlich mehr Geld für die Entwicklung neuer Produkte aus, aber die Anzahl, die schließlich auf den Markt gelangten, war wesentlich niedriger als in vorhergehenden Jahren. Außerdem dauerte es für einige der auf den Markt gelangten Produkte länger als erwartet, bis sich ihre F&E-Kosten amortisiert hatten, während andere zu schnell veralteten.

Das Management erkannte, dass irgendein strukturierter Entscheidungsfindungsprozess eingerichtet werden musste, damit es entweder ein Projekt frühzeitig abbrechen konnte, bevor zu viele Ressourcen dafür aufgewendet wurden, oder die Anstrengungen auf andere Ziele umlenken konnte. David Mathews wurde zum Projektmanager ernannt, der für die Entwicklung einer neuen Produktentwicklungsmethodik (Projektmanagement) für Dorale Products verantwortlich war.

David kannte die Vorteile einer Projektmanagementmethodik, insbesondere als strukturierter Entscheidungsfindungsprozess. Sie würde als Vorlage oder als wiederholter Prozess dienen, damit der Projekterfolg immer wieder erreicht werden könnte. Die Methodik sollte verschiedene Abschnitte für die Definition des Projektumfangs, die Planung, die Zeitplanung sowie für die Überwachung und die Kontrolle beinhalten. Außerdem sollte es einen Abschnitt geben, der die Rollen des Projektmanagers, der Linienmanager und der führenden Sponsoren definierte.

Um die Projektmanagementmethodik einfach anwendbar und an alle Projekte anpassbar zu machen, sollte die Methodik unter Verwendung von Formularen, Richtlinien, Schablonen und Checklisten anstelle der strengeren Strategien und Verfahrensweisen aufgebaut werden. Damit würden die Kosten für die Anwendung der Methodik sicher sinken und sie wäre einfacher an eine Vielzahl von Projekten anzupassen. Die Projektmanager konnten dann entscheiden, ob sie die Methodik auf informeller oder lieber auf einer formelleren Basis implementieren wollten.

Die erste Skizze für die neue Methodik war fertiggestellt und konnte vom Vizepräsidenten (VP) der Betriebsführung überprüft werden, der als Projektsponsor zugeordnet worden war. Nach einer Überprüfung der Methodik wurde ein Meeting zwischen dem Sponsor und dem Projektmanager (PM) einberufen.

Das Meeting

VP: »Ich habe mir die Methodik angesehen. Erwarten Sie, dass die Methodik für jedes Projekt eingesetzt wird?«

PM: »Wir könnten den Einsatz der Methodik sehr wahrscheinlich für jedes Projekt rechtfertigen. Auf diese Weise hätten wir einen wirklich gut strukturierten Entscheidungsfindungsprozess.«

VP: »Der Einsatz der Methodik ist kostspielig und er ist wahrscheinlich nicht für alle Projekte notwendig. Ich kann den Einsatz der Methodik für ein 500.000-Euro-Projekt nachvollziehen. Aber was ist mit Projekten, bei denen es nur um 25.000 Euro oder 50.000 Euro geht? Was ist, wenn das Projekt nur 30 Tage dauert, statt unseres üblichen Aufwands von 6 bis 12 Monaten?«

PM: »Ich glaube, wir sollten Schwellenwerte definieren, ab wann das Projektmanagement eingesetzt werden sollte.«

VP: »Ich fürchte, dass wir nicht nur definieren sollten, wann das Projektmanagement eingesetzt werden soll, sondern auch, wobei es sich um ein Projekt handelt. Wenn eine Aktivität vollständig innerhalb einer einzigen Fachabteilung bleibt, ist es dann gemäß Ihrer Definition immer noch ein Projekt? Sollten wir auch einen Schwellenwert definieren, wie viele Fachabteilungen beteiligt sein müssen, bevor wir eine Aktivität als Projekt betrachten?«

PM: »OK, ich sehe mir meinen Entwurf noch einmal an und komme dann in etwa einer Woche wieder auf Sie zu.«

Fragen

1. Was ist eine sinnvolle Definition für ein Projekt?
2. Ist jede Aktivität ein Projekt, oder sollte es eine Mindestanzahl an Fachabteilungsgrenzen geben, die dabei überschritten werden? Falls ja, wie viele sollten das sein?
3. Wie können wir feststellen, wann ein Projektmanagement erforderlich ist und wann eine Aktivität effektiv von einer Fachbereichsgruppe bearbeitet werden kann, ohne ein Projektmanagement zu benötigen?
4. Benötigen alle Projekte ein Projektmanagement?
5. Der Einsatz einer formalen Projektmanagementmethodik bedingt Zeit und Geld. Welchen »sinnvollen« Schwellenwert sollte man dafür festlegen?

C.2 DORALE PRODUCTS (B)

Bereich im PMBOK® Guide: Integrationsmanagement, Umfangsmanagement

Themenbereich: Definition eines Programms

Hintergrund

Dorale Products hat soeben eine Projektmanagementmethodik für die Entwicklung neuer Produkte entwickelt. Obwohl die Methodik ausschließlich für die Entwicklung neuer Produkte vorgesehen war, war der Vizepräsident der Betriebsführung der Meinung, dass es auch noch weitere Anwendungen für die Methodik geben könnte. Zwischen dem für die Entwicklung der Methodik verantwortlichen Projektmanager und dem Vizepräsidenten fand ein Meeting statt.

Das Meeting

VP: »Das Unternehmen hat viel Zeit und Geld in die Entwicklung der Methodik gesteckt. Es wäre bedauerlich, wenn die Methodik nicht auch an anderer Stelle im Unternehmen eingesetzt werden könnte. Beispielsweise muss es doch Gemeinsamkeiten zwischen den Projekten zur Entwicklung neuer Produkte und den Projekten zur Entwicklung von

Informationssystemen geben. Können wir diese Methodik oder einen Teil davon sowohl für die Entwicklung neuer Produkte als auch für die Entwicklung von Informationssystemen einsetzen?«

PM: »Ich bin mir nicht sicher, ob das geht. Die Anforderungen für Informationssystemprojekte unterscheiden sich, ebenso wie die Phasen des Lebenszyklus. Eine gemeinsame Projektmanagementmethodik müsste extrem generisch sein, um auf alle Projekttypen angewendet werden zu können.«

VP: »Wollen Sie mir sagen, dass wir noch mehr Zeit und Geld investieren müssen, um eine ganze Reihe von Methodiken zu entwickeln?«

PM: »Die Methodik, die wir entwickelt haben, kann auf alle unsere Aktivitäten angewendet werden, außer auf Projekte aus dem Bereich Informationstechnologie. Alle unsere Projekte sind ähnlich oder gehören zur selben Projektart (z.B. Organisations-, Investitionsprojekte etc.), außer die IT. Die IT-Leute benötigen möglicherweise eine eigene Methodik, und ich kann ihre Begründung verstehen, warum sie etwas anderes brauchen.«

VP: »Ich entnehme Ihren Ausführungen, dass unsere vorhandene Methodik sowohl für Programme als auch für Projekte eingesetzt werden kann. Ist ein Programm nicht schließlich einfach eine Weiterführung eines Projekts?«

PM: »Ich habe nicht vorgesehen, unsere Methodik sowohl auf Projekte als auch auf Programme anzuwenden. Ich werde darüber nachdenken und auf Sie zurückkommen.«

Fragen

1. Scheint es praktisch zu sein, eine Projektmanagementmethodik und eine Systementwicklungsmethodik parallel zueinander einzusetzen?
2. Wie lautet die Definition für ein Programm? Wie unterscheidet sie sich von der Definition eines Projekts?
3. Kann die Projektmanagementmethodik ebenso gut auf Programme wie auf Projekte angewendet werden?

C.3 DORALE PRODUCTS (C)

Bereich im PMBOK® Guide: Integrationsmanagement, Umfangsmanagement

Themenbereich: Projektmanagementanwendungen

Hintergrund

Dorale Products hat soeben die Entwicklung einer Projektmanagementmethodik abgeschlossen. Obwohl diese Methode für die Entwicklung neuer Projekte eingesetzt werden sollte, bestand die Hoffnung, dass die Methodik auch auf andere Produkte angewendet werden könne.

Das Meeting

VP: »Haben wir irgendeine Einschränkung vorgegeben, für welche Projekttypen wir unsere Methodik anwenden können?«

PM: »Ja und nein! Jede Aktivität im Unternehmen, unabhängig vom Fachbereich, kann als Projekt betrachtet werden. Aber nicht für alle Projekte ist die Anwendung der Methodik oder überhaupt eines Projektmanagements erforderlich.«

VP: »Als wir vor Monaten über den Ansatz dieses Entwicklungsprozesses diskutiert haben, haben Sie mich davon überzeugt, dass wir unsere Geschäfte über Projekte auf den Weg bringen. Haben Sie es sich jetzt anders überlegt?«

PM: »Keineswegs! Die wichtigste Fähigkeit unserer Projektmanager ist das Integrationsmanagement. Je höher die Integrationsanforderungen sind, desto mehr Bedarf besteht an einem Projektmanagement.«

VP: »Jetzt bin ich völlig verwirrt. Zuerst teilen Sie mir mit, dass man für alle Projekte ein Projektmanagement benötigt, und jetzt sagen Sie, dass nicht alle Projekte die Anwendung einer Methodik benötigen. Was habe ich hier nicht verstanden?«

Fragen

1. Sollten für alle Projekte zwingend die Grundlagen des Projektmanagements angewendet werden?
2. Für welche Art Projekte sollte die Anwendung einer Projektmanagementmethodik erforderlich sein oder nicht erforderlich sein?
3. Wie beeinflusst der Umfang der Integrationsanforderung Ihre Antwort auf die vorhergehende Frage?
4. Welchen Schluss können Sie über die Anwendung des Projektmanagements treffen?

C.4 DORALE PRODUCTS (D)

Bereich im PMBOK® Guide: Integrationsmanagement, Umfangsmanagement

Themenbereich: Projektmanagementprozesse

Hintergrund

Dorale Products hat eine Methodik für das Projektmanagement entwickelt. Ein Vizepräsident wurde als Projektsponsor ernannt, um die Entwicklung der Projektmanagementmethodik zu betreuen. Jetzt war es an der Zeit für den Sponsor, dem obersten Management die Methodik vorzustellen. Der Vizepräsident traf sich mit seinem Projektmanager, um die Unterlagen für die Vorstellung vor dem Führungsausschuss vorzubereiten.

Das Meeting

VP: »Ich habe mir die Methodik angesehen und muss zugeben, dass es mir schwerfällt, die Struktur zu erkennen. Wenn ich die Struktur nicht erkenne, wie kann ich dann eine Präsentation für andere Führungskräfte erstellen?«

PM: »Gute Methodiken sollten auf Richtlinien, Formularen und Checklisten basieren, und nicht auf Strategien und Verfahrensweisen. Wir brauchen diese Flexibilität, um die Methodik auf die unterschiedlichsten Projekte anwenden zu konnen.«

VP: »Ich stimme Ihnen zu. Aber es muss doch eine allgemeine Struktur für den Projektmanagementprozess geben.«

PM: »Das Integrationsmanagement beinhaltet drei Prozessbereiche, nämlich die Integration der Planentwicklung, die Integration der Planausführung und die Integration der Planänderungen. Unsere Methodik ist in Lebenszyklusphasen unterteilt, und diese drei integrativen Prozesse sind in jeder Lebenszyklusphase enthalten, wenn auch nicht speziell erwähnt. Ich habe versucht, die Konzepte des PMBOK® anzuwenden.«

VP: »Ich werde mir die Methodik noch einmal ansehen und überlegen, ob ich Ihre Aussagen in eine Verbindung dazu bringen kann.«

Fragen

1. Ist die Definition der Prozessbereiche des Integrationsmanagements korrekt?
2. Kann es schwierig sein, diese Prozessbereiche in jeder Lebenszyklusphase zu erkennen? Wenn dies der Fall ist, was können wir tun, um sie sichtbarer zu machen?
3. Was sollte der Vizepräsident in seiner Präsentation über die Struktur der Methodik sagen?

C.5 DORALE PRODUCTS (E)

Bereich im PMBOK® Guide: Integrationsmanagement, Umfangsmanagement

Themenbereich: Lebenszyklusphasen

Hintergrund

Der Vizepräsident hielt seinen Vortrag zum Thema Methodik für die anderen Führungskräfte. Dabei betonte er vor allem die zehn Lebenszyklusphasen. Die anderen Führungskräfte hatten mehrere Fragen dazu. Der Vizepräsident traf sich erneut mit dem Projektmanager zu einem Meeting.

Das Meeting

VP: »Die anderen Führungskräfte haben Bedenken, dass zehn Lebenszyklusphasen zu viel seien. Sie haben zehn Gate-Reviews für die Endphasen, an denen die meisten unserer Führungskräfte teilnehmen müssen. Das scheint zu viel zu sein.«

PM: »Ich stimme Ihnen zu. Je mehr ich darüber nachdenke, desto mehr komme ich zu der Überzeugung, dass zehn zu viel sind. Ich verbringe einen Großteil meiner Zeit damit, die Meetings für die Gate-Reviews zu planen, statt mich mit dem Projektmanagement zu beschäftigen.«

VP: »Ein weiterer Einwand unserer Führungskräfte war ihre Rolle oder Verantwortlichkeit bei den Meetings zu den Gate-Reviews. Die Methodik ist in dieser Hinsicht unpräzise.«

PM: »Auch hier stimme ich Ihnen zu. Wir sollten ein festes Kriterium verwenden, was alles erfüllt sein muss, um die Gate-Reviews zu bestehen.«

Fragen

1. Was sind die wichtigsten Vorteile bei der Verwendung von Lebenszyklusphasen? Gibt es auch Nachteile?
2. Wie viele Lebenszyklusphasen sind für eine Methodik sinnvoll?
3. Worin besteht die Gefahr, wenn zu viele Meetings für Gate-Reviews abgehalten werden?
4. Wer bestimmt, welche Information bei jedem Meeting für die Gate-Reviews präsentiert wird?
5. Welche Fragen sollten die für die Meetings zu den Gate-Reviews aufbereiteten Informationen beantworten?

C.6 DORALE PRODUCTS (F)

Bereich im PMBOK® Guide: Integrationsmanagement, Umfangsmanagement

Themenbereich: Definition von Erfolg

Hintergrund

Beim letzten Review der Projektmanagementmethodik durch den Führungsausschuss erkannte man, dass man nicht genau verstand, worin der Projekterfolg besteht. Die Empfehlung war, eine Art Kriterium einzurichten, das den Projekterfolg kennzeichnet.

Das Meeting

VP: »Wir haben ein Problem, den Projekterfolg zu identifizieren. Wir brauchen eine weitere Klärung.«

PM: »Ich bin davon ausgegangen, dass die Realisierung der vom Kunden vorgegebenen auslieferbaren Produkte den Erfolg darstellt.«

VP: »Und was ist, wenn wir nur 92 Prozent der Spezifikation erfüllen? Ist das ein Erfolg oder ein Misserfolg? Was ist, wenn wir bei unserem neuen Produktentwicklungsprozess das

Budget oder den Termin überschreiten, aber viele neue Kunden gewinnen? Und was ist, wenn das Projekt grundlegend scheitert, aber wir während des Prozesses eine gute Kundenbeziehung aufbauen?«

PM: »Ich verstehe, was Sie meinen. Vielleicht sollten wir primäre und sekundäre Beiträge zum Erfolg identifizieren.«

Fragen

1. Was ist die Standarddefinition für Erfolg (z. B. primäre Faktoren)? Wie hängt dies mit der Dreifachbeschränkung zusammen?
2. Was wären Beispiele für sekundäre Erfolgsfaktoren?
3. Was ist eine sinnvolle Definition eines Projektmisserfolgs?
4. Sollten diese Definitionen und Faktoren in die Projektmanagementmethodik einbezogen werden?
5. Gibt es irgendwelche Risiken, die primären und sekundären Erfolgsfaktoren in die Methodik einzubeziehen?

C.7 DORALE PRODUCTS (G)

Bereich im PMBOK® Guide: Integrationsmanagement, Umfangsmanagement, Personalmanagement

Themenbereich: Die Rolle der Führungskraft

Hintergrund

Obwohl das oberste Management von der neuen Methodik scheinbar angetan war, gab es Bedenken, dass die Rolle des obersten Managements schlecht definiert sei. Der Vizepräsident war der Meinung, man bräuchte schnell eine Lösung, damit andere Führungskräfte verstehen könnten, dass sie eine lebenswichtige Rolle im Projektmanagementprozess spielten.

Das Meeting

VP: »Viele unserer Führungskräfte sind im Projektmanagement nicht versiert und benötigen eine gewisse Anleitung, wie sie sich als Projektsponsor verhalten. Ohne diese Rollenklärung könnten einige Sponsoren ›unsichtbar‹ bleiben, während andere dazu tendieren, sich zu aktiv zu beteiligen. Wir brauchen ein Gleichgewicht.«

PM: »Ich verstehe Ihre Bedenken und stimme Ihnen zu, dass eine Rollenbeschreibung erforderlich ist. Ich erkenne jedoch nicht, wie die Rollenbeschreibung jemanden daran hindern soll, unsichtbar zu sein oder sich zu stark einzubringen.«

VP: »Das stimmt, aber wir brauchen einen Ausgangspunkt. Wir müssen ihnen beibringen, welche Aufgaben sie als Sponsoren haben.«

PM: »Wenn der Sponsor abhängig von der jeweiligen Lebenszyklusphase wechselt, sollten wir die Rolle des Sponsors für einzelne Phasen beschreiben.«

VP: »Das ist eine gute Idee. Wir sollten außerdem sicherstellen, dass wir die Rolle des Sponsors bei Meetings für das Gate-Review definieren.«

Fragen

1. Was sollte die primäre Rolle für den Sponsor sein?
2. Ändert sich die Rolle abhängig von den Lebenszyklusphasen?
3. Ist es sinnvoll, dass der Sponsor abhängig von der jeweiligen Lebenszyklusphase wechselt?
4. Zwingt die Rollenbeschreibung in der Methodik den Sponsor, sich wie erwartet zu verhalten?
5. Welche Rolle sollte der Sponsor bei Meetings für das Gate-Review haben?

C.8 DORALE PRODUCTS (H)

Bereich im PMBOK® Guide: Integrationsmanagement, Umfangsmanagement, Personalmanagement

Themenbereich: Rolle der Linienmanager

Hintergrund

Die Projektmanagementmethodik begann schließlich, Form anzunehmen. Aber obwohl bereits eine grundlegende Struktur für die Methodik geschaffen war, gab es immer noch Lücken, die gefüllt werden mussten. Eine dieser Lücken war eine wohldefinierte Rolle für die Linienmanager.

Das Meeting

VP: »Nach dem, was ich über das Projektmanagement gelesen habe, ist es zunächst sehr schwierig, Linienmanager zu finden, die Projekte effektiv unterstützen. Ich will, dass unsere Linienmanager so schnell wie möglich vollständig dem Projektmanagement verschrieben werden.«

PM: »Ich stimme Ihnen vollkommen zu. Es ist nicht gut für einen Linienmanager, einem Projekt Leute zuzuordnen, und sich dann überhaupt nicht für das Projekt zu interessieren.«

VP: »Ich glaube, es steht innerhalb der Macht der Linienmanager, zu entscheiden, ob ein Projekt ein Erfolg wird oder nicht. Einfach gesagt, wir müssen dafür sorgen, dass sie die Verantwortung übernehmen, nachdem sie die Ressourcen zugeordnet haben.«

PM: »Ich bin nicht ganz sicher, wie das gehen soll. Es gibt keine Möglichkeit, wie ich als Projektmanager einen Linienmanager zwingen könnte, zusammen mit mir die Verantwortung für den Erfolg oder Misserfolg eines Projekts zu übernehmen.«

VP: »Ich weiß, dass das zunächst schwierig sein wird, aber ich bin der Überzeugung, dass es möglich ist. Die Methodik sollte die Erwartungen definieren, die die Führungskräfte in Hinblick auf die Rolle der Linienmanager in jeder Lebenszyklusphase haben, ebenso wie die Arbeitsbeziehungen in jeder Phase. Sehen Sie zu, ob Sie einige unserer Linienmanager dazu bringen können, Sie in dieser Hinsicht zu unterstützen.«

PM: »Bei den meisten unserer Projekte erfolgt die technische Leitung der Angestellten immer noch durch die Linienmanager, auch wenn die Angestellten bereits zugeordnet sind. Ein Großteil unserer Projektmanager besitzt ein Verständnis für die Technologie, beherrscht sie aber nicht. Wir haben jedoch einige Projekte, bei denen das technische Know-how bei den Projektmanagern liegt, die dann die tägliche technische Überwachung durchführen müssen. Wie kann ich beide Konzepte im Design der Methodik berücksichtigen?«

VP: »Ich habe den Eindruck, in der einen Situation würde sich der Projektmanager mit dem Linienmanager über auslieferbare Teilergebnisse abstimmen, und in der zweiten Situation ginge es bei den Verhandlungen um spezielle Leute. Ich bin sicher, Sie finden eine Möglichkeit, dies in die Methodik einzubeziehen.«

Fragen

1. Sollte eine Methodik auch Personalrichtlinien beinhalten? Und falls ja, was wäre ein Beispiel für eine Personalrichtlinie?
2. Wann sollte ein Projektmanager sich um Personal kümmern und wann um auslieferbare Teilziele?
3. Sollte eine Personalrichtlinie auch zwischen Vollzeit- und Teilzeitzuordnungen unterscheiden?
4. Wie sollte ein Unternehmen eine Situation lösen, wo sich die Linienmanager weigern, das Projektmanagement zu unterstützen, auch wenn dies ein definierter Bestandteil der Methodik ist?
5. Sollten die Personalrichtlinien und die Rolle des Linienmanagements als Strategien und Verfahrensweisen definiert werden oder einfach nur Anhaltspunkte bieten?

C.9 DORALE PRODUCTS (I)

Bereich im PMBOK® Guide: Integrationsmanagement, Umfangsmanagement, Personalmanagement

Themenbereich: Zwischenmenschliche Fähigkeiten für Projektmanager

Hintergrund

Nachdem die Rolle des Linienmanagers und des oberen Managers ansatzweise definiert waren, war Dorale der Ansicht, dass nur Personen mit speziellen zwischenmenschlichen Fähigkeiten gute Projektmanager sein könnten. Das Unternehmen plante die Aufbereitung einer Liste »universeller« Fähigkeiten, die für die Funktion als Projektmanager erforderlich waren.

Das Meeting

VP: »Ich hätte in unserer Methodik gerne eine Liste der gewünschten persönlichen Eigenschaften für Projektmanager. Das ist bestimmt möglich.«

PM: »Ich glaube, es ist einfacher, Wissensbereiche zu definieren als zwischenmenschliche Fähigkeiten. Wir können einfacher entscheiden, ob der Projektmanager die Technologie beherrscht oder sie versteht, indem wir die Projektanforderungen auswerten. Aber zwischenmenschliche Fähigkeiten sind komplizierter.«

VP: »Ich wüsste nicht, warum. Erklären Sie es mir bitte!«

PM: »Wir ernennen Projektmanager, um auslieferbare Teilziele zu verwalten, nicht Menschen. Unsere Linienmanager erteilen sehr viel mehr tägliche Anweisungen für die zugeordneten Mitarbeiter als unsere Projektmanager.«

VP: »Wollen Sie mir sagen, dass die Projektmanager keine Managementfähigkeiten oder zwischenmenschliche Fähigkeiten benötigen, während sie ein Projekt managen?«

PM: »Das habe ich nicht behauptet. Ich glaube nur, dass sich die Fähigkeiten, die man als Projektmanager benötigt, wesentlich von den Fähigkeiten eines Linienmanagers unterscheiden.«

VP: »Da stimme ich Ihnen zu. Denken Sie über eine Liste nach!«

Fragen

1. Welche Art zwischenmenschlicher Fähigkeiten braucht ein Projektmanager, um effektiv arbeiten zu können?
2. Wie unterscheiden sich die zwischenmenschlichen Fähigkeiten eines Projektmanagers von den Fähigkeiten, die ein effektiv arbeitender Linienmanager besitzen muss?
3. Ist Ihre Antwort auf die beiden ersten Fragen von der Tatsache abhängig, dass beim Projektmanagement Berichte an mehrere Vorgesetzte angefertigt werden müssen?
4. Sollte die Liste, die Sie erstellt haben, davon abhängig sein, ob der Projektmanager Gehaltsentscheidungen für die Teammitglieder treffen kann?
5. Warum ist es für erfahrene Linienmanager häufig schwieriger, Vollzeit-Projektmanager zu werden? (Oder manchmal auch Teilzeit-Projektmanager?)
6. Einige Projektmanager beherrschen die Technologie, während andere sie nur verstehen. Kann dieses Beherrschen oder Verstehen der Technologie sich auf die zwischenmenschlichen Fähigkeiten auswirken, die man als Projektmanager benötigt?
7. Können sich die Anforderungen an die zwischenmenschlichen Fähigkeiten ändern, wenn sich der Projektmanager auf die auslieferbaren Teilziele statt auf die Menschen konzentriert?
8. Kann jemand mit sehr hohen technischen Fähigkeiten auch unerwünschte zwischenmenschliche Fähigkeiten für das Projektmanagement besitzen?
9. Sollte die Projektmanagementmethodik die gewünschten zwischenmenschlichen Fähigkeiten eines Projektmanagers identifizieren, oder sollte das nur für jeweils einzelne Projekte erfolgen?

C.10 DORALE PRODUCTS (J)

Bereich im PMBOK® Guide: Integrationsmanagement, Umfangsmanagement, Personalmanagement

Themenbereich: Strategien und Verfahrensweisen für die Personalentscheidungen im Projekt

Hintergrund

Dorale erwartet Konflikte in Hinblick auf die Personalentscheidungen bei Projekten. Man machte sich Gedanken darüber, ob eine Projektmanagementmethodik auch Strategien und Verfahren für die Personalentscheidungen im Projekt enthalten sollte.

Das Meeting

VP: »Wir brauchen eine Richtung für die Personalentscheidungen bei Projekten innerhalb unserer Methodik. Wenn wir keine Strategien und Verfahrensweisen dahin gehend besitzen, gibt es keine Garantie, dass die Projektmanager rechtzeitig geeignete Ressourcen erhalten.«

PM: »Ich bin mir nicht sicher, wie ich das machen soll. Momentan empfehlen wir, dass unsere Projektmanager sich mit den Linienmanagern bezüglich der auslieferbaren Teilergebnisse abstimmen, und nicht in Hinblick auf das Personal. Es liegt in der Verantwortung des Linienmanagers, geeignete Ressourcen bereitzustellen, um alle Aufgaben zu erledigen.«

VP: »Ich stimme Ihnen zu, aber wir brauchen eine Richtung. Projektmanager müssen deutlich machen, was sie für die Aufgabe speziell benötigen, damit der Linienmanager die richtigen Ressourcen bereitstellt. Ich will keine Konfliktsituation entstehen lassen, wo der Projektmanager den Linienmanager beschuldigt, nicht die richtigen Ressourcen bereitgestellt zu haben, und der Linienmanager den Projektmanager beschuldigt, den Umfang nicht korrekt definiert zu haben.«

PM: »Das scheint mir eher wie eine Akzeptanz der Verantwortlichkeit als der Personalentscheidung zu sein.«

VP: »Das kann schon sein, hat aber mit der Personalentscheidung zu tun. Ich möchte, dass die Linienmanager den Projekten Personal mit der erforderlichen Qualifikation bereitstellt, um die im Budget vorgegebenen Grenzwerte einzuhalten. Wir können uns keine Projekte leisten, die mit den höchstbezahlten Mitarbeitern überfrachtet sind.«

PM: »Das ist eine gute Idee. Es könnte auch sinnvoll sein, eine Strategie zu entwickeln, die vorgibt, dass die Projektmanager die zugeordneten Mitarbeiter so früh wie möglich wieder freigeben müssen, damit diese anderen Projekten zugeordnet werden können.«

Fragen

1. Ist es sinnvoll, dass eine Projektmanagementmethodik Richtlinien und Verfahren zur Personalentscheidung enthält?
2. Sollten Richtlinien und Verfahren für die Personalentscheidung den Projektmanagern, den Linienmanagern oder beiden zugeordnet werden?
3. Sollten Projektsponsoren in die Personalentscheidungen einbezogen werden? Und wenn ja, wie sieht ihre Beteiligung aus und auf die Besetzung welcher Positionen sollte sie sich beziehen?
4. Wie entwickeln Sie eine Richtlinie, die einen Projektmanager »zwingt«, Personal für andere Projekte freizugeben, vorausgesetzt, es wird im vorhandenen Projekt nicht mehr benötigt?
5. Ist die Personalentscheidung eine Frage der »Verantwortung«?
6. Unterliegt es der Verantwortung des Projektmanagers oder des Linienmanagers, die Qualifikationsstufen zu definieren, die erforderlich sind, um eine Aufgabe zu erledigen?
7. Sollten Richtlinien für Personalentscheidungen auf Vollzeitpersonal, Teilzeitpersonal oder beides angewendet werden?

C.11 DORALE PRODUCTS (K)

Bereich im PMBOK® Guide: Integrationsmanagement, Umfangsmanagement, Personalmanagement

Themenbereich: Das Projekt-/Programmbüro

Hintergrund

Die von Dorale entwickelte Methodik konzentrierte sich auf relativ kleine Projekte mit Zeitdauern von weniger als 18 Monaten. Könnte dieselbe Methodik auch auf große Projekte angewendet werden?

Das Meeting

VP: »Die meisten unserer Projekte haben einen Arbeitskraftbedarf von 10 bis 20 Leuten mit Zeitdauern von 18 Monaten oder weniger. In der letzten Woche beim Meeting des Führungsausschusses haben wir mehrere große Projekte genehmigt, die über drei Jahre und länger verlaufen und für die mehr als 40 Mitarbeiter in Vollzeit benötigt werden. Wie verwalten wir diese Projekte?«

PM: »Ich gehe davon aus, dass Sie über Projekte sprechen, die von einem PO statt einfach nur von einem Projektmanager verwaltet werden.«

VP: »Bei großen Projekten ist der Projektmanager eher ein PO-Manager als ein Projektmanager. Sollte unsere Methodik nicht auch die Rolle eines POs und eines POMs berücksichtigen?«

Fragen

1. Welche Kriterien sollten für die Entscheidung angewendet werden, wann ein PO im Gegensatz zu nur einem Projektmanager eingesetzt werden sollte?
2. Unterscheiden sich die Verantwortlichkeiten eines POMs für das Integrationsmanagement von denen eines Projektmanagers?
3. Was ist ein PO?
4. Welche Rolle hat ein POM?
5. Können die Mitglieder eines POs in Teilzeit zugeordnet werden, oder muss es sich um Vollzeitmitarbeiter handeln?
6. Wenn Mitarbeiter einem PO in Vollzeit zugeordnet werden, können sie dann immer noch administrative Berichte an ihre Linienmanager abgeben?
7. Können die zugeordneten PO-Mitarbeiter in Vollzeit arbeiten und der Projektmanager in Teilzeit?
8. Können Richtlinien für die Personalentscheidungen für ein PO definiert werden, oder ist das eher projektspezifisch?

D Lösungen für die Fallstudien Dorale Products

Fallstudie (A)

1. Ein Projekt ist eine einzigartige Aktivität mit wohldefiniertem, begrenztem Ziel, die Ressourcen verbraucht und sich im Allgemeinen über mehrere Fachbereiche erstreckt. Das Projekt realisiert normalerweise einen einzigartigen Produktservice oder auslieferbare Teilziele.
2. Allgemein gibt es keine Mindestanzahl der Grenzen, die überschritten werden müssen.
3. Normalerweise basiert dies auf dem Umfang der erforderlichen Integration. Je höher der Integrationsbedarf ist, desto mehr wird ein Projektmanagement benötigt.
4. Alle Projekte können vom Einsatz eines Projektmanagements profitieren, aber bei sehr kleinen Projekten ist möglicherweise kein Projektmanagement erforderlich.
5. Sinnvolle Schwellenwerte für die Projektmanagementmethodik basieren auf dem Geldwert, dem Risiko, der Zeitdauer und der Anzahl der überschrittenen Fachbereichsgrenzen.

Fallstudie (B)

1. In vielen Unternehmen ist eine unternehmensübergreifende Projektmethodik möglicherweise nicht realisierbar. Es könnte eine Methodik für die Entwicklung bestimmter Produkte oder Services geben und eine andere für die Systementwicklung.
2. Ein Programm hat meistens eine längere Zeitdauer als ein Projekt und besteht aus mehreren Projekten.
3. Projektmanagementmethodiken können sowohl auf Programme als auch auf Projekte angewendet werden.

Fallstudie (C)

1. Alle Projekte sollten die Konzepte des Projektmanagements anwenden, brauchen aber möglicherweise keine Projektmanagementmethodik.
2. Projekte, die die Methodik nicht benötigen, sind Projekte von kurzer Dauer, geringem Geldwert und mit Abwicklung innerhalb eines einzigen Fachbereichs.
3. Methodiken braucht man im Allgemeinen für alle Projekte, für die eine umfangreiche Integration erforderlich ist. Sind die Kosten für den Einsatz der Methodik jedoch gering oder ist die Methodik nicht kompliziert, könnte argumentiert werden, dass die Methodik auf alle Projekte angewendet werden soll.
4. Das ist ein gültiges Argument, dass die Konzepte des Projektmanagements auf alle Projekte angewendet werden sollten, unabhängig von den Einschränkungen.

Fallstudie (D)

1. Der Projektmanager hat mit seiner Definition des Integrationsmanagementprozesses teilweise recht. Die Definition des Projektmanagers ist mehr an dem PMBOK® Guide von 2000 als an der Version von 2004 ausgerichtet.
2. Es kann schwierig sein, diese Prozesse in jeder Lebenszyklusphase zu erkennen. Eine gute Projektmanagementmethodik löst dieses Problem jedoch.
3. Eine gute Projektmanagementmethodik basiert auf Formularen, Richtlinien, Vorlagen und Checklisten und wird auf eine Vielzahl von Projekten angewendet. Je mehr Struktur der Methodik hinzugefügt wird, desto mehr Kontrolle hat man, das kann aber zu dem nachteiligen Ergebnis führen, dass die Flexibilität eingeschränkt wird, die die Projektteams benötigen, wenn eine Methodik auf mehrere Projekte angewendet werden soll.

Fallstudie (E)

1. Die primären Vorteile sind die Standardisierung und die Kontrolle des Prozesses. Der Nachteil tritt auf, wenn dies über Strategien und Verfahren erfolgt statt über Formulare, Richtlinien, Vorlagen und Checklisten.
2. Die meisten guten Methodiken haben nicht mehr als fünf oder sechs Lebenszyklusphasen.
3. Bei zu vielen Gate-Review-Meetings verbringt der Projektmanager einen Großteil seiner Zeit damit, diese Meetings vorzubereiten statt das Projekt zu verwalten.
4. Die Interessensvertreter, die die Gate-Review-Meetings besuchen, bestimmen, welche Information präsentiert werden sollte. Es können Vorlagen und Checklisten für die Gate-Review-Meetings sowie für die Phasen eingerichtet werden.
5. Mindestens sollten die folgenden Fragen beantwortet werden: (1) Wo stehen wir heute? (2) Wo geht es hin? (3) Welche speziellen Probleme gibt es?

Fallstudie (F)

1. Die Standarddefinition von Erfolg bezieht sich auf Termin, Kosten, Umfang oder Qualität und Akzeptanz durch den Kunden.
2. Sekundäre Erfolgsfaktoren könnten unter anderem Rentabilität und Nachfolgeaufträge sein.
3. Es ist schwieriger, den Misserfolg als den Erfolg zu definieren. Manche denken, Misserfolg sei ein unzufriedener Kunde. Andere glauben, Misserfolg sei ein Projekt, das nach seiner Fertigstellung keinen Ertrag oder keinen Lerneffekt erbracht hat.
4. Absolut, aber sie können abgeändert werden, um für ein bestimmtes Projekt oder die Bedürfnisse eines bestimmten Sponsors geeignet zu sein.
5. Das Ergebnis kann fehlende Flexibilität sein.

Fallstudie (G)

1. Die primäre Rolle des Sponsors ist es, dem PM zu helfen, Probleme zu lösen, die außerhalb dessen Kontrolle liegen.
2. Die Rolle des Sponsors kann und wird sich abhängig von der Lebenszyklusphase ändern.
3. Es gibt zwei Gedankenmodelle: Einige glauben, für die gesamte Projektdauer sollte dieselbe Person Sponsor bleiben, während andere der Meinung sind, dass der Sponsor abhängig von der Lebenszyklusphase wechseln sollte. Beide Ansätze haben Vor- und Nachteile. Häufig sind sie von der Art des Projekts und der Bedeutung des Kunden abhängig.
4. Nicht unbedingt, aber es ist ein guter Ausgangspunkt, um neuen Sponsoren ihre Rolle und ihre Verantwortlichkeiten zu erklären.
5. Sicherstellen, dass die aktuelle Phase korrekt abgeschlossen wurde und die Initiierung der nächsten Phase genehmigen.

Fallstudie (H)

1. Gute Methodiken identifizieren Richtlinien für die Personalentscheidung. Beispielsweise könnte ein Projektmanager die Berechtigung besitzen, die von den Mitarbeitern erwünschte Qualifikation zu definieren, aber das kann offen für Verhandlungen sein.
2. Projektmanager, die eine Technologie beherrschen, verhandeln meistens über Mitarbeiter, während Projektmanager ohne Beherrschung der Technologie über auslieferbare Teilziele verhandeln.
3. Diese Frage ist umstritten, weil dabei der Aufwand gegenüber der Dauer betrachtet werden kann. Der Linienmanager kann in dieser Hinsicht mehr Gewicht haben als der Projektmanager, weil dies sehr gut auch von der Verfügbarkeit von Personal abhängig sein kann.
4. Aus diesem Grund gibt es Projektsponsoren. Sie verhalten sich als Schiedsrichter, wenn Uneinigkeiten bestehen, und sorgen dafür, dass das Linienmanagement unterstützt wird.
5. Richtlinien sind immer besser als Strategien und Verfahren, jedenfalls nach Ansicht des Autors.

Fallstudie (I)

1. Die Kernfähigkeiten sind unter anderem Entscheidungsfindung, Kommunikation, Konfliktlösung, Verhandlungen, Mentorenschaft, Förderung und Führungsqualität ohne Autorität.
2. Fähigkeiten des Linienmanagements konzentrieren sich häufig auf Vorgesetzten/Untergeordnete-Beziehungen, während sich die Fähigkeiten des Projektmanagers auf die Teambildung konzentrieren, wobei die Mitarbeiter in dem Team nicht unbedingt unter der Kontrolle des Projektmanagers stehen müssen (und sich in der Rangordnung sogar oberhalb des Projektmanagers befinden können).
3. Berichte an mehrere Vorgesetzte sind ebenfalls ein Thema, weil die Kontrolle und Überwachung der Mitarbeiter über mehrere Einzelpersonen verteilt sein kann.
4. Die Gehaltsentscheidungen stellen einen wichtigen Faktor dar. Wenn der Projektmanager diese Verantwortlichkeit besitzt, richten sich die Mitarbeiter nach dem Projektmanager, weil er einen Einfluss auf ihre Leistungsbewertung und auf ihr Gehalt haben kann. Ohne diese Verantwortlichkeit kann der Projektmanager gezwungen sein, sich den Mitarbeitern anzupassen, statt umgekehrt.
5. Linienmanager sind daran gewöhnt, autoritär zu verwalten, während das für Projektmanager nicht gilt.
6. Wenn ein Projektmanager eine Technologie beherrscht, ist er enger an den Fähigkeiten eines Linienmanagers als eines Projektmanagers ausgerichtet.
7. Projektmanager verhandeln normalerweise über auslieferbare Teilziele, wenn sie die Technologie nicht beherrschen, und das kann die für ein bestimmtes Projekt benötigten zwischenmenschlichen Fähigkeiten beeinflussen.
8. Ja.
9. Die Identifizierungen sollten allgemein gehalten werden, damit sie auf unterschiedliche Projekte angewendet werden können.

Fallstudie (J)

1. Ja, aber nur in allgemeiner Hinsicht.
2. Beides, um Konflikte zu vermeiden.
3. Sponsoren übernehmen im Allgemeinen eine aktive Rolle bei der Auswahl des Projektmanagers, aber eine passive Rolle bei der fachlichen Personalentscheidung, um nicht die Autorität ihrer Linienmanager zu unterlaufen.
4. Es ist nicht wirklich effizient, dies anders zu realisieren als dadurch, dass verboten wird, die Personalkosten nach einem bestimmten Datum auf bestimmte Projekt-Kostenstellen zu buchen.

5. Ja, wenn das vom obersten Management befürwortet wird.
6. Der Projektmanager kann die gewünschte Qualifikation anfordern, aber die endgültige Entscheidung bleibt fast immer beim Linienmanager.
7. Beide.

Fallstudie (K)

1. Die Größe des Projekts, die Dauer, das Risiko und die Bedeutung des Kunden.
2. Sie sind gleich und können sogar noch weiter detailliert werden.
3. Ein Projektmanagementteam.
4. Die Rolle des Projektmanagers ist es, die Aktivitäten des Projektmanagementteams zu koordinieren und zu integrieren.
5. Sie können in Teilzeit oder in Vollzeit einbezogen werden, abhängig von den Anforderungen des Projekts.
6. Ja. Ein Beispiel dafür könnte der dem Projekt zugeordnete Qualitätsfachmann sein.
7. Ja.
8. Richtlinien können eingerichtet werden, um die Personalentscheidungen für ein PO-Team zu treffen, aber sie können unternehmensspezifisch oder kundenspezifisch sein.

E

Referenzliste auf PMBOK®

PMBOK® Guide	Seite
Kapitel 1	841
1.2	22
1.2.1	22
1.3	70, 324
1.5.3	63
1.5.4	23, 193, 276, 387
1.5.5	27, 193, 437
1.6.4	122, 171, 885
Kapitel 2	79, 80, 390, 558, 841
2.1.2	79, 80, 390, 439, 558
2.1.3	80
2.2	29, 363, 885
2.3.1	38, 43, 65
2.3.3	24, 32, 33, 99, 124
2.3.4	193, 885
Kapitel 3	841
3.1	793
3.2.2	347, 425, 429, 654, 712
3.2.4	577, 657
Kapitel 4	29, 30, 53, 86, 88, 334, 347, 351, 363, 425, 429, 654
4.1	431
4.1.1	70
4.1.2.1	560, 561, 562, 564
4.1.2.2	86
4.4.2	417
4.5	420, 582
4.6	88, 435, 440
4.7	419
Kapitel 5	385, 387, 394, 425, 429, 654
5.1	347, 385, 386, 394
5.2.2	363, 415
5.2.2.1	415

Frederick P. Brooks

Vom Mythos des Mann-Monats

Nur wenige Bücher über das Projektmanagement bei Software haben sich als so einflussreich und zeitlos gültig erwiesen wie *Der Mythos vom Mann-Monat:* Fred Brooks bietet hier mit einem Mix aus harten Fakten und provokanten Ideen jedem tiefe Einsichten, der komplexe Projekte zu managen hat.

Die Essays in diesem Buch stellen die Quintessenz seiner Erfahrungen als Projektmanager erst für die Hardware der IBM/360-Computerfamilie, dann als Leiter der Entwicklung des – wahrhaft gigantischen – Betriebssystems OS/360 dar. Brooks hat nun, 20 Jahre nach Erscheinen des Originals, seine ursprünglichen Vorstellungen und Visionen noch einmal überdacht, sie um neue Erkenntnisse und Ratschläge bereichert.

Dieses Buch ist ein Muss sowohl für Kenner seiner Arbeiten als auch Leser, die Brooks nun zum ersten Mal entdecken.

Die zusätzlichen Kapitel enthalten erstens eine auf den Punkt gebrachte Zusammenfassung aller Gedanken und Beweisführungen des Originals, inklusive des Brooks'schen Gesetzes:"Das Hinzufügen von Arbeitskräften zu einem verspäteten Projekt erhöht die Verspätung."

Zweitens finden Sie hier eine kritische Würdigung seiner Argumentationen im Licht von 20 Jahren Weiterentwicklung nicht nur auf dem Gebiet des Software Engineerings.

Drittens enthält dieses Buch einen Reprint des zum Klassiker gewordenen, 1986 veröffentlichten Papiers: „Keine Silberkugeln“ und schließlich die Antwort auf die Frage, was aus der 1986 aufgestellten Behauptung geworden ist, dass es „auch in den nächsten 10 Jahren keine Silberkugeln geben wird“.

Frederick P. Brooks ist der Träger des A.M. Turing Award der ACM im Jahre 1999 – der Auszeichnung mit dem höchsten Prestige, die es im Computerbereich gibt. Er erhielt diesen Preis insbesondere für seine „bahnbrechenden Beiträge zur Architektur von Computern, Betriebssysteme und auf dem Gebiet des Software Engineering“.

Ihr direkter Draht zum Verlag:
Internet: http://www.mitp.de

ISBN 978-3-8266-1355-5

Stichwortverzeichnis

C

D

E

L

W

Z